U0181286

The Feynman Lectures on Physics (The New Millennium Edition, Volume Ⅱ)

费曼物理学讲义

（新千年版）

第 2 卷

[美]费曼(Richard Feynman)
莱顿(Robert Leighton) 著
桑兹(Matthew Sands)

李洪芳 王子辅 钟万蘅 译

上海科学技术出版社

图书在版编目(CIP)数据

费曼物理学讲义：新千年版. 第2卷 / (美) 费曼(Richard Feynman), (美) 莱顿(Robert Leighton), (美) 桑兹(Matthew Sands)著；李洪芳，王子辅，钟万蘅译. —上海：上海科学技术出版社，2020.3(2024.11 重印)

ISBN 978-7-5478-4718-3

Ⅰ. ①费… Ⅱ. ①费… ②莱… ③桑… ④李… ⑤王… ⑥钟… Ⅲ. ①物理学—教材②电磁学—教材 Ⅳ. ①O4

中国版本图书馆 CIP 数据核字(2020)第 032330 号

费曼物理学讲义(新千年版)第 2 卷
[美]费曼(Richard Feynman) 莱顿(Robert Leighton) 桑兹(Matthew Sands) 著
李洪芳 王子辅 钟万蘅 译

上海世纪出版(集团)有限公司
上 海 科 学 技 术 出 版 社 出版、发行
(上海市闵行区号景路 159 弄 A 座 9F-10F)
邮政编码 201101　www.sstp.cn
上海中华印刷有限公司印刷
开本 787×1092　1/16　印张 39
字数 870 千字
2020 年 3 月第 1 版　2024 年 11 月第 7 次印刷
ISBN 978-7-5478-4718-3/O·84
定价 118.00 元

译者序

20世纪60年代初，美国一些理工科大学鉴于当时的大学基础物理教学与现代科学技术的发展不相适应，纷纷试行教学改革，加利福尼亚理工学院就是其中之一。该校于1961年9月至1963年5月特请著名物理学家费曼主讲一二年级的基础物理课，事后又根据讲课录音编辑出版了《费曼物理学讲义》。本讲义共分3卷，第1卷包括力学、相对论、光学、气体分子运动论、热力学、波等，第2卷主要是电磁学，此外还有弹性、流体的流动及弯曲空间等内容，第3卷是量子力学。全书内容十分丰富，在深度和广度上都超过了传统的普通物理教材。

当时美国大学物理教学改革试图解决的一个主要问题是，基础物理教学应尽可能反映近代物理的巨大成就。《费曼物理学讲义》在基础物理的水平上对20世纪物理学的两大重要成就——相对论和量子力学——作了系统的介绍，对于量子力学，费曼教授还特地准备了一套适合大学二年级水平的讲法。教学改革试图解决的另一个问题是按照当前物理学工作者在各个前沿研究领域所使用的方式来介绍物理学的内容。在《费曼物理学讲义》一书中对一些问题的分析和处理方法，反映了费曼自己以及其他在前沿研究领域工作的物理学家所通常采用的分析和处理方法。全书对基本概念、定理和定律的讲解不仅生动清晰、通俗易懂，而且特别注重从物理上做出深刻的叙述。为了扩大学生的知识面，全书还列举了许多基本物理原理在各个方面(诸如天体物理、地球物理、生物物理等)的应用，以及物理学的一些最新成就。由于全书是根据课堂讲授的录音整理编辑的，它在一定程度上保留了费曼讲课的生动活泼、引人入胜的独特风格。

《费曼物理学讲义》从普通物理水平出发，注重物理分析，深入浅出，避免运用高深繁琐的数学方程，因此具有高中以上物理水平和初等微积分知识的读者阅读起来不会感到十分困难。至于大学物理系的师生和物理工作者更能从此书中获得教益。为此我们特将此书译成中文，以飨读者。

原书第一版发行后，深受广大读者欢迎。1989年，为了纪念费曼教授逝世一周年，编者重新出版了本书，并加了新的序言及介绍费曼生平的短文。本卷在课程内容上则增加了弯曲空间一章，使得《费曼物理学讲义》这套书的内容更为完整。2010年，编者根据50多年来世界各国在阅读和使用本书过程中提出的意见，对全书(3卷)存在的错误和不当之处(885处)进行了订正，并使用新的电子版语言和现代作图软件对全书语言文字、符号、方程及插图进行重新编辑出版，称为新千年版。本书就是根据新千年版翻译的。

本书中的费曼自序由郑永令在吴子仪译稿的基础上重译，前言由李洪芳翻译，潘笃武校阅，关于费曼和《费曼物理学讲义》另序以及新千年版序言由潘笃武翻译。本卷正文由李洪芳、钟万蘅在王子辅译稿的基础上重新翻译，第42章由郑永令校阅。由于译者水平所限，错误在所难免，欢迎广大读者批评指正。

译　者
2012年11月

关于费曼

理查德·费曼(R. P. Feynman)1918 年生于纽约市,1942 年在普林斯顿大学获得博士学位。第二次世界大战期间,尽管当时他还很年轻,就已经在洛斯阿拉莫斯的曼哈顿计划中发挥了重要作用。以后,他在康奈尔大学和加利福尼亚理工学院任教。1965 年,因在量子电动力学方面的工作和朝永振一郎(Sin-Itiro Tomonaga)及施温格尔(J. Schwinger)同获诺贝尔物理学奖。

费曼博士获得诺贝尔奖是由于成功地解决了量子电动力学的理论问题。他也创立了说明液氦中超流动性现象的数学理论。此后,他和盖尔曼(M. Gell-Mann)一起在 β 衰变等弱相互作用领域内做出了奠基性的工作。在以后的几年里,他在夸克理论的发展中起了关键性的作用,提出了高能质子碰撞过程的部分子模型。

除了这些成就之外,费曼博士将新的基本计算技术及记号法引进物理学,首先是无处不在的费曼图,在近代科学历史中,它比其他任何数学形式描述都更大地改变了对基本物理过程形成概念及进行计算的方法。

费曼是一位卓越的教育家。在他获得的所有奖项中,他对 1972 年获得的奥斯特教学奖章特别感到自豪。在 1963 年第一次出版的《费曼物理学讲义》被《科学美国人》杂志的一位评论员描写为"难啃的但却富于营养并且津津有味。25 年后它仍是教师和最优秀的初学学生的指导书"。为了使外行的公众增加对物理学的了解,费曼博士写了《物理定律和量子电动力学的性质:光和物质的奇特理论》。他还是许多高级出版物的作者,这些都成为研究人员和学生的经典参考书和教科书。

费曼是一个活跃的公众人物。他在挑战者号失事调查委员会里的工作是众所周知的,特别是他的著名的 O 型环对寒冷的敏感性的演示,这是一个优美的实验,除了一杯冰水和 C 形钳以外其他什么也不需要。费曼博士 1960 年在加利福尼亚州课程促进会中的工作却鲜为人知,他在会上指责教科书的平庸。

仅仅罗列费曼的科学和教育成就还没有充分抓住这个人物的本质。即使是他的最最技术性的出版物的读者都知道,费曼活跃的多面的人格在他所有的工作中都闪闪发光。除了作为物理学家,他还是无线电修理工,是锁具收藏家、艺术家、舞蹈家、邦戈(bongo)鼓手,甚至玛雅象形文字的破译者。他的世界永远充满了好奇,他是一个典型的经验主义者。

费曼于 1988 年 2 月 15 日在洛杉矶逝世。

新千年版前言

自理查德·费曼在加利福尼亚理工学院讲授物理学导论课程以来,已经过去快 50 年了。这次讲课产生了这 3 卷《费曼物理学讲义》。在这 50 年中,我们对物理世界的认识已经大大改变了,但是《费曼物理学讲义》的价值仍旧存在。由于费曼对物理学独到的领悟和教学方法,费曼的讲义今天仍像第一次出版时那样具有权威性。这些教本已在全世界范围内被初学者,也被成熟的物理学家研读;它们已被翻译成至少 12 种语言,仅仅英语的印刷就有 150 万册以上。或许至今为止还没有其他物理学书籍有这样广泛的影响。

新千年版迎来了《费曼物理学讲义(FLP)》的新时代:21 世纪的电子出版物时代。FLP 改变为 eFLP,本文和方程式用LaTeX电子排字语言表示,所有的插图用现代绘图软件重画。

这一版的印刷本的效果并没有什么特别之处,它看上去几乎完全和学物理的学生都已熟悉并热爱的最初的红色书一样。主要的差别在于扩大并改进了的索引,以前的版本第一次印刷以来的 50 年内读者们发现的 885 处错误的改正,以及更方便改正未来的读者可能发现的错误。关于这一点我以后还要谈到。

这一版的电子书版本以及加强电子版不同于 20 世纪的大多数技术书籍的电子书,如果把这种书籍的方程式、插图、有时甚至包括课文,放大以后都成为多个像素。新千年版的LaTeX稿本有可能得到最高质量的电子书,书页上的所有的面貌特征(除了照片)都可以无限制地放大而始终保持其精确的形状和细锐度。带有费曼原始讲课的声音和黑板照相,还带有和其他资源的联接的电子版本是新事物,(假如费曼还在世的话)这一定会使他极其高兴。*

费曼讲义的回忆

这 3 卷书是一套完备的教科书。它们也是费曼在 1961—1964 年给本科生上物理学课的历史记录,这是加利福尼亚理工学院的一年级和二年级学生,无论他们主修什么课程,都必须上的一门课。

读者们可能和我一样很想知道,费曼的讲课对听课的学生的影响如何。费曼在这几本书的前言中提供了多少有些负面的看法。他写道:"我不认为我对学生做得很好。"马修·桑兹(Matthew Sands)在他的《费曼物理学讲义补编》的回忆文章中给出了完全正面的观点。出于好奇,2005 年春天,我和从费曼 1961—1964 班级(大约 150 个学生)中半随机地挑选

---

* 原文"What would have given Feynman great pleasure"是虚拟式的句子,中文没有相当于英语虚拟式的句法,所以加上括号内的句子。——译者注

一组17位学生通过电子邮件或面谈联系——这些学生中有些在课堂上有很大的困难，而有一些很容易掌握课程；他们主修生物学，化学，工程，地理学，数学及天文学，还包括物理学。

经过了这些年，可能已经在他们的记忆中抹上了欣快的色彩，但大约有80%回忆起费曼的讲课觉得是他们大学时光中精彩的事件。"就像上教堂。"听课是"一个变形改造的经历"，"一生的重要阅历，或许是我从加利福尼亚理工学院得到的最重要的东西。""我是一个主修生物学的学生，但费曼的讲课在我的本科生经历中就像在最高点一样突出……虽然我必须承认当时我不会做家庭作业并且总是交不出作业。""我当时是课堂上最没有希望的学生之一，但我从不缺一堂课……我记得并仍旧感觉到费曼对于发现的快乐……他的讲课具有一种……感情上的冲击效果，这在印刷的讲义中可能失去了。"

相反，好些学生，主要由于以下两方面问题，而具有负面的记忆。(i)"你无法通过上课学会做家庭作业。费曼太灵活了——他熟知解题技巧和可作哪些近似，他还具有基于经验和天赋的直觉，这是初学的学生所不具备的。"费曼和同事们在讲课过程中知道这一缺陷，做了一些工作，部分材料已编入《费曼物理学讲义补编》：费曼的3次习题课以及罗伯特·莱顿(Robert Leighton)和罗各斯·沃格特(Rochus Vogt)选编的一组习题和答案。(ii)由于不知道下一节课可能会讨论什么内容而产生一种不安全感，缺少与讲课内容有任何关系的教科书或参考书，其结果是我们无法预习，这是十分令人沮丧的……我发现在课堂上的演讲是令人激动但却是很难懂，但(当我重建这些细节的时候发现)它们只是外表上像梵文一样难懂。当然，有了这3本《费曼物理学讲义》，这些问题已经得到了解决。从那以后的许多年，它们就成了加州理工学院学生学习的教科书，直到今天它们作为费曼的伟大遗产还保持着活力。

改错的历史

《费曼物理学讲义》是费曼和他的合作者罗伯特·莱顿及马修·桑兹非常仓促之中创作出来的，根据费曼的讲课的录音带和黑板照相(这些都编入这新千年版的增强电子版)加工扩充而成*。由于要求费曼、莱顿和桑兹高速度工作，不可避免地有许多错误隐藏在第一版中。在以后几年中，费曼收集了加州理工学院的学生和同事以及世界各地的读者发现的、长长的、确定的错误列表。在20世纪60年代和70年代早期，费曼在他的紧张的生活中抽出时间来核实第1卷和第2卷中确认的大多数，不是全部错误，并在以后的印刷中加入了勘误表。但是费曼的责任感从来没有高到超过发现新事物的激情而促使他处理第3卷中的错误。**在1988年他过早的逝世后，所有3卷的勘误表都存放到加州理工学院档案馆，它们躺在那里被遗忘了。

---

* 费曼的讲课和这3本书的起源的说法请参阅这3本书每一本都有的《费曼自序》和《前言》，也可参看《费曼物理学讲义补编》中马修·桑兹的回忆以及1989年戴维·古德斯坦(David Goodstein)和格里·诺格鲍尔(Gerry Neugebauer)撰写的《费曼物理学讲义纪念版》特刊前言，它也刊载在2005年限定版中。

** 1975年，他开始审核第3卷中的错误，但被其他事情所分心，因而没有完成这项工作，所以没有作出勘误。

2002年,拉尔夫·莱顿(Ralph Leighton)(已故罗伯特·莱顿的儿子,费曼的同胞)告诉我,拉尔夫的朋友迈克尔·戈特里勃(Michael Gottlieb)汇编了老的和长长的新的勘误表。莱顿建议加州理工学院编纂一个改正所有错误的《费曼物理学讲义》的新版本,并将他和戈特里勃当时正在编写的新的辅助材料——《费曼物理学讲义补编》一同出版。

费曼是我心目中的英雄,也是亲密的朋友。当我看到勘误表和提交的新的一卷的内容时,我很快就代表加州理工学院(这是费曼长时期的学术之家,他、莱顿和桑兹已将《费曼物理学讲义》所有的出版权利和责任都委托给她了)同意了。一年半以后,经过戈特里勃细微工作和迈克尔·哈特尔(Micheal Hartl)(一位优秀的加州理工学院博士后工作者,他审校了加上新的一卷的所有的错误)仔细的校阅,《费曼物理学讲义》的2005限定版诞生了,其中包括大约200处勘误。同时发行了费曼、戈特里勃和莱顿的《费曼物理学讲义补编》。

我原来以为这一版是"定本"了。出乎我意料的是全世界读者热情响应。戈特里勃呼吁大家鉴别出更多错误,并通过创建的费曼讲义网站 www. feynmanlectures. info 提交给他。从那时起的五年内,又提交了965处新发现的错误,这些都是从戈特里勃、哈特尔和纳特·博德(Nate Bode)(一位优秀的加州理工学院研究生,他是继哈特尔之后的加州理工学院的错误检查员)的仔细校对中遗漏的。这些965处被检查出来的错误中80处在《定本》的第四次印刷(2006年8月)中改正了,余下的885处在这一新千年版的第一次印刷中被改正(第1卷中332处,第2卷中263处,第3卷200处)*,这些错误的详情可参看 www. feynmanlectures. info。

显然,使《费曼物理学讲义》没有错误已成为全世界的共同事业。我代表加州理工学院感谢2005年以来作了贡献的50位读者以及更多的在以后的年代里会作出贡献的读者。所有贡献者的名字都公示在 www. feynmanlectures. info/flp-errata. html 上。

几乎所有的错误都可分为三种类型:(ⅰ)文字中的印刷错误;(ⅱ)公式和图表中的印刷和数学错误——符号错误,错误的数字(例如,应该是4的写成5),缺失下标、求和符号、括号和方程式中一些项;(ⅲ)不正确的章节、表格和图的参见条目。这几种类型的错误虽然对成熟的物理学家来说并不特别严重,但对于初识费曼的学生,就可能造成困惑和混淆。

值得注意的是,在我主持下改正的1 165处错误中只有不多几处我确实认为是真正物理上的错误。一个例子是第2卷,5—9页上一句话,现在是"……接地的封闭导体内部没有稳定的电荷分布不会在外部产生[电]场"(在以前的版本中漏掉了接地一词)。这一错误是好些读者都曾向费曼指出过的,其中包括威廉和玛丽学院(The College of William and Mary)学生比尤拉·伊丽莎白·柯克斯(Beulah Elizabeth Cox),她在一次考试中依据的是费曼的错误的段落。费曼在1975年给柯克斯女士的信中写道:"你的导师不给你分数是对的,因为正像他用高斯定律证明的那样,你的答案错了。在科学中你应当相信逻辑和论据、仔细推理而不是权威。你也正确阅读和理解了书本。我犯了一个错误,所以书错了。当时我或许正想着一个接地的导电球体,或别的;使电荷在(导体球)内部各处运动而不影响外部的事物。我不能确定当时是怎样做的。但我错了。你由于信任我也错了。"**

* 原版如此。——译者注

** 《与习俗完全合理的背离,理查德·P·费曼的信件》288~289页,米歇尔·费曼(Michelle Feynman)编,Basic Books,纽约,2005。

这一新千年版是怎样产生的

2005年11月到2006年7月之间,340个错误被提交到费曼讲义网站 www.feynmanlectures.info。值得注意的是,其中大多数来自鲁道夫·普法伊弗(Rudolf Pfeiffer)博士一个人:当时是奥地利维也纳大学的物理学博士后工作者。出版商艾迪生·卫斯利(Addison Wesley),改正了80处错误,但由于费用的缘故而没有改正更多的错误:由于书是用照相胶印法印刷的,用1960年代版本书页的照相图出版印刷。改正一个错误就要将整个页面重新排字并要保证不产生新的错误,书页要两个不同的人分别各排一页,然后由另外几个人比较和校读。——如果有几百个错误要改正,这确是一项花费巨大的工作。

戈特里勃、普法伊弗和拉尔夫·莱顿对此非常不满意,于是他们制定了一个计划,目的是便于改正所有错误,另一目的是做成电子书的《费曼物理学讲义》的加强电子版。2007年,他们将他们的计划向作为加州理工学院的代理人的我提出,我热心而又谨慎。当我知道了更多的细节,包括《加强电子版本》中一章的示范以后,我建议加州理工学院和戈特里勃、普法伊弗及莱顿合作来实现他们的计划。这个计划得到了三位前后相继担任加州理工学院物理学、数学和天文学学部主任——汤姆·汤勃列罗(Tom Tomlrello)、安德鲁·兰格(Andrew Lange)和汤姆·索伊弗(Tom Saifer)——的支持;复杂的法律手续及合同细节由加州理工学院的知识产权法律顾问亚当·柯奇伦(Adam Cochran)完成。《新千年版》的出版标示着该计划虽然很复杂但已成功地得到执行。尤其是:

普法伊弗和戈特里勃已将所有三卷《费曼物理学讲义》(以及来自费曼的课程并收入《费曼物理学讲义补编》的1 000多道习题)转换成LaTeX。《费曼物理学讲义》的图是在书的德文译者亨宁·海因策(Henning Heinze)的指导下,为用于德文版,在印度用现代的电子方法重画的。为了将海因策的插图的非独家使用于新千年英文版,戈特里勃和普法伊弗购买了德文版[奥尔登博(Oldenbourg)出版]的LaTeX方程式的非独家的使用权,普法伊弗和戈特里勃不厌其烦地校对了所有LaTeX文本和方程式以及所有重画的插图,并必要时作了改正。纳特·博德和我代表加州理工学院对课文、方程式和图曾作过抽样调查,值得注意的是,我们没有发现错误。普法伊勃和戈特里勃是惊人的细心和精确。戈特里勃和普法伊弗为约翰·沙利文(John Sullivan)在亨丁顿实验室安排了将费曼在1962—1964年黑板照相数字化,以及乔治·布卢迪·奥迪欧(George Blood Audio)将讲课录音磁带数字化——从加州理工学院教授卡弗·米德(Carver Mead)获得财政资助和鼓励,从加州理工学院档案保管员谢利·欧文(Shelly Erwin)处得到后勤支持,并从柯奇伦处得到法律支持。

法律问题是很严肃的。20世纪60年代,加州理工学院特许艾迪生·卫斯利发表印刷版的权利,20世纪90年代,给予分发费曼讲课录音和各种电子版的权利。在21世纪初,由于先后取得这些特许证,印刷物的权利转让给了培生(Pearson)出版集团,而录音和电子版转让给珀修斯(Perseus)出版集团。柯奇伦在一位专长于出版的律师艾克·威廉姆斯(Ike Williams)的协助下,成功将所有这些权利和珀修斯结合在一起,使这一新千年版成为可能。

鸣谢

我代表加州理工学院感谢这许多使这一新千年版成为可能的人们。特别是，我感谢上面提到的关键人物：拉尔夫·莱顿、迈克尔·戈特里勃、汤姆·汤勃列罗、迈克尔·哈特尔、鲁道夫·普法伊弗、亨宁·海因策、亚当·柯奇伦、卡弗·米德、纳特·博德、谢利·欧文、安德鲁·兰格、汤姆·索伊弗、艾克·威廉姆斯以及提交错误的50位人士(在www.feynmanlectures.info中列出)。我也要感谢米歇尔·费曼(Michelle Feynman)(理查德·费曼的女儿)始终不断的支持和建议，加州理工学院的艾伦·赖斯(Alan Rice)的幕后帮助和建议，斯蒂芬·普奇吉(Stephan Puchegger)和卡尔文·杰克逊(Calvin Jackson)给普法伊弗从《费曼物理学讲义》转为LATEX的帮助和建议。迈克尔·菲格尔(Michael Figl)、曼弗雷德·斯莫利克(Manfred Smolik)和安德列斯·斯坦格尔(Andreas Stangl)关于改错的讨论，以及珀修斯的工作人员和(以前版本)艾迪生·卫斯利的工作人员。

基普·S·索恩(Kip S. Thorne)
荣休费曼理论物理教授
加州理工学院
2010年10月

费曼自序

这是我前年与去年在加利福尼亚理工学院对一二年级学生讲授物理学的讲义。当然，这本讲义并不是课堂讲授的逐字逐句记录，而是已经经过了编辑加工，有的地方多一些，有的地方少一些。我们的课堂讲授只是整个课程的一部分。全班 180 个学生每周两次聚集在大教室里听课，然后分成 15 到 20 人的小组在助教辅导下进行复习巩固。此外，每周还有一次实验课。

在这些讲授中，我们想要抓住的特殊问题是，要使充满热情而又相当聪明的中学毕业生进入加利福尼亚理工学院后仍旧保持他们的兴趣。他们在进入学院前就听说过不少关于物理学是如何有趣以及如何引人入胜——相对论、量子力学以及其他的新概念。但是，一旦他们学完两年我们以前的那种课程后，许多人就泄气了，因为教给他们意义重大、新颖的现代的物理概念实在太少。他们被安排去学习像斜面、静电学以及诸如此类的内容，两年过去，没什么收获。问题在于，我们是否有可能设置一门课程能够顾全那些比较优秀的、兴致勃勃的学生，使其保持求知热情。

我们所讲授的课程丝毫也不意味着是一门概况性的课程，而是极其严肃的。我想这些课程是对班级中最聪明的学生而讲的，并且可以肯定，这可能是对的，甚至最聪明的学生也无法完全消化讲课中的所有内容——其中加入了除主要讨论的内容之外的有关思想和概念多方面应用的建议。不过，为了这个缘故，我力图使所有的陈述尽可能准确，并在每种场合都指明有关的方程式和概念在物理学的主体中占有什么地位，以及——随着他们学习深入——应怎样作出修正。我还感到，重要的是要向这样的学生指出，他们应能理解——如果他们够聪明的话——哪些是从已学过的内容中推演出来的，哪些是作为新的概念而引进的。当出现新的概念时，假若这些概念是可推演的，我就尽量把它们推演出来，否则就直接说明这是一个新的概念，它根本不能用已学过的东西来阐明，也不可能予以证明，而是直接引进的。

在讲授开始时，我假定学生们在中学已学过一些内容，如几何光学、简单的化学概念，等等。我也看不出有任何理由要按一定的次序来讲授。就是说没有详细讨论某些内容之前，不可以提到这些内容。在讲授中，有许多当时还没有充分讨论过的内容出现。这些内容比较完整的讨论要到以后学生的预备知识更齐全时再进行。电感和能级的概念就是例子，起先，只是以非常定性的方式引入这些概念，后来再进行较全面的讨论。

在针对那些较积极的学生的同时，我也要照顾到另一些学生，对他们来说，这些外加的五彩缤纷的内容和不重要的应用只会使其感到头痛，也根本不能要求他们掌握讲授中的大部分内容。对这些学生而言，我要求他们至少能学到中心内容或材料的脉络。即使他不理解一堂课中的所有内容，我希望他也不要紧张不安。我并不要求他理解所有的内容，只要求他理解核心的和最确切的面貌。当然，对他来说也应当具有一定的理解能力，来领会哪些是主要定理和主要概念，哪些则是更高深的枝节问题和应用，这些要过几年他才会理解。

在讲课过程中有一个严重困难:在课程的讲授过程中一点也没有学生给教师的反馈来指示讲授的效果究竟如何。这的确是一个很严重的困难,我不知道讲课的实际效果的好坏。整个事件实质上是一种实验。假如要再讲一次的话,我将不会按同样的方式去讲——我希望我不会再来一次!然而,我想就物理内容来说,第一年的情形看来还是十分满意的。

但在第二年,我就不那么满意了。课程的第一部分涉及电学和磁学,我想不出什么真正独特的或不同的处理方法,也想不出什么比通常的讲授方式格外引人入胜的方法。因此在讲授电磁学时,我并不认为自己做了很多事情。在第二年末,我原来打算在电磁学后再多讲一些物性方面的内容,主要讨论这样一些内容如基本模式、扩散方程的解、振动系统、正交函数等等,并且阐述通常称为“数学物理方法”的初等部分内容。回顾起来,我想假如再讲一次的话,我会回到原来的想法上去,但由于没有要我再讲这些课程的打算,有人就建议介绍一些量子力学——就是你们将在第3卷中见到的——或许是有益的。

显然,主修物理学的学生们可以等到第三年学量子力学。但是,另一方面,有一种说法认为许多听我们课的学生是把学习物理作为他们对其他领域的主要兴趣的背景;而通常处理量子力学的方式对大多数学生来说这些内容几乎是无用的,因为他们必须花费相当长的时间来学习它。然而,在量子力学的实际应用中——特别是较复杂的应用中,如电机工程和化学领域内——微分方程处理方法的全部工具实际上是用不到的。所以,我试图这样来描述量子力学的原理,即不要求学生首先掌握有关偏微分方程的数学。我想,即使对一个物理学家来说,我想试着这样做——按照这种颠倒的方式来介绍量子力学——是一件有趣的事,由于种种理由,这从讲课本身或许会明白。不过我认为,在量子力学方面的尝试不是很成功,这主要是因为在最后我实际上已没有足够的时间(例如,我应该再多讲三四次来比较完整地讨论能带、概率幅的空间的依赖关系等这类问题)。而且,我过去从未以这种方式讲授过这部分课程,因此缺乏来自学生的反馈就尤其严重了。我现在相信,还是应当迟一些讲授量子力学。或许有一天我会有机会再来讲授这部分内容,到那时我将会讲好它。

在这本讲义中没有列入有关解题的内容,这是因为另有辅导课。虽然在第一年中,我的确讲授过三次关于怎样解题的内容,但没有将它们收在这里。此外,还讲过一次惯性导航,应该在转动系统后面,遗憾的是在这里也略去了。第五讲和第六讲实际上是桑兹讲授的,那时我正外出。

当然,问题在于我们这个尝试的效果究竟如何。我个人的看法是悲观的,虽然与学生接触的大部分教师似乎并不都有这种看法。我并不认为自己在对待学生方面做得很出色。当我看到大多数学生在考试中采取的处理问题的方法时,我认为这种方式是失败了。当然,朋友们提醒我,也有一二十个学生——非常出人意外地——几乎理解讲授的全部内容,并且非常积极地攻读有关材料,兴奋地、感兴趣地钻研许多问题。我相信,这些学生现在已具备了一流的物理基础,他们毕竟是我想要培养的学生。但是,“教育之力量鲜见成效,除非施之于天资敏悟者,然若此又实为多余。”[吉本(Gibbon)*]

但是,我并不想使任何一个学生完全落在后面,或许我曾经这样做的。我想,我们能够更好地帮助学生的一个办法是,多花一些精力去编纂一套能够阐明讲课中的某些概念的习题。习题能够充实课堂讲授,使讲过的概念更加实际,更加完整和更加易于牢记。

---

* Edward Gibbon (1737—1794),英国历史学家。——译者注

然而,我认为要解决这个教育问题就要认识到最佳的教学只有当学生和优秀的教师之间建立起个人的直接关系,在这种情况下,学生可以讨论概念、考虑问题、谈论问题,除此之外,别无他法。仅仅坐在课堂里听课或者只做指定的习题是不可能学到许多东西的。但是,现在我们有这么多学生要教育,因此我们必须尽量找出一种代替理想情况的办法。或许,我的讲义可以作出一些贡献;也许在某些小地方有个别教师和学生会从讲义中受到一些启示或获得某些观念,当他们彻底思考讲授内容,或者进一步发展其中的一些想法时,他们或许会得到乐趣。

理查德·费曼

1963 年 6 月

前 言

近 40 年来，费曼一直把他的好奇心集中在物理世界产生的奥秘上，而把他的聪明才智全部用于探寻物理世界的混乱中的秩序。现在，他花了两年的心血和精力为低年级的学生讲授物理课。为了他们，他把自己知识的精华提取出来，并创造条件使他们有望在听课期间能够了解物理学家关于宇宙的图像。他把他卓越而清晰的思想、独创性和生气勃勃的思想方法以及演讲中富有感染力的热情都带到了他的讲授中。看到这些非同寻常之处是令人高兴的。

第一年的讲授构成了这套书第 1 卷的基础。在这第 2 卷中我们尽力对第二年讲授的部分录音做了整理加工，这部分内容是供 1962—1963 学年中大学二年级学生用的。第二学年讲授的其余部分将编辑成第 3 卷。

在第二年的讲授中，前面三分之二的内容致力于对物理学中的电学和磁学部分做相当完整的处理。讲授的这种形式想要达到两个目的。首先，我们希望就这个物理学中极为重要的章节——从富兰克林的早期摸索，到贯穿麦克斯韦的伟大综合；从关于物质性质的洛伦兹电子论，到最后仍不能解决的电磁自能的两难处境问题——给学生一个完整的观念。其次，我们希望通过一开始引进矢量场的微分运算，从而为场论数学提供一个坚实可靠的导论。为了强调数学方法普遍的统一性，有时把物理学其他部分的内容与它在电学中相类似的内容放在一起进行分析。我们不断设法把数学的普遍性讲透彻(相同的方程具有相同的解)。同时，通过本课程所提供的各类练习和测验来加强这个观点。

继电磁学之后是弹性和流体的流动*，这两部分各有两章。每个部分的前面一章处理基本而实际方面的情况，后一章试图对这部分内容所涉及现象的整个范围给出一个概述。这四章完全可以略去不讲而不会有严重的损失，因为它们对第 3 卷来说并不全是必备的。

第二学年后面大约四分之一的内容用于介绍量子力学。这些材料已经编入第 3 卷。

我们期望在编写这本费曼讲义中所记录的内容，要比仅仅提供他谈话录音做得更好一些。我们希望使得这个编写本尽可能清楚地阐述原始讲授中的根本思想。对于讲授的某些内容，可能仅对原始录音中的措辞做了较小的校正；对另外一些讲授内容，则需要对有关的材料做较大的改编和重新安排。有时感到为了使保留的内容变得更清晰和协调，应该添加一些新材料。在这整个过程中，费曼教授不断地帮助和建议使我们受益良多。

在很紧的日程内要将一百多万字的口头语言转化成相互协调的课文，是一个非常艰巨的任务，尤其是随着新课程的采用，带来了其他繁重的负担——备课、会见和指导学生、设计练习和考试题目等等。许多人都被卷入到这个工作中来了。我相信，我们在某些场合已经

---

* 在本书新版中，电磁学后面除弹性和流动的流体外，新增加了一章——弯曲空间。——译者注

能够描绘出原始作者费曼的真实形象——稍微修饰的肖像画;在另外的场合,还远没有达到这个理想情形。我们的成就应归功于所有帮助过我们的人。对于不足之处,我们表示抱歉。

正如在第 1 卷编者的话中所详细说明的那样,这套讲义仅是加州理工学院课程改革委员会的莱顿(R. B. Leighton)主席、内尔(H. V. Neher)及桑兹(M. Sands)拟订和支持的教学大纲的一个方面,这个大纲得到福特基金会的财政资助。另外,对第 2 卷正文材料准备工作的不同方面提供帮助的有下列人员:考伊(T. K. Caughey)、克莱顿(M. L. Clayton)、柯西奥(J. B. Curcio)、哈特尔(J. B. Hartle)、哈维(T. W. H. Harvey)、伊斯雷尔(M. S. Israel)、卡泽斯(W. J. Karzas)、卡瓦诺(R. W. Kavanagh)、R. B. 莱顿、马修斯(J. Mathews)、普莱西特(M. S. Plesset)、沃伦(F. L. Warren)、惠林(W. Whaling)、威尔茨(C. H. Wilts)及齐默尔曼(B. Zimmerman)。由于他们的工作而对本课程做出间接贡献的其他人员有:布卢(J. Blue)、查普林(G. F. Chapline)、克劳泽(M. J. Clauser)、多伦(R. Dolen)、希尔(H. H. Hill)及蒂特勒(A. M. Title)。诺伊格鲍尔(G. Neugebauer)教授以他的勤奋、热心和极端负责为我们这个任务的各个方面做出了贡献。

然而,要不是费曼的非凡才能和勤奋,物理学上的这个故事就不存在了。

M. 莱顿

1964 年 3 月

目　录

第1章　电　磁　学

§1-1　电　　力

现在来考虑一种力，它也像引力那样与距离平方成反比地变化，但比引力要强约一万亿亿亿亿倍。另外，还有一个区别，即存在两种我们可称之为正的和负的“物质”，种类相同的相斥，不同的相吸。这就不像引力，那里只存在吸引。这样，会出现什么情景呢？

一堆正的物质会以巨力互相排斥，并向四面八方散开，一堆负的物质亦是如此。但一堆正、负物质的均匀混合物就完全不同了。相反的物质会以巨大的吸引力互相拉挽着，净结果将把那些可怕的斥力差不多完全抵消了，这是通过形成紧密而精致的正、负物质的混合体而达到的，而这样两堆分开着的混合体之间实际上就不再存在任何引力或斥力了。

确实存在这样一种力——电力。世间万物都是由此种巨力互相吸引和排斥着的正的质子与负的电子所组成的混合物。然而，平衡竟是那么完善，以致当你站在别人旁边时也根本没有任何受力的感觉。这时，即使只有一点点不平衡，你都会觉察到。例如，要是你站在别人旁边相距只有一臂之遥，而且各自都具有比本身的质子仅多出百分之一的电子，那两人间的排斥力就会大得不得了！多大呢？足以举起那座帝国大厦*？不！举起珠穆朗玛峰？不！这个斥力应足以举起相当于整个地球的“重量”！

由于在这种致密混合物中这些巨力完美地达到了平衡，所以我们就不难理解：当物质试图保持其正、负电荷最细致的平衡时，它能具有多大的硬度与强度。例如，帝国大厦在风中之所以摇摆小于一英寸，是因为电力把每一个电子与质子或多或少地保持在其适当位置上。另一方面，如果我们在一个足够小的尺度范围内观察物质，使得只能看到几个原子，那么任一小部分就往往不会有相等数目的正电荷和负电荷，从而会存在强大的剩余电力。即使在相邻两小部分中两种电荷的数目相等，也仍然有可能拥有巨大的净电力，因为各电荷之间的力是与距离的平方成反比的。如果一部分中的负电荷，与另一部分中的正电荷靠得较近、而与负电荷离得较远，则净力就会产生。因此，吸引力可能大于排斥力，从而在两个不带额外电荷的小块中就有一个净吸引力存在。那种把各原子结合在一起的力，以及把各分子保持在一起的化学力，其实都是电力，它们在电荷的平衡不够完善、或在距离十分微小的那些区域里才起作用。

当然，你会知道，原子是由位于其核内的正的质子和核外的负电子所构成的。你也许会问：“如果这种电力那么厉害，为什么质子和电子不会正好一个紧挨着一个呢？如果它们想要形成一个紧密的混合体，为什么不会更紧密些呢？”这问题必须用量子效应来回答。要是试图把电子限制在一个很接近于质子的区域中，那么按照不确定性原理它们就得拥有一个均方动量，若我们把它们限制得越紧，这个均方动量就越大。正是这一种由量子力学规律所

---

* 帝国大厦指美国纽约市第五大街上的一座建筑物，地面上共102层，高1 454英尺。——译者注

支配的运动,才使得电的吸引力不会把这两个电荷移得更接近些。

还有一个问题。在原子核内有若干个质子,它们全都带着正电荷,为什么它们不会互相推开呢?“是什么东西把它们结合在一起的呢?”事实是,在原子核内部,除了电力之外还存在一种称为核力的非电力,它比电力还要大,因而尽管有电的排斥力,它仍然能够把那些质子维持在一起。然而,核力是短程力——该力下降得比 $1/r^2$ 急剧得多。这就产生了一个重要后果:如果一个核所含质子过多,则该核就变得太大,它便不会持久维持。铀就是这么一个例子,它含有 92 个质子。核力主要在每个质子(或中子)与其最近邻质子(或中子)之间起作用,而电力则在较大的距离范围内起作用,使每个质子与核内所有其他质子之间都具有排斥力。在一个核内质子的数目越多,这电的排斥作用就越强,直到铀那种情况,平衡是那么脆弱,以至于排斥性电力使得核几乎就要飞散了。这么一个核,如果稍微“轻轻敲”一下(就像曾经送进一个慢中子那样),则它就会破裂成各带有正电荷的两片,而这些裂片由于电的排斥力而飞散开去。释放出来的能量就是原子弹的能量。这种能量通常称为“核”能,但实际上却是当电力克服了吸引性核力时所释放出来的“电”能。

最后,我们还可能会问,是什么东西把带负电的电子保持在一起呢(因为它没有核力)?如果电子全都是由一种物质构成的,那它的每一部分理应排斥其他各部分,但又为什么不会飞散呢?不过,电子是否还含有“各部分”?也许,我们应该说电子只是一个点,而电力只是在不同的点电荷之间起作用,以致电子不会作用于其本身。或许是这样吧。关于电子由什么东西束缚在一起,我们只能说到这里。这个问题对于试图建立一套完整的电磁学理论产生了不少困难,而且至今没有做出解答。我们将在以后某些章节中对这一课题多做些讨论,以为我们大家助兴。

正如我们已经见到的那样,应该指望电力与量子力学效应相结合来确定整块材料的细致结构,从而确定它们的特性。有的材料硬,有的材料软。有的是电的“导体”——因为它们中的电子能够自由运动;其他则是“绝缘体”——因为其中的电子被牢固地束缚在各个原子内。这些性质是如何得来的?那是一个十分复杂的课题,我们将在以后加以讨论。因而现在仅就一些简单情况下的电力进行考察,也就是说,现在着手处理电方面——也包括磁方面(那实际上是同一课题的另一个部分)——的规律。

我们曾经说过,和引力相似,电力与电荷间距离的平方成反比地减弱,这一关系叫作库仑定律。但当电荷运动时,这一定律就不完全准确——电力也以一种复杂的方式依赖于电荷的运动。运动电荷之间的作用力,有一部分我们称之为磁力,事实上,它是电效应的一个方面。这也是为什么要把这一课题叫作“电磁学”的缘故。

由于存在着一个重要的普遍原理,因而有可能以相对简单的方式来处理电磁力。我们从实验发现,作用于某一特定电荷上的力——不管其他电荷的数量和运动方式如何——只取决于该特定电荷的位置、速度以及所带的电荷量。我们可把作用于一个以速度 $\boldsymbol{v}$ 运动的电荷 q 上的力 $\boldsymbol{F}$ 写成:

$$\boldsymbol{F} = q(\boldsymbol{E} + \boldsymbol{v} \times \boldsymbol{B}). \tag{1.1}$$

式中 $\boldsymbol{E}$ 和 $\boldsymbol{B}$ 分别叫作电荷所在处的电场和磁场。重要的是,来自宇宙中所有其他电荷的力都可用刚才给出的这两个矢量叠加而成。它们的值将取决于这一电荷位于何处,并且可能随时间而改变。此外,如果我们用另一个电荷来代替该电荷,只要世界上所有其他电荷都不改变其位置和运动,则作用于这一新电荷上的力恰好与其电荷量成正比。当然,在实际情况中，每一电荷对邻近的所有其他电荷都产生力，从而可能引起这些电荷运动。所以在某些情况下，如果我们用另一个电荷来代替该特定电荷，则场可能改变。

我们从第 1 卷已经懂得若知道了作用在一个质点上的力，应怎样去求出该质点的运动。可以把式(1.1)和运动方程相结合而得出：

$$\frac{d}{dt}\left[\frac{m\boldsymbol{v}}{(1-v^2/c^2)^{1/2}}\right]=\boldsymbol{F}=q(\boldsymbol{E}+\boldsymbol{v}\times\boldsymbol{B}). \tag{1.2}$$

因此若 $\boldsymbol{E}$ 和 $\boldsymbol{B}$ 已知，则可以求得运动。现在我们需要弄清楚 $\boldsymbol{E}$ 和 $\boldsymbol{B}$ 是怎样产生的。

关于电磁场产生方法最重要的简化原理之一是：假设若干个以某种方式运动的电荷产生一个场 $\boldsymbol{E}_1$，而另一组电荷产生场 $\boldsymbol{E}_2$，而这两组电荷同时被置于原来的位置(保持它们被分别考虑时具有的相同的位置和相同的运动)，那么所产生的场恰好是两个场的和，即

$$\boldsymbol{E}=\boldsymbol{E}_1+\boldsymbol{E}_2. \tag{1.3}$$

这一个事实称为场的叠加原理。这原理也适用于磁场。

这一原理意味着，如果知道了关于以任意方式运动的单个电荷所产生的电场和磁场的规律，那么所有电动力学的规律就告齐全了。如果我们想要知道作用于电荷 A 上的力，就只需算出由 B, C, D 等各电荷所产生的 $\boldsymbol{E}$ 和 $\boldsymbol{B}$，然后把所有电荷产生的 $\boldsymbol{E}$ 和 $\boldsymbol{B}$ 分别相加而求得总场，再从这两个总场求得作用于电荷 A 的力。只要结果证明，由单个电荷产生的场很简单，那么这就是描写电动力学规律的最简洁方法。可惜，我们已给出了这一定律的描述(第 1 卷第 28 章)，那是相当复杂的。

事实证明，电动力学规律在其中最为简单的那一种形式，并非人们可以期望的。要写出一个电荷对另一个电荷所产生的力的公式，并非那么容易。的确，当电荷静止不动时，库仑力的定律是十分简单的。但当电荷运动时，由于时间上的延迟和加速度的影响以及其他一些缘故，关系就变得复杂了。因此，我们并不希望仅仅凭作用于各电荷间的力的规律来介绍电动力学；而发现更方便的是去考虑另一个观点——那是电动力学规律表现得最易于处理的一种观点。

§1-2 电 场 和 磁 场

首先，我们必须对电和磁矢量即 $\boldsymbol{E}$ 和 $\boldsymbol{B}$ 的概念稍做推广。依据一个电荷所感受到的力，我们已对 $\boldsymbol{E}$ 和 $\boldsymbol{B}$ 下了定义。现在我们想要谈谈即使没有电荷存在的某一点的电场和磁场。实际上，既然有力“作用在”电荷上，则当电荷移去时，那里仍存在“某种东西”。如果位于点(x, y, z)上的电荷、在时刻 t 感受到由式(1.1)所给出的力 $\boldsymbol{F}$，则我们便可以把矢量 $\boldsymbol{E}$ 和 $\boldsymbol{B}$ 与空间中该点(x, y, z)联系起来。可以认为 $\boldsymbol{E}(x, y, z, t)$和 $\boldsymbol{B}(x, y, z, t)$给出了力，即可被位于$(x, y, z)$点的电荷、在时刻 t 体验到那个力，同时满足这样一个条件：在那里放置该电荷，并不扰动产生这场的所有其他电荷的位置或运动。

根据这一概念，我们把空间中每一点(x, y, z)与两个矢量 $\boldsymbol{E}$ 和 $\boldsymbol{B}$ 相联系，它们也可能会随时间而改变，于是，电场和磁场就可视作 x, y, z 和 t 的矢量函数。既然一个矢量由其各分量所确定，所以场 $\boldsymbol{E}$ 和 $\boldsymbol{B}$ 都分别代表了 x, y, z 和 t 的三个数学函数。

正因为 $\boldsymbol{E}$(或 $\boldsymbol{B}$)可以在空间每一点被规定下来，所以它才被称为“场”。所谓“场”，就是

在空间不同点上会取不同值的一种物理量。例如,温度就是一种场——在这一情况下是一标量场,我们把它写成 $T(x, y, z)$。温度也可能随时间变化,那么我们应称温度场与时间有关,从而把它写成 $T(x, y, z, t)$。另一例为流动液体的"速度场",我们把时刻 t 空间每一点的液体速度写成 $\boldsymbol{v}(x, y, z, t)$,它是一个矢量场。

回到电磁场方面来,虽然它们是按复杂公式由电荷所产生的,但却具有如下重要特性:在空间一点的场值与一邻近点的场值之间存在十分简单的关系。仅凭几个以微分方程表达的这种关系,我们就能把场完整地描述出来。正是依靠这样的方程式,电动力学规律才得以被最简洁地写出。

曾有过种种发明,试图帮助人们把场的行为形象化。其中最正确也最抽象的一种是:仅认为场是位置与时间的数学函数。我们可以尝试通过在空间的许多点各画出一些矢量来获得一个关于场的思维图像,其中每一矢量给出该点场的强度和方向。这一表达方式如图 1-1 所示。另外,我们还可以进一步画出处处都与那些矢量相切的一些线,比如,这些线沿着那些箭头并跟踪着场的方向。当我们这样做时,就已丧失了矢量长度的痕迹,但可通过如下办法来记录场的强度即对于弱场把场线画得较疏,而对于强场则把场线画得较密。我们按惯例使通过垂直于线的每单位面积的线数与场强成正比。当然,这只是一种近似,一般说来,有时还需要在某处画一些新线以保持线数与场强相配。这样,图 1-1 所示的场就可由图 1-2 所示的场线来表示。

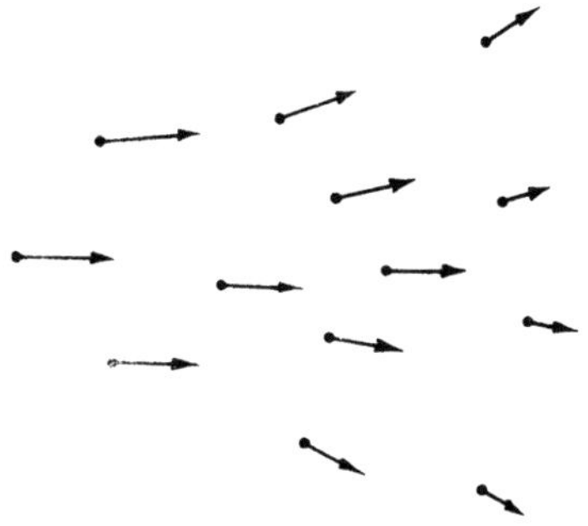

图 1-1 矢量场可用一组箭头来表示。每支箭头的大小和方向为所画箭头的那一点的矢量场之值

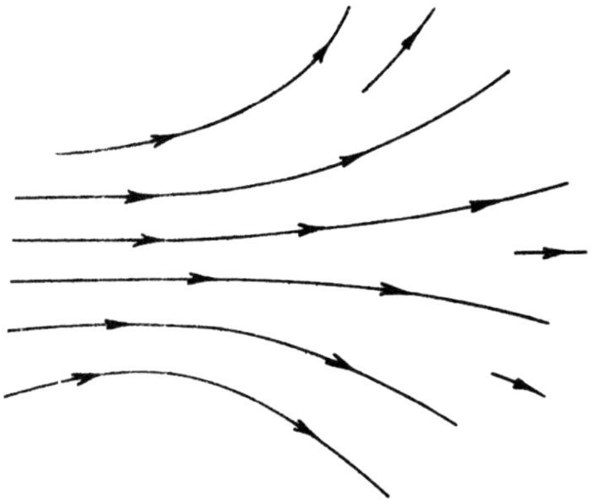

图 1-2 矢量场可用一些线来表示,这些线在每一点与场矢量的方向相切,而线的密度则与场矢量的大小成正比

§ 1-3 矢量场的特征

矢量场在数学上有两个重要性质,我们将利用它们从场的观点来描述电学定律。若我们想象某种闭合面,并试问是否有"某种东西"从里面流失;这就是说,该场是否有一个"流出"的量?例如,对于速度场,我们也许要问,该面上的速度是否总是向外,或更普遍地问,是否(每单位时间)流出的流体比流入的多。我们把单位时间流经该面的净流体量称为通过该面的"速度通量"。流经一个面积单元的流量恰好等于垂直该面积的速度分

量乘以该面积。对于任一个闭合面,净流出量(或通量)等于速度向外的法向分量的平均值乘以该闭合曲面的面积:

$$\text{通量} = (\text{平均法向分量}) \cdot (\text{曲面的面积})。 \tag{1.4}$$

在电场的情况下,我们可以在数学上定义与流出量相类似的东西,又称作通量,但这当然不是任何物质的流动,因为电场并不是任何东西的速度。然而,事实证明,场法向分量的平均值这个数学上的量仍有其实用意义。于是,我们来谈谈电通量——这也是由式(1.4)定义的。最后,不仅谈论通过一个完全闭合曲面的通量,而且还谈论通过任一个有边界的曲面的通量,这也是很有用处的。综上所述,通过这样一个面的通量被定义为矢量的法向分量的平均值乘以该曲面的面积。这些概念如图 1-3 所示。

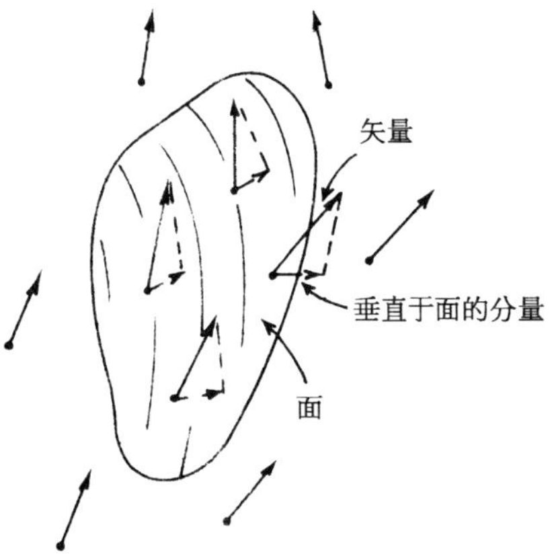

图 1-3 矢量场通过一个曲面的通量,定义为矢量的法向分量的平均值乘以该曲面的面积

矢量场还有第二个性质,它必须用一条曲线而不是用一个面才能得出。让我们再来回顾一下描写液体流动的速度场,也许会提出这样一个有趣的问题:该液体是否存在环流?我们所说的环流,是指是否有围绕某个环路的净旋转运动?如图 1-4 所示,假定除在一条口径均匀的环状闭合管子里的液体外,液体突然处处都被冻结了。也就是说,管外的液体都停止了流动,但由于被禁锢的流体内存在着动量(这就是说,围绕管子沿一个方向的动量大于沿另一个方向的动量),所以管内的液体仍可继续流动。我们把管内液体的有效速率乘以该管周长这个量定义为环流。我们再把上述概念加以引申,而定义任一矢量场的

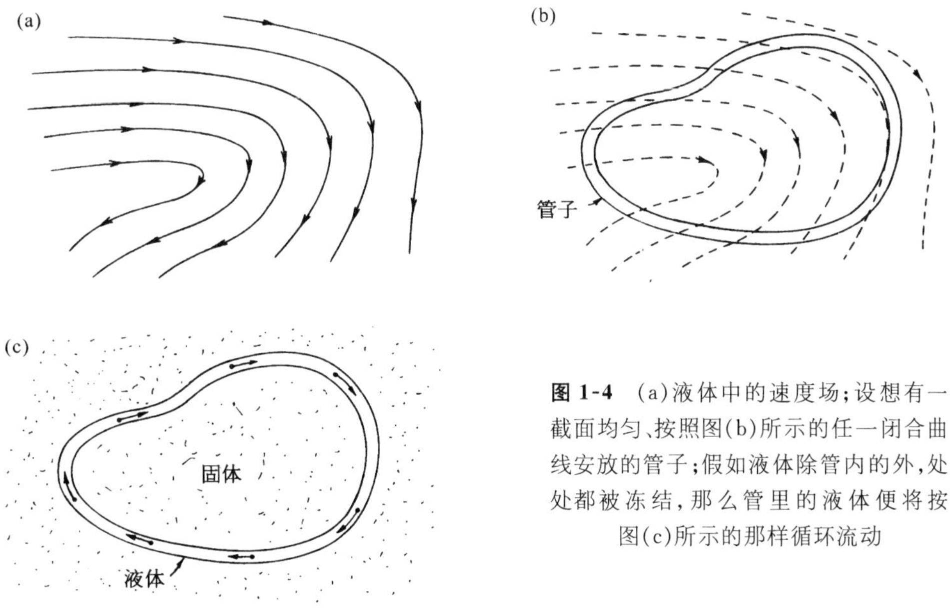

图 1-4 (a)液体中的速度场;设想有一截面均匀、按照图(b)所示的任一闭合曲线安放的管子;假如液体除管内的外,处处都被冻结,那么管里的液体便将按图(c)所示的那样循环流动

"环流"(即使没有任何东西在流动亦然)。对于任一矢量场,绕任一想象中的闭合曲线的环流可以定义为矢量(沿一致向指)的平均切向分量乘以该回路的周长(图 1-5),即

$$环流 = (平均切向分量)\cdot(绕行距离)。\tag{1.5}$$

你们将会看到,这一定义确实给出了一个正比于上述迅速被冻结的管子里的环流速度的数值。

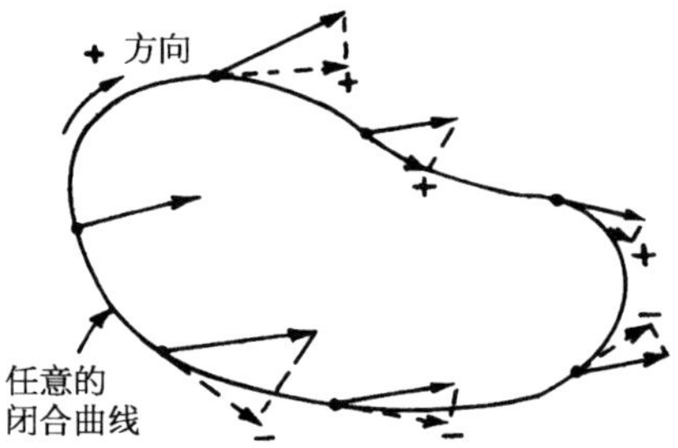

图 1-5 矢量场的环流等于矢量(沿一致向指)的切向分量平均值乘以该回路的周长

只要利用这两个概念——通量与环流——我们就能立即描述电学和磁学的所有定律。你可能不会一下子就理解其意义,但它们将给出有关电磁方面物理学基本描述方法的一些概念。

§ 1-4 电磁学定律

电磁学第一个定律对电场通量是这样描述的:

$$\boldsymbol{E}\text{ 通过任一闭合曲面的通量} = \frac{\text{曲面内的净电荷}}{\epsilon_0},\tag{1.6}$$

式中 ϵ_0 是一常数。如果在闭合曲面内没有电荷,即使在曲面外附近存在电荷,$\boldsymbol{E}$ 的法向分量的平均值仍然等于零,所以并没有净通量通过该曲面。为了证明这种表述是强有力的,只要再加上来自单个电荷的场是球对称的这个概念做准备,就可以证明式(1.6)与库仑定律是等同的。对于一个点电荷,我们做一个包围该电荷的球面,那么,平均法向分量就正好等于 $\boldsymbol{E}$ 在任一点的量值,因为这个场必定是径向的,并且在球面上的任一点具有相同的强度。现在法则讲,在球面上的电场乘以球面面积——即跑出去的通量——正比于球面内的电荷。要是使球的半径增大,则面积按半径的平方增加;电场的平均法向分量乘以该面积仍需等于球面内的电荷,因而该场必定随距离的平方减弱。这就得到了一个"负二次方的"场。

在空间如果我们有一条任意而不动的曲线,并测量电场绕该曲线的环流,那么将发现它一般不等于零(虽则对于库仑定律它为零)。更确切地说,对于电学还存在第二条定律,即对于任一以曲线 C 为边缘的(非闭合)曲面 S,

$$\boldsymbol{E}\text{ 绕 }C\text{ 的环流} = \frac{\mathrm{d}}{\mathrm{d}t}(\text{通过 }S\text{ 的 }\boldsymbol{B}\text{ 的通量})。\tag{1.7}$$

再写出下面两个有关磁场 $\boldsymbol{B}$ 的相应方程,我们就能完成电磁场的全部规律。

$$\boldsymbol{B}\text{ 通过任何闭合曲面的通量} = 0。\tag{1.8}$$

对于以曲线 C 为边界的曲面 S,

$$c^2(\boldsymbol{B}\text{ 绕 }C\text{ 的环流}) = \frac{\mathrm{d}}{\mathrm{d}t}(\text{通过 }S\text{ 的 }\boldsymbol{E}\text{ 的通量}) + \frac{\text{通过 }S\text{ 的电流通量}}{\epsilon_0}。\tag{1.9}$$

式(1.9)中出现的常数 c^2 为光速的平方,它之所以出现是由于磁实际上是电的一种相对论效应。至于插入常数 ϵ_0,则是为了方便地导出电流的单位。

式(1.6)~(1.9)以及式(1.1)都是电动力学的定律*。牛顿定律写起来虽然简单,但它会引出一大堆复杂的结果,而你要深入地学习就得花费很长时间。现在这些定律既然写起来就没有那么简单,那当然意味着其结果将更为复杂,所以我们将花大量时间才能把它们全部弄清楚。

通过做一系列小实验(这些实验在定性上表明电场和磁场的关系),我们就能验证某些电动力学定律。当你梳头时,将会对式(1.1)中的第一项有所体验,因而我们就不去证明这一项了。如图 1-6 所示,给悬挂在一条形磁铁上面的导线输入电流,式(1.1)中的第二项可得以演示。当电流接通时,导线由于受力 $\boldsymbol{F}=q\boldsymbol{v}\times\boldsymbol{B}$ 作用而发生了运动;当存在电流时,线里的电荷在运动,所以它们有一速度 $\boldsymbol{v}$,磁铁产生的磁场就会对它们施加作用力,结果把导线推向一旁。

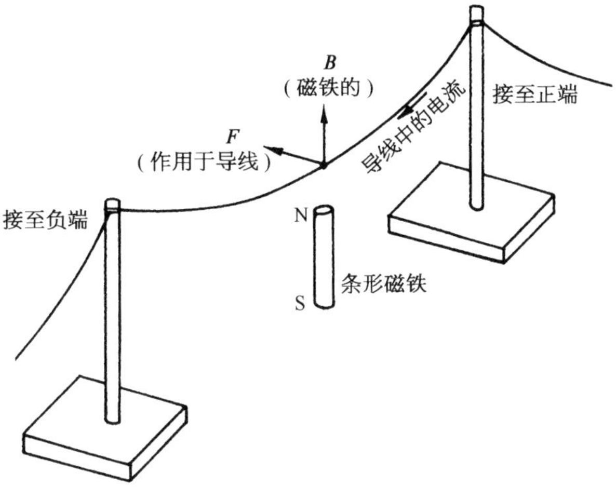

图 1-6 一条形磁铁在导线处给出了磁场 $\boldsymbol{B}$。当有电流沿导线流动时,该导线由于受力 $\boldsymbol{F}=q\boldsymbol{v}\times\boldsymbol{B}$ 的作用而运动

当导线被推向左边时,我们会预料到磁铁必定感受到被推向右边。否则就可将整套设备装在一辆车子上而构成一个动量不守恒的推进系统!虽然这力太小、不足以使磁铁的运动看得见,但被更加灵敏地支撑着的一根磁铁,比如像指南针那样,就会显现出运动来。

导线为什么会推磁铁呢?导线里的电流会产生它自身的磁场,从而施力于磁铁上。按照式(1.9)中的第二项,电流必有一个 $\boldsymbol{B}$ 的环流——在这种情况下,$\boldsymbol{B}$ 线就是环绕该导线的回路,如图 1-7 所示。作用于磁铁上的力,就是由这 $\boldsymbol{B}$ 产生的。

式(1.9)还告诉我们,对于通过导线的一个恒定电流,对围绕导线的任何曲线 $\boldsymbol{B}$ 的环流都相同。由于曲线——比方说是一圆周——距离导线越远,则其周长越长,$\boldsymbol{B}$ 的切向分量就必然减小。你可以看到,事实上我们该期待 $\boldsymbol{B}$ 随着离开长直导线的距离线性地减弱。

现在,我们已经说过,流经导线的电流会产生磁场;而当有磁场存在时,就有一力作用于载有电流的导线上。于是我们也预料到,如果用导线中的电流来产生磁场,则它会对另一载流导线施一作用力。这可由采用如图 1-8 所示的两根悬挂导线来做演示。当两电流同向时,两导线相吸;但当两电流方向相反时,它们将相斥。

---

* 我们仅需加上关于环流符号某些规定的说明。

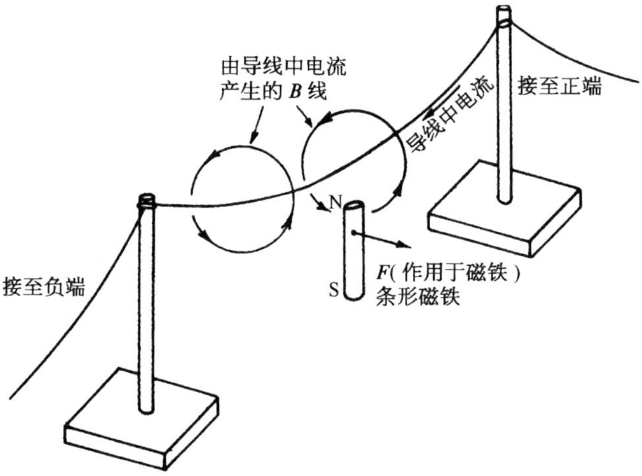

图 1-7 导线的磁场施力于磁铁

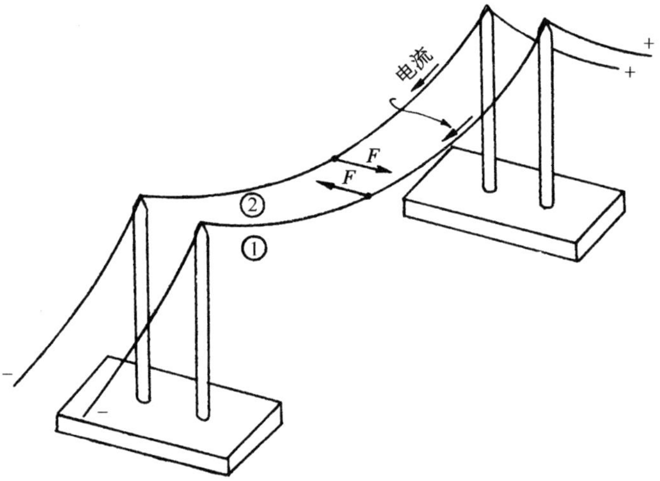

图 1-8 两条通电流的导线互相有力作用着

简言之,电流和磁铁均会产生磁场。且慢!试问磁铁究竟是什么?如果磁场是由运动电荷产生的,那么,来自一块磁铁的磁场是否有可能也是由于电流的原因呢?看来的确是这样。我们可以将实验中的条形磁铁用一个导电线圈来代替,如图 1-9 所示。当电流通过线圈——同时也有电流通过在线圈上面的那根直导线——时,我们便会观察到导线的运动与以前用磁铁而不用线圈时完全一样。换言之,线圈里的电流模仿了一块磁铁。因此,看来一块磁铁的作用就如同它含有一种永恒的环行电流一样。事实上,我们可以用铁原子中的恒定电流来理解磁铁。在图 1-7 中,作用在磁铁上的力就是由式(1.1)中的第二项引起的。

究竟这些电流是从哪里来的呢?一种可能来自原子轨道中电子的运动。实际上虽然对于某些材料来说这是正确的,但对铁来说却是不正确的。一个电子,除了在原子中环行之外,还绕它本身的轴旋转——有些像地球的自转——正是由于自旋所产生的电流才为铁提供了磁场(我们说"有些像地球的自转",是因为这一问题在量子力学中竟是那么奥妙,以致

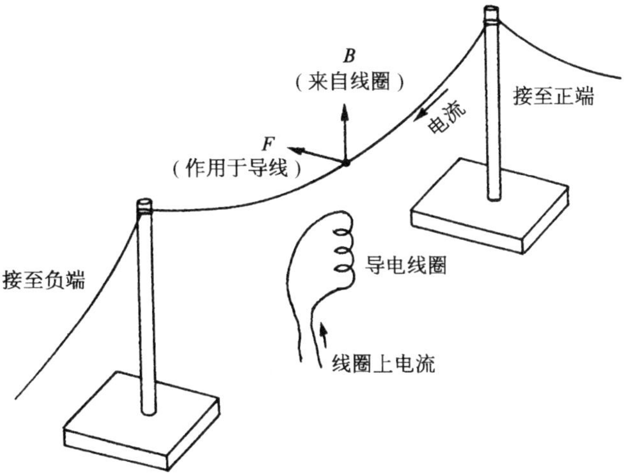

图 1-9 图 1-6 中的磁铁可用一个载流线圈来代替,有一相似的力作用在导线上

一些经典概念并不能真正恰当地描述这些事物)。在大多数物质中,有些电子这样自旋,另一些电子那样自旋,所以磁性互相抵消;可是在铁里——由于某个我们将在以后加以讨论的神秘原因——有许多电子却绕着它们的排列整齐的轴旋转着,这正是磁性的起源。

由于磁铁的场都是来自电流,所以我们无须因存在磁铁而在式(1.8)和(1.9)中引进任何额外的项。我们只要取所有的电流,包括自旋电子的环行电流,那么该定律就对了。但你亦应注意,式(1.8)说明不存在与出现在式(1.6)右边的电荷相类似的磁"荷"。没有人曾发现过磁荷。

式(1.9)右边的第一项是由麦克斯韦从理论上发现的,而且十分重要。它说明一个变化着的电场会产生磁场。事实上,若没有这一项,该方程便毫无意义。若无此项,则在一非完整的回路中便不会有电流。但正如我们在下述例子中将见到的这样的电流确实存在。设想一个由两块平行板构成的电容器,它正在充电,电流流向其中一极板而流出另一极板,如图1-10所示。若围绕着其中一条导线画一条曲线 C,并用一个被该导线贯穿的、如图中所示的 S_1 面来盖满这条曲线,按照式(1.9),$\boldsymbol{B}$ 绕 C 的环流由导线中的电流乘以 c^2 给出。可是若我

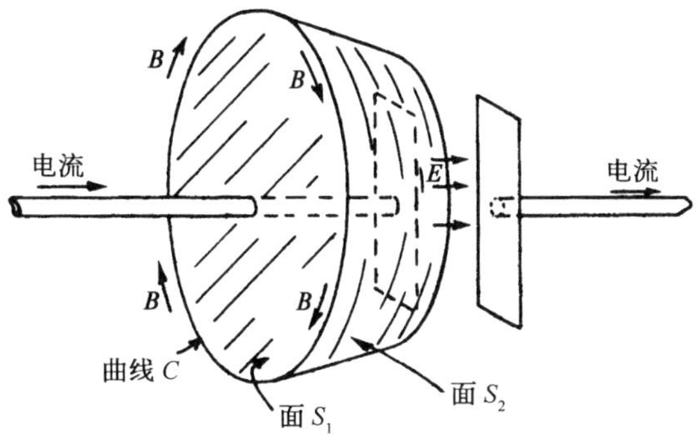

图 1-10 $\boldsymbol{B}$ 绕曲线 C 的环流,既可以由通过面 S_1 的电流给出,也可以由通过面 S_2 的 $\boldsymbol{E}$ 的通量变化率给出

们用另一个形状像碗、并通过电容器两板间、始终保持在导线外面的一个不同的曲面 S_2 来盖满,那又将怎样呢? 肯定不会有任何电流通过这一个曲面。然而,仅仅改变一下想象中的曲面位置,总绝不会改变一个实际的磁场吧! $\boldsymbol{B}$ 的环流必然和以前一样。是的,对于 S_1 和 S_2 两个面,式(1.9)右边的第一项和第二项相结合,确实会给出相同的结果。对于 S_2 来说,$\boldsymbol{B}$ 的环流由电容器两板间 $\boldsymbol{E}$ 的通量的变化率给出。可以通过计算证明,正在变化着的 $\boldsymbol{E}$ 与电流之间是用那种使式(1.9)保持正确所必需的方式相联系的。麦克斯韦看到了它的必要性,因而首先写出了完整方程。

采用图 1-6 所示的那种装置,我们可以演示另一个电磁学定律。将悬挂导线两端从电池上断开,接在一个电流计上,它会告诉我们何时有电流通过该导线。当在磁铁产生的磁场中向旁推动导线时,便会观察到电流。这样一个效应恰恰是式(1.1)的另一个结果——导线中的电子感受到了力 $\boldsymbol{F}=q\boldsymbol{v}\times\boldsymbol{B}$。电子之所以具有侧向速度,是因为它们随导线一起运动。这个 $\boldsymbol{v}$ 同来自磁铁的垂直方向的 $\boldsymbol{B}$ 一起产生了一个作用于电子上的、沿导线方向的力,此力引起电子向电流计运动。

然而,假定我们移动的不是导线而是磁铁,从相对性来讲,可猜测到这不应当产生任何差别。的确,我们在电流计中观察到一个相似电流。磁场怎么会产生作用于静止电荷上的力呢? 按照式(1.1)一定存在一个电场。一根运动的磁铁必定产生电场。这过程怎样发生,可以由式(1.7)定量地给予说明。这个方程描述了许多具有巨大实际价值的现象,诸如那些出现在发电机和变压器中的现象。

我们的方程组最引人注目的一个结果是,式(1.7)和(1.9)包含着关于在很大距离范围内的电磁辐射效应的解释。解释大致如下:假设由于导线里电流突然接通,就使得某处的磁场增大;于是,根据式(1.7)就必然存在一个电场的环流;当这建立起来的电场产生环流时,根据式(1.9)又一个磁的环流将形成;可是,这个磁场的建立又将产生一个新的电场环流……依此类推。就这样,场在通过空间前进时,除了在它们的发源处外,并不需要电荷或电流。这就是我们都能够互相看见的关键所在! 这一切都存在于电磁场的方程组中。

§1-5 场是什么

现在就我们对这一课题的看法讲几点意见。你也许会说:“所有这种关于通量和环流的概念太抽象了。由于空间每一点存在电场,所以才有这些‘定律’。但实际发生的情况是什么? 为什么你不能用(例如)有什么东西在电荷之间起作用来加以解释呢?”唔,这与你的偏见有关。许多物理学家经常说,中间没有任何东西的那种直接作用是不可思议的。(既然某一概念已经被想象出来,他们怎么能断定它是不可思议的呢?)他们会说:“看! 我们现在知道这种单独的力就是一个物体对另一个物体的直接作用。不可能存在一种无须由媒质来传递的力。”但当我们研究一个物体紧靠着另一个物体的“直接作用”时,真正发生的是什么呢? 我们发现,并不是一个物体紧靠着另一个物体,而是彼此稍微有点分开,而在微小尺度内有电力起着作用。这样,我们知道将要用电力的图像来解释所谓的直接接触作用。既然肌肉的推拉力将要用电力来加以说明,那么还试图坚持认为得把电力看成像那种古老的、大家所熟悉的肌肉推拉力,那肯定是不合理的! 唯一通情达理的问题是,什么才是看待电效应的最方便途径？有些人宁可把这些效应表达成在电荷间距的互作用，从而采用一个复杂定律。另外一些人则喜欢利用场线。他们老是画场线，而感到写出 **E** 和 **B** 则是太抽象了。然而，场线只不过是描写场的一种粗略的办法，要用场线直接给出那些正确而又定量的定律是很困难的。而且，场线概念并不含有电动力学最深刻的原理，即叠加原理。即使我们已知道了一组电荷的场线看起来是怎么回事，而另一组电荷的场线看来像什么，但当两组电荷同时存在时场线的图样究竟会怎么样，我们就毫无概念了。另一方面，从数学的观点看，叠加很容易——我们只需把两矢量相加起来。场线对于提供一个生动图像具有某种优点，可是也有一些缺点。当认为电荷处于静止状态时直接相互作用的想法固然有极大优点，但当涉及迅速运动的电荷时就具有一些重大缺点。

最好的办法是采用抽象的场概念。抽象虽然可惜，但却是必要的。尝试把电场用某种齿轮的运动、或用线、或用某种材料的张力来表示的企图所耗费的物理学家们的精力，比起仅仅获得电动力学的正确答案所必需的大概要多得多。有趣的是，关于晶体中的光的行为的正确方程已由麦卡洛于 1839 年得出。可是人们却对他说："是的，但没有任何实际物质其机械性能满足那些方程，而且由于光应当是在某种东西中的一种振动，所以我们不可能相信这个抽象的方程式。"要是人们稍微虚心一点，他们也许在早得多的时候就相信关于光的行为的正确方程了。

对于磁场的情况，我们可提出如下要点：假定你最后已能够成功地用某种线或某种通过空间运转的齿轮构成一幅关于磁场的图像；然后，你尝试说明两个以相同速率互相平行地在空间运动的电荷所发生的情况。既然它们在运动，那么它们就将起两个电流一样的作用，并会有磁场和它们联系在一起(就像图 1-8 中导线里的电流那样)。可是，一个跟随这两个电荷做曲线运动的观察者将会把它们看作是静止不动的，从而会说那里没有磁场。当你随同物体一道运动时，就连"齿轮"或"线"也都消失不见了！上面我们所做的只是为了想出一个新问题。那些齿轮怎么能消失呢？那些画场线的人们也陷入了同样的困境。不仅不能说明场线是否随着电荷一起运动，而且在某些参照系中这些场线可能完全消失。

于是，我们讲，磁性实际上是一种相对论效应。就我们刚才所考虑的两个做平行运动的电荷的情况来说，我们应期望对于它们的运动得用数量级为 v^2/c^2 的项来做相对论修正。这些修正应当与磁力相一致。但在我们的实验(图 1-8)中，出现于两根导线间的力是怎么回事呢？那里的磁力是全部磁力。这看来似乎不像是一种"相对论修正"。而且，倘若我们估计一下导线里电子的速度(你们可自行算出来)，则我们求得它们沿导线的平均速率约为 $0.01\ \mathrm{cm\,s^{-1}}$。所以 v^2/c^2 约等于 10^{-25}，这肯定是一个可以忽略的"修正"。可是不对！尽管在这一情况下，磁力仅等于两运动电荷的"正常"电力的 10^{-25} 倍，但应当记住，由于几乎完全中和——即由于导线里存在相同数目的质子和电子，"正常"电力已经完全消失了。由于中和的程度远较 $1/10^{25}$ 来得准确，从而那个我们称之为磁力的小小相对论项就是唯一剩下来的项，所以它变成了主要的项。

正是由于电效应几乎完全抵消，才使得相对论效应(即磁现象)受到研究，而其正确方程组——准确至 v^2/c^2——才被发现，虽则当时物理学家还不懂得发生的是什么事情。而这就是为什么当相对论被发现时，电磁学定律并不需要改变。它们——不像力学——已准确至 v^2/c^2 的精度了。

§1-6 科学技术中的电磁学

让我们指出下述事件来结束本章。希腊人所研究的许多种现象中有两种是十分奇特的:如果你擦擦琥珀,你就可用它来吸起一些小纸片;又有一种来自麦尼西亚(Magnesia)岛的奇怪石头会吸铁。这是为希腊人所知道的、电磁效应表现得很明显的、仅有的现象,想起就令人惊奇。之所以仅仅出现这两种现象,其原因主要在于早先提到的电荷间异常精确的中和作用。通过希腊人之后的科学家的研究,发现了一个又一个的新现象,而这些实际上都不过是这些琥珀和(或)磁石效应的某些方面而已。现在我们认识到,化学作用的现象、以及最终生命本身的现象都要用电磁学来加以理解。

在人们对电磁学这一课题的认识正在提高的同时,以往不敢去想象的一些技术上可能发生的事出现了,从而,下述这些事就成为可能:在超长距离之间通讯;同几英里外中间没有任何联线的另一个人说话;以及开动巨大的电力系统——一个巨大的水轮,用数百英里以上的细线与别的发动机相连接,该发动机随主轮而转动——无数支线在上万的地方与成万台发动机相连,开动着工厂和家庭中的机器——所有这些,都是由于电磁学定律的知识而运转起来的。

今天我们应用着更为精细的效应。电力既可巨大,也可以十分微小,而我们都能够控制它们,并在许多方面加以利用。我们的仪器是如此精密,以致某人对数百英里外的一根细小金属棒中的电子施以影响的同时,你就能说出他正在干什么。我们只要把该金属棒作为电视机的天线就可!

从人类历史的长远观点来看——例如过一万年之后回头来看——毫无疑问,在 19 世纪中发生的最有意义事件将被认为是麦克斯韦对电磁学定律的发现。与这一重大科学事件相比,同一个十年中发生的美国内战*,将降为一个地区性琐事而黯然失色。

---

* 美国内战也叫美国南北战争,1861 年开始至 1865 年结束。——译者注

第 2 章　矢量场的微分运算

§ 2-1　对物理学的理解

对物理学家来说，要有从不同观点去观察问题的能力。因为对实际物理问题的准确分析往往非常复杂，任何特定的物理情况都可能因过于复杂，以致不能直接通过解微分方程来进行分析。然而如果人们对于在不同情况下方程解的特性有某些了解，则对于一个系统的行为仍可以获得良好的概念。如场线、电容、电阻以及电感等概念，对此目的来说都是十分有用的。因此，我们将花不少时间对它们进行分析。通过分析，对于在不同电磁情况下会发生什么事情我们就会获得一种感觉。另一方面，例如像场线这类启发式模型，没有一种会对所有情况都是真正适用和准确的。只有一种表达定律的准确方式，那就是表示成微分方程。就我们所知微分方程具有两个优点，即它既是基本的，又是准确的。如果你已学习过那些微分方程，便可以经常复习查对，就不必重新学习了。

要了解在不同情况下会发生什么事情，将花费你一些时间。你不得不去求解方程。你每次解方程，都将对解的性质有所体会。为了把这些解牢记在心，利用场线及其他概念来研究解的意义也是有益的。这就是你将真正"理解"方程式的途径，也是数学和物理学的区别所在。数学家，或者很有数学头脑的人，在"研究"物理学的过程中往往由于看不见物理而误入歧途。他们说："看，这些微分方程——麦克斯韦方程组——就是电动力学的一切；物理学家已经承认，没有什么东西不包含在这些方程式之内。这些方程尽管复杂，但毕竟仅是一些数学方程式，要是我能在数学上对它们彻底理解，那我对物理学也就理解透彻了。"事实却并非如此。大凡抱着这种观点研究物理的数学家——也有过不少这样的人——往往对物理学的贡献不大，而实际上对数学的贡献也很可怜。他们之所以失败，是由于在现实世界里实际的物理情况是如此复杂，需要对方程式具有更为充分的理解。

真正理解一个方程式——即不仅在严格的数学意义上——意味着什么，狄拉克对此早就有所评述。他说："如果我没有实际解一个方程而对其解的特性已有一种估计办法，那我就懂得了该方程的意义。"因此，若我们无须实际解那个方程而对在给定情况下会发生什么便已有一种了解的办法，则我们便算"理解"了应用到这些情况上去的那个方程了。物理上的理解乃是一种完全非数学性、不精确和不严格的事，但对于一个物理学家来说却是绝对必需的。

通常，像这样一种课程是按照逐步阐明物理概念的方式——即从简单的情况开始逐渐过渡到越来越复杂的情况——来编排的。这就要求读者要不断忘记以前学过的东西——忘记在某些情况下正确、而在一般情况下却不正确的那些东西。例如，电力取决于距离的平方那一条"定律"就不是一贯正确的。所以我们在本书中更喜欢相反的途径。我们宁愿一开始就采用那些完整定律，然后回过头来把它们应用于一些简单情况，从而在前进过程中发展物理概念。这就是我们将要做的事情。

我们所采取的途径与历史的途径完全相反,人们在后一途径中通过实验获得知识,依靠实验来发展学科。但物理学这一学科在过去二百多年中是由一些非常有创造才能的人发展起来的,而当我们仅以有限时间去获得知识时,就不可能涉及他们曾经做过的每件事情。可惜,在这些讲课中可能会丢失的东西之一就是有关事件的历史及实验发展。希望某些不足在实验室中能够得到补偿。你也可以通过阅读《大英百科全书》来补充我们所不得不割爱的东西,那里载有很好关于电学及物理学其他部分历史的条目。你也会在有关电磁学的许多教科书中找到一些历史知识。

§2-2 标量场和矢量场——T 与 h

现在我们从电磁理论抽象的、数学的观点开始。目的是解释第1章中所给出的那些定律的意义。而为了做到这一点,必须首先对一种将要用到的、新的特殊符号加以解释。所以就让我们暂时忘却电磁学而讨论矢量场的数学。这不但对于电磁学而且对于所有物理情况都是十分重要的。正如通常微积分学对于所有物理部门都那么重要一样,矢量的微分学也是如此。我们就转到这么一个科目上来吧。

下面列举一些来自矢量代数的等式,并假定你们都已知道了。

$$\boldsymbol{A}\cdot\boldsymbol{B}=\text{标量}=A_xB_x+A_yB_y+A_zB_z \tag{2.1}$$

$$\boldsymbol{A}\times\boldsymbol{B}=\text{矢量} \tag{2.2}$$

$$(\boldsymbol{A}\times\boldsymbol{B})_z=A_xB_y-A_yB_x$$

$$(\boldsymbol{A}\times\boldsymbol{B})_x=A_yB_z-A_zB_y$$

$$(\boldsymbol{A}\times\boldsymbol{B})_y=A_zB_x-A_xB_z$$

$$\boldsymbol{A}\times\boldsymbol{A}=0 \tag{2.3}$$

$$\boldsymbol{A}\cdot(\boldsymbol{A}\times\boldsymbol{B})=0 \tag{2.4}$$

$$\boldsymbol{A}\cdot(\boldsymbol{B}\times\boldsymbol{C})=(\boldsymbol{A}\times\boldsymbol{B})\cdot\boldsymbol{C} \tag{2.5}$$

$$\boldsymbol{A}\times(\boldsymbol{B}\times\boldsymbol{C})=\boldsymbol{B}(\boldsymbol{A}\cdot\boldsymbol{C})-\boldsymbol{C}(\boldsymbol{A}\cdot\boldsymbol{B}) \tag{2.6}$$

我们也要用到从微分学方面得来的下列两个等式:

$$\Delta f(x,\ y,\ z)=\frac{\partial f}{\partial x}\Delta x+\frac{\partial f}{\partial y}\Delta y+\frac{\partial f}{\partial z}\Delta z; \tag{2.7}$$

$$\frac{\partial^2 f}{\partial x\partial y}=\frac{\partial^2 f}{\partial y\partial x}. \tag{2.8}$$

当然,第一个等式(2.7)只有在 $\Delta x,\ \Delta y,\ \Delta z$ 都趋于零的极限时才正确。

可能存在的最简单的物理场是标量场。你应当记得,我们所说的场是指取决于空间位置的一个量。所谓标量场,仅指每点由单一的数值——一个标量——标志的场。当然这个数值可随时间而变,但眼前我们还无须为此操心。我们将只谈论在某一给定时刻场看来是个什么样子。作为标量场的一个例子,试考虑一块固体材料,其中某些地方加热而另一些地方受冷,使得该物体的温度以一种复杂的方式逐点改变。于是温度将是在某直角坐标系中测得的空间位置$(x,\ y,\ z)$的函数,所以温度是一标量场。

考虑标量场的一种办法是去设想一些"等值面",即通过所有相同值的场点画成的想象中的面,正如在地图上那些由等高点连成的等高线一样。对于一个温度场来说,这些等值面被称为"等温面"或等温线。图 2-1 表示一温度场,并表明在 $z=0$ 处 T 对 x 和 y 的关系。在该图上画出了几条等温线。

还存在一种矢量场,概念也十分简单,就是在空间的每一点给出一个矢量,这个矢量逐点变化。作为一个例子,可考虑一个旋转物体。在任意点物体中物质的速度便是一个矢量,它是位置的函数(图 2-2)。作为第二个例子,考虑在一块材料里的热流。如果在材料中某处的温度较高另一处的温度较低,则热量就会从较热处流至较冷处。在材料中的不同位置热量将朝不同的方向流动。这一热流就是一个有方向的量,我们称其为 $\boldsymbol{h}$。它的大小是有多少热量在流动的量度。关于热流矢量的例子也如图 2-1 所示。

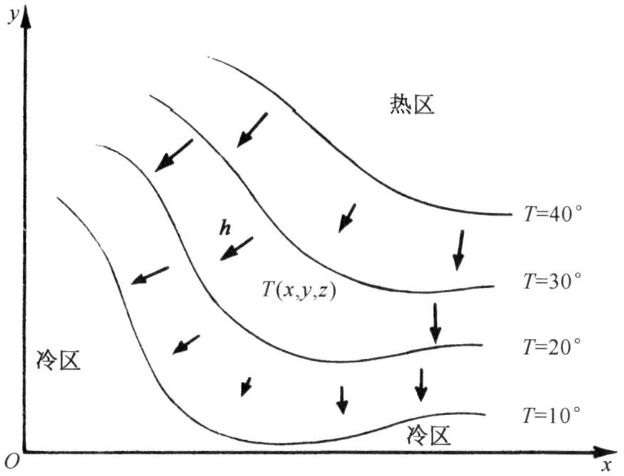

图 2-1　温度 T 是标量场的一个例子。与空间每一点(x, y, z)相联系的是一个数值 $T(x, y, z)$。处于标记着 $T=20°$ 的曲面(图中所示为 $z=0$ 处的一条曲线)上所有的点都有相同温度。箭头是热流矢量 $\boldsymbol{h}$ 的一些样品

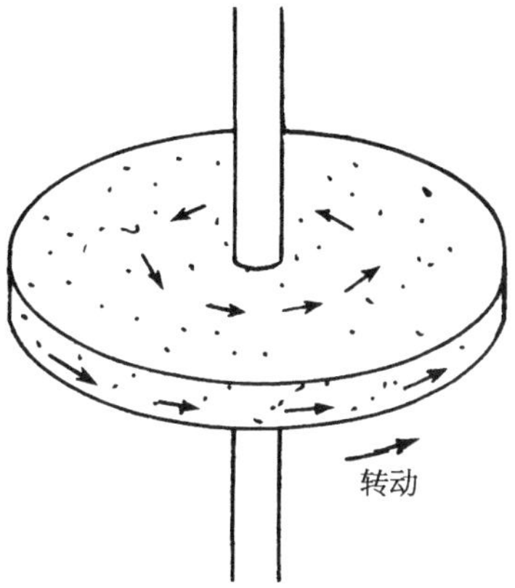

图 2-2　旋转物体中原子的速度是矢量场的一个例子

让我们对 $\boldsymbol{h}$ 下一个更准确的定义:热流矢量在一点的大小就是在单位时间内通过垂直于流动方向的无限小面积元上单位面积的热能。这个矢量指向热量流动的方向(见图2-3)。用符号表示为:若 ΔJ 为单位时间内通过面积元 Δa 的热能,则

$$\boldsymbol{h}=\frac{\Delta J}{\Delta a}\boldsymbol{e}_f, \tag{2.9}$$

式中 $\boldsymbol{e}_f$是沿流动方向的单位矢量。

矢量 $\boldsymbol{h}$ 也可按另一种方式——用它的分量——来下定义。我们试问,有多少热量会通过一个与流动方向成任意角度的小面积。在图 2-4 中,我们表示一个小面积元 Δa_2 与垂直于热流的另一个小面积元 Δa_1 相倾斜。单位矢量 $\boldsymbol{n}$ 与面积元 Δa_2 垂直。$\boldsymbol{n}$ 与 $\boldsymbol{h}$ 之间的夹角就等于两个面积元之间的角度(因为 $\boldsymbol{h}$ 垂直于 Δa_1)。那么,每单位时间内通过 Δa_2 的热量有多少呢?通过 Δa_2 的热量就等于通过 Δa_1 的,只不过面积不同罢了。事实上,$\Delta a_1=\Delta a_2\cos\theta$。因此,通过 Δa_2 的热流为

$$\frac{\Delta J}{\Delta a_2}=\frac{\Delta J}{\Delta a_1}\cos\theta=\boldsymbol{h}\cdot\boldsymbol{n}. \tag{2.10}$$

我们对此式加以说明:通过单位法线为 $\boldsymbol{n}$ 的任何面积元的热流(单位时间、单位面积)为 $\boldsymbol{h}\cdot\boldsymbol{n}$。同样可以说:垂直于面积元 Δa_2 的热流分量为 $\boldsymbol{h}\cdot\boldsymbol{n}$。如果愿意,也可以认为这些说法定义了 $\boldsymbol{h}$。我们也将把这些相同概念应用于其他矢量场。

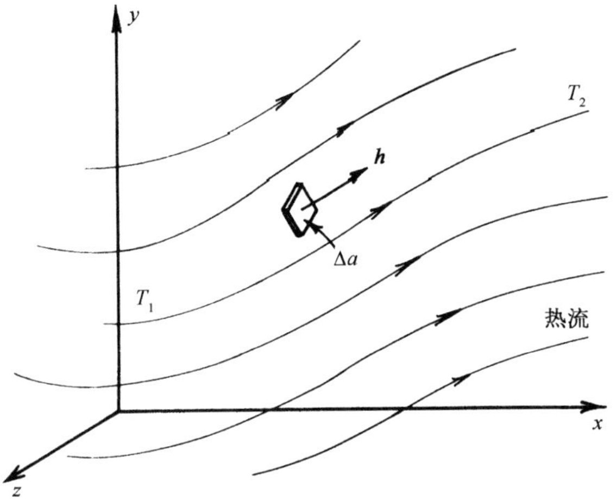

图 2-3 热流是一种矢量场。矢量 $\boldsymbol{h}$ 指向热量流动的方向。它的大小则是单位时间内流过垂直于流动方向的面积元的能量除以该面元的面积

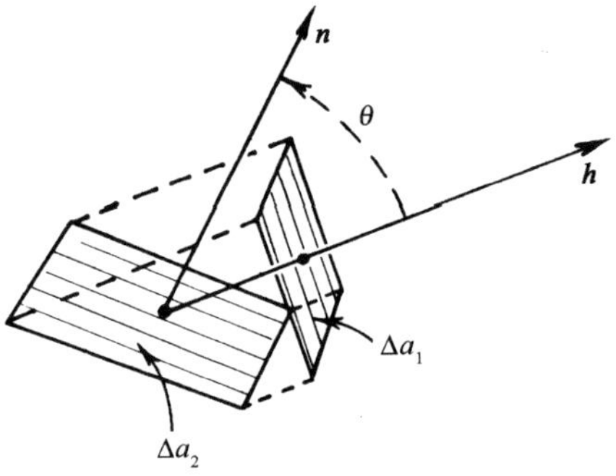

图 2-4 流经 Δa_2 的热量与流经 Δa_1 的相同

§2-3 场的微商——梯度

当场随时间变化时,可通过给出场对时间的微商加以描述。我们希望用同样办法来描述场对位置的变化,因为对于例如在一点的温度与在邻近一点的温度间的关系,我们是感兴趣的。怎样求温度对位置的微商呢?我们求温度对 x 的微商吗?还是对 y,或是对 z?

有用的物理定律应当不依赖于坐标系的取向。因此,它们应被写成两边都是标量或两边都是矢量的一种形式。一个标量场的微商,比如说 $\partial T/\partial x$,究竟是什么呢?是标量、矢量,还是其他什么东西?它既不是标量,也不是矢量,因为正如你能容易领会的,假如我们取不同的 x 轴,$\partial T/\partial x$ 肯定会不同。可是要注意,微商可能有三个:$\partial T/\partial x$, $\partial T/\partial y$ 和 $\partial T/\partial z$。由于有这三个微商,而我们又知道要形成一矢量需要三个数,也许这三个微商就是一个矢量的分量:

$$\left(\frac{\partial T}{\partial x},\ \frac{\partial T}{\partial y},\ \frac{\partial T}{\partial z}\right)\stackrel{?}{=}\text{矢量。}\tag{2.11}$$

当然,一般并非任何三个数都能构成为一矢量。只有当我们旋转坐标系,矢量的各个分量按照正确的方式变换时,这才成立。所以需要分析坐标系旋转时,这些微商究竟是如何变换的。我们将证明式(2.11)确实是一个矢量。当坐标系转动时,这些微商的确按正确的方式变换。

我们可用几种方法来看这个问题。一个方法是,提一个答案与坐标系无关的问题,并尝试用“不变量”的形式来表示这一答案。例如,若 $S=\boldsymbol{A}\cdot\boldsymbol{B}$,而且若 $\boldsymbol{A}$ 和 $\boldsymbol{B}$ 都是矢量,则我们知道——因为我们已在第 1 卷第 11 章中加以证明——S 是一个标量。无须研究它是否

会随坐标系改变而改变，我们就已知道 S 是一个标量，因为它是两个矢量的标积，所以它不可能改变。与此相仿，如果我们有三个数 B_1, B_2, B_3，并且对每一个矢量 $\boldsymbol{A}$ 都能找出

$$A_xB_1 + A_yB_2 + A_zB_3 = S, \tag{2.12}$$

式中 S 对于任何坐标系都相同。那么，这三个数 B_1, B_2, B_3 必定是某一矢量 $\boldsymbol{B}$ 的分量 B_x, B_y, B_z。

现在让我们考虑温度场。假设取 P_1 和 P_2 两点，它们分开一小间距 $\Delta\boldsymbol{R}$。P_1 处的温度为 T_1 而 P_2 处的为 T_2，彼此间的差 $\Delta T = T_2 - T_1$。在这些实际的物理点，温度肯定与为测量其坐标而选取的各坐标轴无关。尤其是，ΔT 为一个与坐标系无关的数值。所以它是一个标量。

如果我们选取一组方便的坐标轴，则能写出 $T_1 = T(x, y, z)$ 和 $T_2 = T(x+\Delta x, y+\Delta y, z+\Delta z)$，其中 Δx, Δy 和 Δz 是矢量 $\Delta\boldsymbol{R}$ 的分量(图 2-5)。记住式(2.7)，我们便可以写出：

$$\Delta T = \frac{\partial T}{\partial x}\Delta x + \frac{\partial T}{\partial y}\Delta y + \frac{\partial T}{\partial z}\Delta z. \tag{2.13}$$

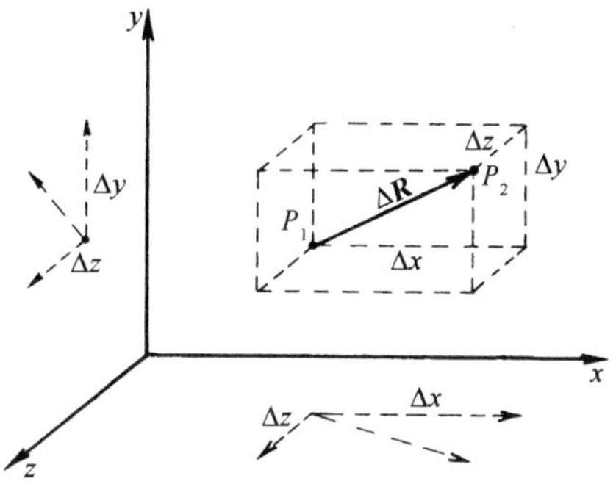

图 2-5 矢量 $\Delta\boldsymbol{R}$，其分量为 Δx, Δy 和 Δz

式(2.13)的左边是一个标量。右边是各含有 Δx, Δy 和 Δz(一个矢量的分量)的三个乘积之和。这样我们得出结论，这三个数值

$$\frac{\partial T}{\partial x}, \frac{\partial T}{\partial y}, \frac{\partial T}{\partial z}$$

也是一矢量的 x, y 和 z 分量。我们用符号 $\boldsymbol{\nabla}T$ 描写这个新矢量。这个符号 $\boldsymbol{\nabla}$ 是 Δ 的颠倒，这会使我们回忆起微分来。人们用各种不同方式来读 $\boldsymbol{\nabla}T$："del-T"，或"T 的梯度"，或"grad T"，

$$\text{grad } T = \boldsymbol{\nabla}T = \left(\frac{\partial T}{\partial x}, \frac{\partial T}{\partial y}, \frac{\partial T}{\partial z}\right)^{*}. \tag{2.14}$$

利用这个符号，可以把式(2.13)重写成一个更简洁的形式：

$$\Delta T = \boldsymbol{\nabla}T \cdot \Delta\boldsymbol{R}. \tag{2.15}$$

口头上这个式子说，两邻近点之间的温度差等于 T 的梯度与两点间位移矢量的点积。式(2.15)的形式也清楚地说明了上面我们关于 $\boldsymbol{\nabla}T$ 确是一个矢量的证明。

也许你还未相信吧！让我们用另一种办法来证明它(不过，如果你仔细加以考察，你可能会看到这实际上是兜一个更大圈子的同一种证法)。我们将证明，$\boldsymbol{\nabla}T$ 的分量会按照与 $\boldsymbol{R}$ 的分量完全相同的方式变换。如果它们的确是这样，则按照第 1 卷第 11 章里我们关于矢量的原来定义，$\boldsymbol{\nabla}T$ 就是一矢量。试取一个新坐标系 x', y', z'，并用这一新系统算出 $\partial T/\partial x'$, $\partial T/\partial y'$ 和 $\partial T/\partial z'$。为了使事情稍微简单些，我们令 $z = z'$，以便可以忘记 z 坐标。你尽可

---

* 在我们的符号中，表示式(a, b, c)代表一个具有分量 a, b 和 c 的矢量。如果你喜欢用单位矢量 $\boldsymbol{i}$, $\boldsymbol{j}$ 和 $\boldsymbol{k}$ 的话，那么可以写成：

$$\boldsymbol{\nabla}T = \boldsymbol{i}\frac{\partial T}{\partial x} + \boldsymbol{j}\frac{\partial T}{\partial y} + \boldsymbol{k}\frac{\partial T}{\partial z}.$$

以自己检验更普遍的情况。

我们取一个相对于 xy 系转过角度 θ 的 $x'y'$ 系，如图 2-6(a)所示。对于点(x, y),在加撇系统中其坐标为:

$$x' = x\cos\theta + y\sin\theta; \tag{2.16}$$

$$y' = -x\sin\theta + y\cos\theta. \tag{2.17}$$

或者,解出 x 和 y,则得:

$$x = x'\cos\theta - y'\sin\theta; \tag{2.18}$$

$$y = x'\sin\theta + y'\cos\theta. \tag{2.19}$$

如果任何一对数字在用这些方程进行变换时,其方式与 x 和 y 的变换方式一样,那么它们便是一个矢量的分量。

现在让我们来看看如图 2-6(b)所选取的两个邻近点 P_1 和 P_2 的温度差。若我们用 x 和 y 坐标来计算,则可以写成

$$\Delta T = \frac{\partial T}{\partial x}\Delta x, \tag{2.20}$$

因为 Δy 等于零。

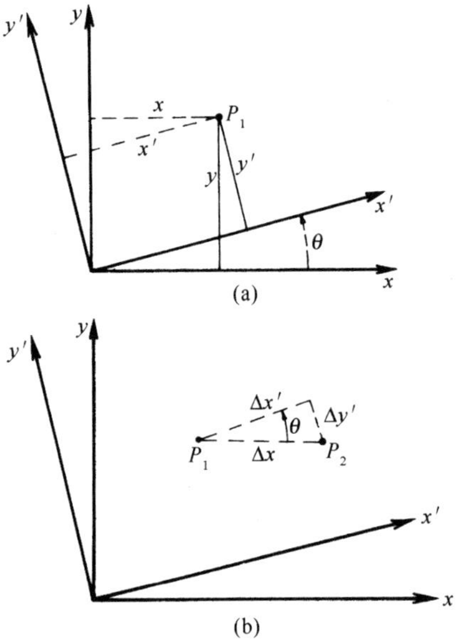

图 2-6 (a)变换到一个已转动了的坐标系上去;(b)间距 $\Delta\boldsymbol{R}$ 与 x 轴平行的一个特殊情况

在那个加撇的系统里进行计算,会得出个什么呢？我们应写成

$$\Delta T = \frac{\partial T}{\partial x'}\Delta x' + \frac{\partial T}{\partial y'}\Delta y'. \tag{2.21}$$

看一看图 2-6(b),即可知道

$$\Delta x' = \Delta x\cos\theta \tag{2.22}$$

和

$$\Delta y' = -\Delta x\sin\theta, \tag{2.23}$$

因为 Δx 为正时 $\Delta y'$为负。把这些代入式(2.21),得:

$$\Delta T = \frac{\partial T}{\partial x'}\Delta x\cos\theta - \frac{\partial T}{\partial y'}\Delta x\sin\theta \tag{2.24}$$

$$= \left(\frac{\partial T}{\partial x'}\cos\theta - \frac{\partial T}{\partial y'}\sin\theta\right)\Delta x. \tag{2.25}$$

比较式(2.25)和式(2.20),我们看到

$$\frac{\partial T}{\partial x} = \frac{\partial T}{\partial x'}\cos\theta - \frac{\partial T}{\partial y'}\sin\theta. \tag{2.26}$$

这个式说明:$\partial T/\partial x$ 可从$\partial T/\partial x'$和$\partial T/\partial y'$获得,正如同式(2.18)中的 x 可以从 x'和 y'获得那样。因此$\partial T/\partial x$ 就是一个矢量的 x 分量。同样的论据也可以证明,$\partial T/\partial y$ 和$\partial T/\partial z$分别为一个矢量的 y 和 z 分量。所以$\boldsymbol{\nabla}T$ 肯定是一个矢量,它是从标量场 T 导出

的一个矢量场。

§ 2-4 算 符 ∇

现在我们就能够做一件非常有趣而巧妙的事情——并且是使数学绚丽多彩的一些事物的标志。前面对 T 的梯度或∇T是一个矢量的论证，与我们究竟对哪一个标量场进行微分无关。假若 T 被任一标量场代替，所有论证可以同样进行。既然不管我们对什么求导，那些变换公式都相同，那么就可以略去 T 而由一个算符方程

$$\frac{\partial}{\partial x}=\frac{\partial}{\partial x'}\cos\theta-\frac{\partial}{\partial y'}\sin\theta \tag{2.27}$$

来代替式(2.26)，正如金斯(Jeans)曾经说过的那样，我们让算符“忙于对某事物求导”。

由于这些微分算符本身就已如同一个矢量的分量那样进行变换，所以我们可以称它们为一个矢量算符的分量，即可以写成：

$$\boldsymbol{\nabla}=\left(\frac{\partial}{\partial x},\frac{\partial}{\partial y},\frac{\partial}{\partial z}\right). \tag{2.28}$$

当然，它意味着

$$\nabla_x=\frac{\partial}{\partial x},\ \nabla_y=\frac{\partial}{\partial y},\ \nabla_z=\frac{\partial}{\partial z}. \tag{2.29}$$

我们已经把 T 去掉而使梯度抽象化了——这是一个绝妙的想法。

当然，你必须始终记住∇是个算符。它单独没有什么意义。如果∇本身没有什么意义，那么要是乘以一标量——比如 T——那乘积$T\nabla$又会有什么意义呢(我们总可以用一标量乘一矢量)？它仍然不具有什么意义。它的 x 分量是

$$T\frac{\partial}{\partial x}. \tag{2.30}$$

它不是一个数，而仍然是某种算符。然而，按照矢量代数，我们仍可以把 $T\nabla$称为一个矢量。

现在让我们在∇的另一边乘上一标量，使之形成乘积(∇T)。在普通代数中

$$T\boldsymbol{A}=\boldsymbol{A}T, \tag{2.31}$$

但我们得记住，算符代数稍有别于普通的矢量代数。用算符时，必须时刻保持正确顺序，以便使运算构成适当的意义。如果你真正记住了算符∇遵循与微商符号相同的惯例，那你就不会有任何困难。凡要求导的东西一定要放在∇的右边。这里，先后次序是重要的。

记牢了这个次序问题，我们就懂得 $T\nabla$是一个算符，但∇T 却不再是一个饥饿的算符，该算符已完全被满足了。并且它确实是一个有意义的物理矢量，代表 T 的空间变化率。∇T的 x 分量就是 T 在 x 方向上变化得多快。矢量∇T 的方向是什么？我们知道，T 在任一方向上的变化率等于∇T 在该方向的分量，参见式(2.15)，由此可以推知，∇T 的方向是它最大而可能存在的分量的方向——换句话说，是 T 变化得最快的方向。T 的梯度具有(在 T 处)最急剧上升的斜率的方向。

§2-5 ∇的运算

矢量算符∇,能否用作其他方面的代数运算?让我们尝试把它同一个矢量组合起来。可以通过点积来组合两个矢量,这可构成这样两种点积:

$$(\text{矢量})\cdot\nabla;\ \text{或}\nabla\cdot(\text{矢量}).$$

第一种还没有什么意义,因为它仍然是一个算符。最终的含意取决于它所运算的对象如何。第二种乘积则是某个标量场($\boldsymbol{A}\cdot\boldsymbol{B}$总是一个标量)。

让我们就用一个已知的矢量场、比如$\boldsymbol{h}$,来试试它与∇的点积吧。把它写成分量为:

$$\nabla\cdot\boldsymbol{h}=\nabla_x h_x+\nabla_y h_y+\nabla_z h_z \tag{2.32}$$

或

$$\nabla\cdot\boldsymbol{h}=\frac{\partial h_x}{\partial x}+\frac{\partial h_y}{\partial y}+\frac{\partial h_z}{\partial z}. \tag{2.33}$$

这个和式在坐标变换之下是不变的。假如我们选择一个不同的坐标系(通过加撇来表明),则我们会有*

$$\nabla'\cdot\boldsymbol{h}=\frac{\partial h_{x'}}{\partial x'}+\frac{\partial h_{y'}}{\partial y'}+\frac{\partial h_{z'}}{\partial z'}, \tag{2.34}$$

上式与式(2.33)尽管看起来不同,但所得的值相同。这就是说,对于在空间每一点,

$$\nabla'\cdot\boldsymbol{h}=\nabla\cdot\boldsymbol{h}. \tag{2.35}$$

因此,$\nabla\cdot\boldsymbol{h}$是一个标量场,它必定代表某个物理量。你会认识到,在$\nabla\cdot\boldsymbol{h}$中,各微商的组合方式相当特殊。此外,还有许多像$\partial h_y/\partial x$的其他各种组合,它们既不是标量,也不是矢量的分量。

标量$\nabla\cdot$(矢量)在物理学中非常有用。它的名称叫作散度。例如,

$$\nabla\cdot\boldsymbol{h}=\operatorname{div}\boldsymbol{h}=\text{“}\boldsymbol{h}\text{ 的散度”}. \tag{2.36}$$

就像在上面对∇T所做的那样,也可以赋予$\nabla\cdot\boldsymbol{h}$一个物理意义。然而,我们将把这项工作推迟到以后。

首先,我们希望看看,由矢量算符∇是否还能设计些别的什么。我们必然指望

$$\nabla\times\boldsymbol{h}=\text{一个矢量}. \tag{2.37}$$

它是一个矢量,其分量可按照有关叉积的通常规则[参见式(2.2)]写出:

$$(\nabla\times\boldsymbol{h})_z=\nabla_x h_y-\nabla_y h_x=\frac{\partial h_y}{\partial x}-\frac{\partial h_x}{\partial y}. \tag{2.38}$$

---

* 我们把$\boldsymbol{h}$设想成一个取决于空间位置的物理量,而不是把它设想成一个严格的含有三个变量的数学函数。当$\boldsymbol{h}$对于x, y, z或对于x', y', z'求微商时,$\boldsymbol{h}$的数学表达式就必须先表示为合适的变量的函数。

同理，

$$(\nabla\times\boldsymbol{h})_x=\nabla_y h_z-\nabla_z h_y=\frac{\partial h_z}{\partial y}-\frac{\partial h_y}{\partial z},\tag{2.39}$$

$$(\nabla\times\boldsymbol{h})_y=\nabla_z h_x-\nabla_x h_z=\frac{\partial h_x}{\partial z}-\frac{\partial h_z}{\partial x}.\tag{2.40}$$

组合$\nabla\times\boldsymbol{h}$称为“$\boldsymbol{h}$的旋度”，其命名原因及物理意义都将在以后讨论。综上所述，同∇的组合有三种：

$$\nabla T=\operatorname{grad}T=\text{矢量};$$

$$\nabla\cdot\boldsymbol{h}=\operatorname{div}\boldsymbol{h}=\text{标量};$$

$$\nabla\times\boldsymbol{h}=\operatorname{curl}\boldsymbol{h}=\text{矢量}.$$

利用这些组合，我们可以用一种常规的方法——一种并不依赖于任何特定坐标系的普遍方法——来写出关于场的空间变化。

作为对矢量微分算符∇应用的一个例子，我们写出一组矢量方程，它们包含着我们在第1章中口头上给出的相同的电磁学定律，它们被称为麦克斯韦方程组。

麦克斯韦方程组：

$$\begin{aligned}&(1)\ \nabla\cdot\boldsymbol{E}=\frac{\rho}{\epsilon_0};\\&(2)\ \nabla\times\boldsymbol{E}=-\frac{\partial\boldsymbol{B}}{\partial t};\\&(3)\ \nabla\cdot\boldsymbol{B}=0;\\&(4)\ c^2\,\nabla\times\boldsymbol{B}=\frac{\partial\boldsymbol{E}}{\partial t}+\frac{\boldsymbol{j}}{\epsilon_0}.\end{aligned}\tag{2.41}$$

式中，ρ为“电荷密度”，即单位体积的电量；$\boldsymbol{j}$为“电流密度”，即每秒通过单位面积的电荷流。这四个方程式包含了电磁场完整的经典理论。你们看到，采用这种新符号，我们可能得到多么优美而又简洁的形式！

§ 2-6　热流的微分方程

让我们举出用矢量符号描写物理定律的另一个例子。这一定律虽不十分精确，但对于金属和若干种导热的其他物质来说还是很准确的。你知道，如果取一厚片材料，将其一面加热至温度T_2，而另一面冷却至温度T_1，那么热量将通过材料从T_2流向T_1[图 2-7(a)]。热流将与板的面积成正比，也与温差成正比，而与板的厚度d成反比(对于给定的温差，板越薄热流就越大)。令J为单位时间通过那块板的热能，我们可以写成

$$J=\kappa(T_2-T_1)\frac{A}{d},\tag{2.42}$$

比例常数κ称为热导率。

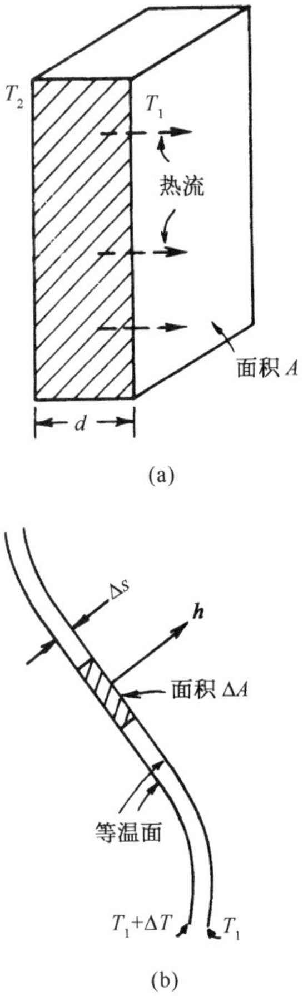

图 2-7 (a)通过一块板的热流;(b)在一大块材料中平行于等温面的一个无限小薄片

在一较复杂的情况中将会发生什么呢？比方说，在一块奇形怪状的材料中，温度以独特的方式变化。假设我们注意这块材料中的一小部分，并设想有一块在微小尺度上像图 2-7(a)那样的薄片。把这薄片旋转至与等温面平行的方向，像在图 2-7(b)中的情形，使得式(2.42)对于这一小片是正确的。

若这一薄片的面积为 ΔA，则每单位时间所流过的热量为

$$\Delta J = \kappa \Delta T \frac{\Delta A}{\Delta s}, \tag{2.43}$$

式中 Δs 是该薄片的厚度。我们已在前面把 $\Delta J/\Delta A$ 定义为 $\boldsymbol{h}$ 的大小，其方向则为热流方向。热流将从 $T_1 + \Delta T$ 流向 T_1，所以热流就应当垂直于如图 2-7(b)所画出的那些等温面。并且，$\Delta T/\Delta s$ 恰好就是 T 对位置的变化率。又由于位置变化垂直于等温面，所以这个 $\Delta T/\Delta s$ 便是最大变化率。因此，它恰好就是 ∇T 的大小。现在既然∇T 与 $\boldsymbol{h}$ 反向，所以可将式(2.43)写成一个矢量方程：

$$\boldsymbol{h} = -\kappa \nabla T, \tag{2.44}$$

负号是必需的，因为热量流向温度“下降”方向。式(2.44)是大块材料中热传导的微分方程。你看到，这是一个真正的矢量方程。如果 κ 仅仅是一个数，上式两边都是矢量。这是由矩形板的特殊关系[式(2.42)]推广至一任意情况的普遍化过程。我们以后还应该学习把所有像式(2.42)那样的基本物理关系用更为高级的矢量符号写出来。这种符号之所以有用，不仅是由于它会使方程看起来比较简单，而且它也无须参考任何自主选取的坐标系而最清楚地表明方程的物理内容。

§ 2-7 矢量场的二阶微商

迄今我们只有一阶微商。为什么就没有二阶微商呢？我们可以有下列几种组合：

$$\begin{aligned} &(a)\ \nabla \cdot (\nabla T);\\ &(b)\ \nabla \times (\nabla T);\\ &(c)\ \nabla(\nabla \cdot \boldsymbol{h});\\ &(d)\ \nabla \cdot (\nabla \times \boldsymbol{h});\\ &(e)\ \nabla \times (\nabla \times \boldsymbol{h}). \end{aligned} \tag{2.45}$$

你可以核实一下，这些全是可能的组合。

让我们首先看一看第二式(b)。与它相同的形式为

$$\boldsymbol{A} \times (\boldsymbol{A}T) = (\boldsymbol{A} \times \boldsymbol{A})T = 0,$$

因为 $\boldsymbol{A}\times\boldsymbol{A}$ 恒为零。因此,我们就有:

$$\operatorname{curl}(\operatorname{grad} T) = \boldsymbol{\nabla} \times (\boldsymbol{\nabla} T) = 0. \tag{2.46}$$

如果用分量来计算一遍,便可以看出这个式是怎样产生的:

$$[\boldsymbol{\nabla} \times (\boldsymbol{\nabla} T)]_z = \boldsymbol{\nabla}_x(\boldsymbol{\nabla} T)_y - \boldsymbol{\nabla}_y(\boldsymbol{\nabla} T)_x = \frac{\partial}{\partial x}\left(\frac{\partial T}{\partial y}\right) - \frac{\partial}{\partial y}\left(\frac{\partial T}{\partial x}\right), \tag{2.47}$$

上式等于零[根据式(2.8)]。对于其他分量也是如此。因此,对任何一种温度分布(实际上,对于任何标量函数),$\boldsymbol{\nabla} \times (\boldsymbol{\nabla} T) = 0$。

现在让我们举出另一个例子,看看能否找到别的等于零的等式。一个矢量与一个其中含有该矢量的矢积的点积为零,即

$$\boldsymbol{A} \cdot (\boldsymbol{A} \times \boldsymbol{B}) = 0, \tag{2.48}$$

因为 $\boldsymbol{A}\times\boldsymbol{B}$ 垂直于 $\boldsymbol{A}$,所以在 $\boldsymbol{A}$ 方向上就没有 $\boldsymbol{A}\times\boldsymbol{B}$ 的分量。与此相同的一种组合出现在式(2.45)的(d)中,因而我们有:

$$\boldsymbol{\nabla} \cdot (\boldsymbol{\nabla} \times \boldsymbol{h}) = \operatorname{div}(\operatorname{curl} \boldsymbol{h}) = 0. \tag{2.49}$$

此外,用分量进行运算来证明上式为零并不困难。

现在我们将不加证明地陈述两个数学定理。它们是物理学家已经知道的十分有趣而又有用的定理。

在一个物理问题中,我们经常发现某一个量——比如矢量场 $\boldsymbol{A}$——的旋度为零。如我们已由式(2.46)看到,一个梯度的旋度为零,这是很容易记住的,因为这种情形是矢量造成的。于是,有可能肯定 $\boldsymbol{A}$ 是某一个量的梯度,这样它的旋度才必然等于零。这个有趣的定理说明,如果 $\operatorname{curl}\boldsymbol{A}$ 等于零,则 $\boldsymbol{A}$ 总是某种东西的梯度——存在某一标量场 ψ 使得 $\boldsymbol{A}$ 等于 $\operatorname{grad}\psi$。换句话说,我们有

定理:

$$\text{如果}\quad \boldsymbol{\nabla} \times \boldsymbol{A} = 0,$$
$$\text{就有一个}\ \psi$$
$$\text{使得}\quad \boldsymbol{A} = \boldsymbol{\nabla}\psi. \tag{2.50}$$

若 $\boldsymbol{A}$ 的散度为零,则有一个相似的定理。我们已从式(2.49)看到,某个矢量旋度的散度总是零。如果你遇到 $\operatorname{div}\boldsymbol{D}$ 为零的一个矢量场 $\boldsymbol{D}$,那你就可以得出结论,$\boldsymbol{D}$ 是某个矢量场 $\boldsymbol{C}$ 的旋度。

定理:

$$\text{如果}\quad \boldsymbol{\nabla} \cdot \boldsymbol{D} = 0,$$
$$\text{就有一个}\ \boldsymbol{C}$$
$$\text{使得}\quad \boldsymbol{D} = \boldsymbol{\nabla} \times \boldsymbol{C}. \tag{2.51}$$

在考察两个$\boldsymbol{\nabla}$算符的可能组合中,我们已经找出其中有两种组合总是等于零。现在来

看看那些不等于零的组合。取出表上所列的第一个组合$\nabla\cdot(\nabla T)$。我们把它写成分量式:

$$\nabla T=(\nabla_x T,\ \nabla_y T,\ \nabla_z T).$$

于是

$$\nabla\cdot(\nabla T)=\nabla_x(\nabla_x T)+\nabla_y(\nabla_y T)+\nabla_z(\nabla_z T)=\frac{\partial^2 T}{\partial x^2}+\frac{\partial^2 T}{\partial y^2}+\frac{\partial^2 T}{\partial z^2},\tag{2.52}$$

上式一般应给出某个数,它是一个标量场。

你看到,上式无须保留那个括号,因而在不会引起混乱的情况下它可以写成:

$$\nabla\cdot(\nabla T)=\nabla\cdot\nabla T=(\nabla\cdot\nabla)T=\nabla^2 T.\tag{2.53}$$

这里我们把∇^2看成一个新的算符。这是一个标量算符。由于它经常出现在物理学中,因而已被赋予一个专用名称,即拉普拉斯算符。

$$拉普拉斯算符=\nabla^2=\frac{\partial^2}{\partial x^2}+\frac{\partial^2}{\partial y^2}+\frac{\partial^2}{\partial z^2}.\tag{2.54}$$

由于拉普拉斯算符是一个标量算符,就可以用它来对一矢量进行运算——这意味着对在直角坐标系的每一个分量进行同一种运算:

$$\nabla^2\boldsymbol{h}=(\nabla^2 h_x,\ \nabla^2 h_y,\ \nabla^2 h_z).$$

让我们再来看另一个可能性:$\nabla\times(\nabla\times\boldsymbol{h})$,那是表(2.45)中的(e)。现在如果我们应用矢量等式(2.6):

$$\boldsymbol{A}\times(\boldsymbol{B}\times\boldsymbol{C})=\boldsymbol{B}(\boldsymbol{A}\cdot\boldsymbol{C})-\boldsymbol{C}(\boldsymbol{A}\cdot\boldsymbol{B}),\tag{2.55}$$

便可以把一个旋度的旋度写成不同的形式。为了使用这一公式,我们应当用算符∇来代替其中的$\boldsymbol{A}$和$\boldsymbol{B}$,并令$\boldsymbol{C}=\boldsymbol{h}$。这样就得到:

$$\nabla\times(\nabla\times\boldsymbol{h})=\nabla(\nabla\cdot\boldsymbol{h})-\boldsymbol{h}(\nabla\cdot\nabla)\cdots???$$

但请等一等!有点不对了。前两项不错,那都是矢量(算符被满足了),可是末项就不知会产生出什么东西来。它仍然是一个算符。麻烦在于我们曾经不够小心,以致不能保持各项的前后次序。然而,若你再看一看式(2.55),就会见到我们同样可以把它写成:

$$\boldsymbol{A}\times(\boldsymbol{B}\times\boldsymbol{C})=\boldsymbol{B}(\boldsymbol{A}\cdot\boldsymbol{C})-(\boldsymbol{A}\cdot\boldsymbol{B})\boldsymbol{C}.\tag{2.56}$$

这几项的次序看来要好些。现在在式(2.56)中做代换,便得:

$$\nabla\times(\nabla\times\boldsymbol{h})=\nabla(\nabla\cdot\boldsymbol{h})-(\nabla\cdot\nabla)\boldsymbol{h}.\tag{2.57}$$

这个形式看来不错。事实上,它是正确的,例如你可以通过计算分量给以证明。末项就是拉普拉斯算符,因而我们同样可以写成:

$$\nabla\times(\nabla\times\boldsymbol{h})=\nabla(\nabla\cdot\boldsymbol{h})-\nabla^2\boldsymbol{h}.\tag{2.58}$$

除了(c)$\nabla(\nabla\cdot\boldsymbol{h})$以外,我们对于表中的双$\nabla$的组合全都谈过一些了。它可能是一个矢量场,但却没有什么特殊情况可说的。那不过是偶尔会出现的一种矢量场罢了。

把我们的结论列成一表将很方便:

$$\text{(a)}\ \nabla\cdot(\nabla T)=\nabla^2 T=\text{标量场};$$

$$\text{(b)}\ \nabla\times(\nabla T)=0;$$

$$\text{(c)}\ \nabla(\nabla\cdot\boldsymbol{h})=\text{矢量场};$$

$$\text{(d)}\ \nabla\cdot(\nabla\times\boldsymbol{h})=0; \tag{2.59}$$

$$\text{(e)}\ \nabla\times(\nabla\times\boldsymbol{h})=\nabla(\nabla\cdot\boldsymbol{h})-\nabla^2\boldsymbol{h};$$

$$\text{(f)}\ (\nabla\cdot\nabla)\boldsymbol{h}=\nabla^2\boldsymbol{h}=\text{矢量场}.$$

你可能会注意到，我们从未试图发明一个新的矢量算符($\nabla\times\nabla$)。你看这是为什么？

§2-8　陷　　阱

我们正在把关于一般矢量代数的知识应用到算符∇的代数上来，可是必须当心，因为有可能误入歧途。存在两个即将提到的陷阱，虽然它们并不会出现于本课程中。对于含有两个标量函数 ψ 和 ϕ 的下列表示式：

$$(\nabla\psi)\times(\nabla\phi),$$

你该说些什么呢？你也许会说：它必然等于零，因为它恰巧像

$$(\boldsymbol{A}a)\times(\boldsymbol{A}b),$$

而两个相同矢量的叉积始终是零。但是在这个例子中两个算符∇却不相同！前一个算符作用于函数 ψ 上；而另一个则作用于一个不同的函数 ϕ 上。所以尽管所用的是同一个符号∇，但它们仍应被认为是不同的算符。很明显，$\nabla\psi$ 的方向取决于函数 ψ，因而它不大可能平行于$\nabla\phi$。因此，

$$(\nabla\psi)\times(\nabla\phi)\neq 0\quad(\text{一般地}).$$

幸而，我们今后无须用到这些表示式(刚才所说的不会改变这么一个事实，即对于任一标量场 ψ，$\nabla\times\nabla\psi=0$，因为这里两个∇是对同一函数的作用)。

第二号陷阱(在这门课程中我们没有必要去研究它)如下：当应用直角坐标系时这里提出的法则既简单而又美妙。比方，若有了$\nabla^2\boldsymbol{h}$，而希望获得它的 x 分量，那便是

$$(\nabla^2\boldsymbol{h})_x=\left(\frac{\partial^2}{\partial x^2}+\frac{\partial^2}{\partial y^2}+\frac{\partial^2}{\partial z^2}\right)h_x=\nabla^2 h_x. \tag{2.60}$$

但如果我们所要求的是$\nabla^2\boldsymbol{h}$ 的径向分量，则这同一个表式就不行了。$\nabla^2\boldsymbol{h}$ 的径向分量并不等于$\nabla^2 h_r$。原因是，如果我们同矢量代数打交道，矢量的方向就都是十分确定的。但当我们与矢量场打交道时，它们的方向则处处不同。如果我们试图用(比如说)极坐标来描述一个矢量场，则称为“径向”的那个方向便会逐点不同。因此，当我们开始对它的分量进行微分时，就会陷入一大堆麻烦之中。例如，甚至对一恒定不变的矢量场，它的径向分量仍然逐点变化。

坚持只用直角坐标系往往是最保险和最简单的做法，而且避免了麻烦，但有一个例外值

得一提:由于拉普拉斯算符∇^2 是一个标量,所以我们就可能在我们想要的任意坐标系(例如在极坐标系)中把它写出来;但由于它是一个微分算符,所以只可以把它用到其分量各保持在固定方向上——即在直角坐标上——的那些矢量。因此,当我们用分量来写出矢量微分方程时,就必须把矢量场全部用它们的 x, y, z 分量来表达。

第 3 章　矢量积分运算

§3-1　矢量积分；$\nabla\psi$ 的线积分

在第 2 章中，我们已找到对场进行微商的各种方法，结果有的得出矢量场，有的得出标量场。虽然我们曾导出许多不同公式，但从第 2 章所得的一切中可以归纳成一个法则：算符 $\partial/\partial x$，$\partial/\partial y$ 和 $\partial/\partial z$ 就是一个矢量算符 ∇ 的三个分量。现在我们希望对场的微商的意义获得某种理解，然后才会对矢量场方程的含义有更深的体会。

我们已讨论过梯度运算（∇ 作用于一标量上）的意义，现在将转到散度和旋度运算的意义上来。对于这些量的解释最好用某些矢量积分及与这些积分有关的方程来进行。可惜这些方程并不能通过某种简单的代入法从矢量代数中求得，因而只得将其当作新的东西来学习。在这些积分公式中，有一个实际上是不重要的，但其他两个则不是这样，我们将导出它们并解释其涵义。下面将要研究的方程其实都是数学定理，它们不但对于解释散度与旋度的意义及其内容将会有用，而且对从事一般的物理理论工作也同样有用。这些数学定理对于场的理论的作用，正如能量守恒定理对于质点力学的作用一样。像这类普遍定理对更深刻地理解物理学是很重要的。然而，你将发现，它们对于求解问题——除去那些最简单情况——用处并不很大。但令人高兴的是，在我们这一课程的开头，就有许多简单问题可用我们即将处理的三个积分公式来求解。可是，我们也将看到，当问题变得较困难时，就不能再用这些简单方法了。

首先着手处理涉及梯度的一个积分公式，这个关系式含有一个非常简单的概念。既然梯度代表一个场量的变化率，如果我们对这一变化率进行积分，则可能获得总的变化。假设有标量场 $\psi(x, y, z)$，在任意两点(1)和(2)处，函数 ψ 将分别取值 $\psi(1)$ 和 $\psi(2)$［我们采用一种方便的符号，用(2)代表点 (x_2, y_2, z_2)，而 $\psi(2)$ 意味着和 $\psi(x_2, y_2, z_2)$ 相同］。如果 Γ 是连接(1)和(2)两点间的任意曲线，如图 3-1 所示，则下述关系就是正确的。

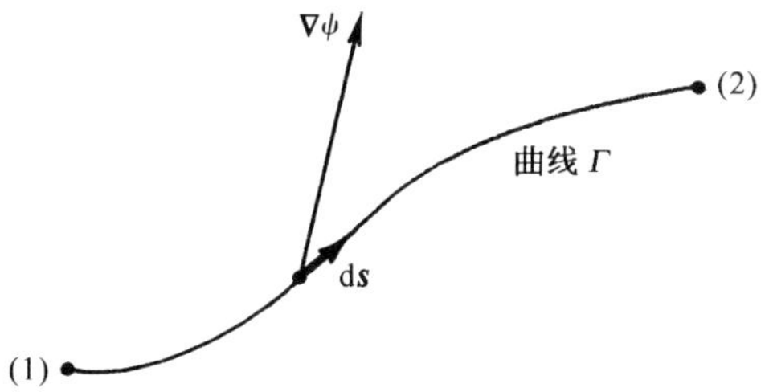

图 3-1　式(3.1)中的各项。矢量 $\nabla\psi$ 是在线元 ds 处计算出来的

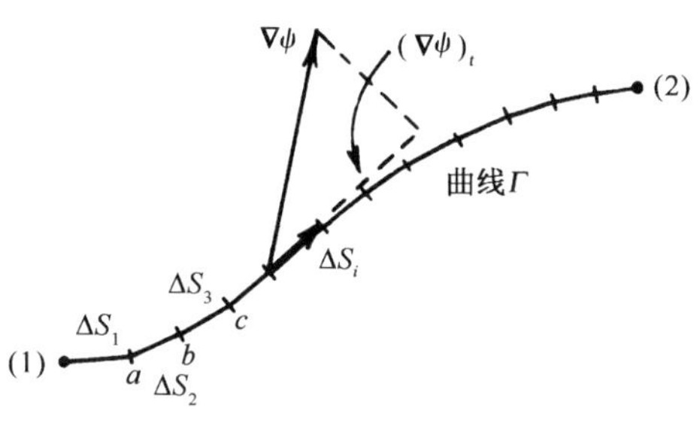

图 3-2　线积分是和的极限

定理 1:

$$\psi(2)-\psi(1)=\int_{\substack{(1)\\ \text{沿}\Gamma}}^{(2)}(\nabla\psi)\cdot d\boldsymbol{s}. \tag{3.1}$$

这个积分是一线积分,它是对矢量$\nabla\psi$和另一个代表沿曲线Γ的无限小线元的矢量 $d\boldsymbol{s}$[从点(1)指向点(2)]点积的积分,积分沿着由点(1)至点(2)的曲线Γ进行。

首先,我们应该复习一下线积分的含义是什么。试考虑一个标量函数 $f(x, y, z)$和一条连结(1)和(2)两点间的曲线Γ。在曲线上划分出许多点,再用直线段连接这些点,如图 3-2所示。每段具有长度 Δs_i,其中 i 是依次取 1, 2, 3 等值的下脚标。所谓线积分

$$\int_{\substack{(1)\\ \text{沿}\Gamma}}^{(2)} f\,ds,$$

是指这么一个和的极限:

$$\sum_i f_i \Delta s_i,$$

其中 f_i 是在第 i 段上的函数值。极限值就是当所分的段数越来越增加时(说得明显些,就是使最大的 $\Delta s_i \to 0$)这个和所趋近的数值。

在上述定理中的积分,即式(3.1),也是指同样的事,虽然看起来稍有不同。我们不用 f,而用另一个标量——$\nabla\psi$ 在 $\Delta\boldsymbol{s}$ 方向上的分量。如果我们把这一分量写成$(\nabla\psi)_t$,则很清楚,

$$(\nabla\psi)_t \Delta s=(\nabla\psi)\cdot\Delta\boldsymbol{s}. \tag{3.2}$$

式(3.1)中的积分就意味着对这种项求和。

现在让我们看看为什么式(3.1)是正确的。在第 2 章中,我们曾证明,$\nabla\psi$ 沿一小位移 $\Delta\boldsymbol{R}$ 的分量乃是 ψ 在 $\Delta\boldsymbol{R}$ 方向上的变化率。考虑图 3-2 中由点(1)至点(a)间的线段 $\Delta\boldsymbol{s}$,按照我们的定义,

$$\Delta\psi_1=\psi(a)-\psi(1)=(\nabla\psi)_1\cdot\Delta\boldsymbol{s}_1. \tag{3.3}$$

同样,我们有

$$\psi(b)-\psi(a)=(\nabla\psi)_2\cdot\Delta\boldsymbol{s}_2. \tag{3.4}$$

当然,上式中的$(\nabla\psi)_1$ 是指在线段 $\Delta\boldsymbol{s}_1$ 处计算出来的梯度,而$(\nabla\psi)_2$ 则是在 $\Delta\boldsymbol{s}_2$ 上计算出来的梯度。如果我们把式(3.3)和(3.4)相加,便得:

$$\psi(b)-\psi(1)=(\nabla\psi)_1\cdot\Delta\boldsymbol{s}_1+(\nabla\psi)_2\cdot\Delta\boldsymbol{s}_2. \tag{3.5}$$

你可以看到,若继续加进这样的项,就能获得结果:

$$\psi(2)-\psi(1)=\sum_i(\nabla\psi)_i\cdot\Delta\boldsymbol{s}_i. \tag{3.6}$$

左边并不与我们所选取的间隔有关——如果(1)和(2)两点始终保持固定不变的话——所以我们可以取右边的极限。这样,我们就已经证明了式(3.1)。

你可从上述的证明中看到,正如该等式并不依赖于点 a, b, c …如何选取,同样它也不依赖于我们所选取的用以连接(1)和(2)间的曲线Γ。对于由点(1)至点(2)间的任何曲线,我们的定理都是正确的。

关于符号的一点说明:你将会看到,如果为了方便而将上式写成

$$(\nabla\psi)\cdot d\boldsymbol{s}=\nabla\psi\cdot d\boldsymbol{s}, \tag{3.7}$$

将不致引起混乱。利用这一符号,上述定理为

定理 1:

$$\psi(2)-\psi(1)=\underset{\substack{\text{从(1)至(2)}\\\text{的任何曲线}}}{\int_{(1)}^{(2)}}\nabla\psi\cdot d\boldsymbol{s}. \tag{3.8}$$

§ 3-2 矢量场的通量

在讨论下一个积分定理——关于散度方面的定理——之前,我们想学习一下物理意义较明显的关于热流的某种概念。我们曾定义过矢量 $\boldsymbol{h}$,它代表单位时间内通过单位面积的热量。假设在一块材料内部,有一个包围着体积 V 的某闭合曲面 S(图 3-3)。我们希望求出从这个体积里流出去的热量有多少。当然,我们可以通过计算流出表面 S 的总热量来求得它。

我们用 da 记为一个面积元的面积,这符号代表一个二维微分,例如,若该面积碰巧处在 xy 面上,则应有

$$da=dxdy.$$

由于以后还将对体积进行积分,所以,为方便起见,考虑一个小立方体的微分体积。这样,当我们写出 dV 时,指的就是

$$dV=dxdydz.$$

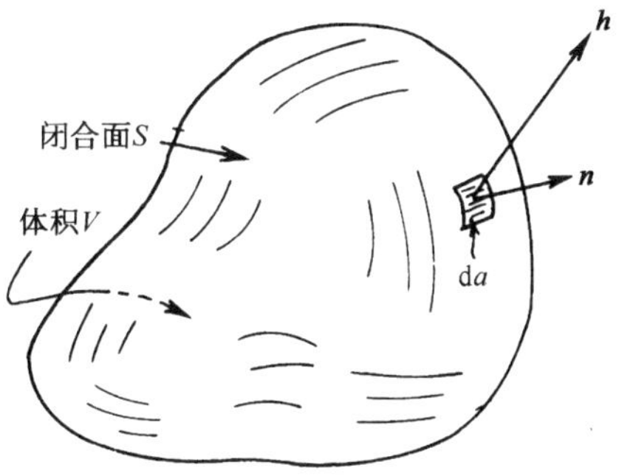

图 3-3 闭合面 S 规定了体积 V。单位矢量 $\boldsymbol{n}$ 是面积元 da 的外法线,而 $\boldsymbol{h}$ 则是该面积元处的热流矢量

有些人不喜欢写成 da,而喜欢写成 d^2a 以提醒人们注意那是一个二级量。他们同样不想用 dV 而要用 d^3V。我们则将采用那种较简单的符号,并假定你确能记住面积具有二维,而体积具有三维。

通过面积元 da 流出的热量等于该面积乘以垂直于 da 的 $\boldsymbol{h}$ 分量。我们已把 $\boldsymbol{n}$ 定义为与表面成直角而指向外的单位矢量(图 3-3)。希望得到的 $\boldsymbol{h}$ 分量为:

$$h_n=\boldsymbol{h}\cdot\boldsymbol{n}. \tag{3.9}$$

于是,通过 da 流出的热量为

$$\boldsymbol{h}\cdot\boldsymbol{n}da. \tag{3.10}$$

为了得到通过任意表面的总热量,我们对来自所有面积元的贡献求和。换句话说,将在整个表面对式(3.10)进行积分:

$$\text{通过 } S \text{ 向外流出的总热量}=\int_S\boldsymbol{h}\cdot\boldsymbol{n}da. \tag{3.11}$$

我们将把这个面积分称为“$\boldsymbol{h}$ 通过该表面的通量”。通量这个词的原有意义是流量,因而面积分恰好意味着 $\boldsymbol{h}$ 通过该表面的流量。可以认为:$\boldsymbol{h}$ 是热量流动的“流密度”,而它的面

积分则是指向表面外的总热量流,也就是单位时间流出的热能(每秒的焦耳数)。

我们希望把这一概念推广到矢量并不代表任何流动的东西那种情况。例如,它或许是电场。如果我们乐意的话,肯定也能对电场的法向分量在一个面上积分。尽管这并不是什么东西的流动,但我们仍称之为“通量”。我们说,

$$\boldsymbol{E}\text{ 通过曲面 }S\text{ 的通量}=\int_S \boldsymbol{E}\cdot\boldsymbol{n}\mathrm{d}a. \tag{3.12}$$

这就把“通量”这一词推广到指一矢量的“法向分量的面积分”了。即使所考虑的表面不是闭合的情况,我们也将使用同样的定义,就像这里讨论闭合面那样。

回到热流的特殊情况,让我们以热量守恒的情况为例。例如,设想有某件材料初始加热以后就不再有热量产生或吸收。于是,如有净热量从闭合表面流出去,则该体积内热的含量就一定会减少。所以,在这种情况下热量应该守恒,我们说:

$$\int_S \boldsymbol{h}\cdot\boldsymbol{n}\mathrm{d}a=-\frac{\mathrm{d}Q}{\mathrm{d}t}, \tag{3.13}$$

式中 Q 是表面 S 内的热量。从 S 面出来的热通量等于 S 面内总热量 Q 对于时间变化率的负值。这种解释是可行的,因为我们正在谈论热流,而且已假定热量是守恒的。当然,假如那时热量正在产生,则我们也许就不能谈论该体积内的总热量了。

现在我们要指出一个关于任意矢量的通量的有意义的事实。如果愿意,你可以认为这矢量是热流矢量,但我们所要讲的内容对任一矢量场 $\boldsymbol{C}$ 都将是正确的。设想有一包围体积 V 的闭合曲面 S,现用如图 3-4 所示的某种“截面”将体积分成两部分,我们就有两个闭合曲面和体积。体积 V_1 被曲面 S_1 包围,由原来表面的一部分 S_a 和截面 S_{ab} 构成。体积 V_2 被曲面 S_2 包围,由原来表面的其余部分 S_b 再加上截面 S_{ab} 构成。现在考虑下述问题:假设要计算通过曲面 S_1 的向外通量,再加上通过曲面 S_2 的向外通量。这个总和是否会等于通过开始时那个完整表面的通量呢?答案是肯定的。通过 S_1 和 S_2 所共有的 S_{ab} 面部分的通量恰好互相抵消。关于从 V_1 出来的矢量 $\boldsymbol{C}$ 的通量,我们可以写成:

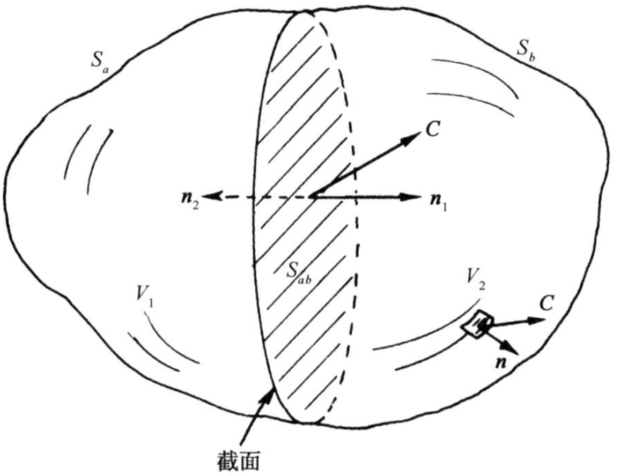

图 3-4 包围在 S 面内的体积 V 被一“截面”S_{ab} 分成两半。现在就有了包围在 $S_1=S_a+S_{ab}$ 面内的体积 V_1 和包围在 $S_2=S_b+S_{ab}$ 面内的体积 V_2

$$\text{通过 } S_1 \text{ 的通量} = \int_{S_a} \boldsymbol{C} \cdot \boldsymbol{n} \mathrm{d}a + \int_{S_{ab}} \boldsymbol{C} \cdot \boldsymbol{n}_1 \mathrm{d}a. \tag{3.14}$$

而从 V_2 流出的通量，则是：

$$\text{通过 } S_2 \text{ 的通量} = \int_{S_b} \boldsymbol{C} \cdot \boldsymbol{n} \mathrm{d}a + \int_{S_{ab}} \boldsymbol{C} \cdot \boldsymbol{n}_2 \mathrm{d}a. \tag{3.15}$$

注意！在这两个积分中，$\boldsymbol{n}_1$ 表示 S_{ab} 属于 S_1 时的外法线，而 $\boldsymbol{n}_2$ 则表示 S_{ab} 属于 S_2 时的外法线，分别如图 3-4 所示。显然，$\boldsymbol{n}_1 = -\boldsymbol{n}_2$，因而

$$\int_{S_{ab}} \boldsymbol{C} \cdot \boldsymbol{n}_1 \mathrm{d}a = -\int_{S_{ab}} \boldsymbol{C} \cdot \boldsymbol{n}_2 \mathrm{d}a. \tag{3.16}$$

现在若把式(3.14)和(3.15)相加，则通过 S_1 和 S_2 两通量之和恰好等于那两个积分之和，而把这两个积分合在一起，就给出通过原来的曲面 $S = S_a + S_b$ 的通量。

我们看到，通过整个外表面 S 的通量，总可以认为是该体积分成两部分后所得到的通量之和。还可以照样再分割下去——例如把 V_1 再分成两块，你会看到同样的论证仍然适用。因此，不管将原来体积按何种方式分割，普遍正确的结果应该是：由原来积分表示的、通过外表面的通量，等于出自内部所有各小块的通量之和。

§ 3-3　来自小立方体的通量；高斯定理

现在考虑一个小立方体*的特殊情况，并求出其通量的一个令人感兴趣的公式。设想各边与坐标轴平行而构成的一个立方体，如图 3-5 所示。假设最接近于原点的那个角点的坐标为(x, y, z)。令 Δx 为该立方体在 x 方向上的长度，Δy 为 y 方向的长度，而 Δz 为在 z 方向的长度。希望求出矢量场 $\boldsymbol{C}$ 通过该立方体表面的通量，这将由算出通过小立方体每个面的通量之和而获得。首先，考虑图中标明为 1 的面。在这个面上，向外的通量等于 $\boldsymbol{C}$ 的 x 分量的负值对该面面积的积分。这个通量为

$$-\int C_x \mathrm{d}y \mathrm{d}z.$$

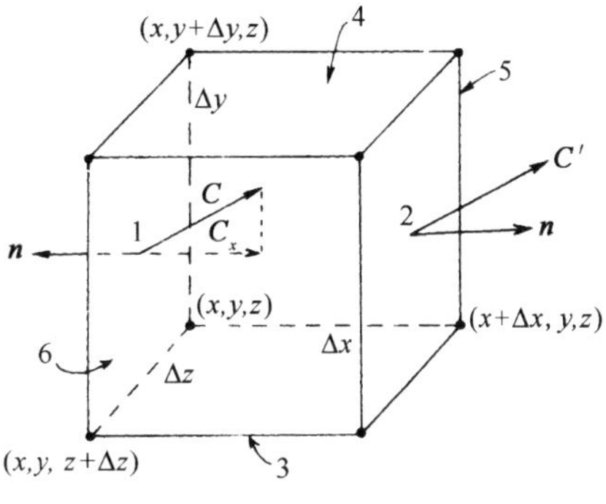

图 3-5　来自一小立方体的通量的计算

由于我们考虑的是一个小立方体，所以可用该面中心——我们称之为点(1)——的 C_x 值乘以该面面积 $\Delta y \Delta z$ 作为这一积分的近似：

$$\text{出自面 1 的通量} = -C_x(1)\Delta y \Delta z.$$

同理，出自面 2 的通量，也可以表达为：

$$\text{出自面 2 的通量} = C_x(2)\Delta y \Delta z.$$

* 下面的推导也同样适用于任何一个直角平行六面体。

以上两式中的 $C_x(1)$和 $C_x(2)$,一般说来,是有点差别的。如果 Δx 足够小,则可以写成:

$$C_x(2)=C_x(1)+\frac{\partial C_x}{\partial x}\Delta x.$$

当然,还有更多的项,不过它们将包含$(\Delta x)^2$ 和更高幂次的项,因而如果只考虑小量 Δx 的极限情况,则它们都可以被忽略。所以,通过面 2 的通量就是:

$$\text{出自面 2 的通量}=\left[C_x(1)+\frac{\partial C_x}{\partial x}\Delta x\right]\Delta y\Delta z.$$

把通过面 1 和面 2 的通量相加,得:

$$\text{出自面 1 和面 2 的通量}=\frac{\partial C_x}{\partial x}\Delta x\Delta y\Delta z.$$

上式中的微商,实在应在面 1 的中心处、即在点$[x,\ y+(\Delta y/2),\ z+(\Delta z/2)]$处计算。但在一个无限小立方体的极限情况下,即使在角点$(x,\ y,\ z)$处计算,所造成的误差也是可以忽略的。

依此类推,对其他每一对面,我们也会得到:

$$\text{出自面 3 与面 4 的通量}=\frac{\partial C_y}{\partial y}\Delta x\Delta y\Delta z;$$

$$\text{出自面 5 与面 6 的通量}=\frac{\partial C_z}{\partial z}\Delta x\Delta y\Delta z.$$

通过所有面的总通量是这些项之和。我们得出:

$$\int_{\text{立方体}}\boldsymbol{C}\cdot\boldsymbol{n}\mathrm{d}a=\left(\frac{\partial C_x}{\partial x}+\frac{\partial C_y}{\partial y}+\frac{\partial C_z}{\partial z}\right)\Delta x\Delta y\Delta z,$$

而式中微商之和恰好就是$\boldsymbol{\nabla}\cdot\boldsymbol{C}$。并且,$\Delta x\Delta y\Delta z=\Delta V$,即该立方体的体积。所以对于一个无限小立方体,可以讲

$$\int_{\text{表面}}\boldsymbol{C}\cdot\boldsymbol{n}\mathrm{d}a=(\boldsymbol{\nabla}\cdot\boldsymbol{C})\Delta V.\tag{3.17}$$

这就证明,一无限小立方体表面向外的通量等于该矢量的散度乘以该立方体的体积。现在我们看到了一个矢量的散度的“意义”。一个矢量在 P 点的散度就是 P 点附近单位体积的通量——$\boldsymbol{C}$ 的向外“流量”。

我们已把 $\boldsymbol{C}$ 的散度与每个无限小体积向外的 $\boldsymbol{C}$ 通量联系起来了。对于任何有限体积来说,我们可用上面证明过的事实——来自一体积的总通量等于从其中每一部分出来的通量之和。这就是说,我们可遍及整个体积对散度进行积分。它向我们提供了这样一个定理:任何矢量的法向分量对任何闭合曲面的积分,也可以写成该矢量的散度对该曲面所包围的体积的积分。这个定理以高斯命名。

高斯定理:

$$\int_S\boldsymbol{C}\cdot\boldsymbol{n}\mathrm{d}a=\int_V\boldsymbol{\nabla}\cdot\boldsymbol{C}\mathrm{d}V,\tag{3.18}$$

式中 S 是任一闭合曲面,而 V 是这个曲面内的体积。

§ 3-4　热传导;扩散方程

仅仅为了熟悉高斯定理,让我们考虑应用该定理的一个例子。仍然举金属中的热流为例,假定其中所有热量都已预先输入、而此刻正在冷却的那种简单情况。这里没有热源,所以热量是守恒的。那么,在任意时刻存在于某个特定体积里的热量到底有多少呢?它所减少的量必须恰好等于从该体积表面流出的量。如果我们的体积是一个小立方体,则根据式(3.17)就应该写成:

$$\text{流出的热量} = \int_{\text{表面}} \boldsymbol{h} \cdot \boldsymbol{n} \mathrm{d}a = \boldsymbol{\nabla} \cdot \boldsymbol{h} \Delta V. \tag{3.19}$$

这必然要等于小立方体内部热量的损失率。设 q 为单位体积内的热量,则在该立方体内的热量为 $q\Delta V$,其损失率则为:

$$-\frac{\partial}{\partial t}(q\Delta V) = -\frac{\partial q}{\partial t}\Delta V. \tag{3.20}$$

比较式(3.19)和(3.20),我们见到:

$$-\frac{\partial q}{\partial t} = \boldsymbol{\nabla} \cdot \boldsymbol{h}. \tag{3.21}$$

仔细注意这个方程的形式,它是物理学中经常出现的形式,即表达了一个守恒定律——这里是热量守恒。我们曾经在式(3.13)中以另一种方式表示过相同的物理事实。这里是守恒方程的微分形式,而式(3.13)则是一种积分形式。

我们通过把式(3.13)应用于一无限小立方体而获得了式(3.21)。我们也可用别的方法去做。对于一个以 S 面为边界的大体积 V,高斯定理表达为:

$$\int_S \boldsymbol{h} \cdot \boldsymbol{n} \mathrm{d}a = \int_V \boldsymbol{\nabla} \cdot \boldsymbol{h} \mathrm{d}V. \tag{3.22}$$

应用式(3.21),得出右边的积分恰是 $-\mathrm{d}Q/\mathrm{d}t$,因而我们又一次得到了式(3.13)。

现在让我们考虑一个不同的情况。想象在一大块材料中有一个很小的洞,里面正在进行某种产生热量的化学反应。我们也可以这样设想,用导线连接一个小小的电阻器,然后通电使之发热。我们将假设热量实际上是在一点上产生的,并令 W 代表在该点每秒释放出来的能量。我们还假定在材料的其余部分热量始终守恒,而且该热量的产生也已持续了足够长的时间——使得现在任何一处的温度都不再发生变化了。问题是:金属里各处的热流矢量 $\boldsymbol{h}$ 是什么样子?在每一点有多少热量流过?

我们知道,如果在包围着该热源的闭合曲面上对 $\boldsymbol{h}$ 的法向分量进行积分,则总会得到 W。所有在该点源处陆续产生的所有热量都必定通过该表面流出,因为我们已假定其流动是稳定的。这里有一个困难问题,即要找出一个矢量场,在包围源的任意曲面上积分时该矢量场总给出 W。然而,我们可以取一个稍微有点特殊的曲面而使场相当容易地求出。比如取一个半径为 R 而其中心在源处的球面,并设想热流是沿着径向的(图 3-6)。直觉告诉我们,如果该块材料足够大,而我们又不令所取的球面太接近边缘,则 $\boldsymbol{h}$ 应该是径向的,而且,在球面上所有点其值的大小均应相同。你看,我们正在加入一些猜测工作——常称为“物理直觉”——于数学方面来说,是为了获得答案。

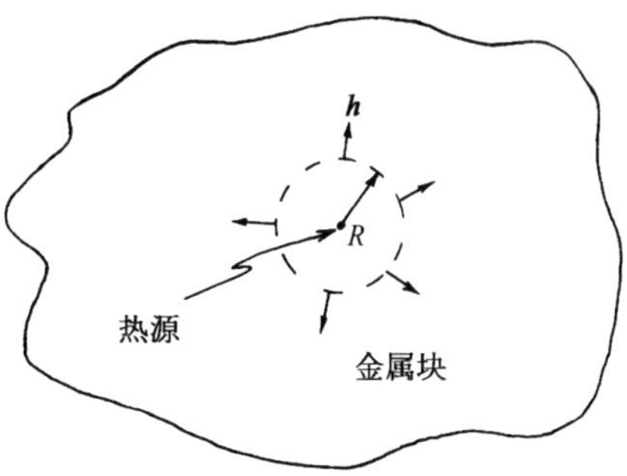

图 3-6 在临近一个点热源的区域中,热流沿径向朝外

当 $\boldsymbol{h}$ 沿着径向而又具有球对称性时,$\boldsymbol{h}$ 的法向分量对整个球面的积分将会十分简单,因为法向分量恰好就是 $\boldsymbol{h}$ 的大小而且是不变的。因积分时所取的面积为 $4\pi R^2$,于是就有

$$\int_S \boldsymbol{h}\cdot\boldsymbol{n}\mathrm{d}a = h\cdot 4\pi R^2 \tag{3.23}$$

(式中 h 是 $\boldsymbol{h}$ 的大小)。这积分应等于 W,即为源处热量的产生率。因而得:

$$h=\frac{W}{4\pi R^2},$$

或

$$\boldsymbol{h}=\frac{W}{4\pi R^2}\boldsymbol{e}_{\mathrm{r}}\ , \tag{3.24}$$

式中 $\boldsymbol{e}_{\mathrm{r}}$ 照例代表沿径向的单位矢量。我们的结果说明,$\boldsymbol{h}$ 与 W 成正比而与离源的距离的平方成反比。

刚才所得到的结果,仅适用于点热源附近的热流。现在让我们尝试寻求那种仅在热量守恒的条件下,对最普遍的热流类型也能适用的方程式。这样,我们将只与在任何热源或热吸收体之外的那些地方所发生的情况打交道。

关于热传导的微分方程,曾在第 2 章中推导过了。根据式(2.44)

$$\boldsymbol{h}=-\kappa\,\boldsymbol{\nabla}T. \tag{3.25}$$

应记住这一关系式是近似的,不过对于某些像金属之类的材料该近似相当好。当然,它只在材料里那些没有热量产生或吸收的区域内才适用。我们已在上面导出了另一个关系,即式(3.21),它在热量守恒情况下成立。如果把该方程与式(3.25)相结合,则可得:

$$-\frac{\partial q}{\partial t}=\boldsymbol{\nabla}\cdot\boldsymbol{h}=-\boldsymbol{\nabla}\cdot(\kappa\,\boldsymbol{\nabla}T).$$

若 κ 是一常数,则

$$\frac{\partial q}{\partial t}=\kappa\,\boldsymbol{\nabla}\cdot\boldsymbol{\nabla}T=\kappa\,\nabla^2 T. \tag{3.26}$$

你会记得,q 是单位体积内的热量,而 $\boldsymbol{\nabla}\cdot\boldsymbol{\nabla}=\nabla^2$ 是拉普拉斯算符

$$\nabla^2=\frac{\partial^2}{\partial x^2}+\frac{\partial^2}{\partial y^2}+\frac{\partial^2}{\partial z^2}.$$

如果我们另外做一个假定,便可得到一个十分有趣的方程式。假定材料中的温度与单位体积的热容成正比——即该材料有确定的比热。当这一假定有效时(往往如此),就可以写成:

$$\Delta q=c_v\Delta T,$$

或

$$\frac{\partial q}{\partial t}=c_v\frac{\mathrm{d}T}{\mathrm{d}t}. \tag{3.27}$$

热量的变化率正比于温度的变化率。这里的比例常数 c_v 就是单位体积材料的比热。应用式(3.27)和(3.26),得:

$$\frac{\partial T}{\partial t}=\frac{\kappa}{c_v}\nabla^2 T. \tag{3.28}$$

我们已求得,每一点上 T 的时间变化率与 T 的拉普拉斯算符成正比,即与 T 的空间关系的二阶微商成正比。这样,我们就有一个以 x, y, z 和 t 为变量的关于温度 T 的微分方程。

微分方程式(3.28)称为热扩散方程。它经常被写成:

$$\frac{\partial T}{\partial t}=D\nabla^2 T, \tag{3.29}$$

式中 D 叫扩散常数,在这里等于 κ/c_v。

这个扩散方程在许多物理问题中都会出现——气体扩散、中子扩散以及其他各种扩散,我们曾在第 1 卷第 43 章中讨论过这类现象的物理性质。现在你们有了一个在最普遍合理的情况下描述扩散的完整方程。往后某个时候我们还将学习一些求解该微分方程的方法,以便找出在特定条件下温度是怎样变化的。现在我们回来考虑有关矢量场的其他一些定理。

§3-5　矢量场的环流

现在,我们想用某些考虑散度的同样方法来看待旋度。通过考虑在一个曲面上的积分,我们得到了高斯定理,尽管当初我们打算处理散度时这事还不太明显。我们当时怎么会知道为了得到散度必须在曲面上进行积分呢?根本不清楚会是这个结果。而现在由于显然同样缺乏正当的理由,所以我们还将对矢量做某些计算并证明它与旋度有关。这次计算的将是所谓矢量场的环流。如果 $\boldsymbol{C}$ 是任意矢量场,取其沿一曲线的分量,并对这一分量自始至终绕整个回路进行积分。这一积分被称为该矢量场绕该回路的环流。在本章的开头,我们曾经讨论过 $\nabla\psi$ 的线积分,现在我们将对任一种矢量场 $\boldsymbol{C}$ 求线积分。

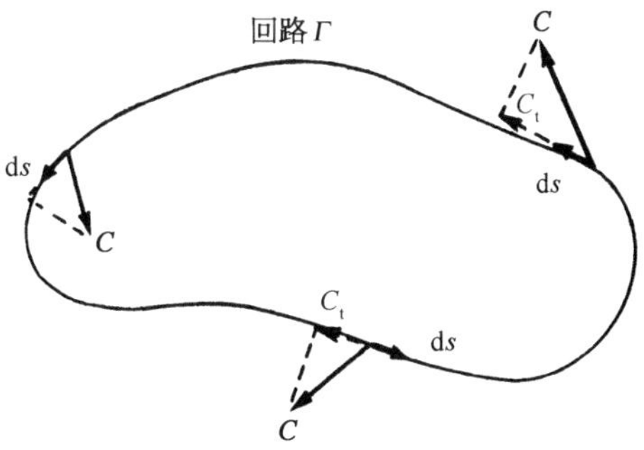

图 3-7　C 绕曲线 Γ 的环流为 C_t(即 $\boldsymbol{C}$ 的切向分量)的线积分

设 Γ 为空间中的任意闭合回路——当然是在想象中的。有一个例子如图 3-7 所示。$\boldsymbol{C}$ 的切向分量绕该回路的线积分可写成:

$$\oint_\Gamma C_t\,\mathrm{d}s=\oint_\Gamma \boldsymbol{C}\cdot\mathrm{d}\boldsymbol{s}. \tag{3.30}$$

你应该注意,这积分是始终绕回路取的,并不像以前那样从一点至另一点。在积分符号上的那个小圈圈便是为了提醒人们,该积分是始终绕回路进行的。这一积分叫作该矢量场绕曲线 Γ 的环流。这个名称原本是从考虑液体的环流来的。但这一名字——正如通量一样——已被推广应用于即使没有物质做“环流”的任何场了。

用对待通量同样的手法,我们可以证明,绕一个回路的环流等于绕两个分回路的环流之和。假设我们在原来曲线上的(1)和(2)两点间用如图3-8所示的割线来连结,就可以将图3-7所示的曲线分成两个回路。现在存在两个回路 Γ_1 和 Γ_2。Γ_1 是由处在(1)和(2)左边部分的原有曲线 Γ_a 再加上"捷径"Γ_{ab} 而构成的。Γ_2 则是由原有曲线的其余部分加上该捷径而构成的。

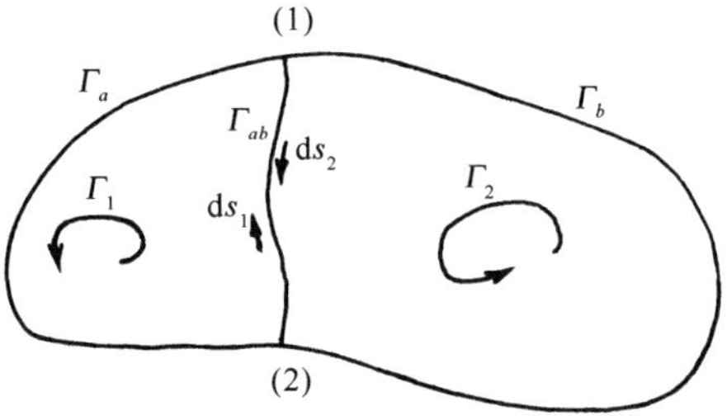

图 3-8 绕整个回路的环流等于绕两个回路($\Gamma_1=\Gamma_a+\Gamma_{ab}$ 和 $\Gamma_2=\Gamma_b+\Gamma_{ab}$)的环流之和

绕 Γ_1 的环流等于沿 Γ_a 和沿 Γ_{ab} 两个积分之和。同理,绕 Γ_2 的环流也是两部分之和,其一沿 Γ_b 而另一沿 Γ_{ab}。对于曲线 Γ_2 来说,沿 Γ_{ab} 的积分具有与对曲线 Γ_1 中沿 Γ_{ab} 的积分相反的符号,因为它们的绕行方向相反——必须按相同的旋转"指向"来进行这两项线积分。

按照我们以前使用过的同样类型的论据,你们可以看到,这两个环流之和将恰好给出绕原来曲线 Γ 的线积分。那来自 Γ_{ab} 的部分互相抵消了。绕其中一部分的环流再加上绕第二部分的环流等于绕整条外环线的环流。我们可以重复这一过程,把原有回路分割成任意数目的小回路。当将这些小回路的环流相加时,在它们的相邻部分总会互相抵消,从而使其总和相当于绕原来单个回路的环流。

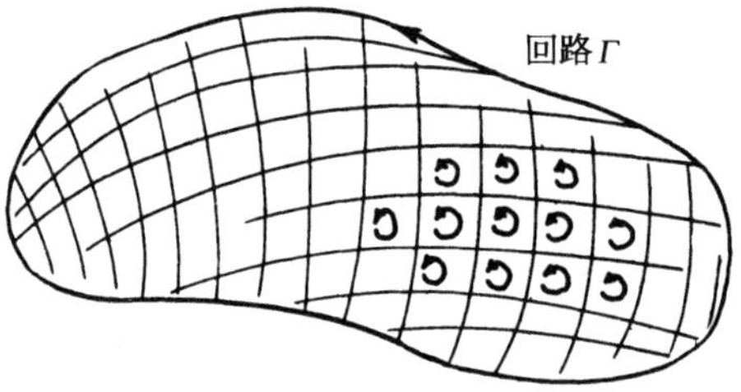

图 3-9 选取某一被回路 Γ 包围着的表面。这个面被分割成若干个小面积,每个近似于一正方形。绕行 Γ 的环流就等于绕行各小回路的环流之和

现在让我们假设该原有回路就是某一个曲面的边界。当然,会有无限多个曲面全都以该原有回路为边界。然而,我们的结果将与所选取的曲面无关。首先,将原有回路分割成若干条全都落在所选取的曲面上的小回线,如图3-9所示。不管该曲面形状如何,如果我们选取的小回路足够小,则可以假定每一小回路包围的面基本上是平面。并且,我们也能选取那些小回路使得每个都非常接近正方形。现在就可以通过求绕所有小回路的环流,再取其和,从而算出绕回路 Γ 的环流。

§3-6 围绕一正方形的环流;斯托克斯定理

我们将怎样求得沿每一小正方形的环流呢?首先就要问,这一正方形在空间中的取向如何?要是它有一个特殊取向,那计算起来就会方便得多。例如,假使它位于一个坐标平面内。由于对坐标轴的取向我们还未做过任何假设,因此就可以这样选取坐标轴,使此刻我们正专注的那个小正方形正好落在 xy 面内,如图3-10所示。若该结果用矢量符号来表示,那就可以说,不管该面的特殊取向如何,结果都是一样的。

现在我们希望求出场 $\boldsymbol{C}$ 绕该小正方形的环流。如果令该正方形足够小,使得矢量 $\boldsymbol{C}$ 沿它的任一边都不会改变很多,进行线积分就较容易(正方形越小,这个假定就越好,而实际所谈的正是无限小的正方形)。从位于图的左下角那一点(x, y)出发,按照箭头所指的方向绕行一周。沿标记为(1)的第一条边,其切向分量为 $C_x(1)$ 而长度为 Δx。该积分的

第一部分就是 $C_x(1)\Delta x$。沿第二条边，我们获得$C_y(2)\Delta y$。沿第三条边得 $-C_x(3)\Delta x$，而沿第四条边得 $-C_y(4)\Delta y$。这些负号是需要的，因为这里要求的是沿绕行方向的切向分量。因此，整个线积分就是：

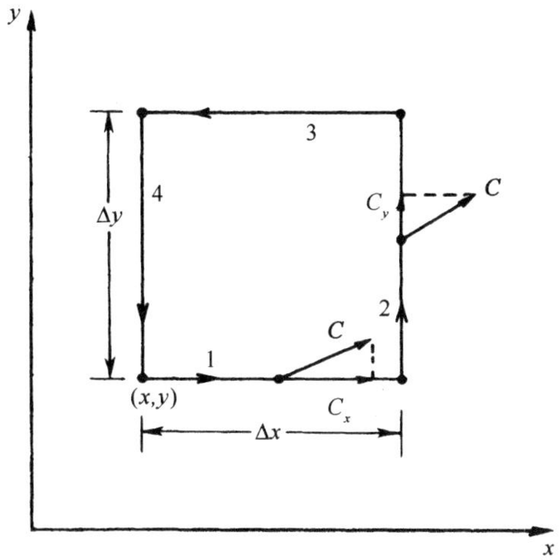

图 3-10　计算绕行一个小正方形的 **C** 的环流

$$\oint \boldsymbol{C}\cdot \mathrm{d}s = C_x(1)\Delta x + C_y(2)\Delta y - C_x(3)\Delta x - C_y(4)\Delta y. \tag{3.31}$$

现在让我们注意第一和第三部分。它们合起来就是：

$$[C_x(1) - C_x(3)]\Delta x. \tag{3.32}$$

你也许认为，对我们的近似程度来说这个差值为零。这对于一级近似是对的。然而可以更精确一些，计及 C_x 的变化率。如果这样便可以写出：

$$C_x(3) = C_x(1) + \frac{\partial C_x}{\partial y}\Delta y. \tag{3.33}$$

假如把次级近似也包括进去，则会涉及$(\Delta y)^2$ 等项，但由于我们最终将取 $\Delta y \to 0$ 时的极限，所以这样的项都可以忽略。将式(3.33)和式(3.32)结合起来，会得出

$$[C_x(1) - C_x(3)]\Delta x = -\frac{\partial C_x}{\partial y}\Delta x\Delta y. \tag{3.34}$$

对于我们的近似，上式中的微商可以在$(x,\ y)$处计算出来。

同理，环流中的其他两项，也可以写成：

$$C_y(2)\Delta y - C_y(4)\Delta y = \frac{\partial C_y}{\partial x}\Delta x\Delta y. \tag{3.35}$$

于是，绕上述那个小正方形的环流为：

$$\left(\frac{\partial C_y}{\partial x} - \frac{\partial C_x}{\partial y}\right)\Delta x\Delta y. \tag{3.36}$$

这很有趣，因为括号内两项恰好就是旋度的 z 分量。并且，我们还注意到，$\Delta x\Delta y$ 就是该正方形的面积。因此，可以将环流式(3.36)写为：

$$(\boldsymbol{\nabla}\times\boldsymbol{C})_z\Delta a.$$

这个 z 分量实际上就是沿该表面元法向的分量。因此，还可以将绕一个微分正方形的环流写成一种不变的矢量形式：

$$\oint \boldsymbol{C}\cdot \mathrm{d}s = (\boldsymbol{\nabla}\times\boldsymbol{C})_n\Delta a = (\boldsymbol{\nabla}\times\boldsymbol{C})\cdot \boldsymbol{n}\Delta a. \tag{3.37}$$

我们的结果是：任一矢量 **C** 绕一个无限小正方形的环流，等于 **C** 的旋度垂直于表面的

分量乘以该正方形面积。

现在,绕任一条回路 Γ 的环流,可以轻而易举地同矢量场的旋度联系起来了。用任意合适的曲面 S 将回路填满,如图 3-11 所示,并把绕这个面上一系列无限小正方形的环流加起来。这个和可以写成一个积分。其结果是以斯托克斯命名(为纪念斯托克斯先生)的一个十分有用的定理。

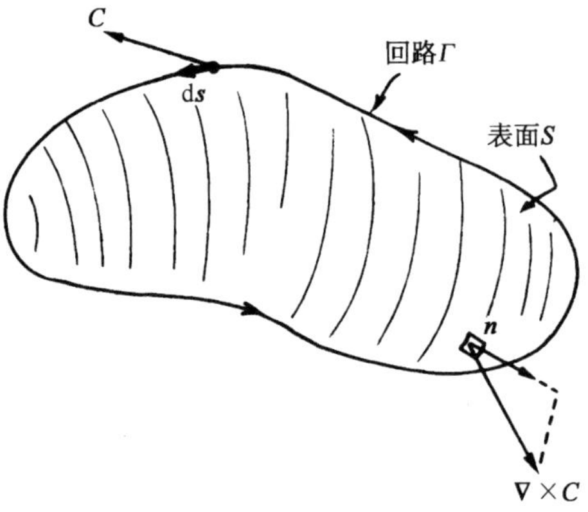

图 3-11 C 绕 Γ 的环流等于 $\nabla\times C$ 的法向分量的面积分

斯托克斯定理:

$$\oint_{\Gamma} \boldsymbol{C}\cdot d\boldsymbol{s} = \int_{S}(\nabla\times\boldsymbol{C})_n da, \qquad (3.38)$$

式中 S 是以 Γ 为边界的任意曲面。

现在必须谈谈关于符号的一个惯例。在图 3-10中,采用"常用"的——也即"右手"的——坐标系统,z 轴将指向你们。当按照旋转的"正"指向进行线积分时,我们发现环流等于 $\nabla\times\boldsymbol{C}$ 的 z 分量。要是我们绕行的方向相反,即会获得一个相反的符号。那么,一般说来,我们怎么会知道应选取哪个方向作为 $\nabla\times\boldsymbol{C}$ 的法向分量的正向呢? 正法线始终必须与旋转的指向联系起来,如图 3-10 所示的。对于普遍情况,则如图 3-11 所示。

"右手法则"是记住这个关系的一种办法。如果你用右手手指围绕曲线 Γ,指尖指向 $d\boldsymbol{s}$ 的正方向,那么你的大拇指就指向 S 面的正法线方向。

§ 3-7 无旋度场与无散度场

现在我们要来讨论上述新定理的某些结果。首先,考虑一个矢量其旋度处处为零的情况。这时斯托克斯定理说,绕任何回路的环流等于零。现在若在一闭合曲线上选取两点(1)和(2)(图 3-12),则从(1)至(2)的切向分量的线积分将与这两条可能路线中选取哪一条无关。我们可以断定,从(1)至(2)的积分只取决于这两点的位置——也就是说,它仅是位置的函数。同样的推理方法也曾在第 1 卷第 14 章中使用过,在那里我们曾证明如果某量绕一闭合回路的积分总是零,则该量对任一曲线的积分可以表达为两端点位置的某一函数之差。这一事实使我们创立了势的概念。而且,我们证明该矢量场就是这一势函数的梯度[见第 1 卷式(14.13)]。

由此可见,任一旋度为零的矢量场等于某个标量函数的梯度。这就是说,如果处处 $\nabla\times\boldsymbol{C}=0$,则存在某个 ψ,使得 $\boldsymbol{C}=\nabla\psi$,这是一个有用的概念。如果愿意,我们可以用一个标量场来描述这一特殊类型的矢量场。

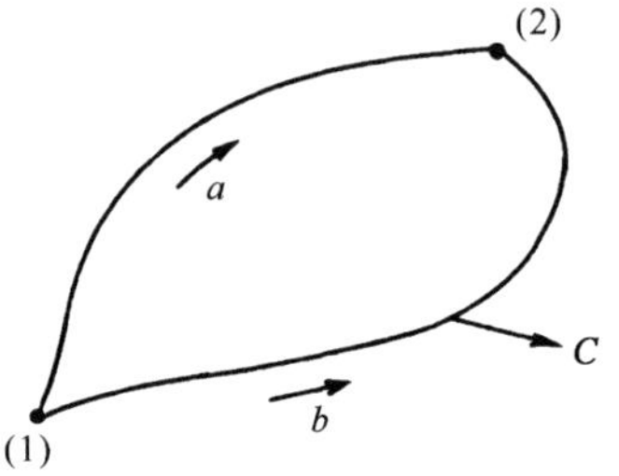

图 3-12 如果 $\nabla\times\boldsymbol{C}$ 为零,则绕一闭合曲线 Γ 的环流等于零。从(1)至(2),$\boldsymbol{C}\cdot d\boldsymbol{s}$ 沿 a 的线积分与沿 b 的线积分必相同

让我们再来证明另一件事。假设有任意的标量场 ϕ。如果取它的梯度即 $\nabla\phi$,那么这个矢量绕任意闭合回路的积分就必然为零。这矢量从点(1)至点(2)的线积分为 $[\phi(2)-\phi(1)]$。如果(1)和(2)是同一点,那么定理 1、即式(3.8)告诉

我们，该线积分等于零：

$$\oint_{\text{回路}} \nabla\phi \cdot \mathrm{d}\boldsymbol{s} = 0.$$

应用斯托克斯定理，我们可以得出结论：在任何曲面上

$$\int \nabla \times (\nabla\phi)_n \mathrm{d}a = 0.$$

但如果在任何曲面上的积分都等于零，则该被积函数必定为零。所以，总有

$$\nabla \times (\nabla\phi) = 0.$$

这个结果与我们在§2-7中应用矢量代数证明过的结果相同。

现在让我们考虑一种特殊情况，即用一个大曲面 S 来填满一个小回路 Γ，如图 3-13 所示。实际上我们希望看看，当该回路缩小至一点、使得曲面的边缘消失不见而成为一闭合曲面时，究竟会发生什么情况。现在，如果矢量 $\boldsymbol{C}$ 处处有限，则当我们缩小该回路时，绕 Γ 的线积分应该趋于零——该积分大体上正比于 Γ 的周长，而周长趋于零。按照斯托克斯定理，$(\nabla\times\boldsymbol{C})_n$ 的面积分也必为零。不知为什么，当我们把曲面关闭时，就会加进一些贡献将以前那里存在的东西抵消掉。因而我们得到一个新的定理：

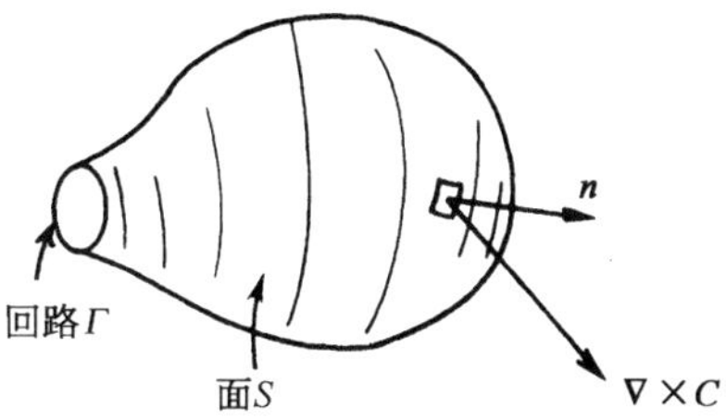

图 3-13　在趋向于一个闭合曲面的极限上，我们发现 $(\nabla\times\boldsymbol{C})_n$ 的面积分必为零

$$\int_{\text{任意闭合曲面}} (\nabla \times \boldsymbol{C})_n \mathrm{d}a = 0. \tag{3.39}$$

这看来很有意思，因为我们已经有一个关于矢量场曲面积分的定理。按照高斯定理，即式(3.18)，这样的面积分等于该矢量的散度的体积分。当应用于 $\nabla\times\boldsymbol{C}$ 上时，高斯定理表明：

$$\int_{\text{闭合曲面}} (\nabla \times \boldsymbol{C})_n \mathrm{d}a = \int_{\text{曲面内体积}} \nabla \cdot (\nabla \times \boldsymbol{C}) \mathrm{d}V. \tag{3.40}$$

所以我们得出结论，第二个积分也应等于零，即

$$\int_{\text{任意体积}} \nabla \cdot (\nabla \times \boldsymbol{C}) \mathrm{d}V = 0, \tag{3.41}$$

这对于任何矢量场 $\boldsymbol{C}$ 都正确。由于式(3.41)对于任何体积都正确，所以在空间每一点该被积函数为零就必然正确。因此，我们就恒有

$$\nabla \cdot (\nabla \times \boldsymbol{C}) = 0,$$

但这是§2-7中我们曾从矢量代数方面得到过的相同结果。现在我们开始来看看如何把每样东西配合起来。

§3-8　总　结

让我们把所得到的关于矢量微积分的结果做个总结。这些结果，实际上是第2章和

第3章的要点：

1. 算符$\partial/\partial x$，$\partial/\partial y$，$\partial/\partial z$ 可以认为是矢量算符$\boldsymbol{\nabla}$的三个分量，而把这一算符

$$\boldsymbol{\nabla}=\left(\frac{\partial}{\partial x},\frac{\partial}{\partial y},\frac{\partial}{\partial z}\right)$$

作为矢量处理后，从矢量代数所获得的那些公式都是正确的。

2. 标量场在两点的差值等于该标量梯度的切向分量沿连接(1)和(2)这两点间任意曲线的线积分：

$$\psi(2)-\psi(1)=\int_{\substack{(1)\\ \text{任意曲线}}}^{(2)}\boldsymbol{\nabla}\psi\cdot\mathrm{d}\boldsymbol{s}. \tag{3.42}$$

3. 任意矢量的法向分量在一个闭合曲面上的面积分等于该矢量的散度对该闭合曲面内体积的积分：

$$\int_{\text{闭合曲面}}\boldsymbol{C}\cdot\boldsymbol{n}\mathrm{d}a=\int_{\text{曲面内体积}}\boldsymbol{\nabla}\cdot\boldsymbol{C}\mathrm{d}V. \tag{3.43}$$

4. 任意矢量的切向分量绕一闭合回路的线积分，等于该矢量旋度的法向分量对以该回路为边界的任意曲面的面积分，即

$$\int_{\text{边界}}\boldsymbol{C}\cdot\mathrm{d}\boldsymbol{s}=\int_{\text{曲面}}(\boldsymbol{\nabla}\times\boldsymbol{C})\cdot\boldsymbol{n}\mathrm{d}a. \tag{3.44}$$

第 4 章　静　电　学

§4-1　静　　电

现在我们开始对电磁学理论做详细的研究。全部电磁学都包含在麦克斯韦方程组中。

麦克斯韦方程组：

$$\nabla \cdot \boldsymbol{E} = \frac{\rho}{\epsilon_0}; \tag{4.1}$$

$$\nabla \times \boldsymbol{E} = -\frac{\partial \boldsymbol{B}}{\partial t}; \tag{4.2}$$

$$c^2 \nabla \times \boldsymbol{B} = \frac{\partial \boldsymbol{E}}{\partial t} + \frac{\boldsymbol{j}}{\epsilon_0}; \tag{4.3}$$

$$\nabla \cdot \boldsymbol{B} = 0. \tag{4.4}$$

由这些方程所描述的情况可能十分复杂。我们将首先考虑那些相对简单的情况，以便在研究更复杂的问题以前，学会如何去处理这些简单情况。其中最容易处理的是任何事物都与时间无关——叫作静态——的情况。所有电荷都永远固定在空间里，即使它们确实在运动，也只是作为电路中的恒定电流而运动(使得 ρ 和 $\boldsymbol{j}$ 都不随时间而变)。在这种情况下，麦克斯韦方程组中所有场对时间微商的项都等于零。这样，麦克斯韦方程组变成：

静电学

$$\nabla \cdot \boldsymbol{E} = \frac{\rho}{\epsilon_0}; \tag{4.5}$$

$$\nabla \times \boldsymbol{E} = 0. \tag{4.6}$$

静磁学

$$\nabla \times \boldsymbol{B} = \frac{\boldsymbol{j}}{\epsilon_0 c^2}; \tag{4.7}$$

$$\nabla \cdot \boldsymbol{B} = 0. \tag{4.8}$$

关于这四个方程组，你将会注意到一个有趣情节。这组方程可以分成两对，电场 $\boldsymbol{E}$ 仅出现在前两个方程中，而磁场 $\boldsymbol{B}$ 仅出现在后两个方程中，电场和磁场并不互相关联。这意味着，只要电荷和电流是静止的，则电和磁就是两个性质不同的现象。直到诸如电容器充电或移动磁铁引起电荷或电流的变化，$\boldsymbol{E}$ 与 $\boldsymbol{B}$ 的相关性仍不会显露出来。只有变化足够迅速，使得麦克斯韦方程组中那些时间微商变得显著时，$\boldsymbol{E}$ 与 $\boldsymbol{B}$ 才会相互关联起来。

现在，如果你注意那些静止情况的方程，你将会看到，从弄清楚关于矢量场的数学特性的观点来看，学习这两门称为静电学与静磁学的学科是理想的。因为静电学是矢量场具有零旋度和某一给定散度的一个极佳例子；而静磁学则是矢量场具有零散度和某一给定旋度的极佳例子。更规范的——而你可能认为是更满意的——表达电磁学理论的方法是先从静电学出发,于是学习有关散度方面的知识;稍后再处理静磁学和旋度;最后,才把电学和磁学结合起来。我们已决意从矢量运算的完整理论开始。现在就把这种理论应用于静电学的特殊情况,场 $\boldsymbol{E}$ 由第一对方程给出。

我们将从最简单的情况——即所有各电荷的位置都已被规定的情况——开始。要是只需学这种水平的静电学(就像下面两章中所做的那样),那生活将显得多么简单,事实上,几乎毫无价值。正如你将会看到的,一切事情都可以从库仑定律和某个积分得出。但事实并非如此,在许多实际的静电学问题中,开始时我们并不知道电荷在哪里,只知道它是按照物性所规定的方式来分布的。电荷所占据的位置取决于场 $\boldsymbol{E}$,而这个场反过来又取决于电荷的位置。于是,事情可能变得很复杂。例如,如果把一个带电物体移近导体或绝缘体,导体或绝缘体中的电子和质子就会到处运动。式(4.5)中的电荷密度 ρ,有一部分可能是我们原先就已知的带上去的电荷,另外一部分则是那些在导体中到处运动的电荷所引起的。要是所有这些电荷都必须考虑进去的话,将会把人们引入到一些相当微妙而又有趣的问题中去。所以尽管这一章是关于静电学方面的,但它仍将不会包括这一课题中的那些更瑰丽而微妙的部分,而只是处理我们能够假定一切电荷位置均已知的那种情况。自然,你应当在试图处理其他问题之前就能对付这一情况。

§ 4-2 库仑定律;叠加原理

把式(4.5)和(4.6)作为我们的起点,照理应该是合乎逻辑的。然而,如从另外的某处出发再回到这些方程式上来,将会容易一些,而所得的结果是相同的。我们就从已谈及的那个被称为库仑定律的定律着手,它表明在两静止不动的电荷间有一个与这两个电荷之积成正比而与它们之间距离的平方成反比的力,这个力沿着从一电荷至另一电荷的直线。

库仑定律

$$\boldsymbol{F}_1=\frac{1}{4\pi\epsilon_0}\frac{q_1q_2}{r_{12}^2}\boldsymbol{e}_{12}=-\boldsymbol{F}_2. \tag{4.9}$$

$\boldsymbol{F}_1$ 是作用于电荷 q_1 上的力;$\boldsymbol{e}_{12}$ 是从 q_2 至 q_1 的方向上的单位矢量;而 r_{12} 则是 q_1 与 q_2 间的距离。作用于 q_2 上的力 $\boldsymbol{F}_2$ 与 $\boldsymbol{F}_1$ 大小相等而方向相反。

基于历史原因,比例常数写成 $1/4\pi\epsilon_0$。在我们采用的单位制——米 · 千克 · 秒(mkgs)制——中,它被定义为精确地等于 10^{-7} 乘光速平方。光速近似地等于 $3\times10^8\ \mathrm{ms}^{-1}$,因此这个常数近似地为 9×10^9,而其单位则可证明为 $\mathrm{Nm^2C^{-2}}$,或者是 $\mathrm{VmC^{-1}}$。

$$\begin{aligned}\frac{1}{4\pi\epsilon_0}&=10^{-7}c^2(\text{根据定义})\\&=9.0\times10^9(\text{通过实验}).\end{aligned} \tag{4.10}$$

单位:$\mathrm{Nm^2C^{-2}}$或 $\mathrm{VmC^{-1}}$。

当存在两个以上的电荷时——唯一真正有意义的时候——我们就必须用自然界的另一事实来补充库仑定律。这个事实是:作用于任一电荷上的力等于其他每一电荷对它所施库仑力的矢量和。这个事实叫作"叠加原理"。这就是静电学所包含的全部内容了。如果把库仑定律和叠加原理结合起来,就不再有别的东西了。式(4.5)和式(4.6)——静电学方程——

正好包含这些。

应用库仑定律能很方便地引进电场的概念。我们说，场 $\boldsymbol{E}(1)$ 是作用于 q_1 上单位电荷的力（由所有其他电荷所施）。对于除 q_1 外存在另一个电荷的情况，我们对式(4.9)除以 q_1，便得

$$\boldsymbol{E}(1)=\frac{1}{4\pi\epsilon_0}\frac{q_2}{r_{12}^2}\boldsymbol{e}_{12}. \tag{4.11}$$

此外我们还认为，即使 q_1 不存在，$\boldsymbol{E}(1)$ 仍描述了有关点(1)的某些情况——假设所有其他电荷都保持其原有位置。我们讲：$\boldsymbol{E}(1)$ 是点(1)处的电场。

电场 $\boldsymbol{E}$ 是一个矢量，因而式(4.11)实际指的是三个方程式——对于每一分量就是一个方程。把其中的 x 分量清楚地写出时，式(4.11)便意味着

$$E_x(x,\ y,\ z)=\frac{q_2}{4\pi\epsilon_0}\frac{x_1-x_2}{[(x_1-x_2)^2+(y_1-y_2)^2+(z_1-z_2)^2]^{3/2}}, \tag{4.12}$$

其他分量均与此相仿。

如果有许多电荷，则在任意一点(1)处的场 $\boldsymbol{E}$ 就是其他每个电荷的贡献之和。这个总和中的每一项，看来都像式(4.11)或(4.12)。令 q_j 为第 j 个电荷的大小，而 $\boldsymbol{r}_{1j}$ 为从 q_j 至点(1)的位移，则可以写出

$$\boldsymbol{E}(1)=\sum_j\frac{1}{4\pi\epsilon_0}\frac{q_j}{r_{1j}^2}\boldsymbol{e}_{1j}. \tag{4.13}$$

当然，该式意味着

$$E_x(x,\ y,\ z)=\sum_j\frac{1}{4\pi\epsilon_0}\frac{q_j(x_1-x_j)}{[(x_1-x_j)^2+(y_1-y_j)^2+(z_1-z_j)^2]^{3/2}}, \tag{4.14}$$

等等。

不把电荷看作像电子和质子那样的组成单元，而把它们想象成是铺展开的连续涂片或连续“分布”，往往会很方便。只要不去关注在尺度过小的范围内所发生的事情，这是可行的。这样，我们便可通过“电荷密度”$\rho(x,\ y,\ z)$ 来描述电荷分布。如果在点(2)处一个小体积 ΔV_2 内含有电量 Δq_2，则 ρ 便由下式定义

$$\Delta q_2=\rho(2)\Delta V_2. \tag{4.15}$$

为了将这种描述方法用到库仑定律上去，我们将式(4.13)、(4.14)中的那些求和，用对包含电荷的全部体积的积分来代替。这样就得到

$$\boldsymbol{E}(1)=\frac{1}{4\pi\epsilon_0}\int_{\text{全部空间}}\frac{\rho(2)\boldsymbol{e}_{12}\,\mathrm{d}V_2}{r_{12}^2}. \tag{4.16}$$

有些人却喜欢写成

$$\boldsymbol{e}_{12}=\frac{\boldsymbol{r}_{12}}{r_{12}},$$

式中 $\boldsymbol{r}_{12}$ 是从(2)至(1)的位移矢量，如图 4-1 所示。因此，对于 $\boldsymbol{E}$ 的积分就可以写成

$$\boldsymbol{E}(1)=\frac{1}{4\pi\epsilon_0}\int_{\text{全部空间}}\frac{\rho(2)\boldsymbol{r}_{12}\,\mathrm{d}V_2}{r_{12}^3}. \tag{4.17}$$

当我们要用这个积分进行具体计算时,通常还得详尽地把它写明白,对于式(4.16)或(4.17)的 x 分量,该写成

$$E_x(x_1, y_1, z_1)=\int_{\text{全部空间}}\frac{(x_1-x_2)\rho(x_2, y_2, z_2)\mathrm{d}x_2\mathrm{d}y_2\mathrm{d}z_2}{4\pi\epsilon_0[(x_1-x_2)^2+(y_1-y_2)^2+(z_1-z_2)^2]^{3/2}}. \quad (4.18)$$

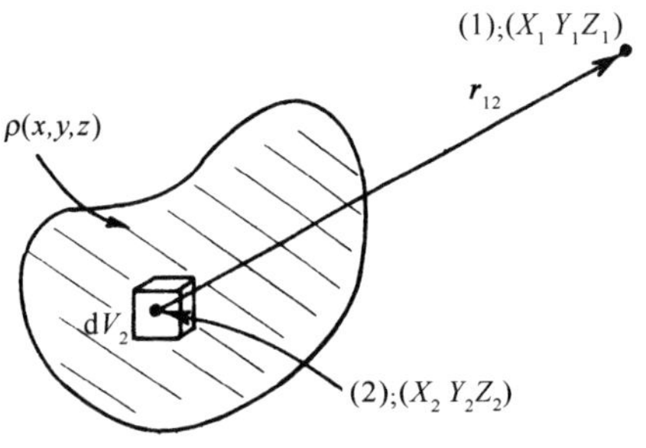

图 4-1 分布电荷在点(1)处产生的电场 ***E***,可由对该分布的积分求得。点(1)也可以落在该分布区域之内

这个公式我们不会常用。之所以把它写在这里,只是为了强调,电荷位置都已知的所有静电学问题,我们已完全解决了。给定了电荷,场怎么样呢?答案:算出这一积分。因此,对于这一课题便再没有什么可说了,那只是一个复杂的三维积分工作——严格说来,是一项计算机的工作!

借助这些积分,我们就能够求出各种电荷产生的场:面电荷、线电荷、球面电荷或任何特殊分布的电荷。重要的是要知道:当我们画场线、谈论电势或计算散度时,我们所有的答案都已在这里了。不过问题在于,有时某些聪明的猜测工作,比直接计算这个积分还要容易。这种猜测工作要求人们学习各种奇妙的东西。实践中,比较容易做的也许还是忘记追求聪明、总是直接而不是灵巧地把那些积分算出来。然而,我们打算尝试做得巧妙点。下面将继续讨论有关电场的某些其他特点。

§4-3 电　　势

首先,我们讲讲电势的概念,它与电荷从一点移至另一点所做的功有关。设有某种电荷分布,产生了一电场。我们要问:如把一个小电荷从一处移至另一处需做多少功?沿某一路径移动电荷反抗电力所做的功,等于这电力在运动方向分量的负值沿该路径的积分。如果我们把一电荷从点 a 移至点 b,则

$$W=-\int_a^b\boldsymbol{F}\cdot\mathrm{d}\boldsymbol{s},$$

式中 $\boldsymbol{F}$ 是在每一点施于电荷上的电力,而 $\mathrm{d}\boldsymbol{s}$ 则是沿路径的微分位移矢量(见图 4-2)。

对于我们来说,考虑移动一个单位电荷所做的功会更有意义。因此,作用于电荷上的力在数值上就等于电场。在这种情况下反抗电力所做的功称为 W(单位电荷),我们写为

$$W(\text{单位电荷})=-\int_a^b\boldsymbol{E}\cdot\mathrm{d}\boldsymbol{s}. \quad (4.19)$$

一般地说,用这类积分所得的结果与所取的路径有关。但是,假如式(4.19)的积分与从 a 至 b 的路径有关的话,那我们就可通过把电荷沿一条路径从 a 移至 b、然后又沿另一条路径返回到 a 而从场中获得功。这样,可以沿 W 较小的那条路线达到 b,而沿另一条路线返回来,这样我们所得到的功就会大

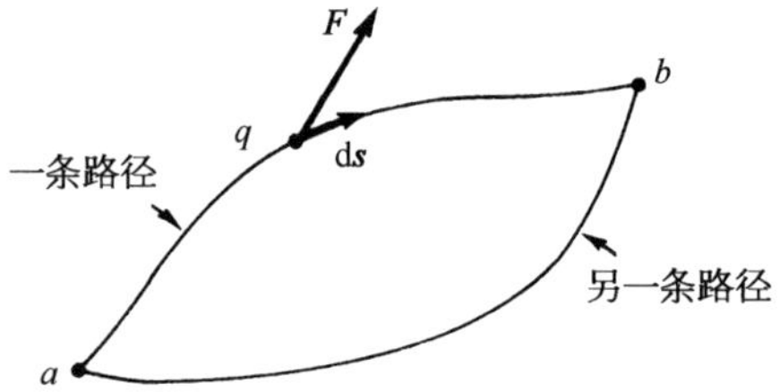

图 4-2 把电荷从 a 移至 b 所做的功,等于 $\boldsymbol{F}\cdot\mathrm{d}\boldsymbol{s}$ 沿所取路径进行积分的负值

于所付出的功。

原则上说，从场中得到能量并不是不可能的。事实上，我们将遇到有这种可能的场。有可能当你移动电荷时，你就对这部"机器"的另一部分施加了力。若这部机器抵抗此力而运动，则它会损失能量，从而保持世界上的总能量不变。然而，对于静电学来说，并没有这样一种"机器"存在，我们对反作用于场源上的力也很清楚，它们是作用于产生该场的那些电荷上的库仑力。如果其他电荷都固定在其位置上——这是静电学中我们所做的唯一假设——这些反作用力就不能对它们做功，因而无法从它们那里获得能量——当然，这是以能量守恒原理对静电学的情况有效为条件的。我们相信它是有效的，请让我们证明，从力的库仑定律必然可以得出它来。

首先，考虑在一个起源于单个电荷 q 的场中所发生的情况。令点 a 与电荷 q 间的距离为 r_a，而点 b 与 q 的距离为 r_b。现在选择另一个大小为 1 个单位、称为"试验"电荷的电荷，从 a 移至 b，我们开始用最简易的可能路径来计算。使试验电荷最初沿一圆弧、然后再沿某一半径移动，如图 4-3(a)所示。求在这一条特殊路径所做之功，和小孩玩游戏一样简单(否则我们就不会选择这条路线了)。首先，在从 a 至 a' 的路径上根本没有做功。场是沿径向的(根据库仑定律)，因而它与移动的方向成直角。其次，在从 a' 至 b 的路径上，场与移动方向相同，大小随 $1/r^2$ 变化。于是，把试验电荷从 a 移至 b 所做之功应为

$$
\begin{aligned}
-\int_a^b \boldsymbol{E}\cdot \mathrm{d}\boldsymbol{s} &= -\frac{q}{4\pi\epsilon_0}\int_{a'}^{b}\frac{\mathrm{d}r}{r^2} \\
&= -\frac{q}{4\pi\epsilon_0}\left(\frac{1}{r_a}-\frac{1}{r_b}\right).
\end{aligned}
\tag{4.20}
$$

现在，再让我们取另一条简易路径。例如，取图 4-3(b)所示的那条路径。它一会儿沿一圆弧，一会儿沿某一半径，然后又沿一圆弧，又沿一半径，等等。每次当我们沿圆周部分移动时，并没有做功。而当沿径向部分移动时，就只需对 $1/r^2$ 积分。沿第一径向线段，我们从 r_a 积至 $r_{a'}$，然后沿第二径向线段，又从 $r_{a'}$ 积至 $r_{a''}$，如此等等。所有这些积分之和与直接从 r_a 至 r_b 的单一积分相同。对于这一路径所得答案与上面对第一条路径所得的一样。很清楚，对于任一条由任意数目的同种线段构成的路径，我们将会得出相同答案。

若是一条光滑路径又将如何呢？会得出相同的答案来吗？在第 1 卷第 13 章中，我们就曾经讨论过这一点。应用与那里所用的相同论据，可以得出结论：把一单位电荷从 a 移至 b 所做的功应与所经历的路径无关，即

$$
\left.\begin{array}{l}W(\text{单位电荷})\\ a\rightarrow b\end{array}\right\} = -\int_{\substack{a\\ \text{任意路径}}}^{b}\boldsymbol{E}\cdot\mathrm{d}\boldsymbol{s}.
$$

由于该功只与端点有关，所以它就可以表示为两个数值之差。我们可按下述办法看到这一

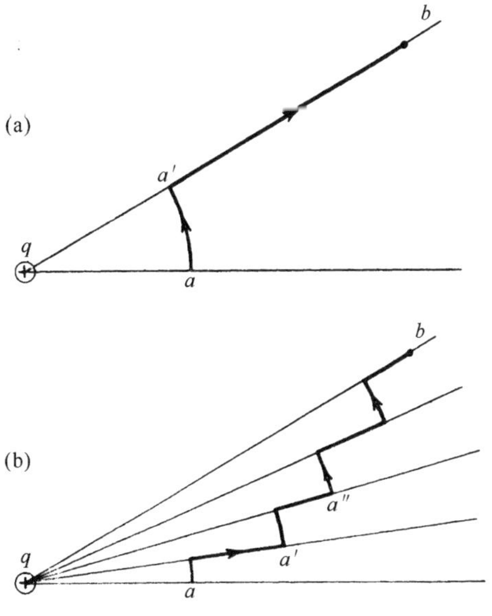

图 4-3　把一试验电荷从 a 移至 b 时，无论沿哪一条路径所做的功都相等

点。试选定一参考点 P_0,并约定用一条总会经过 P_0 点的路径来计算我们的积分。令 $\phi(a)$ 代表从 P_0 至点 a 反抗场力所做的功,并令 $\phi(b)$ 为从 P_0 至点 b 所做的功(图 4-4)。这样,从 a 点(在去 b 的路上)至 P_0 点所做的功就会等于 $\phi(a)$ 的负值,所以我们有

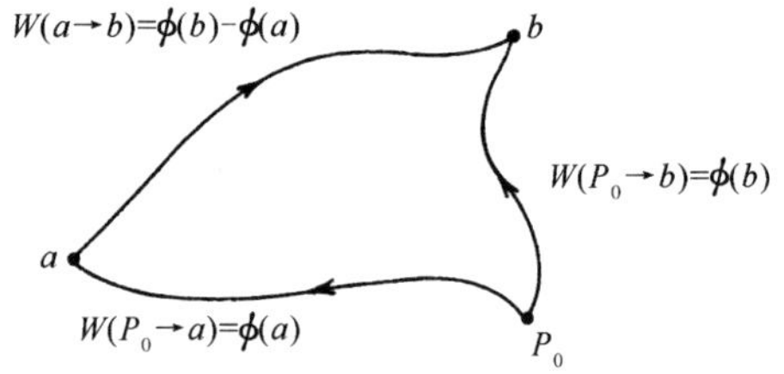

图 4-4 沿任意路径从 a 至 b 所做的功,等于从某点 P_0 至 a 的功的负值加上从 P_0 点至 b 的功

$$-\int_a^b \boldsymbol{E}\cdot d\boldsymbol{s}=\phi(b)-\phi(a). \tag{4.21}$$

由于所涉及的仅是函数 ϕ 在两点之差,所以我们实在没有必要去规定 P_0 的位置。然而,一旦我们选定了某个参考点,则就已确定了空间任一点的一个数目 ϕ。于是,ϕ 就是一个标量场,它是 $x,\ y,\ z$ 的函数。我们称这标量函数为在任一点的静电势。

静电势 $$\phi(P)=-\int_{P_0}^{P}\boldsymbol{E}\cdot d\boldsymbol{s}. \tag{4.22}$$

为了方便,我们常把参考点选在无限远。于是,对于位于原点的单个电荷来说,应用式(4.20),任意点 $(x,\ y,\ z)$ 处的势 ϕ 为

$$\phi(x,\ y,\ z)=\frac{q}{4\pi\epsilon_0}\,\frac{1}{r}. \tag{4.23}$$

若干个电荷所产生的电场,可写为第一个、第二个、第三个等等电荷所产生的电场之和。当对和进行积分以求电势时,我们便得到一些积分之和。其中每个积分就是一个电荷所产生的势的负值。我们断定,许多电荷所产生的势 ϕ 等于所有各个电荷所产生的势之和。这也就是势的叠加原理,应用过去求一群电荷或分布电荷的电场的相同论据,就可得出称为点(1)处电势的完整公式:

$$\phi(1)=\sum_j\frac{1}{4\pi\epsilon_0}\,\frac{q_j}{r_{1j}}, \tag{4.24}$$

$$\phi(1)=\frac{1}{4\pi\epsilon_0}\int_{\text{全空间}}\frac{\rho(2)dV_2}{r_{12}}. \tag{4.25}$$

记住势 ϕ 的物理意义:它是单位电荷在空间从某个参考点被移至指定点时所具有的势能。

§4-4 $\boldsymbol{E}=-\nabla\phi$

谁在乎 ϕ 呢?因为作用于电荷上的力都是由电场 $\boldsymbol{E}$ 提供的。关键在于,$\boldsymbol{E}$ 可以容易地由 ϕ 求得——事实上,这如同取微商那样容易。试考虑两个点,一点在 x 处,另一点在 $(x+\Delta x)$ 处,而这两点处于相同的 y 和 z。试问把一单位电荷从一点移至另一点时做了多少功?该路径是沿 x 至 $x+\Delta x$ 的一条水平线,所做之功等于这两点的电势之差:

$$\Delta W=\phi(x+\Delta x,\ y,\ z)-\phi(x,\ y,\ z)=\frac{\partial\phi}{\partial x}\Delta x.$$

而对相同路径抵抗电场力所做的功为

$$\Delta W = -\int \boldsymbol{E} \cdot \mathrm{d}\boldsymbol{s} = -E_x \Delta x.$$

可见

$$\boldsymbol{E}_x = -\frac{\partial \phi}{\partial x}. \tag{4.26}$$

同理，$E_y = -\partial\phi/\partial y$，$E_z = -\partial\phi/\partial z$。或者，用矢量分析的符号把它们综合起来，则

$$\boldsymbol{E} = -\nabla \phi. \tag{4.27}$$

这个方程是式(4.22)的微分形式。任何具有确定电荷的问题，都可以通过式(4.24)或(4.25)算出电势，再用式(4.27)求场加以解决。式(4.27)与我们从矢量微积分学所求得的式子相符，即对于任一标量场 ϕ，

$$\int_a^b \nabla \phi \cdot \mathrm{d}\boldsymbol{s} = \phi(b) - \phi(a). \tag{4.28}$$

根据式(4.25)，标量势 ϕ 由一个三维积分给出，它同我们以往对 $\boldsymbol{E}$ 的积分相似。算 ϕ 是否比算 $\boldsymbol{E}$ 有优点呢？有的！对于 ϕ 来说，只用到一个积分，而对于 $\boldsymbol{E}$ 则有三个积分——因为它是一个矢量。而且，对 $1/r$ 的积分往往比对 x/r^3 的积分稍微方便。在许多实际情况中，先算出 ϕ，然后取其梯度以求得电场，比计算 $\boldsymbol{E}$ 的三个积分较为容易。当然这仅仅是一个实际问题。

ϕ 这个势还有更深刻的物理意义。我们已经证明，当 ϕ 由式(4.22)给出时，库仑力中的 $\boldsymbol{E}$ 可以由 $\boldsymbol{E} = -\nabla\phi$ 获得。但如果 $\boldsymbol{E}$ 等于一个标量场的梯度，那么，我们从矢量运算知道 $\boldsymbol{E}$ 的旋度必定等于零：

$$\nabla \times \boldsymbol{E} = 0. \tag{4.29}$$

这恰好就是静电学中第二个基本方程，即式(4.6)。我们已经证明，由库仑定律会给出一个满足该条件的 $\boldsymbol{E}$ 场。到目前为止，事事都很顺利。

我们在定义电势之前，实际上已经证明 $\nabla \times \boldsymbol{E} = 0$。我们曾经指出，绕一闭合路径所做的功为零。这就是说，对于任何路径，

$$\oint \boldsymbol{E} \cdot \mathrm{d}\boldsymbol{s} = 0.$$

在第3章中，我们曾见到对任何这类场，$\nabla \times \boldsymbol{E}$ 必定处处为零。静电学中的电场是无旋场的一个例子。

你可以用另一种方法——对于由式(4.11)所给出的点电荷的场，计算 $\nabla \times \boldsymbol{E}$ 的分量——证明 $\nabla \times \boldsymbol{E}$ 等于零，借以练习你们的矢量运算。如果你得到零，则叠加原理告诉说，对于任何电荷分布的场，其旋度你也会得到零。

应当指出一个重要事实：对于任何径向力，做的功与路径无关，因而存在着势。如果你想到这一点，上面为证明功的积分与路径无关的全部论据，仅有赖于来自单个电荷的力是径向和球对称的这个事实。它并不取决于与距离的关系为 $\dfrac{1}{r^2}$ 的事实——很可能存在与 r 的任何依赖关系。势的存在以及 $\boldsymbol{E}$ 的旋度等于零的事实，实际上只是由于静电力具有方向及

对称性的缘故。基于此,式(4.28)或式(4.29)只可能包含了电学规律的一部分。

§4-5 *E* 的通量

我们现在要来导出一个场方程式,它明确而又直接地与力的平方反比规律这个事实有关。场随距离的平方反比地变化,这对于某些人来说,似乎是“理所当然的”,因为“那是事情扩展的途径”。试考虑一个光源及正从它发射出的光:通过一个顶端位于源处的锥体所割出的面的光量,不管这个面所在处的半径大小如何,处处相等。只要光能守恒,这就是必然的。单位面积的光量——光强——必然与锥体所割出的面积成反比地变化,也就是与光源的距离的平方成反比。由于同样的理由,电场肯定会与距离的平方反比地变化!可是,这里并没有“同样的理由”这种东西。没有人能够讲,电场就像光那样,是某种守恒的东西流动的量度。假如有一个电场“模型”,其中电场矢量代表流或某种飞出去的小“子弹”的运动方向和速率,而且如果模型要求这些子弹守恒,即一旦被射出去就没有一颗子弹会丢失,那么也许我们能够“看到”该平方反比定律是必需的。另一方面,要求有某种能够表达这一物理概念的数学方式。假如电场像发射出去的守恒的子弹,那么它就将随距离的平方成反比地变化,而我们也将可能用一个方程——那纯粹是一种数学形式——来描写那种行为了。现在不妨想想这个方法,只要我们不说电场是由子弹构成的,但要认识到,我们是在用一个模型协助求得正确的数学答案。

甚至假定,我们想象一下电场确实代表某种守恒东西的流——在除了电荷所在处外的一切地方(电场总得从某处开始产生!)。我们设想,不管什么东西,都是从电荷流出进入周围空间的。如果 $\boldsymbol{E}$ 就是这种流的矢量(正如热流中的 $\boldsymbol{h}$),那么在点源附近它将有一个 $1/r^2$ 的依赖关系。现在,我们要用这个模型找出如何用一种更深刻或更抽象的办法来陈述这一平方反比定律,而不仅仅是说“平方反比”(你也许觉得奇怪,我们为什么要避免对这么一个简单定律的直接陈述,而要用另一种方式隐蔽地暗示同样的事情。但请忍耐一点!它将会证明确实很有用)。

我们要问:从点电荷附近的任一个闭合曲面出来的 $\boldsymbol{E}$“流”是什么?首先,让我们取一个简易闭合面——如图4-5所示的一个。如果 $\boldsymbol{E}$ 场像流,则从这一个箱子里出来的净流应该等于零。只要从这一个面跑出去的所谓“流量”指的是 $\boldsymbol{E}$ 的法向分量的面积分——即 $\boldsymbol{E}$ 的通量,则我们就得到上述结果。在那些侧向面上,法向分量为零。而在那些球面上,法向分量 E_n 恰好就是 $\boldsymbol{E}$ 的大小——对于那个较小的面为负,而对于那个较大的面为正。$\boldsymbol{E}$ 的大小随 $1/r^2$ 而减少,但表面积却正比于 r^2,因而两者之积就与 r 无关了。进入 a 面的 $\boldsymbol{E}$ 的通量恰好被跑出 b 面的那个通量所抵消。从 S 出来的总流量为零,也就是说,对于这个曲面,

$$\int_S E_n \mathrm{d}a = 0. \tag{4.30}$$

其次,我们将证明两个端面可以相对于径线倾斜而不会改变该积分式(4.30)。尽管这是普遍正确的,但对于我们的目的来说,却只需证明当两个端面很小,以致它们对着来自源心的一个小角——实际上是一个无限小角——时,它是对的就行了。在图4-6中,我们画出了一个其“侧面”为径向而其“端面”倾斜着的曲面 S。在这图中的端面不小,但你仍想象端

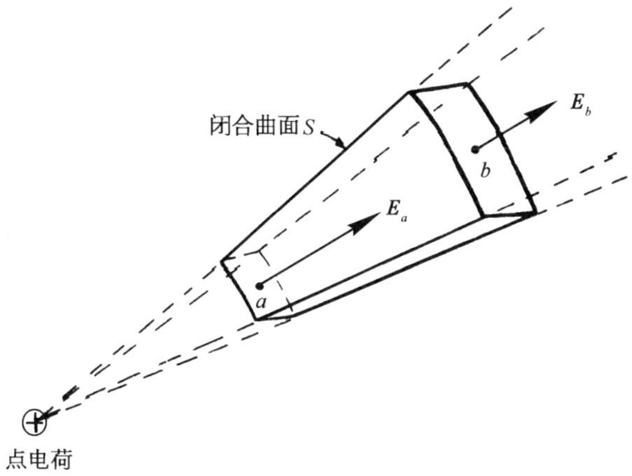

图 4-5　从曲面 S 出来的 **E** 的通量为零

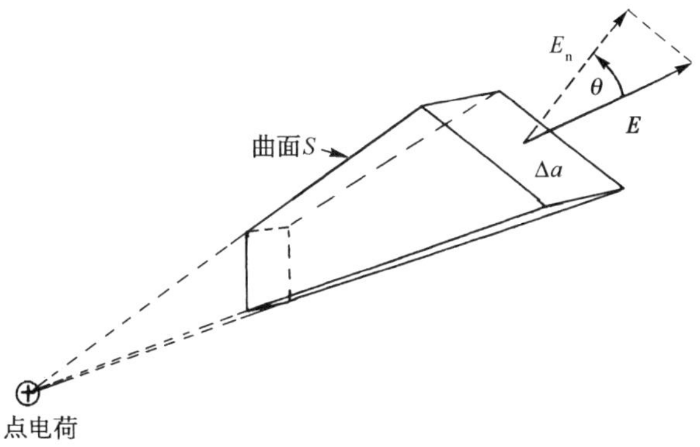

图 4-6　从曲面 S 出来的 **E** 的通量为零

面非常小的情况。因此，在面上场 $\boldsymbol{E}$ 将足够均匀，以致我们可以只用它在曲面中心处的值。当我们把该面倾斜一个角度 θ 时，它的面积会增大一个因子 $1/\cos\theta$。但 E 垂直于该面的分量 E_n 则减少一个因子 $\cos\theta$，乘积 $E_n\Delta a$ 保持不变。这样，从整个曲面 S 出来的通量仍为零。

到此不难看出，从任何曲面 S 包围着的体积中出来的通量必为零。任何一个体积都可认为是由如图 4-6 所示的单元构成的。整个体积的表面完全可分割成一对一对的端面，而由于进出这些端面的通量成对地互相抵消，所以从整个曲面 S 出来的总通量就等于零。这个意思由图 4-7 说明。这样，我们就有了一个普适的结果。那就是，在一个点电荷的场中，从任何闭合曲面 S 出来的通量均为零。

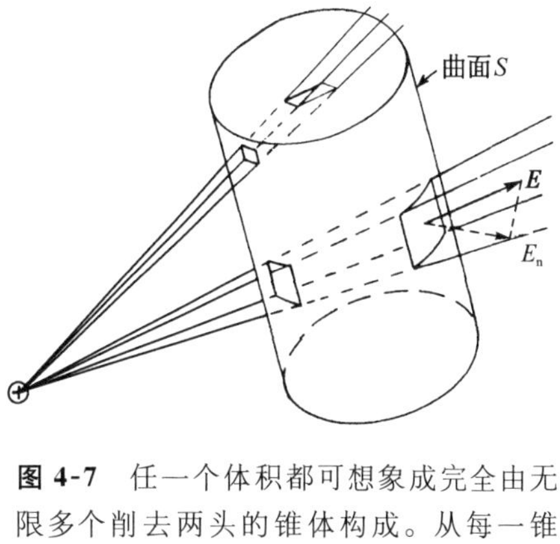

图 4-7　任一个体积都可想象成完全由无限多个削去两头的锥体构成。从每一锥体断面一端的 **E** 的通量与从另一端的通量相等而相反。因此，从曲面 S 出来的总通量就是零

可是要注意！上述证明只是在曲面 S 不包围电荷时做出的。假如有一个点电荷位于该曲面之内，那将会怎样呢？我们仍可将该曲面分割成由通

过电荷 q 的各径向线所围成的各成对面积,如图 4-8 所示。通过这两个面的通量仍旧相等——用与上面同样的论证——只是现在这两个通量有了相同的符号,因此从包围一个电荷的曲面出来的通量并不等于零。那么,它等于什么呢?我们可用一点小小技巧把它求出来。假想一个完全在原来曲面 S 之内的小曲面 S' 包围该电荷,如图 4-9 所示。这样,就将此电荷从“内部”“移出”,从而在由 S 和 S' 两个曲面之间所包围的体积内就没有电荷了。应用与上面所给出的相同的论证,从这一个体积出来的总通量(包括通过 S' 的)就是零。这些论证实际上告诉我们,通过 S' 面而进入该体积的通量与通过 S 面跑出去的通量彼此相等。

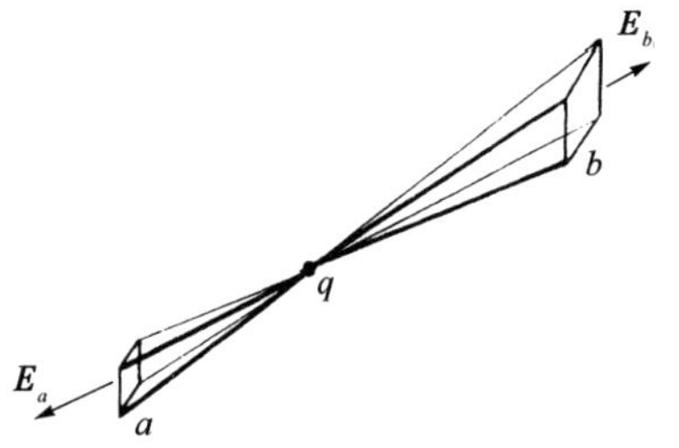

图 4-8 如果曲面内存在电荷,则出来的通量不等于零

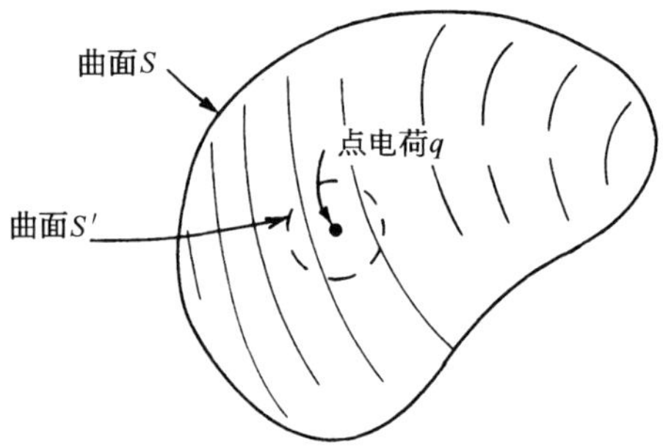

图 4-9 通过 S 面的通量与通过 S' 面的通量相同

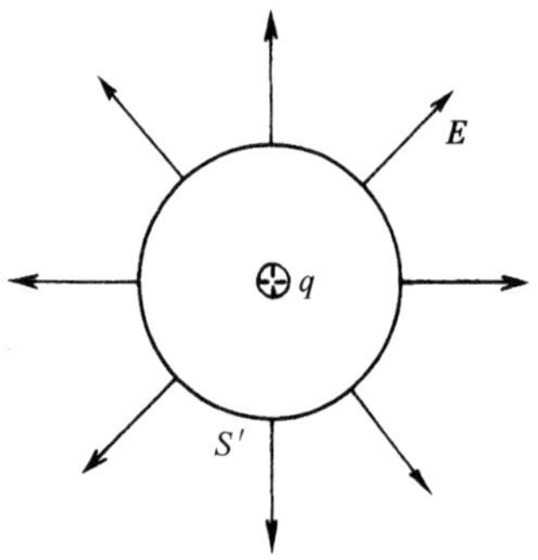

图 4-10 通过一个含有点电荷 q 的球面的通量为 q/ϵ_0

由于我们可以任意选取任何形状的 S' 面,所以就让我们使它成为一个以该电荷为中心的、如图 4-10 所示的那种球面吧。这样,便可以很容易地算出通过这个面的通量。如果该小球面的半径为 r,则在球面上的 $\boldsymbol{E}$ 值处处都是

$$\frac{1}{4\pi\epsilon_0}\frac{q}{r^2},$$

其方向始终垂直于球面。如果把 $\boldsymbol{E}$ 的法向分量乘以该面面积,则可以求出通过 S' 面的总通量:

$$\text{通过 } S' \text{ 面的通量} = \left(\frac{1}{4\pi\epsilon_0}\frac{q}{r^2}\right)(4\pi r^2) = \frac{q}{\epsilon_0}. \quad (4.31)$$

这是一个与球面半径无关的数值!因此,我们知道:通过 S 面出来的通量也为 q/ϵ_0——一个与 S 的形状无关的值,条件是电荷 q 必须处在该面之内。

可以把此结论写为:

$$\int_{\text{任何曲面}S} E_n \mathrm{d}a = \begin{cases} 0, & q \text{ 在 } S \text{ 之外}; \\ \dfrac{q}{\epsilon_0}, & q \text{ 在 } S \text{ 之内}. \end{cases} \quad (4.32)$$

让我们回到“子弹”的比拟上来,并看看它是否有意义。上述定理说明:如果闭合曲面内没有那支发射子弹的枪,则穿过该面的净子弹流为零;但若枪已包围在曲面之内,则无论该面的大小及形状如何,穿出去的子弹数目相同——它由枪的子弹产生率给出。对于守恒的子弹来说,所有这一切似乎很合理。这个模型告诉我们的东西,是否比仅仅由式(4.32)得到

的东西要多呢？迄今还没有谁能成功地使这些“子弹”除了产生这一定律以外，还能完成其他任务。此后，它们就只会产生错误。这就是今天我们宁愿完全抽象地去表达电磁场的原因。

§4-6 高斯定理；$\boldsymbol{E}$ 的散度

我们的优美结果——式(4.32)，是为单个点电荷而证明的。现在，假设存在两个电荷，电荷 q_1 位于一点，而电荷 q_2 位于另一点，问题看来比较困难。为了求得通量，我们要对电场的法向分量取积分，而这电场是由两个电荷产生。这就是说，如果 $\boldsymbol{E}_1$ 代表由 q_1 单独产生的电场，而 $\boldsymbol{E}_2$ 代表由 q_2 单独产生的电场，则总电场为 $\boldsymbol{E}=\boldsymbol{E}_1+\boldsymbol{E}_2$。通过任一闭合曲面 S 的通量为

$$\int_S(E_{1n}+E_{2n})\mathrm{d}a=\int_S E_{1n}\mathrm{d}a+\int_S E_{2n}\mathrm{d}a. \tag{4.33}$$

两个电荷存在时的通量，等于单个电荷的通量加上另一个电荷的通量。如果两个电荷都在 S 面之外，则通过 S 面的通量为零。如果 q_1 在 S 面内而 q_2 在 S 面外，则第一个积分为 q_1/ϵ_0，而第二个积分为零。如果两电荷都包围在曲面内，则每一电荷都将做出自己的贡献，因而通量为 $(q_1+q_2)/\epsilon_0$。普遍的法则显然是，从一个闭合曲面出来的总通量等于在该曲面内的总电荷除以 ϵ_0。

我们的结果是静电场一条重要而普遍定律，称为高斯定律。

高斯定律：

$$\int_{\substack{\text{任意闭合}\\\text{曲面 }S}}E_n\mathrm{d}a=\frac{\text{曲面内电荷的总和}}{\epsilon_0}, \tag{4.34}$$

或

$$\int_{\substack{\text{任意闭合}\\\text{曲面 }S}}\boldsymbol{E}\cdot\boldsymbol{n}\mathrm{d}a=\frac{Q_{\text{内}}}{\epsilon_0}, \tag{4.35}$$

式中

$$Q_{\text{内}}=\sum_{\text{在}S\text{内}}q_i. \tag{4.36}$$

如果我们用电荷密度 ρ 来描述电荷的位置，则可认为每个无限小体积 $\mathrm{d}V$ 内含有“点”电荷 $\rho\mathrm{d}V$。这样，对所有电荷的和，就是积分

$$Q_{\text{内}}=\int_{S\text{内体积}}\rho\mathrm{d}V. \tag{4.37}$$

从上述的推导可以看出，高斯定律乃起因于库仑力中的幂指数精确地等于 2 这个事实。$\dfrac{1}{r^3}$ 或任何 $n\neq 2$ 的 $1/r^n$ 的场，不可能给出高斯定律。因此，高斯定律只不过是用一种不同形式来表述两电荷间力的库仑定律而已。事实上，如果倒过来，你将会从高斯定律导出库仑定律。这两定律完全等价，只要我们记住电荷之间的作用力是径向的。

现在，我们想用微商来写出高斯定律。为此，把高斯定律应用于一个无限小的立方体表面。在第 3 章中，我们曾经证明过，从这样一个立方体表面出来的 $\boldsymbol{E}$ 的通量仍等于 $\nabla\cdot\boldsymbol{E}$ 乘以该立方的体积 $\mathrm{d}V$。按照 ρ 的定义，在 $\mathrm{d}V$ 内的电荷等于 $\rho\mathrm{d}V$，所以高斯定律给出

$$\nabla \cdot \boldsymbol{E} \mathrm{d}V = \frac{\rho \mathrm{d}V}{\epsilon_0},$$

或

$$\nabla \cdot \boldsymbol{E} = \frac{\rho}{\epsilon_0}. \tag{4.38}$$

高斯定律的这个微分形式,是静电学的四个基本场方程式中的第一个,即式(4.5)。现在我们已经证明,静电学的两个方程式(4.5)和(4.6)与库仑定律等价。下面将要讨论应用高斯定律的一个例子(以后我们将碰到更多的例子)。

§4-7 带电球体的场

过去我们学习引力吸引理论时,遇到的困难问题之一就是要证明:一个实心球体物体所产生的力,与所有物质都集中在其中心或位于球面所产生的力是相同的。牛顿经过了许多年都没有把他的引力理论公诸于世,就是因为他当时还不敢肯定这个定理是正确的。我们在第 1 卷第 13 章中,曾经通过算出关于势的积分,然后利用梯度求得引力来证明这个定理。现在,我们能够用最简单的方式来证明它,只是这次将证明关于一个均匀带电球体的相应定理(由于静电学定律与引力定律相同,所以同样的证法也可用于引力场)。

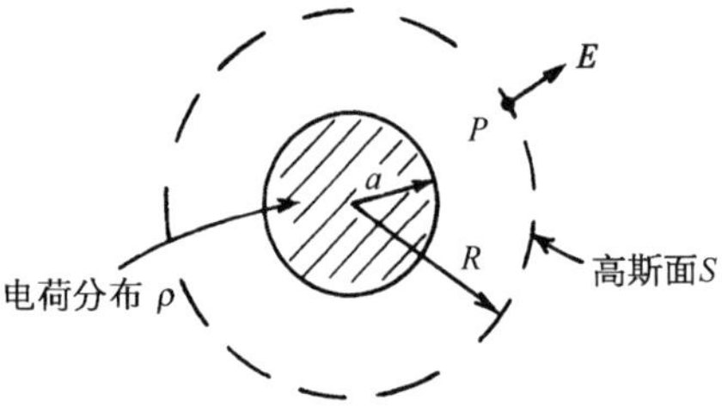

图 4-11 应用高斯定律求一个均匀带电球体的场

我们要问,在一个充满均匀分布电荷的球体外面任一点 P 处的电场 $\boldsymbol{E}$ 是什么?既然不存在"特殊"的方向,我们便可以假定 $\boldsymbol{E}$ 处处都是从球心向外。考虑一个与该带电球体同心的、并通过 P 点的球面(图 4-11)。对于这个面,向外通量为

$$\int E_n \mathrm{d}a = E \cdot 4\pi R^2.$$

高斯定律告诉我们,这一通量等于该带电球体的总电荷 Q(除以 ϵ_0):

$$E \cdot 4\pi R^2 = \frac{Q}{\epsilon_0},$$

或

$$E = \frac{1}{4\pi\epsilon_0} \frac{Q}{R^2}. \tag{4.39}$$

这与一个点电荷 Q 的公式相同。我们比求积分更容易地证明了牛顿的问题。当然,这种容易是不真实的——由于你已花了某些时间才能理解高斯定律,所以你也可以认为实际上没有节省时间。但是当你越来越多地应用这一定理以后,便会开始有所收获。这是一个效率问题。

§4-8 场线;等势面

现在,我们想要给出静电场的一种几何描述。静电学的两定律,一个为通量正比于内部

电荷,另一个表明电场是势的梯度,它们也可以用几何方法来表示。下面用两个例子来说明。

首先,我们取一个点电荷的场为例。在场方向画线——总是与场相切的线,如图 4-12 所示。这些线称为场线,它们处处指明电矢量的方向。但我们还希望表达出该矢量的大小。为此,我们可以制定这样的规则:电场强度将由场线的“密度”表示。所谓场线的密度,是指通过与该线垂直的单位面积的线的数目。应用这两条规则就可以得出一幅电场图像。对于一个点电荷来说,场线的密度必须按 $1/r^2$ 减少。但在任何半径 r 处与线垂直的球面面积却会随 r^2 而增大,所以如果对于离电荷的一切距离处我们都保持线的数目相同,则密度将保持与场的大小成正比。只要我们坚持所画出来的线是连续的——即一旦线已从电荷发出,它就永远不会停止,那么,我们就能保证在每个距离处线的数目都相同。依赖场线,高斯定律说,这些线只应从正电荷出发而终止于负电荷。离开电荷 q 的线的数目一定等于 q/ϵ_0。

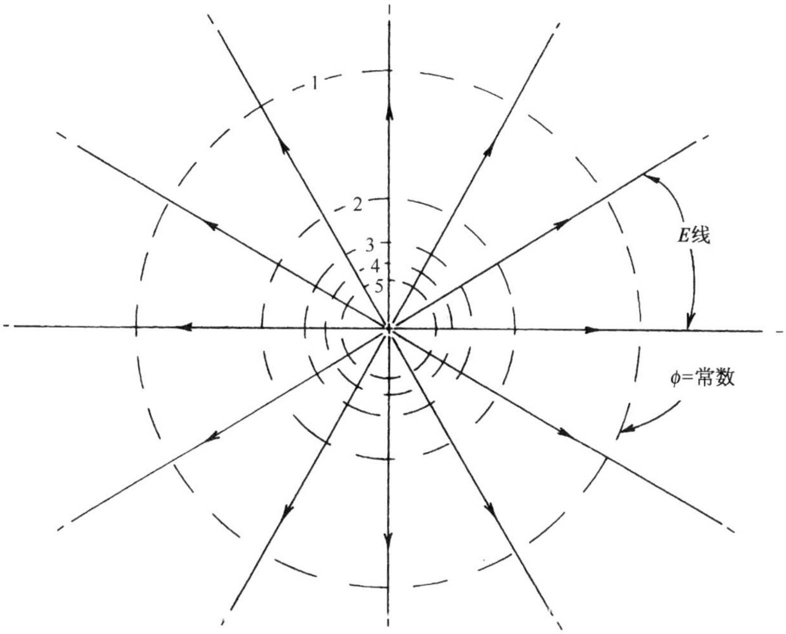

图 4-12 一个正点电荷的场线和等势面

现在,对于势 ϕ 来说,我们也能找到一个相似的几何图像。表达势最方便的方法是画出 ϕ 为常数的那些面。这种面称为等势面——势相等的面。那么,等势面与场线间的几何关系又是如何呢?电场是势的梯度。梯度是在势变化最迅速的那个方向,所以它垂直于等势面。假如 $\boldsymbol{E}$ 并不垂直于这种面,那么它会有一个沿面分量。此时,势会在面上发生变化,于是该面就不会是等势的了。因此,等势面必然会处处与电场线成直角。

对于一个孤立的点电荷来说,等势面是以该电荷为中心的球面。我们已在图 4-12 中显示出这些球面与一个通过该电荷的平面的交线。

作为第二个例子,我们考虑在两个大小相等而符号相反的电荷附近的场。要获得这个场挺容易。总场由该两电荷各自的场叠加而成。因此,我们可以取两幅如 4-12 那样的图并把它们叠加起来——不可能!这样我们会有彼此相交的场线,而这是不可能的,因为 $\boldsymbol{E}$ 不能在同一点上有两个方向。场线图的缺点现在就显而易见了。根据几何论证不可能用十分简单的方法去分析那些新场线的去向。从两个独立图像我们不能获得一个综合的图像。叠加原理固然是关于静电场的一个简单而又深刻的原则，但在场线的图像方面，还没有一个容易的表达方式。

关于单位的备忘录

量	单位	量	单位
F	N	$1/\epsilon_0 \sim FL^2/Q^2$	Nm^2C^{-2}
Q	C	$E \sim F/Q$	NC^{-1}
L	m	$\phi \sim W/Q$	$JC^{-1}=V$
W	J	$E \sim \phi/L$	Vm^{-1}
$\rho \sim Q/L^3$	Cm^{-3}	$1/\epsilon_0 \sim EL^2/Q$	VmC^{-1}

然而，场线图形毕竟有它的用途，所以对于一对相等(而相反的)电荷我们也许仍乐于去画出其图像来。若我们由式(4.13)算出场，又由式(4.24)算出势，那么，便可描绘出场线和等势面。图 4-13 显示这个结果。但我们得先在数学上解决这个问题！

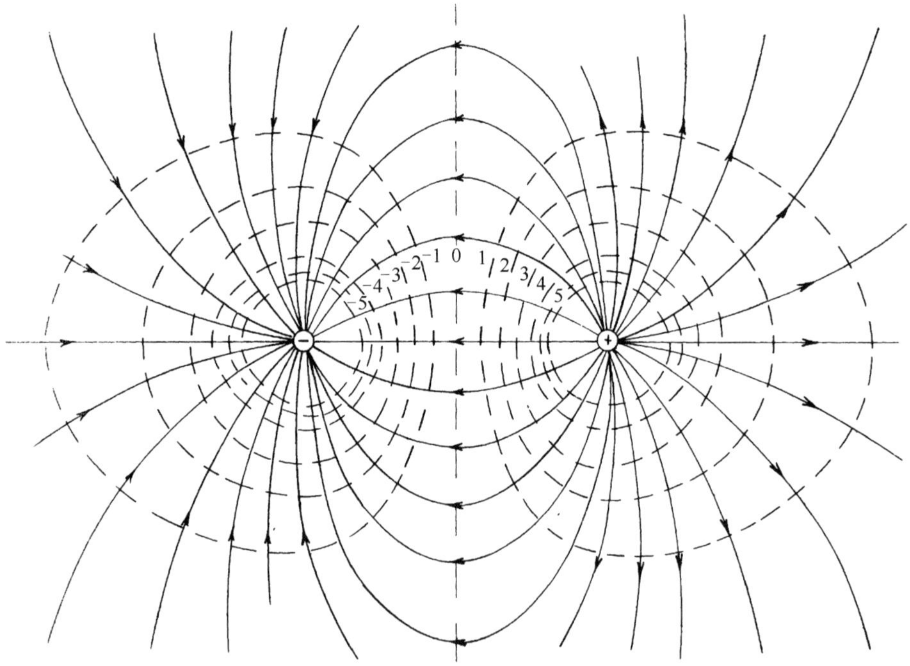

图 4-13 两个相等而相反的点电荷的场线和等势面

第 5 章　高斯定律的应用

§5-1　静电学就是高斯定律加……

静电学有两个定律:从某一体积出来的通量正比于其中的电荷——高斯定律;电场的环流等于零——$\boldsymbol{E}$ 是一种梯度。所有静电学的预言都可以从这两个定律推出。但这些事情从数学上来说是一回事;而熟练地、巧妙地应用这些定律,却是另一回事。在本章中,我们将完成若干项可以直接由高斯定律进行的计算。我们将证明一些定理,并描述一些效应,特别是在导体中,这些可以很容易从高斯定律得到理解。高斯定律本身不能对任何一个问题提供答案,因为还有另一条定律必须遵守。因此,当我们应用高斯定律解决某些特定问题时,还得对它加点东西。例如,将必须假定场看来会怎样的某些概念——基于诸如对称性的论据。不然的话,我们可能就不得不明确地引入场是势的梯度这么一个概念了。

§5-2　静电场中的平衡

首先,考虑下述问题:一个处于其他电荷的电场中的点电荷何时才能处于稳定的力学平衡状态呢?作为一个例子,试设想在一水平面上有一个等边三角形,在每个角上各放置一负电荷。一个置于该三角形中心处的正电荷是否会保持在那里(如果暂时略去重力,问题就会简单些,尽管把它包括进去也不会改变所得结果)?作用于该正电荷上的力为零,但这个平衡稳定吗?要是稍微移动一下电荷,它会回到平衡位置上来吗?答案是否定的。

在任何静电场中都不会有稳定的平衡点——除非这一点恰好叠在一个电荷上。应用高斯定律很容易看出其原因。首先,要使电荷在任一特定 P_0 点上处于平衡,场就必须等于零。其次,如果平衡是一稳定平衡,则还要求若把电荷沿任一方向移离 P_0 点,便应有一个与位移反向的恢复力。在一切邻近点的电场都必须指向内——即指向 P_0 点。但如果在 P_0 点没有电荷存在,那就会违反高斯定律,这点我们可以很容易看出来。

考虑一个包围着 P_0 点的小想象面,如图 5-1 所示。若在 P_0 点附近的电场处处都指向它,则对场的法向分量的面积分就肯定不会等于零。在上图所示的情况中,通过该面的通量必然是一负值。但高斯定律说明,通过任何曲面的电场通量正比于在该面内的总电荷。如果在 P_0 点处没有电荷,则我们想象出来的场便违反了高斯定律。在一个空的空间里,在那里的某一点不存在一些负电荷,使位于该点的一个正电荷处于平衡是不可能的。如果一个正电荷处于某一分布的负电荷中间,则它可以达到平衡。当然,那些负电荷的分布就必须由电力以外的力把它们固定在适当的位置上!

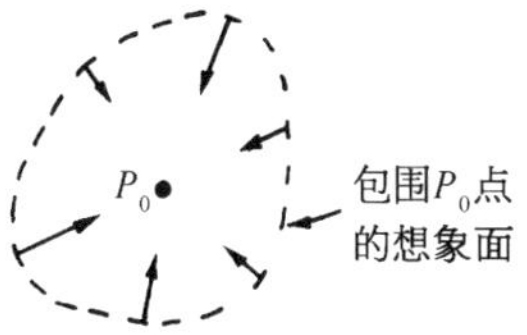

图 5-1　如 P_0 对于一个正电荷来说是一个稳定平衡点,那么在其附近每一处的电场就都应指向 P_0 点

对于一个点电荷我们得到了上述结果。这同一结论是否也适用于被固定——比如用棍子来固定——在相对位置上分布复杂的电荷呢？我们考虑关于固定在一条棍子上的两个相等电荷的问题。这个组合在某个静电场中能否处于平衡呢？答案再次是否定的。因为作用于棍子上的总力不可能对于每一方向上的位移都具有恢复作用。

设作用于棍子上任意位置的总力为 $\boldsymbol{F}$——因此,$\boldsymbol{F}$ 就是一个矢量场。根据上面所用的论据,我们断定:在一个稳定平衡的位置上,$\boldsymbol{F}$ 的散度必定是一个负值。但作用于棍子上的总力则等于第一个电荷乘以在其位置上的电场,加上第二个电荷乘以在其位置上的电场:

$$\boldsymbol{F}=q_1\boldsymbol{E}_1+q_2\boldsymbol{E}_2. \tag{5.1}$$

$\boldsymbol{F}$ 的散度为

$$\nabla\cdot\boldsymbol{F}=q_1(\nabla\cdot\boldsymbol{E}_1)+q_2(\nabla\cdot\boldsymbol{E}_2).$$

倘若 q_1 和 q_2 两电荷中每一个都处在自由空间里,则$\nabla\cdot\boldsymbol{E}_1$ 和$\nabla\cdot\boldsymbol{E}_2$ 均等于零,因而$\nabla\cdot\boldsymbol{F}$ 也就等于零——不是负值,而负值是对于平衡所要求的。可以看到,这论证的引申表明:在自由空间的静电场中,由任意数目电荷的刚性组合都不可能有一个稳定的平衡位置。

我们至今没有证明,即使有一些支点或其他机械约束,平衡仍然是不可能的。作为一个例子,考虑一根空心管,其中有一电荷可以自由往复运动,但却不能向旁移动。现在,不难设计出这么一个电场:在管两端处场都指向内,而容许在管中心附近场可以从管侧面指向外。我们只要将正电荷置于管的两端,如图 5-2 所示。眼下虽然 $\boldsymbol{E}$ 的散度仍等于零,但可能有一个平衡点。当然,假如不是由于从管壁所加的"非电"力,则该电荷对于侧向运动来说还是不会处于稳定平衡的。

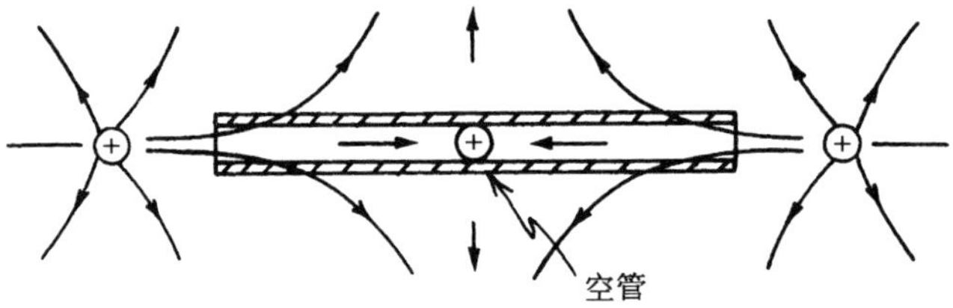

图 5-2 如果有一些机械约束,电荷就可处于平衡

§5-3 有导体时的平衡

在固定电荷系统所产生的场中不存在稳定点。那么,对于带电导体的系统会怎样呢？由各带电导体组成的系统,能否产生对于一个点电荷来说会有稳定平衡点的那种场呢(当然,我们所指的不是在导体上的点)？你知道,导体具有其中电荷能够自由活动的那种性质。也许当该点电荷稍微移动一下时,导体上其他的电荷就会以一种将给予该点电荷一恢复力的方式移动？答案仍然是否定的——尽管刚才所给出的那种证法仍未对此有所证明。在这种情况下证明比较困难,我们将仅仅指出证明的方法。

首先,我们注意到:当电荷在导体上重新分布时,只有在电荷的运动会减少其总势能的情况下才能进行(当电荷在导体中移动时,有些能量损失于发热)。现在我们已经证明了:如果那些产生场的电荷都是固定不动的,则在场中任一个零点 P_0 附近,就会有某一方向,沿该方向要把一个点电荷移离 P_0 点会降低系统的能量(因为力从 P_0 指向外)。导体上任何电荷的调整都只能更多地降低势能，从而（按照虚功原理）它们的运动就只能在离开 P_0 点的特定方向上增大该力，而不是相反。

我们的结论并非意味着，不可能用电力来平衡一个电荷。只要人们愿意采取适当措施，控制那些支承电荷的位置或大小，那便是可能的。你知道，竖立在引力场中的一根棍子是不会稳定的，但这并未证明它就不能在手指尖上达到平衡。同理，一个电荷可能会被一些电场固定在一点上，只要那些场是可变的。但电荷决不会为一个被动的——也即是静止不动的——系统所固定。

§5-4　原子的稳定性

如果电荷不能够稳定地保持在它们的位置上，那么把物质想象成由受静电学定律支配的静止点电荷（电子和质子）所构成，肯定是不合适的。诸如这样的静止组态不可能存在，它是会坍塌的！

有人曾经建议过，原子的正电荷可以均匀地分布在一个球体中，而负电荷（各电子）则可静止地处于该正电荷之中，如图 5-3 所示。这是第一个原子模型，由汤姆孙所倡议。但卢瑟福却从盖革和马斯登的实验中得出结论：正电荷是很集中的，集中于他所称之为核的地方。汤姆孙的静止模型就不得不放弃了。于是卢瑟福和玻尔建议平衡可能是动力学的，电子在轨道上环行，就像图 5-4 所示的那种情况。通过轨道运动，电子将避免跌落到核里去。对于这样一种图像我们已知道至少有一点困难。电子这样运动就会有加速度（由于圆周运动），从而会辐射能量。它们将丧失待在轨道上所需要的动能，从而会螺旋式地趋向核，再度出现不稳定！

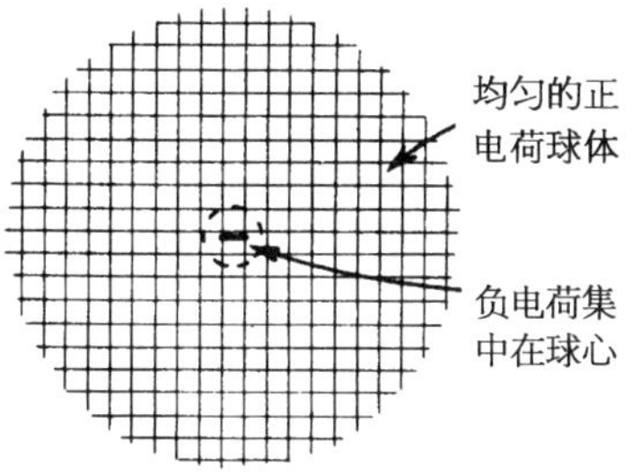

图 5-3　原子的汤姆孙模型

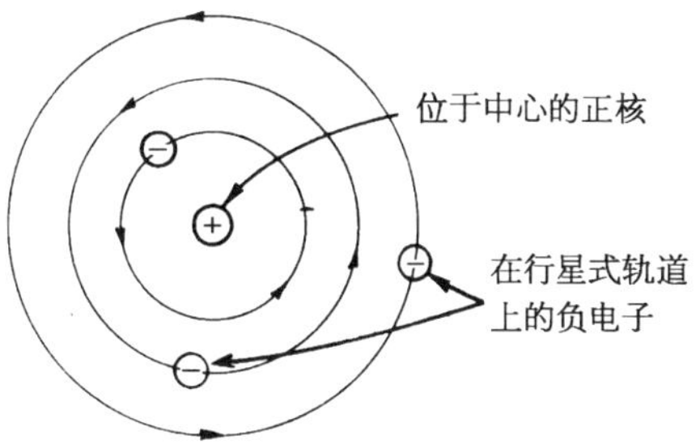

图 5-4　原子的卢瑟福-玻尔模型

原子的稳定性现在可由量子力学给予解释。静电力把电子尽可能拉近核，但电子却被迫持续在空间中扩展一定距离，那是由不确定性原理规定的。假如它被禁锢在一个太小的空间里，它便有一个大的动量不确定性。但这意味着它会拥有高的期待能量——将被用来摆脱电的引力的影响，净结果是与汤姆孙想法没有太大差别的电的平衡——只是现在扩展开来的是负电荷（因为电子质量比质子质量小得多）。

§5-5　线 电 荷 的 场

高斯定律可以用来解决许多其中包括某种特殊对称性——通常是球形、圆柱形或平面形的对称性——的静电场问题。在本章的剩下部分,我们将用高斯定律来处理几个这样的问题。应用高斯定律很容易解决这些问题,这可能会引起一种错误印象,以为这种方法非常有效,人们将能够继续用它去对付其他许多问题。可惜情况并非如此。人们很快就搜索尽能够用高斯定律容易加以解决的问题。在以后几章中,我们将发展一些研究静电场的更强有力的方法。

作为第一个例子,我们考虑一个具有圆柱形对称性的系统。假设有一根十分长而均匀带电的棒,电荷沿一无限长直线均匀地分布着,单位长度所带的电荷为 λ,我们希望知道电场。当然,问题可以通过对来自线的每一部分对场的贡献进行积分而加以解决。但我们准备不用积分,而通过应用高斯定律以及某种推测来求解。首先,推测该电场会从直线径向地向外。这是因为,从线中一边的电荷所产生的场的任何轴向分量,将伴随着从线的另一边电荷产生的场的相等的轴向分量,结果就只能为径向场。在与直线等距离的所有各点上,场应有相同大小,这似乎也是合理的,而且很明显(这一点可能不容易证明,但如果空间是对称的——正如我们所确信的那样——则它便是正确的)。

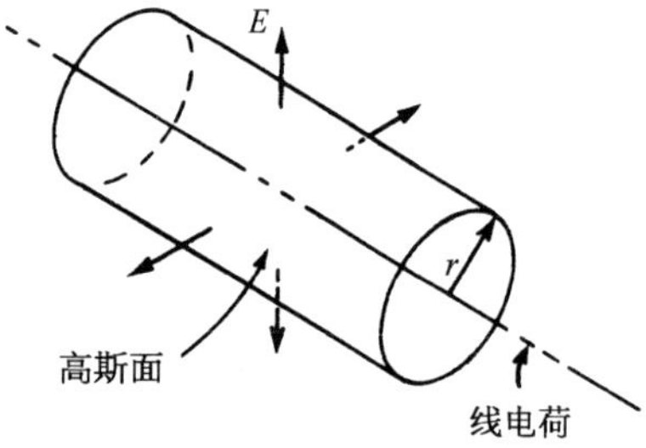

图 5-5 与线电荷同轴的一个圆柱形高斯面

我们可按下述方式来应用高斯定律。考虑一个与该线同轴的圆柱形假想曲面,如图 5-5 所示。按照高斯定律,从这一个面出来的 $\boldsymbol{E}$ 的总通量等于其内部电荷除以 ϵ_0。由于场假定是垂直于该面的,所以其法向分量就是场的大小,叫作 E。令该柱面的半径为 r,为了方便起见其长度取为一个单位。通过该柱面的通量等于 E 乘以该面面积(即 $2\pi r$)。因为电场与之相切,通过两个端面的通量等于零。因为在其中的线长为一单位,在该曲面之内总电荷恰好是 λ。于是高斯定律给出

$$E\cdot 2\pi r=\lambda/\epsilon_0,$$

$$E=\frac{\lambda}{2\pi\epsilon_0 r}. \tag{5.2}$$

线电荷的电场与从线至该处的距离的一次幂成反比。

§ 5-6 面电荷;平行板

作为另一个例子,我们现在来计算均匀面电荷所产生的场。假设该面延伸至无限远,而且单位面积的电荷为 σ。我们要做一种推测:考虑到对称性,我们相信场的方向处处与该平面垂直,而倘若没有来自世界上任何其他电荷的场,则两边的场(大小)应相等。这次我们选取的高斯面是一个穿过该平面的四方盒子,如图 5-6 所示。平行于该平面的两个表面面积相等,比如说 A。场垂直于此两面,而与其他的四个面平行。总通量等于 E 乘以第一个面的面积,加上 E 乘以其对面的面积——其他四个面都没有做任何贡献。包含在该盒子里的总电荷为 σA。使通量与其内部电荷相等,我们便有

$$EA+EA=\frac{\sigma A}{\epsilon_0},$$

由此得

$$E = \frac{\sigma}{2\epsilon_0}. \tag{5.3}$$

这是一个简单而又重要的结果。

你或许记得,这同样的结果曾在前面一章中通过对整个面进行积分而获得。在这个例子中,高斯定律更迅速地给出了答案(虽则它并不如以前的方法那么普遍适用)。

必须强调,这一结果仅适用于面电荷的场。如果在面电荷附近还有别的电荷,则靠近该面的总场就应等于式(5.3)与其他电荷的场之和。此时,高斯定律只会告诉我们:

$$E_1 + E_2 = \frac{\sigma}{\epsilon_0}, \tag{5.4}$$

式中 E_1 和 E_2 分别代表从该面每侧指向外之场。

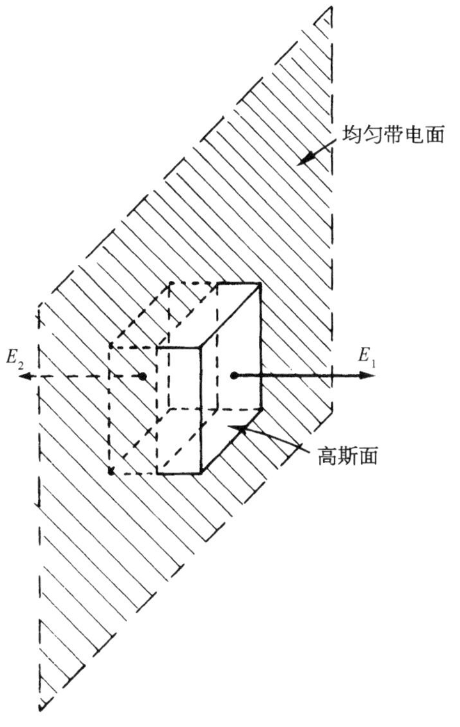

图 5-6　在一均匀带电面附近的电场,可通过应用高斯定律于一个想象的盒子而求得

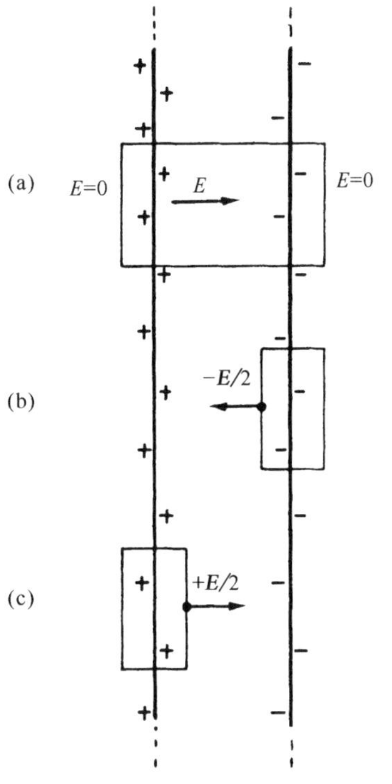

图 5-7　两块带电板之间的场为 σ/ϵ_0

只要我们再次假定其外部世界是对称的,带有相等相反电荷(密度分别为 $+\sigma$ 和 $-\sigma$)的两平行板问题也同样简单。通过对由单块板所得的两结果叠加,或者通过构成一个包括两板在内的高斯盒,都不难见到,在该两板之外的电场为零[图 5-7(a)]。由考虑一个只包括这块或那块板在内的盒,如图 5-7(b)或(c)所示的那样,则能看出两板间的场应两倍于单独一块板的场。结果是:

$$E(\text{在两板之间}) = \sigma/\epsilon_0; \tag{5.5}$$

$$E(\text{在两板之外}) = 0. \tag{5.6}$$

§5-7 带电球体;球壳

我们曾(在第4章中)应用高斯定律求得一个均匀带电球体外的场。用同一方法也能给出球内各点的场。例如,这种计算方法可用来得到对原子核内部场的良好近似。尽管核里的质子互相排斥,但由于强大核力的作用,它们还是几乎均匀地分布在核体内的。

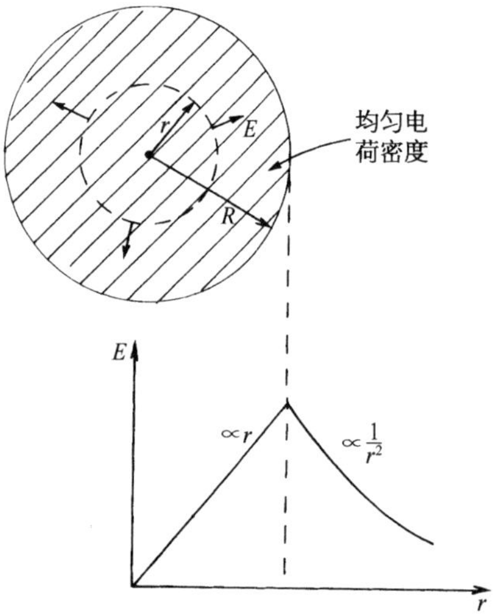

图5-8 高斯定律可用来求一个均匀带电球体内的场

假设有一个半径为 R 并均匀地充满着电荷的球,令 ρ 为单位体积的电荷。再利用对称性的论证,假定场是径向的,并且在与球心等距离的一切点上这个场的大小都相等。要求与球心的距离为 r 处的场,我们取一个半径为 $r(r<R)$ 的球形高斯面,如图5-8所示。从这个面出来的通量为

$$4\pi r^2 E.$$

在我们的高斯面内的电荷等于其内部体积乘 ρ,或

$$\frac{4}{3}\pi r^3 \rho.$$

应用高斯定律,可以推得场的大小由下式给出:

$$E = \frac{\rho r}{3\epsilon_0}(r < R). \tag{5.7}$$

你可以看到,这一公式对于 $r = R$ 也会给出恰当的结果。电场与半径成正比,并沿径向指向外。

刚才对于一个均匀带电球体所提供的论证,也可应用于一个带电薄球壳。假定场是处处径向的并且具有球对称性,那便可以立即从高斯定律获得在球壳外的场与一个点电荷的场相似,而球壳内的场则处处为零(在球壳内的高斯面将不会包含电荷)。

§5-8 点电荷的场是否精确为 $1/r^2$

如果对球壳内的场为何会等于零这一点更详细地查看一下,我们就能更加清楚地看出,高斯定律之所以成立只是由于库仑力精确地依赖于距离的平方。考虑一个均匀带电球壳里面的任一点 P,想象出一个以 P 为顶点的小锥形伸展至球壳表面,在那里它割出一个小面积 Δa_1,如图5-9所示。一个从 P 的相对一边发散出去的完全对称锥形,将会从球面割出一个面积 Δa_2。如果从 P 至这两个小面积元的距离分别为 r_1 和 r_2,那么它们的面积比为

$$\frac{\Delta a_2}{\Delta a_1} = \frac{r_2^2}{r_1^2}.$$

对于在球面内的任一点 P,可以用几何学来证明这一点。

如果球面是均匀带电的,则在每一面积元上的电荷 Δq 就正比于各面积,因而

$$\frac{\Delta q_2}{\Delta q_1}=\frac{\Delta a_2}{\Delta a_1}.$$

于是库仑定律讲，由这两面积元在 P 点上所产生的场其大小之比为

$$\frac{E_2}{E_1}=\frac{\Delta q_2/r_2^2}{\Delta q_1/r_1^2}=1.$$

这两个场恰好互相抵消。由于面上所有各部分都可按此办法配成对，因此，在 P 点的总场就应等于零。但你还可以看出，假如在库仑定律中 r 的幂数不精确等于 2，那就不会这样了。

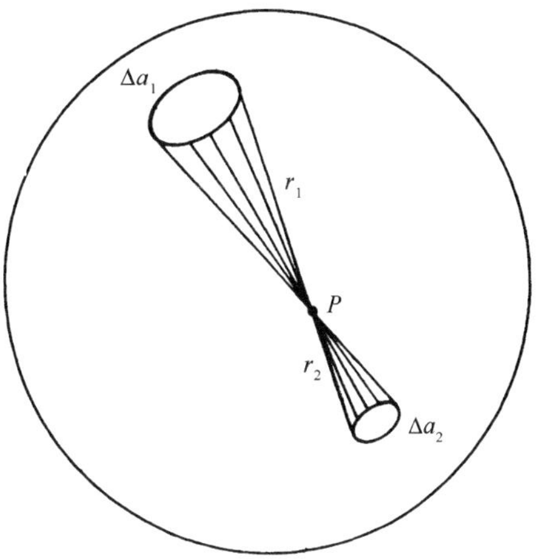

图 5-9　在带电球壳内的任一点 P 处，场都等于零

高斯定律的正确性取决于平方反比的库仑定律。若该力的定律不精确是平方反比，则在一个均匀带电球面内部的场严格为零这一说法就不正确了。例如，要是力变化得更快一些，比如与 r 的立方成反比，那么较接近于球内某一点的那部分面积产生的场将比较远部分面积所产生的场更大，对于正的面电荷结果会形成一个径向的、指向内的场。这些结论提示了一个检验平方反比定律是否完全正确的优越办法，我们只需确定在一个均匀带电球壳里的场是否精确为零。

很幸运存在这样一种方法。通常要高精度测量一个物理量是很困难的——要求精度达百分之一可能不太困难，但比如要测量库仑定律达到十亿分之一的精度，那该怎么着手呢？用目前所能达到的最优良技术测量两带电物体间的库仑力，要达到这样的精度几乎肯定是不可能的。但是只要确定在一个带电球面内部的电场小于某个数值，我们就能对高斯定律的正确性做出一个高精度的测量，因而这也是对库仑定律平方反比关系的高精度测量。实际上，人们所做的就是将具体力的定律与一标准的平方反比定律做比较。相等或几乎相等的事件的这种比较，往往是最精密的物理测量的基础。

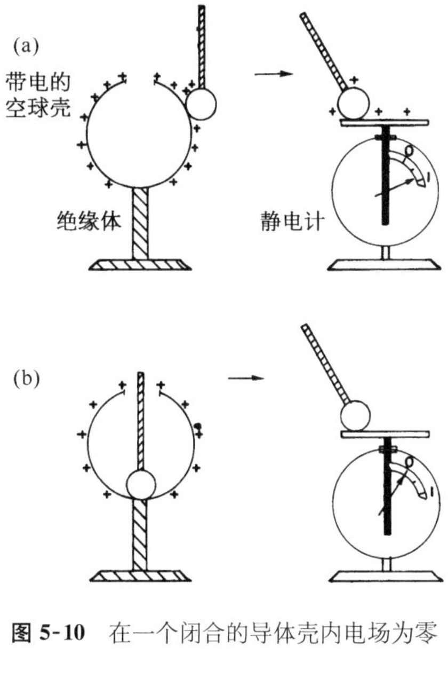

图 5-10　在一个闭合的导体壳内电场为零

我们将怎样来观察一个带电球面内的场呢？一种方法是，拿一物体与一球形导体的内部接触而试图使之带电。你知道，如果使一个小金属球接触到一个带电物体，然后将它同一静电计接触，则静电计就会带电，其指针将离开零点，如图 5-10(a)所示。小球采得一些电荷是由于在该带电球壳外面存在电场，而这电场又会驱使电荷跑至(或跑出)小球。你如果将小球接触该带电球壳内部来做这同样的实验，则发现并没有什么电荷会被带至静电计上。用这样一个实验，你就可容易地证明：在内部的场至多是外场的百分之几，因而高斯定律至少是近似正确的。

似乎是富兰克林最早注意到导体壳内的场为零

的。这一结果似乎令他奇怪。当他把观察结果报告给普里斯特利时,后者提出可能与平方反比定律有关,因为当时已知道一个物质球壳在其内部不产生引力场。但一直到了18年后,库仑才测量出那个平方反比关系,而高斯定律的出现就更晚了。

高斯定律曾被仔细地加以检查,即把一静电计放在一个大球壳中,观察当用高压使球壳带电时静电计是否会发生偏转,但结果总是否定的。知道了仪器的几何尺寸以及静电计的灵敏度,便有可能算出被观察到的最小的场。从这个数值就可以对幂指数与2的歧离设置一个上限。如果把静电力写成与 $r^{-2+\epsilon}$ 有关,则我们便能把上限放在 ϵ 上。通过这个办法,麦克斯韦曾测定了 ϵ 小于1/10 000。这个实验于1936年由普林顿和劳顿两人重新做过并加以改进。他们发现库仑幂数与2的差小于十亿分之一。

现在,由此可提出一个有趣问题:在各种不同情况下,我们是否知道这库仑定律有多准确呢?刚才所描述的实验测量了在几十厘米的距离上场与距离的关系,但对于原子内部的距离——比如在氢原子中,我们相信那里的电子受核的吸引也是按相同的平方反比定律发生的——又究竟如何呢?诚然,关于电子行为的力学部分必须运用量子力学,但力依然是寻常的静电力。在对此问题用公式来表示时,电子的势能必须被认为是与核距离的函数,而库仑定律给出随距离的一次幂成反比变化的势能。对于这么小的距离来说,这幂指数会准确到什么程度呢?由于在1947年兰姆和莱索福对氢的能级的相对位置进行了极为仔细的测量,所以我们知道,在这种原子尺度上——也即在1 Å(10^{-8} cm)数量级的距离上——该幂指数也准确到十亿分之一。

兰姆-莱索福这一测量的准确性所以成为可能,又是由于一次物理"偶发事件"。氢原子的两个态被预期具有几乎相等的能量,只要势能是严格随 $1/r$ 变化。这个十分微小的能量差别是通过测量从一态至另一态的跃迁时所发射或吸收的光子的频率 ω,应用能差 $\Delta E = \hbar\omega$ 测出来的。计算的结果表明,假如在力的定律 $1/r^2$ 中的幂指数与2会有十亿分之一那么大的误差,则 ΔE 会显著地与观察到的结果不同。

这同一幂指数对更短的距离是否仍然正确?从核物理中的测量发现:在典型的核距离——约 10^{-13} cm——处静电力仍然存在,而且它们仍近似地与距离的平方成反比。在以后一章中将有一些例证。我们知道,在 10^{-13} cm 量级距离内,库仑定律至少在某种程度上仍然是有效的。

对于 10^{-14} cm 的距离又如何呢?这一范围可以通过质子与很高能量电子的碰撞及观察它们如何被散射来加以研究。迄今所得到的结果似乎指出,该定律在这种距离上失败了。电力在小于 10^{-14} cm 的距离上,似乎显得比预期的要弱十倍。现在有两种可能的解释:其一,是库仑定律在这样小的距离上已失效;另一种可能解释,则是我们的客体——电子和质子——并不是点电荷。也许电子或质子,或两者,都是某种涂抹物。大多数物理学家倾向于认为质子的电荷是涂抹上去的。质子与介子反应十分激烈,这暗示一个质子时时会作为被一个 π^+ 介子所包围的一个中子而存在。像这样一个组态就该——在平均上——表现得如同一个带正电的小球。起因于一个荷电球体之场并非按 $1/r^2$ 一直变化至球心的,质子的电荷很可能是涂抹物。但关于介子的理论仍然很不完整,所以库仑定律在极小距离上失效也有可能。这一问题仍然未确定。

还有一点:平方反比定律在像1 m 和 10^{-10} m 的距离上都有效;但系数 $1/(4\pi\epsilon_0)$ 是否也都相同呢?答案是肯定的,至少达到兆分之十五的精度。

现在,我们回到在上面谈及对高斯定律的实验验证时曾被忽视的一件重要事情上来。你可能还不知道麦克斯韦或普林顿和劳顿的实验怎么会得到那么精确的结果,除非他们所用的球形导体是一个十分完美的球壳。十亿分之一精度确实是个辉煌成就,而你也许要问他们能否做成那么精密的一个球壳。任何一个实际球体都肯定会有一些微小的不规则性,而如果有了不规则性,还不会在球内产生出一些场来吗? 现在我们想要证明,并不需要有一个完美的球壳。事实上也能够证明,在任何形状的一个闭合导体壳中都不会有场存在。换句话说,实验与 $1/r^2$ 有关,而与面是否是球面却没有什么关系(用球面的原因是,假如库仑定律有错,用球面容易算出场会是怎么样)。所以我们现在就来处理这一课题。要证明这一点,必须知道导电体的某些性质。

§ 5-9　孤立导体的场

导电体是含有许多“自由”电子的固体。电子能够在材料中各处自由地运动,但却不能离开其表面。在一块金属中存在那么多的自由电子,以致任何电场都能使它们大量地进行运动。这样所建立的电子电流必须由外界能源不断来维持运动,或者会由于这些电子对那个曾产生初始电场之源放电而停止运动。在“静电”情况下,我们并不考虑连续性电流源(以后学习静磁学时才将考虑到),所以电子仅运动到它们自己被安排得在导体内部处处都产生零场为止(这通常是在远小于 1 s 的时间里发生的)。假如还有任何场存在的话,这个场则应该会推动更多的电子运动,唯一的静电态答案就是场在导体内部处处为零。

现在考虑带电导体的内部情况(所谓“内部”我们指的就是金属本身)。由于金属是导体,其内部的场必然为零,即势 ϕ 的梯度为零。这意思是说,ϕ 不会逐点变化。每个导体是一个等势区,而它的表面是一个等势面。由于在导电性材料中电场处处为零,所以 $\boldsymbol{E}$ 的散度也为零,而根据高斯定律在导体内部的电荷密度一定等于零。

如果在导体中不可能有电荷,那它怎么还能够带电呢? 当我们说某一导体“带电”时,其意思到底是指什么呢? 电荷在哪里? 答案是:它们会存在于导体的表面上,那里有强大的力把它们保持住而不致离开——它们并非完全“自由”的。今后,当我们学习固体物理时将发现,在任何导体上的附加电荷平均来说都位于表面的一两个原子层内。对于我们眼前的目的来说,这样说就已经足够准确,即如果任何电荷被放上或放进导体之内,它将聚集在表面上,在导体内部没有电荷。

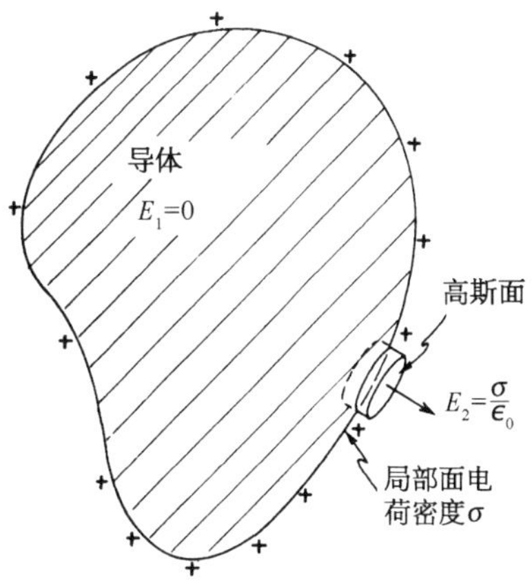

图 5-11　紧贴导体表面的电场与局部面电荷密度成正比

我们也注意到,正好在导体表面外的电场必定与表面垂直,不可能有切向分量。假如有切向分量,电子就会沿表面运动,没有任何力来阻止它们。按另一种方式讲,我们知道,电场线必须始终与等势面成直角。

利用高斯定律,我们又可把刚好在导体外面的场强同表面的局部电荷密度联系起来。作为高斯面,我们取一半在面内、一半在面外的一个小柱形盒,如图 5-11 所

示。对于 $\boldsymbol{E}$ 的总通量的贡献就只有来自导体外的盒子的一边。于是,贴近导体外表面的场为

在导体外

$$E = \frac{\sigma}{\epsilon_0}, \tag{5.8}$$

式中 σ 是局部面电荷密度。

为什么在导体表面上的一片电荷所产生的场会不同于仅仅一片电荷所产生的场呢?换句话说,为什么式(5.8)是式(5.3)的两倍呢?原因当然是,对于该导体我们并未曾说过附近没有"其他"电荷。事实上,必然存在一些电荷使得导体里面的 $\boldsymbol{E}=0$。在表面 P 点附近的电荷的确给出表面内外两边的场 $E_{局部}=\sigma_{局部}/2\epsilon_0$。但在导体表面上的所有其他电荷"策划"在 P 点产生一个大小等于 $E_{局部}$ 的附加场。使得在内部的总场变成零而外部的场变成 $2E_{局部}=\sigma/\epsilon_0$。

§5-10 导体空腔内的场

现在,我们转到一个中空容器——导体内留有空腔——的问题。虽然在金属中不存在场,但在其空腔里怎样呢?我们将证明:如果空腔是空的,则不管导体或空腔的形状如何——比方说如图5-12所示的那种形状——在其中不存在场。考虑一个高斯面,像图5-12中的 S,它包围着该空腔,但还处处落在导电材料之内。由于在 S 上的任何地方场均为零,所以并没有通量通过 S 面,因而在 S 面内的总电荷等于零。对于一个球壳来说,人们可以从对称性论证其内部没有电荷。但在一般情况下,我们只能说在导体的内表面上存在等量的正电荷与负电荷。即可能其中一部分内表面存在正的面电荷而另一部分存在负的面电荷,如图5-12所指出的那样。高斯定律并不能排除这种情况。

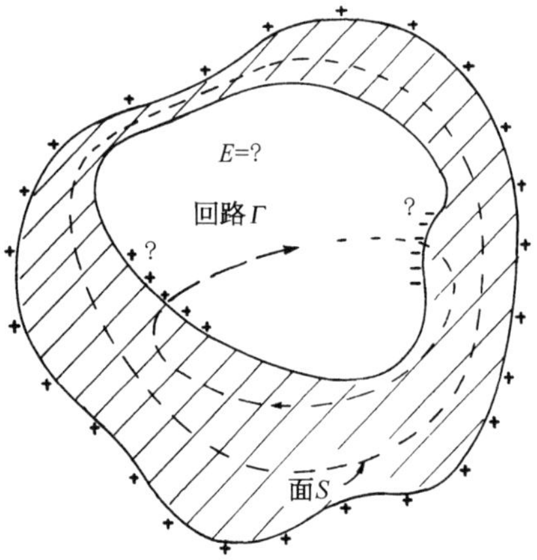

图5-12 在一个任意形状的导体空腔里其电场如何

当然,实际发生的情形是,任何在内表面上出现的等量异号电荷都会向四周滑动而彼此相遇,从而完全抵消掉。我们可通过应用 $\boldsymbol{E}$ 之环流始终等于零这个(静电学)定律来证明,它们必定完全抵消掉。假定在内表面的某些部分上存在电荷,则我们知道,在其他地方也得有与之数目相等而符号相反的电荷。那么任何 $\boldsymbol{E}$ 线就必须从那些正电荷出发而终止于那些负电荷上(因为我们所考虑的只是在空腔里并没有自由电荷的那种情况)。现在设想有这么一条回路 Γ,它沿一条从某一正电荷至某一负电荷的力线穿过空腔,并经由导体回到原来的出发点(如图5-12所示)。沿这条力线从正电荷至负电荷所取的积分不会等于零。而经过金属里的积分则为零,因为 $\boldsymbol{E}=0$。因此,我们就应该有

$$\oint \boldsymbol{E}\cdot \mathrm{d}\boldsymbol{s} \neq 0???$$

但在静电场中,$\boldsymbol{E}$ 绕任一闭合回路的线积分总是为零。因此,在空腔里不可能存在任何场,

而在内表面上也不会有任何电荷。

应当仔细地注意我们所做出的一个重要限制条件。上面我们总是说在一个“空的腔里”，但如果有某些电荷被置于腔里的某些固定位置上——诸如被置在一个绝缘体上或一个与该主导体绝缘的小导体上——那么腔里就可以有场，但此时这个腔已经不是“空”的了。

我们已经证明：如果一个空腔给导体完全包围住，则任何外部静止的电荷分布都不可能在其内部产生出任何场。这说明了通过将电学设备放在一个金属盒内就能把它们“屏蔽”起来的原理。同样某些论证也可用来证明，在一接地导体闭合面内部的任何静电荷分布不可能在其外部产生出任何场。屏蔽对双方都有效！在静电学中——但不是在变化着的场中——一个闭合导体壳两边的场是完全独立的。

现在你明白，为什么以往在核对库仑定律时能够达到那么高的精度。所用空壳的形状是无关重要的，并不一定是球形，立方的也可以！如果高斯定律严格正确，则里面的场始终为零。现在你也懂得，为什么坐在那百万伏范德格拉夫起电机的高压套管内可以安然无恙，并不必担心会受到电击——这是由于高斯定律的缘故。

第 6 章　在各种情况下的电场

§6-1　静电势的方程组

本章将描述在几种不同情况下电场的行为。它将向我们提供有关电场表现方式的一些经验，并将描述求解这种电场的某些数学方法。

首先我们要指出，全部数学问题在于解静电学的两个麦克斯韦方程：

$$\nabla \cdot \boldsymbol{E} = \frac{\rho}{\epsilon_0}; \tag{6.1}$$

$$\nabla \times \boldsymbol{E} = 0. \tag{6.2}$$

实际上，上述两方程也可合并成一个方程。从第二个方程我们立即知道可以把场描述为标量的梯度(见§3-7)：

$$\boldsymbol{E} = -\nabla\phi. \tag{6.3}$$

如果我们乐意，就可以用势 ϕ 完整地描写任一个特定电场。将式(6.3)代入式(6.1)中，便可得到 ϕ 所应服从的微分方程

$$\nabla \cdot \nabla\phi = -\frac{\rho}{\epsilon_0}. \tag{6.4}$$

ϕ 梯度的散度与用 ∇^2 对 ϕ 进行运算的结果相同，即

$$\nabla \cdot \nabla\phi = \nabla^2\phi = \frac{\partial^2\phi}{\partial x^2} + \frac{\partial^2\phi}{\partial y^2} + \frac{\partial^2\phi}{\partial z^2}. \tag{6.5}$$

因此，我们便可将式(6.4)写成

$$\nabla^2\phi = -\frac{\rho}{\epsilon_0}. \tag{6.6}$$

算符 ∇^2 称为拉普拉斯算符，而式(6.6)则称为泊松方程。从数学的观点看，静电学整个课题只不过是学习这一方程式(6.6)的解。一旦 ϕ 由解方程式(6.6)得出，便可立即由式(6.3)求得 $\boldsymbol{E}$。

我们将首先提出其中 ρ 作为 x, y, z 的函数是已知的那种特殊类型的问题。在这种情况下问题几乎是琐碎肤浅的，因为我们已知道式(6.6)的一般解了。以前就曾证明过：若 ρ 在每点均为已知，则在点(1)处的势就是

$$\phi(1) = \int \frac{\rho(2)\mathrm{d}V_2}{4\pi\epsilon_0 r_{12}}, \tag{6.7}$$

式中 $\rho(2)$ 和 $\mathrm{d}V_2$ 分别代表点(2)处的电荷密度和体积元，而 r_{12} 则为(1)与(2)两点间的距离。

微分方程式(6.6)的解已简化成对整个空间的积分。式(6.7)这种解应加以特别注意,因为物理学中就有许多情况都会引导到如

$$\nabla^2(\text{某件东西}) = (\text{另一件东西})$$

这样一种方程,而式(6.7)便是任何这类问题解的典型。

这样,当所有电荷的位置都已知时,静电场问题的解就完全是直截了当的。让我们在下述几个例子中看看这是怎么回事吧!

§6-2　电偶极子

首先,取相距为 d 的两个点电荷 $+q$ 和 $-q$。令 z 轴沿这两电荷的连线,并选取原点在其中间,如图 6-1 所示。于是,应用式(4.24),则来自这两电荷的势就是

$$\phi(x,\ y,\ z) = \frac{1}{4\pi\epsilon_0}\left[\frac{q}{\sqrt{[z-(d/2)]^2+x^2+y^2}} + \frac{-q}{\sqrt{[z+(d/2)]^2+x^2+y^2}}\right]. \quad (6.8)$$

我们不打算把电场的公式写出,因一旦已有了势,就总可以把场算出来。因此,我们已解决了两电荷的问题。

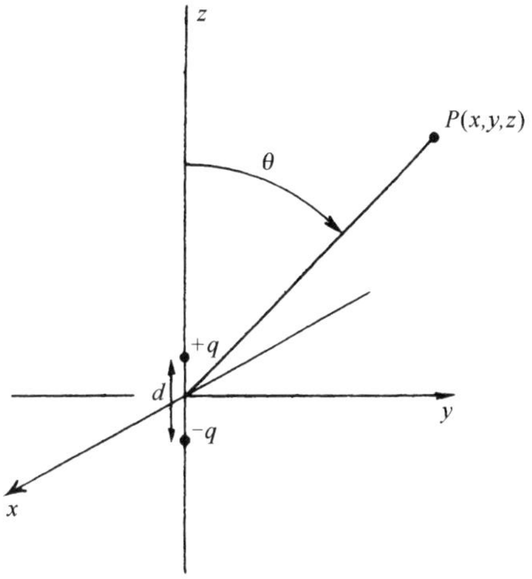

图 6-1　偶极子:相距为 d 的两个电荷 $+q$ 和 $-q$

存在两电荷靠得非常近的一种重要特殊情况——即是说,我们所感兴趣的仅仅是在与这两电荷的距离远比它们的间距为大的那些地方的场。我们称这样靠近的一对电荷为偶极子。偶极子是十分常见的。

例如,“偶极”天线常用互相分开一小段距离的两电荷来做近似——如果我们不去过问太接近于天线地方的场的话(我们经常对带有运动电荷的天线感兴趣,但这里静电学方程组实际上已不适用了。对于某些目的来说,那还是足够近似的)。

也许更重要的还是原子偶极子。在任何材料中,如果有一电场存在,则电子和质子将感受到方向相反的力并做相对移动。你会记起,导体中有些电子会移向表面,使内部的场变为零。在绝缘体中,电子不能够移得很远,它们将被核吸引回来。然而,它们的确会移动一点点。因此,尽管一个原子或分子在一外加电场中仍然保持中性,但它的正电荷和负电荷间会出现一个十分微小的间隔,从而成为一个微观的电偶极子。如果我们所感兴趣的是这些原子偶极子在普通大小物体附近的场,那么,我们正在与比这些电荷对的间隔大得多的距离正常地打交道。

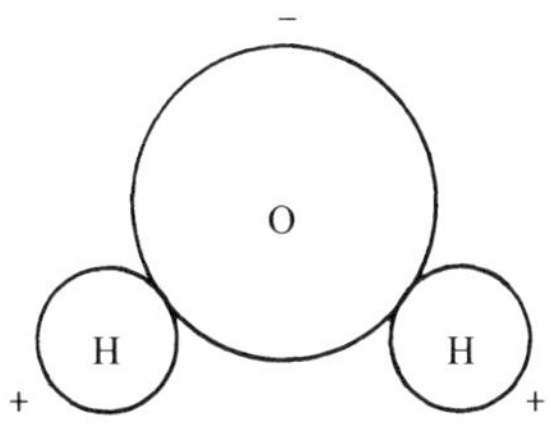

图 6-2　水分子 H_2O。两个氢原子各拥有稍微少于其份额的电子云;氧原子则稍微多些

在某些分子中,即使没有外电场存在,电荷也还是有点分开,这是由于分子的形状所致。例如,在一水分子中,氧原子附近有净负电荷,而两个氢原子附近则都有净正电荷,它们并非对称地排列着,而是如图 6-2 所示。尽管整个分子的电荷为零,但却形

成这样一种分布:在一方有稍微多一点的负电荷而在另一方则有稍微多一点的正电荷。这种排列肯定不会像两个点电荷那么简单,但从远处看时,这个系统的作用就像一个偶极子一样。正如稍后我们便将见到的,在远距离处场对于这种细节并不敏感。

那么,就让我们来看看,具有小间距 d 的两个异号电荷所产生的场。如果 d 变为零,两电荷互相重叠,两势则互相抵消,因而也就没有场了。但如果它们并不严格互相重叠,那就可通过将式(6.8)中各项(应用二项式展开法)展开成小量 d 的幂级数,从而可以得到势的一个优良近似。若仅仅保留 d 的一级项,便可以写成

$$\left(z-\frac{d}{2}\right)^2 \approx z^2 - zd.$$

按如下写法很方便,即

$$x^2+y^2+z^2=r^2.$$

因此
$$\left(z-\frac{d}{2}\right)^2+x^2+y^2 \approx r^2-zd=r^2\left(1-\frac{zd}{r^2}\right),$$

和
$$\frac{1}{\sqrt{[z-(d/2)]^2+x^2+y^2}} \approx \frac{1}{\sqrt{r^2[1-(zd/r^2)]}}=\frac{1}{r}\left(1-\frac{zd}{r^2}\right)^{-1/2}.$$

对于$[1-(zd/r^2)]^{-1/2}$,可再应用二项式展开——并丢掉 d 的平方及更高幂次的项——我们便得

$$\frac{1}{r}\left(1+\frac{1}{2}\frac{zd}{r^2}\right).$$

同理,
$$\frac{1}{\sqrt{[z+(d/2)]^2+x^2+y^2}} \approx \frac{1}{r}\left(1-\frac{1}{2}\frac{zd}{r^2}\right).$$

这两项之差就给出了势

$$\phi(x,\ y,\ z)=\frac{1}{4\pi\epsilon_0}\frac{z}{r^3}qd. \tag{6.9}$$

得到这个势,也就有了电场(那是势的微商),它们都会正比于 qd,即电荷与间距的乘积。这个积被定义为这两个电荷的偶极矩,我们用符号 p(切勿与动量混淆!)表示,即

$$p=qd. \tag{6.10}$$

式(6.9)也可写成

$$\phi(x,\ y,\ z)=\frac{1}{4\pi\epsilon_0}\frac{p\cos\theta}{r^2}, \tag{6.11}$$

因为 $z/r=\cos\theta$, 其中 θ 是偶极子轴与指向点$(x,\ y,\ z)$的径向矢量之间的夹角——见图6-1。在对轴给定的方向上,偶极子的势按 $1/r^2$ 下降(但对于一个点电荷,则按 $1/r$ 下降)。于是偶极子的电场 $\boldsymbol{E}$ 便会按 $1/r^3$ 减弱。

如果定义一个大小为 p、方向沿偶极子轴从 $-q$ 指向 $+q$ 的矢量 $\boldsymbol{p}$,则我们可把上式写成矢量形式。这样,

$$p\cos\theta=\boldsymbol{p}\cdot\boldsymbol{e}_r, \tag{6.12}$$

式中 $\boldsymbol{e}_r$ 为单位径向矢量(图 6-3)。我们也可用 $\boldsymbol{r}$ 代表点 (x, y, z)。于是

偶极子势

$$\phi(\vec{r}) = \frac{1}{4\pi\epsilon_0}\frac{\boldsymbol{p}\cdot\boldsymbol{e}_r}{r^2} = \frac{1}{4\pi\epsilon_0}\frac{\boldsymbol{p}\cdot\boldsymbol{r}}{r^3}. \tag{6.13}$$

这一公式对于具有任何指向和位置的偶极子都适用,只要 $\boldsymbol{r}$ 代表从偶极子至所关注之点的矢量。

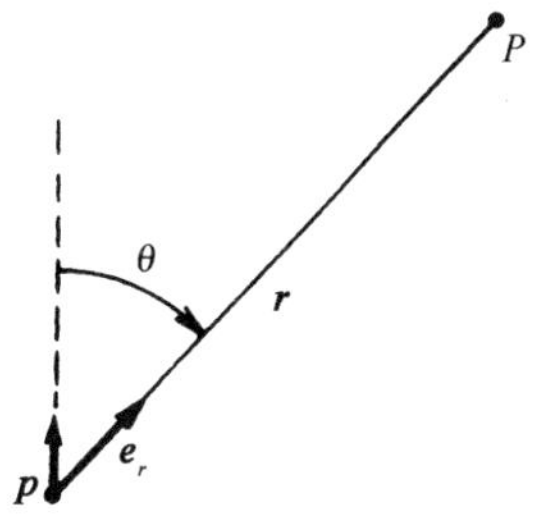

图 6-3　电偶极子的矢量符号

若想要得到电偶极子的电场,便可通过取 ϕ 的梯度获得。例如,场的 z 分量为 $-\partial\phi/\partial z$。对于一个沿 z 轴指向的电偶极子,我们可以应用式(6.9):

$$-\frac{\partial\phi}{\partial z} = -\frac{p}{4\pi\epsilon_0}\frac{\partial}{\partial z}\left(\frac{z}{r^3}\right) = -\frac{p}{4\pi\epsilon_0}\left(\frac{1}{r^3} - \frac{3z^2}{r^5}\right),$$

或

$$E_z = \frac{p}{4\pi\epsilon_0}\frac{3\cos^2\theta - 1}{r^3}. \tag{6.14}$$

x 分量和 y 分量则分别为:

$$E_x = \frac{p}{4\pi\epsilon_0}\frac{3zx}{r^5}; \qquad E_y = \frac{p}{4\pi\epsilon_0}\frac{3zy}{r^5}.$$

这两个分量还可合成一个垂直于 z 轴的分量,我们将称其为横向分量 $E_\perp$:

$$E_\perp = \sqrt{E_x^2 + E_y^2} = \frac{p}{4\pi\epsilon_0}\frac{3z}{r^5}\sqrt{x^2 + y^2}$$

或

$$E_\perp = \frac{p}{4\pi\epsilon_0}\frac{3\cos\theta\sin\theta}{r^3}. \tag{6.15}$$

这横向分量 $E_\perp$ 处在 xy 平面内,而且从偶极子轴直指向外。总场当然是

$$E = \sqrt{E_z^2 + E_\perp^2}.$$

偶极子场与距离的立方成反比。在轴上,即当 $\theta = 0$ 时,它比在 $\theta = 90°$ 处要强两倍。在这两个特殊角度上电场仅有 z 分量,但在这两处场的符号却相反(图 6-4)。

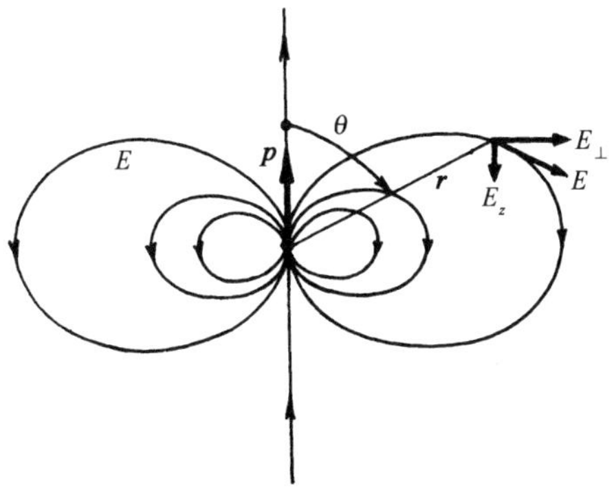

图 6-4　偶极子的电场

§6-3　矢量方程述评

到此我们对矢量分析做个一般性评述挺合适。那些基本证明,可用一些具有普遍形式的优美方程式来表达。但在进行各种计算和分析时,以某种便当方式去选择坐标轴,总是个

好主意。这里要注意,刚才在求偶极子的势时,我们曾选取 z 轴沿着偶极子方向,而不是在某个任意角度上,这使工作容易得多。可是后来我们却又把方程写成矢量形式,以便使其不再依赖于任何一个特定的坐标系。此后,就可以选择我们所要的任何坐标系了,因为已知道该关系式是普遍正确的。对于某一特定问题——假如结果最后能表达成一个矢量方程,当能够选取一个简洁的坐标系时却还去费神用一个在某一复杂角度上的任意坐标系,显然毫无意义。因此,务必利用矢量方程式与任一坐标系无关的这一事实。

另一方面,如果你不是仅对$\nabla\cdot\boldsymbol{E}$望一望和仅想知道它是什么(而是正在试图算出一个矢量的散度),那便不要忘记它总是可以展开成下式的:

$$\frac{\partial E_x}{\partial x}+\frac{\partial E_y}{\partial y}+\frac{\partial E_z}{\partial z}.$$

这时,你若能算出电场的 x, y 和 z 各分量并对它们微商,那你就会得到一个散度了。往往似乎有这样一种感觉:若将各分量写出,就会存在某种不太优美的——牵涉到某种失败的——东西;不管怎样,总会有办法用矢量算符去做每件事情。但这种想法往往没有什么好处。当初次碰到一个特殊问题时,诚然,我们熟悉将发生什么,它有助于我们写出分量。把数字代入方程之内并不见得不优美,而用微商代替某些悦目符号也未必不文雅。实际上,具体写出分量这一件事情就往往是一种智慧。当然,当你在专业杂志上刊登文章时,如果你能把一切东西都写成矢量形式,那将会美观些——而也更易于理解。此外,还节省篇幅。

§6-4 偶极子势的梯度表示

关于偶极子公式(6.13),我们愿意指出一件相当愉快的事情。该势也可写成

$$\phi=-\frac{1}{4\pi\epsilon_0}\boldsymbol{p}\cdot\nabla\left(\frac{1}{r}\right).\tag{6.16}$$

如果你算出 $1/r$ 的梯度,你便可以得到

$$\nabla\left(\frac{1}{r}\right)=-\frac{\boldsymbol{r}}{r^3}=-\frac{\boldsymbol{e}_r}{r^2},$$

而式(6.16)与(6.13)就彼此相同了。

怎么会想到这一点呢? 我们刚好记得,$\boldsymbol{e}_r/r^2$ 曾出现在有关点电荷的场公式中,而场又是那具有 $1/r$ 依赖关系的势的梯度。

之所以能够将偶极子势写成式(6.16)的形式,有其物理原因。假设有一个位于原点的点电荷 q,则在点 $P(x, y, z)$处的势为

$$\phi_0=\frac{q}{r}.$$

让我们在做这些论证时先丢下 $1/(4\pi\epsilon_0)$,最后可以把它插进去。现在若把电荷 $+q$ 向上移动距离 Δz,那么在 P 点的势就将改变一点点,比如说 $\Delta\phi_+$。这 $\Delta\phi_+$ 有多大呢? 哎呀! 这恰好就是——假如让电荷留在原点上不动,而将 P 向下移过同样距离 Δz——电势将要改变的数量(图 6-5)。也就是说,

$$\Delta\phi_+ = -\frac{\partial\phi_0}{\partial z}\Delta z,$$

式中 Δz 指的是与 $d/2$ 相同的间距。因此，引用 $\phi_0 = q/r$，我们就有该正电荷的势

$$\phi_+ = \frac{q}{r} - \frac{\partial}{\partial z}\left(\frac{q}{r}\right)\frac{d}{2}. \tag{6.17}$$

对于该负电荷的势，应用同样的道理可写出

$$\phi_- = \frac{-q}{r} + \frac{\partial}{\partial z}\left(\frac{-q}{r}\right)\frac{d}{2}. \tag{6.18}$$

总电势等于式(6.17)与(6.18)两者之和：

$$\phi = \phi_+ + \phi_- = -\frac{\partial}{\partial z}\left(\frac{q}{r}\right)d = -\frac{\partial}{\partial z}\left(\frac{1}{r}\right)qd. \tag{6.19}$$

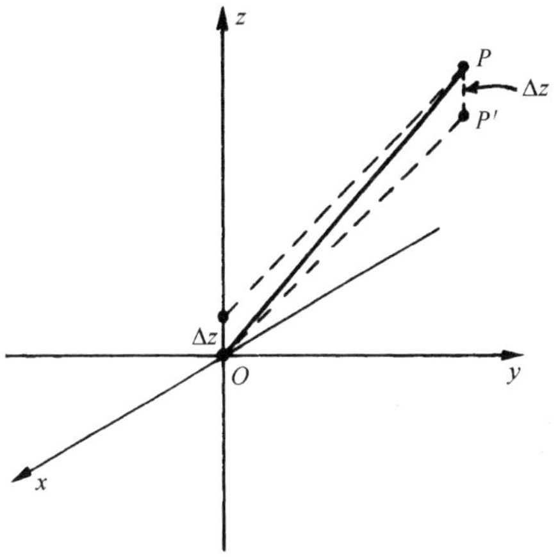

图 6-5　来自原点顶上 Δz 处一个点电荷在 P 点上的势，等于来自原点处同一电荷在 P' 点(比 P 点低下 Δz)上的势

对于其他指向的偶极子，可以将正电荷的位移表示为 $\Delta\boldsymbol{r}_+$。然后，我们应该把式(6.17)写成

$$\Delta\phi_+ = -\nabla\phi_0 \cdot \Delta\boldsymbol{r}_+,$$

式中 $\Delta\boldsymbol{r}_+$ 以后被 $\boldsymbol{d}/2$ 代替。和上面一样，在完成了推导过程之后，式(6.19)就会变成

$$\phi = -\nabla\left(\frac{1}{r}\right)\cdot q\boldsymbol{d}.$$

如果我们代入 $q\boldsymbol{d} = \boldsymbol{p}$，并插进 $1/(4\pi\epsilon_0)$，则上式与式(6.16)正好相同。按另一种方式来看，我们见到偶极子势，即式(6.13)，可以解释为

$$\phi = -\boldsymbol{p}\cdot\nabla\Phi_0, \tag{6.20}$$

其中 $\Phi_0 = 1/(4\pi\epsilon_0 r)$ 仍是一单位点电荷的势。

尽管对一已知的电荷分布，我们总能够通过积分求得其势，但有时却可能运用一点聪明手法来获得答案，以便节省时间。例如，我们经常可利用叠加原理。如果有这样一个电荷分布，它是由两个电势已知的电荷分布构成的，那么只要将所知的两个势相加起来就能很容易地求得所需的电势。这方面的一个例子是关于式(6.20)的推导，另一个例子如下所述。

假定有一个球面，其表面电荷的分布随极角的余弦而变化。对这么一个分布积分是相当麻烦的。可是令人惊奇，这样的一个分布却可通过叠加原理来加以分析。试设想有一个带着均匀正电荷体密度的球体，而另一个球体则带有相等的、均匀的负电荷体密度，它们原来就是互相叠合，形成一个中性——也就是不带电——的球体。然后，若该带正电荷球体相对那个带负电荷的球体稍微移动，则不带电的那部分球体仍将保持中性，但有少量正电荷会出现在一边，而少量负电荷则出现在相反的一边，如图 6-6 所示。若两球的相对位移很小，则净电荷相当于(在球面上的)面电荷，而该面电荷密度将与极角的余弦成正比。

现在，如果我们要得到来自这种分布的势，则不必再去做积分。因为我们知道来自每一个荷电球的势——对于在球外的点——与来自一个点电荷之势相同。这两个移动过的球与

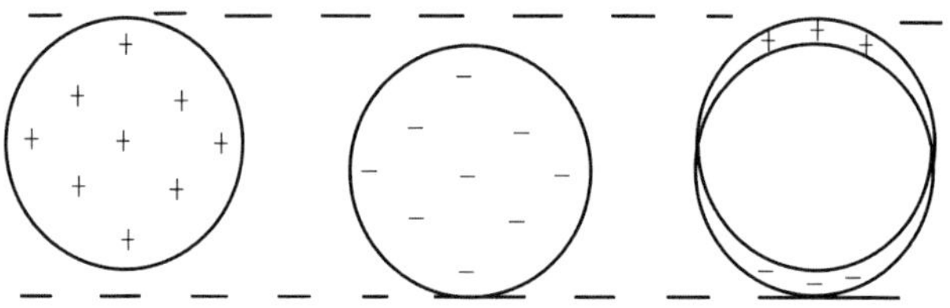

图 6-6 彼此间有一微小位移的两个均匀带电球体互相叠加,相当于表面电荷的非均匀分布

两个点电荷相似,其势恰好就是一个电偶极子的势。

用这样的方法,你可以证明:在一个半径为 a 的球面上面电荷密度的分布为

$$\sigma = \sigma_0 \cos\theta,$$

在球外产生的场恰好就是偶极矩为

$$p = \frac{4\pi\sigma_0 a^3}{3}$$

的偶极子产生的场。也能够证明,在该球内的电场是常数,其值为

$$E = \frac{\sigma_0}{3\epsilon_0}.$$

若 θ 为相对正 z 轴的角,则在球内的电场在负 z 方向。我们刚才考虑的例子并不像它表面看来那么带有人为性,以后将在电介质理论中再次碰到它。

§6-5 任意电荷分布的偶极子近似

偶极子场还出现在另一个既有趣而又重要的场合中。假设有一个具有复杂电荷分布的物体——像水分子(图 6-2)那样——而我们仅仅对远处的场感兴趣。我们将证明,对于距离比物体尺寸要大的情况有可能找到关于场的一个恰当而相对简单的表示式。

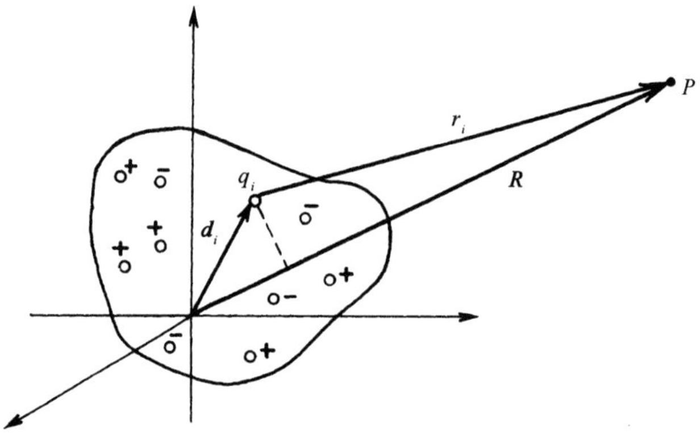

图 6-7 一群点电荷在一遥远点 P 处产生的势的计算

我们可将该物体设想成在某一有限区域里的一群点电荷 q_i，如图 6-7 所示(以后若我们愿意，可以用 ρdV 来代替 q_i)。令每一电荷 q_i 被置于距原点(选取在该群电荷中间的某处)的位移为 $\boldsymbol{d}_i$ 的地方。在 $\boldsymbol{R}$($\boldsymbol{R}$ 远大于最大的 $\boldsymbol{d}_i$ 值)处的 P 点，势究竟如何呢？来自整个电荷群的势由下式给出：

$$\phi = \frac{1}{4\pi\epsilon_0}\sum_i \frac{q_i}{r_i}, \tag{6.21}$$

式中 r_i 是从 P 点至电荷 q_i 的距离(即矢量 $\boldsymbol{R}-\boldsymbol{d}_i$ 的长度)。现在，如果这些电荷至观察点 P 的距离巨大，则每个 r_i 都可以用 R 来作近似。每一项就都变成 q_i/R，从而可将 $1/R$ 取出作为在求和符号前的一个因子。这将向我们提供一个简便的结果

$$\phi = \frac{1}{4\pi\epsilon_0}\frac{1}{R}\sum_i q_i = \frac{Q}{4\pi\epsilon R}. \tag{6.22}$$

式中，Q 恰好就是整个物体的总电荷。这样我们发现：从距离任意一堆电荷足够远的各点上来看，该堆电荷就像一个点电荷似的。这一结果并不太令人惊异。

但若有等量的正电荷和负电荷又该怎么样呢？此时物体的总电荷 Q 为零。这并不是一种罕见的情况。事实上，正如你们所知道的，物体往往具有电中性。水分子就是电中性的，但其中诸电荷并非完全位于同一点，因而若站得足够近，就应能见到那些分开着的电荷的某些效应。对于来自电中性物体中一个任意电荷分布的势，我们需要一个比式(6.22)更好的近似式。式(6.21)仍然是准确的，不过不能再只是令 $r_i = R$，我们需要一个更准确的 r_i 表达式。如果 P 点位于遥远距离处，r_i 与 R 的差异可以通过 $\boldsymbol{d}$ 在 $\boldsymbol{R}$ 上的投影而得到一个良好近似，正如从图 6-7 就可以看得出来的那样(你应该设想，实际上 P 比图上所示的还要遥远得多)。换句话说，若 $\boldsymbol{e}_R$ 是在 $\boldsymbol{R}$ 方向上的单位矢量，则我们对于 r_i 的二级近似为

$$r_i \approx R - \boldsymbol{d}_i \cdot \boldsymbol{e}_R. \tag{6.23}$$

我们所真正需要的乃是 $1/r_i$，由于 $d_i \ll R$，对我们的近似程度来说，$1/r_i$ 就可写成

$$\frac{1}{r_i} \approx \frac{1}{R}\left(1 + \frac{\boldsymbol{d}_i \cdot \boldsymbol{e}_R}{R}\right). \tag{6.24}$$

以此代入式(6.21)中，便可得到势

$$\phi = \frac{1}{4\pi\epsilon_0}\left(\frac{Q}{R} + \sum_i q_i \frac{\boldsymbol{d}_i \cdot \boldsymbol{e}_R}{R^2} + \cdots\right). \tag{6.25}$$

上式中最后三点代表已略去的有关 d_i/R 的较高次项。这些项，再加上已获得的那些，就是 $1/r_i$ 在 $1/R$ 附近以 d_i/R 为幂进行的泰勒展开中的相继的项。

式(6.25)中的第一项，就是在上面获得的，如果物体具有电中性，这一项则取消。第二项依赖于 $1/R^2$，正如偶极子那种情况。事实上，如果定义

$$\boldsymbol{p} = \sum q_i \boldsymbol{d}_i \tag{6.26}$$

为该电荷分布的一种特性，那么势式(6.25)的第二项便是

$$\phi = \frac{1}{4\pi\epsilon_0}\frac{\boldsymbol{p} \cdot \boldsymbol{e}_R}{R^2}. \tag{6.27}$$

这恰好就是一个偶极子势。$\boldsymbol{p}$ 这个量称为该分布的电偶极矩。它是对以前的定义的推广，而在两个点电荷的特殊情况下，它才简化成以前那样。

上述结果是:若距离整体是电中性的任一团电荷足够远，势就是一偶极子势。它按 $1/R^2$ 递降，并随 $\cos\theta$ 变化——而其强度与该电荷分布的偶极矩有关。正是由于这些缘故，偶极子场才那么重要。因为一对点电荷的那种简单情况是极为罕见的。

例如，水分子就有相当强的偶极矩，由于这偶极矩而产生的电场导致了水的某些重要性质。在许多种分子，诸如 CO_2 中，由于分子结构的对称性使得其偶极矩为零。因此，对于这些分子我们理应展开得更为准确些，得到势中随 $1/R^3$ 递降之项，而这称为四极子势。对于这些情况我们将在以后讨论。

§6-6 带电导体的场

现在已完成了我们希望涉及的一些例子，它们是从一开始就知道了电荷分布的那些情况。那是一种不太复杂的问题，至多只牵涉到某些积分。现在，我们将转到一类全新的问题，即对带电导体附近的场的确定。

假设总电荷 Q 被置于一任意导体之上，在这种情况下，我们将不可能确切地说出电荷的位置，它们将以某种方式分散在该导体表面上。我们怎能知道电荷在表面上是如何分布的呢？它们必须把自己分布得使该表面之势是一常数。假如该面不是一个等势面，则在导体内便会有电场，而电荷就会继续运动直到电场变为零。这一类普遍问题可以按下述的方法得到解决。我们先猜测有某一电荷分布而算出了势。若所算出的势在该表面上处处是常数，则问题便算了结。如果该表面不是一个等势面，那就说明我们对电荷分布所做的猜测有误。应该再进行猜测——希望得到一个有所改善的猜测！如果我们对逐步猜测不明智，则这一过程可以不断地继续下去。

如何猜测分布的问题在数学上相当困难。当然，自然界自有其完成此事的时间，电荷推来挽去直到它们互相平衡为止。然而，当我们试图求解该问题时，要做出一次尝试就得花很长的时间。这办法十分繁冗，对于任意一群导体和任意电荷来说，这一问题可能变得十分复杂。一般说来，如果没有相当复杂的数值计算方法就无从加以解决。目前，这一类的数值计算是由计算机完成的，它能为我们代劳，只要先告诉它怎样去进行计算就行。

另一方面，有许多细小的实用情况，如果通过某种更直接的方法——不必为计算机编制程序——就能够找到答案，那该多么好。幸而，有若干种场合，其答案可以利用某些巧计或其他办法把它从自然界挤出来。我们将要描述的第一个巧计就涉及对已知解的应用，这些解是我们以前在各电荷的位置都已被规定的情况下获得的。

§6-7 镜 像 法

比方说，我们以前就曾经解出过两个点电荷的场。图 6-8 表示第 4 章中通过计算而获得的某些场线和等势面。现在考虑标明为 A 的那个等势面。假设我们造成一个其形状恰巧与这个面吻合的金属薄片。若把它准确地安放在该面上并调整其势至恰当数值，那就没有谁能够知道它是放在哪里了，因为一切都不会改变。

可是要注意！实际上我们已经解决了一个新的问题。我们有这么一种情况：一块具有给定势的弯曲导体面被放在一个点电荷附近。如果被放置在该等势面上的金属片最终能自行闭合(或实际上伸展得足够远)，那么就有一种在§5-10 中曾考虑过的那样情况，其中空间被分隔成两个区域，其一是在闭合导体壳之内，另一则在其外。我们在那里已经知道这两个区域里的场是互相独立的。因而不管里面怎么样，在导体外面我们应该有相同的场。我们甚至可以用导电材料来填充整个内部。因此，就已找到了图 6-9 那种结构的场。在导体外部的空间里，场同图 6-8 中所示的两个点电荷之场一样。在导体内部，场等于零。并且——正应该如此——刚好在导体外面的电场会与该面正交。

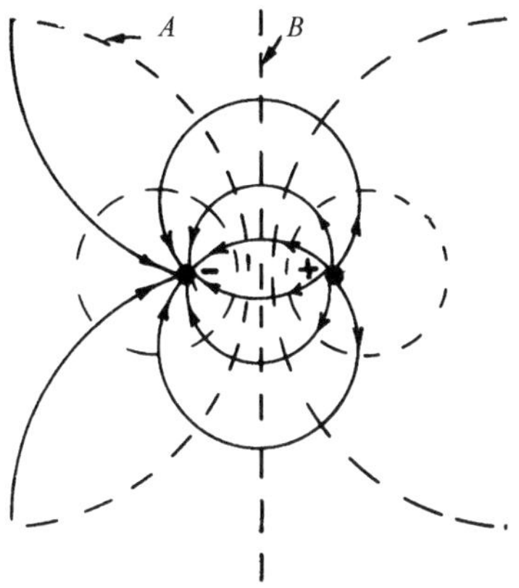

图 6-8　两个点电荷的场线和等势面

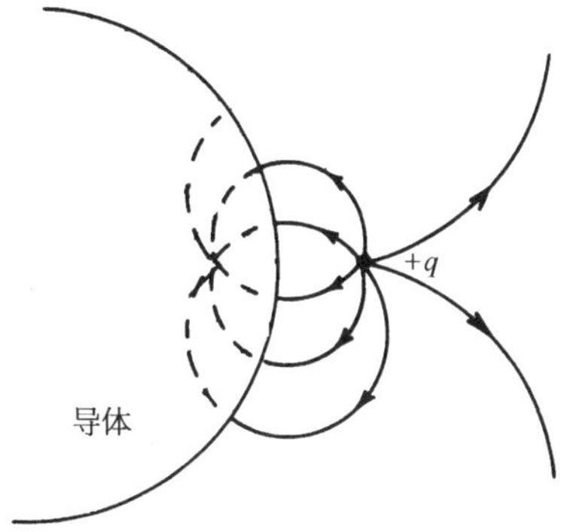

图 6-9　在一个形状像图 6-8 中的等势面 A 的导体之外的电场

这样，我们便能通过计算 q 以及在适当位置上一个想象的点电荷 $-q$ 所产生的场来算出图 6-9 中的场了。那个我们"想象"其存在于导体表面背后的点电荷称为镜像电荷。

从书本中你可以找到有关双曲面形状的导体以及其他形状复杂的导体的各种解的长长名单，因而会觉得奇怪，怎么有人竟解决了这些可怕形状的导体问题。原来他们是倒过来求解的！有人解决了给定电荷的一个简单问题。然后，他看到有某一个等势面表现出新的形状，于是就写出一篇论文，指明在这种特定形状的导体外的场可以用某种方法来描述。

§6-8　导电平面附近的点电荷

作为这种方法最简单的应用之一，让我们利用图 6-8 中的等势面 B。有了它，便能求解在一块导电板面前放置一个电荷的问题。我们只需勾销该图左边的一半。有关这一解答的场线如图 6-10 所示。注意该平面，由于在两电荷的正中间，所以具有零势。这样，我们就解决了在一接地的导电板附近有一个正电荷的问题。

对于整个电场至今我们已告解决，但造成这场的真实电荷究竟怎样呢？除了这个正点电荷之外，由于受到该正电荷(从老远处起)所吸引，所以在导电板上出现一些感生负电荷。现在，假定由于某种技术原因——或出自好奇心——你想知道那些负电荷在该表面上是怎样分布的。那你可以利用我们在§5-9 中由高斯定律所算出的结果求出面电荷密度，贴近导体外面的电场法向分量就等于面电荷密度 σ 除以 ϵ_0。从表面处电场的法向分量倒过来计算，我们可以获得表面上任一点的电荷密度。因为我们已知道各处的场,所以就知道面电荷密度。

考虑板面上一点,它与正对着正电荷的那一点距离为 ρ(图 6-10)。在这一点的电场垂直指向该表面。来自该正电荷的场其法向分量为

$$E_{n+}=-\frac{1}{4\pi\epsilon_0}\frac{aq}{(a^2+\rho^2)^{3/2}}.\tag{6.28}$$

对此还必须加上由那个负的镜像电荷产生的电场。这不过使该法向分量加倍(并抵消了所有其他之场),因而在该表面任一点的电荷密度 σ 就是

$$\sigma(\rho)=\epsilon_0 E(\rho)=-\frac{2aq}{4\pi(a^2+\rho^2)^{3/2}}.\tag{6.29}$$

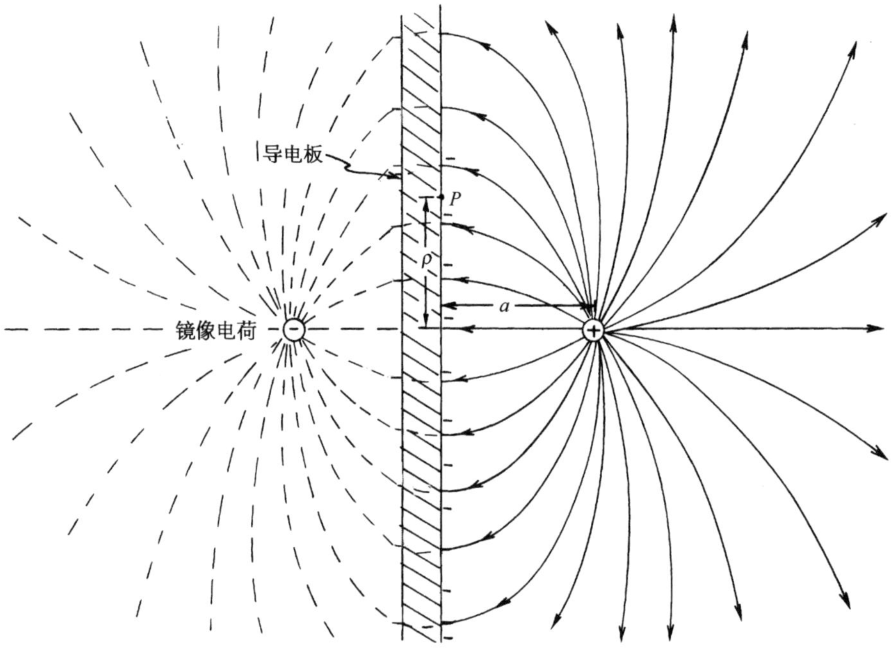

图 6-10 在一导电平面附近一个电荷的场,用镜像法求得

对上述结果的一种有趣核对,仍是在整个面上对 σ 进行积分。我们求得总感生电荷为 $-q$,理应如此。

还有另一个问题:是否有力作用在点电荷上?有的,因为有来自板上的感生负面电荷的吸引力。现在我们已知道面电荷的分布(式 6.29),本来可通过积分算出对该正点电荷的作用力。但我们也知道,作用于该正电荷上的力应该与用一负的镜像电荷来代替那块平板所产生的力完全相同,因为在正电荷附近的场在这两种情况下都相同。该点电荷会感到一个指向板面的力而其大小为

$$F=\frac{1}{4\pi\epsilon_0}\frac{q^2}{(2a)^2},\tag{6.30}$$

这样,比对所有负电荷取积分而求得力要容易得多。

§6-9　导电球体附近的点电荷

除了平面以外,还有哪些面具有简单解呢?第二种最简单的形状是球。如图6-11所示,在一金属球附近有一个点电荷 q,让我们求出该球体周围的场。现在,我们必须寻找给出的等势面为球面的那种简单物理情况。如果我们事前仔细考虑人们已经解决的那些问题,就会发现,已有人注意到两个不相等的点电荷的场会有一个球形的等势面。啊哈!如果选择那个镜像电荷的位置——并选出适量的电荷量——那么也许就能使一个等势面符合我们的球面。事实上,的确可以用下述方法做到这一点。

假设你希望有这样一个等势面:半径为 a 而其中心与电荷 q 相距为 b 的球面。试放置一个大小为 $q'=-q(a/b)$ 的镜像电荷于该真实电荷与球心的连线上,与球心的距离为 a^2/b。这样,球面就将处于零势。

数学方面的理由来源于这样的事实:球面是与两固定点的距离之比始终保持常数的所有各点的轨迹。参考图6-11,在 P 点由 q 与 q' 所产生之势正比于

$$\frac{q}{r_1}+\frac{q'}{r_2}.$$

因此,势就将在下述一切点上为零:

$$\frac{q'}{r_2}=-\frac{q}{r_1}\text{ 或 }\frac{r_2}{r_1}=-\frac{q'}{q}.$$

如果我们把 q' 置于距离球心为 a^2/b 的一点,那么比 r_2/r_1 就有常数值 a/b。因此,若

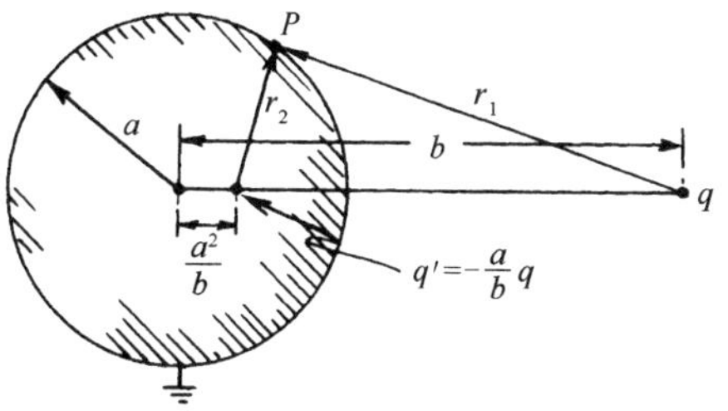

图6-11　点电荷 q 在一个接地的导电球体上感生了电荷,这些电荷的场就是被置在图中所示那一点上的一个镜像电荷 q' 所产生的

$$\frac{q'}{q}=-\frac{a}{b},\tag{6.31}$$

则球面便是一等势面了。事实上,它的势为零。

如果我们感兴趣的是一个不处于零势的球,情况又会怎么样呢?原来只有在其总电荷碰巧等于 q' 时才会有零势。当然,如果球是接地的,则在其上面所感生的电荷就恰好是那些。但如果它是被绝缘的,并且不带电荷,那又会怎么样呢?或者已知它带有总电荷 Q 呢?或者它具有的给定的势正好不等于零呢?所有这些问题都不难回答。我们总可以加一个点电荷 q'' 于球心上,通过叠加,该球面就仍保持为一等势面,只是势的大小将改变罢了。

例如,若有一个原来并没有带电而且与其他任何东西都绝缘的导电球,并将一个正的点电荷 q 带至其附近,那么球带的总电荷将保持为零。和以前一样通过用一个镜像电荷 q',但除此之外在球心再加上一个电荷 q'' 而找到解。选取

$$q''=-q'=\frac{a}{b}q.\tag{6.32}$$

在球外每一处的场由 q, q' 与 q'' 的场叠加而成。问题就这样解决了。

现在我们能够看到,将有一吸引力存在于球与点电荷 q 之间。尽管在中性球上没有电

荷,力仍不会等于零的。这吸引力来自何处呢?当你把一正电荷带到一导电球外面时,该正电荷会把负电荷吸引到靠近它自己的一边而把正电荷留在较远的另一边的面上。受负电荷的吸引作用大于受正电荷的排斥作用,因而就有一净的吸引作用。可以通过计算算出在 q' 和 q''所产生的场中作用在 q 上的力,而找出该吸引作用有多大。总力等于这两者之和:q 与置在 $b-(a^2/b)$ 距离上的电荷 $q'=-(a/b)q$ 之间的吸引力,以及 q 与置在 b 距离上的电荷 $q''=+(a/b)q$ 之间的排斥力。

那些曾在童年时代对一个发酵粉盒上的商标里画上一个发酵粉盒,而在此盒的商标里又画上另一个发酵粉盒……感到赏心悦目的人可能对下述问题感兴趣。两个相等的球,一个带有总电荷 $+Q$,而另一个带有总电荷 $-Q$,被置在某一距离上。它们间的互作用力有多大呢?这问题可以用无限个镜像电荷来解决。最初人们用球心上的电荷对每个球做近似,这些电荷将在另一个球中有其镜像电荷,这些镜像电荷又有其镜像电荷,如此等等。这个解就很像那发酵粉盒上的图画似的——收敛得相当快。

§6-10 电容器与平行极板

现在,我们提出另一类与导体有关的问题。考虑两块大的金属板,彼此互相平行并相隔一个比它们的宽度小得多的距离。而且,假定它们分别带有等量异号电荷。这样,每一板上的电荷将被另一板上的电荷所吸引,而这些电荷都将均匀地散布于板内侧表面上。两板将分别具有电荷密度 $+\sigma$ 和 $-\sigma$,如图 6-12 所示。从第 5 章我们知道:两板之间的场为 σ/ϵ_0,而在两板外面的场则为零。两板将有不同的势 ϕ_1 和 ϕ_2。为了方便起见,我们将称这差为 V,它常叫作“电压”

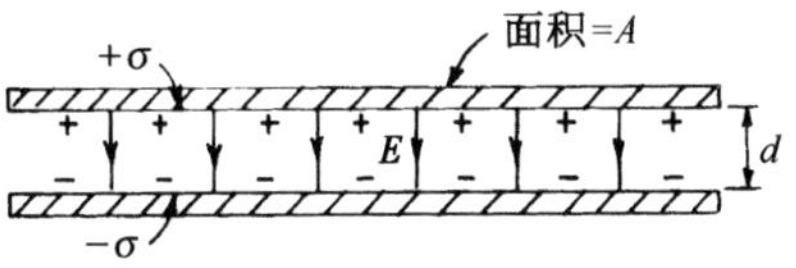

图 6-12 平行板电容器

$$\phi_1-\phi_2=V.$$

你将发现,有时人们把 V 当作电势用,但我们却选用 ϕ 作为电势。

势差 V 是单位电荷从一板移至另一板所需的功,因而

$$V=Ed=\frac{\sigma}{\epsilon_0}d=\frac{d}{\epsilon_0 A}Q, \tag{6.33}$$

式中 $\pm Q$ 为每板上的总电荷,A 为板的面积,而 d 为两板间距。

我们发现电压与电荷成正比。对于在空间中的任何两个导体,只要一个带正电而另一个带等量负电,V 与 Q 之间的这种正比性都能找到。它们间的势差——也就是电压——将与电荷成正比(我们假定在其周围没有其他电荷)。

为什么会有这一种正比性呢?这只不过是叠加原理在起作用。假定我们已知道关于一组电荷的解,然后把两个这样的解叠加起来。电荷加倍,场也加倍,因此,将单位电荷从一点移至另一点所做的功也加倍。因此,在任何两点之间的势差就正比于电荷。特别是,两导体之间的势差正比于它们上面的电荷。当初有人把这个正比的式子写成了另一种形式。也就是说,他们写成

$$Q=CV,$$

式中 C 是一常数。这个比例常数叫作电容，而这样一种两个导体的系统则叫作电容器*。对于我们的平行板电容器来说，

$$C=\frac{\epsilon_0 A}{d}\text{(平行板)}. \tag{6.34}$$

这个公式并非严格准确，因为在两板之间场并不像我们设想的那样真正处处均匀。在边缘处场并非刚好突然消失，而实际上更像图 6-13 所示的那种情形。总电荷不像我们所假定的为 σA——对于边缘效应有一个小的修正。为了求得这个修正，我们得更准确地算出场并找出在边缘处究竟发生了什么。然而，这是一个复杂的数学问题，它可以用技巧解决，我们现在就不加以描述了。这种计算的结果表明，接近两极板边缘处电荷密度会比中间稍微高些。(这意味着平板电容器的电容比我们计算的稍大。)

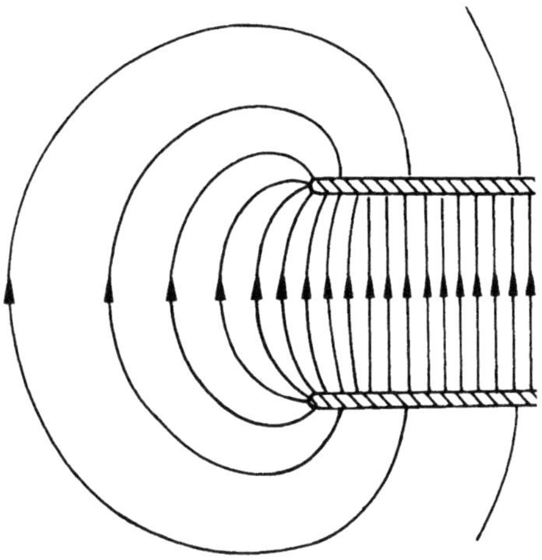

图 6-13　在两平行板边缘附近的电场

我们仅仅谈及了关于两导体的电容。有时人们会谈到单个物体的电容。例如，他们会说，一个半径为 a 的球体有 $4\pi\epsilon_0 a$ 的电容。他们把另一端设想为是一个半径无限大的球——即当有一电荷 $+Q$ 放在球面上时，相反的电荷 $-Q$ 则在一个无限大的球面上。人们也可以谈论当有三个或更多个导体时的电容，然而关于这方面的讨论我们将要推迟。

假设我们希望有一个电容很大的电容器，那就可以通过取极大面积但间距极小而获得。我们可以将浸过蜡的纸片夹在铝质薄膜之间而卷起来(如果把它密封在一个塑料盒中，那就会形成一个典型的无线电方面用的电容器了)。它有什么好处呢？好处在于能贮存电荷。比如，若我们试图把电荷贮存在一个球上，则当它充电时电势会很快升高，甚至可能高到电荷开始通过火花逃逸到空气中去。可是，若我们把等量电荷放在一个电容十分大的电容器上，则电容器间所形成的电压会很小。

在电子线路的许多种应用中，凡能吸收或释放大量电荷而又不大会怎样改变其电势的东西都是有用的，而这就是电容器。在电子仪器以及计算机中，电容器还有许多种应用。其中，有的被用来随着电荷的某一特定变化，从而相应地得到电压的一种特殊变化。在第 1 卷第 23 章中我们曾在描述共振电路特性的地方见到一种相似应用。

我们从 C 的定义可以看出，它的单位是 $\mathrm{CV^{-1}}$。这个单位也叫法(F)。考察式(6.34)，我们见到 ϵ_0 的单位可表达为 $\mathrm{Fm^{-1}}$，这是最常用的单位。电容器的典型容量约在 1 pF 至 1 mF之间。几皮法的那种小电容器常用于高频调谐电路中，而高达成百上千个微法的电容器

* 有人认为电容“capacitance”和电容器“capacitor”这两个较新名词应分别代替电容“capacity”和电容器“condensor”那两个词。我们决定采用那较古老的一套名称，因为在物理实验室中——即使不是在书本里——这套旧名称仍会普遍用到。

则在能源滤波器中可以找到。面积为 1 dm^2 而间距为 1 mm 的一对平行板约有 1 pF 的电容。

$$\boxed{\epsilon_0 \approx \frac{1}{36\pi \times 10^9}\ \mathrm{Fm^{-1}}}$$

§6-11 高(电)压击穿

现在,我们想定性地讨论导体周围场的某些特性。若我们对之充电的导体不是一个球,而是在其上面有一针尖或尖端,如图 6-14 所示,那么尖端周围的场比起其他区域的场就会高出许多。从定性方面讲,原因是电荷企图尽可能广阔地铺开在导体表面,而尖端上的尖顶就是与大部分表面离得尽可能远的地方。板面上有些电荷被一直推至尖顶,尖顶上相对小量的电荷仍能提供一个大的面密度,而一个高的电荷密度也就意味着刚好在外部的一个强电场。

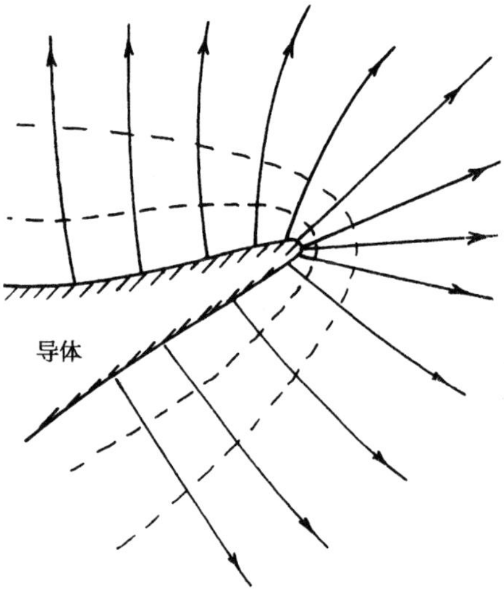

图 6-14 在导体上接近尖端处的电场十分强

要看出导体上那些曲率半径最小的地方场最高的一种办法,是考虑一个大球与一个小球被导线连接在一起的那种组合,如图 6-15 所示。它多少是如图 6-14 所示的那个导体的某种理想模型。导线对于处在球外的场影响甚小,它在这里的作用只是维持两球处在相同的电势。现在,究竟哪一个球在其表面上会有较大的场呢?如果左边的球半径为 a 并带有电荷 Q,则它的势约为

$$\phi_1 = \frac{1}{4\pi\epsilon_0}\frac{Q}{a}.$$

(当然一个球的存在总会改变另一个球上的电荷分布,因而无论哪个球上的电荷都不是真正球对称的。但若我们感兴趣的只是对场的一种估计,那就可采用一个球形电荷的势。)若那个半径为 b 的小球带有电荷 q,则它的势约等于

$$\phi_2 = \frac{1}{4\pi\epsilon_0}\frac{q}{b}.$$

但 $\phi_1 = \phi_2$,因而

$$\frac{Q}{a} = \frac{q}{b}.$$

另一方面,在表面上的场与面电荷密度成正比(见式 5.8),而电荷密度又正比于电荷除以半径平方。因而我们得

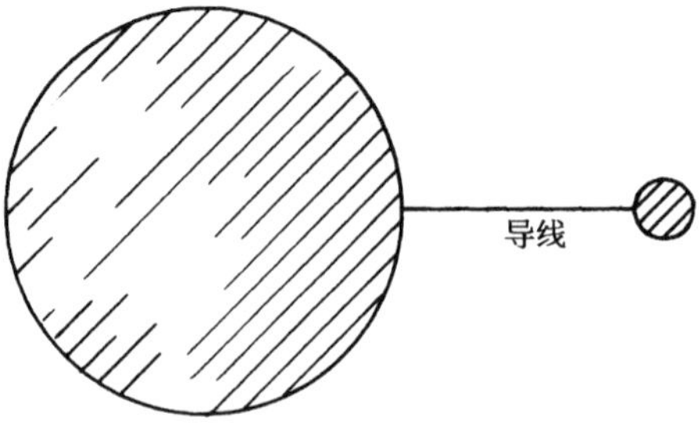

图 6-15 一个尖锐物体的场可以由处于相同电势的球来近似

$$\frac{E_a}{E_b}=\frac{Q/a^2}{q/b^2}=\frac{b}{a}. \tag{6.35}$$

所以,在小球表面处的场较高,场与半径成反比。

这一结果在技术上很重要,因为若电场太大,空气会被击穿。所发生的情况是:一个在空气中某处的游离电荷(电子或离子)被场所加速,倘若场很大,则该电荷会在打击另一个原子之前就获得了足够高的速率以致能够从该原子中打出一个电子来。结果,越来越多的离子产生了,它们的运动构成放电或火花。如果你要对一物体充电至一高电压而又不让它通过空气中的火花而使它本身放电,那你就必须保证该表面是平滑的,从而不会在任何一处出现异常强的电场。

§6-12　场致发射显微镜

在一带电导体上任何尖锐突出部分的周围那种非常高的电场,有很有意义的应用。场致发射显微镜的操作就有赖于在一金属尖端上所产生的高场*,它是按如下方式制成的:一根非常细小的针,其尖端的直径约为 1 000 Å,被安置在一个抽成真空的玻璃球泡的中心(图6-16)。球的内表面涂上薄层荧光材料导电膜,而在这荧光涂层与针之间加上一个非常高的电压。

让我们首先考虑,当针相对于荧光涂层是负时所发生的情况。场线在尖端处高度集中。电场可以高达 4 $\mathrm{GVm^{-1}}$。在这样强的场中,电子会从针的表面被拉出去并在针和荧光涂层之间的势差中被加速。当电子到达涂层时就会引起发光,正如电视显像管中的情况一样。

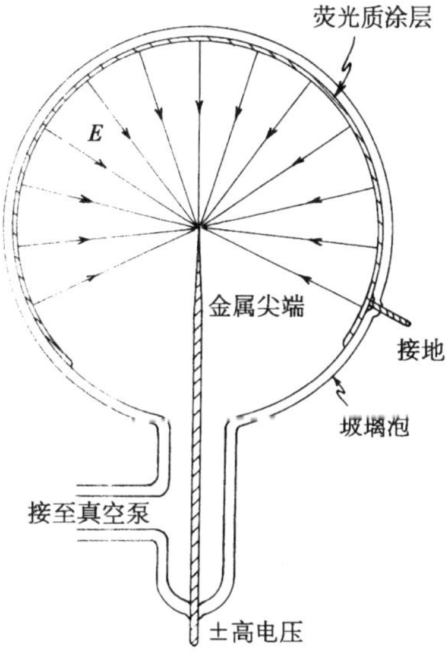

图 6-16　场致发射显微镜

那些到达荧光面给定点上的电子,在很高的近似程度上,可以看作是发源于径向场线的另一端,因为电子将沿着场线从该点跑至面上来。这样,我们在荧光面上就看到了针的尖端的某种像。更正确地说,是看到了针表面的发射率图像——也就是电子离开金属尖端表面的难易程度。如分辨率足够高,人们还可以指望能够分辨出在针的尖端处个别原子的位置。利用电子,由于下述一些原因,这样的分辨率无法达到。首先,电子波存在一种量子力学效应的衍射,它能使像模糊。其次,由于电子在金属中的内在运动,它们在离开针面时会有一个小小的侧向初速,而这一种速度的无规横向分量就会引起像的某种模糊不清。这两种效应合在一起迫使分辨率限于 25 Å 左右。

然而,如果我们颠倒电极方向,并在玻泡中引进少量氦气,那就可能得到高得多的分辨率。当一个氦原子与针尖碰撞时,那里的强电场会把一个电子从该氦原子中剥离出来,剩下的原子就带上了正电。然后,这个氦离子就会沿着场线向外加速直至荧光屏。由于氦离

* Müeller E W. The Field-ion Microscope. *Advances in Electronics and Electron Physics*, 1960, **13**: 83—179. Academic Press, New York.

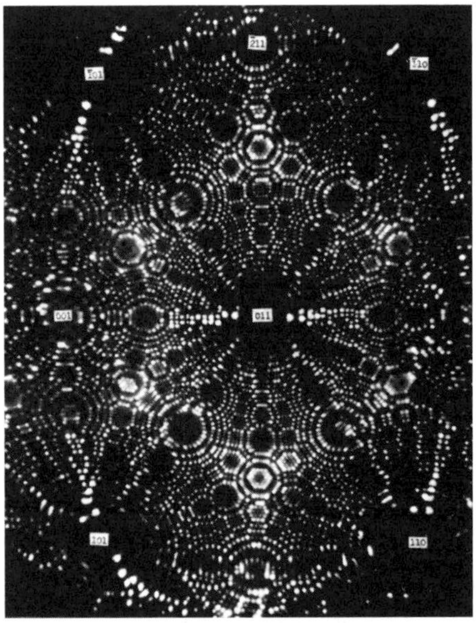

图6-17 由一架场致发射显微镜所产生的像[宾夕法尼亚州州立大学物理学研究教授埃尔温·W.穆勒提供]

子比电子重得多,其量子力学波长就小得多。如果温度不太高,则热速度效应也比电子的情况小。所以像就有了较少的模糊程度,一个清楚得多的有关尖端的图像就可以得到。用这种正离子的场致发射显微镜,有可能获得高达二百万倍的放大率——放大率比最佳的电子显微镜要高出十倍。

图 6-17 是由一台利用钨针的场致发射显微镜所得结果的一个例子。一个钨原子中心对氦原子的离化,比钨原子间的空隙有稍微不同的比率。在荧光屏上的斑点图样就会显示出钨针尖端的单个原子的排列。斑点之所以表现为环形,可以通过观察一个大箱子里用以代表金属里原子的、被堆积成矩形阵列的小球而得到理解。如果你从该箱子里划出一个粗略的球形的部分,便可以看到原子结构的环状图样特性。场致发射显微镜第一次为人类提供了观察原子的工具。鉴于该仪器的简单性,这是一项了不起的成就。

第7章　在各种情况下的电场(续)

§7-1　求静电场的各种方法

本章将继续讨论各种特殊情况下电场的特性。首先，要来描述一些求解导体问题的更精确的方法。并不期望读者对这些较高级的方法能够在这个时候就熟练掌握，虽然有些问题可能利用在较高级课程中学到的技巧就能解决，但从这类问题得到某种概念仍然可能是有意义的。然后，我们还将提出两个例子，其中电荷分布既非固定、也非由导体所携带，而是要由其他某种物理规律来确定的。

正如在第6章我们所发现的，当电荷分布已确定后，静电场问题基本上就很简单，只要求算出一个积分。然而，当有导体存在时，由于导体上的电荷分布原先不知道，复杂性便产生了。电荷必须这样分布于导体表面上，使得该导体能成为一个等势体。对于这种问题的解法既非直接也不简单。

我们曾看到过一个解决这类问题的间接方法，在此方法中我们找到了关于某种特定的电荷分布的一些等势面，并用一个导电面去代替其中的一个。按这种办法我们就能制成一份关于球面、平面等形状导体的特殊解的目录。在第6章中所描述的有关镜像法的应用，就是间接法的一个例子，我们将在本章中描述另一个例子。

如果所要求解的问题并不属于能够用间接法构造解的那一类问题，则我们不得不采用较直接的方法来解决。直接方法的数学问题是在服从某些边界——各导体表面——上ϕ分别为一些恰当常数的条件下，求拉普拉斯方程

$$\nabla^2\phi = 0 \tag{7.1}$$

的解。凡属牵涉到求解一个微分方程并受某些边界条件所支配的问题，都叫作边值问题。这种问题已成为很多数学研究的对象。在具有复杂形状的导体的情况下，并没有普遍的解析方法，甚至像一个带电的两端都封闭着的金属柱体罐——比如啤酒罐——这种简单的问题都会遇到可怕的数学困难，它只能用数值计算法近似地给予解决。唯一普遍的求解方法就是数值计算法。

方程式(7.1)对于若干问题是可直接求解的。例如，具有旋转椭球面形状的带电导体问题，可以用已知的特殊函数严格解出。对于一个薄盘的解，可通过一个无限扁平的椭球来得出。同样，关于一根针的解，则可用一个无限长的椭球而获得。然而必须强调，唯一具有普遍适用性的直接方法乃是数值计算技术。

边值问题也可通过对一个物理类似体的测量来解决。拉普拉斯方程产生于许多不同的物理情况中：稳定热流、无旋液流、掺杂媒质中的电流以及弹性膜的挠曲。这些经常能够用来建立一个模拟所要求解的电学问题的物理模型。通过对在该模型上适当模拟量的测量，

有关问题的解就可以确定了。模拟技术的一个例子是用电解槽来解二维的静电学问题，这个办法所以有效，乃是由于均匀导电媒质中势的微分方程与在真空中的相同。

有许多物理情况，在一个方向上物理场的变化为零，或者是与另外两个方向上的变化比较，这个变化可以忽略，这样的问题叫作二维问题，其场仅取决于两个坐标。例如，若沿 z 轴放置一根长直带电导线，则在离导线不太远处的一点，其电场只与 x 及 y 有关，而与 z 无关。这就是一个二维问题。由于在一个二维问题中 $\partial/\partial z = 0$，所以在自由空间里关于 ϕ 的方程为

$$\frac{\partial^2 \phi}{\partial x^2} + \frac{\partial^2 \phi}{\partial y^2} = 0. \tag{7.2}$$

由于这个二维方程相对简单，所以就会有一个宽广的条件范围，在这范围内它可以解析地求解。事实上，一个强有力的间接数学技巧依赖于复变函数的一个数学定理。现在，我们就将予以描述。

§7-2 二维场；复变函数

复变数 z 被定义为

$$z = x + \mathrm{i}y.$$

（切莫把这里的 z 与 z 坐标混淆，在下面的讨论中我们将不涉及 z 坐标，因为已假定场与 z 没有依存关系了。）于是以 x 和 y 表示的每一点就对应于一个复数 z，可以把 z 当成一个单独的(复)变数，并用它来写出通常类型的数学函数 $F(z)$。例如，

$$F(z) = z^2,$$

或

$$F(z) = 1/z^3,$$

或

$$F(z) = z\ln z,$$

等等。

给出任意特定函数 $F(z)$，便可以代入 $z = x + \mathrm{i}y$，这就可得到一个 x 和 y 的函数——包括实的和虚的两部分。例如

$$z^2 = (x + \mathrm{i}y)^2 = x^2 - y^2 + 2\mathrm{i}xy. \tag{7.3}$$

任意函数 $F(z)$ 都可以写成纯粹实部与纯粹虚部之和，而每一部分都是 x 和 y 的函数

$$F(z) = U(x,\ y) + \mathrm{i}V(x,\ y), \tag{7.4}$$

式中 $U(x, y)$ 和 $V(x, y)$ 都是实函数。于是，从任意复变函数 $F(z)$ 可以导出两个新的函数 $U(x, y)$ 和 $V(x, y)$。例如，$F(z) = z^2$ 给出的两个函数为

$$U(x,\ y) = x^2 - y^2, \tag{7.5}$$

和

$$V(x,\ y) = 2xy. \tag{7.6}$$

现在我们来谈一个不可思议的数学定理，它是那么令人喜悦，所以我们将把它的证明留给你们数学中一门课程去做(不应将所有的数学奥妙都透露出来，否则题材就未免太枯燥无

味了)。这个定理是:对于任一"普通复变函数"(数学家将把它定义得更好些),上述 U 和 V 两函数会自动地满足下列关系:

$$\frac{\partial U}{\partial x}=\frac{\partial V}{\partial y}; \tag{7.7}$$

$$\frac{\partial V}{\partial x}=-\frac{\partial U}{\partial y}. \tag{7.8}$$

由此可立即推出,每一个 U 和 V 函数都各满足拉普拉斯方程:

$$\frac{\partial^2 U}{\partial x^2}+\frac{\partial^2 U}{\partial y^2}=0; \tag{7.9}$$

$$\frac{\partial^2 V}{\partial x^2}+\frac{\partial^2 V}{\partial y^2}=0. \tag{7.10}$$

这两方程对于式(7.5)和(7.6)那种函数显然是正确的。

这样,从任意普通的函数出发,我们便能得到两个函数 $U(x,\ y)$ 和 $V(x,\ y)$,它们都是二维的拉普拉斯方程之解,并各代表一种可能的静电势。我们可以捡起任意函数 $F(z)$,它就代表某个电场问题——事实上是两个,因为 U 和 V 每个都代表一个解。我们可以随心所欲地写出尽可能多的解答——只要编造出各种函数——然后又只要找出与每一解答相符合的问题。这听起来似乎有点本末倒置,但毕竟是一种可能方法。

作为一个例子,让我们看一看函数 $F(z)=z^2$ 会提供什么样的物理内容。从这一函数我们获得了两个势函数式(7.5)和(7.6)。要看出函数 U 属于哪一种问题,可令 $U=A$,即一常数,而解出一组等势面来:

$$x^2-y^2=A.$$

这是一个直角双曲线方程。对各种不同 A 值,我们会得到如图 7-1 所示的那些双曲线。当 $A=0$ 时,所得到的是通过原点的两条交叉直线的特殊情况。

像这样的一组等势面相当于导体内一个直角角隅内的场。如果我们有两个形状做得像图 7-2 所示的、各保持不同电势的电极,那么标明为 C 的那个角附近的场看来就像图 7-1 所示的原点处那种场。图中实线组是等势面,而与之成直角的虚线组则相当于 $\boldsymbol{E}$ 线。在尖端或突出部分处电场趋向增强,而在凹陷处或坑谷里的场则会趋向减弱。

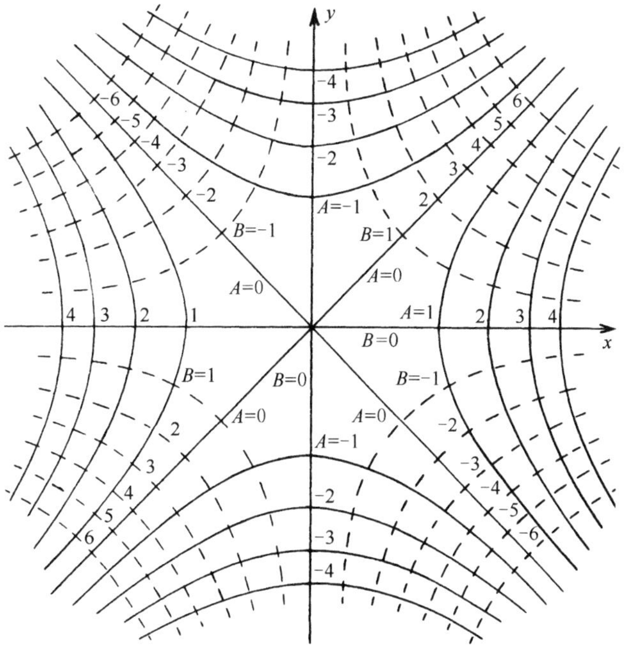

图 7-1　两组正交曲线,它们各可代表一个二维静电场中的等势面

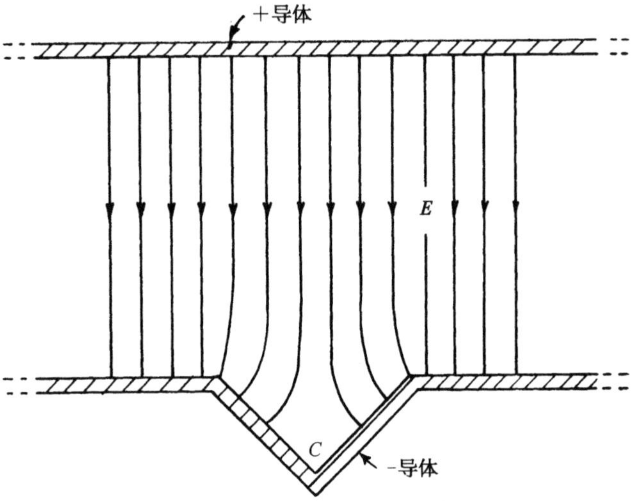

图 7-2 在 C 点附近的场与在图 7-1 所示的相同

我们所找到的解也相当于一个双曲线形电极放在一个直角角隅附近或两个各具有适当电势的双曲线形电极的解。图 7-1 所示的场具有重要的性质。电场的 x 分量 E_x 为

$$E_x = -\frac{\partial \phi}{\partial x} = -2x,$$

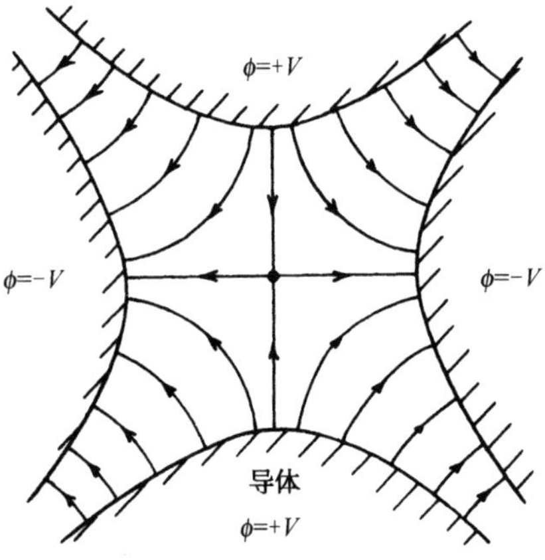

图 7-3 在一个四极透镜中的电场

即电场与离轴的距离成正比。利用这一事实，可制成一种(称为四极透镜的)装置，它对于使粒子束聚焦很有用(参阅 § 29-7)，所需的场往往通过使用四个如图 7-3 所示的那种双曲线形电极而获得。对于图 7-3 中的电场线，我们只要把照图 7-1 中那一组代表 $V=$ 常数的虚线复制下来。我们有一意外收获！由于式(7.7)和(7.8)，所以 $V=$ 常数的那些曲线会与 $U=$ 常数的那些曲线正交。每当我们选取一个函数 $F(z)$ 时，就从 U 和 V 分别得到等势面和场线。我们已解决了两问题中的任一个，到底是哪一个，则取决于哪一组曲线将被称为等势面。

作为第二个例子，考虑函数

$$F(z) = \sqrt{z}. \tag{7.11}$$

若我们写出
$$z = x + \mathrm{i}y = \rho \mathrm{e}^{\mathrm{i}\theta},$$
其中
$$\rho = \sqrt{x^2 + y^2},$$
而
$$\tan\theta = y/x,$$

那么 $$F(z)=\rho^{1/2}e^{i\theta/2}=\rho^{1/2}\left(\cos\frac{\theta}{2}+i\sin\frac{\theta}{2}\right),$$

由此可得 $$F(z)=\left[\frac{(x^2+y^2)^{1/2}+x}{2}\right]^{1/2}+i\left[\frac{(x^2+y^2)^{1/2}-x}{2}\right]^{1/2}. \tag{7.12}$$

利用来自式(7.12)的 U 和 V,对于 $U(x, y)=A$ 和 $V(x, y)=B$ 的两组曲线被画在图 7-4 上。另一方面,有许多可能情况也可用这些场来描述,其中最有趣的一种是靠近一张薄板边缘的场。如果 $B=0$ 的线——在 y 轴右侧的那条线——代表一块带电薄板,那么在它附近的场线就是由 A 等于各种不同值的一组曲线给出的。物理情况如图 7-5 所示。

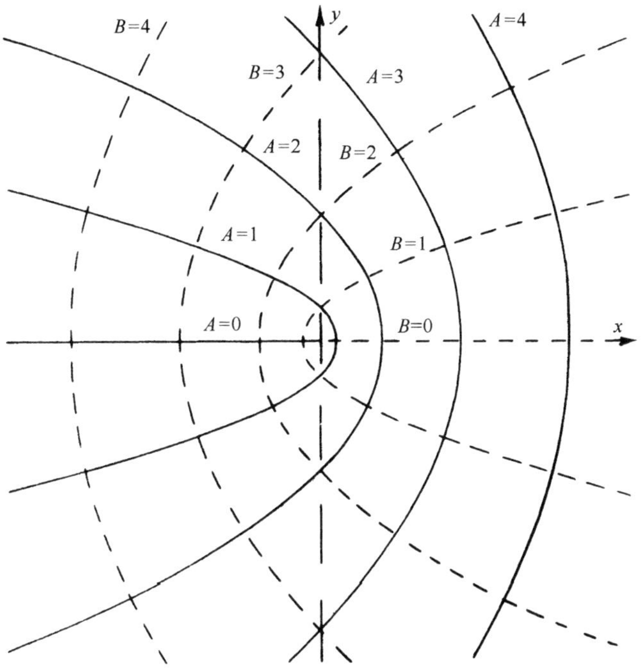

图 7-4　由式(7.12)中 $U(x, y)$和 $V(x, y)$等于常数的两组曲线

其他的例子还有:

$$F(z)=z^{2/3}, \tag{7.13}$$

这给出一个直角角隅外面的场;

$$F(z)=\ln z, \tag{7.14}$$

给出一根线电荷的场;

而 $$F(z)=1/z, \tag{7.15}$$

则会给出电偶极子的二维模拟物的场,也就是两条互相靠近而带有异号电荷的平行线的场。

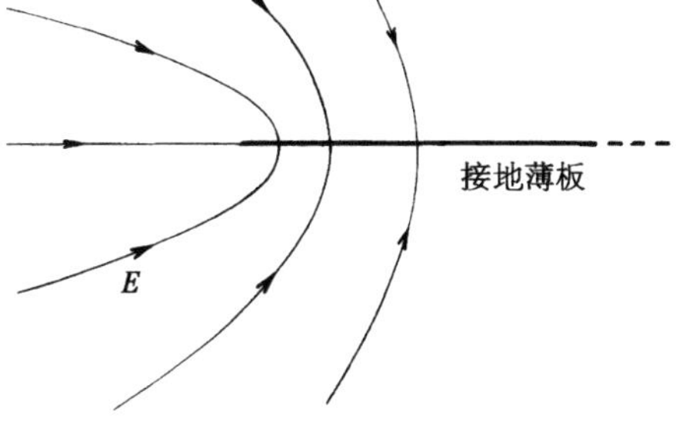

图 7-5　在一块接地薄板的边缘附近的场

本课程中对上述课题将不再追寻下去,但仍必须强调,虽然复变函数技巧常常很有效,但它局

限于二维问题,而且还是一种间接方法。

§7-3 等离子体振荡

现在我们考虑某些物理情况,其中的电场,既不是由固定电荷也不是由导体表面上的电荷所确定,而是由两种物理现象的组合所确定。换句话说,场将同时由两组方程决定:(1)来自静电学的方程组,把电场与电荷的分布联系起来;以及(2)来自物理学另一分支的一个方程,确定场存在时电荷的位置或运动。

我们将要考虑的第一个例子是动力学的例子,其中电荷的运动由牛顿定律所支配。这种情况的一个简单例子发生在等离子体中,这是一种分布于某一空间区域内由离子和自由电子组成的电离气体。电离层——大气的较高一层——就是这种等离子体的一个例子。来自太阳的紫外线把空气分子内的一些电子撞击出来,从而产生了电子和离子。在这样的等离子体中,正离子比电子重得多,因而同电子的运动相比,离子的运动可以略去。

假定分子是被单一电离的,并令 n_0 为在不受干扰的平衡状态下电子的密度,则这也必然是正离子的密度,因为等离子体(在不受干扰时)是电中性的。现在假定不知什么缘故电子离开了平衡状态而运动,试问将会发生什么情况?如果在一个区域里,电子的密度增大,它们便将互相排斥而趋向于返回其平衡位置。当电子朝着原来位置运动时,它们将会获得动能,但不会在其平衡位置上静止下来,而是过了头。它们将来回振动。与在声波中发生的情况相似,那里的恢复力是气体的压强。在等离子体中,恢复力则是作用于电子上的电力。

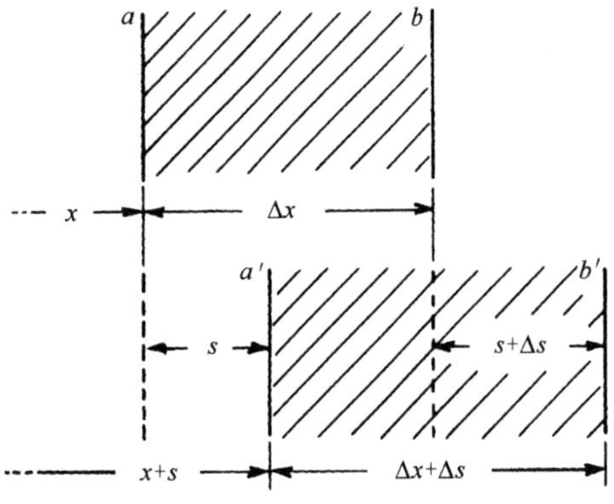

图 7-6 等离子体中波的运动。在 a 平面处的电子移动至 a',而在 b 处的电子则移动至 b'

为了使讨论简单化,我们将只关心一维(例如沿 x 轴)运动。让我们假定原来位于 x 处的诸电子,在 t 时刻从它们的平衡位置上移动了一小段距离 $s(x, t)$。由于电子已移了位,它们的密度一般将改变。密度的改变是容易算出的。参照图 7-6,最初包含在 a 与 b 两平面间的电子,已经移动,现在则包含在 a'与 b'两个平面之间了。位于 a 与 b 间的电子数目正比于 $n_0\Delta x$;这相同数目的电子现在位于宽度为 $\Delta x+\Delta s$ 的空间中,因此密度已经变成

$$n=\frac{n_0\Delta x}{\Delta x+\Delta s}=\frac{n_0}{1+(\Delta s/\Delta x)}. \tag{7.16}$$

如果密度的变化很小,便可以写成[利用对$(1+\epsilon)^{-1}$的二项展开式]

$$n=n_0\left(1-\frac{\Delta s}{\Delta x}\right). \tag{7.17}$$

假定正离子不发生显著移动(由于其大得多的惯性),因而它们的密度仍保持为 n_0。每一电子所带的电荷为$-q_e$,因而在任一点的平均电荷密度就由下式给出:

$$\rho=-(n-n_0)q_e,$$

或

$$\rho = n_0 q_e \frac{\mathrm{d}s}{\mathrm{d}x}. \tag{7.18}$$

式中,我们已把 $\Delta s/\Delta x$ 写成微分形式。

电荷密度与电场的关系是通过麦克斯韦方程组,特别是

$$\nabla \cdot \boldsymbol{E} = \frac{\rho}{\epsilon_0}. \tag{7.19}$$

这个方程确定下来的。如果问题是属于一维的(并且倘若除来自电子位移的场外别无其他场),那么电场 $\boldsymbol{E}$ 只有一个分量 E_x。式(7.19)同(7.18)一起给出

$$\frac{\partial E_x}{\partial x} = \frac{n_0 q_e}{\epsilon_0} \frac{\partial s}{\partial x}. \tag{7.20}$$

对式(7.20)积分得

$$E_x = \frac{n_0 q_e}{\epsilon_0} s + K. \tag{7.21}$$

由于当 $s = 0$ 时 $E_x = 0$,所以积分常数 K 为零。

作用于移了位的电子上的力为

$$F_x = -\frac{n_0 q_e^2}{\epsilon_0} s, \tag{7.22}$$

这是一个正比于电子位移 s 的恢复力。它将会导致电子做谐振动。一个移了位的电子其运动方程为

$$m_e \frac{\mathrm{d}^2 s}{\mathrm{d}t^2} = -\frac{n_0 q_e^2}{\epsilon_0} s. \tag{7.23}$$

我们发现 s 将做谐变化。s 随时间的变化将按照 $\cos \omega_p t$,或——应用第 1 卷的指数函数符号——按照

$$\mathrm{e}^{\mathrm{i}\omega_p t}. \tag{7.24}$$

振动频率 ω_p 由方程式(7.23)确定,为

$$\omega_p^2 = \frac{n_0 q_e^2}{\epsilon_0 m_e}, \tag{7.25}$$

ω_p 称为等离子体频率。它是等离子体的一个特征数值。

在同电子的电荷打交道时,许多人喜欢用一个量 e^2 来表示他们的答案,该量定义为

$$e^2 = \frac{q_e^2}{4\pi\epsilon_0} = 2.306\,8 \times 10^{-28}\ \mathrm{Nm}^2. \tag{7.26}$$

应用这一惯例,式(7.25)变成

$$\omega_p^2 = \frac{4\pi e^2 n_0}{m_e}, \tag{7.27}$$

这是你们将在大多数书中见到的一种形式。

这样,我们就发现,等离子体的扰动会引起电子在其平衡位置附近、固有频率为 ω_p 的自由振荡。这固有频率与电子密度的平方根成正比。等离子体中电子的行为很像一个诸如在第1卷第23章中所描述过的那种共振系统。

等离子体的这种固有共振具有某些重要的效应。例如,如果有人试图把无线电波通过电离层传播出去,则他会发现只有当其频率高于等离子体频率时才能穿透,否则信号将被反射回来。要是我们希望同空间的人造卫星通信,就必须采用高频。反之,若想同地平线上远处的一个无线电台通信,则必须利用比等离子体频率低的频率,以便信号被反射回地面。

等离子体振荡的另一个有趣例子发生于金属内。金属里含有正离子的等离子体及自由电子。这里密度 n_0 十分高,因而 ω_p 也是这样,但仍应能观察到其中电子的振动。原来,按照量子力学,凡具有固有频率为 ω_p 的谐振子,都具有能量间隔为 $\hbar\omega_p$ 的能级。因此,如果把一束电子射进比如一张铝箔,而在箔的另一面十分仔细地对电子能量进行测量,那么可以预料发现电子有时把能量 $\hbar\omega_p$ 传给等离子体振荡。这件事情的确发生过。1936年第一次从实验上观测到:拥有几百至几千电子伏能量的电子从一薄金属膜散射或穿透出来时,会以跳跃的方式损失能量。这一效应从未弄明白,直到1953年博姆和派因斯 * 才证明这些观测结果可用金属中等离子体振荡的量子激发来解释。

§7-4 电解质内的胶态粒子

现在,我们转到各电荷的位置受这些电荷的一部分产生的势所控制着的另一种现象。这样产生的效应对于胶体的行为有着重要影响。胶体由水中的带电悬浮物构成,这些带电微粒尽管微小,但从原子的观点看却已十分巨大。要是这些微粒不带电,它们将有凝聚成一大块的倾向。但由于带电,就将互相排斥,并保持悬浮状态。

现在,如果有某种盐也溶解于水中,则它将分解成正负离子(像这样的离子溶液称为电解质)。那些负离子会被胶体微粒所吸引(假定微粒带的是正电),而正离子则被推开。我们要确定围绕着胶体微粒的那些离子在空间是怎样分布的。

为保持概念简单,我们还是仅仅求解一维情况。如果把一胶体微粒看成一个具有巨大半径的球——在原子尺度上!——那么,便可以把它表面的一小部分看成平面(每当试图理解一个新现象时,取一个有些过于简化的模型总是一个好主意。于是,用这个模型弄通了这个问题之后,才能更好地进行较精确的计算)。

假定那些离子的分布会产生一个电荷密度 $\rho(x)$ 和一个电势 ϕ,这两者的关系遵守静电学定律 $\nabla^2\phi=-\rho/\epsilon_0$,或者,对于仅在一维情况下变化着的场,则遵守

$$\frac{d^2\phi}{dx^2}=-\frac{\rho}{\epsilon_0}. \tag{7.28}$$

现在假定已有这么一个势 $\phi(x)$,那么离子将怎样分布在其中呢?这可以通过统计力学的原理来确定。于是,我们的问题就是要确定 ϕ,使得从统计力学所获得的电荷密度也能满

* 关于这方面的新近工作和文献摘要可参考 Powell C J and Swann J B. *Phys. Rev.*, 1959, **115**:869.

足式(7.28)。

按照统计力学(参阅第 1 卷第 40 章),在一个力场中处于热平衡的粒子是这样分布的,即在位置 x 处的粒子密度 n 由下式给出

$$n(x)=n_0\mathrm{e}^{-U(x)/kT},\tag{7.29}$$

式中 $U(x)$ 为势能,k 为玻尔兹曼常量,而 T 为绝对温度。

假定每一离子带有正的或负的一个电子的电荷。在离胶体微粒的表面为 x 的地方,一个正离子将有势能 $q_e\phi(x)$,因而

$$U(x)=q_e\phi(x).$$

这样,在该处的正离子密度就是

$$n_+(x)=n_0\mathrm{e}^{-q_e\phi(x)/kT}.$$

同理,负离子密度则为

$$n_-(x)=n_0\mathrm{e}^{+q_e\phi(x)/kT}.$$

总的电荷密度为

$$\rho=q_en_+-q_en_-,$$

即

$$\rho=q_en_0(\mathrm{e}^{-q_e\phi/kT}-\mathrm{e}^{+q_e\phi/kT}).\tag{7.30}$$

把上式与式(7.28)相结合,我们发现势 ϕ 必须满足

$$\frac{\mathrm{d}^2\phi}{\mathrm{d}x^2}=-\frac{q_en_0}{\epsilon_0}(\mathrm{e}^{-q_e\phi/kT}-\mathrm{e}^{+q_e\phi/kT}).\tag{7.31}$$

这个微分方程可立即得到一个通解[两边各乘以 $2(\mathrm{d}\phi/\mathrm{d}x)$,并对 x 积分],但为了尽可能保持问题简单,我们在这里仅考虑电势 ϕ 很小或温度 T 很高的那种极限情况。ϕ 小的情况相当于稀溶液。在这些情况下,该指数很小,因而可做如下近似:

$$\mathrm{e}^{\pm q_e\phi/kT}=1\pm\frac{q_e\phi}{kT}.\tag{7.32}$$

于是,式(7.31)给出

$$\frac{\mathrm{d}^2\phi}{\mathrm{d}x^2}=+\frac{2n_0q_e^2}{\epsilon_0kT}\phi(x).\tag{7.33}$$

注意!这时上式右边的符号已经是正的了。ϕ 的解就不再是振动式的,而是指数式的。

方程式(7.33)的通解为

$$\phi=A\mathrm{e}^{-x/D}+B\mathrm{e}^{+x/D},\tag{7.34}$$

式中

$$D^2=\frac{\epsilon_0kT}{2n_0q_e^2}.\tag{7.35}$$

常数 A 和 B 必须由问题的条件确定。在上述情况下,B 应为零,否则对于大的 x 值电势将趋于无限大。因此,我们有

$$\phi = A\mathrm{e}^{-x/D}, \tag{7.36}$$

式中 A 是在 $x=0$ 处,也即在胶体微粒表面处的电势。

每当距离增大 D 时,势就降低一个因子 $1/e$,如图 7-7 的曲线所示。数值 D 称为德拜长度,它是对电解质中包围一个巨大带电粒子的离子层厚度的一种量度。式(7.35)表明,当离子浓度 n_0 增加或当温度降低时,这离子层就变薄。

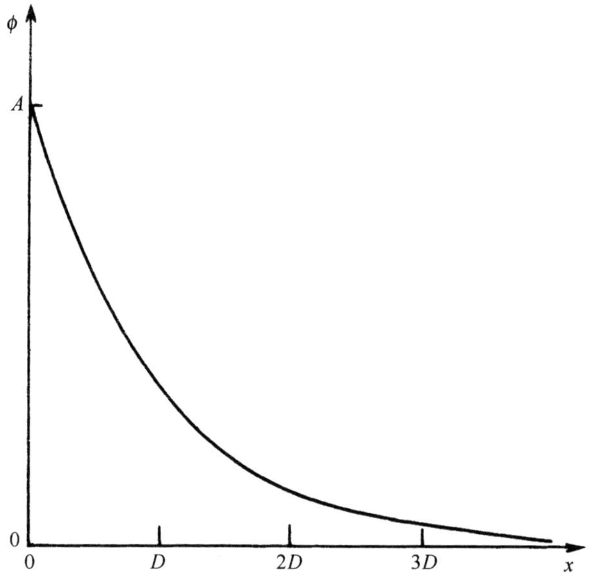

图 7-7 在一胶体微粒表面附近电势的变化情形,D 为德拜长度

如果已知胶体微粒的表面电荷密度 σ,那么式(7.36)中的常数 A 就可以容易获得。我们知道

$$E_n = E_x(0) = \frac{\sigma}{\epsilon_0}. \tag{7.37}$$

但 E 也是 ϕ 的梯度

$$E_x(0) = -\left.\frac{\partial\phi}{\partial x}\right|_0 = +\frac{A}{D}, \tag{7.38}$$

由此得出

$$A = \frac{\sigma D}{\epsilon_0}. \tag{7.39}$$

把这一结果应用于式(7.36)中,便得到(通过取 $x=0$)该胶体微粒的电势为

$$\phi(0) = \frac{\sigma D}{\epsilon_0}. \tag{7.40}$$

你会注意到,这一个势与面电荷密度为 σ 而两板间距为 D 的电容器的电势差相同。

我们已经讲过,胶体微粒受它们之间电的排斥作用而得以保持分离。但现在我们见到,稍微离开胶体微粒表面的场会由于聚集在微粒周围的离子层而被削弱。如果这些离子层变得相当薄,则这些微粒便有较大机会互相对撞。于是它们会粘住,而胶体便会凝聚在一起并从液体中淀积出来。从上面的分析我们明白,为何对一胶体加进足够的盐类就会使它沉淀出来。这一过程称为"胶体的加盐萃取"。

另一个有趣例子则是盐溶液对于蛋白质分子的影响。一个蛋白质分子乃是一条既长而又可挠曲的复杂的氨基酸链。在这种分子上面存在各种电荷,而有时碰巧有一些净电荷——比如说负电荷——会沿该链分布着。由于各负电荷的相互排斥,所以蛋白质链便会保持拉长的姿态。并且,若溶液中还有其他相似的链存在,则由于同样的排斥效应,它们会保持彼此分开。因此,在一液体中可以有链状分子的悬浮物。但如果我们加盐于该液体中,则会改变悬浮物的特性。当盐加进溶液中时,德拜长度会缩短,链状分子能够互相靠近,并蜷缩起来。如果加进溶液中的盐足够多,链状分子便可以从溶液中淀积出来。有许多这类化学效应都可以用电力来加以理解。

§7-5　栅极的静电场

作为最后一个例子,我们想要描述电场的另一个重要特性。它是制造出来应用于电学仪器设计、真空管构造以及其他许多目的的一种特性。这就是带电导线栅附近电场的特性。为了使问题尽可能简单,让我们考虑一个由无限长导线间隔均匀地平行排列在一平面上的阵列。

若我们从在导线平面上方远处俯视电场,则见到一个恒定的电场,正如电荷被均匀地分布在平面上一样。当接近导线栅时,场开始与从远处见到的均匀场有所不同。我们想要估计靠栅多近才能见到势的明显变化。图 7-8 表示距栅不同距离处等势面的粗略草图。越接近栅,变化就越大。当我们平行于栅运动时,会观察到一种周期性起伏的场。

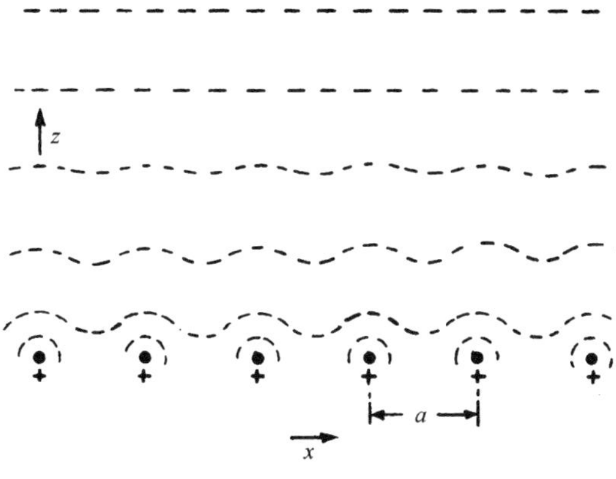

图 7-8　在带电导线构成的均匀栅上面的等势面

现在我们已(由第 1 卷第 50 章)知道任何周期性量都可以表示成正弦波之和(傅里叶定理)。让我们来看看能否找到一种满足场方程的适当简谐函数。

如果导线都处在 xy 平面内,并且平行于 y 轴排列着,则我们可以试试下列这样的项

$$\phi(x, z) = F_n(z)\cos\frac{2\pi nx}{a}, \tag{7.41}$$

其中 a 为导线间距,而 n 为简谐数(我们已假定各导线很长,从而不会随着 y 变化)。一个通解应该由 $n = 1, 2, 3\cdots$ 这样一些项之和构成。

如果这是一个正确的势,则它应在导线上面的空间(那里没有电荷)内满足拉普拉斯方程,即

$$\frac{\partial^2 \phi}{\partial x^2}+\frac{\partial^2 \phi}{\partial z^2}=0.$$

用式(7.41)中的 ϕ 对上式进行尝试,我们得出

$$\frac{-4\pi^2 n^2}{a^2}F_n(z)\cos\frac{2\pi nx}{a}+\frac{\mathrm{d}^2 F_n}{\mathrm{d}z^2}\cos\frac{2\pi nx}{a}=0, \tag{7.42}$$

或者说,$F_n(z)$必须满足

$$\frac{\mathrm{d}^2 F_n}{\mathrm{d}z^2}=\frac{4\pi^2 n^2}{a^2}F_n. \tag{7.43}$$

因此,我们就必然有

$$F_n=A_n \mathrm{e}^{-z/z_0}, \tag{7.44}$$

式中

$$z_0=\frac{a}{2\pi n}. \tag{7.45}$$

我们已找到:如果存在简谐数为 n 的场的傅里叶分量,则这个分量将按照特征距离 $z_0=a/2\pi n$ 指数式地下降。对于第一谐波 ($n=1$) 来说,每当 z 增大一个栅间隔 a 时,波幅将下降一个因子 $\mathrm{e}^{-2\pi}$(是一个大的降落),其他的谐波在离开栅时将下降得更快。我们看到,如果仅仅离开栅几个 a 的距离,场就十分接近于均匀场。也就是说,那些振荡的项都是小项。当然,为了给出在大 z 处的那个均匀场,就始终应该保留“零级简谐”场

$$\phi_0=-E_0 z.$$

对于通解来说,我们应当把这一项与由诸如式(7.41)[其中 F_n 由式(7.44)给出]那些项之和组合起来。系数 A_n 应当这样调整,使得整个总和在经过了微分之后,会给出与栅格导线上的电荷密度 λ 相符合的电场。

我们刚才所发展的方法可以用来说明,为什么采用一个屏栅作为静电屏蔽物往往会与用一块坚实金属板同样优良。除非在与屏栅相距仅几倍于屏栅导线间隔的距离以内,在一闭合屏栅内的电场等于零。我们见到,为什么一个铜屏栅——比铜片既轻又便宜——常被用来保护灵敏的电学设备不受外面干扰电场的影响。

第 8 章　静　电　能

§8-1　电荷的静电能;均匀带电球

在力学的研究中,最有意义而又最有用的发现之一是能量守恒定律。有了力学系统的动能和势能表达式,我们无须考察两个不同时刻系统状态间发生的细节,而能发现两态间的关系。现在我们要来考虑静电系统的能量。在电学中,能量守恒原理也将为发现一系列有意义的事情而发挥它的作用。

在静电学中,相互作用的能量定律十分简单。实际上,这个问题我们已经讨论过。假设两个电荷 q_1 和 q_2,相距 r_{12}。在这个系统中,就存在一定能量,因为要把两电荷移到一起需要做出一定量的功。我们已计算过将远离的两个电荷移到一起所做的功,它为

$$\frac{q_1 q_2}{4\pi\epsilon_0 r_{12}}. \tag{8.1}$$

从叠加原理我们也知道,如果存在许多个电荷,则作用于任一电荷上的总力,等于其他各电荷作用于它的力的总和。因此,可以断定:由多个电荷构成的系统的总能量,等于每一对电荷间的相互作用的各项之和。若 q_i 和 q_j 是任一对相距为 r_{ij} 的电荷(图 8-1),则这一特定电荷对的能量为:

$$\frac{q_i q_j}{4\pi\epsilon_0 r_{ij}}. \tag{8.2}$$

总静电能 U 等于所有可能的电荷对之间的能量的和:

$$U = \sum_{\text{所有的对}} \frac{q_i q_j}{4\pi\epsilon_0 r_{ij}}. \tag{8.3}$$

如果有一个密度为 ρ 的电荷分布,式(8.3)的求和当然要用积分来代替。

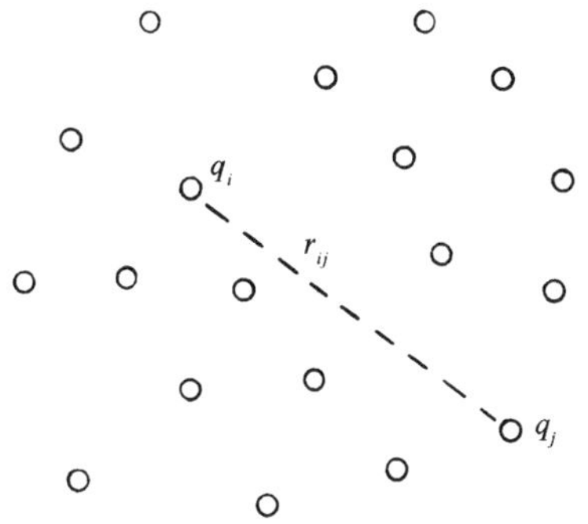

图 8-1　一个粒子系统的静电能等于每对粒子静电能的总和

我们应关注能量的两个方面:一是把能量概念应用于静电学问题;二是运用各种不同的方法,计算能量。对某些特殊情况,有时计算所做的功比按式(8.3)求和或计算相应的积分要容易。作为一个例子,让我们来计算把电荷集中到一个球体中,并具有均匀的电荷密度所需的能量。这一能量恰好等于把那些电荷从无限远处聚集起来所做的功。

设想该球体是由一层层无限薄的球壳构成的,在过程的每一阶段,我们聚集小量电荷并把它置于从 r 至 $r+\mathrm{d}r$ 的薄层中。继续这一过程,一直达到最后的半径 a 为止(图 8-2)。设 Q_r 为已建立至半径为 r 的球体上的电荷,那么把电荷 $\mathrm{d}Q$ 移到这个球体上面所做的功为

$$dU = \frac{Q_r dQ}{4\pi\epsilon_0 r}. \tag{8.4}$$

若球体中的电荷密度为 ρ，则电荷 Q_r 为

$$Q_r = \rho \cdot \frac{4}{3}\pi r^3,$$

而电荷 dQ 为

$$dQ = \rho \cdot 4\pi r^2 dr.$$

因此，式(8.4)变成：

$$dU = \frac{4\pi\rho^2 r^4 dr}{3\epsilon_0}. \tag{8.5}$$

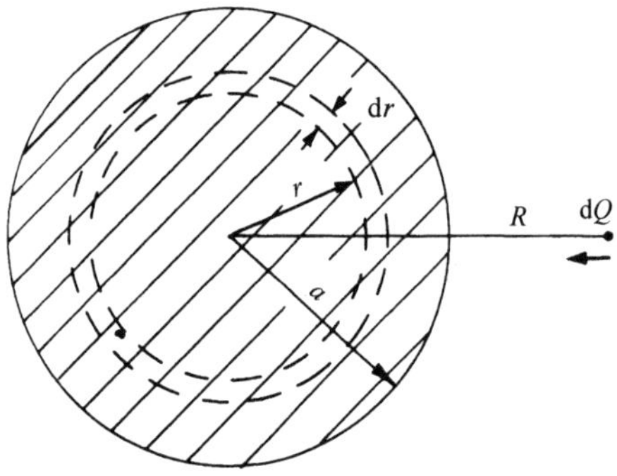

图 8-2 一个均匀带电球体的能量，可以通过将它设想为由一层层球壳组合成的而计算出来

要把电荷聚集成整个球体，所需的总能量则等于从 $r=0$ 至 $r=a$ 对 dU 的积分，即

$$U = \frac{4\pi\rho^2 a^5}{15\epsilon_0}. \tag{8.6}$$

若希望把结果用球体的总电荷 Q 来表示，则为：

$$U = \frac{3}{5}\frac{Q^2}{4\pi\epsilon_0 a}. \tag{8.7}$$

可见，能量与总电荷的平方成正比而与球的半径成反比。我们也可以将式(8.7)理解为：对球体里的所有各对点来说，$(1/r_{ij})$这个量的平均值为 $6/5a$。

§8-2 电容器的能量；作用于带电导体上的力

现在我们来考虑电容器充电时所需的能量。如果电荷 Q 已从电容器的一个导体移至另一导体，则它们之间的势差为：

$$V = \frac{Q}{C}, \tag{8.8}$$

式中 C 为该电容器的电容。电容器充电时需做多少功呢？按照上面对球体的做法，我们设想电容器是逐步把小的电荷增量 dQ 从它的一板移至另一板而进行充电的。转移电荷 dQ 所需的功为：

$$dU = VdQ.$$

将式(8.8)中的 V 代入，则可以写成：

$$dU = \frac{QdQ}{C}.$$

或者，从零电荷到最后电荷量 Q 进行积分，则有：

$$U = \frac{1}{2}\frac{Q^2}{C}. \tag{8.9}$$

这个能量也可写成：

$$U=\frac{1}{2}CV^2. \tag{8.10}$$

若回忆起一个导电球体(相对于无限远处)的电容为

$$C_{\text{球体}}=4\pi\epsilon_0 a,$$

则可立即由式(8.9)得到一个带电球的能量：

$$U=\frac{1}{2}\frac{Q^2}{4\pi\epsilon_0 a}. \tag{8.11}$$

当然这也是一个带有总电荷 Q 的薄球壳的能量，而且恰好就是式(8.7)所给出的一个均匀带电球体能量的 5/6。

现在，我们讨论静电能概念的应用。试考虑下述问题：施于电容器两板间的力多大？或者，当存在另一异号电荷的导体时，绕带电导体某个轴的力矩是多少？这些问题，应用上述电容器的静电能式(8.9)，再加上虚功原理(第 1 卷第 4、13 和 14 章)，就不难回答。

让我们运用这一方法来求平行板电容器两板间的作用力。若我们设想两板的间距增加一小量 Δz，那么外界对于移动这两板所做的机械功应为

$$\Delta W=F\Delta z, \tag{8.12}$$

式中 F 为两板间的力。这功必定等于电容器的静电能的变化。

根据式(8.9)，电容器原来的能量为：

$$U=\frac{1}{2}\frac{Q^2}{C}.$$

这能量的变化(如果不让电量变化的话)为：

$$\Delta U=\frac{1}{2}Q^2\Delta\left(\frac{1}{C}\right). \tag{8.13}$$

使式(8.12)和(8.13)两者相等，则有

$$F\Delta z=\frac{Q^2}{2}\Delta\left(\frac{1}{C}\right). \tag{8.14}$$

这也可以写成：

$$F\Delta z=-\frac{Q^2}{2C^2}\Delta C. \tag{8.15}$$

当然，该力是由两极板上电荷的吸引造成的。但我们不必为电荷如何分布的具体细节而操心，我们所需要的一切都由电容 C 来对付。

不难看到，如何将这个概念推广到任意形状的导体以及关于力的其他分量上去。在式(8.14)中，我们可用所要寻求的力的分量代替 F，并用在相应方向上的小位移来代替 Δz。或者，若有一个带轴的电极，而希望知道该力矩 τ，则可将虚功写成：

$$\Delta W=\tau\Delta\theta,$$

式中 $\Delta\theta$ 是小角位移。当然，$\Delta(1/C)$ 必须是与 $\Delta\theta$ 相对应的 $1/C$ 的变化。按照这一办法，我们能够求得如图 8-3 所示的那种可变电容器中作用于可动片上的力矩。

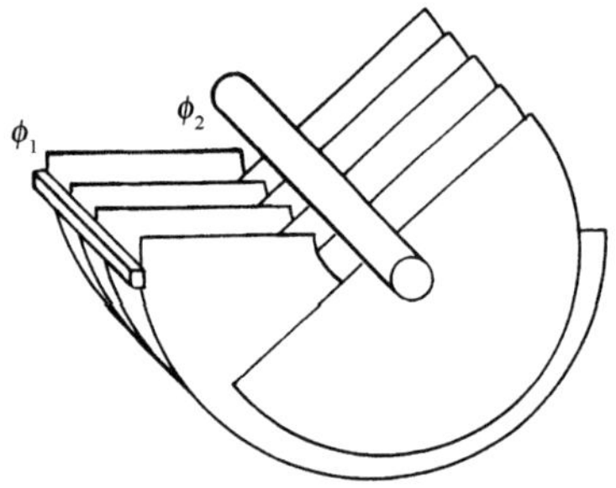

图 8-3 作用于一可变电容器上的力矩有多大

再回到平行板电容器的特殊情况，我们可应用第 6 章中已导出的关于电容的公式：

$$\frac{1}{C}=\frac{d}{\epsilon_0 A},\tag{8.16}$$

式中 A 是每块板的面积。如果两板间距增大 Δz，则

$$\Delta\left(\frac{1}{C}\right)=\frac{\Delta z}{\epsilon_0 A}.$$

由式(8.14)可以得到作用于两板间的力为：

$$F=\frac{Q^2}{2\epsilon_0 A}.\tag{8.17}$$

让我们对式(8.17)更仔细地考察一下，并看看能否说出力是怎样来的。若把其中一板上的电荷写成

$$Q=\sigma A,$$

式(8.17)则可以重新写成

$$F=\frac{1}{2}Q\frac{\sigma}{\epsilon_0}.$$

或者，由于两板间的电场为

$$E_0=\frac{\sigma}{\epsilon_0},$$

于是

$$F=\frac{1}{2}QE_0.\tag{8.18}$$

人们会立即猜想到，作用于板上的力，应等于板上的电荷 Q 乘以作用于该电荷的场。但我们却有一个令人惊奇的因子 $\frac{1}{2}$。原因是，E_0 并非作用于电荷的场。如果设想在板表面上的电荷占据一薄层，如图 8-4 所示，则场将从这一层的内边界上的零变化至在板外空间里的 E_0。作用于面电荷上的平均场乃是 $E_0/2$。这就是式(8.18)中为什么出现因子 $\frac{1}{2}$ 的原因。

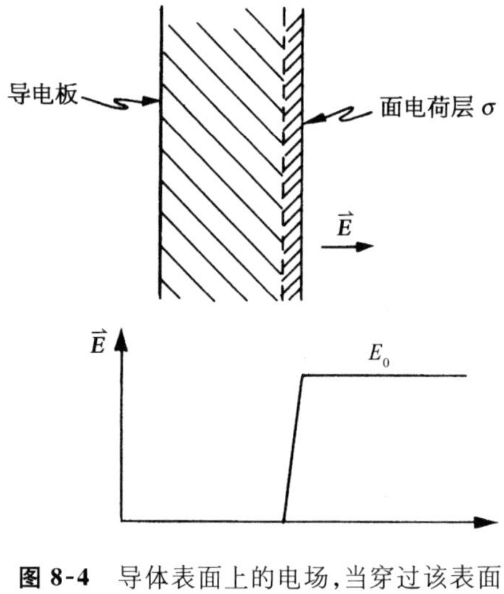

图 8-4 导体表面上的电场，当穿过该表面的电荷层时，由零变至 $E_0=\sigma/\epsilon_0$

你应注意，在计算虚功时，我们曾假定在电容器上的电荷保持不变——即在电的方面电容器不与其他东西连接，从而总电荷不能改变。

要是设想当电容器做虚位移时，其电势差保持

不变。那么就应当取

$$U=\frac{1}{2}CV^2,$$

而且代替式(8.15),我们现在应有

$$F\Delta z=\frac{1}{2}V^2\Delta C.$$

它给出一个大小等于式(8.15)的力(因为 $V=Q/C$),但却带有相反的符号！很遗憾,当我们把电容器和它的充电源断开时,电容器两板间的作用力肯定不会改变符号。并且,我们还知道,带有异号电荷的两板一定互相吸引。在这第二种情况下,虚功原理已被误用——我们未把充电时对电源所做的虚功计算在内。这就是说,当电容变化时,要保持电势 V 为常数,电荷 $V\Delta C$ 就必然要由电荷源来提供。但这一电荷是在势为 V 时提供的,因而保持电势不变的那个电力系统所做的功就是 $V^2\Delta C$。机械功 $F\Delta z$ 加上这个电功 $V^2\Delta C$ 共同构成电容器总能量的变化 $\frac{1}{2}V^2\Delta C$。因此,如同上面一样,$F\Delta z$ 仍然是 $-\frac{1}{2}V^2\Delta C$。

§8-3　离子晶体的静电能

现在,我们来考虑静电能概念在原子物理中的一种应用。原子间的作用力,一般不易测量,但人们对原子的两种不同排列之间的能量差——比如说,化学反应的能量——却经常感兴趣。由于原子力基本上是电力,所以化学能大部分都是静电能。

例如,让我们考虑一离子晶格的静电能。像 NaCl 那种离子晶体,组成它的正离子和负离子都可以设想成刚性球体。它们由于电的作用而吸引,直至开始接触,然后出现一种排斥力。这时,若是试图将它们推得更加接近,则这种排斥力就会很快增大。

因此,作为我们的第一级近似,设想用一组刚性球体来代表食盐晶体里的原子。其晶格结构,已用 X 射线衍射法确定。它是一个立方晶格,像一个三维棋盘。图 8-5 所示为其一个截面图像。离子间的间隔为 2.81 Å $(=2.81\times10^{-8}\text{ cm})$。

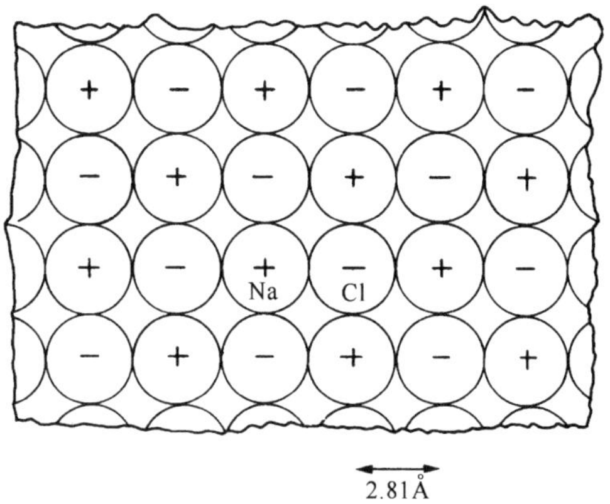

图 8-5　在原子尺度上的食盐晶体的截面。Na 和 Cl 两种离子跳棋盘式排列着,与此垂直的两个横截面上情况也一样(参考第 1 卷,图 1-7)

这一系统的图像如果是正确的,那我们就可以通过提出如下问题而加以核对:把这些离子完全拉开——也就是,把晶体完全拆开成各离子——将需要多少能量？这一能量应等于 NaCl 的汽化热加上使分子分解成离子所需的能量。这个把 NaCl 分解成离子的总能量,在实验上已经确定为每个分子需 7.92 eV。通过换算

$$1\text{ eV}=1.602\times10^{-19}\text{ J},$$

以及 1 mol 的分子数,即阿伏伽德罗常量

$$N_0 = 6.02\times 10^{23},$$

也可以给出汽化能为

$$W = 7.64\times 10^5\ \mathrm{J\ mol^{-1}}.$$

物理化学家喜欢用 kcal 作为能量单位,每 kcal 等于 4 190 J,所以 1 eV/分子就是 23 $\mathrm{kcal\ mol^{-1}}$。于是,化学家会说 NaCl 的离解能为

$$W = 183\ \mathrm{kcal\ mol^{-1}}.$$

我们能否通过计算将晶体拉开所需的功,从而在理论上得到这个化学能呢?按照我们的理论,这个功就是所有离子对的势能和。计算这个和的最容易的办法,是先挑选一个特定离子,再算出它与其他每个离子之间的势能。这将给予每个离子两倍的能量,因为这能量是属一对电荷的。而我们所要的乃是属于某一特定离子的能量,所以应取这个和的一半。但我们真正要的却是每个分子的能量,而每一分子含有两个离子,因而这样算出来的和就将直接给出每个分子的能量。

一个离子与它最近邻的离子的能量为 e^2/a,其中 $e^2 = q_e^2/(4\pi\epsilon_0)$,而 a 为两近邻离子的中心间距(这里所考虑的是单价离子)。这个能量为 5.12 eV。我们已看到,它为我们提供了一个具有正确数量级的结果,但距我们所需的无限多项之和,还有一段很长的距离。

开始,我们对那些在直线上的离子的所有项求和。图 8-5 中标明为 Na 的那个离子是我们考虑的特定离子。现在将首先注意与它同在一条水平直线的那些离子,有两个带负电荷的 Cl 离子靠它最近,每个距离均为 a;随后有两个在 $2a$ 距离处的正离子;依此类推。把这个和的能量叫作 U_1,就可以写出:

$$U_1 = \frac{e^2}{a}\left(-\frac{2}{1}+\frac{2}{2}-\frac{2}{3}+\frac{2}{4}\mp\cdots\right) = -\frac{2e^2}{a}\left(1-\frac{1}{2}+\frac{1}{3}-\frac{1}{4}\pm\cdots\right). \tag{8.19}$$

这一级数收敛缓慢,因而难于用数字算出,可是已经知道它等于 ln 2。因此,

$$U_1 = -\frac{2e^2}{a}\ln 2 = -1.386\,\frac{e^2}{a}. \tag{8.20}$$

现在再来考虑位于上面的那条次近邻离子线,最靠近它的一个是负离子,距离为 a;随后又有两个正离子位于距离 $\sqrt{2}a$ 处;下一对位于距离 $\sqrt{5}a$ 处,再下一对则是位于 $\sqrt{10}a$ 处,依此类推。所以,对于这整条线就得到一个级数:

$$\frac{e^2}{a}\left(-\frac{1}{1}+\frac{2}{\sqrt{2}}-\frac{2}{\sqrt{5}}+\frac{2}{\sqrt{10}}\mp\cdots\right). \tag{8.21}$$

这样的线总共有四条:在上面、下面、前面和后面。然后,又有四条在对角线上的最靠近的线,如此等等。

如果你耐心地算出所有这些线的值,然后取其和,则将求得总和为:

$$U = -1.747\,\frac{e^2}{a},$$

这比起在式(8.20)中对第一条线所得的结果仅稍微大一点。利用 $e^2/a = 5.12\ \text{eV}$，我们得到：

$$U = -8.94\ \text{eV}.$$

这答案比实验上观察到的能量要高 10%。这表明关于整个晶格是由电的库仑力维持在一起的观点基本上是正确的。这是我们第一次从原子物理的知识中获得有关宏观物质的一种特殊性质,往后还要处理更多的问题。利用原子行为的定律来理解大块物质行为的学科叫做固体物理学。

计算上的误差怎么会出现的呢？为什么它不是完全正确的呢？那是由于在近距离处离子间的排斥作用造成的。它们并不是理想的刚球,因而当互相靠近时,将部分地被压缩。它们也并非很柔软,因而仅被压缩了一点点。可是,有些能量是用于使离子变形的,而当离子被拉开时,这能量被释放出来。拉开离子所需要的实际能量比我们算出的要稍微少一点。这种排斥作用有助于克服静电的吸引作用。

有没有办法对这一项贡献做出估计呢？只要我们知道有关排斥力的定律,就可能做到这一点。虽然目前我们不准备对这种排斥机制的细节进行分析,但可以从某些宏观测量结果获得有关它的特性的某种概念。对整块晶体压缩率的测量结果,就有可能得到有关离子间排斥定律的定量概念,从而获得它对能量的贡献。用这种方法已经求得这项贡献应等于来自静电吸引的贡献的 1/9.4,当然符号相反。如果从纯粹的静电能量减掉这一贡献,便可得出每个分子的离解能为 7.99 eV。这与 7.92 eV 的观测结果已较接近了,但仍未完全相符。还有另一件我们没有算进去的东西,那就是对于晶体振动的动能还未作出估计。若对这一效应也做出修正,就可获得与实验值符合得很好的结果。因此,上述概念是正确的,对于像 NaCl 这种类晶体的能量的主要贡献是静电方面的贡献。

§8-4 核内的静电能

现在我们将考虑原子物理中另一个有关静电能的例子,也就是原子核的电能。但在此之前,还得对核中把质子与中子维持在一起的主要力(叫核力)的某些性质加以讨论。在发现核——以及构成核的中子和质子——的初期,人们曾希望,对于比如质子与质子间的非电部分的强作用力,会有某个简单的定律,如电的平方反比定律。因为一旦人们确定了这个力学定律,以及相应的有关质子与中子、中子与中子间的力学定律,对这些粒子在核中的全部行为就应该能在理论上给予描述了。因此,关于研究质子散射的宏大计划启动了,希望借此找到质子之间作用力的定律,但经过了 30 年的努力,完全没有任何结果。有关质子与质子间作用力的知识已经积累了相当多,但却发现,这种力可能要多么复杂就有多么复杂。

所谓“可能要多么复杂就有多么复杂”,我们指的是该力取决于应有尽有的许多东西。

首先,核力并非两质子间距离的简单函数。在距离大时它是吸引力,而在距离较小时则是排斥力。这种与距离的依赖关系,仍然未能完全搞清楚。

其次,核力依赖于质子自旋的指向。凡是质子都有自旋,而任何两个相互作用着的质子都可能以同向或反向的角动量自旋着。当两自旋平行与反平行时,如图 8-6(a)和(b)所示,两者的作用力是不同的。这差别很大,并不是一个微小效应。

第三,当两质子间的间隔在平行于它们的自旋方向上,如图 8-6(c)和(d)时,与当间隔

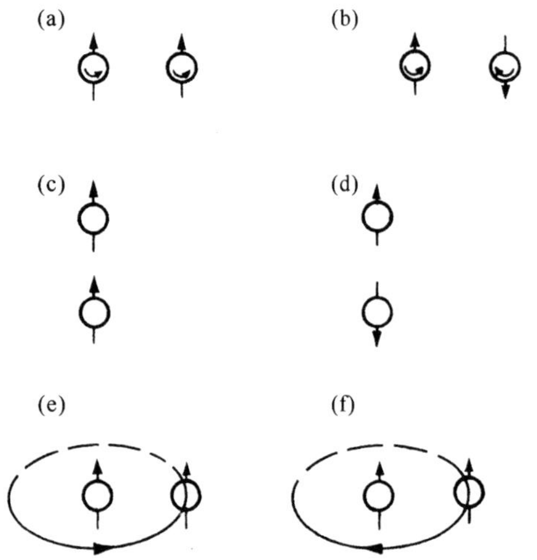

图 8-6 作用于两质子间的力取决于每一个可能参数

在垂直于自旋方向上,如图中的(a)和(b)时,力的差别也相当大。

第四,如同磁现象一样,核力依赖于质子的速度,只是这依存关系比起磁的情况来要强得多。而且,这个与速度有关的力并不是一种相对论效应。即使在速率远小于光速时,它仍然相当强。此外,这一部分力除了与速度大小有关外还依赖于其他东西。例如,当一质子在另一质子附近运动时,其轨道运动与自旋的转动方向同向,如图 8-6(e)所示,与其轨道运动和自旋转动反向的如图 8-6(f)所示,这力是不同的。这叫作核力的"自旋-轨道"部分。

在质子与中子间、中子与中子间作用力也同样复杂。迄今为止,我们还不知道这些力后面的机制——也就是任何理解它们的简单途径。

可是,存在一个重要方面,核力比其可能有的性质较为简单。这就是,两个中子间的核力与质子与中子间的核力彼此相同,与两质子间的核力相同!在任何核作用的情况中,如果我们用一个中子去代替质子(或者相反),核的相互作用不会改变。这种相等性的"基本原因"还不清楚,但它是也可以推广到其他强相互作用粒子——诸如 π 介子及"奇异"粒子——的相互作用定律去的重要原理的一个例子。

这一事实可用相似的核中各能级的位置漂亮地显示出来。考虑一个像^{11}B(硼 11)的核,它是由 5 个质子和 6 个中子构成的。在这个核中这 11 个粒子以最复杂的舞蹈方式互相作用。现在,在所有可能的相互作用中存在一种具有最低可能能量的组态,那就是核的正常态,称为基态。如果核被扰动(比方说受一高能质子或其他粒子的撞击),它将跃迁到称为激发态的其他任何一个组态上去,每一激发态都将有一个高于基态的特征能量。在核物理研究中,像在利用范德格拉夫起电机[例如在加州工学院的凯洛格(Kellogg)和斯隆(Sloan)两实验室]所做的研究中,这些激发态的能量以及其他性质都可以由实验加以测定。关于^{11}B的 15 个已知的最低激态的能量表示在图 8-7 左边的一维图表上,那根最低的水平线代表基态。第一激发态拥有高于基态 2.14 MeV 的能量,第二激态则有比基态高出 4.46 MeV 的能量,如此等等。核物理的研究试图对这一相当复杂的能量图案找到解释,然而直到如今,关于这种核能

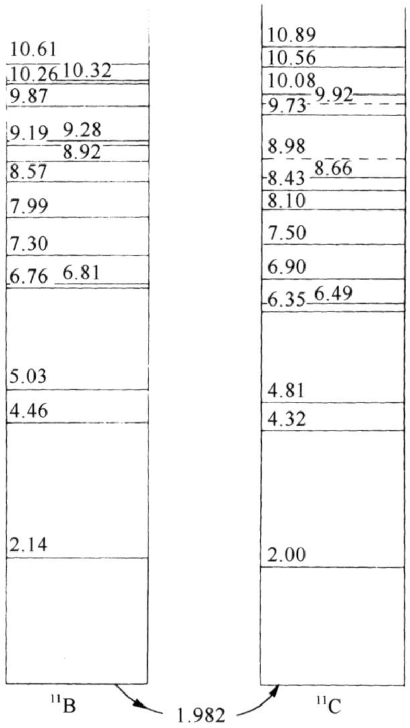

图 8-7 ^{11}B和^{11}C的能级(以兆电子伏数计)。^{11}C的基态比^{11}B的要高出 1.982 MeV

级的完整而普遍的理论却还未找到。

如果把^{11}B中的一个中子换成质子，则会得到一个碳的同位素^{11}C的核。这^{11}C的最低16个激态的能量也已测量出来，它们被描画于图8-7中的右边(虚线表示那些实验结果尚属可疑的能级)。

看看图8-7，我们便知道，在这两种核的能级图案之间存在着惊人的相似性。第一激态位于基态之上约2 MeV处。从第一激发态到达第二个激发态有一个大小约为2.3 MeV的能隙，然后仅以一个大小为0.5 MeV的小跳跃就到达第三激发态。在第四至第五个能级间又再有一个大的跳跃；可是在第五与第六两能级之间则只有0.1 MeV的小间隔了，如此等等。在约第十个能级之后，这种对应性似乎消失，但若用其他的规定特性——诸如角动量以及凡足以使其额外能量遭到损失的东西——来标明能级的话，则这种对应性就仍可以见到。

在^{11}B和^{11}C的能级图案间的惊人相似性肯定不仅仅是个巧合，它必然揭露了某个物理定律。事实上，它显示出：即使在核内的复杂情况下，用质子代替中子仅造成十分微小的变化。这只能意味着中子与中子、质子与质子之间的力必定几乎全同。只有这样，我们才会期望，拥有5个质子与6个中子的核的组态同拥有6个质子与5个中子的核的组态彼此相同。

注意，这两种核的性质还未告诉我们有关中子与质子间作用力的情况。这两种核中的中子与质子的组合数目相同，但若比较另外两个核，比如拥有6个质子与8个中子的^{14}C，同拥有7个质子与7个中子的^{14}N，我们又会找到能级相似的对应性。因此，可以断定：p-p，n-n与p-n这三种力在它们所有的复杂性上都相同。关于核力定律竟存在这么一个意想不到的原理。尽管每对核粒子间的力十分复杂，但这三种可能不同的对之间的力却是相同的。

但某种小的差别仍然存在，能级并不严格对应。并且，^{11}C基态的绝对能量(它的质量)比^{11}B的基态绝对能量高1.982 MeV，所有其他能级在绝对能量上也高出这么多。因此，这些力并不完全相等。可是我们知道得很清楚，整个力并不严格相等。由于每个质子都带正电荷，所以两质子之间就存在着电力，而在两个中子之间就不存在这种电力。我们或许能够通过^{11}B和^{11}C这两种情况中质子间电相互作用不同这一事实来解释它们间的差别？或许甚至能级上其余的小差别也是由这一电效应所引起的？既然核力比电力强得那么多，电效应对于各能级上的能量就只应该有小的微扰影响。

为了核对这个概念，或毋宁说是要找出这一概念的后果如何，我们首先考虑这两种核的基态能量的差别。为选取一个十分简单的模型，我们假定核是含有Z个质子、半径为r(待定)的球体。如果认为核像一个具有均匀电荷密度的球体，那么会预料到[由式(8.7)]其静电能为

$$U=\frac{3}{5}\frac{(Zq_e)^2}{4\pi\epsilon_0 r},\tag{8.22}$$

式中q_e为质子的基本电荷。由于在^{11}B中Z为5，而在^{11}C中Z为6，所以它们的电能将是不同的。

然而，就具有这种小数目的质子来说，式(8.22)并不十分正确。如果假定各质子是几乎均匀地分布在球体中的各点，并计算所有这些质子对间的电能，则将发现，式(8.22)中Z^2那个量应由$Z(Z-1)$代替，因而能量为

$$U=\frac{3}{5}\frac{Z(Z-1)q_e^2}{4\pi\epsilon_0 r}=\frac{3}{5}\frac{Z(Z-1)e^2}{r}.\tag{8.23}$$

若已知半径 r,就可以利用式(8.23)求出^{11}B 与^{11}C 之间静电能的差。但我们却要倒过来计算,即利用所观测到的能量差来算出半径,假定这能量差全都起源于静电方面。

可是,这并不完全正确。^{11}B 与^{11}C 基态间的能量差 1.982 MeV 还包括所有各粒子的静能——即能量 mc^2。在从^{11}B 变成^{11}C 的过程中,我们是用一个质量较小的质子和一个电子来代替一个中子的。因而部分能量差就是一个中子与一个质子加一个电子的静能之差,它等于 0.784 MeV。为了用静电能来说明能量差,因而这能量差应比 1.982 MeV 还要多,即

$$1.982 + 0.784 = 2.766\ \text{MeV}.$$

把这一能量数值代入式(8.23)中,便可找出^{11}B 或^{11}C 的半径为

$$r = 3.12 \times 10^{-3}\ \text{cm}. \tag{8.24}$$

这个数值到底是否具有任何意义?要弄清楚这一点,我们应拿它同这些核半径的某些其他测量结果做比较。例如,可以通过观察核是如何散射快速粒子而对它的半径做另一种测量。事实上,从这样的测量已经发现所有各种核中的物质密度都几乎相同,也就是说,它们的体积与其所含有的粒子数成正比。若令 A 为核中质子和中子的总数(这是一个与其质量非常接近成正比的数目),那么已经找出半径可由下式给出:

$$r = A^{1/3} r_0, \tag{8.25}$$

其中

$$r_0 = 1.2 \times 10^{-13}\ \text{cm}. \tag{8.26}$$

从这些测量结果我们发现一个^{11}B(或一个^{11}C)核的半径预期为

$$r = (1.2 \times 10^{-13})(11)^{1/3}\ \text{cm} = 2.7 \times 10^{-13}\ \text{cm}.$$

把这一结果与式(8.24)做比较,就可见^{11}B 与^{11}C 的能量差乃起因于静电方面的假设是相当良好的,差异只有约 15%(作为我们的第一次核计算来说,这结果并不算坏!)。

产生差异的原因可能是这样,按照对核的现代理解,偶数的核粒子——在^{11}B 中是 5 个中子与 5 个质子——会形成一个核心,当另外一个粒子加入这个核心时,它会在该核心外面绕行以形成一个新的球形核,而不是被吸收到里面去。如果是这样,对于加入质子情况我们应取不同的静电能。对于^{11}C 比^{11}B 超过的能量,我们应该仅仅取 $\dfrac{Z_B q_e^2}{4\pi\epsilon_0 a}$,这是在该核心之外再添加一个质子所需的能量。这个数值只不过是式(8.23)所预期的数值的 5/6,所以对半径的新的预期值就只有式(8.24)的数值的 5/6,该值就更接近于直接测量的值。

从结果彼此相符这一事实就可以得出两个结论。其一是,电的定律在小至 10^{-13} cm 的范围内看来仍然适用;另一是,我们已经证实了质子与质子、中子与中子以及质子与中子之间力的非电部分全都相等这一引人注目的巧合。

§8-5 静电场中的能量

现在来考虑计算静电能的其他方法。这些方法全都可以从基本关系式(8.3)推导出来,该式将每个电荷对的相互作用能对所有电荷对求和。首先,我们希望写出有关电荷分布的

能量表达式。按照常规,认为每个体积元 dV 含有电荷元 $\rho \mathrm{d}V$。于是式(8.3)将写成

$$U=\frac{1}{2}\int_{\text{全部空间}}\frac{\rho(1)\rho(2)}{4\pi\epsilon_0 r_{12}}\mathrm{d}V_1\mathrm{d}V_2. \tag{8.27}$$

注意:之所以要引入因子 $\frac{1}{2}$,是因为在对 $\mathrm{d}V_1$ 和 $\mathrm{d}V_2$ 的双重积分中,我们已把所有电荷元对都计算了两遍(没有任何方便的办法可以写出一个能跟踪电荷对,以使每对仅算一次的积分式)。其次,我们也注意到,式(8.27)中对 $\mathrm{d}V_2$ 的积分恰好是点(1)处的势,即是

$$\int\frac{\rho(2)}{4\pi\epsilon_0 r_{12}}\mathrm{d}V_2=\phi(1),$$

因而,式(8.27)便可以写成

$$U=\frac{1}{2}\int\rho(1)\phi(1)\mathrm{d}V_1.$$

或者,由于点(2)已不再出现了,便可以简单地写成

$$U=\frac{1}{2}\int\rho\phi\mathrm{d}V. \tag{8.28}$$

这一方程可做如下说明。电荷 $\rho \mathrm{d}V$ 的势能等于这电荷与其所在处势的乘积,因此,总能量就是对 $\phi\rho \mathrm{d}V$ 的积分。但又有因子 $\frac{1}{2}$,这仍然是需要的,因为我们把能量计算了两遍。两个电荷间的相互作用能等于其中一个电荷乘以其所在点由另一电荷产生的势。或者,这也可认为是第二个电荷乘以该点由第一个电荷产生的势。于是对于两个点电荷来说,我们写成

$$U=q_1\phi(1)=q_1\frac{q_2}{4\pi\epsilon_0 r_{12}},$$

或

$$U=q_2\phi(2)=q_2\frac{q_1}{4\pi\epsilon_0 r_{12}}.$$

注意,我们也能写成

$$U=\frac{1}{2}[q_1\phi(1)+q_2\phi(2)]. \tag{8.29}$$

式(8.28)中的积分部分对应于(8.29)中括弧内的两项。这就是为什么我们需要那个因子 $\frac{1}{2}$ 的原因。

一个有趣的问题:这静电能究竟位于何处?或许我们也会问:谁在乎呢?提出这样一个问题有什么意义?如果有一对相互作用着的电荷,则该组合就有某个能量。我们是否有必要说出该能量定位于其中某一电荷处、或另一电荷处、或两个电荷处、或两个电荷之间?这些问题可能不具有任何意义,因为我们实在只知道总能量是守恒的。能量定位在某处的概念并非必要。

然而,一般说来,假定能说出能量位于某处,确实具有意义,如同热能那样,那么,我们就应该对能量守恒原理用如下的概念加以推广,即如果在一个给定体积内的能量变化了,我们应该能够通过流进或流出该体积的能量来说明这种变化。你认识到,如果某些能量从一处

消失而在另一遥远处出现,在其间并没有任何东西正在通过(也就是说,没有任何特殊的现象发生),则我们先前关于能量守恒原理的提法仍然完全正确。因此,目前我们正在讨论关于能量守恒这一概念的推广,也许可以称为局域性能量守恒原理。这样的一个原理会说:在任何给定体积内能量只能依据流进或流出该体积的量来变化。能量确实有可能是按这一方式局域守恒的。如果事情果然是这样,我们应有一个比起总能量守恒那种简单提法详细得多的定律。实际情况是,在自然界中能量是局域守恒的。我们能够找到关于能量在哪里以及它如何从一处跑到另一处的公式。

能够说出能量在哪里是重要的事情,还有一个物理上的原因。按照引力理论,所有质量都是引力之源。我们也知道,根据式 $E=mc^2$,质量与能量彼此等价。因此,所有能量就都是引力之源。要是我们不能够指明能量的位置,也就不能够指明质量的位置。我们将不可能说出引力场的源究竟位于何处。因而引力理论将是不完整的。

若把我们限制在静电学的范围里,确实无法说出能量的位置在哪里。电动力学完整的麦克斯韦方程会向我们提供多得多的知识(尽管此时答案严格说来仍不是唯一的),因此,我们将在后面一章中再详细讨论这个问题,现在仅仅给出在静电学的特殊情况下的那种结果。能量在电场所在的空间里,这似乎很合理,因为我们知道,当电荷加速时它们会辐射出电场来。我们愿意这么说,即当光或无线电波从一点传播至另一点时,它们随身带着能量,但是在这些波中却没有电荷。因此喜欢把能量定域在电磁场所在的地方,而不是在其发出来的电荷那里。于是我们不用电荷而是用由电荷所产生的场来描述能量。事实上,能够证明式(8.28)在数值上等于

$$U=\frac{\epsilon_0}{2}\int \boldsymbol{E}\cdot\boldsymbol{E}\,\mathrm{d}V. \tag{8.30}$$

于是,可把此式解释为:当电场存在时,在该空间里就定域了能量,其密度(单位体积能量)为:

$$u=\frac{\epsilon_0}{2}\boldsymbol{E}\cdot\boldsymbol{E}=\frac{\epsilon_0 E^2}{2}. \tag{8.31}$$

这一概念如图 8-8 所示。

为要证明式(8.30)与静电学定律一致,我们现在把曾在第 6 章中得到的有关 ρ 与 ϕ 的关系

$$\rho=-\epsilon_0\nabla^2\phi$$

引入(8.28)式,因而得到

$$U=-\frac{\epsilon_0}{2}\int \phi\,\nabla^2\phi\,\mathrm{d}V. \tag{8.32}$$

写出被积函数的各个分量后,可见到

$$\begin{aligned}\phi\nabla^2\phi&=\phi\left(\frac{\partial^2\phi}{\partial x^2}+\frac{\partial^2\phi}{\partial y^2}+\frac{\partial^2\phi}{\partial z^2}\right)\\&=\frac{\partial}{\partial x}\left(\phi\frac{\partial\phi}{\partial x}\right)-\left(\frac{\partial\phi}{\partial x}\right)^2+\frac{\partial}{\partial y}\left(\phi\frac{\partial\phi}{\partial y}\right)-\left(\frac{\partial\phi}{\partial y}\right)^2+\frac{\partial}{\partial z}\left(\phi\frac{\partial\phi}{\partial z}\right)-\left(\frac{\partial\phi}{\partial z}\right)^2\\&=\boldsymbol{\nabla}\cdot(\phi\boldsymbol{\nabla}\phi)-(\boldsymbol{\nabla}\phi)\cdot(\boldsymbol{\nabla}\phi).\end{aligned} \tag{8.33}$$

于是我们的能量积分为

$$U=\frac{\epsilon_0}{2}\int(\nabla\phi)\cdot(\nabla\phi)\mathrm{d}V-\frac{\epsilon_0}{2}\int\nabla\cdot(\phi\nabla\phi)\mathrm{d}V.$$

可以利用高斯定理把第二个积分变成一个面积分：

$$\int_{\text{体积}}\nabla\cdot(\phi\nabla\phi)\mathrm{d}V=\int_{\text{曲面}}\phi\nabla\phi\cdot\boldsymbol{n}\mathrm{d}a. \tag{8.34}$$

我们要在所有电荷都被放置在某个有限距离内的假定下，对面积伸展至无限远处（从而使体积分变成对全部空间的积分）的情况计算该面积分，进行积分的简单办法乃是取一个具有巨大半径而其中心位于坐标系原点的球面。我们知道，当离所有电荷都很远时，ϕ 会随 $1/R$ 变化，而$\nabla\phi$ 则按 $1/R^2$ 变化（如果那里分布中的净电荷为零，则这两项均将随 R 下降得更快）。由于该巨大球面的面积随 R^2 增大，当球面的半径增大时，那面积分将按照 $(1/R)(1/R^2)R^2=(1/R)$ 而下降。因此，如果把全部空间都包括在我们的积分之内（$R\to\infty$），则该面积分将趋于零，而结果为：

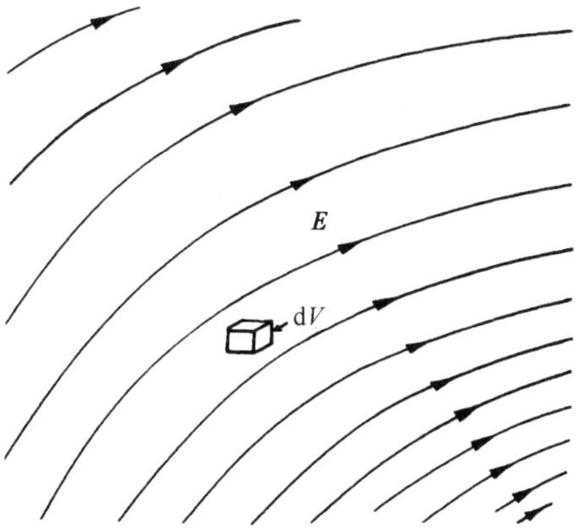

图 8-8 在电场中每一体积元 $\mathrm{d}V=\mathrm{d}x\mathrm{d}y\mathrm{d}z$ 含有能量$(\epsilon_0/2)E^2\mathrm{d}V$

$$U=\frac{\epsilon_0}{2}\int_{\text{全部空间}}(\nabla\phi)\cdot(\nabla\phi)\mathrm{d}V=\frac{\epsilon_0}{2}\int_{\text{全部空间}}\boldsymbol{E}\cdot\boldsymbol{E}\mathrm{d}V. \tag{8.35}$$

由此可见，对于任何电荷分布，我们总能将其能量表达为对场中能量密度的积分。

§8-6 点电荷的能量

我们的新关系式(8.35)说明，即使单个点电荷 q 也将有若干静电能量。在这种情况下，电场是由下式给出的：

$$E=\frac{q}{4\pi\epsilon_0r^2}.$$

因此，在距离电荷 r 处的能量密度为

$$\frac{\epsilon_0E^2}{2}=\frac{q^2}{32\pi^2\epsilon_0r^4}.$$

我们可以取一个厚度为 $\mathrm{d}r$、面积为 $4\pi r^2$ 的球壳作为体积元。总能量为

$$U=\int_{r=0}^{\infty}\frac{q^2}{8\pi\epsilon_0r^2}\mathrm{d}r=-\frac{q^2}{8\pi\epsilon_0}\frac{1}{r}\bigg|_{r=0}^{r=\infty}. \tag{8.36}$$

现在对于在 $r=\infty$ 的上限毫无困难。但对于一个点电荷来说，我们本应从下限 $r=0$ 积起，而这会给出一个无限大的数值。式(8.35)讲：在一个点电荷的场中会有无限大的能量，尽管我们过去是从只在点电荷之间才有能量那种观点出发的。在我们原来关于一群点电荷的能量公式(8.3)中，并未把电荷对于其木身的任何相互作用能包括在内。实际发生的

情况乃是:当我们转变到电荷的连续分布、即式(8.27)时,就曾计入了每一无限小电荷与所有其他无限小电荷之间的相互作用能。同一计算也包括在式(8.35)之内,因而当将其应用于有限多点电荷时,我们已把从无限小部分电荷聚集起来所要的那种能量也包括进去了。事实上,我们将注意到:若应用有关一个带电球体的能量表示式(8.11),并让其中半径趋于零,则我们也会获得式(8.36)中的那种结果。

必须断言,把能量定域在场中的那种概念同存在点电荷的假设是彼此不相容的。一种摆脱困难的办法应该说明,像电子那样的基本电荷并不是一些点,而实际上是电荷的微小分布。或者,本来我们也可以这样讲:在十分微小的距离内,电学理论已有些错误,或局域能量守恒的概念有点不对头。对于这两种观点中的任一个观点都存在困难,这些困难从未得到克服,一直遗留到今天。此后在某个时候,当我们已讨论过诸如电磁场中的动量那样一些附加概念之后,就将对在理解大自然时所碰到的这些基本困难给予更全面的估量。

第 9 章　大气中的电学

§9-1　大气的电势梯度

在寻常的日子,平坦的旷野或海洋上,当从地面垂直上升时,电势将每米增加约100 V。这样,在空气中就有一个竖直的 100 Vm^{-1}的电场。这电场的符号与地面上带负电相对应。这意思是说,在室外,在你鼻子的高度上就有高于你脚下 200 V 的电势差! 你也许会问:“为什么我们不正好在人体外空气中一米的距离上安装一对电极,就可利用这 100 V 来点亮电灯?”或者你也许会觉得奇怪:“是否真的在我的鼻子和脚底之间就会存在 200 V 的电势差,那为什么当我出门上街时不会受到电击?”

我们先来回答第二个问题。你的身体是一个相当好的导电体,当你与地面接触时,你和地面将趋于形成一个等势面。通常等势面平行于地面,如图 9-1(a)所示,但当你站在那里时,这些等势面就会变形,而场看来像图 9-1(b)所示的样子。因此,在你的头与脚之间有非常接近于零的电势差。有一些电荷会从地面走向你的头部,从而改变着电场。它们有些会通过从空气中积累的离子而放电,但由这些过程形成的电流十分微小,因为空气是一种不良导体。

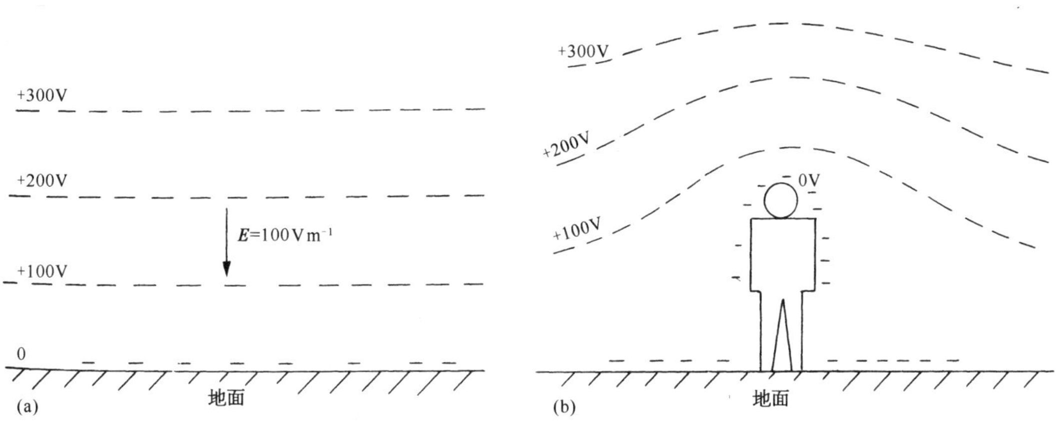

图 9-1　(a)在地面上的电势分布; (b)在室外平坦地方人身附近的电势分布

如果把某件东西放在那里就会改变电场,那我们怎么能够测量这样的电场呢? 有几种测量办法。一个办法是,把一个绝缘好的导体置于高出地面某个距离处,并让它留在那里一直到它的电势与空气的电势相等时为止。如果它在那里停留得足够久,则空气里的微小导电性会让电荷漏出该导体(或漏到该导体上去),直到它取得在它的高度上的势为止。然后,再把它带回到地面上,并测量当这样做时势的改变。一种较快捷的做法是令该导体为一个稍有点儿泄漏的水桶。当水珠滴下时,会带走任何超额电荷,因而该水桶与空气的势将趋向于相同(正如你所知道的,电荷分布于表面,当水珠漏出来时,"表面各部分"就会拆散)。我们可用一个静电计来测量水桶的电势。

还有另一种直接测量电势梯度的方法。由于存在电场,所以在地面上就会有面电荷($\sigma=\epsilon_0 E$)。如果放置一块平坦金属板在地面上并把它接地,负电荷就会在它上面出现[图 9-2(a)]。现在若再对这块板覆盖上另一块接地的导体 B,则电荷将会出现在这一块遮盖板上,而原来那块板 A 却没有电荷了。当我们把 B 盖上时,测量从 A 流向地面的电流(比方用一个连接于接地导线上的电流计),便能找出原来在那里的电荷密度,所以也就求得了电场。

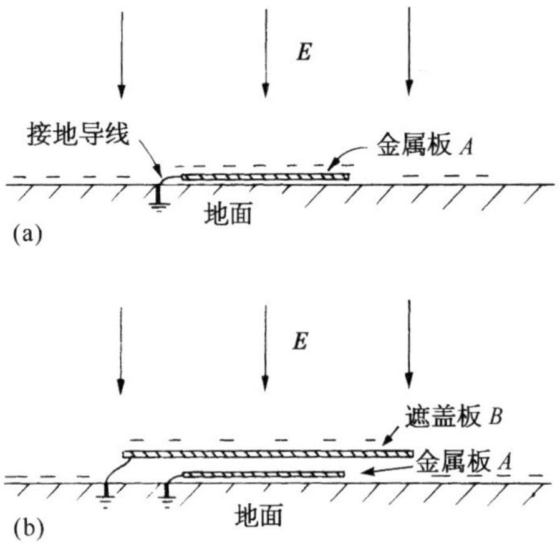

图 9-2 (a)一块接地金属板与相同面积的地面带有相同的面电荷;(b)如果这块板又给另一块接地的导电体覆盖着,则它便不会有电荷。

在建议了如何才能测量大气中的电场后,我们现在继续来对它进行描述。首先,测量的结果表明:当我们升向高空时这个场持续存在,但它会逐渐减弱。在约 50 km 的高度上,这电场变得十分微弱,因而大部分的势差(对 E 的积分)都发生在较小高度上。从地面起一直到大气顶部总势差约为 400 000 V。

§9-2 大气中的电流

除了电势梯度以外,另一个可以测量的东西就是大气中的电流。这电流密度很小——通过与地面平行的每平方米面积约有 10 pA。空气显然不是完美的绝缘体,而由于这一导电性,一个微小电流——由刚才所描述的那种电场所引起的——就会从天空流向大地。

为什么大气会有导电性?原因是,这里或那里的空气分子中存在个别离子——比如已获得了一个额外电子、或也许丧失了一个电子的氧分子。这些离子并不保持为单独的分子状态,它们由于带有电场而经常会把几个其他分子聚集在其周围,于是每一离子就成为一小团块,与其他团块一起,在电场中到处漂移——缓慢地移上移下——形成所观察到的电流。这些离子从哪里来的呢?最初人们猜测这些离子是由地球的放射性产生的(已经知道,从放射性材料发出的辐射会把空气分子电离而使空气导电)。像 β 射线那样的粒子,从原子核出来之后会跑得那样快以致把电子从空气里的原子中扯去,从而留下离子。当然,这就暗示着:要是我们升至较大高度,便会发现电离作用较少,因为放射性全都藏在地表上的尘土之中——在镭、铀、钾等的痕迹中。

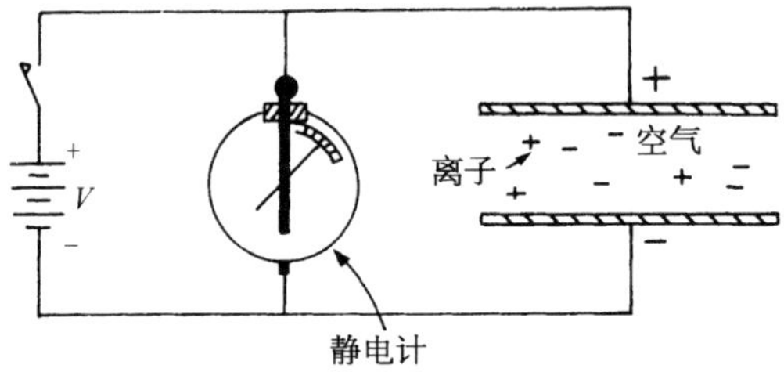

图 9-3 测量由于离子运动所引起的空气导电性

为了检验这一理论,有些物理学家带着仪器乘气球上升去测量空气电离度(赫斯,1912 年),但发现的情况相反——单位体积里的电离度随高度而增加(仪器与图 9-3 所示的相类似,两块金属板周期性地被充电至一

电势 V。由于空气的导电性，这两块板将慢慢地放电，这放电率用静电计测量)！这是一个最神秘的结果——在关于大气电研究的整个历史中最为戏剧性的发现。事实上，该结果是如此具有戏剧性，以致需要一门全新的学科分支——宇宙射线学。大气电本身仍保留它的不太戏剧性的地位。电离作用显然是从地球以外的某种东西产生的。对于这一来源的研究，导致了宇宙线的发现。我们现在不讨论宇宙线这一学科，只是说明宇宙线会维持离子的供应。尽管离子经常会被清除掉，但新的离子却总会由外面来的宇宙射线粒子创造出来。

为准确起见，我们必须说，除了由分子形成的离子外，还有其他种类的离子。微小的灰尘，像十分细小的粉末微粒，会漂浮于空气中并带了电。它们有时被称为“核”。例如，在海面上当一个波浪破碎时，小小的浪花就会飞溅到空中。当一颗这样的水珠蒸发时，它将留下一个无限小的 NaCl 晶体浮荡于空气中。此后，这些小晶体可能会拾取电荷而成为离子，它们被称为“大离子”。

那些小离子——由宇宙线形成的——最易于移动。由于它们那么小，就会在空气中运动得相当快——在 100 Vm^{-1}(或 1 Vcm^{-1})的场中其速率约为 1 cms^{-1}。那些大得多而又重得多的离子，运动起来就缓慢得多。事实是，倘若空中有许多个“核”，它们会从那些小离子上拾得电荷。此时，由于“大离子”在场中运动得那么慢，总电导率就降低了。因此，空气的电导率是很容易变化的，因为它对空气里存在的灰尘份量很敏感。在陆地上这样的灰尘比在水面上多得多，因为风会刮起尘埃，或在那里人类会把各种污染抛入空气之中。这并不奇怪，日复一日，从此地到彼地，靠近地面的电导率变化得很厉害。在地面任何特定的地点所观测到的电压梯度也变化得很大，因为在不同的地方从高空流下来的电流大致相同，而只是由于靠近地面处多变的电导率引起了电压梯度的差异。

起因于离子漂移的空气电导率也随着高度上升而增加得很快——由于两个原因。首先，由宇宙线引起的电离作用随高度增加；其次，当空气密度降低时，离子的平均自由程增大，从而在碰撞之前，它们能够在电场中跑得较远——结果使电导率随高度增加得很快。

虽然空气中的电流密度只有每平方米几皮安，但由于大地表面有许许多多的平方米，以致在任何时刻流至地面的总电流很接近于 1 800 A 这一常数。当然，这个电流是“正”的——它把正电荷带到地面上。因此，我们就有 400 000 V 的电压供应，并伴有 1 800 A 的电流——功率达七亿瓦！

随着这么大的电流流下来，在地面上的负电荷会被很快放电。事实上，只需约半个钟头就使整个大地都放了电。但大气电场自从它被发现以来已经不止半个钟头。它到底是怎样得到维持的呢？什么东西在维持着电压？这电压存在于地球与什么东西之间？问题多得不胜枚举。

地球是负的，而空气中的电势是正的。如果你升得够高，那里的电导率会大得使水平方向电压变化的机会不多。对于我们所谈及的时间尺度来说，空气实际上已变成了导体。这发生在 50 km 左右的高空上。这一高度还没有所谓“电离层”那么高，在电离层中有由日光的光电现象所产生的大量离子。尽管如此，对于我们有关大气电的讨论来说，在约 50 km 的高空处，空气已变得足以导电，以致可以想象在这一高度上实际存在一个理想的导电面，电流从那里流下来。这种情况的图像如图 9-4 所示。问题是：正电荷怎样会

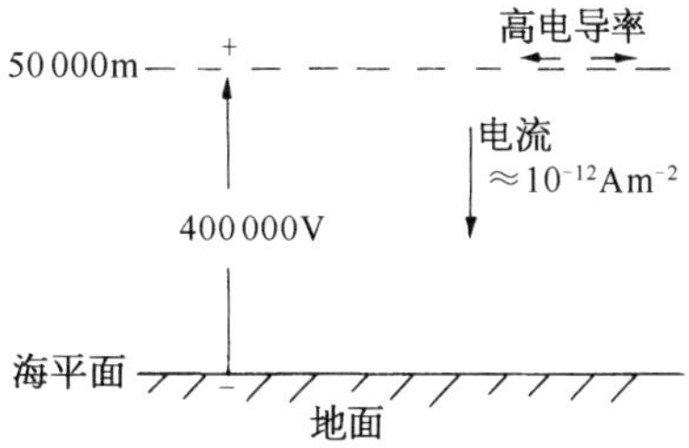

图 9-4　在晴朗大气中的典型电状态

维持在那里？它是怎样被泵回去的？既然它已降落到地面上，总得想办法把它泵回去才行。这是人们在相当长一段时间内有关大气电的最大困惑之一。

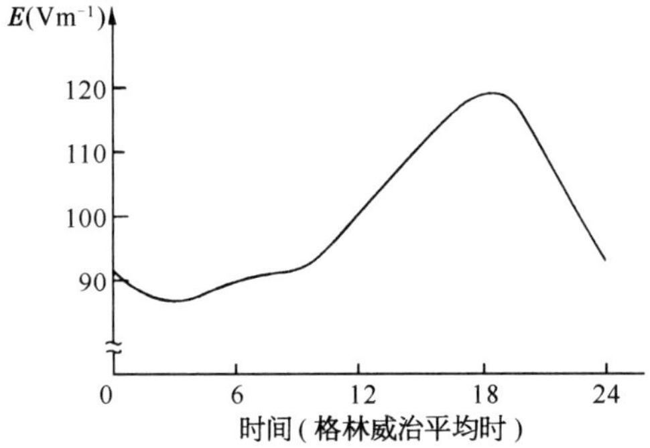

图 9-5 在晴朗的日子里，在海洋上大气电势梯度的平均日变化(参照格林尼治时间)

我们能够得到的每一点信息都会提供关于某事物的线索，或至少会告诉你关于它的某些情况。这里就是一个有趣现象：比方，若在海面上测量电流(它比起电势梯度来更为稳定)，或者在严格条件下进行测量，并十分小心地对结果加以平均，除去不规则的变化，我们发现，仍然逐日变化。对在洋面上许多测量结果的平均，显示出一种大致如图 9-5 所示的那种跟随时间的变化。电流约有±15%的变化，而在伦敦时间每天下午 7 时变化最大。事情的奇怪方面是：不论你在哪里测量电流——是在大西洋、太平洋或北冰洋上——总是当伦敦的钟在下午敲 7 点时电流就达到它的峰值！全世界，电流总是在伦敦时间下午 7 时达到极大，而在伦敦时间上午 4 时则达到极小。换句话说，它取决于地球的绝对时间，而不是取决于进行观测地点的当地时间。从一个方面说，这并不见得神秘，它与我们的下述观点一致，即在大气顶层有极高的横向电导率，这使得从地面至顶层间的电势差不可能按地域改变。任何电势变化都应该是全球性的，而事实确是如此。因此，我们现在所知道的就是，在“顶”面的电势随地球的绝对时间升降 15%。

§9-3 大气电流的来源

其次，我们必须谈谈关于从“顶”层流至地面持续对地球充负电的那种巨大负电流的来源，承担这一任务的电池组究竟放在哪里？这电池组如图 9-6 所表示。充电是通过雷暴雨和闪电来实现的。事实证明，那些闪电并不会使我们刚才谈及的电势“放电”(起初你或许会这样猜测的)。雷雨把负电荷带至地球上。每当一次闪电落下时，十之八九会把大量负电荷带至地球。正是全世界的这些雷暴雨经常以平均 1 800 A 的电流把地球充起电来，然后它通过天气好的那些地区逐渐放电。

整个地面每天约有四万次雷暴雨，而我们可将其想象成会把电荷泵至上层以保持其电势差的电池组，然后计入地面的地理因素——在巴西每天下午总有雷暴雨及在非洲热带地区的雷暴雨等等。人们已经对在任何时候世界范围内落下多少次闪电做了估计，不用说他们的估计多少总会同电势差方面的测量结果相符：在整个地面上雷暴雨活动的总量在伦敦时间下午 7 时达到最高。然而，关于雷暴雨的估计十分难于做出，而只是在人们知道了必须发生那种变化之后才做出该估计的。这些事情十分困难，因为我们无论在海洋上或在全世界所有各地区，都没有做过足够多的观察以准确地弄清楚雷暴雨发生的次数。但那些认为他们“做得对”的人都曾得到这么一个结果，即在世界范围内每秒发生一百次闪电，在格林尼治平均时间下午 7 点钟雷暴雨活动达到顶峰。

为了了解这些电池组是怎样工作的，我们将详细地考察一次雷暴雨。在雷暴雨过程中

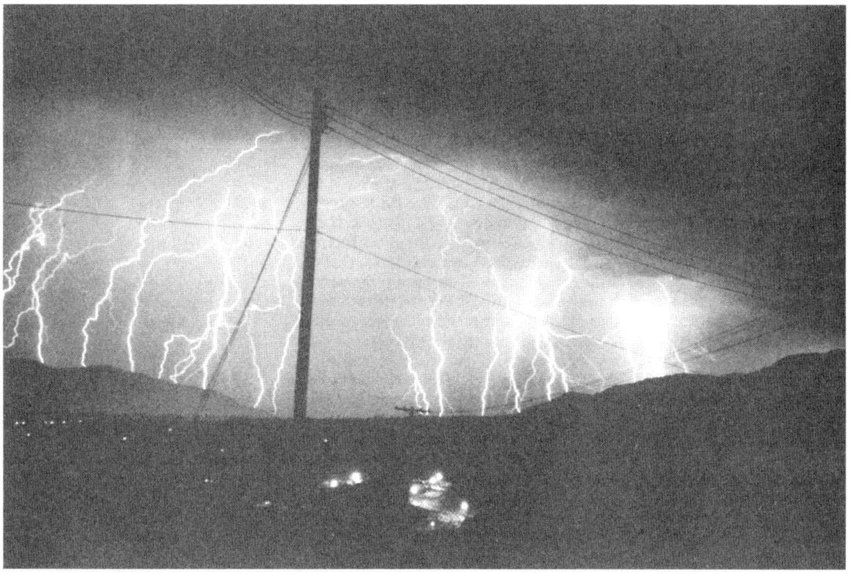

图 9-6　产生大气电场的机制[由 William L. Widmayer 拍的照片]

到底发生了什么？打算就迄今已知道的给予描述。当我们进入实际自然界——而不是一些想象中的理想导电球体存在于我们所能够非常熟练地加以解决的其他球面之内——这种令人惊奇的现象时，我们就发现不懂的东西非常多。任何曾经经历过雷暴雨的人都会感到一种享受，或吃了一惊，或至少也发生过某种激动吧。而在自然界中那些会引起激动的地方，我们发现一般都存在与此相应的复杂性和神秘性。目前并不可能对雷暴雨的行为做出准确描述，因为我们懂得的仍然不太多。但我们愿意尝试对所发生的事情稍微描述一下。

§9-4　雷　暴　雨

首先，一场普通的雷暴雨是由若干个彼此相当靠近却又几乎互为独立的“盒形区域”构成的。所以，最好是每次仅仅分析其中的一个盒。所谓“盒形区”指的是一个在水平方向上占据有限面积的区域，而全部基本过程都会在此中发生。通常会有几个盒子靠在一起，而在每一个中所发生的现象又约略相同，尽管可能在时间上有所不同。图 9-7 以一种理想的方式指示出在雷暴雨的最初阶段这样一个盒子会出现的形态。结果表明：在我们即将描述的条件下，空气中某处会出现普遍的空气上升，越接近顶层速度就越大。当底层的温暖而又潮湿的空气上升时，它会被冷却而其中的水蒸气发生凝结。图中那些小星星代表雪花，而小点点则代表雨，但由于向上冲的气流足够强而这些雨滴和雪花又足够小，因而在这一阶段雪和雨都不会落下来，这是开始阶段，还不是真正的雷暴雨——在这种意义上地面上还未发生过任何变化。当暖空气上升的同时，还会把旁边的空气也吸引过来——这是许多年来一直被忽略的一个要点。于是，不仅下面的空气会升上来，而且还有从侧面来的一定份量的空气。

为什么空气会像这样上升呢？正如你们所知道的，高度越高空气就越冷。地面被太阳晒热，而这些热量再辐射至天空中则要依靠大气高层中的水蒸气，因此，在高空空气是冷

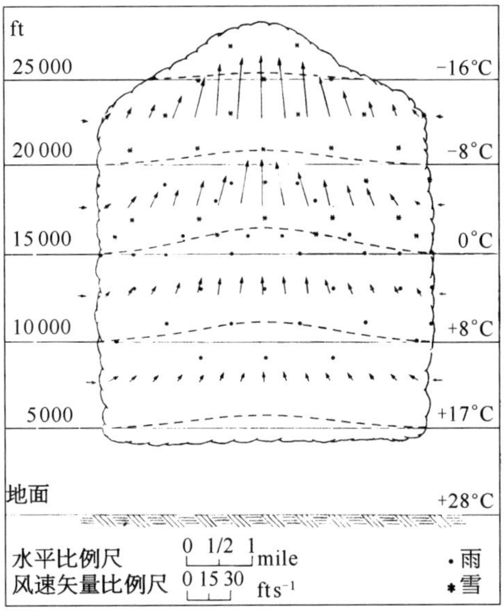

图 9-7 在最初发展阶段中的一个雷暴雨盒
[转载自美国商业部气候局报告,1949 年 6 月]

的——十分寒冷——较低的地方它较温暖。你可能会说:“那么事情很简单,暖空气比冷空气较轻,因而这个组合在力学上是不稳定的,这样暖空气便会上升。”当然,如果在不同高度空气的温度不同,那它在热力学上是不稳定的。要是让空气本身无限久地不受影响,则空气全部会达到相同的温度。可是,它并非不受干扰,太阳(在白天)总会向它照射。因此,问题确实不是一个热力学平衡的问题,而是一种力学平衡问题。假设我们——像在图 9-8 所示的那样——把空气温度相对地面上的高度做一曲线,在通常情况下,会得到沿一条像图 9-8 中(a)那样的曲线下降关系,当高度增大时温度下降了。大气怎样才能得到稳定呢?为什么下层的热空气不会简单地上升到冷空气中去?答案是这样的:假如空气上升,压强就会下降,而要是考虑一特定区域里的空气正在上升,则它将绝热膨胀(没有任何热量会进出该区,因为在我们这里所考虑的那么大的尺寸内,将不会有时间让大批热量流动)。于是这个区域里的空气当升高时就会变冷。像这样的绝热过程会给出一条如图 9-8 中曲线(b)那样的温度与高度关系。任何从下面升上来的空气比它进入的环境温度要低,这样就没有理由让下层的热空气升上来。假如真的升起的话,它将冷却到其温度比原来已在该处的空气低,则会比那里的空气重,因而刚好一升上来就要再降落下去了。在一个美好、晴朗的日子里湿度很低,此时大气中存在某个温度下降率,这一般比由曲线(b)所表示的那“极大稳定梯度”要低些。空气是处在一个稳定的力学平衡状态中。

另一方面,要是我们想起一个里面含有许多水汽的部分空气正在上升,那么它的绝热冷却曲线就将不同。当它膨胀而冷却时,其中的水蒸气将会凝结,而这些正在凝结的水会释放出热量。因此,潮湿空气并不像干燥空气冷却得那么厉害。所以如果比平均湿度高的那种空气开始上升,则其温度将按图 9-8(c)那样的曲线下降。它将变得冷一些,但仍比同一高度的周围空气要暖和。如果一个区域中存在温暖的湿空气,并由于某种原因开始上升,则它始终比周围的空气要轻而温暖,所以将继续升高直到升达很高处为止。这就是使雷暴雨盒中的空气上升的机制。

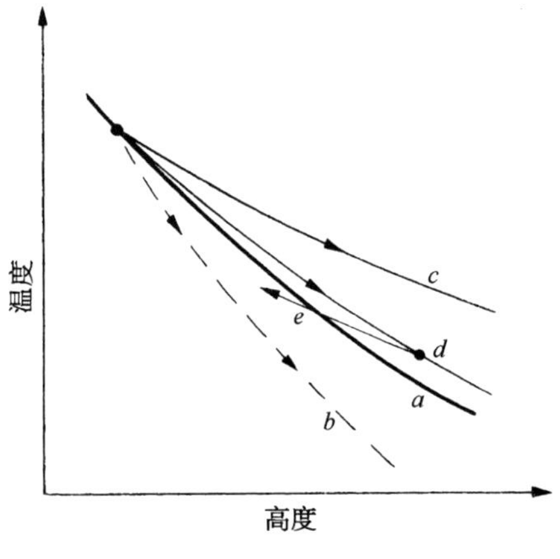

图 9-8 大气温度。(a)静态大气;(b)干燥空气的绝热冷却;(c)潮湿空气的绝热冷却;(d)潮湿空气与一些周围空气混合

多年来,关于雷暴雨盒的解释就只是这样。但此后的测量结果表明,云层里不同高度的温度并不会像曲线(c)所示的那样高。原因是:当湿空气的“气泡”上升时,它会从其周围捕捉到一些空气,并

为这些空气所冷却。温度对高度的关系看来就更像曲线(d),与曲线(c)相比,它与原来的曲线(a)要接近得多。

当上述对流发生了之后,雷暴雨盒的截面看来就像图 9-9 那样。我们已有了所谓"成熟"的雷暴雨了。在这个阶段,向上冲的气流非常迅猛,一直升达 10 000～15 000 m——有时比这还要高得多。具有凝结特点的雷暴雨盒顶部会一直向上爬至高出于一般云端之外,由一股通常约每小时 60 mile 的向上气流来完成。当水汽被带上去而凝结时,它形成了一些迅速被冷却至 0 ℃以下的小水滴。它们本应该凝固,但并不立即凝固——它们已经是"过冷"了的水点。只要不存在足以使结晶过程开始的一些"核",水及其他液体往往会在结晶之前冷却至凝固点之下。只有当一小块物质、例如一小块 NaCl 晶体存在时,水滴才会凝成一小冰块。此后平衡是这样建立的,即水滴蒸发而冰晶生长。于是,在某一时刻水会迅速消失,而冰迅速形成。并且,在水滴与冰粒之间也有可能直接相撞——那些过冷的水便粘上冰粒,从而使它突然结晶。所以在云体膨胀的某一时刻会有大的冰粒迅速累积起来。

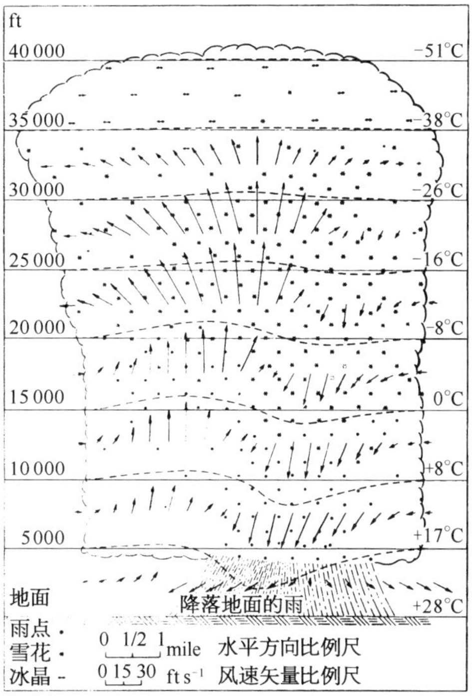

图 9-9　成熟的雷暴雨盒[转载自美国商业部气候局报告,1949 年 6 月]

当这些冰粒足够重时,它们穿过上升的空气开始降落——它们变得太重,以致那向上的气流支持不住。当冰粒落下来时,会连同一点儿空气也带下来,因而就开始了一股向下刮的气流。而足够奇怪的是,很容易看出当这种下刮之风一旦开始了之后,便将继续保持。现在空气正在冲下来!

注意,图 9-8 中那条代表云里实际温度分布情况的曲线(d),要比适用于潮湿空气的曲线(c)稍微陡些*。所以,如果有湿空气落下来,则它的温度将按曲线(c)的斜率降落,只要下降得够多,它的温度便会低于其周围的温度,如图中曲线(e)所指出的。当它一旦那样做时,它的密度便会比周围的空气大,因而将继续迅速下降。你们会说:"那是一种永恒运动。起初你曾争辩说空气应该上升,而当你确已把它升到那里时,却又同样巧妙地争辩说它应该下降"。但它并不是永恒运动。当情况不稳定而暖空气必须上升时,显然就得有某种东西来代替该暖空气。同样确实的是,下降的冷空气会有力地代替那暖空气,但你认识到,那下落的并不是原来的空气。早期的论据认为有某种特别的云,它上升时并不会挟带旁边的空气,而在上升了之后就又降落下来,这确有某种令人迷惑不解之处。这种论点需要雨来维持那向下的气流——是一个难以置信的论据。一旦我们认识到有不少原来空气会混杂于上升的空气之中,则热力学论据就足以表明原本处于某一高处的冷空气会降落下来。这就解释了图 9-9 的草图上的那种活跃的雷暴雨形象。

* 这里按原文是"没有那么陡",似乎有误,所以我们把它改了。——译者注

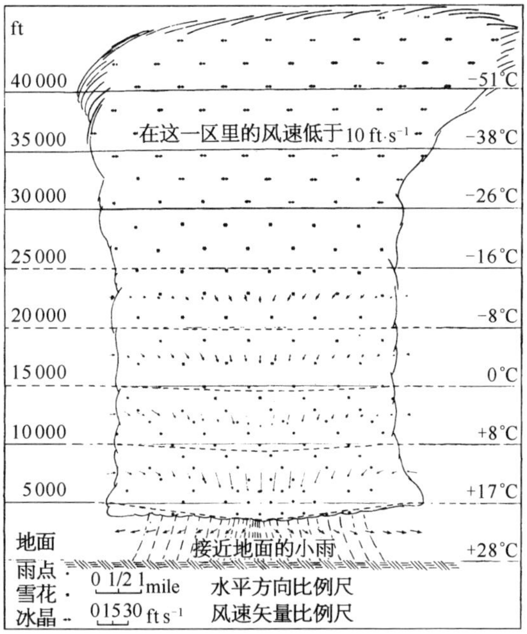

图 9-10 雷暴雨盒的后一阶段形势[转载自美国商业部气候局报告,1949 年 6 月]

当空气降落时,雨开始从雷暴雨盒的底层降下来。另外,当那相对寒冷的空气降落到地面上时,还会向周围扩展。所以恰好在雨尚未落下之前,就有一小股冷风给我们以大暴雨即将来临的预兆。在暴风雨本身中,会有猛烈而又无规的阵风,而在云层里则有巨大的湍流,如此等等。但基本上是先有一股向上气流,然后才有一股气流向下——一般说来,这是一个十分复杂的过程。

降雨过程开始的时刻也就是强劲的下降气流开始的时刻,实际上,也是电现象发生的时刻。然而,在对闪电进行描述以前,我们可以通过考察在半个钟头至一个钟头以内,雷暴雨盒中发生的情况来结束这个故事。此时,该盒看来就像图 9-10 所示的那样。向上的气流停止了,因为已不再有足够的暖空气来维持它。降雨继续了一阵子,最后连一些小水滴都落了下来,情况逐渐变得越来越平静——尽管还有一些小冰晶残留在高空中。由于在极大高度上风吹向四面八方,云端通常就会伸展成一块铁砧的形状。雷暴雨盒到了生命的尽头。

§ 9-5 电荷分离的机制

现在要来讨论对我们的目的来说最重要的方面——即关于电荷的发展情况。各种实验——包括飞机穿过雷暴雨区(干这一件事的飞行员真是好汉!)——都告诉我们,在雷暴雨盒里的电荷分布有点像图 9-11 所示的那样。在顶部有正电荷,而在底部则有负电荷——只在云脚处还有小的局部区域带有正电荷,这对每个人都曾引起不少烦恼。似乎还没有谁懂得为什么它会存在那里,到底它有什么重要性——是该正电荷雨降落时的次级效应、还是机制中的基本部分。假使它不存在,事情该会简单得多。不管怎样,在底部占优势的负电荷与在顶部占优势的正电荷对于促使地面带负电所必需的电池组就有了正确符号。正电荷存在于 6 或 7 km 高的大气中,那里温度约为−20 ℃,而负电荷则在 3～4 km 高处,那里温度在 0 ℃与−10 ℃之间。

聚集在云底的电荷大到足以使在云与地面之间产生一个 20 或 30、甚至达到 100 MV 的电势差——比起在晴朗大气中从“天空”至地面的 0.4 MV 要高得多。这样高的电压会把空气击穿,并产生大规模的弧光放电现象。当击穿发生时,在雷暴雨区底部的负电荷就会在闪电中被带到了地面。

现在我们将比较详细地来描述闪电的特性。首先,附近应有大的电势差,才能把空气击穿。闪电会发生于一朵云的两部分之间,或在云与云之间,或在云与地面之间。在每一次独

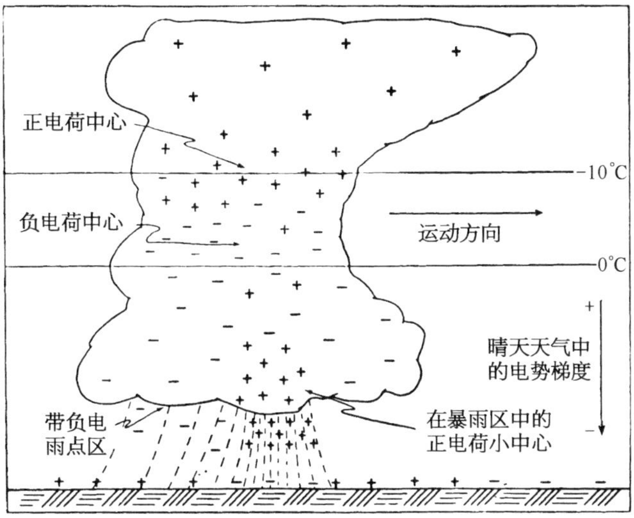

图 9-11　在一个成熟的雷暴雨盒中的电荷分布[转载自美国商业部气候局报告,1949 年 6 月]

立的放电闪光——就是你所见到的那种闪电——中大约有 20～30 C 的电荷被带到地面。一个问题是:云要再生这些被闪电所带走的 20 C 或 30 C 电荷需要多少时间?这可以通过测量在离云很远的地方由云的电偶极矩所产生的电场而得知。在这样的测量中你可以见到,在闪电那一瞬间电场会突然降低,然后又有一个返回到原值的指数式变化,这个指数函数的时间常数对不同情况稍微不同,但约略在 5 s 左右。每次发生闪电之后,雷暴雨只消 5 s 就能再度建立起它的电荷。这并非意味着另一次闪电一定要恰恰在 5 s 之后发生,当然因为几何形状的改变等等,闪电或多或少是无规发生的,但重要的是,大约需要 5 s 才能重新创造原来条件。这样在雷暴雨的起电机中会流经约 4 A 的电流。这意味着,任何为解释暴雨如何能产生它的电荷的模型一定是具有大量燃料的——它必须是一部庞大而又迅速运转着的装置。

在进一步讨论之前,我们将考虑一件几乎肯定是完全不相干的、但却是饶有趣味的事情,因为它的确表明电场对水滴的影响。我们之所以说它可能与雷电无关,是因为它联系到的是我们能用一束水流在实验室里做的、表明电场对水滴影响相当强的实验,而在雷暴雨中却没有水流,那里只存在由凝结的冰和水滴所形成的云。因此,关于在雷暴雨中起作用的机制问题,可能根本就与能够在即将描述的简单实验中所见到的现象毫无关系。要是你取一个小喷嘴接至水龙头上,并以陡峭的角度朝上安放,如图 9-12 所示,那么水便将以一小束流的形式射出来并最后碎裂成一串由微小水滴组成的雾。如果你现在把一横穿该水注的电场安置在喷嘴附近(例如把一根带电棒移近过来),那么该水流的形状就将改变。若用弱电场,则你将发现水流会破裂成数目较少的一些大水滴。但若

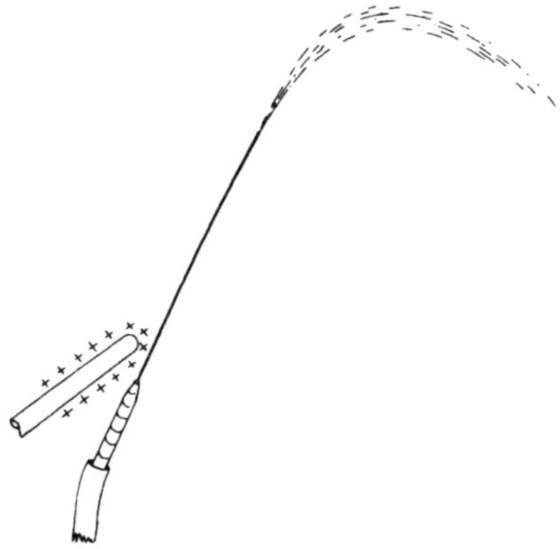

图 9-12　把电场靠近喷嘴时的一条水流

所提供的是一个强电场,则水流将碎裂成许许多多的微小水滴——比以前的要小得多*。采用弱电场时,有一种会妨碍水流碎裂成水点的倾向。可是,若用强电场则拆开成水滴的倾向就增加。

有关这些效应的解释可能是这样。如果有一条从喷嘴射出来的水流而又让一弱电场横穿过它,则它的一边会稍微带正电而另一边稍微带负电。此时,当水流破裂时,一边的水滴便可能带正电而另一边的水滴带负电。它们将彼此互相吸引并将比以前更加倾向于粘在一起——水流不会那么容易破裂了。反之,如果电场较强,则存在于每一水滴上的电荷比较多,因而电荷本身就会通过其中的互斥作用而协助把那些水滴分裂。每一水滴将碎裂成许多更小的各带有电荷的水滴,因而它们将互相排斥而迅速向外扩展。所以当我们增强电场时,水流便将分裂成更微细的水珠。我们想要提出的唯一一点是,在某些条件下电场能够对水滴发生相当大的影响。在雷暴雨中某些事情发生的精确机制,还完全未弄清楚,而且也完全无须与刚才所描述的现象联系在一起。我们之所以把它包括进来只是为了使你们认识到可能会起作用的那些复杂性。事实上,还没有谁提出过以这种概念作为基础而适用于云的理论。

我们要来描述两种已经发明的、用来解释雷暴雨中电荷被分离的理论。两种理论都包含这样一个概念,即在凝结的粒子上带有某些电荷,而在空气中则有另一些不同电荷。于是通过这些凝结粒子——水滴或冰粒——在空气中的运动,电荷便分离了。唯一的问题是:这些粒子开始是怎样带电的?较老的一种理论被称为“水滴破裂”论。有人曾经发现,如果气流中有一水滴破裂为两小块,则在水滴上存在正电荷,而在空气里会有负电荷。这种水滴破裂理论存在几方面的缺点,其中最严重的是符号弄错了。其次,在大量会出现闪电的那种温度带式雷暴雨盒中,高空里的凝结效应乃是形成冰,而不是形成水。

从刚才所说的,我们注意到,若能够想出一种在水滴顶部与底部各带有不同电荷的方法,而如果又能知道为什么在一个高速空气流中水滴会破裂成大小两部分——由于水滴穿过空气的运动,或其他原因使大的部分在前面而小的部分在后面——那么我们便会有一套理论了(这与任何已知的理论不同)。此后,在空气阻力的影响下,小滴在空中降落不如大滴那样快,因而取得了电荷分离的效果。你看,编造出各种可能性是有可能的。

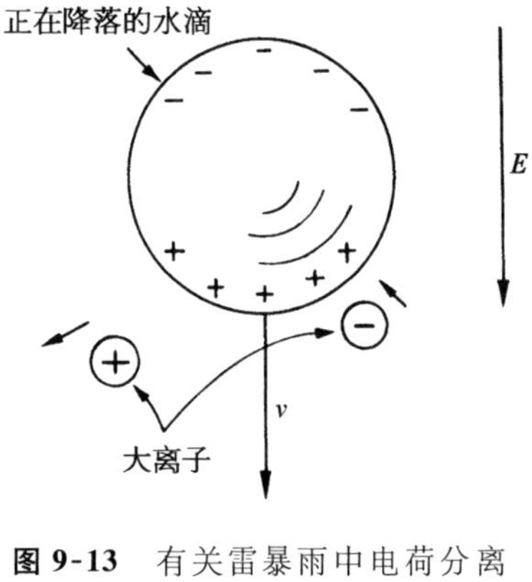

图 9-13 有关雷暴雨中电荷分离的 C. T. R. 威尔逊理论

一种更巧妙的、在许多方面比那水滴破裂理论更为满意的理论,是由 C. T. R. 威尔逊提出的。我们将按照威尔逊的办法用水滴来描述它,尽管这同一现象也适用于冰。假设有一水滴正在约 100 Vm^{-1} 的电场中朝着带负电的地面降落。这水滴将有一个感生电偶极矩——水滴的底部带正电而顶部带负电,这如图 9-13 所示。原来在空气中会有如上面所提及的“核”——那些粗大而运动迟缓的离子(高速度的离子在这里没有重要影响)。假设当这水滴降落时,接近这么

---

* 一种方便的用以观察水滴大小的办法是,让水流落在一大块金属薄板上,较大的水滴会造成较响的声音。

一个大离子。若这个大离子带的是正电,它会被水滴底部的正电荷所推开。因而,它就不会粘在该水滴上。可是,假若该离子是从上面接近水滴的,则它也许会粘在那带负电的顶部。但由于水滴正在空中降落,所以有一股相对于水滴向上的气流,这气流将把离子带走,如果各离子在空气中运动得足够缓慢的话。于是正离子也就不会粘在水滴上了。你看,这只适用于大而行动缓慢的离子,这一种类型的正离子将不会粘在一颗降落的水滴前面或后面。反之,当一水滴接近一些粗大而行动缓慢的负离子时,它们便将被吸引而终于粘了上去,水滴将获得负电荷——这个电荷符号已被整个地球上的原来电势差所确定——而我们便将得到一个正确符号了。负电荷将由这些水滴带到了云的底部,而剩下来的带正电荷的离子则将被各种向上气流吹刮至云顶。这一套理论看来相当好,至少会提供正确符号,并且它也不依赖于要有液态水滴。当我们以后学习到电介质的极化时将会见到,用小冰块也同样会做这些事情。当它们处于电场中时,在其两端处也将产生出电荷。

然而,即便这一理论也还有一些问题。首先,在雷暴雨中所牵涉的总电荷会非常多。过了一段短时间之后,那些大离子的供应将告枯竭,因此威尔逊和其他人就建议还得有其他的大离子来源。一旦这种电荷的分离开始,巨大的电场便形成,而在这些大电场中某些地方的空气就可能发生电离。如果有一个尖端强烈带电,或有任何像水滴那样的小物体,则它可能将场集中到足够强以致造成"刷形放电"。当有一个足够强的电场时——让我们说它是正的吧——电子们便将落入场中并在两次碰撞之间获得了巨大速率。它们的速率将足以在碰到另一个原子时把其中的一些电子拉出来,而让正电荷留在后面。这些新的电子又将获得速率而与更多的原子碰撞。因此,就将有一种链式反应或雪崩现象发生,从而离子会迅速积累起来。那些正电荷被留在原来的位置附近,因而净效应就是把原来在某一点上的正电荷分布在围绕该点的一个区域内。此时,当然就不再有强电场了,而这一过程便停止。这就是刷形放电的特点。有可能在云里的电场会变成足够强,以致形成一个小小的刷形放电;也可能还有其他别的机制,在一旦发动了之后就能产生大量离子。但还没有谁会确切知道它如何动作,因此,关于闪电的基本原因实际上就还未完全明白。我们仅知道它是来源于雷暴雨(而且我们当然也知道,雷声来自闪电——是由闪电释放的热能引起的)。

至少我们已能部分地理解大气电的起源。通过气流、离子以及雷暴雨中的水滴或冰粒,正、负电荷被分开了。正电荷被向上带至云顶(见图 9-11),而负电荷则在电击时倾倒到地面上。那些正电荷还会离开云顶,进入具有更高电导率的高层大气中,并将伸展至全球。在气候晴朗的地区,这一高空层里的正电荷会通过空气中存在着的离子——由宇宙线、海洋及人类活动所形成的——缓慢地输送至地面。大气是一部忙碌工作着的电机!

§9-6　闪　　电

作为闪电中所发生情况的证据的第一张照片是这样获得的,快门打开着的一部照相机由人们提着前后移动——同时指向闪电所预期发生的地方。用这种办法获得的早期照片清楚地表明,闪电往往是由沿相同路线的一连串放电构成的。后来,一种安装在一个迅速旋转着的盘上的、配有分开 180°的双镜头"博伊斯"(Boys)牌照相机问世了。由每一镜头所形成的像横越胶片移动——图像按时间被展开。比方,若闪电重复着,就会有并排着的两个像。通过对由这两个镜头所形成的像做比较,人们就有可能计算出有关闪光发生的时间序列的细节。

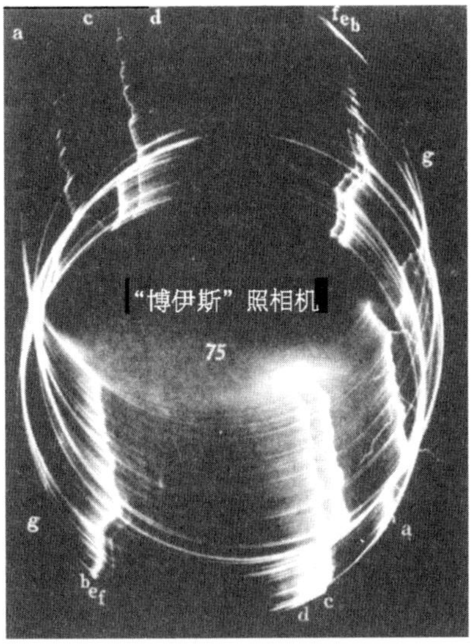

图 9-14 由一部"博伊斯"牌照相机所拍得的一张闪电照片[转载自 Schonland, Malan and Collens, *Proc. Roy. Soc. London*, 1935, **152**]

图 9-14 表示由"博伊斯"牌照相机拍摄的一张照片。

现在我们要来描写闪电。另外,对它的动作仍未确切理解。仅将对它的外表形象给予定性描述,但对于它为什么会这样表现则不做详细谈论。我们将仅仅描述在平坦旷野上面云底带有负电荷的那种普通情况。这朵云的负电势比起下面的地球的负电势来还要低得多,因而带负电荷的电子将被加速而奔向地面。发生的情况如下。全都从一种所谓"梯式指引线"开始,这并没有像闪电那么光亮。在照片上人们可以看到,初时一小点亮斑会从云朵那里开始出现,随即迅速地向下移动——以六分之一的光速进行!它只跑过 50 m 左右便停下来。约歇息 50 μs 之后,重又开始另一步。再歇息一会就又跨出第三步,如此等等。通过一连串阶梯而向地面运动,沿着像图 9-15 所示的路线。在这条指引线里有来自云朵的负电荷,整根柱里充满着负电荷。并且,空气被那些产生该指引线的迅速运动的电荷所电离,因而沿电荷走过的这条路线空气已变成导体。在指引线接触到地面的那一瞬间,便有向上直通云朵的充满着负电荷的一根"导线"。现在,云里的负电荷能够最后干脆逃脱了出来。处在指引线底部的那些电子最早体会到这一点,它们倾倒了出来,剩下正电荷在后头,那又再从指引线的较高处吸引着更多的负电荷,而这又再倾倒下来,如此等等。所以最后一部分云朵里的全部负电荷将沿着这根柱以迅速而有力的方式奔跑出来。因此你所见到的闪电乃是从地面跑上去的,如图 9-16 所示。实际上,这一主要闪电——是其中最明亮的部分——称为回路闪电。这就是能够产生十分明亮的光的那种东西,而其热量使空气迅速膨胀从而发生霹雳一声雷响。

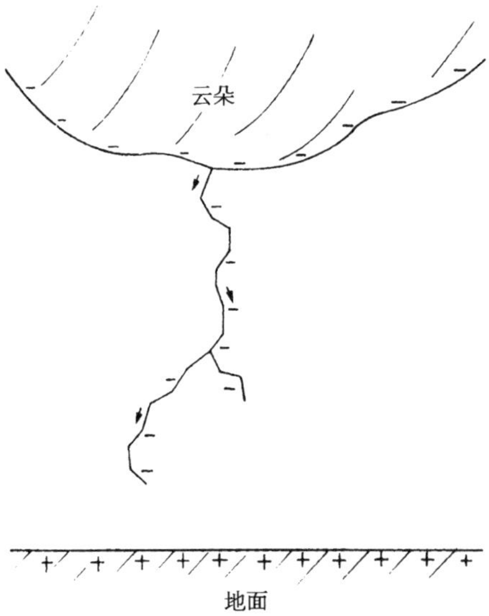

图 9-15 "梯式指引线"的形成

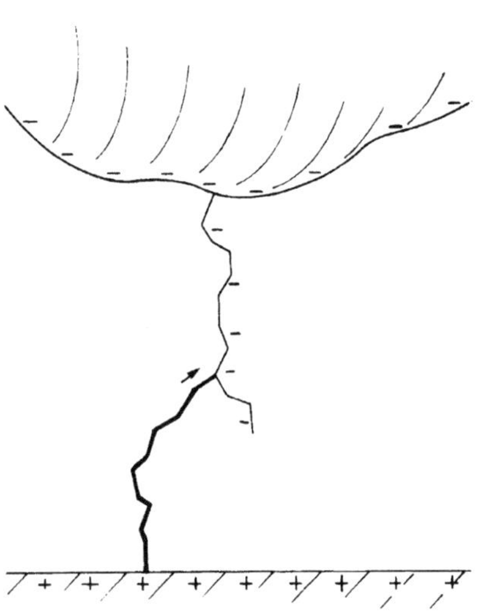

图 9-16 回路闪电沿着指引线所开辟的道路回头跑上去

在一次闪电中，电流的峰值达到约 10 000 A，由它带下来的电荷约为 20 C。

但至此事态仍未结束。可能在大约百分之几秒后，当这个回路闪电消失时，另一条梯式指引线又冲了下来。但这一次中间不再歇息。它被称为“飞标引线”，一直奔跑下来——一下子就从顶到底。它全力完全沿着旧路前进，因为那里还有足够多的余烬使它成为一条最易通得过的路径。这一条新的指引线又再充满着负电荷。当它接触到地面的一刻——嗞的一声！——沿着该路径就有一个回路闪电一直往上冲击。所以你会看到闪电一再发生。有时仅闪击一两次，有时五或十次——有一次在同一条路线上竟有多达 42 次的闪电被看到——但总是迅速地相继发生的。

有时事情甚至变得更加复杂。例如，在其中一次歇息之后，该指引线可能通过送出两个阶梯——都是朝下指向地面的，但在不同的角度上——而发展成一种分支，如图 9-15。此后会发生什么情况，将取决于其中是否有一条支肯定更早地到达地面。如果真的是这样，则那明亮的(把负电荷倾卸到地面上的)回路闪电便会沿这条直达地面的支路往上冲，而在其通往云朵的路程中经过该分叉点时，就有一条明亮的闪电沿另一条支路往下跑。为什么？因为负电荷正在倾倒而下，而这便点燃了闪电。这电荷开始在那个次级分支的顶端运动，把该支路中那些较长的相继部分排空，因而该明亮闪电便显示出是在沿该支路奔跑下来，同时闪电也朝着云朵伸展上去。然而，倘若这些额外的指引线支路有一条恰巧几乎同时与那原来的指引线到达地面，则有时恰巧可能那第二次闪电的飞标指引线沿着这第二条支路。于是，我们便见到第一次主闪光发生在一处，而第二次闪光则发生在另一处。它是从原来概念衍生来的。

再者，对于十分靠近地面的区域，我们上面的描述就过于简化了。当该梯式指引线离地面 100 m 内时，有证据表明从地面发生了放电来迎接它。大概电场已变强至足以使一刷形放电产生。例如，设有一尖锐物体，诸如有尖顶的一座建筑物，那么当指引线落下至该屋顶附近时，电场是那么强大以致放电从尖端开始而向上达到该指引线。闪电倾向于打击这样的一点。

显然久已明白，高耸的东西常受雷击。波斯王哲息斯(Xerxes)的顾问阿塔班尼斯(Artabanis)曾有一句名言，那是当哲息斯企图把整个已知世界都归由波斯人管辖而出征时，他给予他的主子关于对希腊的一次预谋攻击的忠告。阿塔班尼斯说：“看上帝怎样利用他的闪电来毁灭那些大野兽，他不能容忍它们逐渐变傲慢，而那些小动物却从未惹怒过他。同样，他又如何使他的闪电总是落在高屋和高树上。”然后，他才解释理由：“因此，十分明白，他喜欢把任何灾难都降落在那些自高自大的东西上面”。

你是否会认为——现在你已经懂得了闪电总要打击高大树木的真正原因——比 2 400 年前的阿塔班尼斯对国王有关军事上的忠告更加明智？不要自高自大，你做起来只会比他更缺乏诗意。

第 10 章　电　介　质

§10-1　介 电 常 量

这里,我们开始讨论在电场的影响下物质的另一种特殊性质。上一章我们曾考虑过导体的行为,其中电荷为了响应电场而自由地移至这样的点上,使得在导体内部不再残留电场。现在我们将讨论绝缘体,即那种不能导电的材料。也许人们起初会认为不应该有任何效应。然而,利用一个简单验电器和一个平行板电容器,法拉第就发现事实并非如此。他的实验表明,在这个电容器的两板间塞进一块绝缘体时,其电容会增加。若绝缘体完全充满两板的间隙,电容会增大 κ 倍,而 κ 的大小仅取决于该绝缘材料的性质。绝缘材料也称作电介质。这样,该因子 κ 就代表电介质的一种特性,因而被称为介电常量。当然,真空的介电常量为 1。

现在我们的问题在于解释:如果绝缘体确实是绝缘的而不能导电,那为什么还会有某种电效应呢?我们从电容增大这一实验事实出发,试找出可能的原因。考虑一个平行板电容器,在其两导体表面上带有一些电荷,让我们假定顶板带着负电而底板带着正电,两板的间距为 d,而每块板的面积为 A。正如以前我们曾经证明过的,这样一个电容器的电容为

$$C = \frac{\epsilon_0 A}{d}, \tag{10.1}$$

而在其上面的电荷与电压的关系为

$$Q = CV. \tag{10.2}$$

现在有这样的实验事实:若把一块留西特(一种人造荧光树脂)玻璃那样的绝缘材料塞进极板之间,则我们会发现电容增大了。当然,这意味着,对于相同的电荷来说电压则是降低了。可是电压或电势差等于电场经过电容器的积分,因而我们必然得出结论,即使两板上的电荷保持不变,电容器里的电场还是会减弱的。

怎么会这样呢?有一个由高斯创立的定律告诉我们,电场通量正比于所包围的电荷。考虑图 10-1 那个由虚线表示的高斯面 S。由于有电介质存在时电场被削弱,所以我们断定,在该面内的净电荷应少于没有该材料时的净电荷。只有一个可能的结论,那就是在电介质表面上必然存在正电荷。由于场虽被削弱了,但不是降低至零,所以我们应期待这正电荷仍比在导体表面上的负电荷少。因此,只要能够以某种方式理解,当介电材料被置于电场中时会有正电荷感生于其一面而负电荷感生于另一面,这一现象便可以得到解释。

我们会预料,对于导体来说,这同一现象也会发生。比方,假设有一个板间距为 d 的电容器,而我们将一块厚度为 b 的电中性导体放进两板之间,如图 10-2 所示。电场在顶面会感生正电荷,而在底面感生负电荷,因而在导体内部就没有电场了。但在其他空间里的场,则和未放进该导体时一样,因为它等于面电荷密度除以 ϵ_0。可是,为了获得电压(电势差)得

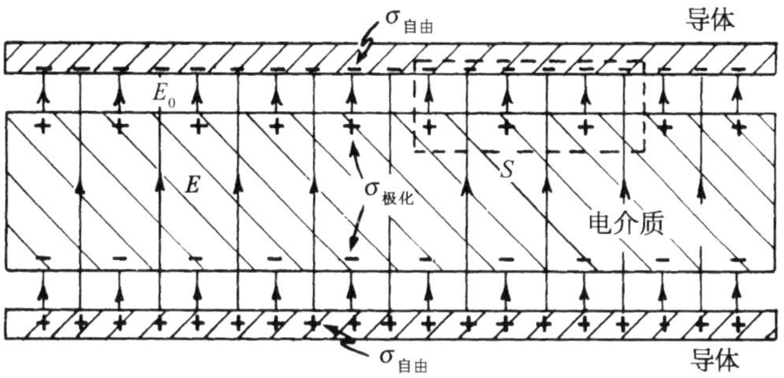

图 10-1 含有电介质的一个平行板电容器。图中表示出 ***E*** 线

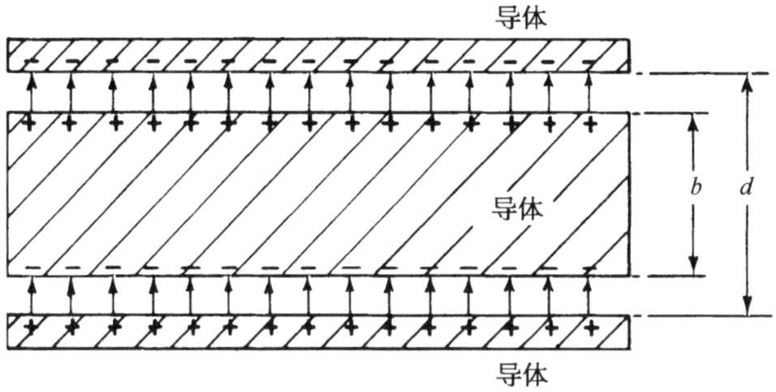

图 10-2 若把一块导电板放进一个平行板电容器的空隙里，那些感生电荷就会使导体内之场减少至零

进行积分，此时所取的距离却已经缩短了。该电压为

$$V = \frac{\sigma}{\epsilon_0}(d-b).$$

关于电容的最终公式与式(10.1)相似，即

$$C = \frac{\epsilon_0 A}{d(1-b/d).} \tag{10.3}$$

只要用 $(d-b)$ 来代替 d 罢了。

电容按一定因子增大，而这个因子取决于(b/d)，即被导体所占的体积与原来空间体积的比例。

上述实验结果为我们提供了一个关于电介质到底是怎么回事的形象化模型——在材料内部有许多会导电的小片。这么一个模型的困难在于它具有某一特定轴，即那些片的法线，而大多数电介质却没有这么一种轴。然而，若我们假定所有介电材料都含有彼此绝缘分开的小导电球体，如图 10-3 所示的那样，这一困难则可以消除的。介电常量现象可以通过感生于每个球上的电荷的效应来加以解释。这是用来解释被观察到的法拉第现象的最早有关电介质的物理模型之一。更具体地说，曾经假定材料里每一原子是一个理想导体，但彼此互相绝缘。介电常量 κ 应该取决于这些导电小球体所占空间的比例。然而，这并不是目前常用的模型。

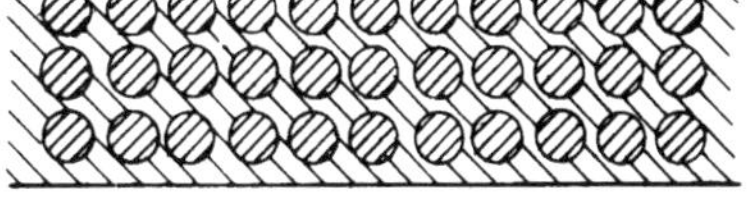

图 10-3 关于电介质的一个模型。小导电球体被埋在一块理想绝缘体之中

§10-2 极化矢量 P

如果我们更深入地进行上面的分析,便会发现,关于完全导电性与完全绝缘性范围的概念并不是必要的。每一个小球的作用就像一个电偶极子,而其偶极矩则是由外电场感生的。对于理解电介质所唯一不可缺少的东西是:在该材料里感生了许许多多个小偶极子。是否由于具备一些小导电球体或由于其他原因才会感生那些偶极子,却是无关紧要的。

如果原子不是一个导电球体,那电场为什么会在原子中感生一个电偶极矩呢?这一课题将留在下一章中做较详尽的讨论,内容会涉及介电材料的内部机制。然而,我们在这里要举出一个例子以显示一种可能的机制。一个原子在其核上带有正电荷,而在其周围则有一些负电子。当处于电场中时,核会被吸引向一方,而电子向另一方。电子的轨道或波形(或用任何一种量子力学图像)将在某种程度上变了形,如图 10-4 所示,负电荷的重心将移动而不再与核上的正电荷相重合。这样的一种电荷分布我们曾经讨论过。若从远处看,则这么一个电中性位形在一级近似下它相当于一个小的电偶极子。

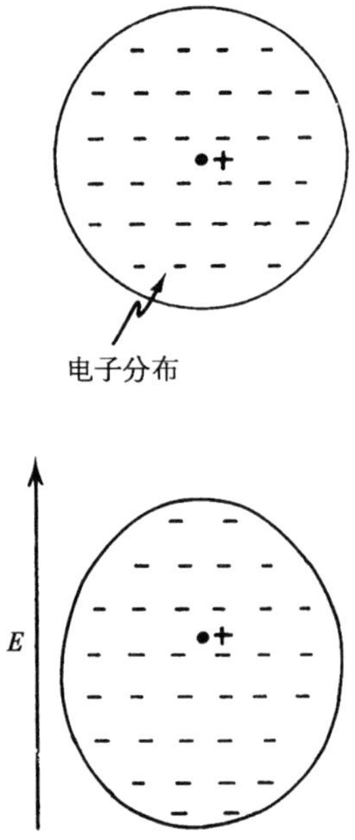

图 10-4 电场中原子的电子分布,其中电子相对于核来说已有了移动

这样说似乎更合理:若场不太强,则所感生的偶极矩将与场成正比。这就是说,弱电场将把电荷稍微移动一点,而强电场则把它们移动得多些——总是与场成正比——除非位移变得太大。在这一章的其余部分,我们将假定电偶极矩严格地与场成正比。

现在我们将设想,在每一原子中存在间距为 $\boldsymbol{\delta}$ 的两个电荷 q,因而 $q\boldsymbol{\delta}$ 就是每一原子的偶极矩(我们采用 $\boldsymbol{\delta}$,因为已把 d 用于两极板的间距了)。设单位体积中含有 N 个原子,则单位体积的偶极矩等于 $Nq\boldsymbol{\delta}$。这个单位体积偶极矩将用矢量 $\boldsymbol{P}$ 来代表。不用说,它处在各个电偶极矩的方向,也就是处在电荷位移 $\boldsymbol{\delta}$ 的方向:

$$\boldsymbol{P} = Nq\boldsymbol{\delta}. \tag{10.4}$$

一般说来,在电介质里面 $\boldsymbol{P}$ 将随位置而改变。可是,在材料中的任一点,$\boldsymbol{P}$ 与电场 $\boldsymbol{E}$ 成正比。这个比例常数取决于电子移位的容易程度,它将与构成该材料的原子种类有关。

实际上是什么东西在决定这个比例常数如何表现,对十分强大的场这个常数保持不变会准确至什么程度,以及在不同材料内部会有什么事情发生,关于这些我们都将在以后讨论。目前,我们将简单假定,存在一种与电场成正比的感生电偶极矩的机制。

§10-3 极化电荷

现在让我们来看看,这一模型对于含有电介质的电容器的理论会提供些什么?首先,考虑其中每单位体积含有一定电偶极矩的一片材料。平均说来,是否会存在由此而产生的任何电荷密度？如果 **P** 是均匀的，那就不会有。即如果彼此被相对移了位的正电荷和负电荷都有相同的平均密度，那么它们被移了位这个事实就不会在该体积里产生任何净电荷。反之，要是 **P** 在某一地方较大而在另一地方较小，那就会意味着被移进某一区域的电荷比移出的要多。因此，我们会预期得到一个体电荷密度。对于平行板电容器来说，我们假定 **P** 是均匀的，因而就只需考虑在表面所发生的情况。在一个表面上，负电荷即电子，实际上被移出了一段距离 δ；在另一个表面上，它们却向里面移动，因而留下正电荷使之实际上移出一段距离 δ。如图 10-5 所示，我们将有一个称为面极化电荷的面电荷密度。

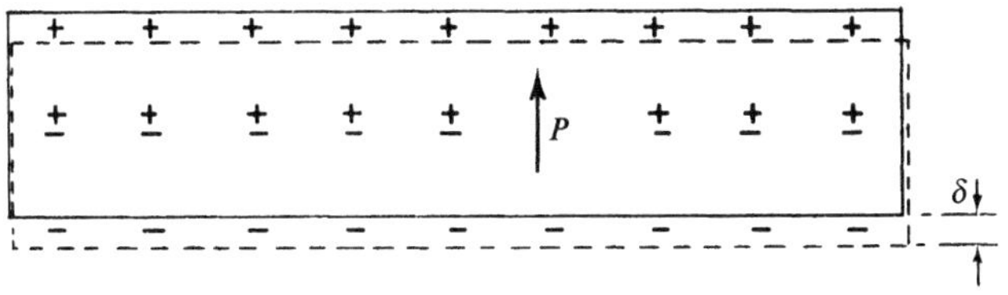

图 10-5 在均匀电场中的一片电介质。正电荷相对于负电荷被移动了一段距离 δ

面极化电荷可以这样计算。设 A 为板的面积，则出现在板面上的电子数目应等于 A，N(单位体积的电子数)及位移 δ——这里假定它与板面垂直——三者的乘积。表面电荷可由此再乘上电子电荷 q_e 而获得。为了得到在表面上感生的极化电荷面密度，我们除以 A。因此，面电荷密度的大小为

$$\sigma_{极化} = Nq_e\delta.$$

但这恰好等于式(10.4)中极化矢量 **P** 的量值：

$$\sigma_{极化} = P. \tag{10.5}$$

面电荷密度就等于材料内的极化强度。当然，这面电荷在一个面上是正的，而在另一个面上则是负的。

现在让我们假定，上述那块板就是存在于平行板电容器中的电介质。构成电容器的那两块金属板也带有面电荷，这我们将称之为 $\sigma_{自由}$，因为这些电荷可以在导体上到处“自由”移动。当然，这就是对电容器充电时我们放上去的电荷。必须强调，$\sigma_{极化}$之所以存在只是由于有了 $\sigma_{自由}$。如果通过使电容器放电而将 $\sigma_{自由}$ 移去，则 $\sigma_{极化}$ 将消失，但它没有沿放电导线跑掉，而是缩回材料里面去了——由于材料内部极化的衰减。

现在，我们可以将高斯定律用于图 10-1 的那个高斯面 S。电介质里的电场 E 等于总的面电荷密度除以 ϵ_0。很明显，$\sigma_{极化}$ 与 $\sigma_{自由}$ 具有相反符号，因而

$$E = \frac{\sigma_{自由} - \sigma_{极化}}{\epsilon_0}. \tag{10.6}$$

注意！金属板与电介质表面间的电场 E_0 要比 E 大一些，它仅对应于 $\sigma_{自由}$。但这里我们所关心的却是电介质内部的场，如果电介质几乎充满了两板间的缝隙，那么场就遍及几乎整个体积。利用式(10.5)，我们可以写出

$$E = \frac{\sigma_{自由} - P}{\epsilon_0}. \tag{10.7}$$

这个式并不会告诉我们关于电场的样子,除非已知道 P 是什么。然而,这里我们已假定 P 依赖于 E——实际上是正比于 E。这个比例式通常写成

$$\boldsymbol{P} = \chi\epsilon_0\boldsymbol{E}. \tag{10.8}$$

常数 χ 称为该电介质的电极化率。

于是,式(10.7)变成

$$E = \frac{\sigma_{\text{自由}}}{\epsilon_0}\frac{1}{(1+\chi)}, \tag{10.9}$$

这向我们提供了关于场被减弱的因子 $1/(1+\chi)$。

两板间的电压等于对电场的积分。既然场是均匀的,积分就不过是 E 与两板间距 d 的乘积。我们有

$$V = Ed = \frac{\sigma_{\text{自由}}d}{\epsilon_0(1+\chi)}.$$

在电容器上的总电荷为 $\sigma_{\text{自由}}A$,以致由式(10.2)所定义的电容变成

$$C = \frac{\epsilon_0 A(1+\chi)}{d} = \frac{\kappa\epsilon_0 A}{d}. \tag{10.10}$$

我们已解释了所观察到的事实。当一平行板电容器充满了电介质时,其电容就增大这么一个倍数

$$\kappa = 1+\chi, \tag{10.11}$$

它代表该材料的一种特性。当然,我们的解释还不够完全,要等到已能解释——这将在以后来做——原子极化是怎样产生时才行。

现在,让我们来考虑某种稍微复杂的东西——极化强度 $\boldsymbol{P}$ 不是处处相同的那种情况。正如上面曾经提到的,如果极化不是常数,一般会预期在体积内找到电荷密度,因为进入一个小体积元一边的电荷比离开另一边的电荷也许会多一些。我们怎样才能求得到底有多少电荷为一个小体积所获得或丧失了呢?

首先,让我们计算当材料被极化时有多少电荷会通过任一个想象的表面。倘若极化垂直于该表面,则穿过一个表面的电荷量恰好就等于 P 乘以该面积。当然,要是极化与该表面相切,那便不会有任何电荷通过该表面。

按照我们曾经用过的同样的论据,很容易看出,通过任一面积元的电荷将与垂直于该面积的 $\boldsymbol{P}$ 的分量成正比。试比较图 10-6 和 10-5。我们见到在一般情况下,式(10.5)应改写成

$$\sigma_{\text{极化}} = \boldsymbol{P}\cdot\boldsymbol{n}. \tag{10.12}$$

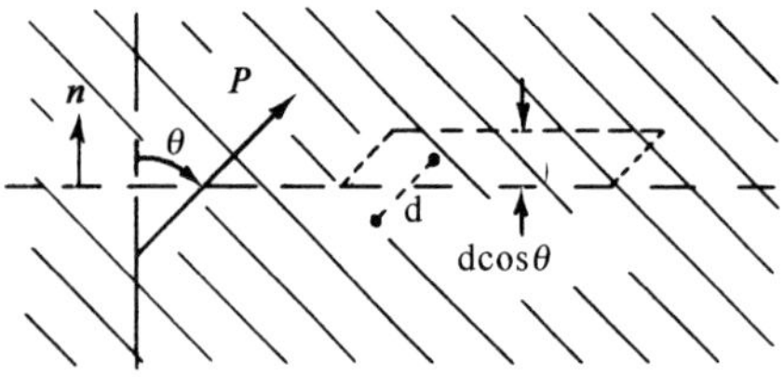

图 10-6 在电介质里通过一个想象的面积元的电荷与垂直于该面积的 $\boldsymbol{P}$ 的分量成正比

若我们考虑在电介质里的一个想象的面积元,那么式(10.12)便会给出通过该面积的电荷,但不会形成净电荷,因为该面两边的电介质所贡献的仍是等量异号电荷。

然而,电荷的位移的确能产生体电荷密度。任

何体积 V 通过极化向外移出的总电荷等于 $\boldsymbol{P}$ 的向外垂直分量对包围该体积的 S 面的积分(见图10-7)。一个相等而异号的剩余电荷则被遗留在后头。我们把在体积 V 内的净电荷记作 $\Delta Q_{极化}$，就可以写出

$$\Delta Q_{极化}=-\int \boldsymbol{P}\cdot\boldsymbol{n}\mathrm{d}a. \tag{10.13}$$

还可认为 $\Delta Q_{极化}$ 是具有密度 $\rho_{极化}$ 的体电荷分布引起的，因而

$$\Delta Q_{极化}=\int_V \rho_{极化}\mathrm{d}V. \tag{10.14}$$

将这两式结合起来，便得

$$\int_V \rho_{极化}\mathrm{d}V=-\int_S \boldsymbol{P}\cdot\boldsymbol{n}\mathrm{d}a. \tag{10.15}$$

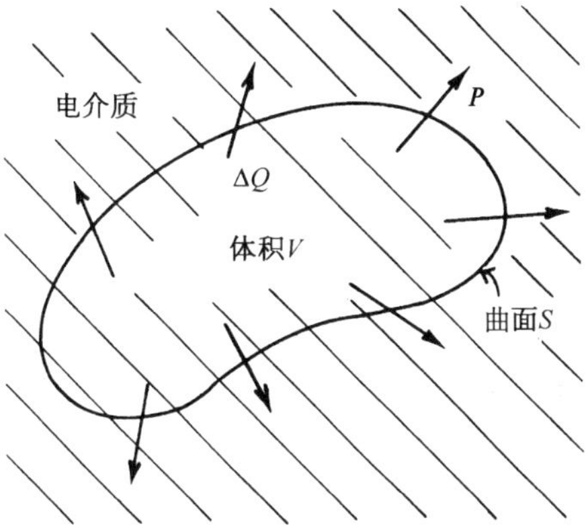

图 10-7 非均匀的极化强度 $\boldsymbol{P}$ 会在电介质体内形成净电荷

我们已有一种把来自极化材料的电荷密度与极化矢量 $\boldsymbol{P}$ 相联系起来的高斯定理。可以看到，这与上面在平行板电容器中的电介质表面上的极化电荷所获得的结果相符。把式(10.15)应用到图10-1中的那个高斯面上，该面积分给出 $P\Delta A$，而在里面的电荷为 $\sigma_{极化}\Delta A$，所以我们又再度获得 $\sigma_{极化}=P$。

正如以前我们对静电学的高斯定律所做的那样，可以将式(10.15)转变成一个微分形式——利用数学上的高斯定理：

$$\int_S \boldsymbol{P}\cdot\boldsymbol{n}\mathrm{d}a=\int_V \boldsymbol{\nabla}\cdot\boldsymbol{P}\mathrm{d}V.$$

我们得：

$$\rho_{极化}=-\boldsymbol{\nabla}\cdot\boldsymbol{P}. \tag{10.16}$$

若是非均匀极化，则它的散度给出在该材料里的净电荷密度。我们强调，这是完全真实的电荷密度。之所以叫它作"极化电荷"，只是为了要提醒我们自己，它是如何得来的。

§10-4 有电介质时的静电方程组

现在，让我们把上述结果同静电学理论结合起来。静电学的基本方程是

$$\boldsymbol{\nabla}\cdot\boldsymbol{E}=\frac{\rho}{\epsilon_0}. \tag{10.17}$$

这里 ρ 指一切电荷的密度。由于极化电荷不容易被注意，因而把 ρ 分开成两部分是很方便的。我们再把由非均匀极化所引起的电荷叫作 $\rho_{极化}$，而把所有其他的电荷叫作 $\rho_{自由}$。通常 $\rho_{自由}$ 指我们放在导体上面的或是置于空间某些特定位置上的电荷。于是，式(10.17)便变成

$$\boldsymbol{\nabla}\cdot\boldsymbol{E}=\frac{\rho_{自由}+\rho_{极化}}{\epsilon_0}=\frac{\rho_{自由}-\boldsymbol{\nabla}\cdot\boldsymbol{P}}{\epsilon_0},$$

或

$$\nabla \cdot \left(\boldsymbol{E} + \frac{\boldsymbol{P}}{\epsilon_0}\right) = \frac{\rho_{自由}}{\epsilon_0}. \tag{10.18}$$

当然,那个关于 $\boldsymbol{E}$ 的旋度方程却没有改变:

$$\nabla \times \boldsymbol{E} = 0. \tag{10.19}$$

由式(10.8)取 $\boldsymbol{P}$,我们便得到一个较简单的方程:

$$\nabla \cdot [(1+\chi)\boldsymbol{E}] = \nabla \cdot (\kappa \boldsymbol{E}) = \frac{\rho_{自由}}{\epsilon_0}. \tag{10.20}$$

这些就是当有电介质时的静电学方程组。当然,它们并没有陈述任何新的东西,但对于其中 $\rho_{自由}$ 为已知、而极化强度 $\boldsymbol{P}$ 又是正比于 $\boldsymbol{E}$ 的那些情况,则在计算上它们仍不失为较方便的一种形式。

请注意!我们并没有把介电"常量"κ 提到散度之外。那是因为它不一定会处处相同。如果它的值处处相同,则可以把它提出来,因而方程组就不过是那些用 κ 来除电荷密度 $\rho_{自由}$ 的静电方程组了。我们所给出的那种形式的方程组仍适用于一般情况,即场中不同地点可能存在不同的电介质。这样,该方程组就可能很不容易求解了。

有一件具有某种历史重要性的事情应在这里提出。在电学的早期,对极化的原子机制还未了解,而 $\rho_{极化}$ 的存在也未被觉察到。当时 $\rho_{自由}$ 被认为是全部电荷密度。为了把麦克斯韦方程组写成一简单形式,一个新的矢量 $\boldsymbol{D}$ 被定义为 $\boldsymbol{E}$ 与 $\boldsymbol{P}$ 的线性组合:

$$\boldsymbol{D} = \epsilon_0 \boldsymbol{E} + \boldsymbol{P}. \tag{10.21}$$

结果,式(10.18)和(10.19)就曾被写成表面上看来十分简单的形式:

$$\nabla \cdot \boldsymbol{D} = \rho_{自由};\ \nabla \times \boldsymbol{E} = 0. \tag{10.22}$$

人们能否解出这组方程?只有给出了 $\boldsymbol{D}$ 与 $\boldsymbol{E}$ 之间关系的第三个方程才能做到。当式(10.8)成立时,这个关系为

$$\boldsymbol{D} = \epsilon_0 (1+\chi) \boldsymbol{E} = \kappa \epsilon_0 \boldsymbol{E}. \tag{10.23}$$

上述方程往往被写成

$$\boldsymbol{D} = \epsilon \boldsymbol{E}, \tag{10.24}$$

其中 ϵ 仍然是描述材料介电特性的另一个常数。它被称为"电容率"(现在你就明白,为什么在我们方程组中会有 ϵ_0,它是"真空的电容率")。显然,

$$\epsilon = \kappa \epsilon_0 = (1+\chi)\epsilon_0. \tag{10.25}$$

今天我们从另一个观点来看待这些事情,那就是,在真空里方程组较为简单,而倘若在每种情况下我们把一切电荷(不管其来源如何)都表示出来,则该方程组总是正确的。如果为了方便我们将其中某些电荷分离开来,或由于我们不愿意详细讨论将要发生的事态,则可以把方程组改写成任一种可能方便的形式,要是我们乐意的话。

还有一点应该强调,一个像 $\boldsymbol{D} = \epsilon \boldsymbol{E}$ 的方程是描写物质特性的一种尝试。可是物质非常复杂,而这样一个方程实际上并不正确。例如,若 $\boldsymbol{E}$ 变得太大,那么 $\boldsymbol{D}$ 便不再正比于 $\boldsymbol{E}$。对于某些物质来说,甚至在相对弱的电场下这个比例关系就已经破坏了。并且,这比例"常量"

还可能依赖于 $\boldsymbol{E}$ 随时间变化的快慢。因此这一种方程，像胡克定律一样，是一种近似。它不可能是一个深刻而又基本的方程。反之，我们关于 $\boldsymbol{E}$ 的基本方程组，式(10.17)和(10.19)，却代表我们对静电学的最深刻而又最完整的理解。

§10-5 有电介质时的场和力

现在，我们将证明在电介质存在的情况下，关于静电学的某些相对普遍的定理。我们已经看到，如果电容器的两平行板之间充满了电介质，则电容会增大某一定因子。还可以证明，这对于任何形状的电容器都是正确的，只要在两个导体附近的整个区域里都充满一种均匀的线性电介质就行。在没有电介质时，待解的方程组为：

$$\nabla \cdot \boldsymbol{E}_0 = \frac{\rho_{\text{自由}}}{\epsilon_0} \quad \text{和} \quad \nabla \times \boldsymbol{E}_0 = 0.$$

当有电介质时，前一个式给修改了。因而，我们代之而有：

$$\nabla \cdot (\kappa \boldsymbol{E}) = \frac{\rho_{\text{自由}}}{\epsilon_0} \quad \text{和} \quad \nabla \times \boldsymbol{E} = 0. \tag{10.26}$$

现在，由于我们认为 κ 处处相等，这最后两方程还可以写成：

$$\nabla \cdot (\kappa \boldsymbol{E}) = \frac{\rho_{\text{自由}}}{\epsilon_0} \quad \text{和} \quad \nabla \times (\kappa \boldsymbol{E}) = 0. \tag{10.27}$$

因此，对于 $\kappa\boldsymbol{E}$ 和对于 $\boldsymbol{E}_0$ 就有相同的方程组，它们具备 $\kappa\boldsymbol{E} = \boldsymbol{E}_0$ 的解。换句话说，比起没有电介质时的情况，场处处都减弱了一个因子 $1/\kappa$。由于电压是电场的线积分，所以电压也被降低了这同一因子。由于电容器电极上的电荷在两种情况下都被认为是相同的，式(10.2)就告诉我们，在一个处处都充满着均匀电介质的情况下，电容增大了 κ 倍。

现在我们要问，在有电介质时两个带电导体之间力该如何？考虑一种处处均匀的液态电介质。我们早已知道，一种求力的方法是把能量相对于一适当距离取微商。如果两导体上的电荷等量异号，能量就是 $U = Q^2/(2C)$，其中 C 为它们的电容。利用虚功原理，任何一个分力都由微商给出。例如，

$$F_x = -\frac{\partial U}{\partial x} = -\frac{Q^2}{2}\frac{\partial}{\partial x}\left(\frac{1}{C}\right). \tag{10.28}$$

由于电介质会给电容增大一个因子 κ，因此所有力就将减少相同的因子。

必须强调，我们上面所说的只有对于液态电介质才正确。嵌在固态电介质里的导体的任何运动，都会改变电介质的机械应力条件，以及不但引起电介质里某种机械能量的变化，而且改变其电学性质。在液体中移动导体，则不会使液体发生变化。液体会移至一个新的地方，但它的电学性质却没有改变。

许多较古老的电学书往往从这样一个“基本”定律出发，即两电荷间的力为

$$F = \frac{q_1 q_2}{4\pi\epsilon_0 \kappa r^2}, \tag{10.29}$$

这种观点完全不能令人满意。其一是，它并非普遍正确，它只对充满某种液体的世界才正

确。其次,它有赖于 κ 是常数这么一个事实,这对于大多数实际材料来说只是近似正确。从电荷处于真空中的库仑定律出发会好得多,那永远是正确的(对于静止电荷来说)。

在固体中究竟会发生什么呢?这是一个十分困难的问题,至今还未得到解决,因为在某种意义上它是不确定的。如果你把电荷放进一固态电介质里面去,就将涉及各种压强和应变。假如不把压缩固体所需的机械能量也包括进去的话,就不能同虚功原理打交道。而一般说来,要对电力和起因于固体材料本身的机械力做出唯一的区别是相当困难的。幸而,实际上还没有人需要弄清楚所提问题的答案。他有时可能想要知道在一固体中将产生多少应变,而这是能够算出的,但比起我们对于液体所获得的那种简单结果要复杂得多。

在电介质理论中有一个非常复杂的问题:为什么一个带电物体会吸起一些小块电介质?如果你在一个干燥的日子里梳一下头发,那梳子会立即吸起一些小纸片来。如果你偶然想起这件事,你大概认为梳子上有一种电荷而纸片上则有与之异号的电荷。但纸片开始时是电中性的。它并没有任何净电荷,但不管怎样它终于被吸引了。真的!有时纸片会来到梳子上,然后又飞开,在它接触到梳子之后就立刻被排斥了。这其中原因当然在于:当纸片接触到梳子时,获得了一些负电荷,此后同号电荷便互相排斥了。但这并没有回答原来的问题。首先,为什么纸片会朝着梳子跑来呢?

答案得用电介质放在电场中时会被极化来求得。两种符号的极化电荷都存在,它们分别被梳子所吸引和排斥。然而,会有一个净吸引力,因为靠近梳子一边的电场比远离梳子那一边的电场较强——梳子并非一个无限大板块。它的电荷是局域性的。一块电中性纸片在一个平行板电容器里将不会被哪一块板所吸引。电场的变化才是这个吸引机制的本质部分。

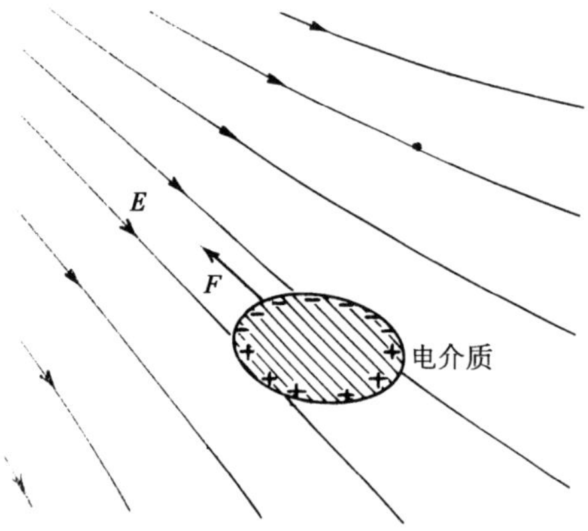

图10-8 电介质在非均匀场中会感到一个指向场强较高的区域的力

如图 10-8 上所示,一块电介质总是从一弱场区域被拉向场较强的区域。事实上,人们能够证明,对于细小物体这个力正比于场强平方的梯度。为什么会取决于场的平方呢?因为那些感生电荷与电场成正比,而对于已给定的电荷其所受的力又正比于场。然而,正如刚才我们所指出的,只有当场的平方逐点变化时才会有一个净力。所以力就正比于场平方的梯度了。比例常数除含有其他东西之外,还包括物体的介电常量,并依赖于物体的大小和形状。

有一个与此相关的问题,其中作用于电介质上的力可以很准确地算出。如果在平行板电容器中有一片电介质只部分地插入,如图 10-9 所示,则将有一个力要把它拉进去。对这个力作详细分析是十分复杂的,它同该片电介质与两板边缘附近场的非均匀性有关。然而,若我们不考察这些细节,而只是引用能量守恒原理,便能轻易地算出这个力来。我们可从以前所导出的公式求得这个力。式(10.28)等价于

$$F_x=-\frac{\partial U}{\partial x}=+\frac{V^2}{2}\frac{\partial C}{\partial x}. \tag{10.30}$$

所以我们只需要求出电容是如何随该块电介质的位置而变化的。

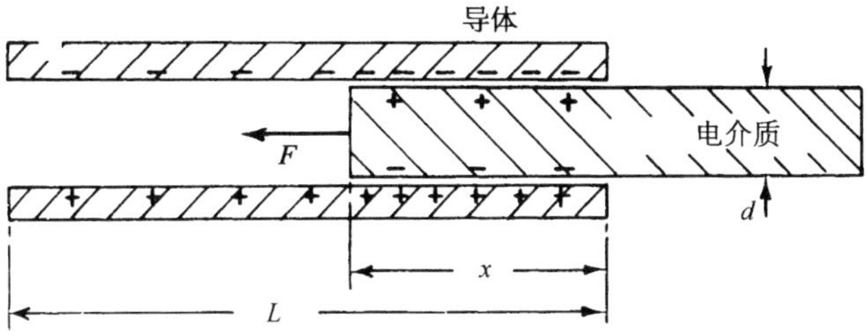

图 10-9 作用置于一平行板电容器中的一片电介质上的力可通过应用能量守恒原理而算出

让我们假设板的总长为 L,宽为 W,两板间距和电介质厚度都是 d,而该片电介质插入的距离为 x。电容等于板上的总自由电荷除以两板间的电压。我们在上面已经见到,对于已知电压 V,自由电荷的面密度为 $\kappa\epsilon_0 V/d$。因而板上的总电荷就是

$$Q=\frac{\kappa\epsilon_0 V}{d}xW+\frac{\epsilon_0 V}{d}(L-x)W,$$

由此可以得到电容:

$$C=\frac{\epsilon_0 W}{d}(\kappa x+L-x). \tag{10.31}$$

应用式(10.30),便有

$$F_x=\frac{V^2}{2}\frac{\epsilon_0 W}{d}(\kappa-1). \tag{10.32}$$

现在这个式子并不是对任何事情都特别有用,除非你碰巧需要知道在这种情况下的力。我们只希望表明在求作用于电介质材料上的力时能量理论往往能避免一大堆复杂性——正如在目前情况下本来就应该有的那些复杂性。

上面关于电介质理论的讨论我们只涉及电现象,即承认材料的极化与电场成正比的事实。为什么会存在这样一个正比性,也许对物理学更有重大意义。一旦我们从原子的观点理解了介电常量的起源,我们便能运用在各种不同环境下对介电常量的电学测量结果来获得有关原子或分子结构的详细信息。这方面的部分问题将在下一章加以讨论。

第 11 章　在电介质内部

§11-1　分子偶极子

在本章我们将讨论为什么某些材料会是电介质。我们在上一章中曾说过：当一电场作用于电介质上时，场将在原子中感生一偶极子。一旦领会了这点，我们就可能理解那些含有电介质在内的带电系统的性质。具体地说，若电场 E 在单位体积里感生了一个平均偶极矩 P，则介电常量 κ 由下式给出：

$$\kappa - 1 = \frac{P}{\epsilon_0 E}. \tag{11.1}$$

我们已经讨论过如何应用这个方程。现在我们得讨论当材料内部存在电场时极化发生的机制。从最简单的可能例子——气体的极化——谈起。但即使是气体，已经较复杂。气体存在两种类型。某些气体，如氧气，它们的每个分子含有对称的原子对，因而不会存在内禀偶极矩。但其他分子，如水蒸气（含有氢和氧两种原子的非对称排列），则有一永久电偶极矩。正如我们在第 6 章中曾经指出的那样，在水蒸气分子中的那些氢原子上存在着平均正电荷而氧原子则带有负电荷。由于负电荷的重心与正电荷的重心不一致，所以该分子的总电荷分布就具有偶极矩。像这样的分子叫作极性分子。在氧中，由于分子的对称性，正电荷重心与负电荷重心重合，因而氧分子就是一个非极性分子。然而，当氧被置在电场中时，它仍然会变成一个偶极子。这两种类型的分子形状如图 11-1 所示。

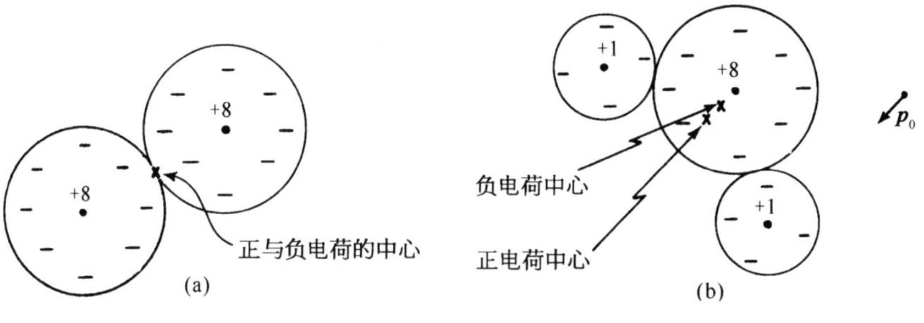

图 11-1　(a) 氧分子具有零偶极矩；(b) 水分子具有永久偶极矩 $\boldsymbol{p}_0$

§11-2　电子极化强度

我们将首先讨论非极性分子的极化。可以从最简单的单原子气体（例如氦）开始。当这样一种气体的原子处在电场中时，电子会被场拉向一边而核则被拉向另一边，如图 10-4 所示。虽然相对于我们在实验上所能施加的电力来说原子是十分坚硬的，但是电荷中心仍存在微小的净位移，从而感生了一个偶极矩。对于弱场来说，这位移量、也就是偶极矩，与电场成正比。产生这种感生偶极矩的电子分布的位移称为电子的极化。

过去与折射率理论打交道时，我们曾在第 1 卷第 31 章中讨论过电场对原子的影响。如果你稍微思考一下便将看到，现在我们应该做的和那时做过的完全相同。但现在需要操心的只是不随时间变化的场，而折射率却与随时间变化的场有关。

在第 1 卷第 31 章中我们曾经假定，当原子被置于振动的电场中时，原子内电子的电荷中心会遵循下列方程而运动：

$$m\frac{d^2x}{dt^2}+m\omega_0^2x=q_eE. \tag{11.2}$$

式中，第一项为电子质量乘以其加速度，第二项为恢复力，而右边那一项则代表来自外电场的力。若电场以频率 ω 变化，则方程式(11.2)的解为

$$x=\frac{q_eE}{m(\omega_0^2-\omega^2)}, \tag{11.3}$$

这表明，当 $\omega=\omega_0$ 时，会发生共振。当以前得到这个解时，我们曾把它理解为该式表明 ω_0 是光(到底是在可见光区还是在紫外光区，则取决于该原子)被吸收的频率。然而，现在我们感兴趣的却只是恒定场的情况，也就是，只对于 $\omega=0$ 的场有兴趣，因而可以将式(11.2)中的加速度项略去，并得出电荷的位移为

$$x=\frac{q_eE}{m\omega_0^2}. \tag{11.4}$$

由此可见，单个原子的偶极矩为

$$p=q_ex=\frac{q_e^2E}{m\omega_0^2}. \tag{11.5}$$

在上述这种理论中，偶极矩 p 确与电场成正比。

人们经常把上式写成：

$$\boldsymbol{p}=\alpha\epsilon_0\boldsymbol{E} \tag{11.6}$$

(ϵ_0 又一次由于历史原因而被放了进去)。其中常数 α 称为原子的极化率，并具有 L^3 的量纲。它是由电场在原子中感生一个偶极矩的难易程度的一种量度。将式(11.5)和(11.6)两者比较，我们这一简单的理论讲

$$\alpha=\frac{q_e^2}{\epsilon_0m\omega_0^2}=\frac{4\pi e^2}{m\omega_0^2}. \tag{11.7}$$

设单位体积中共有 N 个原子，则单位体积的极化强度 $\boldsymbol{P}$ 就是

$$\boldsymbol{P}=N\boldsymbol{p}=N\alpha\epsilon_0\boldsymbol{E}. \tag{11.8}$$

把式(11.1)和(11.8)两者合拼在一起，我们得到

$$\kappa - 1 = \frac{P}{\epsilon_0 E} = N\alpha, \tag{11.9}$$

或者,利用式(11.7),可得

$$\kappa - 1 = \frac{4\pi N e^2}{m\omega_0^2}. \tag{11.10}$$

从式(11.10)我们会预料到不同气体的介电常量 κ 可能与该气体的密度及其对光的吸收频率有关。

当然,上述公式只是一种近似,因为在式(11.2)中我们所选择的模型略去了量子力学的复杂性。例如,我们曾经假定每个原子仅有一个共振频率,而实际上却有许多个。为了正确地计算原子的极化率 α,我们必须应用完整的量子力学理论,但上面的经典概念却已为我们提供了一个合理的估计。

让我们来看看,对某种物质的介电常量我们是否能得到一个正确的数量级。假定我们对氢做尝试,过去(在第1卷第38章中)就曾估计过电离一个氢原子所需的能量约为

$$E \approx \frac{1}{2}\frac{me^4}{\hbar^2}. \tag{11.11}$$

为了对那个固有频率 ω_0 做出估计,可以令这一能量等于 $\hbar\omega_0$——即固有频率为 ω_0 的原子振子的能量。这样我们就得到:

$$\omega_0 \approx \frac{1}{2}\frac{me^4}{\hbar^3}.$$

若现在把 ω_0 的这个值应用于式(11.7),则可求得电子极化率为:

$$\alpha \approx 16\pi\left[\frac{\hbar^2}{me^2}\right]^3. \tag{11.12}$$

$[\hbar^2/(me^2)]$ 这个量是玻尔原子的基态轨道半径(见第1卷第38章),等于0.528 Å。因处于标准压强和标准温度(1 atm、0 ℃)下的气体每立方厘米都具有 2.69×10^{19} 个原子,所以式(11.9)就给出:

$$\kappa = 1 + (2.69\times10^{19})16\pi(0.528\times10^{-8})^3 = 1.000\,20. \tag{11.13}$$

氢气的介电常量已测定为

$$\kappa_{实验} = 1.000\,26.$$

由此可见,我们的理论已差不多正确了。不应该期望任何比此更佳的结果,因为测量当然是用正常氢气进行的,所以它所含的是双原子分子,而不是单原子分子。如果分子中各原子的极化与彼此分开的原子的极化不完全相同,那应不足为怪。可是,实际上分子效应却不是那么大。对于氢原子的 α 进行严格的量子力学计算给出比式(11.12)约大12%的结果(即将 16π 改变成 18π),因而预言一个更接近于观察值的介电常量。不管怎样,我们上述的电介质模型显然已相当之好。

对上述理论的另一个考验,是将式(11.17)试用于具有更高激发频率的那些原子。例如,需要有24.6 eV才能将氦原子中的电子拉出来,这可与电离氢所需的13.6 eV做比较。因此,我们会期待,氦的吸收频率 ω_0 应比氢约大一倍,从而它的 α 可能为氢的四

分之一大。从式(11.13),我们期待:

$$\kappa_{氦} \approx 1.000\,050.$$

实验值为

$$\kappa_{氦} = 1.000\,068.$$

所以你们可以看到,我们的粗糙估计方向是对头的。至此,我们已了解非极性气体的介电常量,然而那不过是定性的,因为我们还未用到有关原子中电子运动的那种正确的原子理论。

§11-3　极性分子;取向极化

其次,我们将考虑具有永久电偶极矩 $\boldsymbol{p}_0$——如水分子那样——的分子。在没有电场时,各个偶极子指向处于无规方向,从而使单位体积内的净矩为零。但是当加上电场后会发生两件事。首先,由于场对电子施加了力,所以有额外偶极矩被感生,这部分给出的电子极化率,其种类恰巧与我们对非极性分子所求得的电子极化率相同。当然,对十分精密的工作,这一效应是应该包括进去的,但目前我们将加以忽略(在最后总是可以加上去的)。其次,电场倾向于将各个偶极子排列起来从而在每个单位体积中产生一个净矩。假使气体中所有偶极子都整齐地排列起来了,则会产生很大的极化强度,但这种现象却从未发生过。在通常温度和电场的作用下,分子因热运动而发生的相互碰撞使它们排列得很不整齐。但总会有某种净的取向,因而也就有某种极化(见图 11-2)。这里出现的极化可以通过第 1 卷第 40 章中所描述的那种统计力学方法来加以计算。

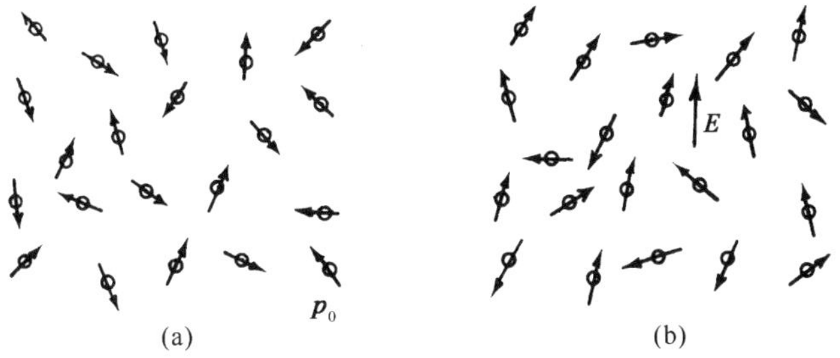

图 11-2　(a) 在极性分子的气体中,各个偶极矩的取向是无规的,在一小体积里的平均矩为零;(b) 当有电场时,分子们就有某种平均取向了

要运用这种方法就需要知道偶极子在电场中的能量。考虑一个电偶极矩 $\boldsymbol{p}_0$ 处在电场之中,如图 11-3 所示。正电荷的能量为 $q\phi(1)$,而负电荷的能量为 $-q\phi(2)$。于是偶极子的能量为

$$U = q\phi(1) - q\phi(2) = q\boldsymbol{d}\cdot\nabla\phi,$$

或

$$U = -\boldsymbol{p}_0\cdot\boldsymbol{E} = -p_0 E\cos\theta, \tag{11.14}$$

其中 θ 是 $\boldsymbol{p}_0$ 与 $\boldsymbol{E}$ 间的夹角。正如我们会预料到的,当偶极矩沿着电场方向排列时其能量就最低。

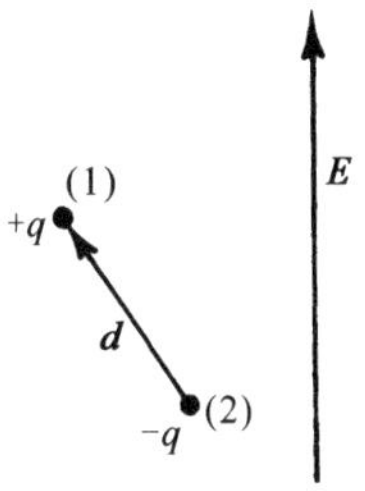

图 11-3　在场 $\boldsymbol{E}$ 中一个偶极子 $\boldsymbol{p}_0$ 的能量为 $-\boldsymbol{p}_0\cdot\boldsymbol{E}$

现在,我们利用统计力学方法来求出会有多少取向排列发生。从第 1 卷第 40 章中就求得,在热平衡态具有势能 U 的分子其相对数目正比于

$$e^{-U/kT},\tag{11.15}$$

式中 $U(x, y, z)$是作为位置函数的势能。相同的论证会说:若采用式(11.14)作为角度函数的势能,则在角度 θ 处单位立体角的分子数目正比于 $e^{-U/kT}$。

令 $n(\theta)$为在角度 θ 处单位立体角的分子数目,我们便有

$$n(\theta)=n_0 e^{+p_0 E\cos\theta/kT}.\tag{11.16}$$

对正常的温度和电场来说,这指数值很小,因此可以通过对指数函数展开而取其近似式

$$n(\theta)=n_0\left(1+\frac{p_0 E\cos\theta}{kT}\right).\tag{11.17}$$

如果把式(11.17)对所有角度积分,则我们可以求得 n_0。积分结果应恰好等于 N,即单位体积的分子数目。$\cos\theta$ 遍及所有角度的平均值为零,因而这一积分就刚好等于 n_0 乘以总立体角 4π。我们得到:

$$n_0=\frac{N}{4\pi}.\tag{11.18}$$

由式(11.17)可以看出,沿场取向($\cos\theta=1$)的分子比逆着场取向($\cos\theta=-1$)的分子要多,因而在任何含有许多个分子的小体积里每个单位体积都将有净的偶极矩——也即极化强度 P。要算出 P,必须得到单位体积内所有分子偶极矩的矢量和。由于我们知道这结果将沿着 $\boldsymbol{E}$ 方向,所以,我们将仅仅对这个方向上的分量求和(垂直于 $\boldsymbol{E}$ 的分量之和将为零):

$$P=\sum_{\text{单位体积}} p_0\cos\theta_i.$$

可以通过对整个角分布的积分而算出这个和。在 θ 处的微立体角为 $2\pi\sin\theta d\theta$,因而

$$P=\int_0^{\pi} n(\theta)p_0\cos\theta 2\pi\sin\theta d\theta.\tag{11.19}$$

把由式(11.17)得到的 $n(\theta)$代入,我们有

$$P=-\frac{N}{2}\int_1^{-1}\left(1+\frac{p_0 E}{kT}\cos\theta\right)p_0\cos\theta d(\cos\theta),$$

上式很容易积分而给出:

$$P=\frac{Np_0^2 E}{3kT}.\tag{11.20}$$

由于极化强度与场 E 成正比,所以会有正常的电介质行为。并且,正如我们所预期的,极化强度与温度成反比,因为在较高温度时由于碰撞,不整齐排列的分子就多。这个 $1/T$ 的依赖关系叫作居里定律。永久偶极矩 p_0 之所以出现平方有下述原因:在一给定电场中促使分子排列整齐之力与 p_0 成正比;而由分子排列整齐所产生的平均矩又与 p_0 成正比。于是平均感生矩就会正比于 p_0^2。

现在应该试着看看式(11.20)与实验符合的程度怎样？让我们考察水蒸气的情况。由于还不知道 p_0 是什么，所以就不能直接算出 P 来，但式(11.20)确实预言 $\kappa-1$ 应与温度成反比，这点我们应该加以核对。

由式(11.20)得到

$$\kappa-1=\frac{P}{\epsilon_0 E}=\frac{Np_0^2}{3\epsilon_0 kT}, \qquad (11.21)$$

因而 $\kappa-1$ 应正比于密度 N，而反比于绝对温度。介电常量曾在几个不同压强和温度时测量过，对压强和温度的这种选取可使单位体积里的分子数能保持固定不变*（注意！假如测量在恒压下进行，则单位体积里的分子数会随温度的升高而线性地减少，$\kappa-1$ 将按 T^{-2} 变化，而不是按 T^{-1} 变化）。在图 11-4 中，我们把从实验观测到的 $\kappa-1$ 作为 $1/T$ 的函数而图示出来。由式(11.21)所预期的那种依存关系遵循得很好。

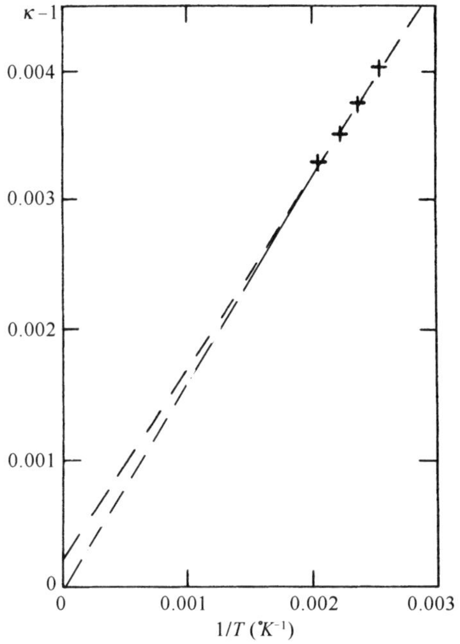

图 11-4　在不同温度下水汽介电常量的实验测量

极性分子的介电常量还有另一种特性——随外加电场的频率变化。由于分子具有转动惯量，要使那些笨重分子转向场的方向就需要一定的时间。因此，若所加电场的频率在微波区或者更高，则对于介电常量极性的贡献开始下降，因为分子不可能跟随变化。与此相反，即使高至光频，电子的极化率仍保持不变，这是由于电子惯性较小的缘故。

§11-4　电介质空腔里的电场

现在要转到一个有趣而又复杂的问题——致密材料中的介电常量问题。假设我们选取液态氦或液态氩，或其他某种非极性材料，我们仍将期待会有电子极化。可是在致密材料中，$\boldsymbol{P}$ 可以很大，从而使作用在单个的原子上的场会被其近邻原子的极化所影响。问题在于，作用于单个的原子上的电场究竟如何？

设想有一液体被置于一电容器的两极之间。若板上带电，则这些电荷将在液体里产生一个电场。但在单个的原子中也有电荷，因而总场 $\boldsymbol{E}$ 便是这两种效应之和。这一真正电场在液体里从一点至另一点变化得十分迅速。这电场在原子里面很强——特别是刚好在核附近——而在原子与原子之间就相对弱了。两板间的电势差是对这一总场的线积分。若略去一切微小尺度上的变化，则可以认为存在一个平均电场 E，它恰好就是 V/d（这是上一章中我们所曾采用过的场）。应该把这个场想象成在一个含有许多个原子

---

* 参考：Sänger, Steiger and Gächter. *Helvetica Physica Acta*, 1932, **5**:200.

的空间内的平均场。

现在你也许认为,一个处在“平均”位置上的“平均”原子会感觉到这一个平均场。可是事情却并不那么简单,若想象电介质中有不同形状的空腔,则通过考虑里面所发生的情况就可证明这点。例如,假设在一块被极化了的电介质里挖出一个槽来,该槽的取向与电场平行,如图 11-5(a)所示。由于我们知道 $\nabla\times\boldsymbol{E}=0$,故在环绕图(b)所示曲线 Γ 所取的线积分就应等于零。槽中的场所提供的贡献必定恰好抵消来自槽外的场的贡献。因此,实际上在一条狭长槽的中心处得到的场 E_0 等于在电介质里找到的平均电场 E。

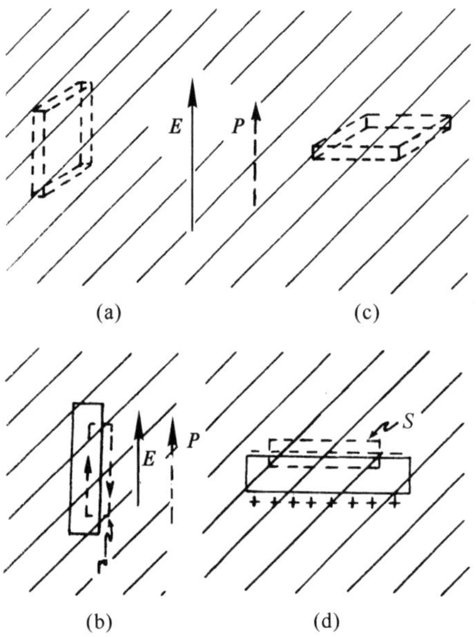

图 11-5 从电介质里切割出一个槽来,槽中的场取决于该槽的形状及取向

现在考虑大的侧面与 E 垂直的另一种槽,如图 11-5(c)所示。在这种情况下,槽里的场 E_0 就不同于 E,因为极化电荷出现在槽面上了。如果我们应用高斯定律于图(d)中所画出来的那个 S 面,则发现槽里的场 E_0 由下式给出:

$$E_0=E+\frac{P}{\epsilon_0},\tag{11.22}$$

式中 E 仍然是电介质中的场(该高斯面中含有面极化电荷 $\sigma_{极化}=P$)。我们曾在第 10 章中提及,$\epsilon_0 E+P$ 这个量常称为 D,因而 $\epsilon_0 E_0=D_0$ 就等于在电介质里的 D。

在物理学较早期的历史中,当时人们认为每个量都要直接由实验来下定义是非常之重要的,因而当发现不必在原子之间到处爬行就能够给电介质里的 E 和 D 下定义时,感到十分喜悦。平均场 $\boldsymbol{E}$ 在数值上就等于平行于场的槽中所量得的场 $\boldsymbol{E}_0$。通过挖一个垂直于场的槽,并求得其中的 E_0,从而可测得场 D。但从来没有人按照这种办法把它们测量出来,因而那不过是一种哲学上的东西而已。

对于结构不太复杂的大多数液体来说,我们可以期待:平均地说一个原子发现自己受到其他原子的包围,作为很好的近似,认为它处在一个球形的空腔之中。因此,我们就会问:“在一个球形空腔中的场到底怎样?”注意!若在一块均匀极化材料中,设想挖出一个球形空腔,那不过是把极化材料中的一个球体移出去罢了,这样就可将腔里之场找出来(我们必须想象,在挖出该空腔之前极化已被“冻结”了)。然而,根据迭加原理,在该球体移出之前,电介质内部的场等于球体体积外所有电荷的场再加上极化球内部电荷之场。这就是说,若我

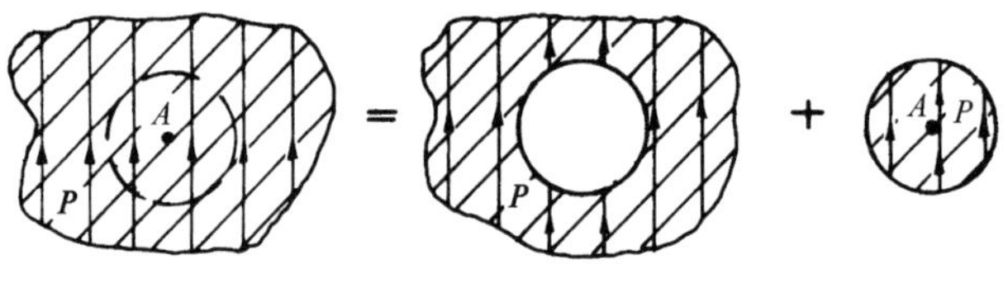

图 11-6 介质内任一点 A 的场,可认为是一个球形空腔里的场与一个球形塞子所产生的场之和

们把在均匀电介质里的场叫作 E,则可以写成

$$E = E_{空腔} + E_{塞子}. \tag{11.23}$$

式中,$E_{空腔}$ 指在该腔里之场,而 $E_{塞子}$ 则为一个均匀极化球内部的场(见图 11-6)。由一个均匀极化球所产生的场,如图 11-7 所示。在这个球体之内,场是均匀的,其值为

$$E_{塞子} = -\frac{P}{3\epsilon_0}. \tag{11.24}$$

应用式(11.23),我们得到

$$E_{空腔} = E + \frac{P}{3\epsilon_0}. \tag{11.25}$$

在一个球形空腔里的场比平均场要大 $P/3\epsilon_0$(系数 1/3 表明,球形空腔里的场介于平行于场的槽内的场和垂直于场的槽内的场之间)。

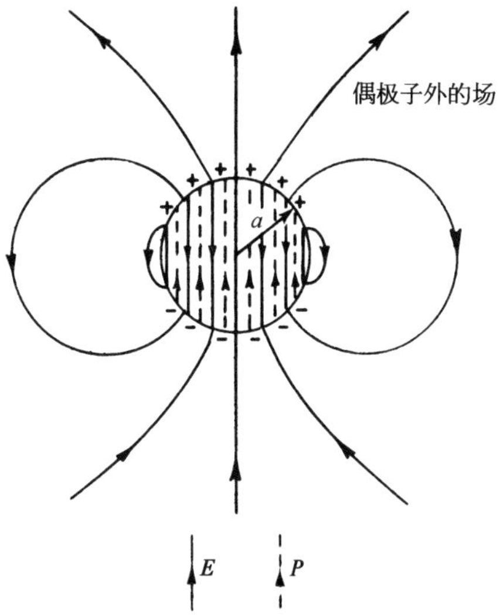

图 11-7　一个均匀极化球体的电场

§11-5　液体的介电常量;克劳修斯-莫索提方程

在液体中,我们期待对各个别原子起极化作用的场类似 $E_{空腔}$,而不是 E。如果把式(11.25)的$E_{空腔}$用作式(11.6)中的极化场,则式(11.8)变成

$$P = N\alpha\epsilon_0\left(E + \frac{P}{3\epsilon_0}\right) \tag{11.26}$$

或

$$P = \frac{N\alpha}{1 - N\alpha/3}\epsilon_0 E. \tag{11.27}$$

回忆一下,$\kappa - 1$ 正好是 $P/(\epsilon_0 E)$,因而有

$$\kappa - 1 = \frac{N\alpha}{1 - N\alpha/3}. \tag{11.28}$$

这为我们提供了用原子极化率 α 表达的液体介电常量。式(11.28)称为克劳修斯-莫索提方程。

每当 $N\alpha$ 非常小时,如在气体那种情况(因为密度 N 很小),于是项 $N\alpha/3$ 与 1 相比可以忽略,因而我们得到以往那个结果,即式(11.9),

$$\kappa - 1 = N\alpha. \tag{11.29}$$

让我们拿式(11.28)同某些实验结果进行比较。有必要首先考虑能用 κ 的测量值通过式(11.29)算出 α 来的那些气体。例如,对于在 0 ℃的 CS_2 来说,介电常量为 1.002 9,所以 $N\alpha$ 就是 0.002 9。气体的密度一般容易算出,而液体的密度则可从手册中找到。液态 CS_2 在20 ℃的密度比在 0 ℃时该气体的密度要高 381 倍,这意味着它处在液体时的 N 比处在气

体时高 381 倍。因而——倘若我们近似地认为 CS_2 凝结成液体时,其基本原子极化率并不发生变化——在液体中的 $N\alpha$ 便是 0.002 9 的 381 倍,即 1.11。注意项 $N\alpha/3$ 的值接近 0.4,所以就显得极为重要。用这些数字我们预测介电常量等于 2.76,与 2.64 的观测值符合得相当好。

在表 11-1 中,我们列出了几种不同材料的一些实验数据(从《化学与物理学手册》中得来的),以及按刚才所述的方法由式(11.28)计算出来的介电常量。对于 Ar 和 O_2,观测值与理论值的符合程度甚至比 CS_2 还要好——而对于 CCl_4 理论值与观测值的符合程度就不那么好了。大体上,所得结果都表明式(11.28)用起来十分好。

表 11-1　由气体的介电常数算出液体的介电常量

	气　体			液　体				
物　质	κ(实验值)	$N\alpha$	密　度	密　度	比　值*	$N\alpha$	κ(预料值)	κ(实验值)
CS_2	1.002 9	0.002 9	0.003 39	1.293	381	1.11	2.76	2.64
O_2	1.000 523	0.000 523	0.001 43	1.19	832	0.435	1.509	1.507
CCl_4	1.003 0	0.003 0	0.004 89	1.59	325	0.977	2.45	2.24
Ar	1.000 545	0.000 545	0.001 78	1.44	810	0.441	1.517	1.54

* 比值 = 液体密度 / 气体密度。

我们关于式(11.28)的推导仅适用于液体中的电子极化。对于 H_2O 那样的极性分子来说,这个式子就不正确了。如果对水也做同样的计算,便会得出 $N\alpha$ 等于 13.2,那意味着在该液体的介电常量为负值,但 κ 的观测值却是 80。这一问题牵涉到得对永久偶极矩作正确的处理,而昂萨格(Onsager)就曾指出过正确的方向。现在我们没有时间来讨论这种情况,但若你有兴趣的话,可参考克脱耳(Kittel)所著的《固体物理导论》,书中对这个问题有所论述。

§11-6　固态电介质

现在我们再来讨论固体。关于固体的第一个有意义的事实是,可能存在由某些东西构成的永久极化——即使没有外加电场,那些东西也依然存在。例如,蜡这样一种材料,它含有带永久偶极矩的长形分子。要是你熔解了一些蜡,并当它在液态时就加上一强电场,使得那些偶极矩部分地排列起来,那么当液体凝固时它们将保留原样。当场移去之后,这固体材料仍将具有那遗留下来的永久极化。像这样的固体叫永电体或驻极体。

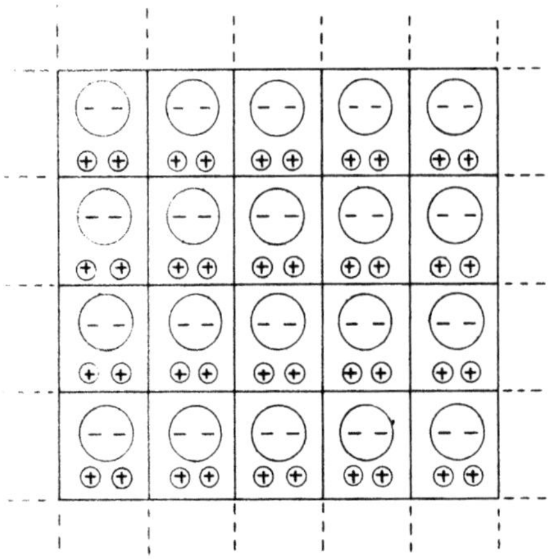

图 11-8　复杂的晶格可以有一永久的内禀极化强度 $\boldsymbol{P}$

在永电体的表面上会有永久的极化电荷。它是类似于永磁体的带电体,然而却并不怎么有用,因为来自空气中的自由电荷会被吸引至其表面上,最后抵消了那些极化电荷。永电体被"放了电",因而便没有可见的外电场了。

在某些结晶物质中,也可以找到自然发生的永久的内部极化强度 P。在这类晶体中,晶格的每个晶胞都有一个彼此相同的永久偶极矩,如图 11-8

所示。即使没有外加电场,所有的偶极子仍会指向同一方向。事实上,许多复杂晶体就都有这种极化现象。但我们平常并没有注意到它,这是由于出现于晶体外面的场已被放了电,正如永电体的情况那样。

然而,如果晶体中这些内在偶极矩发生变化,则由于此时杂散电荷还来不及聚集起来和抵消这些极化电荷,所以外电场会显现出来。如果电介质是在电容器里,那么自由电荷将会感生在极板上。例如,当电介质加热时,其中的电偶极矩可能由于晶体受热膨胀而发生变化,这一效应称为热释电。同样地,如果我们改变晶体中的应力——如把晶体弯曲——偶极矩也可能稍微改变,因而出现微小的电效应,这种效应称为压电效应,它可以被探测出来。

对于那些不具有永久电极矩的晶体来说,我们可以求出一种涉及原子中电子极化率的介电常量理论来。这跟液体的情况差不多。有些晶体内部还存在可转动的偶极子,而这些偶极子的转动也会对 κ 有所贡献。在诸如 NaCl 这种离子晶体中还有离子极化率。这种晶体由正、负离子排列而成的方格构成,在电场中正离子会被拉向一边而负离子被拉向另一边;正电荷和负电荷之间有一个净的相对运动,因而也就有了体积极化。根据食盐晶体的硬度知识我们能够估计出这种离子极化率的大小,但这里不打算讨论这一课题。

§11-7 铁电现象;$BaTiO_3$

现在要来描述一种特殊晶体,几乎仅仅是偶然它才具有内在的永久电极矩。它的情况很接近临界状态,以致若稍微升高一点温度,该晶体便将完全丧失永久电极矩。另一方面,若它们接近于立方晶体,以致它们的矩可以在不同方向被转动,则可以在改变外电场时探测到电极矩大的变动。所有的极矩都翻转过来了,因而得到了大的效应。凡具有这种永久电极矩的物体都称为铁电体,它取名于首先在铁中发现的相应的铁磁效应。

我们愿意通过对铁电材料的一个特殊例子的描述,来解释铁电现象是如何产生的。有几种方法可以产生铁电特性。但我们将仅仅讨论其中一种神秘情况——$BaTiO_3$。这种材料的单胞具有如草图 11-9 的那种晶格。事实证明,在某个温度以上,具体地说即在 118 ℃以上,$BaTiO_3$ 是一种普通电介质,具有巨大的介电常量。然而,低于这一温度,它会突然具有永久电极矩。

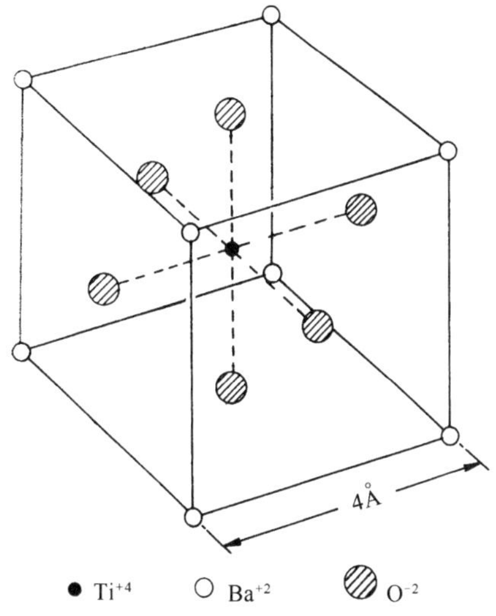

图 11-9 $BaTiO_3$ 的一个单胞,原子实际上填充了大部分空间,但为了看起来清楚起见,仅表示出它们的中心位置

在计算固态材料的极化时,我们必须先求得每个元胞处的局部电场。同时还必须将自身极化的场也计算在内,如同上面处理液体的情况那样。但晶体并非均匀液体,因而不能采用在一个球形空腔里可能获得的那种局域场。如果你对该晶体进行计算,就会发现在式(11.24)中的那个因子 1/3 已稍微发生了变化,但与 1/3 仍相距不远(对于简单立方晶体来说,就恰好是 1/3)。因此,在这里的初步讨论中,我们将假定在 $BaTiO_3$ 中这个因子为 1/3。

原来当我们在上面写出式(11.28)时你可能就

已怀疑,要是 $N\alpha$ 变成大于3那会发生什么情况呢?似乎显出 κ 会变成负数。但这肯定是不对的。让我们来看看,要是在一特定晶体中 α 逐渐增大会出现什么情况。当 α 变大时,极化跟着增加,从而形成了一个较强的局域电场。可是一个较大的局域电场将使每一原子的极化增强,从而又进一步提高了局域电场。假如原子的"适应性"足够大,则这一过程会继续下去;这里有一种反馈作用,引起了极化的无限度增长——假定每一原子的极化始终正比于场而增长。这个"失控"条件发生在 $N\alpha = 3$ 时。当然,极化不会变成无限大,因为感生极矩与电场之间的正比关系在强场时失灵了,从而使上述的一些公式不再正确。真正发生的情况,是在晶格中已"锁住"了一个自生自长的、高度的内部极化。

在 $BaTiO_3$ 的例子中,除了电子极化之外,还有相当大的离子极化。这可认为是由于钛离子在立方晶格中会稍微移动一点而引起的。不过晶格会阻碍大的运动,因而当钛离子已移过一小段距离后,它就被堵住而停止不动。但这时晶胞却已把一个永久偶极矩保留下来了。

在大多数晶体中,这就是在能够达到的各种温度时的实际情况。关于 $BaTiO_3$ 的这个十分有趣事情,是由于存在这么一个灵敏的条件,即如果 $N\alpha$ 只减少一点点就不会碰到困难了。既然 N 是随温度升高而减少的——由于热膨胀的缘故——我们便能够通过改变温度来调整 $N\alpha$。在那临界温度之下它才恰好被固定下来,因而——通过加上电场——就很容易改变极化并把它锁定在另一个方向上。

让我们来看看能否更详细地对所发生的事态进行分析。就把 $N\alpha$ 严格等于3的那个温度叫作临界温度 T_c。当温度升高时,由于晶格膨胀,N 就减少一些。由于膨胀很小,所以我们便可以说,在临界温度附近

$$N\alpha = 3 - \beta(T - T_c). \tag{11.30}$$

式中 β 是一个小的常数,它与热膨胀系数的数量级相同,或者约等于 10^{-6}—10^{-5}/℃。现在,若我们将这个关系代入式(11.8)中,便可以得到

$$\kappa - 1 = \frac{3 - \beta(T - T_c)}{\beta(T - T_c)/3}.$$

由于已假定 $\beta(T - T_c)$ 比1小,因而可以将此式近似地化成

$$\kappa - 1 = \frac{9}{\beta(T - T_c)}. \tag{11.31}$$

当然,这个关系式仅在 $T > T_c$ 时才是对的。我们看到,恰好在临界温度以上时,κ 非常大。由于 $N\alpha$ 那么接近3,因此就有一个巨大的放大效应,使介电常量可以轻易地高达50 000至100 000。它对温度也非常敏感,当温度升高时,介电常量与温度成反比地降低。可是,与偶极性气体的情况不同,那里的 $\kappa - 1$ 与绝对温度成反比,而对于铁电体它同绝对温度与临界温度两者之差反比地变化(这一定律称为居里-外斯定律)。

当我们把温度降至临界温度时,会发生什么情况呢?如果设想一个像图11-9所示的那种单胞晶格,便会见到有可能选出沿竖直线的离子链。在这些链中,有一种是由彼此相间的氧离子和钛离子组成的。还有其他一些线则分别由钡离子或氧离子构成,但沿这些线上的间隔要大些。通过想象出如图11-10(a)所示的一系列离子链我们便可以作出一个简单模型来模拟这种情况。沿着我们所称的主链,其中离子间隔为 a,等于晶格常量的一半;在彼此全同的链之间,其横向距离为 $2a$。在这些主链之间还有一些不那么致密

的链,我们暂且不予考虑。为使分析稍微简单些,我们也将假定在各条主链上的所有离子完全相同(这不是一种极粗略的简化,因为所有一切重要效应仍会出现。这是理论物理的技巧之一。先做另一个问题,因为它较容易解决——然后,在已经理解了事情怎样进行之后,才及时将一切复杂情况都放进去)。

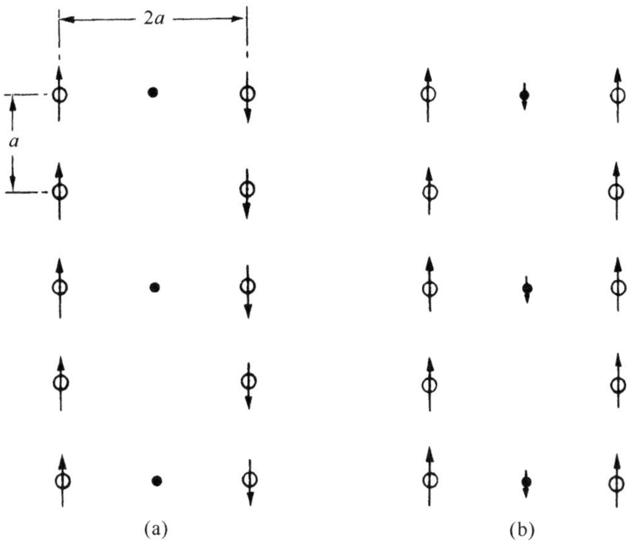

图 11-10 关于铁电体的模型。(a) 相当于反铁电体;(b) 相当于正常铁电体

现在,让我们试着按照上述模型找出会发生的事情。我们假定每个原子的偶极矩为 p,并希望算出链中一个原子处的场,必须求出来自其他各原子之场的总和。我们将首先算出仅来自一条竖直链中各偶极子的场,其他的链我们将在以后再谈。沿偶极子轴向并与其相距为 r 处的场由下式给出:

$$E=\frac{1}{4\pi\epsilon_0}\frac{2p}{r^3}. \tag{11.32}$$

作用于任一个特定原子上的、由那上下两个等距偶极子所提供的场,方向总是相同,因而对于整条链来说,我们就得到:

$$E_{链}=\frac{p}{4\pi\epsilon_0}\frac{2}{a^3}\cdot\left(2+\frac{2}{8}+\frac{2}{27}+\frac{2}{64}+\cdots\right)=\frac{p}{\epsilon_0}\frac{0.383}{a^3}. \tag{11.33}$$

不太难证明:要是我们的模型像一块完整的立方晶体——也就是说,若近邻的全同链只离开 a——则数值 0.383 便应改成 1/3。换句话说,要是近邻一些链位于距离 a 处,这些链对整个和的贡献也不过是 -0.050 个单位。然而,我们正在考虑的近邻一条主链却在 $2a$ 距离处,而正如你可回忆第 7 章那里所讲的,来自一个周期性结构的场乃是随距离作指数函数式衰减的。因此,这些链的贡献将远比 -0.050 为小,这正好使我们可以略去所有其他链的贡献了。

现在,应当找出要使失控过程能够进行必须有多大的极化率 α。假定链中每一原子的感生极矩 p 正比于作用在它上面的场,如式(11.6)所示。利用式(11.33),就可从 $E_{链}$ 获得作用于原子上的、使其极化的场。因而便有下列两式:

$$p = \alpha\epsilon_0 E_{链}$$

和
$$E_{链} = \frac{0.383}{a^3}\frac{p}{\epsilon_0}.$$

上面这一对方程有两个解：$E_{链}$ 和 p 均为零；或当 $E_{链}$ 和 p 均为有限时

$$\alpha = \frac{a^3}{0.383},$$

于是，若 α 与 $a^3/0.383$ 同样大，则由它本身的场所维持的永久极化便将开始。这一临界等式对于 $BaTiO_3$ 来说，必须正好在温度 T_c 时达到(注意，假如 α 高于弱场的临界值，则在强场中 α 应降低，而在平衡态我们已找到的相同等式仍将成立)。

对于 $BaTiO_3$ 来说，间距 a 为 2×10^{-8} cm，因而必然预期 $\alpha = 21.8\times10^{-24}$ cm^3。我们可以把它与单个原子的已知极化率做比较。对于氧，$\alpha = 30.2\times10^{-24}$ cm^3，看来我们是对头的！但对于钛，$\alpha = 2.4\times10^{-24}$ cm^3，那就相当之小。为了运用上述模型，我们大概应当采取它们的平均值(本来也可再度就相间原子的那种链进行计算，但结果却几乎相同)。因此，α(平均) $=16.3\times10^{-24}$ cm^3，它仍未达到足以提供永久极化的程度。

但请等一等！迄今为止我们仅对电子极化率进行了相加。此外，还有由于钛离子移动而引起的某种离子性极化。我们只需要一个等于 9.2×10^{-24} cm^3 的离子极化率 * (采用相间原子所进行的更精密的计算表明实际上需要的是 11.9×10^{-24} cm^3)。要理解 $BaTiO_3$ 的特性，我们就得假定有这么一种离子极化率存在。

在 $BaTiO_3$ 中，为什么钛离子会有那么大的离子极化率还不清楚。此外，在较低温度时，它在沿体对角线和在沿面对角线上的极化程度为什么会相同，也不明白。如果把图 11-9 中各球的实际大小都计算出，并问在由钛的近邻氧离子所构成的箱子中钛离子是否会有点儿松动——那是我们所期望的，以便它较易移动——你却找到完全相反的结果，它被塞得很紧。那些钡原子就有点儿松，但要是你仅让它们运动，则算不出那种结果。因此，你会看出，这一课题实际上还没有百分之百弄清楚，仍然存在一些我们希望了解的奥秘。

回到图 11-10(a)中的简单模型上来，我们看到来自一条链的场往往会使其邻近的链按相反方向极化，这意味着尽管每一条链会被锁住，但单位体积里却不会有净极矩(这样，虽然不会有外部的电效应，但仍存在某种人们可以观测到的热力学效应)！像这样的系统确实存在，并称为反铁电体。因此，我们刚才所解释的实际上乃是反铁电体。然而，$BaTiO_3$ 确实排列得如图 11-10(b)那样。所有的氧钛链都在同一个方向上极化，因为它们之间还有一些中间链存在。尽管这些链中的原子并不是非常极化，也并非十分致密，但仍将在与氧钛链相反的方向上有些极化。这极化作用在近邻一条氧钛链上所产生的弱场就会促使它处于与第一条链相平行的方向。因此，$BaTiO_3$ 的确是属于铁电性的，这是由于在链与链之间还存在一些原子。你或许会觉得奇怪：“在两条氧钛链之间的直接影响又该会怎么样呢？”然而，应当记住，那直接效应是随距离按指数函数减弱的。强偶极子的链在 $2a$ 距离上的效应可能还小于弱偶极子的链在 a 距离上的效应。

这一个目前我们对于气体、液体和固体的介电常量理解的相当详尽的报告就此结束。

---

* 按照上述的简单平均法计算，这个数字似乎应是 11.0×10^{-24} cm^3。—— 译者注

第12章　静 电 模 拟

§12-1　相同的方程组具有相同的解

自科学兴起以来，对于物理世界所获得的知识总数非常繁多，任何人要懂得其中的一个相当部分都似乎是不可能的。但实际上一个物理学家仍很有可能掌握有关物理世界的广泛知识，而不致成为某一狭窄范围内的专家。这里面有三重原因：第一，有一些重大原理可以应用到一切不同种类的现象上去——诸如能量以及角动量的守恒原理。对这些原理的透彻理解会马上导致对许多东西的理解。其次，有这么一个事实，即许多复杂现象，诸如固体在受压缩时的行为，实际上基本取决于电力和量子力学方面的力，所以如果人们理解了电学和量子力学的基本规律，至少对发生于复杂情况下的许多现象就有理解的可能。最后，还有一个最引人注目的吻合：对于多种不同物理情况的方程，都具有完全相同的形式。当然，符号可能不同——一个字母代替了另一个字母——但方程的数学形式却彼此相同。这意味着，已经学习了一个学科，我们便立即拥有大量直接而又精确的关于另一门学科的方程的解的知识。

现在，我们已结束了静电学这一科目，不久便将继续学习磁学和电动力学。但在这样做之前，我们很想指出，在学习静电学的同时就已经学习了许多其他学科。我们将发现，静电学的方程组会出现在物理学的其他几个场合。通过对解答的直接转译（当然相同的数学方程组必定具有相同的解），就有可能像在静电学中那样同等容易——或同等困难——地去解决在其他方面存在的问题。

我们知道，静电学方程组是：

$$\nabla\cdot(\kappa\boldsymbol{E})=\frac{\rho_{自由}}{\epsilon_0};\tag{12.1}$$

$$\nabla\times\boldsymbol{E}=0.\tag{12.2}$$

这里选取了含有电介质的那种静电学方程组，以便得到最普遍的情况。同样的物理内容也可以表达为另外的数学形式：

$$\boldsymbol{E}=-\nabla\phi;\tag{12.3}$$

$$\nabla\cdot(\kappa\,\nabla\phi)=-\frac{\rho_{自由}}{\epsilon_0}.\tag{12.4}$$

现在问题的要点在于，有许多物理问题其数学方程都具有相同形式。有一个势(ϕ)的梯度乘以一标量函数(κ)，该积的散度等于另一标量函数 ($-\rho_{自由}/\epsilon_0$)。

我们对静电学所知道的任何东西，都可以立即转移到其他学科里去，反过来也是如此（当然，这是一种双行道——如果在其他学科中某些特定性质为已知，则我们也可把这种知识应用到对应的静电学问题上来）。下面我们要考虑一系列例子，它们都来自能够产生这种形式的方程组的不同学科。

§ 12-2 热流;无限大平面边界附近的点源

以前(在 § 3-4 中)我们就曾讨论过一个例子——热流。设想有一大块材料,它无须均匀,也可以是在不同地方含有不同材质,而其内部温度是逐点变化的。这些温度变化的结果产生一股热流,由矢量 $\boldsymbol{h}$ 表示,这代表每秒通过垂直于流向的单位面积的热量。$\boldsymbol{h}$ 的散度表示热量从该区域单位体积离开的速率:

$$\nabla \cdot \boldsymbol{h} = \text{单位时间内从单位体积流出的热量}.$$

当然,本来也可以将此式写成一积分形式——正如我们以前曾在静电学中用高斯定律处理问题那样——那就会说明:通过一个面的通量等于材料内部热能的变化率。我们不准备自找麻烦,在微分与积分形式之间把方程组变来变去,因为这种变换同静电学的变换一模一样。

在各个地方热的产生率或吸收率当然依问题的不同而异。例如,假设在材料内部有一个热源(也许是一个放射源,或是由电流加热的电阻器)。让我们把由这个源每秒在单位体积中所产生的热能叫作 s。也可能还有转变成体积内其他类型的内能而引起的热能损失(或获得)。设 u 为单位体积的内能,则 $-\mathrm{d}u/\mathrm{d}t$ 也将是热能的一个"源"。于是我们便有

$$\nabla \cdot \boldsymbol{h} = s - \frac{\mathrm{d}u}{\mathrm{d}t}. \tag{12.5}$$

眼下不打算讨论其中事物随时间变化的完整方程,因为我们正在做静电模拟,这里并没有什么东西与时间有关。我们将仅仅考虑恒定热流问题,其中有些恒定源已产生了一个平衡态。在这些场合下,

$$\nabla \cdot \boldsymbol{h} = s. \tag{12.6}$$

当然,还必须用另一个方程来描述在各不同地方热是如何流动的。在许多种材料中,热流近似地正比于温度对位置的变化率:温差越大,热流越强,正如我们曾经见到的,热流这个矢量与温度梯度成正比。比例常数 K 称为热导率,它代表该材料的一种性质。

$$\boldsymbol{h} = -K\,\nabla T. \tag{12.7}$$

如果材料的导热性能是随地点而改变的,那么 $K = K(x, y, z)$ 就是一个位置函数[式(12.7)并不如表达热能守恒的式(12.5)那么基本,因为前者依赖于物质的特性]。现在我们若把式(12.7)代入式(12.6)中,便有

$$\nabla \cdot (K\,\nabla T) = -s, \tag{12.8}$$

这与式(12.4)在形式上完全相同。恒定热流问题与静电学问题相同。热流矢量 $\boldsymbol{h}$ 对应电场 $\boldsymbol{E}$,而温度 T 则对应于 ϕ。我们已经注意到,一个热源会产生一个按 $1/r$ 变化的温度场和一个按 $1/r^2$ 变化的热流。这不过是从静电学方面来的一种转译,即一个点电荷会产生一个按 $1/r$ 变化的势和一个按 $1/r^2$ 变化的电场。一般说来,我们能够跟解决静电学问题那样,容易地去解决恒定热流问题。

考虑一个简单例子。假设有一个半径为 a、温度为 T_1 的圆筒,该温度由筒内所产生的热维持着(这可能是一根载电流的导线,或一根其中有蒸汽正在凝结的管道)。这个圆筒外

面覆盖着一层绝缘材料的同心护套，这种材料的热导率为 K。比方说，这绝缘套的外半径为 b，套外的温度为 T_2[图 12-1(a)]。我们要找出该导线、或蒸汽管、或在其轴心上的任何东西的热量损失率。设由长度为 L 的一段管道每秒所损失的总热量为 G——这就是我们要尝试去求的。

如何才能求解这个问题呢？我们已有了上述微分方程，但是由于这些方程和静电学的相同，所以实际上就已解决了该数学问题。类似的电学问题是：一个半径为 a 的圆筒形导体处于势 ϕ_1，与处于势 ϕ_2、而半径为 b 的另一个圆筒形导体分别隔离着，中间填充了一层同轴的电介质材料，如图 12-1(b)所示，现在既然热流 $\boldsymbol{h}$ 对应于电场 $\boldsymbol{E}$，我们所要求的量 G 就对应于出自长度 L 的电场通量(换句话说，对应于在长度 L* 上的电荷除以 ϵ_0)。我们已用高斯定律解决了静电学问题。对于热流问题，我们也按照相同的步骤来求解。

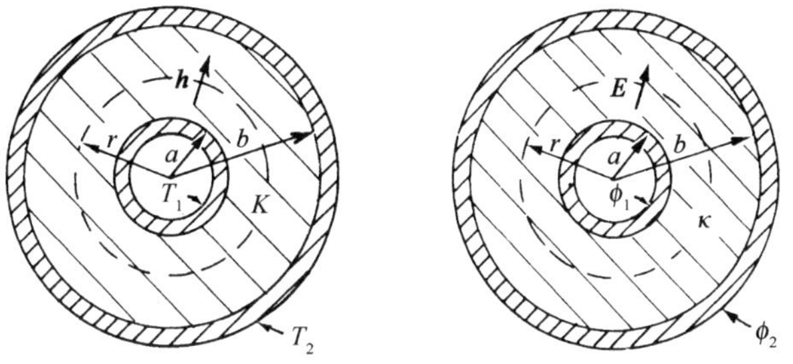

图 12-1　(a) 在一个圆筒状几何形体中的热流；(b) 相应的电学问题

由对称性可知，h 仅取决于与轴心间的距离 r。所以我们包围管子作一个长为 L、半径为 r 的高斯圆柱面。根据高斯定律，我们知道，热流 h 乘以该表面的面积 $2\pi rL$ 便应等于其内部所产生的总热量，这就是我们所称的 G：

$$2\pi rLh = G \quad 或 \quad h = \frac{G}{2\pi rL}. \tag{12.9}$$

热流与温度梯度成正比：

$$\boldsymbol{h} = -K\boldsymbol{\nabla}T,$$

或者在这种情况下，$\boldsymbol{h}$ 的大小为

$$h = -K\frac{\mathrm{d}T}{\mathrm{d}r}.$$

上式同式(12.9)一起给出

$$\frac{\mathrm{d}T}{\mathrm{d}r} = -\frac{G}{2\pi KLr}. \tag{12.10}$$

从 $r=a$ 至 $r=b$ 进行积分，便得

$$T_2 - T_1 = -\frac{G}{2\pi KL}\ln\frac{b}{a}. \tag{12.11}$$

---

* 这里两处“长度 L”，在原书中都作“单位长度”，我们作了改正。——译者注

解出 G,得

$$G=\frac{2\pi KL(T_1-T_2)}{\ln(b/a)}. \tag{12.12}$$

这一结果完全对应于圆柱形电容器上的电荷

$$Q=\frac{2\pi\epsilon_0\kappa L(\phi_1-\phi_2)}{\ln(b/a)}.\ ^{*}$$

问题相同,因而有相同的解。我们根据静电学知识,也知道一根隔热管道损失了多少热量。

现在来讨论热流的另一个例子。假设我们要知道位于地下离地表不远或在一大块金属表面附近的一个点热源周围的热流,这个定域热源也许是一个在地下爆炸了的原子弹所留下来的一个强烈热源,或许相当于在一大块铁中的一个小小放射源——总之会有种种可能性。

我们将处理这样一个理想化的问题,即一个强度为 G 的点热源置于一块无限大均匀材料——其热导率为 K——的表面下距离为 a 的地方。我们将忽略材料外面空气的热导率,而希望求得这块材料表面上的温度分布。试问在材料表面上正对热源的那一点以及其他各处的温度是多少?

怎样解决这个问题呢?它很像静电学中这样一个问题,即在一平面边界两侧存在介电常量不同的两种材料。啊哈!或许它与边界附近的点电荷的情况相似,而该边界处在电介质与导体或类似的某些东西之间。让我们来看看,该表面附近的情况如何。这表面的物理条件是,$\boldsymbol{h}$ 的法向分量为零,因为我们已假定没有热量流出板外,我们会问:在我们做过的哪一种静电学问题中会有这样的条件,即在表面处电场 $\boldsymbol{E}$(这类似于 $\boldsymbol{h}$)的法向分量为零。不会有这种情况!

这是一件务必当心的事情。由于一些物理原因,可能在某一门学科中对数学条件产生了某些限制。因此,若我们仅仅对有限几种情况的微分方程进行分析,便可能会丢失在其他物理情况下能够发生的某些类型的解答。例如,没有一种材料的介电常量为零,而真空的热导率却确实等于零。所以对于完全绝热的物体,竟找不出一种静电的类似物来,然而,我们还是可以采用同样的方法。不妨试行想象,假如介电常量等于零,将发生什么情况(当然,在任一种实际情况中,介电常量总不会等于零的。但也许会有这么一种情况,即其中有一种材料其介电常量非常高,使得我们可以略去外面空气的介电常量)。

如何去找出与表面没有垂直分量的那种电场呢?也就是一种只与表面相切的电场。你会注意到,我们的问题与在一平面导体附近放置一个点电荷的问题刚好相反。那里曾要求有一个垂直于表面的场,因为该导体全都处于相同的势,在电的问题中,我们通过设想在导电板后面有一个点电荷而发明了一种解法,可再引用那同一概念。试挑选一个“像源”,那将会自动地使在表面上场的法向分量为零。这种解法如图 12-2 所示。一个同号而又等强的像源被置在该表面之上距离为 a 处,将使场始终切于材料表面。这两个源的法向分量互相抵消了。

这样,我们的热流问题就得到了解决。通过直接类比,在各处的温度与两个相等点电荷产生的势相同。放在无限大媒质中一个单独点源 G,在距离为 r 处所产生的温度为

---

* 原书式中少了 κ。——译者注

$$T=\frac{G}{4\pi Kr}. \tag{12.13}$$

当然,这只是 $\phi=q/(4\pi\epsilon_0 r)$ 的模拟。对于一个点源来说,若加上它的像源,所产生的温度就是

$$T=\frac{G}{4\pi Kr_1}+\frac{G}{4\pi Kr_2}, \tag{12.14}$$

上式给出在大块材料内任一点的温度。图 12-2 中表示出几个等温面,同时也显示出一些 $\boldsymbol{h}$ 线,它可以由 $\boldsymbol{h}=-K\nabla T$ 获得。

我们原来的问题是要找出在该表面上的温度分布。对于表面上离轴心为 ρ 的一点,即在 $r_1=r_2=\sqrt{\rho^2+a^2}$ 处,就会有

$$T(\text{表面})=\frac{1}{4\pi K}\frac{2G}{\sqrt{\rho^2+a^2}}. \tag{12.15}$$

这一函数在图上也表示了出来。刚好在热源正上方一点上的温度自然会高于其他较远的点的温度。这是地球物理学家们经常需要加以解决的那类问题。我们现在看到,这也是在电学方面已经解决了的同类事情。

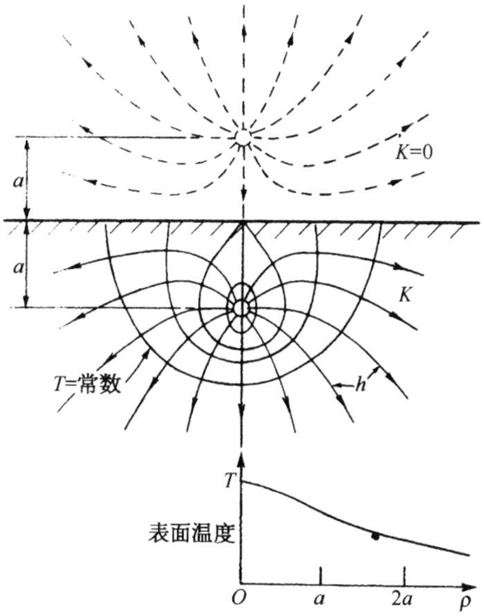

图 12-2　在一良热导体表面之下距离为 a 处有一个点热源,在其周围附近所产生的热流和等温面。材料外面显示的是一个像源

§12-3　绷紧的薄膜

现在让我们来考虑一种完全不同的物理情况,不过它会再次给出相同的方程。设有一橡胶薄层——一张膜——铺在一个大的水平构架上而被拉紧(如一张鼓膜)。现在假设这张膜的一处被顶起,而在另一处被压下,如图 12-3 所示。对于这个表面的形状我们能够加以描述吗?即将表明,当膜的挠曲程度不太大时,这一问题如何才能解决。

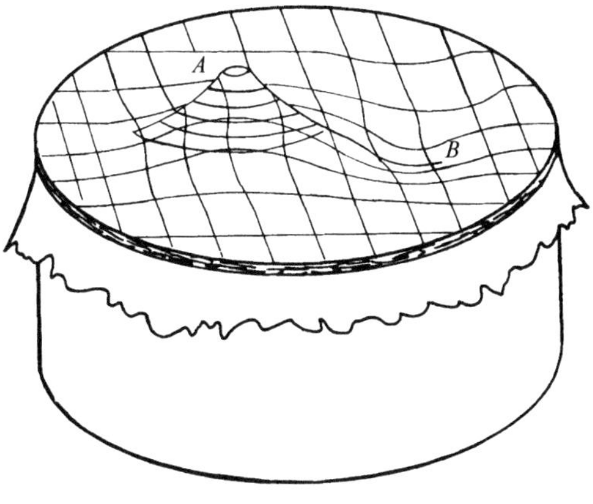

图 12-3　一橡胶薄层铺在一个筒形构架上而被拉紧(如一张鼓膜)。如果在该薄层 A 处被顶起,而在 B 处被压下,这个表面是什么形状?

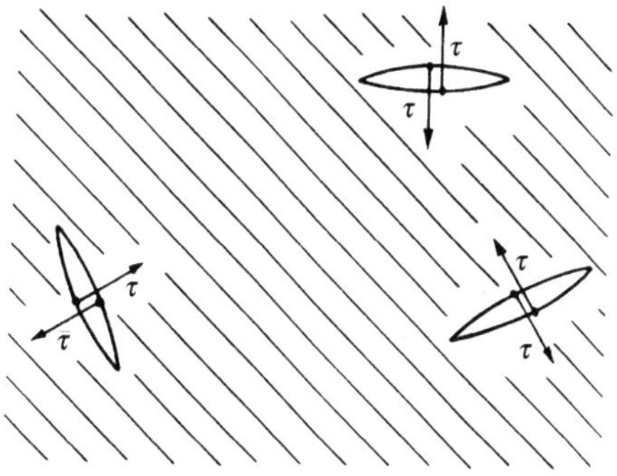

图 12-4　一张绷紧了的橡胶薄层,其中表面张力 τ 为垂直于一条线的单位长度的力

由于膜被拉紧所以在膜内就会有力存在。要是在任一处造成一条小裂缝,则裂缝两边就会彼此互相拉开(见图 12-4)。可见在薄层内有一种表面张力,如同拉紧弦线中的一维张力。对于如图 12-4 所示的那样一条裂缝,刚刚能够把缝的两侧拉在一起的单位长度的力,我们定义为表面张力,其大小为 τ。

现在就来观察膜的一个垂直截面。它将表现为一个弯曲截面,如图 12-5 所示。设 u 为膜离开其正常位置的垂直方向位移,而 x 和 y 则分别代表水平面上的两个坐标(图上所表示的截面平行于 x 轴)。

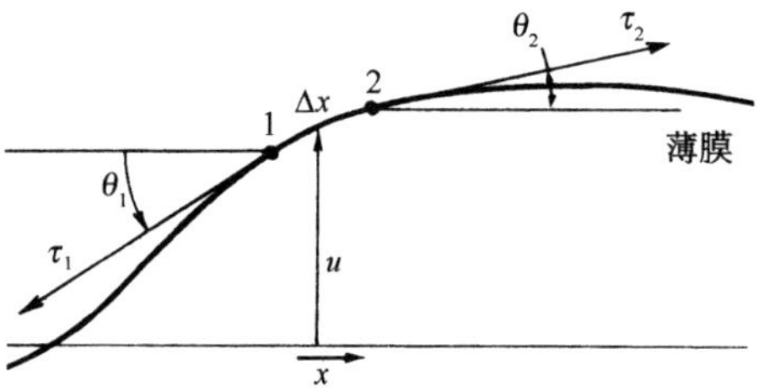

图 12-5 被挠曲了的膜片的横截面

试考虑长度为 Δx 而宽度为 Δy 的一小块表面。由于表面张力,所以将会有作用于该小块表面每一边的力。图上边缘 1 上的力将是 $\tau_1\Delta y$,其方向与该表面相切——也就是与水平线成 θ_1 角。边缘 2 上的力将在角 θ_2 的方向,为 $\tau_2\Delta y$(还有作用于该小块表面其他两个边缘上的相似之力,但这些我们暂不予理会)。从 1 与 2 两个边缘作用于该小块表面上的向上的净力为

$$\Delta F = \tau_2\Delta y\sin\theta_2 - \tau_1\Delta y\sin\theta_1.$$

我们将只考虑膜的小畸变,也就是小斜率范围。于是,$\sin\theta$ 便可用 $\tan\theta$ 来代替,而 $\tan\theta$ 又可写成$\partial u/\partial x$。因而力为

$$\Delta F = \left[\tau_2\left(\frac{\partial u}{\partial x}\right)_2 - \tau_1\left(\frac{\partial u}{\partial x}\right)_1\right]\Delta y.$$

在方括号内的量也同样可以写成(对于小 Δx 而言)

$$\frac{\partial}{\partial x}\left(\tau\frac{\partial u}{\partial x}\right)\Delta x.$$

于是

$$\Delta F = \frac{\partial}{\partial x}\left(\tau\frac{\partial u}{\partial x}\right)\Delta x\Delta y.$$

作用在其他两个边缘上的力对 ΔF 也将有贡献,所以总力显然是

$$\Delta F = \left[\frac{\partial}{\partial x}\left(\tau\frac{\partial u}{\partial x}\right)+\frac{\partial}{\partial y}\left(\tau\frac{\partial u}{\partial y}\right)\right]\Delta x\Delta y. \tag{12.16}$$

该鼓膜之挠曲是由外力引起的。让我们设 f 为由外力引起的膜上单位面积的向上的力(一种"压强")。当该膜处于平衡状态(静止情况)时,这力必须被刚才所算出的内力即式(12.16)平衡掉。也就是说,

$$f = -\frac{\Delta F}{\Delta x\Delta y}.$$

于是式(12.16)便可以写成

$$f = -\boldsymbol{\nabla}\cdot(\tau\boldsymbol{\nabla} u). \tag{12.17}$$

其中,$\boldsymbol{\nabla}$目前所指的当然是二维的梯度算符$(\partial/\partial x,\ \partial/\partial y)$。我们就有一个把 $u(x,\ y)$和所施力 $f(x,\ y)$以及表面张力 $\tau(x,\ y)$——一般来说,膜中的 τ 是可以逐点改变的——联系

起来的微分方程(一个三维弹性体的畸变也由一组相似的方程所支配,但我们将专注于二维的情况)。我们将仅仅关心表面张力 τ 在整张膜中为常数的那一种情况。于是,可以将式(12.17)写成

$$\nabla^2 u = -\frac{f}{\tau}. \tag{12.18}$$

这样就有另一个与静电学相同的方程了!——只是这回限制在二维上。位移 u 对应于 ϕ,而 f/τ 对应于 ρ/ϵ_0。所以无论是对于无限大的平面带电板、或两平行长导线、或带电的圆筒形导体,我们所做过的一切工作,均可直接应用到一张绷紧的薄膜上。

假设我们在膜的某些点上将膜推到一定高度——也就是说,在某些点上把 u 值固定下来,这就是在电的情况下,在各对应地方有一个特定势的一种模拟。因此,比如我们可以用一个与筒形导体对应的截面形状的物体把膜推上去,因而形成一个正"势"。例如,若我们用一根圆棒把膜推上去,该表面便将如图 12-6 所示的形状。高度 u 与一带电圆棒的静电势 ϕ 相同。它是按 $\ln(1/r)$ 下降的(其斜率,对应于电场 E,将按 $1/r$ 下降)。

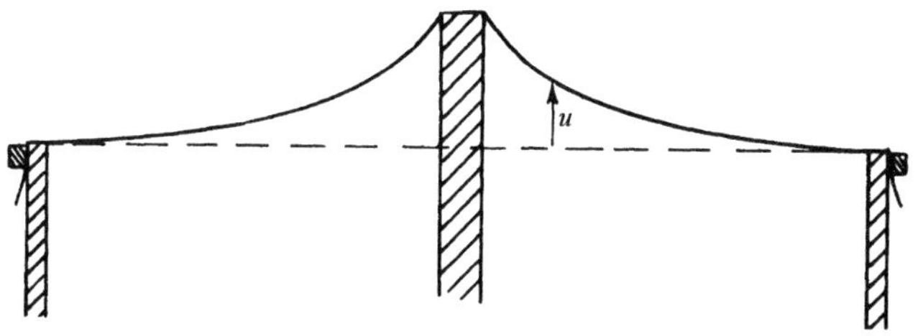

图 12-6 一张绷紧的橡胶薄层用一根圆棒推上去时的横截面。函数 $u(x, y)$ 与在一根很长的带电棒附近的电势 $\phi(x, y)$ 相同

一张绷紧的橡胶薄层,往往用来作为一种从实验上解决复杂的电学问题的途径。这里,模拟是倒过来用了!各种不同的棒和杆被用来把膜推至对应于一组电极的势的高度。此后,对高度的测量就能给出在电情况下的电势。这一种模拟甚至被发展得更远。如果将一些小球放在膜上面,它们的运动会近似地对应于电子在相应电场中的运动。人们能够实际上观看到"电子"在其轨道上运动。这一方法曾被用来对许多光电倍增管(诸如那些用在闪烁计数器上的,以及那些用于控制卡迪拉克牌汽车的车前灯光的)的复杂几何图形进行设计。这一方法目前仍被采用,但其准确度却是有限的。对于最准确的工作,更好的是通过数值计算法,即利用大型电子计算机把场求出来。

§ 12-4 中子扩散;均匀媒质中的均匀球形源

我们取另一个会给出相同类型方程的例子,这回得同扩散打交道了,在第 1 卷第 43 章中,我们曾经考虑过离子在纯气体中的扩散,以及一种气体在另一种气体中的扩散。这一次让我们选取一个不同的例子——中子在一种诸如石墨那样的材料中的扩散。之所以着重提出石墨(碳的一种纯净形式),是因为碳并不会吸收慢中子。在碳中,中子能够自由地到处漂移。它们在被核散射而偏转至一个新的方向之前,能够平均沿直线跑过几厘米。所以如果我们有一大块石墨——每边有许多米长——那么最初在某处的中子就会扩散至其他地方。

我们想要找出能对它们的平均行为——也就是,对它们的平均流动——所做的一种描述。

设 $N(x, y, z)\Delta V$ 代表点(x, y, z)处体积元 ΔV 中的中子数。由于运动,有些中子就会离开 ΔV,而其他一些则将进入。若在一个区域里有比其邻区更多的中子,则从第一个区进入第二个区中的中子比起返回的将会多些,这将有一个净流。按照第 1 卷第 43 章中的讨论,我们用一个流矢量 $\boldsymbol{J}$ 来描述该流动。它的 x 分量 J_x 就是单位时间通过垂直于 x 方向的单位面积的净中子数。我们曾经求得

$$J_x = -D\frac{\partial N}{\partial x}, \tag{12.19}$$

式中扩散系数 D,由平均速度 v 和在连续两次散射间的平均自由程 l 表达的关系式为

$$D = \frac{1}{3}lv.$$

因而有关 $\boldsymbol{J}$ 的矢量方程便是

$$\boldsymbol{J} = -D\,\boldsymbol{\nabla} N. \tag{12.20}$$

中子流经任一个表面元 $\mathrm{d}a$ 的时间变化率为 $\boldsymbol{J}\cdot\boldsymbol{n}\mathrm{d}a$ ($\boldsymbol{n}$ 照例指单位法向矢量)。于是,从一体积元流出的净流(根据通常的高斯理论)为 $\boldsymbol{\nabla}\cdot\boldsymbol{J}\mathrm{d}V$。这一流动应该导致在 ΔV 内的数目随时间而减少,除非有些中子正在 ΔV 中产生出来(通过某一种核过程)。若在该体积内存在能够在单位时间单位体积中产生出 S 个中子的源,则流出 ΔV 的净流将等于 $(S-\partial N/\partial t)\Delta V$。这时我们就有

$$\boldsymbol{\nabla}\cdot\boldsymbol{J} = S - \frac{\partial N}{\partial t}. \tag{12.21}$$

把式(12.21)和(12.20)两者合并,便得到中子扩散方程:

$$\boldsymbol{\nabla}\cdot(-D\,\boldsymbol{\nabla} N) = S - \frac{\partial N}{\partial t}. \tag{12.22}$$

在静止——即其中 $\partial N/\partial t = 0$ ——情况下,我们再度得到式(12.4)! 可以利用关于静电学的知识来解决中子的扩散问题。因此,就让我们来解答这个问题。你们可能会奇怪:如果已在静电学中解答了一切问题的话,为什么还要再来求解一个问题? 原因是,这回我们能够较快地获得解答,因为静电学的问题已经解决了!

假设有一大块材料,其中中子——比如是通过铀裂变——正在从一个半径为 a 的球形区域里朝各方向均匀地产生出来(图 12-7)。我们想要弄清楚:各处的中子密度是多少? 在产生中子的区域里中子的密度究竟会多么均匀? 在源中心处的中子密度与在源区表面上的中子密度的比率是多少? 要找出这些答案挺容易。这里,源密度 S_0 代替了电荷密度 ρ,因而我们的问题与具有均匀电荷密度的球体问题相似。求 N 正如同求势 ϕ。以前我们曾计算出一个均匀带电球体的内场和外场,对这些场取积分就可以获得势。在球外,电势为 $Q/(4\pi\epsilon_0 r)$,其总电荷 Q 是由 $4\pi a^3\rho/3$ 给出的。因此

$$\phi_{外} = \frac{\rho a^3}{3\epsilon_0 r}. \tag{12.23}$$

对于球内各点,那里的电场仅仅来自半径为 r 的球体内的电荷 $Q(r)$,亦即 $Q(r) = 4\pi r^3\rho/3$,

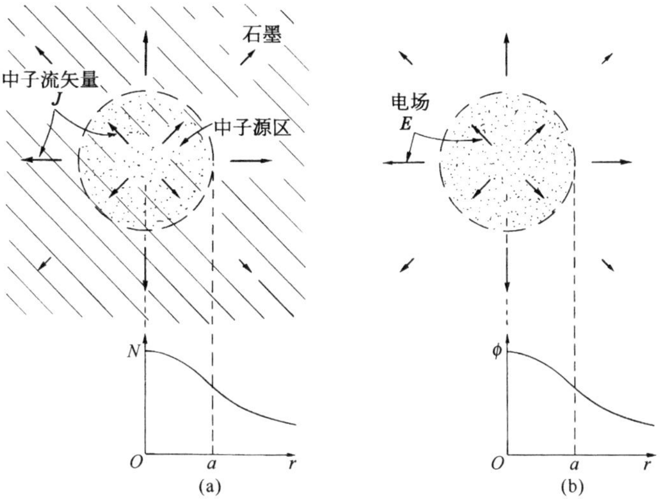

图 12-7 (a) 在一大块石墨中,中子在一个半径为 a 的球体里均匀地产生并向外扩散。发现中子密度 N 为离源心距离 r 的函数。(b) 类似的静电情况:一个均匀带电球体,其中 N 对应于 ϕ,而 $\boldsymbol{J}$ 对应于 $\boldsymbol{E}$

因而

$$E=\frac{\rho r}{3\epsilon_0}. \tag{12.24}$$

这个场随着 r 增大线性地增大。对 E 取积分便可得到 ϕ,于是我们有

$$\phi_{内}=-\frac{\rho r^2}{6\epsilon_0}+常数.$$

在半径 a 处,$\phi_{内}$ 与 $\phi_{外}$ 必定相等,因而该常数就应当是 $\rho a^2/(2\epsilon_0)$(假定离源很远的地方 ϕ 等于零,这就相当于那里的中子数 N 为零)。因此,

$$\phi_{内}=\frac{\rho}{3\epsilon_0}\left(\frac{3a^2}{2}-\frac{r^2}{2}\right). \tag{12.25}$$

我们立即就知道另一个问题中的中子密度。答案是

$$N_{外}=\frac{Sa^3}{3Dr} \tag{12.26}$$

和

$$N_{内}=\frac{S}{3D}\left(\frac{3a^2}{2}-\frac{r^2}{2}\right). \tag{12.27}$$

N 作为 r 的函数如图 12-7 所示。

那么,源心与边缘的密度之比又是多少呢?在源心($r=0$)处,密度正比于 $3a^2/2$;在边缘($r=a$)处,密度正比于 $2a^2/2$;因而,两密度的比为 3/2。一个均匀源并不会产生均匀的中子密度。你看!静电学的知识给我们提供了关于核反应堆物理学的一个良好开端。

有许多物理情况,其中扩散起着重要作用。例如,离子在液体中的运动,或电子在半导体中的运动,都遵循相同的方程。我们一次又一次地和这种相同的方程式打交道。

§12-5 无旋流体的流动;从球旁经过的流动

现在让我们考虑一个并非十分完美的例子,因为我们将要用的方程式不会真正十分普遍地代表该主题,而只是代表一种人为的理想情况。将要讨论的是水流问题。对于绷紧的薄膜,我们的方程乃是一种近似,只有在挠曲程度微小时才正确。在有关水流的讨论中,将不做这种近似,而必须做出一些与实际的水流有很大出入的限制条件。我们将仅仅处理一种不可压缩的、无黏滞性的,而又无环流的液体的定常流动情况。然后,就将速度 $\boldsymbol{v}(\boldsymbol{r})$ 作为位置 $\boldsymbol{r}$ 的函数来表达该流动。若流动是定常的(唯一具有静电学类似的一种情况),则 $\boldsymbol{v}$ 与时间无关。如果用 ρ 代表该流体密度,则 $\rho\boldsymbol{v}$ 便是单位时间通过单位面积的质量。根据物质守恒,$\rho\boldsymbol{v}$ 的散度一般将是单位体积内材料质量的时间变化率。我们将假定,并没有任何不断创造或消灭物质的过程。于是物质守恒就要求 $\nabla\cdot\rho\boldsymbol{v}=0$ (一般说来,它应当等于 $-\partial\rho/\partial t$,但由于我们的流体是不可压缩的,ρ 便不可能发生变化)。由于 ρ 处处相同,故可将其分离出来,因而上述方程就不过是

$$\nabla\cdot\boldsymbol{v}=0\,.$$

好!我们又回到静电学(空间不存在任何电荷)上来了。上式恰好就像 $\nabla\cdot\boldsymbol{E}=0$。然而,情况并非那样简单!静电学并不仅仅是 $\nabla\cdot\boldsymbol{E}=0$,而是包括一对方程。单单一个方程不能告诉我们足够多的东西,还需要另一个方程。为了同静电学协调起来,我们还需要 $\boldsymbol{v}$ 的旋度为零。但这对于实际液体来说,并非普遍正确。大多数液体往往会产生一些环流。所以我们就被限制在没有液体环流的情况。这样的流动常称为无旋流动。不管怎样,若我们作出了所有这些假定,便可以想象出类似于静电学的一种流体流动情况。因而采取

$$\nabla\cdot\boldsymbol{v}=0 \tag{12.28}$$

和

$$\nabla\times\boldsymbol{v}=0. \tag{12.29}$$

我们要强调,遵循这些方程的液体流动只是一些特殊而远非普遍的情况。它们是表面张力、可压缩性和黏滞性都必须可以忽略、而又可以假定该流动是无旋的那么一些情况。这一些条件对于真实水的适用性竟是如此之少,以致数学家冯·诺伊曼曾经说过,凡对式(12.28)和(12.29)进行过分析的人们乃是在研究“干水”!我们将在第 40 和 41 章中对流体流动的问题进行更详细的讨论。

由于 $\nabla\times\boldsymbol{v}=0$,因此“干水”的速度就可以写成某个势的梯度:

$$\boldsymbol{v}=-\nabla\psi. \tag{12.30}$$

ψ 这个量的物理意义是什么?它并不含有任何十分有用的意义。速度可以写成为势的梯度,仅仅是因为该流动是无旋的。而根据与静电学的类比,ψ 就称为速度势,但它与 ϕ 不同,与势能毫无关系。由于 $\boldsymbol{v}$ 的散度为零,我们便有

$$\nabla\cdot(\nabla\psi)=\nabla^2\psi=0. \tag{12.31}$$

和在自由空间 ($\rho=0$) 里的静电势一样,这速度势 ψ 也服从同样的微分方程。

让我们举一个属于无旋流动问题的例子,并看看能否通过学过的方法来解决它。考虑

穿过液体下落的球体问题。如果它降落得太慢，则我们所忽略的黏滞力就会十分重要。如果它落得太快，则会有一些小漩涡(湍流)出现在其尾部，而在水里就会有一些环流。但若该球体运动得既不太慢又不太快，则水流将大体上符合我们的那些假设，这样才能通过那些简单方程式来描述水的运动。

在固定于球体的参照系中来描述所发生的事情很方便。在这个参照系中，我们提出这样一个问题：若在离球很远的地方水均匀流动，当其流经静止球体时，运动情况将如何呢？这就是说，在离球很远的地方，流动处处相同。但在球体附近的流动则如图 12-8 中的那些流线。这些线，始终平行于 $\boldsymbol{v}$，而与电场线相对应。我们希望得到有关这一速度场的定量描述，即关于任一点 P 的速度表示式。

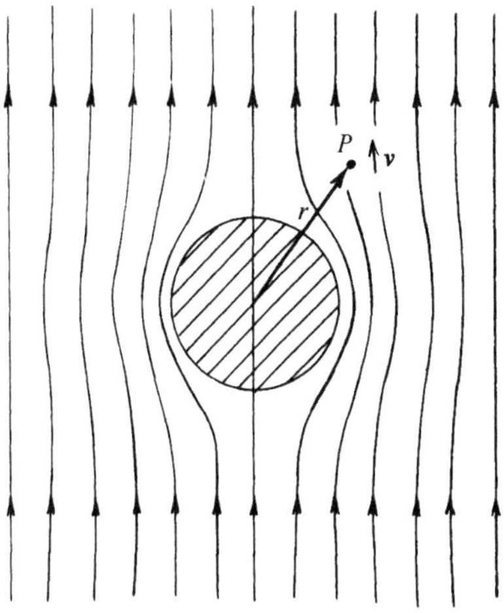

图 12-8 从球旁流过的无旋流体的速度场

可以从 ψ 的梯度求得速度，因而首先就要算出势来。我们需要处处都满足式(12.31)的那一种势，而这个势也应满足两个限制条件：(1)球内区域不存在流动；(2)在远距离处流动是稳定的。为了满足条件(1)，垂直于球面的 $\boldsymbol{v}$ 分量就应等于零。这意味着，在 $r=a$ 处，$\partial\psi/\partial r$ 为零。为了满足条件(2)，则在 $r\gg a$ 的所有点上，必须有 $\partial\psi/\partial z=v_0$。严格说来，并没有一种静电情况会完全对应于我们的问题。实际上它对应于把一个介电常量为零的球体放置在一个均匀电场中。要是已求出了关于介电常量为 κ 的球体放在一均匀场中的问题之解，那么代入 $\kappa=0$，我们便该立即获得有关这一问题的解答。

实际上，并未详细算过这个特定的静电学问题，那现在就让我们来做吧(本来也可以直接用 $\boldsymbol{v}$ 和 ψ 来解决流体问题的，但仍将采用 $\boldsymbol{E}$ 和 ϕ，因为那是我们所熟悉的)。

问题是：求出 $\nabla^2\phi=0$ 的一个解，使得对于 r 很大时 $\boldsymbol{E}=-\boldsymbol{\nabla}\phi$ 为一常数，比方说 $\boldsymbol{E}_0$，而又使得在 $r=a$ 处 $\boldsymbol{E}$ 的径向分量为零，即

$$\left.\frac{\partial\phi}{\partial r}\right|_{r=a}=0. \tag{12.32}$$

我们的问题牵涉到一种新的边界条件，这里并不要求表面上的 ϕ 为常数，而是要求 $\partial\phi/\partial r$ 为常数。这样一来，情况就有所不同了，不容易立即得到答案。首先，当该球体不存在时，ϕ 应当是 $-E_0z$。于是 $\boldsymbol{E}$ 应该沿 z 轴方向，并具有一个大小不变的 E_0。原来我们曾经分析过内部具有均匀极化的一个电介质球的情况，而且我们发现在这种均匀极化球内部的场乃是一个均匀场，而在其外部的场则与一处在球心的点偶极子的场相同。因此，我们猜测所希望得到的解为一个均匀场和一个偶极子场的叠加。因偶极子之势(第 6 章)为 $pz/(4\pi\epsilon_0r^3)$，于是我们假定

$$\phi=-E_0z+\frac{pz}{4\pi\epsilon_0r^3}, \tag{12.33}$$

由于偶极子场按 $1/r^3$ 下降，所以在大的距离处我们便恰好拥有场 E_0。我们的猜测自动满足了上面的条件(2)。但该偶极子强度 p 取何值呢？为求得这个值，我们可利用关于 ϕ 的另一条件，即式(12.32)。必须取 ϕ 对 r 的微商，但这当然要求在一个固定的角度上进行，因而

为了方便,首先就得用 r 和 θ 而不是用 z 和 r 来表达 ϕ。由于 $z = r\cos\theta$, 所以得:

$$\phi = -E_0 r\cos\theta + \frac{p\cos\theta}{4\pi\epsilon_0 r^2}. \tag{12.34}$$

$\boldsymbol{E}$ 的径向分量为

$$-\frac{\partial\phi}{\partial r} = +E_0\cos\theta + \frac{p\cos\theta}{2\pi\epsilon_0 r^3}. \tag{12.35}$$

上式在 $r = a$ 处对于所有的 θ 均必须为零。若取 p 为

$$p = -2\pi\epsilon_0 a^3 E_0, \tag{12.36}$$

那就确实如此。

要小心注意！如果式(12.35)中两项并非都具有相同的 θ 依赖关系,则不会有可能选得出 p 而使式(12.35)在 $r = a$ 处对一切角度都变为零。我们算出的结果意味着,在写出式(12.33)时的猜测是聪明的。当然,在做出该猜测时,我们是向前看的。我们知道将需要另一项,它将会:(a)满足 $\nabla^2\phi = 0$ (任何真实的场都该如此);(b)依赖于 $\cos\theta$;(c)并在大的 r 处降至零。偶极子场就是唯一能满足这三个条件的场。

利用式(12.36),我们的势就是

$$\phi = -E_0\cos\theta\left(r + \frac{a^3}{2r^2}\right). \tag{12.37}$$

关于流体流动问题的解可以简单地写成:

$$\psi = -v_0\cos\theta\left(r + \frac{a^3}{2r^2}\right). \tag{12.38}$$

从这个势求 $\boldsymbol{v}$ 很方便,对此事我们就不进一步追究下去了。

§12-6 照度;对平面的均匀照明

在这一节中,我们将转到一个完全不同的物理问题上去——旨在显示许多不同的可能性,此次,我们将做某种事情,它所导致的积分与我们在静电学中所求得的积分类型相同(如果我们有一个数学问题会给出某一积分,而它若就是以前解决另一问题的同一积分,那么我们对于该积分的性质便会理解一些)。现在就从照明工程中选取一个例子。假设有一光源放在一平面上距离为 a 处。该面上的照明情况如何呢？这就是说,单位时间到达单位表面积上的辐射能量有多少(见图12-9)？假定光源是球对称的,以致在任何方向辐射的光都相等。这时,通过

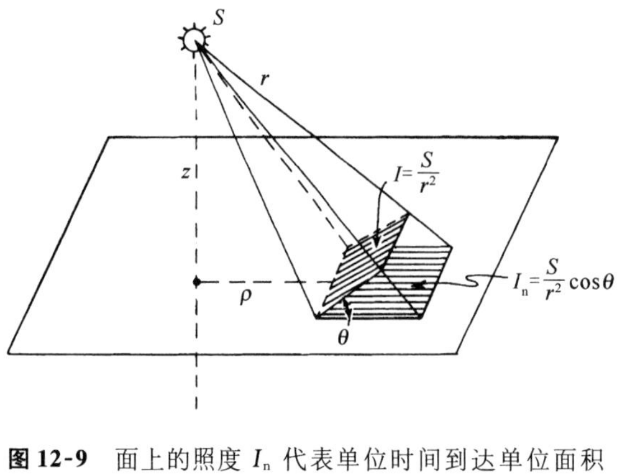

图 12-9 面上的照度 I_n 代表单位时间到达单位面积表面上的辐射能

垂直于光流的单位面积的辐射能量与距离的平方成反比。显然,在垂直于光流的表面上,光的强度与点电荷源产生的电场具有相同的公式。若光线与表面的法线成一角度 θ 投射到表面上,那么 I_{n},即到达单位面积表面上的能量,就仅有 $\cos\theta$ 那么大了,因为同样的能量落在了 $1/\cos\theta$ 倍的面积上。如果我们称光源的强度为 S,则在一个面上的照度 I_{n} 便是

$$I_{\mathrm{n}} = \frac{S}{r^2}\boldsymbol{e}_r \cdot \boldsymbol{n}. \tag{12.39}$$

式中,$\boldsymbol{e}_r$ 是从光源向外的单位矢量;而 $\boldsymbol{n}$ 则是该面积的单位法线。照度 I_{n} 相当于从一强度为 $4\pi\epsilon_0 S$ 的点电荷所产生的电场的法向分量。明白了这一点,我们便可看到,对于任一种光源分布,都能够通过求解对应的静电学问题而获得答案。在计算电荷分布所产生的电场在一平面上的垂直分量时,我们就是按照这种求光源* 对一平面的照度的方法来做的。

试考虑下述例子。为了某种特定实验条件,我们希望使台面上有一个十分均匀的照明。这里,可资利用的是一些沿管的长度辐射均匀的长荧光管。这可以在距台面为 z 处的天花板上安置一整排荧光管对我们的台子照明。如果我们要求台面照度均匀,比方说在 1‰的起伏范围内,则所选用的管与管间的最大间隔 b 是多少? 答案:(1)求相隔为 b 的均匀带电导线栅的电场;(2)计算电场的垂直分量;(3)找出 b 应多大才能使场的起伏不超过 1‰。

在第 7 章中我们曾见过,带电导线栅的电场可用许多项之和来表示,其中每项给出一个周期为 b/n 的正弦变化的场,这里 n 是一整数。任何一项的幅度都由式(7.44)给出:

$$F_n = A_n e^{-2\pi n z/b}.$$

若要求的场是不太靠近那导线栅处的场,则我们仅需考虑 $n = 1$ 的情况。对于一个完整的解来说,本来还需确定整套系数 A_n,而这我们还未曾做过(尽管是简单的计算)。既然我们只要求 A_1,就可以估计出它的大小约略与平均场相同。于是该指数因子就会直接提供关于场强变化的相对幅度。如果希望这个因数等于 10^{-3},则将得出 b 应为 $0.91z$。若令荧光灯管间的间隔等于台面至天花板距离的 3/4,则该指数因子为 1/4 000,而我们便有一个安全系数 4,从而相当肯定地会使照明在 1‰的范围内保持恒定不变(准确的计算表明,A_1 实际上两倍于平均场,因而 $b \approx 0.83z$)。对于这么一个均匀照明,所容许的管间距离竟会如此之大,多少有点令人惊奇。

§12-7 自然界的“基本统一性”

在这一章中,我们希望证明,在学习静电学的过程中你们已同时学习了怎样去处理物理学中的其他许多课题,而正是由于这一点,我们才有可能在有限的岁月里学习几乎全部物理学。

可是,当这样的讨论结束时肯定会浮现出一个问题:为什么从不同现象所得到的微分方程竟会如此相似呢? 我们也许会说:“那是自然界的基本统一性。”但这指的到底是什么呢? 这样一个命题本来能具有什么意义? 简而言之,它意味着不同现象有着彼此相似的方程组,

---

* 由于我们所谈的是关于非相干光源,它们的强度就总是线性地相加,因此模拟的电荷将始终带有相同符号。并且,我们的模拟仅适用于到达一块不透明面上的光能,因而在我们的积分中只需计入照射于该面上的光源(自然不包括该面下面的其他光源)。

当然这时我们还未给出任何解释。“基本统一性”也许指的是,任何东西都由同一种材料构成,因而便应服从同样的方程。这听起来是一个完满的解释,但让我们深思一下,静电势、中子扩散、热流——是否确实在与同一种材料打交道?我们能否真的想象出那静电势在物理上全同于温度,或全同于粒子密度?肯定的是,ϕ 不会恰好与粒子的热能相同;鼓膜的位移肯定不像温度。既然这样,为什么还会有“一种基本统一性”呢?

事实上,对各种不同科目的物理学加以更密切的考察就会证实,那些方程式并非真的全同。对于中子扩散所找到的方程只是一种近似。当我们观察的距离比自由程大时,以上近似才有效。如果更细致地进行观察,便会看到各个中子正在各处跑动。各个中子的运动,肯定完全不同于我们从微分方程解出的那种连续光滑的变化。该微分方程只是一种近似,因为我们曾经假定中子在空间是连续分布的。

是否这就是关键所在?是否一切现象所共有的东西就是空间,即藉以建立物理学的一种构架?只要东西在空间里相当平滑,那么所牵涉的重要事情就将是某些量相对于空间中位置的变化率。这就是为什么我们总是获得一个有梯度存在的方程。微商必定以梯度或散度的形式出现;由于物理定律与方向无关,所以它们必然表示成矢量的形式。静电学方程组就是人们所能获得的、仅含有各个量的空间微商的、最简单的矢量方程组,任何其他简单问题——或复杂问题的简化——看起来都应当像静电学那样。所有问题的共同点是:它们全都涉及空间,以及我们总是用简单的微分方程来模拟实际的复杂现象。

由此引导到另一个有趣问题。这同样的讲法对静电学方程组是否也可能是对的呢?它们是否也只有作为实际上复杂得多的微观世界的一种理想化的模拟才是正确的呢?客观(物质)世界是否可能由一些仅在极微小距离上才能看得见的 X 子组成的呢?而在测量过程中我们是否可能总是在那么大的尺度上进行观察,以致不能见到这些小 X 子、这才是所以会得到那些微分方程的根由?

现在最完整的电动力学理论,的确会在十分短的距离上碰到困难。因此,在原则上这些方程可能是某些事情的理想化模型。它们在小至约 10^{-14} cm 的距离上仍显示正确,但此后就开始显得不对了。可能会有某种迄今还未被发现的内部“机制”,而这种内部复杂性的一些细节被表面上看来理想的那些方程隐藏起来了——正如在那种“理想”的中子扩散现象中一样。但还没有人系统地提出过克服那种困难的成功理论。

相当奇怪的是:事实表明(基于我们完全不清楚的原因),相对论和量子力学按照我们所知的方式结合起来,似乎已不允许有一个基本上不同于式(12.4)的方程,而同时又不会引起某种矛盾的那种发明。不仅仅是与实验不符合,而且还是一种内部矛盾。例如:对所有可能会发生的各种情况的概率之和不等于 1,或能量有时可能会出现为复数的那种预言,或其他与此类似的某种荒谬设想。迄今还没有人能够创立一种电学理论,使得在其中 $\nabla^2\phi=-\rho/\epsilon_0$ 被理解成对深一层机制的一种理想化近似,而又不会最终引导到某一种谬论上去。然而,还必须补充说明:若假定 $\nabla^2\phi=-\rho/\epsilon_0$ 在所有不论多么小的距离上都正确,则会导致它本身的荒谬(一个电子的电能为无限大)——即迄今还没有谁懂得怎样摆脱这些谬论的影响。

第 13 章　静　磁　学

§13-1　磁　　场

作用于一电荷上的力不仅取决于它的位置,而且还取决于它运动的速度。空间每一点可由两个能确定作用于电荷上的力的矢量来做标志。首先,电力提供了与电荷运动无关的一部分力,我们用电场 $\boldsymbol{E}$ 来描述它;其次,另一部分力,称为磁力,那是有赖于电荷的速度的。磁力还具有一种奇怪的方向特性:在空间任一特定点上,这力的方向和大小均取决于该粒子的运动方向。在任一时刻,这力总是垂直于速度矢量;并在任一特定点上,这力又总是与空间中某一固定方向成直角(见图 13-1);而且,力的大小是与垂直于这一规定方向的速度分量成正比的。所有这一切行为都能由一个定义为磁场矢量的 $\boldsymbol{B}$ 来加以描述。这个矢量不仅在空间规定出唯一方向,并且还规定力与速度成正比的那个比例常数,从而写出磁力为 $q\boldsymbol{v}\times\boldsymbol{B}$。于是,作用于电荷上的总电磁力就可以写成

$$\boldsymbol{F}=q(\boldsymbol{E}+\boldsymbol{v}\times\boldsymbol{B}).\tag{13.1}$$

这称为洛伦兹力。

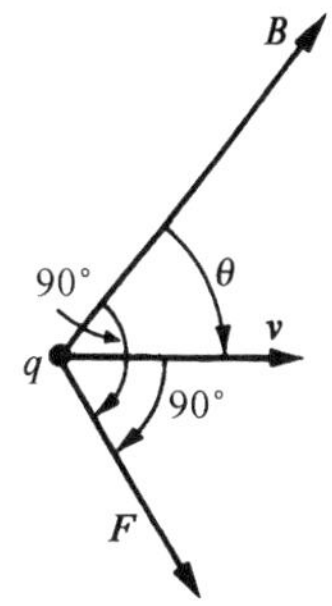

图 13-1　作用于一运动电荷上与速度有关的那一部分力,与 $\boldsymbol{v}$ 及 $\boldsymbol{B}$ 的方向都成直角。它也与垂直于 $\boldsymbol{B}$ 的 $\boldsymbol{v}$ 的分量(即 $v\sin\theta$)成正比

磁力可用一根磁棒靠近一阴极射线管而轻易地加以演示。电子束的偏转,表明磁铁的存在产生了一个作用于电子而与其运动方向成直角的力,如同在第 1 卷第 12 章中我们曾描述过的那样。

磁场 $\boldsymbol{B}$ 的单位显然是 1 $\mathrm{NsC^{-1}m^{-1}}$。这同一单位也是 1 $\mathrm{Vsm^{-2}}$。它也称为 1 $\mathrm{Wbm^{-2}}$。

§13-2　电流;电荷守恒

我们首先考虑怎样来理解磁力对载流导线的作用。为此,我们先给所谓电流密度下个定义。电流是电子或其他电荷的净漂移或净流动所形成的运动。我们可用一个矢量来表达这一种电荷流动,这矢量给出每单位时间通过垂直于流动方向的单位面积元的电荷量(正如我们对于热流所曾做过的那样),我们称之为电流密度,并用矢量 $\boldsymbol{j}$ 来表示,它的方向沿着电荷运动的方向。如果在材料中某处取一小面积 ΔS,则单位时间流经该面积的电荷量为

$$\boldsymbol{j}\cdot\boldsymbol{n}\Delta S,\tag{13.2}$$

式中 $\boldsymbol{n}$ 是垂直于 ΔS 的单位矢量。

这电流密度与电荷的平均流动速度有关。假设有一个电荷分布,它的平均运动就是一个速度为 $\boldsymbol{v}$ 的漂移。当这一分布通过一面积元 ΔS 时,在 Δt 时间内流经该面积元的电荷

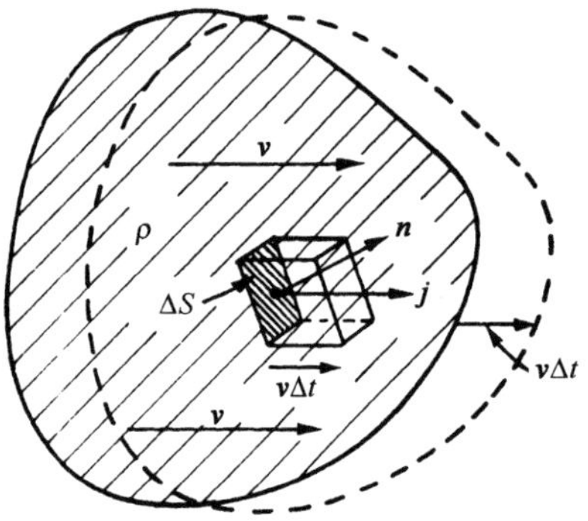

图 13-2 如果具有密度为 ρ 的电荷分布以速度 $\boldsymbol{v}$ 移动,则单位时间流经 ΔS 的电荷为 $\rho\boldsymbol{v}\cdot\boldsymbol{n}\Delta S$

Δq,等于包含在一个底面为 ΔS、高度为 $v\Delta t$ 的平行六面体内的电荷,如图 13-2 所示。这个平行六面体的体积就是 ΔS 在垂直于 $\boldsymbol{v}$ 方向上的投影乘以 $v\Delta t$,若再乘以电荷密度 ρ,就将给出 Δq。这样,

$$\Delta q = \rho\boldsymbol{v}\cdot\boldsymbol{n}\Delta S\Delta t.$$

于是单位时间通过的电量为 $\rho\boldsymbol{v}\cdot\boldsymbol{n}\Delta S$, 由此可得

$$\boldsymbol{j} = \rho\boldsymbol{v}. \tag{13.3}$$

如果该电荷分布是由单独的电荷、比方说电子组成的,其中每个电荷各具有电量 q,并以平均速度 $\boldsymbol{v}$ 运动,则电流密度为

$$\boldsymbol{j} = Nq\boldsymbol{v}, \tag{13.4}$$

式中 N 为单位体积的电荷数目。

单位时间通过任一个面 S 的总电量称为电流 I。它等于通过该面的所有面元的流的法向分量的积分

$$I = \int_S \boldsymbol{j}\cdot\boldsymbol{n}\mathrm{d}S \tag{13.5}$$

(见图 13-3)。

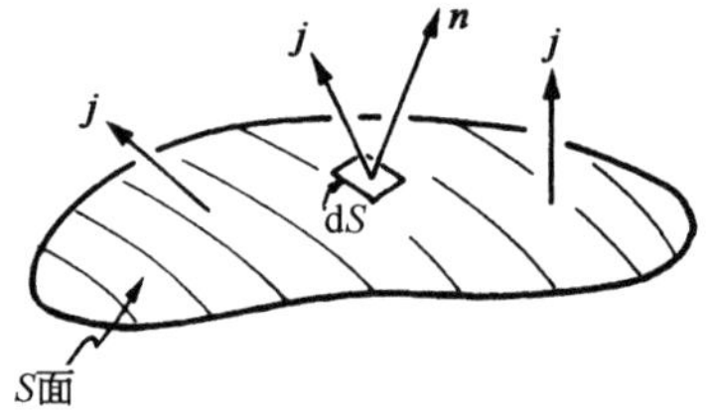

图 13-3 流过 S 面的电流 I 为 $\int \boldsymbol{j}\cdot\boldsymbol{n}\mathrm{d}S$

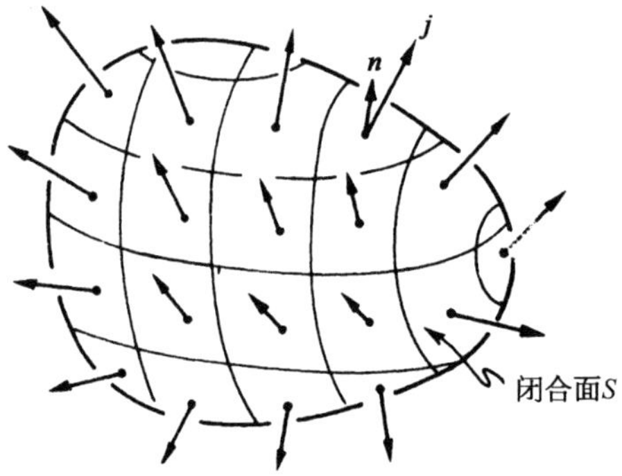

图 13-4 $\boldsymbol{j}\cdot\boldsymbol{n}$ 对整个闭合面的积分,等于内部总电荷 Q 的变化率的负值

从闭合面 S 流出来的电流 I 代表电荷从面 S 所包围的体积 V 内离开的速率。物理学的一个基本定律为:电荷是不灭的;它永不消失也永不被创造。电荷能够从一处移至另一处,但却从未出现过无中生有的情况。我们说电荷是守恒的。如果有一个净电流从一个闭合面流出,则其内部的电荷就应相应地减少(图 13-4)。因此,我们能够将电荷守恒律写成

$$\int_{\text{任一闭合面}} \boldsymbol{j}\cdot\boldsymbol{n}\mathrm{d}S = -\frac{\mathrm{d}}{\mathrm{d}t}(Q_{\text{内}}). \tag{13.6}$$

内部电荷则可以写成电荷密度的体积积分:

$$Q_{\text{内}} = \int_{\text{在}S\text{内之}V} \rho\mathrm{d}V. \tag{13.7}$$

如果应用式(13.6)于一个小体积 ΔV，那么我们便知道左边的积分为 $\nabla\cdot\boldsymbol{j}\Delta V$。其中的电荷为 $\rho\Delta V$，因而电荷守恒律也可以写成

$$\nabla\cdot\boldsymbol{j}=-\frac{\partial\rho}{\partial t} \tag{13.8}$$

(再一次是高斯数学!)。

§13-3　作用于电流上的磁力

现在我们准备求磁场作用于一载流导线上的力。电流由以速度 $\boldsymbol{v}$ 沿导线运动的带电粒子组成。每一个电荷都感受到一个横向力

$$\boldsymbol{F}=q\boldsymbol{v}\times\boldsymbol{B}$$

[图 13-5(a)]。如果单位体积含有 N 个这样的电荷，则在导线的一个小体积 ΔV 内的数目为 $N\Delta V$。作用于 ΔV 上的总磁力 ΔF 等于作用在各电荷上之力的总和，即是，

$$\Delta\boldsymbol{F}=(N\Delta V)(q\boldsymbol{v}\times\boldsymbol{B}).$$

但 $Nq\boldsymbol{v}$ 恰好就是 $\boldsymbol{j}$，因而

$$\Delta\boldsymbol{F}=\boldsymbol{j}\times\boldsymbol{B}\Delta V \tag{13.9}$$

[图 13-5(b)]。作用于单位体积的力为 $\boldsymbol{j}\times\boldsymbol{B}$。

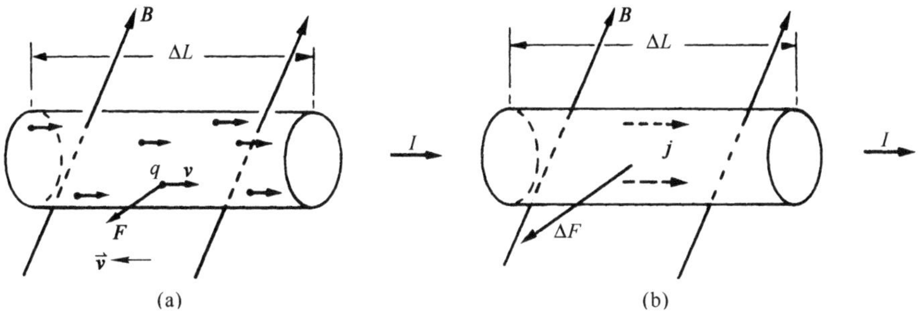

图 13-5　作用于一载流导线上的磁力等于对各个运动电荷作用力的总和

如果在一根截面为 A 的导线中，流经导线的电流是均匀的，则可取截面为 A 而长度为 ΔL 的一段柱体作为体积元。于是

$$\Delta\boldsymbol{F}=\boldsymbol{j}\times\boldsymbol{B}A\Delta L. \tag{13.10}$$

现在就可以把 $\boldsymbol{j}A$ 叫作导线中的电流矢量 $\boldsymbol{I}$(它的大小为导线中的电流，而其方向则是沿着导线)。这样，

$$\Delta\boldsymbol{F}=\boldsymbol{I}\times\boldsymbol{B}\Delta L. \tag{13.11}$$

因此作用于单位长度导线上的力为 $\boldsymbol{I}\times\boldsymbol{B}$。

上式显示了一个重要结果，即由于导线内电荷运动而作用于导线上的磁力，仅取决于总电流，而与其中每一粒子所带的电荷量——甚至连符号！——都无关。作用于磁铁附近导

线上的力,通过观察接通电流时线的偏转不难加以演示,正如在第1章中所曾描述过的那样(见图1-6)。

§13-4 恒定电流的磁场;安培定律

我们已经看到,诸如在由一磁铁所产生的磁场存在的情况下,就有力作用于导线上。从作用等于反作用这一原理出发,我们也许会期望,当导线中有电流通过时应当有一个力作用于磁场之源,也即作用于磁铁上*。确实有这样的力存在,这可由置于载流导线附近的一根磁针的偏转而看出来。原来我们知道,磁铁会感受到来自其他磁铁的作用力,因而这就意味着,当导线中有电流时,这导线本身就会产生磁场。于是,运动电荷确实会产生磁场。现在我们愿意尝试找出如何确定这种磁场产生的规律。问题是:给出电流后,它能形成什么样的磁场?对这一问题的解答由实验上的三个决定性实验和安培在理论上所做的辉煌论证而确定了下来。我们将绕过这一有趣的历史进程,而只是简单地说说大量实验事实已经证实了麦克斯韦方程组的有效性。我们将把它们作为起点。若在这些方程中省略含有时间微商的那些项,则可得到关于静磁学的方程组:

$$\nabla \cdot \boldsymbol{B} = 0 \tag{13.12}$$

和

$$c^2\, \nabla \times \boldsymbol{B} = \frac{\boldsymbol{j}}{\epsilon_0}. \tag{13.13}$$

这些方程仅在一切电荷密度都恒定、一切电流都稳恒,使得电场和磁场都不随时间而变——一切场都呈现"静止"状态——时才正确。

应当指出,认为有像静磁这种情况是相当危险的,因为毕竟总得有电流才能获得磁场——而电流则只能来自运动着的电荷。因此,"静磁"只是一种近似,它指的是拥有大量运动电荷、而我们又可将其近似成定常流动的一种特殊的动力情况。只有这样才能谈论一种不随时间而变的电流密度 $\boldsymbol{j}$。这一题目应当更准确地称为关于恒定电流的研究。假定所有的场都恒定,我们从那完整的麦克斯韦方程组(2.41)中省略了一切含有 $\partial \boldsymbol{E}/\partial t$ 和 $\partial \boldsymbol{B}/\partial t$ 之项后,便可获得上面两个方程式(13.12)和(13.13)。并注意:由于任何矢量旋度的散度均必须等于零,所以式(13.13)便要求 $\nabla \cdot \boldsymbol{j} = 0$。根据式(13.8),这只有在 $\partial \rho/\partial t$ 为零时才正确。但如果 $\boldsymbol{E}$ 不随时间而变,这便是必然的了,因而我们的一些假设都是一致的。

$\nabla \cdot \boldsymbol{j} = 0$ 这一要求的含意是,只能容许在首尾相连的路线中才有流动着的电荷。例如,它们可以在构成一个完整回路——称为电路——的导线中流动。当然,这种电路可以包含维持电荷流动的发电机或电池组。但不容许包括正在被充电或放电的电容器(当然,我们以后还将推广到包括那些动态场,但目前打算先讨论较简单的恒定电流情况)。

现在,让我们来看看式(13.12)和(13.13)的含意如何。第一个式子说明 $\boldsymbol{B}$ 的散度为零。拿它与静电学中的类似方程 $\nabla \cdot \boldsymbol{E} = \rho/\epsilon_0$ 作比较,就可以断定,不会有电荷的磁类似物,即没有能从中产生出 $\boldsymbol{B}$ 线的磁荷。如果我们用矢量场 $\boldsymbol{B}$ 的"线"来考虑,则这些线将永远不可能突然出现,也永远不可能终止。那么,它们是从哪里来的呢?在有电流的地方磁

* 然而,我们不久将见到,对于电磁力来说这样的假定一般是不正确的。

场才会“出现”；它们有一个正比于电流密度的旋度。无论哪里有电流，那里就有构成回路的磁力线环绕着该电流。由于 **B** 线无始无终，这些线便经常能够兜绕回来以形成闭合回路。但也有 **B** 线不是简单闭合回路的那些复杂情况。可是，无论情况如何，它们永远不会有从一些点上散发出去。迄今为止，还没有发现过磁荷，因而 $\nabla\cdot\boldsymbol{B}=0$。这一结果，不仅对于静磁场正确，甚至对于动态场也始终正确。

B 场与电流的关系包含在式(13.13)中。这里有一个新的情况与静电学大不相同，在那里我们曾有过 $\nabla\times\boldsymbol{E}=0$。这个方程意味着 **E** 环绕着任一闭合回路的线积分为零：

$$\oint_{\text{回路}}\boldsymbol{E}\cdot d\boldsymbol{s}=0.$$

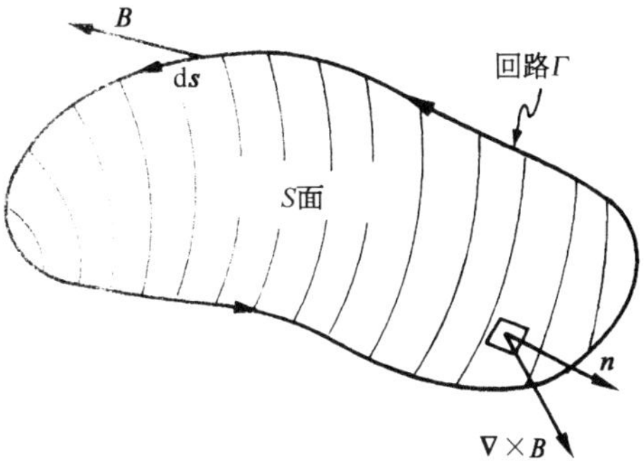

图 13-6 **B** 切向分量的线积分等于 $\nabla\times\boldsymbol{B}$ 法向分量的面积分

这一结果是由斯托克斯定理得到的，该定理说：任一个矢量场沿任一闭合曲线的线积分，等于该矢量旋度的法向分量的面积分(对以该闭合回路为其边缘的任何表面求积分)。把同样这个定理应用于磁场矢量并利用在图 13-6 上所示的那些符号，则可得

$$\int_{\Gamma}\boldsymbol{B}\cdot d\boldsymbol{s}=\int(\nabla\times\boldsymbol{B})\cdot\boldsymbol{n}dS.\quad(13.14)$$

由式(13.13)取 **B** 的旋度，便有

$$\oint\boldsymbol{B}\cdot d\boldsymbol{s}=\frac{1}{\epsilon_0c^2}\int_S\boldsymbol{j}\cdot\boldsymbol{n}dS.\tag{13.15}$$

根据式(13.5)，对 $\boldsymbol{j}$ 的积分即是通过 S 面的总电流 I。由于是对恒定电流来说的，所以通过 S 面的电流与该面的形状无关，仅仅要求该面由 Γ 曲线所包围，因而人们往往说成是“穿过 Γ 回路的电流”。这样，我们就有一个普遍定律：围绕任何闭合曲线的 **B** 的环流，等于穿过该回路的电流 I 除以 ϵ_0c^2：

$$\oint_{\Gamma}\boldsymbol{B}\cdot d\boldsymbol{s}=\frac{I_{\text{穿过}\Gamma}}{\epsilon_0c^2}.\tag{13.16}$$

这一定律——叫安培定律——在静磁学中的作用与高斯定律在静电学中的作用相同。但是只有安培定律仍不能由电流确定 **B**。一般说来，还必须用到 $\nabla\cdot\boldsymbol{B}=0$。然而，正如我们将在下一节中见到的，在具有某些简单对称性的特殊情况下仍可以用它来求磁场。

§ 13-5 直导线与螺线管的磁场；原子电流

通过求出一根导线附近的磁场，我们就能够举例说明安培定律的应用。我们要问：在一条圆形截面的长直导线外面的场如何？我们将假定某种东西，它可能不十分明显、但无论如何却是真的：即 **B** 的场线以闭合圆周环绕着该导线。如果我们做出这一假定，那么安培定律，即式(13.16)，便会告诉我们场有多强。根据这一问题的对称性，在导线的一个同心圆上的所有各点，**B** 就具有相同的大小(见图 13-7)。于是，我们能够很容易地算出 $\boldsymbol{B}\cdot d\boldsymbol{s}$ 的线积分，只不过是 B 乘以该圆周罢了。设 r 为圆周半径，则

$$\oint \boldsymbol{B} \cdot \mathrm{d}\boldsymbol{s} = B \cdot 2\pi r.$$

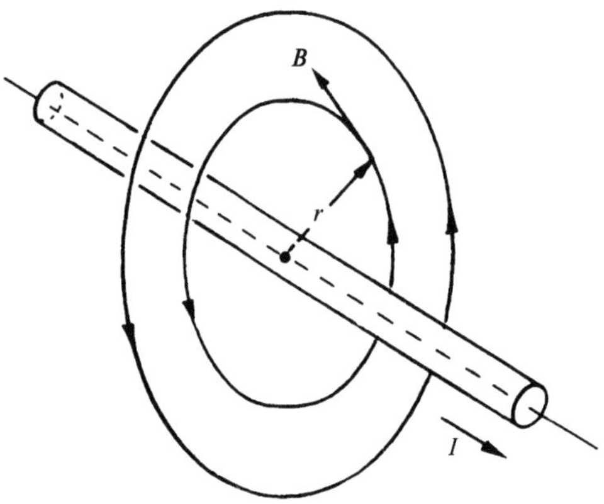

图 13-7 在载有电流 I 的一根长直导线外面的磁场

穿过该回路的总电流就是导线中的电流 I，因而

$$B \cdot 2\pi r = \frac{I}{\epsilon_0 c^2},$$

或

$$B = \frac{1}{4\pi\epsilon_0 c^2}\,\frac{2I}{r}. \tag{13.17}$$

磁场的强度与 r 反比地逐渐减弱，r 是距导线轴心的距离。倘若我们乐意，也可把式(13.17)写成矢量形式。记住 $\boldsymbol{B}$ 与 $\boldsymbol{I}$ 和 $\boldsymbol{r}$ 两者都垂直，因而有

$$\boldsymbol{B} = \frac{1}{4\pi\epsilon_0 c^2}\,\frac{2\boldsymbol{I} \times \boldsymbol{e}_r}{r}. \tag{13.18}$$

我们已将因子 $1/(4\pi\epsilon_0 c^2)$ 提了出来，因为它经常会出现。值得记住的是，这一因子准确地等于 10^{-7}(在 m·kg·s 制中)，因为一个像式(13.18)那样的方程式是用来定义电流单位安培的。在距离 1 A 电流 1 m 远处的磁场为 2×10^{-7} $\mathrm{Wbm^{-2}}$。

由于电流产生了磁场，所以它也将施力于附近另一根同样载有电流的导线上。在第 1 章中，我们就曾描述过作用于两载流导线间的力的一个简单演示，如果两导线互相平行，则每根导线将垂直于由另一导线所产生的磁场。当两电流处在相同方向时，两线将互相吸引；当电流的方向相反时，则两线互相排斥。

让我们举另一个例子，它也可以用安培定律来加以分析，只要我们加进关于场的某种知识。假设有一个长导线圈绕成的紧密螺旋线，其两种截面如图 13-8 所示。这样的线圈称为螺线管。从实验上我们观察到：当一螺线管相对于其直径十分长时，则管外的场与管内的场相比将十分微小。仅仅利用这一事实，再加上安培定律，便可以求出管内场的大小。

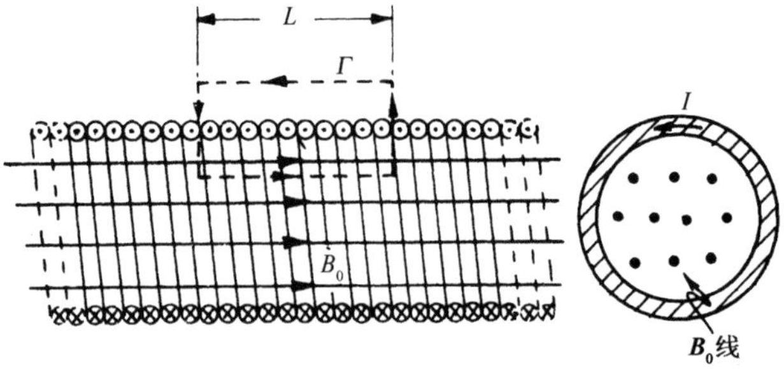

图 13-8 长螺线管的磁场

由于场存在其里面(而且散度为零)，那么表示它的一些场线就必然平行于管轴，如图 13-8 所示。假定这是事实，便可利用图上所示的那条矩形"曲线"Γ 来运用安培定律。这条回路先在螺线管内沿着那里的场，例如 B_0，行了一段距离 L，然后垂直于场而行，再沿着管

外回来,而那里的场则可以忽略。对于这么一条曲线,$\boldsymbol{B}$ 的线积分正好是 B_0L,而它应当等于 $1/(\epsilon_0c^2)$乘以穿过 Γ 的总电流,如果在长度为 L 的螺线管上共有 N 匝的话,则总电流为 NI。这样,我们就有

$$B_0L=\frac{NI}{\epsilon_0c^2}.$$

或者,若令 n 为单位长度螺线管的匝数(即 $n=N/L$),则得

$$B_0=\frac{nI}{\epsilon_0c^2}. \tag{13.19}$$

当到达螺线管一端时,$\boldsymbol{B}$ 线会怎么样呢?大概的情形是:它们多少有点散开,并兜回到另一端,再进入螺线管,如图 13-9 所示的那样。像这样的场恰好就是在一根条形磁铁外面所观察到的。但磁铁到底是什么东西?我们的方程表明,$\boldsymbol{B}$ 来自电流。可是我们知道,一根普通铁棒(既没有电池组也没有发电机)也能产生磁场。你也许会期望,在式(13.12)或(13.13)的右边还应有其他一些项来代表"磁铁密度"或诸如此类的量,但是却没有这样的项。我们的理论说:铁的磁效应乃来自某些内部电流,而这些电流则已用 $\boldsymbol{j}$ 的项来对付了。

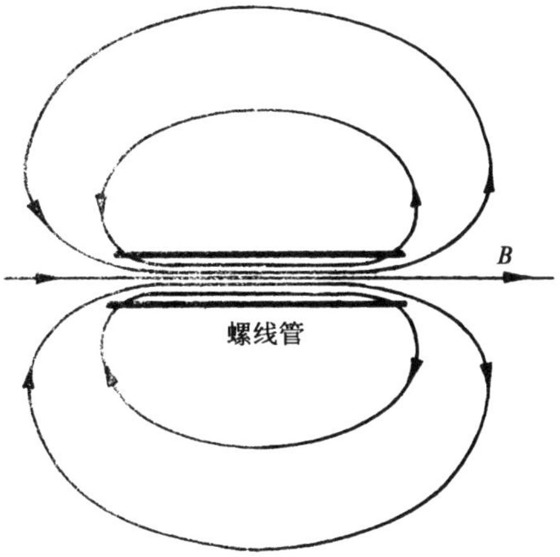

图 13-9 在螺线管外面的磁场

从基本观点上看,物质是十分复杂的——正如我们以前在试图理解电介质时所见到的那样。为了不致扰乱目前的讨论,我们打算以后再来详细处理像铁那样的磁性材料的内部机制。暂时你们得接受所有磁性都来自电流,而在永磁体中就有永久性的内部电流存在。对铁来说,这些电流来自绕其本身的轴自旋的电子。每一电子既然带有这样的自旋,便相当于一个小环行电流。当然,一个电子不会产生多么大的磁场,但在通常一块物质中就有无数亿个电子。平常它们都在作自旋并各自指向任意方向,因而没有任何净效应发生。奇迹出现在寥寥几种像铁那样的物质中,其中有相当大一部分电子会绕相同方向的轴自旋——对铁来说,每一原子中就有两个电子参加这种协同运动。在一根条形磁铁中会有许许多多个电子全都在同一方向自旋,因而,正如我们将会见到的,其总效应就相当于环绕该磁棒表面的电流(这与我们以前对电介质所发现的情况很相似——即一块均匀极化的电介质相当于在其表面上有电荷分布)。因此,一根磁棒与一个螺线管等价并不是偶然的。

§ 13-6 磁场与电场的相对性

当我们在前面提及作用于电荷上的磁力与其速度成正比时,你也许会奇怪:"什么速度?相对于哪个参照系?"事实上,从本章开头所给出的有关 $\boldsymbol{B}$ 的定义就已经很清楚,这个矢量是什么取决于我们选取哪一个参照系来规定电荷的速度。但关于哪一个才是规定磁场的合

适参照系,我们还未说过什么。

事实证明,任何一个惯性系都可以。我们也将看到,磁和电并不是互相独立的东西,它们必须永远作为一个完整的电磁场结合在一起。虽然在静止情况下,麦克斯韦方程组会分成性质不同的两对,其中一对是关于电方面,而另一对则关于磁方面,在这两种场之间并没有明显联系,然而,在自然界内部它们之间却有一个起因于相对性原理的十分密切的关系。从历史上看,相对性原理是在麦克斯韦方程组之后才发现的。事实上,正是对于电和磁的研究才最终导致爱因斯坦对相对性原理的发现。但是让我们且来看看,如果假定相对性原理可以——的确是可以——应用于电磁学方面的话,则关于磁力相对论知识会告诉我们些什么。

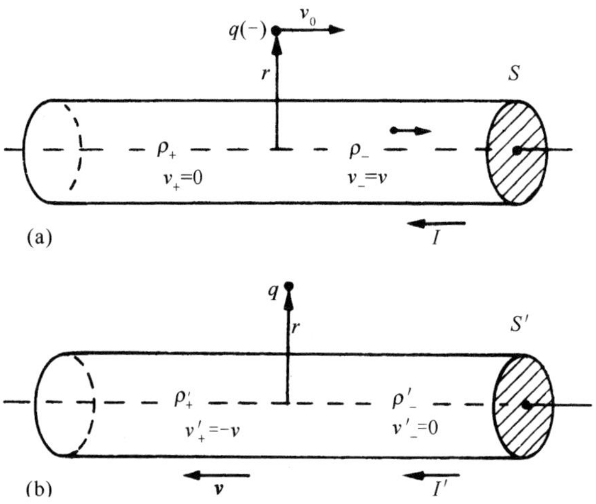

图13-10 从两个参照系上去看一根载流导线与一个电荷q的相互作用。(a) 在S系上,导线是静止的;(b) 在S'系上,电荷是静止的

假定我们想一想,如图13-10所示,一个负电荷以速度v_0平行于一根载流导线而运动,将会发生的情况。我们试图理解在如下两种参照系中正在进行的事态:一个系统相对于导线固定,如图(a)所示;而另一个系统则相对于粒子固定,如图(b)所示。我们将第一个参照系叫作S,而第二个参照系叫作S'。

在S系中,显然有一磁力作用于该粒子上。这力指向导线,所以若该电荷做自由运动,则应该看到它会向导线方面靠拢。但在S'系上,就不会有任何磁力作用于该粒子,因为它的速度为零。因此,它是否将停留在那里呢?在这两个参照系上,我们会看到不同的事态发生吗?相对性原理理应说明,在S'系我们也该看到粒子会向导线方面靠拢。必须尝试去理解,为什么会发生这样的事情。

现在我们回过头来对一载流导线中的原子进行描述。在诸如铜一类的通常导体中,电流来自某些负电子——称为传导电子——的运动,而正的核电荷以及其余电子则都在材料里保持不动。我们令传导电子的密度为ρ_-,在S系中它们的速度为v。在S系中,那些静止不动的电荷密度为ρ_+,这必须等于ρ_-的负值,因为我们正在考虑的是一根不带电的导线。这样在导线之外便不会有电场,因而作用于该运动粒子上的力正好是

$$\boldsymbol{F}=q\boldsymbol{v}_0\times\boldsymbol{B}.$$

利用式(13.18)中我们所求得的结果,即离导线轴心r处的磁场,我们可以断定,作用于该粒子上的力指向导线而具有量值:

$$F=\frac{1}{4\pi\epsilon_0c^2}\cdot\frac{2Iqv_0}{r}.$$

利用式(13.3)和(13.5),电流I可以写成ρ_-vA,其中A是导线的截面积。于是

$$F=\frac{1}{4\pi\epsilon_0c^2}\cdot\frac{2q\rho_-Avv_0}{r}. \tag{13.20}$$

我们可以继续处理任意速度 v 和 v_0 的普遍情况,但考察粒子速度 v_0 与传导电子速度 v 相等的那种特殊情况,只会更好。因此,我们就写成 $v_0 = v$, 而式(13.20)则变成

$$F = \frac{q}{2\pi\epsilon_0} \frac{\rho_- A}{r} \frac{v^2}{c^2}. \tag{13.21}$$

现在我们把注意力转移到在 S' 系中所发生的情况,那里粒子静止不动而导线则以速率 v(朝向图的左方)从旁跑过。那些跟着导线跑的正电荷将在该粒子处造成某一磁场 B'。但粒子现在是静止的,因而就没有磁力作用于其上了!如果有任何力作用于该粒子上,则它必然来自电场,必定是那根正在运动着的导线已产生了电场。但它所以能够这样只有它表现出带了电——一定是一根载流的中性导线运动时才会表现出带了电。

我们必须对此仔细检查。应当尝试从 S 系中所已知的导线里的电荷密度算出在 S' 系中导线内的电荷密度,人们起初也许认为它们相同。可是我们知道,长度在 S 与 S' 之间是改变的(见第 1 卷第 15 章),从而体积也将起变化。由于电荷密度有赖于电荷所占的体积,因而密度也将发生变化。

在我们对 S' 系中的电荷密度做出决定以前,必须知道一群电子正在运动时它们的电荷会发生什么情况。我们知道,一个粒子的表观质量按 $1/\sqrt{1-v^2/c^2}$ 变化。是否它的电荷也要做某种相似变化?不!无论动还是不动,电荷总是一样的。否则我们便不会始终都观测到总电荷守恒了。

假设我们取一块材料,比方说一块导体,它原本是不带电的。现在我们把它加热。由于电子与质子的质量不同,所以它们速度改变的数量将会不同。假如粒子的电荷有赖于携带该电荷的粒子的速率,则在这么一块加了热的导体中,电子和质子的电荷便不再平衡了。一块材料当加了热之后就该变成带电的了。正如以前我们曾经见到的,在一块材料中所有电子的电荷若发生微小变化就会引起巨大的电场。这样的效应却从未观测到。

并且,我们还可以指出,在物质中电子的平均速率与其化学成分有关。假如电子的电荷会随速率变化,则在一块材料中的净电荷将在化学反应中有所变化。通过一种直接计算又能够证明:即使电荷对速率仅有一个十分微小的依存关系,也会从最简单的化学反应中产生出巨大的电场来。但从没有这种效应被观测到,因而我们得出结论:单个粒子的电荷与其运动状态无关。

因此,一个粒子所带的电荷 q 是一个不变标量,与参照系无关。这意味着,在任何参照系中,由电子分布的电荷密度恰好就正比于单位体积中的电子数目。我们只需关注这么一个事实:体积可以由于距离的相对论性收缩而发生改变。

现在,我们把这些概念应用于正在运动的那根导线。如果取长度为 L_0 的一段导线,其中静止电荷具有密度 ρ_0,则它将含有总电荷 $Q = \rho_0 L_0 A_0$。如果同样这些电荷是在一个以速度 v 运动着的不同参照系中被观测的,则它们均会在一段较短的长度

$$L = L_0\sqrt{1-v^2/c^2} \tag{13.22}$$

的材料内被找到。但面积 A_0 却依旧不变(因为垂直于运动的尺度不会改变),参见图 13-11。

若把电荷在其中运动着的那个参照系中的电荷密度叫作 ρ,则总电荷 Q 将是 $\rho L A_0$。这也必定等于 $\rho_0 L_0 A_0$,因为在任一参照系中电荷总是一样的,所以 $\rho L = \rho_0 L_0$, 或根据式(13.22),

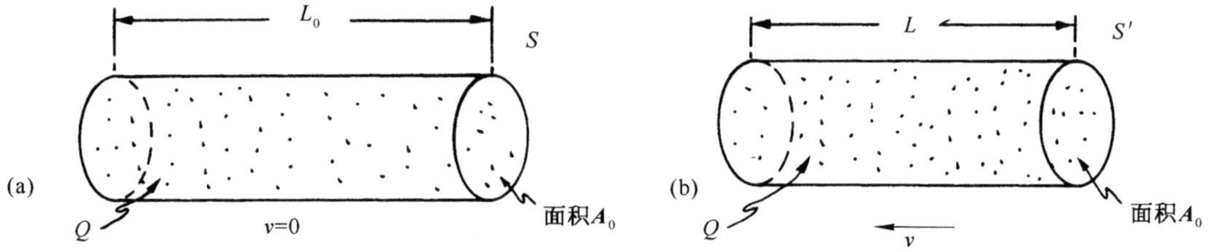

图 13-11 如果处于静止的带电粒子的一个分布具有电荷密度 ρ_0，则从一个以相对速度 v 运动着的参照系来看，同样的电荷将具有密度 $\rho_0/\sqrt{1-v^2/c^2}$

$$\rho=\frac{\rho_0}{\sqrt{1-v^2/c^2}}. \tag{13.23}$$

在一个运动着的电荷分布中，其电荷密度的变化情况，就像一个粒子的相对论性质量那样。

现在我们将这一普遍结果应用于导线中的正电荷，这些电荷在 S 参照系中是静止的。然而在 S' 系中，导线以速率 v 运动，因而正电荷密度就会变成：

$$\rho'_+=\frac{\rho_+}{\sqrt{1-v^2/c^2}}. \tag{13.24}$$

负电荷在 S' 系上是静止的，因而在这一参照系中它们具有"静密度"ρ_0，即在式(13.23)中，$\rho_0=\rho'_-$。由于当导线静止时，即在 S 系中，负电荷的速率为 v，因而它们具有密度 ρ_-。于是对于传导电子来说，我们便有

$$\rho_-=\frac{\rho'_-}{\sqrt{1-v^2/c^2}} \tag{13.25}$$

或

$$\rho'_-=\rho_-\sqrt{1-v^2/c^2}. \tag{13.26}$$

现在我们就能够明白，为什么在 S' 系中会有电场——因为在这一个参照系上导线里拥有净电荷密度 ρ'，其为

$$\rho'=\rho'_++\rho'_-.$$

利用式(13.24)和(13.26)，便得

$$\rho'=\frac{\rho_+}{\sqrt{1-v^2/c^2}}+\rho_-\sqrt{1-v^2/c^2}.$$

由于静止导线是中性的，$\rho_-=-\rho_+$，因而我们就有

$$\rho'=\rho_+\frac{v^2/c^2}{\sqrt{1-v^2/c^2}}. \tag{13.27}$$

由此可见，运动导线会带正电，并将在导线外的一个静止电荷处产生电场 E'。我们已经解决了一个均匀带电柱体的静电学问题。与该柱轴相距为 r 处的电场为

$$E'=\frac{\rho' A}{2\pi\epsilon_0 r}=\frac{\rho_+ A v^2/c^2}{2\pi\epsilon_0 r\sqrt{1-v^2/c^2}}. \tag{13.28}$$

作用于带负电粒子上的力指向导线。从这两个观点来看，至少我们有一个相同方向的力，在 S' 系中的电力与在 S 系中的磁力方向相同。

在 S' 参照系中，力的大小为

$$F' = \frac{q}{2\pi\epsilon_0}\frac{\rho_+ A}{r}\frac{v^2/c^2}{\sqrt{1-v^2/c^2}}. \tag{13.29}$$

拿这个结果 F' 与式(13.21)中的结果 F 比较，我们看到从这两个观点来说力的大小几乎完全相等。事实上，

$$F' = \frac{F}{\sqrt{1-v^2/c^2}}, \tag{13.30}$$

所以对于我们已经考虑过的低速情况，这两个力相等。至少，对于低速情况我们能够说，我们相信磁和电不过是“观察同一事物的两种方法”而已。

可是事情甚至比此还要好。若我们从一参照系过渡到另一参照系时把力的变换这一事实也计算在内，则将发现这两种看待事情发生的方法对于任何速度来说都确实给出相同的物理结果。

要弄清楚这一点的一种办法，是先提出这样一个问题：力作用了一会儿之后，该粒子会有什么样的横向动量？从第 1 卷第 16 章中我们知道，不论在 S 或 S' 参照系中，一个粒子的横向动量应该相同。若把这横向坐标叫作 y，则我们要来比较 Δp_y 和 $\Delta p'_y$。利用在相对论中正确的运动方程 $\boldsymbol{F} = \mathrm{d}\boldsymbol{p}/\mathrm{d}t$，我们期待在 Δt 时间之后粒子将有一横向动量 Δp_y，这在 S 参照系中即是

$$\Delta p_y = F\Delta t. \tag{13.31}$$

而在 S' 系，则这横向动量将为

$$\Delta p'_y = F'\Delta t'. \tag{13.32}$$

当然，我们必须在互相对应的时间间隔 Δt 与 $\Delta t'$ 中来比较 Δp_y 和 $\Delta p'_y$。在第 1 卷第 15 章中我们曾见到，相对于一个运动粒子来说，时间间隔显得比在该粒子的静止系统中要长些。由于粒子在 S' 系中最初是静止的，因而我们期望，对于小的 Δt，应有

$$\Delta t = \frac{\Delta t'}{\sqrt{1-v^2/c^2}}, \tag{13.33}$$

而所有这一切都表现正常。根据式(13.31)和(13.32)，

$$\frac{\Delta p'_y}{\Delta p_y} = \frac{F'\Delta t'}{F\Delta t},$$

如果把式(13.30)和(13.33)两式结合起来，上式正好等于 1。

我们已发现：对于沿一导线运动着的粒子，无论是从相对于导线静止的坐标系，还是从相对于粒子静止的坐标系来进行分析，都会得到同样的物理结果。在第一种情况下，该力纯系“磁”力；而在第二种情况下，则力纯系“电”力。这两种观点显示于图 13-12 中(尽管在第二个参照系中仍有一磁场 $\boldsymbol{B}'$，但它对于一静止粒子来说将不会产生任何力)。

要是选取另一个坐标系，则会找到另一组不同的 $\boldsymbol{E}$ 和 $\boldsymbol{B}$ 场。电力和磁力都是同一物理现象——粒子间的电磁相互作用——中的两个部分。把这一相互作用分成电的和磁的两部

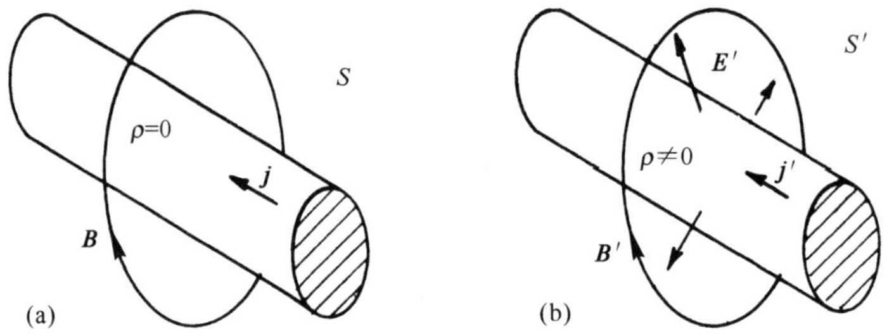

图 13-12 (a)在 S 参照系,电荷密度为零而电流密度为 j。这里仅有一磁场。(b)在 S' 系,就有电荷密度 ρ' 和一不同的电流密度 j'。磁场 $\vec{\boldsymbol{B}}'$ 已经不同,且还有一电场 $\boldsymbol{E}'$

分,在很大程度上取决于被选用来描述它的参照系,但完整的电磁描述是不变的,因而电和磁合在一起就同爱因斯坦的相对论是一致的了。

由于我们改变坐标系时,电场和磁场会以不同的混合体显示出来,所以如何看待 $\boldsymbol{E}$ 场和 $\boldsymbol{B}$ 场就必须小心谨慎。例如,倘若我们把 $\boldsymbol{E}$ 和 $\boldsymbol{B}$ 想象成"线",就绝不可能赋予太多的真实性。若试图从一个不同的坐标系去进行观察,有些线可能会消失。比如,在 S' 系上有电场线,但我们却从未发现过这些线"在 S 系上以速度 v 在我们旁边通过"。在这个 S 系中根本就没有电场线!因此,做这样的陈述是没有意义的:当我把一块磁铁移动时,它会带着它的磁场一起动,因而 $\boldsymbol{B}$ 线也就在移动。一般说来,从"场线的运动速率"这么一种概念出发,始终无法构成任何意义。场是我们用来描述在空间一点所发生的事情的办法。特别是,$\boldsymbol{E}$ 和 $\boldsymbol{B}$ 告诉我们作用于一个运动粒子上的力。"由运动磁场作用于一电荷上的力是什么"的问题根本不含有任何准确意义。力是由电荷处 $\boldsymbol{E}$ 和 $\boldsymbol{B}$ 的值给出的,而公式(13.1)不会由于 $\boldsymbol{E}$ 或 $\boldsymbol{B}$ 之源正在运动而改变($\boldsymbol{E}$ 和 $\boldsymbol{B}$ 之值才会由于源的运动而发生改变)。我们的数学描述只是同相对于某一惯性参照系的两种作为 x, y, z 和 t 的函数的场打交道。

以后将常提到"在空间传播的电场和磁场的波",诸如光波。但这与谈论一根弦线上的行波相似。此时,我们并非指弦线的某部分将会在波的方向上运动,而是指弦线的位移将首先出现在某处,继而又出现在另一处。同理,在一电磁波中,波在传播,但是场的大小在变化。所以今后当我们——或其他人——谈及一个"运动着"的场时,你就应该把它看作仅是一种描述在某些情况下变化着的场的既便利而又快捷的途径。

§ 13-7 电流与电荷的变换

对于上面当我们对粒子和对导线里的传导电子均取同样的速度 v 时所作的那种简化手续,你可能会感到担心。本来尽可以返回去并对两个不同速度再进行分析,但更方便的却是去注意电荷和电流是一个四维矢量的分量(见第 1 卷第 17 章)。

我们已经知道,若在静止参照系中的电荷密度为 ρ_0,则在具有速度 v 的参照系中,该密度为

$$\rho = \frac{\rho_0}{\sqrt{1 - v^2/c^2}}.$$

在这参考系中电流密度为

$$\boldsymbol{j}=\rho\boldsymbol{v}=\frac{\rho_0\boldsymbol{v}}{\sqrt{1-v^2/c^2}}. \tag{13.34}$$

原来我们知道,一个以速度 $\boldsymbol{v}$ 运动着的粒子其能量 U 与动量 $\boldsymbol{p}$ 分别由下列两式给出:

$$U=\frac{m_0c^2}{\sqrt{1-v^2/c^2}},\qquad \boldsymbol{p}=\frac{m_0\boldsymbol{v}}{\sqrt{1-v^2/c^2}},$$

其中 m_0 为粒子的静质量。我们也知道,U 与 $\boldsymbol{p}$ 构成一相对论性四维矢量。由于 ρ 和 $\boldsymbol{j}$ 与速度 $\boldsymbol{v}$ 的关系同 U 和 $\boldsymbol{p}$ 与速度的关系一样,所以我们便可以断定,ρ 和 $\boldsymbol{j}$ 也是一个相对论性四维矢量的分量。这一性质就是对以任一速度运动着的导线之场进行普遍分析的钥匙。如果我们想要对线外粒子速度 v_0 不同于那些传导电子速度的问题再次谋求解决,就需要这一把钥匙。

如果我们希望把 ρ 和 $\boldsymbol{j}$ 变换到以速度 u 沿 x 轴运动的一个坐标系中,则我们知道,它们应该恰好如同 t 和(x, y, z)那样变换(见第 1 卷第 15 章):

$$\begin{aligned}
x'&=\frac{x-ut}{\sqrt{1-u^2/c^2}}, & j'_x&=\frac{j_x-u\rho}{\sqrt{1-u^2/c^2}},\\
y'&=y, & j'_y&=j_y,\\
z'&=z, & j'_z&=j_z,\\
t'&=\frac{t-ux/c^2}{\sqrt{1-u^2/c^2}}, & \rho'&=\frac{\rho-uj_x/c^2}{\sqrt{1-u^2/c^2}}.
\end{aligned} \tag{13.35}$$

有了这些方程式,我们就能把两个参照系中的电荷和电流互相联系起来。取得其中一种参照系中的电荷和电流后,我们便能通过应用麦克斯韦方程组解出在该参照系中的电磁学问题。不管我们选取哪一个参照系,所获得的关于粒子运动的结果将会彼此相同。稍后我们还将回到有关电磁场的相对论性变换上来。

§13-8 叠加原理;右手定则

我们将通过对静磁学这一课题再作出两点评论来结束这一章。首先,关于磁场的两个基本方程

$$\nabla\cdot\boldsymbol{B}=0,\qquad \nabla\times\boldsymbol{B}=\boldsymbol{j}/c^2\epsilon_0$$

对 $\boldsymbol{B}$ 和 $\boldsymbol{j}$ 来说都是线性的。这意味着,叠加原理也适用于磁场。由两个不同的恒定电流所产生的场等于每一电流单独作用时的场之和。我们的第二点评论是关于以前曾遇到过的右手定则(诸如由电流所产生之磁场的那个右手定则)的。我们也曾注意到,一块磁铁的磁化被理解成来自该材料里的电子自旋。一个自旋电子的磁场方向也通过同样的右手定则而与其自旋轴线相联系。由于 $\boldsymbol{B}$ 是按照"手"式法则——涉及一个叉积或旋度——而制定的,因而被称为轴矢量(凡在空间里的方向与参照右手或左手都无关的那些矢量则叫作极矢量。例如,位移、速度、力和 $\boldsymbol{E}$ 都是极矢量)。

可是,在电磁学中物理方法上的可观测量却不是右手(或左手)的。电磁相互作用在反射(变换)下是对称的(见第 1 卷第 52 章)。每当计算两组电流间的磁力时,改变手的约定并不会改变所得的结果。与右手约定无关,我们的方程组总会导致同向电流相吸而异向电流

相斥的最终结果(试用“左手定则”来算出力)。吸引力或排斥力是一种极矢量。之所以出现这一结果,是由于在描述任一完整的相互作用时,我们两次用了右手定则——一次是从电流找出 **B**;再一次则是求出这个 **B** 在另一电流上所产生的力。使用右手定则两次与使用左手定则两次是一样的。假如把约定改变成一左手系统,则所有的 **B** 场都将反向,但所有的力——或更加确切的乃是所观测到的物体的加速度——却仍保持不变。

虽然最近物理学家惊讶地发现,自然界的所有定律未必总是对镜面反射保持不变的,但电磁定律的确具有这样一种基本对称性。

第 14 章　在各种不同情况下的磁场

§14-1　矢　　势

在本章中,我们将继续讨论与恒定电流有关的磁场——静磁学课题。磁场与电流之间由如下的基本方程相联系:

$$\nabla \cdot \boldsymbol{B} = 0; \tag{14.1}$$

$$c^2 \nabla \times \boldsymbol{B} = \frac{\boldsymbol{j}}{\epsilon_0}. \tag{14.2}$$

现在我们希望以一种普遍的方式,即不需要任何特殊对称性或直观猜测,就能在数学上解出这些方程。在静电学中,我们曾发现当所有电荷的位置均为已知时存在求场的一种直接方法。人们通过对电荷取积分——比如式(4.25)中的积分——就能简单地算出标势 ϕ 来。然后,如果还想知道电场,则可对 ϕ 求微商而得到。现在我们要证明:如果已知所有运动电荷的电流密度 $\boldsymbol{j}$,则会有一种求得磁场 $\boldsymbol{B}$ 的相应方法。

在静电学中,我们就知道(由于 $\boldsymbol{E}$ 的旋度始终是零),有可能把 $\boldsymbol{E}$ 表达成一个标量场 ϕ 的梯度。现在 $\boldsymbol{B}$ 的旋度却不常等于零,因而一般说来不可能把它表达成一梯度。然而,$\boldsymbol{B}$ 的散度却永远为零,这就意味着我们总能把 $\boldsymbol{B}$ 表达成另一个矢量场的旋度。因为正如我们以前曾在§2-7 中见到的,旋度的散度总等于零。于是,就总能够把 $\boldsymbol{B}$ 与将被称作 $\boldsymbol{A}$ 的场互相联系起来,

$$\boldsymbol{B} = \nabla \times \boldsymbol{A}. \tag{14.3}$$

或者通过写成分量,则有

$$\begin{aligned} B_x &= (\nabla \times \boldsymbol{A})_x = \frac{\partial A_z}{\partial y} - \frac{\partial A_y}{\partial z}; \\ B_y &= (\nabla \times \boldsymbol{A})_y = \frac{\partial A_x}{\partial z} - \frac{\partial A_z}{\partial x}; \\ B_z &= (\nabla \times \boldsymbol{A})_z = \frac{\partial A_y}{\partial x} - \frac{\partial A_x}{\partial y}. \end{aligned} \tag{14.4}$$

既然写出了 $\boldsymbol{B} = \nabla \times \boldsymbol{A}$, 就能保证式(14.1)被满足,因为必然有

$$\nabla \cdot \boldsymbol{B} = \nabla \cdot (\nabla \times \boldsymbol{A}) = 0.$$

$\boldsymbol{A}$ 这个场被称为矢势。

你会记得,标势 ϕ 并未由其定义完全规定。如果你对某一问题已求得了 ϕ,你还总能通过加上一常数而找到另一个同样好的势 ϕ':

$$\phi' = \phi + C.$$

因为梯度∇C为零,所以这个新的势ϕ'会给出相同的电场。因而ϕ'与ϕ代表相同的物理性质。

同样,我们也有可能给出同一磁场的不同矢势$\boldsymbol{A}$。而且,由于$\boldsymbol{B}$是由$\boldsymbol{A}$的微商得到的,因而,若在$\boldsymbol{A}$上加一常数并不改变任何物理的实质。可是对于$\boldsymbol{A}$来说,还有更加广阔的活动余地。我们可以对$\boldsymbol{A}$加进任何场,只要它等于某一标量场的梯度,就不致改变其物理情况。这可证明如下。假设对某个实际问题我们已有了一个$\boldsymbol{A}$,它正确地给出了磁场$\boldsymbol{B}$,并试问在什么情况下某一个新的矢势$\boldsymbol{A}'$才能在代入式(14.3)中时,会给出同一个场$\boldsymbol{B}$。于是,$\boldsymbol{A}$和$\boldsymbol{A}'$必定具有相同的旋度:

$$\boldsymbol{B}=\nabla\times\boldsymbol{A}'=\nabla\times\boldsymbol{A}.$$

因此,
$$\nabla\times\boldsymbol{A}'-\nabla\times\boldsymbol{A}=\nabla\times(\boldsymbol{A}'-\boldsymbol{A})=0.$$

但若一矢量的旋度为零,则它必然是某一标量场——比如说ψ——的梯度,因而$\boldsymbol{A}'-\boldsymbol{A}=\nabla\psi$。这就意味着,若$\boldsymbol{A}$为适合于某一问题的矢势,则不论对于任何$\psi$,

$$\boldsymbol{A}'=\boldsymbol{A}+\nabla\psi \tag{14.5}$$

仍将是一个同样令人满意的矢势,因为它导致相同的场$\boldsymbol{B}$。

这样做往往很方便,即任意使$\boldsymbol{A}$受另一条件限制,因而将其某些"活动范围"扣除出去(正如我们经常选取在无限远处的标势ϕ等于零也很方便一样)。例如,可以任意规定$\boldsymbol{A}$的散度必须是什么而对$\boldsymbol{A}$加以限制。我们总能够这样做,而不致影响$\boldsymbol{B}$。这是因为:虽然$\boldsymbol{A}'$和$\boldsymbol{A}$都具有同一旋度,从而给出了相同的$\boldsymbol{B}$,但它们却不需要具有相同的散度。事实上,$\nabla\cdot\boldsymbol{A}'=\nabla\cdot\boldsymbol{A}+\nabla^2\psi$,因而通过选取某一适当的$\psi$,就可以使$\nabla\cdot\boldsymbol{A}'$成为我们所希望要的任何东西。

对于$\nabla\cdot\boldsymbol{A}$到底应该如何选取呢?这一选择应为获得最大的数学方便而做出,并将取决于我们所要解决的问题。对于静磁学来说,我们将做这种简单选择:

$$\nabla\cdot\boldsymbol{A}=0 \tag{14.6}$$

(往后,当考虑电动力学时。将改变这种选择)。于是,目前我们对$\boldsymbol{A}$的完整定义*为:

$$\nabla\times\boldsymbol{A}=\boldsymbol{B}\quad\text{和}\quad\nabla\cdot\boldsymbol{A}=0.$$

为了对矢势得到一些经验,让我们首先看看对于匀强磁场$\boldsymbol{B}_0$来说,它的矢势是什么。选取z轴作为$\boldsymbol{B}_0$的方向,我们就应有:

$$\begin{aligned}B_x&=\frac{\partial A_z}{\partial y}-\frac{\partial A_y}{\partial z}=0;\\B_y&=\frac{\partial A_x}{\partial z}-\frac{\partial A_z}{\partial x}=0;\\B_z&=\frac{\partial A_y}{\partial x}-\frac{\partial A_x}{\partial y}=B_0.\end{aligned} \tag{14.7}$$

经检查可知这些方程的一个可能解为:

$$A_y=xB_0;\quad A_x=0;\quad A_z=0.$$

---

* 我们的定义仍未唯一地确定$\boldsymbol{A}$。对于一个唯一的规定,我们还得说明在某个边界上或在无限远处场$\boldsymbol{A}$的行为如何。例如,选取在无限远处场趋向于零有时是方便的。

或者，我们也同样可以取：

$$A_x = -yB_0;\quad A_y = 0;\quad A_z = 0.$$

还有另一个解则是上述两个解的线性组合：

$$A_x = -\frac{1}{2}yB_0;\quad A_y = \frac{1}{2}xB_0;\quad A_z = 0. \tag{14.8}$$

很明显，对于任一特定场 $\boldsymbol{B}$ 来说，矢势 $\boldsymbol{A}$ 有许多可能性，因而不是唯一的。

上面第三个解，即式(14.8)，具有某些有趣的特性。由于其 x 分量正比于 $-y$，而其 y 分量正比于 $+x$，所以 $\boldsymbol{A}$ 必定垂直于与 z 轴同方向的矢量。我们把这个矢量叫作 $\boldsymbol{r}'$（之所以加上一撇是为了要提醒我们，并不是从原点出发的一个位移矢量）。并且，$\boldsymbol{A}$ 的大小仍正比于 $\sqrt{x^2+y^2}$，因而也就正比于 r'。所以（对于我们的匀强磁场来说）$\boldsymbol{A}$ 可以简单写成

$$\boldsymbol{A} = \frac{1}{2}\boldsymbol{B}_0 \times \boldsymbol{r}'. \tag{14.9}$$

这矢势 $\boldsymbol{A}$ 具有 $B_0 r'/2$ 的量值并绕着 z 轴旋转，如图 14-1 所示。例如，若 $\boldsymbol{B}$ 场为螺线管内的轴向磁场，则这个矢势便和螺线管上的电流一样沿着同一指向环行。

关于一匀强场的矢势也可由另一种方式获得。$\boldsymbol{A}$ 绕任一闭合回路 Γ 的环流与 $\nabla\times\boldsymbol{A}$ 的面积分可以由斯托克斯定理、即式(3.38)相联系：

$$\oint_\Gamma \boldsymbol{A}\cdot d\boldsymbol{s} = \int_{在\Gamma内} (\nabla\times\boldsymbol{A})\cdot\boldsymbol{n}\,da. \tag{14.10}$$

但右边的积分等于 $\boldsymbol{B}$ 穿过回路的通量，因而

$$\oint_\Gamma \boldsymbol{A}\cdot d\boldsymbol{s} = \int_{在\Gamma内} \boldsymbol{B}\cdot\boldsymbol{n}\,da. \tag{14.11}$$

因此，$\boldsymbol{A}$ 绕任一回路的环流等于 $\boldsymbol{B}$ 穿过该回路的通量。如果在与匀强场 $\boldsymbol{B}$ 垂直的平面上取一半径为 r' 的圆形回路，则通量恰恰为

$$\pi r'^2\boldsymbol{B}.$$

如果把原点选取在对称轴上，则可以认为 $\boldsymbol{A}$ 沿着圆周并且仅仅是 r' 的函数，所以 $\boldsymbol{A}$ 的环流将为

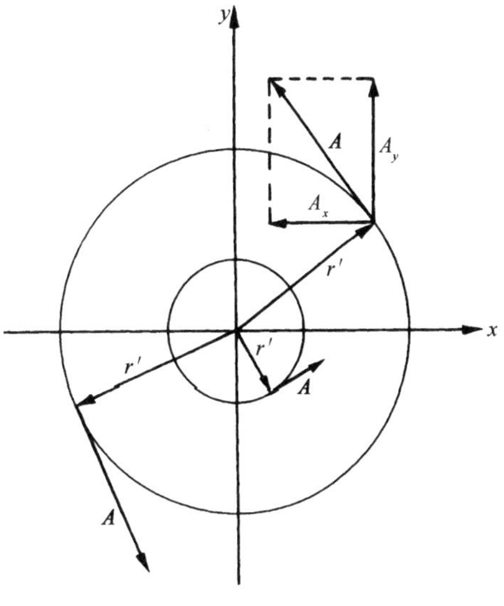

图 14-1　一个沿 z 方向的匀强磁场 $\boldsymbol{B}$ 对应于绕着 z 轴旋转而又具有大小为 $A = Br'/2$ 的矢势 $\boldsymbol{A}$（$\boldsymbol{r}'$ 是从 z 轴出发的位移）

$$\oint \boldsymbol{A}\cdot d\boldsymbol{s} = 2\pi r' A = \pi r'^2 B.$$

同上面一样，我们得到

$$A = \frac{Br'}{2}.$$

在刚才所述的例子中，我们已从磁场算出了矢势，这与正常做法恰好相反。在复杂

问题中,往往先解得矢势,然后才由它来确定磁场,那就比较容易。接下来,我们将说明如何才能做到这一点。

§14-2 已知电流的矢势

由于 $\boldsymbol{B}$ 是由电流确定的,所以 $\boldsymbol{A}$ 也如此。我们现在要由电流来求 $\boldsymbol{A}$。从基本方程式(14.2)出发:

$$c^2\,\boldsymbol{\nabla}\times\boldsymbol{B}=\frac{\boldsymbol{j}}{\epsilon_0},$$

当然,这就意味着

$$c^2\,\boldsymbol{\nabla}\times(\boldsymbol{\nabla}\times\boldsymbol{A})=\frac{\boldsymbol{j}}{\epsilon_0}. \tag{14.12}$$

这一方程对于静磁学,正如同方程

$$\boldsymbol{\nabla}\cdot\boldsymbol{\nabla}\phi=-\frac{\rho}{\epsilon_0} \tag{14.13}$$

对于静电学一样。

如果我们应用矢量恒等式(2.58),将 $\boldsymbol{\nabla}\times(\boldsymbol{\nabla}\times\boldsymbol{A})$ 改写成:

$$\boldsymbol{\nabla}\times(\boldsymbol{\nabla}\times\boldsymbol{A})=\boldsymbol{\nabla}(\boldsymbol{\nabla}\cdot\boldsymbol{A})-\nabla^2\boldsymbol{A}, \tag{14.14}$$

则关于矢势的式(14.12)看来就更像关于 ϕ 的式子。由于我们已决定使 $\boldsymbol{\nabla}\cdot\boldsymbol{A}=0$ (而现在就会看出个所以然来了),所以式(14.12)变成

$$\nabla^2\boldsymbol{A}=-\frac{\boldsymbol{j}}{\epsilon_0 c^2}. \tag{14.15}$$

当然,这个矢量方程包括下列三个方程:

$$\nabla^2 A_x=-\frac{j_x}{\epsilon_0 c^2};\quad \nabla^2 A_y=-\frac{j_y}{\epsilon_0 c^2};\quad \nabla^2 A_z=-\frac{j_z}{\epsilon_0 c^2}. \tag{14.16}$$

而这三个方程中的每一个在数学上均与下列方程全同:

$$\nabla^2\phi=-\frac{\rho}{\epsilon_0}. \tag{14.17}$$

所有以前曾学习过的由已知 ρ 解出势的方法,都可用来由已知 $\boldsymbol{j}$ 解出 $\boldsymbol{A}$ 的每一个分量!

在第 4 章中,我们已经知道,静电学方程式(14.17)的一个通解为

$$\phi(1)=\frac{1}{4\pi\epsilon_0}\int\frac{\rho(2)\,\mathrm{d}V_2}{r_{12}}.$$

因而我们就立即知道,关于 A_x 的通解为

$$A_x(1)=\frac{1}{4\pi\epsilon_0 c^2}\int\frac{j_x(2)\,\mathrm{d}V_2}{r_{12}}. \tag{14.18}$$

A_y 和 A_z 与此相仿(图 14-2 将使你们想起关于 r_{12} 和 $\mathrm{d}V_2$ 的习惯表示)。我们可以将这三个

解合并在一个矢量式中

$$\boldsymbol{A}(1)=\frac{1}{4\pi\epsilon_0 c^2}\int\frac{\boldsymbol{j}(2)\mathrm{d}V_2}{r_{12}}. \quad (14.19)$$

如果你乐意,还可直接对各分量取微分而证实:关于 $\boldsymbol{A}$ 的这一积分满足 $\boldsymbol{\nabla}\cdot\boldsymbol{A}=0$,只要 $\boldsymbol{\nabla}\cdot\boldsymbol{j}=0$,而我们早已知道对于恒定电流来说这是理所当然的。

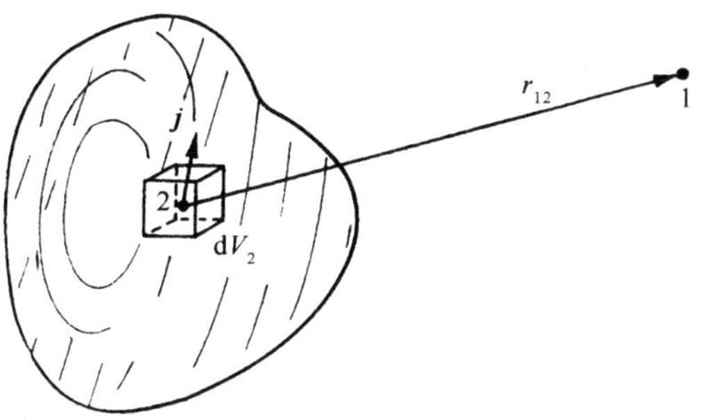

图 14-2 点 1 处的矢势 $\boldsymbol{A}$ 是对所有点 2 处的电流元 $\boldsymbol{j}\mathrm{d}V$ 积分而得出的

这样,我们就得到关于求出恒定电流的磁场的普遍方法。原则是:从一电流密度 $\boldsymbol{j}$ 所产生的矢势的 x 分量与从一等于 j_x/c^2 的电荷密度 ρ 所该产生的电势 ϕ 相同——而 y 和 z 分量也与此相仿(这一原则只对在固定方向上的分量才适用。例如,$\boldsymbol{A}$ 的“径向”分量不能用同样的办法从 $\boldsymbol{j}$ 的“径向”分量算出来)。因此,从电流密度矢量 $\boldsymbol{j}$,便可以应用式(14.19)求出 $\boldsymbol{A}$——即通过求解电荷分布为 $\rho_1=j_x/c^2$,$\rho_2=j_y/c^2$ 和 $\rho_3=j_z/c^2$ 的三个想象中的静电学问题,从而求得 $\boldsymbol{A}$ 的每一分量。然后,又可通过 $\boldsymbol{A}$ 的各种微商算出 $\boldsymbol{\nabla}\times\boldsymbol{A}$,最后获得 $\boldsymbol{B}$。这比静电学稍微复杂一些,但想法是相同的。现在,我们将通过在几种特殊情况下矢势的求解例子来说明这一理论。

§ 14-3 直 导 线

作为第一个例子,我们将再次求一直导线的场——这在上一章中已经应用式(14.2)和一些关于对称性的论据而解出。我们考虑半径为 a 而通有恒定电流 I 的一根长直导线。与静电学中电荷分布于一导体上的情况不同,导线中的恒定电流乃均匀地分布在该线的横截面内。如果选取如图 14-3 所示的坐标系,则电流密度矢量 $\boldsymbol{j}$ 便只有一个 z 分量,其大小在导线内为

$$j_z=\frac{I}{\pi a^2}, \quad (14.20)$$

而在导线外则为零。

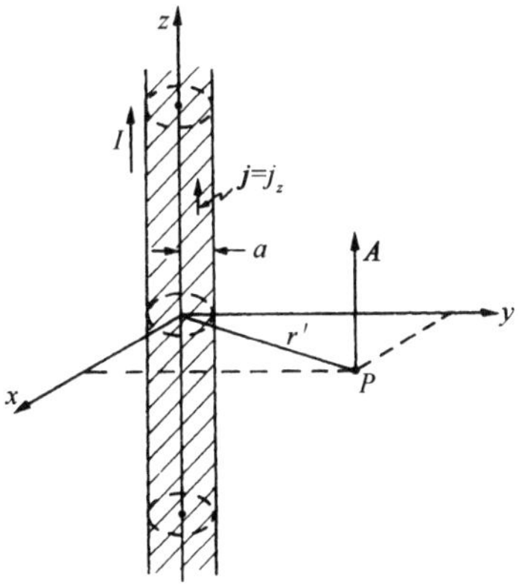

图 14-3 沿着 z 轴而通有均匀电流密度 $\boldsymbol{j}$ 的一根长圆柱形导线

既然 j_x 和 j_y 都是零,我们便立即有

$$A_x=0;\quad A_y=0.$$

为求得 $\boldsymbol{A}_z$,我们可以利用带有均匀电荷密度 $\rho=j_z/c^2$ 的导线,解出其电势 ϕ。在一无限长均匀带电圆柱体之外的各点,其电势为

$$\phi=-\frac{\lambda}{2\pi\epsilon_0}\ln r',$$

式中 $r'=\sqrt{x^2+y^2}$,而 λ 则为单位长度的电荷,即 $\pi a^2\rho$。所以对于通有均匀电流的长直导线之外的某点,A_z 应该为

$$\boldsymbol{A}_z=-\frac{\pi a^2 j_z}{2\pi\epsilon_0 c^2}\ln r'.$$

由于 $\pi a^2 j_z = I$，上式还可以写成

$$\boldsymbol{A}_z = -\frac{I}{2\pi\epsilon_0 c^2}\ln r'. \tag{14.21}$$

现在就可由式(14.4)求出 $\boldsymbol{B}$。由于该式的六个微商中只有两个不等于零，因而得出

$$B_x = -\frac{I}{2\pi\epsilon_0 c^2}\frac{\partial}{\partial y}\ln r' = -\frac{I}{2\pi\epsilon_0 c^2}\frac{y}{r'^2}; \tag{14.22}$$

$$B_y = \frac{I}{2\pi\epsilon_0 c^2}\frac{\partial}{\partial x}\ln r' = \frac{I}{2\pi\epsilon_0 c^2}\frac{x}{r'^2}; \tag{14.23}$$

$$B_z = 0.$$

我们得到了与以前相同的结果：$\boldsymbol{B}$ 环绕着导线，其大小为

$$B = \frac{1}{4\pi\epsilon_0 c^2}\frac{2I}{r'}. \tag{14.24}$$

§14-4 长螺线管

其次，再来考虑一个无限长螺线管。沿管的表面单位长度通有 nI 的环行电流(我们设想每单位长度绕有 n 匝通了电流 I 的导线，并略去绕圈时的微小螺距)。

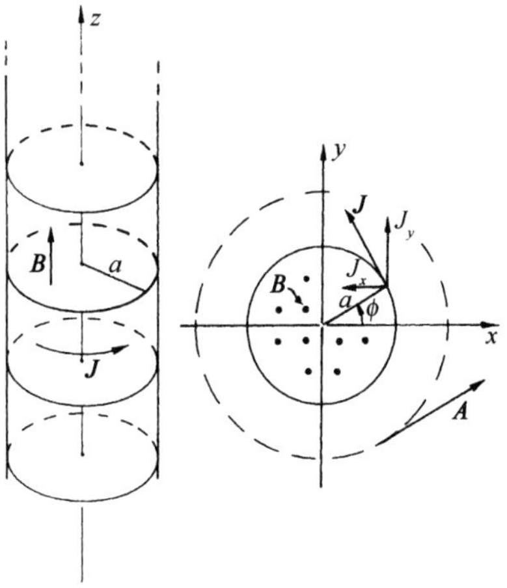

图 14-4　通有面电流密度 J 的长螺线管

正如曾经定义过的“面电荷密度”σ 那样，这里我们也定义“面电流密度”$\boldsymbol{J}$，它等于在该螺线管表面上单位长度的电流(这当然恰好就是平均电流密度 $\boldsymbol{j}$ 乘以该薄线圈层的厚度)。$\boldsymbol{J}$ 的大小在这里等于 nI。这一表面电流(见图 14-4)具有如下分量：

$$J_x = -J\sin\phi,\quad J_y = J\cos\phi,\quad J_z = 0.$$

现在我们必须对这样一种电流分布找出 $\mathbf{A}$ 来。

首先，我们希望找出在螺线管外面各点处的 A_x，这结果与带有面电荷密度

$$\sigma = \sigma_0 \sin\phi$$

(其中 $\sigma_0 = -J/c^2$)的圆柱外的电势相同。我们从未解过这样一种电荷分布，但却求解过某种相似的问题。这一电荷分布相当于两根各带正电和负电的实心圆柱，在 y 方向上它们的轴有了微小的相对位移。这样一对带电柱体的势，与单独一根均匀带电柱体的势对 y 的微商成正比。这一比例常数是可以算得的，但暂时无须对它操心。

一根带电柱体的势正比于 $\ln r'$，于是一对带电柱体的势便为

$$\phi \propto \frac{\partial \ln r'}{\partial y} = \frac{y}{r'^2}.$$

因此我们知道

$$A_x = -K\frac{y}{r'^2}, \tag{14.25}$$

式中 K 是某一常数。根据相同的论证，我们会求出

$$A_y = K\frac{x}{r'^2}. \tag{14.26}$$

尽管以前曾经说过在螺线管之外没有磁场，但现在我们却发现有一个 $\boldsymbol{A}$ 场环绕着 z 轴，如图 14-4 所示。问题在于，它的旋度是否等于零？

显然，B_x 和 B_y 都等于零，而

$$B_z = \frac{\partial}{\partial x}\left(K\frac{x}{r'^2}\right) - \frac{\partial}{\partial y}\left(-K\frac{y}{r'^2}\right) = K\left(\frac{1}{r'^2} - \frac{2x^2}{r'^4} + \frac{1}{r'^2} - \frac{2y^2}{r'^4}\right) = 0.$$

因此，在一个十分长的螺线管外面磁场的确为零，即使矢势并不等于零。

上述结果我们还可以利用其他已知的东西来核对：矢势绕螺线管的环流应等于管内 $\boldsymbol{B}$ 的通量（式 14.11）。这环流为 $A\cdot 2\pi r'$，或者，由于 $A = K/r'$，所以环流为 $2\pi K$。注意！这与 r' 无关。如果管外不存在 $\boldsymbol{B}$ 的话，这恰好就是应得的结果，因为通量仅仅是螺线管内 $\boldsymbol{B}$ 的大小乘以 πa^2。对于半径 $r' > a$ 的所有圆周这通量都相同。在上一章中我们曾经得出管内的场为 $nI/(\epsilon_0 c^2)$，因而可以确定常数 K：

$$2\pi K = \pi a^2 \frac{nI}{\epsilon_0 c^2},$$

即

$$K = \frac{nIa^2}{2\epsilon_0 c^2}.$$

因此，管外矢势的大小为：

$$A = \frac{nIa^2}{2\epsilon_0 c^2}\frac{1}{r'}, \tag{14.27}$$

并且总是垂直于矢量 $\boldsymbol{r}'$。

我们刚才考虑的是一个由导线绕成的螺线管，假如旋转一根表面带有静电荷的长柱体，也会产生那相同的场。若有一根半径为 a、带有面电荷密度 σ 的薄圆柱壳，则当把它旋转时就会形成一个表面电流 $J = \sigma v$，其中 $v = a\omega$ 是面电荷的速度。这样，在该柱内就将有一个 $B = \sigma a\omega/(\epsilon_0 c^2)$ 的磁场。

现在，可以提出一个有趣的问题。假设我们把一根短导线 W 安置成垂直于柱轴，从轴心伸至柱面，并固定于柱面上，以便随柱旋转，如图 14-5 所示。由于这根导线是在磁场中运动，因而力 $\boldsymbol{v}\times\boldsymbol{B}$ 就会引起该导线两端带电（两端将被充电直至由这些电荷所产生的 $\boldsymbol{E}$ 场的力恰好抵消 $\boldsymbol{v}\times\boldsymbol{B}$ 之

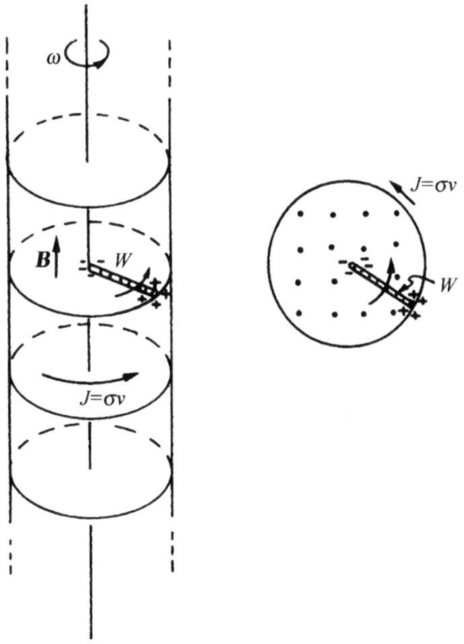

图 14-5　一根旋转着的带电柱壳在柱内会产生一个磁场。伴随该柱旋转的一根径向短导线会有电荷感生于其两端上

力为止)。如果该柱壳带有正电荷,则导线在柱轴那一端将有负电荷。通过测量这根导线一端的电荷,我们能测得该系统的旋转速率。这样,也就有一种"角速度计"了!

但你还在怀疑:"要是把自己置身于该旋转柱的参照系上又将如何呢?这时不过是一根静止不动的带电圆柱壳,而我知道那些静电方程说明并没有电场存在于该柱壳之内,因而也就没有任何力会把电荷推向轴心。因此一定是出了某种差错"。但却没有发现什么东西弄错了。原来不存在"转动的相对性"。由于一个转动系统并不是一个惯性参照系,因而物理规律是不同的。我们必须确实保证,只相对于惯性坐标系才应用电磁学方程组。

要是我们能够运用这么一个带电圆柱壳来测量地球的绝对转动,那该多好,但可惜该效应过于微小,即使采用目前能够得到的最精密仪器也无法观察出来。

§14-5 一个小电流回路的场;磁偶极子

让我们应用矢势的方法求出一个小电流回路的场。所谓"小"者,照例它仅仅指我们所感兴趣的乃是远比回路尺度大得多的那些距离处的场。结果将得出,任一个小回路就是一个"磁偶极子"。这就是说,它所产生的磁场类似于一个电偶极子的电场。

首先考虑一矩形回路,并按照图14-6所示选择我们的坐标系。由于沿 z 方向并没有电流,因而 A_z 为零。在长度各等于 a 的两边则都有沿 x 向的电流。每一段中,电流密度(以及电流)都是均匀的。因此关于 A_x 的解就恰好像来自两根带电棒的静电势(见图14-7)。既然这两根棒各带相反电荷,所以它们在远处的电势只可能是一个偶极子的势(§6-5)。在图14-6中的 P 点,这势应为

$$\phi = \frac{1}{4\pi\epsilon_0}\frac{\boldsymbol{p}\cdot\boldsymbol{e}_R}{R^2}, \tag{14.28}$$

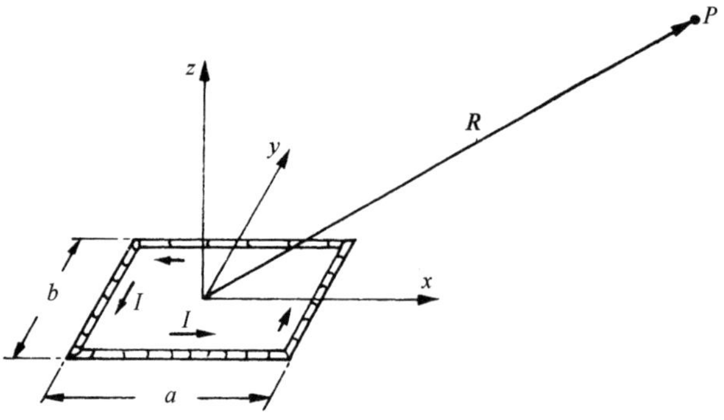

图 14-6 通有电流 I 的一个矩形回路。在 P 点的磁场有多大?($R \gg a$ 且 $R \gg b$)

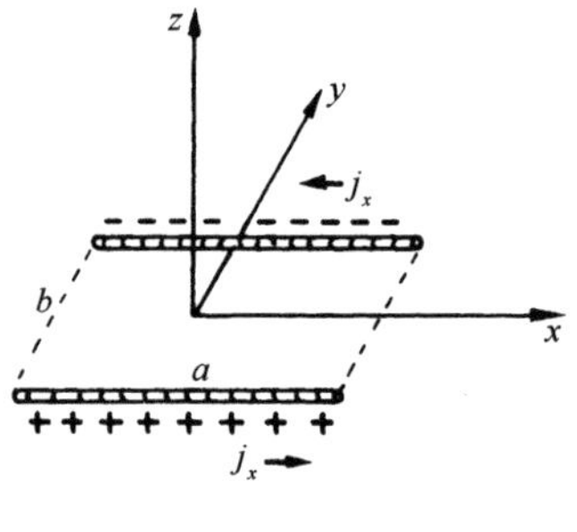

图 14-7 在图14-6的电流回路中 j_x 的分布

式中 $\boldsymbol{p}$ 为该电荷分布的偶极矩。在这种情况下,偶极矩等于一根棒上的总电荷乘以两棒间的距离:

$$p = \lambda ab. \tag{14.29}$$

这偶极矩指向负 y 方向,因而 $\boldsymbol{R}$ 与 $\boldsymbol{p}$ 夹角的余弦为 $-y/R$(其中 y 是 P 点的坐标)。所以

我们有

$$\phi = -\frac{1}{4\pi\epsilon_0}\frac{\lambda ab}{R^2}\frac{y}{R}.$$

简单地用 I/c^2 代替 λ，我们就得到 A_x：

$$A_x = -\frac{Iab}{4\pi\epsilon_0 c^2}\frac{y}{R^3}. \tag{14.30}$$

同理可得

$$A_y = \frac{Iab}{4\pi\epsilon_0 c^2}\frac{x}{R^3}. \tag{14.31}$$

另外，A_y 正比于 x，而 A_x 则正比于 $-y$，所以该矢势(在远处)绕 z 轴围成圆环，与回路中的电流 I 有相同的指向，如图 14-8 所示。

A 的强度与 Iab 成正比，即是电流乘以该回路的面积。这一乘积称为该回路的磁偶极矩(常简称"磁矩")。我们用 μ 来表示：

$$\mu = Iab. \tag{14.32}$$

一个具有任何形状(圆、三角、或其他)的平面小回路的矢势也是由式(14.30)和(14.31)给出的，只要我们用下式来代替 Iab：

$$\mu = I \times (\text{回路面积}). \tag{14.33}$$

这留给读者去证明。

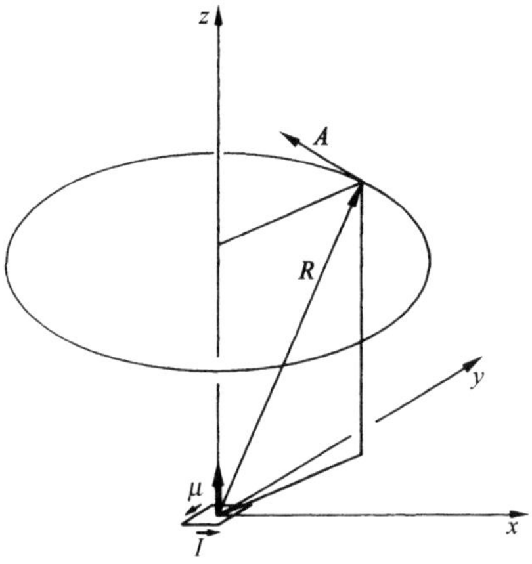

图 14-8　在(xy 平面的)原点处一个小电流回路的矢势；一个磁偶极子的场

如果把 μ 视作矢量，并将其方向规定为垂直于该回路的平面，由右手定则给出其正的向指(图 14-8)，则可把有关 **A** 的方程写成如下的矢量形式：

$$\boldsymbol{A} = \frac{1}{4\pi\epsilon_0 c^2}\frac{\boldsymbol{\mu}\times\boldsymbol{R}}{R^3} = \frac{1}{4\pi\epsilon_0 c^2}\frac{\boldsymbol{\mu}\times\boldsymbol{e}_R}{R^2}. \tag{14.34}$$

现在仍需求出 **B** 来。应用式(14.33)和(14.34)，连同式(14.4)一起，便可得到：

$$B_x = -\frac{\partial}{\partial z}\frac{\mu}{4\pi\epsilon_0 c^2}\frac{x}{R^3} = \cdots\frac{3xz}{R^5} \tag{14.35}$$

[其中我们用…来代表 $\mu/(4\pi\epsilon_0 c^2)$]，

$$B_y = \frac{\partial}{\partial z}\left(-\cdots\frac{y}{R^3}\right) = \cdots\frac{3yz}{R^5},$$

$$B_z = \frac{\partial}{\partial x}\left(\cdots\frac{x}{R^3}\right) - \frac{\partial}{\partial y}\left(-\cdots\frac{y}{R^3}\right) = -\cdots\left(\frac{1}{R^3} - \frac{3z^2}{R^5}\right). \tag{14.36}$$

可见 **B** 场分量的表现与由一指向 z 轴的电偶极子产生的 **E** 场的表现完全一样[见式(6.14)和(6.15)以及图 6-4]，这就是为什么我们把电流回路叫作磁偶极子的缘故。"偶极子"这个词，当应用于磁场时，是有点令人迷惑不解的，因为并没有与电荷相对应的磁"荷"。磁"偶极子场"不是由两个"荷"所产生的，而是起因于一电流回路元。

然而,事情显得有点奇怪:从完全不同的两定律 $\nabla\cdot\boldsymbol{E}=\rho/\epsilon_0$ 和 $\nabla\times\boldsymbol{B}=\boldsymbol{j}/\epsilon_0c^2$ 出发,竟会得出形式相同的场。为什么会这样呢?那是由于偶极子场只出现在与所有电荷或电流的距离都很远处。因此通过大部分有关空间,$\boldsymbol{E}$ 和 $\boldsymbol{B}$ 的方程就相同:两者各具有零散度和零旋度。所以它们给出相同的解答。然而,我们用偶极矩来概括的那些源的位形在物理上却很不相同——对于彼此互相对应的场,在一种情况下源是一环行电流,而在另一种情况下源则是位于该回路平面上与下的一对电荷。

§14-6 电路的矢势

我们经常感兴趣的是导线直径与整个系统的线度相比非常小的那种电路所产生的磁场。在这种情况下,我们就能简化磁场的方程组。对细小导线来说,我们可以把体积元写成

$$\mathrm{d}V=S\mathrm{d}s,$$

式中 S 是导线的横截面积,而 $\mathrm{d}s$ 则是沿导线的距离元。实际上,由于矢量 $\mathrm{d}\boldsymbol{s}$ 与 $\boldsymbol{j}$ 方向相同,如图 14-9 所示(而且我们也可假定,$\boldsymbol{j}$ 在任一给定截面上各处保持不变),我们便可写出一个矢量方程:

$$\boldsymbol{j}\mathrm{d}V=jS\mathrm{d}\boldsymbol{s}. \tag{14.37}$$

但 jS 恰好就是我们所称的导线中的电流 I,因而关于矢势式(14.19)中的积分就变成

$$\boldsymbol{A}(1)=\frac{1}{4\pi\epsilon_0c^2}\int\frac{I\mathrm{d}\boldsymbol{s}_2}{r_{12}} \tag{14.38}$$

(见图 14-10)。我们假定通过电路的电流处处相同,但若有几条各载有不同电流的支路,则对于每条支路当然就应各自采用适当的 I。

我们又一次可由直接对式(14.38)进行积分或由对相应的静电学问题求解而把场求出来。

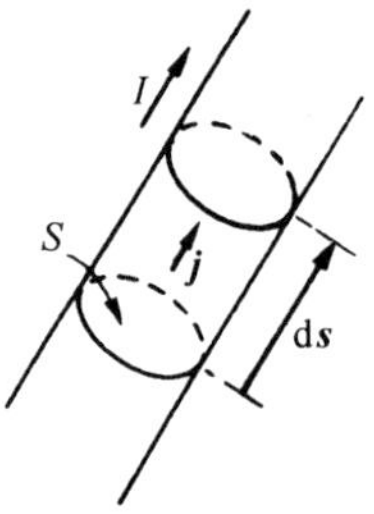

图 14-9 对于一根细小导线来说,$\boldsymbol{j}\mathrm{d}V$ 与 $I\mathrm{d}\boldsymbol{s}$ 相同

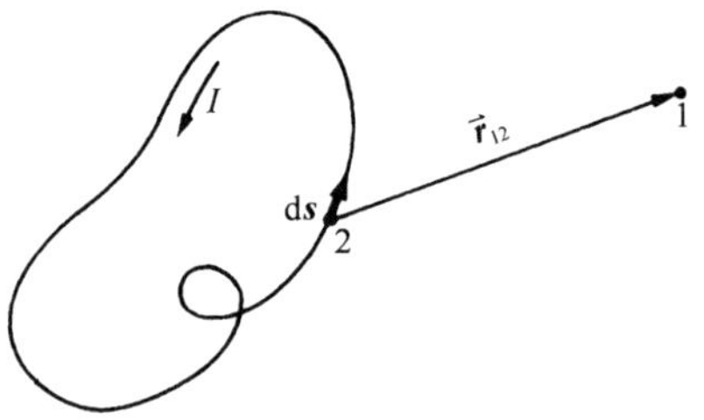

图 14-10 导线的磁场可以通过环绕该电路取积分而获得

§14-7 毕奥-萨伐尔定律

在学习静电学时我们了解到,某一已知电荷分布的电场可直接由积分式(4.16)获得:

$$\boldsymbol{E}(1)=\frac{1}{4\pi\epsilon_0}\int\frac{\rho(2)\boldsymbol{e}_{12}\mathrm{d}V_2}{r_{12}^2}.$$

正如我们曾经见到的,要算出这一积分——实际上是三个积分,每一分量各有一个——比起算出势的积分并求出它的梯度来,通常要花费更多工夫。

有一个相似的积分,它把磁场同电流联系了起来。我们已有一个关于 $\boldsymbol{A}$ 的积分,即式(14.19),就可以通过对该式两边取旋度而获得关于 $\boldsymbol{B}$ 的积分:

$$\boldsymbol{B}(1)=\boldsymbol{\nabla}\times\boldsymbol{A}(1)=\boldsymbol{\nabla}\times\left[\frac{1}{4\pi\epsilon_0 c^2}\int\frac{\boldsymbol{j}(2)\mathrm{d}V_2}{r_{12}}\right]. \tag{14.39}$$

现在我们必须小心:该旋度算符的含义是取 $\boldsymbol{A}(1)$的旋度,这就是说,它仅对坐标(x_1, y_1, z_1)进行运算。如果我们记住,$\boldsymbol{\nabla}\times$ 这个算符只对附有脚标 1 的那些变量才进行运算,而这些变量显然仅出现于

$$r_{12}=\left[(x_1-x_2)^2+(y_1-y_2)^2+(z_1-z_2)^2\right]^{1/2} \tag{14.40}$$

中,则可将该算符移进积分符号之内。对于 $\boldsymbol{B}$ 的 x 分量,我们得

$$\begin{aligned}B_x&=\frac{\partial A_z}{\partial y_1}-\frac{\partial A_y}{\partial z_1}=\frac{1}{4\pi\epsilon_0 c^2}\int\left[j_z\frac{\partial}{\partial y_1}\left(\frac{1}{r_{12}}\right)-j_y\frac{\partial}{\partial z_1}\left(\frac{1}{r_{12}}\right)\right]\mathrm{d}V_2\\&=-\frac{1}{4\pi\epsilon_0 c^2}\int\left[j_z\frac{y_1-y_2}{r_{12}^3}-j_y\frac{z_1-z_2}{r_{12}^3}\right]\mathrm{d}V_2.\end{aligned} \tag{14.41}$$

方括号内的量恰好就是

$$\frac{\boldsymbol{j}\times\boldsymbol{r}_{12}}{r_{12}^3}=\frac{\boldsymbol{j}\times\boldsymbol{e}_{12}}{r_{12}^2}$$

的 x 分量。对于其他分量,我们将会找出相应结果,因而有

$$\boldsymbol{B}(1)=\frac{1}{4\pi\epsilon_0 c^2}\int\frac{\boldsymbol{j}(2)\times\boldsymbol{e}_{12}}{r_{12}^2}\mathrm{d}V_2. \tag{14.42}$$

这一积分直接由已知的电流给出了 $\boldsymbol{B}$。这里所涉及的几何性质与图 14-2 中所示的相同。

若电流仅存在于细小导线的电路中,则如同上一节,我们可立即从导线的一头到另一头加以积分,即用 $I\mathrm{d}\boldsymbol{s}$ 代替 $\boldsymbol{j}\mathrm{d}V$,其中 $\mathrm{d}\boldsymbol{s}$ 是导线的长度元。这时,采用图 14-10 上的符号,便得:

$$\boldsymbol{B}(1)=-\frac{1}{4\pi\epsilon_0 c^2}\int\frac{I\boldsymbol{e}_{12}\times\mathrm{d}\boldsymbol{s}_2}{r_{12}^2} \tag{14.43}$$

(负号之所以出现是由于我们颠倒了该叉积的次序)。这一有关 $\boldsymbol{B}$ 的方程,以它的发现者的名字命名,称为毕奥-萨伐尔定律。它提供一个直接获得载流导线所产生的磁场的公式。

你可能会觉得奇怪:"如果能直接由那个矢量积分找出 $\boldsymbol{B}$ 来,则矢势还有什么用处呢?毕竟 $\boldsymbol{A}$ 也含有三个积分!"因为有关 $\boldsymbol{B}$ 的积分中存在叉积,所以该积分往往较为复杂,正如由式(14.41)显然可见。并且,由于 $\boldsymbol{A}$ 的积分同静电学的那些相仿,所以我们可能已经懂得它们了。最后,我们还将见到:在更高一级的理论内容(比如相对论,力学定律的更高级描述方式,像以后将要讨论到的最小作用量原理,以及量子力学等)中,矢势起着重要的作用。

第 15 章 矢　　势

§15-1 作用于一电流回路上的力;偶极子能量

上一章我们研究了由一矩形小电流回路所产生的磁场。并发现那是一个偶极子场,其偶极矩由

$$\mu = IA \tag{15.1}$$

给出,式中 I 为电流而 A 为回路面积。矩的方向垂直于该回路平面,因而也就可以写成

$$\boldsymbol{\mu} = IA\boldsymbol{n},$$

式中 $\boldsymbol{n}$ 是该面积 A 的法向单位矢量。

一个电流回路或磁偶极子不仅会产生磁场,而且当置于其他电流的磁场中时也会感受到力的作用。我们将首先考察在一匀强磁场中作用于一矩形回路上的力。设 z 轴沿磁场方向,而回路平面则被置于通过 y 轴并与 xy 面成 θ 角,如图 15-1 所示。这样,该回路的垂直于回路平面的磁矩就将与磁场成 θ 角。

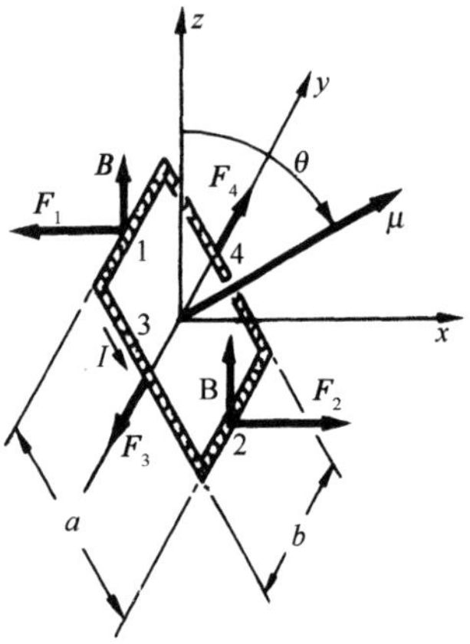

图 15-1 一个通有电流 I 的矩形回路位于一匀强磁场 $\boldsymbol{B}$(沿 z 方向的)中。这样作用于该回路上的力矩就是 $\boldsymbol{\tau} = \boldsymbol{\mu} \times \boldsymbol{B}$, 其中磁矩 $\mu = Iab$

由于在矩形对边上的电流互相反向,所以作用在上的那些力也将反向,从而不会有净力作用于该回路上(当磁场均匀时)。然而,由于图中标明为 1 和 2 的两边上存在作用力,因此就有一个倾向于把该回路绕着 y 轴旋转的力矩。这两个力 F_1 和 F_2 的大小为

$$F_1 = F_2 = IBb.$$

它们的力臂为

$$a\sin\theta,$$

从而该力矩为

$$\tau = IabB\sin\theta,$$

或者,由于 Iab 是该回路的磁矩,所以

$$\tau = \mu B\sin\theta.$$

这力矩还可以写成矢量形式:

$$\boldsymbol{\tau} = \boldsymbol{\mu} \times \boldsymbol{B}. \tag{15.2}$$

尽管仅仅在一个相当特殊的情况下证明了力矩由式(15.2)所给出,但这一结果对于任何形状的小回路都正确,正如我们将会看到的。对作用于电场中一电偶极子上的力矩也有相同

类型的关系式：

$$\boldsymbol{\tau}=\boldsymbol{p}\times\boldsymbol{E}.$$

现在我们要询问这一电流回路的机械能。由于存在力矩，所以这能量显然与取向有关。虚功原理讲，力矩等于能量相对于角度的变化率，因而我们可写出

$$\mathrm{d}U=\tau\mathrm{d}\theta.$$

令 $\tau=\mu B\sin\theta$ 并积分，则能量可以写成：

$$U=-\mu B\cos\theta+\text{常数} \tag{15.3}$$

(符号之所以为负，是因为该力矩企图把磁矩旋转至与磁场同向，当 $\boldsymbol{\mu}$ 与 $\boldsymbol{B}$ 平行时能量最低)。

由于今后将会讨论到的一些原因，这一能量并不是该电流回路的总能量(首先，我们未曾把回路中维持电流的那种能量计算在内)。因此，将这一能量称为 $U_{\text{机械}}$，就是要提醒我们它只是能量的一部分。并且，由于无论如何我们总已漏掉了某些能量，所以可令式(15.3)中的常数等于零。因而可把上式写成

$$U_{\text{机械}}=-\boldsymbol{\mu}\cdot\boldsymbol{B}. \tag{15.4}$$

这再次与电偶极子的结果相对应：

$$U=-\boldsymbol{p}\cdot\boldsymbol{E}. \tag{15.5}$$

原来，式(15.5)中的静电能是真实的能量，但式(15.4)中的 $U_{\text{机械}}$ 却不是实际的能量。然而，凭借虚功原理它仍可用来计算力，假设回路中的电流或至少是 μ 保持不变的话。

我们能够证明：对于一个矩形回路来说，$U_{\text{机械}}$ 也相当于把该回路拿进场所需做的机械功。只有在匀强磁场中施于回路上的总力才等于零；在非均匀场中，则始终有一净力作用于通有电流的回路上。在把该回路置于场中时，我们势必经过其中场并非均匀的一些地方，因而就做了功。为使计算简单起见，我们将设想该回路被带进场时它的矩沿着场的指向(在到达了指定位置之后，还可以转至最后位置)。

试设想我们希望把该回路沿 x 方向移至场较强的区域，而该回路的指向按图 15-2 所示。我们从场等于零的某处出发，并对回路移进场中时所受的力乘距离后进行积分。

首先，让我们分别计算对每边所做的功，然后取其和(并非在积分之前就把力加起来)。作用于边 3 和边 4 上的力与运动方向垂直，因而没有做任何功。作用于边 2 上的力为 $IbB(x)$，在 x 方向，因而要获得抵抗磁力所做的功就必须从场为零的某处、比方说从 $x=-\infty$ 处积至它目前所处的位置，

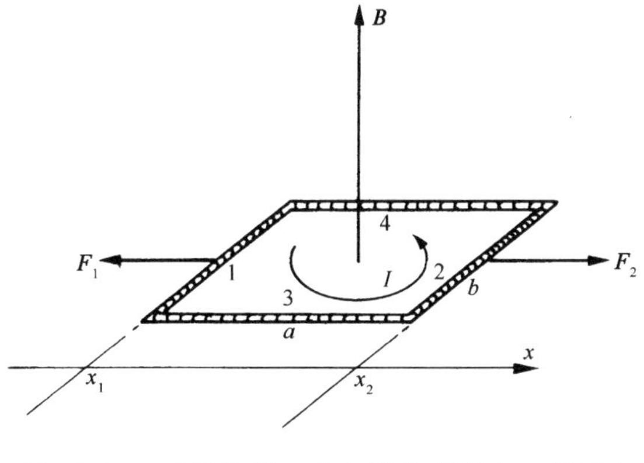

图 15-2 一个回路沿 x 方向移动，通过与 x 轴正交的 $\boldsymbol{B}$ 场

$$W_2=-\int_{-\infty}^{x_2}F_2\,\mathrm{d}x=-Ib\int_{-\infty}^{x_2}B(x)\,\mathrm{d}x. \tag{15.6}$$

同理,为抵抗磁力而对边 1 所做的功为

$$W_1 = -\int_{-\infty}^{x_1} F_1\,\mathrm{d}x = Ib\int_{-\infty}^{x_1} B(x)\,\mathrm{d}x\,. \tag{15.7}$$

为求得每个积分,我们需要知道 $B(x)$是怎样依赖于 x 的。但要注意,边 1 紧跟在边 2 之后,因而对它的积分就包括对边 2 做功的大部分。事实上,式(15.6)与(15.7)之和恰好就是

$$W = -Ib\int_{x_1}^{x_2} B(x)\,\mathrm{d}x\,. \tag{15.8}$$

但若在一个区域里边 1 与边 2 处的场 B 几乎相等,则可将该积分写成

$$\int_{x_1}^{x_2} B(x)\,\mathrm{d}x = (x_2 - x_1)B = aB\,,$$

式中 B 是在该回路中心处的场。我们所加进去的总机械能为

$$U_{\text{机械}} = W = -IabB = -\mu B\,. \tag{15.9}$$

这个结果同我们把式(15.4)作为能量相一致。

当然,要是在进行积分以求得功之前先将作用于回路上的力相加起来,也应该获得同样的结果。如果令 B_1 为边 1 处、而 B_2 为边 2 处的场,则沿 x 方向总的力为

$$F_x = Ib(B_2 - B_1)\,.$$

若该回路很"小",也就是说,若 B_2 和 B_1 相差不多,则可写成

$$B_2 = B_1 + \frac{\partial B}{\partial x}\Delta x = B_1 + \frac{\partial B}{\partial x}a.$$

因而力为

$$F_x = Iab\,\frac{\partial B}{\partial x}. \tag{15.10}$$

由外力对该回路所做的总功为

$$-\int_{-\infty}^{x} F_x\,\mathrm{d}x = Iab\int \frac{\partial B}{\partial x}\mathrm{d}x = -IabB\,,$$

这恰好又是 $-\mu B$。直到如今我们才看出为什么作用于一小电流回路上的力会与磁场的微商成正比,正如我们从

$$F_x\Delta x = -\Delta U_{\text{机械}} = -\Delta(-\boldsymbol{\mu}\cdot\boldsymbol{B}) \tag{15.11}$$

中预料到的。

上述结果表明:即使 $U_{\text{机械}} = -\boldsymbol{\mu}\cdot\boldsymbol{B}$ 可能并未包括系统的所有各种能量在内——它是一类赝造的能量——但它仍能同虚功原理一起被用来求得作用于恒定电流回路上的力。

§ 15-2 机械能与电能

现在我们要来证明,为什么上一节所讨论的能量 $U_{\text{机械}}$ 并不是与恒定电流相关的正确的

能量——它并未包括世界上的总能量。固然,我们曾经强调过它仍是一种能量,可用它由虚功原理算出力来,只要在回路中的电流(以及所有其他电流)都维持不变。让我们来看看为什么会是这样。

试设想图 15-2 上的回路正在沿正 x 向运动,并选取 z 轴在 $\boldsymbol{B}$ 的方向,在边 2 中的传导电子将感受到一个沿线即沿 y 向的力。但由于这些电子的流动——造成电流——就会有一个与此力同向的运动分量。因此,每一电子将得到功率为 $F_y v_y$ 的功,其中 v_y 是电子沿导线的速度分量。我们将称对电子所做的这个功为电功。现在证明:如果该回路在一匀强场中运动,则总电功为零,因为对回路的某些部分做的正功等于对其他部分做的负功。但如果该电路是在一非均匀场中运动,那就不正确了,此时将会对电子做净功。一般说来,这功会倾向于改变电子的流动,但若电流维持不变,则能量必然会被那些维持电流恒定的电池组或其他电源所吸收或输出。上面当我们由式(15.9)计算 $U_{机械}$ 时,这能量还未包括进去,因为我们的计算仅仅包括施于导线整体上的那些机械力。

你可能在想:但作用于电子上的力取决于导线运动得多快,若导线运动得足够慢,也许这一电能便可以略去。真的,电能被输出的功率与导线运动的速率成正比,但输出的总能量却也与这一功率所持续的时间成正比。因此,总电能就正比于速度乘时间,那刚好是移动的距离。对于在场中移动给定的距离,就做了相同数量的电功。

让我们考虑单位长度的一段导线,其中通有电流 I 并沿与其本身及磁场 $\boldsymbol{B}$ 均成直角的方向以速率 $v_{导线}$ 运动。由于通有电流,所以导线中那些电子将具有沿导线的漂移速度 $v_{漂移}$。对每一电子所施的磁力在漂移方向上的分量为 $q_e v_{导线} B$。因此做出电功的功率为 $F v_{漂移} = (q_e v_{导线} B) v_{漂移}$。设每一单位长度的导线里共有 N 个传导电子,则所做电功的总功率为

$$\frac{\mathrm{d}U_{电}}{\mathrm{d}t} = N q_e v_{导线} B v_{漂移}.$$

但 $N q_e v_{漂移} = I$, 即导线中的电流,因而

$$\frac{\mathrm{d}U_{电}}{\mathrm{d}t} = I v_{导线} B.$$

现在由于电流保持恒定,所以作用于那些传导电子上的力并不引起它们加速,也就是说这电能将不会成为电子所有而是归于维持电流不变的那个电源所有。

但要注意作用于导线上的力为 IB, 因而 $IBv_{导线}$ 也是对导线做机械功的功率,即 $\mathrm{d}U_{机械}/\mathrm{d}t = IBv_{导线}$。因此我们断言:对导线所做的机械功恰好等于对电流源所做的电功,因而回路的能量保持不变!

这并不是偶然的,而是我们所已知定律的一个推论。对导线中每个电荷的总作用力为

$$\boldsymbol{F} = q(\boldsymbol{E} + \boldsymbol{v} \times \boldsymbol{B}).$$

其做功的功率为

$$\boldsymbol{v} \cdot \boldsymbol{F} = q[\boldsymbol{v} \cdot \boldsymbol{E} + \boldsymbol{v} \cdot (\boldsymbol{v} \times \boldsymbol{B})]. \tag{15.12}$$

如果没有电场,便只有第二项,而这项总是等于零。以后我们将见到,一个正在变化着的磁场会产生电场,因而我们的论证就只适用于在恒定磁场中移动着的导线。

那么虚功原理又怎会给出正确的答案呢? 那是由于我们还未曾把世界上的总能量都计

算进去。我们未曾把正在产生磁场(该磁场正被着手进行处理)的电流能量也包括在内。

设想有一个如图 15-3(a)所绘的那种完整系统,其中我们正在把带有电流 I_1 的回路移进磁场 $\boldsymbol{B}_1$ 中去,而这磁场是由线圈中的电流 I_2 产生的。原来回路里的电流 I_1 也将在线圈那里产生某个磁场 $\boldsymbol{B}_2$。如果回路正在移动,则场 $\boldsymbol{B}_2$ 将正在变化。正如我们将在下一章见到的,一个变化着的磁场会产生一个 $\boldsymbol{E}$ 场,而这一 $\boldsymbol{E}$ 场则将对导线中的电荷做功。这样一个能量也应包括在我们关于总能量的出纳表中。

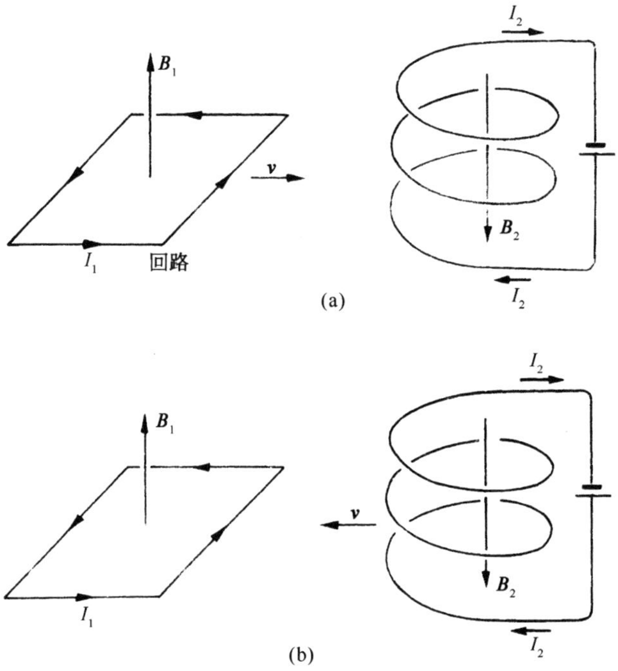

图 15-3 试求一个小回路在磁场中的能量

我们本来可以等到下一章才来求出这个新的能量项,但若按照下述办法应用相对性原理,则我们也可见到它将是什么。当把回路朝静止线圈移动时,我们知道回路中的电能恰与所做的机械功相等而符号相反。所以

$$U_{机械}+U_{电}(回路)=0.$$

现在假设从一个不同的观点来考察所发生的事情,即在其中回路静止不动,而线圈向着它运动。这时线圈正在移进由回路所产生的场中。同样的论证会给出

$$U_{机械}+U_{电}(线圈)=0.$$

在上述两种情况下所做的机械功相同,因为它来自两电路之间的作用力。

这两个方程之和给出

$$2U_{机械}+U_{电}(回路)+U_{电}(线圈)=0.$$

整个系统的总能量,当然就是这两项电能再加上仅取一次的机械能。因此我们有

$$U_{总}=U_{电}(回路)+U_{电}(线圈)+U_{机械}=-U_{机械}. \tag{15.13}$$

世界上的总能量确实等于$U_{机械}$的负值。比方,若我们需要磁偶极子的真实能量,则应写成:

$$U_{总} = +\boldsymbol{\mu}\cdot\boldsymbol{B}.$$

只有当我们假定一切电流都维持不变的那种条件时才能只用其中某一部分能量、即$U_{机械}$(这始终等于真实能量的负值)来求那机械力。在更普遍的问题中,我们就必须细心地把所有一切能量都包括进去。

在静电学中,我们已见过类似的情况。我们曾经证明,一个电容器的能量等于$Q^2/(2C)$。当我们应用虚功原理去求作用于电容器两板上的力时,能量的改变等于$Q^2/2$乘以$1/C$的改变,这就是说,

$$\Delta U = \frac{Q^2}{2}\Delta\left(\frac{1}{C}\right) = -\frac{Q^2}{2}\frac{\Delta C}{C^2}. \tag{15.14}$$

现在假设我们曾在保持两导体间的电压不变的条件下,计算把两个导体向不同位置移动时所做的功。那么若我们做某些假定,则可以从虚功原理获得关于力的正确答案。由于$Q = CV$,所以真实的能量就是$\frac{1}{2}CV^2$。但若我们定义一个等于$-\frac{1}{2}CV^2$的人为能量,以及坚持使电压V维持不变,并令这一人为能量的变化等于机械功,则可应用虚功原理来求力。于是

$$\Delta U_{机械} = \Delta\left(-\frac{CV^2}{2}\right) = -\frac{V^2}{2}\Delta C, \tag{15.15}$$

上式与式(15.14)相同。即使我们忽略了为维持电压不变而由电系统所做的功,也仍能获得正确结果。这个电能又刚好是两倍的机械能而符号相反。

这样,若不把电压源必须作功以维持电压不变这个事实考虑在内,而人为地进行计算,则还是能够获得正确的答案。这与静磁学中的情况完全相似。

§15-3 恒定电流的能量

现在我们可以应用关于$U_{总} = -U_{机械}$这一点知识来求出恒定电流在磁场中的真实能量。可以从一个小电流回路的真实能量出发,简单地称$U_{总}$为U,便可写成

$$U = \boldsymbol{\mu}\cdot\boldsymbol{B}. \tag{15.16}$$

尽管这个能量是对平面矩形回路算出来的,但这同样的结果对于任何形状的小平面回路均适用。

一个任意形状的电路可以设想为由许多小的电流回路构成,从而可以求出该电路的能量。比方说,有一条如图 15-4 所示的回路Γ那种形状的导线。我们用一个S面来填满该曲线,并在该面上划出大量的小回路,其中每一个都可以认为是平面。如果让电流I沿每一小回路环行,净结果将犹如电流环绕Γ一样,因为在Γ内的那些电流将在所有线段上都互相抵消。物理上,这个小电流系统与原来的电路是不能区别的。能量也必然会相同,即刚好是那些小回路的能量之和。

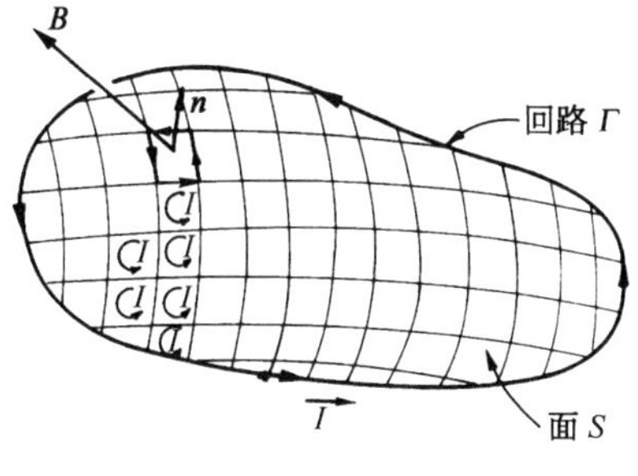

图 15-4 一个大回路在磁场中的能量可以认为等于许多个小回路的能量之和

设每一小回路的面积为 Δa,则它的能量为 $I\Delta aB_n$,其中 B_n 为垂直于 Δa 的分量。总能量为

$$U=\sum IB_n\Delta a.$$

当各回路趋于无限小的极限时,求和变成积分,即

$$U=I\int B_n\mathrm{d}a=I\int \boldsymbol{B}\cdot\boldsymbol{n}\mathrm{d}a, \tag{15.17}$$

式中 $\boldsymbol{n}$ 是垂直于 $\mathrm{d}a$ 的单位矢量。

如果令 $\boldsymbol{B}=\boldsymbol{\nabla}\times\boldsymbol{A}$, 则可利用斯托克斯定理把一个面积分与一个线积分联系起来:

$$I\int_S(\boldsymbol{\nabla}\times\boldsymbol{A})\cdot\boldsymbol{n}\mathrm{d}a=I\oint_\Gamma\boldsymbol{A}\cdot\mathrm{d}\boldsymbol{s}, \tag{15.18}$$

式中 $\mathrm{d}\boldsymbol{s}$ 是沿 Γ 的线元。因此我们就有了对于任意形状的电路的能量:

$$U=I\oint_{\text{电路}}\boldsymbol{A}\cdot\mathrm{d}\boldsymbol{s}. \tag{15.19}$$

在这个表式中,$\boldsymbol{A}$ 当然是指产生了导线所在处之 $\boldsymbol{B}$ 场的那些电流(而不是该导线中的电流 I)所造成的矢势。

现在,恒定电流的任何分布都可以设想成由平行于电流线的一些细线电流所构成。对于这样的细线电路中的每一对,能量由式(15.19)给出,式中的积分是环绕其中一个电路取的,同时应用那来自另一个电路的矢势 $\boldsymbol{A}$。为求得总能量,我们需要对所有各对求和。如果不保持一对一对求和,而是把全部电流线都相加起来,则会计算能量两次(以前在静电学中也曾见过类似的结果),因而总能量可写成

$$U=\frac{1}{2}\int\boldsymbol{j}\cdot\boldsymbol{A}\mathrm{d}V. \tag{15.20}$$

这一公式相当于我们以前对静电能所求得的结果:

$$U=\frac{1}{2}\int\rho\phi\mathrm{d}V. \tag{15.21}$$

因此,如果我们愿意,便可在静磁学中将 $\boldsymbol{A}$ 看成是关于电流的一种势能。可惜,这一概念不大有用,因为它只适用于静场。实际上,当场随时间变化时,则式(15.20)和(15.21)均不会给出正确的能量。

§15-4 B 与 A 的对比

在本节中我们很想讨论下述问题:矢势是否只是一种用作计算的工具——如同在静电学中所用的标势那样——或者矢势是一个"真实"的场?难道磁场,由于造成了作用于一个运动粒子上的力,它就是一个"真实"的场吗?首先,我们应该说"一个真实的场"这一短语并不非常有意义。其一,无论如何你可能不会感觉到磁场十分"真实",因为甚至整个有关场的概念都相当抽象。你不能伸出手来感受磁场。而且,磁场之值并不十分确定,例如,通过选用一适当的运动坐标系,你可以使在某一给定地点的磁场消失。

我们这里所谓“真实”的场是：一个真实的场就是被用来避免超距作用概念的一个数学函数。如果有一个带电粒子位于位置 P，它会受到放在离 P 点某个距离处的其他电荷的影响。描述这相互作用的一种方法是讲其他电荷会在 P 点周围形成某种“状况”——不管它可能是什么状况。倘若知道了该状况，并通过给出电场和磁场来加以描述，则我们便能完全确定该粒子的行为——不需进一步询问那些情况是怎样产生的。

换句话说，若其他电荷以某种方式发生了改变，但由 P 点的电场和磁场所描述的 P 点的状况却依然未变，则该电荷的运动也将保持一样。这么一来，一个真实的场就是我们用某种方法规定的一组数字，即在某点所发生的无论什么事情都仅取决于该点的这些数字。我们不必知道其他地方将发生的更多事情。正是在这一种意义上我们将要来讨论矢势是否是一种“真实”的场。

你可能对这个事实感到奇怪，即矢势并不是单值的，它可以通过加上任一标量的梯度而改变，但丝毫不会改变施于粒子上的力。然而，这却与我们现在所谈的这种意义上的真实性问题毫不相干。比如，在某种意义上磁场可以通过相对论性变换而改变（$\boldsymbol{E}$ 和 $\boldsymbol{A}$ 场也都如此），但我们却不会去操心如果场可以这样改变而发生的事情。这实际上并不会造成任何差别，与矢势是否是一种用来描述磁场的适当的“真实”场或只是一个有用的数学工具的问题毫无关系。

关于矢势 $\boldsymbol{A}$ 的用处我们也应作出一些评论。我们已见到，利用它并通过正常步骤即可以计算已知电流的磁场，正如可用 ϕ 来求电场。在静电学中我们曾看到，ϕ 是由一个标量积分给出的：

$$\phi(1)=\frac{1}{4\pi\epsilon_0}\int\frac{\rho(2)}{r_{12}}\mathrm{d}V_2. \tag{15.22}$$

通过三次微分运算，便可从这个 ϕ 获得 $\boldsymbol{E}$ 的三个分量。这个步骤通常要比在下列矢量式中算出三个积分较易于掌握：

$$\boldsymbol{E}=\frac{1}{4\pi\epsilon_0}\int\frac{\rho(2)\boldsymbol{e}_{12}}{r_{12}^2}\mathrm{d}V_2. \tag{15.23}$$

首先这里就有三个积分，其次，每个积分一般又较困难。

对静磁学来说，优点远没有那么明显。$\boldsymbol{A}$ 的积分就已经是一个矢量积分：

$$\boldsymbol{A}(1)=\frac{1}{4\pi\epsilon_0c^2}\int\frac{\boldsymbol{j}(2)\mathrm{d}V_2}{r_{12}}, \tag{15.24}$$

这当然包含了三个积分。并且，当我们取 $\boldsymbol{A}$ 的旋度以获得 $\boldsymbol{B}$ 时，不得不做六次微商把它们一对一对地结合起来。在大多数问题中，这一步骤是否确实比直接从下式算出 $\boldsymbol{B}$ 来较为容易，就不是立即能看清楚的：

$$\boldsymbol{B}(1)=\frac{1}{4\pi\epsilon_0c^2}\int\frac{\boldsymbol{j}(2)\times\boldsymbol{e}_{12}}{r_{12}^2}\mathrm{d}V_2. \tag{15.25}$$

对于简单问题，应用矢势往往较为困难，那是由于下述原因。假设我们只对一点的磁场 $\boldsymbol{B}$ 感兴趣，而问题又具有某种好的对称性——比如说，我们要求出在一环形电流的中轴上某一点的场。由于对称性，我们可以通过对式(15.25)的积分而很容易地获得 $\boldsymbol{B}$。然而，假如我们先求出 $\boldsymbol{A}$，则还得从 $\boldsymbol{A}$ 的微商算出 $\boldsymbol{B}$，因而就一定要知道在所注意点邻近所有点的 $\boldsymbol{A}$

值。而这种点大多数位于对称轴的外面,从而使 $\boldsymbol{A}$ 的积分变得较复杂。例如,在那圆环问题中,我们不得不用到椭圆积分。在这样的问题中,$\boldsymbol{A}$ 显然不是十分有用。但对于许多复杂问题,用 $\boldsymbol{A}$ 来计算比较容易,那却是真的。不过为了证明技术上的这点方便就认为使你多学习一种矢量场是正当的,那就有点困难了。

我们引进了 $\boldsymbol{A}$ 是因为它的确具有重要的物理意义。它不仅与电流的能量有关,如在上节中我们曾经见到的;而且它还是在上述意义上的一种"真实"的物理场。在经典力学中我们显然可把作用于一粒子上的力写成下式:

$$\boldsymbol{F}=q(\boldsymbol{E}+\boldsymbol{v}\times\boldsymbol{B}). \tag{15.26}$$

因而若给出了力,则关于运动的一切事情就都确定了。在任何 $\boldsymbol{B}=0$ 的区域中即使 $\boldsymbol{A}$ 不为零,诸如在一螺线管外面,那里并没有可觉察到的 $\boldsymbol{A}$ 的效应。因此人们早已相信 $\boldsymbol{A}$ 不是一个"真实"的场。然而事实却证明,存在着涉及量子力学的现象,它们表明场 $\boldsymbol{A}$ 实际上就是我们定义过的那种意义的"真实"的场。在下一节中我们将向你们说明那是怎么回事。

§ 15-5 矢势与量子力学

当我们从经典力学过渡到量子力学时,在什么概念是重要的方面有了很多改变。我们曾在第 1 卷中谈过其中的一些,特别是,力的概念逐渐消失,而能量和动量的概念却成为最重要的了。你应当记得,人们与之打交道的乃是在空间和时间里变化着的概率幅,而不是粒子的运动。在这些振幅中,既有与动量相联系的波长,又有与能量有关的频率。因此,那些能确定波函数相位的动量和能量就成了量子力学中重要的量了。我们处理的是改变波的波长的相互作用,而不是力。力的概念变得十分次要,如果它多少还存在一点的话。比方,当人们谈论核力时,他们经常加以分析和计算的是两个核子间的相互作用能量,而不是它们之间的力。从没有人会为了找出力是个什么样子而对能量取微分。在这一节中我们要描述矢势和标势是怎样进入量子力学的。实际上,正因为动量和能量在量子力学中起着重要作用,才使得 $\boldsymbol{A}$ 和 ϕ 提供了把电磁效应引进量子描述的最直接途径。

我们必须稍微复习一下量子力学是如何处理问题的。让我们再次考虑在第 1 卷第 37 章中曾经描述过的假想实验,在其中电子经两个狭缝而衍射。这个装置再次表示在图 15-5 上。能量几乎相同的电子离开了源而向具有两条狭缝的壁前进。在壁的外面是"挡板",在其上有一个可移动的探测器,我们称之为 I,它是用来测量电子到达挡板上距离对称轴为 x 处的一个小区域中的比率。这比率正比于各个别电子在离开了源之后到达该挡板区的概率。这概率具有如图所示的那种复杂形状的分布,我们认为这是由于两个波——每个来自一个狭缝——相互干涉所致。这两个波的干涉结果取决于它们间的相位差。也就是说,若振幅分别为 $C_1e^{i\Phi_1}$ 和 $C_2e^{i\Phi_2}$,则相位差 $\delta=\Phi_1-\Phi_2$ 就确定了它们的干涉图样[见第 1 卷,式(29.12)]。设屏与狭缝之间的距离为 L,又若通过两狭缝的电子所走过的程差为 a,如图所示,则这两个波的相位差为

$$\delta=\frac{a}{\lambda\!\!\!^{-}}. \tag{15.27}$$

照例,我们令 $\lambda\!\!\!^{-}=\lambda/(2\pi)$,其中 λ 就是概率幅空间变化的波长。为简单起见,将只考虑那些

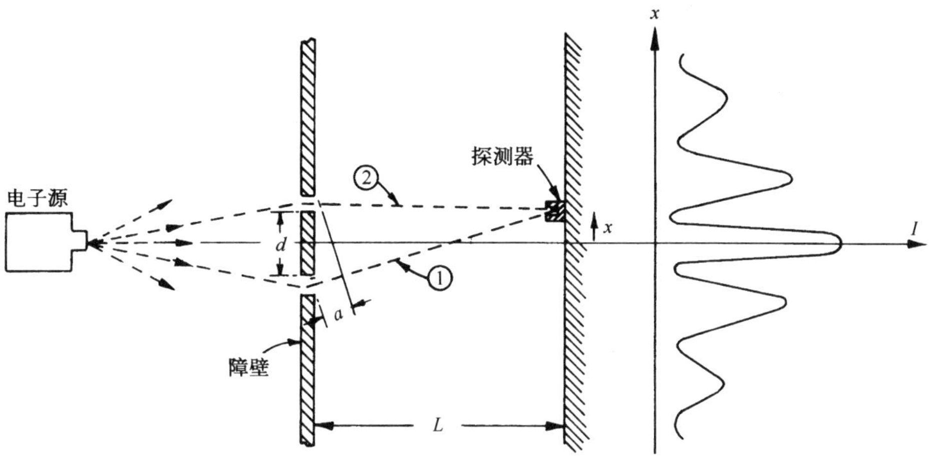

图 15-5 用电子做的一个干涉实验(同时参阅第 1 卷第 37 章)

远小于 L 的 x 值,这样便可令

$$a=\frac{x}{L}d$$

和

$$\delta=\frac{x}{L}\frac{d}{\lambda}. \tag{15.28}$$

当 x 等于零时,δ 为零,两波同相,因而概率有一个极大值。当 δ 等于 π 时,两波反相,它们就会干涉相消,而概率成为极小。因此,我们将得到有关电子强度的那种波形函数。

现在我们想要说明用来代替力的定律 $\boldsymbol{F}=q\boldsymbol{v}\times\boldsymbol{B}$ 的量子力学定律。这将是用来确定具有量子力学性质的粒子在电磁场中的行为的那种定律。由于发生的事件都要由概率幅来确定,所以这一定律就必然会告诉我们磁效应如何影响概率幅;我们不再与粒子的加速度打交道了。这定律是这样的:经过任一轨道的粒子,其概率幅的相位因磁场存在而改变的量,等于矢势沿整个轨道积分乘该粒子的电荷再除以普朗克常量。也就是,

$$\text{磁所引起的相位变化}=\frac{q}{\hbar}\int_{\text{轨道}}\boldsymbol{A}\cdot\mathrm{d}\boldsymbol{s}\,. \tag{15.29}$$

要是没有磁场,波到达时会有某一定的相位。但若某处存在磁场,则到达波的相位增加了式(15.29)中的积分。

尽管对于目前的讨论不必用上它,但我们还是要提出静电场的效应在于产生一个相位变化,它等于标势 ϕ 的时间积分的负值:

$$\text{电所引起的相位变化}=-\frac{q}{\hbar}\int\phi\mathrm{d}t.$$

上述两式不仅对于静场正确,而且合起来对于静的或动的任何电磁场也都正确。这就是用来代替 $\boldsymbol{F}=q(\boldsymbol{E}+\boldsymbol{v}\times\boldsymbol{B})$ 的定律。然而,现在我们只考虑静磁场。

假设在双狭实验中存在磁场,则我们要问,通过两狭缝的两个波在到达屏上时其相位如何。两波的干涉确定概率的极大值将出现在何处。我们可把沿路径(1)的波的相位叫作

Φ_1。若 $\Phi_1(B=0)$ 为在没有磁场时的相位,则当加上磁场时这个相位便将是

$$\Phi_1 = \Phi_1(B=0) + \frac{q}{\hbar}\int_{(1)} \boldsymbol{A}\cdot \mathrm{d}\boldsymbol{s}. \tag{15.30}$$

同理,关于路径(2)的相位为

$$\Phi_2 = \Phi_2(B=0) + \frac{q}{\hbar}\int_{(2)} \boldsymbol{A}\cdot \mathrm{d}\boldsymbol{s}. \tag{15.31}$$

这两个波在探测器上的干涉取决于其相位差

$$\delta = \Phi_1(B=0) - \Phi_2(B=0) + \frac{q}{\hbar}\int_{(1)} \boldsymbol{A}\cdot \mathrm{d}\boldsymbol{s} - \frac{q}{\hbar}\int_{(2)} \boldsymbol{A}\cdot \mathrm{d}\boldsymbol{s}. \tag{15.32}$$

无场时的相位差我们将称之为 $\delta(B=0)$,那恰好就是在上面式(15.28)中曾经算出来的那个相位差。并且,我们注意到,这两个积分还可以写成一个沿路径(1)向前并沿路径(2)返回的积分,我们称这个路径为闭合路径(1-2)。因而有

$$\delta = \delta(B=0) + \frac{q}{\hbar}\oint_{(1\text{-}2)} \boldsymbol{A}\cdot \mathrm{d}\boldsymbol{s}. \tag{15.33}$$

上式告诉我们,电子的运动如何被磁场所改变。有了这个式子,我们就能求出在挡壁上强度为极大和极小的那些新位置。

可是,在做这件事之前,我们要提出下面有趣而又重要的一点。你会记起,矢势函数具有某种任意性。其差为某一标量函数梯度 $\nabla\psi$ 的两个不同的矢势函数 $\boldsymbol{A}$ 和 $\boldsymbol{A}'$,都代表同一个磁场,因为梯度的旋度为零。因此,它们将给出相同的经典力 $q\boldsymbol{v}\times\boldsymbol{B}$。如果在量子力学中其结果取决于矢势,则在许多可能的 $\boldsymbol{A}$ 函数中究竟哪一个是正确的呢?

答案是,$\boldsymbol{A}$ 同样的任意性在量子力学中依然存在。如果我们把式(15.33)中的 $\boldsymbol{A}$ 改变成 $\boldsymbol{A}'=\boldsymbol{A}+\nabla\psi$,则对于 $\boldsymbol{A}$ 的积分变成

$$\oint_{(1\text{-}2)} \boldsymbol{A}'\cdot \mathrm{d}\boldsymbol{s} = \oint_{(1\text{-}2)} \boldsymbol{A}\cdot \mathrm{d}\boldsymbol{s} + \oint_{(1\text{-}2)} \nabla\psi\cdot \mathrm{d}\boldsymbol{s}.$$

$\nabla\psi$ 的积分仍环绕闭合路径(1-2),但根据斯托克斯定理,梯度的切向分量沿一闭合路径的积分总等于零。因此,$\boldsymbol{A}$ 和 $\boldsymbol{A}'$ 两者都给出相同的相位差和相同的量子力学干涉效应。在经典和量子力学的两种理论中只有 $\boldsymbol{A}$ 的旋度才是要紧的,对 $\boldsymbol{A}$ 函数的任何选择,凡具有正确旋度的,都给出了正确的物理意义。

如果我们引用§14-1 的那些结果,则结论明显相同。那里我们曾求得 $\boldsymbol{A}$ 沿一闭合路径的线积分为穿过该路径的 $\boldsymbol{B}$ 的通量,在这里就是穿过路径(1)与(2)之间的通量。如果我们愿意,式(15.33)便可以写成:

$$\delta = \delta(B=0) + \frac{q}{\hbar}[\text{路径(1) 与(2) 之间 } \boldsymbol{B} \text{ 的通量}], \tag{15.34}$$

式中 $\boldsymbol{B}$ 的通量通常指 $\boldsymbol{B}$ 的法向分量的面积分。这结果仅取决于 $\boldsymbol{B}$,从而也仅取决于 $\boldsymbol{A}$ 的旋度。

由于用 $\boldsymbol{B}$ 或用 $\boldsymbol{A}$ 都能写出结果,因此你可能倾向于认为 $\boldsymbol{B}$ 保持它本身为"真实"的场,而 $\boldsymbol{A}$ 仍可视作为一种人为的结构。但我们原来提出的"真实场"的定义,是建筑在真实场不会对粒子做超距作用的概念上的。然而,我们能够举出一个例子,其中在有某种机会找到粒

子的任何地方,**B** 都等于零或至少任意地小,因而不可能认为磁场会直接对粒子作用。

你应当记得,对于通有电流的长螺线管,管内有 **B** 场,而管外则无;但却有许多 **A** 环绕在管的外面,如图 15-6 所示。若我们安排一种情况,其中电子只在螺线管外被发现——即在那个只有 **A** 的地方——则按照式(15.33)对其运动的影响依然存在。从经典方面看,这是不可能的。按经典理论是,力仅取决于 **B**;为了知道螺线管是否正通有电流,就必须使粒子穿过它。但从量子力学方面看,通过粒子围绕螺线管运转,甚至不用靠近它,你就能发现有磁场存在于螺线管内!

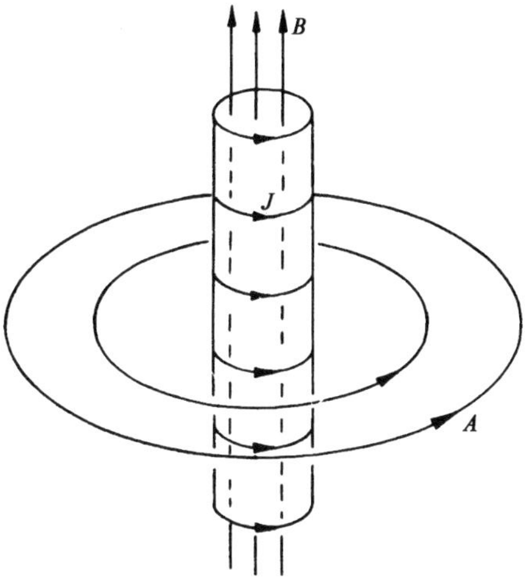

图 15-6　一个长螺线管的磁场和矢势

假设我们把一个直径很小的长螺线管恰好放在障壁后面的两缝之间,如图 15-7 所示。螺线管直径要比两狭缝间的距离 d 小得多。在这种情况下,电子在狭缝处的衍射不会提供电子接近该螺线管的相当大的概率。这对我们的干涉实验将会产生什么影响呢?

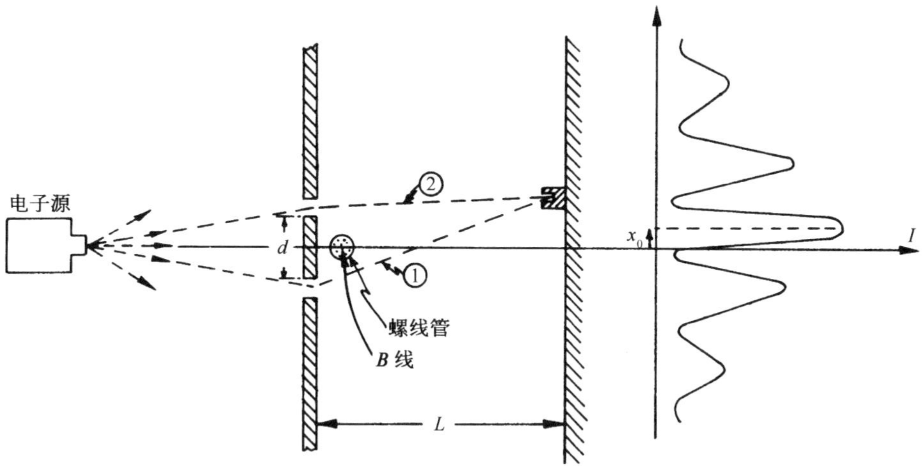

图 15-7　磁场能够影响电子的运动,哪怕场仅存在于其中找到电子的概率是任意小的区域里

试比较电流有否流经螺线管的两种情况。若没有电流,我们便不会有 **B** 或 **A**,因而就得到挡板处电子强度的原来图样。但若对螺线管通电流并在管内建立磁场 **B**,则在管外便有 **A**。于是就存在一个正比于管外 **A** 的环流的相位差方面的移动,这意味着整个极大和极小的图样被移至一个新位置。事实上,由于对任一对路径来说,穿过其中的 **B** 的通量是常数,因而 **A** 的环流也是常数。对于每一到达点来说就有相同的相位变化;也就是相当于使整个图样在 x 方向上移动一个常数,比方说 x_0,那是容易算出的。极大强度将出现在两个波的相位差为零的地方。应用关于 δ 的式(15.32)或(15.33)以及关于 $\delta(B=0)$ 的式(15.28),我们得

$$x_0=-\frac{L}{d}\,\lambda\!\!\!{}^-\frac{q}{\hbar}\oint_{(1\text{-}2)}\boldsymbol{A}\cdot\mathrm{d}\boldsymbol{s},\tag{15.35}$$

或

$$x_0=-\frac{L}{d}\,\lambda\!\!\!{}^-\frac{q}{\hbar}[\text{路径(1)与(2)之间}\ \boldsymbol{B}\ \text{的通量}].\tag{15.36}$$

从螺线管所在的位置来看,出现的图样 * 应如图 15-7 所示。至少,这是量子力学的预言。

的确如此,这一实验最近已经做成了。它是一个十分难做的实验,由于电子的波长很短,所以仪器必须以微小的尺度来观察干涉现象。两狭缝必须互相紧靠,这意味着需要有一个非常细的螺线管。事实证明,在某些场合下,铁晶体将会生长成十分长而又只在显微镜下才能看得到的细丝,即所谓晶须。当这些铁晶须被磁化时,像微小的螺线管,因而除了靠近两端的地方,外面就没有任何磁场。电子相干实验,是把这种晶须放在两狭缝之间做出来的,而所预言的电子图样中的移动被观测到了。

于是,在我们的意义上 **A** 场是"真实"的。你可能会说:"但磁场本来就有的。"本来就有,不过要记住我们原来的概念——所谓场是"真实"的,那只要它是为了得到运动而就必须在粒子所在的位置被规定的。在晶须里的 **B** 场却有着超距的作用。如果我们不愿意用超距作用来描写它的影响,则非得用矢势不可。

这一课题曾有过一段有趣的历史。我们所描述的理论从 1926 年量子力学问世时人们就知道了。矢势出现在量子力学的波动方程(薛定谔方程)中的事实,从该方程最初被写出来的那一天起就已经明显了。它不可能以任何轻易的方式由磁场代替,这已由企图做此种尝试的人们陆续注意到了。从我们对于在没有磁场的区域里运动的电子仍然受到影响的例子来看,那也是清楚的。但由于在经典力学中 **A** 没有显示出任何直接的重要性,并且由于它可以通过加上一梯度而改变,人们便不断地说矢势不具有直接的物理意义——即使在量子力学中也只有磁场和电场才是"正确"的。在进行回顾时似乎觉得奇怪,为什么从没有人想要讨论这一实验,一直到了 1956 年才由博姆和阿哈罗诺夫最先对此提出建议,从而使整个问题明朗化。其意义始终存在,但就是没有人曾注意到它。于是,当这一事情被提起时许多人都颇受震动。这就是为什么会有人认为值得做实验以弄明白它确实是对的,尽管这么多年来已被人们确信的量子力学给出过明确的答案。有趣的是,像这样一件事情竟搁置达 30 年之久,只是由于对什么东西有意义而什么东西没有意义的某些偏见,就使这件事一直被忽视。

现在我们希望继续做稍微进一步的分析。要证明量子力学公式与经典公式间的关系,即证明为什么结果是:若以足够大的尺度来考察事件,则它看起来好像粒子被等于 $q\boldsymbol{v}\times\nabla\times\boldsymbol{A}$ 的力所作用着似的。为要从量子力学得到经典力学,需要考虑这种情况,其中所有波长比起如场那样的外加条件做出可观变化所跨越的距离来都远为微小。我们将不在最普遍的场合下证明这一结果,而只是以一个十分简单的例子表明它是如何得出来的。我们再次考虑相同的狭缝实验,但不再把所有磁场都局限在两狭缝间的一个十分微小的区域里,而是设想磁场延伸至狭缝后面较广阔区域中,如图 15-8 所示。我们将考虑一种理想情况,其中磁场

---

* 如果 **B** 是从图面向外,则根据我们曾对其下过的定义,通量为正,而因电子的电荷 q 为负,所以 x_0 为正。

在与 **L** 相比相当小的、宽度为 w 的狭窄长条中是均匀的(那很容易安排,挡板可以随意地放在某一远处)。为了要算出相位的移动,必须算出沿路径(1)和(2)的两个积分。正如我们曾经见到的,它们间的差值恰好就是在两路径间 **B** 的通量。对于我们的近似程度,这通量为 Bwd。这样,对于这两路径的相位差就是

$$\delta = \delta(B = 0) + \frac{q}{\hbar}Bwd. \tag{15.37}$$

我们注意到,对于我们所取的近似程度,这一相位移动与角度无关。因此,这一效应又把整个图样向上移动一个距离 Δx。利用式(15.35),

$$\Delta x = -\frac{L\lambda}{d}\Delta\delta = -\frac{L\lambda}{d}[\delta - \delta(B = 0)].$$

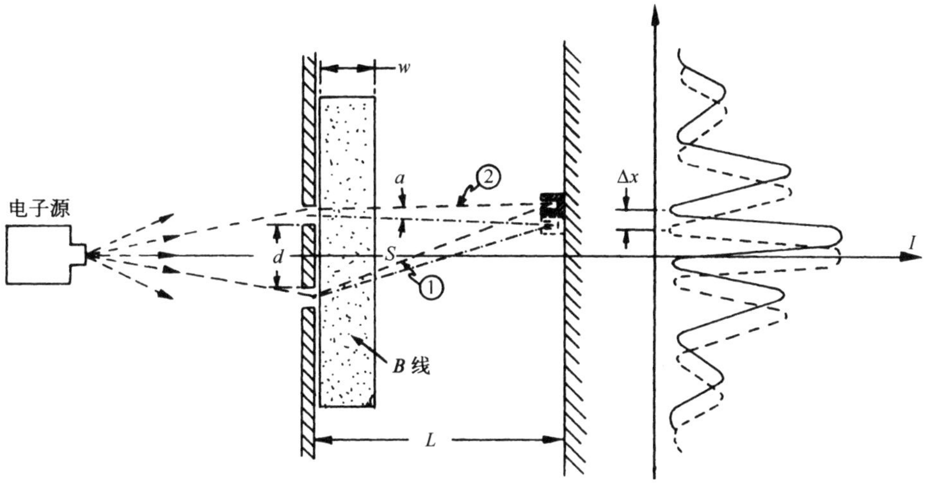

图 15-8 由狭长条磁场所引起的干涉图样的移动

对于 $\delta - \delta(B = 0)$,利用式(15.37)得

$$\Delta x = -L\lambda\frac{q}{\hbar}Bw. \tag{15.38}$$

这样的移动相当于把所有轨道都偏转了一个角度 α(见图 15-8),这里

$$\alpha = \frac{\Delta x}{L} = -\frac{\lambda}{\hbar}qBw. \tag{15.39}$$

原来按照经典理论,我们也会期待薄狭长条磁场会把所有轨道都偏转某一个小角度,比如说 α',如图 15-9(a)所示。当电子通过磁场时,它们将感受到一个持续了时间 w/v 的横向力 $q\boldsymbol{v}\times\boldsymbol{B}$。它们横向的动量的改变就恰好等于这个冲量,因此

$$\Delta p_x = -qwB. \tag{15.40}$$

角偏转[图 15-9(b)]等于这一横向动量对总动量 p 的比。我们得到

$$\alpha' = \frac{\Delta p_x}{p} = -\frac{qwB}{p}. \tag{15.41}$$

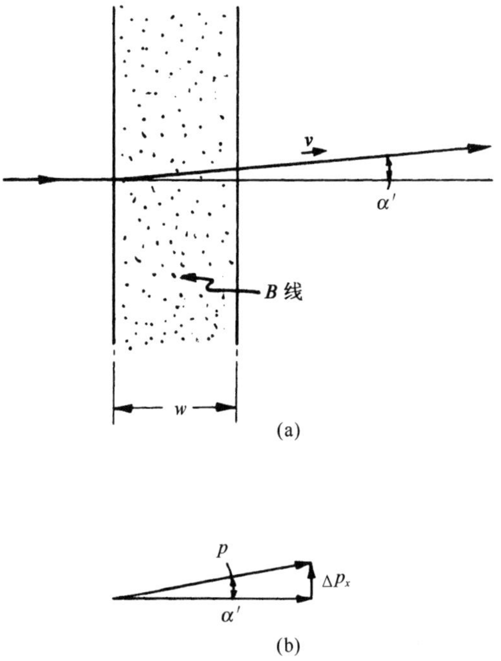

图 15-9 粒子通过狭长条磁场时被偏转

可以把这个结果同由量子力学算出来的相同的量 α 做比较。但经典力学与量子力学之间的关系则是这样:一个具有动量 p 的粒子相当于随波长 $\lambda = \hbar/p$ 变化的量子振幅。应用这个等式,α 和 α' 就彼此全等。经典的与量子的两种计算给出相同的结果。

从这个分析我们看到,在量子力学中以明显的形式出现的矢势怎样产生一个仅取决于其微商的经典力。在量子力学中重要的是邻近路径间的相干作用,结果往往是该效应仅取决于从一点至另一点场 **A** 变化了多少,因而仅取决于 **A** 的微商而并不取决于 **A** 本身之值。虽然如此,矢势 **A**(以及与相随的标势 ϕ)看来似乎给出了物理学的最直接描述。我们越是深入到量子理论中去,这一点就变得越清楚。在量子电动力学的普遍理论中,人们把矢势和标势作为代替麦克斯韦方程的一组方程中的基本量:**E** 和 **B** 逐渐从物理定律的现代表示式中消失,它们正在被 **A** 和 ϕ 所代替。

§ 15-6 对静态是对的而对动态将是错的

我们现在处于探索静场这一主题的末尾了。在这一章中,我们已经冒险地开始接近必须对付场随时间变化时所发生的情况。我们过去处理磁场能量时,仅仅依靠躲入相对性论证的避难所才逃避了它。即使如此,我们对能量问题的处理还是多少带着人为性和也许甚至是神秘性,因为曾经忽略了实际上运动的线圈必定产生变化的场这个事实。现在正是学习处理随时间变化的场——电动力学这一门学科的时候。我们将在下一章中做这件事。然而,首先将要强调下面几点。

尽管在这一课程中,我们是从一组完整而又正确的电动力学方程的表达方式出发的,但我们立刻开始学习某些不完整的部分——因为那是比较容易的。从静场的简单理论出发,并只在后来才逐步进入包括动态场在内的更复杂的理论,是有很大优越性的。马上要学习的新材料比较少,因而也就有时间给你去发展智力,为更加艰巨的任务做准备。

但在我们开始了解全部事情之前的这一过程中会存在这样的危险性,我们以这种方式学习过的那些不完整真理可能变成了根深蒂固的东西并误认为是全部真理——把那些正确的与那些有时才是正确的理论互相混淆起来。因此,我们在表 15-1 中提供一个我们已经接触过的重要公式的总结,把那些普遍正确的与那些只有对静态才正确、而在动态则是错误的东西区别开来。这个总结表也部分地表达了我们今后的动向,因为在今后处理动态时就将详细地发展此刻我们仅仅必须提出来而没有加以证明的那些东西。

对这张表做一些说明可能会有用处。首先,你应该注意到,我们最初处理的那些方程都是正确的方程——在那里并没有给你错误的印象。电磁力(常称为洛伦兹力) $\boldsymbol{F}=q(\boldsymbol{E}+\boldsymbol{v}\times\boldsymbol{B})$ 是正确的。只有库仑定律才是错误的，它仅适用于静态。关于 $\boldsymbol{E}$ 和 $\boldsymbol{B}$ 的四个麦克斯韦方程也是正确的。当然，那些我们对静态取的方程则是错的，因为已删去了所有含有时间微商的项了。

高斯定律 $\nabla\cdot\boldsymbol{E}=\rho/\epsilon_0$ 依然正确，但 $\boldsymbol{E}$ 的旋度一般并不等于零。所以 $\boldsymbol{E}$ 不能总是等于一个标量——静电势——的梯度。我们将看到标势依然保存，但它是一个随时间变化着的量了，必须与矢势一起配合才能用作对电场的完整描述。所以，那些支配这个新标势的方程也必然都是新的。

我们也必须把在导体里 $\boldsymbol{E}$ 等于零的概念丢掉。当场正在变化时，导体里的电荷一般没有时间安排它们本身使得电场为零。它们被迫运动，但却永远达不到平衡。唯一普遍的说法是：导体里的电场产生了电流。所以在变化的场中导体并不是一个等势体。由此可知，电容器的概念不再是准确的。

表 15-1

一般是错的(只有对静态才正确)	总是对的
$F=\dfrac{1}{4\pi\epsilon_0}\dfrac{q_1q_2}{r^2}$ (库仑定律)	$\boldsymbol{F}=q(\boldsymbol{E}+\boldsymbol{v}\times\boldsymbol{B})$ (洛伦兹力) $\rightarrow\nabla\cdot\boldsymbol{E}=\dfrac{\rho}{\epsilon_0}$ (高斯定律)
$\nabla\times\boldsymbol{E}=0$ $\boldsymbol{E}=-\nabla\phi$ $\boldsymbol{E}(1)=\dfrac{1}{4\pi\epsilon_0}\displaystyle\int\dfrac{\rho(2)\boldsymbol{e}_{12}}{r_{12}^2}\mathrm{d}V_2$ 对于导体，$\boldsymbol{E}=0$，$\phi=$ 常数，$Q=CV$	$\rightarrow\nabla\times\boldsymbol{E}=-\dfrac{\partial\boldsymbol{B}}{\partial t}$ (法拉第定律) $\boldsymbol{E}=-\nabla\phi-\dfrac{\partial\boldsymbol{A}}{\partial t}$ 在导体中，$\boldsymbol{E}$ 造成电流
$c^2\nabla\times\boldsymbol{B}=\dfrac{\boldsymbol{j}}{\epsilon_0}$ (安培定律) $\boldsymbol{B}(1)=\dfrac{1}{4\pi\epsilon_0c^2}\displaystyle\int\dfrac{\boldsymbol{j}(2)\times\boldsymbol{e}_{12}}{r_{12}^2}\mathrm{d}V_2$	$\rightarrow\nabla\cdot\boldsymbol{B}=0$ (不存在磁荷) $\boldsymbol{B}=\nabla\times\boldsymbol{A}$ $\rightarrow c^2\nabla\times\boldsymbol{B}=\dfrac{\boldsymbol{j}}{\epsilon_0}+\dfrac{\partial\boldsymbol{E}}{\partial t}$
$\nabla^2\phi=-\dfrac{\rho}{\epsilon_0}$ (泊松方程) $\nabla^2\boldsymbol{A}=-\dfrac{\boldsymbol{j}}{\epsilon_0c^2}$ 而 $\nabla\cdot\boldsymbol{A}=0$	$\nabla^2\phi-\dfrac{1}{c^2}\dfrac{\partial^2\phi}{\partial t^2}=-\dfrac{\rho}{\epsilon_0}$ 和 $\nabla^2\boldsymbol{A}-\dfrac{1}{c^2}\dfrac{\partial^2\boldsymbol{A}}{\partial t^2}=-\dfrac{\boldsymbol{j}}{\epsilon_0c^2}$ 而 $c^2\nabla\cdot\boldsymbol{A}+\dfrac{\partial\phi}{\partial t}=0$
$\phi(1)=\dfrac{1}{4\pi\epsilon_0}\displaystyle\int\dfrac{\rho(2)}{r_{12}}\mathrm{d}V_2$ $\boldsymbol{A}(1)=\dfrac{1}{4\pi\epsilon_0c^2}\displaystyle\int\dfrac{\boldsymbol{j}(2)}{r_{12}}\mathrm{d}V_2$	$\phi(1,t)=\dfrac{1}{4\pi\epsilon_0}\displaystyle\int\dfrac{\rho(2,t')}{r_{12}}\mathrm{d}V_2$ 和 $\boldsymbol{A}(1,t)=\dfrac{1}{4\pi\epsilon_0c^2}\displaystyle\int\dfrac{\boldsymbol{j}(2,t')}{r_{12}}\mathrm{d}V_2$ 而 $t'=t-\dfrac{r_{12}}{c}$
$U=\dfrac{1}{2}\displaystyle\int\rho\phi\mathrm{d}V+\dfrac{1}{2}\int\boldsymbol{j}\cdot\boldsymbol{A}\mathrm{d}V$	$U=\displaystyle\int\left(\dfrac{\epsilon_0}{2}\boldsymbol{E}\cdot\boldsymbol{E}+\dfrac{\epsilon_0c^2}{2}\boldsymbol{B}\cdot\boldsymbol{B}\right)\mathrm{d}V$

那些用箭头(→)标明的方程都是麦克斯韦方程。

由于不存在磁荷，所以 $\boldsymbol{B}$ 的散度就永远为零，因此，$\boldsymbol{B}$ 总可以等于 $\nabla\times\boldsymbol{A}$（一切都不变）。但 $\boldsymbol{B}$ 的产生不仅来自电流：$\nabla\times\boldsymbol{B}$ 正比于电流密度加上一个新的项 $\partial\boldsymbol{E}/\partial t$。这意味着，$\boldsymbol{A}$ 由一个新的方程同电流相联系，而且也同 ϕ 有关。如果为了我们自身的方便而利用对 $\nabla\cdot\boldsymbol{A}$ 进行选择的自由，则可以把关于 $\boldsymbol{A}$ 或 ϕ 的方程安排成一种简单而又优美的形式。因此，建立 $c^2\,\nabla\cdot\boldsymbol{A}=-\partial\phi/\partial t$ 的条件，就能使有关 $\boldsymbol{A}$ 或 ϕ 的微分方程表现出如表中所列的形式。

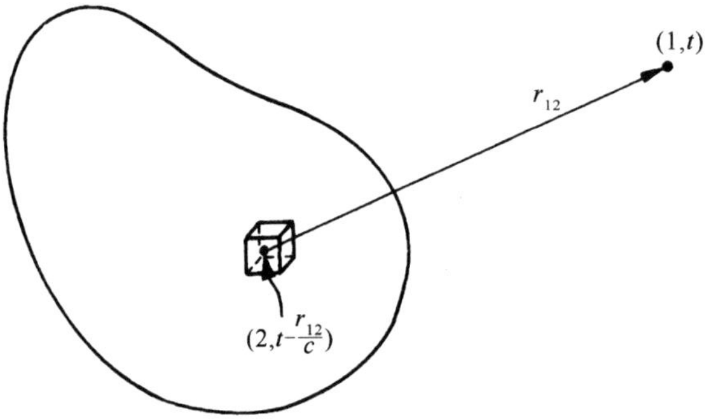

图 15-10 通过把在游动点(2)处源的每个体积元中较早时刻 $t-r_{12}/c$ 的电流和电荷的贡献相加起来，而给出 t 时刻点(1)处的势

$\boldsymbol{A}$ 和 ϕ 这两种势仍可通过对电流和电荷的积分而求得，但已不同于静态积分。然而，最令人惊异的是，真实的积分很像静态的积分，只有一个小小的、在物理方面引人注意的修改。当我们计算积分求某一点、比如图 15-10 中的点(1)的势时，就必须使用较早时刻 $t'=t-r_{12}/c$、位于点(2)处的 $\boldsymbol{j}$ 和 ρ 值。正如你所预期的，影响以速率 c 从点(2)传播至点(1)。用这一点小改变，人们就能求解关于变化电流和电荷的场。因为一旦我们知道了 $\boldsymbol{A}$ 和 ϕ，就能像以前那样从 $\nabla\times\boldsymbol{A}$ 得到 $\boldsymbol{B}$，而又从 $-\nabla\phi-\partial\boldsymbol{A}/\partial t$ 得到 $\boldsymbol{E}$。

最后，你将注意到，有些结果——比如，在电场中的能量密度为 $\epsilon_0 \boldsymbol{E}^2/2$——对于电动力学与对于静电磁学一样都是正确的。你应当不会误解以致认为这完全是“自然”的。在静态中导出的任何公式的正确性都必须在动态情况下再度加以论证。一个相反的例子是，由 $\rho\phi$ 的体积分所表达的有关静电能的表示式，这个结果仅仅对于静态才正确。

在适当的时候我们将更加详细地考虑上述所有这些内容，但记住这个总结表也许是有用的，这样你就会知道哪些可以忘记，哪些作为永远正确的东西应该记住。

第 16 章　感 生 电 流

§ 16-1　电动机与发电机

1820 年对电和磁间密切关系的发现曾令人十分兴奋——在那以前，电和磁这两个课题一直被认为是完全互相独立的。首先发现的是导线中的电流会产生磁场，接着于同一年中，又发现载流导线在磁场中会受到力的作用。

每当机械力存在时，令人兴奋的一件事是，利用它在机器中做功的可能性。当上述现象被发现后，几乎立即就有人开始利用这些作用于载流导线上的力来设计电动机了。这种电磁式发动机的原理如图 16-1 中裸露轮廓图所示。用一块永磁铁——通常配合一些软铁片——在上下两槽里产生磁场。在每一个槽的对面都有南北两极，如图所示。在每个槽中放置铜制矩形线圈的一边。当电流通过线圈时，在两槽处的电流互相反向，因而力也反向，这样便产生一个环绕轴线的力矩。如果线圈安装在传动轴上以便转动，则可与滑轮或齿轮互相配合而做功了。

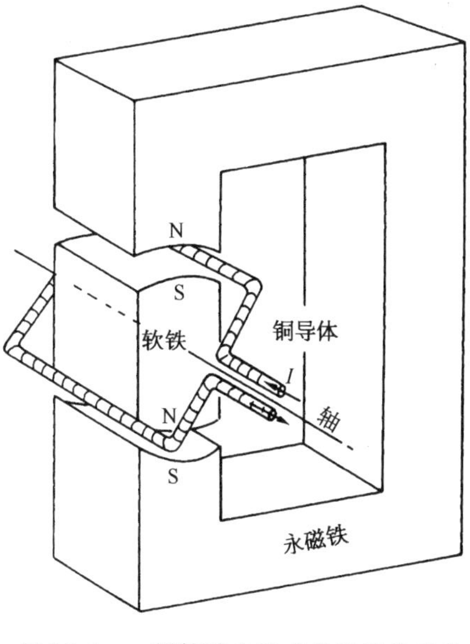

图 16-1　一部简单电磁式发动机的示意轮廓图

同样的设想也可用来制作电学测量方面的灵敏仪器。自从该力的规律被发现之后，电学测量的精确度就大大提高了。首先，可以使电流绕行许多匝而不仅仅是一匝，以促使这种电动机的力矩大大增加。于是，这个线圈又可以装配得用一个很小的力矩便能够转动——或者把它的转轴装在一个十分精致的宝石轴承上，或者用十分细小的金属丝或石英丝来悬挂该线圈。于是一个极小电流便能使线圈转动，而对于小角度来说这转动的大小将与电流成正比。把一指针粘紧在该线圈上，或对于非常精密的仪器，则通过安装在线圈上的一个小镜子来观察标尺的像的移动，这转动的大小就可以测到了。这样的仪器叫作电流计。至于伏特计和安培计，也是基于相同的原理工作的。

这一概念也可用来大规模地制造提供机械动力的大型电动机。利用安装在轴心上的一组触点可使线圈每转半周接法就变换一次，这样，线圈便能不断旋转，于是力矩将始终朝同一方向。小型直流电动机就是这样制成的。较大型的电动机，无论是直流的或交流的，往往利用一个由电源激励的电磁铁来代替永磁铁。

在认识了电流能够产生磁场之后，人们立即提出，也可以设法使磁铁产生电场。各种实验都尝试过。例如,将两根导线平行排列,当电流通过其中之一时就希望能在另一根导线中也找到电流。当时的想法是:磁场或许会用某种方法在第二根导线中拖动着电子前进,给出诸如“同类喜欢以同样的方式运动”的规律。结果是否定的,尽管已利用了当时可资用的最大电流,以及为探测电流用的最灵敏电流计。把大块磁铁置于导线旁边也产生不出可观测到的效应。最后,法拉第于 1840 年发现最重要的特点给漏掉了——只有当某种东西正在变化时电效应才存在。如果两导线之一中存在着正变化着的电流时,则另一根导线中会有电流感生,或者如果一块磁铁在一电路附近运动,则在该电路中会有电流存在。我们讲,这些电流是给感生出来了。这就是法拉第所发现的电磁感应效应。它把相当沉闷的静场课题转变成包括大量奇异现象的、十分激动人心的动力学课题。本章专为其中某些现象做出定性描述。正如以后将会见到的,人们很快就将遇到难以详细做出定量分析的一些相当复杂的情况。但不要紧,这一章的主要目的首先在于使你熟悉所涉及的现象,我们在以后才做详细分析。

从我们所学过的知识可以容易理解磁感应现象的一个特性,尽管在法拉第时代还没有被人知道。它来自作用于运动电荷的 $\boldsymbol{v}\times\boldsymbol{B}$ 这种力,而该力正比于电荷在磁场中的速度。假设有一根导线在一块磁铁附近经过,如图 16-2 所示,并将这根导线的两端连接至一电流计。如果移动导线使其通过磁铁的一端,电流计的指针就会摆动。

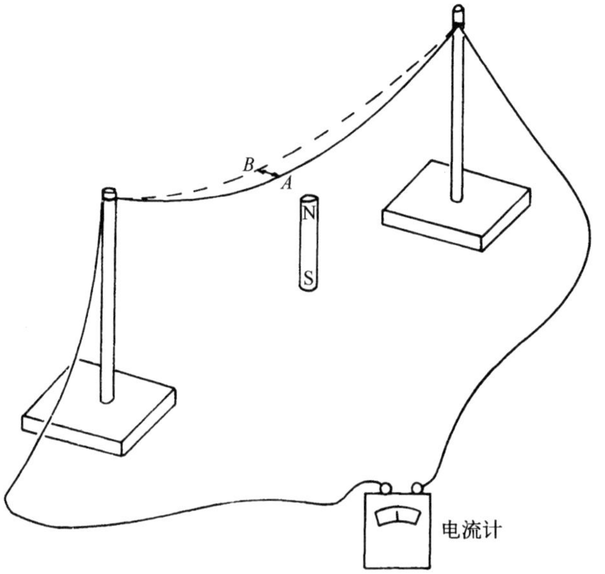

图 16-2 一根导线在磁场中运动会产生电流,并由电流计显示出来

磁铁产生了某个竖向磁场,而当我们将导线推过该磁场时,导线里的电子便会感受到一个侧向力——既垂直于场也垂直于运动。该力沿着导线推动电子。但为什么会使电流计摆动呢,它与那个力相距有那么远?这是由于当那些感受到磁力的电子试图运动时,它们——通过电的排斥——沿导线推稍远的电子,这些被推的电子又依次推斥更远一些的电子,以此类推,在一个长距离上的电子也受到推斥,简直令人吃惊。

最早制成电流计的高斯和韦伯感到如此惊异,以致试图弄清楚这些力在导线中会传到多远。他们把导线跨越整个市区。在一端，高斯先生将导线接至电池组(电池在发电机之前就为人们所熟悉)，而韦伯先生则在另一端观察电流计的摆动。于是他们有了一种在长距离上通讯的办法——这就是电报的起源！当然，这并非直接与感应有关，它只是使导线载流必须用的方法，不管电流是不是由感应推动的。

现在假设在图 16-2 的装备中，我们让导线静止不动而令磁铁运动。这样，仍然会看到在电流计上的效应。正如法拉第所发现的那样，把磁铁在导线下面朝某一方向移动与将导线在磁铁上面朝反向移动，具有相同的效应。但当磁铁被移动时，就不再有作用于导线内部电子上的任何 $\boldsymbol{v}\times\boldsymbol{B}$ 力了。这是法拉第找到的一个新效应。今天，我们也许希望从相对论性的论证中来理解它。

我们已经了解到一块磁铁的磁场是来自它的内部电流。所以如果不用图 16-2 上的那块磁铁，而是用一个载有电流的线圈，我们预料也会观察到相同的效应。如果使导线运动并经过线圈，则将有电流流经该电流计，或如果让线圈运动并经过导线，情形也是如此。但现在有一个更动人的事态发生了：若我们不是通过运动而是通过改变其中的电流变更线圈的磁场，那么在电流计中又再度会发生效应。例如，设有一导线回路放在一线圈附近，如图 16-3 所示，此时若保持回路与线圈两者都不动，而断开线圈中的电流，就会有一电流脉冲通过电流计。当我们再对线圈通上电流时，电流计则将向相反的方向摆动。

每当在诸如图 16-2 或图 16-3 所示情况中电流计有电流通过时，导线里的电子总会受到沿着导线某一方向的一个净推力。在不同位置可能有不同方向的推力，但在某一方向的推力比其他方向的大。这推力绕整个电路的累积是什么，这个净的累积起来的推力叫作该电路的电动势(emf)。更准确地说，电动势被定义为导线中单位电荷所受的沿线切向力对整个电路环绕一周的路程所作的积分。法拉第的整个发现在于可以由三种不同方法在导线中产生电动势：通过使导线运动，通过使磁铁在导线附近运动，或通过改变邻近导线中的电流。

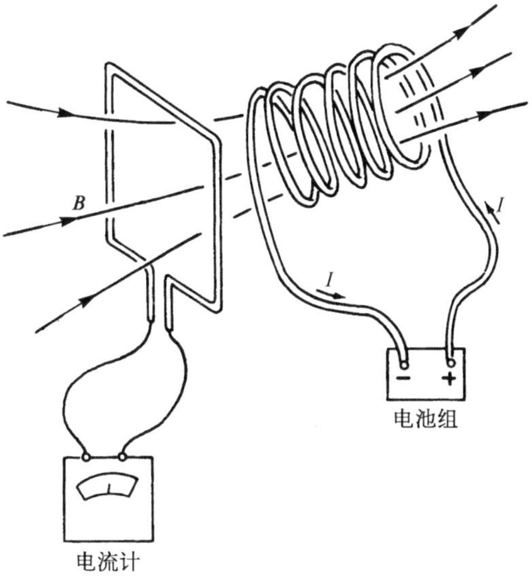

图 16-3　如果移动一个载流线圈或将其中的电流变化，这个线圈会在第二个线圈中产生电流

让我们再考虑图 16-1 的那部简单机器，只是现在不再输入电流通过导线使之转动，而是由一外力，比如是用手或水轮机使该回路旋转。当线圈转动时，它的导线在磁场中运动，而我们便将在该线圈电路中发现电动势。电动机变成了发电机。

发电机的线圈由于运动就有感生电动势。这电动势大小由法拉第所发现的一个简单法则给出(目前仅陈述这一法则，等待以后再详细分析)。法则是这样的：当穿过回路的磁通量(这通量就是 $\boldsymbol{B}$ 的法向分量对整个回路所包围面积的积分)随时间变化时，电动势等于这通量的变化率。我们称这一法则为"通量法则"。你看到当图 16-1 中的线圈转动时，穿过它的通量改变了。开始时有某一通量朝一个方向穿过，然后当线圈转过了 180°时相同的通量朝另一个方向穿过。如果继续转动线圈,该通量首先是正,然后是负,再又是正,如此等等。通量的变化率必然也是正负交替地改变的。因而在该线圈中就有一个交变电动势。如果将这线圈的两端通过某种滑动接触——称为汇电环——(只有这样导线才可不至于扭绕起来)与外面导线连接,则我们具有了一部交流发电机。

或者,也可以这样安排:通过某些滑动接触,使在每转动半圈之后线圈端点与外导线之间的连接便反转过来,因而当电动势反转时,连接方式也反转了。因而电动势的脉冲始终在同一方向推动电流通过外电路。这样,我们就有一部所谓的直流发电机。

图 16-1 上的那部机器既是电动机也是发电机。利用两部结构全同的永磁式直流"电动机",在它们的线圈间用两根铜线相连,则关于电动机与发电机之间的互易性就可以漂亮地显示出来。当其中一个线圈的轴做机械旋转时,它便成为一部发电机而推动另一部作为电动机。如果将第二部的轴旋转,则它变成发电机而把第一部当成电动机驱动。因此,这里是自然界中新型等效性的一个有趣例子:电动机与发电机彼此等效。事实上,这种定量的等效性并非完全出于偶然,它是与能量守恒律密切相关的。

能够用来既产生电动势又响应电动势的装置的另一种例子,是一部标准电话机的接收器——即"听筒"。贝尔原来的电话机由用两根长导线连接起来的这样两个听筒构成,其基本原理如图 16-4 所示。一块永磁铁在由软铁制成的两块"轭铁"以及在一薄铁膜片中产生了磁场,该膜片则由声压引起运动。当这膜片运动时,改变了轭铁中的磁场大小。因此,当声波撞击膜片时,在环绕其中一块轭铁的线圈中所穿过的磁通量就改变了。因而在该线圈中就有电动势。如果线圈的两端与一电路相连接,则一种以电的方式表达声音的电流就会建立起来。

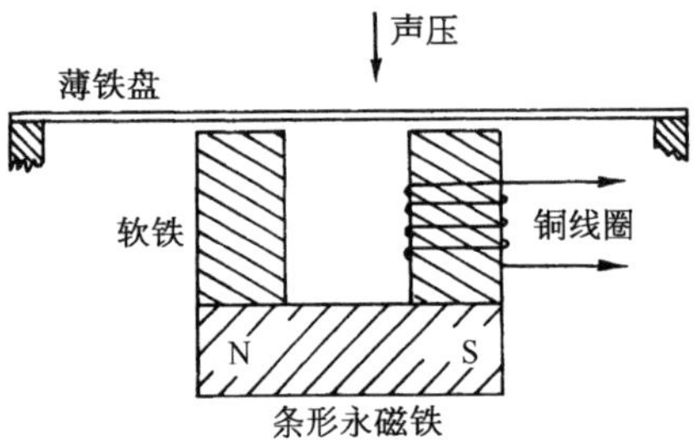

图 16-4 电话的送、受话器

如果图 16-4 的线圈两端用两根导线连接至另一个完全相同的装置,则那变化着的电流将在第二个线圈中流动。这些电流将产生一个变化着的磁场,并将对该铁的膜片造成一个变化的吸引作用。这膜片将上下振动而造成声波,这些声波大体上与原来使膜片振动起来的那些声波相似。这就是说,利用几块铜和铁就能使人们的声音在导线上传递!

(现代的家用电话所用的受话器与上面所描述的相似,而其送话器改进了,它利用了一种新发明以获得较强大的功率。那就是"炭粒传声器",它利用声压以改变来自电池组的电流。)

§16-2 变压器与电感

法拉第发现的最重要的特征之一,不是在一运动线圈中存在电动势——那是可以用磁力 $q\boldsymbol{v}\times\boldsymbol{B}$ 来理解的——而是在一个线圈中变化的电流会在另一个线圈中产生电动势。而十分令人惊奇的是,在第二个线圈中所感生的电动势其大小也由同样的"通量法则"给出:电动势等于穿过线圈的磁通量的变化率。假设我们有两个线圈,各绕在彼此分开的一捆铁片上(这些铁片起着使磁场增强的作用),如图 16-5 所示。现在把其中一个线圈 a 连接到一交流发电机上。那不断变化的电流产生一个不断变化的磁场。这变化的磁场就在第二个线圈 b 中产生一个交变电动势。这一电动势能够,例如,产生足够大的能量使一个灯泡发亮。

线圈 b 中的电动势的频率当然与原来发电机的频率相同。但线圈 b 中的电流则可能大于或小于线圈 a 中的电流。线圈 b 中的电流取决于其中的感应电动势以及线路中其余部分的电阻和电感。这电动势可能比发电机的小,例如,若通量的变化较少。要不然,线圈 b 中的电动势可以通过增加围绕其的线圈匝数而比发电机中的大许多,因为在一给定磁场中此时穿过线圈的通量增加了(或者,若你喜欢用另一种方式来看它,则由于每一匝的电动势彼此相同,而总电动势等于分开的各匝的电动势之和,所以如有许多匝串联起来就会产生一个较大的电动势)。

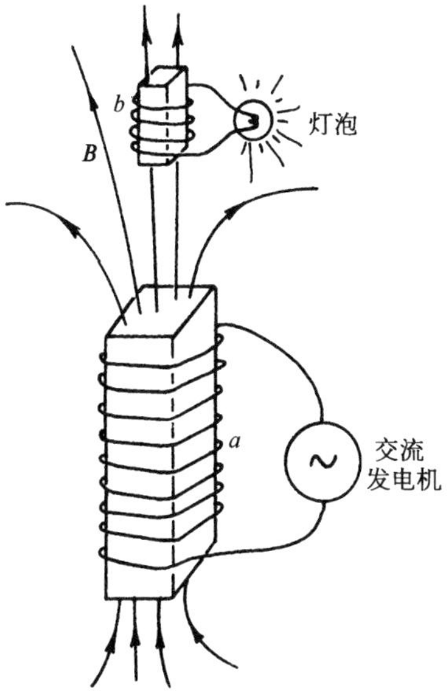

图 16-5 各围绕在一捆铁片外面的两个线圈,能让一部发电机在没有直接连接的情况下使一个灯泡发亮

两个线圈的这种组合——通常用配置的铁片来引导磁场——称为变压器。它能把一个电动势(也叫"电压")"变换成另一个电动势"。

在单个线圈中也会有感应效应发生。例如在图 16-5 的那种装置中,有一个变化的磁通量不但穿过线圈 b 以使灯泡发亮,而且也穿过线圈 a。在线圈 a 中变化着的电流会在它自己内部产生一个变化着的磁场,因而这个场的通量也就不断变化,结果在线圈 a 中有一个自感电动势。当任何电流正在建立磁场时——或更普遍地说,当它的场以任何方式变化时——便有一个电动势作用于该电流上。这个效应称为自感。

当我们在上面给出"通量法则"、即电动势等于磁通匝连数的变化率时,还未确定电动势的方向。有一个简单法则,叫楞次法则,就是为了判断电动势指向的:电动势企图反抗任何磁通变化。也就是说,感生电动势的方向总是这样:如果电流沿该电动势的方向流动,则它总会产生一个 $\boldsymbol{B}$ 通量,该通量抗拒产生该电动势的 $\boldsymbol{B}$ 发生变化。楞次法则可以用来找出图 16-3* 中那部发电机的电动势方向,或图中变压器绕组内电动势的方向。

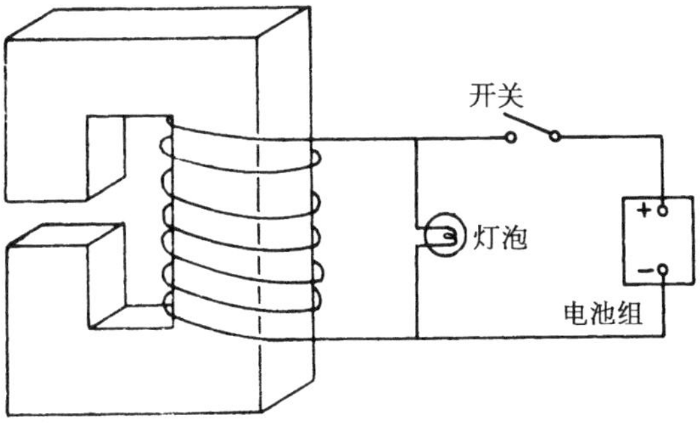

图 16-6 电磁铁的电路连接法。灯泡允许在开关打开时仍然有电流通过,这是为了避免出现过高的电动势

特别是,如果在单一线圈(或任何导线)中存在变化的电流,则在该电路中就会有"反"电动势。在图 16-5 的线圈 a 中,这个反电动势作用于流动的电荷上以反抗磁场的变化,从而也处在反抗电流改变的方向。它力图保持电流恒定不变,当电流增加时它与电流反向,当电流减少时则与电流同向。在自感中的电流具有"惯性",因为该感应效应力图保持电流恒定,正如机械惯性力图保持物体的速度恒定一样。

---

* 原书中为图 16-1,拟有误。——译者注

任何大型电磁铁中都会有大的自感。假设一个电池组连接于一个大型电磁铁的线圈上,如图 16-6 所示,则一个强磁场就被建立起来了(电流达到了一个由电池组电压和线圈中导线电阻所确定的稳恒值)。但现在假定我们试图通过打开开关而切断电池组。要是真的断开电路,电流就会迅速趋于零,而在这样做时会产生一个巨大电动势。在大多数情况下,这一电动势会大到足以在开关的断路接点间发展成一个跨越接点的电弧。这样出现的高电压也许会损害线圈中的绝缘——甚至会把你击伤,如果你正是打开开关的那个人!由于这些原因,电磁铁往往被接成像图 16-6 所示的那种电路。当开关打开时,电流并不做迅速变化,而是保持稳定,这是由于受线圈中的自感电动势所驱使的电流正在流经灯泡。

§16-3 作用于感生电流上的力

你也许曾经见过利用如图 16-7 所示的那种装置来戏剧性地演示楞次法则。这是一个电磁铁,非常像图 16-5 中的线圈 a,一个铝质圆环放在电磁铁的顶端。当闭合开关使线圈连接至一交流发电机时,这个环就飞向空中。当然,力来自环中的感生电流。环会飞开这一事实表明,环里的电流反抗穿过其中的磁场的变化。当电磁铁正在其顶端形成北极时,在环里的感生电流正在形成一个朝下的北极。环与线圈犹如两块同极磁铁那样互相排斥,但如果在环里制造一个狭窄的径向裂缝,力就会消失,这表明力确实来自环中的电流。

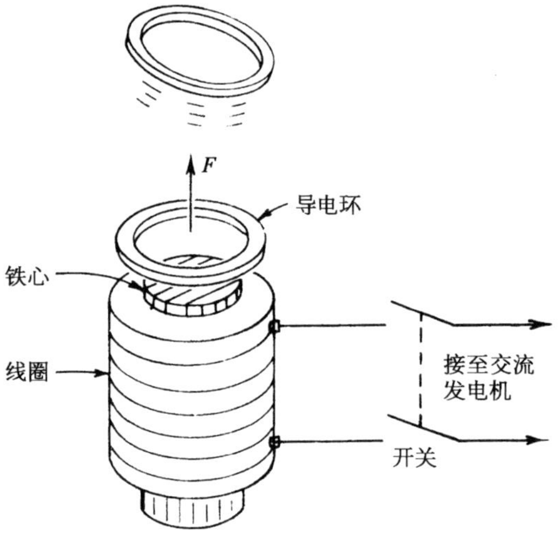

图 16-7 一个导电环会被一块通有变化电流的电磁铁强烈推开

如果不采用圆环而改用一个铝盘或铜盘横放在图 16-7 中磁铁上端,它也被推开;感生电流在盘的材料里形成环流,再度产生了排斥作用。

其根源与此相类似的一个重要的效应发生在一片理想的导体中。要知道,理想导体无论对于什么电流都不会有电阻,所以如果电流一旦在其中产生,它们就能够永远保持下去。事实上,一个最微小的电动势都会产生一个任意大的电流——这实际上意味着完全可以没有电动势。任何要把磁通量送进这样一片理想导体里的尝试都产生引起相反 **B** 场的电流——所有这一切都由于无限小的电动势,因而没有磁通量进入理想导体中。

如果有一片理想导体并把一块电磁铁放在其附近,则当我们接通电磁铁的电流时,被叫作涡流的那种电流会出现在该片导体里,使得磁场不能进入其中。场线看来会像图 16-8 所示。当然,如果把一条形磁铁移近一理想导体,这同样的情况也会发生。由于涡流正在产生相反的磁场,磁铁就受到导体的排斥。这样就有可能让一条形磁铁悬浮在形状有点像个盘子那样的理想导体片之上,情形如图 16-9 所示。这磁铁受到理想导体里感生涡流的排斥而被悬浮于空中。在通常温度下不存在理想导体,但某些材料在足够低的温度下会变成理想导体。例如,在 3.8 K 以下的锡,导电就十分完美。它被称为超导体。

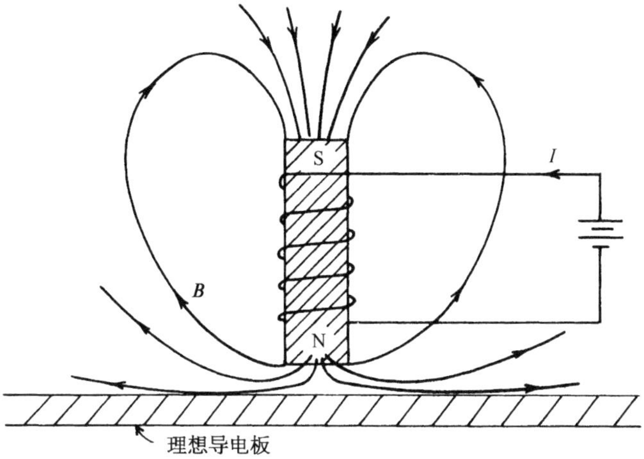

图 16-8 靠近一块理想导电板的电磁铁

如果图 16-8 中的那块导体不是很理想的导体，则对于涡流的流动会有一些阻力。电流将逐渐消失而磁铁便将慢慢落下。在一非理想导体中，涡流需要电动势来维持，而要有电动势，通量必须保持不断变化。这样，磁通量就会逐渐透入导体中去。

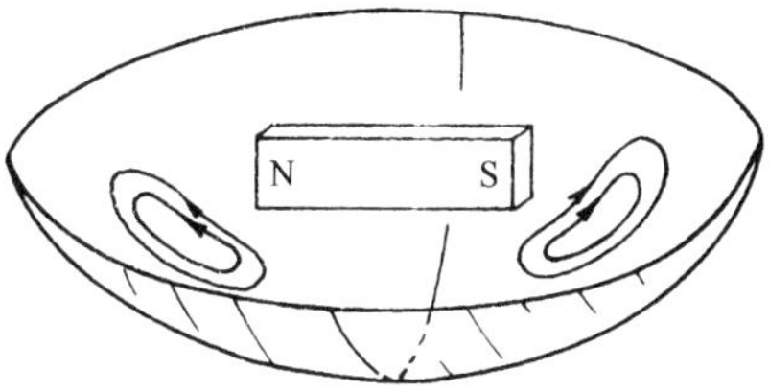

图 16-9 由于受到涡流排斥，一根条形磁铁会悬浮在一个超导体碗上面

在正常导体中，来自涡流的不仅有推斥力，而且也可能有侧向力。例如，若把一块磁铁沿导体表面向旁边移动，则涡流将产生一个阻力，因为这些感生电流正在反抗通量配置的变化。这种力的大小与速度成正比，像一种黏性力。

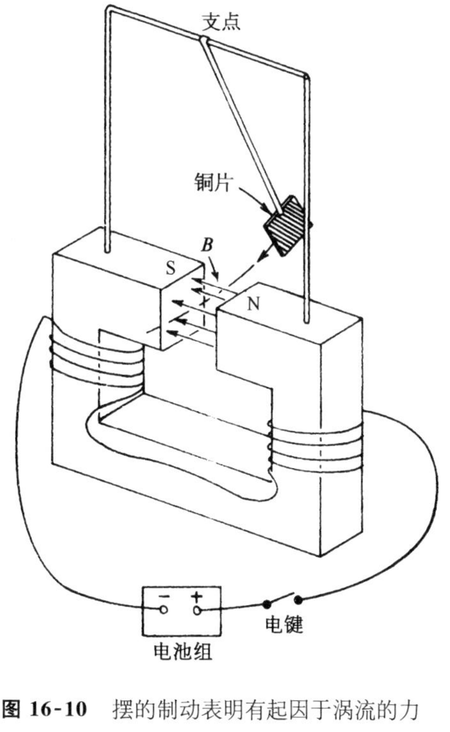

图 16-10 摆的制动表明有起因于涡流的力

这些效应在图 16-10 所示的仪器中得到令人满意的表现。一块方形铜片悬挂在一根棒的下端而构成一个摆。这铜片在一电磁铁的两极间来回摆动。当电磁铁的电流接通时，摆动突然被抑制。这块金属板当进入电磁铁的缝隙中时，板里就有感生电流，它起着抗拒通过该板磁通量变化的作用。假若该板是理想导体，即其中电流会大到足以将板重新推出去——即它会反弹回去。若采用的是一块铜板，由于板里有一些电阻，因而当它开始进入磁场中时，板中的电流将先把该板阻止到几乎停止运动的地步。然后，当电流降低时，板就会在磁场中缓慢地降到静止。

铜摆中涡流的性质如图 16-11 所示。这种电流的强度及几何图形对板的形状很敏感。例如,若像图 16-12 所示,用一块中间割成几条狭槽的铜板来代替原来的铜板,则涡流效应会剧烈地减弱。摆通过磁场摆动,仅有一微小的阻尼力。原因是:在铜板的每个截面内激励电流的磁通量减少了,因而使每个回路电阻的作用增大。电流变小而阻力也就小了。如果把一块铜板放在图 16-10 的磁铁两极间然后释放,则力的黏滞特性还会看得更加清楚。铜板不会掉落下来,只是缓慢地下沉。涡流对该运动会施加一个强大阻力——就像蜂蜜中的黏性阻力一样。

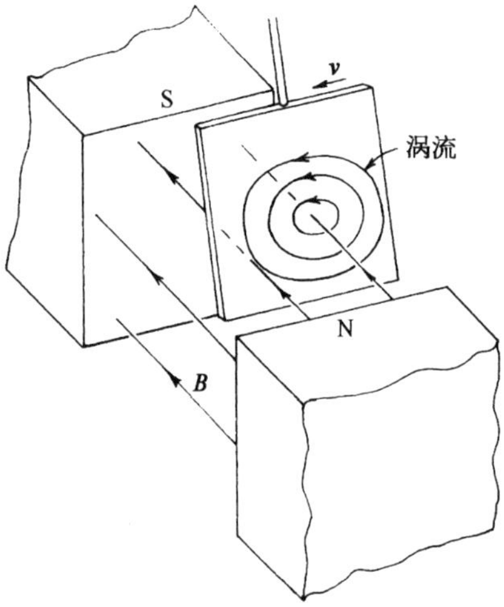

图 16-11 铜摆中的涡流

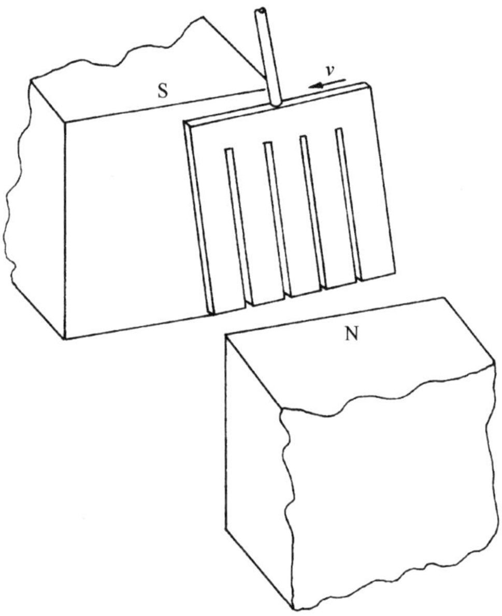

图 16-12 在铜板中割出一些狭槽,涡流效应会剧烈下降

如果不是将一块导体拉着经过磁铁,而是在磁场中尝试转动导体,则将有来自同样效应的抵抗力矩。反之,若在导电板或导电环附近旋转一块磁铁,则板或环将被拖着在一起旋

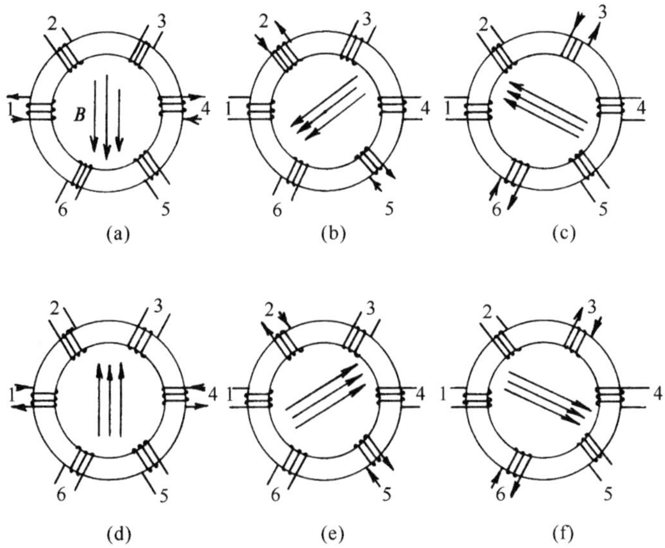

图 16-13 构成一个旋转磁场

转,板或环里的电流将产生一个倾向于使其跟随磁铁旋转的力矩。

一个恰好像那转动磁铁的磁场可以用如图 16-13 所示的那种排列的线圈来完成。我们取一个铁环(也就是一个像炸面圈那样的铁环)并绕上六个线圈。如果如图(a)所示使(1)和(4)两绕组通有电流,就会有一个如图所示方向的磁场。现在若把电流转移到(2)和(5)两绕组上,则磁场将指向图(b)所示的新方向。继续这个步骤,便会得到图上其他部分所示的磁场顺序。倘若这一过程顺利地进行,就会有一"旋转"磁场了。把各线圈连接至一套三相电源线上就能轻易地获得所需的电流顺序,因为三相电源线正好提供这种电流。"三相电源"是利用图 16-1 的原理在一部发电机中形成的,只是有三个回路以对称的方式一起固定在同一根轴上——也就是说,一个回路与邻近的一个回路之间要相隔 120°。当各回路作为整体旋转时,先是在一个线圈中的电动势为极大,然后在下一个线圈中达到极大,以此类推。三相电源有许多实际优点,其中之一就是可能造成一个旋转磁场。由这种旋转磁场在导体中所产生的力矩可轻易地由刚好在铁环上面的绝缘台上一个竖立的金属环来演示,如图 16-14 所示。这旋转磁场会引起该导电环绕着一根垂直轴线旋转。在这里看到其基本原理与在一部大型商用三相感应电动机中实际上起作用的原理完全相同。

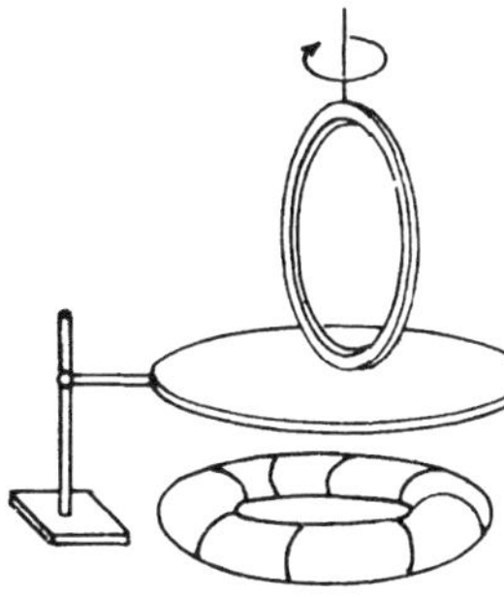

图 16-14　图 16-13 中的旋转磁场可用来对一个导电环提供力矩

感应电动机的另一种形式如图 16-15 所示。这里所示的配置对一部实用的高效率电动机虽不适用,但能说明原理。电磁铁 M 由一捆多层铁片和在其外面绕着的螺线管式线圈构成,用一部发电机的交变电流来提供动力。这电磁铁会产生一个穿过该铝盘的变化着的 $\boldsymbol{B}$ 通量。但如果我们仅仅有这两个部件,如图(a)中所示的,则还不能构成一部电动机。盘中虽然有了涡流,但它们是对称的,因而不会产生任何力矩(由于这些感生电流,盘里多少总会发生一些热)。现在若用一个铝板刚好遮盖磁极的一半,如图(b)所示,则盘便将开始转动,而我们便有一部电动机。这种运转有赖于两个涡流效应。首先,在铝板中的涡流抗拒着穿过它的通量变化,因而在这块板上面的磁场就总会落后于不受遮盖的一半磁极在上面产生的磁场。这种所谓"屏蔽磁极"效应在那"被屏蔽"区中会产生一个其变化非常像在"非屏蔽"区中的磁场,只不过在时间上被延迟了一个恒定的值。整个效应就像只有一半宽的一块磁

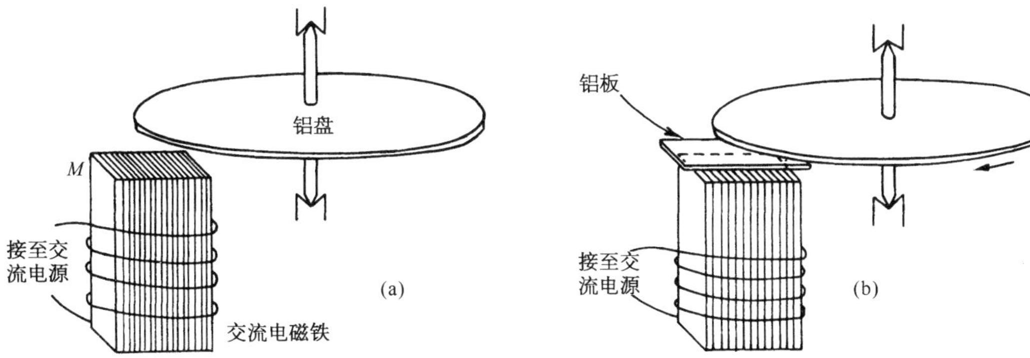

图 16-15　磁极屏蔽式感应电动机的一个简单例子

铁不断从非屏蔽区移至屏蔽区。于是,这些正在变化着的磁场就会与铝盘中的涡流互相作用而产生一个作用于铝盘上的力矩。

§16-4 电 工 技 术

当法拉第最初将其著名的发现——即关于变化着的磁通量会产生电动势——公诸于世时,他曾被人质问(像任何人在发现自然界的新事物时被人质问一样):“这有什么用处呢?”其实他所发现的不过是当他在一块磁铁近旁移动一根导线时就会有一小电流产生的奇事。这有什么被“利用”的可能呢? 他的回答是:“一个新生的婴儿有什么用处呢?”

然而想一想他的发现已经导致多么巨大的实际应用。我们上面所描述的不只是一些玩具,但是选择的这些例子在大多数情况下是为了说明某种实用机器的原理的一些例子。例如,在一旋转磁场中的转动环就是一部感应电动机。当然,它与实际的感应电动机之间存在某些区别。那个环只有很小的力矩,你用手就可以止住它。对于一部优良电动机,结构就必须安排得更加紧凑:不能让那么多的磁场“浪费”在外面空气中。首先,利用铁芯以集中磁场。我们还未讨论过铁芯如何会完成这一使命,但铁芯的确能使磁场比单靠铜线圈时强几万倍。其次,铁片与铁片间的缝隙被缩小了,为此,有些铁片甚至被嵌入该旋转环之中。每一件东西都被安排得能够获得最大的力和最高效率,也就是说,把电功率转变成机械功率,一直到该“环”不再能够用手去阻止它转动并使其停下来。

封闭缝隙以及使事情按最实用的方式进行,这些问题属于工程技术。这需要对设计做认真的研究,尽管从获得力来说并不存在任何新的基本原理。但要从基本原理过渡到一种实用而又经济的设计却仍然有一段漫长的道路要走。然而,正是这种细致的工程技术设计才使得像博尔德(Boulder)水坝* 那类庞然大物及其所有附属的东西成为可能。

博尔德水坝是什么? 一条大河给一座混凝土的墙壁挡住了。但究竟是怎样的墙壁呢? 它是按一条经过十分仔细计算过的理想曲线来建造的,使用了最少量的混凝土,便能挡住整条河流。它的底部得到了加厚,它的奇妙形状为艺术家们所喜欢,而工程师们对它则能够理解,因为他们懂得这样的加厚与压力随水的深度而增加有关。但我们却已离开了电学。

然后,河水被导入一条巨大的管道。这件东西本身就已经是工程上绝妙的一项成就。管道把水提供给水轮——一座巨大涡轮机——而使水轮旋转(另一项工程业绩)。但为什么要转动水轮呢? 它们同一大堆精巧而复杂的、又相互交织纠缠在一起的铜和铁耦合起来,其中包括两部分——一部分在转动而另一部分不动。几种材料的复杂混合物,其中绝大多数是铁和铜,但也有供绝缘用的一些纸片和虫胶。一件会旋转的巨大怪物,也就是一部发电机。在这一大堆铜和铁之外还有铜制的几个特殊配件。水坝、轮机、铁和铜,所有这些都配置在那里以使某一特殊事物终于发生在几根铜杆之间——一个电动势。然后,这些铜杆伸出去并在一变压器的另一铁块上绕了几圈,于是它们的任务完成了。

可是环绕那同一铁块的却还有另外的铜缆,看上去它与来自发电机的那几根铜杆毫无直接联系。铜杆由于在磁场附近经过而正受影响——因而获得了电动势。变压器把对发电

---

* 博尔德水坝位于美国西南部科罗拉多河上,坝长 360 m,深 222 m,蓄水量 $3.95\times10^{10}\ m^3$ 。——译者注

机的有效设计所需的那种相对低的电压转变成十分高的电压，这对于电能跨越长电缆而做有效传输是再好不过的了。

每一件东西都必须效率非常高——不能有任何浪费或损失。为什么？一个都市的动力全部经由此通过。要是有一小部分损失了——比方说百分之一二——想一想留给后面的能量！要是有百分之一的能量留在变压器里，这些能量就必须设法取出来，否则，若它表现为热，就会马上将全部机件都熔掉。当然，采取下述做法也有点降低效率，然而这是必需的。那就是要有几部液泵，使某种油循环流过散热器中以保证变压器不致过热。

从博尔德水坝出来的是几十根铜棒——也许有手腕那样粗的长长的铜棒伸向四面八方，越过数百英里。这些小铜棒把一条大河的动力都载上了。然后这些棒又分叉成更多的棒，再又接至更多的变压器，有时则接至能产生其他形式电流的巨大发电机，有时接至为了庞大工业目标而运转着的机器，接至更多的变压器，然后又再行分叉和散开，直到最后该河流就遍布了整个城市——驱动着电动机、发热、发光以及使许多小机器运转。从 600 mile 外的冷水变成炽热灯光这样一种奇迹——全都由一些特殊布置的铜、铁块完成。轧钢用的大型电动机或牙科医生用来钻牙齿的微小电动机，千万个小轮子都随着博尔德水坝那边巨轮的运转而转动。如果停止该巨轮的转动，所有一切小轮就都会停止；电灯也会熄灭。它们确实是互相联系着的。

此外，还有更多的东西。获取河流的庞大动力，和把这些动力散布于各地农村，直到几滴水流便足以驱动牙科医生用的牙钻，都是相同的一些现象，它们也一再出现在一些非常精密仪器的建造上，对于异常微小电流的探测，对于口语、音乐和图像的传递，对于计算机，对于惊人准确的自动化机器。

所有这一切之所以成为可能就是由于对铜和铁的精心设计安排——有效地产生出来的磁场，具有 6 ft 直径的铁块当旋转时其缝隙才有 1/16 in 宽，为了获得最高效率而对铜选取的最仔细比例，所有一切的古怪形状，都像该水坝的曲线那样，为的是达到同一个目标。

如果未来的某一位考古学家发现博尔德水坝，那么我们可能推测他将对那些曲线的优美加以赞叹。但出自未来某一伟大文明时代的探险者也将望着该发电机和变压器说："注意每一块铁片都各有其美妙的有效形状。想想渗透到每块铜片里面去的思想吧！"

这就是工程的威力以及电工技术的精心设计。在发电机中已创造出一种在自然界其他地方都不存在的东西，果然不错，在其他地方存在感应的力，在太阳和星球周围的某些地方肯定也会有电磁感应。例如地球磁场或许（虽然还不确定）也是由对地球内部的环行电流产生影响的一种类似发电机的东西维持着。但什么地方都没有这样的部件，它们与运动的部分一起构成一个整体——用很高的效率和规则性——像发电机那样产生电能。

你可能会想，设计发电机不再是一门有趣科目，而是一门呆板的科目了，因为各种发电机都已被设计出来了，几乎完美的发电机或电动机都可从货架上取下来。即使这是真的，但我们可以对这个问题接近圆满解决的惊人成就表示钦佩。何况还保留着许多没有解决的问题，甚至发电机和变压器正再度成为问题。整个低温和超导体技术领域都有可能很快就被用于电力分配课题上。由于在这一课题中已经出现了一个根本上崭新的因素，所以新的最佳设计就非得创造出来不可。未来的动力网可能与今天的仅有很少类似之处。

在学习感应定律时你可以看到有数不清的应用和问题可以供我们研究。关于电机设计的研究本身就是一项终身的工作。虽然我们不能在这方面走得太远,但应该意识到这个事实,即当人们发现了电磁感应规律之后,便突然把理论和大量的实际发展联系了起来。然而我们总必须把这一科目留给那些对算出特殊应用细节感兴趣的工程师和应用科学家们。物理学只是提供基础——无论哪一种应用的基本原理(我们还未完成这种基础,因为还得详细考虑铁和铜的性质。稍后一些我们将会见到,物理学对于这些都会有所论述)。

现代电工技术是由于法拉第的发现而开始的。那个毫无用处的初生婴儿竟会培养成一位非凡的天才,以一种连他那自豪的父亲都从来没有想象到的方式把地球的面貌改变了。

第 17 章　感 应 定 律

§ 17-1　感应的物理过程

在上一章中我们曾描述过许多现象，它们表明电感效应既很复杂又很有趣。现在我们要讨论控制这些效应的基本原理。我们已经把导电电路中的电动势定义为作用在电荷上的力对该回路全长的总累积。更具体地说，它是作用于单位电荷上力的切向分量，沿该电路一周的线积分。因此，在数量上就等于环绕电路一周对单位电荷所作的总功。

我们也已给出这样的"通量法则"，它讲：电动势等于穿过这样一个导电电路的磁通量的变化率。让我们来看看能否理解其中的原因。首先，我们将考虑由于电路在恒定磁场中移动而导致通量变化的情况。

在图 17-1 中，我们表示一个面积可以改变的简单导线回路。这回路有两部分，固定的 U 形部分(a)和一根可以在该 U 的两腿上滑动的横杆(b)。它始终是一个完整电路，不过其面积是在变化的。假设现在把该回路置于一匀强磁场中，使 U 形平面垂直于磁场。按照通量法则，当横杆移动时在回路中就该产生一个电动势，它与穿过回路通量的变化率成正比。这电动势将在回路中引起电流。我们将假定导线中的电阻相当大以致电流很小，于是便可以略去来自这个电流的任何磁场。

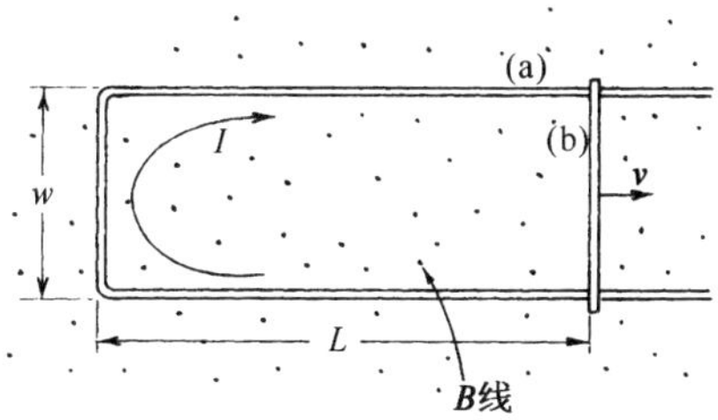

图 17-1　如果通量是由于改变电路面积而改变的，则在该回路中会感生一电动势

穿过该回路的磁通量为 wLB，因而对于电动势——我们将把它写成 $\mathscr{E}$——"通量法则"给出

$$\mathscr{E} = wB\,\frac{\mathrm{d}L}{\mathrm{d}t} = wBv,$$

式中 v 是该横杆的移动速率。

现在应该能够从作用于移动杆里电荷上的磁力 $\boldsymbol{v}\times\boldsymbol{B}$ 来理解这一结果。这些电荷会感受到一个力，该力与导线相切，每单位电荷所受的力等于 vB。在沿横杆的长度 w 上这力恒定，而在别处则都是零，因此力沿整个电路的积分为

$$\mathscr{E} = wvB,$$

这与上面从通量的变化率所获得的结果相同。

刚才所给出的论证可以推广至导线在固定磁场中移动的任何情况。在一般情况，人们能够证明：对于任何电路，当其部分在固定磁场中移动时，产生的电动势等于通量对时间的

微商,而与该电路的形状无关。

反之,若回路固定不动而改变磁场,情况将会怎样呢?我们不能根据同一论证来导出对这一问题的解答。那是法拉第在实验上的发现,即不管通量怎样变化,该"通量法则"总是正确的。作用于电荷上的力,普遍地说,是由 $\boldsymbol{F}=q(\boldsymbol{E}+\boldsymbol{v}\times\boldsymbol{B})$ 给出的,并没有任何新的特殊的、"由于变化磁场而产生的力"。任何作用于固定导线中的静止电荷上的力都是来自 $\boldsymbol{E}$ 的项。法拉第的观察导致发现电场和磁场是由一个新的规律联系起来的:在一个其中磁场正在随时间变化的区域里,电场被产生了。正是这一电场驱使着电子围绕该导线移动——因而当有变化磁通量时在一固定电路中引起电动势。

对于与变化磁场有关的电场,其普遍的定律为

$$\boldsymbol{\nabla}\times\boldsymbol{E}=-\frac{\partial\boldsymbol{B}}{\partial t}. \tag{17.1}$$

我们将这称之为法拉第定律。它是由法拉第发现的,但首先是麦克斯韦将其写成一微分形式并作为他方程组中的一个方程。让我们看一看这方程怎样给出电路中的"通量法则"。

利用斯托克斯定理,这一定律可以写成积分形式:

$$\oint_{\Gamma}\boldsymbol{E}\cdot\mathrm{d}\boldsymbol{s}=\int_{S}(\boldsymbol{\nabla}\times\boldsymbol{E})\cdot\boldsymbol{n}\mathrm{d}a=-\int_{S}\frac{\partial\boldsymbol{B}}{\partial t}\cdot\boldsymbol{n}\mathrm{d}a, \tag{17.2}$$

式中 Γ 通常指任意闭合曲线,而 S 则是由它所包围的任何曲面。这里应该记住,Γ 是一条固定于空间中的数学曲线,而 S 则是一个固定曲面。于是该时间微商就可以移至积分符号的外面,因而我们有

$$\oint_{\Gamma}\boldsymbol{E}\cdot\mathrm{d}\boldsymbol{s}=-\frac{\mathrm{d}}{\mathrm{d}t}\int_{S}\boldsymbol{B}\cdot\boldsymbol{n}\mathrm{d}a=-\frac{\mathrm{d}}{\mathrm{d}t}(\text{穿过 }S\text{ 的通量}). \tag{17.3}$$

把这个关系式应用到沿一个固定的导电电路而行的曲线 Γ,我们便再度获得"通量法则"。左边的积分为电动势,而右边积分则是由该电路包围着的通量的负变化率。所以式(17.1)应用在一个固定电路上时,就相当于"通量法则"。

因此,"通量法则"——电路中的电动势等于穿过该电路磁通量的变化率——无论由磁场变化还是由电路运动(或两者兼有)所引起的通量变化都适用。在该法则的表述中这两种可能性——"电路移动"或"磁场变化"——不能加以区别。然而在我们对该法则的解释中,则对于这两种情况已用了两条完全不同的定律——在"电路移动"中用 $\boldsymbol{v}\times\boldsymbol{B}$,而在"磁场改变"中则用 $\boldsymbol{\nabla}\times\boldsymbol{E}=-\partial\boldsymbol{B}/\partial t$。

我们知道,在物理学的其他领域里还没有一个这么简单而又准确的普遍原理,为了真正理解它需要依据两种不同现象的分析。通常,这么一个优异的普遍性总是发源于一个单一而又深刻的基本原理。然而,在我们这种情况下一点没有任何这样的深刻的含意。因此,我们得把这个"法则"理解为两种完全独立现象的组合效应。

我们必须按照下述方式来看待"通量法则"。一般地说,对单位电荷的作用力为 $\boldsymbol{F}/q=\boldsymbol{E}+\boldsymbol{v}\times\boldsymbol{B}$。在移动导线时,有一个来自第二项的力。并且,如果某处有变化着的磁场,则该处也有一个 $\boldsymbol{E}$ 场。它们是两个独立效应,但环绕该导线回路的电动势则始终等于穿过其中的磁通量的变化率。

§ 17-2 "通量法则"的一些例外

现在我们将举一些例子,其中部分起源于法拉第。这些例子表明,清楚地记住导致感生电动势的两种效应之间的差别是十分重要的。下述例子将包括"通量法则"不能够应用的一些情况——或者由于根本没有导线,或者由于感生电流所取的路径在一导体的扩展体积内运动。

作为开始,我们指出如下一个要点:来自 $\boldsymbol{E}$ 场的那部分电动势并不依赖于实体导线(如 $\boldsymbol{v}\times\boldsymbol{B}$ 那部分所要有的实体导线那样)的存在。$\boldsymbol{E}$ 场可以存在在自由空间中,而它环绕任一固定在空间中的想象曲线的积分就等于穿过该曲线的 $\boldsymbol{B}$ 通量的变化率(注意,这与由静止电荷所产生的 $\boldsymbol{E}$ 场完全不同,因为在那种情况下 $\boldsymbol{E}$ 绕一闭合回路的线积分永远为零)。

现在我们将描述一种情况,其中穿过电路的通量没有改变,但仍然存在电动势。图 17-2 表示一个可以在磁场存在的情况下绕一固定轴旋转的导电盘,其一个接触点装在轴上,而另一个接触点则与该盘的外缘相擦,通过电流计使该电路闭合。当盘旋转时,该电路——意思就是在空间中有电流经过的那些地方——总是一样。但在盘中的那部分"电路"是在运动着的材料里。尽管穿过该"电路"的磁通量固定不变,但仍然有一电动势,可以由电流计的偏转观察到。很清楚,这里的情况就是转动盘中的 $\boldsymbol{v}\times\boldsymbol{B}$ 力产生了电动势,但它却不能被等同于通量的变化。

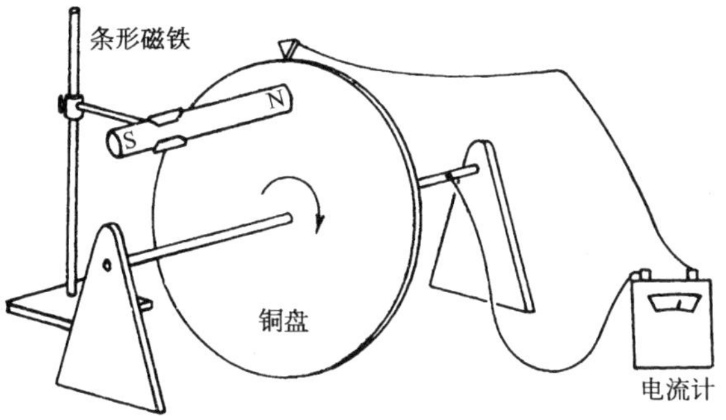

图 17-2 当金属盘旋转时,有一个来自 $\boldsymbol{v}\times\boldsymbol{B}$ 的电动势,但在被包围的通量中却没有什么变化

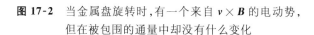

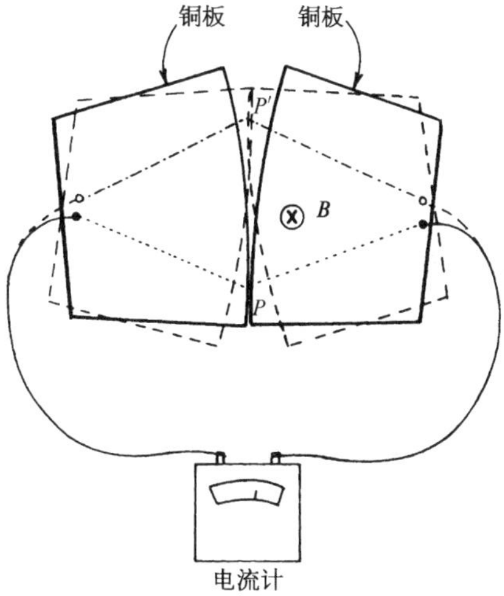

图 17-3 当两板在一匀强磁场中辗转而过时,可以有巨大的磁通量链变化,但却没有电动势产生

现在作为一个相反例子,我们将考虑一种稍微有点异常的情况,即在其中穿过"电路"(又是指在有电流通过的那些地方)的磁通量发生了变化,但却没有什么电动势。设想两块边缘稍微弯曲的金属板,如图 17-3 所示,这两块板被放在与其平面垂直的匀强磁场中。每一块板连接到电流计的一端,如图所示。两板在 P 点相接触,因而构成了一个闭合电路。如果现在两板辗转过一个小小角度,接触点将转移至 P'。如果设想该"电路"沿图中所示的那条虚线经两板而形成,则当两板往复辗转时,穿过这一电路的磁通量变化就很大。然而这

种转动却可由微小运动来完成,以致 $\boldsymbol{v}\times\boldsymbol{B}$ 很小,实际上不存在电动势。"通量法则"在此不适用,它必须应用于其中电路材料保持相同的那些电路。当电路的材料正在变化时,就必须回到基本定律中去。正确的物理意义总是由这两个基本定律

$$\boldsymbol{F}=q(\boldsymbol{E}+\boldsymbol{v}\times\boldsymbol{B}),$$
$$\nabla\times\boldsymbol{E}=-\frac{\partial\boldsymbol{B}}{\partial t}$$

给出的。

§17-3 感生电场使粒子加速;电子感应加速器

我们已说过,由变化磁场而产生的电动势即使在没有导体时也能存在,这就是说,没有导线也可以有电磁感应。我们仍然可以想象环绕空间中任意数学曲线的电动势,它被定义为 $\boldsymbol{E}$ 的切向分量绕该曲线的积分。法拉第定律讲,这个线积分等于穿过该闭合曲线磁通量的变化率的负值,即式(17.3)。

作为这种感生电场效应的例子,我们现在要考虑在变化磁场中电子的运动。想象有这么一个磁场,在一个平面上处处都指向其垂直方向,如图17-4所示。磁场是由电磁铁产生的,但其细节我们将不予考虑。对于这一例子我们将设想磁场对某个轴是对称的,也就是说,磁场强度将仅取决于离轴的距离。这一磁场也是随时间变化的。现在设想有一个电子在这磁场中正沿以轴为中心、半径恒定的圆周运动着(我们稍迟将看到,如何才能安排这一种运动)。由于变化着的磁场,因此就会有一个与电子轨道相切的场 $\boldsymbol{E}$,这将驱动电子环绕着该圆周运动。又由于对称性的缘故,这电场在圆周上各处将有相同的值。若电子轨道具有半径 r,则 $\boldsymbol{E}$ 环绕其轨道的线积分将等于穿过该圆周的磁通量的变化率的负值。$\boldsymbol{E}$ 的线积分恰好就是它的大小乘以圆的周长 $2\pi r$。一般说来,这磁通量必须从一积分求得。这时,我们令 $B_{平均}$ 代表该圆周内的平均磁场,于是通量为这平均磁场乘圆的面积,我们将有

$$2\pi r\boldsymbol{E}=\frac{\mathrm{d}}{\mathrm{d}t}(B_{平均}\cdot\pi r^{2}).$$

由于假定 r 为常数,所以 $\boldsymbol{E}$ 与一平均场的时间微商成正比:

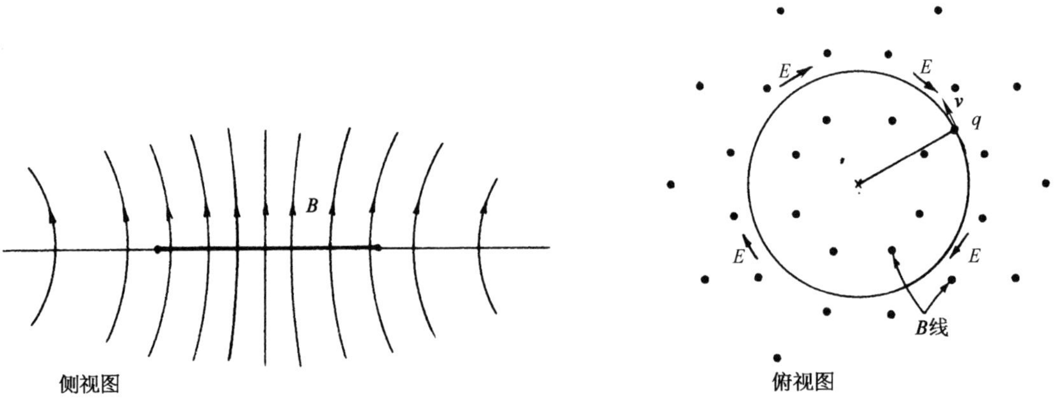

图17-4 电子在一个轴对称的、正在增强的磁场中被加速

$$\boldsymbol{E}=\frac{r}{2}\frac{\mathrm{d}B_{\text{平均}}}{\mathrm{d}t}. \tag{17.4}$$

电子将感受到电力 $q\boldsymbol{E}$ 并将被加速。想起有关运动的相对论性的正确方程乃是动量的变化率正比于力，所以我们得

$$q\boldsymbol{E}=\frac{\mathrm{d}p}{\mathrm{d}t}. \tag{17.5}$$

对于已假定的圆周轨道，电子所受的电力始终指向其运动方向，因而它的总动量将按式(17.5)所给出的时间变化率增加。合并式(17.5)和(17.4)，我们就可将动量变化率与平均磁场的变化率互相联系起来：

$$\frac{\mathrm{d}p}{\mathrm{d}t}=\frac{qr}{2}\frac{\mathrm{d}B_{\text{平均}}}{\mathrm{d}t}. \tag{17.6}$$

对 t 进行积分，可得到电子的动量

$$p=p_0+\frac{qr}{2}\Delta B_{\text{平均}}, \tag{17.7}$$

式中 p_0 为电子开始时的动量，而 $\Delta B_{\text{平均}}$ 则是 $B_{\text{平均}}$ 接着发生的改变。电子感应加速器——一种用来把电子加速至高能的机器——的运行就是以这一概念为基础的。

为了详细看看电子感应加速器是怎样工作的，我们现在就必须探讨如何才能把电子约束在一个圆周上运动。我们曾在第 1 卷第 11 章中讨论过所涉及的原理。如果能够这样安排，使得在电子的轨道上有一磁场 $\boldsymbol{B}$，则将有一横向力 $q\boldsymbol{v}\times\boldsymbol{B}$，对于一个适当选择的 $\boldsymbol{B}$，这个力就能够使电子保持在所预定的轨道上运动。在电子感应加速器中，正是这一横向力引起了电子在一固定半径的圆周轨道上运动。通过再度应用关于运动的相对论性方程(不过这回却是关于力的横向分量的)，我们便能找出在该轨道上的磁场强度应有多大。在这电子感应加速器中(见图 17-4)，由于 $\boldsymbol{B}$ 垂直于 $\boldsymbol{v}$，因而横向力为 qvB。于是这个力就等于动量的横向分量 p_t 的变化率：

$$qvB=\frac{\mathrm{d}p_t}{\mathrm{d}t}. \tag{17.8}$$

当一粒子在圆周上运动时，它的横向动量的变化率等于总动量的大小乘以转动角速度 ω(根据第 1 卷第 11 章中的论证)：

$$\frac{\mathrm{d}p_t}{\mathrm{d}t}=\omega p, \tag{17.9}$$

这里，由于是圆周运动，所以

$$\omega=\frac{v}{r}. \tag{17.10}$$

合并式(17.8)、(17.9)及(17.10)得

$$qvB_{\text{轨道}}=p\frac{v}{r}, \tag{17.11}$$

式中 $B_{\text{轨道}}$ 为半径 r 处的磁场。

当电子感应加速器运行时，电子的动量会按照式(17.7)正比于 $B_{\text{平均}}$ 而增长。而若电子

继续在其原来的圆周上运动,且当其动量增大时式(17.11)仍应继续维持正确,则 $B_{轨道}$ 的值就必须随动量 p 成比例地增大。将式(17.11)与确定 p 的式(17.7)做比较,我们看到,在半径为 r 的轨道内的平均磁场 $B_{平均}$ 与在轨道上的磁场 $B_{轨道}$ 必须有如下关系:

$$\Delta B_{平均} = 2\Delta B_{轨道}. \tag{17.12}$$

电子感应加速器的正确运行要求:在轨道内的平均磁场的增长率比轨道处磁场本身的增长率要大一倍。在这种情况下,当粒子能量被感生电场增加时,轨道处的磁场以维持该粒子在圆周上运动所需要的比例增长。

电子感应加速器被用来加速电子,使其达到几千万乃至几亿电子伏的能量。然而,要把电子加速至远高于几亿电子伏的能量就变得不切合实际,这里有几个原因。原因之一是,要在该轨道内获得所需的高平均值磁场在实际上有困难。另一个原因则是,式(17.6)在能量高的情况下已不再正确,因为它并没有把由于粒子电磁辐射(即在第1卷第34章中所称为同步加速器辐射的)而损失的能量包括在内。由于这些原因,要把电子加速至更高能量——达到几十亿电子伏——就得采用另一种称为同步加速器的机器来完成。

§17-4 一个佯谬

现在要向你们描述一个显而易见的佯谬。佯谬指的是这样一种情况,当用一种方法分析时得出一个答案,而用另一种方法分析时又得出另一个答案,因而对于实际上究竟会发生什么我们就会陷于某种困境。当然,在物理学中从未有过任何真正的佯谬,因为实际上只有一个正确答案,至少我们相信自然界只按照一种方式行动(不用说,那就是正确方式)。因此,在物理学中佯谬只是我们本身理解上的一种混乱。下面是我们将要提出的一个佯谬。

试想象构造一个如图17-5所示的装置。一个薄而圆的塑料盘被支撑在一根装有优良轴承的同心轴上,从而能够十分自由地旋转。在该盘上,与转轴同心地放着一个短螺线管形状的线圈。通过这个线圈的恒定电流 I 由一个同样是装在盘上的小电池组供应。靠近盘的边缘绕圆周边等距离地分布着若干个金属小球,它们相互之间以及与线圈之间均由制造该盘的塑料材料绝缘。这些小导体球,每一个都各带有等量的静电荷 Q。每件东西都完全固定,而盘则静止不动。假设现在由于某一偶发事件或由于预先的安排,线圈中的电流被中断了,然而却没有受到任何外界干扰。只要继续通电流,便有或多或少与盘的轴平行的磁通量穿过该线圈。当电流中断时,这通量一定会趋于零。因此,就必然会感生一电场,而这电场将以该轴为中心环绕成一些圆周。在盘的周边那些带电球体均将感到一个与圆盘边缘相切的电场。这个电力对于所有电荷来说都在与圆盘边缘相切的方向,因而将产生一个作用于

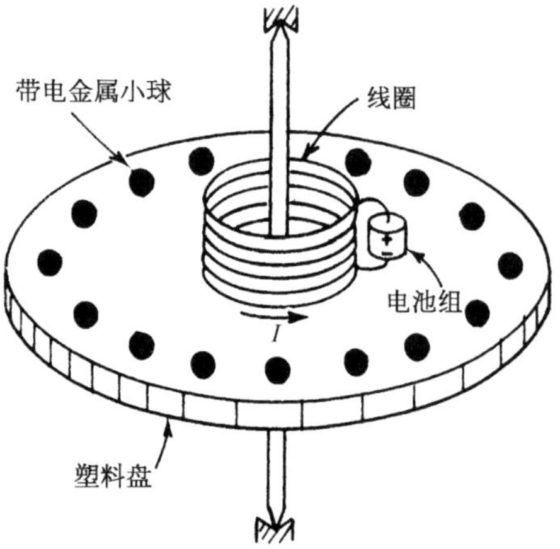

图17-5 如果电流 I 停止了,该盘是否会转动

该盘上的净力矩。从上面的论证,我们预期当线圈中电流消失时,圆盘将开始转动。要是我们已知道盘的转动惯量、线圈中的电流以及小球上的电荷,那我们就能够算出所要的角速度。

但我们也可轻易地做出不同的论证。利用角动量守恒原理,我们可以说,盘及其一切部件的角动量在开始时为零,因而这整套装置的角动量就应该保持等于零。当电流中断时不应有转动。究竟哪一种论证才是正确的呢?盘将转动还是不转动?我们将把这一问题留给你们去思考。

必须提醒你们一点,正确的答案并不有赖于任何非本质的特征,诸如电池组的非对称位置等等。事实上,你可以想象一种诸如下述的理想情况:该螺线管是由超导电线绕成的,里面通有电流。在该盘已经小心地被安置于静止状态后,让螺线管的温度缓慢上升。当导线的温度达到介乎超导电性与正常导电性之间的转变温度时,螺线管里的电流便将因导线的电阻而趋向零。如前所述磁通量将降低至零,因而环绕着该轴心将产生一个电场。我们也应该提醒你,这个解答并不容易得到,但也不是一种诡计。当你把它想出来时,你已经发现了一个重要的电磁学原理。

§17-5 交流发电机

在本章的其余部分,我们将应用§17-1 中的原理来分析第 16 章中曾讨论过的若干现象。我们首先要对交流发电机更详细地加以审察。这种发电机基本上由一个在匀强磁场中转动的导电线圈构成。相同的结果也可用磁场中的固定线圈来获得,而磁场的方向按上一章所描述的方法旋转。我们将仅仅考虑前一种情况。假设有一个圆形线圈能够以它的一根直径为轴而旋转。让这个线圈安放在一个垂直于该转轴的匀强磁场之中,如图 17-6 所示。我们并且设想该线圈两端通过某种滑动触点被引至外电路。

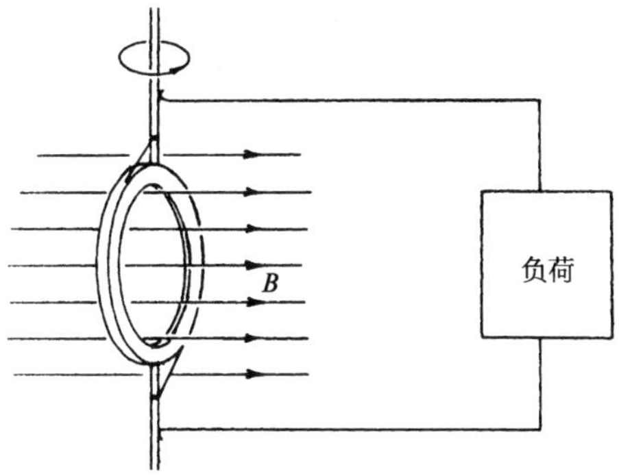

图 17-6 一个导电线圈在匀强磁场中旋转——交流发电机的基本原理

由于线圈转动,穿过它的磁通量便将发生改变。因此,在线圈的电路中就有一个电动势。令 S 为该线圈的面积*,而 θ 为磁场与线圈平面法线之间的夹角。于是穿过线圈的磁通量就是

$$BS\cos\theta. \tag{17.13}$$

如果线圈以匀角速度 ω 旋转,则 θ 随时间变化为 $\theta = \omega t$。

线圈中每匝的电动势都等于该通量的变化率。若线圈有 N 匝,则总电动势就大 N 倍,所以

$$\mathscr{E} = -N\frac{\mathrm{d}}{\mathrm{d}t}(BS\cos\omega t) = NBS\omega\sin\omega t. \tag{17.14}$$

如果把来自发电机的导线引导至离转动线圈相当远的地方,那里的磁场为零,或至少磁

* 现在由于字母 A 已被用于矢势了,我们建议用 S 来表示表面积。

场已不随时间变化,那么在这个区域里 $\boldsymbol{E}$ 的旋度将为零,因而我们可以定义一个电势。事实上,若没有电流从发电机中引出,则两根导线间的电势差 V 将等于该旋转线圈中的电动势。这就是说,

$$V = BS\omega \sin \omega t = V_0 \sin \omega t.$$

两根导线间的电势差随 $\sin \omega t$ 变化。这样变化的电势差称为交变电压。

既然两根导线之间存在电场,那么它们就必然是带电的。显然,发电机的电动势已经把某些超额电荷推出至导线上,直到这些电荷产生的电场强大到足以抵消该感应力时为止。从发电机的外面看,两根导线表现出似乎像在静电场中那样,被充电至电势差 V,而电荷又似乎是随时间变化的,因而给出一个交变电势差。与静电情况还有另一个不同。如果把发电机与一个容许电流通过的外电路连接,则我们将发现该电动势并不允许导线放电,而是当电流从导线引出来时继续对导线供应电荷,企图使两导线之间永远保持一个不变的电势差。事实上,若发电机与一总电阻为 R 的电路连接,则流经该电路的电流将与发电机的电动势成正比与 R 成反比。由于电动势具有正弦形式的时间变化,所以电流也是一样。即有一个交变电流:

$$I = \frac{\mathscr{E}}{R} = \frac{V_0}{R} \sin \omega t.$$

关于这一种电路的原理图如图 17-7 所示。

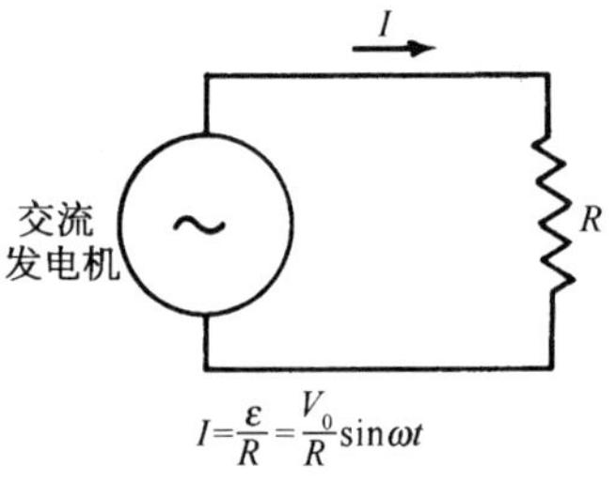

图 17-7 包含一部交流发电机和一个电阻的电路

我们也能看到,电动势确定了发电机供应能量的多少。导线中的每个电荷都以 $\boldsymbol{F} \cdot \boldsymbol{v}$ 的功率接受能量,其中 $\boldsymbol{F}$ 为作用于该电荷上的力,而 $\boldsymbol{v}$ 为电荷的速度。现在设单位长度导线中的运动电荷数目为 n,则对导线的任意线元 $\mathrm{d}\boldsymbol{s}$ 所供应的功率为

$$\boldsymbol{F} \cdot \boldsymbol{v} n \, \mathrm{d}s.$$

对于一条导线来说,$\boldsymbol{v}$ 总是沿着 $\mathrm{d}\boldsymbol{s}$,所以这功率可以写成

$$nv\boldsymbol{F} \cdot \mathrm{d}\boldsymbol{s}.$$

对整个电路提供的总功率等于这一表式环绕整个回路的积分:

$$\text{功率} = \oint nv\boldsymbol{F} \cdot \mathrm{d}\boldsymbol{s}. \tag{17.15}$$

现在应当记得,qnv 就是电流 I,而电动势则被定义为 F/q 环绕该电路的积分。因此就得到这么一个结果:

$$\text{发电机提供的功率} = \mathscr{E} I. \tag{17.16}$$

当发电机的线圈中有电流通过时,也将会有机械力作用于其上。事实上我们知道,作用于线圈上的力矩与它的磁矩、磁场强度 B 以及它们间夹角的正弦成正比,磁矩等于线圈中的电流乘以线圈面积,因此该力矩为

$$\tau = NISB \sin \theta. \tag{17.17}$$

为维持线圈转动必须做机械功,其功率等于角速度 ω 乘以力矩:

$$\frac{dW}{dt} = \omega\tau = \omega NISB\sin\theta. \tag{17.18}$$

把上式和式(17.14)比较，可见为了转动线圈而抵抗磁力所需的机械功率恰好等于 $\mathscr{E}I$，即发电机的电动势所输送出来的电能的功率。在发电机中用掉的全部机械能表现为电路上的电能。

作为由于感生电动势而产生的电流和力的另一个例子，让我们分析在 § 17-1 中曾描述过、如图 17-1 所示的设备中发生的事情。那里有两根平行导线和一根滑动横杆放置在一个垂直于该平行导线平面的磁场中。现在让我们假定该 U 形"底"部(图中的左端)是由高电阻导线制成，而那两根侧线由像铜一样的良导体制成——于是我们就不必担心当横杆移动时电路的电阻会发生改变。和以前一样，电路的电动势为

$$\mathscr{E} = vBw. \tag{17.19}$$

电路中的电流与这个电动势成正比而与电路的电阻成反比：

$$I = \frac{\mathscr{E}}{R} = \frac{vBw}{R}. \tag{17.20}$$

由于这个电流，所以就会有作用于横杆上的磁力，这力与杆的长度、杆中的电流以及磁场均成正比，即

$$F = BIw. \tag{17.21}$$

由式(17.20)取 I，因而对于力便有

$$F = \frac{B^2 w^2}{R}v. \tag{17.22}$$

我们看到，力与横杆的速度成正比。正如你可以很容易就明白，这个力的方向与杆的移动速度相反。这种像黏力那样与"速度正比"的力，每当在磁场中移动导体而产生感生电流时总会出现。在上一章中我们所举的有关涡流的例子，也会产生作用在导体上、与导体速度成正比的力，尽管一般来说，这样的情况都会给出难以进行分析的复杂电流分布。

在机械系统的设计中，要得到与速度成正比的阻尼力往往是方便的。涡流力提供一个获得这种与速度有关的力的最方便办法。应用这种力的一个例子就是普通的家用电表。在电表中有一个旋转于永磁铁两极间的薄铝盘。这个盘由一个小电动机驱动，其力矩与家庭电路中所消耗的功率成正比。鉴于在盘中的这个涡流力，便会有一个正比于速度的阻力，当平衡时该速度与电能消耗的速率成正比。利用一个连接于转盘上的计数器，就把它的转数记录下来了。这个数目就是总能量消耗、亦即所用去的瓦时数的指示。

我们也可以指出，式(17.22)表明来自感生电流的力——也就是任何涡旋电流的力——均与电阻成反比。材料的导电性能越好，这力就越大。当然原因在于电阻低，电动势所产生的电流就更强，而较强的电流表示较大的机械力。

从那些公式我们也可以看出，机械能是如何转变成电能的。如前所述，对电路中电阻所提供的电能为积 $\mathscr{E}I$。当移动导电横杆时对其所做的功率，为杆受到的作用力乘以杆的速度。利用关于力的式(17.22)后，所做的功率为

$$\frac{dW}{dt} = \frac{v^2 B^2 w^2}{R}.$$

我们看到,这确实等于由式(17.19)和(17.20)所该获得的积 $\mathscr{E}I$。机械功再次表现为电能。

§17-6 互　　感

现在我们想要考虑一种导线线圈固定而磁场在变化的情形。当我们过去描述磁场由电流产生时,仅考虑恒定电流的情况。但只要电流变化缓慢,磁场在每一时刻就几乎与一恒定电流的磁场相同。在这一节的讨论中,我们将假定电流总是足够缓慢地变化着,使得这种情况保持正确。

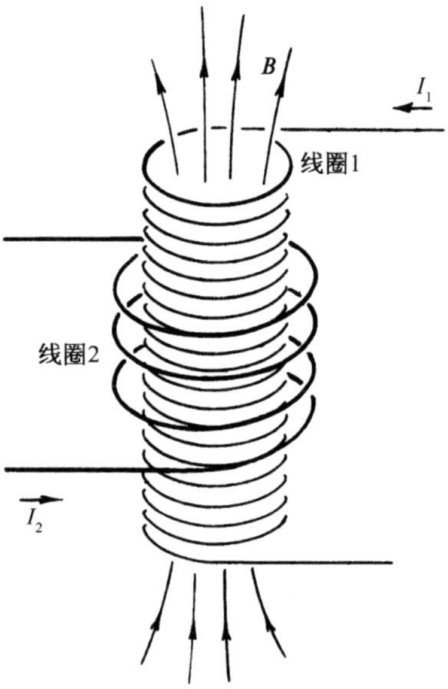

图 17-8　线圈 1 中的电流会产生一个穿过线圈 2 的磁场

导致变压器起作用的那些基本效应,可由图 17-8 所示的那两个线圈的配置来加以演示。线圈 1 由绕成长螺线管形状的一根金属导线构成。在这个线圈外面——与之绝缘的——还绕上一个仅有几匝导线的线圈 2。现在,若电流通过线圈 1,我们知道在其内部将出现一磁场,这磁场也穿过线圈 2。当线圈 1 中的电流变化时,磁通量也起变化,从而将会在线圈 2 中感生一电动势。现在我们将计算这一感生电动势。

在§13-5 中我们曾看到,在一长螺线管内磁场是均匀的,而其大小为

$$B=\frac{1}{\epsilon_0 c^2}\frac{N_1 I_1}{l}, \tag{17.23}$$

式中 N_1 为线圈 1 的匝数,I_1 为通过其中的电流,而 l 即为线圈长度。令线圈 1 的横截面积为 S,那么 $\boldsymbol{B}$ 的通量就是它的大小乘以 S。如果线圈 2 共有 N_2 匝,则这通量与线圈 2 耦合了 N_2 次。因而在线圈 2 中的电动势就由下式给出:

$$\mathscr{E}_2=-N_2 S\frac{\mathrm{d}B}{\mathrm{d}t}. \tag{17.24}$$

在式(17.23)中,唯一随时间变化的量为 I_1。因此电动势为

$$\mathscr{E}_2=-\frac{N_1 N_2 S}{\epsilon_0 c^2 l}\frac{\mathrm{d}I_1}{\mathrm{d}t}. \tag{17.25}$$

我们看到,线圈 2 中的电动势与在线圈 1 中的电流变化率成正比。该比例常数基本上是两线圈的一个几何因数,称为互感,而往往被记作 M_{21}。于是式(17.25)便可以写成

$$\mathscr{E}_2=M_{21}\frac{\mathrm{d}I_1}{\mathrm{d}t}. \tag{17.26}$$

现在假设电流通过线圈 2 而要问线圈 1 中的电动势。我们应该计算出磁场,它处处与电流 I_2 成正比。穿过线圈 1 的磁通匝连数应与几何形状有关,但同时又应与 I_2 成正比。因此,在线圈 1 中的电动势再次正比于 $\mathrm{d}I_2/\mathrm{d}t$,可以把它写成

$$\mathscr{E}_1 = M_{12}\frac{\mathrm{d}I_2}{\mathrm{d}t}. \tag{17.27}$$

要算出 M_{12},比起刚才对于 M_{21} 所做的计算更困难一些。我们不打算现在就来进行计算,因为在本章稍后将会证明 M_{12} 必然等于 M_{21}。

由于任何线圈中的磁场总是与其电流成正比,因此对任何两个线圈就会获得同种类型的结果。式(17.26)和(17.27)具有相同形式,只是常数 M_{21} 和 M_{12} 不同,它们之值应取决于两线圈的形状和它们的相对位置。

假设我们希望求得任意两个线圈——比如如图 17-9 所示的那两个线圈——之间的互感,我们知道在线圈 1 中的电动势其一般表式可写成

$$\mathscr{E}_1 = -\frac{\mathrm{d}}{\mathrm{d}t}\int_{(1)} \boldsymbol{B}\cdot\boldsymbol{n}\mathrm{d}a,$$

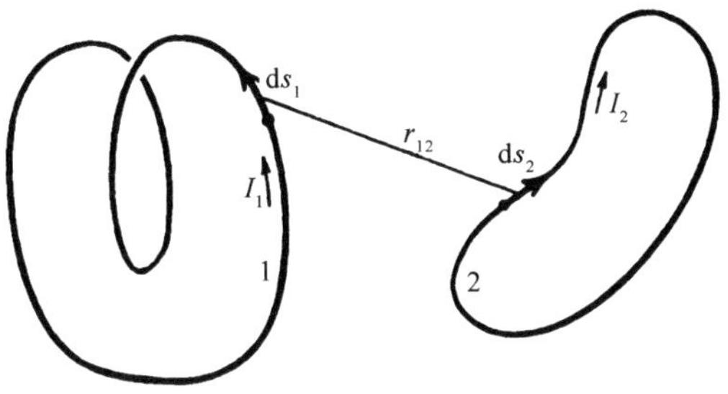

图 17-9　任何两个线圈都有与 $\mathrm{d}\boldsymbol{s}_1\cdot\mathrm{d}\boldsymbol{s}_2/r_{12}$ 的积分成正比的互感 M

式中 $\boldsymbol{B}$ 为磁场,而积分是对以电路 1 为边界的整个面进行的。在 § 14-1 中我们已经知道,这种对 $\boldsymbol{B}$ 的面积分可以与矢势的一个线积分相联系。具体地说为

$$\int_{(1)} \boldsymbol{B}\cdot\boldsymbol{n}\mathrm{d}a = \oint_{(1)} \boldsymbol{A}\cdot\mathrm{d}\boldsymbol{s}_1,$$

式中 $\boldsymbol{A}$ 代表矢势,而 $\mathrm{d}\boldsymbol{s}_1$ 则是电路 1 的一个线元。该线积分必须环绕电路 1 进行。因此,在线圈 1 中的电动势可以写成

$$\mathscr{E}_1 = -\frac{\mathrm{d}}{\mathrm{d}t}\oint_{(1)} \boldsymbol{A}\cdot\mathrm{d}\boldsymbol{s}_1. \tag{17.28}$$

现在让我们假设在电路 1 处的矢势是由电路 2 中的电流产生的。于是这矢势便可以写成环绕电路 2 的一个线积分:

$$\boldsymbol{A} = \frac{1}{4\pi\epsilon_0 c^2}\oint \frac{I_2\mathrm{d}\boldsymbol{s}_2}{r_{12}}, \tag{17.29}$$

式中 I_2 代表电路 2 中的电流,而 r_{12} 则是从电路 2 中的线元 $\mathrm{d}\boldsymbol{s}_2$ 至电路 1 上我们正在计算其矢势的那一点之间的距离(见图 17-9)。合并式(17.28)和(17.29),则可将电路 1 中的电动势表达成一个双重的线积分:

$$\mathscr{E}_1 = -\frac{1}{4\pi\epsilon_0 c^2}\frac{\mathrm{d}}{\mathrm{d}t}\oint_{(1)}\oint_{(2)} \frac{I_2\mathrm{d}\boldsymbol{s}_2}{r_{12}}\cdot\mathrm{d}\boldsymbol{s}_1.$$

式中的积分全都是对于固定电路进行的。唯一与积分的变量无关的只有电流 I_2。因此,我们可以把它提到两个积分号之外。于是电动势就可以写成

$$\mathscr{E}_1 = M_{12}\frac{\mathrm{d}I_2}{\mathrm{d}t},$$

式中系数 M_{12} 为

$$M_{12}=-\frac{1}{4\pi\epsilon_0 c^2}\oint_{(1)}\oint_{(2)}\frac{\mathrm{d}\boldsymbol{s}_2\cdot\mathrm{d}\boldsymbol{s}_1}{r_{12}}. \tag{17.30}$$

从这一积分我们见到,M_{12}仅取决于电路的几何结构,它依赖于两电路间的一种平均间距,而在这个平均过程中对两线圈互相平行的那些节段必须加权。我们的式子可以用来计算两个任意形状电路间的互感。并且,它表明 M_{12}的积分与 M_{21}的积分全同。因此,我们已证明了这两系数是全等的。对于只含有两个线圈的系统,这两个系数 M_{12}和 M_{21}常被表示成没有任何下角标的符号 M,简单叫作互感:

$$M_{12}=M_{21}=M.$$

§ 17-7 自　　感

在对图 17-8 或 17-9 的两个线圈中的感生电动势进行讨论时,我们仅仅考虑了其中一个线圈中电流的情况。如果两个线圈中同时载有电流,则耦合到每一线圈的磁通量就将是那些分开存在着的两个通量之和,因为叠加定律对于磁场是适用的。因此,每个线圈中的电动势不仅正比于另一线圈中的电流变化,而且也正比于该线圈本身的电流变化。于是,在线圈 2 中的总电动势就应当写成*

$$\mathcal{E}_2=M_{21}\frac{\mathrm{d}I_1}{\mathrm{d}t}+M_{22}\frac{\mathrm{d}I_2}{\mathrm{d}t}. \tag{17.31}$$

同理,线圈 1 中的电动势将不仅依赖于在线圈 2 中的变化电流,而且也依赖于本身的变化电流:

$$\mathcal{E}_1=M_{12}\frac{\mathrm{d}I_2}{\mathrm{d}t}+M_{11}\frac{\mathrm{d}I_1}{\mathrm{d}t}. \tag{17.32}$$

系数 M_{22}和 M_{11}都永远是负数,通常被写成

$$M_{11}=-L_1,\ M_{22}=-L_2, \tag{17.33}$$

其中 L_1 和 L_2 分别称为两个线圈的自感。

当然,即使仅有一个线圈,自感电动势依然存在。任一线圈因自身的原因都有一个自感 L。电动势将正比于其中电流的变化率。对于单个线圈,通常采取这样的惯例,即如果电动势与电流的方向相同,那它们就被认为是正的。按照这种惯例,我们可以把单个线圈的电动势写成

$$\mathcal{E}=-L\frac{\mathrm{d}I}{\mathrm{d}t}. \tag{17.34}$$

负号指明该电动势反抗电流的变化——故常称为“反电动势”。

由于任何线圈都有反抗电流变化的自感,所以线圈里的电流就有一种惯性。事实上,如果想要改变线圈里的电流,就必须把线圈接至某一电池组或发电机的外电压源来克服这一惯性,原理图如图 17-10(a)所示。在这样一个电路中,电流 I 按照如下关系依赖于电压 V:

---

* 式(17.31)和(17.32)中 M_{12}和 M_{21}的符号取决于对该两线圈中正电流向指的任意选择。

$$V = L\frac{dI}{dt}. \tag{17.35}$$

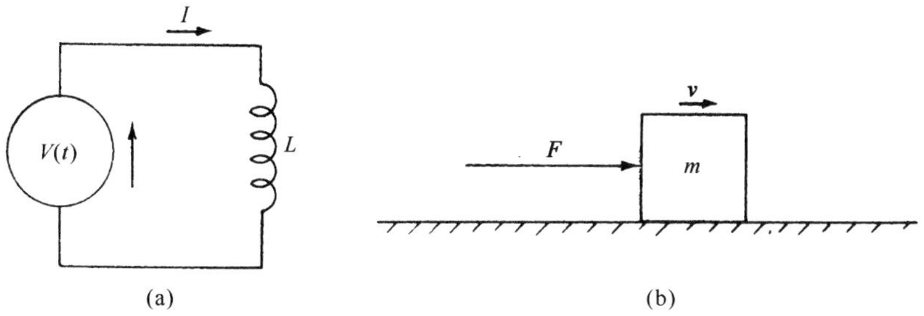

图 17-10　(a) 含有一电压源和一自感的电路；(b) 类似的机械系统

这一方程与粒子在一维中情况下的牛顿运动定律具有相同形式。因此，我们可以按"相同的方程具有相同的解"的原则来对它进行研究。这样，若把外加电压 V 对应于所加的外力 F，而把线圈中的电流对应于粒子的速度，则该线圈的自感就对应于粒子的质量 m*。看一看图 17-10(b)。我们可以编制一个关于各相应量的对照表：

粒子	线圈
F(力)	V(电势差)
v(速度)	I(电流)
x(位移)	q(电荷)
$F = m\dfrac{dv}{dt}$	$V = L\dfrac{dI}{dt}$
mv(动量)	LI
$\dfrac{1}{2}mv^2$(动能)	$\dfrac{1}{2}LI^2$(磁能)

§ 17-8　电感与磁能

继续上一节中所进行的类比，我们就会预期，对应于其变化率为作用力的机械动量 $p = mv$，就会有一个等于 LI 的类似量，其变化率为 V。当然，我们并没有任何权利讲 LI 就是电路的真实动量，事实上，它并不是。整个电路可能固定不动而没有任何动量。LI 与动量 mv 相类似只是在彼此都满足相对应的方程这一意义上说的。同样，对于动能 $\frac{1}{2}mv^2$，也有一类似量 $\frac{1}{2}LI^2$ 与之对应。但这里却使我们感到惊异，这 $\frac{1}{2}LI^2$ 在电的情况下的确就是能量。这是因为对电感做功的时间变化率为 VI，而它在力学系统中相应的量为 Fv。因此，就能量来说，这些量不但在数学上彼此对应，而且也具有相同的物理意义。

从下面所述情况我们可更详尽地明了这一点。就像在式(17.16)中我们曾经求得的那样，由感应力所做的电功其时间变化率为电动势与电流之积：

---

* 附带说一下，这并不是在力学量与电学量之间能够建立起对应关系的唯一途径。

$$\frac{\mathrm{d}W}{\mathrm{d}t} = \mathscr{E}I.$$

将式(17.34)中用电流表示的 $\mathscr{E}$ 代入上式,我们得

$$\frac{\mathrm{d}W}{\mathrm{d}t} = -LI\frac{\mathrm{d}I}{\mathrm{d}t}. \tag{17.36}$$

对这一方程进行积分,则就求得在建立电流过程中为了克服自感电动势而需要从外部电源获得的能量*(这必定等于所储存的能量 U)为

$$-W = U = \frac{1}{2}LI^2. \tag{17.37}$$

因此,储藏于自感中的能量为$\frac{1}{2}LI^2$。

把与此相同的论据应用于诸如图 17-8 或 17-9 中的那一对线圈,就可以证明该系统的总电能由下式给出:

$$U = \frac{1}{2}L_1I_1^2 + \frac{1}{2}L_2I_2^2 + MI_1I_2. \tag{17.38}$$

为此,设开始时两线圈中的 $I = 0$, 然后可以先在线圈 1 中接通电流 I_1,让线圈 2 中的电流 $I_2 = 0$。此时所做的功正好为$\frac{1}{2}L_1I_1^2$。但现在当接通 I_2 时,就不仅在电路 2 中对抗电动势做功$\frac{1}{2}L_2I_2^2$,而且也做了附加的功 MI_1I_2,后者等于电路 1 中电动势$[M(\mathrm{d}I_2/\mathrm{d}t)]$的时间积分,再乘以该电路中当时的恒定电流 I_1。

假设现在希望求出分别带有电流 I_1 和 I_2 的任意两个线圈之间的作用力。首先我们也许预期,可以应用虚功原理通过取式(17.38)中的能量变化而求得。当然,还必须记住,当我们改变两线圈的相对位置时,唯一变化的量是互感 M。这样,我们也许会把虚功原理方程写成:

$$-F\Delta x = \Delta U = I_1I_2\Delta M(\text{错了}).$$

但这个式子却是错误的。因为,正如我们以前曾经见过的,它只包括两线圈中的能量变化,而没有包括为使电流 I_1 和 I_2 保持恒定值的那些电源的能量变化。现在我们能够理解这些电源必须在线圈移动时供应能量以便抵抗线圈中的感生电动势。如果想要正确地应用虚功原理,就必须把这些能量也包括进去。然而,正如我们曾经见到的,可以取一捷径,通过回忆知道总能量等于所谓的“机械能”$U_{\text{机械}}$的负值后,再应用虚功原理。因此,我们可以把力写成:

$$-F\Delta x = \Delta U_{\text{机械}} = -\Delta U. \tag{17.39}$$

于是两线圈间之力由下式给出:

$$F\Delta x = I_1I_2\Delta M.$$

关于两线圈系统的能量表示式(17.38),可以用来证明两线圈间的互感 M 与自感 L_1 和

---

* 目前我们忽略电流在线圈的电阻中发热而引起的任何能量损耗。这种损耗需要来自电源的附加能量,但不会改变输入电感中的能量。

L_2 之间存在一个有趣的不等式。十分清楚,两线圈的能量必须总是正的。如果把两线圈的电流从零开始增加到某个值,则我们就已经在给该系统输入能量了。要不然的话,电流便会自发增加而同时又对世界其他部分释放能量——一件不可能会发生的事情!现在,我们的能量表示式(17.38)也同样可以写成如下形式:

$$U=\frac{1}{2}L_1\left(I_1+\frac{M}{L_1}I_2\right)^2+\frac{1}{2}\left(L_2-\frac{M^2}{L_1}\right)I_2^2. \tag{17.40}$$

这只是一个代数变换。这个量对于 I_1 和 I_2 的任何值都必须始终为正。特别是即使 I_2 恰巧为特殊值

$$I_2=-\frac{L_1}{M}I_1, \tag{17.41}$$

它仍必须为正。但对于 I_2 这个电流,式(17.40)中的首项为零。如果能量一定是正值,则式(17.40)的末项就必须大于零。因而要求有

$$L_1L_2>M^2.$$

这样,我们就已证明了这个普遍结果:任意两个线圈互感 M 的大小必然小于或等于两个自感的几何平均值(M 本身是可正可负的,这取决于对电流 I_1 和 I_2 的符号约定)。

$$|M|<\sqrt{L_1L_2}. \tag{17.42}$$

M 与自感的关系常被写成

$$M=k\sqrt{L_1L_2}. \tag{17.43}$$

常数 k 称为耦合系数。如果来自一个线圈的通量大部分贯穿另一个线圈,则该耦合系数很接近于 1,我们说该两线圈是"紧耦合"的。如果两线圈相距很远,或由另外的安排使得其互相贯串的通量很少,则耦合系数接近于零,而互感便很小了。

为计算两线圈的互感,我们在式(17.30)中已给出了一个环绕两电路的双重线积分公式。或许我们认为,可以利用相同的公式通过环绕同一个线圈进行两次线积分而获得单个线圈的自感。然而,这办法行不通,因为当线元 $d\boldsymbol{s}_1$ 和 $d\boldsymbol{s}_2$ 位于线圈同一点时,被积函数中的分母 r_{12} 将会趋于零,于是从这个式所得到的自感就会无限大。原因在于这个公式是一种近似,只有当两电路的导线截面比从一个电路至另一个电路的距离小时这个公式才适用。很清楚,这样一种近似对于单个线圈并不成立。事实上,单个线圈的自感,当其中导线的直径变得越来越小时,真的会按照对数函数方式趋于无限大。

这样,我们就必须寻找计算单个线圈自感的另一种方法。有必要将导线里的电流分布也计算在内,因为导线的大小是一个重要参数。因此,我们不应去追究一个"电路"的自感如何,而应去寻求导体分布的自感如何。或许求出自感最方便的办法是利用磁能。以前我们在§15-3 中曾求出过关于恒定电流分布的磁能表示式:

$$U=\frac{1}{2}\int\boldsymbol{j}\cdot\boldsymbol{A}dV. \tag{17.44}$$

如果已知电流密度 $\boldsymbol{j}$ 的分布,则可以算出矢势 $\boldsymbol{A}$,并进一步算出式(17.44)的积分而获得能量。这个能量等于自感的磁能,即 $\frac{1}{2}LI^2$。令两者相等我们就给出了关于自感的公式:

$$L = \frac{1}{I^2}\int \boldsymbol{j} \cdot \boldsymbol{A} \mathrm{d}V. \tag{17.45}$$

当然,我们期望,自感是只与该电路的几何形状有关而与电路中的电流 I 无关的一个数值。式(17.45)的确会给出这样的结果,因为这个式中的积分与电流的平方成正比,电流通过 $\boldsymbol{j}$ 出现一次,通过矢势 $\boldsymbol{A}$ 又出现一次。这积分除以 I^2 后将与电路的几何形状有关而与电流 I 无关了。

关于电流分布的能量表示式(17.44),可以写成一个十分不同的形式,后者有时更便于计算,并且,正如我们以后将见到的,它是一种重要形式,因为它的正确性更普遍。在关于能量的公式(17.44)中,$\boldsymbol{A}$ 和 $\boldsymbol{j}$ 两者都可以联系到 $\boldsymbol{B}$,因而可以指望用磁场来表示这能量——就像过去我们能够把静电能同电场联系起来那样。我们通过用 $\epsilon_0 c^2\, \boldsymbol{\nabla} \times \boldsymbol{B}$ 代替 $\boldsymbol{j}$ 开始,但不能那么容易地代替 $\boldsymbol{A}$,因为 $\boldsymbol{B}=\boldsymbol{\nabla}\times\boldsymbol{A}$,所以并不能倒过来用 $\boldsymbol{B}$ 给出 $\boldsymbol{A}$。但无论如何,我们总可以写出

$$U = \frac{\epsilon_0 c^2}{2}\int (\boldsymbol{\nabla} \times \boldsymbol{B}) \cdot \boldsymbol{A} \mathrm{d}V. \tag{17.46}$$

有趣的是,附带一些限制条件,这个积分可以写成

$$U = \frac{\epsilon_0 c^2}{2}\int \boldsymbol{B} \cdot (\boldsymbol{\nabla} \times \boldsymbol{A}) \mathrm{d}V. \tag{17.47}$$

为看清这一点,我们将其中一个典型项详细写出。假定我们处理式(17.46)积分中所含的项 $(\boldsymbol{\nabla} \times \boldsymbol{B})_z A_z$。将其各部分写出,便得

$$\int\left(\frac{\partial B_y}{\partial x} - \frac{\partial B_x}{\partial y}\right)A_z \mathrm{d}x\mathrm{d}y\mathrm{d}z$$

(当然,还有两个相同类型的积分)。现在就第一项对 x 进行积分——采用分部积分法,这就是说,我们可以有

$$\int \frac{\partial B_y}{\partial x}A_z \mathrm{d}x = B_y A_z - \int B_y \frac{\partial A_z}{\partial x}\mathrm{d}x.$$

现在假定我们的系统——指各源及各场——是有限的,因而在无限远处所有的场都趋于零。这样,若那些积分都是对全部空间进行的,则在积分限处项 $B_y A_z$ 的值将为零。剩下的就只有 $B_y(\partial A_z/\partial x)$ 那一项,这显然是 $B_y\,(\boldsymbol{\nabla}\times\boldsymbol{A})_y$ 的一部分,因而也就是 $\boldsymbol{B}\cdot(\boldsymbol{\nabla}\times\boldsymbol{A})$ 的一部分。如果你又算出其余五项,就将看到式(17.47)的确与式(17.46)等效。

但现在我们可用 $\boldsymbol{B}$ 来代替 $\boldsymbol{\nabla}\times\boldsymbol{A}$,从而获得

$$\boldsymbol{U} = \frac{\epsilon_0 c^2}{2}\int \boldsymbol{B} \cdot \boldsymbol{B} \mathrm{d}V. \tag{17.48}$$

上式已经把一静磁情况的能量仅用磁场来表示,这一表示式紧密地对应于我们曾经得到的静电能公式:

$$\boldsymbol{U} = \frac{\epsilon_0}{2}\int \boldsymbol{E} \cdot \boldsymbol{E} \mathrm{d}V. \tag{17.49}$$

之所以强调这两个能量公式,其中的一个原因是,有时它们更便于应用。而更为重要的是,事实证明,对于动态场(当 $\boldsymbol{E}$ 和 $\boldsymbol{B}$ 都随时间变化时)这两个表示式(17.48)和(17.49)都保持

正确,而以往关于电能和磁能所曾给出的其他公式则不再正确——它们仅适用于静态场。

如果对单个线圈的磁场已经了解,则可以通过使能量表示式(17.48)等于$\frac{1}{2}LI^2$而求出自感。让我们通过求出长螺线管的自感来看看这是如何计算出来的。以前就知道长螺线管里的磁场是均匀的而管外的 $\boldsymbol{B}$ 为零。管内磁场的大小为 $B = nI/(\epsilon_0 c^2)$,其中 n 为单位长度的绕线匝数,而 I 为电流。如果该线圈的半径为 r 而其长度为 l(我们设想 l 很长,也即 $l \gg r$,从而可以忽略边缘效应),则管内的体积为 $\pi r^2 l$。因而磁能为

$$U = \frac{\epsilon_0 c^2}{2}B^2 \cdot (\text{体积}) = \frac{n^2 I^2}{2\epsilon_0 c^2}\pi r^2 l,$$

它等于$\frac{1}{2}LI^2$,即

$$L = \frac{\pi r^2 n^2}{\epsilon_0 c^2}l. \tag{17.50}$$

第 18 章　麦克斯韦方程组

§18-1　麦克斯韦方程组

本章我们将回到第 1 章中作为我们起点的、由四个式子构成的、完整的麦克斯韦方程组。到目前为止，我们已经零碎地研究过麦克斯韦方程组，现在是把最后一部分加进去并将其全都合起来的时候了。于是对于可能以任何形式随时间变化的电磁场，我们将有完整而又正确的描述。在这一章中所谈到的任何事情与以前谈到的事情发生矛盾的话，则都以本章为准，以前所谈到的是错误的——因为以前所论述的只适用于诸如恒定电流和固定电荷那样一些特殊情况。尽管过去每当我们写出一个方程时总是十分细心地指出它受到的限制，但很容易把所有的限制条件都忘记了，而且很容易对那些不正确的方程学得过分认真。现在我们准备给出全部真理，而不附带(或几乎不具有)任何限制条件。

整套麦克斯韦方程组列于表 18-1 中，其中包括语言和数学符号两种表达方式。语言与方程式等效这一事实从现在就应该熟悉它——你应当能够从一种形式顺利地变换到另一种形式。

表 18-1　经典物理学

麦克斯韦方程组：	
Ⅰ. $\nabla\cdot\boldsymbol{E}=\dfrac{\rho}{\epsilon_0}$	(穿过一闭合面的 $\boldsymbol{E}$ 通量)=(面内电荷)/ϵ_0
Ⅱ. $\nabla\times\boldsymbol{E}=-\dfrac{\partial\boldsymbol{B}}{\partial t}$	($\boldsymbol{E}$ 环绕一回路的线积分)$=-\dfrac{\partial}{\partial t}$(穿过该回路的 $\boldsymbol{B}$ 通量)
Ⅲ. $\nabla\cdot\boldsymbol{B}=0$	(穿过一闭合面的 $\boldsymbol{B}$ 通量)$=0$
Ⅳ. $c^2\nabla\times\boldsymbol{B}=\dfrac{\boldsymbol{j}}{\epsilon_0}+\dfrac{\partial\boldsymbol{E}}{\partial t}$	c^2($\boldsymbol{B}$ 环绕一回路的积分)= 穿过该回路的电流/$\epsilon_0+\dfrac{\mathrm{d}}{\mathrm{d}t}$(穿过该回路的 $\boldsymbol{E}$ 通量)
[电荷守恒 $\nabla\cdot\boldsymbol{j}=-\dfrac{\partial\rho}{\partial t}$	(穿过一闭合面的电流通量)$=-\dfrac{\mathrm{d}}{\mathrm{d}t}$(闭合面内电荷)]
力的定律： $\boldsymbol{F}=q(\boldsymbol{E}+\boldsymbol{v}\times\boldsymbol{B})$	
运动定律： $\dfrac{\mathrm{d}}{\mathrm{d}t}(\boldsymbol{p})=\boldsymbol{F}$，其中 $\boldsymbol{p}=\dfrac{m\boldsymbol{v}}{\sqrt{1-v^2/c^2}}$ (经爱因斯坦修正过的牛顿定律)	
引力： $\boldsymbol{F}=-G\dfrac{m_1m_2}{r^2}\boldsymbol{e}_r$	

第一个方程——$\boldsymbol{E}$ 的散度等于电荷密度除以 ϵ_0——是普遍正确的。无论对于动态场或静态场，高斯定律永远正确。穿过任何闭合面的 $\boldsymbol{E}$ 通量与面内电荷成正比。第三个方程是与第一个方程相对应的、关于磁场的一般定律。由于不存在磁荷，所以通过任一闭合面的 $\boldsymbol{B}$

通量总是等于零。第二个方程，即 $\boldsymbol{E}$ 的旋度为 $-\partial \boldsymbol{B}/\partial t$，这就是法拉第定律，我们在前面两章中已经讨论过了，它也是普遍正确的。最末一个方程含有某种新的东西，以前我们只看到对恒定电流才适用的那一部分。在那种情况下，我们曾经说过 $\boldsymbol{B}$ 的旋度为 $\boldsymbol{j}/(\epsilon_0 c^2)$，但普遍正确的方程则还带有一个由麦克斯韦发现的新的项。

在麦克斯韦完成其工作以前，电和磁方面的已知定律就是从第 3 章至第 17 章中我们曾经学习过的那些。特别是，关于恒定电流的磁场方程仅仅知道为

$$\nabla \times \boldsymbol{B} = \frac{\boldsymbol{j}}{\epsilon_0 c^2}. \tag{18.1}$$

麦克斯韦从考虑这些已知定律开始并将其表达成微分方程，正如我们这里曾经做过的那样（虽然当时∇这一符号尚未发明，但今天我们称为旋度和散度的那些微商组合的重要性，就是由于麦克斯韦才首次显示出来）。后来他又注意到式(18.1)有些奇怪。如果我们取这一方程的散度，左边将是零，因为一个旋度的散度始终等于零，所以这一方程要求 $\boldsymbol{j}$ 的散度也是零，但如果 $\boldsymbol{j}$ 的散度为零，则从任何闭合面跑出来的电流总通量也将是零。

来自一闭合面的电流通量等于该面内电荷的减少。一般地说，这肯定不能为零，因为我们知道电荷可以从一处移至另一处。事实上，方程

$$\nabla \cdot \boldsymbol{j} = -\frac{\partial \rho}{\partial t} \tag{18.2}$$

几乎已是我们关于 $\boldsymbol{j}$ 的定义了。这一方程表示电荷守恒这样一个最基本定律——任何电荷流动都必须来自某个供应处。麦克斯韦认识到这一困难，并提出可以通过在式(18.1)右边加进$\partial \boldsymbol{E}/\partial t$ 这一项来加以避免，于是他就得到了表 18-1 上所列的那第四个方程：

$$\text{IV}.\ c^2\,\nabla \times \boldsymbol{B} = \frac{\boldsymbol{j}}{\epsilon_0} + \frac{\partial \boldsymbol{E}}{\partial t}.$$

在麦克斯韦时代人们还不习惯于用抽象的场来进行思考。麦克斯韦曾利用好像弹性固体那种真空来讨论他的概念。他也尝试过用这种机械模型来解释他新方程的意义。当时对接受他的理论存在不少阻力，首先是由于他的模型，而其次则是由于当初尚未有实验证明。今天，我们更好地了解到，争论点在于那些方程本身，而并不是用来获得它们的那种模型。我们仅仅可以质问这些方程是正确的呢还是错误的。这要通过做实验来回答，而无数实验都已证实了麦克斯韦方程组。如果把他用以建立他大厦的脚手架搬开，我们将发现麦克斯韦的华丽大厦本身仍巍然屹立。他把所有关于电学和磁学的定律都综合在一起而形成一套完整而又漂亮的理论。

让我们来证明这一附加项正好是为解决麦克斯韦所发现的那个困难所必需的。如果对他的方程（表 18-1 上的式Ⅳ）取散度，则右边的散度就应为零：

$$\nabla \cdot \frac{\boldsymbol{j}}{\epsilon_0} + \nabla \cdot \frac{\partial \boldsymbol{E}}{\partial t} = 0. \tag{18.3}$$

在第二项中对坐标与对时间取微商的次序可以对调，因而该方程可以写成

$$\nabla \cdot \boldsymbol{j} + \epsilon_0 \frac{\partial}{\partial t} \nabla \cdot \boldsymbol{E} = 0. \tag{18.4}$$

但麦克斯韦方程组中的第一个方程表明，$\boldsymbol{E}$ 的散度为 ρ/ϵ_0。将这个等式代入式(18.4)中，则又回到式(18.2)，我们知道它是正确的。反过来，若接受麦克斯韦方程组——事实上，我们接受了，因为没有任何人发现过一个实验与这些方程不相符——则我们必定得出结论：电荷总是守恒的。

物理规律没有回答下述问题："如果电荷突然在这里产生，则会出现什么？有哪一些电磁效应该会发生？"对此没有答案可以提供，因为我们的方程组表明，上述情况是不会发生的。要是它真的发生的话，便需要一些新的定律，但我们无法讲清楚这些定律会是怎么样的，因为还没有机会去观察一个电荷不守恒的世界将会怎样行动。按照我们的那些方程，如果你突然将一电荷放在某处，那你一定是从别处把它带到那里的。在那种情况下，你就能够说出将会发生什么了。

当我们对 $\boldsymbol{E}$ 的旋度方程添加一新项时，就发现有完整的一类新型现象可以得到描述。我们即将见到，麦克斯韦对 $\nabla\times\boldsymbol{B}$ 那个方程的一个小小附加也具有深远后果。在本章中，对这些后果我们只能提及其中的几个。

§18-2 新的项是如何起作用的

作为第一个例子，我们要考虑一个具有球对称的径向电流分布发生的情况。我们设想有一个其上面带有放射性材料的小球，这种放射性材料正喷射出一些带电粒子(或者也可以设想有一大块胶体，在其中心处有一个小空穴，用一支皮下注射针在空穴注入了一些电荷，并从那里慢慢地渗漏出来)。在上述任一种情况下，我们都具有处处沿径向流出的电流。下面将假定，这一电流的大小在各不同方向上都相同。

令在任意半径 r 以内的总电荷为 $Q(r)$。如果在相同半径处的径向电流密度为 $\boldsymbol{j}(r)$，则式(18.2)要求 Q 减少的速率为

$$\frac{\partial Q(r)}{\partial t}=-4\pi r^2 j(r). \tag{18.5}$$

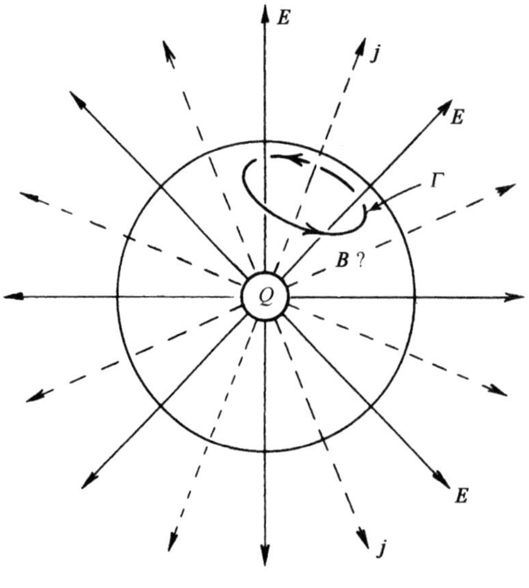

图 18-1 一个具有球形对称的电流，其磁场如何

现在我们要问，在这种情况下由电流所产生的磁场如何。假设在半径为 r 的球面处画出某一条回路 Γ，如图 18-1 所示。这样就有一些电流会穿过该回路，因而也许可以期望求出沿图上所示方向的磁场环流来。

但这样我们就已经处于困难之中了。$\boldsymbol{B}$ 如何能在该球面上有任何特殊方向呢？对 Γ 的另一种选择将会容许我们断定它的方向恰恰与所示的相反，所以怎么能够有环绕着那些电流的 $\boldsymbol{B}$ 的任何环流呢？

幸而麦克斯韦方程救了我们。$\boldsymbol{B}$ 的环流不仅取决于穿过 Γ 的总电流，而且也取决于穿过它的电通量对时间的变化率，一定是这两部分刚好互相抵消。让我们看看是否能证

明确实是这样。

在半径为 r 处的电场必定是 $Q(r)/(4\pi\epsilon_0 r^2)$——只要如我们所假定的那样，电荷是球对称分布的。电场沿着径向，而其时间变化率为

$$\frac{\partial E}{\partial t}=\frac{1}{4\pi\epsilon_0 r^2}\frac{\partial Q}{\partial t}. \tag{18.6}$$

将此式与式(18.5)比较，我们就知道在任何半径处

$$\frac{\partial E}{\partial t}=-\frac{j}{\epsilon_0}. \tag{18.7}$$

在方程Ⅳ中那两个源的项互相抵消了，因而 $\boldsymbol{B}$ 的旋度就永远为零。在我们的例子中不存在磁场。

作为第二个例子，我们考虑用来对平行板电容器充电的导线的磁场(参见图 18-2)。如果板上的电荷随时间变化(但不是太快)，则导线里的电流等于 $\mathrm{d}Q/\mathrm{d}t$。我们会料到这电流将产生环绕着该导线的磁场。肯定地说，结束于极板的电流必定产生正常的磁场——它不可能依赖于电流在何处消失。

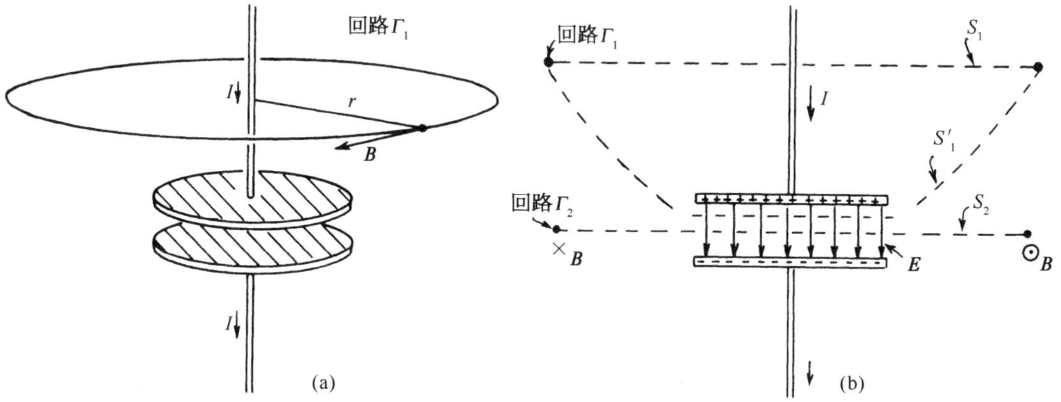

图 18-2　一个正在充电的电容器附近的磁场

假定选取一条回路 Γ_1，那是一个如图(a)所示的半径为 r 的圆周。磁场的线积分应等于电流 I 除以 $\epsilon_0 c^2$，即

$$2\pi rB=\frac{I}{\epsilon_0 c^2}. \tag{18.8}$$

这是对于恒定电流应该获得的结果，不过在加上麦克斯韦的附加项之后它仍然正确，因为如果我们考虑那个圆周内的平面 S，则在该面上将不会有电场(假定那条导线是十分优良的导体)，所以$\partial\boldsymbol{E}/\partial t$ 的面积分为零。

然而，假设现在慢慢地把曲线 Γ_1 向下移动，直至电容器的极板水平为止，我们得到的结果总是相同。此时电流 I 变为零，磁场是否就消失了呢？这将是十分奇怪的。让我们来看看，对于那条其平面通过电容器两板之间而其半径为 r 的圆周曲线 Γ_2[图 18-2(b)]，麦克斯韦方程对此将做何解释。$\boldsymbol{B}$ 环绕 Γ_2 的线积分为 $2\pi rB$，它必然等于穿过该圆面 S_2 的 $\boldsymbol{E}$ 通量

对时间的微商。我们从高斯定律得知,这个 $\boldsymbol{E}$ 通量应等于 $1/\epsilon_0$ 乘以电容器一个板上的电荷。于是就有

$$c^2 2\pi rB = \frac{\mathrm{d}}{\mathrm{d}t}\left(\frac{Q}{\epsilon_0}\right). \tag{18.9}$$

那很方便,这结果与我们在式(18.8)中得到的相同。对变化着的电场取积分与对在导线里的电流取积分给出相同的磁场。当然,这恰好就是麦克斯韦方程所讲的。对于图 18-2(b)所示的由同样的圆周曲线 Γ_1 为边界的两个面 S_1 和 S_1',只要应用与上述相同的论证便很容易看出结果永远应该如此。穿过 S_1 的有电流 I,但没有电通量。而穿过 S_1' 的则没有电流,但却有一个以速率 I/ϵ_0 变化着的电通量。如果把方程Ⅳ应用到任何一个面,则会得到相同的 $\boldsymbol{B}$。

从我们迄今对麦克斯韦新项的讨论,你可能会觉得有了它并没有增加多少东西——它只是把方程组安排得符合于我们已经预期的结果。诚然,若只是孤立地考虑方程Ⅳ,就不会发现任何特别新鲜的东西。然而,"孤立地"这个词却十分重要。麦克斯韦在方程Ⅳ中的那个小小的改变,当它与其他的方程结合起来时,就的确会产生不少全新而又重要的东西。然而,在考虑这些事情之前,我们要对表 18-1 多说几句。

§ 18-3 全部经典物理学

表 18-1 包含了我们所熟悉的全部基本经典物理学,即在 1905 年以前已知的那种物理学。这里将其全都列在一个表上。借助这些方程,我们就能理解经典物理的整个领域。

首先,我们拥有麦克斯韦方程组——写成阐述的形式和简短的数学形式两种。然后就有电荷守恒,它即使是写在方括号之内的,也因为一旦我们有了完整的麦克斯韦方程组,就能够由其导出电荷守恒了,所以该表甚至还稍微有点重复。其次,我们已写出了力的定律,因为尽管有了电场和磁场仍不会告诉我们任何东西,除非我们知道它们对于电荷起着什么作用。可是,若知道了 $\boldsymbol{E}$ 和 $\boldsymbol{B}$,我们就能求出作用于一个带有电荷 q、以速度 $\boldsymbol{v}$ 运动着的物体上的力。最后,虽然有了这个力但并不告诉我们什么,除非我们知道当力推动某件东西时发生了什么,否则我们需要运动定律,那就是力等于动量的变化率(记得吗? 我们早在第 1 卷中就已经有了)。我们甚至通过把动量写成 $\boldsymbol{p} = m_0\boldsymbol{v}/\sqrt{1-v^2/c^2}$ 而将相对论效应也包括了进去。

如果真正希望完美无缺的话,应该再加上一个定律——牛顿的引力定律——所以我们将其放在该表之末。

因此,在一个小小的表中,我们有了经典物理学的全部基本定律——甚至有的地方还用语言写出以及有一些重复。这是一个伟大时刻,我们已爬上了一座高峰,处在 K-2 高峰之上——正在准备攀登珠穆朗玛峰,那就是量子力学。我们已登上了"洛基山脉分水岭"的那个高峰,而现在可以从山的那边下去了。

我们一直在努力学习如何去理解那些方程式。现在我们已有了集合在一起的完整的方程组,以后将研究这些方程具有的意义——它们会说出我们还未见过的那些新东西。为到达这个目标,我们一直在努力工作。它已是一个伟大的成就,但现在当我们见到这一成就的全部结果时,我们将令人愉快地飘然下坡而去了。

§18-4 行 移 场

现在就来谈谈一些新的结果。它们是由于将所有的麦克斯韦方程集合在一起而产生的。首先,让我们看看在一个我们选定为特别简单的情况下会发生什么。假定所有的量都仅在一个坐标内变化,我们的问题就变成一个一维问题了。这样的情况如图 18-3 所示。我们具有置于 yz 平面上的一片电荷。该片电荷起初是静止的,然后瞬息得到一个平行于 y 轴的速度 v,并保持以这一恒定速度运动。你也许会为有这种"无限大"的加速度而担心,但实际上并不要紧,只要想象该速度很快就提高到 v。因此,我们突然就有一个面电流 J(J 是在 z 方向的单位宽度中的电流)。为了保持问题简单,我们假定还有一片静止的异号电荷叠加在 yz 平面上,使得不会发生任何静电效应。并且,虽然在图上我们仅仅表明,在一个有限区域里所发生的情况,但应该想象该片电荷伸展至 $\pm y$ 和 $\pm z$ 的无限远处。换句话说,我们有这么一种情况,即原本没有电流,但突然有了一个均匀的面电流。这样将发生什么呢?

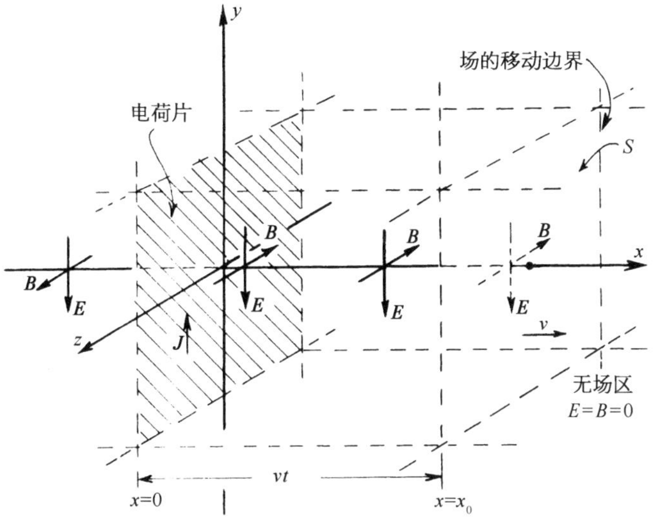

图 18-3 一个无限大电荷片突然平行于其本身运动。这样就会有磁场和电场以一恒速率从该片传播出去

噢!当沿正 y 方向上有一片电流时,如我们所知,在 $x>0$ 的地方就会产生一个沿负 z 方向的磁场,而在 $x<0$ 的区域磁场则沿相反方向。我们可以通过应用磁场的线积分将等于电流除以 $\epsilon_0 c^2$ 这一事实来求出 $\boldsymbol{B}$ 的大小。这样,就会得到 $B=J/(2\epsilon_0 c^2)$(因为在一宽度为 w 的长片上,电流 I 就是 Jw,而 $\boldsymbol{B}$ 的线积分则为 $2Bw$)。

这向我们提供了在该片附近——即对于小 x 处——的磁场,但由于我们所设想的乃是一个无限大的片,因而也会期望这同样的论证应当给出在较大 x 值即在较远处的磁场。可是,这就意味着,接通电流的瞬间,磁场突然处处从零变到一个有限值。但请等一下!如果磁场突然改变,也会产生巨大的电效应(只要它在改变,就有电的效应)。由于移动了该电荷片,因此,我们造成一个变化的磁场,因而电场也一定被产生。如果有电场产生,则它们必定从零开始而变化至某一个量值。这样就将有个 $\partial \boldsymbol{E}/\partial t$,与电流 $\boldsymbol{J}$ 一起将对磁场的产生做出贡献。因此,通过存在大量交相混合的各个方程求解时,我们不得不力图同时求解所有的场。

如果仅仅考察麦克斯韦方程组,还不容易直接看出如何去求得解答。因此,我们将首先向你们说明答案是什么,然后才证实它的确满足那些方程。答案是这样的:上面我们所算出的场 $\boldsymbol{B}$,实际上的确是在该电流片右面附近(即对于小 x 值)产生的。结果一定是这样,因为如果环绕该片做一个小回路,则不会有地方可供任何电通量穿过。但是在较远——x 较大——处的 $\boldsymbol{B}$ 场起初为零,它保持了片刻为零,然后便突然增大。总之,我们一开通电流,磁场立即靠紧在它的地方跃升至一恒定值 $\boldsymbol{B}$,然后这个 $\boldsymbol{B}$ 的跃升又从源区再度扩展出去。经历了某一段时间后,在某一 x 值之内就将处处有一个均匀强磁场,在更远的地方则都等于零。由于对称的缘故,它会朝着正的和负的两个 x 方向扩展出去。

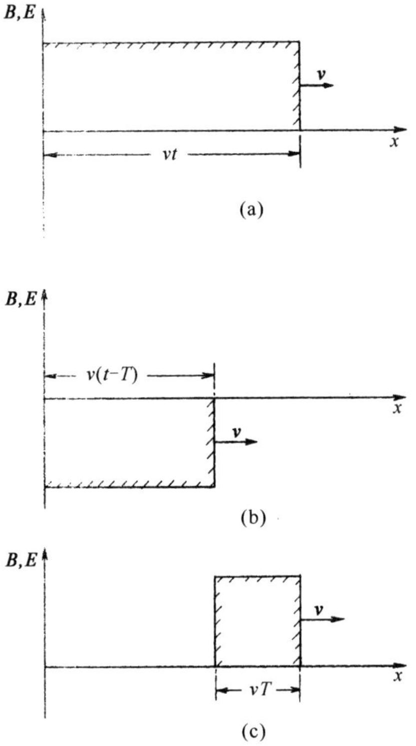

图 18-4 (a)在电荷片已经运动之后,在 t 时刻作为 x 函数的 $\boldsymbol{B}$(或 $\boldsymbol{E}$)的大小;(b)在 $t=T$ 时才将一电荷片朝着负 y 方向移动后的场;(c) (a)与(b)之和

$\boldsymbol{E}$ 场也与此一样。在 $t=0$(当我们开通电流时)之前,场处处为零。然后在经历了时间 t 之后,$\boldsymbol{E}$ 和 $\boldsymbol{B}$ 两者在扩展到 $x=vt$ 的范围内都是均匀的,而再往外则均为零。这些场像潮汐波一样向前扩展,其波前以一匀速前进,这速度最终将弄清楚是 c,但暂时我们却只叫它作 v。关于 $\boldsymbol{E}$ 或 $\boldsymbol{B}$ 的大小与 x 的关系曲线,在 t 时刻的表现如图 18-4(a)所示。再回顾一下图 18-3,在 t 时刻,在 $x=\pm vt$ 的区域内都"充满"着场,但这些场却还未到达更远的地方。这里要再次强调,我们是在假定该电流片以及由此产生的场 $\boldsymbol{E}$ 和 $\boldsymbol{B}$,都是在 y 和 z 方向上伸展至无限远的(我们不能够画出一张无限大的片,因而图中所示的只是在一个有限大范围内所发生的事情)。

现在,我们要对所发生的情况做定量分析。为此,就要考察两个截面图,一个是沿 y 轴向下的俯视图,如图 18-5 所示;另一个则是沿 z 轴往回望的侧视图,如图 18-6 所示。我们从该侧视图开始,就会见到该电荷片正在向上移动,在 $+x$ 各处磁场都指向书内;而在 $-x$ 各处磁场则指向读者,电场处处向下——一直伸展至 $x=\pm vt$ 处。

让我们看看这些场是否符合麦克斯韦方程组。首先,画出一条供计算线积分用的回路,比如说图 18-6 中所示的那个矩形 Γ_2。你会注意到,这矩形的一边落在有场的区域,但另一边却落在场还没有到达的地方。有一些磁通量穿过这一回路。如果这通量正在变化着,则环绕该回路应有电动势。如果波前正在前进,就会有一个变化着的磁通量,因为 $\boldsymbol{B}$ 所存在的区域正在以速度 v 逐渐扩大。在 Γ_2 内的通量等于 B 乘以存在磁场的那一部分面积。由于 $\boldsymbol{B}$ 的大小恒定,所以通量的变化率就等于 $\boldsymbol{B}$ 的量值乘以面积的变化率。要获得面积的变化率挺容易。若该矩形的宽度为 L,则其中有 $\boldsymbol{B}$ 存在的面积在时间 Δt 内将改变 $Lv\Delta t$(见图 18-6)。于是通量的变化率便是 BLv。按照法拉第定律,这应等于 $\boldsymbol{E}$ 环绕 Γ_2 的线积分,而

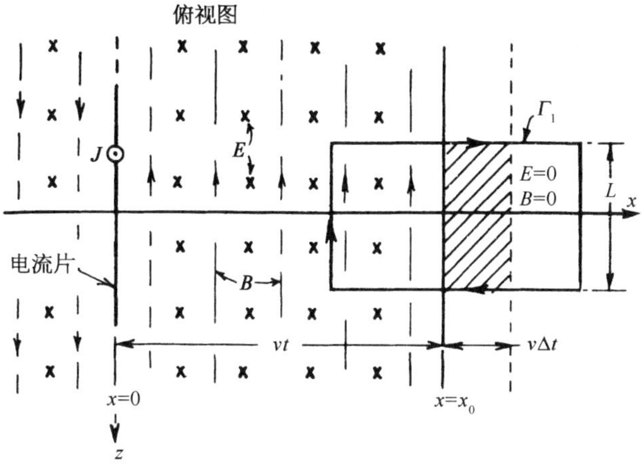

图 18-5　图 18-3 的俯视图

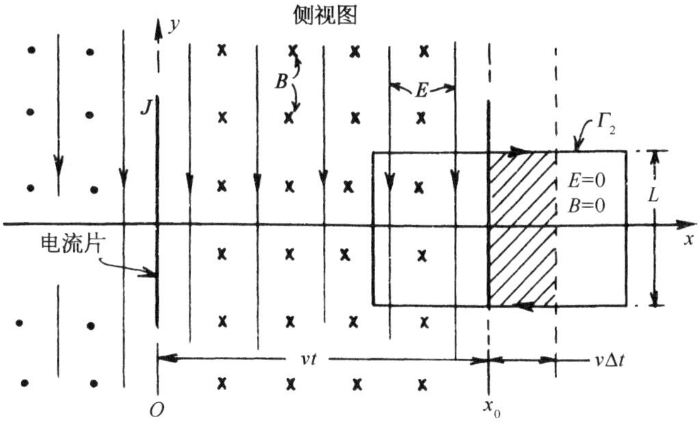

图 18-6　图 18-3 的侧视图

那恰好就是 EL。于是我们就有方程：

$$E = vB. \tag{18.10}$$

因此，若 E 对 B 的比率为 v，则我们所假设的这些场都将满足法拉第方程。

但那不是唯一的方程，我们还有联系着 $\boldsymbol{E}$ 和 $\boldsymbol{B}$ 的另一个方程：

$$c^2\,\nabla \times \boldsymbol{B} = \frac{\boldsymbol{j}}{\epsilon_0} + \frac{\partial \boldsymbol{E}}{\partial t}. \tag{18.11}$$

为了应用这个方程，我们考察图 18-5 那个俯视图。我们已经知道，这一方程将提供靠近该电流片的 B 值。并且，对于任何画在该片之外但在波前之后的回路，就不会有 $\boldsymbol{B}$ 的旋度，也不会有任何 $\boldsymbol{j}$ 或变化的 $\boldsymbol{E}$，因而方程式(18.11)在那里是正确的。现在让我们来看看对于如图 18-5 所示的那条与波前相交的回路 Γ_1 发生什么事情。这里并没有电流，因而方程式(18.11)可以——用积分形式——写成

$$c^2\oint_{\Gamma_1} \boldsymbol{B}\cdot \mathrm{d}\boldsymbol{s} = \frac{\mathrm{d}}{\mathrm{d}t}\int_{\text{在}\Gamma_1\text{之内}} \boldsymbol{E}\cdot \boldsymbol{n}\,\mathrm{d}a. \tag{18.12}$$

$\boldsymbol{B}$ 的线积分恰好就是 B 乘以 L。$\boldsymbol{E}$ 通量的变化率仅仅是由前进的波前引起的。在 Γ_1 内 $\boldsymbol{E}$ 不为零的面积正在以 vL 的速率增大,于是式(18.12)的右边就是 vLE,所以该方程式变成

$$c^2 B = Ev. \tag{18.13}$$

我们有这么一个解:即在波前后面 $\boldsymbol{B}$ 和 $\boldsymbol{E}$ 都是恒量,它们各与波前行进的方向垂直而且彼此之间也互相垂直。麦克斯韦方程组规定了 E 对 B 的比值。根据式(18.10)和(18.13),得

$$E = vB \text{ 和 } E = \frac{c^2}{v}B.$$

可是请等一等!我们已求得关于比值 E/B 的两个不同的条件。刚才描述的这种场能否确实存在呢?当然,要使这两个式都正确,只能有一个速度 v,也即 $v = c$,波前一定要以速度 c 前进。这样我们就有了一个例子,其中来自电流的电效应以某个有限速度 c 传播。

现在试问,如果在经历了一段短时间 T 之后,突然把电荷片的运动停止下来,会发生什么情况呢?应用叠加原理我们能够看出将发生什么事情。我们有过电流原来为零,然后才突然开通的情况,并且已知道了那种情况的解。现在我们打算加上另一组场,即取另一片电荷,并仅在开通了第一个电流后的时刻 T,在相反的方向以相同的速率突然使它开始移动。这两者相加起来的总电流起初为零,然后接通了一段时间 T,之后又再中断——因为两电流恰好互相抵消,于是我们有一个电流的矩形"脉冲"。

这一新的负电流产生了与正电流相同的场,只是所有的符号都相反,当然都延迟了时间 T。波前再次以速度 c 传播出去,在 t 时刻它已到达了 $x = \pm c(t-T)$ 的远处,如图 18-4(b)所示。因此,就有两"块"场以速率 c 向外推进,正如图 18-4 的(a)和(b)两部分所示。至于联合场则如图 18-4(c)所示,在 $x > ct$ 处场为零,在 $x = c(t-T)$ 与 $x = ct$ 之间场为恒量(具有我们上面所求得的值),而在 $x < c(t-T)$ 处场又是零。

总之,我们有一小块场——厚度为 cT 的一块——离开了该电流片而独自穿越空间传播。场已经"起飞"了,它们正在自由地穿越空间传播着,不再与源有任何方式的联系。毛虫已变成了蝴蝶!

这组电磁场如何能维持它本身呢?答案是:依靠法拉第定律 $\nabla \times \boldsymbol{E} = -\partial \boldsymbol{B}/\partial t$ 和麦克斯韦新项 $c^2 \nabla \times \boldsymbol{B} = \partial \boldsymbol{E}/\partial t$ 的联合效应。它们不得不维持其本身的存在。假定磁场已在消失,那就会有一个变化着的磁场,而这变化着磁场会产生一个电场。如果这个电场试图消逝,则这变化着的电场将再度产生磁场。因此,通过不断的相互影响——通过由一个场到另一个场的前后快速变换——它们必定会永远继续下去,而绝不会消逝*,它们以一种舞蹈方式——一个围着另一个,第二个又围着第一个转——把它们自己维系在一起,穿越空间而向前传播。

§ 18-5 光　　速

我们已获得了一个离开了物质源、而以速度 c 即光速向外行进的波。可是,让我们回顾一下,从历史观点看,过去并不知道麦克斯韦方程组中的系数 c 就是光传播的速率,当时只

---

* 噢!并不完全正确。如果它们到达一个有电荷存在的区域,便可能被"吸收"。这意味着其他的场可以在某处产生而在与这些场互相叠加时,通过相消干涉就可将其"抵消"掉(见第 1 卷第 31 章)。

是一个方程组中的常数。我们从一开始就叫它做 c，那是因为已知道它最终应该变成什么。我们并不认为，让你学习了含有不同常数的公式后，才回过来在它适当的地方代入 c，这是切合实际的。然而，根据电学和磁学的观点，我们恰好开始就拿出两个常数 ϵ_0 和 c^2，它们分别出现在静电和静磁的方程式中：

$$\nabla \cdot \boldsymbol{E} = \frac{\rho}{\epsilon_0} \tag{18.14}$$

与

$$\nabla \times \boldsymbol{B} = \frac{\boldsymbol{j}}{\epsilon_0 c^2}. \tag{18.15}$$

如果我们对于电荷的单位采取任何独立的定义，便可通过实验来确定式(18.14)中所需的那个常数 ϵ_0——例如利用库仑定律测量在两个静止的单位电荷之间的力。我们也必须在实验上测定式(18.15)中出现的常数 $\epsilon_0 c^2$，例如通过测量两单位电流之间的力而获得(单位电流指每秒流过的单位电荷)。这两个实验常数之间的比值为 c^2——正好是另一个"电磁常数"。

现在应该注意：无论我们选择什么作为电荷单位，这个常数 c^2 是相同的。如果把两倍"电荷"——如两倍的质子电荷——放进我们的电荷"单位"中，那么 ϵ_0 就必须是原来的四分之一大。当我们把两个这样的"单位"电流通过两根导线时，在每根导线中每秒通过的电荷将是两倍，因而在两导线之间的力就会大四倍。常数 $\epsilon_0 c^2$ 一定要减少至四分之一，但比值 $\epsilon_0 c^2/\epsilon_0$ 不变。

因此，仅仅由电荷和电流所做的实验就能求出 c^2 的数值来，结果证明它是电磁影响传播速度的平方。从静态测量——通过对两单位电荷间和两单位电流间作用力的测量——我们求得 $c = 3.00 \times 10^8\ \mathrm{ms^{-1}}$。当麦克斯韦首先用他的方程组做出这个计算结果时，就宣布了一组电场和磁场应以这一速率传播。同时他也已经注意到这个数值与光速相同的神秘巧合。麦克斯韦说："我们几乎不可避免地断定，光存在于相同媒质的横向波动之中，这种媒质是电和磁现象的起因。"

麦克斯韦完成了物理学中几项重大统一事业中的一项。在他之前，既有光，也有电和磁。这后两者是由法拉第、奥斯特和安培通过实验工作而统一的。然后突然地，光不再是"别的某种东西"，而只是在这种新形式下的电和磁——独自穿越空间而传播着的一小块一小块的电场和磁场。

曾提醒过你们要注意这种特解的某些特点，但事实却证明，任何电磁波都具有这些特点：即磁场和电场分别与波前运动的方向垂直；而且 $\boldsymbol{E}$ 和 $\boldsymbol{B}$ 这两矢量又彼此互相垂直。此外，电场的大小 E 等于磁场的大小 B 乘 c。这三个事实——两种场都垂直于传播方向，$\boldsymbol{B}$ 垂直于 $\boldsymbol{E}$，而 $E = cB$ ——对于任何电磁波都普遍正确。我们的特殊情况是一个很好的例子——它表明了电磁波的所有主要特点。

§18-6　求解麦克斯韦方程组；势和波动方程

现在，我们愿意做些数学工作，要把麦克斯韦方程组写成比较简单的形式。你可能会认为我们正在使其复杂化，但倘若你稍微忍耐一点，它们就会突然显得简单。尽管目前你已完全熟悉了麦克斯韦方程组中的每个方程，但其中有许多部分必须全部综合起来。这就是我们所要做的。

现在从 $\nabla\cdot\boldsymbol{B}=0$ ——最简单的方程——开始。我们知道,这意味着 $\boldsymbol{B}$ 是某种东西的旋度。所以,如果写成:

$$\boldsymbol{B}=\nabla\times\boldsymbol{A}, \tag{18.16}$$

则我们已解答了一个麦克斯韦方程(顺便提一下,你知道,若另一个矢量 $\boldsymbol{A}'=\boldsymbol{A}+\nabla\psi$ ——其中 ψ 为任一标量场——则这个 $\boldsymbol{A}'$ 仍保持正确,因为 $\nabla\psi$ 的旋度为零,所以 $\boldsymbol{B}$ 还是一样。对此我们早已有所论述)。

其次,考虑法拉第定律 $\nabla\times\boldsymbol{E}=-\partial\boldsymbol{B}/\partial t$, 因为它并不涉及任何电流或电荷。如果将 $\boldsymbol{B}$ 写成 $\nabla\times\boldsymbol{A}$ 并对 t 微分,则可把法拉第定律写成如下形式:

$$\nabla\times\boldsymbol{E}=-\frac{\partial}{\partial t}\nabla\times\boldsymbol{A}.$$

由于对时间或对空间取微商的先后次序是可以调换的,上式也可写成

$$\nabla\times\left(\boldsymbol{E}+\frac{\partial\boldsymbol{A}}{\partial t}\right)=0. \tag{18.17}$$

由此可见,$\boldsymbol{E}+\dfrac{\partial\boldsymbol{A}}{\partial t}$ 乃是一个旋度为零的矢量。因此,这一矢量便应当是某种东西的梯度。当我们处理静电学问题时,就有 $\nabla\times\boldsymbol{E}=0$, 于是断定,$\boldsymbol{E}$ 本身就是某种东西的梯度,并假定为 $-\phi$(负号是为了技术上的方便)的梯度。现在对于 $\boldsymbol{E}+\partial\boldsymbol{A}/\partial t$ 也同样处理,即令

$$\boldsymbol{E}+\frac{\partial\boldsymbol{A}}{\partial t}=-\nabla\phi. \tag{18.18}$$

这里采用了同样的符号 ϕ,以致在没有东西随时间变化的静电情况下,$\partial\boldsymbol{A}/\partial t$ 项消失,$\boldsymbol{E}$ 就是我们原来的 $-\nabla\phi$。因此,法拉第方程可以写成这种形式:

$$\boldsymbol{E}=-\nabla\phi-\frac{\partial\boldsymbol{A}}{\partial t}. \tag{18.19}$$

我们已经解决了麦克斯韦方程组中的两个方程,而且我们已发现,为了描述电磁场 $\boldsymbol{E}$ 和 $\boldsymbol{B}$,总共需要四个势函数:一个标量势 ϕ 和一个矢量势 $\boldsymbol{A}$,后者当然就是三个函数。

现在那个 $\boldsymbol{A}$ 确定了 $\boldsymbol{B}$ 和 $\boldsymbol{E}$ 的一部分,那么当我们将 $\boldsymbol{A}$ 改成 $\boldsymbol{A}'=\boldsymbol{A}+\nabla\psi$ 时,又会发生什么呢?一般说来,如果我们不采取某种特别预防措施的话,$\boldsymbol{E}$ 是会改变的。然而,仍然可容许 $\boldsymbol{A}$ 按照上述方式改变而不影响 $\boldsymbol{E}$ 和 $\boldsymbol{B}$——也就是说,不改变其物理本质——如果我们总是按下列法则一同改变 $\boldsymbol{A}$ 和 ϕ,即

$$\boldsymbol{A}'=\boldsymbol{A}+\nabla\psi,\quad \phi'=\phi-\frac{\partial\psi}{\partial t}, \tag{18.20}$$

则不论 $\boldsymbol{B}$ 或由式(18.19)得到的 $\boldsymbol{E}$,就都不会改变。

以前,我们曾选取 $\nabla\cdot\boldsymbol{A}=0$, 以便使静态方程组稍微变得简单些。现在我们不准备再这样做了,打算做另一种选择。但在告诉大家这种选择到底是什么之前,我们将稍微等一下,因为以后就会明白为什么要做这样一种选择。

现在回到余下的两个描写势与源(ρ 和 $\boldsymbol{j}$)之间关系的麦克斯韦方程。一旦我们能够根

据电流和电荷确定 $\boldsymbol{A}$ 和 ϕ，就总可以从式(18.16)和(18.19)获得 $\boldsymbol{E}$ 和 $\boldsymbol{B}$，所以我们将有另一种形式的麦克斯韦方程组。

首先，将式(18.19)代入 $\boldsymbol{\nabla}\cdot\boldsymbol{E}=\rho/\epsilon_0$ 中，我们便得：

$$\boldsymbol{\nabla}\cdot\left(-\boldsymbol{\nabla}\phi-\frac{\partial\boldsymbol{A}}{\partial t}\right)=\frac{\rho}{\epsilon_0},$$

这个式子也可写成：

$$-\nabla^2\phi-\frac{\partial}{\partial t}\boldsymbol{\nabla}\cdot\boldsymbol{A}=\frac{\rho}{\epsilon_0}. \tag{18.21}$$

这是 ϕ 和 $\boldsymbol{A}$ 与源相联系的一个方程。

最后的方程将是最复杂的一个方程。我们先把第四个麦克斯韦方程重新写成

$$c^2\boldsymbol{\nabla}\times\boldsymbol{B}-\frac{\partial\boldsymbol{E}}{\partial t}=\frac{\boldsymbol{j}}{\epsilon_0},$$

然后利用式(18.16)和(18.19)以势代替 $\boldsymbol{E}$ 和 $\boldsymbol{B}$，得

$$c^2\boldsymbol{\nabla}\times(\boldsymbol{\nabla}\times\boldsymbol{A})-\frac{\partial}{\partial t}\left(-\boldsymbol{\nabla}\phi-\frac{\partial\boldsymbol{A}}{\partial t}\right)=\frac{\boldsymbol{j}}{\epsilon_0}.$$

再利用代数恒等式：$\boldsymbol{\nabla}\times(\boldsymbol{\nabla}\times\boldsymbol{A})=\boldsymbol{\nabla}(\boldsymbol{\nabla}\cdot\boldsymbol{A})-\nabla^2\boldsymbol{A}$，得到：

$$-c^2\nabla^2\boldsymbol{A}+c^2\boldsymbol{\nabla}(\boldsymbol{\nabla}\cdot\boldsymbol{A})+\frac{\partial}{\partial t}\boldsymbol{\nabla}\phi+\frac{\partial^2\boldsymbol{A}}{\partial t^2}=\frac{\boldsymbol{j}}{\epsilon_0}, \tag{18.22}$$

这不是很简单！

幸而我们现在可以利用任意选择 $\boldsymbol{A}$ 的散度的自由。下面将要做的就是利用这一选择以便使 $\boldsymbol{A}$ 和 ϕ 的方程互相分开而又具有相同形式。为此，选择可以按下式规定*：

$$\boldsymbol{\nabla}\cdot\boldsymbol{A}=-\frac{1}{c^2}\frac{\partial\phi}{\partial t}. \tag{18.23}$$

当我们这样做时，式(18.22)中关于 $\boldsymbol{A}$ 和 ϕ 的中间两项便互相抵消，因而该式也就比原来简单得多了：

$$\nabla^2\boldsymbol{A}-\frac{1}{c^2}\frac{\partial^2\boldsymbol{A}}{\partial t^2}=-\frac{\boldsymbol{j}}{\epsilon_0 c^2}. \tag{18.24}$$

而关于 ϕ 的方程——式(18.21)——取相同的形式：

$$\nabla^2\phi-\frac{1}{c^2}\frac{\partial^2\phi}{\partial t^2}=-\frac{\rho}{\epsilon_0}. \tag{18.25}$$

多么漂亮的一组方程！它们之所以漂亮，首先是因为它们令人满意地互相分开了——电荷密度属于 ϕ，电流则属于 $\boldsymbol{A}$。而且，尽管左边看来有点古怪——拉普拉斯算符加上一个

---

* 这样选取 $\boldsymbol{\nabla}\cdot\boldsymbol{A}$ 称为“选取一个规范”。通过加 $\boldsymbol{\nabla}\psi$ 来改变 $\boldsymbol{A}$ 的方法称为“规范变换”。式(18.23)称为“洛伦兹规范”。

$-\frac{1}{c^2}\frac{\partial^2}{\partial t^2}$——但当我们将其全都展开出来时看到

$$\frac{\partial^2 \phi}{\partial x^2}+\frac{\partial^2 \phi}{\partial y^2}+\frac{\partial^2 \phi}{\partial z^2}-\frac{1}{c^2}\frac{\partial^2 \phi}{\partial t^2}=-\frac{\rho}{\epsilon_0}. \tag{18.26}$$

就 x, y, z, t 而言方程具有很好的对称性——这里 $-1/c^2$ 是必要的,因为时间和空间当然彼此不同,它们各有不同的单位。

麦克斯韦方程组已经把我们引导到关于势 ϕ 和 $\boldsymbol{A}$ 这样一类新型方程以及所有四个函数 ϕ, A_x, A_y 及 A_z 的相同的数学形式。一旦掌握了如何求解这些方程,便能够由 $\boldsymbol{\nabla}\times\boldsymbol{A}$ 和 $-\boldsymbol{\nabla}\phi-\partial\boldsymbol{A}/\partial t$ 获得 $\boldsymbol{B}$ 和 $\boldsymbol{E}$。所以我们具有一套完全同麦克斯韦方程组等价的另一种形式的电磁学定律,而在许多场合下它们处理起来简单得多。

事实上,我们曾经解过一个与式(18.26)十分相似的方程。早在第1卷第47章中学习声学时,我们就有这种形式的方程:

$$\frac{\partial^2 \phi}{\partial x^2}=\frac{1}{c^2}\frac{\partial^2 \phi}{\partial t^2},$$

并且知道,它描述了波在 x 方向以速率 c 进行的传播。方程式(18.26)是关于三维空间相应的波动方程。所以在不再存在任何电荷和电流的那些区域中,ϕ 和 $\boldsymbol{A}$ 都等于零并不是这些方程的解(虽然它们的确也是一种可能的解)。会有一些解,其中某组 ϕ 和 $\boldsymbol{A}$ 随时间变化,但却总是以速率 c 向外运动,那些场穿越自由空间向前传播,正如本章开头的例子那样。

借助方程Ⅳ中麦克斯韦的新项,我们就能用 $\boldsymbol{A}$ 和 ϕ 将场方程组写成一种简单的而又能立即使电磁波的存在成为明显的那种形式。对于许多实用的目的来说,利用 $\boldsymbol{E}$ 和 $\boldsymbol{B}$ 的原来那些方程将仍然很方便。但这都在我们已经攀登过的山峰的那一边。现在我们准备跨越山峰到另一边去了。事情看来将会不同——我们准备看到一些新的和美妙的景色。

第 19 章　最小作用量原理

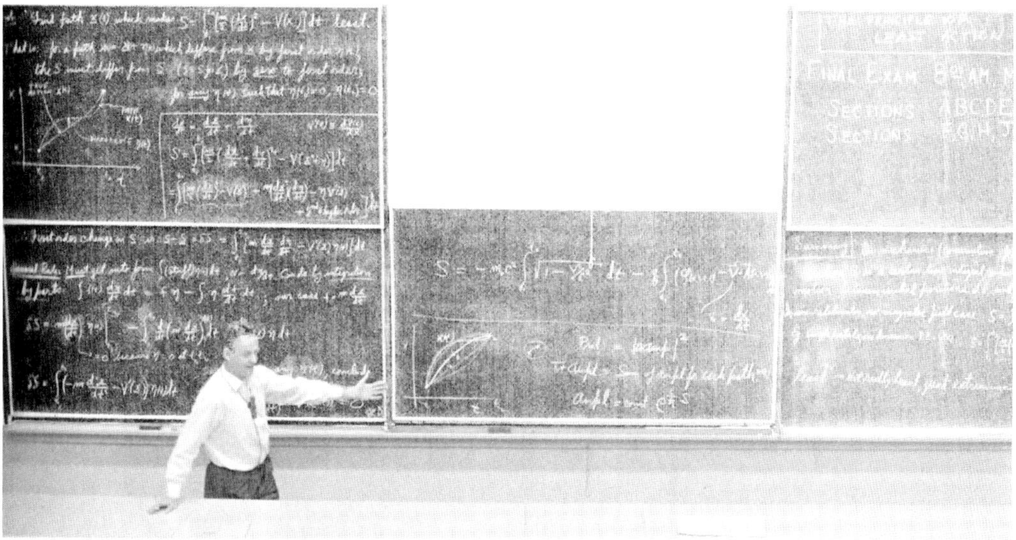

§19-1　专题演讲(完全按演讲记录付印)*

当我在中学念书时,我的物理教师——他的名字是巴德(Bader)先生——有一次在讲完了物理课之后,把我叫住说:“看来你有点厌烦,我要给你讲点有趣的东西。”然后,他告诉我一件事,我发现它是绝对会令人神往的,并且自那时以来,我发现它总是那么引人入胜。每次提出这一课题时,我就会对它进行分析研究。事实上,当我开始准备这次演讲时,我发现自己对这个问题正在做更详尽的分析。并不是为这一次演讲操心,实则我已被卷入到一个新的问题中去了。这个课题就是——最小作用量原理。

巴德先生这样告诉我:假定有一质点(例如,在一引力场中)通过自由运动从某处移动至另一处——你把它抛掷出去,它就会上升而又落下[图 19-1(a)]。它在一定时间内由出发点到达最后的地方。现在,你尝试一个不同的运动。假设由这里到达那里是如图 19-1(b)这样进行的,但所用时间却正好相同。然后他又这样说:如果你算出在该路径上每一时刻的

---

* 这是一次专题演讲。以后各章并不依赖于这篇专题讲演的材料——这是特意为“娱乐”的目的而设置的。

动能,减去势能,再计算出在经历整条路径期间它对时间的积分,你将会发现所获得的数值比对实际运动所获得的要大。

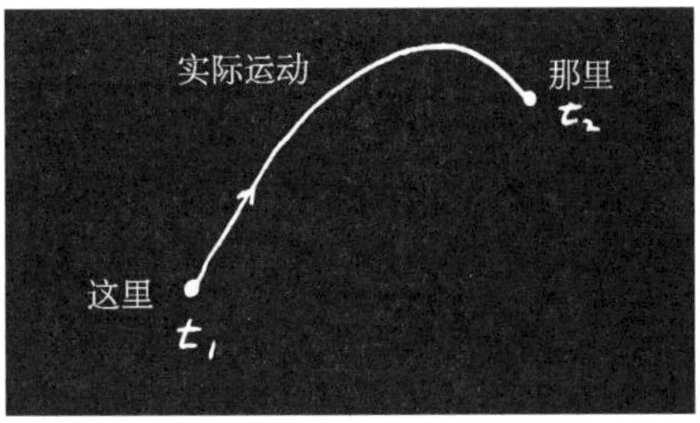

(a)

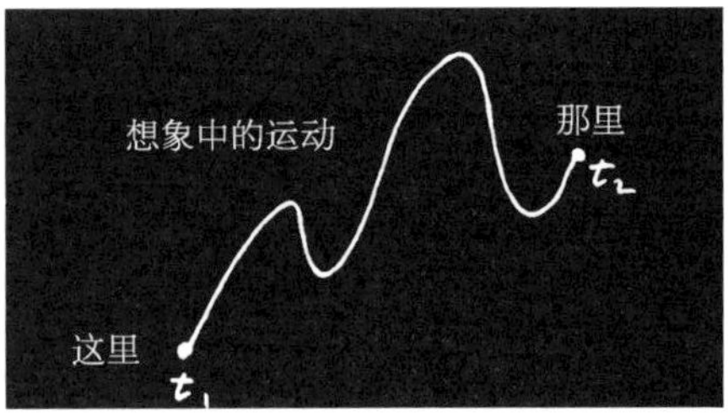

(b)

图 19-1

换句话说,牛顿定律可以不写成 $F = ma$ 的形式而表述成:一物体从一点到另一点所走的路径其平均动能减去平均势能应尽可能地小。

让我把这里面的意义说得更清楚些。如果我们考虑引力场的情况,那么若粒子的路径为 $x(t)$(让我们暂时只考虑一维,即是一条升高、降落、但绝不会偏斜的轨道),其中 x 是地面以上的高度,则在任一时刻动能为 $\frac{1}{2}m(\mathrm{d}x/\mathrm{d}t)^2$,而势能为 mgx。现在我沿该路径在每一时刻取动能减去势能再对时间自始至终进行积分。假定在起始时刻 t_1 由某一高度出发,并在结束时刻 t_2 确实到达了另外某一点[图 19-2(a)]。

那么该积分就是

$$\int_{t_1}^{t_2}\left[\frac{1}{2}m\left(\frac{\mathrm{d}x}{\mathrm{d}t}\right)^2 - mgx\right]\mathrm{d}t.$$

实际的运动为某种类型的一条曲线——如果作一个位置-时间图,它是一条抛物线——而对于该积分会给出一个确定的值。但我们也可以设想另一种运动,它升得很高,而且以某种特殊的方式上升和下落,如图 19-2(b)所示。我们可以算出动能减去势能并对这么一个路径或其他任何我们所想要的路径积分。令人诧异的是,真正的路径就是那一条会使这一积分取得最小值的路径。

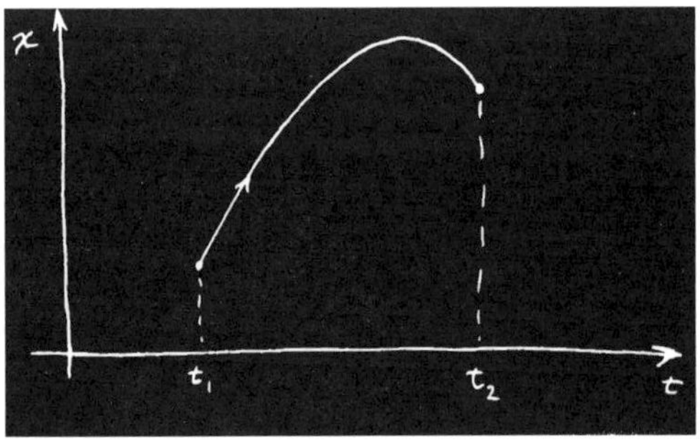

(a)

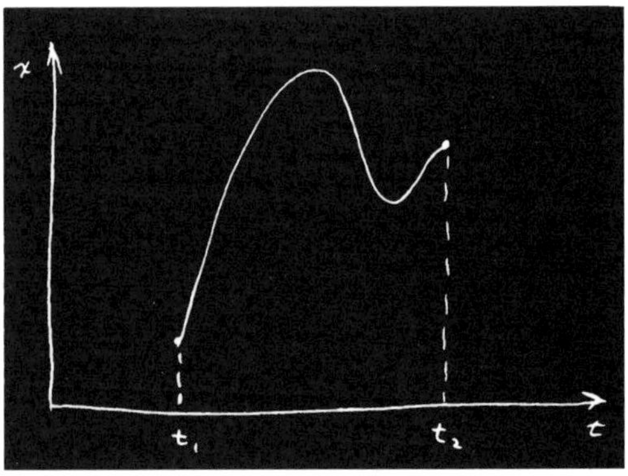

(b)

图 19-2

让我们把它们彻底检验一下。首先,假定取一个完全没有势能的自由质点的情况。那么,该法则讲:在给定时间内在从一点跑至另一点的过程中,动能的积分是最少的,因而它一定要以均匀的速率行进(我们知道这是一个正确答案——以匀速率前进)。为什么是这样呢?因为假如该质点以任何其他方式运动,则其速度将有时比平均值高,有时比平均值低。因为它一定要在给定的时间内由"这里"到达"那里",所以平均速度对于每一情况都是相同的。

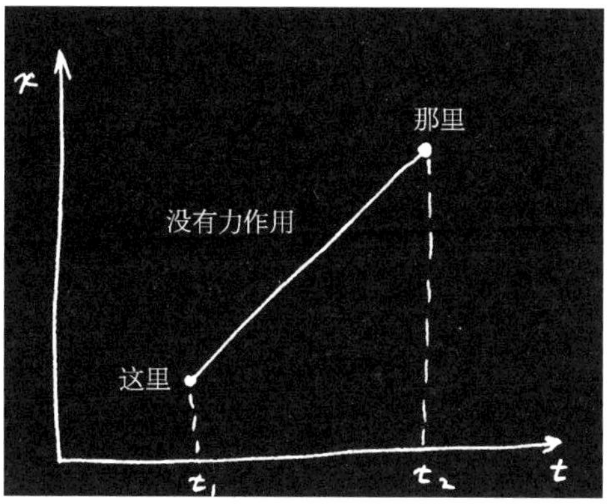

图 19-3

作为一个例子,比如你的任务是乘车在给定时间内从家里到达学校,你可以用几种方式做到这点:可以一开始就像疯子似的使车子加速,然后在接近终点时用刹车逐渐放慢速度;或者你可以匀速前进;甚至你也可向后走一会儿,然后再往前开,如此等等。事实是,平均速率当然必须是你所经过的总距离除以所用的时间。但如果你试用各种方式、但就是不以匀速前进,那么你总会有时太快而有时则太慢。如你所知,围绕平均值偏差的某事件,其均方值恒大于其平均值的平方。所以如果你不保持开车的速度,那么动能的积分就总比用均匀速度开车时为高。所以我们看到,如果速度固定不变(当没有力作用时),则该积分便是一个极小值。正确的路径如图 19-3 这样。

现在,一个在引力场中被上抛的物体起初升得较快,然后逐渐放慢。那是因为物体还具有势能,所以就平均而言必须有最小的动能与势能之差。由于在空中上升时势能增大,所以如果我们能够尽快上升到高势能的地方,则将获得一个较低的差值。这样该势能才能从动能那里扣除出去,从而获得较低的平均值。所以最好就是去选取能够升得高、从而可从势能处得到很多负值的那一条路径(图 19-4)。

另一方面,你也不能够升得太快,或跑得太远,因为这么一来你将会包含过多的动能——你得很快达到高处以便在可利用的规定时间里再落下来。所以你也不宜升得太高,但总要升到某个高度。因此事实证明,答案是在试图获得更多的势能与最少的额外动能之间取得某一种平衡——以期获得动能减去势能的差值尽可能小。

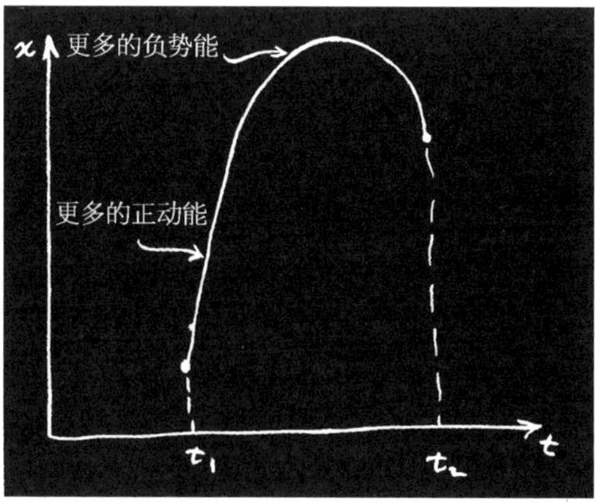

图 19-4

这就是我的老师告诉我的全部内容,因为他是一位十分好的教师并懂得在什么时候应停止对话。但我却还未懂得要在什么时候结束谈话,所以并不会留给你一个有趣评论,而我却想要来证明它确是如此,这无异用生活中的复杂性来使你感到不安和焦躁。我们将遇到的数学问题会十分困难,而且是一个崭新的课题。我们有某一个叫作作用量 S 的量。它是动能减去势能后对时间的积分。

$$作用量 = S = \int_{t_1}^{t_2}(动能 - 势能)\mathrm{d}t.$$

记住势能和动能两者都是时间的函数。对每条不同的可能路径你将获得有关这个作用量不同的值。我们的数学问题是找出使这个数值最小的那一条曲线。

你会说——呵,那不过是普通微积分学中的极大和极小问题罢了。在算出了作用量之后,只要求导就能找出那个极小值。

但是要小心。通常我们只有某变量的函数,而我们得求出使该函数为最小或最大的那个变量值。例如,设我们有一根棒,在其中部已加了热,因而热量将向两边传送出去。对于棒上每一点都有一个温度,而我们必须找出温度最高的那一点。但现在对于空间每一条路径我们有一个数值——完全不同的事件——而我们得找出那一条会使该数值极小的空间路径。那是完全不同的一个数学分支。它并不是普通的微积分。事实上,它被称为变分学。

有许多问题属于这一类数学。例如,圆周往往被定义为与一固定点的距离为常数的所有点的轨迹。但圆周还有另一种定义的方法:圆周是具有给定长度而包围最大面积的那条曲线。对于给定周长来说,任何其他曲线所包围的面积都比圆周包围的要小。因此,若我们提出这样一个问题:试求给定周长而能包围最大面积的那条曲线,我们就会有一个变分学问题——与你们熟悉的有所不同的一种微积分。

这样,我们就对一物体的路径进行计算。这里介绍一下将用的方法。我们的意图是:设想一条正确的路径,以及画出任何其他都是错误的路径,因而若对错误路径算出作用量,则将得到一个比按正确路径算得的作用量要大的结果(图 19-5)。

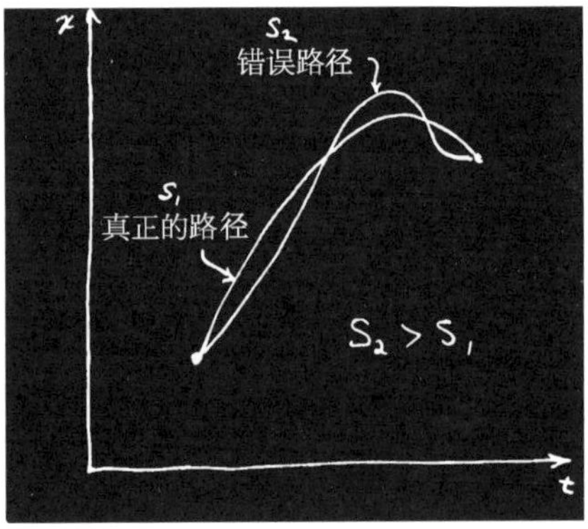

图 19-5

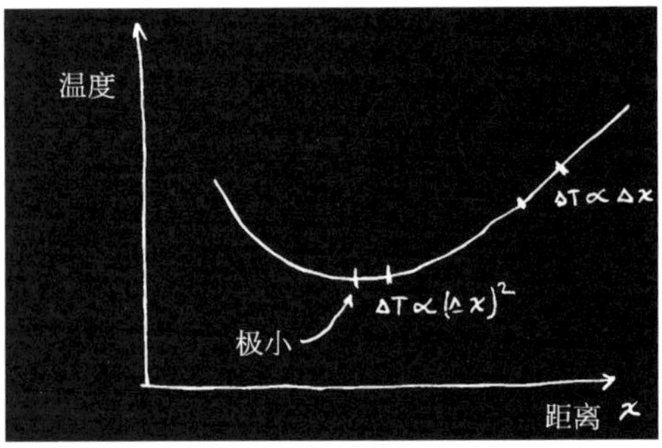

图 19-6

习题:试找出真实路径。它到底在哪里?当然,一种方法是去算出千千万万条路径上的作用量,再找出哪一条是最小的。当你找到了那条最小的时,它就是正确的路径了。

那是一种可能途径,但我们却能够比这做得更好些。当有一个具有极小值的量——例如像温度那样的普通函数——时,极小值就有这么一个特点:若变量偏离极小值位置为一级小量,则函数与极小值的偏差仅为二级小量。在该曲线的任何其他部分,若原位置移动一个小距离,则函数值也将改变一级小量。但在极小处,一个微小的偏离在一级近似下函数不产生差异(图 19-6)。

这就是我们将用来计算真实路径的办法。如果已有一条真实路径,那么一条与它只有微小差别的曲线,其作用量在一级近似下将不会造成什么差别。若确实有一个极小值的话,则任何差别都将在二级近似内。

那不难证明。若当我们使曲线偏离某个路径时发生一个一级小量的变化，则作用量就有一个与该偏离成正比的变化。这变化大概会使作用量变得较大，否则我们就不会得到一个极小值了。但是若该变化与偏离成正比，则改变偏离的符号将会使作用量变得较小。我们将获得这样的作用量，沿一条路径它增加，而沿另一条路径它减少。作用量真正能够是极小值的唯一路径，是作用量在一级近似下不做任何改变的路径。而作用量的改变是与对真实路径偏离的平方成正比的。

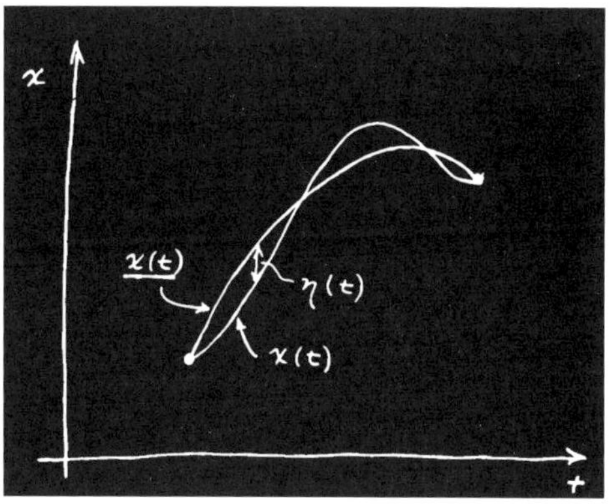

图 19-7

所以我们就这样来做：称$\underline{x(t)}$（下边加一底线）为真实路径——即我们试图要寻找的。取某条尝试路径 $x(t)$，与该真实路径有一微小差别，这差别我们称之为 $\eta(t)$，见图 19-7。

现在我们的想法是：若对路径 $x(t)$ 计算作用量 S，则这个 S 与我们对路径$\underline{x(t)}$所算出的作用量——为了简化写法，我们可叫它作$\underline{S}$——之差，即 S 与$\underline{S}$之差，在小 η 的一级近似下应等于零。这差可以是二级小量，但在一级近似下这差必须为零。

而这对于任何一个 η 都必定是正确的。噢，还未尽然。这方法不会具有任何意义，除非你所考虑的各路径彼此都有相同的起点和终点——每条路径都在 t_1 时刻从某点出发而在 t_2 时刻到达另一点，这些地点和时间都保持固定不变。因此，我们的偏离 η 在每一端都应等于零，即 $\eta(t_1)=0$ 和 $\eta(t_2)=0$。有了这个条件，我们的数学问题才告确定。

要是你完全不懂得微积分，为了求一普通函数 $f(x)$的极小值你或许也是这样做。你可能会讨论如果对 $f(x)$中的 x 加一小量 h 后会发生的情况，并论证以 h 的一次幂对 $f(x)$的修正在极小值处必然等于零。你会以 $x+h$ 取代 x 并展开至 h 的一次幂……正如我们将要对 η 做的那样。

于是我们的想法是，把 $x(t)=\underline{x(t)}+\eta(t)$ 代入作用量公式中，

$$S=\int\left[\frac{m}{2}\left(\frac{\mathrm{d}x}{\mathrm{d}t}\right)^2-V(x)\right]\mathrm{d}t,$$

式中 $V(x)$代表势能。而 $\mathrm{d}x/\mathrm{d}t$ 这个微商当然就是$\underline{x(t)}$的微商再加上 $\eta(t)$的微商，所以对于作用量我得到这个表达式：

$$S=\int_{t_1}^{t_2}\left[\frac{m}{2}\left(\frac{\mathrm{d}\underline{x}}{\mathrm{d}t}+\frac{\mathrm{d}\eta}{\mathrm{d}t}\right)^2-V(\underline{x}+\eta)\right]\mathrm{d}t.$$

现在我必须写得更详尽些。对于该平方项得到

$$\left(\frac{\mathrm{d}\underline{x}}{\mathrm{d}t}\right)^2+2\,\frac{\mathrm{d}\underline{x}}{\mathrm{d}t}\,\frac{\mathrm{d}\eta}{\mathrm{d}t}+\left(\frac{\mathrm{d}\eta}{\mathrm{d}t}\right)^2.$$

可是请等一等。对高于一次幂的项我并不在意，因而将所有含有 η^2 和更高次幂的项都取出来并放进一个标明“二次和更高次项”的小箱子中。从上式中的这一平方项我只得到二次幂，但从其他方面还可得到更多一些东西。因此，动能部分就是

$$\frac{m}{2}\left(\frac{\mathrm{d}\underline{x}}{\mathrm{d}t}\right)^2+m\frac{\mathrm{d}\underline{x}}{\mathrm{d}t}\frac{\mathrm{d}\eta}{\mathrm{d}t}+(\text{二阶和更高阶项}).$$

现在我们需要一个在 $\underline{x}+\eta$ 处的势能 V。我认为 η 是小量,因而可以将 $V(x)$ 写成泰勒级数。它近似地等于 $V(\underline{x})$,在下一级近似下(按微商的通常性质)则该修正的应该是 η 乘以 V 对 x 的变化率,如此等等:

$$V(\underline{x}+\eta)=V(\underline{x})+\eta V'(\underline{x})+\frac{\eta^2}{2}V''(\underline{x})+\cdots$$

为了简化书写,我已将 V 对 x 的微商写成 V'。至于 η^2 项以及其后面各项则都落在"二阶和更高阶项"的范畴之内,而我们便不需对之操心了。将所有这一切都合起来,得:

$$S=\int_{t_1}^{t_2}\left[\frac{m}{2}\left(\frac{\mathrm{d}\underline{x}}{\mathrm{d}t}\right)^2-V(\underline{x})+m\frac{\mathrm{d}\underline{x}}{\mathrm{d}t}\frac{\mathrm{d}\eta}{\mathrm{d}t}-\eta V'(x)+(\text{二阶和更高阶项})\right]\mathrm{d}t.$$

现在,如果我们对事情观察得仔细些,则会见到我在这里整理好的头两项相当于用真实路径 $\underline{x}$ 应该计算出来的作用量 $\underline{S}$,而我要集中注意力的东西乃是 S 的变化——S 与对正确路径所应得的 $\underline{S}$ 之间的差。我们把这差写成 δS,并称之为 S 的变分。略去那些"二阶和更高阶项",则对于 δS 得

$$\delta S=\int_{t_1}^{t_2}\left[m\frac{\mathrm{d}\underline{x}}{\mathrm{d}t}\frac{\mathrm{d}\eta}{\mathrm{d}t}-\eta V'(\underline{x})\right]\mathrm{d}t.$$

现在的问题是:这里是某个积分。虽然我还不知道 $\underline{x}$ 是什么,但我确实知道不管 η 是什么,这一积分必须等于零。噢,你试想想,这件事可能发生的唯一办法就是乘上 η 的部分应当是零。可是含有 $\mathrm{d}\eta/\mathrm{d}t$ 的第一项又怎么样呢?噢,归根到底,既然 η 可以是任何变量,它的微商也是任何变量,因而你可以断定 $\mathrm{d}\eta/\mathrm{d}t$ 的系数也必定等于零。那样讲不完全正确。之所以不完全正确是因为 η 与它的微商之间存在着联系,它们并非完全独立,因为 $\eta(t)$ 必须在 t_1 和 t_2 两个时刻都等于零。

在变分学中解决一切问题的方法总要用到相同的普遍原理。即首先对你所要变化的东西做一个移动(像我们上面通过加 η 而做到的那样),旨在寻找一级小量的项;然后又总是把积分安排成含有"某种东西乘以移动(η)"的形式,而其中又不含有其他微商(没有 $\mathrm{d}\eta/\mathrm{d}t$)。为此必须重新安排以便总是"某件东西"乘以 η。过了一会你将会看出这样做的巨大价值(也有一些公式会告诉你,在某些情况下如何不经实际计算就能获得结果,但这样一些公式都不够普遍,所以就不值得你去关注;最好的办法还是按照上述这一种方法把它算出来)。

怎么才能将 $\mathrm{d}\eta/\mathrm{d}t$ 项重新安排使其含有 η 呢?回答是通过分部积分就可以做到。事实证明,变分学的全部巧妙就在于先写下 S 的变分,然后利用分部积分使得 η 的微商消去。在微商会出现的每个问题中总是采取相同的办法。

你回忆一下分部积分的一般原理。如果你有任意函数 f 乘以 $\mathrm{d}\eta/\mathrm{d}t$ 并对 t 积分,可以写下 ηf 的微商:

$$\frac{\mathrm{d}}{\mathrm{d}t}(\eta f)=\eta\frac{\mathrm{d}f}{\mathrm{d}t}+f\frac{\mathrm{d}\eta}{\mathrm{d}t}.$$

你所要的积分是对末一项而积的，因此，

$$\int f \frac{\mathrm{d}\eta}{\mathrm{d}t}\mathrm{d}t = \eta f - \int \eta \frac{\mathrm{d}f}{\mathrm{d}t}\mathrm{d}t.$$

在我们关于 δS 的公式中，函数 f 就是 m 乘以 $\mathrm{d}\underline{x}/\mathrm{d}t$，因此，我得到下列关于 δS 的公式：

$$\delta S = m\frac{\mathrm{d}\underline{x}}{\mathrm{d}t}\eta(t)\Big|_{t_1}^{t_2} - \int_{t_1}^{t_2}\frac{\mathrm{d}}{\mathrm{d}t}\left(m\frac{\mathrm{d}\underline{x}}{\mathrm{d}t}\right)\eta(t)\mathrm{d}t - \int_{t_1}^{t_2}V'(\underline{x})\eta(t)\mathrm{d}t.$$

首项必须在 t_1 和 t_2 两个限上算出来。然后我还必须对那个从分部积分剩下来的部分积分。末项则是照抄下来的，没有什么改变。

现在碰到一件总会发生的事情——积出的部分不见了(事实上，如果该被积出的部分不消失，则你就应当重申该原理，并加上一些条件以确保其消失)。我们已经说过，在路径两端 η 必须是零，因为该原理要求只有在该变化曲线开始并终结于选定的点时作用量才是一极小值，这条件就是 $\eta(t_1)=0$ 和 $\eta(t_2)=0$，所以该项积分结果为零。我们将其他各项都集合起来并得到：

$$\delta S = \int_{t_1}^{t_2}\left[-m\frac{\mathrm{d}^2\underline{x}}{\mathrm{d}t^2} - V'(\underline{x})\right]\eta(t)\mathrm{d}t.$$

S 的变分现在就成为我们所希望得到的形式了——在该方括号内的各项，比方说 F，全都乘上了 $\eta(t)$ 并从 t_1 积至 t_2。

我们得到了某种东西乘以 $\eta(t)$ 的积分总等于零：

$$\int F(t)\eta(t)\mathrm{d}t = 0.$$

这里我有 t 的某个函数，再以 $\eta(t)$ 相乘，并从一端至另一端对它积分。而不论 η 是什么，结果始终为零。这意味着函数 $F(t)$ 是零。尽管这很明显，但无论如何我会给你证明看看。

假设对于 $\eta(t)$，我选取除了某一特定 t 值外其余一切 t 上都等于零的某变量。在到达这个 t 前它始终保持零值(图 19-8)，在时刻 t 它突然跃起，过了一会又骤然降下。当我们对这个 η 乘以任意函数 F 做积分时，唯一不等于零的地方就是 $\eta(t)$ 出现脉冲的地方，这时我们会得到在该处的 F 值乘以对脉冲的积分。对于脉冲本身的积分不会等于零，但当乘上了 F 之后它就必须等于零；所以函数 F 在脉冲处必然为零。但由于脉冲发生在我们想要它发生的任何地方，因而 F 就必须处处为零。

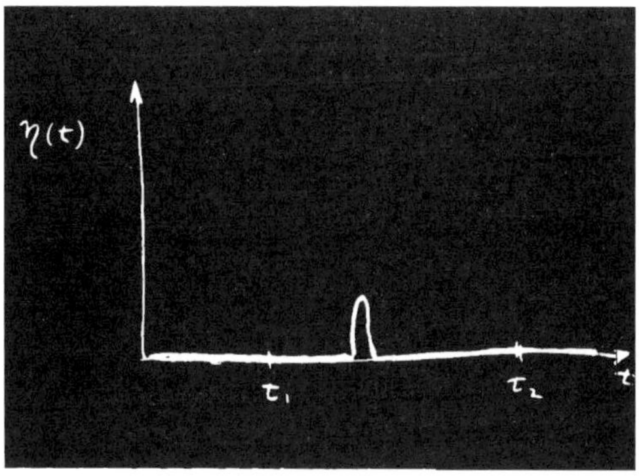

图 19-8

我们看到，如果对于任何 η，我们的积分为零，则 η 的系数必须为零，只有满足这个复杂微分方程

$$\left[-m\frac{\mathrm{d}^2\underline{x}}{\mathrm{d}t^2} - V'(\underline{x})\right] = 0$$

的那条路径,作用量积分才将是极小值。实则它并非那么复杂,你以前就见过这方程,它不过是 $F = ma$ 罢了。第一项是质量乘加速度,而第二项则是势能的微商,那就是力。

所以,至少对于一个保守系统来说,我们已证明最小作用量原理给出了正确答案。它表明,具有最小作用量的那条路径就是满足牛顿定律的那条路径。

一个述评:我从未证明它是一个极小值——也许是一个极大值。事实上,它的确不必是一个极小值。这与我们过去在讨论光学时所发现的那个"最少时间原理"十分类似。在那里我们起初也曾说过是"最少"时间。然而事实却证明,会有时间并非最少的一些情况。基本原理是,对于任何离开光学路径的一级变化,时间的变化为零;情况与此完全一样。所谓"最小"我们实在是指,当你改变路径时,S 值的一级变化为零。它未必是"极小"。

其次,我谈论一些推广的问题。第一,可以推广至三维,即不只是 x,我可能有 x, y 和 z 作为 t 的函数,此时作用量更为复杂。对于三维运动,你必须用到完整的动能——$(m/2)$乘上整个速度的平方。这就是

$$动能 = \frac{m}{2}\left[\left(\frac{\mathrm{d}x}{\mathrm{d}t}\right)^2 + \left(\frac{\mathrm{d}y}{\mathrm{d}t}\right)^2 + \left(\frac{\mathrm{d}z}{\mathrm{d}t}\right)^2\right].$$

并且,势能也是 x, y 和 z 的函数。而路径究竟如何呢?路径是空间中某条一般的曲线,它很不容易画出来,但意思却是一样的。不过 η 又是怎么回事?噢,η 可以有三个分量。你可以在 x 方向、y 方向或 z 方向——也可以同时在所有三个方向移动路径,所以 η 应该是一个矢量。然而,这样做实际上并未把事情弄得过于复杂。由于只有一级变分必须为零,我们便可以通过三个连续移动而进行计算。可仅仅在 x 方向移动 η,而说明它的系数必须为零,这样就得到一个方程,然后在 y 方向移动而得到另一个方程,又在 z 方向得到第三个。当然,或者按照你所喜欢的任一种次序进行。无论如何,你得到了三个方程。而牛顿定律实际上就是在三维空间中的三个方程——对每一分量就有一个。我想你实际上能够明白,这是一定行得通的,但这个三维问题仍留给你自已去证明。顺便提一下,你也可以采用任一种你所喜欢的坐标系,诸如极坐标或其他坐标,通过观察你在半径、角度或其他坐标方向移动 η 时发生的事情,就会立即得出适用于该坐标系的牛顿定律。

同样,这一方法也可推广至任何数目的粒子。例如,如果你有两个粒子,而在它们之间有作用力,因而就有相互作用势能,那么你只要将这两粒子的动能相加并取它们间的相互作用能作为势能。对此你想要变化什么东西呢?势必变化双粒子的路径。于是,对于在三维中运动的两个粒子,就总共有六个方程。你可以在 x 方向、y 方向和 z 方向变更第一个粒子的位置,而对于第二个粒子也是这样做,因而就有六个方程。而这是理应如此的。其中三个方程确定了第一个粒子受力作用时的加速度,而另外三个则确定第二个粒子受力作用时的加速度。你继续坚持进行同样的游戏,就会得到关于任何数目的粒子在三维中的牛顿定律。

我刚才说过,我们得到了牛顿定律。这并非十分正确,因为牛顿定律还包括像摩擦一类非保守力。牛顿说 ma 等于任何 F,可是最小作用量原理却只适用于保守系——那里所有的力都可以从势函数获得。然而,你知道,在微观层次——即在物理学最深入的层次——并没有非保守力。像摩擦力那样的非保守力,之所以出现乃是由于我们忽略了微观上的复杂性——存在的粒子实在太多难于分析。但基本定律却都可以放进最小作用原理的形式之中。

让我继续来做进一步的推广。假定我们问起粒子做相对论性的运动时会发生什么情况,而上面还未获得正确的相对论性运动方程;$F=ma$ 只对于非相对论才正确。问题是:对于相对论性的情况是否有一个对应的最小作用量原理?回答是肯定的。对于相对论性情况其公式如下:

$$S=-m_0c^2\int_{t_1}^{t_2}\sqrt{1-v^2/c^2}\,\mathrm{d}t-q\int_{t_1}^{t_2}[\phi(x,\ y,\ z,\ t)-\boldsymbol{v}\cdot\boldsymbol{A}(x,\ y,\ z,\ t)]\mathrm{d}t.$$

这个作用量积分的第一部分是粒子的静质量 m_0 乘以 c^2 再乘以对于速度函数$\sqrt{1-v^2/c^2}$的积分。后一项不再是势能,却是一个对于标势 ϕ 和对于 $\boldsymbol{v}$ 乘以矢势 $\boldsymbol{A}$ 的积分。当然,此时我们只包括电磁力。所有的电场和磁场都是由 ϕ 和 $\boldsymbol{A}$ 提供的。这一个作用量函数对于单个粒子在电磁场中的相对论性运动给出完整的理论。

当然,每当我写出 $\boldsymbol{v}$ 时,你总会明白,在试图做出任何计算之前,得先用 $\mathrm{d}x/\mathrm{d}t$ 来代替 v_x,并对其他各分量也都这样做。而且,你还必须把沿路径在 t 时刻的一点写成 $x(t)$, $y(t)$, $z(t)$,而这些在上式中我只是简单地写作 x, y, z。严格讲,只有当你已经对 $\boldsymbol{v}$ 等做了这种代换以后,你才能有一个关于相对论性粒子的作用量公式。事实上这个作用量公式确能给出那些正确的相对论性运动方程,我将把这一问题的证明留给你们中那些较机敏的人去做。我是否可建议你们先做没有 $\boldsymbol{A}$、亦即没有磁场的情况?此时你应当得到运动方程 $\mathrm{d}\boldsymbol{p}/\mathrm{d}t=-q\nabla\phi$ 的各分量,其中你会记起 $\boldsymbol{p}=m\boldsymbol{v}/\sqrt{1-v^2/c^2}$.

把存在矢势的情况也包括进去就困难多了。那些变分变得相当复杂。可是最终,解得的力项确实为 $q(\boldsymbol{E}+\boldsymbol{v}\times\boldsymbol{B})$,正该如此。但我将把这留给你们去考虑。

我想要强调,在一般情况下,比如在相对论公式中,那作用量的被积函数不再具有动能减去势能的形式。那是只有在非相对论性的近似下才正确的。例如,$m_0c^2\sqrt{1-v^2/c^2}$ 这一项就不是我们所称的动能了。对于在任何特定情况下作用量应该是什么的问题必须通过某种试试改改的办法来确定。这与首先确定什么是运动定律的问题恰好相同。你只要对所已知的一些方程反复尝试,就看出你能否把它们纳入最小作用量的形式之中。

还有一点是关于名称方面的。那个经过对时间积分就可以得到作用量 S 的函数称为拉格朗日函数 $\mathscr{L}$,它只是粒子的速度和位置的函数。因此最小作用原理也就可以写成

$$S=\int\mathscr{L}(x_i,\ v_i)\mathrm{d}t,$$

其中 x_i 和 v_i 指位置和速度的所有分量。所以如果你听到有人正在谈论"拉氏函数",你就会知道他们是在谈论那个要用来求出 S 的函数。对于在电磁场中的相对论性运动,

$$\mathscr{L}=-m_0c^2\sqrt{1-v^2/c^2}-q(\phi-\boldsymbol{v}\cdot\boldsymbol{A}).$$

并且,我还应该讲,对于大多数讲究准确和学究式的人物来说,S 实际上并非叫作"作用量",它称为"哈密顿第一主函数"。现在,我讨厌的是,要来做一次关于"最小哈密顿第一主函数原理"的演讲。所以就把它叫作"作用量"吧。而且,会有越来越多的人正把它称为作用量。在历史上你看到还有许多不那么有用的东西也曾被称为作用量,但我想更合理的还是改用一个新一点的定义。所以现在你也将这个新函数叫作作用量,而不久人人都会用这个简单名字去称呼它了。

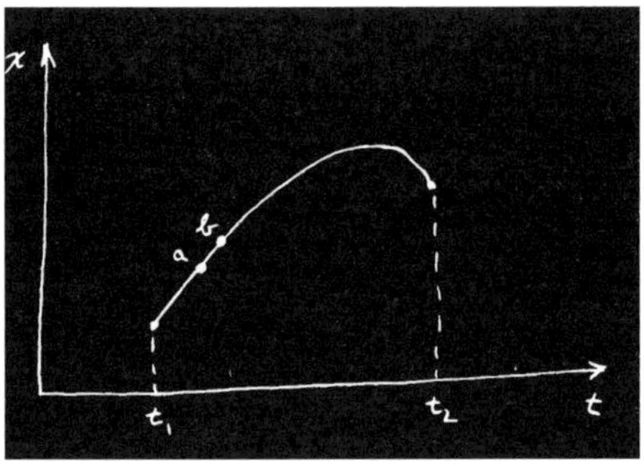

图 19-9

现在,我要对这一课题做些讨论,它们与以前我对最少时间原理所做的讨论相似。一个宣称从一处到另一处的某个积分是一极小值的定律——这会告诉我们有关全过程的某种东西——与一个宣称当你沿路径行进时、有一个力在使它加速的定律相比,它们的特性有很大差别。第二种办法,告诉你如何沿着路径一点一点地前进;而另一种办法,是关于整个路径的全面描述。在光的情况下,我们已谈论过这两者间的关系。现在,我来解释在有了这类最小作用原理时,为什么还会有微分定律。原因是这样的:试考虑在时间和空间中的那条实际路径。如前一样,让我们仅仅考虑一维,从而可把 x 作为 t 的函数画成曲线。沿这一真实路径,S 是极小值。假定已有了该真实路径,而它在空间和时间上既通过某点 a,又通过附近另一点 b,见图19-9。现在,如果从 t_1 至 t_2 整个积分是极小值,那么就有必要沿 a 至 b 的小段积分也是极小值。不可能在 a 至 b 这一部分就稍微多一点。因为不然的话,就总能仅仅拨动这段路径而使整个积分值稍微降低。

所以在这条路径中的每一小段也必然是极小值。并且不管该小段如何短,这都是正确的。因此,整个路径给出极小值的原理,也可说成路径的每一无限小线段也是具有最小作用量的那种曲线。现在若我们取路径上足够短的一段——在十分靠近的 a 与 b 两点之间——那么在遥远处势能如何逐点变化就是无足轻重的事情了,因为在那整整一小段路径上你几乎总是待在同一个地点。你必须加以讨论的唯一事情就是势能中的一级变化。答案只能取决于势能的微商而不是在各处的势能。所以关于整条路径的总性质的陈述就变成对一小段路径会发生的事情的陈述——一种微分式描述。而这一种微分式描述就仅仅涉及势能的微商,也就是在一点处的力。这就是总体定律与微分定律之间关系的一种定性解释。

在光的情况下,我们也曾讨论过这问题:粒子怎么会找到它的正确路径呢?从微分的观点,那是容易理解的。它获得加速度的每个瞬时仅仅知道在该时刻做些什么。可是如果你讲粒子决定选取将给出最小作用量的路径,那你关于因果的全部直觉就发生了混乱。为了找出邻近路径是否具有更多的作用量,它"闻出"它们了吗?在光的情况下,当我们放置一些光学元件在光所经过的道路上以致光子们不能检查所有的路径时,我们便发现它们不再能算出该走哪一条路,从而就有了衍射现象。

这类事情在力学中也会发生吗?粒子真的不仅仅能选取正确路径,而且还会审查所有其他的各种可能路径吗?而且,若在路途上设置一些东西以阻止其向四处张望,我们也能得到与衍射类似的现象吗?当然,一切令人惊奇之处就在于,事情恰恰是这样。这正是量子力学定律所说的。因此,我们的最小作用原理还是陈述得不完全。并非粒子选取了作用最小的那条路径,而是它对附近的所有路线都闻过,从而按照与光选择最短时间类似的方法来选取一条具有最小作用量的路径。你应记得,光选取最短时间的办法是这样的:要是它遵循一条需要不同时间的路径,则当它到达时就有不同相位。而在某一点上的总振幅等于光能到达的所有不同路径振幅贡献的总和。所有那些提供相位差异很大的路径将不会合成任何东西。但如果你能找出一整序列路径,它们都具有几乎相同的相位,则小小的贡献便将加在一起而在到达之处得到一个可观的总振幅。因此,重要路径就成为许多能给出相同相位彼此靠近的路径。

对于量子力学,事情恰巧完全相同。整个量子力学(对于非相对论情况,并略去电子自旋)是这样处理的:一个粒子在时刻 t_1 从点 1 出发,将在 t_2 到达点 2 的概率等于概率幅的平方。总概率幅可以写成每一可能路径——每一条到达的途径——的各概率幅之和。对于我们可能有的每个 $x(t)$——对于每条可能想象出来的轨道——我们就得算出一个概率幅。然后再把它们相加起来。对于每条路径,我们认为概率幅是什么呢? 上述作用量积分告诉我们,对于一条单独路径其概率幅应该是什么。概率幅正比于某个常数乘 $e^{iS/\hbar}$,其中 S 就是对那条路径的作用量。这就是说,如果我们用一个复数来表示概率幅的相位,则相角就是 $S/\hbar$。作用量 S 具有能量乘时间的量纲,而普朗克常量 $\hbar$ 也具有相同的量纲。它是判定量子力学什么时候才显得重要的一个常数。

这就是它工作的原理:假设对所有路径,与 $\hbar$ 相比 S 很大,则一条路径贡献一定的概率幅。对于附近一条路径,该相位已很不相同,因为对于巨大的 S,即使 S 的一个小小变化也意味着一个完全不同的相位——因为 $\hbar$ 是那么小。所以在求和时,互相靠近的路径一般都会将其效应互相抵消——除了一个区域以外,而这个区域一条路径与其邻近路径在一级近似下全都会给出相同的相位(更准确地说,在 $\hbar$ 范围内给出相同的作用量),只有这些路径才是重要的。因此,在普朗克常量 $\hbar$ 趋于零的极限情况下,正确的量子力学规律可以总结成简单的一句话:"忘记所有这些概率幅吧。粒子就在一条特殊路径上运动,那是在一级近似下 S 不发生变化的一条路径。"这就是最小作用原理与量子力学之间的关系。量子力学可以用这种形式来表达的事实,是由本次演讲开头曾提及的同一位教师巴德先生的另一名学生在 1942 年发现的[量子力学原本是通过给出关于概率幅的微分方程(薛定谔首创)以及通过某种其他矩阵数学(海森伯首创)而表达出来的]。

现在要来谈谈物理学中其他的极小原理,其中有许多是很有意义的。我并不想马上就将它们全都罗列出来,而只打算再描述其中的一种。以后,当我们面临一个具有漂亮的极小原理的物理现象时,我将随时结合它来谈。现在我要来证明:不必通过给出场的微分方程,而是通过讲述某个积分是极大或极小值,就能够描述静电学。首先,让我们考虑电荷密度处处已知的情况,而问题就在于求出空间中每一处的电势 ϕ。你知道答案应该是:

$$\nabla^2\phi = -\rho/\epsilon_0.$$

但表述这相同事件的另一种办法却是:计算积分 U^*:

$$U^* = \frac{\epsilon_0}{2}\int(\boldsymbol{\nabla}\phi)^2\,\mathrm{d}V - \int\rho\phi\,\mathrm{d}V,$$

这是一个对全部空间进行的体积分。对于正确的势分布 $\phi(x, y, z)$,U^* 是极小值。

我们可以证明,这两种关于静电学的表述是等效的。现在假定选取任意函数 ϕ。要求证明:当我们认为 ϕ 是正确的势 $\underline{\phi}$ 加上一个小的偏离 f 时,则在一级近似下 U^* 的变化为零。因此我们记作

$$\phi = \underline{\phi} + f.$$

$\underline{\phi}$ 就是我们所要寻找的,但现在给它造成一种变化,以找出它必须怎样才能使 U^* 的变分在

一级近似下为零。对于 U^* 中的第一部分,我们有必要写成

$$(\boldsymbol{\nabla}\phi)^2=(\boldsymbol{\nabla}\underline{\phi})^2+2\,\boldsymbol{\nabla}\underline{\phi}\cdot\boldsymbol{\nabla}f+(\boldsymbol{\nabla}f)^2.$$

式中会变化的唯一一个一级项为

$$2\,\boldsymbol{\nabla}\underline{\phi}\cdot\boldsymbol{\nabla}f.$$

在 U^* 的第二项中,被积函数为

$$\rho\phi=\rho\,\underline{\phi}+\rho f,$$

其变化部分为 ρf。因此,若只保留那些变化的部分,则需要有下面的积分:

$$\Delta U^*=\int(\epsilon_0\,\boldsymbol{\nabla}\underline{\phi}\cdot\boldsymbol{\nabla}f-\rho f)\,\mathrm{d}V.$$

现在,根据以往的普遍法则,我们必须得到经过了补缀的完全去掉 f 的微商的那种东西。让我们看看那些微商是什么。上式中的点积为

$$\frac{\partial\underline{\phi}}{\partial x}\frac{\partial f}{\partial x}+\frac{\partial\underline{\phi}}{\partial y}\frac{\partial f}{\partial y}+\frac{\partial\underline{\phi}}{\partial z}\frac{\partial f}{\partial z},$$

我们得把它们对 x,对 y 和对 z 进行积分。原来窍门就在这里:若要将 $\partial f/\partial x$ 去掉,就必须对 x 进行分部积分,这样就会把微商移到 $\underline{\phi}$ 上去。这与我们过去常用来去掉对 t 微商的那种一般想法是相同的。我们利用等式:

$$\int\frac{\partial\underline{\phi}}{\partial x}\frac{\partial f}{\partial x}\mathrm{d}x=f\,\frac{\partial\underline{\phi}}{\partial x}-\int f\,\frac{\partial^2\underline{\phi}}{\partial x^2}\mathrm{d}x.$$

等号右边已积出的项为零,因为我们必须使 f 在无限远处为零[这相当于使 η 在 t_1 和 t_2 时为零。因此,我们的原理就应该更准确地说成:对于正确的势 $\underline{\phi}$,U^* 比对任何其他势 $\phi(x,\ y,\ z)$ 都小,而在无限远处 $\underline{\phi}$ 和 ϕ 则有相同的值]。然后我们对于 y 和 z 也这样做。因而 ΔU^* 的积分为

$$\Delta U^*=\int(-\epsilon_0\,\nabla^2\underline{\phi}-\rho)f\,\mathrm{d}V.$$

为了使这一变分对于任何 f——不管是什么——都为零,f 的系数就必须为零,因而

$$\nabla^2\phi=-\rho/\epsilon_0.$$

我们又回到了原来的方程。因而上述的“极小”命题是正确的。

如果我们采用稍微不同的方法来做上述代数运算,就可以使命题普遍化。让我们回到原来的式子,不计算各分量,而直接做分部积分。注意下列这个等式:

$$\boldsymbol{\nabla}\cdot(f\,\boldsymbol{\nabla}\underline{\phi})=\boldsymbol{\nabla}f\cdot\boldsymbol{\nabla}\underline{\phi}+f\,\nabla^2\underline{\phi}.$$

如果算出左边的微分,就能证明它刚好等于右边。现在可以利用这一等式进行分部积分。在上述 ΔU^* 的积分中,用 $\boldsymbol{\nabla}\cdot(f\,\boldsymbol{\nabla}\underline{\phi})-f\,\nabla^2\phi$ 代替 $\boldsymbol{\nabla}\underline{\phi}\cdot\boldsymbol{\nabla}f$,而后对体积进行积分。其中散度项的体积分可以用面积分代替:

$$\int\boldsymbol{\nabla}\cdot(f\,\boldsymbol{\nabla}\underline{\phi})\,\mathrm{d}V=\int f\,\boldsymbol{\nabla}\underline{\phi}\cdot\boldsymbol{n}\,\mathrm{d}a.$$

由于是对全部空间积分，所以积分的面位于无限远处。由于那里的 f 等于零，因而得到与前面相同的答案。

只有现在我们才明白怎样求解这样的一个问题，即我们不知道其中全部电荷如何分布。假设我们有些导体，电荷以某种方式分布在其上面，只要所有导体的电势都固定不变，则我们仍然能够应用极小原理。对 U^* 的积分仅在一切导体之外的空间中进行。这时，由于不能使导体上的 $\underline{\phi}$ 发生变化，所以在所有导体的表面上 f 都等于零，因而面积分

$$\int f\,\boldsymbol{\nabla}\underline{\phi}\cdot\boldsymbol{n}\,\mathrm{d}a$$

仍然为零。剩下来的体积分

$$\Delta U^* = \int(-\epsilon_0\nabla^2\underline{\phi}-\rho)f\,\mathrm{d}V$$

只在各导体之间的空间中进行。当然，我们再次得到泊松方程：

$$\nabla^2\underline{\phi}=-\rho/\epsilon_0.$$

这样就证明了原来的积分 U^* 也是一个极小，只要在电势全都固定的各导体外的空间里进行计算[这就是说，当 x, y, z 是导体表面上的一点时，任何尝试函数 $\phi(x, y, z)$ 都必须等于该导体的给定电势]。

一个有趣的情况是电荷只存在于导体上。这时

$$U^* = \frac{\epsilon_0}{2}\int(\boldsymbol{\nabla}\phi)^2\,\mathrm{d}V.$$

我们的极小原理讲，在一组导体都处于某些给定电势的情况下，它们之间的势就会自动调整到使积分 U^* 为最小。这个积分是什么呢？由于项 $\boldsymbol{\nabla}\phi$ 就是电场，因而该积分就是静电能。真实的场是在所有来自电势梯度的场中总能量最小的那个场。

我想要利用这一结果来算出某个具体的东西，从而给你们看看这些东西实际上是非常有用的。假设我取两个导体构成一柱形电容器(图 19-10)，内部的导体具有电势 V，而外面的导体电势为零。令内、外两个导体的半径分别为 a 和 b。现在可以假定它们之间的任意电势分布。如果我们采用正确的 $\underline{\phi}$ 并算出 $\epsilon_0/2\int(\boldsymbol{\nabla}\underline{\phi})^2\mathrm{d}V$，则它应当是系统的能量，即 $\frac{1}{2}CV^2$。因此，也可以根据我们的原理算出 C。但若采用错误的势分布并试图用这个办法来算出 C，则我们得到的电容将太大。因为电势 V 已经被规定了，所以任何假定出来的、并非严格等于正确电势的 ϕ，都会给出一个比正确值要大的假的 C。不过如果我的辅助的 ϕ 是任意的粗略近似，则 C 将是一个良好的近似，因为 C 的误差比 ϕ 的误差要高一级。

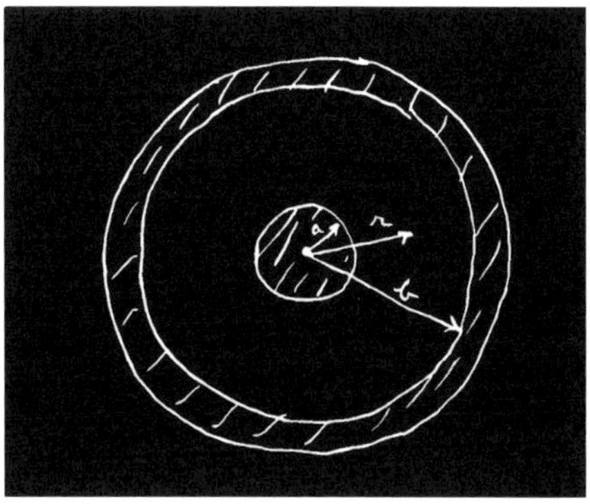

图 19-10

假设我不知道一个柱形电容器的电容，那我就可以利用这一原理来找到它。我只要不

断对势函数 ϕ 进行猜测直到获得最低的 C 值为止。例如,假定我选取一个与恒定电场相对应的势(当然,你知道,这里的场实际上不是恒定的,它会随 $1/r$ 变化)。一个恒定场意味着一个与距离成正比的势。为适合两导体所在处的条件,它必须是

$$\phi = V\left(1 - \frac{r-a}{b-a}\right).$$

这个函数在 $r = a$ 处为 V,在 $r = b$ 处为零,而在两者之间的势则有等于 $-V/(b-a)$ 的固定斜率。所以为了求得积分 U^*,我们所要做的就是将这个 ϕ 的梯度的平方乘以 $\epsilon_0/2$ 并对全部体积求积分。让我们对单位长度的圆柱做这种计算。在半径 r 处的体积元为 $2\pi r\mathrm{d}r$,进行积分,我对求电容的第一次尝试就得到

$$\frac{1}{2}CV^2(\text{第一次尝试}) = \frac{\epsilon_0}{2}\int_a^b \frac{V^2}{(b-a)^2}2\pi r\mathrm{d}r.$$

这积分不难,它正好为

$$\pi V^2\left(\frac{b+a}{b-a}\right).$$

这样我就有了一个关于电容的公式,它虽然不正确,但却是一种近似结果:

$$\frac{C}{2\pi\epsilon_0} = \frac{b+a}{2(b-a)}.$$

自然,它与正确答案 $C = 2\pi\epsilon_0/\ln(b/a)$ 不同,但并非太坏。让我们对几个 b/a 值把它与正确答案做比较,所得结果如下表所列:

$\frac{b}{a}$	$\frac{C_{\text{正确}}}{2\pi\epsilon_0}$	$\frac{C_{(\text{第一次近似})}}{2\pi\epsilon_0}$
2	1.442 3	1.500
4	0.721	0.833
10	0.434	0.612
100	0.217	0.51
1.5	2.466 2	2.50
1.1	10.492 059	10.500 000

即使当 b/a 大至 2 时——就电场来讲,与一个线性变化的场相比它给出了相当大的改变——我仍获得了相当好的近似。当然,正如所预期的那样,答案稍微偏高一些。如果你把一根细导线放在一个大圆柱之中,事情就糟得多。这时场已有了巨大变化,而倘若你还是用一个恒定场来代表它,那你就干得不太好了。当 $b/a = 100$ 时,我们偏离了几乎 2 倍。对于小的 b/a,则事情要好得多。试取与刚才极端相反的情况,当两导体相距不远——比方说 $b/a = 1.1$——时,则恒定场就是一个相当好的近似,而我们会得到误差在千分之一以内的正确 C 值。

现在我要来告诉你,如何可改进这种计算(当然,对于柱形电容器来说你已经知道它的正确答案,但对于其他一些你还不知道其正确答案的古怪形状,所用方法仍然与此相同)。下一步对未知的正确 ϕ 尝试较好的近似。例如,你也许会试一试一个常数加上一个指数函数的 ϕ,如此等等。但除非你已知道正确的 ϕ,否则你怎么会知道何时才能得到一个较好的近似呢?答案:你把 C 算出来,最低的 C 值就是最接近于正确的值。让我们来尝试这一想

法。假定电势不是 r 的线性函数而是 r 的二次函数——电场不是恒定的而是线性的。能够适合在 $r=b$ 处 $\phi=0$ 、而在 $r=a$ 处 $\phi=V$ 这种条件的最一般的二次形式的 ϕ 为

$$\phi=V\left[1+\alpha\left(\frac{r-a}{b-a}\right)-(1+\alpha)\left(\frac{r-a}{b-a}\right)^2\right],$$

式中 α 为一任意常数。这公式稍微复杂了一点。在势中除了一个线性项外还包括一个二次项。很容易从它得到场，该场正好为

$$E=-\frac{\mathrm{d}\phi}{\mathrm{d}r}=-\frac{\alpha V}{b-a}+2(1+\alpha)\frac{(r-a)V}{(b-a)^2}.$$

现在我们必须将上式加以平方并对体积进行积分。但请等一等。我应当给 α 取个什么值呢？我可以对 ϕ 取一条抛物线，然而是什么样的抛物线呢？这里我所要做的是：用任意一个 α 算出电容。得到的结果是

$$\frac{C}{2\pi\epsilon_0}=\frac{a}{b-a}\left[\frac{b}{a}\left(\frac{\alpha^2}{6}+\frac{2\alpha}{3}+1\right)+\frac{1}{6}\alpha^2+\frac{1}{3}\right].$$

这看来还是稍微复杂一点，但它是从对场的平方进行积分而得到的。现在我可以选择 α 了。我知道正确结果总是比我将要算出的任何值都小，因而不管我代入什么 α 值总会得到一个太大的答案。但如果我保持着玩弄 α 并得到一个我所能得到的最低的可能值，则这个最低值就会比其他任何值都更接近于真实的值。所以我将要做的下一件事就是去拣出会提供极小 C 值的那个 α。按照普通的微积分来计算，我得到极小的 C 出现在 $\alpha=-2b/(b+a)$ 时，将此值代入上面的公式中，得到的极小电容为：

$$\frac{C}{2\pi\epsilon_0}=\frac{b^2+4ab+a^2}{3(b^2-a^2)}.$$

对于各种不同的 b/a 值我已经算出了由这一公式所给出的 C 值。我将称这些数值为 C(二次)，这里是 C(二次)与正确 C 的对照表。

$\frac{b}{a}$	$\frac{C_{\text{正确}}}{2\pi\epsilon_0}$	$\frac{C_{(\text{二次})}}{2\pi\epsilon_0}$
2	1.442 3	1.444
4	0.721	0.733
10	0.434	0.475
100	0.217	0.346
1.5	2.466 2	2.466 7
1.1	10.492 059	10.492 065

例如，当两半径之比为 2 比 1 时，我得到 1.444，这对于正确答案 1.442 3 来说已经是一个很好的近似。即使对于较大的 b/a，它仍旧相当好——比一次近似要好得多。当 b/a 为 10 比 1 时，还是相当准确——只偏离 10%。但当 b/a 达到 100 比 1 时，事情就开始变糟。我所得到的 $C/2\pi\epsilon_0$ 是 0.346 而不是 0.217。在另一方面，对于 1.5 的半径比，该答案非常好；至于1.1的 b/a，答案表明是 10.492 065 而不是 10.492 059。这里答案应该是好的，它就已经非常非常好了。

我已经举出了好几个例子，首先为了表明极小作用量原理和一般的极小原理的理论价

值,其次在于表明它们的实用价值——不仅仅去算出我们已明知其答案的电容。对于任何其他形状的电容,你可以用某些像 α 那样的未知参数去猜测一个近似的场,并调整这些参数以获得一个极小值。对于其他方法难以处理的一些问题,用此法你将得极好的数值结果。

§19-2 演讲后补充的一段笔记

我愿意补充一点我没有时间在课堂上讲的东西(似乎我准备的材料总是比我有时间讲到的要多)。正如我曾经提到的,当准备这一演讲时我对一个问题产生了兴趣。我要告诉你们这是个什么问题。在我上面所提及的极小原理中,我曾注意到其中大多数以不同的方法来自力学和电动力学中的最小作用量原理。但也有一类并非如此。作为一个例子,若电流通过某一块材料时遵从欧姆定律,则在这块材料中的电流就会分布得使热量的产生率尽可能小。我们也可以讲(如果材料都保持等温的话),能量的产生率是一极小值。那么,按照经典理论,这一原理甚至也适用于确定载流金属内部电子的速度分布。速度的这种分布并非严格的平衡分布[见第 1 卷第 40 章,式(40.6)],因为电子正在向侧面漂移。这一新的分布可以从下述原理找到,即对某个给定的电流,它是使得因碰撞每秒所产生的熵尽可能少的一种分布。然而,关于电子行为的正确描述应该是由量子力学给出的。于是问题就是:当情况要用量子力学来描述时,同样的极小熵产生原理是否仍然正确?我对此还未找到答案。

当然,这问题在理论上是很重要的。像这样的原理是令人神往的,而且尝试看清其普遍性如何始终是值得的。但从一个更为实用的观点来说,我也希望去了解它。我与几位同事曾经发表过一篇论文,其中我们根据量子力学近似地计算过一个运动电子通过一块像 NaCl 那样的离子晶体时所感受到的电阻[Feynman, Hellwarth, Iddings, and Platzman. Mobility of Slow Electrons in a Polar Crystal. *Phys. Rev.*, 1962, **127**:1004]。但要是极小原理存在,则我们可以用它做出更为精确的结果,就像有关电容器电容的极小原理曾经允许我们对电容获得那样高的准确度那样,尽管我们只有初步的电场知识。

第 20 章　麦克斯韦方程组在自由空间中的解*

§ 20-1　自由空间中的波;平面波

在第 18 章中,我们就已经达到拥有完整形式的麦克斯韦方程组的目的。对电磁场的经典理论所要知道的一切知识,全都可以在下列四个方程中求得:

$$\text{I}.\ \nabla\cdot\boldsymbol{E}=\frac{\rho}{\epsilon_0}\qquad \text{II}.\ \nabla\times\boldsymbol{E}=-\frac{\partial\boldsymbol{B}}{\partial t}$$
$$\text{III}.\ \nabla\cdot\boldsymbol{B}=0\qquad \text{IV}.\ c^2\,\nabla\times\boldsymbol{B}=\frac{\boldsymbol{j}}{\epsilon_0}+\frac{\partial\boldsymbol{E}}{\partial t}\tag{20.1}$$

当我们把所有这些方程都合在一起时,一个惊人的新现象出现了:由运动电荷所产生的场可以离开源而独自通过空间传播。我们曾考虑过一个特殊例子,在其中一无限大电流片被突然地开通。当电流已经开通了时间 t 之后,就有均匀的电场和磁场从源处扩展至距离 ct。假设该电流片被置在 yz 平面上,且具有沿正 y 方向的面电流密度 $\boldsymbol{J}$,则电场将只有一个 y 分量,而磁场只有一个 z 分量。在 x 轴的正方向,x 小于 ct 的地方,这些场的分量由下式给出:

$$E_y=cB_z=-\frac{J}{2\epsilon_0 c}.\tag{20.2}$$

但对于 x 大于 ct 的地方,这些场都是零。当然,也有相似的场从该电流片向负 x 方向传播而达到相同的距离(在图 20-1 中我们画出了作为 x 函数的场其大小在时刻 t 的图形)。随着时间的推移,在 ct 处的"波前"会以恒定速度 c 沿 x 方向往外传播。

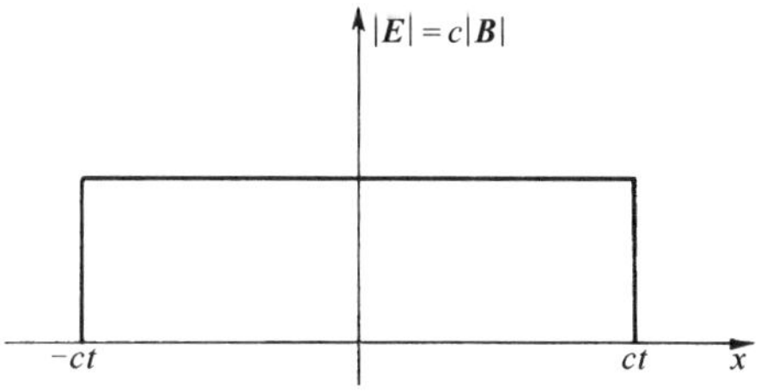

图 20-1　在电流片接通后的 t 时刻,作为 x 函数的电场和磁场

现在,试考虑下述的事件次序。首先开通单位强度的电流并经历了一段时间,然后突然把电流强度增加至三个单位,并从此一直保持在这一数值上。这时场会像个什么样子呢?我们能够用如下方式来看个究竟。首先,设想有一单位强度的电流在 $t=0$ 时开通,并且永不改变。这样,对于在 x 正向的场,其图形就由图 20-2(a)给出。其次,我们要问,若在 t_1 时刻开通两个单位的恒定电流又将发生什么呢?

在这一情况下场将比原来增强一倍,但在 x 方向仅传播到 $c(t-t_1)$ 那么远的距离,如图 20-2(b)所示。当我们运用叠加原理而把这两个解相加起来时,就会发现这两个源之和在

---

* 参考:第一卷 47 章声,波动方程;第一卷 28 章,电磁辐射。

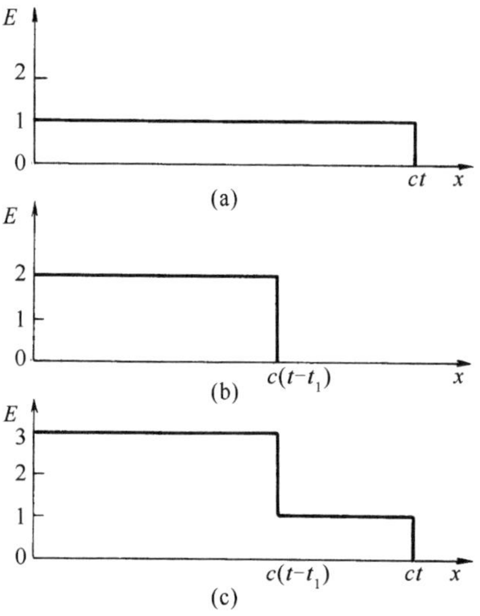

图 20-2 由一电流片产生的电场。(a)在 $t=0$ 时,一单位电流被接通;(b)在 $t=t_1$ 时,二个单位的电流被接通;(c)(a)和(b)两者的叠加

从零至 t_1 的时间里电流为一单位而在大于 t_1 的时间里电流为三单位。在 t 时刻则场随距离 x 变化的情形如图 20-2(c)所示。

现在,让我们处理一个较复杂的问题。考虑这样一种电流,开通至一单位强度,过了一会儿之后,又增强至三个单位,再过些时间便完全给截断。对于这么一种电流,场又将如何呢?我们能够按照同样的办法来求出解答——把三个分开着的问题的解都相加起来。首先,求一个单位强度的阶梯式电流的场(这问题我们已经解决)。其次,再求两个单位的阶梯式电流的场。最后,才解出负三个单位的阶梯式电流的场。当把这三个解相加起来时,我们将得到一个电流,它从 $t=0$ 起至某个往后时刻——比如说 t_1——有单位强度,然后又有三个单位强度,并一直持续到一个更后时刻 t_2,才将其完全切断——也就是变成零。作为时间函数的电流曲线如图 20-3(a)所示。当我们将电场的那三个解相加起来时,便求得在某个给定时刻 t 电场随 x 的变化如图 20-3(b)所示。场是电流的确定表象。场在空间中的分布就是电流随时间变化的一条漂亮曲线,只不过要倒转过来画才对。随着时间流逝整个图形会以速率 c 向外运动,因而就有一小截场朝正 x 方向传播,这里含有全部电流变化历史的完整而详尽的记录。要是站立在若干英里以外,我们能够从电场和磁场的变化情况中准确地说出在源处电流曾经是怎样变化的。

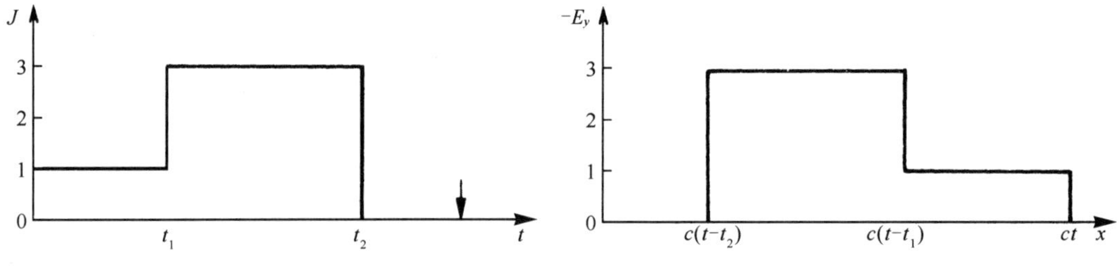

图 20-3 如果电流源强度随时间的变化如图(a)所示,则在箭头所指的 t 时刻电场作为 x 函数就如图(b)所示

你也将注意到,在源处的所有活动都已完全停止后很久,一切电荷和电流都变为零,而那一小块场仍将继续通过空间传播。我们有了不依赖于任何电荷或电流而存在的一种电场和磁场分布。这就是来自完整麦克斯韦方程组的新效应。如果我们愿意,尽可以对刚才所做的分析给出一个完全数学形式的表示,即把在某一给定地点和给定时刻的电场写成与在源处的电流成正比,只不过不是在同一时刻,而是在较早时刻 $t-x/c$ 的电流。我们可以写成

$$E_y=-\frac{J(t-x/c)}{2\epsilon_0 c}. \tag{20.3}$$

信不信由你，早在第 1 卷当与折射率理论打交道时，我们就已经从另外的观点导出过这种相同的公式。当一片具有偶极子系统的、电介质材料中的一薄层电偶极子，当受到照射进来的电磁波的电场驱动而发生振动时就产生电场。那时我们的问题是要算出原来的波与由振动偶极子辐射的波的合成场。在还没有(提到)麦克斯韦方程组时怎么能够算出由运动电荷产生的场呢？当时我们曾(不做任何推导)把加速点电荷在远处所产生的辐射场的一个公式作为我们的出发点。如果你查阅一下第 1 卷第 31 章，你就会看到，那里的式(31.17)同我们刚才写的式(20.3)完全一样。尽管我们以前的推导只有在距离源很远处才正确，但现在明白，即使在靠近源处相同的结果仍然是正确的。

现在，我们要一般地考察在离源也即离电流和电荷很远的真空空间中电场和磁场的行为。在十分靠近源处——近至足以使源在传播的延迟时间内还来不及做出大的变化——场与我们过去在所谓静电和静磁的情况下所求得的场几乎完全相同。然而，如果我们已离开足够远的距离以致延迟变得十分重要，则场的性质就可能与我们找到的那些解完全不同。在某种意义上，当场远离所有的源时，它便开始具有它们本身的特性。因此，我们便可以开始讨论在既没有电流也没有电荷的区域里场的行为了。

假设我们询问：在 ρ 和 $\boldsymbol{j}$ 两者都是零的区域里哪一种场可能存在呢？在第 18 章中我们曾看到，麦克斯韦方程组的物理内涵也可以利用标势和矢势的一组微分方程来表示：

$$\nabla^2\phi-\frac{1}{c^2}\frac{\partial^2\phi}{\partial t^2}=-\frac{\rho}{\epsilon_0},\tag{20.4}$$

$$\nabla^2\boldsymbol{A}-\frac{1}{c^2}\frac{\partial^2\boldsymbol{A}}{\partial t^2}=\frac{\boldsymbol{j}}{\epsilon_0 c^2}.\tag{20.5}$$

如果 ρ 和 $\boldsymbol{j}$ 都是零，则这些方程具有较简单的形式：

$$\nabla^2\phi-\frac{1}{c^2}\frac{\partial^2\phi}{\partial t^2}=0,\tag{20.6}$$

$$\nabla^2\boldsymbol{A}-\frac{1}{c^2}\frac{\partial^2\boldsymbol{A}}{\partial t^2}=0.\tag{20.7}$$

这样，在自由空间里，标势 ϕ 和矢势 $\boldsymbol{A}$ 的每个分量就都满足相同的数学方程。假如令 ψ 代表 ϕ, A_x, A_y, A_z 四个量中的任一个，则我们需要研究下列方程的通解：

$$\nabla^2\psi-\frac{1}{c^2}\frac{\partial^2\psi}{\partial t^2}=0.\tag{20.8}$$

这个方程称为三维的波动方程——所谓三维，是因为函数 ψ 通常可能依赖于 x, y 和 z，因而我们必须关心所有三个坐标的变化。如果将拉普拉斯算符的三项都明显写出，则上式就清楚地变成：

$$\frac{\partial^2\psi}{\partial x^2}+\frac{\partial^2\psi}{\partial y^2}+\frac{\partial^2\psi}{\partial z^2}-\frac{1}{c^2}\frac{\partial^2\psi}{\partial t^2}=0.\tag{20.9}$$

在自由空间中电场 $\boldsymbol{E}$ 和磁场 $\boldsymbol{B}$ 也都满足波动方程。例如，由于 $\boldsymbol{B}=\boldsymbol{\nabla}\times\boldsymbol{A}$，所以我们可通过取式(20.7)的旋度而得到一个关于 $\boldsymbol{B}$ 的微分方程。由于拉普拉斯算符是一标量算符，因而它与旋度算符可以互相交换次序：

$$\boldsymbol{\nabla}\times(\nabla^2\boldsymbol{A})=\nabla^2(\boldsymbol{\nabla}\times\boldsymbol{A})=\nabla^2\boldsymbol{B}.$$

同理,旋度算符与$\partial/\partial t$的次序也可以互换:

$$\nabla \times \frac{1}{c^2}\frac{\partial^2 \boldsymbol{A}}{\partial t^2} = \frac{1}{c^2}\frac{\partial}{\partial t^2}(\nabla \times \boldsymbol{A}) = \frac{1}{c^2}\frac{\partial^2 \boldsymbol{B}}{\partial t^2}.$$

利用这些结果,便可获得下列$\boldsymbol{B}$的微分方程:

$$\nabla^2 \boldsymbol{B} - \frac{1}{c^2}\frac{\partial^2 \boldsymbol{B}}{\partial t^2} = 0. \tag{20.10}$$

因此,磁场$\boldsymbol{B}$的每一分量就都满足三维波动方程。同样,若利用$\boldsymbol{E} = -\nabla\phi - \partial \boldsymbol{A}/\partial t$这个事实,则由此得出在自由空间中的电场$\boldsymbol{E}$也满足该三维波动方程:

$$\nabla^2 \boldsymbol{E} - \frac{1}{c^2}\frac{\partial^2 \boldsymbol{E}}{\partial t^2} = 0. \tag{20.11}$$

一切电磁场都满足相同的波动方程(20.8)。也许我们还会问:这个方程最一般的解到底是什么?然而,与其马上去处理这个困难问题,倒不如先来看看对于不随y和z变化的那些解一般能够说些什么(常常要先解决容易的情况以便能看清将会发生的事情,然后你才能处理那些较复杂的情况)。让我们假定那些场的大小只取决于x——场不随y和z变化。当然,我们又在考虑平面波了。应该期待得到与前一节中多少有点相似的结果。事实上,我们将精确地求得相同的答案。你可能会问:"为什么还要全部重做一遍呢?"再做一遍很重要。第一,因为我们过去从未证明已找到的波就是关于平面波最普遍的解;其次,则因为我们当时仅从一个非常特殊类型的电流源找到了那些场。现在我们很想问:存在于自由空间中最普遍类型的一维波到底是什么?我们不能通过观看这个或那个特殊源所发生的事情而做到这一点,而必须以更大的普遍性来处理这个问题。而且这次将要处理微分方程而不是处理一些积分形式。尽管将得到相同的结果,但仍不失为一种反复练习的途径,借以证明无论你采取什么方法都不会产生任何差别。你应该懂得如何去用多种方法来做事情,因为当碰到一个困难问题时,你往往会发现在各种方法中只有一种是易于处理的。

我们或许有可能直接考虑解某个电磁量的波动方程。但相反,我们要一开始就从自由空间中的麦克斯韦方程组出发,以便使你能够看到它们与电磁波之间的密切关系。因此,我们就从式(20.1)中的方程组开始,令电荷和电流都等于零。它们变成

$$\left.\begin{array}{ll} \text{I}. & \nabla \cdot \boldsymbol{E} = 0 \\ \text{II}. & \nabla \times \boldsymbol{E} = -\dfrac{\partial \boldsymbol{B}}{\partial t} \\ \text{III}. & \nabla \cdot \boldsymbol{B} = 0 \\ \text{IV}. & c^2\,\nabla \times \boldsymbol{B} = \dfrac{\partial \boldsymbol{E}}{\partial t} \end{array}\right\} \tag{20.12}$$

把第一个方程用分量写出:

$$\nabla \cdot \boldsymbol{E} = \frac{\partial E_x}{\partial x} + \frac{\partial E_y}{\partial y} + \frac{\partial E_z}{\partial z} = 0. \tag{20.13}$$

我们假定场不随y和z变化,因而最后两项都为零。于是,这个方程告诉我们:

$$\frac{\partial E_x}{\partial x}=0. \tag{20.14}$$

它的解 E_x 是在 x 方向的电场分量,它在空间里是一个恒量。如果你考察(20.12)中的Ⅳ式,同时假定 $\boldsymbol{B}$ 在 y 与 z 方向没有变化,那么你就能够看出 E_x 在时间上也是不变的。像这样的场,或许有可能来自远处某个充电电容器极板的恒定直流场。此刻,我们对于这种枯燥乏味的静电场不感兴趣,目前感兴趣的只是一些动态变化的场。对于动态场来说,$E_x=0$ 。

于是我们就有一个重要结果,对于沿任何方向传播的平面波,电场必须垂直于传播方向。当然,它仍然能够以复杂的形式随坐标 x 变化。

这横向的 $\boldsymbol{E}$ 场总可以分解成两个分量,例如 y 分量和 z 分量。所以让我们先算出电场仅有一横分量的情况。我们将先考虑一个始终在 y 方向而不具有 z 分量的电场。显然,若已解出了这个问题,也就能解出电场总是在 z 方向的那种情况。通解始终可以表达成这样两种场的叠加。

现在,我们的方程组已变得多么容易。电场的唯一不等于零的分量为 E_y,而所有的微商——除了对于 x 的微商以外——都等于零。这样,其余的麦克斯韦方程就变得很简单了。

其次,让我们来看看麦克斯韦方程组中的第二个方程[式(20.12)中的Ⅱ]。将 $\boldsymbol{E}$ 旋度的各分量写出,得

$$(\nabla\times\boldsymbol{E})_x=\frac{\partial E_z}{\partial y}-\frac{\partial E_y}{\partial z}=0,$$

$$(\nabla\times\boldsymbol{E})_y=\frac{\partial E_x}{\partial z}-\frac{\partial E_z}{\partial x}=0,$$

$$(\nabla\times\boldsymbol{E})_z=\frac{\partial E_y}{\partial x}-\frac{\partial E_x}{\partial y}=\frac{\partial E_y}{\partial x}.$$

$\nabla\times\boldsymbol{E}$ 的 x 分量为零,因为对 y 和对 z 的微商都是零。它的 y 分量也是零;其中第一项为零是因为 E_x 对 z 的微商为零,而第二项为零是由于 E_z 为零。$\boldsymbol{E}$ 旋度唯一不等于零的分量为 z 分量,它等于$\partial E_y/\partial x$。令 $\nabla\times\boldsymbol{E}$ 的三个分量对应 $-\partial\boldsymbol{B}/\partial t$ 的分量,我们可以得到下列结论:

$$\frac{\partial B_x}{\partial t}=0,\quad \frac{\partial B_y}{\partial t}=0. \tag{20.15}$$

$$\frac{\partial B_z}{\partial t}=-\frac{\partial E_y}{\partial x}. \tag{20.16}$$

由于磁场的 x 分量和 y 分量两者对时间的微商都为零,所以这两分量正好是恒定场并且与我们以前找到的静磁解相对应。可能某人曾将某个永久磁铁遗留在靠近波传播的地方。我们忽略这些恒定场,并设 B_x 和 B_y 等于零。

顺便提一下,我们可能已经得出结论:由于别的原因 $\boldsymbol{B}$ 的 x 分量应为零。由于 $\boldsymbol{B}$ 的散度为零(由第三个麦克斯韦方程得知),运用与我们上面关于电场所用的相同论证,就会得出结论,磁场的纵向分量不可能随 x 变化。既然我们忽略波动解中的这种匀强场,因此就应该令 B_x 等于零。在平面电磁波中,$\boldsymbol{B}$ 场以及 $\boldsymbol{E}$ 场都一定与传播方向垂直。

式(20.16)给我们提供一个附加定理:如果电场只有 y 分量,则磁场将只有 z 分量,所以 $\boldsymbol{E}$ 和 $\boldsymbol{B}$ 互相垂直。这正好是我们曾经考虑过的特殊波中所出现的情况。

现在准备利用关于自由空间中的最后一个麦克斯韦方程[式(20.12)中的Ⅳ]。写出分

量后,得:

$$\left.\begin{aligned} c^2(\nabla\times\boldsymbol{B})_x &= c^2\frac{\partial B_z}{\partial y}-c^2\frac{\partial B_y}{\partial z}=\frac{\partial E_x}{\partial t},\\ c^2(\nabla\times\boldsymbol{B})_y &= c^2\frac{\partial B_x}{\partial z}-c^2\frac{\partial B_z}{\partial x}=\frac{\partial E_y}{\partial t},\\ c^2(\nabla\times\boldsymbol{B})_z &= c^2\frac{\partial B_y}{\partial x}-c^2\frac{\partial B_x}{\partial y}=\frac{\partial E_z}{\partial t}.\end{aligned}\right\}\tag{20.17}$$

在关于 $\boldsymbol{B}$ 分量的六个微商中,只有 $\partial B_z/\partial x$ 一项不等于零。因此,这三个方程仅给了我们一个方程

$$-c^2\frac{\partial B_z}{\partial x}=\frac{\partial E_y}{\partial t}.\tag{20.18}$$

上述一切工作的结果表明,电场与磁场都仅有一个不等于零的分量,而这些分量应该满足式(20.16)和(20.18)。如果前一式对 x 取微商而后一式对 t 取微商,则这两个方程可以结合成一个,这时两方程的左边(除了因数 c^2 之外)将相同。因此我们发现,E_y 满足下列方程

$$\frac{\partial^2 E_y}{\partial x^2}-\frac{1}{c^2}\frac{\partial^2 E_y}{\partial t^2}=0.\tag{20.19}$$

在过去学习声音的传播时,我们就已经见过相同的微分方程。它是关于一维波的波动方程。

你应该注意到,在我们的推导过程中已经发现的某些东西比包含在式(20.11)中的要多。麦克斯韦方程组已给了我们进一步的知识,即电磁波只具有垂直于其传播方向的场分量。

让我们复习一下已知的关于一维波动方程的解。如果有任何量 ψ 满足一维波动方程

$$\frac{\partial^2\psi}{\partial x^2}-\frac{1}{c^2}\frac{\partial^2\psi}{\partial t^2}=0,\tag{20.20}$$

则一个可能的解是如下形式的函数 $\psi(x,\ t)$:

$$\psi(x,\ t)=f(x-ct).\tag{20.21}$$

也就是说,它是单变量 $(x-ct)$ 的某种函数。函数 $f(x-ct)$ 代表一个在 x 轴上的"刚性"图形朝着正 x 方向以速率 c 在传播(见图 20-4)。例如,若函数 f 当它的自变量为零时有一个极大值,则在 $t=0$ 时该极大值会出现在 $x=0$ 处。此后在某一时刻,比方说当 $t=10$ 时,ψ 将在 $x=10c$ 处有它的极大值。随着时间的推移,这极大值以速率 c 朝着正 x 方向行进。

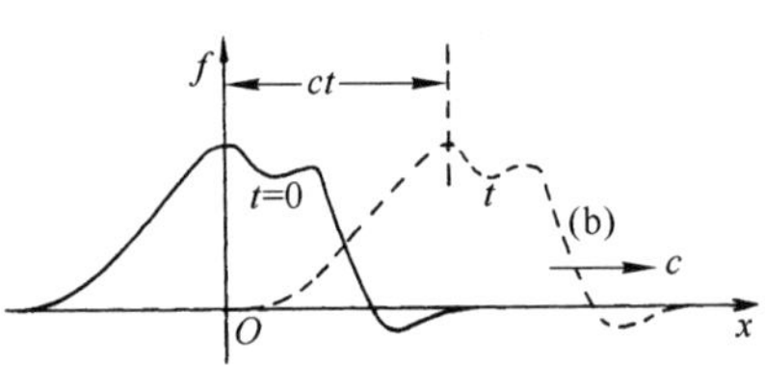

图 20-4 函数 $f(x-ct)$ 代表一个朝正 x 方向以速率 c 行进的不变"形状"

有时这样说会更方便,即一维波动方程的一个解是 $(t-x/c)$ 的一个函数。然而,这里谈的是同一件事情,因为 $(t-x/c)$ 的任何函数也是 $(x-ct)$ 的函数:

$$F(t-x/c)=F\left[-\frac{x-ct}{c}\right]=f(x-ct).$$

让我们来证明 $f(x-ct)$ 的确是波动方程的一个解。由于它是只有一个变量——即自变量 $(x-ct)$ ——的函数,因此我们将令 f'表示 f 对它的变量的微商,而 f''表示 f 的二次微商。求式(20.21)对 x 的微商,得

$$\frac{\partial \psi}{\partial x}=f'(x-ct),$$

由于 $(x-ct)$ 对 x 的微商为 1,所以 ψ 对 x 的二次微商显然等于

$$\frac{\partial^2 \psi}{\partial x^2}=f''(x-ct). \tag{20.22}$$

取 ψ 对于 t 的微商,得:

$$\frac{\partial \psi}{\partial t}=f'(x-ct)(-c),$$

$$\frac{\partial^2 \psi}{\partial t^2}=+c^2 f''(x-ct). \tag{20.23}$$

我们看到,f 确实满足一维波动方程。

你可能感到诧异:“如果我有那个波动方程式,又怎么会知道应取 $f(x-ct)$ 作为它的解呢? 我就不喜欢这种逆向的办法。是否有某种正向的办法来找出解答呢?”噢,一个好的正向的办法就是要了解那个解答。有可能“设计”出一个表面上看来是正向的数学论证,特别是因为我们已知道解答大致应该如何,但对于一个这么简单的方程来说就不必按部就班了。不久你将会达到这样的程度,当看到式(20.20)时,就几乎同时看出 $\psi=f(x-ct)$ 是一个解(就像现在当你看到 $x^2\mathrm{d}x$ 的积分时,你马上就知道答案是 $x^3/3$)。

实际上,你也应该看出稍微多一点的东西。不仅任何 $(x-ct)$ 的函数是一个解,而且任何 $(x+ct)$ 的函数也是一个解。既然波动方程中仅含有 c^2,所以改变 c 的符号就不会引起任何差别。事实上,一维波动方程最普遍的解乃是两个任意函数之和,其中一个是 $(x-ct)$ 的函数而另一个则是 $(x+ct)$ 的函数:

$$\psi=f(x-ct)+g(x+ct) \tag{20.24}$$

第一项代表一个沿正 x 方向传播的波,而第二项则是沿负 x 方向传播的任意波。通解就是同时存在的两个这样的波的叠加。

我们将把下面一个有趣的问题留给你去思考。考虑如下形式的一个函数 ψ:

$$\psi=\cos kx\ \cos kct.$$

这个式子并不取 $(x-ct)$ 或 $(x+ct)$ 的函数形式,但你可以通过将其直接代入式(20.20)中而轻易地证明这函数就是波动方程的一个解。那么,我们怎么能够说通解具有式(20.24)那样的形式呢?

将我们关于波动方程解的那些结论应用到电场的 y 分量 E_y 上去,就可以断言,E_y 能够按任何一种方式随 x 变化。然而,确实存在的场总可以认为是两个图形之和。一个波是在

一个方向上以速率 c 通过空间飞驶,带有一个垂直于电场的相伴磁场;另一个波则是在相反方向上以同一速率传播,像这样的波相当于我们所已熟悉的各种电磁波——光、无线电波、红外辐射、紫外辐射、X 射线等等。我们曾在第 1 卷中详细讨论过光的辐射。由于在那里学过的每件事情都适用于任何电磁波,所以我们不需在这里详尽讨论这些波的行为了。

也许应当对电磁波的偏振问题进一步做几点评论。在上述的解中,我们曾选择考虑其中电场只有一个 y 分量的那种特殊情况。显然还有另一个解,其中电场只有一个 z 分量,但也是朝着正的或负的 x 方向传播的波。由于麦克斯韦方程组是线性的,所以对于沿 x 方向传播的一维波的通解就是 E_y 波和 E_z 波之和。这个通解可以综合在下列方程中:

$$\begin{aligned} \boldsymbol{E} &= (0,\ E_y,\ E_z) \\ E_y &= f(x-ct)+g(x+ct) \\ E_z &= F(x-ct)+G(x+ct) \\ \boldsymbol{B} &= (0,\ B_y,\ B_z) \\ cB_z &= f(x-ct)-g(x+ct) \\ cB_y &= -F(x-ct)+G(x+ct). \end{aligned} \tag{20.25}$$

这样的电磁波具有一个 $\boldsymbol{E}$ 矢量,其方向并非固定而是在 yz 平面上按某种任意方式旋转。在每一点磁场总是垂直于电场,也垂直于传播方向。

如果只有在一个方向、比如在正 x 方向上传播的波,就存在一个简单法则,它告诉我们关于电场和磁场的相对取向。这法则是:叉积 $\boldsymbol{E}\times\boldsymbol{B}$ ——当然,那是一个既垂直于 $\boldsymbol{E}$ 又垂直于 $\boldsymbol{B}$ 的矢量——指向波传播的方向。如果按照右手螺旋法则 $\boldsymbol{E}$ 被转到 $\boldsymbol{B}$,则这个螺旋指向波的速度方向(往后我们将看到,矢量 $\boldsymbol{E}\times\boldsymbol{B}$ 具有一个特殊的物理意义:它是描述电磁场中能量流动的一个矢量)。

§ 20-2 三 维 波

现在要转到三维波的课题上来。我们已经看到,矢量 $\boldsymbol{E}$ 满足波动方程。通过由麦克斯韦方程组所做的直接论证不难得出这同样的结论。假设我们是从方程

$$\nabla\times\boldsymbol{E}=-\frac{\partial\boldsymbol{B}}{\partial t}$$

出发,并取两边的旋度

$$\nabla\times(\nabla\times\boldsymbol{E})=-\frac{\partial}{\partial t}(\nabla\times\boldsymbol{B}). \tag{20.26}$$

你将记得,任何矢量旋度的旋度都可以写成两项之和,其中一项含有散度而另一项含有拉普拉斯算符,即

$$\nabla\times(\nabla\times\boldsymbol{E})=\nabla(\nabla\cdot\boldsymbol{E})-\nabla^2 E.$$

然而,在自由空间里,E 的散度等于零。因而只有拉普拉斯算符那一项才保留着。并且,根据自由空间中第Ⅳ个麦克斯韦方程[式(20.12)],$c^2\ \nabla\times\boldsymbol{B}$ 的时间微商即是 $\boldsymbol{E}$ 对 t 的二次微商:

$$c^2\ \frac{\partial}{\partial t}(\nabla\times\boldsymbol{B})=\frac{\partial^2\boldsymbol{E}}{\partial t^2}.$$

于是式(20.26)就成为

$$\nabla^2 \boldsymbol{E} = \frac{1}{c^2}\frac{\partial^2 \boldsymbol{E}}{\partial t^2},$$

上式是三维波动方程。若要反映出它的全部光辉，这一方程当然就是

$$\frac{\partial^2 \boldsymbol{E}}{\partial x^2} + \frac{\partial^2 \boldsymbol{E}}{\partial y^2} + \frac{\partial^2 \boldsymbol{E}}{\partial z^2} - \frac{1}{c^2}\frac{\partial^2 \boldsymbol{E}}{\partial t^2} = 0. \tag{20.27}$$

我们将如何找出波动方程的通解呢？答案是所有三维波动方程的解都可以表示为我们已找到的一维解的叠加，通过假定场并不依赖于 y 和 z，我们已获得在 x 方向上运动的波的表示式。显然，还存在别的解，其中场并不依赖于 x 和 z，它表示波在 y 方向上行进。然后还有与 x 和 y 都无关的解，它代表沿 z 方向传播的波。或者一般说来，由于我们已将方程写成了矢量形式，所以三维波动方程可以有在各点朝任何一个方向运动着的平面波之解。再则，由于那些方程都是线性的，因而可以同时具有任意多的、沿各种不同方向传播的平面波。这样，三维波动方程的最一般解就是在各种不同方向运动的所有各种平面波的叠加。

试想象此刻存在于这个课堂空间中的电场和磁场像什么样子。首先，有一个恒定磁场，它来自地球内部的电流——也就是地球的恒定磁场。然后，还有一些不规则的、几乎是静态的电场，这或许是由于各人在其椅子上移动并以其大衣袖口擦过椅臂时由于摩擦引起的电荷所产生的。然后也存在由电线里的振动电流所产生的其他磁场——以60 Hz的频率变化着、并且与水坝的发电机同步的场。但更为有趣的是那些以高得多的频率变化着的电场和磁场。例如，当光从窗口至地板、从这面壁至那面壁传播时，就会有电场和磁场的微小摆动以 186 000 mile s^{-1} 的速率跟着运动。然后也有从各个温暖的前额跑向较冷的黑板上的红外线。而我们已经把那些紫外光、X 射线以及通过这个房间传播的各种无线电波都忘记了。

飞过这个房间里的还包括载有爵士乐队音乐的那些电磁波，也有由那些代表着世界上其他各地方发生的事故的图像、或代表着那种想象的退热药阿司匹林溶解在想象的肚子里的图像的一系列脉冲所调制了的那些波。要演示这些波的真实性，只需打开那种能把这些波转变成图像和声音的电子设备就行了。

如果我们更加详细地分析到那些甚至是最微小的摆动，便会发现从遥远距离进入这房间里的细小电磁波。此刻就有这一种电场的微小振动，其波峰相距一英尺，那是来自几兆英里以外、由水手二号空间飞船刚刚经过金星时所传送到地球表面上来的。它的信号载着它从那个行星所收集到的信息概要(信息由该行星传播至空间飞船上的电磁波所提供)。

此外还有电场和磁场的十分微小摆动，那是发源于几十亿光年以外——从宇宙间最遥远角落里的星系送来的波。这件事情的真实性已由“用装满导线的房间”——即由建立像这房间那么大的天线组——证明了。这种从最大光学望远镜观测范围以外空间中一些地方来的无线电波被探测到了。甚至那些光学望远镜也不过是电磁波的收集器而已。所谓星星，只是一些推断，即从它们那里所已经获得的唯一物理实质所做出的推断——对到达地面上我们这里的电场和磁场的无比复杂的波动做了仔细研究而得出的结果。

当然，还有更多的电磁场：从若干英里外的闪电所产生的场，那些带电的宇宙射线粒子当其嘘嘘地通过我们的房间里时的场，此外还有更多更多。围绕着你四周的空间电场竟会

如此复杂！但它却始终满足三维波动方程式。

§20-3 科学的想象

我曾要求你们对这些电场和磁场进行想象。到底应该做些什么呢？你们是否懂得了怎样去做？我如何设想电场和磁场呢？我实际看到的到底是些什么？对科学想象应有哪些要求？它与试着想象这房间里充满着一些看不见的天使究竟有何区别？不,这并不像对那些看不到的天使的想象。要理解电磁场,比理解那些看不见的天使,还要有高级得多的想象力。为什么？因为要使那些看不到的天使们可以理解,我所必须做的只是把他们的性质稍微改变一点点——即使得他们稍微看得见,这样我就能见到他们的翅膀、躯体和光环的形象。一旦我已成功地想象出一个见得到的天使,那么所必须做的抽象化——即接纳一些几乎看不见的天使而把他们想象成完全是看不见的——就相对地容易了。所以你会说:"教授先生,请给我一个关于电磁波的近似描述吧,哪怕它还可能有点不准确,以便使我也能像看到那些几乎看不到的天使们那样看到它们。然后我才将该图像做必要的抽象化的修改。"

对不起,我不能为你做这件事。我不知道怎么办。我并没有关于这电磁场在任何意义上准确的图像。我知道电磁场已有很长时间了——25年前我所处的地位与你们现在所处的地位正好相同,而我已经有了这25年来琢磨这些摆动着的波的经验。当我开始描述磁场通过空间运动时,我谈及 $\boldsymbol{E}$ 场和 $\boldsymbol{B}$ 场并摇摆我的两只手臂,而你可能想象我已能够看到它们了。我将告诉你我看到了什么。我看到了某种模糊的阴影,摇摆着的线——莫名其妙在这里或那里的线上写着 E 或 B,而也许有些线还带着箭头——当我对其考察得太细致时,这里或那里的一个箭头竟会消失不见。当我谈及嗖地通过空间的那些场时,在用来描述对象的符号与对象本身之间存在一种可怕的混乱。即使接近像真实波的图像我也确实不能做出。因此如果你对于做出这样一种图像感到困难的话,你就不必担心你的困难是异乎寻常的了。

我们的科学对想象竟会提出这么可怕的要求。所需的想象程度比起对一些古老概念所要求的要极端得多。现代概念远更难于想象。尽管如此,我们还是用了一大堆工具。使用数学方程式和法则,并构造许多种图像。我现在所认识的是:当我谈及在空间中的电磁场时,我所看到的乃是所有那些我曾见过的关于它们的图形的某种叠加,并未看到在周围奔跑着的那些小束场线,因为我担心如果我以另一速率走过则那些线束将会消失不见。甚至我并非自始至终都在注视着那些电场和磁场,因为我有时还想到应当有一幅用矢势和标势来表示的图像,原因是,它们也许是正在摇动着的更具有物理意义的东西。

你会说,也许唯一的希望就是采取数学图像。那么数学图像又是怎么回事呢？从数学的观点看,空间中每一点有一个电场矢量和一个磁场矢量,即共有六个数目与每一点相联系。你能否想象出与空间中每一点联系着的竟有六个数目之多？那太难了。哪怕只有一个数目与每点联系,你能够想象得出来吗？我就不能！我只能想象在空间中每一点像温度那样的东西,那似乎还是可以理解的。若这里存在冷和热,则这里的温度就逐点变化。但老实说,我并不理解在每一点上就有一个数值的那种概念。

因此,也许应该这样来提出问题:我们能否用更像温度的某种东西来表示电场呢？比方说,像一块胶质的位移。假设我们这样开始,即通过想象世界充满着一种稀疏胶质而场代表胶质中的某种畸变——比如说伸长和扭曲,那么我们就能够使场看得见。在已经"看到"了它像个什么样子之后，我们就该能将胶质抽象化掉。这就是许多年来人们所企图做到的。麦克斯韦、安培、法拉第以及其他一些人都曾经尝试过按这一途径去理解电磁学(有时他们叫这抽象化了的胶体为"以太")。但事实证明，按那种方式去想象电磁场的尝试实际上是在前进道路上设置的一道障碍。可惜我们始终仅局限于去做抽象化，去应用仪器来探测场，去利用数学符号来描述场，等等。但无论如何，在某种意义上场却是真实的，因为在我们完全结束了对数学方程式的反复摆弄之后——不管有无做出图像和图画或试图去看到那种东西——我们仍然能够使仪器探测出从水手二号送来的信号并找出远在几十亿英里以外的那些银河，等等。

科学中的整个想象问题往往被从事其他学科的人们所误解。他们以下述办法企图来试验我们的想象力。他们说："这里就是某些人在某种情况下的一幅图像。你想象以后将会发生什么呢?"当我说"我想象不出来"时，他们可能认为我的想象力太弱了。他们忽视了一个事实，即在科学中容许我们去想象的无论什么东西都必须与我们所已知道的其他每件事情相一致：我们所谈及的电场和波并不只是我们随心所欲地自由创造出来的某些愉快思想，而是必须与我们所已知的一切物理规律都符合一致的一些概念。我们不能容许去认真地想象那些明显与所知的自然规律发生矛盾的东西，因而我们的那一种想象乃是十分困难的玩艺。人们得具有想象从未见过或从未听说过的某些事物的想象力。同时这些思想又好比是被束缚在一件紧身衣里，即受到来自自然界确实情况的知识的那些条件所限制。去创造出某种新的东西，但又要同以前已知的每一件东西相一致，这是一个极端困难的问题。

趁正在谈这个课题的时候，我要来谈一下是否有可能想象出我们所不能见到的那种美丽。那是一个饶有趣味的问题。当我们凝望着彩虹时，它对我们来说好像是美丽的。每个人都会说："啊，彩虹"(你看我多么科学。我不敢说某一件东西是美丽的，除非我有定义它的实验方法)。可是假如我们都是瞎子，则又该如何去描述彩虹呢？当我们测量 NaCl 的红外反射系数时，或者当我们在谈到来自不能看到的某个星系之波的频率时，我们都是瞎子——我们制作了一幅图，画出了一条曲线。例如，对于彩虹来说，这样的曲线可能是在天空中的每一个方向用分光光度计所测得的辐射强度对频率的关系。在一般情况下，这样的测量会给出一条相当平坦的曲线。于是在某一天，有人发现对于某种气候条件以及在天空中某个角度，作为波长函数的强度谱发生了一种奇异行为，它可能有扰动。当仪器的角度只稍微改变时，这个扰动的极大值就从某一波长移向另一波长。然后有一日，这些盲人办的物理评论杂志也许会发表一篇标题为《在某种气候条件下作为角度函数的辐射强度》的专门论文。在这篇论文中也许会出现一条像图20-5所示的那种曲线。作者可能要指出，在较大的角度处较多辐射集中在长波上，而对于较小角度，则辐射的峰出现在较短的波长上(从我们的观点出发，我们可能会说，在 40°角绿色光占优势，而在 42°角则红色光占优势)。

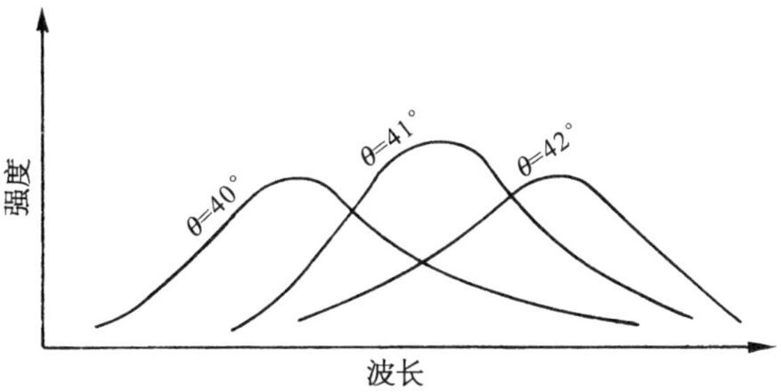

图 20-5　在(从与太阳相反的方向量起的)三个角度处作为波长函数的电磁波强度，这只是在某种气象条件下进行测量的结果

那么，我们发现图 20-5 上的那些曲线很优美吗？它所包含的内容比我

们看到彩虹时所理解的要详细得多,因为我们的眼睛不能够在光谱的形状中看到其精确细节。然而,眼睛却会发现到彩虹是美的。是否我们的想象力足以在光谱曲线中看到如同当我们直接瞭望彩虹时所看得到的同一种美丽?我不知道。

但假定有一幅作为红外区波长函数、也作为角度的函数的关于 NaCl 的反射系数的曲线图。要是眼睛能看到红外线——也许是一种灿烂夺目的“绿色”混杂着从该表面上反射而来的“金属红”——那么我该有一种对于我的双眼来说它看起来会是什么样子的图像了。那该是一件华丽的东西,但我还不知道我是否会有一天在看到用某种仪器测量出的关于 NaCl 的反射系的曲线图时,便能说出它具有同样的那种美丽。

另一方面,即使我们不能在具体的测量结果中看到美丽,我们也已能够声称在那些描述普遍物理规律的方程式中看到了某种美丽。例如,在波动方程式(20.9)中,就存在关于 x, y, z 和 t 表现出来的规则性的某些优美的东西。而在 x, y, z 和 t 外表所呈现出来的优美对称性,在人们的心中就会浮现出一种必须用四维空间完成的更伟大的美丽,该空间会有四维对称的可能性以及经过分析之后发展成为狭义相对论的可能性。所以存在许许多多与这个方程有关的智力上的美丽。

§20-4 球 面 波

我们已看到波动方程具有与平面波相对应的解,而任何电磁波都可描述为许多平面波的叠加。然而,在某些特殊情况下,用不同的数学形式来描写波场更为方便。现在,我们很想讨论球面波——与从某一中心扩展开去的球形表面相对应的波——的理论。当你把一块石头扔到湖里时,那些涟漪会在水面上以圆形波的形式扩展开去——它们是二维波。球面波与此相似,只不过它是在三维中扩展出去而已。

在我们开始描述球面波之前,需要一点数学。假设有一个函数仅取决于离某一原点的径向距离 r——换句话说,这是一个球对称的函数,让我们叫它函数 $\psi(r)$,其中 r 是指

$$r=\sqrt{x^2+y^2+z^2},$$

即与原点间的径向距离。为了求出满足波动方程的函数 $\psi(r)$,我们将需要关于 ψ 的拉普拉斯表示式。因此,就要求出 ψ 对 x, y 和 z 的二次微商之和。我们将采用这种符号,即 $\psi'(r)$ 代表 ψ 对 r 的微商,而 $\psi''(r)$ 代表 ψ 对 r 的二次微商。

首先,求对 x 的微商。第一次微商为

$$\frac{\partial\psi(r)}{\partial x}=\psi'(r)\,\frac{\partial r}{\partial x}.$$

ψ 对 x 的二次微商为

$$\frac{\partial^2\psi}{\partial x^2}=\psi''\left(\frac{\partial r}{\partial x}\right)^2+\psi'\,\frac{\partial^2 r}{\partial x^2}.$$

可以由下列两式计算 r 对 x 的偏微商:

$$\frac{\partial r}{\partial x}=\frac{x}{r},\quad \frac{\partial^2 r}{\partial x^2}=\frac{1}{r}\left(1-\frac{x^2}{r^2}\right).$$

因此，ψ 对 x 的二次微商就是

$$\frac{\partial^2 \psi}{\partial x^2} = \frac{x^2}{r^2}\psi'' + \frac{1}{r}\left(1 - \frac{x^2}{r^2}\right)\psi'. \tag{20.28}$$

同理，

$$\frac{\partial^2 \psi}{\partial y^2} = \frac{y^2}{r^2}\psi'' + \frac{1}{r}\left(1 - \frac{y^2}{r^2}\right)\psi', \tag{20.29}$$

$$\frac{\partial^2 \psi}{\partial z^2} = \frac{z^2}{r^2}\psi'' + \frac{1}{r}\left(1 - \frac{z^2}{r^2}\right)\psi'. \tag{20.30}$$

拉普拉斯算符等于这三个微商之和。记住 $x^2 + y^2 + z^2 = r^2$，我们便得

$$\nabla^2\psi(r) = \psi''(r) + \frac{2}{r}\psi'(r). \tag{20.31}$$

把这一方程写成如下形式往往更为方便：

$$\nabla^2\psi = \frac{1}{r}\frac{d^2}{dr^2}(r\psi). \tag{20.32}$$

如果你将式(20.32)中所标明的微分算出，则将看到右边与式(20.31)的右边相同。

如果希望讨论能够像球面波那样传播出去的球对称场，则场量就必须是 r 与 t 两者的函数。这时，假如我们问起下列三维波动方程

$$\nabla^2\psi(r, t) - \frac{1}{c^2}\frac{\partial^2}{\partial t^2}\psi(r, t) = 0 \tag{20.33}$$

之解是怎样的函数 $\psi(r, t)$。由于 $\psi(r, t)$仅仅通过 r 而依赖于空间坐标，因而可以采用上面求得的那个拉普拉斯算符方程式(20.32)。然而，为了准确起见，由于 ψ 也是 t 的函数，所以我们应该把对 r 的微商写成偏微商。这样该波动方程便变成

$$\frac{1}{r}\frac{\partial^2}{\partial r^2}(r\psi) - \frac{1}{c^2}\frac{\partial^2}{\partial t^2}\psi = 0.$$

现在我们必须解出这一方程，这看来比平面波的情况复杂得多。可是注意，如果我们以 r 乘这一方程，则得到

$$\frac{\partial^2}{\partial r^2}(r\psi) - \frac{1}{c^2}\frac{\partial^2}{\partial t^2}(r\psi) = 0. \tag{20.34}$$

上式告诉我们，函数 $r\psi$ 满足以 r 为变量的一维波动方程。应用曾经经常强调过的普遍原理，即相同的方程总会有相同的解，那么我们知道，如果 $r\psi$ 仅仅是 $(r-ct)$ 的函数，则它将是方程式(20.34)的解。因此，我们就知道球面波一定具有下面这种形式：

$$r\psi(r, t) = f(r - ct).$$

或者，正如我们以前曾见过的，同样可以说 $r\psi$ 可能具有这种形式：

$$r\psi = f(t - r/c).$$

两边各除以 r，便得到场量 ψ(不管它可能代表什么)具有如下形式：

$$\psi=\frac{f(t-r/c)}{r}. \tag{20.35}$$

这样一个函数表示从原点以速率 c 传播出去的普遍的球面波。如果暂时忘却那个在分母上的 r,则在某一给定时刻波幅作为离原点距离的函数会具有一定形状并以速率 c 向外传播。然而,那个分母中的因子 r 却说明当波传播时波幅正比于 $1/r$ 减小。换句话说,和平面波不同,当平面波向前行进时波幅维持不变,而在一球面波中波幅却是恒定地减小,如图 20-6 所示。这一效应不难从简单的物理论证得到理解。

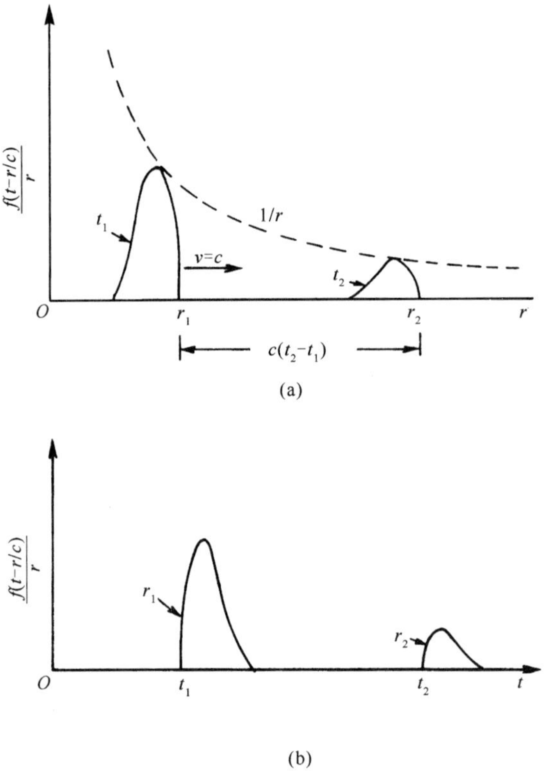

图 20-6 球面波 $\psi=f(t-r/c)/r$。(a)作为 r 函数的 ψ 在 $t=t_1$ 时刻的情况和同一个波在一个较后时刻 t_2 时的情况;(b)作为 t 函数的 ψ 在 $r=r_1$ 处的情况和同一个波在 r_2 处所看到的情况

我们知道,波的能量密度取决于波幅的平方。当波向外传播时,其能量分布在与径向距离的平方成正比的越来越大的面积上。如果总能量守恒的话,则能量密度必定随 $1/r^2$ 下降,而波幅则一定随 $1/r$ 减小。因此,式(20.35)是关于球面波的"合理"形式。

我们已忽略了对于一维波动方程的第二种可能解:

$$r\psi=g(t+r/c)$$

或

$$\psi=\frac{g(t+r/c)}{r}.$$

这也代表一个球面波,不过是一个从较大的 r 朝着原点向内传播的波。

现在打算做一个特殊假定,但不做任何证明。我们讲,由源所产生的波仅是向外行进的波,由于我们知道波是由电荷的运动所引起的,所以我们认为波是从电荷那里向外发出来的。要想象在电荷还未开始运动以前就有一个球面波从无限远处出发而恰恰在那些电荷刚要开始动起来的那一瞬到达它们那里,这应该是相当奇怪的。虽然这是一个可能的解,但经验表明,当电荷被加速时波是从电荷那里向外传播的。尽管麦克斯韦方程组会允许这两种可能性,但我们还要放进一个附加事实——基于经验——只有向外行进波的解才产生"物理意义"。

然而,也应该指出,对于这一附加假设存在一个有趣的后果:我们正在消除存在于麦克斯韦方程组中的时间对称性。关于 $\boldsymbol{E}$ 和 $\boldsymbol{B}$ 原来的方程组,以及从它们导出的波动方程式,都具有这么一种性质,即如果改变 t 的符号,方程式仍将保持不变。这些方程表明,对应于沿某一方向行进波的每一个解,就有一个沿相反方向传播的波作为同样有效的解。我们关于将只考虑向外的球面波的陈述是一个重要的附加假设(一种旨在避免这一附加假设的电动力学表达方式已由人们仔细地研究过。令人惊异的是,在许多场合下它并未在物理上导致荒谬的结论,但若此刻就来讨论这些想法,那就可能把我们引入歧途太远了。我们将在第 28 章对它们稍微多讨论一些)。

必须提出另一要点。在一个向外行进波的解即式(20.35)中,函数 ψ 在原点处等于无限大。那是有点特别的。我们很想有一个处处平滑的波动解。但我们的解必须在物理上代表某个源位于原点的情况。换句话说,由于疏忽我们已犯了一个错误。我们并未处处对自由波动方程式(20.33)求得解答,只是求得了在其右边除了原点之外处处都为零的方程式(20.33)的解。我们所以会不知不觉犯错,是由于在上述求导过程中,在 $r=0$ 的某些步骤是不"合法"的。

让我们来证明,在静电问题中也很容易犯同样类型错误。假定要求出自由空间里静电势方程 $\nabla^2\phi=0$ 的解。这拉普拉斯方程所以等于零,是因为我们假设处处都没有电荷。但关于这一方程的一个球对称解——即仅仅取决于 r 的某个函数 ψ——将会怎么样呢?利用式(20.32)关于拉普拉斯算符的公式,就有

$$\frac{1}{r}\frac{\mathrm{d}^2}{\mathrm{d}r^2}(r\phi)=0.$$

对上式乘以 r,便得到一个易于积分的微分方程:

$$\frac{\mathrm{d}^2}{\mathrm{d}r^2}(r\phi)=0.$$

如果对 r 积分一次,就求得 $r\phi$ 的一次微商为一常数,我们可称之为 a:

$$\frac{\mathrm{d}}{\mathrm{d}r}(r\phi)=a.$$

再积分一次,求得 $r\phi$ 的形式为:

$$r\phi=ar+b,$$

其中 b 是另一积分常数。因此,我们发现,下列 ϕ 是自由空间中静电势方程的一个解:

$$\phi=a+\frac{b}{r}.$$

显然出现了某种差错。在不存在电荷的区域中,我们知道静电势的解为:势处处为恒量。这相当于我们解中的第一项,但还有那第二项,这说明有一个与离原点的距离成反比变化的势的贡献。然而,我们知道,这样一个势相当于在原点处有一个点电荷。所以,虽然我们当初设想对自由空间中的势求解,但上述的解却也给出了在原点上有一个点源的场。你是否看到目前所发生的事情与上面我们对波动方程求球对称解时所发生的事情之间存在的相似性?要是真的在原点上没有任何电荷或电流,那么就不会有任何往外跑的球面波了。当然,球面波一定是由原点处的源产生的。在下一章中我们将探讨那些正在往外行进的电磁波与产生了这些波的电流和电压之间的关系。

第 21 章 有电流和电荷时麦克斯韦方程组的解

§21-1 光与电磁波

在上一章我们看到,在麦克斯韦方程组的解中就有电与磁的波。这些波相当于无线电波、可见光、X 射线等现象,视波长如何而定。我们曾在第 1 卷中详尽地学习过光学。本章将把这两门学科互相结合起来——证明麦克斯韦方程组确实能够形成我们前期处理光学现象的基础。

过去当我们学习光学时,是由写出一个以任意方式运动着的电荷所产生的场的方程开始的,即

$$\boldsymbol{E}=\frac{q}{4\pi\epsilon_0}\left[\frac{\boldsymbol{e}_{r'}}{r'^2}+\frac{r'}{c}\frac{d}{dt}\left(\frac{\boldsymbol{e}_{r'}}{r'^2}\right)+\frac{1}{c^2}\frac{d^2}{dt^2}\boldsymbol{e}_{r'}\right], \tag{21.1}$$

$$c\boldsymbol{B}=\boldsymbol{e}_{r'}\times\boldsymbol{E}$$

[见第 1 卷式(28.3)及式(28.4)。正如下面所述,这里的符号是原来符号的负值。]

如果电荷是以任意方式运动,则我们现在在某一点所求得的电场并非取决于电荷此刻所处的位置和运动,而仅仅取决于在一个较早时刻——早于光以速率 c 从电荷传播至该场点的距离 r'所需的时间的那个时刻——的位置和运动。换句话说,若要得到 t 时刻在点(1)处的场,就必须算出在 $(t-r'/c)$ 时刻电荷所处的位置(2′)及其运动,其中 r'是在 $(t-r'/c)$ 时刻从电荷位置(2′)至点(1)的距离。加上一撇是为了说明 r'是从点(2′)至点(1)的所谓"推迟距离",而非电荷在 t 时刻的位置即点(2)至该场点(1)的实际距离(见图 21-1)。注意,现在我们正在采用一种关于单位矢量 $\boldsymbol{e}_r$ 方向的新规则。在第 1 卷第 28 和 34 两章中我们曾取 $\boldsymbol{r}$(因而 $\boldsymbol{e}_r$)指向源处,那是方便的。但现在却要按照上面关于库仑定律的定义,其中 $\boldsymbol{r}$ 是从点(2)处的电荷指向点(1)处的场点的。当然,唯一不同之处是,现在的新 $\boldsymbol{r}$(和 $\boldsymbol{e}_r$)就是过去那些量取负值。

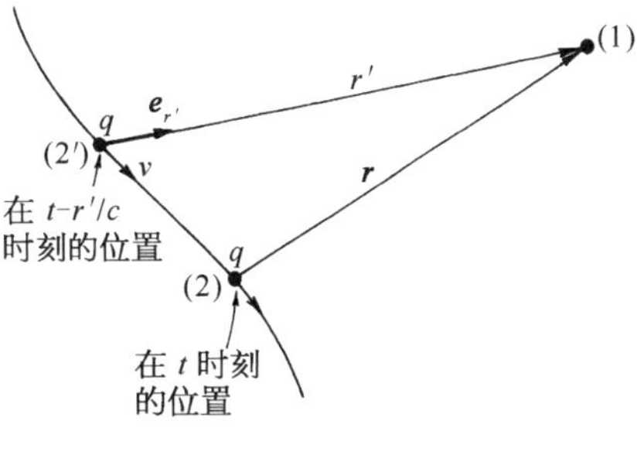

图 21-1 t 时刻在点(1)处的场取决于在 $(t-r'/c)$ 时刻电荷 q 所占据的位置(2′)

我们也已知道,若电荷的速度 v 总是比 c 小得多,而且只考虑那些距离电荷很远的点,以致只有式(21.1)中最后一项才算重要,则场也就可以写成

$$\boldsymbol{E}=-\frac{q}{4\pi\epsilon_0 c^2 r'}\left[\begin{array}{l}\text{电荷在 }(t-r'/c)\text{ 时刻的加速度}\\ \text{垂直于 }\boldsymbol{r}'\text{ 方向的投影}\end{array}\right] \tag{21.1′}$$

和
$$cB = e_{r'} \times E.$$

让我们稍微详细地考察一下整个公式(21.1)讲些什么。矢量 $e_{r'}$ 乃是从推迟位置(2′)至点(1)的单位矢量。那么第一项是我们预期的在推迟位置处的电荷的库仑场,可以把它叫作"推迟库仑场",电场与距离的平方成反比,并且从电荷的推迟位置上指向外(也就是在 $e_{r'}$ 的方向上)。

但那只是第一项。其他两项告诉我们,电学定律并未讲过除了推迟场外所有场都与静场相同(这是人们有时喜欢说的)。对于"推迟库仑场"我们还必须加上其他两项。式中的第二项讲,对于推迟库仑场有一项"修正",那就是推迟库仑场的电荷变化率乘以延迟时间 r'/c。在某种意义上,这一项势必对第一项的推迟做出补偿。这前面两项相当于在算出了"推迟库仑场"之后再把它往后推 r'/c 这个量,即一直推至时刻 t! 这一外推是线性的,好像我们必须假定"推迟库仑场"应该以电荷在点(2′)处所算得的变化率继续变化。如果场变化得很慢,则推迟效应几乎完全被修正项所抵消,而这两项一起给我们提供了"瞬时库仑场"那样的电场——也就是在点(2)处的电荷的库仑场——趋向于很好的近似。

最后,式(21.1)中还有第三项,它是对单位矢量 $e_{r'}$ 的二项微商。在学习光学现象时我们曾利用过这样的事实,即在离电荷很远的地方,前两项都与距离的平方成反比,因而对于巨大的距离来说,它们比起随 $1/r$ 减少的第三项来就变得十分微弱。因此,我们完全把注意力集中在这第三项上,并证明(又是对于大距离而言)这一项与电荷的加速度在视线上的垂直分量成正比(并且,我们在第1卷中的大部分工作都是考虑其中电荷正在做非相对论性运动的情况,仅在第36章中才考虑过相对论性效应)。

现在应该尝试把这两件事联系起来。我们既有麦克斯韦方程组,也有关于点电荷场的方程式(21.1),肯定会问这两者是否等效。若我们能从麦克斯韦方程组导出式(21.1),则我们将确实懂得光学与电磁学间的关系。建立这种关系是本章的主要目标。

事实证明,我们不想完全解决这个问题——数学的细节变得过于复杂以致我们不能将其彻底完成。但将进行到足够接近完成的地步,以便使你们能够轻而易举地看出如何才能把联系建立起来,所遗漏的部分将只是一些数学细节。你们当中有些人可能会发觉这一章中的数学相当复杂,因而也就不愿意非常仔细地领会这种论证了。然而,我们认为这样做是十分重要的,即要把你以前学到的与现在正在学习的东西联系起来,或者至少指出这种联系如何才能建立。倘若你对以前各章大致看一看,你就会注意到,每当我们把一种说法作为讨论的起点时,总是要小心地解释它是某个"基本规律"的一种新的"前提",还是最终可以从别的某些规律推导出来的结果。多亏你们对这些演讲的热切心意,我们才来建立光与麦克斯韦方程组之间的关系。若在某些地方变得太困难,噢,那就是生活——没有其他别的途径可走。

§21-2　由点源产生的球面波

在第18章中我们曾发现,麦克斯韦方程组是可以求得解答的,即通过设
$$E = -\nabla\phi - \frac{\partial A}{\partial t} \tag{21.2}$$
和
$$B = \nabla \times A, \tag{21.3}$$

式中 ϕ 和 $\boldsymbol{A}$ 这时必定是下列两方程的解，

$$\nabla^2\phi - \frac{1}{c^2}\frac{\partial^2\phi}{\partial t^2} = -\frac{\rho}{\epsilon_0} \tag{21.4}$$

和

$$\nabla^2\boldsymbol{A} - \frac{1}{c^2}\frac{\partial^2\boldsymbol{A}}{\partial t^2} = -\frac{\boldsymbol{j}}{\epsilon_0 c^2}, \tag{21.5}$$

而且也必须满足条件

$$\boldsymbol{\nabla}\cdot\boldsymbol{A} = -\frac{1}{c^2}\frac{\partial\phi}{\partial t}. \tag{21.6}$$

现在要来求出式(21.4)和(21.5)两方程之解。为此，就得求方程

$$\nabla^2\psi - \frac{1}{c^2}\frac{\partial^2\psi}{\partial t^2} = -s \tag{21.7}$$

的解 ψ，这里我们称之为源的 s 是已知的。当然，对于式(21.4)来说，s 相当于 ρ/ϵ_0 而 ψ 相当于 ϕ，或者若 ψ 为 A_x，则 s 为 $j_x/(\epsilon_0 c^2)$，等等。但我们要作为一个数学问题来解方程式(21.7)而不管 ψ 和 s 在物理上指的是什么。

在 ρ 和 $\boldsymbol{j}$ 都分别等于零的那些地方——即在我们称之为"自由"空间里——势 ϕ 和 $\boldsymbol{A}$ 以及场 $\boldsymbol{E}$ 和 $\boldsymbol{B}$ 都满足无源的三维波动方程，其数学形式为

$$\nabla^2\psi - \frac{1}{c^2}\frac{\partial^2\psi}{\partial t^2} = 0. \tag{21.8}$$

在第 20 章中就知道这一个方程的解可表示不同类型的波：在 x 方向上的平面波 $\psi = f(t - x/c)$；在 y 方向、z 方向或任何其他方向上的平面波；或者具有如下形式的球面波：

$$\psi(x, y, z, t) = \frac{f(t - r/c)}{r}. \tag{21.9}$$

方程的解也可以按其他方式写出，比方从一根轴线向外传播的柱面波。

我们也曾指出，在物理上，式(21.9)不代表自由空间里的波——必须在原点处有电荷才能获得开始向外行进的波。换句话说，式(21.9)是方程(21.8)在每个地方的解，除了很靠近 $r=0$ 处，在那里它必然是包括某些源的完整方程式(21.7)的解。让我们看看如何处理这个问题，方程式(21.7)中要有什么样的源 s 才能产生像式(21.9)那样的波？

假设已有了式(21.9)的球面波，并考察在 r 十分微小处所发生的情况。这时，$f(t - r/c)$ 中的推迟 $-r/c$ 可以忽略——只要 f 是一个平滑函数——因而 ψ 变成

$$\psi = \frac{f(t)}{r}\ (r \to 0). \tag{21.10}$$

所以 ψ 很像在原点处随时间变化的电荷产生的库仑场。这就是说，要是有一小堆电荷被限制在原点附近的一个小区域里，并具有密度 ρ，那么我们知道

$$\phi = \frac{Q/(4\pi\epsilon_0)}{r},$$

式中 $Q = \int\rho\mathrm{d}V$。现在我们懂得这样的 ϕ 满足方程

$$\nabla^2\phi=-\frac{\rho}{\epsilon_0}.$$

根据相同的数学,我们总可以讲,式(21.10)中的 ψ 满足

$$\nabla^2\psi=-s\ (r\to 0).\tag{21.11}$$

这里 s 与 f 的关系为

$$f=\frac{S}{4\pi},$$

而
$$S=\int s\mathrm{d}V.$$

唯一不同之处是在这种普遍情况下,s,从而 S,都可以是时间的函数。

现在重要的事情在于:若对于小 r 来说 ψ 满足方程式(21.11),则它也满足方程式(21.7)。当我们进至极靠近原点时,ψ 对 $1/r$ 的依存关系使空间微商变得十分大。但时间微商却仍保持它们原有的值[它们不过是 $f(t)$ 的时间微商]。所以当 r 趋于零时,式(21.7)中的 $\partial^2\psi/\partial t^2$ 项比起 $\nabla^2\psi$ 来就可以忽略,而方程式(21.7)也变得与方程式(21.11)等价。

因此扼要地说,若方程式(21.7)中的源函数 $s(t)$ 被置在原点处并具有总强度

$$S(t)=\int s(t)\mathrm{d}V,\tag{21.12}$$

则该方程式(21.7)的解便是

$$\psi(x,\ y,\ z,\ t)=\frac{1}{4\pi}\frac{S(t-r/c)}{r}.\tag{21.13}$$

式(21.7)中 $\partial^2\psi/\partial t^2$ 项的唯一影响是在库仑势中引入了推迟时间 $(t-r/c)$。

§21-3 麦克斯韦方程组的通解

我们已求得关于点源方程式(21.7)的解。下一个问题是:对于一个分布源来说其解是什么呢?那是容易求得的;可以把任何源 $s(x,\ y,\ z,\ t)$ 都想象为由许多个“点”源所组成,而对于每个体积元 $\mathrm{d}V$ 就有一个其源强为 $s(x,\ y,\ z,\ t)\mathrm{d}V$ 的“点”源。由于方程式(21.7)是线性方程,所以合成场就等于所有这种源的基元产生的场的叠加。

利用上一节的结果[式(21.13)]我们知道,在 t 时刻在点$(x_1,\ y_1,\ z_1)$——或简称点(1)——处的来自点$(x_2,\ y_2,\ z_2)$——或简称点(2)——的一个源的基元 $s\mathrm{d}V$ 的场 $\mathrm{d}\psi$ 由下式给出:

$$\mathrm{d}\psi(1,\ t)=\frac{s(2,\ t-r_{12}/c)\mathrm{d}V_2}{4\pi r_{12}},$$

式中 r_{12} 是从(2)至(1)的距离。把来自源所有部分的贡献都相加起来,那意思当然是指对所有 $s\neq 0$ 的区域进行积分,因而我们有

$$\psi(1,\ t)=\int\frac{s(2,\ t-r_{12}/c)}{4\pi r_{12}}\mathrm{d}V_2.\tag{21.14}$$

这就是说,在 t 时刻在点(1)处的场是在 $(t-r_{12}/c)$ 时刻离开位于(2)处的各个源的基元的球面波之和。这就是对于任何一组源的有关波动方程的解。

现在我们来看看如何才能得到麦克斯韦方程组的通解。若 ψ 指的是标势 ϕ,则源函数 s 便变成 ρ/ϵ_0。我们也可以令 ψ 代表矢势 $\boldsymbol{A}$ 的三个分量中的任一个,同时由 $\boldsymbol{j}/(\epsilon_0 c^2)$ 的对应分量来取代 s。这样,若我们对各处的电荷密度 $\rho(x, y, z, t)$ 和电流密度 $\boldsymbol{j}(x, y, z, t)$ 都已知道,则可立即把式(21.4)和(21.5)两方程的解写出来。它们是

$$\phi(1, t)=\int \frac{\rho(2, t-r_{12}/c)}{4\pi\epsilon_0 r_{12}} \mathrm{d}V_2 \tag{21.15}$$

和

$$\boldsymbol{A}(1, t)=\int \frac{\boldsymbol{j}(2, t-r_{12}/c)}{4\pi\epsilon_0 c^2 r_{12}} \mathrm{d}V_2. \tag{21.16}$$

于是利用式(21.2)和(21.3),场 $\boldsymbol{E}$ 和 $\boldsymbol{B}$ 便可以通过势的微商而求得[顺便提一下,我们有可能核实由式(21.15)和(21.16)得到的 ϕ 和 $\boldsymbol{A}$ 的确满足方程式(21.6)]。

我们已解出了麦克斯韦方程组。在任何情况下,如果给出电流和电荷,便能够从这些积分直接求得势,然后通过微分而获得场。因此,我们已经学完了麦克斯韦理论。而且这也使我们能够把这一个环节与光的理论衔接起来,因为要联系到我们以前关于光方面的工作,所以只需要算出来自运动电荷的电场。尚待做的就是取一个正在运动的电荷,从这些积分算出各个势来,然后再通过微分而由 $-\boldsymbol{\nabla}\phi-\partial\boldsymbol{A}/\partial t$ 找出 $\boldsymbol{E}$,这样就会得到式(21.1)。事实证明,需要做的工作很多很多,但那是原则。

因此,这里是电磁领域的中心——电和磁,以及光的完整理论;对于由任何运动电荷所产生的场的完整描述;以及另外的一些,全都在这里了。这里就是由麦克斯韦建立起来的、以它的全部功能和美丽而使其完满的建筑物,它可能是物理学中最伟大的成就之一。为要使你想起它的重要性,我们将把它全都收集在一个精致的框架中。

麦克斯韦方程组:

$$\boldsymbol{\nabla}\cdot\boldsymbol{E}=\frac{\rho}{\epsilon_0} \qquad \boldsymbol{\nabla}\cdot\boldsymbol{B}=0$$

$$\boldsymbol{\nabla}\times\boldsymbol{E}=-\frac{\partial\boldsymbol{B}}{\partial t} \qquad c^2\,\boldsymbol{\nabla}\times\boldsymbol{B}=\frac{\boldsymbol{j}}{\epsilon_0}+\frac{\partial\boldsymbol{E}}{\partial t}$$

它们的解:

$$\boldsymbol{E}=-\boldsymbol{\nabla}\phi-\frac{\partial\boldsymbol{A}}{\partial t}$$

$$\boldsymbol{B}=\boldsymbol{\nabla}\times\boldsymbol{A}$$

$$\phi(1, t)=\int \frac{\rho(2, t-r_{12}/c)}{4\pi\epsilon_0 r_{12}} \mathrm{d}V_2$$

$$\boldsymbol{A}(1, t)=\int \frac{\boldsymbol{j}(2, t-r_{12}/c)}{4\pi\epsilon_0 c^2 r_{12}} \mathrm{d}V_2$$

§ 21-4 振荡偶极子的场

导出一个运动的点电荷的场公式(21.1)的这个诺言,我们迄今还未曾实现。即使是已有的一些结果,但要把它导出来仍是一件相当复杂的事情。除了在这本讲义的第 1 卷之外,我们从未在已经发表的文献的任何地方找到过式(21.1)*。因此,你可以看出它不容易导出(当然,一个运动电荷的场已经被写成许多种互相等价的其他形式)。这里,我们不得不把自己限制在几个例子中,这正是为了证实式(21.15)和(21.16)会给出与式(21.1)相同的结果。首先,将证明式(21.1)只在带电粒子的运动是非相对论性的条件下才给出正确的场(仅仅这一特殊情况就能处理我们过去关于光学方面所谈及的 90%或更多的内容)。

我们考虑一小团电荷在一个小区域里以某种方式运动的情况,并将找出在远处的场。换一种说法,就是我们正在寻找距离点电荷任意远处的场,而该点电荷正以很小的幅度上下振动。由于光往往从诸如原子那种中性物体内发射出来,所以我们将认为摆动电荷 q 是处在一个静止不动的等值异号电荷附近。如果这两电荷中心间的距离为 $\boldsymbol{d}$,则这两电荷将具有偶极矩 $\boldsymbol{p}=q\boldsymbol{d}$,这我们将认为是时间的函数。现在应该期待,如果靠近电荷对场进行观察,便无须担心那个推迟效应,电场将与我们以前对静电偶极子所算出的场完全相同——当然,要用到瞬时偶极矩 $\boldsymbol{p}(t)$。但若我们离开得很远,则应该在场中找到一项,它按 $1/r$ 下降而又依赖于与视线垂直的电荷加速度。让我们来看看是否会得到这样的结果。

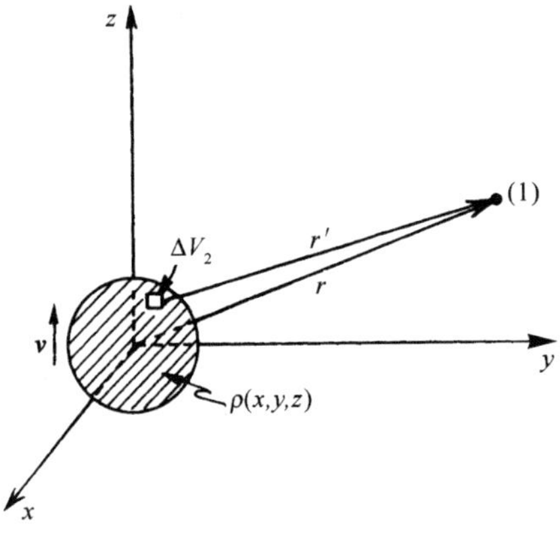

图 21-2 点(1)处的势由对电荷密度 ρ 的积分给出

利用式(21.16)由算出矢势 $\boldsymbol{A}$ 开始。假设运动电荷处于一小团内,其中的电荷密度由 $\rho(x, y, z)$ 给出,而在任一时刻整团东西以速度 $\boldsymbol{v}$ 运动,那么电流密度 $\boldsymbol{j}(x, y, z)$ 就等于 $\boldsymbol{v}\rho(x, y, z)$。为了将来方便选取我们的坐标系使 z 轴指向 $\boldsymbol{v}$ 的方向,这时问题的几何结构就如图 21-2 所示。现在要求下面的积分:

$$\int \frac{\boldsymbol{j}(2,\ t-r_{12}/c)}{r_{12}}\mathrm{d}V_2. \qquad (21.17)$$

若电荷小团的尺度比起 r_{12} 来确实很小,那么可令分母中的 r_{12} 等于 r,即到该小团中心的距离,并把 r 取出积分符号之外。其次,也要令该式分子中 $r_{12}=r$,尽管这实际上并不完全正确。其所以不对,是因为我们在小团的顶端取 $\boldsymbol{j}$ 与在该小团的底部取 $\boldsymbol{j}$ 在时间方面稍微有点不同。当在 $\boldsymbol{j}(t-r_{12}/c)$ 中令 $r_{12}=r$ 时,我们是在同一个时刻 $(t-r/c)$ 对整个小团取电荷密度。那只有当电荷的速度 v 远比 c 为小时才算是良好的近似。因此,我们正在做一种非相对论性计算,用 $\rho\boldsymbol{v}$ 来代替 $\boldsymbol{j}$,积分式(21.17)便变成

---

* 这一公式首先由 *Oliver Heaviside* 于 1902 年发表。约在 1950 年它由 R. P. 费曼独立导出,并作为对同步加速器辐射的一种优良想法在某些讲稿中曾经给出过。

$$\frac{1}{r}\int \boldsymbol{v}\rho(2,\ t-r/c)\mathrm{d}V_2.$$

由于所有电荷都有相同的速度，这个积分正好是 v/r 乘以总电荷 q。但 $q\boldsymbol{v}$ 恰好就是 $\partial \boldsymbol{p}/\partial t$，即电偶极矩的时间变化率——那当然必须是在推迟时刻 $(t-r/c)$ 算出来的。我们将把它写成 $\dot{\boldsymbol{p}}(t-r/c)$。因此对于矢势来说就得到

$$\boldsymbol{A}(1,\ t)=\frac{1}{4\pi\epsilon_0 c^2}\frac{\dot{\boldsymbol{p}}(t-r/c)}{r}. \tag{21.18}$$

上述结果表明：变化偶极子中的电流会产生一个矢势，这矢势具有源强度为 $\dot{\boldsymbol{p}}/(\epsilon_0 c^2)$ 的球面波的形式。

现在就可以由 $\boldsymbol{B}=\boldsymbol{\nabla}\times\boldsymbol{A}$ 得到磁场。由于 $\dot{\boldsymbol{p}}$ 完全在 z 方向上，所以 $\boldsymbol{A}$ 只有一个 z 分量；在它的旋度中只有两个不等于零的微商。因此，$B_x=\partial A_z/\partial y$ 及 $B_y=-\partial A_z/\partial x$。让我们首先来考察 B_x：

$$B_x=\frac{\partial A_z}{\partial y}=\frac{1}{4\pi\epsilon_0 c^2}\frac{\partial}{\partial y}\frac{\dot{\boldsymbol{p}}(t-r/c)}{r}. \tag{21.19}$$

为了求得微商，必须想到 $r=\sqrt{x^2+y^2+z^2}$，从而得出

$$B_x=\frac{1}{4\pi\epsilon_0 c^2}\dot{p}(t-r/c)\frac{\partial}{\partial y}\left(\frac{1}{r}\right)+\frac{1}{4\pi\epsilon_0 c^2}\frac{1}{r}\frac{\partial}{\partial y}\dot{p}(t-r/c). \tag{21.20}$$

记住 $\partial r/\partial y=y/r$，则第一项就给出

$$-\frac{1}{4\pi\epsilon_0 c^2}\frac{y\dot{p}(t-r/c)}{r^3}, \tag{21.21}$$

这类似于一个静态偶极子的势，随 $1/r^2$ 而下降（因为对于给定的方向来说，y/r 是个常数）。

式(21.20)中的第二项为我们提供一些新的效应。在进行微商后得

$$-\frac{1}{4\pi\epsilon_0 c^2}\frac{y}{cr^2}\ddot{p}(t-r/c), \tag{21.22}$$

式中 $\ddot{p}$ 当然是指 p 对时间的二次导数。这一项来自对式中分子的微商，它是造成辐射的主要原因。首先，它描述了一个仅按 $1/r$ 随距离下降的场。其次，它取决于电荷的加速度。你可能开始明白，我们是如何打算得到一个像式(21.1′)那样的结果，而它是描述光辐射的。

让我们稍微详细一点检查一下这个辐射项是如何得来的——它是这么一个有趣而又重要的结果。由表示式(21.18)开始，它具有 $1/r$ 的依存关系，因而除了式中分子上的那个推迟项外就像一个库仑势了。那么，当我们为获得场而对空间坐标取微商时，为什么并不恰好得到 $1/r^2$ 的场——当然还会有那相应的时间推迟？

按照下述办法我们就能够看出其所以然：如让偶极子作正弦式上、下振动，那么就会有

$$p=p_z=p_0\sin\omega t$$

和

$$A_z=\frac{1}{4\pi\epsilon_0 c^2}\frac{\omega p_0\cos\omega(t-r/c)}{r}.$$

若在某一给定时刻把作为 r 函数的 A_z 画成图，则可获得如图 21-3 所示的那种曲线。该峰

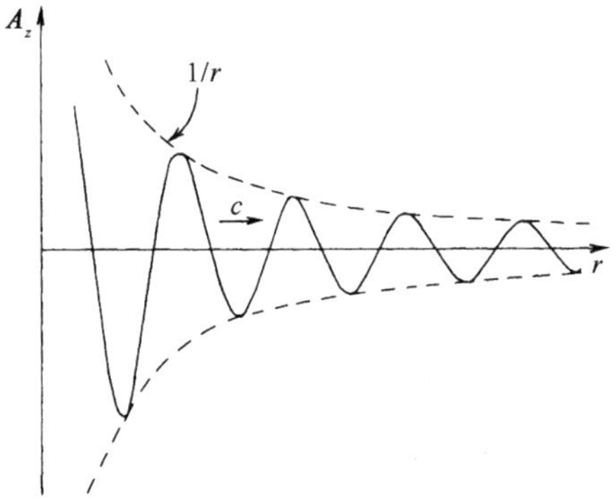

图 21-3 对来自一振荡偶极子的球面波,在 t 时刻矢势 $\boldsymbol{A}$ 的正分量作为 r 函数而画成的图

的振幅会随 $1/r$ 减小,但除此之外在空间还有一受 $1/r$ 的包络线调制的振动。当我们对空间取微商时,它们将与该曲线的斜率成正比。从图中我们看出有一些斜率比 $1/r$ 曲线本身的斜率要峻峭得多。事实上,对于某一给定频率来说,那些峰的斜率显然正比于随 $1/r$ 变化的波的振幅。因此,这就说明了该辐射项的下降率。

事情的发生完全是由于当波向外传播时源对时间的变化已变换成在空间里的变化,而磁场则是取决于势的空间微商。

让我们回过来完成对磁场的计算。关于 B_x 已有式(21.21)和(21.22)两项,因而

$$B_x=\frac{1}{4\pi\epsilon_0 c^2}\left[-\frac{y\,\dot{\boldsymbol{p}}(t-r/c)}{r^3}-\frac{y\,\ddot{\boldsymbol{p}}(t-r/c)}{cr^2}\right].$$

利用相同的数学,得到

$$B_y=\frac{1}{4\pi\epsilon_0 c^2}\left[\frac{x\,\dot{\boldsymbol{p}}(t-r/c)}{r^3}+\frac{x\,\ddot{\boldsymbol{p}}(t-r/c)}{cr^2}\right].$$

或者,可将其集合在一个漂亮的矢量式中:

$$\boldsymbol{B}=\frac{1}{4\pi\epsilon_0 c^2}\frac{[\dot{\boldsymbol{p}}+(r/c)\,\ddot{\boldsymbol{p}}]_{t-r/c}\times\boldsymbol{r}}{r^3}.\tag{21.23}$$

现在让我们来看看这个公式。首先,若 r 很大,就只有那 $\ddot{\boldsymbol{p}}$ 项才重要。$\boldsymbol{B}$ 的方向由 $\ddot{\boldsymbol{p}}\times\boldsymbol{r}$ 给出,它既垂直于矢径 $\boldsymbol{r}$,也垂直于加速度,如图 21-4 所示。一切都表明不错,那也是我们由式(21.1′)所得到的结果。

现在,让我们来看看以往不熟悉的东西——即在源附近所发生的事情。在§14-7 中我们曾求出关于电流元磁场的毕奥-萨伐尔定律。求得一个电流元 $\boldsymbol{j}\mathrm{d}V$ 对于磁场贡献的量为:

$$\mathrm{d}\boldsymbol{B}=\frac{1}{4\pi\epsilon_0 c^2}\frac{\boldsymbol{j}\times\boldsymbol{r}}{r^3}\mathrm{d}V.\tag{21.24}$$

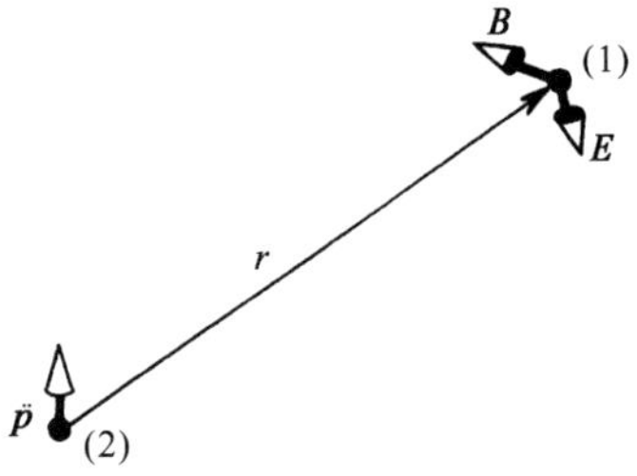

图 21-4 一个振荡偶极子的辐射场 $\boldsymbol{B}$ 和 $\boldsymbol{E}$

若记得 $\dot{\boldsymbol{p}}$ 就是电流,则你知道这个公式看来很像式(21.23)中的第一项。但有一点不同。在式(21.23)中,电流必须在 $(t-r/c)$ 时刻被算出,而这一点在式(21.24)中就没有出现。然而,事实上,对于小 r 来说式(21.24)还是十分精确的,因为式(21.23)中的第二项有助于抵消掉第一项中的推迟效应。当 r 很小时这两项合起来给出的结果很接近于式(21.24)。

关于这一点我们可以这样来认识:当 r 小时,$(t-r/c)$ 与 t 相差无几,因而可以把式(21.23)中的方括号展开成泰勒级数。对于第一项,

$$\dot{\boldsymbol{p}}(t-r/c)=\dot{\boldsymbol{p}}(t)-\frac{r}{c}\,\ddot{\boldsymbol{p}}(t)+\text{其他},$$

而第二项展开至 r/c 的同一级，则为

$$\frac{r}{c}\ddot{\boldsymbol{p}}(t-r/c)=\frac{r}{c}\ddot{\boldsymbol{p}}(t)+\text{其他}.$$

当求和时，含 $\ddot{\boldsymbol{p}}$ 的两项互相抵消，而留给我们是非推迟电流 $\dot{\boldsymbol{p}}$ 也即 $\dot{\boldsymbol{p}}(t)$——加上 $(r/c)^2$ 级的项或更高级的项 $\left[\text{如}\frac{1}{2}(r/c)^2\ \dddot{\boldsymbol{p}}\right]$，对于 r 足够小以致 $\dot{\boldsymbol{p}}$ 在时间 r/c 内没有显著改变的情况，这些项的贡献将是十分微小的。

因此，式(21.23)给出的场很像瞬时理论中的场——比带有推迟的瞬时理论要接近得多，推迟的一级效应已被第二项所消除。该静态公式十分准确，其准确程度远比你可能想到的要高。当然，这补偿作用仅对接近源的点才有效。对于远离源的点这个修正变得十分差，因为时间延迟产生了很大的影响，所以我们得到重要的含 $1/r$ 的辐射项。

仍然存在这样的问题，即算出电场并证明它与式(21.1′)相同。对于大的距离来说我们能够看出该答案将完全正确。我们知道，离源很远、有波传播的地方，$\boldsymbol{E}$ 垂直于 $\boldsymbol{B}$(而且也垂直于 $\boldsymbol{r}$)，如图 21-4 所示，并且 $cB=E$。因此，$\boldsymbol{E}$ 与加速度 $\ddot{\boldsymbol{p}}$ 成正比，正如式(21.1′)所料到的那样。

要完全得到在所有距离上的电场，我们需要先解出静电势。当计算 $\boldsymbol{A}$ 的电流积分以获得式(21.18)时，就曾做过这样一种近似，即把推迟项中 r 的微小变化忽略不计。这对于静电势来说将行不通，因为这样一来我们获得 $1/r$ 乘以电荷密度的积分，那将是一个常数。这种近似太粗糙了。我们需要达到一个较高级的近似，但又要避免直接在有关较高级近似的计算中找麻烦，我们还是能够做某一种其他事情的——可以利用已找到的矢势从式(21.6)确定标势。在我们的情况下，$\boldsymbol{A}$ 的散度只是 $\partial A_z/\partial z$——因为 A_x 和 A_y 都恒等于零。用上面求 $\boldsymbol{B}$ 的同样办法取微分，

$$\begin{aligned}\boldsymbol{\nabla}\cdot\boldsymbol{A}&=\frac{1}{4\pi\epsilon_0 c^2}\left[\dot{p}(t-r/c)\frac{\partial}{\partial z}\left(\frac{1}{r}\right)+\frac{1}{r}\frac{\partial}{\partial z}\dot{p}(t-r/c)\right]\\&=\frac{1}{4\pi\epsilon_0 c^2}\left[-\frac{z\dot{p}(t-r/c)}{r^3}-\frac{z\ddot{p}(t-r/c)}{cr^2}\right].\end{aligned}$$

或者，采用矢量符号，

$$\boldsymbol{\nabla}\cdot\boldsymbol{A}=-\frac{1}{4\pi\epsilon_0 c^2}\frac{[\dot{\boldsymbol{p}}+(r/c)\ddot{\boldsymbol{p}}]_{t-r/c}\cdot\boldsymbol{r}}{r^3}.$$

应用式(21.6)，我们得到关于 ϕ 的方程：

$$\frac{\partial\phi}{\partial t}=\frac{1}{4\pi\epsilon_0}\frac{[\dot{\boldsymbol{p}}+(r/c)\ddot{\boldsymbol{p}}]_{t-r/c}\cdot\boldsymbol{r}}{r^3}.$$

对于 t 的积分不过是从每一个 $\dot{\boldsymbol{p}}$ 或 $\ddot{\boldsymbol{p}}$ 中除去顶上的一点，因而

$$\phi(\vec{\boldsymbol{r}},t)=\frac{1}{4\pi\epsilon_0}\frac{[\boldsymbol{p}+(r/c)\dot{\boldsymbol{p}}]_{t-r/c}\cdot\boldsymbol{r}}{r^3}.\qquad(21.25)$$

积分常数大概相当于某个叠加上去的静场，那当然是有可能存在的静场。但对于我们所考虑的振荡偶极子来说，却不存在静场。

现在我们能够按照

$$\boldsymbol{E}=-\nabla\phi-\frac{\partial \boldsymbol{A}}{\partial t}$$

求出电场 $\boldsymbol{E}$。由于计算冗长而不直截了当[只要你记住 $\boldsymbol{p}(t-r/c)$ 和它对时间的微商之所以与 x, y, z 有关,是通过推迟时间 r/c 来的],所以我们将仅仅给出结果:

$$\boldsymbol{E}(\vec{r},\ t)=\frac{1}{4\pi\epsilon_0 r^3}\left[3\,\frac{(\boldsymbol{p}^*\cdot\boldsymbol{r})\boldsymbol{r}}{r^2}-\boldsymbol{p}^*+\frac{1}{c^2}\{\ddot{\boldsymbol{p}}(t-r/c)\times\boldsymbol{r}\}\times\boldsymbol{r}\right], \tag{21.26}$$

式中

$$\boldsymbol{p}^*=\boldsymbol{p}(t-r/c)+\frac{r}{c}\,\dot{\boldsymbol{p}}(t-r/c). \tag{21.27}$$

尽管看来它相当复杂,但这个结果还是容易解释的。矢量 $\boldsymbol{p}^*$ 就是已经被推迟、然后又对推迟"修正"的偶极矩,因而带有 $\boldsymbol{p}^*$ 的两项就恰恰给出当 r 很小时的静态偶极子场[见第 6 章式(6.14)]。当 r 大时,含 $\ddot{\boldsymbol{p}}$ 的项占了优势,而电场正比于电荷的加速度,且垂直于 $\boldsymbol{r}$,事实上即是指向 $\ddot{\boldsymbol{p}}$ 在垂直于 $\boldsymbol{r}$ 的平面上的投影。

这一结果与我们应用式(21.1)所能得到的结果相符。当然,式(21.1)会更加普遍,它适用于任何运动,而式(21.26)则仅仅适用于推迟时间 r/c 对于整个源都可以认为是一常数的那种小的运动。无论如何,我们现在已提供了整个以前有关光学讨论的基础(除了某些在第 1 卷第 36 章中曾经讨论过的内容以外),因为这种讨论全都与式(21.26)中的末项有关。接下来我们将讨论如何才能得到迅速运动的电荷的场(引导至第 1 卷第 34 章中的相对论性效应)。

§21-5 运动电荷的势;李纳和维谢尔通解

在上一节,由于我们仅仅考虑低速的情况,所以在计算 $\boldsymbol{A}$ 的积分时做了简化。但在这样做时我们遗漏了一个要点,而这一点也正是容易出错的地方。因此,现在我们将对一个以任何方式——甚至以相对论性速度——运动的点电荷的势进行计算。一旦有了这个结果,我们便将拥有关于电荷的整个电磁学。这时就连式(21.1)也可以通过取微商而推导出来。由于故事将是完整的,所以请耐心听下去。

让我们尝试计算由一个不管以任何方式运动的点电荷(诸如一个电子)在点(x, y, z)上所产生的标势 $\phi(1)$,所谓"点"电荷我们指的是一个十分微小的电荷球,可以缩小到任意程度,并带有电荷密度 $\rho(x,\ y,\ z)$,我们可以由式(21.15)求得 ϕ:

$$\phi(1,\ t)=\frac{1}{4\pi\epsilon_0}\int\frac{\rho(2,\ t-r_{12}/c)}{r_{12}}\mathrm{d}V_2. \tag{21.28}$$

答案似乎应该是——而几乎每个人最初总会认为——ρ 对整个这样一个"点"电荷的积分恰好就是其总电荷 q,因而

$$\phi(1,\ t)=\frac{1}{4\pi\epsilon_0}\frac{q}{r'_{12}}(\text{错了}).$$

对于 $\boldsymbol{r}'_{12}$,我们指的是在推迟时刻 $(t-r_{12}/c)$ 从电荷所处位置点(2)至点(1)的矢径。但这个式子是错的。

正确的答案是

$$\phi(1,\ t) = \frac{1}{4\pi\epsilon_0}\frac{q}{r'_{12}}\frac{1}{1 - v_{r'}/c}, \tag{21.29}$$

式中 $v_{r'}$ 为平行于 $\boldsymbol{r}'_{12}$——即指向点(1)——的电荷速度分量。现在要向你们解释其中原因。为使论证易于接受，我们将先对一个具有小立方体形状而以速率 v 朝向点(1)运动的“点”电荷进行计算，如图 21-5(a)所示。令该立方体的每边长度为 a，我们假定它比 r_{12}(即从电荷中心至点(1)的距离)要小很多很多。

现在计算式(21.28)的积分，我们将回到基本原理上去；将它写成求和式

$$\sum_i \frac{\rho_i \Delta V_i}{r_i}, \tag{21.30}$$

其中 r_i 是从点(1)至第 i 个体积元 ΔV_i 的距离，而 ρ_i 则是在 $t_i = t - r_i/c$ 时刻 ΔV_i 处的电荷密度。由于始终 $r_i \gg a$，因而把 ΔV_i 取为垂直于 r_{12} 的一个矩形薄片将是方便的，正如图 21-5(b)所示。

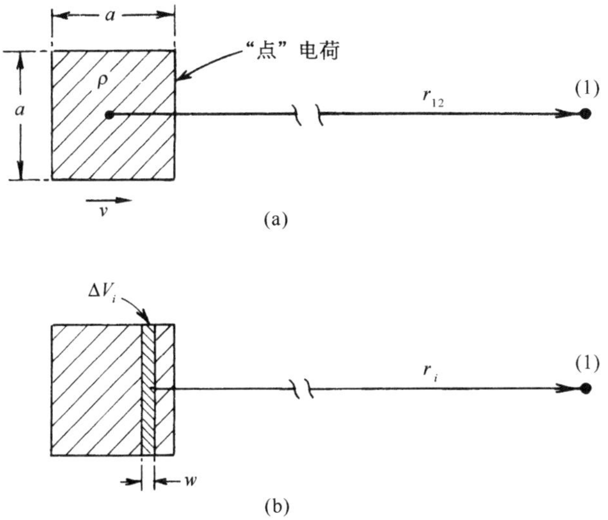

图 21-5　(a)“点”电荷——视作一个小立方体的电荷分布——以速率 v 朝着点(1)运动；(b) 用来计算势的体积元 ΔV_i

设我们事先假定每一体积元 ΔV_i 的厚度 w 远小于 a，于是单独的体积元看来就像图 21-6(a)所示的那样，其中已放上了比完全覆盖电荷还要多的体积元。但我们却还没有把电荷表示出来，而这是有充分理由的。我们应该把它画在哪里呢？对于每一体积元 ΔV_i 来说，必须在 $t_i = (t - r_i/c)$ 的时刻取 ρ，但由于电荷正在运动，因此对每个体积元 ΔV_i 来说它处在不同的位置！

让我们说，我们从图 21-6(a)中标明为“1”的体积元开始，该体积元是这样选取的，即在 $t_1 = (t - r_1/c)$ 时刻电荷的“后”端占据着 ΔV_1，如图 21-6(b)所示。然后当我们计算 $\rho_2 \Delta V_2$ 时，就必须用到在稍微迟一点的时刻 $t_2 = (t - r_2/c)$ 的电荷位置，这时电荷所处位置如图 21-6(c)所示。对于 ΔV_3，ΔV_4 等等，可依此类推，现在就能算出那个和了。

由于每个 ΔV_i 的厚度为 w，所以它的体积为 wa^2。于是与电荷分布重叠的每个体积元

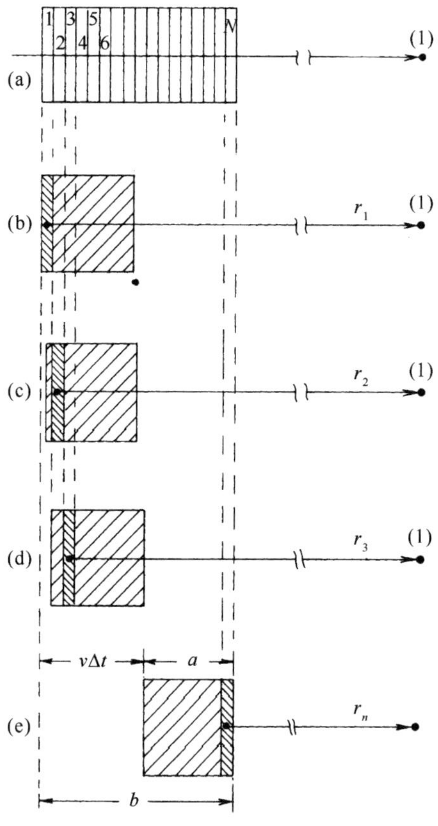

图 21-6 对一个运动电荷的 $\rho(t-r'/c)\mathrm{d}V$ 进行积分

含有电量 $wa^2\rho$,其中 ρ 为立方体内的电荷密度——我们认为它是均匀的。当电荷至点(1)的距离很大时,通过令一切位于分母上的 r_i 都等于某一平均值,如令等于该电荷中心的推迟位置 r',那么我们这样做造成的误差将是可以忽略的。于是式(21.30)的总和便是

$$\sum_{i=1}^{N}\frac{\rho w a^2}{r'},$$

在这里,ΔV_N 就是如图 21-6(e)所示的、与电荷分布重叠的最后那一个 ΔV_i。于是总和显然是

$$N\frac{\rho w a^2}{r'}=\frac{\rho a^3}{r'}\left(\frac{Nw}{a}\right).$$

现在 ρa^3 恰好就是总电荷 q,而 Nw 则是如图 21-6(e)所示的那个长度 b。因此我们有

$$\phi=\frac{q}{4\pi\epsilon_0 r'}\left(\frac{b}{a}\right). \tag{21.31}$$

b 是什么?它是立方体电荷的边长再加上 $t_1=(t-r_1/c)$ 与 $t_N=(t-r_N/c)$ 之间电荷移动的距离——这就是在如下时间内

$$\Delta t=t_N-t_1=(r_1-r_N)/c=b/c$$

电荷所行经的距离。由于电荷的速率为 v,所以经过的距离为 $v\Delta t=vb/c$,但长度 b 却是这个距离加上 a,

$$b=a+\frac{v}{c}b.$$

解出 b,得

$$b=\frac{a}{1-v/c}.$$

当然,所谓 v,我们指的是在推迟时刻 $t'=(t-r'/c)$ 的速度,这可以通过写成 $(1-v/c)_{\text{推迟}}$ 而指明出来,因此关于势的方程式(21.31)就变成

$$\phi(1,t)=\frac{q}{4\pi\epsilon_0 r'}\frac{1}{(1-v/c)_{\text{推迟}}}.$$

这一结果与我们上面的断言即式(21.29)相符。这里存在一个修正项,它是由于积分"扫过该电荷"时电荷正在运动引起的。当电荷朝着点(1)运动时,它对该积分的贡献增加了一个比值 b/a。因此,正确的积分就是 q/r' 乘以 b/a,后者即是 $1/(1-v/c)_{\text{推迟}}$。

如果电荷速度方向并非朝着观察点(1),那就可以看出,重要的只是朝着点(1)的速度分量。把这个速度分量称为 v_r,则修正因子为 $1/(1-v_r/c)_{\text{推迟}}$。并且,对于任何形状——不一

定是立方体——的电荷分布,我们做过的分析按完全相同的方式进行。最后,由于电荷的"尺寸"a 并未进入最终的结果,所以当把电荷缩小至任何尺寸——甚至缩小成一点时,上述结果同样成立。对于一个以任意速度运动的点电荷,普遍的结果是标势为

$$\phi(1,t)=\frac{q}{4\pi\epsilon_0 r'(1-v_r/c)_{推迟}}, \tag{21.32}$$

这个式子往往写成等效的形式:

$$\phi(1,\ t)=\frac{q}{4\pi\epsilon_0(\boldsymbol{r}-\boldsymbol{v}\cdot\boldsymbol{r}/c)_{推迟}}, \tag{21.33}$$

式中 $\boldsymbol{r}$ 是从电荷指向正在计算 ϕ 的那个点(1)的矢量,而所有在括号内的量都必须是它们在推迟时刻 $t'=t-r'/c$ 的值。

当我们由式(21.16)计算有关一个点电荷的势 $\boldsymbol{A}$ 时,同样的事情也会发生。电流密度为 $\rho\boldsymbol{v}$,而对 ρ 的积分与刚才求 ϕ 时相同。所以矢势为

$$\boldsymbol{A}(1,\ t)=\frac{q\vec{\boldsymbol{v}}_{推迟}}{4\pi\epsilon_0 c^2(\boldsymbol{r}-\boldsymbol{v}\cdot\boldsymbol{r}/c)_{推迟}}. \tag{21.34}$$

有关点电荷的势最初是由李纳和维谢尔导出的,因而被称为李纳-维谢尔势。

要把这一环节接回到式(21.1)上去,只需从这些势算出 $\boldsymbol{E}$ 和 $\boldsymbol{B}$(利用 $\boldsymbol{B}=\boldsymbol{\nabla}\times\boldsymbol{A}$ 和 $\boldsymbol{E}=-\boldsymbol{\nabla}\phi-\partial\boldsymbol{A}/\partial t$)。现在这仅是个算术问题。然而,这项算术相当繁复,所以将不列出所有的细节。也许你会相信我们所说的话,式(21.1)就同上面所导出的李纳-维谢尔势相当*。

§21-6　匀速运动电荷的势;洛伦兹公式

下一步我们希望应用李纳-维谢尔势于一种特殊情况——即找出电荷沿一直线做匀速运动时所产生的场,以后再用相对论原理来求它。现在已经知道,当我们站在电荷的静止参照系中时势会怎样。当电荷在动时,则可以通过从一个参照系到另一个参照系的相对论性变换把每样东西都算出来。但相对论起源于电和磁的理论。洛伦兹变换式(第 1 卷第 15 章)是洛伦兹在研究电和磁的方程式时发现的。为了使你能够理解事情的由来,我们希望证明麦克斯韦方程组确会导致洛伦兹变换。我们从直接按照麦克斯韦方程组的电动力学来计算一个匀速运动电荷的势开始。我们已经证明,麦克斯韦方程组对一个运动电荷会导致曾在上一节中得到的势。因此,当我们引用这些势时,也就是在应用麦克斯韦理论。

设有一个沿 x 轴以速率 v 运动的电荷。我们要求出如图 21-7 所示的点 $P(x,\ y,\ z)$的势。如果 $t=0$ 时电荷处在原点,则在时刻 t 该电荷已处于 $x=vt$, $y=z=0$ 的点。可是,我们所必须知道的却是在推迟时刻

---

* 如果你有大量纸张和时间,就可以自己试试将它算出来。那么,我们要提出两个建议:首先,不要忘记对 r'取微商很复杂,因为它是 t'的函数。其次,不要试图导出式(21.1),而是要算出其中所有各种微商,然后同你从式(21.33)和(21.34)的势所获得的 $\boldsymbol{E}$ 比较。

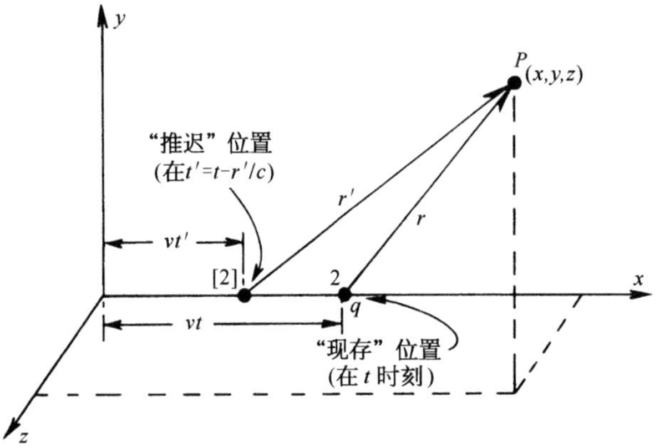

图 21-7 求出一个沿 x 轴以匀速运动的电荷在 P 点的势

$$t' = t - \frac{r'}{c} \tag{21.35}$$

电荷的位置,式中 r' 为从该推迟时刻的电荷位置至 P 点的距离。在这一较早时刻 t',电荷位于 $x = vt'$ 处,因而

$$r' = \sqrt{(x - vt')^2 + y^2 + z^2}. \tag{21.36}$$

为求得 r' 或 t',得将这个方程同式(21.35)结合起来。首先,通过式(21.35)解出 r'并代入式(21.36)中把 r'消去。然后对两边平方得到

$$c^2(t - t')^2 = (x - vt')^2 + y^2 + z^2,$$

这是关于 t'的一个二次方程。把那些平方的二项式都展开,并把含 t'的相似项收集起来,则可得

$$(v^2 - c^2)t'^2 - 2(xv - c^2 t)t' + x^2 + y^2 + z^2 - (ct)^2 = 0.$$

由此解出 t',

$$\left(1 - \frac{v^2}{c^2}\right)t' = t - \frac{vx}{c^2} - \frac{1}{c}\sqrt{(x - vt)^2 + \left(1 - \frac{v^2}{c^2}\right)(y^2 + z^2)}. \tag{21.37}$$

为求得 r',就得把这个 t'的表示式代入下式:

$$r' = c(t - t').$$

现在我们准备由式(21.33)来求 ϕ,由于 $\boldsymbol{v}$ 是恒量,所以这个式子变成

$$\phi(x,\ y,\ z,\ t) = \frac{q}{4\pi\epsilon_0}\frac{1}{r' - \boldsymbol{v}\cdot\boldsymbol{r}'/c}. \tag{21.38}$$

$\boldsymbol{v}$ 在 $\boldsymbol{r}'$方向的分量为 $v(x - vt')/r'$,因而 $\boldsymbol{v}\cdot\boldsymbol{r}'$正好是 $v(x - vt')$,而整个分母为

$$c(t - t') - \frac{v}{c}(x - vt') = c\left[t - \frac{vx}{c^2} - \left(1 - \frac{v^2}{c^2}\right)t'\right].$$

代入来自式(21.37)中的 $(1 - v^2/c^2)t'$,对于 ϕ 我们获得

$$\phi(x,\ y,\ z,\ t) = \frac{q}{4\pi\epsilon_0}\frac{1}{\sqrt{(x - vt)^2 + \left(1 - \frac{v^2}{c^2}\right)(y^2 + z^2)}}.$$

如果我们将上式重新写成下式,则更易于理解:

$$\phi(x,\ y,\ z,\ t) = \frac{q}{4\pi\epsilon_0}\frac{1}{\sqrt{1 - \frac{v^2}{c^2}}}\frac{1}{\left[\left(\frac{x - vt}{\sqrt{1 - v^2/c^2}}\right)^2 + y^2 + z^2\right]^{\frac{1}{2}}}. \tag{21.39}$$

矢势 $\boldsymbol{A}$ 是有附加因子 $\boldsymbol{v}/c^2$ 的相同的表示式：

$$\boldsymbol{A}=\frac{\boldsymbol{v}}{c^2}\phi.$$

从式(21.39)中我们可以清楚地看到洛伦兹变换的起源。要是该电荷位于它本身的静止参照系中的原点，则它的势应该为

$$\phi(x,\ y,\ z)=\frac{q}{4\pi\epsilon_0}\frac{1}{[x^2+y^2+z^2]^{1/2}}.$$

由于我们是在一个运动参照系中对它进行观察的，因而好像坐标应该通过下列式子进行变换：

$$x\to\frac{x-vt}{\sqrt{1-v^2/c^2}},$$

$$y\to y,$$

$$z\to z.$$

那正好就是洛伦兹变换，而我们刚才所做的实质上也还是洛伦兹发现它时所用过的方法。

不过，出现于式(21.39)前面的那个附加因子 $1/\sqrt{1-v^2/c^2}$ 又是怎么一回事呢？另外，若在粒子的静止参照系中矢势 $\boldsymbol{A}$ 处处为零，则它在运动坐标系中表现成什么？我们不久将要证明，$\boldsymbol{A}$ 和 ϕ 在一起构成一个四元矢量，像粒子的动量 $\boldsymbol{p}$ 和总能量 U 那样。式(21.39)中那个附加因子 $1/\sqrt{1-v^2/c^2}$ 就是当人们在变换一个四元矢量的分量时总会出现的同样的因子——就像电荷密度变换成 $\rho/\sqrt{1-v^2/c^2}$ 那样。事实上，由式(21.4)和(21.5)就几乎可以明显地看出，$\boldsymbol{A}$ 和 ϕ 是一个四元矢量的分量，因为我们已在第 13 章中证明 $\boldsymbol{j}$ 和 $\boldsymbol{\rho}$ 是一个四元矢量的分量。

以后我们还将更详细地考虑有关电动力学方面的相对论；这里只希望向你们表明，麦克斯韦方程组如何自然地导致洛伦兹变换。这样，当你发现电和磁的规律已经符合爱因斯坦的相对论时，将不会感到诧异。我们无须像对牛顿力学定律所必须做的那样去加以“修补”。

第 22 章　交 流 电 路

§ 22-1　阻　　抗

在本课程中，我们的大部分工作目的在于与完整的麦克斯韦方程组相联系。在以上两章中，曾讨论了这些方程的重要结果。我们已经清楚，那些方程含有以前所算出的一切静态现象，以及在第 1 卷中就已相当详尽地谈及的那些有关电磁波和光的现象。麦克斯韦方程组给出上述两方面的现象，这些现象取决于人们所计算的场是靠近电流和电荷还是远离它们。对于中间的区域则没有什么有意义的东西可说，那里并未出现什么特殊现象。

然而，在电磁学中还有几个课题有待我们去处理。我们将要讨论有关相对论和麦克斯韦方程组的问题——即当人们相对于运动坐标系而观望那麦克斯韦方程组时所发生的情况，以及关于在电磁系统中的能量守恒问题，还有关于材料电磁性质的广泛课题。迄今为止，除了对于电介质的特性有过一点研究以外，我们只讨论过自由空间中的电磁场。而且，尽管在第 1 卷中我们已相当详尽地谈及光学的课题，但还有几件事情我们很想从场方程的观点出发重新讨论。

特别是要重新考虑有关折射率的课题，尤其是关于稠密材料方面的问题。最后，还要考虑与局限于一有限空间区域里的波相联系的现象。我们过去曾在研究声波时简单接触过这类问题。麦克斯韦方程组也导致表示电场和磁场约束波的那些解。我们将在以后某些章节中考虑这一具有重要技术应用的课题。为了引导到该课题上去，我们将从考虑低频时的电路特性着手。然后就可对下述两种情况进行比较：一种是麦克斯韦方程组的准静态近似适用的情况，而另一种则是高频效应占优势的情况。

因此，我们就将从上面几章中那巍峨而险峻的高峰降回到相对低水平的电路课题上来。然而将会见到，即使这么一个世俗课题，只要足够详细地加以考察，也能发现它包含极大的复杂性。

我们已在第 1 卷第 23 和 25 两章中讨论过电路的某些性质。现在再来重复其中某些内容，但会详细得多。我们将再度只同一些线性系统和全都按正弦形式变化的电压和电流打交道，这时，应用第 1 卷第 23 章中所描述的那种指数函数符号，就可应用复数来表示所有的电压和电流。于是，一个随时间变化的电压 $V(t)$ 就将被写成

$$V(t)=\hat{V}\,e^{i\omega t},\tag{22.1}$$

式中 $\hat{V}$ 代表一个与 t 无关的复数。当然，实际上随时间变化的电压 $V(t)$ 是由上式右边的复数函数的实部给出的。

同样，所有其他随时间变化的量也都将被视作以相同的频率 ω 按正弦形式变化。因此，我们写出

$$\boldsymbol{I}=\hat{I}\,\mathrm{e}^{\mathrm{i}\omega t}\qquad(\text{电流}),$$
$$\mathscr{E}=\hat{\mathscr{E}}\,\mathrm{e}^{\mathrm{i}\omega t}\qquad(\text{电动势}),\tag{22.2}$$
$$\boldsymbol{E}=\hat{E}\,\mathrm{e}^{\mathrm{i}\omega t}\qquad(\text{电场}),$$

等等。

多半时间我们将用 V, I, $\mathscr{E}\cdots$(而不是用 $\hat{V}$, $\hat{I}$, $\hat{\mathscr{E}}$ $\cdots$)来写出方程,但得记住,时间的变化是由式(22.2)给出的。

在以往的电路讨论中曾经假定,像电感、电容和电阻这种东西你们都已熟悉。现在要来稍微详尽地看看这些所谓理想电路元件指的是什么。我们将从电感开始。

电感是这样制成的,即把许多匝的导线绕成一个线圈形式,并从其两端接至距离线圈相当远的接头上去,如图 22-1 所示。我们要假定,由线圈中电流所产生的磁场并未强烈地向外扩展到全部空间,从而不会与电路的其他部分发生相互作用。通常可以这样安排,把线圈绕成一个环形的式样,或把线圈绕在某一块适当的铁芯上,从而约束磁场,或通过把线圈放在某一个适当的金属盒之内,如图 22-1 所简略指明的那样。在任何情况下,我们都假定,在端点 a 和 b 附近的外部区域里仅有微不足道的磁场。我们也要假定,可以忽略线圈导线里的任何电阻。最后,还将假定,那些出现在导线表面上用以建立电场的电荷量是可以忽略的。

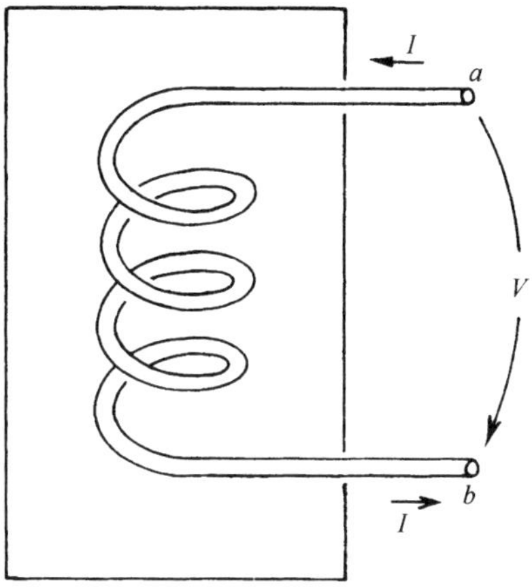

图 22-1　电感

具备了所有这些近似性,就可以有一个所谓"理想"电感(以后我们还会回过头来讨论在实际电感中所发生的事情)。对于理想电感,我们说它的端路电压等于 $L(\mathrm{d}I/\mathrm{d}t)$。现在来看看为什么会这样?当有电流通过电感时,正比于这个电流的磁场在线圈内部便建立了起来。若电流随时间变化,则这磁场也会变化。一般说来,$\boldsymbol{E}$ 的旋度等于 $\mathrm{d}\boldsymbol{B}/\mathrm{d}t$;或者换句话说,$\boldsymbol{E}$ 环绕任何闭合路径的线积分等于穿过该回路 $\boldsymbol{B}$ 通量的变化率的负值。现在假设我们考虑下述路径:由端点 a 开始沿线圈(总是保持在导线之内)抵达端点 b,然后在该电感外面的空间经过空气从端点 b 回到端点 a。$\boldsymbol{E}$ 环绕这一闭合路径的线积分可以写成两部分之和:

$$\oint\boldsymbol{E}\cdot\mathrm{d}\boldsymbol{s}=\underset{\text{经由线圈}}{\int_a^b}\boldsymbol{E}\cdot\mathrm{d}\boldsymbol{s}+\underset{\text{线圈外面}}{\int_b^a}\boldsymbol{E}\cdot\mathrm{d}\boldsymbol{s}.\tag{22.3}$$

正如以前已经了解的,在一理想导体内部不可能有电场(最微小的场都可能产生无限大的电流)。因此,从 a 至 b 经由线圈的积分等于零。$\boldsymbol{E}$ 线积分的整个贡献都是来自该电感外面从 b 至 a 的那一段路径。既然我们已经假定,在该"盒子"外面的空间里不存在磁场,则这部分积分就与所选取的路径无关,因而我们可以对两端的电势下定义。这两端电势的差就是所谓的电压差或简称为电压 V,因而我们有

$$V=-\int_b^a\boldsymbol{E}\cdot\mathrm{d}\boldsymbol{s}=-\oint\boldsymbol{E}\cdot\mathrm{d}\boldsymbol{s}.$$

这整个线积分以前曾称为电动势 $\mathscr{E}$,当然也就等于线圈里磁通量的变化率。我们早已

明白,这一电动势与电流的负变化率成正比,因而就有

$$V = -\mathscr{E} = L\frac{\mathrm{d}I}{\mathrm{d}t},$$

式中 L 是线圈的自感。由于 $\mathrm{d}I/\mathrm{d}t = \mathrm{i}\omega I$,所以我们有

$$V = \mathrm{i}\omega LI. \tag{22.4}$$

描述理想电感的方法,举例说明了解决其他理想电路元件——通常称作“集总”元件——的一般方法。这些元件的性质完全由出现在两端点处的电流和电压来描述。通过做些适当近似,就有可能忽略那些出现在物体内部的场的巨大复杂性,在内部与外部发生的事情之间划清了界限。

对于一切电路元件,我们都会找到一个像式(22.4)那样的关系式,其中电压正比于电流,而其比例常数一般说来都是一复数。这个复值比例系数称为阻抗,并通常写为 z(不要同 z 坐标混淆起来)。它一般是频率 ω 的函数。因此,对于任何集总元件来说就可以写出

$$\frac{V}{I} = \frac{\hat{V}}{\hat{I}} = z. \tag{22.5}$$

对于电感则有

$$z(\text{电感}) = z_L = \mathrm{i}\omega L. \tag{22.6}$$

现在让我们从同样观点来看看电容 * 。一个电容器包括两块导电板,并各自引出导线至适当的终端。这两块板可以有任何形状,并且通常由某种介电材料隔开。我们大略地把这样一种情况画在图 22-2 上,再做出几个简化假定。首先,假定板和导线都是理想导体。其次,假定两板间的绝缘相当完美,以致不会有电荷能够通过该绝缘物质从一板流至另一板。再其次,假定这两块导体互相靠近但远离其他一切导体,以致所有离开其中一板的场线都将终结在另一板上。这样,在两板上的电荷就将永远等量异号,而在板上的电荷比起那些在接线表面上的要多得多。最后,我们假定在该电容器附近不会有磁场。

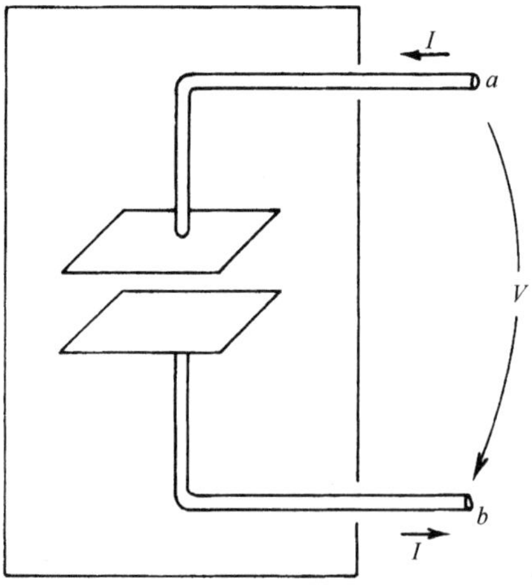

图 22-2 电容

现在设想考虑 $\boldsymbol{E}$ 环绕下述回路的线积分,即从端点 a 开始,沿导线内部达到该电容器的上板,然后越过两板之间的空间,又从下板通过导线而到达端点 b,并在电容器外面的空间返回到端点 a。由

* 有些人说,我们应该用“电感器”和“电容器”这种名称来称呼那些东西,而用“电感”和“电容”称呼它们的性质(与“电阻器”和“电阻”相类似)。但我们宁愿采用你将会在实验室里听到的那些名称。大多数人对于一个具体线圈及其自感 L 两者都仍说成是“电感”。至于“电容器”(capacitor)一词似乎已很吃香——尽管仍相当经常地听到另外一个“电容器”名称(condenser)——而大多数人仍比较喜欢用“电容”(capacity),甚于用“电容”(capacitance)。

于没有磁场,所以 $\boldsymbol{E}$ 绕这个闭合路径的线积分就是零。这个积分可以分成三部分:

$$\oint \boldsymbol{E}\cdot \mathrm{d}\boldsymbol{s} = \int_{\text{沿着导线}} \boldsymbol{E}\cdot \mathrm{d}\boldsymbol{s} + \int_{\text{在两板间}} \boldsymbol{E}\cdot \mathrm{d}\boldsymbol{s} + \int_{b\ \text{外面空间}}^{a} \boldsymbol{E}\cdot \mathrm{d}\boldsymbol{s}. \tag{22.7}$$

沿导线的积分为零,因为在理想导体里不存在电场。在电容器外面从 b 至 a 的积分等于在两端点间的电势差的负值。由于我们设想这两块板总是孤立于世界上其他部分的,故在这两块板上的总电荷就必须为零;如果上板有电荷 Q,则在下板会有相等而相反的电荷 $-Q$。以前我们已知道,若两导体拥有相等而相反的电荷,即正负 Q,这两板间的电势差就会等于 Q/C,其中 C 称为这两个导体的电容。根据式(22.7),a 和 b 两端点间的电势差等于两板间的电势差。因而我们有

$$V = \frac{Q}{C}.$$

从端点 a 进入(并从端点 b 离开)电容器的电流 I 等于 $\mathrm{d}Q/\mathrm{d}t$,即板上电荷的变化率。把 $\mathrm{d}V/\mathrm{d}t$ 写成 $\mathrm{i}\omega V$ 后,便可按照如下方式写出电容器的电压与电流的关系:

$$\mathrm{i}\omega V = \frac{I}{C},$$

亦即

$$V = \frac{I}{\mathrm{i}\omega C}. \tag{22.8}$$

这样,电容器的阻抗 z 为

$$z(\text{电容器}) = z_C = \frac{1}{\mathrm{i}\omega C}. \tag{22.9}$$

我们要考虑的第三种元件是电阻。可是,由于还没有讨论过实际材料的电学性质,所以我们不准备谈论在真实导体内部发生的事情。因此,只好接受这样一个事实,即在真实材料内部会有电场存在,而这些电场能够引起电荷流动——也就是说,产生了电流——并且这个电流与电场从导体的一端至另一端的积分成正比。然后,我们设想一个按照简图 22-3 建立起来的理想电阻。两条被认为由理想导体构成的导线分别从 a 点与 b 点连接至一根电阻性材料棒的两端。根据我们常用的论证方法,两端点 a 和 b 间的电势差等于外电场的线积分,而这也等于通过电阻性材料棒的电场的线积分。从而得出通过该电阻的电流 I 与端电压 V 成正比:

$$I = \frac{V}{R},$$

式中 R 称为电阻。以后我们还将看到,对于实际导电材料,电流与电压间的关系只近似为线性。我们也将看到,这一近似的正比性只有当频率不太高时才被预期与电流和电压的变化频率无关。于是,对交变电流来说,跨越电阻的电压与电流同相位,这意味着该阻抗是实数:

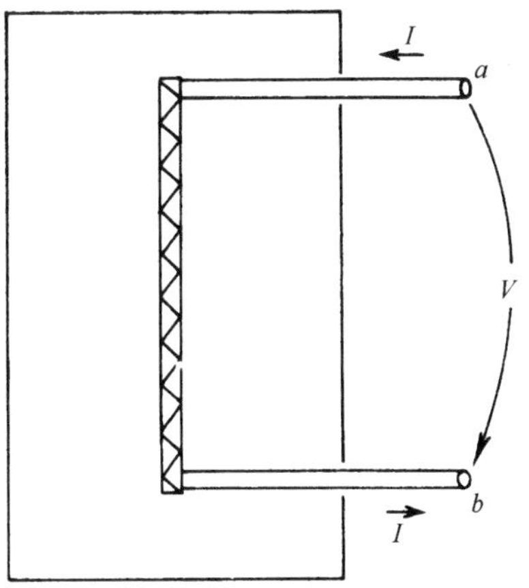

图 22-3 电阻

$$z(\text{电阻}) = z_R = R. \tag{22.10}$$

关于三种集总电路元件——电感、电容和电阻——的上述结果,我们将其概括在图22-4中。在该图中,以及在上面那些图中,我们都用一个从一端指向另一端的箭头来表明电压。如果电压是正的——也就是说,端点 a 比端点 b 处于较高的电势——那么该箭头便指向一个正"电压降"的方向。

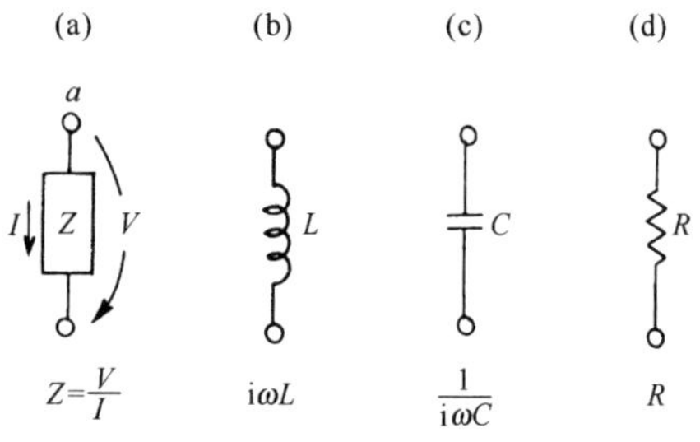

图 22-4 理想的集总电路元件(被动的或无源的)

尽管我们现在所谈的是交流电,但当然也可通过取频率 ω 趋于零的极限而包括载有稳恒电流电路的特殊情况。对于零频率——也即对于直流——来说,电感的阻抗趋于零;它变成短路了。对于直流,电容器的阻抗趋于无限大;它变成断路了。由于电阻的阻抗与频率无关,所以它是分析一个直流电路时唯一遗留下来的元件。

迄今为止所描述过的那些电路元件中,电流与电压都是相互成比例的。倘若其中一个等于零,另一个也同时为零。我们往往会这样想:一个外加电压是造成电流的"原因",或者电流会引起两端点间的电压,因此,在某种意义上,元件是会对所"施"的外部条件发生"响应"的。由于这一原因,这些元件便称为被动元件(或无源元件)。这样,与它们形成对照的是,即将在下节讨论的、作为电路中的交变电流或电压之源的、诸如发电机那一类的主动元件(或有源元件)。

§ 22-2 发 电 机

现在要来谈谈有源电路元件——一种电路中电流和电压的源——即发电机。

假定有一个像电感那样的线圈,只是它的匝数很少,以致可以忽略它本身电流的磁场。然而,这一线圈被置于或许由诸如旋转磁铁所产生的变化磁场之中,如图 22-5 所示(以前就知道,像这样的旋转磁场也可由通有交变电流的一组适当的线圈产生)。我们必须再做出几个简化假定,这些假定全都与上面对电感情况所描述的相同。特别是,我们将假定,该变化磁场被局限在线圈附近的确定区域而不会出现在发电机外面两端点之间的空间里。

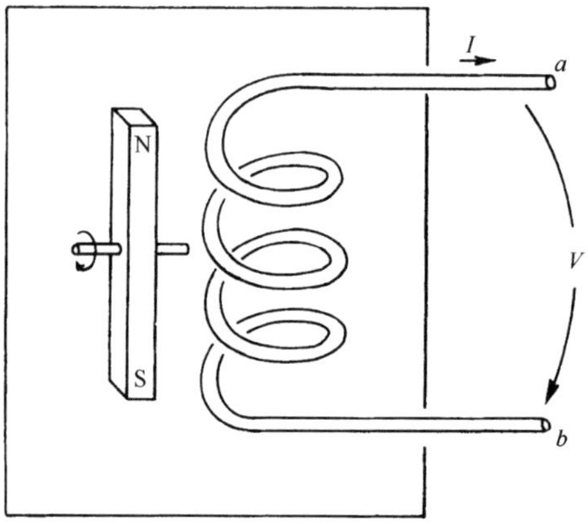

图 22-5 含有一个固定线圈和一个旋转磁场的发电机

仔细地按照我们曾对电感所做的分析,考虑环绕如下一个闭合回路对 $\boldsymbol{E}$ 进行线积分,即从端点 a 开始,经过线圈到达端点 b,并在两端点之间的空间里返回到起点。我们再次得出结论,两端点间的电势差等于 $\boldsymbol{E}$ 环绕该回路的总线积分:

$$\boldsymbol{V} = -\oint \boldsymbol{E} \cdot \mathrm{d}\boldsymbol{s}.$$

这个线积分等于该电路中的电动势,因而跨越发电机两端点的电势差 $\boldsymbol{V}$ 也就等于该线圈的匝连磁通量的变化率:

$$V = -\mathscr{E} = \frac{\mathrm{d}}{\mathrm{d}t}(\text{磁通量}). \qquad (22.11)$$

对于一部理想发电机来说,我们假定该线圈的匝连磁通量是由一些外加条件——诸如旋转磁场的角速度——所确定的,而无论如何不受流经发电机电流的影响。这样看来,发电机——至少是我们现在所考虑的理想发电机——并不是一个阻抗,跨越它两个端点的电势差由任意给定的电动势 $\mathscr{E}(t)$ 所确定。这种理想发电机由图 22-6 所示的符号表示,小箭头代表电动势取正值时的方向,图中发电机的正电动势将产生一个 $V=\mathscr{E}$ 的电压,其中 a 端的电势比 b 端高。

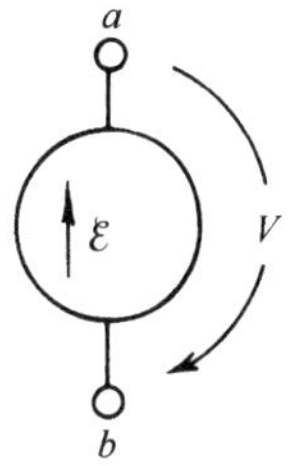

图 22-6　理想发电机的符号

还有另一种制造发电机的方法,虽然内部很不相同,但在两端点以外所发生的事态则与刚才所描述的无法加以区别。假设有一个金属线圈在一固定的磁场中旋转,如图 22-7 所示。我们画出一个条形磁铁来表明有磁场存在;当然,它也可以由任何其他恒定磁场源、诸如一个载有恒定电流的附加线圈来代替。就像图中所示的那样,利用滑动接触或"汇电环"就可把旋转线圈同外界的连接建立起来。我们仍然对出现在 a 与 b 两端点间的电势差感兴趣,当然,它就是沿着发电机之外一条路径从端点 a 至端点 b 的电场积分。

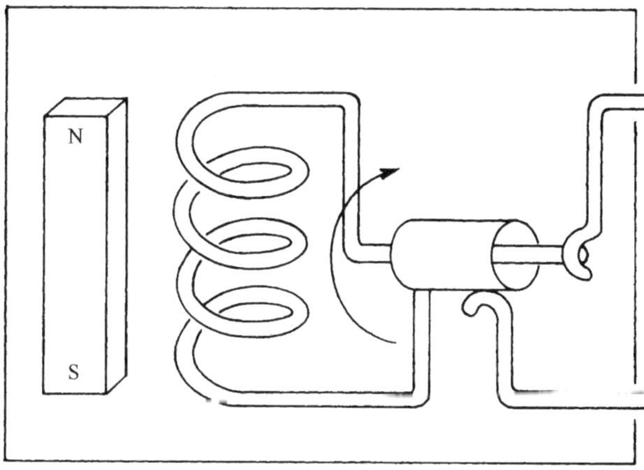

图 22-7　含有一个旋转于一固定磁场中的线圈的发电机

此刻在图 22-7 的系统中不存在变化着的磁场,因而我们起初也许会怀疑怎么会有任何电压出现在发电机的两端。事实上,在发电机内部的任何一处都没有电场。我们照常假定,作为理想元件,在其内部的导线是由理想的导电材料制成的,而正如我们曾经多次说过的那样,在一理想导体内部电场等于零。但那是不正确的。当导体在一磁场中运动时,它就不正确了。正确的说法是,在一理想导体内部作用于任一电荷上的合力必须为零,否则就会有自由电荷无限大地流动。所以永远正确的是,电场 $\boldsymbol{E}$ 加上导体速度与磁场 $\boldsymbol{B}$ 的叉积——那就是作用在单位电荷上的合力——在导体内部必须为零:

$$\boldsymbol{F}/_{\text{单位电荷}} = \boldsymbol{E} + \boldsymbol{v} \times \boldsymbol{B} = 0 \ (\text{在理想导体中}), \qquad (22.12)$$

式中 $\boldsymbol{v}$ 代表导体的速度。只要导体的速度 $\boldsymbol{v}$ 为零,则我们以前关于理想导体内部没有电场的说法是完全正确的,不然的话,正确的说法应由式(22.12)所提供。

回到图22-7的发电机上来,我们现在明白,通过发电机的导电路径从端点a至端点b电场$\boldsymbol{E}$的线积分必定等于在相同路线上$\boldsymbol{v}\times\boldsymbol{B}$的线积分,即

$$\int_{a\atop \text{在导体内}}^{b}\boldsymbol{E}\cdot d\boldsymbol{s}=-\int_{a\atop \text{在导体内}}^{b}(\boldsymbol{v}\times\boldsymbol{B})\cdot d\boldsymbol{s}. \tag{22.13}$$

可是,这仍然是正确的:即环绕一个包括该发电机外面从b至a的归途在内的那条完整的回路$\boldsymbol{E}$的线积分仍必定为零,因为这里并不存在变化的磁场。因此,式(22.13)中的第一个积分也就等于V,即两端点间的电压。事实证明,式(22.13)右边的积分恰好就是穿过该线圈的通量匝连数的变化率,因而——根据通量法则——等于线圈中的电动势。因此,我们再度得到:跨越两端点间的电势差等于该电路中的电动势,它与式(22.11)相符。所以,无论是其内部磁场在一固定线圈附近变化着的发电机,还是其内部线圈在一固定磁场中运动的发电机,它们的外部性质都相同。有一个电势差跨越两端点之间,它与电路中的电流无关而仅仅取决于该发电机内部一些任意给定的条件。

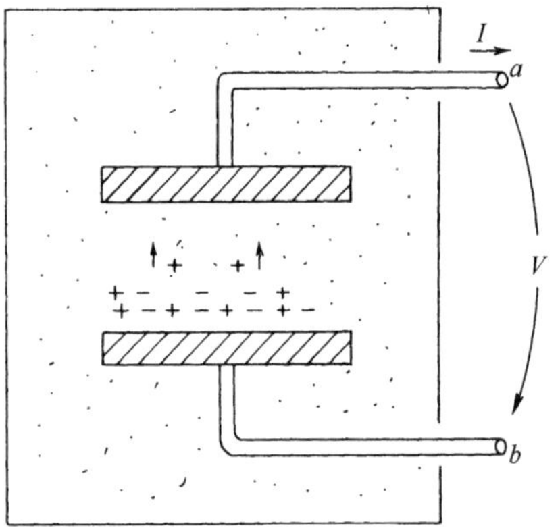

图 22-8　化学电池

只要我们试图从麦克斯韦方程组的观点来理解发电机的作用,我们也许会问及像手电筒电池那样的普通化学电池。这也是一种发电机,即是一个电压源,尽管它只出现在直流电路中。原理最简单的一种电池如图22-8所示。我们设想有两块浸没在某一种化学溶液中的金属板。假定该溶液含有正的和负的离子。也假定其中一种离子(如负离子)比那带有异号电荷的离子要重得多,以致它依靠扩散过程而通过溶液的运动慢得多。其次,我们还假定,用种种方法来安排使得溶液浓度从液体的一部分变化至另一部分,以致两种符号的离子在比方说下板附近的数目要远大于在上板附近。由于正离子的迁移率较大,它们便将更快地漂移到浓度较低的那一个区域里,使得有稍微超额的正离子到达上板。于是上板就将带有正电而下板则有一净负电荷。

当有越来越多的电荷扩散至上板时,这一块板的电势就将升高至这样一种程度,即在两板间所引起的电场对离子所施之力恰好抵偿其超额迁移率,因而电池中的两极板就迅速达到一个标志其内部结构性能的电势差。

正如上面对于一理想电容器所论证的那样,我们见到,当不再有任何离子扩散时,a和b两端点间的电势差恰好等于两极板间的电场的线积分。当然,电容器与这样一个化学电池之间是有本质差别的。倘若把电容器的两端短路一会儿,电容器将会放电而不再有任何电势差跨越两端点之间。而在化学电池的情况下,电流却可以继续从端点引出而不致在电动势上有任何改变——当然一直到电池内的化学药品耗尽时为止。在一个实际电池中,会发现跨越端点的电势差随着从电池所引出的电流增大而降低。然而,在保持已做出的那种抽象化情况下,我们可以设想一个理想电池,跨越于端点间的电压与电流无关。这样,一个实际电池便可视作一个串联着一个电阻的理想电池。

§ 22-3　理想元件网络;基尔霍夫法则

就像上一节中我们曾见到的,利用元件外面所发生的事情来描述一个理想电路元件是十分简单的。电流与电压彼此线性地联系着。可是在元件内部真正发生的情况却是非常复杂的,凭借麦克斯韦方程组来给出一个精确的描述十分困难。试想象对一部含有数以百计的电阻、电容和电感的收音机里面的电场和磁场设法提供精确描述。要对这样一件事情运用麦克斯韦方程组来加以分析,那会是无法做到的。但通过做出曾在 § 22-2 中描述过的多种近似以及对实际电路元件的基本特点用理想化的办法加以概括,对一个电路用相对直截了当的方法来分析就成为可能的了。现在我们要来说明那是怎样进行的。

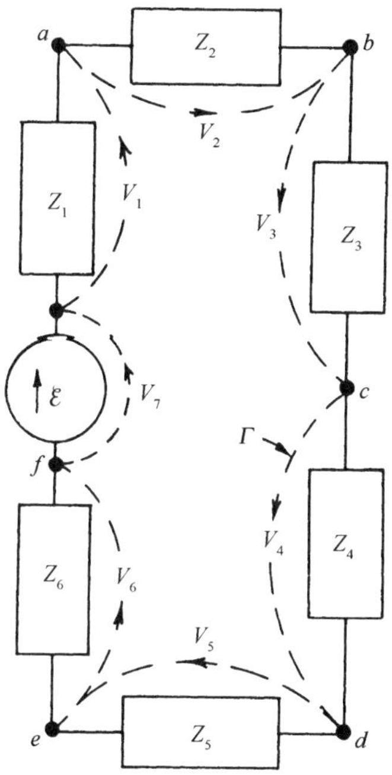

图 22-9　环绕任一闭合路径的电压降之和为零

设有一个电路,含有一部发电机和几个互相连接在一起的阻抗,如图 22-9 所示。按照我们的近似条件,在各个电路元件的外部区域并没有磁场,因此环绕任何未曾通过任何元件的曲线 $\boldsymbol{E}$ 的线积分为零。然后考虑由虚线所构成的曲线 Γ,它完全围绕着图 22-9 中的电路。$\boldsymbol{E}$ 环绕这一条曲线的线积分由好几部分构成,每一部分就是从一个电路元件的一端至另一端的线积分。这个线积分已被我们称为跨越该电路元件的电压降,于是整个线积分就恰好是跨越电路中所有元件的电压降之和:

$$\oint \boldsymbol{E}\cdot \mathrm{d}\boldsymbol{s}=\sum V_n\,.$$

由于这一线积分为零,所以我们得到:环绕整个电路回路的电势差之和等于零,即

$$\sum_{\text{环绕任一回路}} V_n=0. \tag{22.14}$$

这一结果得自麦克斯韦方程组中的一个方程——即在没有磁场的区域里,环绕任一闭合回路 $\boldsymbol{E}$ 的线积分为零。

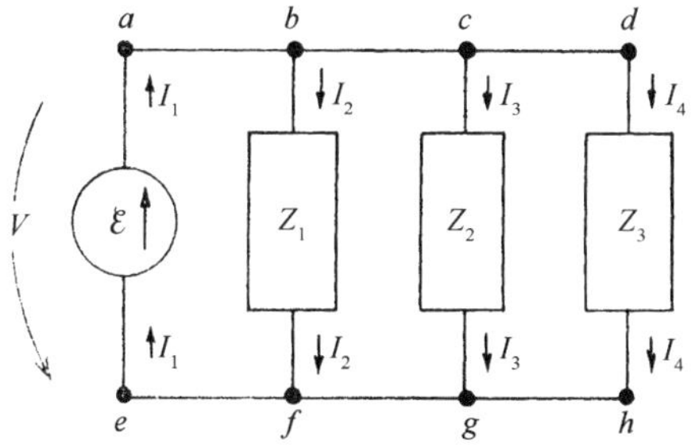

图 22-10　流入任一个分支点的电流之和为零

假设现在考虑一个像图 22-10 所示的电路。连接 a, b, c 和 d 各端点的那条水平线是为着表明这些端点都互相连接着,或者它们都是由电阻可以忽略的导线连接着。无论如何,这种画法的意思是:a, b, c 及 d 诸端点全都处于相同的电势;同样地,e, f, g 及 h 诸端点也都处于共同的电势。于是横跨四个元件中每一个的电压降 V 都相同。

现在我们的理想化条件之一已经成为,在各阻抗的端点上所积聚起来的电荷都可以忽略。现在

再进一步假定,任何连接各端点的导线上的电荷也都可以忽略。于是电荷守恒律要求,任何离开某个电路元件的电荷都应立即进入另一个电路元件。或者,也同样可以说,我们要求流入任何分支点的电流之代数和必须为零。当然,所谓分支点我们指的是诸如 a, b, c, d 等互相连接着的任何一组端点。像这样互相连接的一组端点我们往往称之为“节点”。于是对于图 22-10的电路,电荷守恒便要求

$$I_1 - I_2 - I_3 - I_4 = 0. \tag{22.15}$$

进入由 e, f, g 和 h 四端点构成的那个节点的诸电流之和也是零:

$$-I_1 + I_2 + I_3 + I_4 = 0. \tag{22.16}$$

当然,这和式(22.15)是一样的。这两个方程并非互相独立。普遍的法则是,流进任一个节点的电流之和必须为零。

$$\sum_{\text{流进一个节点}} I_n = 0. \tag{22.17}$$

上面关于环绕一个闭合回路的电压降之和为零的结论,在一个复杂电路中必须应用于其中任一回路。并且,有关流进一个节点的电流之和为零的结果对于任何个节点也必然是正确的。这两个方程称为基尔霍夫法则。有了这两个法则,就能够在无论任何网络中解出其中的电流和电压。

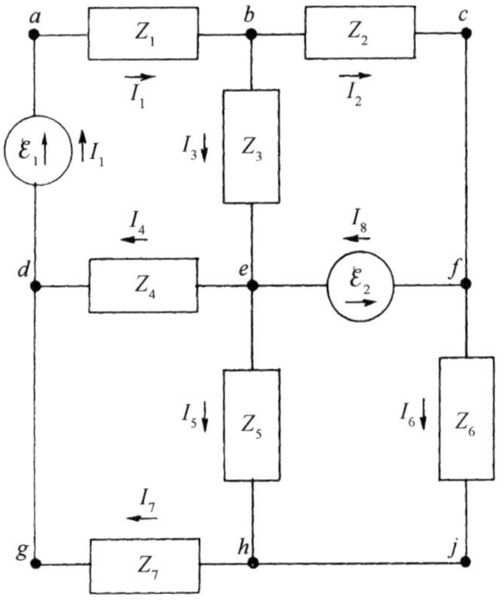

图 22-11 用基尔霍夫法则来分析电路

现在假定考虑图 22-11 中那个更复杂的电路。在这一电路中我们将怎样找出其中的电流和电压呢?可以按照下述直截了当的办法把它们求出。分别考虑出现在该电路中的那四个附属闭合电路(例如,其中一个回路从端点 a 至端点 b 又至端点 e 和 d 而返回到端点 a)。对于每一个回路,我们写出基尔霍夫法则的第一个方程——环绕每一回路的电压之和为零。必须记住:若顺着电流的方向行进,则电压降就算作为正,但若在经过某一元件时与电流的方向相反,则电压降应算为负;并且还必须记住,跨越一部发电机的电压降是在该方向上电动势的负值。这样,若我们考虑那一个从端点 a 出发而又结束于其上的小回路,就会得出如下方程:

$$z_1 I_1 + z_3 I_3 + z_4 I_4 - \mathscr{E}_1 = 0.$$

应用相同的法则于其余的回路,我们便会获得三个以上同类型的方程。

其次,对于该电路中每一个节点,还必须写出电流方程。例如,对那些流入节点 b 的电流求和时便会给出方程

$$I_1 - I_3 - I_2 = 0.$$

同理,对那个标明为 e 的节点则会有电流方程

$$I_3 - I_4 + I_8 - I_5 = 0.$$

图上所表示的这个电路总共有五个这样的电流方程。但是,结果证明,这些方程中的任一个都可从其他四个导出来,因此就只有四个独立的电流方程。这样,我们总共有八个独立的线性方程:四个电压方程和四个电流方程。有了这八个方程,就可以解出八个未知电流。一旦这些电流求出,该电路便算是已经解决了。跨越每个元件的电压降由流经该元件的电流乘以其阻抗而给出(或者,在有电压源的情况下,电压降是已知的)。

我们已见到,当写出电流方程时,会获得一个与其他诸方程并不独立的方程。一般也可能写下太多的电压方程。例如,在图 22-11 的电路中,虽然我们只考虑那四个小回路,但还有大量的其他回路,对它们也可以写出电压方程。例如,有一个沿路径 *abcfeda* 的回路,还有另一个回路是沿 *abcfehgda* 路径。你能够看出,存在许多个回路。在分析一个复杂电路时极易于得到太多的方程。有一些法则会告诉你如何处理以便仅仅写下最低限度数目的方程,但往往只要略微思考一下便能看出该怎样去得到形式最简单的适当数目的方程。而且,写出一两个超额方程也没有什么妨碍。它们将不会导致任何错误的答案,只是或许要做一些不必要的代数运算罢了。

在第 1 卷第 25 章中,我们曾经证明过,若两阻抗 z_1 和 z_2 互相串联,则它们等价于由下式给出的一个单独阻抗 z_s:

$$z_s = z_1 + z_2. \tag{22.18}$$

我们也曾证明过,若两阻抗并联,则它们等价于一个由下式给出的单独阻抗 z_p:

$$z_p = \frac{1}{1/z_1 + 1/z_2} = \frac{z_1 z_2}{z_1 + z_2}. \tag{22.19}$$

你如果回顾一下就将会看到,在导出这些结果时我们实际上已应用了基尔霍夫法则。往往可以通过反复运用关于阻抗串联和并联的公式来分析一个复杂电路。例如,图 22-12 中的电路就是可以这样分析的。首先,z_4 和 z_5 两阻抗可以由其并联等效阻抗来代替,而 z_6 和 z_7 两阻抗也是一样。然后,阻抗 z_2 可以同 z_6 和 z_7 的并联等效阻抗按串联法则结合起来。按照这样的方式进行下去,整个电路就可以简化成一部发电机同一个单独阻抗 Z 的串联。于是流经该发电机的电流就不过是 $\mathcal{E}/Z$。然后反过来进行计算,人们就能求出通过每一阻抗的电流了。

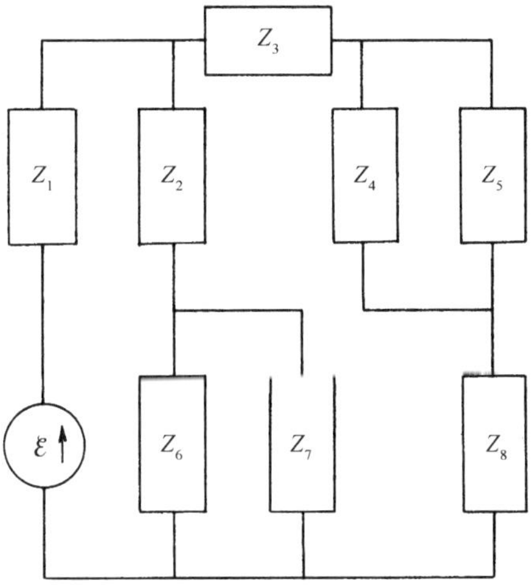

图 22-12　一个可以用串联和并联组合来分析的电路

然而,也有一些十分简单的电路不能用这种办法来分析,图 22-13 所示的电路就是一个例子。要分析这个电路,一定要按照基尔霍夫法则写出电流和电压的方程。让我们来做一做吧。这里只有一个电流方程:

$$I_1 + I_2 + I_3 = 0,$$

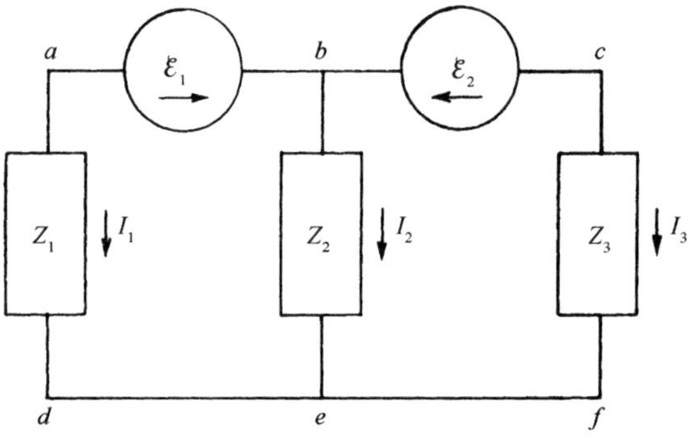

图 22-13 一个不能用串联和并联组合来加以分析的电路

因而我们立即知道

$$I_3 = -(I_1 + I_2).$$

如果马上利用这一结果写出电压方程,便能节省一些代数运算。对于这个电路存在两个独立的电压方程,它们是

$$-\mathscr{E}_1 + I_2 z_2 - I_1 z_1 = 0$$

和

$$\mathscr{E}_2 - (I_1 + I_2) z_3 - I_2 z_2 = 0.$$

这里有两个方程和两个未知的电流。对这两个方程解出 I_1 和 I_2,便得

$$I_1 = \frac{z_2 \mathscr{E}_2 - (z_2 + z_3)\mathscr{E}_1}{z_1(z_2 + z_3) + z_2 z_3} \tag{22.20}$$

和

$$I_2 = \frac{z_1 \mathscr{E}_2 + z_3 \mathscr{E}_1}{z_1(z_2 + z_3) + z_2 z_3}. \tag{22.21}$$

第三个电流可从这两个电流之和获得。

另一个不能利用阻抗的串联和并联法则加以分析的电路例子如图 22-14 所示。像这样的电路称为"电桥",它出现在许多用来测量阻抗的仪器中。对这一电路人们感兴趣的问题往往是:各阻抗必须怎样联系,才能使通过阻抗 Z_3 的电流为零。符合这一要求的条件将留给你们去找。

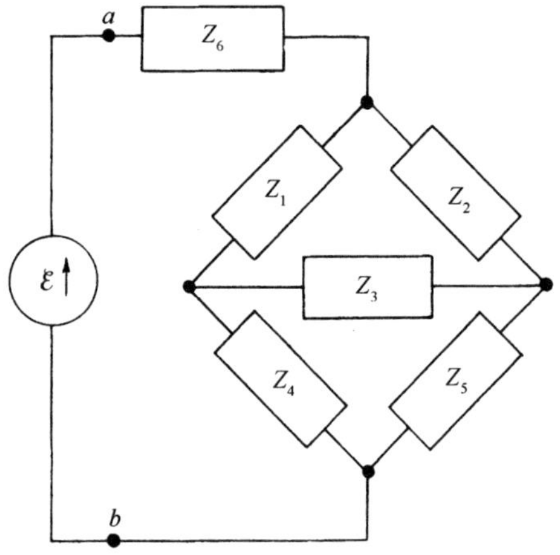

图 22-14 一个桥式电路

§22-4 等效电路

假定把一部发电机 $\mathscr{E}$ 连接到一个含有某种复杂的阻抗互连电路中,如图 22-15(a)所示。由于所有从基尔霍夫法则获得的方程都是线性的,因而当解出流经该发电机的电流 I 时,我们就会得出结论:I 与 $\mathscr{E}$ 成正比。即可以写成

$$I = \frac{\mathscr{E}}{z_{\text{有效}}},$$

现在式中 $z_{\text{有效}}$ 是某个复数,是该电路中所有元件的代数函数(如果该电路除了图中所示的那部发电机之外没有其他发电机,那么就不会有与 $\mathscr{E}$ 无关的任何附加项)。但这恰好就是我们应写出的关于图 22-15(b)的电路方程。只要我们仅对 a 和 b 两端点左侧所发生的情况感兴趣,则图 22-15 的两个电路就是等效的。因此,我们能够做出一个普遍陈述:无源元件的任何二端网络都可以由一个单独阻抗 $z_{\text{有效}}$ 来代替而不改变电路中其余部分的电流和电压。当然,这个陈述的内容不过是来自基尔霍夫法则——而最终来自麦克斯韦方程组的线性性质的一种表示。

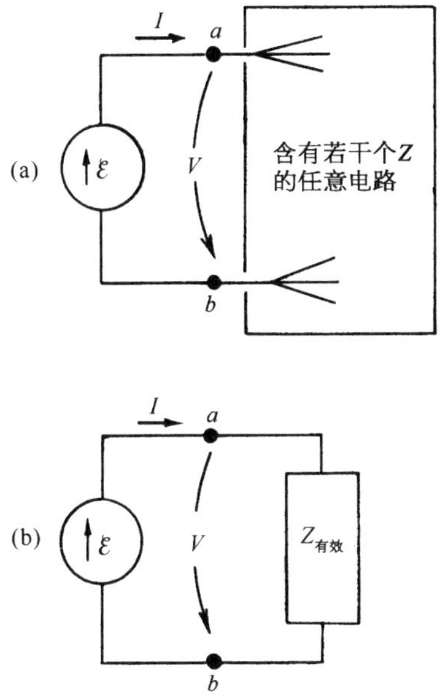

图 22-15　任何无源元件的二端网络都相当于一个有效阻抗

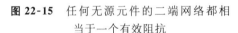

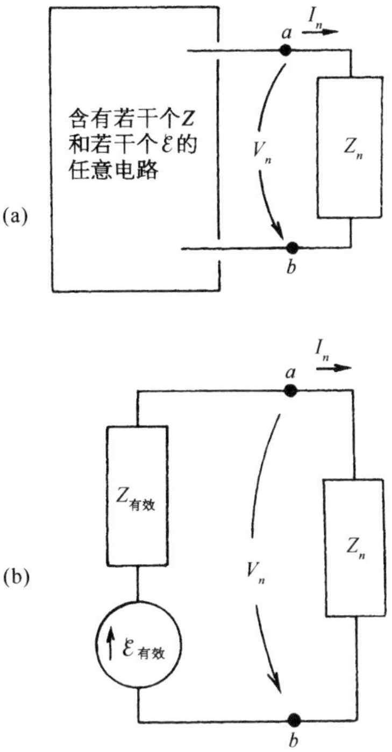

图 22-16　任何二端网络都可以由串联一个阻抗的发电机来代替

这一概念可推广至同时含有若干部发电机和若干个阻抗的电路。假定我们是“从其中某一阻抗的观点”来看这样一个电路，而这个阻抗被称为 z_n，如图 22-16(a)所示。要是必须对整个电路的方程求解，则会发现两端点 a 和 b 之间的电压 V_n 是 I_n 的线性函数，我们可以把它写成

$$V_n = A - BI_n, \tag{22.22}$$

式中 A 和 B 依赖于电路中端点左侧的发电机和阻抗。例如，对于图 22-13 的那种电路，我们求得 $V_1 = I_1 z_1$ 。这可以写成[通过对式(22.20)的重新布置]：

$$V_1 = \left[\left(\frac{z_2}{z_2 + z_3}\right)\mathscr{E}_2 - \mathscr{E}_1\right] - \frac{z_2 z_3}{z_2 + z_3} I_1. \tag{22.23}$$

于是，把这一方程与有关阻抗 z_1 的方程，即 $V_1 = I_1 z_1$，互相结合就可获得全部的解，或者在一般情况下，通过将方程式(22.22)与

$$V_n = I_n z_n$$

相结合而获得全部的解。

现在若考虑把 z_n 连接至由发电机和阻抗构成的简单串联电路，如图 22-16(b)所示，则与式(22.22)相应的方程为

$$V_n = \mathscr{E}_{有效} - I_n z_{有效},$$

只要我们令 $\mathscr{E}_{有效} = A$，而 $z_{有效} = B$，上式与式(22.22)完全相同。因此，若我们只对于在 a 和

b 两端点右侧所发生的情况感兴趣，则图 22-16 的那个任意电路始终可以由发电机与阻抗串联而成的等效结合体来代替。

§22-5 能 量

我们已经看到，要在一个电感中建立起电流 I，能量 $U=\frac{1}{2}LI^2$ 必须由外电路供应；当电流下降到零时，这能量又交还给外电路。在一个理想电感中并没有能量损耗机制。当有一交变电流通过一电感时，能量在它与电路的其他部分之间来回流动，递交给电路的能量的平均速率为零。这样，我们便说电感是一个无耗元件，在其中没有电能被消耗掉——也就是"损失"掉。

同样，一个电容器的能量 $U=\frac{1}{2}CV^2$，当电容器放电时，会归还给外电路。当一电容器置于交流电路中时，能量在其中流进流出，但每一周期中的净能流为零。一个理想电容器也是一个无耗元件。

我们知道，电动势是一个能源。当电流 I 沿电动势的方向流动时，能量以 $\mathrm{d}U/\mathrm{d}t=\mathscr{E}I$ 的速率释放给外电路。如果电流是被电路中的其他发电机驱使——逆着电动势的方向流动，则这电动势将以速率 $\mathscr{E}I$ 吸收能量；由于 I 是负的，所以 $\mathrm{d}U/\mathrm{d}t$ 也将是负的。

如果一部发电机与一个电阻 R 相接，则通过该电阻的电流为 $I=\mathscr{E}/R$。由发电机以速率 $\mathscr{E}I$ 供应的能量为该电阻所吸收。这一能量在电阻中变成热，从而使该电路的电能损失掉。这样，我们便说电能在电阻中耗散了。在电阻中能量被耗散的速率为 $\mathrm{d}U/\mathrm{d}t=RI^2$。

在交流电路中，能量消耗于电阻中的平均速率等于 RI^2 在一周中的平均值。由于 $I=\hat{I}\,e^{i\omega t}$ ——这我们实际指的是 I 正比于 $\cos\omega t$——所以在一周中 I^2 的平均值就是 $|\hat{I}|^2/2$，因为电流峰值为 $|\hat{I}|$，$\cos^2\omega t$ 的平均值为 $1/2$。

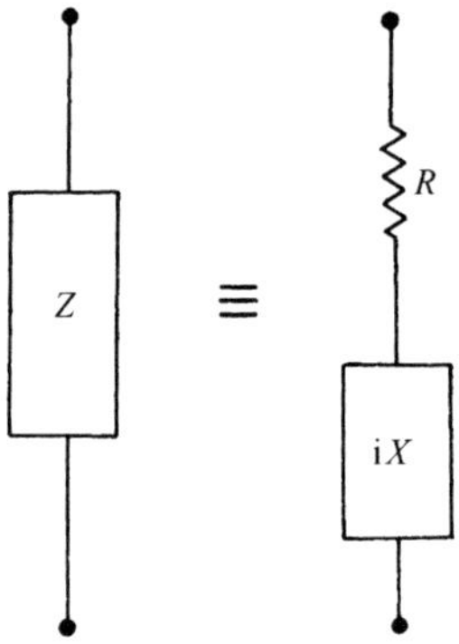

图 22-17 任何阻抗都与纯电阻及纯电抗的串联组合等效

当一部发电机接至任意一个阻抗 z 时，能量的损失又将如何呢(当然，所谓"损失"，我们指的是电能转变为热能)？任何阻抗 z 都可以写成它的实部及虚部之和。这就是说，

$$z=R+iX, \tag{22.24}$$

式中 R 和 X 都是实数。从等效电路的观点出发，我们可以讲，任何阻抗相当于一个电阻与一个纯虚数阻抗——称为电抗——相串联，如图 22-17 所示。

我们以前就知道，任何仅由一些 L 和 C 组成的电路都具有纯虚数的阻抗。由于平均来讲没有任何能量会在某一个 L 和 C 中损失，因而仅含有一些 L 和 C 的纯电抗将不会有能量损失。我们可以看到，在一般情况下对于电抗来说这必定是正确的。

如果一部具有电动势 $\mathscr{E}$ 的发电机被连接至图 22-17 的那个阻抗 z 上，则来自该发电机的电动势和电流便应有这样一个关系：

$$\mathscr{E} = I(R + \mathrm{i}X). \tag{22.25}$$

要找出能量输出的平均速率，就要求出乘积 $\mathscr{E}I$ 的平均值。此刻我们必须小心！当处理这种乘积时，应与实数值 $\mathscr{E}(t)$ 和 $I(t)$ 打交道(只有当我们具有线性方程时，复变数函数的实部才会代表实际的物理量；现在我们所关心的是一个乘积，它肯定就不是线性的)。

假定我们选取 t 的原点以便使振幅 $\hat{I}$ 是一实数，比如 I_0，那么 I 的实际时间变化就由下式给出：

$$I = I_0 \cos \omega t.$$

式(22.25)的电动势是下式

$$I_0 \mathrm{e}^{\mathrm{i}\omega t}(R + \mathrm{i}X)$$

的实部，也即

$$\mathscr{E} = I_0 R \cos \omega t - I_0 X \sin \omega t. \tag{22.26}$$

式(22.26)中的两项分别代表跨越图 22-17 中 R 和 X 的电压降。我们看到，那跨越电阻的电压降与电流同相，而那跨越纯电抗部分的电压降则与电流异相。

由发电机供应的能量消耗的平均速率 $\langle P\rangle_{平均}$，等于乘积 $\mathscr{E}I$ 在一周内的积分除以周期 T，换句话说，

$$\langle P\rangle_{平均} = \frac{1}{T}\int_0^T \mathscr{E}I\,\mathrm{d}t = \frac{1}{T}\int_0^T I_0^2 R\cos^2 \omega t\,\mathrm{d}t - \frac{1}{T}\int_0^T I_0^2 X\cos \omega t \sin \omega t\,\mathrm{d}t.$$

第一个积分为 $\frac{1}{2}I_0^2 R$，而第二个积分为零。所以在一个阻抗 $z = R + \mathrm{i}X$ 中的平均能量损失只取决于 z 的实部，并且等于 $I_0^2 R/2$。这同我们以往关于在电阻中的能量损失结果相符，而在电抗部分并没有能量损失。

§22-6　梯 形 网 络

现在我们来考虑一个可用串联和并联组合加以分析的有趣电路。假定从图 22-18(a)的那个电路开始。可以立刻看出，从端点 a 至端点 b 的阻抗仅是 $z_1 + z_2$。现在让我们考虑一个稍微困难一点的电路，如图 22-18(b)所示。本来可以利用基尔霍夫法则来分析这个电路，但用串联和并联的组合也容易加以处理。可用一个单独阻抗 $z_3 = z_1 + z_2$ 来代替右端的两个阻抗，如图 22-18(c)所示。然后，z_2 和 z_3 两阻抗又可以用它们的等效并联阻抗 z_4 来代替，如图 22-18(d)所示。最后，z_1 和 z_4 与一个单独阻抗 z_5 等效，如图 22-18(e)所示。

现在可以提出一个有趣的问题：要是我们在图 22-18(b)的那个网络上永远保持增多一些节段——如图 22-19(a)中虚线所示——将会发生什么样的情况呢？我们能否解出这样一个无限长的网络？噢，那并不怎么困难。首先，我们注意到，如果在这一无限长网络的“前”端再添加一节，它仍不会改变。的确，若我们添加一节于一无限长网络，它仍然是同样的无限长网络。假设把在这个无限长网络两端点 a 和 b 之间的阻抗称为 z_0，则在 c 和 d 两端点右侧的所有东西的阻抗也将是 z_0。因此，就其前端来说，可以将该网络表达成如图 22-19(b)所示。构成 z_2 与 z_0 的并联组合，并将这个结果与 z_1 相串联，我们便能立即写下这个组合的阻抗：

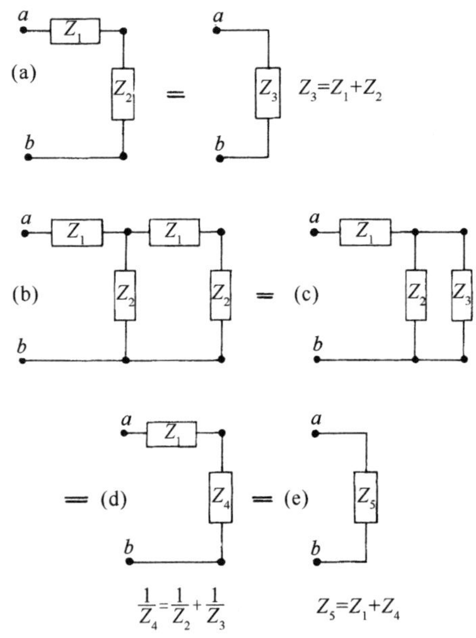

图 22-18 梯形网络的有效阻抗

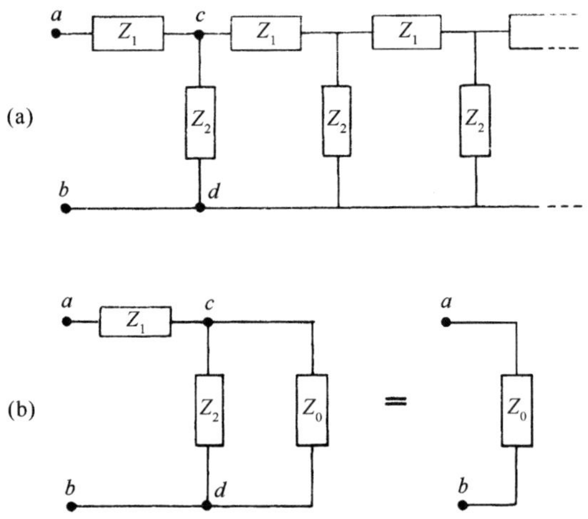

图 22-19 无限长梯形网络的有效阻抗

$$z=z_1+\frac{1}{1/z_2+1/z_0}\text{ 或 }z=z_1+\frac{z_2z_0}{z_2+z_0}.$$

但这一阻抗也等于 z_0,因而得到这么一个方程:

$$z_0=z_1+\frac{z_2z_0}{z_2+z_0}。$$

由此可以解出 z_0:

$$z_0=\frac{z_1}{2}+\sqrt{z_1^2/4+z_1z_2}. \tag{22.27}$$

因此,我们已求得含有反复串联和并联阻抗的无限长梯形网络的阻抗的解。阻抗 z_0 被称为这样一个无限长网络的特性阻抗。

现在让我们来考虑一个特殊例子,其中串联元件是一自感 L 而并联元件是一电容 C,如图 22-20(a)所示。在这种情况下,通过令 $z_1=\mathrm{i}\omega L$ 和 $z_2=1/(\mathrm{i}\omega C)$,我们便可求得该无限长网络的阻抗。注意式(22.27)中的第一项正好是那头一个元件阻抗的一半。因此,要是把该无限长网络画成像图 22-20(b)所示的那样,似乎就更为自然,或至少较为简单。若从端点 a' 去观看该无限长网络,则会知道该特性阻抗为

$$z_0=\sqrt{L/C-\omega^2L^2/4}. \tag{22.28}$$

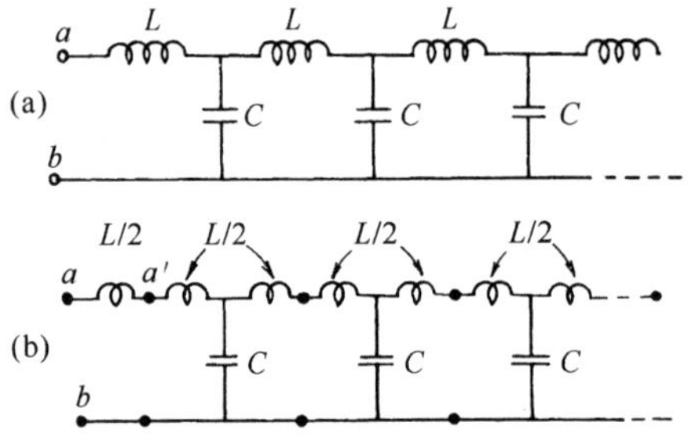

图 22-20 一个 L-C 梯形网络以两种等效方式画出

现在就有两种有趣的情况,都取决于频率。如果 ω^2 小于 $4/(LC)$,则根号内的第二项将比第一项小,因而阻抗 z_0 将是一实数,反之,若 ω^2 大于

4/(LC)，则阻抗 z_0 将是一个纯虚数，并可写成

$$z_0 = \mathrm{i}\sqrt{\omega^2 L^2/4 - L/C}.$$

我们以前就曾经说过，一个仅含有诸如电感和电容那种虚数阻抗的电路，将有一个纯虚数的阻抗。目前正在研究的电路——仅含有一些 L 和一些 C——在频率低于$\sqrt{4/(LC)}$时其阻抗怎么能够是纯电阻呢？对于较高频率，阻抗为一纯虚数，这与我们以前的说法一致。对于较低频率，阻抗是一纯电阻，因而将吸收能量。该电路为什么会像电阻那样不断吸收能量，要是它仅由电感和电容所构成呢？答案：由于有无数个电感和电容，以致当源被连接到该电路上时，它会对第一个电感和电容供应能量，然后又供应那第二个、第三个，等等。在这种电路中，能量不断以一恒定速率被吸收，即从发电机那里稳恒地流出并进入该网络中去，所供应的这些能量被储存在下行线路中的那些电感和电容中去了。

这一概念暗示着在该电路中发生的情况有一个有趣的地方。我们预期，如果把一个源接到其前端，则这个源的效应将经由该网络向无限远的一端传播。波沿线向下的这种传播很像一根从它的驱动源吸收了能量的天线所发出的辐射。也就是说，我们期望，当阻抗是一实数、即 ω 比 $\sqrt{4/(LC)}$ 小时，这样一种传播就会发生。但当阻抗是一纯虚数、亦即 ω 比$\sqrt{4/(LC)}$大时，就不该指望看到任何这种传播。

§ 22-7　滤　波　器

在上一节中，我们看到图 22-20 中的无限梯形网络会不断地吸收能量，如果它被低于某个临界频率 $\sqrt{4/(LC)}$的源所驱动，这个频率将被称为截止频率 ω_0。我们曾经建议，这一效应可以用能量不断沿线向下传输来理解。另一方面，在高频时，即对于 $\omega > \omega_0$，便没有这种能量的连续吸收，这时我们应该期待，电流或许不会沿线向下“透入”得很远。让我们来看看这些想法是否对头。

假设已把该梯形网络的起始端连接到某个交流发电机，试问：梯形网络第 754 节处电压的情况如何？由于该网络无限长，因而从一节至次一节电压所发生的任何变化总是一样，所以就让我们只来看看当从某节、比如说第 n 节至下一节所发生的情况。我们将像图 22-21(a)所示的那样对电流 I_n 和电压 V_n 下定义。

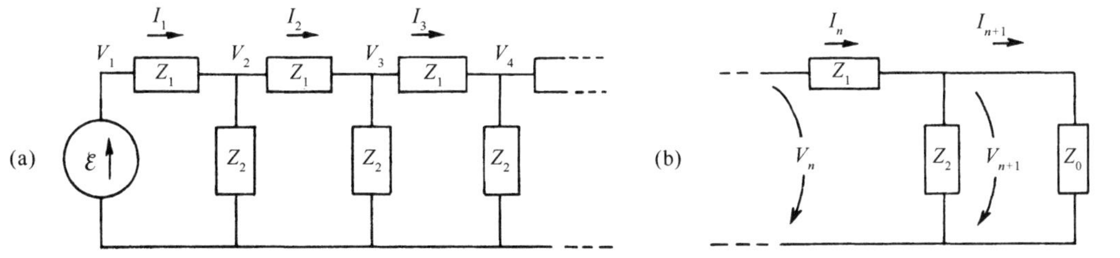

图 22-21　找出梯形网络的传播因子

记住在第 n 节之后，我们总能用特性阻抗 z_0 来代替该梯形网络的其余部分，这样就可以从 V_n 得到 V_{n+1}，于是只需对图 22-21(b)中的那个电路进行分析。首先，我们注意到，由

于 V_n 是横跨 z_0 的电压,因而它必须等于 $I_n z_0$,并且 V_n 与 V_{n+1} 之差恰好是 $I_n z_1$:

$$V_n - V_{n+1} = I_n z_1 = V_n \frac{z_1}{z_0}.$$

因此,便可得到比值

$$\frac{V_{n+1}}{V_n} = 1 - \frac{z_1}{z_0} = \frac{z_0 - z_1}{z_0}.$$

这个比值叫作梯形网络每节的传播因子,我们将记为 α。当然,这对于所有的节都是相同的:

$$\alpha = \frac{z_0 - z_1}{z_0}. \tag{22.29}$$

这样,在第 n 节之后的电压就是

$$V_n = \alpha^n \mathscr{E}. \tag{22.30}$$

现在你可以找出在第 754 节之后的电压,它刚好就是 α 的 754 次幂乘以 $\mathscr{E}$。

我们看看图 22-20(a)中 LC 梯形网络的 α 大概是什么。利用式(22.27)的 z_0 以及 $z_1 = \mathrm{i}\omega L$,我们得

$$\alpha = \frac{\sqrt{L/C - \omega^2 L^2/4} - \mathrm{i}(\omega L/2)}{\sqrt{L/C - \omega^2 L^2/4} + \mathrm{i}(\omega L/2)}. \tag{22.31}$$

如果驱动频率低于截止频率 $\omega_0 = \sqrt{4/(LC)}$,则平方根是一实数,而在分子及分母中两个复数的大小值便相等,因此,$|\alpha|$ 的量值为 1,我们便可写成

$$\alpha = \mathrm{e}^{\mathrm{i}\delta},$$

这意味着在每节的电压大小都相同,只是相位有变化。事实上,这相位的改变 δ 是一负数,并代表当沿网络从一节至下一节时电压的"延迟"。

对于比截止频率 ω_0 高的频率,最好是把式(22.31)的分子和分母中的 i 消去而重新写成

$$\alpha = \frac{\sqrt{\omega^2 L^2/4 - L/C} - \omega L/2}{\sqrt{\omega^2 L^2/4 - L/C} + \omega L/2}. \tag{22.32}$$

现在该传播因子 α 是一实数,而且是一个小于 1 的数目。这意味着在任一节上的电压比起其前一节上的电压总要小一个因子 α。对于任一比 ω_0 高的频率,当我们沿该网络下行时,电压降落得很快。α 的绝对值作为频率函数而画成的图看来就像图 22-22 中的那条曲线。

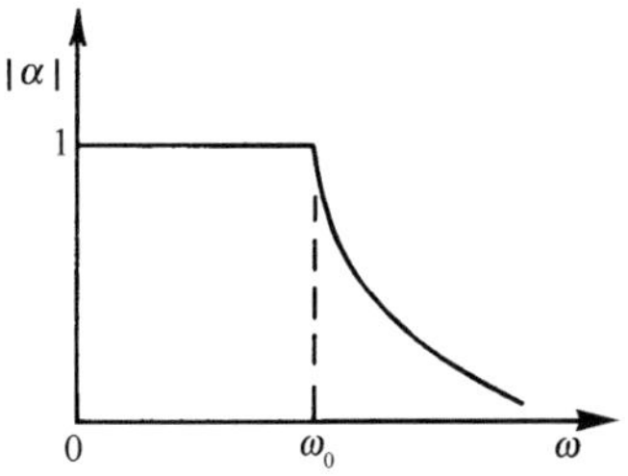

图 22-22 在 LC 梯形网络中每节的传播因子

我们看到,对高于和低于 ω_0 的频率,α 的行为都与我们的这种解释相一致,即对于 $\omega < \omega_0$,该网络会传播能量;而对于 $\omega > \omega_0$,则能量被阻塞。我们说,这网络会"通过"低频而"舍弃"或"滤去"高频。任何一个其特性被设计成按某一规定方式随频率变化的网络都称为"滤波器"。我们刚才分析了一个"低通滤波器"。

你可能会觉得奇怪,为什么要讨论一个显然不能够实现的无限长网络。重要的是,同样的特性可以在一个有限网络

中找到，只要我们用一个等于该特性阻抗 z_0 的阻抗接在其末端使它结束。虽然在实际上是不能够用几个像 R，L 和 C 那样的简单元件来严格地复制出该特性阻抗，但对于某个范围内的频率却往往能够以相当好的近似程度做到这一点。这样，就可以做成性质十分接近于一个无限长网络的一个有限长滤波器。例如，若用一纯电阻 $R=\sqrt{L/C}$ 来结束那个 LC 梯形网络，则它的表现就像上面对它所描述的那样。

如果在那个 LC 梯形网络中交换各个 L 和 C 的位置，以形成如图 22-23(a)所示的那种梯形网络，就成为一种传播高频而抑制低频的滤波器。通过利用已有的结果，很容易看出在这一网络中发生的事情。你将会注意到，无论什么时候当把 L 变成 C 或倒过来时，也就由每一个 $i\omega$ 变成 $1/i\omega$。因此，过去在 ω 上所发生的事情现在在 $1/\omega$ 上发生了。特别是，可以通过利用图 22-22 并将其在横轴上的标记改成 $1/\omega$，就像图 22-23(b)所表示的那样，我们可以看出 α 如何随频率而变化。

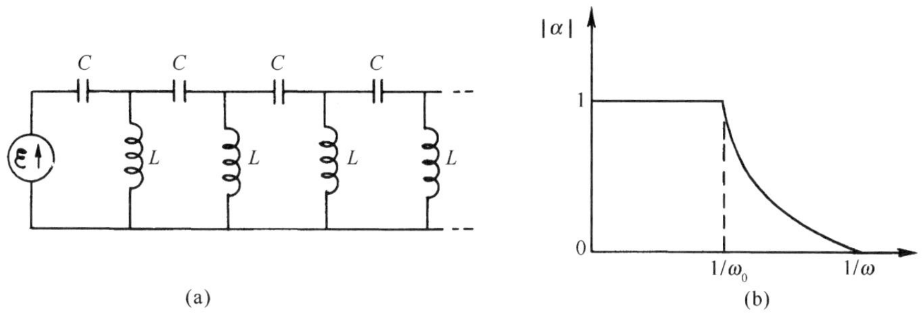

图 22-23　(a) 高通滤波器；(b) 它的传播因子作为 $1/\omega$ 的函数

刚才所描述的低通和高通滤波器具有各种技术应用。LC 型低通滤波器常在直流动力供应单元中用作“平流”滤波器。如果要把一个交流电源制造成直流电源，那么先要用一个只允许电流单向流动的整流器。从整流器将会得到看来像图 22-24 所示的函数 $V(t)$ 那样的一系列脉冲，那是一种糟糕的直流，因为它上下摆动。假定想要一个漂亮的纯粹直流，像一个电池组所供应的那样，通过在整流器与负载之间放置一个低通滤波器，我们可以接近这一目标。

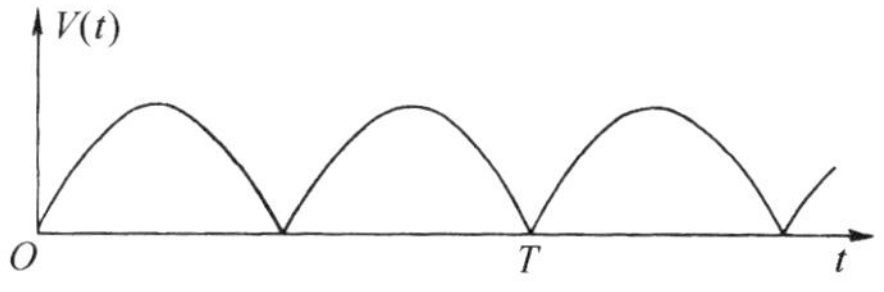

图 22-24　一个全波整流器的输出电压

从第 1 卷第 50 章中我们知道，图 22-24 的那个时间函数可以表示为一个恒定电压加上一个正弦波、再加上一系列更高频率的正弦波的叠加——即由一个傅里叶级数来表示。如果滤波器是线性的(正如我们曾经假定的，只要那些 L 和 C 都不随电流或电压而变)，那么从滤波器出来的就是对输入端每一成分的各项输出的叠加。如果安排得使滤波器的截止频率 ω_0 远低于函数 $V(t)$中的最低频率，则直流($\omega=0$)便能够很好地通过，但第一谐波的振幅将被削弱得很厉害，而那些更高谐波的振幅被削弱得更多。所以我们能够获得一个想要的平滑输出，它只决定我们乐意购买多少节滤波器。

如果希望抑制某些低频波，则常用高通滤波器。例如，在一留声机的放大器中，高通滤波器可以用来让音乐通过，而避开那些来自转盘电动机的低调隆隆声。

也可能制成一种“带通”滤波器，它会抑制比某一频率 ω_1 低而比另一频率 ω_2(大于 ω_1)

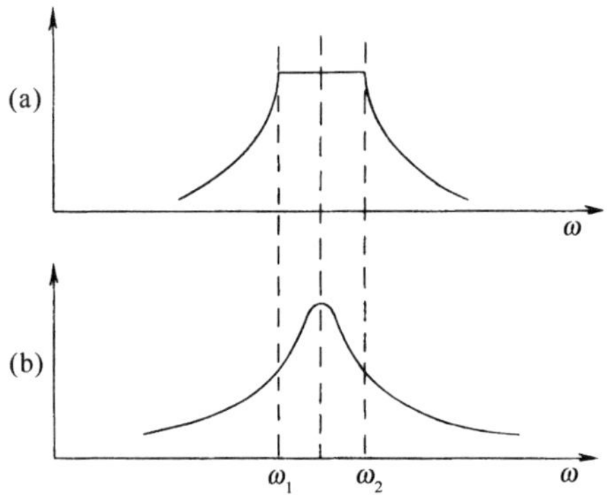

图 22-25 (a) 带通滤波器;(b) 简单的共振滤波器

高的一些频率,而却让 ω_1 与 ω_2 之间的那些频率通过。这可很容易地把一个高通与一个低通滤波器放在一起而做到,但更经常的却是通过制造一个梯形网络来实现的。在该网络中,其阻抗 z_1 和 z_2 更加复杂——每一个都是若干个 L 和 C 的组合。这样一个带通滤波器也许具有如图 22-25(a)所示的那种传播常数。这可能用来把一些仅占据一个频率间隔的信号——诸如在一高频电话电缆中的许多声音信道的每一个,或在无线电传递中受了调制的每一个载波——分开来。

在第 1 卷第 25 章中我们曾经见到,像这样的滤波作用也可利用一普通共振曲线的选择性来做到,为了比较,我们已把该共振曲线画在图 22-25(b)上。但对于某些目的来说,这一种共振式滤波器不如带通滤波器那么优越。你会记得(第 1 卷第 48 章),当频率为 ω_c 的载波受到"信号"频率 ω_s 所调制时,整个讯号不仅含有载频,而且还含有两个边带频率 $\omega_c+\omega_s$ 和 $\omega_c-\omega_s$。采用共振式滤波器时,这些边带总多少会受到衰减,而且信号的频率越高则衰减越厉害,正如你可以从图上见到的。因此存在不良的"频率响应",那些较高频的乐音通不过去。但若滤波作用是由一个设计得使宽度 $\omega_2-\omega_1$ 至少两倍于最高信号频率的那种带通滤波器来完成的话,则该频率响应对于所需的那些信号来说就将是"平坦"的了。

关于梯式滤波器我们还要再强调一点:图 22-20 的 LC 梯形网络也是传输线的一个近似表示。如果有一长导体与另一导体平行并列——诸如在一根同轴电缆中的导线或一根悬挂在地面之上的导线——那么便会有某些电容存在于两导体之间,以及由于它们之间存在磁场所以还有某些电感。若我们设想该传输线被分割成众多小段 Δl,每一段看起来就像在 LC 梯形网络中由串联电感 ΔL 和并联电容 ΔC 所构成的一节。然后,我们便能应用有关梯式滤波器的结果。若取 Δl 趋于零时的极限,则对于传输线就有一个极好描述。注意当 Δl 变得越来越小时,ΔL 和 ΔC 两者都会减少,但都在同一比例上,因而比值 $\Delta L/\Delta C$ 仍将保持不变。因此,若取 ΔL 和 ΔC 都趋于零时式(22.28)的极限,则我们发现该特性阻抗是一个大小为$\sqrt{\Delta L/\Delta C}$的纯电阻。我们也可将比值 $\Delta L/\Delta C$ 写成 L_0/C_0,其中 L_0 和 C_0 分别代表传输线每单位长度的电感和电容,于是我们得

$$z_0=\sqrt{\frac{L_0}{C_0}}. \tag{22.33}$$

你也将会注意到,当 ΔL 和 ΔC 各趋于零时,截止频率 $\omega_0=\sqrt{4/(LC)}$ 会变成无限大,即对于一条理想的传输线来说不存在截止频率。

§ 22-8 其他电路元件

迄今我们仅仅定义了那些理想电路的阻抗——电感、电容和电阻——还有理想电压发生器。现在我们要来证明,诸如互感、晶体管或真空管等其他元件都可以仅利用同样的基本

元件来加以描述。假设有两个线圈,而有意或无意地使其中一个线圈的某些磁通量耦合到另一个线圈中去,如图 22-26(a)所示。此时这两个线圈会有互感 M,使得当其中一个线圈的电流变化时,在另一个线圈中将有一电压产生。我们是否能够将这种效应算进等效电路中? 按下述方法来做是能够的。我们已经知道,在两个相互作用线圈的每一个中感生电动势均可以写成两部分之和:

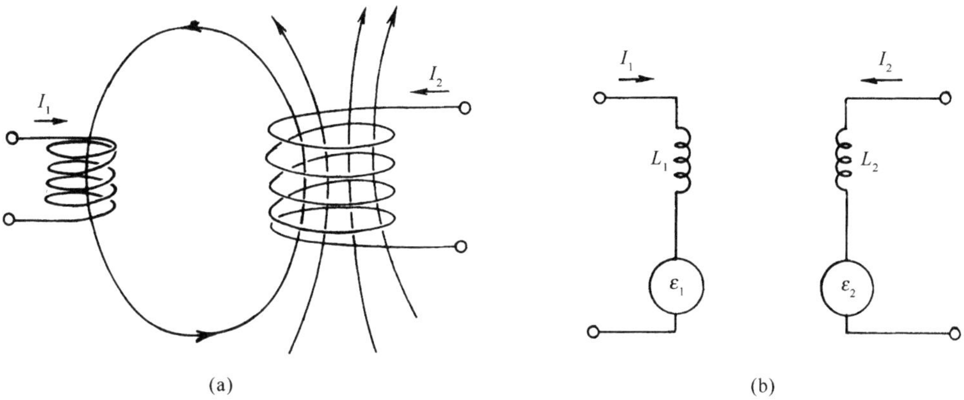

图 22-26　互感的等效电路

$$
\begin{aligned}
\mathscr{E}_1 &= -L_1 \frac{\mathrm{d}I_1}{\mathrm{d}t} \pm M \frac{\mathrm{d}I_2}{\mathrm{d}t}, \\
\mathscr{E}_2 &= -L_2 \frac{\mathrm{d}I_2}{\mathrm{d}t} \pm M \frac{\mathrm{d}I_1}{\mathrm{d}t}.
\end{aligned} \tag{22.34}
$$

第一项来自线圈的自感,而第二项则来自它与另一线圈间的互感。第二项的符号可正可负,取决于来自一个线圈的磁通量耦合到另一个线圈上去的方式。做了我们以前在描述理想电感时用过的同样的近似,我们便可以说,跨越每个线圈两端的电势差等于该线圈中的电动势。于是式(22.34)的两个方程将和我们从图 22-26(b)的电路中获得的方程相同,只是图示的每一电路中的电动势是按照下列关系式取决于对方电路中的电流:

$$
\mathscr{E}_1 = \pm\, \mathrm{i}\omega M I_2, \quad \mathscr{E}_2 = \pm\, \mathrm{i}\omega M I_1. \tag{22.35}
$$

因此我们所能做的是,以正常方式表示自感效应,但对于互感效应则由一个辅助的理想电压发生器来代替。当然,此外我们还应有关于这个电动势与电路某一部分中的电流的关系的方程式,但只要这一方程式是线性的,我们不过是在电路方程中加进了更多的线性方程,因而我们以前关于等效电路的所有结论仍然是正确的。

除了互感之外,也可能还有互容。迄今,当我们谈及电容器时总是想象只有两个电极,但在许多情况下,比如在一个真空管中,就有许多个彼此靠近的电极。如果把一电荷放在其中任何一个电极上,它的电场将会在其他每个电极上感生一些电荷并影响其电势。作为一例,试考虑如图 22-27(a)所示的那四块板。假定这四块板分别由 A, B, C 和 D 四根导线连接至外电路。只要我们所关心的仅限于静电效应,则像这样一种电极布置的等效电路就如同图 22-27(b)所示。任一电极对于其他每一电极的静电互作用相当于在这两电极之间的一个电容。

最后,让我们来考虑交流电路中像晶体管和真空管那么复杂的器件应该怎样来表示。本该一开始就指出,这种器件通常是这样运行的,其中电流与电压的关系是完全非线性的。在这种情况下,我们曾做出的有赖于方程线性的那些说法当然不再正确。另一方面,在许多种应用中,晶体管和真空管的运行特性曲线还是足够线性的,以致可把它们视作线性器件。这意味着例如在真空管中,板极内的交变电流与出现在其他各电极上的电压,诸如栅极电压和板极电压形成了线性正比关系。当我们具备这样的线性关系时,就能够将该器件纳入等效电路的表示之中。

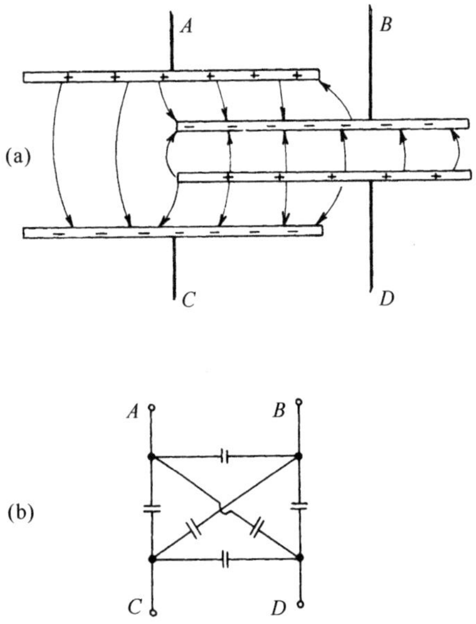

图 22-27 互容的等效电路

正如在互感的情况那样,我们的表达方式将不得不包含一些辅助的电压发生器,用以描述在该器件一部分中的电压或电流对于其他部分中的电流或电压所产生的影响。例如,一个三极管的板极电路经常可表示为一个电阻串联于一个其源强正比于栅极电压的理想电压发生器。我们便得到如图 22-28 所示的那个等效电路*。同理,一个晶体管的集电极电路可以方便地表达成一个电阻串联于一理想电压发生器,这个源的强度正比于从该晶体管的发射极流向基极的电流。这时等效电路就像图 22-29所示的那样。只要用来描写其运行的方程是线性的,便可以对电子管或晶体管引用这些表达方式。然后,当它们被归并入一个复杂网络中时,关于元件的任意一种连接方式的等效表示的一般结论都仍然有效。

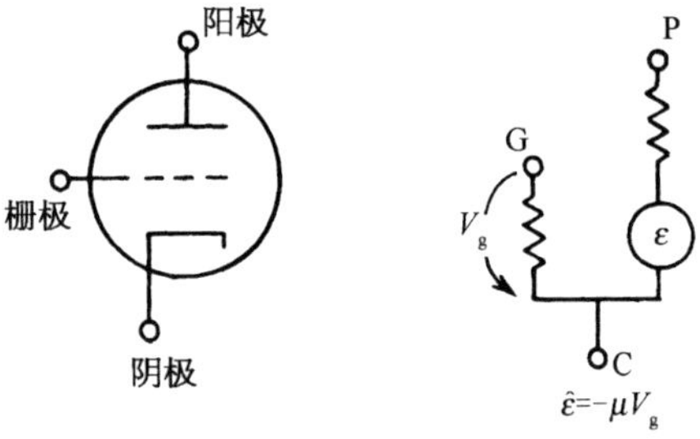

图 22-28 真空管的低频等效电路

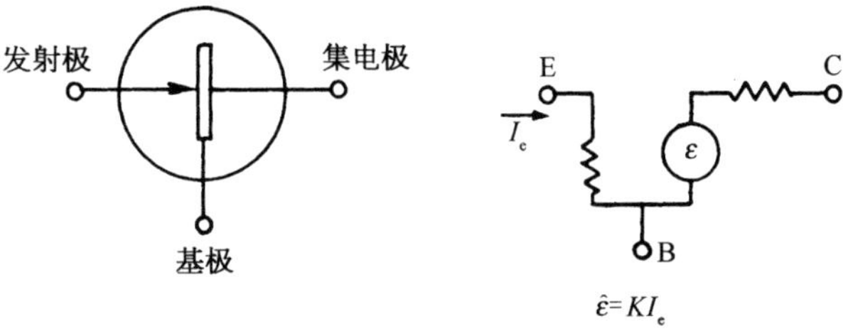

图 22-29 晶体管的低频等效电路

与仅含有阻抗的那种电路不同,关于晶体管和真空管电路有一件令人注目的事情:其有效阻抗 $z_{有效}$ 的实部可以变成负值。我们已明白 z 的实部代表能量损耗,可是晶体管和真空管的重要特性却是它们对电路供应能量(当然,它们并非在"创造"能量,不过从动力供应的

---

* 图上所示的这个等效电路只有在低频时才正确。对于高频来说,该等效电路变得复杂得多,而且将包括各种所谓"寄生"电容和电感。

直流电路中取得能量并将其转变成交变能量)。因此,就可能有一种具备负电阻的电路。这样的一个电路具有如下性质,即如果你把它接至一个具有正实部的阻抗,也就是具有正的电阻,并将材料布置成使该两实部之和恰恰等于零,则在该联合电路中将不会有能量耗散。如果没有能量损耗,则任何一个一经启动了的交变电压便将永远维持下去。这就是能够在任何想要的频率上用作交变电压源的振荡器或信号发生器的运行过程背后的基本概念。

第 23 章　空腔共振器

§ 23-1　实际电路元件

任何一个由一些理想阻抗和发电机所构成的电路，当从任一对端点看时，不论处在什么频率，它都相当于一部发电机 $\mathscr{E}$ 和一个阻抗 z 的串联。之所以会这样，是因为若在那对端点上加一电压 V，当解所有方程以求得电流 I 时，我们就一定会获得电流与电压之间的一个线性关系。由于所有方程都是线性的，因而对 I 所得的结果也就应该仅仅是线性地依赖于 V。最普遍的这种线性形式可表示为

$$I=\frac{1}{z}(V-\mathscr{E}). \tag{23.1}$$

一般说来，z 和 $\mathscr{E}$ 两者都可能以某种复杂方式依赖于频率 ω。然而，如果两端点后面仅有一发电机 $\mathscr{E}(\omega)$ 与一阻抗 $z(\omega)$ 相串联时，我们就应获得式(23.1)那样的关系。

也有与此相反的问题：若我们真有具备两个端点的任何电磁器件，并已测量了 I 与 V 的关系以确定 $\mathscr{E}$ 和 z 作为频率的函数，那么我们能否找到一个与内阻抗 z 相等效的理想元件的组合呢？答案是，对于任一合理的——也就是说，物理上有意义的——函数 $z(\omega)$，这种情况可以用一个含有有限组理想元件的电路来近似，并可达到我们希望的高精确度。我们现在暂不考虑这个普遍问题，但只想对几种特殊情况看看从物理的论证方面会期待得到些什么。

若我们考虑的是一个实际的电阻，则知道电流通过它时会产生磁场。所以任何实际电阻也应有一些电感。并且，当有一电势差跨越电阻时，则在电阻两端必然有一些电荷以产生所必需的电场。当电压改变时，这些电荷也将按比例改变，从而该电阻也会有某些电容。我们期待一个实际电阻也许会有如图 23-1 所示的等效电路。在一个精心设计的电阻中，这里所谓的“寄生”元件 L 和 C 都很小，以致在那些预定用到的频率时，ωL 会比 R 小得多而 $1/(\omega C)$ 则比 R 大很多，因此就有可能把它们都忽略掉。然而，当频率升高时，它们最终会变得重要起来，因而一个电阻初看就像一个谐振电路。

一个实际电感也并非等于阻抗为 $\mathrm{i}\omega L$ 的理想电感。一个实际导线线圈将有某些电阻，从而在低频时该线圈实际上就等效于一个电感与某个电阻的串联，如图 23-2(a)所示。可是，你或许正在想，电阻和电感共同存在于一个实际线圈中——电阻完全分散于整条导线中，因而已和电感互相混合了。我们也许更应该采用一个像图 23-2(b)那样的电路，它有几个小 R 和小 L 互相串联着。但这样一个电路的总阻抗正好是 $\sum R+\sum \mathrm{i}\omega L$，这就等效于(a)那个较简单的图了。

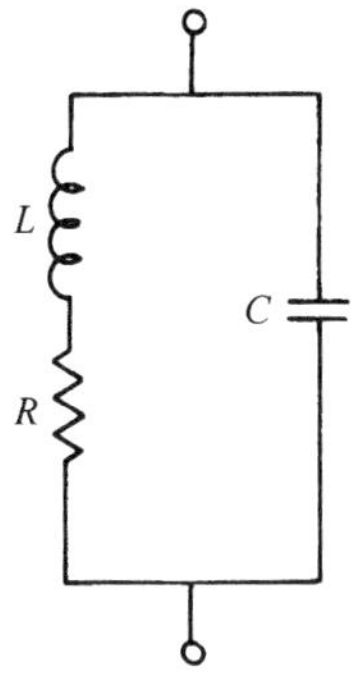

图 23-1　一个实际电阻的等效电路

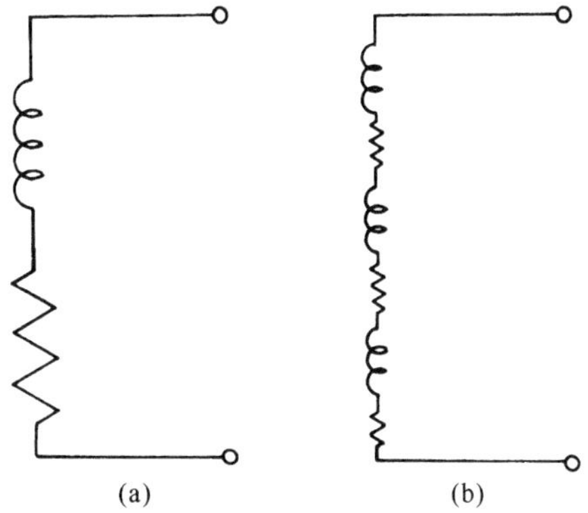

图 23-2　一个实际电感在低频时的等效电路

当对一实际线圈提高频率时，把它当成一个电感与一个电阻的串联就不再是很好的近似，在导线上积累起来以产生电压的电荷将会变得重要起来，就像有一些小电容器横跨于该线圈的各匝之间，如图 23-3(a)所示。也许我们试图对该实际线圈用图 23-3(b)中的电路来做近似。在低频时，这一电路可由图 23-3(c)那个较简单的电路很好地加以模拟(这仍然是我们上面对于一个电阻的高频模型所找到的相同的共振电路)。然而，对于较高频率，则图 23-3(b)的那个较复杂的电路将更好。事实上，你想要对一个真实的物理的电感的实际阻抗表达得越准确，在它的人为模型中你就得用越多的理想元件。

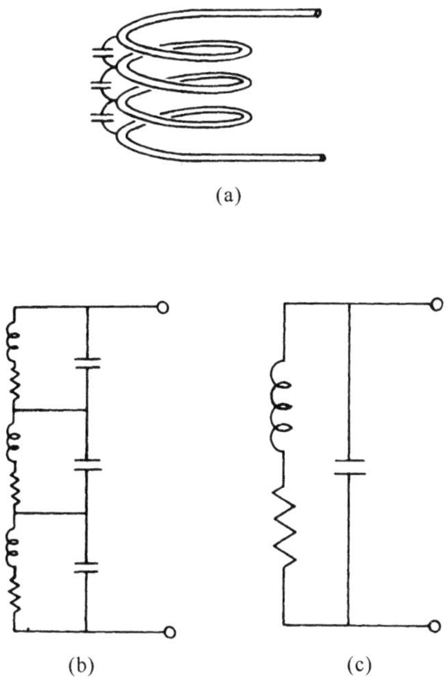

图 23-3　一个实际电感在高频上的等效电路

让我们稍微密切地注视在一个实际线圈中所发生的情况。一个电感的阻抗表现为 ωL，因而在低频时它变为零——出现一个"短路"：我们见到的只是导线的电阻。当频率增高时，ωL 很快变得比 R 大得多，而该线圈看起来很像一个理想电感。然而，当频率增得更高时，电容变得重要起来，它的阻抗与 $1/(\omega C)$ 成正比，当 ω 小时数值很大。因此对于足够低的频率，电容是一个"断路"，而当它与别的东西并联时，不会抽取任何电流。但在高频时，电流更愿意流入各匝间的电容，而不是流经电感。所以在线圈里的电流从一匝跳跃至另一匝，而不必发愁要去转那些不得不在那里抵抗着电动势的圈子了。因此，尽管我们也许已经预定电流会环绕回路通过，但它却将选取较方便的路径——阻抗最小的路径。

要是这一课题曾经为大众所感兴趣，则这一效应可能已经被赋予"高频障壁"或其他类似名称了。同类事情在所有学科中都会出现。在气体动力学中，若你试图让原来是为低速设计的东西去跑得比声速还快，那就不行。这并不意味着确实存在一巨大的"障壁"，而只是指该东西必须重新加以设计罢了。因此，这一原来我们作为一"电感"而设计出来的线圈在十分高的频率上将不再作为一个良好的电感，而是作为某一种其他东西。对于高频，我们得寻找一个新的设计。

§23-2　在高频时的电容器

现在我们要来详细讨论当频率变得越来越大时一个电容器——几何上的理想电容器——的行为,使我们能够看到其性质的转变(我们宁可采用电容而不采用电感,为的是一对板的几何形状比一个线圈的几何形状要简单得多)。我们考虑图 23-4(a)所示的那个电容器,构成它的两块平行圆板用一对导线接至外界发电机上。如果用直流对电容器充电,则在其中一板上将有正电荷,在另一板上有负电荷,而在两板之间则有一匀强电场。

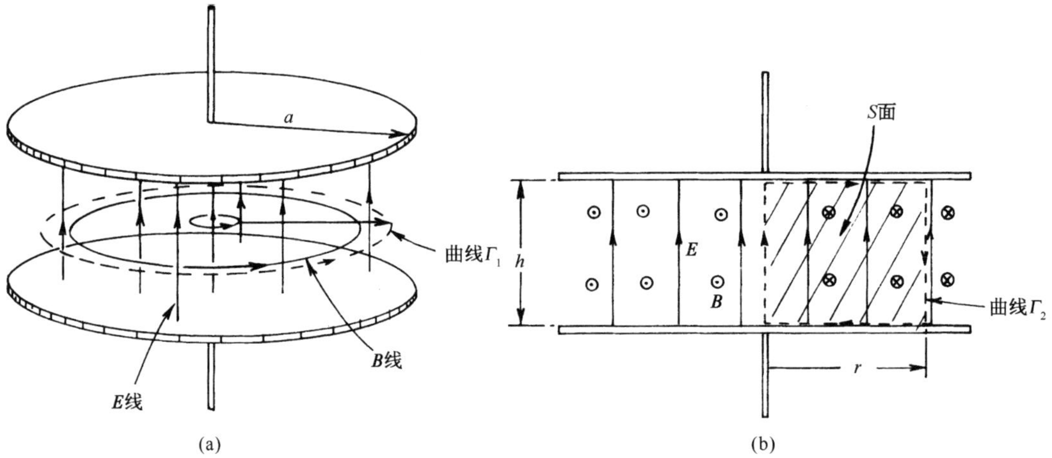

图 23-4　电容器两极板间的电场和磁场

现在假定不用直流,而是加一个低频交流电于两板上(往后我们将会知道什么是“低”频,什么是“高”频)。比方说,把电容器连接至一低频发电机上。当电压正在交变时,上板的正电荷会被取出而换上了负电荷。在这一事情发生时,电场会随之消失,然后又在相反的方向上建立起来。当电荷缓慢地来回涌动时,电场也跟着变化。除了一些我们将要加以忽略的边缘效应外,在每一瞬间电场是均匀的,如图 23-4(b)所示。可以把电场的大小写成

$$E = E_0 e^{i\omega t}, \tag{23.2}$$

式中 E_0 是一常数。

现在,当频率升高时,这是否仍然正确呢?不,因为当电场增高和降低时就会有电通量穿过像图 23-4(a)中的任意回路 Γ_1。而正如你所知的,一个变化的电场会起到产生磁场的作用。麦克斯韦方程组中一个方程讲,当有变化的电场时,犹如这眼前存在的那样,就一定有磁场的线积分。环绕某一闭合环的磁场积分乘以 c^2 之后,就等于穿过该环内面积的电通量的时间变化率(如果没有电流的话):

$$c^2\oint_{\Gamma} \boldsymbol{B} \cdot \mathrm{d}\boldsymbol{s} = \frac{\mathrm{d}}{\mathrm{d}t}\int_{\text{在}\Gamma\text{之内}} \boldsymbol{E} \cdot \boldsymbol{n}\,\mathrm{d}a. \tag{23.3}$$

所以,到底磁场有多大呢?计算并不十分困难。假定考虑回路 Γ_1,它是一个半径为 r 的圆

周。我们能够从对称性看出，磁场会环绕图中所示的那种圆周转。这样 $\boldsymbol{B}$ 的线积分就是 $2\pi rB$。而且由于电场是均匀的，所以电场通量简单地等于 E 乘以该圆周的面积 πr^2：

$$c^2B\cdot 2\pi r=\frac{\partial}{\partial t}E\cdot \pi r^2. \tag{23.4}$$

对于交变场来说，E 对时间的微商仅是 $\mathrm{i}\omega E_0\mathrm{e}^{\mathrm{i}\omega t}$。因此我们求得，该电容器具有磁场

$$B=\frac{\mathrm{i}\omega r}{2c^2}E_0\mathrm{e}^{\mathrm{i}\omega t}. \tag{23.5}$$

换句话说，磁场也在振动，而且具有正比于半径 r 的强度。

这种情况会产生什么影响呢？当有一个正在变化的磁场时，便将产生一些感生电场，而该电容器将开始有点像一个电感的作用了。当频率升高时，这磁场变得较强，它与 $\boldsymbol{E}$ 的变化率成正比，因而也与 ω 成正比。该电容器的阻抗将不再简单地等于 $1/(\mathrm{i}\omega C)$。

让我们继续提高频率，并更仔细地分析将会发生的情况。我们有一个来回涌动的磁场。但这时的电场就不可能像我们所曾假定的那样是均匀的了！当有一正在变化的磁场时，就必然有一个电场的线积分——根据法拉第定律。所以，如果有一个相当大的磁场，正如在高频时就开始发生的那样，则电场不可能在离开中心的所有距离处都相同。电场必须随 r 改变，才能使电场的线积分等于变化着的磁场通量。

让我们来看看能否算出正确的电场。通过算出我们原来对低频时假定的匀强场的“修正”，便能够完成此事。现在把该匀强场称作 E_1，它仍旧是 $E_0\mathrm{e}^{\mathrm{i}\omega t}$，而把正确的场写成

$$E=E_1+E_2,$$

其中 E_2 就是由于变化着的磁场所引起的修正。对于任意频率 ω，我们将把在该电容器中心处的场写成 $E_0\mathrm{e}^{\mathrm{i}\omega t}$（因而定义了 E_0），使得在这中心处并不需要修正，即在 $r=0$ 处 $E_2=0$。

为求得 E_2 可利用法拉第定律的积分形式：

$$\oint_{\Gamma}\boldsymbol{E}\cdot \mathrm{d}\boldsymbol{s}=-\frac{\mathrm{d}}{\mathrm{d}t}(\boldsymbol{B}\text{ 的通量}).$$

这些积分很简单，只要取积分回路像图 23-4(b)所示的曲线 Γ_2 那样，即沿轴上升，当达到上板时再沿半径向外伸展至距离 r 处、又垂直地落到底板、然后又返回到轴上。E_1 环绕这个曲线的线积分当然是零，所以就只有 E_2 做出贡献，而它的积分正好是 $-E_2(r)\cdot h$，其中 h 是两板间的距离（如果 E 指向上我们称为正）。这等于 B 通量的变化率，我们得通过对图 23-4(b)中 Γ_2 之内阴影面积的积分来获得。穿过宽度为 $\mathrm{d}r$ 的垂直狭条的通量为 $B(r)h\mathrm{d}r$，因而总通量就是

$$h\int B(r)\mathrm{d}r.$$

令这一通量的 $-\partial/\partial t$ 等于 E_2 的线积分，便有

$$E_2(r)=\frac{\partial}{\partial t}\int B(r)\mathrm{d}r. \tag{23.6}$$

注意式中 h 已消去了，场与两板间的间距无关。

利用关于 $B(r)$ 的方程式(23.5)，我们便有

$$E_2(r) = \frac{\partial}{\partial t}\frac{\mathrm{i}\omega r^2}{4c^2}E_0\mathrm{e}^{\mathrm{i}\omega t}.$$

对于时间的微商只不过带来另一个因子 iω,这样我们得

$$E_2(r) = -\frac{\omega^2 r^2}{4c^2}E_0\mathrm{e}^{\mathrm{i}\omega t}. \tag{23.7}$$

正如所预期的,这感生电场倾向于把远离中心的电场减弱。于是,改正后的场 $E = E_1 + E_2$ 为

$$E = E_1 + E_2 = \left(1 - \frac{1}{4}\frac{\omega^2 r^2}{c^2}\right)E_0\mathrm{e}^{\mathrm{i}\omega t}. \tag{23.8}$$

在电容器中的电场不再是均匀的,它具有如图 23-5 中虚线所示的那种抛物线形状。你看,我们的简单电容器已变得稍微复杂些了。

现在有可能利用所得结果来计算电容器在高频时的阻抗。知道了电场后,理应能够算出板上的电荷并求出通过电容器的电流如何依赖于频率 ω,但目前我们对这个问题不感兴趣。更感兴趣的是要看看当继续提高频率时会发生什么情况——看看在更高频率上所发生的事情。我们的工作是否结束了呢?不,因为已修正了电场,这就意味着已算出来的磁场不再是正确的了。式(23.5)中的磁场也是近似正确的,但它仅是一级近似,所以就让我们叫它作 B_1。这样应将式(23.5)重新写成

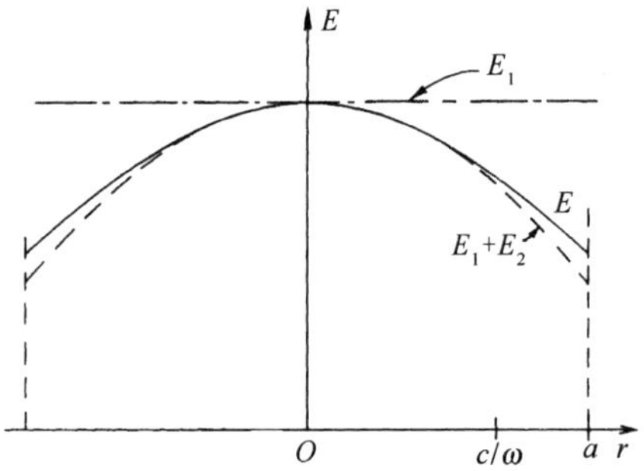

图 23-5 在高频时电容器两板间的电场(边缘效应已被忽略)

$$B_1 = \frac{\mathrm{i}\omega r}{2c^2}E_0\mathrm{e}^{\mathrm{i}\omega t}. \tag{23.9}$$

你会记得,这个场是由 E_1 的变化产生的。现在正确的磁场将是由总电场 $E_1 + E_2$ 所产生的。若把磁场写成 $B = B_1 + B_2$,则其中第二项就恰好是由 E_2 所产生的附加场。为求出 B_2,可以通过我们求 B_1 时用过的相同论证来进行,B_2 环绕曲线 Γ_1 的线积分等于 E_2 穿过 Γ_1 的通量的变化率。我们将仍然有式(23.4),其中用 B_2 代替 B 而用 E_2 代替 E:

$$c^2B_2 \cdot 2\pi r = \frac{\mathrm{d}}{\mathrm{d}t}(E_2\ \text{穿过}\ \Gamma_1\ \text{的通量}).$$

由于 E_2 随着半径变化,因而要获得它的通量就得对 Γ_1 内的圆面积进行积分。用 $2\pi r\mathrm{d}r$ 作为面积元,这个积分就是

$$\int_0^r E_2(r) \cdot 2\pi r\mathrm{d}r.$$

因此对于 $B_2(r)$ 我们得到

$$B_2(r) = \frac{1}{rc^2}\frac{\partial}{\partial t}\int E_2(r)r\mathrm{d}r. \tag{23.10}$$

利用来自式(23.7)的 $E_2(r)$,我们需要对 $r^3\mathrm{d}r$ 进行积分,而这当然为 $r^4/4$。对于磁场的修正变成

$$B_2(r)=-\frac{i\omega^3 r^3}{16c^4}E_0 e^{i\omega t}. \tag{23.11}$$

可是事情还没有完成！如果磁场并不与我们最初所设想的相同，则刚才对 E_2 的计算便不能认为是正确的。我们必须对 E 进一步做出修正，它由额外磁场 B_2 产生。让我们把这个对电场的附加修正叫作 E_3。它与磁场 B_2 的关系犹如 E_2 与 B_1 的关系一样。我们可以再一次利用式(23.6)，只不过改变其中的下脚标：

$$E_3(r)=\frac{\partial}{\partial t}\int B_2(r)\mathrm{d}r. \tag{23.12}$$

利用上面关于 B_2 的结果，即式(23.11)，对电场新的修正为

$$E_3(r)=+\frac{\omega^4 r^4}{64c^4}E_0 e^{i\omega t}. \tag{23.13}$$

把经过了两次修正的电场写成 $E=E_1+E_2+E_3$，我们得

$$E=E_0 e^{i\omega t}\left[1-\frac{1}{2^2}\left(\frac{\omega r}{c}\right)^2+\frac{1}{2^2\cdot 4^2}\left(\frac{\omega r}{c}\right)^4\right]. \tag{23.14}$$

电场随 r 的变化不再是我们曾在图 23-5 中画出来的那条简单抛物线，而是在较大的半径处略高于 (E_1+E_2) 曲线。

事情还未最后完成。新的电场对磁场产生一个新的修正，而这个被重新修正了的磁场又将对电场产生一个进一步的修正，如此等等。然而，我们已经有了所需的全部公式。对于 B_3 可以利用式(23.10)，把其中 B 和 E 的下脚标从 2 改成 3。

对电场的下一次改正是

$$E_4=-\frac{1}{2^2\times 4^2\times 6^2}\left(\frac{\omega r}{c}\right)^6 E_0 e^{i\omega t}.$$

因此，在达到这一级时，整个电场就由下式给出：

$$E=E_0 e^{i\omega t}\left[1-\frac{1}{(1!)^2}\left(\frac{\omega r}{2c}\right)^2+\frac{1}{(2!)^2}\left(\frac{\omega r}{2c}\right)^4-\frac{1}{(3!)^2}\left(\frac{\omega r}{2c}\right)^6+\cdots\right], \tag{23.15}$$

其中我们已把各数字系数写成这样一种形式，以便对该级数应如何继续下去看得更清楚。

我们的最后结果是：在该电容器两板间的电场，对于任一频率来说，都等于 $E_0 e^{i\omega t}$ 乘以仅含有变量 $\omega r/c$ 的一个无穷级数。如果我们乐意，就可以定义一个特殊函数，这函数将称为 $\mathrm{J}_0(x)$，作为出现在式(23.15)中方括号内的无穷级数。

$$\mathrm{J}_0(x)=1-\frac{1}{(1!)^2}\left(\frac{x}{2}\right)^2+\frac{1}{(2!)^2}\left(\frac{x}{2}\right)^4-\frac{1}{(3!)^2}\left(\frac{x}{2}\right)^6+\cdots \tag{23.16}$$

这样，就可以将我们的解写成 $E_0 e^{i\omega t}$ 乘以这个函数，其中 $x=\omega r/c$：

$$E=E_0 e^{i\omega t}\mathrm{J}_0\left(\frac{\omega r}{c}\right). \tag{23.17}$$

之所以叫这个特殊函数为 J_0 的原因是：自然，这并非计算柱体中振动这一问题才开始用的，其实这一函数以前就已出现过而且经常被称为 J_0。每当你求解具有柱对称的波动问

题时它总是发生。函数 J_0 对于柱面波就好像余弦函数对于沿直线传播的波一样,因此它是一个重要函数,发现已多时了,以后与一个叫贝塞尔(Bessel)的人的名字联系上了。那个下脚标零意味着贝塞尔曾经发现过整个一系列不同的函数,而这只是其中的第一个。

其他的贝塞尔函数 J_1, J_2 等等是处理与强度随着绕圆柱轴的角度而变的那些柱面波所必需的。

在我们的圆形电容器两板间,电场经过完全修正已由式(23.17)给出,它已被画成图 23-5 中那条实曲线。对于不太高的频率,我们的二级近似就已经很好。三级近似甚至会更好——事实上,好到要是我们把它画出来,你不可能会看出它与那条实线间的差别。然而,你将在下一节中见到,对于大的半径或高的频率,为获得一个准确描述,整个级数就是必需的了。

§23-3 共振空腔

现在我们要来看看,当继续把频率增加得越来越高时,对于在电容器两板间的电场给出怎样的解。对于大的 ω,该参数 $x=\omega r/c$ 也变得大了,因而在 x 的级数 J_0 中的头几项便将增加得很快。这意味着,我们曾在图 23-5 中画出来的那条抛物线在较高频率处会更加急剧地下降。事实上,看来好像在某个高频处场会完全降低至零,也许当 c/ω 近似等于 a 的一半时。让我们来看看,J_0 是否确实会通过零而变成为负的。尝试由 $x=2$ 开始:

$$J_0(2)=1-1+\frac{1}{4}-\frac{1}{36}=0.22.$$

函数仍未等于零。因此,就让我们尝试一个更大的 x 值,比如说 $x=2.5$。代入数字之后,可得

$$J_0(2.5)=1-1.56+0.61-0.11=-0.06.$$

函数 J_0 在达到 $x=2.5$ 时就已经通过了零点。对 $x=2$ 和 $x=2.5$ 的结果进行比较,看来似乎 J_0 在从 2.5 至 2 的五分之一路程处通过零点。我们应该猜测零发生在 x 大约等于2.4的地方。现在看看对于这个 x 值会给出的结果:

$$J_0(2.4)=1-1.44+0.52-0.08=0.00.$$

在精确到小数点后两位时得到零。若再计算得精确些(或者由于 J_0 是一个著名函数,所以只要查一查书本),我们会发现它在 $x=2.405$ 处通过零,我们用手就已经把它算出,这表明你们本来也可以发现这些东西的,而不一定要从书本上查出来。

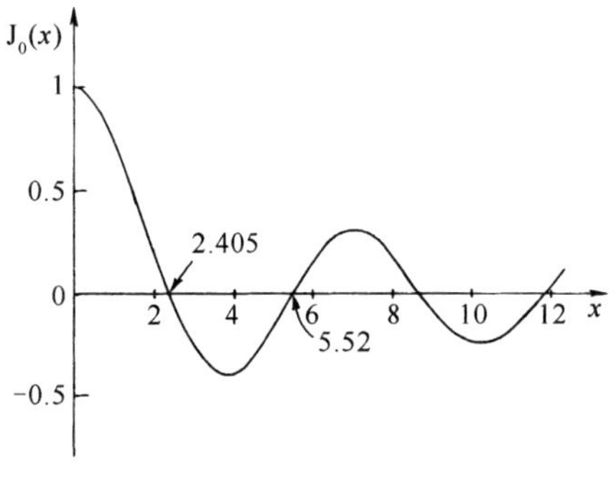

图 23-6 贝塞尔函数 $J_0(x)$

只要在书中查阅到了 J_0,则注意它在 x 值较大时如何表现,是十分有趣的。它看来像图 23-6 中的那条曲线,当 x 增大时,$J_0(x)$ 在正值与负值之间振动,振幅逐渐减小。

我们已经得到下面的有趣结果:若频率足够高,则在电容器中心处电场将指向一个方向,而在靠近边缘处电场又指向相反方向。例如,假设取一

个足够高的 ω 使得在该电容器的外缘处 $x = \omega r/c$ 的值为 4,那么该电容器的边缘就相当于图 23-6 中横坐标 $x = 4$ 的地方。这意味着我们的电容器是在 $\omega = 4c/a$ 时工作的。在极板的边缘处,电场将有相当大的值而方向与我们所期待的相反。这就是在高频时电容器所能发生的令人感到惊异的事情。若把频率增得很高,则当从电容器中心向外移动时电场的方向会来回振动多次,而且还存在与这些电场联系着的磁场。因此,对于高频来说,我们的电容器看来并不像一个理想电容,就不足为怪了。甚至有可能开始怀疑:它看来更像一个电容还是更像一个电感呢? 应该强调,还有一些发生于该电容器边缘上的更加复杂的效应已经被我们忽略了。例如,会有经过边缘向外的波辐射,因而场甚至比我们已算出来的还要复杂。但眼前我们不会对那些效应操心。

本来我们也可尝试做出一个有关电容器的等效电路,但或许更好的是直接承认,曾为低频而设计的那种电容器当频率太高时就不再令人满意了。若要来处理像这样的对象在高频时的运行情况,我们就必须放弃在处理电路时曾经做过的那种关于麦克斯韦方程组的近似方法,而返回到能够完全描述空间中场的完整的方程组。不要去同一些理想的电路元件打交道,而是必须处理那些实际存在的真实导体,把在导体之间空间里的一切场都算进去。例如,若想要有一个高频共振电路,则不会试着用线圈与平行板电容器去设计它。

我们已经提到,刚才正在分析的那个平行板电容器具有电容和电感两方面的某些特征。既然有电场,就会在两板的表面上聚积电荷;既然有磁场,就会产生反电动势。是否有可能我们已有了一个共振电路呢? 确实得到了。假设挑选这样一个频率,它能使该电场图样在盘的边缘以内的某个半径上降低至零,也就是说,我们选取一个比 2.405 大些的 $\omega a/c$。在这个与两板共轴的圆周上,电场处处都将是零。现在假定取一块薄金属片,并把它剪成其宽度恰好足以安装在该电容器的两板之间,然后把它在电场等于零的那个半径上弯成一个圆筒。由于那里没有电场,所以当我们放进这个导体圆柱时,就不会有电流流过它,而且,在电场和磁场方面也将不会有什么变化。在该电容器中间,我们已经能够放置一个直接短路器件而不致引起任何变化。而且,看看现在我们有的东西吧,已经有一个闭合柱形盒,其中存在电场和磁场,但完全不和外界联系。即使丢掉那些伸到盒外的两板边缘部分以及对电容器的接线,盒里的场仍不会变化。我们留下来的一切就是一个其中藏有电场和磁场的封闭盒子,如图 23-7(a)所示。电场以频率 ω 来回振动

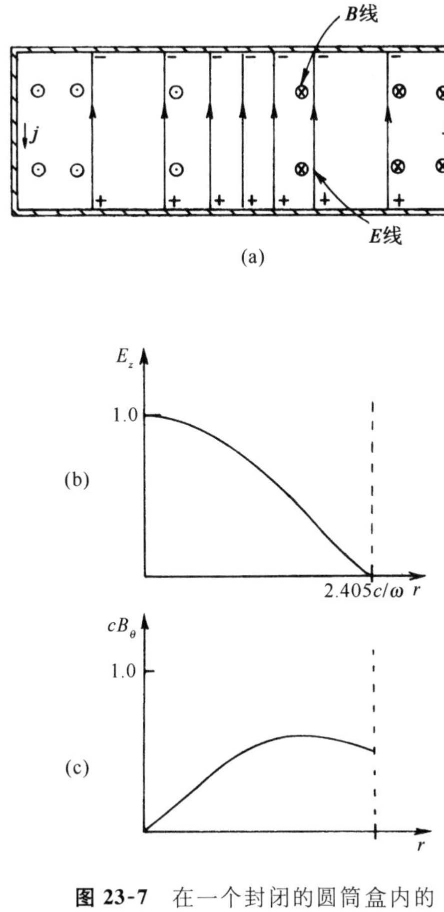

图 23-7　在一个封闭的圆筒盒内的电场和磁场

着——不要忘记,ω 确定了盒子的直径。振动 $\boldsymbol{E}$ 场的振幅随着从盒轴向外伸出的距离而变化,如图 23-7(b)的曲线所示。这一曲线不过是零级贝塞尔函数的第一个极大。此外,还有一个磁场环绕着轴转,并以在时间上与电场相差 90°的相位振动。

我们也可对磁场写出一个级数,并把它描绘出来,如图 23-7(c)中的曲线所示。

我们怎样才能把电场和磁场贮藏在一个盒子里而与外界没有任何联系?这是因为,电场和磁场会维持它们本身:正在改变的 $\boldsymbol{E}$ 产生一个 $\boldsymbol{B}$,而正在改变的 $\boldsymbol{B}$ 又产生一个 $\boldsymbol{E}$——所有过程都按照麦克斯韦方程组进行。磁场具有电感的性质,而电场则具有电容的性质,两者合在一起才构成像共振电路那样的某种东西。注意刚才所描述的这些情况仅仅当盒子的半径恰好等于 $2.405c/\omega$ 时才发生。对于半径已经给定的盒子,这些振动着的电场和磁场只有在那些特定频率才会——按照我们所描述的那种方式——维持它们本身。因此,一个半径为 r 的柱形盒子在如下的频率处就会发生共振:

$$\omega_0 = 2.405\,\frac{c}{r}. \tag{23.18}$$

我们曾说,在盒子完全封闭之后场仍将继续照样振动。那并非完全正确。假如盒子的壁是理想导体,那就会有可能。然而,对于一个实际盒子,存在于内壁上的振动电流会由于材料中的电阻而损耗能量。因而场的振动将逐渐衰减下去。从图 23-7 可以看到,与该空腔内部的电场和磁场相伴随必然存在一些强电流。因为垂直方向的电场会突然在盒子的顶板和底板上停顿下来,所以它在那里就有巨大散度,因而也就一定有正、负电荷出现在该盒子的内表面,如图 23-7(a)所示。当电场倒转时,电荷也会倒转过来,因而在盒子的顶板和底板之间就一定形成交变电流。这些电荷将在盒子的侧壁内流动,如图所示。通过对磁场所发生的情况的考虑,我们也能够明白,必然会有电流通过该盒子的侧壁。图 23-7(c)中的曲线告诉我们,磁场在该盒子的边缘处会突然下降至零。像这样的磁场突变只有当壁中存在电流时才能发生,这一电流就是向该盒子的顶板和底板提供那些交变电荷的。

你可能对于在盒子的垂直方向的侧壁中发现有电流会感到奇怪。关于以前讲到在电场为零的地方引进这些侧壁不会改变任何东西,又是怎么回事呢?然而,要记住,当我们起初放进该盒子的侧壁时,顶板和底板还伸出于壁之外,因而在盒子外面也就还有磁场。只有当我们丢掉了伸出于盒子边缘之外的那一部分电容器极板之后,净电流才不得不出现在该垂直壁的内表面上。

虽然在完全封闭的盒子内的电场和磁场将会由于能量损失而逐渐减弱,但我们还是能够阻止这一事情发生,只要在盒子旁边挖开一个小洞而输入一点点电能以补充其损失。试取一根小导线,插进盒子旁边的这一小洞中,并把它粘牢在内壁上以便形成一个小回路,如图 23-8 所示。如果现在把这一段导线接至一高频交变电源,则电流将会把能量耦进空腔里,而使其中的电场和磁场振动能够持续进行。当然,这只有当驱动源的频率与盒子的共振频率相同时才会发生。如果源的频率不对头,则电场和磁场将不会发生共振,因而盒子里的场就会变得非常微弱。

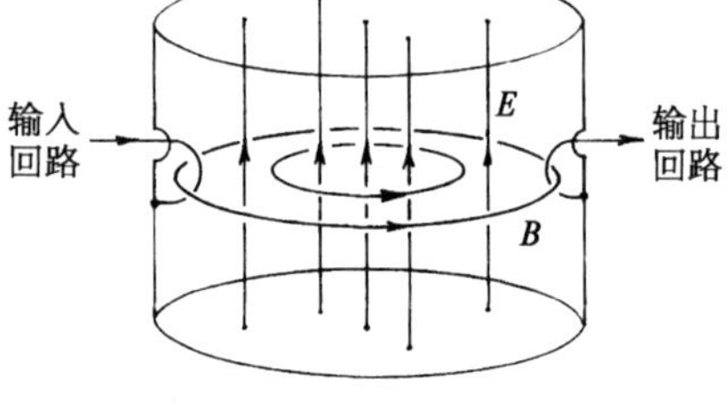

图 23-8 对一共振腔的耦进和耦出办法

通过在盒子旁边再开另一个小洞并钩住另一个耦合回路,如在图 23-8 中描画出来的那样,则这共振行为便容易观察到。穿过这耦合回路的变化磁场将在回路中产生一感生电动势。若这个回路现在被连接至某个外面的测量电路,则电流将正比于空腔中场的强度。假定现在将空腔的输入回路接至一部射频信号发生器,如图 23-9 所示。这信号发生器含有一个交变电流源,其频率可由旋转发生器面板上的旋钮而改变。然后又把空腔的输出回路接至一个"检波器"上,它是一部能测量来自输出回路电流的仪器。它会给出正比于电流的指针读数。如果现在测量作为该信号发生器频率函数的输出电流,则可找到一条像图 23-10 所示的曲线。除十分靠近空腔共振频率 ω_0 的那些频率以外,对于其他所有频率,输出电流都很小。这条共振曲线很像我们曾在第 1 卷第 23 章中所描述过的那些曲线。然而,这一共振曲线的宽度比起通常由电感和电容所构成的共振电路中所求得的要狭窄得多;也就是说,空腔的 Q 值很高。要得到一个高达 10 万或更大的 Q 值并不稀奇,只要空腔的内壁是由某些像银那样十分优良的导电材料所构成的。

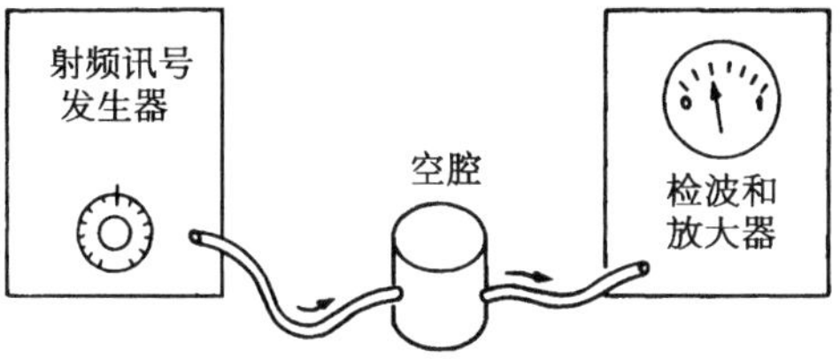

图 23-9　为观测空腔共振用的装备

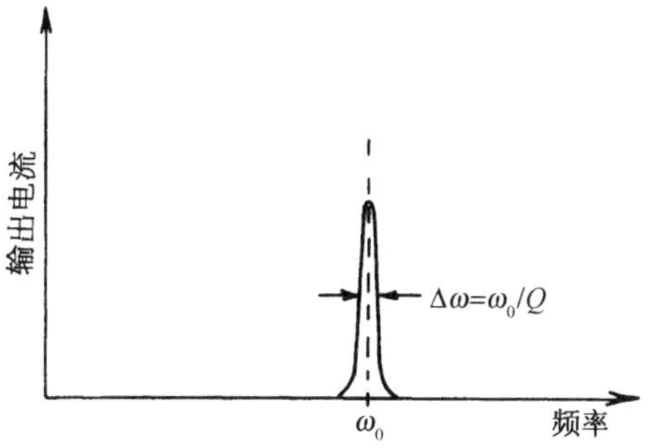

图 23-10　共振空腔的频率响应曲线

§ 23-4　腔　模

假设现在我们试图通过对实际盒子做测量来检验上述理论。取一个圆柱形盒子,其直径为 3.0 in 而高度约 2.5 in。这个盒子装配有如图 23-8 所示的一个输入和输出回路。若按照式(23.18)算出关于这个盒子预期的共振频率,则可得 $f_0 = \omega_0/(2\pi) = 3\,010$ MHz。当我们把信号发生器的频率设置在 3 000 MHz 左右并稍微变更这一频率以获得共振时,就会观察到最大的输出电流发生于频率为 3 050 MHz 处,这数值很接近于那预期的共振频率,但不完全相同。产生这一差异有几种可能原因。或许由于为要放进耦合回路而挖开的那些小洞会使共振频率有了一点变化。然而,稍微想一下就会明白,那些小洞理应使共振频率略有降低,因而这不能成为理由。或许是在校准信号发生器时稍微有一些误差,也许是我们对空腔的直径量得不够准确。但无论如何,还是符合得相当好的。

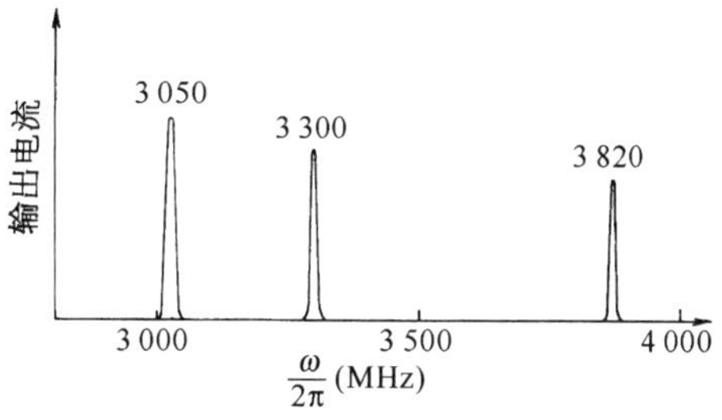

图 23-11　对一柱形空腔所观测到的几个共振频率

更为重要的是:当信号发生器的频率在 3 000 MHz以上改变一些时所发生的情况。当我们这样做时,便会获得如图 23-11 所示的那些结果。我们发现,除了在 3 000 MHz 附近那个预期的共振外,还有一个接近于 3 300 MHz 和另一个接近于 3 820 MHz 的共振。这些附加的共振意味着什么呢?我们也许可从图 23-6 获得一条线索。尽管曾经假定贝塞尔函数的第一个零点出现在盒子的边缘,但也有可能贝塞尔函数的第二个零点与盒子的边缘相对应,因而当我们从盒子中心移动至边缘时电场恰好完成一个完整的振动,如图 23-12 所示。这是关于振动场的另一种可能模式。我们应当肯定地预期盒子会以这种模式发生共振。可是要注意,贝塞尔函数的第二个零点发生在 $x = 5.52$ 处,那比起第一个零点处的值不止大一倍。因此,这个模式的共振频率就应比 6 000 MHz 还高。无疑,我们会在那里找到它的,但却不能用它来解释在 3 300 时所观测到的那个共振。

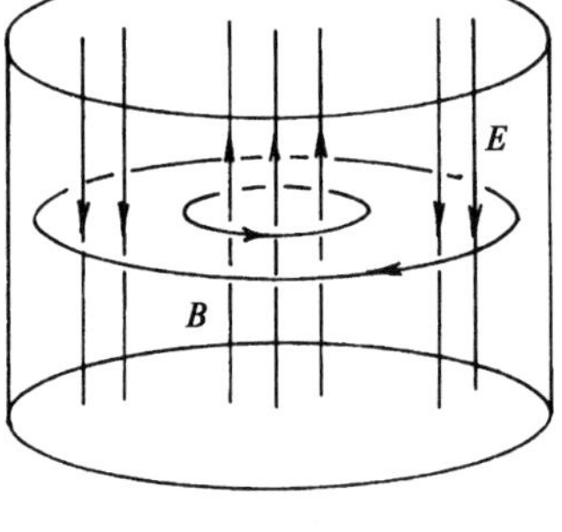

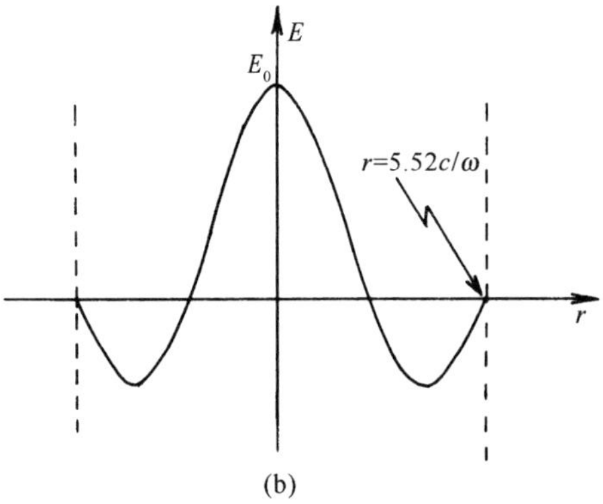

图 23-12 更高频率的模式

麻烦就在于对有关共振腔行为的分析,我们只考虑了电场和磁场一种可能的几何布局。已经假定电场是垂直的而磁场则位于一些水平圆周上。但别的场也是有可能的。唯一的要求是,在盒子里的电场和磁场都必须满足麦克斯韦方程组而且电场还必须与盒壁正交。我们已考虑其中盒子顶部和底部都是平坦的那一种情况,但要是顶和底都弯曲,事情也不会完全不同。事实上,盒子怎么能够被认为知道哪是它的顶、底以及侧面呢?实际上能够证明,在盒内就存在电场或多或少穿越直径的那一种振动模,如图 23-13 所示。

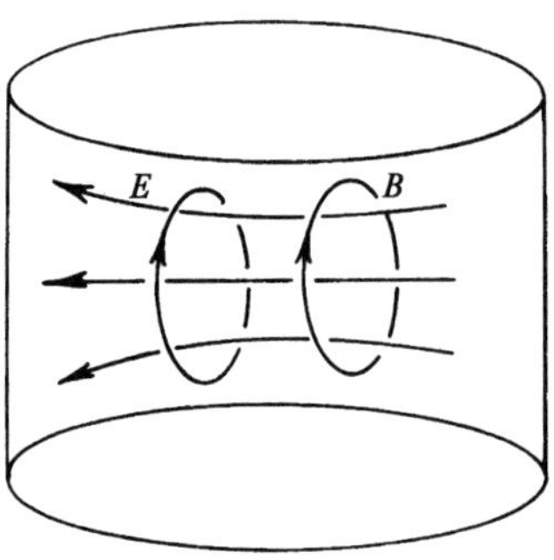

图 23-13 柱形空腔的一种横向模

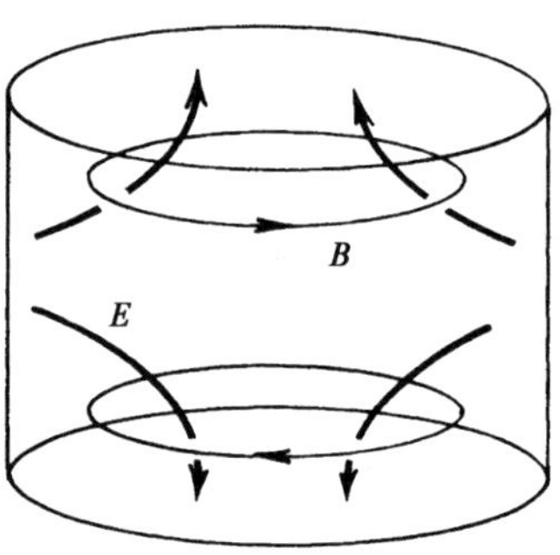

图 23-14 柱形空腔的另一种模

要理解为什么这一模式的固有频率与我们所曾考虑过的第一个模式的固有频率不应有很大差别,并不是太困难的。假设不取该柱形空腔,而是取一个每边 3 in 的立方形空腔。很清楚,这个空腔该有三种不同模式,但都有相同的频率。其中电场几乎是上下振动的一种模式肯定将与其中电场是左右指向的另一种模式具有相同频率。如果我们现在将该立方形空腔扭曲成一圆筒，就会或多或少改变其频率。但仍应该期望，这些频率不会改变得太多，只要对该空腔的尺寸大约保持一样。因此，图 23-13 那种模式的频率应不太异于图 23-8 的模式。本来我们可以对图 23-13 的那种模式详细算出其固有频率，但现在还不打算那样做。当这些计算做出来时，便会发现，对于上面所假定的那些尺寸，算出的共振频率的确很接近于在 3 300 MHz 处所观测到的共振的频率。

通过相似的一些计算还能够证明，应该还有另外的模式，其共振频率为我们已找出的接近 3 800 MHz 的那个频率。对于这一模式，电场和磁场如图 23-14 所示。不必担心该电场会自始至终横穿过空腔。它从侧壁跑至两端，如图所示。

那么你现在大概会相信，若把频率增加得越来越高，则应该指望会找到越来越多的共振。存在许多不同的模式，每一个都具有与电场和磁场的某一特定的复杂布局相对应的不同共振频率。这些场的每一种布局称为共振模。通过求解关于空腔里的电场和磁场的麦克斯韦方程组，每一种模式的共振频率就可以计算出来。

当有了在某个特定频率处的共振时，我们怎样才能知道被激发的是哪一模式呢？一种办法是，通过一个小洞把一根小导线插进空腔里。如果电场沿着导线方向，如图 23-15(a)所示，则导线里便有一个相对较大的电流从电场汲去能量，因而共振将被抑制。若电场像图 23-15(b)所示的那样，则影响会小得多。通过把导线的末端弯曲，像图 23-15(c)那样，我们可以找出这种模式中场所指的方向。于是，当把导线转动使其末端与 $\boldsymbol{E}$ 平行时影响便大，而当转动至与 $\boldsymbol{E}$ 成 90°时影响就小。

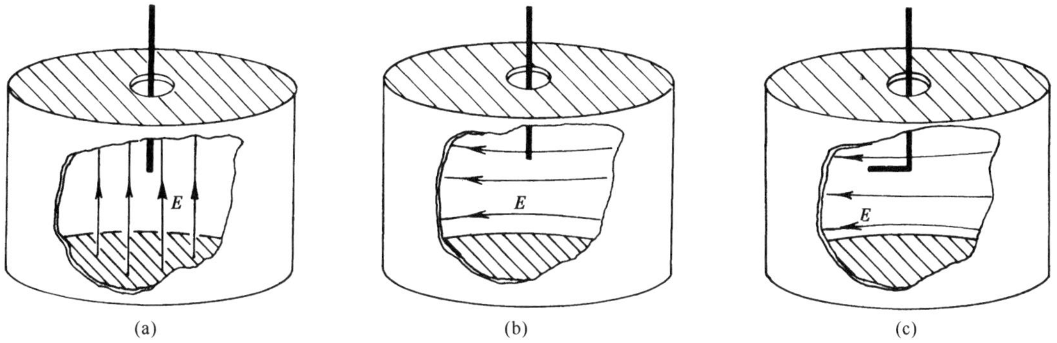

图 23-15　一根伸进空腔里的短金属线，当其平行于 $\boldsymbol{E}$ 时，对共振的干扰比起与 $\boldsymbol{E}$ 垂直时要大得多

§ 23-5　空腔与共振电路

尽管我们已经描述的共振腔似乎与通常含有电感和电容的那种共振电路很不相同，但这两种共振系统还是很紧密地联系着的。它们都是同一家庭的成员，恰好就是电磁共振的两个极端情况——有许多中间情况介乎这两个极端之间。假设我们通过考虑一个电容与一个电感并联的共振电路开始，如图 23-16(a)所示。这一电路将在 $\omega_0 = 1/\sqrt{LC}$ 的频率发生共振。如果我们希望提高这一电路的共振频率，可通过降低电感 L 而做到。一

种办法是,减少线圈中的匝数。但是,在这方面我们只能走到这一步,即最后将达到只有一匝,就是连接电容器的顶板和底板间的那一根导线。本来还可以通过降低电容而把共振频率提得更高,然而,我们可以通过把几个电感并联而继续降低这个电感。当两个单匝电感并联时就只有每匝电感的一半。所以当电感已减至仅有一匝时,我们仍可通过添加其他一些连接电容器的顶板与底板间的单个回路来继续提高共振频率。例如,图 23-16(b)表明电容器两板之间是由六个这样的"单匝电感"连接的。如果继续增加许许多多这种导线段,则可能会过渡到一个完全封闭了的共振系统,如图 23-16(c)所示,那是一个柱形对称物体的截面。现在我们的电感是一个连接至电容器两板边缘的柱形空罐,电场和磁场显示在该图中。当然,这样的物体就是一个共振腔,被叫作"加感"空腔,但我们仍可以把它看作为一个 LC 电路,即其中电容部分是我们能够在那里找到大多数电场的地方,而电感部分则是能找到大多数磁场的地方。

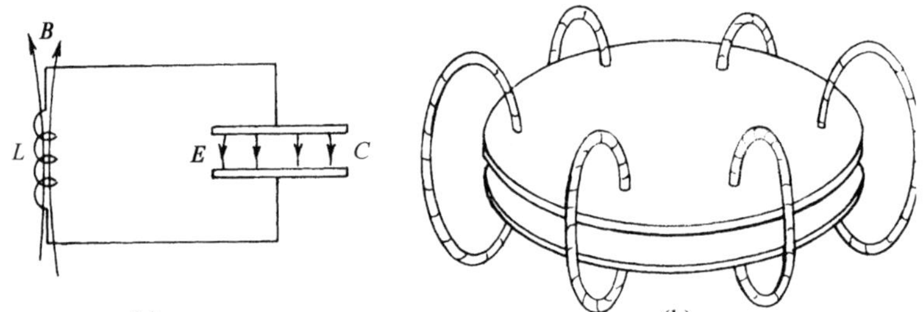

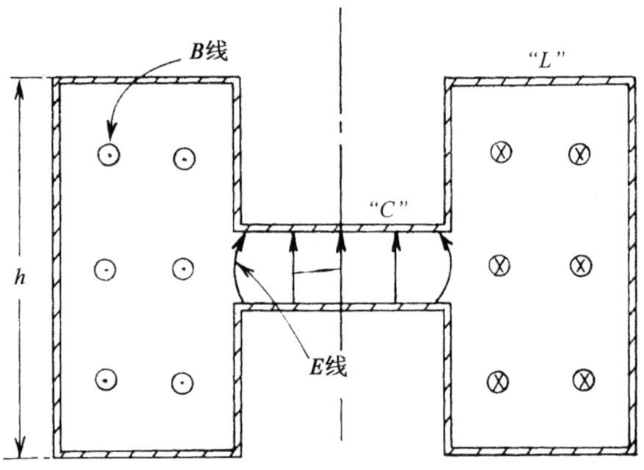

图 23-16 共振频率逐渐提高的各种共振器

如果要进一步提高图 23-16(c)的共振器频率,还可以通过继续降低电感 L 而做到。为此,就必须减小该电感部分的几何尺寸,比方说缩小图中的高度 h。当 h 缩小时,共振频率将会提高。当然最后将会达到其中高度 h 刚好等于电容器两板之间的间距。此时,我们就刚好有一个柱形盒,共振电路变成图 23-7 所示的空腔共振器。

你将会注意到,在图 23-16 中原来的 LC 共振电路中,电场和磁场分得很开。当逐渐把共振系统修改以便使其频率逐步提高时,磁场就会越来越靠近电场,直到两者在空腔共振器中完全混合。

尽管在这一章中,我们曾谈过的空腔共振器都是柱形盒子,但圆柱这个形状却没有什么神秘之处。任一种形状的盒子都会有对应于电场和磁场的各种可能振动模式的共振频率。例如,图 23-17 所示的那个“空腔”就会有它自己特定的一组共振频率——虽则要把它算出来是相当困难的。

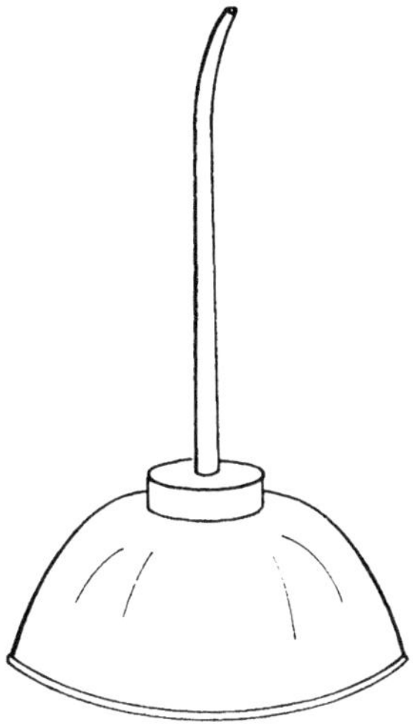

图 23-17　另一种共振空腔

第 24 章　波　　导

§24-1　传　输　线

上一章我们学习过电路的集总元件在十分高的频率工作时所发生的情况，从而看出一个共振电路可由场在其中共振的一个空腔替代。另一个有趣的技术问题是，要把两个物体连接起来使得电磁能量能在它们之间传输。在低频电路中，这种连接是由导线完成的，但这一种方法在高频时就不怎么奏效，因为这种电路将会把能量辐射到周围的整个空间中去，从而难以控制能量的去向。场将在导线周围散发出去，电流和电压不可能由导线很好地“引导”。在这一章中我们要来看看在高频时物体可能互相连接的办法。至少，这是一种介绍我们课题的方式。

另一种说法是，上面我们讨论了在自由空间里波的行为。现在正是搞清楚当振动场被局限在一维或多维的空间里时所发生的情况的时候。我们将发现一些有趣的新现象。当场受到最好的二维限制而允许在第三维自由通过时，它们将以波的形式传播出去。这些就是“导波”——本章的课题。

我们由研究传输线的普遍理论着手。那些在旷野从一个铁塔到另一个铁塔的输电线会辐射出一些功率，但电源的频率(50～60 Hz)竟是如此之低，以致这种损失并不严重。这种辐射可以用金属套管包围导线而加以防止，但这一办法对于电力传输线来说并不实际，因为所用的电压和电流势必要求一条十分粗重而又昂贵的套管。因此，常用的还是简易的“明线”。

对于较高一些的频率——比方说几千赫——辐射可能已变得严重。然而，它还是可采用诸如在短程电话接线中所用的那种“双扭线”来降低的。但是，在更高频率时，辐射立刻变得难以忍受，这或是由于功率损失，或是由于能量在不需要它出现的其他电路中出现了。对于从几千赫起至几百兆赫的频率，电磁信号和功率往往采用在筒形“外导体”或“屏蔽物”之内含有一根导线的那种同轴线来传输。虽然我们仍将仅仅对一根同轴线进行推导，但下述处理办法将适用于两个互相平行的任何形状的导体构成的传输线。

试取一条最简单的同轴线，在其中心处有一个薄中空圆筒，此外又有与这一内导体同轴的另外一个导体，也是一个薄筒，如图 24-1 所示。一开始我们用近似的方法算出该同轴线在相对低频时的工作情况。当早先我们讲到两导体具有确定的单位长度电感或电容时，就已经描述了某些低频行为。事实上，是可以通过给出任何一根传输线的单位长度电感 L_0 和电容 C_0 而描述其低频行为的。于是，我们就可以将该线当作 §22-6 中曾讨论过的那种 LC 滤波器的极限情况而加以分析。通过采用一些小串联元件 $L_0\Delta x$ 和一些小并联元件 $C_0\Delta x$

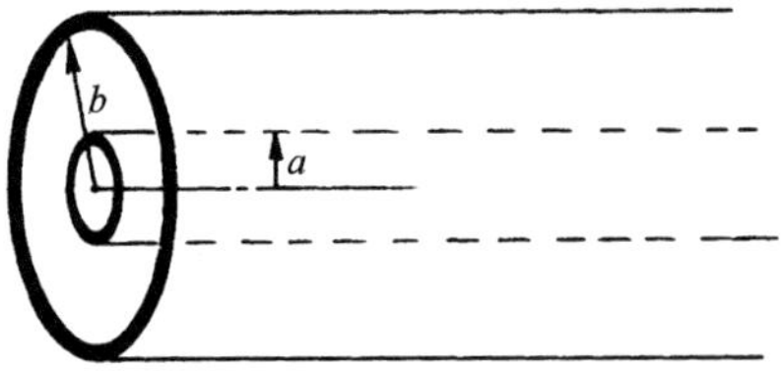

图 24-1　一条同轴传输线

（其中 Δx 是该线中的一个长度元），可以制造一个模拟传输线的滤波器。利用关于无限长滤波器的结果，可以看到电场的信号会沿着该线传播。然而，我们现在并不想遵循这一途径，而宁愿从微分方程的观点来考察该线。

假设我们要看看沿传输线相邻两点，比如说距离线的开头部分为 x 和 $x+\Delta x$ 两点间发生的事情。让我们把这两导体间的电势差称为 $V(x)$，而沿那根“热”导体的电流称为 $I(x)$（见图 24-2）。如果导线中的电流正在变化，则电感将向我们提供跨越从 x 至 $x+\Delta x$ 那一小段导线间的电压降计为：

$$\Delta V = V(x+\Delta x) - V(x) = -L_0 \Delta x \frac{\mathrm{d}I}{\mathrm{d}t}.$$

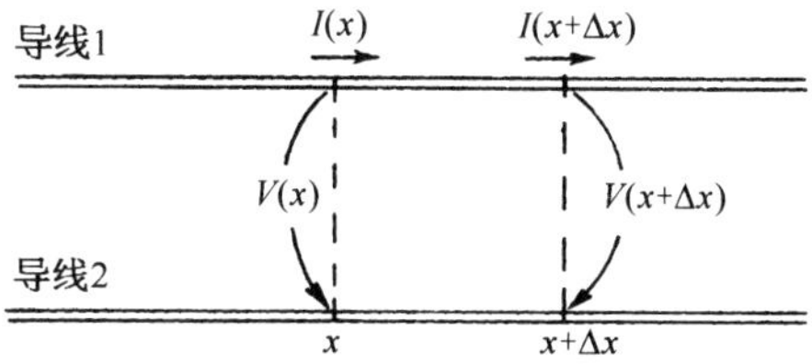

图 24-2　传输线的电流和电压

或者，取 $\Delta x \to 0$ 的极限，则可得

$$\frac{\partial V}{\partial x} = -L_0 \frac{\partial I}{\partial t}. \tag{24.1}$$

这表明变化着的电流产生了电压的梯度。

再参考上图，若在 x 处的电压正在变化，则必定有某些电荷提供给该区域里的电容。如果我们考虑从 x 至 $x+\Delta x$ 那一小线段，则其上的电荷为 $q = C_0 \Delta x V$。这一电荷的时间变化率为 $C_0 \Delta x \mathrm{d}V/\mathrm{d}t$，但只有在流入该线元的电流 $I(x)$ 不等于从该线元流出的电流 $I(x+\Delta x)$ 时电荷才出现改变。把这一电流差称为 ΔI，便有

$$\Delta I = -C_0 \Delta x \frac{\mathrm{d}V}{\mathrm{d}t}.$$

若取 $\Delta x \to 0$ 的极限，可得

$$\frac{\partial I}{\partial x} = -C_0 \frac{\partial V}{\partial t}. \tag{24.2}$$

因此，电荷守恒意味着电流梯度正比于电压的时间变化率。

于是，式(24.1)和(24.2)就是传输线的基本方程。如果我们乐意，可以把它稍微修改一下使之包括导体中的电阻效应或电荷经由导体之间绝缘体的渗漏现象，但对于眼前的讨论来说我们将只停留在这个简单例子上。

关于传输线的这两个方程，通过对其中一个取 t 的微商，而对另一个取 x 的微商，再消去 V 或 I，从而把它们结合起来。于是，我们就有

$$\frac{\partial^2 V}{\partial x^2} = C_0 L_0 \frac{\partial^2 V}{\partial t^2}, \tag{24.3}$$

或者是

$$\frac{\partial^2 I}{\partial x^2} = C_0 L_0 \frac{\partial^2 I}{\partial t^2}. \tag{24.4}$$

由此我们再次认识到它们是在 x 方向上的波动方程。对一条均匀的传输线来说，电压（或电流）作为波而沿该线传播。沿线电压必然会取 $V(x, t) = f(x - vt)$ 或 $V(x, t) = g(x + vt)$ 或两者之和的形式。那么速度 v 是什么呢？我们知道，$\partial^2/\partial t^2$ 项的系数恰好是 $1/v^2$，因而

$$v = \frac{1}{\sqrt{L_0 C_0}}. \tag{24.5}$$

我们将希望你们去证明:线里每一个波的电压总会正比于那个波的电流,而比例常数刚好等于特性阻抗 z_0。对于沿正 x 向行进的波分别称其电压和电流为 V_+ 和 I_+,则应该得到

$$V_+ = z_0 I_+. \tag{24.6}$$

同理,对于一个负 x 走向的波其关系为

$$V_- = - z_0 I_-.$$

特性阻抗——正如过去曾从滤波器方程中找到的那样——由下式给出:

$$z_0 = \sqrt{\frac{L_0}{C_0}}, \tag{24.7}$$

所以是一个纯电阻。

为求得一条传输线的传播速率 v 及其特性阻抗 z_0,我们必须知道单位长度的电感和电容。对于一条同轴电缆来说,是能轻而易举地把它们算出来的,因而我们会知道情况到底怎么样。对于电感,根据§17-8的那些概念,并设 $\frac{1}{2}LI^2$ 等于磁能,则它可以通过 $\epsilon_0 c^2 B^2/2$ 对整个体积的积分而获得。假定该中心导体载有电流 I,那么我们知道,$B = I/(2\pi\epsilon_0 c^2 r)$,其中 r 为离轴的距离。取一厚度为 dr 而长度为 l 的柱形壳作为体积元,则对于磁能应有

$$U = \frac{\epsilon_0 c^2}{2}\int_a^b \left(\frac{I}{2\pi\epsilon_0 c^2 r}\right)^2 l 2\pi r dr,$$

式中 a 和 b 分别代表内外两导体的半径。算出该积分,得

$$U = \frac{I^2 l}{4\pi\epsilon_0 c^2}\ln\frac{b}{a}. \tag{24.8}$$

设这一能量等于 $\frac{1}{2}LI^2$,就可以求出

$$L = \frac{l}{2\pi\epsilon_0 c^2}\ln\frac{b}{a}. \tag{24.9}$$

正如推测到的那样,它与线的长度 l 成正比,因而单位长度的自感 L_0 就是

$$L_0 = \frac{\ln(b/a)}{2\pi\epsilon_0 c^2}. \tag{24.10}$$

我们曾算出在一柱形电容器上的电荷(见§12-2)。现在,将该电荷除以电势差,便得

$$C = \frac{2\pi\epsilon_0 l}{\ln(b/a)}.$$

因而单位长度的电容 C_0 为 C/l。把这个结果与式(24.10)相结合,便可知道乘积 L_0C_0 恰好等于 $1/c^2$,因而 $v = 1/\sqrt{L_0C_0}$ 即等于 c。波以光速沿线向下传播。必须指出,这一结果有赖于我们所做的如下假定:(a)在两导体之间的空间里并没有电介质或磁性材料存在,以及(b)电流全都是在导体表面上通过的(对理想导体理该如此)。我们以后还将见到,对于优良导体,当频率高时,一切电流将像理想导体那样都分布于其表面上,因此这个假定是适用的。

眼下有趣的是,只要(a)和(b)两假设正确,则对于任一对平行导体——甚至是一根六角

形内导体放置在一根椭圆形外导体中的任何地方——积 L_0C_0 就等于 $1/c^2$。只要横截面固定不变以及两导体之间的空间里没有材料，则波以光速传播。

关于特性阻抗就不能做出这样的普遍表述。对于一根同轴线来说，它是

$$z_0 = \frac{\ln(b/a)}{2\pi\epsilon_0 c}. \tag{24.11}$$

式中因子 $1/(\epsilon_0 c)$ 具有电阻的量纲并等于 $120\pi\ \Omega$。几何因子 $\ln(b/a)$ 仅以对数的形式依赖于同轴线的几何尺寸，因而就同轴线——和大多数传输导线——而言，这特性阻抗具有从 50 Ω 至几百欧左右的典型值。

§24-2 矩形波导

我们将要谈及的下一个问题，初看起来，似乎是一种令人惊奇的现象：如果从同轴线中抽去中心导体，它仍会运载电磁功率。换句话说，在足够高的频率时，一根空管子将工作得如同导线那样好。这与一种神秘的办法有关，即在高频时电容器和电感器所构成的共振电路必须由一个空盒来代替。

尽管当人们把一条传输线当作一种分布式的电感和电容来思考时，或许是一件引人注目之事，但大家都清楚，电磁波可以沿一条中空的金属管道内部通过。如果该管道是笔直的，则还可以通过它看到东西！因此肯定，电磁波是会通过管子的。但我们也知道，不可能使低频波(电力或电话)从一个单独的金属管内部通过。因此就必然是：若电磁波的波长足够短，才可以从其中通过。我们要来讨论对某一给定大小的管子能够从其中通过的最长波长(或最低频率)的极限情况。由于这时管子是用来载波的，所以它被称为波导。

我们将从一矩形管开始，因为它是待分析的最简单情况。起初打算给出一种数学处理，以后才回过头来用一种更加基本的办法来考察该问题。然而，这较基本的办法只能轻易地运用到一个矩形导管上去。但对任意形状的一般导管，基本现象都相同，故从根本上来说数学论证基本上更为可靠。

这样，我们的问题就是要找出在矩形管中哪一种波才可以存在。现在先来选取某些方便的坐标，我们选取 z 轴沿管长方向，而 x 和 y 轴则平行于管的两个侧面，如图 24-3 所示。

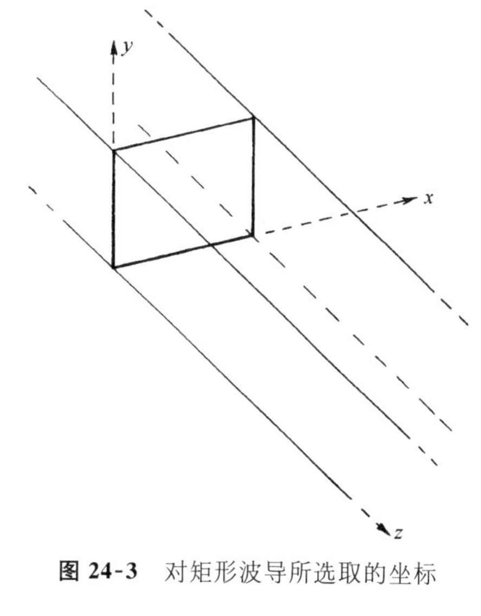

图 24-3 对矩形波导所选取的坐标

我们知道，当光波沿着管道往下传播时，它们有一横向电场，因此，假定先来寻找垂直于 z 的、比如说只有一 y 分量 E_y 的那一种解。这一电场在横跨该导管时会有某种变化，事实上，在平行于 y 轴的两侧壁处它必须为零，因为在一导体中的电流和电荷始终会调整自己使得在导体表面上不会有切向的电场分量。因此，E_y 就将随 x 以某一拱形变化，如图 24-4 所示。也许它就是我们对空腔所求出的那种贝塞尔函数？不，因为贝塞尔函数必须是与柱形几何有关的。对于一个矩形的几何形状来说，波通常是

简谐函数,因而就应该尝试某种像 $\sin k_x x$ 那样的东西。

既然我们所想要的是沿波导往下传播的波,那就应该期望,当沿 z 方向行进时场会在正值与负值之间反复变化,如图 24-5 所示的那样,而这些振动又将以某一速度 v 沿着波导传播。若我们具有以某个确定频率 ω 的振动,则会猜测到,该波随 z 的变化也许会像 $\cos(\omega t - k_z z)$,或者采用更为方便的数学形式,则像 $e^{i(\omega t - k_z z)}$ 那样。这一种与 z 的依存关系表示以速率 $v = \omega/k_z$ 传播的波(见第 1 卷第 29 章)。

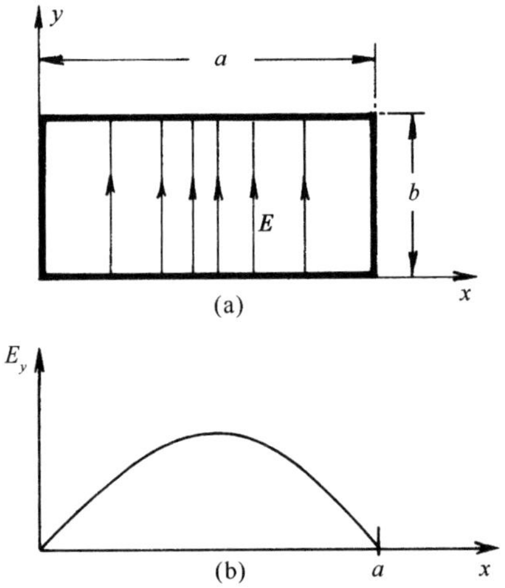

图 24-4 在波导中某一个 z 值处的电场

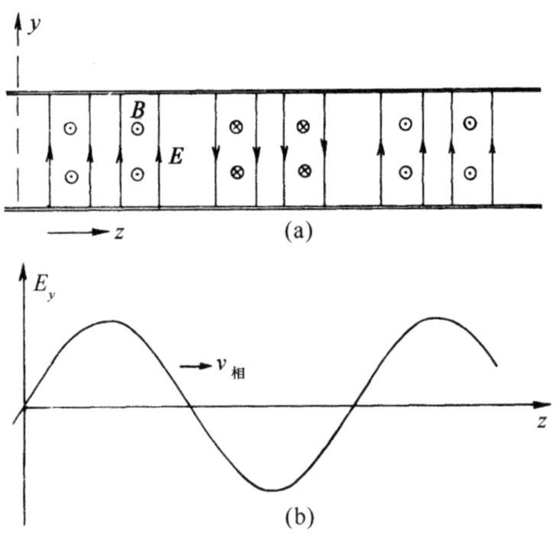

图 24-5 在波导中电场与 z 的依赖关系

因此,我们也许会猜测,导管里的波可能有如下数学形式:

$$E_y = E_0 \sin k_x x \, e^{i(\omega t - k_z z)}. \tag{24.12}$$

让我们来看一看这猜测是否满足正确的场方程。首先,电场在导体处不应该有切向分量,我们的场满足这一要求,它垂直于顶面和底面,并在两侧面上为零。噢,若选取 k_x 使得 $\sin k_x x$ 的半周恰好与导管的宽度相符——也就是只要

$$k_x a = \pi \tag{24.13}$$

就行,使侧面处的电场为零还有其他一些可能性,比如 $k_x a = 2\pi,\ 3\pi, \cdots$ 或一般说来,

$$k_x a = n\pi, \tag{24.14}$$

其中 n 是任一整数。这些就代表场的各种复杂布局,但在目前让我们只考虑最简单的情况,即 $k_x = \pi/a$,其中 a 为该导管内部的宽度。

其次,在导管内部的自由空间里 $\boldsymbol{E}$ 的散度必须为零,因为那里并没有电荷。$\boldsymbol{E}$ 只有一个 y 分量,而这一分量并不会随 y 变化,因而的确有 $\nabla \cdot \boldsymbol{E} = 0$.

最后,电场在导管内部的自由空间里必须与其余的麦克斯韦方程都一致。这与它必须满足下列波方程是同一回事:

$$\frac{\partial^2 E_y}{\partial x^2} + \frac{\partial^2 E_y}{\partial y^2} + \frac{\partial^2 E_y}{\partial z^2} - \frac{1}{c^2}\frac{\partial^2 E_y}{\partial t^2} = 0. \tag{24.15}$$

我们得看看我们的猜测,即式(24.12)是否很好地起作用。E_y 对 x 的二次微商正好是 $-k_x^2E_y$,对 y 的二次微商则为零,因为没有东西与 y 有关。对 z 的二次微商为 $-k_z^2E_y$,而对 t 的二次微商则为 $-\omega^2E_y$。于是,方程(24.15)表明

$$k_x^2E_y+k_z^2E_y-\frac{\omega^2}{c^2}E_y=0.$$

除非 E_y 处处为零(那并非十分有意义),否则只有下式

$$k_x^2+k_z^2-\frac{\omega^2}{c^2}=0 \tag{24.16}$$

才是正确的。我们已经确定了 k_x,因而这个方程就告诉我们,只要 k_z 与频率 ω 之间的关系使式(24.16)得到满足——换句话说,只要

$$k_z=\sqrt{\omega^2/c^2-\pi^2/a^2}, \tag{24.17}$$

就可能有上面所假设的那种类型的波。我们刚才所描述的波以这个 k_z 值在 z 方向传播。

对于给定的频率 ω,由式(24.17)获得的波数 k_z 告诉我们波节沿波导往下传播的速率。这个相速度是

$$v=\frac{\omega}{k_z}. \tag{24.18}$$

你会记得,一个行波的波长是由 $\lambda=2\pi v/\omega$ 给出的,因而 k_z 也就等于 $2\pi/\lambda_g$,其中 λ_g 是沿 z 方向的振动波长——即"导管波长"。当然,导管波长与同频率的电磁波在自由空间里的波长是不同的。若把等于 $2\pi c/\omega$ 的自由空间波长称为 λ_0,则可将式(24.17)写成

$$\lambda_g=\frac{\lambda_0}{\sqrt{1-(\lambda_0/2a)^2}}. \tag{24.19}$$

除了电场之外,还有磁场也随波传播,但眼前我们将不操心去算出有关磁场方面的那个表示式。由于 $c^2\nabla\times\boldsymbol{B}=\partial\boldsymbol{E}/\partial t$,所以 $\boldsymbol{B}$ 线将围绕那些 $\partial\boldsymbol{E}/\partial t$ 值最大的区域旋转,也就是说,将围绕 $\boldsymbol{E}$ 的极大点与极小点中间的区域旋转。$\boldsymbol{B}$ 的回路将平行于 xz 平面并位于 $\boldsymbol{E}$ 的峰与谷之间,如图 24-6 所示。

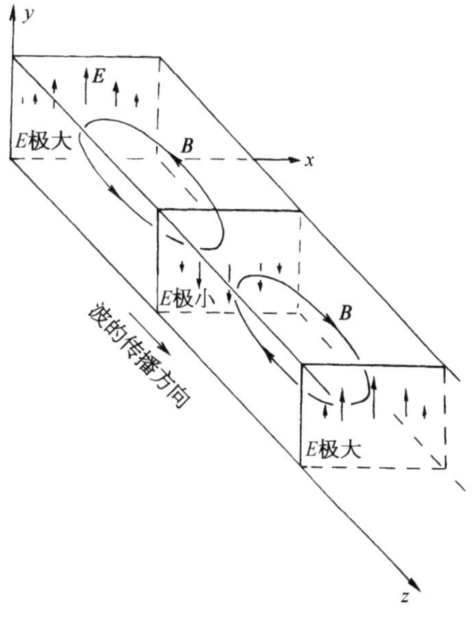

图 24-6　波导中的磁场

§24-3　截止频率

在解方程式(24.16)以求得 k_z 时,实际应有两个根,一个是正,一个是负。我们应该写成

$$k_z=\pm\sqrt{\omega^2/c^2-\pi^2/a^2}. \tag{24.20}$$

这两个符号只是意味着可能有以负相速(朝向 $-z$)传播的波,同样在导管中也有沿正向传播

的波。自然,波沿任一方向传播都应该是可能的。由于这两种类型的波可以同时存在,所以就会有驻波解的可能性。

有关 k_z 的方程也告诉我们,较高的频率给出较大的 k_z 值,因而也就是较短的波长,一直到 ω 取大的极限时,k 变得等于 ω/c,它就是我们对自由空间里的波所预期的值。我们通过管子所"看到"的光仍然以速率 c 行进。但此刻注意,若频率下降,则某些怪事会跟着发生。开始波长会变得越来越大,但若 ω 降得太小,则式(24.20)中的平方根内的量突然变负。一旦 ω 变为小于 $\pi c/a$ ——或当 λ_0 变得大于 $2a$,上述情况就会发生。换句话说,当频率变成低于某一临界频率 $\omega_c=\pi c/a$ 时,波数 k_g(从而 λ_g)会变成虚数,从而不再得到任何解了。难道真的得不到解了吗?谁说 k_z 必须是实数呢?如果确实出现虚数,那又该怎么办呢?场方程组仍旧被满足,或许一个虚数 k_z 也代表一个波。

假设 ω 小于 ω_c,便可以写成

$$k_z=\pm\mathrm{i}k',\tag{24.21}$$

其中 k' 是正的实数,即

$$k'=\sqrt{\pi^2/a^2-\omega^2/c^2}.\tag{24.22}$$

如果现在回到 E_y 的表达式(24.12),则有

$$E_y=E_0\mathrm{e}^{\mathrm{i}(\omega t\mp\mathrm{i}k'z)}\sin k_x x,\tag{24.23}$$

这也可以写成

$$E_y=E_0\mathrm{e}^{\pm k'z}\mathrm{e}^{\mathrm{i}\omega t}\sin k_x x.\tag{24.24}$$

上述表达式给出了一个按 $\mathrm{e}^{\mathrm{i}\omega t}$ 随时间振动但却按照 $\mathrm{e}^{\pm k'z}$ 随 z 变化的 $\boldsymbol{E}$ 场。它作为一个指数函数随 z 平滑地减少或增加。在我们的推导中并未对发出波的源有所操心,不过一定有一个源存在于导管中某处。伴随 k' 的符号必定是使场随着离开波源的距离增大而减小的那个。

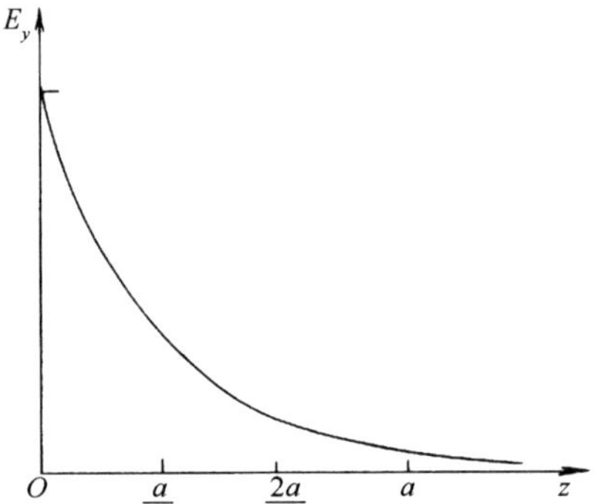

图 24-7 对于 $\omega\ll\omega_c$, E_y 随 z 的变化情况

因此,对于比 $\omega_c=\pi c/a$ 低的频率,波并不会沿导管往下传播,该振动场只能透入导管内仅达到 $1/k'$ 数量级的距离。为此,频率 ω_0 被称作导管的"截止频率"。考察式(24.22)可知,在频率仅稍低于 ω_c 时,k' 是一个小数值,因而场可透入导管内很大的距离。但若 ω 比 ω_c 小很多,则指数系数 k' 等于 π/a,而场便非常迅速地减弱,如图 24-7 所示。在距离等于 a/π 或在约三分之一宽度的距离内,场减弱至 $1/\mathrm{e}$。场从源出来后仅透入很短距离。

我们想要强调对导波进行分析的一个有趣特点——即虚波数 k_z 的出现。按正常情况,如果在物理学中求解一个方程并获得一个虚数,它不具有任何物理意义。然而,对于波来说,一个虚数确实意味着某种东西。波动方程仍被满足,它只是意味着解答会给出一个指数式地减弱的场,而不是一个传播着的波罢了。因此,在任一个波动问题中,若对于某一频率 k 会变成虚数,这意味着波的形式变了——正弦波变成了指数式衰减的场。

§ 24-4 导波的速率

上面所用的波速是相速，即波节 * 的速率，它是频率的函数。若把式(24.17)和(24.18)结合起来，则可写出

$$v_{相}=\frac{c}{\sqrt{1-(\omega_c/\omega)^2}}. \tag{24.25}$$

对于比截止频率为高的频率——其中存在行波—— ω_c/ω 小于 1，而 $v_{相}$ 为实数，且会大于光速。我们曾在第 1 卷第 48 章中见到，相速大于光速是可能的，因为那不过是波节在运动而不是能量或信息在运动。为知道信号传播得多快，我们得算出由一个频率的波与另一个或更多个频率稍微不同的波互相干涉而形成的脉冲或调制波的速率(见第 1 卷第 48 章)。我们已把这样一群波的包络速率称为群速度，它不是 ω/k，而是 $\mathrm{d}\omega/\mathrm{d}k$：

$$v_{群}=\frac{\mathrm{d}\omega}{\mathrm{d}k}. \tag{24.26}$$

取式(24.17)对 ω 的微商并颠倒过来以获得 $\mathrm{d}\omega/\mathrm{d}k$，就求得

$$v_{群}=c\sqrt{1-(\omega_c/\omega)^2}, \tag{24.27}$$

它比光速要小。

$v_{相}$ 与 $v_{群}$ 的几何平均恰好就是 c，也即光速：

$$v_{相}v_{群}=c^2. \tag{24.28}$$

这很奇怪，因为我们已在量子力学中见过相似的关系式了。对于一个具有任何速度——即便是相对论性的——的粒子，其动量 p 与能量 U 都是这样联系着的：

$$U^2=p^2c^2+m^2c^4. \tag{24.29}$$

但在量子力学中能量为 $\hbar\omega$，而动量为 $\hbar/\lambda\!\!\!^{-}$，即等于 $\hbar k$，因而式(24.29)便可以写成

$$\frac{\omega^2}{c^2}=k^2+\frac{m^2c^2}{\hbar^2} \tag{24.30}$$

或

$$k=\sqrt{\omega^2/c^2-m^2c^2/\hbar^2}, \tag{24.31}$$

这看来十分像式(24.17)，真有趣！

波的群速度也就是能量沿导管传输的速率。如果想要求出沿波导传送的能流，则可以从能量密度乘以群速度而得到。设电场的方均根值为 E_0，则电场能量的平均密度为 $\epsilon_0E_0^2/2$。也有一些能量与磁场有联系，我们将不在这里来证明它，但在任一个空腔或导管中磁能与电能始终相等，因而总的电磁能量密度为 $\epsilon_0E_0^2$。于是，由导管传输的功率 $\mathrm{d}U/\mathrm{d}t$ 为

$$\frac{\mathrm{d}U}{\mathrm{d}t}=\epsilon_0E_0^2abv_{群} \tag{24.32}$$

---

* 这里“波节”指的是行波中的波谷(或波峰)，而不是驻波中的那种波节。——译者注

(我们将在以后看到获得能流的更普遍的方法)。

§24-5 导波的观测

能量可借助某种"天线"耦合到波导中。例如,用一根小小的垂直导线或"短线"就可以。导波的存在可以用一小接收"天线"——仍可以是一根小短线或一个小回路——来拾取某些电磁能而加以观测。在图24-8中,展示了切开一部分侧壁的波导管,表明其中装有一根驱动短线和一个拾波"探头"。该驱动短线可以通过共轴缆连接至信号发生器,而拾波探头则可由一根相似的电缆连接至一检波器。把拾波探头通过一条细长狭槽插入导管之内往往较方便,如图24-8所示。这样,探头就可以沿着导管来回移动以便在不同位置对场取样。

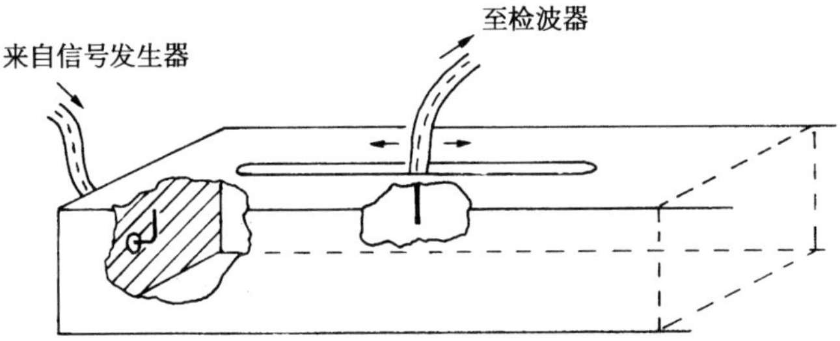

图24-8 装配有驱动短线和拾波探头的波导管

如果信号发生器被调节在大于截止频率 ω_c 的某个频率 ω 时,那么就会有波从该驱动短线出发沿导管往下传播。如果该导管无限长,则这些波将是唯一存在的波,用一个经过仔细设计的吸收器使导管不致从远端发生反射,从而使有终端的导管有效地设置成具有上述性质的导管。于是,由于检波器所测量的是在探头附近场的时间平均值,所以它将检测到一个与沿导管位置无关的信号,它的输出将与被传递的功率成正比。

如果现在导管的远端以某种方式被封闭因而产生一个反射波——作为一个极端例子,假定用一块金属板来封闭它——则除了原来的前进波之外还将有一个反射波。这两个波将互相干涉,在导管里产生一个驻波,它与我们以前曾在第1卷第49章中讨论过的那种弦线上的驻波相似,于是,当拾波探头沿线移动时,检波器的读数就将周期性地升降,表明在驻波的每一个波腹处场为极大而在每一个波节处场为极小,在相邻两波节点(或波腹点)间的距离恰为 $\lambda_g/2$。这提供了测量导管内波长的一个方便的方法。现在若频率移至接近于 ω_c 处,则两节点间的距离增长,这表明该导管波长是按照式(24.19)所预言的而增大了。

假设现在信号发生器被调节至稍微低于 ω_c 的一个频率。那么,当该拾波探头沿导管往下移动时,检波器的输出便将逐渐减弱。如果频率再度降低,场强将按照图24-7的曲线迅速下降,并表明波不再传播出去了。

§24-6 波导管

波导的一种重要实际应用就是对于高频功率的传输,比如把一个高频振荡器或一部雷达装置中的输出放大器耦合至一根天线。事实上,天线本身往往包括一个抛物线形反射镜,由一个在其末端张开成“喇叭口”形状的波导把沿导管而来的波辐射出去,并馈至镜的焦点上。尽管高频电磁波可以经由同轴电缆传输,但对于传输大量功率,波导较为优越。首先,可以沿一条缆线传输的最大功率受到导体间的绝缘材料(固体或气体)击穿的限制。对于给定的功率量,在一导管内的场强往往比同轴电缆内的弱,因而在击穿发生之前就可在其中传送较大的功率。其次,同轴电缆中的功率损耗往往比在波导管内的大。在同轴电缆内必须有用以支持该中心导体的绝缘材料,而在这一材料中便有能量损耗——特别是在高频上。并且,在同轴电缆的中心导体上电流密度很高,而由于损耗是随电流密度的平方增大的,因而出现在导管壁上的较低电流就会导致较小的能量损耗。为确保损耗最小,导管内壁往往是用一种诸如银的高电导率材料电镀的。

凡在有波导存在的“电路”中,连接的问题与在低频时相应的电路问题大不一样,这种连接常称为微波“衔接”法。为此目的许多特殊器件已经发展起来。例如,两节波导往往是经由凸缘接头互相连接的,这可由图 24-9 中看出。然而,像这样的连接会导致严重的能量损耗,因为那些表面电流必然流经接口,而那里可能有相对高的电阻。避免这种损耗的一种办法是制造截面如图 24-10 所示的那种凸缘接头。在导管的相邻两节间留下一点空隙,而在其中一个凸缘接头上则刻有一条槽沟以便造成一个如图 23-16(c)所示的那种小空腔。适当地选取这个空腔的大小尺寸使它能在所采用的频率发生共振。这一共振腔对于电流会呈现一个高“阻抗”,因而流经该金属接口(图 24-10 中的 a 处)的电流就相对的小。导管里的大电流只是对该空隙(图中的 b 处)的“电容”充电及放电而已,因而那里仅有少量的能量损耗。

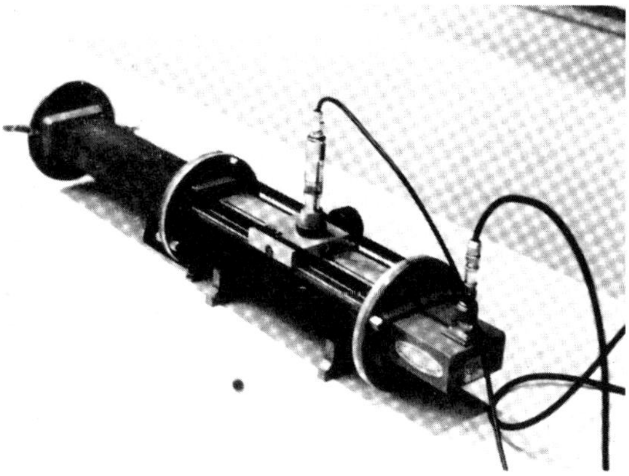

图 24-9 几段波导由凸缘接头互相连接

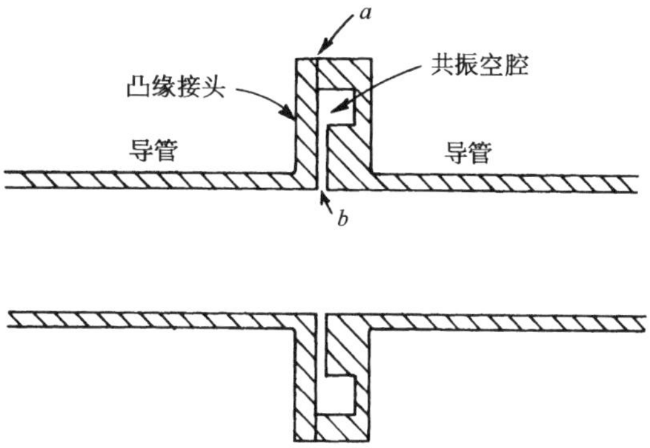

图 24-10 两节波导间的低损耗连接

假设你想要在某一处截断一波导管使得不会形成反射波,那么,你就必须在其末端安置一种模拟一根无限长导管的东西。你需要有一个对于导管的作用就像特性阻抗对于传输线的作用那样的“终端”——对到达之波仅有吸收而不产生反射的一种东西。此时该导管将起着仿佛永远接续下去的作用。像这样的终端是通过在该导管中放进某种经过精心设计的电阻材料的劈形物制成的。它被用来吸收波的能量使得几乎不产生任何反射波。

如果你想要把三件东西——例如一个源与两个不同的天线——互相连接起来,那么你就可用一个像图 24-11 所示的那种“T”形波导来完成。在这个“T”形管中心截口馈入的功率会被分开经由两条侧臂流出(可能还有一些反射波)。从图 24-12 的简略图示中你可以定性地看出,当场到达该输入截口的末端时就会扩散开来并形成电场,该电场会使波在该两臂中开始传播出去。在接合处的这些场会约略如图 24-12(a)或(b)所示,具体要视导管里的电场是与该“T”形管的“顶”平行还是垂直而定。

图 24-11 “T”形波导管(在凸缘接头处配备有塑料端帽,以保持当这个“T”形导管不用时内部清洁)

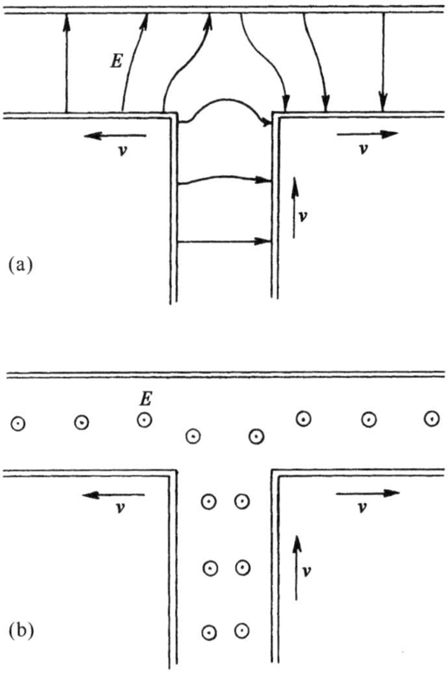

图 24-12 在一“T”形波导中关于两种可能取向的电场

最后,我们想要描述一种称为“单向耦合器”的器件,这对于在你已经连接好一个复杂的波导布局之后要讲出到底发生了什么是非常有用的。假设你想知道在波导的某一特定截口处波朝哪一方向行走——例如,你或许会怀疑是否存在一强反射波。若导管里的波是沿某一方向行走,这单向耦合器就会从其中吸取一小部分功率,但若波是朝另一方向行走,则不能取出任何功率。通过把这个耦合器的输出连接到一个检波器上,你就能够测得导管中的“单向”功率。

图 24-13 是单向耦合器的简图,沿着一段波导 AB 的一个面上焊接上另一段波导 CD。波导 CD 被弯开以便有可以安置凸缘接口的地方。在把这两个波导焊接在一起之前,要在每一波导上钻通两个(或者更多个)洞(借以互相耦合),以便使主波导 AB 中的一些场可被耦合至副波导 CD 中去。每个洞起着小天线的作用,以致在副波导中产生出波来。要是只有一个洞,波会在两个方向上被送出,而且不管波在原导管中走哪个方向都应该相同。但当存在间隔等于导管波长的四分之一的两

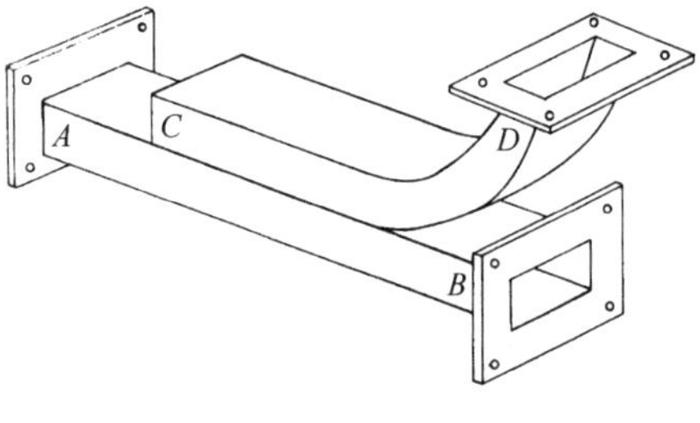

图 24-13 单向耦合器

个洞时，它们就会形成相位差 90°的两个源。你是否还记得，在第 1 卷第 29 章中讨论过空间相距 $\lambda/4$、而在时间上激发相位超过 90°的两根天线发出的波引起的干涉？我们曾发现，这两波在一个方向上相减而在相反方向上相加。相同的事情也将在这里发生。导管 CD 中所产生的波与在 AB 中的波会有相同的传播方向。

如果在主导管中波正从 A 向 B 传播，则在副导管的输出口 D 处将会有一个波。若在主导管中的波是从 B 传向 A，则将有一个波朝副导管的 C 端传播。但这一端却已装配成一终端，因而波将被吸收，于是在该耦合器的输出口处就不存在波了。

§24-7 波导模式

由我们选择出来而正在加以分析的波乃是场方程组的一个特解。此外还有许多其他的解，每个解称为一种波导"模"。例如，上面讨论的场与 x 的依赖关系不过是正弦波的半周。还存在同样好的具有全周的解，这时 E_y 随 x 的变化将如图 24-14 所示。这种模式的 k_x 是前一种的二倍，因而截止频率就高得多了。并且，在我们所已学习过的波中 $\boldsymbol{E}$ 只有一个 y 分量，但此外还有包含更复杂电场的其他模。若电场只有 x 和 y 分量——因而总场始终与 z 方向正交——则这种模称为"横电"(或 TE)模。这种模的磁场总会有一个 z 分量。事实证明，若 $\boldsymbol{E}$ 有一个 z 分量(沿传播方向)，则磁场始终只有横向分量，因此这种场就称为横磁(TM)模。对于一个矩形导管来说，所有其他模比起上述那种简单的 TE 模来具有较高截止频率。因此，就有可能——而且也经常是——采用一个其中频率只比这一最低波模的截止频率为高而比其他一切截止频率都较低的导管，以便仅有这么一种模能够传播。不然的话，波的行为就会变得复杂而且更难于控制了。

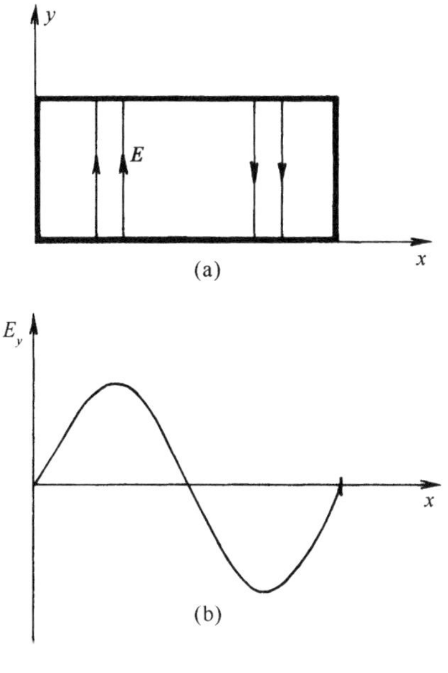

图 24-14 另一种可能的 E_y 随 x 变化的情况

§24-8 另一种看待导波的方法

现在要让你看看另一种理解波导行为的方法，即为什么波导对比其截止频率 ω_c 低的那些频率会使场迅速衰减。这样对于波导在高、低频之间行为之所以会突然变化，你将有一个更为"形象化"的概念。对于一个矩形波导来说，通过利用在导管壁上的反射或镜像法对场的分析，我们能够做到这点。然而，这种办法只对矩形波导有效，这就是为什么我们要从较多数学上的分析开始，因为它在原则上对任何形状的波导都适用。

对于上面已描述过的模，垂直方向的尺寸大小(即 y 值)不会引起任何效应，因而可略去该导管的顶和底，并想象导管乃是在垂直方向上延伸至无限远的。于是，可设想导管仅由两块相距为 a 的垂直板组成。

假定场源是一根放在导管中间的垂直方向的导线,这根线中载有以频率 ω 振动着的电流。在不存在导管壁的情况下,像这样的导线会辐射出柱面波。

现在,考虑导管壁都是理想导体。这样,如同在静电学中一样,若我们对于该导线的场再加上一个或更多个适当的镜像导线的场,则在壁面处的那些条件将是正确的。关于镜像的概念,在电动力学中,正如同在静电学中一样,也都适用,当然要把推迟效应也包括进去。我们都明白那是真的,因为经常见到镜子会产生光源的像。而对于光频波段的电磁波来说,一面镜子正好是一块"理想"导体。

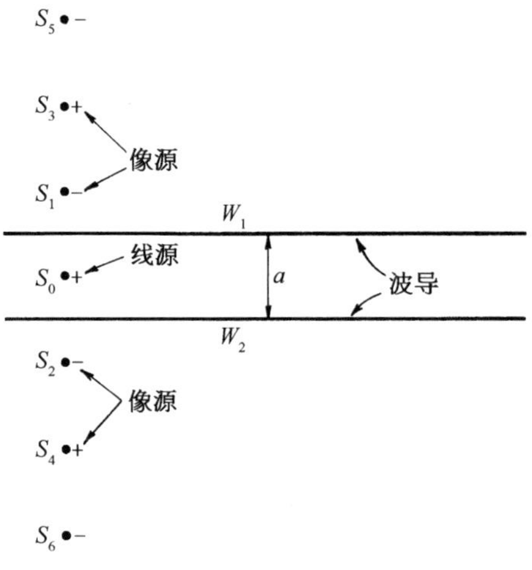

图 24-15 放在两面导体壁 W_1 和 W_2 之间的线源 S_0。这两面壁可以由一个无穷序列的像源代替

现在让我们取一个水平截面,如图 24-15 所示,其中 W_1 和 W_2 是导管的两个壁,而 S_0 则是那根源导线。我们称这根导线里的电流方向为正。现在假如仅有一面壁,比方说 W_1,我们可以把它除去,只要在那标明为 S_1 的地方放置一个(具有相反极性的)像源。但由于存在两面壁,所以在壁 W_2 中也将有 S_0 的像,将其标明为像 S_2。这个像源也将在 W_1 中造成一个像,叫它做 S_3。现在 S_1 和 S_3 两者都将在 W_2 中在标明为 S_4 和 S_6 的位置上各有其像,如此等等。对于中间有一个源的两个平面导体来说,其场与由排列成一条直线、彼此相隔各为 a 的无限多个源所产生的场相同(这事实上就恰如你在观察置于两平行平面镜中间的一根线时所会看到的那样)。为了使在两壁处的场为零,在像上的那些电流极性必须从一个像至另一个像交替地改变着。换句话说,它们的振动存在 180°的相位差。于是,该波导场就恰好是这种无限多个线源产生的场的叠加。

如果靠近那些源,场就很像是个静场。在§7-5 中曾经考虑过由一排栅形线源所产生的静场,并求得除随着与栅的距离指数式地减弱的那些项外,这个场好像一块带电平板产生的场。这里平均源强为零,因为从一个源至下一个源的符号交替地改变。任何存在的场会随距离做指数式的减弱。在靠近源时,所见到的场主要是来自最接近的源,在较远处,许多源都会做出贡献,因而它们的平均效果便是零了。因此,现在我们明白为什么在低于其截止频率时波导会给出一个按指数衰弱的场。特别是在低频上,这静态近似表现得很好,因而它预言场会随距离的增大而迅速减弱。

现在,我们却面临一个相反问题:为什么波真的会传播呢?那是个神秘部分!原因是,在高频时场的推迟会在相位上引进一个附加改变,使得来自那些异相的源的场相长而不是相消。事实上,正是为了这一问题,我们在第1卷第29章中已学习过由一个天线阵或一个光栅所产生的场,当几根无线电天线被适当排列时,它们就能提供一种干涉花样,使得在某一方向有强信号而在另一方向则没有信号。

假设回到图 24-15 并观察从那一列像源到达远处的场。只有在某些由频率决定的方向——只有在来自所有一切源的场因同相相加的那些方向——场才会最强。在与源有适当距离处,场在这些特殊方向才作为平面波传播。我们在图 24-16 中对这一种波画出了示意图,其中实线代表波峰而虚线表示波谷。波的传播方向将是这样的一个方向,在这个方向两相邻源到达波峰的推迟时差等于半个振动周期。换句话说,图中的 r_2 与 r_0 之差是自由空间波长的一半:

$$r_2 - r_0 = \frac{\lambda_0}{2}.$$

于是角度 θ 就由下式给出:

$$\sin\theta = \frac{\lambda_0}{2a}. \tag{24.33}$$

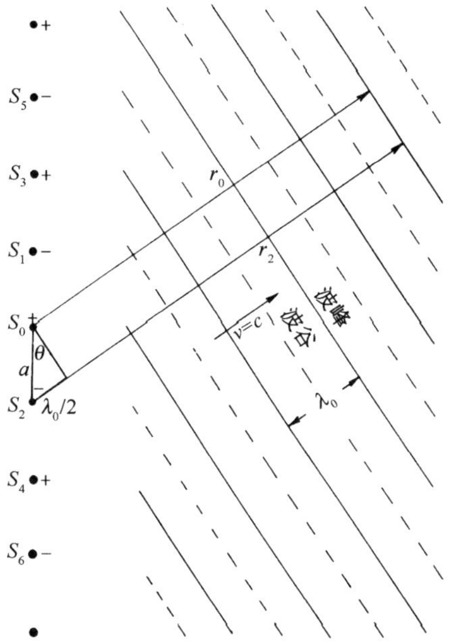

图 24-16　来自一列线源的一组相干波

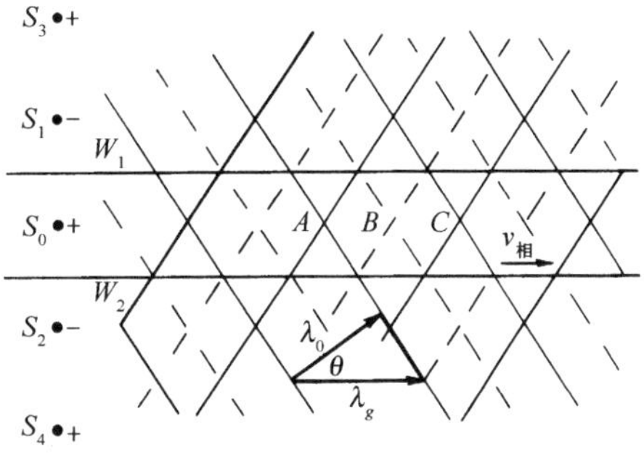

图 24-17　波导场可以视作两列平面波的叠加

当然,还有另一组波以相对于该列线源对称的角度向下传播。整个波导场(不要太靠近源)就是这两组波的叠加,如图 24-17 所示。当然,只有在该波导的两壁之间那实际的场才会真的是这样。

比如在 A 和 C 那些点,两种波形的峰相重合,因而场就有一个极大值;比如在 B 那种点,两波都有负峰值,因而场会有一个极小值(最大负值)。当时间向前推移时,导管里的场会表现出以波长 λ_g——等于从 A 至 C 的距离——沿导管传播。这一距离与 θ 角的关系为

$$\cos\theta = \frac{\lambda_0}{\lambda_g}. \tag{24.34}$$

利用关于 θ 的式(24.33),便可得到

$$\lambda_g = \frac{\lambda_0}{\cos\theta} = \frac{\lambda_0}{\sqrt{1-(\lambda_0/2a)^2}}, \tag{24.35}$$

这恰好就是上面我们在式(24.19)中所求得的。

现在明白了为什么只有在超过截频 ω_0 时才会有波传播。如果自由空间波长大于 $2a$,

则波不能在如图 24-16 所示的那种角度出现。当 λ_0 降至 $2a$ 以下或当 ω 升至 $\omega_0 = \pi c/a$ 以上时,所需的相长干涉才会突然出现。

若频率足够高,则波将出现的方向就可能有两个或更多个。如果 $\lambda_0 < \frac{2}{3}a$,则上述情况就会发生。然而,一般说来,这也可能发生在 $\lambda_0 < a$ 时。这些附加波相当于我们提到过的那些较高的波导模。

通过上述分析我们也已弄清楚为什么导波的相速度会大于 c,以及为什么这一速度会依赖于 ω。当 ω 改变时,图 24-16 中的自由波角度会跟着发生变化,从而沿导管的速度也就变了。

虽然已经把导波描写成无限多个线源的阵列之场的叠加,但是只要设想有两组自由空间的波在两面理想平面镜之间不断地被往复反射——记住反射意味着周相的反转——我们便会得到这相同的结果。这些反射波组,除非刚好按照式(24.33)所给出的那个角度 θ 在传播,否则彼此完全互相抵消。因此考虑同一事物存在着许多方法。

第 25 章　用相对论符号表示的电动力学

在本章中：$c = 1$

§ 25-1　四 维 矢 量

现在来讨论狭义相对论在电动力学中的应用。由于已在第 1 卷的 15 至 17 章中学习过狭义相对论，因而我们在此只要很快地温习一下基本概念。

在实验上已经发现：如果我们以匀速运动，则物理规律不会改变。你不可能区别你是否处于一艘以匀速沿直线航行的宇宙飞船中，除非你从飞船中向外观望，或至少得做一种与外界有关的观测。我们写出的任何正确的物理定律都必须安排得使自然界的这一事实成为其中的固有部分。

设存在两个坐标系，其中一个 S' 系在 x 方向上以速率 v 相对于另一个 S 系而做匀速运动，这两个坐标系的空间与时间之间的关系由洛伦兹变换式给出：

$$t' = \frac{t - vx}{\sqrt{1 - v^2}},\ y' = y,$$
$$x' = \frac{x - vt}{\sqrt{1 - v^2}},\ z' = z. \tag{25.1}$$

物理定律必须是这样的：在经过了洛伦兹变换之后，该定律的新形式看来刚好像其旧形式。这恰恰同物理定律与坐标系的取向无关的原理相似。在第 1 卷第 11 章中，我们已看到，要从数学上描写物理过程对于转动的不变性，其办法是利用矢量来写出方程式。

例如，若有两矢量

$$\boldsymbol{A} = (A_x,\ A_y,\ A_z) \text{ 和 } \boldsymbol{B} = (B_x,\ B_y,\ B_z),$$

我们曾发现其组合式

$$\boldsymbol{A} \cdot \boldsymbol{B} = A_x B_x + A_y B_y + A_z B_z$$

如果对转动的坐标系进行变换，是不变的。因此我们知道，若在一个方程式的两边都有像 $\boldsymbol{A} \cdot \boldsymbol{B}$ 这一类的标识，则这方程在所有转动坐标系中都会有完全相同的形式。我们也曾发现过这么一个算符(见第 2 章)：

$$\boldsymbol{\nabla} = \left(\frac{\partial}{\partial x},\ \frac{\partial}{\partial y},\ \frac{\partial}{\partial z}\right),$$

当作用于一标量函数时，它会给出像一个矢量那样变换的三个量。利用这一算符我们曾定义过梯度,而与其他矢量相组合时也曾定义过散度与拉普拉斯算符。最后还发现,取两矢量的各对分量之积并求和,可能得到三个新的量,其行为像一个新的矢量。我们曾称它为两矢量的叉积。然后,又利用算符$\boldsymbol{\nabla}$做叉积,定义了矢量的旋度。

由于我们会经常回过去参考矢量分析中所曾做过的事情,因此就把过去用过的三维空间中所有重要的矢量运算的摘要罗列在表 25-1 上。这里的要点在于,必须将物理学方程写得能使其两边在坐标系转动时以相同的方式变换。如果一边是矢量,则另一边也必须是矢量,以便在坐标系转动后方程两边将以完全相同的方式一起改变。同理,若一边是标量,则另一边也应该是标量,因而当转动坐标系时两边都不应当有任何改变,等等。

表 25-1 三维矢量分析中重要的量和重要运算

矢量定义	$\boldsymbol{A}=(A_x, A_y, A_z)$
标积	$\boldsymbol{A}\cdot\boldsymbol{B}$
微分矢量算符	$\boldsymbol{\nabla}$
梯度	$\boldsymbol{\nabla}\varphi$
散度	$\boldsymbol{\nabla}\cdot\boldsymbol{A}$
拉普拉斯算符	$\boldsymbol{\nabla}\cdot\boldsymbol{\nabla}=\nabla^2$
叉积	$\boldsymbol{A}\times\boldsymbol{B}$
旋度	$\boldsymbol{\nabla}\times\boldsymbol{A}$

现在,在狭义相对论的情况下,时间和空间不可分割地混在一起,因而就必须对四维做出类似的事情。我们希望所得的方程不仅对于转动会保持不变,而且对于任何惯性参照系也是如此。这意味着,方程式在经历了式(25.1)的洛伦兹变换后应该不变。本章的目的就是要向你们说明如何才能做到这一点。然而,在开始之前,还要做一件将使我们的工作轻松得多(也会减少某些混乱)的事情。这就是选取长度和时间单位使得光速 c 等于 1。你可以把这看作为把时间单位选取为光行走 1 m 所需的时间(约为 3×10^{-9} s)。我们甚至可以叫这个时间单位为"一米"。采用这种单位,一切方程会更明显地呈现出空时对称性。并且,所有的 c 将不再出现在我们的相对论方程式中(如果你对此觉得麻烦的话,你始终可用 ct 代替每一个 t,或一般说来,通过在那些需要使方程的量纲表现得正确的地方添加一个 c,即把 c 再放回到任一个方程中去)。有了这个约定,我们就准备开始工作。我们的计划是要在四维空时中做出曾用矢量在三维中所做过的所有事情。这诚然是一场十分简单的游戏,我们只是根据类比来做工作罢了。唯一真正的复杂性是符号的表示方法(在三维时已用尽了矢量符号)以及符号的一个轻微扭曲。

首先,通过与三维中的矢量的类比,定义一个四维矢量为 a_t, a_x, a_y, a_z 一组的四个量,当我们变换运动坐标系时,这些量会像 t, x, y, z 那样变换。对于四维矢量人们使用几种不同的符号表示方法。人们会写成 a_μ,这指的是四个数 (a_t, a_x, a_y, a_z) 的一组——换句话说,该下脚标 μ 可以取 t, x, y, z 各"值"。有时由一个三维矢量来指明它的三个空间分量,即像 $(a_t, \boldsymbol{a})$ 那样,也会很方便。

我们已碰到过一个四维矢量,它由粒子的能量和动量组成(第 1 卷第 17 章),在新符号表示法中我们把它写成

$$p_\mu=(E, \boldsymbol{p}), \tag{25.2}$$

这意味着该四维矢量 p_μ 是由粒子的能量及其三维矢量 $\boldsymbol{p}$ 的三个分量所构成的。

看来似乎这场游戏的确十分简单——对于物理学中每一个三维矢量,我们必须做的全部事情就在于找出其余的一个分量该是什么,从而就有一个四维矢量了。为了弄清楚事实并不是那么回事,试考虑速度矢量,它的分量是

$$v_x = \frac{dx}{dt},\ v_y = \frac{dy}{dt},\ v_z = \frac{dz}{dt}.$$

试问:那时间分量是什么？凭本能就应能够提供正确的答案。由于四维矢量都像 t, x, y, z 那样,我们就会猜测到其时间分量为

$$v_t = \frac{dt}{dt} = 1.$$

这是错的。原因是,当我们做洛伦兹变换时在每个分母中的 t 并非不变量。虽然为构成一个四维矢量,那些分子都具有正确的行为,但在各个分母中的 dt 却把事情搞坏了,它并不是对称的,而且在两个不同系统中是不相同的。

事实证明,只要各除以 $\sqrt{1-v^2}$, 上面所写下的四个“速度”分量将成为四维矢量的分量。我们能够看出那是正确的,因为如果从动量四维矢量出发:

$$p_\mu = (E,\ \boldsymbol{p}) = \left(\frac{m_0}{\sqrt{1-v^2}},\ \frac{m_0\boldsymbol{v}}{\sqrt{1-v^2}}\right), \tag{25.3}$$

并用四维中不变的标量、静止质量 m_0 来除它,便有

$$\frac{p_\mu}{m_0} = \left(\frac{1}{\sqrt{1-v^2}},\ \frac{\boldsymbol{v}}{\sqrt{1-v^2}}\right), \tag{25.4}$$

这必然仍是一个四维矢量(用一个不变标量来除,并不会改变变换性质)。因此,就可由下式定义一个“速度四维矢量”u_μ:

$$\begin{aligned} u_t &= \frac{1}{\sqrt{1-v^2}},\ u_y = \frac{v_y}{\sqrt{1-v^2}},\\ u_x &= \frac{v_x}{\sqrt{1-v^2}},\ u_z = \frac{v_z}{\sqrt{1-v^2}}. \end{aligned} \tag{25.5}$$

这个四维速度是一个有用的量,例如,可以写出

$$p_\mu = m_0 u_\mu. \tag{25.6}$$

这是相对论中正确的方程都必须具有的那一种典型形式,式的每一边都是一个四维矢量(右边是一个不变量乘以一个四维矢量,那仍然是一个四维矢量)。

§25-2　标　　积

还可以讲,在坐标系转动下从原点至某一点的距离不变乃是生活中的一项巧遇。这意味着在数学上 $r^2 = x^2 + y^2 + z^2$ 是一个不变量。换句话说,在经过了转动之后,$r'^2 = r^2$ 或

$$x'^2 + y'^2 + z'^2 = x^2 + y^2 + z^2.$$

现在的问题是:在洛伦兹变换下是否也有一个相似的不变量？有的。从式(25.1)可以看出

$$t'^2 - x'^2 = t^2 - x^2.$$

除了它有赖于 x 方向的特殊选择之外,那是很好的不变量。若再减去 y^2 和 z^2 便能把这个

问题解决了。于是,任何洛伦兹变换加转动都会使这个量保持不变。因此,与三维中的 r^2 相类似的量,在四维中为

$$t^2 - x^2 - y^2 - z^2.$$

这是在所谓"完整洛伦兹群"——意指恒速平动和转动二者都进行的那种变换——下的一个不变量。

现在,由于这个不变性是仅仅依赖于式(25.1)的变换法则——再加上转动——的一个代数问题,它对于任一个四维矢量都是正确的(根据定义,它们都做同样的变换)。因此,对于一个四维矢量 a_μ 来说,便有

$$a_t'^2 - a_x'^2 - a_y'^2 - a_z'^2 = a_t^2 - a_x^2 - a_y^2 - a_z^2.$$

我们叫这个量为四维矢量 a_μ 的"长度"的平方(有时人们将所有各项的符号都改变而叫 $a_x^2 + a_y^2 + a_z^2 - a_t^2$ 为长度的平方,因而你得要小心对待)。

现在如果有两个矢量 a_μ 和 b_μ,它们的相应分量按相同的方式变换,则这个组合

$$a_t b_t - a_x b_x - a_y b_y - a_z b_z$$

也是一个不变(标)量(事实上,在第 1 卷第 17 章中对此已有过证明)。很明显,这一表示式与矢量的点积很相似。实际上,我们将称之为两个四维矢量的点积或标积。把它写成 $a_\mu \cdot b_\mu$ 使得看来像个点积,似乎该合乎逻辑。可是,不凑巧,习惯上不是那样做,而是往往被写成没有中间那一点。因此,我们将按照这一惯例而把该点积简写成 $a_\mu b_\mu$。这样,根据定义,

$$a_\mu b_\mu = a_t b_t - a_x b_x - a_y b_y - a_z b_z. \tag{25.7}$$

每当你看到两个全同下脚标在一起(有时得用 ν 或某一其他字母来代替 μ)时,那就意味着你必须取这四个积并相加起来,记住对于那些空间分量之积都取负号。按照这一惯例,在洛伦兹变换之下,标积的不变性可以写成

$$a'_\mu b'_\mu = a_\mu b_\mu.$$

由于式(25.7)中的最后三项恰好是三维中标量的点积,把它写成如下形式往往更为方便:

$$a_\mu b_\mu = a_t b_t - \boldsymbol{a} \cdot \boldsymbol{b}.$$

在上面描述过的那种四维长度的平方可以写成 $a_\mu a_\mu$,那也是明显的:

$$a_\mu a_\mu = a_t^2 - a_x^2 - a_y^2 - a_z^2 = a_t^2 - \boldsymbol{a} \cdot \boldsymbol{a}. \tag{25.8}$$

有时把它写成 a_μ^2 也很方便:

$$a_\mu^2 \equiv a_\mu a_\mu.$$

现在要向你们提供有关四维矢量点积的用途的一个例证。在巨大的加速器中,通过下列反应可以产生反质子($\overline{P}$):

$$P + P \rightarrow P + P + P + \overline{P}.$$

这就是说,一个高能质子与一个静止质子(例如,放置在质子束中的氢靶里的质子)相碰撞,而倘若入射质子拥有足够的能量,则除了原来的两个质子之外还可能会产生质子-反

质子 * 对。试问:应给予入射质子多少能量才能使这一反应在能量上成为可能。

获得答案的最容易的方法是考虑在质心(CM)系中该反应看来像个什么样子(见图 25-1)。我们将叫入射质子为 a 而其四维动量为 p_μ^a。同理,将叫靶质子为 b 而其四维动量为 p_μ^b。若入射质子仅仅勉强具有使反应进行的能量,那么末态——经过碰撞后的状态——在质心系中将由包含三个质子和一个反质子的一个静止球构成。要是入射能量稍高一些,那些末态粒子就会具有一些动能而四散跑开;要是入射能量稍低一些,则不会有足够能量产生四个粒子。

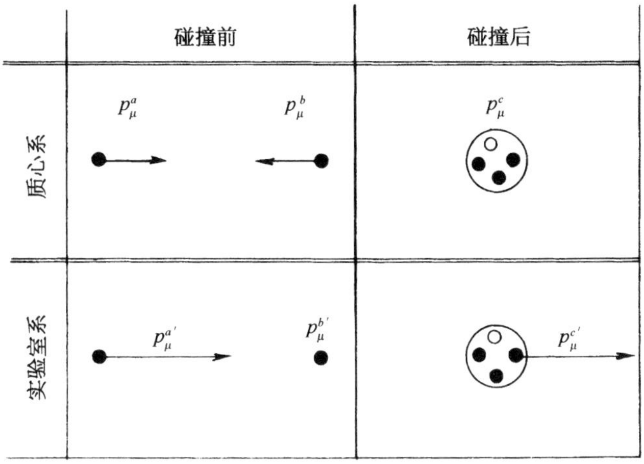

图 25-1　从实验室和质心系中来观察反应 $P+P\to 3P+\overline{P}$。假定入射质子仅仅勉强具有使反应进行的能量,质子由实心圆点表示,而反质子则由圆圈表示

若把末态中整个小球的四维总动量称为 p_μ^c,则动量与能量守恒律告诉我们:

$$\boldsymbol{p}^a+\boldsymbol{p}^b=\boldsymbol{p}^c$$

和

$$E^a+E^b=E^c.$$

合并这两式,可以写成

$$p_\mu^a+p_\mu^b=p_\mu^c. \tag{25.9}$$

现在重要的事情在于,这是一个其中包含四维矢量的方程,因而在任何惯性系中都是正确的。我们可以利用这一事实来简化计算,由取式(25.9)中每边的“长度”开始,当然,它们也是彼此相等的,于是得

---

* 你可能会问:为什么不去考虑

$$P+P\to P+P+\overline{P},$$

或甚至

$$P+P\to P+\overline{P}$$

那些显然要求较少能量的反应?答案是,一个称为重子数守恒的原理告诉我们:“质子数减去反质子数”不能改变,在我们的反应中左边这个量为 2,因此,若希望有一反质子出现在右边,则同时应有三个质子(或其他重子)伴随它。

$$(p_\mu^a + p_\mu^b)(p_\mu^a + p_\mu^b) = p_\mu^c p_\mu^c. \tag{25.10}$$

既然 $p_\mu^c p_\mu^c$ 是不变的,所以可在任何坐标系中进行计算。在质心系中,p_μ^c 的时间分量为四个质子的静止能量,即 $4M$,而空间部分 $\boldsymbol{p}$ 则等于零,因此 $p_\mu^c = (4M, 0)$。我们已利用了反质子的静质量等于质子的静质量那一项事实,并已称这一共同质量为 M。

这样,式(25.10)就变成

$$p_\mu^a p_\mu^a + 2p_\mu^a p_\mu^b + p_\mu^b p_\mu^b = 16M^2. \tag{25.11}$$

现在,$p_\mu^a p_\mu^a$ 和 $p_\mu^b p_\mu^b$ 都十分容易求得,因为任何粒子的动量四维矢量的"长度"都不过是粒子质量的平方:

$$p_\mu p_\mu = E^2 - \boldsymbol{p}^2 = M^2.$$

这可由直接的计算给予证明,而更巧妙的办法则是通过注意一个静粒子的 $p_\mu = (M, 0)$,从而 $p_\mu p_\mu = M^2$。但由于它是一个不变量,故在任何参照系中都等于 M^2。把这些结果用到式(25.11)中,便有

$$2p_\mu^a p_\mu^b = 14M^2,$$

也即

$$p_\mu^a p_\mu^b = 7M^2. \tag{25.12}$$

现在,也就可以在实验室系统中算出 $p_\mu^a p_\mu^b = p_\mu^{a\prime} p_\mu^{b\prime}$。四维矢量 $p_\mu^{a\prime}$ 可以写成 $(E^{a\prime}, \boldsymbol{p}^{a\prime})$,而 $p_\mu^{b\prime} = (M, 0)$,因为后者描述一个静止质子。这样,$p_\mu^{a\prime} p_\mu^{b\prime}$ 也必定等于 $ME^{a\prime}$。又因为知道标积是个不变量,所以它在数值上必须等于式(25.12)中求得到的值。因而有

$$E^{a\prime} = 7M,$$

这就是我们所要求的结果。初始质子的总能量必须至少为 $7M$(约合 6.6 GeV,因为 $M = 938$ MeV),或者在减去了静质量 M 之后,其动能至少必须为 $6M$(约合 5.6 GeV)。在伯克利(Berkeley)的高能质子同步稳相加速器是为了能够制造反质子而设计的,它提供给受加速质子约 6.2 GeV 的动能。

由于标积都是不变量,所以它们对计算来说总是有趣的。那么,关于四维速度的"长度"$u_\mu u_\mu$ 又该如何呢?由于

$$u_\mu u_\mu = u_t^2 - \boldsymbol{u}^2 = \frac{1}{1-v^2} - \frac{v^2}{1-v^2} = 1,$$

因而 u_μ 是单位四维矢量。

§25-3 四 维 梯 度

我们必须讨论的下一个问题就是梯度的四维类似物。回想起(第 1 卷第 14 章)三个微分算符 $\partial/\partial x$, $\partial/\partial y$, $\partial/\partial z$ 的变换就像三维矢量,所以就叫梯度。同样的方案也应该适用于四维情况。这就是说,我们也许会猜测到四维梯度应当是 $(\partial/\partial t, \partial/\partial x, \partial/\partial y, \partial/\partial z)$。然而,这是错误的。

为了搞清这个错误,可考虑一个仅与 x 和 t 有关的标量函数 ϕ。如果在 t 方面做一个小变化 Δt 而保持 x 不变,则在 ϕ 方面的变化为

$$\Delta\phi = \frac{\partial\phi}{\partial t}\Delta t. \tag{25.13}$$

另一方面,对一个正在运动的观察者来说,

$$\Delta\phi = \frac{\partial\phi}{\partial x'}\Delta x' + \frac{\partial\phi}{\partial t'}\Delta t'.$$

应用式(25.1),我们可用 Δt 来表示 $\Delta x'$和 $\Delta t'$。记住我们正保持 x 不变,因而 $\Delta x = 0$,并可写出

$$\Delta x' = -\frac{v}{\sqrt{1-v^2}}\Delta t,\ \Delta t' = \frac{\Delta t}{\sqrt{1-v^2}}.$$

这样, $$\Delta\phi = \frac{\partial\phi}{\partial x'}\left(-\frac{v}{\sqrt{1-v^2}}\Delta t\right) + \frac{\partial\phi}{\partial t'}\left(\frac{\Delta t}{\sqrt{1-v^2}}\right) = \left(\frac{\partial\phi}{\partial t'} - v\frac{\partial\phi}{\partial x'}\right)\frac{\Delta t}{\sqrt{1-v^2}}.$$

把这一结果与式(25.13)比较,就可知道

$$\frac{\partial\phi}{\partial t} = \frac{1}{\sqrt{1-v^2}}\left(\frac{\partial\phi}{\partial t'} - v\frac{\partial\phi}{\partial x'}\right). \tag{25.14}$$

类似的计算给出

$$\frac{\partial\phi}{\partial x} = \frac{1}{\sqrt{1-v^2}}\left(\frac{\partial\phi}{\partial x'} - v\frac{\partial\phi}{\partial t'}\right). \tag{25.15}$$

现在我们可以看到,该梯度相当奇怪。用 x'和 t'来表示 x 和 t 的公式[由解方程组(25.1)而得到的]为:

$$t = \frac{t' + vx'}{\sqrt{1-v^2}},\ x = \frac{x' + vt'}{\sqrt{1-v^2}}.$$

这就是一个四维矢量进行变换的必需方式。但式(25.14)和(25.15)中却有两个符号搞错了!

答案是,不要那个不对的 $(\partial/\partial t,\ \boldsymbol{\nabla})$,而必须通过下式来定义一个四维梯度算符,称之为$\boldsymbol{\nabla}_\mu$:

$$\boldsymbol{\nabla}_\mu = \left(\frac{\partial}{\partial t},\ -\boldsymbol{\nabla}\right) = \left(\frac{\partial}{\partial t},\ -\frac{\partial}{\partial x},\ -\frac{\partial}{\partial y},\ -\frac{\partial}{\partial z}\right). \tag{25.16}$$

采用这一定义,上面所遇到的符号困难就消除了,从而$\boldsymbol{\nabla}_\mu$ 表现得如同一个四维矢量所应有的性质那样(带着那些负号相当难看,但那是世人都用的方法)。当然,所谓$\boldsymbol{\nabla}_\mu$“表现得如同一个四维矢量”指的只不过是,一个标量的四维梯度为一个四维矢量。如果 ϕ 是一个真实的标量不变场(洛伦兹不变量),则$\boldsymbol{\nabla}_\mu\phi$ 就是一个四维矢量场。

好,现在已有了矢量、梯度和点积,下一件事情则是要找出一种与三维的矢量分析中的散度相类似的不变量。很清楚,这种类似物要求形成$\boldsymbol{\nabla}_\mu b_\mu$ 这样一种表示式,其中 b_μ 为一个四维矢量场,其分量都是空间和时间的函数。要把一个四维矢量 $b_\mu = (b_t,\ \boldsymbol{b})$ 的散度定义为$\boldsymbol{\nabla}_\mu$ 与 b_μ 的点积:

$$\boldsymbol{\nabla}_\mu b_\mu = \frac{\partial}{\partial t}b_t - \left(-\frac{\partial}{\partial x}\right)b_x - \left(-\frac{\partial}{\partial y}\right)b_y - \left(-\frac{\partial}{\partial z}\right)b_z = \frac{\partial}{\partial t}b_t + \boldsymbol{\nabla}\cdot\boldsymbol{b}, \tag{25.17}$$

式中$\nabla \cdot \boldsymbol{b}$是三维矢量$\boldsymbol{b}$的普通三维散度。注意,人们必须细心对待这些符号,其中有些负号来自标积的定义,即式(25.7),其他则是由于诸如式(25.16)中关于∇_μ的空间分量为$-\partial/\partial x$等所要求的。由式(25.17)定义出来的散度是一个不变量,因而它在相差一个洛伦兹变换的所有坐标系中给出相同的答案。

让我们来看一个其中会出现四维散度的物理例子,可以用它来求解运动导线周围场的问题。我们已经知道(§13-7)电荷密度ρ和电流密度$\boldsymbol{j}$会形成一个四维矢量$j_\mu=(\rho, \boldsymbol{j})$。如果一根不带电荷的导线载有电流$j_x$,那么在一个以速度$v$(沿$x$轴)从它旁边经过的参照系中来看,该导线将拥有如下的电荷和电流密度[由洛伦兹变换式(25.1)得到]:

$$\rho'=\frac{-vj_x}{\sqrt{1-v^2}},\ j_x'=\frac{j_x}{\sqrt{1-v^2}}.$$

这些恰好就是我们曾在第13章中求得的。于是,我们就能把这些源应用到运动坐标系的麦克斯韦方程中去求解场。

§13-2的电荷守恒律,在这四维矢量符号表示中,也会具有简单形式。考虑到j_μ的四维散度为:

$$\nabla_\mu j_\mu=\frac{\partial\rho}{\partial t}+\nabla\cdot\boldsymbol{j}. \tag{25.18}$$

电荷守恒律表明,单位体积中电流的流出量应等于电荷密度的负增长率。换句话说,

$$\nabla\cdot\boldsymbol{j}=-\frac{\partial\rho}{\partial t}.$$

将此代入式(25.18)中,电荷守恒律就会取简单形式

$$\nabla_\mu j_\mu=0. \tag{25.19}$$

由于$\nabla_\mu j_\mu$是一个不变标量,所以如果它在一个参照系中为零,则在所有参照系中都为零。于是我们就有这样的结果,即如果电荷在一个坐标系中守恒,则它在所有匀速运动的坐标系中也守恒。

作为最后一个例子,我们要考虑该梯度算符∇_μ与它自身的标积。在三维中,这样的标积给出拉普拉斯符号:

$$\nabla^2=\nabla\cdot\nabla=\frac{\partial^2}{\partial x^2}+\frac{\partial^2}{\partial y^2}+\frac{\partial^2}{\partial z^2}.$$

在四维中,将得到个什么呢?这很容易。按照有关点积和梯度的法则,就可以得到

$$\nabla_\mu\nabla_\mu=\frac{\partial}{\partial t}\frac{\partial}{\partial t}-\left(-\frac{\partial}{\partial x}\right)\left(-\frac{\partial}{\partial x}\right)-\left(-\frac{\partial}{\partial y}\right)\left(-\frac{\partial}{\partial y}\right)-\left(-\frac{\partial}{\partial z}\right)\left(-\frac{\partial}{\partial z}\right)=\frac{\partial^2}{\partial t^2}-\nabla^2.$$

这一算符,就是三维拉普拉斯算符的类似物,称为达朗贝尔算符,并有一种独特的表示符号:

$$\Box^2=\nabla_\mu\nabla_\mu=\frac{\partial^2}{\partial t^2}-\nabla^2. \tag{25.20}$$

根据定义,它是一个不变的标量算符。如果它作用于一个四维矢量场上,将产生一个新的四维矢量场[有些人用与式(25.20)相反的符号给达朗贝尔算符下定义,因而当你阅读文献时

务必当心]。

现在,对上面表 25-1 中所列举的那些三维量,大部分已找到了其四维的相应量(不过还没有叉积和旋度运算方面的相应物,在下一章以前我们将不会对它有所论述)。如果把所有重要定义和结果都集中在一处,对你记住它们如何演变可能有所帮助,因此我们就在表 25-2 中做了这么一个提要。

表 25-2　在三维和四维矢量分析中的一些重要量

	三　维	四　维
矢　量	$\boldsymbol{A}=(A_x,\ A_y,\ A_z)$	$a_\mu=(a_t,\ a_x,\ a_y,\ a_z)=(a_t,\ \boldsymbol{a})$
标　积	$\boldsymbol{A}\cdot\boldsymbol{B}=A_xB_x+A_yB_y+A_zB_z$	$a_\mu b_\mu=a_tb_t-a_xb_x-a_yb_y-a_zb_z=a_tb_t-\boldsymbol{a}\cdot\boldsymbol{b}$
矢算符	$\boldsymbol{\nabla}=(\partial/\partial x,\ \partial/\partial y,\ \partial/\partial z)$	$\boldsymbol{\nabla}_\mu=\left(\dfrac{\partial}{\partial t},-\dfrac{\partial}{\partial x},-\dfrac{\partial}{\partial y},-\dfrac{\partial}{\partial z}\right)=\left(\dfrac{\partial}{\partial t},-\boldsymbol{\nabla}\right)$
梯　度	$\boldsymbol{\nabla}\psi=\left(\dfrac{\partial\psi}{\partial x},\dfrac{\partial\psi}{\partial y},\dfrac{\partial\psi}{\partial z}\right)$	$\boldsymbol{\nabla}_\mu\varphi=\left(\dfrac{\partial\varphi}{\partial t},-\dfrac{\partial\varphi}{\partial x},-\dfrac{\partial\varphi}{\partial y},-\dfrac{\partial\varphi}{\partial z}\right)=\left(\dfrac{\partial\varphi}{\partial t},\boldsymbol{\nabla}\varphi\right)$
散　度	$\boldsymbol{\nabla}\cdot\boldsymbol{A}=\dfrac{\partial A_x}{\partial x}+\dfrac{\partial A_y}{\partial y}+\dfrac{\partial A_z}{\partial z}$	$\boldsymbol{\nabla}_\mu a_\mu=\dfrac{\partial a_t}{\partial t}+\dfrac{\partial a_x}{\partial x}+\dfrac{\partial a_y}{\partial y}+\dfrac{\partial a_z}{\partial z}=\dfrac{\partial a_t}{\partial t}+\boldsymbol{\nabla}a$
拉氏算符或达氏算符	$\boldsymbol{\nabla}\cdot\boldsymbol{\nabla}=\dfrac{\partial^2}{\partial x^2}+\dfrac{\partial^2}{\partial y^2}+\dfrac{\partial^2}{\partial z^2}$	$\boldsymbol{\nabla}_\mu\boldsymbol{\nabla}_\mu=\dfrac{\partial^2}{\partial t}-\dfrac{\partial^2}{\partial x}-\dfrac{\partial^2}{\partial y}-\dfrac{\partial^2}{\partial z}=\dfrac{\partial^2}{\partial t}-\nabla^2=\Box^2$

§25-4　用四维符号表示的电动力学

我们曾在 §18-6 中碰到过达朗贝尔算符,但没有给它这一名字。在那里对于那些势所求得的微分方程可以用新的符号表示法写成:

$$\Box^2\phi=\frac{\rho}{\epsilon_0},\ \Box^2\boldsymbol{A}=\frac{\boldsymbol{j}}{\epsilon_0}. \tag{25.21}$$

这两个方程中的右边四个量为 ρ, j_x, j_y 及 j_z,再各除以 ϵ_0。如果在所有参照系中都采用相同的电荷单位,则这个 ϵ_0 是在各坐标系中都相同的一个普适常数。因此,那四个量 ρ/ϵ_0, j_x/ϵ_0, j_y/ϵ_0 及 j_z/ϵ_0 也就会如同一个四维矢量那样变换。我们可将其写成 j_μ/ϵ_0。当坐标系改变时达朗贝尔算符不会改变,因而 ϕ, A_x, A_y, A_z 四个量也必须像四维矢量那样变换——这意味着它们就是一个四维矢量的分量。简单地说,

$$A_\mu=(\phi,\ \boldsymbol{A})$$

是一个四维矢量。我们所称的标势和矢势,它们实际上就是同一个物理客体的不同方面。它们合成为整体。而倘若把它们合起来看,则这个世界的相对论不变性就很明显了。我们称 A_μ 为四维势。

在四维矢量符号表示中,式(25.21)中的两方程简单地变成

$$\Box^2A_\mu=\frac{j_\mu}{\epsilon_0}. \tag{25.22}$$

这一方程的物理内容恰好同麦克斯韦方程组相同。但可以把它改写成这么一个优美形式实在令人感到有些喜悦。这个漂亮形式也有其本身意义,它直接证明了在洛伦兹变换之下电

动力学的不变性。

要记住,式(25.21)之所以能够由麦克斯韦方程组推导而得,只是由于我们加上了规范条件

$$\frac{\partial\phi}{\partial t}+\boldsymbol{\nabla}\cdot\boldsymbol{A}=0,\tag{25.23}$$

这不过是讲 $\nabla_\mu A_\mu=0$,这规范条件说明四维矢量 A_μ 的散度为零。这一条件称为洛伦兹条件。因为它是一个不变性条件,所以是很方便的,从而使麦克斯韦方程组对所有参照系都能保持式(25.22)那种形式。

§25-5 运动电荷的四维势

虽然变换规律已隐含在上述内容中,但现在还是把它写下来,它用一个静止参考系中的 ϕ 和 $\vec{A}$ 给出运动参考系中的 ϕ' 和 $\vec{A}'$。由于 $A_\mu=(\phi,\ \boldsymbol{A})$ 是一个四维矢量,所以这些变换式看来几乎像式(25.1)一样,只是 t 应以 ϕ 代,而 $\boldsymbol{x}$ 则用 $\boldsymbol{A}$ 代。于是,

$$\begin{aligned}\phi'&=\frac{\phi-vA_x}{\sqrt{1-v^2}},\ A'_y=A_y,\\A'_x&=\frac{A_x-v\phi}{\sqrt{1-v^2}},\ A'_z=A_z.\end{aligned}\tag{25.24}$$

这里假定带撇的坐标系是以速率 v 沿正 x 方向运动,而这速率则是在不带撇的坐标系中测得的。

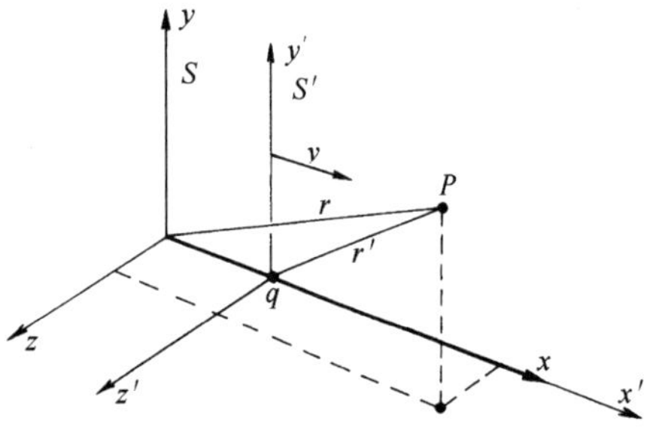

图 25-2 参照系 S' 以速度 v(沿 x 方向)相对于 S 系运动。在 S' 系中原点的一个静止电荷在 S 系中处于 $x=vt$ 的地方。P 点的势可以在两个参照系的任一个中算出来

我们要来讨论四维势概念用途的一个例子。以速率 v 沿 x 轴运动的电荷 q,其矢势和标势是什么呢?这一问题在随电荷运动的坐标系中很简单,因为在这个系统中电荷是静止的。让我们假设,这电荷位于 S' 参照系的原点,如图 25-2 所示。于是在这个系统中的标势为

$$\phi'=\frac{q}{4\pi\epsilon_0 r'},\tag{25.25}$$

式中 r' 是从 q 至场点的距离,即在运动系统中所测到的。当然,矢势 $\boldsymbol{A}'$ 为零。

现在去求在静止坐标系中的测得的势 ϕ 和 $\boldsymbol{A}$ 是直截了当的。式(25.24)的逆变换关系为

$$\begin{aligned}\phi&=\frac{\phi'+vA'_x}{\sqrt{1-v^2}},\ A_y=A'_y,\\A_x&=\frac{A'_x+v\phi'}{\sqrt{1-v^2}},\ A_z=A'_z.\end{aligned}\tag{25.26}$$

利用由式(25.25)所给出的 ϕ' 以及 $\vec{A}'=0$,可得

$$\phi=\frac{q}{4\pi\epsilon_0}\frac{1}{r'\sqrt{1-v^2}}=\frac{q}{4\pi\epsilon_0}\frac{1}{\sqrt{1-v^2}\sqrt{x'^2+y'^2+z'^2}}.$$

这向我们提供了在 S 系中可能观察到的标势 ϕ,但可惜是,这是用 S' 的坐标表示的。还可以利用式(25.1),将 t', x', y' 和 z' 的各式代入得到用 t, x, y, z 表示出来的式子。我们得

$$\phi=\frac{q}{4\pi\epsilon_0}\frac{1}{\sqrt{1-v^2}}\frac{1}{\sqrt{[(x-vt)/\sqrt{1-v^2}]^2+y^2+z^2}}. \tag{25.27}$$

对于 $\boldsymbol{A}$ 的各个分量,按照相同的手续,你可以证明

$$\boldsymbol{A}=\boldsymbol{v}\phi. \tag{25.28}$$

这些都是在第 21 章中用别的方法推导出来的相同公式。

§ 25-6 电动力学方程组的不变性

我们已发现势 ϕ 和 $\boldsymbol{A}$ 合起来看便形成一个称为 A_μ 的四维矢量,而波动方程——即用那些 j_μ 来确定 A_μ 的完整方程组——可写成如式(25.22)那样的方程。这个方程,与电荷守恒律、即式(25.19)一起,就给出了电磁场的基本定律:

$$\Box^2 A_\mu=\frac{1}{\epsilon_0}j_\mu,\ \nabla_\mu j_\mu=0. \tag{25.29}$$

只在页面的一个微小区间内就有了全部麦克斯韦方程组——优美而又简单。除了它们既优美而又简单外,将方程组这样写出来从中学习到什么东西呢?首先,这与我们过去将各种不同分量全都写出来时所得到的那些结果有何区别?能否从这一方程推导出某些过去由电荷和电流表示势的波动方程不能够推导出来的东西?答案是明确否定的。我们所做的唯一事情就是改变各事情的名称——应用新的符号表示法。我们已写下了一个方框符号来代表微商,但它仍然意味着不多不少的对时间的二次微商、减去对 x 的二次微商、减去对 y 的二次微商、减去对 z 的二次微商。而 μ 则意味着有四个方程,对于 $\mu=t$, x, y 或 z 会各有一个。那么,可以将那些方程写成这么简洁形式的事实有什么意义呢?按直接从其导出什么东西的观点来看,它确实没有什么意义。然而,也许这些方程的简单性就意味着自然界也具有某种简单性。

让我们来向你证明某种新近才发现的有趣事情:所有物理规律都可以包括在一个方程之中。这方程就是

$$U=0. \tag{25.30}$$

多么简单的一个方程!当然,还需要知道该符号指的是什么。U 是一个称为情况的"超脱性"的物理量,而对于它我们有一个公式。这里关系到你怎样去计算该超脱性。你可以取所有已知的物理定律,并把它们都写成一种独特形式。例如,假设你所取的是力学定律 $\boldsymbol{F}=m\boldsymbol{a}$,并把它重新写成 $\boldsymbol{F}-m\boldsymbol{a}=0$。然后你可以将 $(\boldsymbol{F}-m\boldsymbol{a})$ ——那当然应该等于零的——叫作力学上的"失调"。其次,你再取这失调的平方并叫它作 U_1,这可以称为"力学效应的超脱性"。换句话说,你会取

$$U_1 = (\boldsymbol{F} - m\boldsymbol{a})^2. \tag{25.31}$$

现在你又写下另一个物理定律,比如说,$\boldsymbol{\nabla} \cdot \boldsymbol{E} = \rho/\epsilon_0$,并定义

$$U_2 = \left(\boldsymbol{\nabla} \cdot \boldsymbol{E} - \frac{\rho}{\epsilon_0}\right)^2,$$

这或许被你称为"电的高斯超脱性"。你继续再写出 U_3,U_4,等等——对每一物理定律都有一个。

最后,你把来自一切有关的分现象的诸多不同超脱性 U_i 都相加起来,而把它叫作宇宙的总超脱性 U,也就是,$U = \sum U_i$。这样自然界的伟大定律为

$$\boxed{U = 0.} \tag{25.32}$$

这一"定律"当然意味着所有各个失调的平方之总和为零,而能使一大堆平方之和为零的唯一办法就是其中每一项都等于零。

因此,式(25.32)的"优美简单"定律相当于你原来所写下的一整套方程式。因而绝对明显的是,一种不过把复杂性隐藏在符号的定义之内的简单表示方法并不是真正的简单性。它不过是一种花招。式(25.32)中所出现的优美——仅从几个方程被隐藏在其中这一事实看来——也不外是花招而已。当你把整个东西都打开时,你就会回到你原来所在的地方。

然而,把电动力学写成式(25.29)那种形式,除了简单之外还有其他一些东西。它的含义会多一些,就像矢量分析理论含有更多的意义一样。电动力学方程组之所以能够用为洛伦兹变换的四维几何所设计的那种十分特殊符号写出来——换句话说,作为在四维空间中的一个矢量方程——这一事实,就意味着它在洛伦兹变换下是不变的。只是由于麦克斯韦方程组在那些变换下不变,才使得它们能够被写成优美形式。

能够将电动力学方程组写成式(25.29)那样美妙卓越的形式并非偶然。正是由于在实验上已发现由麦克斯韦方程组所预言的各种现象在一切惯性系中都相同,相对论才发展起来的。而又是通过研究麦克斯韦方程组的变换性质,才使得洛伦兹发现了他的变换作为保留方程不变的一种变换来说是精确的。

然而,还有另一个要把方程组这样写出来的理由。已经发现——在爱因斯坦猜测方程也许是这样之后——所有物理定律在洛伦兹变换下都是不变的。这就是相对性原理。因此,如果我们发明一种符号,当写下一个定律时它能够立刻指出该定律是否不变,那么,便能够在试图创立新的理论时保证只写出与相对论原理相一致的方程式。

以这种特殊的符号表示麦克斯韦方程组变得很简单这一事实,并不是什么奇迹,因为这种符号就是在考虑到那些方程之后才发明的。但有意义的物理事情却是:每一个物理规律——介子波的传播或在 β 衰变中中微子的行为,等等——在相同的变换下都必须具有这种相同的不变性。那么当你待在一艘匀速航行的太空飞船中时,所有自然规律以相同的方法一起作变换,以致没有任何新的现象会发生。正是由于相对论性原理是自然界中的一个事实,所以按照四维矢量的符号世界的各种方程式都会表现得很简单。

第 26 章　场的洛伦兹变换

在本章中：$c=1$

§26-1　运动电荷的四维势

在上一章中见到势 $A_\mu=(\phi,\boldsymbol{A})$ 是一个四维矢量。时间分量为标势 ϕ,而三个空间分量则构成矢势 $\boldsymbol{A}$。通过应用洛伦兹变换我们也算出了做匀速直线运动粒子的势(在第 21 章中就已经用另一种方法求出了这些势)。对于一个在时刻 t 位置为$(vt, 0, 0)$的点电荷,其在点(x, y, z)的势为

$$\begin{aligned}\phi&=\frac{q}{4\pi\epsilon_0\sqrt{1-v^2}\left[\dfrac{(x-vt)^2}{1-v^2}+y^2+z^2\right]^{1/2}},\\A_x&=\frac{qv}{4\pi\epsilon_0\sqrt{1-v^2}\left[\dfrac{(x-vt)^2}{1-v^2}+y^2+z^2\right]^{1/2}},\\A_y&=A_z=0.\end{aligned}\tag{26.1}$$

对于一个"现"位置(指的是在 t 时刻的位置)为 $x=vt$ 的电荷,式(26.1)给出了时刻 t 在 x, y 和 z 处的势。注意这些式子是用 $(x-vt)$, y 和 z 来表示的,它们是根据该运动电荷的现行位置 P 测得的坐标(见图 26-1)。我们知道的实际影响确是以速率 c 传播的,因而真正有效的影响乃是在推迟位置 P'后面的电荷行为*。P'点位于 $x=vt'$ 上(其中 $t'=t-r'/c$ 是推迟时刻)。但是,电荷是做匀速直线运动的,因而在 P'点与在 P 点上的行为自然有直接的联系。事实上,如果做一个附加假设,即假定那些势仅取决于在推迟时刻的位置和速度,那么式(26.1)便是以任意方式运动的电荷的势的完整公式了。方法是这样:假定你有以某种任意方式运动、比方其轨道如图 26-2 所示的电荷,而你试图找出在点(x, y, z)处的势。首先,你找出推迟位置 P'以及在该位置时电荷的速度 v'。然后你设想电荷会在这推迟时间 $(t-t')$ 里继续保持这一速度,以致此时它会出现在一个想象的位置 $P_{投影}$处,这可称之为"投影位置",并应该以速度 v'到达那里(当然,电荷并不是那样运动,它在 t 时刻的确实位置是 P)。于是在 (x, y, z) 点的势就恰好是一个想象电荷在该投影位置时由式(26.1)所给出的。我们现在要说的是,由于势仅取决于电荷在该推迟时刻的行为,所以不管电荷是否

---

* 这里用来指明推迟位置或推迟时刻的那些撇号都不应与上一章中用来指明一个已作了洛伦兹变换的参照系的撇号混淆。

继续恒速度运动或者是否在 t' 时刻之后——即在 t 时刻在点 (x, y, z) 将出现的势早已确定了之后——改变它的速度,势都将相同。

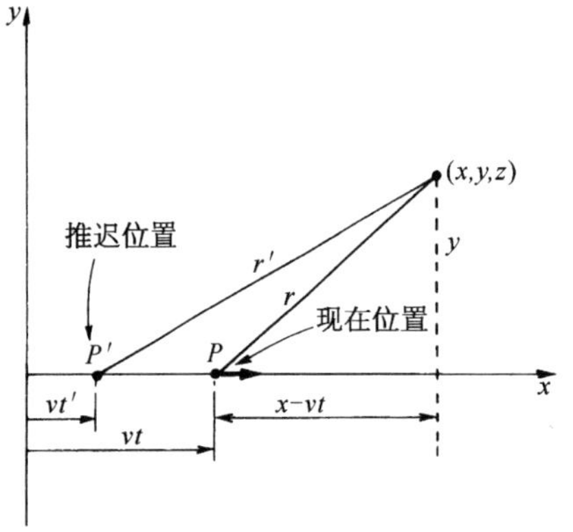

图 26-1 求一个沿 x 轴匀速 v 运动的电荷 q 在 P 点的场。"此刻"在点 (x, y, z) 的场既可用"现"位置 P,也可用(在 $t' = t - r'/c$ 时刻的)"推迟"位置 P' 来表示

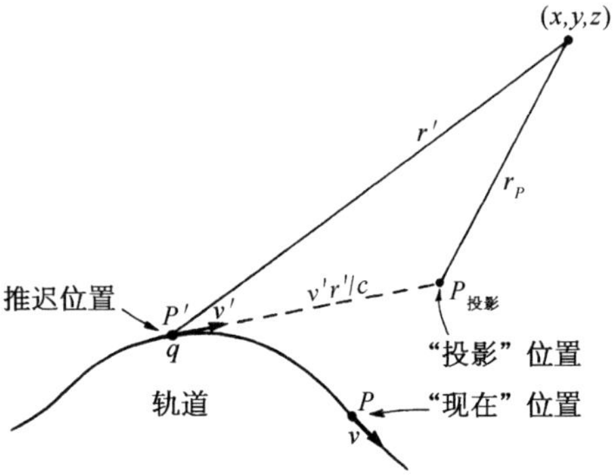

图 26-2 电荷在任意轨道上运动。时刻 t 在点 (x, y, z) 的势由推迟时刻 $t - r'/c$ 的位置 P' 和速度 v' 所确定,这些势可用该"投影"位置 $P_{投影}$ 的坐标来表示(在时刻 t 的实际位置为 P)

你当然知道,一旦有了来自一个以任意方式运动着的电荷的势的公式,便拥有了全部电动力学,能够通过叠加以获得任何电荷分布的势。因此,通过写出麦克斯韦方程组,或者通过遵照如下的一系列陈述,可以把电动力学的所有现象都总结出来(如果你有机会登上一个荒岛,你就可以回忆起这些陈述。一切东西都可由此重新建造。当然,你要懂得洛伦兹变换,无论是在一个荒岛上或在其他任何地方你总别忘记它)。

首先,A_μ 是一个四维矢量;其次,关于一个静止电荷的库仑势为 $q/(4\pi\epsilon_0 r)$;第三,一个以任何方式运动着的电荷所产生的势仅取决于在推迟时刻的速度和位置。只要有这三个事实我们就有了一切。根据 A_μ 是个四维矢量这个事实,便可变换已知的库仑势,以获得匀速运动的势。然后,通过势仅取决于过去的在该推迟时刻电荷的速度这种最后一项陈述,我们便可以运用该投影位置手法而找到各势。这虽然不是一个处理问题特别有用的方法,但它表明了物理规律能够用许多不同方式加以表达,仍然是挺有趣的。

有时一些漫不经心的人们会说,全部电动力学都可以从洛伦兹变换和库仑定律完全推导出来。当然,那是完全错误的。首先,必须假定存在一个标势和一个矢势,它们一起构成一个四维矢量。这里,就告诉我们如何对势做变换了。然后,为什么只有那推迟时刻的影响才算有效的呢?若是这样提问就更好:为什么势仅取决于位置和速度,而与诸如加速度就毫无关系?而场 $\boldsymbol{B}$ 和 $\boldsymbol{E}$ 则确实与加速度有关。如果你试图对于这些场也使用相同的论证,则你就会讲,它们也仅取决于推迟时刻的位置和速度。可是这么一来,来自加速电荷的场就与来自投影位置上的电荷的场相同——那是错误的。场不仅取决于电荷沿路径的位置和速度,而且也取决于其加速度。所以在一切都可从洛伦兹变换推导出来的伟大说法中还有几个附加的默认假设(每当你看到从很少几个假设就能够产生出惊人数量成果的这种总结性的说法时,你总会发现它是错误的。如果你足够小心地加以思考的话,就会觉得其中往往有许多远非明显的隐含着的假设)。

§ 26-2　匀速点电荷的场

现在已有了由匀速运动的点电荷产生的势，我们——为了实用原因——该求其场。有许多情况其中带电粒子是以匀速运动的——例如，穿过云室的宇宙线，或甚至在一根导线里缓慢运动的电子。因此，至少让我们知道，对于任何速率——甚至对于接近光速的速率，只要假定其中没有加速度——场实际上看来像什么样子，这是一个有意义的问题。

通过常用法则便可由势得到场：

$$\boldsymbol{E}=-\boldsymbol{\nabla}\phi-\frac{\partial \boldsymbol{A}}{\partial t},\ \boldsymbol{B}=\boldsymbol{\nabla}\times\boldsymbol{A}.$$

首先，对于 E_z，

$$E_z=-\frac{\partial\phi}{\partial z}-\frac{\partial A_z}{\partial t}.$$

但 A_z 等于零，所以我们就对式(26.1)中的 ϕ 取微商，得

$$E_z=\frac{q}{4\pi\epsilon_0\sqrt{1-v^2}}\frac{z}{\left[\frac{(x-vt)^2}{1-v^2}+y^2+z^2\right]^{3/2}}.\tag{26.2}$$

同理，对于 E_y 得

$$E_y=\frac{q}{4\pi\epsilon_0\sqrt{1-v^2}}\frac{y}{\left[\frac{(x-vt)^2}{1-v^2}+y^2+z^2\right]^{3/2}}.\tag{26.3}$$

要求得 x 分量需多做一些工作。ϕ 的微商此时较为复杂而且 A_x 又不等于零。首先，

$$-\frac{\partial\phi}{\partial x}=\frac{q}{4\pi\epsilon_0\sqrt{1-v^2}}\frac{(x-vt)/(1-v^2)}{\left[\frac{(x-vt)^2}{1-v^2}+y^2+z^2\right]^{3/2}}.\tag{26.4}$$

然后，对 A_x 取 t 的微商，可得到

$$-\frac{\partial A_x}{\partial t}=\frac{q}{4\pi\epsilon_0\sqrt{1-v^2}}\frac{-v^2(x-vt)/(1-v^2)}{\left[\frac{(x-vt)^2}{1-v^2}+y^2+z^2\right]^{3/2}}.\tag{26.5}$$

而且最后再取其和，则有

$$E_x=\frac{q}{4\pi\epsilon_0\sqrt{1-v^2}}\frac{x-vt}{\left[\frac{(x-vt)^2}{1-v^2}+y^2+z^2\right]^{3/2}}.\tag{26.6}$$

过一会儿我们将要来看看 $\boldsymbol{E}$ 的物理意义，此刻让我们先来求出 $\boldsymbol{B}$。对于其 z 分量，

$$B_z=\frac{\partial A_y}{\partial x}-\frac{\partial A_x}{\partial y}.$$

由于 A_y 为零，就只需得到一个微商。然而，要注意 A_x 正好是 $v\phi$，而 $v\phi$ 的 $\partial/\partial y$ 则恰恰是 $-vE_y$。因此

$$B_z=vE_y.\tag{26.7}$$

同理，

$$B_y=\frac{\partial A_x}{\partial z}-\frac{\partial A_z}{\partial x}=+v\frac{\partial\phi}{\partial z},$$

也即
$$B_y = -vE_z. \tag{26.8}$$
最后,B_x 为零,因为 A_y 和 A_z 两者都是零。因而可以将磁场简单地写成
$$\boldsymbol{B} = \boldsymbol{v} \times \boldsymbol{E}. \tag{26.9}$$
现在来看看场像个什么样子。我们试图把电荷在其现在位置周围各不同位置上的场描绘出来。电场的影响,在某种意义上确实来自推迟位置,但由于运动是严格规定的,所以推迟位置便可以由现在位置唯一地给出。对于匀速运动来说,更妙的是把场同现行位置联系起来,因为在点(x, y, z)处各场分量都仅取决于$(x-vt)$, y和z——从现在位置到达点(x, y, z)的位移 $\boldsymbol{r}_P$ 的各分量(见图26-3)。

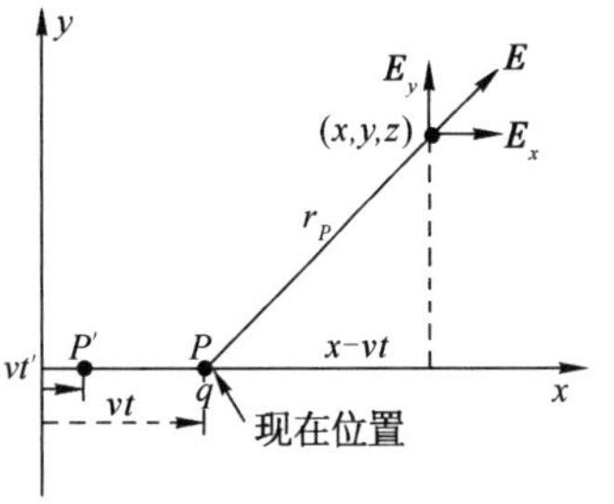

图 26-3 一个以匀速运动着的电荷,其电场从电荷的"现"位置径向地指出

首先考虑 $z=0$ 的点。那么 $\boldsymbol{E}$ 就只有 x 和 y 分量。根据式(26.3)和(26.6),这两分量的比恰好等于位移的 x 分量和 y 分量的比,这意味着,$\boldsymbol{E}$ 和 $\boldsymbol{r}_P$ 指向相同方向,如图26-3所示。由于 E_z 也正比于 z,所以这个结果在三维中适用就是明显的了。总之,电场是从电荷沿径向发出的,正如一个静止电荷的场那样。当然,这个场并非完全与静止电荷的场相同,那全是由于附加因子$(1-v^2)$所致。但是我们还可以证明一件相当有趣的事情。要是你用一个特殊的坐标系——其中 x 轴被压缩了一个因子$\sqrt{1-v^2}$——来画出库仑场,则你正好会得到这个差别。如果你这样做,则场线就将在该电荷前后散开,而在侧向周围将被压缩在一起,如图26-4所示。

如果将 $\boldsymbol{E}$ 的强度同场线密度按照惯常的办法互相联系起来,则可以看到,在侧向的场较强,而前后的场较弱,恰如那些方程所指出的。首先,若在垂直于运动路线的方向上观察场强,也就是说,在$(x-vt)=0$的地方,从电荷至场点的距离为$\sqrt{y^2+z^2}$,则这里总场强就是$\sqrt{E_y^2+E_z^2}$,即
$$E = \frac{q}{4\pi\epsilon_0\sqrt{1-v^2}}\,\frac{1}{y^2+z^2}. \tag{26.10}$$
场与距离的平方成反比——很像库仑场,所不同的是被一个恒大于1的恒定附加因子 $1/\sqrt{1-v^2}$ 所增强。因此,在运动电荷的侧向,电场比从库仑定律所得到的要强。实际上,侧向场比库仑场增大的倍数刚好等于该粒子的能量与其静质量的比。

在电荷的前面(与后面),y 和 z 都是零,因而
$$E = E_x = \frac{q(1-v^2)}{4\pi\epsilon_0(x-vt)^2}. \tag{26.11}$$

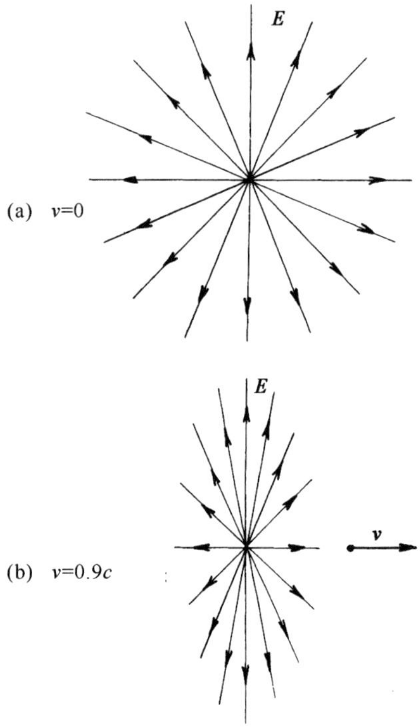

图 26-4 一个以匀速 $v=0.9c$ 运动的电荷的电场[图(b)],与一静止电荷的电场[图(a)]比较

场又与离开电荷距离的平方成反比，但现在却被减弱了一个因子 $(1-v^2)$，这与场线的图景相符。如果 v/c 是一个小量，则 v^2/c^2 更小，因而 $(1-v^2)$ 这一因子的影响就很小，我们便回到库仑定律上来。但如果粒子的运动速度十分接近于光速，则在前后方向上的场将会大大削弱，而在侧向的场将大大增强。

关于运动电荷电场的上述结果可以这样来表示：假定你把一个静止电荷的场线描绘在一张纸上，然后使这幅图画以速率 v 行进。当然，此时整幅图画会受到洛伦兹收缩，也就是说，在纸面上的那些碳粒会出现在不同地方。令人惊异的是，当该页纸在你旁边飞过时，你所看到的图画仍然代表该点电荷的场线。这一收缩会把那些场线在侧向上互相挤紧，而在前后方向则彼此散开，刚好按照适当方式给出正确的线密度。我们曾强调过，场线是不真实的，只不过是一种表示场的方式。然而，这里场线却几乎像是真实的了。在这种特殊情况下，如果你错误地认为场线是由于某种原因真实地存在于空间里的，并对之作了变换，你就获得了正确的场。然而，这也丝毫不会使场线更加真实。你必须提醒你自己场线并不是真实的，你所应该做的事情就是去考虑由电荷和磁铁一起产生的电场。当磁铁运动时，新的电场被产生，从而破坏了美丽图景。因此，这一收缩图像的巧妙构思并非普遍有效。然而，对于记住来自一个快速运动电荷的场像什么样子，它是一种方便手段。

磁场就是 $\boldsymbol{v}\times\boldsymbol{E}$［根据式(26.9)］。如果你把速度矢量叉乘一个径向的 $\boldsymbol{E}$ 场，你便会得到一个环绕着运动路线的 $\boldsymbol{B}$，如图 26-5 所示。如果把那些 c 都放回去，则你将看到，它与过去处理低速电荷时所得的结果相同。为了看清应该在哪里放进 c，一个好办法是回过去参考力的定律：

$$\boldsymbol{F}=q(\boldsymbol{E}+\boldsymbol{v}\times\boldsymbol{B}).$$

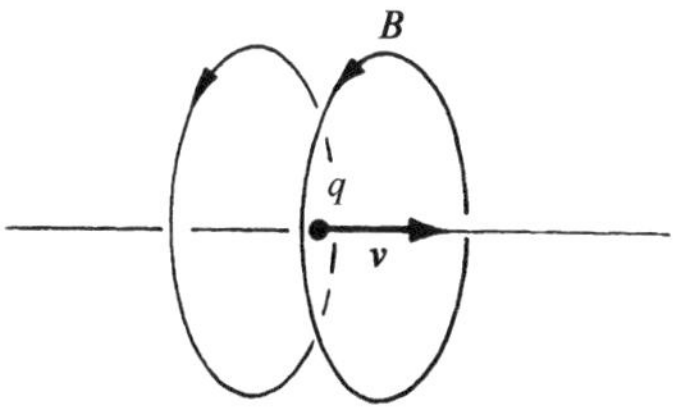

图 26-5 在一运动电荷附近的磁场为 $\boldsymbol{v}\times\boldsymbol{E}$（试与图 26-4 比较）

你看到速度乘上磁场才具有与电场相同的量纲。因此，式(26.9)的右边就应该有一个因子 $1/c^2$：

$$\boldsymbol{B}=\frac{\boldsymbol{v}\times\boldsymbol{E}}{c^2}. \tag{26.12}$$

对于一个低速运动电荷 $(v\ll c)$ 来说，我们可取库仑场作为 $\boldsymbol{E}$，这时

$$\boldsymbol{B}=\frac{q}{4\pi\epsilon_0 c^2}\frac{\boldsymbol{v}\times\boldsymbol{r}}{r^3}. \tag{26.13}$$

上式完全相当于曾在 §14-7 中得到的关于电流的磁场方程式。

我们愿意顺便指出某一种你会感兴趣而加以思考的东西（以后还将会回来再次进行讨论）。试想象两质子具有互成直角的速度，使得其中一个将横穿过另一个的路径，但却在其前面，从而彼此不会发生碰撞。在某一时刻，它们的相对位置将如图 26-6(a)所示。现在试考察由 q_2 作用于 q_1 上的力以及相反情况。作用于 q_2 上的只有来自 q_1 的电力，因为 q_1 在沿

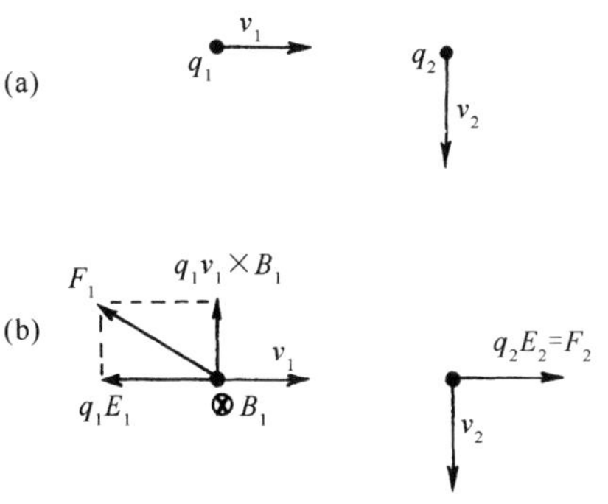

图 26-6 两个运动电荷之间的作用力并不总是相等而相反。看来“作用”不等于“反作用”

其运动路线上不会造成磁场。然而,作用于 q_1 上的除了那个电力外,却还有磁力,因为 q_1 正在 q_2 所造成的 $\boldsymbol{B}$ 场中运动。这些力如图 26-6(b)所示。作用于 q_1 与 q_2 上的电力彼此大小相等方向相反。然而,却有一侧向(磁)力作用于 q_1 上,而没有侧向力作用于 q_2 上。是否作用不等于反作用呢?我们想把这一问题留给你们去思索。

§26-3 场的相对论变换

在上一节中我们从经过变换后的势算出了电场和磁场。当然,场很重要,不管以前的论证曾经给出势具有物理意义及其真实性。场毕竟也是真实的。对于许多目的来说,如果你已经知道了在某个"静止"系统中的场,而又有办法去算出在运动系统中的场,那是很方便的。我们已有了关于 ϕ 和 $\boldsymbol{A}$ 的变换规律,因为 A_μ 是一个四维矢量。现在希望弄清楚 $\boldsymbol{E}$ 和 $\boldsymbol{B}$ 的变换律。已知在一个参照系中的 $\boldsymbol{E}$ 和 $\boldsymbol{B}$,在另一个从旁边跑过的参照系中它们看来会像些什么呢?那该是一个便于得到的变换式。本来我们始终可以通过势而再算出场的,但如果能直接将场变换,有时仍挺有用。现在会看到那是怎样进行的。

如何能找到场的变换规律呢?我们已知道 ϕ 和 $\boldsymbol{A}$ 的变换规律,并已懂得了场是如何由 ϕ 和 $\boldsymbol{A}$ 给出的——要找出 $\boldsymbol{B}$ 和 $\boldsymbol{E}$ 的变换式就应该是容易的了(你也许会想到,对于每个矢量就可能有某种会使之成为四维矢量的东西,因而对于 $\boldsymbol{E}$ 来说,就一定有另一种可用来作为其第四分量的东西,而对于 $\boldsymbol{B}$ 也是如此。但事实却并非这样,与你所指望的很不相同)。作为开始,让我们仅仅考虑磁场 $\boldsymbol{B}$,那当然就是 $\boldsymbol{\nabla}\times\boldsymbol{A}$。现在知道,具有 x, y, z 各分量的矢势只是某种东西的一部分,此外还有一个 t 分量。而且也知道,对于像$\boldsymbol{\nabla}$的微商,除了 x, y, z 各部分外,也还有对于 t 的微商。因此,让我们试算出若把"y"代以"t",或把"z"代以"t",或如此这般,则会发生什么。

首先,注意当把 $\boldsymbol{\nabla}\times\boldsymbol{A}$ 的各分量写出时,其中各项的形式是

$$B_x=\frac{\partial A_z}{\partial y}-\frac{\partial A_y}{\partial z},\ B_y=\frac{\partial A_x}{\partial z}-\frac{\partial A_z}{\partial x},\ B_z=\frac{\partial A_y}{\partial x}-\frac{\partial A_x}{\partial y}. \tag{26.14}$$

x 分量等于仅含有 y 与 z 分量的对偶项。假设把这个微商与分量的结合体称为"zy 事件",并给它一个速写名字 F_{zy}。我们的意思只是

$$F_{zy}=\frac{\partial A_z}{\partial y}-\frac{\partial A_y}{\partial z}. \tag{26.15}$$

同样,B_y 等于这同类"事件",但这回它却是"xz 事件"了。而 B_z 当然就是相应的"yx 事件"。于是便有

$$B_x=F_{zy},\ B_y=F_{xz},\ B_z=F_{yx}. \tag{26.16}$$

现在,若我们也试图编造出一些像 F_{xt} 和 F_{tz} 那样的"t"型事件(由于自然界在 x, y, z 和 t 方面应该是美好而对称的),则会有什么情况发生呢?例如,F_{tz}是什么?当然,它就是

$$\frac{\partial A_t}{\partial z}-\frac{\partial A_z}{\partial t}.$$

但要记住 $A_t=\phi$,因而它也等于

$$\frac{\partial \phi}{\partial z}-\frac{\partial A_z}{\partial t}.$$

对此你以前就已见过。它是 **E** 的 z 分量。噢，几乎成了——还有符号错误。但我们忘记了在四维梯度中对 t 微商与对 x, y, z 的微商带有相反符号。因此，实际上我们应该取下式作为 F_{tz} 更加一致的推广：

$$F_{tz}=\frac{\partial A_t}{\partial z}+\frac{\partial A_z}{\partial t}. \tag{26.17}$$

这样，它严格等于 $-E_x$。也可尝试算出 F_{tx} 和 F_{ty}，我们发现这三种可能事件给出

$$F_{tx}=-E_x,\ F_{ty}=-E_y,\ F_{tz}=-E_z. \tag{26.18}$$

如果两个下脚标都是 t，又将出现什么情况呢？或者，对于此事来说，若两者都是 x 呢？我们会得到像如下的事件：

$$F_{tt}=\frac{\partial A_t}{\partial t}-\frac{\partial A_t}{\partial t},$$

和

$$F_{xx}=\frac{\partial A_x}{\partial x}-\frac{\partial A_x}{\partial x},$$

即这些都不外给出零值。

于是，就有六个这种 F 事件。还有六个你可以通过倒转下标而得的，但它们实际上不会给出任何新的事件，因为

$$F_{xy}=-F_{yx},$$

等等。所以，从四个下标取对的十六种可能组合中，仅得到六个不同的物理客体，而它们就是 **B** 和 **E** 的分量。

为了表示出 F 的一般项，我们将采用普遍的下脚标 μ 和 ν，其中每一个各代表 0、1、2 或 3——在通常的四维矢量符号表示法中指 t, x, y 和 z。而且，一切都符合四维矢量符号表示法，只要对 $F_{\mu\nu}$ 作出如下的定义：

$$F_{\mu\nu}=\nabla_\mu A_\nu-\nabla_\nu A_\mu, \tag{26.19}$$

请记住 $\nabla_\mu=(\partial/\partial t,\ -\partial/\partial x,\ -\partial/\partial y,\ -\partial/\partial z)$ 和 $A_\mu=(\phi,\ A_x,\ A_y,\ A_z)$。

我们已得到的是：在自然界中有六个合成整体的量——它们是同一件事件的不同方面。电场和磁场，在低速运动世界里（那里不需担心光速）被认为是彼此分开的矢量，而在四维空间里却并不是矢量。它们是一种新“事件”的各部分。物理“场”实际上是那具有六个分量的客体 $F_{\mu\nu}$。这就是我们必须把它作为相对论来考虑的方法。现在把有关 $F_{\mu\nu}$ 的结果概括在表 26-1 中。

你看到我们这里所做的就是推广叉积。要从旋度的运算及旋度的变换性质与两矢量——通常的三维矢量 **A** 和已知道其行为也像一矢量的梯度算符——的变换性质相同这一事实出发。考察一下在三维中的一个普通叉积，比如一个粒子的角动量。当一物体在一平面内运动时，(xv_y-yv_x) 这个量是重要的。对于在三维中的运动，则有三个这

表 26-1　$F_{\mu\nu}$ 的各分量

$F_{\mu\nu}=-F_{\nu\mu}$	
$F_{\mu\mu}=0$	
$F_{xy}=-B_z$,	$F_{xt}=E_x$
$F_{yz}=-B_x$,	$F_{yt}=E_y$
$F_{zx}=-B_y$,	$F_{zt}=E_z$

样的重要量,称之为角动量:

$$L_{xy}=m(xv_y-yv_x),\ L_{yz}=m(yv_z-zv_y),\ L_{zx}=m(zv_x-xv_z).$$

然后(尽管你现在可能已经忘记了),我们曾在第 1 卷第 20 章中发现这样的奇迹,即这三个量可以与矢量的分量等同起来。为达到此目的,我们曾不得不用右手惯例来建立一个人为法则。那只不过是幸运。它之所以是幸运,因为 L_{ij}(i 和 j 各可等于 x, y 或 z)是一个反对称的事件:

$$L_{ij}=-L_{ji},\ L_{ii}=0.$$

在九个可能的量中,只有三个独立的值。而碰巧当你改变坐标系时,这三个事件按与一矢量的分量完全相同的方式变换。

相同的事件允许我们把一个面积元表示成矢量。一个面积元有两部分——比如说 $\mathrm{d}x$ 和 $\mathrm{d}y$——这我们可用一个垂直于该面积的矢量 $\mathrm{d}\boldsymbol{a}$ 来表达。但我们不能在四维中这样做。垂直于 $\mathrm{d}x\mathrm{d}y$ 的是个什么呢?它到底沿 z 方向还是沿 t 方向?

总之,对于三维而言碰巧在取了像 L_{ij} 那样的两矢量的组合之后,你又可把它用另一个矢量来表达,因为刚好有三项碰巧会像一个矢量的分量那样变换。但在四维中,那显然是不可能的,因为存在六个独立的项,而你不可能用四个事件来代表六个事件。

即使在三维中,很可能存在不能用矢量来表示的两个矢量的组合。假设任意取两矢量 $\boldsymbol{a}=(a_x,\ a_y,\ a_z)$ 和 $\boldsymbol{b}=(b_x,\ b_y,\ b_z)$,并构成各种可能的分量组合,像 a_xb_x, a_xb_y 等等。则应该有九个可能的量:

$$\begin{array}{ccc} a_xb_x, & a_xb_y, & a_xb_z, \\ a_yb_x, & a_yb_y, & a_yb_z, \\ a_zb_x, & a_zb_y, & a_zb_z. \end{array}$$

我们也许可以叫这些量为 T_{ij}。

如果现在来到一个转动(比如说绕 z 轴转动)的坐标系中,$\boldsymbol{a}$ 和 $\boldsymbol{b}$ 的各分量就会改变。在这一新参照系中,比如 a_x 由下式代替:

$$a'_x=a_x\cos\theta+a_y\sin\theta,$$

而 b_y 则由下式代替:

$$b'_y=b_y\cos\theta-b_x\sin\theta.$$

对于其他各分量也与此相仿。当然,由我们所发明的乘积 T_{ij} 的九个分量也全都改变了。例如,$T_{xy}=a_xb_y$ 就变成

$$T'_{xy}=a_xb_y(\cos^2\theta)-a_xb_x(\cos\theta\sin\theta)+a_yb_y(\sin\theta\cos\theta)-a_yb_x(\sin^2\theta)$$

或

$$T'_{xy}=T_{xy}\cos^2\theta-T_{xx}\cos\theta\sin\theta+T_{yy}\sin\theta\cos\theta-T_{yx}\sin^2\theta.$$

T'_{ij} 的每一分量就是 T_{ij} 的诸分量的一个线性组合。

因此发现,不仅可能有像 $\boldsymbol{a}\times\boldsymbol{b}$ 的那种"矢积",它具有像矢量那样变换的三个分量,而且也能够人为地造成两矢量的另一种"乘积"T_{ij},它有九个分量,在转动之下,它们按我们能够计算出来的一组复杂法则而变换。这种要有两个下标、而不是单一下标才能加以描述的事件,叫作张量。这是一个"二阶"张量,因为你也可以用三个矢量来做这一游戏,从而获得一

个三阶张量——或用四个矢量而获得一个四阶张量,如此等等。一阶张量就是矢量。

所有这一切的要点在于,电磁量 $F_{\mu\nu}$ 也是一个二阶张量,因为它带有两个下标。然而,它是一个四维中的张量。它按一种即将算出来的独特方式变换——恰恰是矢量积的变换方式。对于 $F_{\mu\nu}$,如果你改变两下标的前后次序,则 $F_{\mu\nu}$ 碰巧会改变符号,那是一种特殊情况——它是一个反对称张量。所以我们说,电场和磁场是四维中一个两阶反对称张量的两部分。

你们已经走过很长的路程,是否还记起好久以前我们对速度下定义的时候?现在正在谈论"四维中一个二阶反对称张量"。

眼前,我们得求出关于 $F_{\mu\nu}$ 的变换规律。这完全不难做到,只是有点麻烦罢了。无须动脑筋,但要做不少工作。我们所需要的是关于 $\nabla_\mu A_\nu - \nabla_\nu A_\mu$ 的洛伦兹变换。由于∇_μ 不过是矢量的特殊情况,所以我们将处理普遍的反对称矢量组合式,可称为 $G_{\mu\nu}$:

$$G_{\mu\nu} = a_\mu b_\nu - a_\nu b_\mu \tag{26.20}$$

(对于我们的目的来说,a_μ 最终将由∇_μ 代替而 b_μ 由 A_μ 代替)。a_μ 和 b_μ 的各分量分别按照洛伦兹公式变换,它们是

$$\begin{aligned} a'_t &= \frac{a_t - va_x}{\sqrt{1-v^2}},\ b'_t = \frac{b_t - vb_x}{\sqrt{1-v^2}}, \\ a'_x &= \frac{a_x - va_t}{\sqrt{1-v^2}},\ b'_x = \frac{b_x - vb_t}{\sqrt{1-v^2}}, \\ a'_y &= a_y,\ b'_y = b_y, \\ a'_z &= a_z,\ b'_z = b_z. \end{aligned} \tag{26.21}$$

现在来变换 $G_{\mu\nu}$ 的分量。要从 G_{tx} 开始:

$$G'_{tx} = a'_t b'_x - a'_x b'_t = \left(\frac{a_t - va_x}{\sqrt{1-v^2}}\right)\left(\frac{b_x - vb_t}{\sqrt{1-v^2}}\right) - \left(\frac{a_x - va_t}{\sqrt{1-v^2}}\right)\left(\frac{b_t - vb_x}{\sqrt{1-v^2}}\right) = a_t b_x - a_x b_t.$$

但这恰好就是 G_{tx},因而有这么一个简单结果:

$$G'_{tx} = G_{tx}.$$

我们将再多做一个。

$$G'_{ty} = \frac{a_t - va_x}{\sqrt{1-v^2}} b_y - a_y \frac{b_t - vb_x}{\sqrt{1-v^2}} = \frac{(a_t b_y - a_y b_t) - v(a_x b_y - a_y b_x)}{\sqrt{1-v^2}}.$$

因而得到

$$G'_{ty} = \frac{G_{ty} - vG_{xy}}{\sqrt{1-v^2}}.$$

当然按相同的方法可得

$$G'_{tz} = \frac{G_{tz} - vG_{xz}}{\sqrt{1-v^2}}.$$

剩下的将怎样做就很清楚了。让我们对所有这六项都制成一表,不过此刻也可用 $F_{\mu\nu}$ 来写出罢了:

$$\begin{aligned} F'_{tx} &= F_{tx}, & F'_{xy} &= \frac{F_{xy} - vF_{ty}}{\sqrt{1-v^2}}, \\ F'_{ty} &= \frac{F_{ty} - vF_{xy}}{\sqrt{1-v^2}}, & F'_{yz} &= F_{yz}, \\ F'_{tz} &= \frac{F_{tz} - vF_{xz}}{\sqrt{1-v^2}}, & F'_{zx} &= \frac{F_{zx} - vF_{zt}}{\sqrt{1-v^2}}. \end{aligned} \tag{26.22}$$

当然,仍旧有 $F'_{\mu\nu} = -F'_{\nu\mu}$ 和 $F'_{\mu\mu} = 0$.

所以我们得到了电场和磁场的变换式。我们所必须做的一切就是去查表 26-1 以找出在用 $F_{\mu\nu}$ 的漂亮的符号表示法中改用 $\boldsymbol{E}$ 和 $\boldsymbol{B}$ 时意味着什么。那不过是如何代入的问题。为了使你能够清楚在通常的符号中看上去如何,我们将在表 26-2 中重新写出关于场分量的变换式。

表 26-2　电场和磁场的洛伦兹变换 $(c=1)$

$E'_x = E_x$	$B'_x = B_x$
$E'_y = \dfrac{E_y - vB_z}{\sqrt{1-v^2}}$	$B'_y = \dfrac{B_y + vE_z}{\sqrt{1-v^2}}$
$E'_z = \dfrac{E_z + vB_y}{\sqrt{1-v^2}}$	$B'_z = \dfrac{B_z - vE_y}{\sqrt{1-v^2}}$

表 26-3　场变换的另一种形式 $(c=1)$

$E'_x = E_x$	$B'_x = B_x$
$E'_y = \dfrac{(\boldsymbol{E} + \boldsymbol{v}\times\boldsymbol{B})_y}{\sqrt{1-v^2}}$	$B'_y = \dfrac{(\boldsymbol{B} - \boldsymbol{v}\times\boldsymbol{E})_y}{\sqrt{1-v^2}}$
$E'_z = \dfrac{(\boldsymbol{E} + \boldsymbol{v}\times\boldsymbol{B})_z}{\sqrt{1-v^2}}$	$B'_z = \dfrac{(\boldsymbol{B} - \boldsymbol{v}\times\boldsymbol{E})_z}{\sqrt{1-v^2}}$

表 26-2 中的那些式子告诉我们:如果从一个惯性系到另一个惯性系,$\boldsymbol{E}$ 和 $\boldsymbol{B}$ 将怎样变化。若已知道在一个系中的 $\boldsymbol{E}$ 和 $\boldsymbol{B}$,则可求得在其旁边以速率 v 运动的另一个参照系中它们会变成什么。

如果注意到,由于 v 是在 x 方向上,因而所有含有 v 的项就都是叉积 $\boldsymbol{v}\times\boldsymbol{E}$ 和 $\boldsymbol{v}\times\boldsymbol{B}$ 的分量,那么便能把这些式子写成一种更易于记忆的形式。因此,可以重新将那些变换式写成如表 26-3 所示的形式。这样就较易于记住哪个分量在哪里。事实上,这种变换式甚至还可以写得更加简单。只要把沿 x 轴的场分量定义为“平行”分量 $E_{\parallel}$ 和 $B_{\parallel}$(因为它们都平行于 S 与 S' 间的相对速度),而把总横分量——y 和 z 两分量的矢量和——定义为“正交”分量 $E_{\perp}$ 和 $B_{\perp}$,就得到表 26-4 中的那些式子(我们已把 c 放回去了,使得以后要回过来参考时更为方便)。

表 26-4　$\boldsymbol{E}$ 和 $\boldsymbol{B}$ 的洛伦兹变换的又一种形式

$E'_{\parallel} = E_{\parallel}$	$B'_{\parallel} = B_{\parallel}$
$E'_{\perp} = \dfrac{(\boldsymbol{E} + \boldsymbol{v}\times\boldsymbol{B})_{\perp}}{\sqrt{1-v^2/c^2}}$	$B'_{\perp} = \dfrac{\left(\boldsymbol{B} - \dfrac{\boldsymbol{v}\times\boldsymbol{E}}{c^2}\right)_{\perp}}{\sqrt{1-v^2/c^2}}$

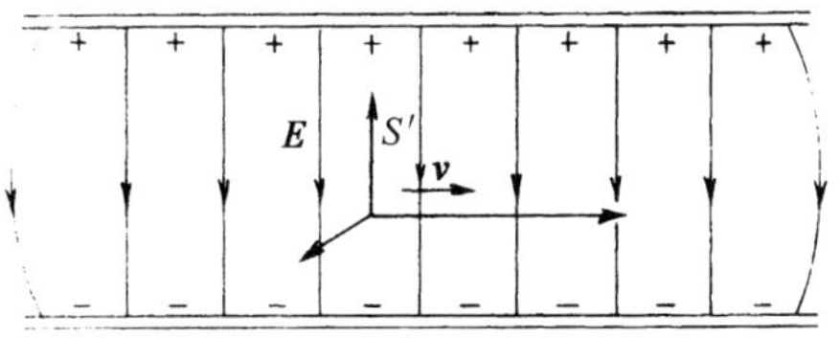

图 26-7　坐标系 S' 正在穿过一个静电场而运动

这些场变换式为我们提供求解某些曾经解过的问题——比如求运动点电荷的场——的另一种方法。我们以前就曾通过对势取微商而算出了场,但现在有可能通过变换库仑场而做到这一点了。若有一个在 S 参照系中静止的点电荷,则那里只有简单的径向场。在 S' 参照系中,将会看到一个以速度 u 运动着的点电荷,如果 S' 参照系是以速率 $v = -u$ 经过 S 参照系的话。我们将让你们证明,表 26-3 和 26-4 中的变换会给出与我们在 § 26-2 中曾经得到的电场和磁场相同。

如果我们运动并经过任何固定的电荷系统，则对于我们所能看到的事件表 26-2 中的变换式会提供一个有趣而又简单的答案。例如，假定要知道在我们的 S' 参照系中的场，倘若我们正在如图 26-7 所示的那个电容器两板之间运动着（当然，如果说一个充电电容器运动着经过我们，情况也一样），我们看到了什么呢？在这种情况下变换是轻而易举的，因为在原来的系统中，$\boldsymbol{B}$ 场为零。首先，假定我们的运动是垂直于 $\boldsymbol{E}$ 的，则将看到一个仍然是完全横向的 $\boldsymbol{E}'=\boldsymbol{E}/\sqrt{1-v^2/c^2}$。此外，我们还将看到磁场 $\boldsymbol{B}'=-\boldsymbol{v}\times\boldsymbol{E}'/c^2$（在关于 $\boldsymbol{B}'$ 的表式中 $\sqrt{1-v^2/c^2}$ 不会出现，因为我们是用 $\boldsymbol{E}'$ 而非用 $\boldsymbol{E}$ 来写出的，但那是同一回事）。因此，当我们垂直于一静电场而运动时，就会看到一个附加的横向 $\boldsymbol{B}$。如果我们的运动并不垂直于 $\boldsymbol{E}$，则可将 $\boldsymbol{E}$ 分成 $\boldsymbol{E}_{\parallel}$ 和 $\boldsymbol{E}_{\perp}$ 两部分。该平行部分不会改变，即 $E'_{\parallel}=E_{\parallel}$，而其垂直部分则恰如刚才所述的那样变化。

现在要来考虑相反的情况，并设想我们正在穿过一个纯静磁场而运动。这次会看到电场 $\boldsymbol{E}'$，它等于 $\boldsymbol{v}\times\boldsymbol{B}'$，以及改变了一个因子 $1/\sqrt{1-v^2/c^2}$ 的磁场（假定它是横向的）。只要 v 比 c 小很多，就可以忽略磁场中的变化，而主要效应则是出现一个电场。作为这一效应的一个例子，试考虑测定飞机航速这个著名问题。目前这已经不再是著名的了，因为可以利用雷达从地面的反射波来测定空气的速率，但多年来在恶劣气候中找出飞机的速率一直是困难的。你不能见到地面，且又不知道哪个方向向上，等等，但要去弄清楚相对于地面你正在动得多快，仍然是十分重要的。见不到地面如何能做到这一点呢？许多懂得那些变换式的人们曾经琢磨过这种想法，即利用飞机在地球磁场中运动这一事实。假定飞机飞过的地方磁场大体上已经知道。让我们仅仅考虑磁场取垂直方向的简单情况。要是我们正在以一水平速度 v 飞过它，则按照公式，就会看到等于 $\boldsymbol{v}\times\boldsymbol{B}$ 的电场，也就是说，这电场垂直于飞行方向。假如安装一根被绝缘的导线横穿过机身，则这个电场便会在导线两端感生电荷。这并不是任何新的东西。从地面上某些人的观点来看，我们正在移动一根导线横穿磁场，因而 $\boldsymbol{v}\times\boldsymbol{B}$ 的力就会引起电荷流向导线两端。那些变换式不过是用另一种方式道出了同一件事情（我们能够以不只一种方法谈论同一件事情这个事实，并不意味某种方法比其他方法好。现在已有那么多的不同方法和工具，以致我们经常能够用 65 种不同方法获得相同的结果）。

所以为了测得 v，我们必须做的一切就是去测量该导线两端间的电压。我们不能用一个伏特计来做这件事，因为同样的场也将作用于伏特计的导线上，但总会有测量这种场的一些方法。当我们在第 9 章中讨论大气电时就曾谈及某些方法。所以应该有可能测出飞机的航速。

然而，这一重要问题却从未用这种方式解决过。原因是，这样产生的电场约为每米几毫伏的数量级。这样的场本来是可以测出的，可是困难却在于，可惜这些场不能与其他电场做任何区别。由穿过磁场中运动所产生的场与从另一种原因，比如与在空气中或云雾上的静电荷所已经存在于空气中的某些电场，不能区分开来。我们曾在第 9 章中描述过在地球表面上空存在着强度约为 100 $\mathrm{Vm^{-1}}$ 的典型电场。但它们很不规则。因而当飞机在空中飞过时，它会看到比起那由 $\boldsymbol{v}\times\boldsymbol{B}$ 项所产生的微小场还要强大得多的大气电场的起伏，而结果是由于实际原因不能凭飞机穿过地球磁场中的运动来测定它的航速。

§ 26-4 用相对论符号表示的运动方程*

由麦克斯韦方程组求电场和磁场没有很大好处,除非我们知道如果有场那它们将干些什么。你可能记得,场对于求得作用于电荷上的力是需要的,而这些力则确定了该电荷的运动。因此,电动力学理论的一部分当然就是关于电荷运动与力的关系。

对于处在 $\boldsymbol{E}$ 和 $\boldsymbol{B}$ 场中的单独电荷,它所受的力为

$$\boldsymbol{F}=q(\boldsymbol{E}+\boldsymbol{v}\times\boldsymbol{B}). \tag{26.23}$$

对于低速情况来说,这个力等于质量乘以加速度,但对于任何速度的情况正确的规律则是力等于 $\mathrm{d}\boldsymbol{p}/\mathrm{d}t$。写出 $\boldsymbol{p}=m_0\boldsymbol{v}/\sqrt{1-v^2/c^2}$ 后,就求得了在相对论上正确的运动方程:

$$\frac{\mathrm{d}}{\mathrm{d}t}\left(\frac{m_0\boldsymbol{v}}{\sqrt{1-v^2/c^2}}\right)=\boldsymbol{F}=q(\boldsymbol{E}+\boldsymbol{v}\times\boldsymbol{B}). \tag{26.24}$$

现在,希望从相对论的观点来讨论这个方程。既然已经把麦克斯韦方程组表达成相对论形式了,去看看在相对论形式下运动方程会像什么样子该是多么有趣。就让我们来看看,能否将这个方程重新用四维矢量符号写出来。

我们知道,动量是四维矢量 p_μ 中的一部分,而其时间分量则为能量 $m_0c^2/\sqrt{1-v^2/c^2}$。因此我们也许会想到,要用 $\mathrm{d}p_\mu/\mathrm{d}t$ 来代替式(26.24)的左边。于是,只需找出属于 F 的第四个分量。这第四个分量应该等于能量的变化率,或者是做功的功率,亦即 $\boldsymbol{F}\cdot\boldsymbol{v}$。于是我们希望将式(26.24)的右边写成一个像 $(\boldsymbol{F}\cdot\boldsymbol{v},\ F_x,\ F_y,\ F_z)$ 那样的四维矢量。可是这并不会构成四维矢量。

一个四维矢量的时间微商不再是一个四维矢量,因为 $\mathrm{d}/\mathrm{d}t$ 要求选定某个用来测量 t 的特殊参照系。我们以前在试图使 $\boldsymbol{v}$ 成为一个四维矢量时,就曾碰到过这样的麻烦。当时我们的第一个猜测是,其时间分量一定是 $c\mathrm{d}t/\mathrm{d}t=c$。但这些量

$$\left(c,\ \frac{\mathrm{d}x}{\mathrm{d}t},\ \frac{\mathrm{d}y}{\mathrm{d}t},\ \frac{\mathrm{d}z}{\mathrm{d}t}\right)=(c,\ \boldsymbol{v}) \tag{26.25}$$

却不是一个四维矢量的分量。我们曾经发现,通过对每个分量乘以 $1/\sqrt{1-v^2/c^2}$,则它们可以被改造成一个四维矢量。"四维速度"u_μ 就是这么一个四维矢量:

$$u_\mu=\left(\frac{c}{\sqrt{1-v^2/c^2}},\ \frac{\boldsymbol{v}}{\sqrt{1-v^2/c^2}}\right). \tag{26.26}$$

所以似乎是这样:若我们希望那些微商会造成四维矢量,则秘诀在于对 $\mathrm{d}/\mathrm{d}t$ 乘以 $1/\sqrt{1-v^2/c^2}$。

于是,我们的第二个猜测是:

$$\frac{1}{\sqrt{1-v^2/c^2}}\frac{\mathrm{d}}{\mathrm{d}t}(p_\mu) \tag{26.27}$$

---

* 在这一节中我们将放回所有的 c。

应该是一个四维矢量。但 $\boldsymbol{v}$ 究竟是什么？它是粒子的速度，而并非坐标系的速度！那么，由下式定义的量 f_μ

$$f_\mu = \left(\frac{\boldsymbol{F}\cdot\boldsymbol{v}}{\sqrt{1-v^2/c^2}},\ \frac{\boldsymbol{F}}{\sqrt{1-v^2/c^2}}\right) \tag{26.28}$$

就是力在四维中的推广，我们可叫它为"四维力"。它的确是一个四维矢量，其空间分量并非 $\boldsymbol{F}$ 的分量，而是 $\boldsymbol{F}/\sqrt{1-v^2/c^2}$ 的分量。

问题在于为什么 f_μ 是一个四维矢量呢？对因子 $1/\sqrt{1-v^2/c^2}$ 稍微有点理解对这个问题应该是不错的。由于现在它已被提到过两次，所以现在是弄清楚为什么 $\frac{\mathrm{d}}{\mathrm{d}t}$ 总可以用相同的因子来确定的时候了。答案如下：当我们就某个函数 x 对时间取微商时，是在自变量 t 的一个小间隔 Δt 中计算 x 的增量 Δx。但在另一个参照系上，这间隔 Δt 或许会相当于在 t' 和 x' 两个方面的变化，因而如果我们仅改变 t'，则在 x 中的变化便将不同了。对于微商来说，我们必须求出作为时空"间隔"量度的变量，这样才会在一切坐标系中都相同。当我们对那样的间隔取为 Δs 时，则它对所有的坐标系都会是相同的。当一粒子在四维空间中"运动"时，会有 Δt, Δx, Δy 及 Δz 的变化。我们能否用它们来构成一个不变的间隔呢？噢，它们就是四维矢量 $x_\mu = (ct,\ x,\ y,\ z)$ 各分量的变化，因而如果由下式定义一个量 Δs：

$$(\Delta s)^2 = \frac{1}{c^2}\Delta x_\mu \Delta x_\mu = \frac{1}{c^2}(c^2\Delta t^2 - \Delta x^2 - \Delta y^2 - \Delta z^2), \tag{26.29}$$

由于它是一个四维点积，则我们有一个用来量度四维间隔的很好的四维标量了。从 Δs 或其极限 $\mathrm{d}s$，我们能够定义一个参数 $s = \int \mathrm{d}s$。而对于 s 的微商，即 $\mathrm{d}/\mathrm{d}s$，就是一种漂亮的四维运算，因为它对于洛伦兹变换来说是不变的。

对一个运动粒子，若要将 $\mathrm{d}s$ 和 $\mathrm{d}t$ 联系起来倒很容易。对于一个正在运动的点状粒子，

$$\mathrm{d}x = v_x \mathrm{d}t,\ \mathrm{d}y = v_y \mathrm{d}t,\ \mathrm{d}z = v_z \mathrm{d}t, \tag{26.30}$$

而

$$\mathrm{d}s = \sqrt{(\mathrm{d}t^2/c^2)(c^2 - v_x^2 - v_y^2 - v_z^2)} = \mathrm{d}t\sqrt{1-v^2/c^2}, \tag{26.31}$$

所以这算符

$$\frac{1}{\sqrt{1-v^2/c^2}}\frac{\mathrm{d}}{\mathrm{d}t}$$

就是一个不变算符。若用它来对任一四维矢量进行运算，则可以得到另一个四维矢量。例如，若把它作用于 $(ct,\ x,\ y,\ z)$ 上，可获得该四维速度 u_μ：

$$\frac{\mathrm{d}x_\mu}{\mathrm{d}s} = u_\mu.$$

现在我们明白，为什么这个因子 $\sqrt{1-v^2/c^2}$ 总会把事情解决好。

这个对洛伦兹变换不变的变量 s 是一个有用的物理量。它称为沿粒子路径的"原时"，因为 $\mathrm{d}s$ 总是在一个跟随粒子一起运动的参照系中在任何特定的时刻的一个时间间隔(这时，$\Delta x = \Delta y = \Delta z = 0$，因而 $\Delta s = \Delta t$)。如果你能够想象出某个"钟"，它的运行快慢与加

速度无关,那么这样一个伴随着粒子的钟就会显示出时间 s。

现在我们可以回过头去把(经过了爱因斯坦修正的)牛顿定律写成简洁形式:

$$\frac{\mathrm{d}p_\mu}{\mathrm{d}s}=f_\mu, \tag{26.32}$$

其中 f_μ 就是式(26.28)中所给出的。并且,动量 p_μ 也可以写成

$$p_\mu=m_0u_\mu=m_0\frac{\mathrm{d}x_\mu}{\mathrm{d}s}, \tag{26.33}$$

式中坐标 $x_\mu=(ct,\ x,\ y,\ z)$,现在描述粒子的轨道。最后,该四维符号表示法为我们提供了形式十分简单的运动方程:

$$f_\mu=m_0\frac{\mathrm{d}^2x_\mu}{\mathrm{d}s^2}, \tag{26.34}$$

这使人想起 $F=ma$。重要的是要注意式(26.34)与 $F=ma$ 的不同,因为这个四维矢量公式(26.34)已包含在相对论力学中了,在高速运动中它不同于牛顿定律,也不像麦克斯韦方程组的那种情况,那里我们能够把各个方程都重新写成相对论形式而完全没有改变其意义——只不过是符号表示法的改变而已。

现在让我们回到式(26.24)并看看怎样才能将其右边用四维矢量符号写出来。那三个分量——当各除以 $\sqrt{1-v^2/c^2}$ 时——就是 f_μ 的分量,因而

$$f_x=\frac{q(\boldsymbol{E}+\boldsymbol{v}\times\boldsymbol{B})_x}{\sqrt{1-v^2/c^2}}=q\left[\frac{E_x}{\sqrt{1-v^2/c^2}}+\frac{v_yB_z}{\sqrt{1-v^2/c^2}}-\frac{v_zB_y}{\sqrt{1-v^2/c^2}}\right]. \tag{26.35}$$

现在,我们必须把所有的量都用它们的相对论符号来表示。首先,$c/\sqrt{1-v^2/c^2}$,$v_y/\sqrt{1-v^2/c^2}$ 以及 $v_z/\sqrt{1-v^2/c^2}$ 分别是四维速度 u_μ 的 t,y 和 z 分量。$\boldsymbol{E}$ 和 $\boldsymbol{B}$ 的分量则是场的二阶张量 $F_{\mu\nu}$ 的分量。当回到表 26-1 中查看与 E_x,B_z 和 B_y 相对应的 $F_{\mu\nu}$ 的分量时,则可以得到 *

$$f_x=q(u_tF_{xt}-u_yF_{xy}-u_zF_{xz}),$$

这个式子开始看上去似乎很有趣。每项都有一个下脚标 x,那是合理的,因为我们正在寻求 x 分量嘛。然后,所有其他下脚标则是成对地出现:tt,yy,zz,除了 xx 那一项不见以外。所以我们正好把它插进去,并写成

$$f_x=q(u_tF_{xt}-u_xF_{xx}-u_yF_{xy}-u_zF_{xz}). \tag{26.36}$$

这并未改变什么,因为 $F_{\mu\nu}$ 是反对称的,从而 F_{xx} 等于零。之所以要把 xx 项放进去就是为了使我们能够将式(26.36)写成一个简写形式

$$f_\mu=qu_\nu F_{\mu\nu}. \tag{26.37}$$

这个式子与式(26.36)是一样的,如果给出这样一个规则,即每当任一个下脚标出现两次时(比如这里的 ν),你就得自动地用像标积那样的方法把这些项都相加起来,这也是应用相同的符号惯例。

---

* 我们把 c 放回到表 26-1 时,则与 $\vec{E}$ 相对应的 $F_{\mu\nu}$ 分量都乘以 $1/c$。

你可以相信,式(26.37)对于 $\mu=y$ 或 $\mu=z$ 也同样适用,但对于 $\mu=t$ 又是怎么回事呢?开一个玩笑,让我们来看看它讲些什么:

$$f_t=q(u_tF_{tt}-u_xF_{tx}-uF_{ty}-u_zF_{tz}).$$

现在要变回成 E 和 B 的表示式,我们得

$$f_t=q\left(0+\frac{v_x}{\sqrt{1-v^2/c^2}}E_x+\frac{v_y}{\sqrt{1-v^2/c^2}}E_y+\frac{v_z}{\sqrt{1-v^2/c^2}}E_z\right) \tag{26.38}$$

或

$$f_t=\frac{q\boldsymbol{v}\cdot\boldsymbol{E}}{\sqrt{1-v^2/c^2}}.$$

但根据式(26.28),f_t 被认为是

$$\frac{\boldsymbol{F}\cdot\boldsymbol{v}}{\sqrt{1-v^2/c^2}}=\frac{q(\boldsymbol{E}+\boldsymbol{v}\times\boldsymbol{B})\cdot\boldsymbol{v}}{\sqrt{1-v^2/c^2}}.$$

由于 $(\boldsymbol{v}\times\boldsymbol{B})\cdot\boldsymbol{v}$ 为零,所以就与式(26.38)相同。因此,一切都很顺利。

概括起来,运动方程可以写成一个优美形式:

$$m_0\frac{\mathrm{d}^2x_\mu}{\mathrm{d}s^2}=f_\mu=qu_\nu F_{\mu\nu}. \tag{26.39}$$

虽然方程式可以这样写出看起来很巧妙,但这种形式却并非特别有用。对于求解粒子运动的问题,应用原来的方程式(26.24)往往更加方便,而那是我们将经常做的事情。

第 27 章　场的能量和场的动量

§27-1　局 域 守 恒

很明显，实物的能量并不守恒。当一物体辐射光时它就失去能量。然而，这部分损失的能量可以用其他形式来描述，比如说用光的形式。因此，要是没有考虑到与光、或普遍地说，与 电磁场联系着的能量，那么能量守恒的理论是不完整的。我们现在着手处理场的能量守恒和动量守恒。肯定不可能只论述其中一个而不涉及另一个，因为在相对论中它们是同一个四维矢量的不同方面。

早在第 1 卷中，就曾讨论过能量守恒，那时只是说世界上的总能量恒定不变。现在要将能量守恒律的概念在一个重要方面加以推广——在某些细节方面说明能量是怎样守恒的。这一新的定律将说明：如果能量离开一个区域，那是由于它通过该区域的边界流出去的。这是比不加这样一种限制的能量守恒要强一点的规律。

为看清这一说法的含义，让我们先来考察一下电荷守恒律是怎样产生的。过去我们对电荷守恒是这样描述的：有一电流密度 $\boldsymbol{j}$ 和一电荷密度 ρ，当某处的电荷减少时就必然会有电荷从该处流出，我们把它称为电荷守恒。这个守恒律的数学形式是

$$\nabla\cdot\boldsymbol{j}=-\frac{\partial\rho}{\partial t}.\tag{27.1}$$

上述定律得出如下结论，即在世界上的总电荷总保持恒定不变——永远不会有任何净电荷的获得或丧失。然而，总电荷很可能按另一种方式保持不变。假定在某点(1)附近有某个电荷 Q_1，在隔某段距离的点(2)附近则没有什么电荷(图 27-1)。现在假定：随着时间的推移，电荷 Q_1 会逐渐消失，而与此同时随着 Q_1 的减少却有某些电荷 Q_2 在点(2)处出现，并且以这样一种方式进行，即使得在每个时刻 Q_1 与 Q_2 之和是一常数。换句话说，在任一中间态上 Q_1 所丧失的量应该加到 Q_2 上，那么世界上电荷的总量才会守恒。这是一种“世界范围”的守恒，而不是我们将称之为“局域”性的守恒，因为要使电荷从点(1)转移至点(2)并不要求在两点之间的空间里任何一处出现。就局部来说，该电荷是真正“丧失”了。

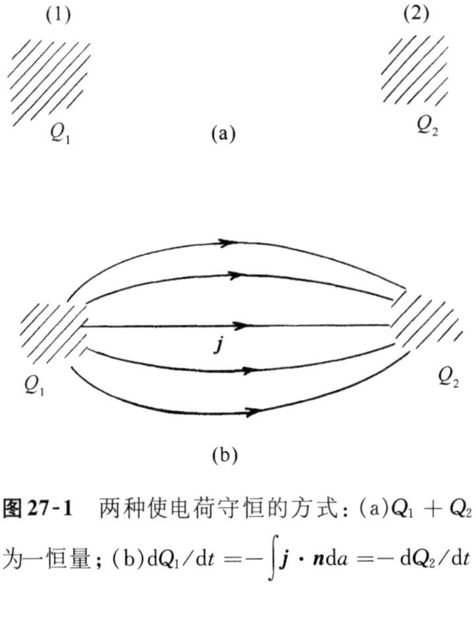

图 27-1　两种使电荷守恒的方式：(a)Q_1+Q_2 为一恒量；(b)$\mathrm{d}Q_1/\mathrm{d}t=-\int\boldsymbol{j}\cdot\boldsymbol{n}\mathrm{d}a=-\mathrm{d}Q_2/\mathrm{d}t$

这一种“世界范围”的守恒律在相对论中会碰到困难。在相隔一定距离的各个点，“同时”这个概念对于不同参照系是彼此不相等的。两事件在某个参照系中是同时的，但对于从旁运动而过的另一个参照系来说则不是同时的了。在上述那种“世界范围”的守恒律中，要求从 Q_1 上丧失的电荷应该同时出现在 Q_2 上。否则就会出现电荷并不守恒的某些时刻。因此如不将其造成一个“局域”的守恒定律，似乎就没有办法使电荷守恒律在相对论上成为不变式。事实上，洛伦兹的相对论不变性这一要求，似乎以令人惊异的方式限制了可能有的自然规律。比方，在现代量子场论中，人们往往希望通过承认我们称为“非局域”性的互作用——这里的某事件会直接影响到那里的某事件——来改变理论，但却陷入了相对论性原理上的困难。

“局域”守恒还含有另一种概念。它表明电荷之所以能够从一处移至另一处，在它们之间的空间里必须有某个事件发生。要描述该定律，我们不仅需要电荷密度 ρ，而且也需要另一类量，即 $\boldsymbol{j}$，它是给出通过一个截面的电荷流动速率的一个矢量。于是这个流量就同电荷密度的变化率通过式(27.1)而互相联系起来，这是守恒律中更为极端的一种。它表明电荷按某一特殊形式守恒——“局域”地守恒。

事实证明，能量守恒是一种局域过程。在某个给定空间区域里不但存在能量密度，而且也存在代表穿越表面的能量流动速率的矢量。例如，当有一个光源向外辐射时，我们能够求出从该源发射出来的光能。如果设想某个包围着该光源的数学曲面，那么从这个曲面内部所损失的能量就等于穿越该曲面流出去的能量。

§27-2　能量守恒与电磁学

现在我们要定量地写出关于电磁学的能量守恒。为此，就必须描述在空间任何体积元中能量及其能流速率各有若干。假定我们首先只考虑电磁场的能量，因而将令 u 代表场的能量密度(也就是在空间内单位体积的能量)，并令矢量 $\boldsymbol{S}$ 代表场的能通量密度(即单位时间通过垂直于流动方向的单位截面的能流)。于是，同电荷守恒、即式(27.1)完全相似，我们可以把场能量的“局域”守恒律写成

$$\frac{\partial u}{\partial t}=-\boldsymbol{\nabla}\cdot\boldsymbol{S}. \tag{27.2}$$

当然，这一定律并非普遍正确，说场能量守恒是不对的。假设你在一个黑暗房间里打开电灯开关，忽然之间整个房间里都充满了灯光，所以就有了场方面的能量，尽管在此之前一点光也没有。式(27.2)并非一个完全的守恒律，因为场能量单独来说是不会守恒的，只有世界上的总能量——也包括实物方面的能量——才会守恒。如果实物对场做了一些功或场对实物做了一些功，则场的能量将会发生改变。

可是，若在有关体积里存在实物，则我们知道它具有多少能量：每个粒子具有能量 $m_0c^2/\sqrt{1-v^2/c^2}$。实物的总能量正好是所有粒子能量之和，而通过一个面的这种能流就正好是通过这个面的每个粒子所携带的能量之和。现在我们只想谈论有关电磁场方面的能量，因此就必须写出这样一个方程，它会说出在某个给定体积里的总场能的减少，或者是由于场能从该体积里流出，或者是由于场把能量给了实物而有了损失(或从实物处获得能量，那不过是能量的负损失)。体积 V 内的场能为

$$\int_V u\,\mathrm{d}V,$$

而其减少速率则是这个积分对时间微商的负值。从体积 V 出来的场的能流等于 $\boldsymbol{S}$ 的法向分量对包围着 V 的整个曲面 Σ 的积分,即

$$\int_\Sigma \boldsymbol{S}\cdot\boldsymbol{n}\mathrm{d}a.$$

因此,

$$-\frac{\mathrm{d}}{\mathrm{d}t}\int_V u\,\mathrm{d}V=\int_\Sigma \boldsymbol{S}\cdot\boldsymbol{n}\mathrm{d}a+(\text{对 } V \text{ 内实物所做的功}). \tag{27.3}$$

我们以前已经知道,场对单位体积实物做功的功率为 $\boldsymbol{E}\cdot\boldsymbol{j}$[作用于一粒子上的力为 $\boldsymbol{F}=q(\boldsymbol{E}+\boldsymbol{v}\times\boldsymbol{B})$,因而做功的功率就是 $\boldsymbol{F}\cdot\boldsymbol{v}=q\boldsymbol{E}\cdot\boldsymbol{v}$。若单位体积里共有 N 个粒子,则单位体积的作功功率为 $Nq\boldsymbol{E}\cdot\boldsymbol{v}$,但 $Nq\boldsymbol{v}=\boldsymbol{j}$],所以量 $\boldsymbol{E}\cdot\boldsymbol{j}$ 必然等于单位时间内单位体积中场损失的能量。于是式(27.3)便变成

$$-\frac{\mathrm{d}}{\mathrm{d}t}\int_V u\,\mathrm{d}V=\int_\Sigma \boldsymbol{S}\cdot\boldsymbol{n}\mathrm{d}a+\int_V \boldsymbol{E}\cdot\boldsymbol{j}\mathrm{d}V. \tag{27.4}$$

这是场内能量的守恒律。如果能够把第二项变成体积积分,就可以将它转变成一个像式(27.2)那样的微分方程,这是容易用高斯定理做到的。$\boldsymbol{S}$ 的法向分量的面积分等于它的散度对整个内部体积的积分。因此,式(27.3)就相当于

$$-\int_V\frac{\partial u}{\partial t}\mathrm{d}V=\int_V\nabla\cdot\boldsymbol{S}\mathrm{d}V+\int_V\boldsymbol{E}\cdot\boldsymbol{j}\mathrm{d}V,$$

其中我们已把第一项中的时间微商置于该积分之内。由于这一方程对于任何体积都适用,因而可以除去那些积分而得到关于电磁场的能量方程式:

$$-\frac{\partial u}{\partial t}=\nabla\cdot\boldsymbol{S}+\boldsymbol{E}\cdot\boldsymbol{j}. \tag{27.5}$$

现在,这一方程对我们毫无用处,除非知道 u 和 $\boldsymbol{S}$ 各是什么。也许仅能告诉你们用 $\boldsymbol{E}$ 和 $\boldsymbol{B}$ 来表达它们的式子,因为我们真正希望得到的只是结果。然而,这里却宁愿向你们展示曾于 1884 年由坡印亭用来获得 $\boldsymbol{S}$ 和 u 的公式的那种论证,以便使你们能够知道这些式子是从何而来的(然而,对于今后的工作来说,你们并不需要去牢记这一推导)。

§27-3 电磁场中的能量密度和能流

假定存在仅仅取决于 $\boldsymbol{E}$ 和 $\boldsymbol{B}$ 的场能量密度 u 和能通量密度 $\boldsymbol{S}$,这是一种理念(例如,至少在静电学中就已知道,能量密度可以写成 $\frac{1}{2}\epsilon_0\boldsymbol{E}\cdot\boldsymbol{E}$)。当然,这里的 u 和 $\boldsymbol{S}$ 也许会依赖于势或其他的东西,但让我们看看能够算出什么结果来。可以尝试把 $\boldsymbol{E}\cdot\boldsymbol{j}$ 这个量重新写成为两项之和:其中一项是一个量的时间微商,而另一项则是第二个量的散度。这时,那第一个量该含 u 而第二个量则含 $\boldsymbol{S}$(带有适当符号),这两个量都必须只用场来表示的。这就是说,我们希望把上述方程写成

$$\boldsymbol{E}\cdot\boldsymbol{j}=-\frac{\partial u}{\partial t}-\boldsymbol{\nabla}\cdot\boldsymbol{S}. \tag{27.6}$$

左边应该首先仅仅用场来表示。我们如何能做到这一点呢？当然，要通过应用麦克斯韦方程组。根据关于 $\boldsymbol{B}$ 的旋度的那个麦克斯韦方程，用 $\boldsymbol{E}$ 对之点乘，便得

$$\boldsymbol{E}\cdot\boldsymbol{j}=\epsilon_0c^2\boldsymbol{E}\cdot(\boldsymbol{\nabla}\times\boldsymbol{B})-\epsilon_0\boldsymbol{E}\cdot\frac{\partial\boldsymbol{E}}{\partial t}, \tag{27.7}$$

这样就已部分地完成了任务。最末一项是时间微商——即 $(\partial/\partial t)\left(\frac{1}{2}\epsilon_0\boldsymbol{E}\cdot\boldsymbol{E}\right)$。因此，$\frac{1}{2}\epsilon_0\boldsymbol{E}\cdot\boldsymbol{E}$ 至少就是 u 的一部分了。这与我们曾经在静电学中求得的是相同的东西。现在，一切必须做的就是要使另一项纳入某种东西的散度之中。

注意式(27.7)右边的第一项与

$$(\boldsymbol{\nabla}\times\boldsymbol{B})\cdot\boldsymbol{E} \tag{27.8}$$

相同。而正如你从矢量代数方面所知道的，$(\boldsymbol{a}\times\boldsymbol{b})\cdot\boldsymbol{c}$ 与 $\boldsymbol{a}\cdot(\boldsymbol{b}\times\boldsymbol{c})$ 一样，因而上面这一项也就等同于

$$\boldsymbol{\nabla}\cdot(\boldsymbol{B}\times\boldsymbol{E}), \tag{27.9}$$

这就有了“某种东西”的散度，这恰恰就是我们所需要的。结果这件事却是错的！以前曾向你们警告过，$\boldsymbol{\nabla}$虽然“像”矢量，但与矢量不“完全”相同。之所以不是矢量，是因为有一个来自微积分学方面的附加惯例：当一微分算符置于一乘积的前面时，它要对右边每个东西都进行运算。在式(27.7)中，$\boldsymbol{\nabla}$只对 $\boldsymbol{B}$ 运算，而对 $\boldsymbol{E}$ 不运算。但在式(27.9)的那种形式中，按照正常惯例，$\boldsymbol{\nabla}$应当对 $\boldsymbol{B}$ 和 $\boldsymbol{E}$ 两者都进行运算。所以并不是同一回事。实际上，若我们算出 $\boldsymbol{\nabla}\cdot(\boldsymbol{B}\times\boldsymbol{E})$ 的各部分，就能看出它等于 $\boldsymbol{E}\cdot(\boldsymbol{\nabla}\times\boldsymbol{B})$ 再加上某些其他的项。这很像当我们取代数中一个积的微商时所发生的那种情况。例如，

$$\frac{\mathrm{d}}{\mathrm{d}x}(fg)=\frac{\mathrm{d}f}{\mathrm{d}x}g+f\frac{\mathrm{d}g}{\mathrm{d}x}.$$

并不打算将 $\boldsymbol{\nabla}\cdot(\boldsymbol{B}\times\boldsymbol{E})$ 的所有各部分都算出，仅愿意向你们指明一个对付这种问题十分有用的技巧，那就是允许你将矢量代数的法则全部运用到含有算符$\boldsymbol{\nabla}$的表示式上去而又不会引起任何麻烦的一种技巧。这技巧就是要丢开——至少暂时是如此——关于微商算符对什么进行运算的微积分符号表示法则。你会看到，通常，各项的次序用于两个单独的目的。一个目的是在运算方面，为使 $f(\mathrm{d}/\mathrm{d}x)g$ 不同于 $g(\mathrm{d}/\mathrm{d}x)f$；另一个目的则是在矢量方面，为使 $\boldsymbol{a}\times\boldsymbol{b}$ 不同于 $\boldsymbol{b}\times\boldsymbol{a}$。如果我们乐意，可以决定暂时放弃这个运算法则，不去说明微商要对右边每件东西都进行运算，而是来制订一种与所写下来的各项次序无关的新的规则。于是我们就能巧妙地处理前后各项而用不着操心。

这里就是新的规则：用下脚标来表示微分算符对什么进行运算，这样前后次序就没有什么意义了。假设令算符 D 代表 $\partial/\partial x$，那么 D_f 就意味着仅对变量 f 取微商，于是

$$D_ff=\frac{\partial f}{\partial x}.$$

但如果我们有 D_ffg，则它指的是

$$D_f fg = \left(\frac{\partial f}{\partial x}\right)g.$$

不过要注意,此刻按照我们的新规则,fD_fg 也意味着相同事情。我们可将相同的事情任意写成以下各种形式:

$$D_f fg = gD_f f = fD_f g = fgD_f.$$

你看,D_f 甚至可以处在每件事情之后(像这样一种方便的符号表示法竟从未在数学或物理学书中得到传授,真令人感到意外)。

你可能会怀疑:若我要写出 fg 的微商,那该怎么办呢?我所要的是对两项的微商。那很容易,你只要这样说就行了,你写下 $D_f(fg)+D_g(fg)$,而这恰好就是 $g(\partial f/\partial x)+f(\partial g/\partial x)$,也即在旧符号表示法中你用 $\partial(fg)/\partial x$ 表示的意思。

你将会看到,现在算出关于 $\boldsymbol{\nabla}\cdot(\boldsymbol{B}\times\boldsymbol{E})$ 的新表示式就变得很容易了。我们从改成新的符号表示法开始,也即写出

$$\boldsymbol{\nabla}\cdot(\boldsymbol{B}\times\boldsymbol{E}) = \boldsymbol{\nabla}_B\cdot(\boldsymbol{B}\times\boldsymbol{E}) + \boldsymbol{\nabla}_E\cdot(\boldsymbol{B}\times\boldsymbol{E}). \tag{27.10}$$

当我们这样做时,就无须再保持次序上的正确了。我们始终懂得,$\boldsymbol{\nabla}_E$ 只对 $\boldsymbol{E}$ 进行运算,而 $\boldsymbol{\nabla}_B$ 只对 $\boldsymbol{B}$ 运算。在这种场合下,就能够把$\boldsymbol{\nabla}$当作通常的矢量那样来运用(当然,当运算结束时,就要回到每人常用的那种"标准"符号表示法上去)。因此,现在就可以做出像交换点积和叉积以及对各项进行其他类型的重新安排等各种事情。例如,式(27.10)中的中间项可以重新写成 $\boldsymbol{E}\cdot\boldsymbol{\nabla}_B\times\boldsymbol{B}$(你会记得,$\boldsymbol{a}\cdot\boldsymbol{b}\times\boldsymbol{c}=\boldsymbol{b}\cdot\boldsymbol{c}\times\boldsymbol{a}$),而那最末一项则与 $\boldsymbol{B}\cdot\boldsymbol{E}\times\boldsymbol{\nabla}_E$ 相同。这看来像是异想天开,但却没有什么问题。现在,如果我们试图回到通常的惯例上来,那必须安排得使$\boldsymbol{\nabla}$仅对其"本身"的变量进行运算。第一项已经那样做了,因此可以仅仅去掉下标。第二项就需要某种调整才能使$\boldsymbol{\nabla}$移至 $\boldsymbol{E}$ 之前,这我们可通过交换叉积的次序并改变符号而做到:

$$\boldsymbol{B}\cdot(\boldsymbol{E}\times\boldsymbol{\nabla}_E) = -\boldsymbol{B}\cdot(\boldsymbol{\nabla}_E\times\boldsymbol{E}).$$

现在,式子已经按照惯常次序写出,因而就可回到通常的符号表示法上来。式(27.10)相当于

$$\boldsymbol{\nabla}\cdot(\boldsymbol{B}\times\boldsymbol{E}) = \boldsymbol{E}\cdot(\boldsymbol{\nabla}\times\boldsymbol{B}) - \boldsymbol{B}\cdot(\boldsymbol{\nabla}\times\boldsymbol{E}) \tag{27.11}$$

(在这一特殊情况下,较快的方法应该是一直利用各分量,但花点时间向你们指出这种数学技巧还是值得的。你或许将不会在其他地方见到它,但对于把矢量代数从关于含有微商的项的次序规则中解放出来是极为好用的)。

现在我们就回到能量守恒的讨论上来,并引用我们的新结果,即式(27.11),去变换式(27.7)中的 $\boldsymbol{\nabla}\times\boldsymbol{B}$ 项。这样,能量方程变成

$$\boldsymbol{E}\cdot\boldsymbol{j} = \epsilon_0 c^2\,\boldsymbol{\nabla}\cdot(\boldsymbol{B}\times\boldsymbol{E}) + \epsilon_0 c^2\boldsymbol{B}\cdot(\boldsymbol{\nabla}\times\boldsymbol{E}) - \frac{\partial}{\partial t}\left(\frac{1}{2}\epsilon_0\boldsymbol{E}\cdot\boldsymbol{E}\right). \tag{27.12}$$

现在你看到,我们几乎完成任务了。这里有两项,一项用作 u 对于 t 的漂亮微商,另一项代表 $\boldsymbol{S}$ 的美妙散度。可惜,那中间项仍旧保留下来,它既不是散度,又不是对于 t 的微商,所以我们已经接近胜利,但还不完全。在经历了一番思考之后,回去查看麦克斯韦的微分方程组,幸运地发现 $\boldsymbol{\nabla}\times\boldsymbol{E}$ 等于 $-\partial\boldsymbol{B}/\partial t$,这就意味着我们可以把这独特项转变成单纯

的时间微商：

$$\boldsymbol{B}\cdot(\boldsymbol{\nabla}\times\boldsymbol{E})=\boldsymbol{B}\cdot\left(-\frac{\partial\boldsymbol{B}}{\partial t}\right)=-\frac{\partial}{\partial t}\left(\frac{\boldsymbol{B}\cdot\boldsymbol{B}}{2}\right).$$

现在完全具有了我们所需要的一切。我们的能量方程可写成

$$\boldsymbol{E}\cdot\boldsymbol{j}=\boldsymbol{\nabla}\cdot(\epsilon_0c^2\boldsymbol{B}\times\boldsymbol{E})-\frac{\partial}{\partial t}\left(\frac{\epsilon_0c^2}{2}\boldsymbol{B}\cdot\boldsymbol{B}+\frac{\epsilon_0}{2}\boldsymbol{E}\cdot\boldsymbol{E}\right),\tag{27.13}$$

那就完全像式(27.6)，只要下这样两个定义：

$$u=\frac{\epsilon_0}{2}\boldsymbol{E}\cdot\boldsymbol{E}+\frac{\epsilon_0c^2}{2}\boldsymbol{B}\cdot\boldsymbol{B}\tag{27.14}$$

和

$$\boldsymbol{S}=\epsilon_0c^2\boldsymbol{E}\times\boldsymbol{B}\tag{27.15}$$

(交换叉积的次序使符号显得正确)。

我们的计划是成功的。已经有一个关于能量密度的表示式，它是“电”和“磁”两种能量密度之和，它们的形式很像以前我们在静场情况下求得的形式，那时我们计算出了用场表示的能量公式。并且，我们也已找到了关于电磁场的能流矢量的公式。这一新的矢量，$\boldsymbol{S}=\epsilon_0c^2\boldsymbol{E}\times\boldsymbol{B}$，按照它的发现者的名字，称为“坡印亭矢量”，它告诉我们有关场能在空间各处流动的速率，每秒流经一小面积 $\mathrm{d}a$ 的能量为 $\boldsymbol{S}\cdot\boldsymbol{n}\mathrm{d}a$，其中 $\boldsymbol{n}$ 为垂直于 $\mathrm{d}a$ 的单位矢量(现在你有了 u 和 $\boldsymbol{S}$ 的公式，若乐意的话，便可忘掉那些推导过程)。

§ 27-4　场能的不确定性

在考虑坡印亭公式[式(27.14)和(27.15)]的某些应用前，我们希望说明，我们并未真正“证明”过这些公式。上面只不过是找到了一个可能的“u”和一个可能的“S”。我们怎能知道，通过巧妙处理各项的前后次序，不能再找到关于“u”和关于“S”的另外的公式呢？这个新的 $\boldsymbol{S}$ 和新的 u 可能是不同的，但它们仍应该满足式(27.6)。它是可能的，也是能够做到的。不过所找到的公式其形式始终含有场的各种微商(总会有像二次微商或一次微商的平方那样的二次项)。事实上，有无数个关于 u 和 $\boldsymbol{S}$ 的不同可能性，而迄今还没有人曾经想到用实验方法来判明哪一个是对的！人们曾猜测最简单的一个可能是对的，但必须讲明，我们肯定不知道在电磁场能量的空间中真实的位置是什么。因此，我们也就用容易的办法选取并说明场的能量是由式(27.14)给出的。于是，能流矢量 $\boldsymbol{S}$ 也必然由式(27.15)给出。

十分有趣，似乎没有唯一的方法能解决场能位置的不确定性问题。有时人们会宣称，这一问题可以通过利用引力理论按照下述论证来加以解决。在引力理论中，所有各种能量都是引力之源。因此，如果我们知道了引力作用的方向，则电的能量密度也就必然被适当定位了。然而，迄今为止还未有人曾做过这样精确的实验使得电磁场的引力效应的精密位置可以确定下来，因而电磁场单独可以作为引力之源这一概念在外表上是难于处理的。事实上，确曾观测到光当它靠近太阳通过时会受到偏转——我们可以说太阳把光向它本身吸引下来。你难道不要考虑光同等地吸引太阳吗？反正，每人都乐于接受我们所已找到的那些关于电磁能的位置及其流动的简单表示式。尽管有时运用那些式子获得的结果似乎有点奇

怪,但却从未有人找出那些结果的毛病——这就是说,没有与实验不一致。因此,我们仍将跟随世界上其他人——此外,我们相信它可能是完全对的。

应该做一个关于能量公式的进一步述评。首先,场中单位体积的能量很简单:它是静电能量加上磁场能量,如果静电能量用 E^2 而磁场能量用 B^2 写出的话。我们过去计算静态问题时,就曾得出两个这样的表示式作为能量的可能表示式。我们也曾求得关于静电场中能量的若干个其他公式,诸如 $\rho\phi$,在静电情况下它等于 $\boldsymbol{E}\cdot\boldsymbol{E}$ 的积分。然而,在动态电场中等效性失效,而至于哪个式子正确则还未曾有过明显的选择。现在我们才知道哪一个是对的。同样,我们已找到了一个普遍正确的磁能量公式,对动态场的能量密度仍然正确的公式就是式(27.14)。

§27-5 能流实例

关于能流矢量 $\boldsymbol{S}$ 的公式,是某种相当新鲜的事情。我们现在就要来看看,在某些特殊情况下它是如何工作的,并看看它是否与以前已知的任何事情互相验证。我们将举的第一个例子是光。在一个光波中,$\boldsymbol{E}$ 矢量和 $\boldsymbol{B}$ 矢量互相正交而且也垂直于波的传播方向(见图 27-2)。在电磁波中,$\boldsymbol{B}$ 的大小等于 $1/c$ 乘上 $\boldsymbol{E}$ 的大小,而且由于它们互相垂直,所以还可写成

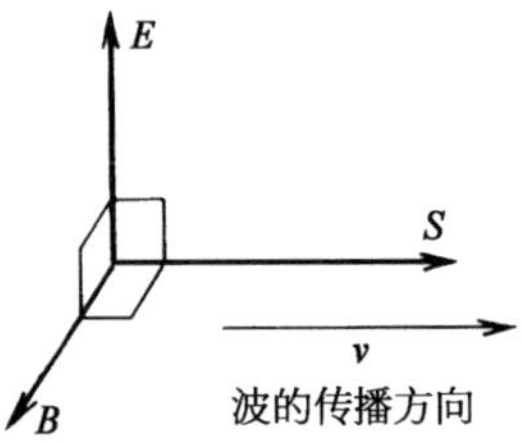

图 27-2 关于光波中的 $\boldsymbol{E}$, $\boldsymbol{B}$ 和 $\boldsymbol{S}$ 矢量

$$|\boldsymbol{E}\times\boldsymbol{B}| = \frac{E^2}{c}.$$

因此,对于光来说,每秒通过单位面积的能流为

$$S = \epsilon_0 cE^2. \tag{27.16}$$

在 $E = E_0\cos\omega(t - x/c)$ 的那种光波中,每单位面积能流的平均速率,即 $\langle S\rangle_{\text{平均}}$ ——也称为光的强度——为电场平方的平均值乘以 $\epsilon_0 c$:

$$\text{强度} = \langle S\rangle_{\text{平均}} = \epsilon_0 c\langle E^2\rangle_{\text{平均}}. \tag{27.17}$$

信不信由你,我们曾在第 1 卷 §31-5 中学习光学时就已经导出过这一结果。应该可以相信这结果是正确的,因为它也被另外某些事情所核实。当我们有一光束时,在空间中就存在由式(27.14)所给出的能量密度。对于光波利用 $cB = E$, 得出

$$u = \frac{\epsilon_0}{2}E^2 + \frac{\epsilon_0 c^2}{2}\left(\frac{E^2}{c^2}\right) = \epsilon_0 E^2.$$

但 $\boldsymbol{E}$ 在空间中是变化着的,因而平均能量密度为

$$\langle u\rangle_{\text{平均}} = \epsilon_0\langle E^2\rangle_{\text{平均}}. \tag{27.18}$$

现在,波以速率 c 传播,所以应该想到每秒穿过一平方米的能量等于 c 乘以每立方米中的能量。因此我们会说

$$\langle S\rangle_{\text{平均}} = \epsilon_0 c\langle E^2\rangle_{\text{平均}}.$$

上式是对的,因为它与式(27.17)相同。

现在举出另一例子。这是相当奇妙的一个例子。我们来考察正在缓慢充电的电容器中的能流(并不要求那么高的频率,以致电容器初看起来像一个共振空腔,但也不要是直流电)。假定是用一个普通类型的圆形平行板电容器,如图 27-3 所示,在其内部有一个几乎均匀而随时间变化的电场。在任何时刻,这内部的总电磁能等于 u 乘以体积。若两板的半径均为 a 而其间隔为 h,则在两板间的总能量为

$$U=\left(\frac{\epsilon_0}{2}E^2\right)(\pi a^2 h). \tag{27.19}$$

当 E 改变时,这个能量也在改变。当电容器充电时,位于两板间的体积正在以速率

$$\frac{\mathrm{d}U}{\mathrm{d}t}=\epsilon_0\pi a^2 hE\dot{E} \tag{27.20}$$

接受能量。因此,一定会有从某处进入该体积中的能流。当然,你知道,它必定从那些用作充电的导线进来——但完全不是这样!它不可能经由该方向流入两板内的空间,因为 $\boldsymbol{E}$ 是与板垂直的,所以 $\boldsymbol{E}\times\boldsymbol{B}$ 就一定与两板平行。

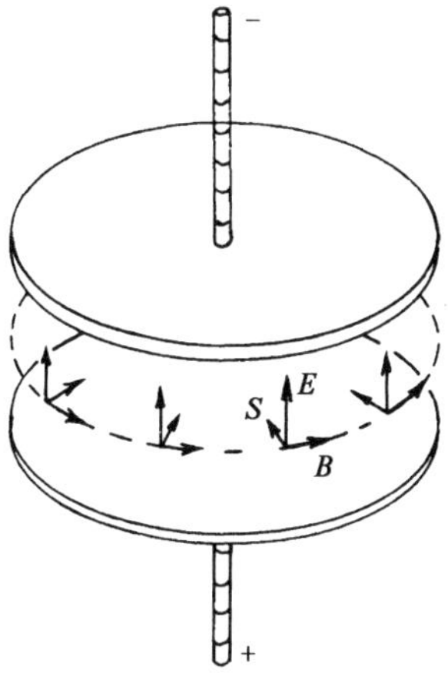

图 27-3　接近一个正在充电的电容器,坡印亭矢量 $\boldsymbol{S}$ 会朝轴心指向内

当然,你会记得,当电容器正在充电时,就有一个环绕轴的圆形磁场。我们在第 23 章中对此曾有所讨论。利用麦克斯韦方程组中最后一个方程,已求得在电容器边缘上磁场由下式给出:

$$2\pi ac^2B=\dot{E}\cdot\pi a^2$$

或

$$B=\frac{a}{2c^2}\dot{E},$$

它的方向如图 27-3 所示。因此,就有一个正比于 $\boldsymbol{E}\times\boldsymbol{B}$ 的能流从边缘四周进入,如图中所示。能量实际上并不是从导线下来的,而是从围绕着该电容器的空间那里来的。

让我们来核对一下通过两板边缘间的整个面的总能流是否与其内部能量的变化率相符——看来这样较好。为了核实,虽然我们仔细研究了证明式(27.15)的工作的全过程,但还是让我们来弄弄清楚。该面面积为 $2\pi ah$,而 $\boldsymbol{S}=\epsilon_0c^2\boldsymbol{E}\times\boldsymbol{B}$ 的量值为

$$\epsilon_0c^2E\left(\frac{a}{2c^2}\dot{E}\right),$$

因此总能流为

$$\pi a^2h\epsilon_0E\dot{E}.$$

这的确与式(27.20)相符。但它告诉我们一件奇怪的事情:当对电容器充电时,能量并不是沿导线下来的,而是穿过边缘的间隙进来的。那分明就是这一理论所说的!

怎么能够是这样的呢?这虽不是一个容易解决的问题,但这里有一个考虑该问题的方法。假设在该电容器的上面和下面很远处都有一些电荷,当电荷离得很远时,就会有一个微弱的但却是极其散开的场包围着该电容器(见图 27-4)。于是,当这些电荷靠拢

时,离电容器较近处的场就变得较强。因此,远处的场能量是会朝该电容器移动过来并最后停驻于两板之间。

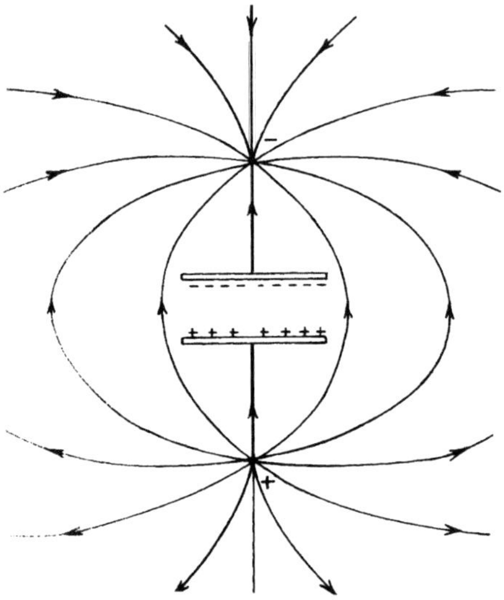

图 27-4 当将两电荷从远处移来对一电容器充电时,在电容器外面的场

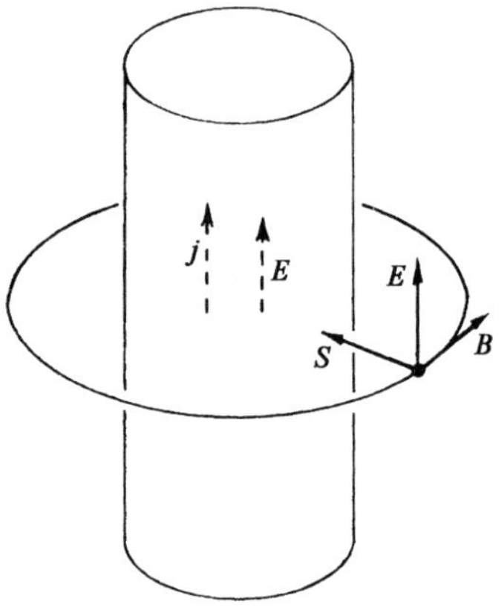

图 27-5 在一根载流导线附近的坡印亭矢量 ***S***

作为另一个例子,试问在一根有电阻的导线中当它载有电流时会有什么情况发生。既然这根导线中有电阻,则沿导线方向便有驱动电流的电场。由于沿导线有电势降,因而刚好在导线外面存在与其表面平行的电场(见图 27-5)。此外,还有一个由电流所产生的环绕着导线的磁场。***E*** 和 ***B*** 成直角,因此就有一个沿半径而指向内的坡印亭矢量,如图中所示,即有一个从周围各处流进导线的能流。当然,这等于导线中以热的形式损耗掉的能量。因此,我们的"狂妄"理论讲:由于能量从外面的场流进了导线,电子才获得它们用以产生热的那些能量。直觉似乎告诉我们,电子是由于沿着导线被推动才获得能量的,因而这能量应该是沿导线流下(或流上)。但这一理论却说:电子实际上是被来自远处的某些电荷的电场所推动的,而它们从这些场获得了产生热的能量。能量总会莫明其妙地从遥远处的电荷流进空间的广阔区域,然后又流进导线中去。

最后,为了使你确实相信这一理论明显是一个难题,我们将再举一个例子——其中有一电荷和一块磁铁彼此都静止地互相靠近着的例子——即两者都固定不动。假设取一个其中的点电荷被置于棒状磁铁中点附近,如图 27-6 所示。每一件东西都是静止的,从而能量并不会随时间变化。而且,***E*** 和 ***B*** 也都是完全静止的。可是坡印亭矢量却说存在一个能流,因为 ***E***×***B*** 并不等于零。如果你考察这能流,就会发现它不过是在一圈圈地循环旋转。任何一处都没有能量方面的任何变化——凡是流进某一体积里的东西都会从那里再流出来。这很像不可压缩的水在环流。因此,在这种所谓静态的情况下还存在

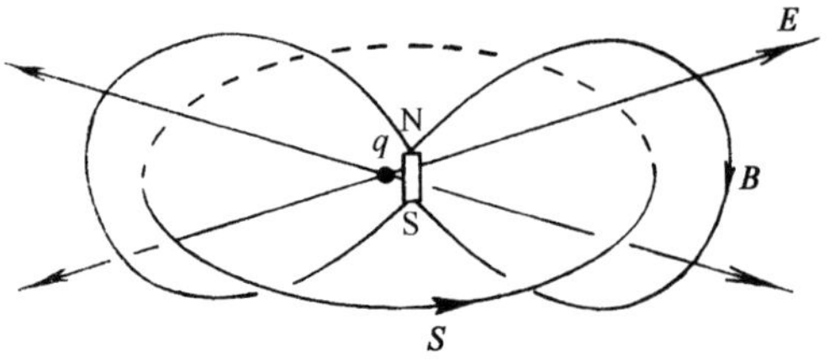

图 27-6 电荷和磁铁会产生一个绕闭合回路循环的坡印亭矢量

能量的环流。这是多么荒谬!

然而,当你记起我们所谓的"静"磁实际上是一种环行的永久电流时,这也许就不会使你那么可怕地感到莫明其妙。在一块永磁体中,其内部电子都在永恒地旋转。这样也许能量在外面环流这一点就不那么奇怪了。

你无疑开始得到这么一个印象,即坡印亭理论至少部分地违背了你对于在电磁场中能量被设置于何处的那种直觉。你也许会相信,必须对你的一切直觉都进行修改,因此在这里有许多东西得学习。但实际上似乎并不需要。如果有时忘记了导线里能量是从外面流进来而不是沿导线传来的,但你无须感觉到,你就会陷入巨大的困难。在应用能量守恒的概念时,过细地注意能量所取的路径,看来好像价值不大。能量围绕着一块磁铁和一个电荷在兜圈子,这在大多数场合似乎是很不重要的。它并非一个极为重要的细节,但很清楚,我们通常的直觉却是很错误的。

§27-6　场 的 动 量

接下来,我们希望谈论关于电磁场中的动量。正如场具有能量一样,它的每个单位体积也将具有一定的动量。让我们称之为动量密度 $\boldsymbol{g}$。当然,动量具有各种可能的方向,因而 $\boldsymbol{g}$ 必定是个矢量。让我们每次谈一个分量,首先,考虑 x 分量。由于动量的每一分量都守恒,所以可能写下一个看来有点像这样的定律:

$$-\frac{\partial}{\partial t}(\text{实物的动量})_x=\frac{\partial g_x}{\partial t}+(\text{流出的动量})_x.$$

左边是容易理解的,实物动量的变化率正好就是作用于其上的力。对于一个粒子来说,这力就是 $\boldsymbol{F}=q(\boldsymbol{E}+\boldsymbol{v}\times\boldsymbol{B})$,对于一个电荷分布来说,则作用于单位体积上的力为 $(\rho\boldsymbol{E}+\boldsymbol{j}\times\boldsymbol{B})$。然而,"流出的动量"这项却有点奇怪。它不可能是一个矢量的散度,因为它并非一个标量,其实是某一矢量的 x 分量。无论如何,它看来大概有点像

$$\frac{\partial a}{\partial x}+\frac{\partial b}{\partial y}+\frac{\partial c}{\partial z},$$

因为 x 动量还可能在三个方向中的任意一个方向上流动。总之,不管 a, b 和 c 是什么,这个组合被认为等于 x 动量的流出量。

现在这场游戏应该是仅仅用 $\boldsymbol{E}$ 和 $\boldsymbol{B}$ 来写出 $\rho\boldsymbol{E}+\boldsymbol{j}\times\boldsymbol{B}$,利用麦克斯韦方程组而把 ρ 和 $\boldsymbol{j}$ 消掉,然后才对那些项调整并做一些代换以使它看来像如下的形式:

$$\frac{\partial g_x}{\partial t}+\frac{\partial a}{\partial x}+\frac{\partial b}{\partial y}+\frac{\partial c}{\partial z}.$$

之后,通过对那些项做出标记,就会得到关于 g_x, a, b 和 c 的表示式。它的工作量很大,我们并不打算那样做,而只准备找出关于动量密度 $\boldsymbol{g}$ 的表示式——而且是通过另一种方法来求的。

在力学中有一个重要定理,这就是:在任何场合下,每当真正存在能量(场能或任何其他类型的能量)流动时,则单位时间流经单位面积的能量,乘以 $1/c^2$,就等于空间内单位体积的动量。在电动力学的特殊情况下,这一定理给出了 $\boldsymbol{g}$ 等于 $1/c^2$ 乘以坡印亭矢量的结果:

$$\boldsymbol{g}=\frac{1}{c^2}\boldsymbol{S}. \qquad (27.21)$$

因此,坡印亭矢量不但会给出能流,而且只要除以 c^2,也就给出了动量密度。这同样的结果可从我们提出过的另一种分析方法获得,但更有意义的还是去注意这个更加普遍的结果。现在将提供若干有趣例子及论证以便使你们相信这个普遍定理是正确的。

第一个例子:假设在一个箱子里存在大量粒子——比方说每立方米中含有 N 个粒子——而它们以某个速度 v 运动着。现在就来考虑一个垂直于 $\boldsymbol{v}$ 的想象平面。每秒通过这个面单位面积的能流,等于每秒流过的粒子数 Nv 乘以每一粒子所带的能量。因每个粒子的能量为 $m_0c^2/\sqrt{1-v^2/c^2}$,所以每秒的能流就是

$$Nv\frac{m_0c^2}{\sqrt{1-v^2/c^2}}.$$

但每个粒子具有的动量为 $m_0v/\sqrt{1-v^2/c^2}$,因而动量密度为

$$N\frac{m_0v}{\sqrt{1-v^2/c^2}},$$

这恰好就是 $1/c^2$ 乘以能流——和该定理所说的相同。因此,对于一群粒子来说这定理是正确的。

这定理对于光来说也正确。我们过去在第 1 卷学习光学时就曾看到,当从一束光吸收能量时,会有一定动量递交给该吸收体。事实上,在第 1 卷第 34 章中我们曾经证明,动量等于 $1/c$ 乘以所吸收的能量[第 1 卷的式(34.24)]。若令 U_0 代表每秒到达单位面积的能量,则每秒到达单位面积上的动量就是 U_0/c。但动量以速率 c 传播,因而在该吸收体前面的动量密度就必然是 U_0/c^2。因此,再次表明该定理是对的。

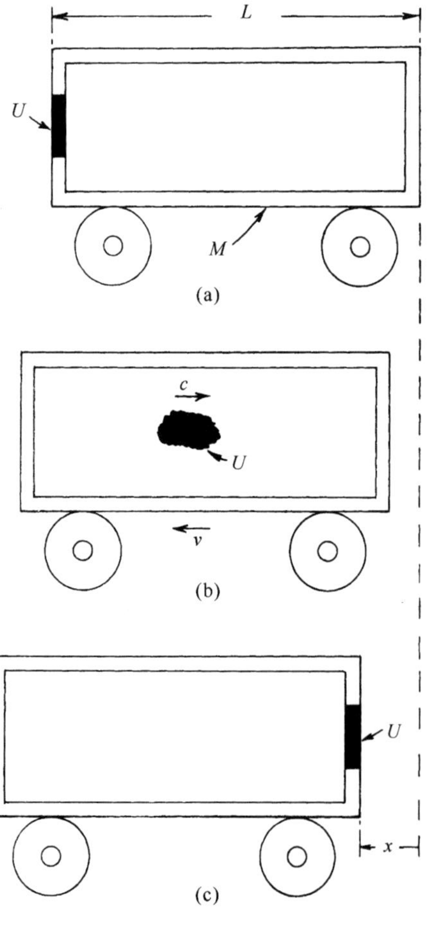

图 27-7 以速率 c 运动着的能量 U 会带有动量 U/c

最后,我们将提供一个论据,这论据来源于爱因斯坦对同样事情的又一次证明。假设有一火车车厢在轨道上自由滑动(假定没有摩擦阻力),这车厢具有某巨大质量 M。车厢里的一端配有能发射出一些粒子或光(或任何其他东西,到底是哪一种东西都没有什么区别)的某种装备,然后这射出来的东西就给车厢对面一端所截住了。原来有某些能量放在车厢的一端——比如说是图 27-7(a)中所标明的能量 U——而后来它却转移到了对面的一端,如图 27-7(c)所示。这能量 U 已经移动了一个等于该车厢长度的距离 L。既然能量 U 具有质量 U/c^2,因而要是车厢保持不动的话,该车厢

的重心就必然会移动。爱因斯坦不喜欢一物体的重心可以只凭在其内部瞎胡闹一番就能使其移动的那种想法,因而他假定通过在物体内部做任何事情来移动其重心是不可能的。但如果事实确是那样,则当我们把能量 U 从一端移至另一端时,整个车厢就应反冲一段距离 x,如图(c)中所示的。实际上,你可以看到,车厢的总质量乘以 x 就必定等于所移动能量的质量 U/c^2 乘以 L(假定 U/c^2 比 M 要小得多):

$$Mx = \frac{U}{c^2}L. \tag{27.22}$$

现在让我们来考察一下能量由一次闪光所携带的那种特殊情况(该设备也同样适用于粒子,但我们将跟随爱因斯坦,他对于光的问题感兴趣)。究竟是什么东西会引起车厢移动的呢?爱因斯坦这样议论说:当光被发射出来时一定存在反冲,即带有动量 p 的某个未知的反冲。正是这一个反冲才使车厢向后滚动的。车厢的反冲速度 v 等于这一动量除以车厢质量:

$$v = \frac{p}{M}.$$

车厢以这一速度运动,直至光的能量到达对面一端为止。于是,当它碰到时,它交还了它的动量而使车厢停住了。如果 x 很小,则车厢运动的时间约等于 L/c,所以就有

$$x = vt = v\frac{L}{c} = \frac{p}{M}\frac{L}{c}.$$

把这个 x 值代入式(27.22)中,便得

$$p = \frac{U}{c}.$$

我们又一次得到了光的能量与动量的关系。用 c 相除则获得动量密度 $g = p/c$,因而又得到

$$g = \frac{U}{c^2}. \tag{27.23}$$

你可能会觉得奇怪:为什么重心定理会那么重要?也许它是错的。或许是吧,但那时我们也可能丧失角动量守恒律。假定我们的车厢沿着轨道以某一速率 v 前进,而同时我们把某些光能从车顶射向车底——比方说,从图 27-8 中的 A 点射至 B 点。现在来考察这系统相对 P 点的角动量。能量 U 在离开 A 点之前,它具有质量 U/c^2 和速度 v,从而具有角动量 mvr_A。当它到达 B 点时,仍具有相同的质量,而倘若整个车厢的线动量不会发生变化,则它必定仍具有速度 v。这时它相对 P 点的角动量就是 mvr_B。这角动量将会改变,除非当光被射出时正确的反冲动量曾给予车厢——也就是说,除非光携带动量 U/c。结果变成,角动量守恒与重心定理在相对论中是紧密相联的。因此,要是我们的重心定理不正确,则角动量守恒就被破坏了。无论如何,已经弄清楚它是一个正确的普遍定律,而在电动力学的情况下我们

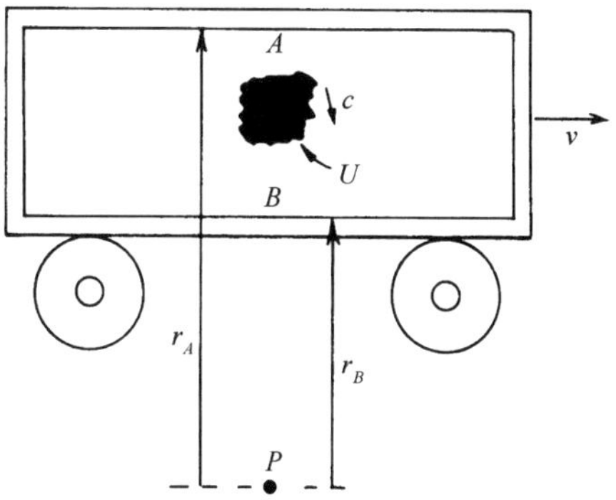

图 27-8　如果环绕 P 点的角动量是守恒的,则能量 U 应带有动量 U/c

还能利用它来获得场的动量。

我们将进一步提及在电磁场中关于动量的两个例子。曾在 § 26-2 中指出，当两个带电粒子在互成直角的轨道上运动时作用与反作用定律失败了。作用于两粒子上的力并不平衡，因而作用并不等于反作用，这样实物的净动量就必然正在改变，它是不守恒的。但在这样一种情况下场的动量也正在改变。如果你算出由坡印亭矢量所给出的动量，则它不是一个常数。然而，粒子动量的改变刚好被这个场的动量所抵偿，所以粒子加上场的总动量守恒。

最后，另一个例子则是如图 27-6 所示的具有磁铁与电荷的那种情况。我们曾由于发现有能量处处绕圆周流动而感到不快，但此刻，由于我们知道能流与动量是互成比例的，所以我们也知道在空间有环行着的动量。可是一个环行动量就意味着存在角动量，因此在场中有角动量。你是否记得，在 § 17-4 中我们描述过的关于放在圆盘上的一个螺线管和若干个电荷的那个佯谬？似乎当电流中断时，整个盘会开始旋转。令人迷惑的是：角动量到底是从哪里来的？答案：如果你有一磁场和某些电荷，则在场中就会有某一角动量。当场建立时，它必定已经安置在那里了。而当场去掉时，这一角动量被还了回来。因此在该佯谬中的盘子就应该开始转动。这一神秘的能量环流，最初似乎觉得是那么荒谬可笑，但却是绝对必需的。确实有一个动量流，为了在整个世界中保持角动量守恒，它是必需的。

第 28 章　电 磁 质 量

§ 28-1　点电荷场的能量

在把相对论和麦克斯韦方程结合在一起的过程中,我们完成了关于电磁理论的主要工作。当然,有某些细节我们曾经漏掉,还有一个以后将会涉及的广阔领域——电磁场与实物的相互作用。但现在却要稍微停留一下以便向你们指明,这座崇高大厦尽管在解释那么多现象方面是多么美妙和成功,但最终不得不脸朝下倒了下去。当你追随任一项物理学太远时,总会发现它将碰到某种困难。现在就要来讨论一个严重的困难——经典电磁理论的失败。你可能意识到,由于量子力学效应,使得全部经典物理学都失败了。经典力学是一种在数学上协调一致的理论,它只是与经验不符而已。然而,很有趣,电磁学的经典理论就其本身而言已经是一种不能令人满意的理论。有一些困难与麦克斯韦理论的概念联系在一起,但这困难却不是量子力学所能解决或与之直接有关的。你可能会说:"为这些困难操心也许没有什么用处,既然量子力学正在对电动力学定律进行修改,应该等修正之后再看看还有什么困难。"然而,当电动力学被结合到量子力学时,那些困难却依然存在。因此,现在来考察这些困难到底是什么并不是浪费时间。何况,这些困难还有巨大的历史价值。此外,从能够跟踪理论足够远去了解每件事——包括它的一切困难——你可能会得到某种成就感。

当把电磁理论应用于电子或其他带电粒子时,我们所谈论的困难与电磁动量和能量的概念有关。结构单一的带电粒子和电磁场的概念在有些方面是互相矛盾的。为了描述这些困难,我们从做一些能量和动量概念方面的练习开始。

首先,将计算一个带电粒子的能量。假设采取一个简单的电子模型,其中全部电荷 q 都均匀分布在一个半径为 a 的球面上,对于点电荷的特殊情况,a 可取为零。现在让我们计算电磁场中的能量。如果该电荷静止不动,就不会有磁场,则每单位体积的能量正比于电场的平方。电场的大小为 $q/(4\pi\epsilon_0 r^2)$,其能量密度即是

$$u=\frac{\epsilon_0}{2}E^2=\frac{q^2}{32\pi^2\epsilon_0 r^4}.$$

要获得总能量,就得将这个密度对全部空间积分。利用体积元 $4\pi r^2\,\mathrm{d}r$,我们把 $U_{电}$ 称为总能量,它为

$$U_{电}=\int\frac{q^2}{8\pi\epsilon_0 r^2}\mathrm{d}r,$$

这很容易积出。由于下限为 a 而上限为∞,因而

$$U_{电}=\frac{1}{2}\frac{q^2}{4\pi\epsilon_0}\frac{1}{a}.\tag{28.1}$$

如果用电子电荷 q_e 来代替 q 而用符号 e^2 来代替 $q_e^2/(4\pi\epsilon_0)$,则

$$U_{电} = \frac{1}{2}\frac{e^2}{a}. \tag{28.2}$$

这全都很好,直到对于一个点电荷我们令 a 趋于零——才存在巨大困难。由于场的能量密度与离中心距离的四次幂成反比,所以它的体积分为无限大。在一个点电荷的周围的场中竟有无限大的能量。

一个无限大能量有什么不妥之处呢?如果能量不能跑出去,而必定永远保持在那里,则一个无限大能量是否会带来任何真正的困难?当然,出现无限大的量可能会使人烦躁不安,但真正要紧的却是究竟有无任何可观测得到的物理效应。为回答这一问题,我们应当转到能量以外的其他事情上去。假定我们问起当移动电荷时能量怎样变化。那时,如果变化为无限大,则我们便将陷入困难之中了。

§28-2 运动电荷场的动量

设想一个电子以匀速通过空间,暂时假定这速度比光速要慢。与这个运动电子相联系的是有一动量——即使电子在带电之前没有质量——由电磁场中的动量引起。我们能够证明,这个场动量是在电荷速度 $\boldsymbol{v}$ 的方向上,而且对于小的速度来说它与 v 成正比。在与电荷中心的距离为 r、与运动路线成角度 θ 的 P 点处(参见图 28-1)电场是径向的,而且正如我们业已知道的那样,磁场为 $\boldsymbol{v}\times\boldsymbol{E}/c^2$。根据式(27.21)和(27.15),动量密度为

$$\boldsymbol{g} = \epsilon_0\boldsymbol{E}\times\boldsymbol{B}.$$

它斜对着运动路线,如图中所示,并具有大小

$$g = \frac{\epsilon_0 v}{c^2}E^2\sin\theta.$$

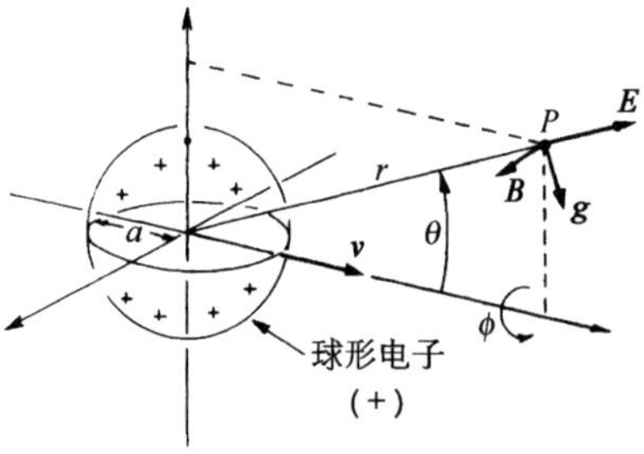

图 28-1 一个正电子的场 $\boldsymbol{E}$, $\boldsymbol{B}$ 及其动量密度 $\boldsymbol{g}$。对于负电子,$\boldsymbol{E}$ 和 $\boldsymbol{B}$ 都倒转方向,但 $\boldsymbol{g}$ 的方向仍不变

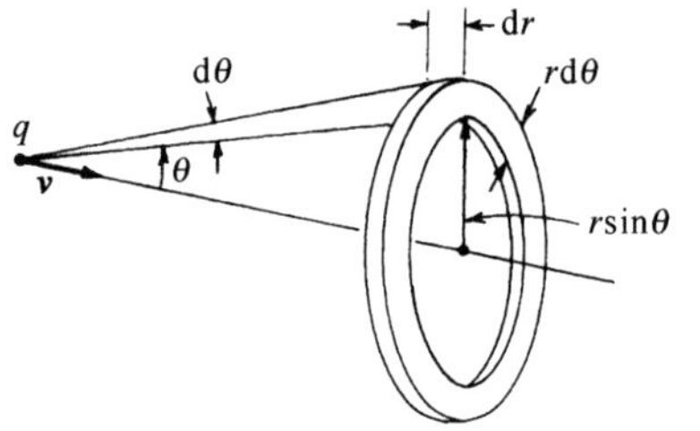

图 28-2 用来计算场动量的体积元 $2\pi r^2\sin\theta d\theta dr$

这些场对于运动路线是对称的,因而当我们对整个空间积分时,那些横向分量加起来就会等于零,结果给出一个平行于 $\boldsymbol{v}$ 的合动量。在这个方向上 $\boldsymbol{g}$ 的分量为 $g\sin\theta$,我们必须对它在全部空间进行积分。取一个其平面垂直于 $\boldsymbol{v}$ 的圆环作为体积元,如图 28-2 所示。它的体积为 $2\pi r^2\sin\theta drd\theta$,于是总动量为

$$p=\int\frac{\epsilon_0 v}{c^2}E^2\sin^2\theta 2\pi r^2\sin\theta\mathrm{d}\theta\mathrm{d}r.$$

由于 E 与 θ 无关(对于 $v\ll c$)，所以我们可立即对 θ 积分，这个积分为

$$\int\sin^3\theta\mathrm{d}\theta=-\int(1-\cos^2\theta)\mathrm{d}(\cos\theta)=-\cos\theta+\frac{\cos^3\theta}{3}.$$

由于 θ 积分的上下限分别为 0 和 π，因而这个 θ 积分只给出一个因子 4/3，结果

$$p=\frac{8\pi}{3}\frac{\epsilon_0 v}{c^2}\int E^2r^2\mathrm{d}r,$$

这个积分(对于 $v\ll c$)就是刚才在求能量时算出过的，它为 $q^2/(16\pi^2\epsilon_0^2 a)$，因而

$$\boldsymbol{p}=\frac{2}{3}\frac{q^2}{4\pi\epsilon_0}\frac{\boldsymbol{v}}{ac^2}$$

或

$$\boldsymbol{p}=\frac{2}{3}\frac{e^2}{ac^2}\boldsymbol{v}. \tag{28.3}$$

场中的动量——电磁动量——与 $\boldsymbol{v}$ 成正比。这正是我们应有的粒子动量，粒子的质量就等于 v 前面的系数。因此，我们可把这一系数叫作电磁质量 $m_{电磁}$，并把它写成

$$m_{电磁}=\frac{2}{3}\frac{e^2}{ac^2}. \tag{28.4}$$

§ 28-3　电 磁 质 量

质量是从哪里来的呢？在我们的力学定律中就曾经假定每一物体都带有一种我们称之为质量的东西——这也意味着带有一个正比于其速度的动量。现在发现，一个带电粒子携带正比于它速度的动量，这是可以理解的。事实上，也许质量不过是这种电动力学效应。质量的起源迄今还未得到解释。最后在电动力学理论中就有极好的机会来理解这一种我们以前从未理解过的东西。意外地——更确切地说，是从麦克斯韦和坡印亭那里——得出结果，即任一带电粒子正是由于电磁影响才具有正比于其速度的动量。

让我们放保守一些而暂且说，存在两种质量——物体的总动量可以是机械动量与电磁动量两者之和。机械动量等于“机械”质量 $m_{机械}$ 乘以 $\boldsymbol{v}$。在一些实验中，通过观察一个粒子有多少动量或观察它在轨道各处如何旋转来测量其质量，我们正在测量的是其总质量。普遍地说，动量等于总质量($m_{机械}+m_{电磁}$)乘速度。因此，凡观测到的质量都可能含有两部分(或可能有更多部分，若我们还包括其他类型的场的话)：机械部分加上电磁部分。我们明确知道有一个电磁部分，而且对于它已经有一个公式了。但却有一个令人激动的可能性，即机械部分根本就不存在——质量全都是电磁性质的。

让我们来看看，要是电子不具有机械质量的话必须有多大。可以通过令式(28.4)中的电磁质量等于所观测到的电子质量 m_e 而找到。我们求得

$$a=\frac{2}{3}\frac{e^2}{m_ec^2}. \tag{28.5}$$

而量

$$r_0 = \frac{e^2}{m_e c^2} \tag{28.6}$$

称为“经典电子半径”,它的数值为 2.82×10^{-13} cm,约等于一个原子直径的十万分之一。

为什么要把 r_0 称为电子半径,而不是 a 呢?因为我们也可用另外想象的电荷分布——电荷也许会均匀分布在一个球体中,或者也许会像一个模糊的球体那样渗涂出去——来做同样的计算。对于任一特殊假定,因子 2/3 会改变成某个其他的分数。例如,对于均匀分布在一个球体内的电荷,这 2/3 就得由 4/5 代替。与其去争辩哪一种分布是对的,倒不如决定把 r_0 定义为一种“标称”半径。然后,不同的理论就可以提供其所喜爱的系数。

让我们追踪一下关于质量的电磁理论。上面的计算是针对 $v \ll c$ 的,如果进入高速度,又将发生什么情况呢?早期的尝试曾导致某些混乱,但洛伦兹却认识到在高速情况带电球体会收缩成一个椭球,而场则会按照我们在第 26 章中对于相对论性情况所导出的式(26.6)和(26.7)改变。如果你对那种情况下的 $\boldsymbol{p}$ 进行积分,则会发现,对于任意速度 $\boldsymbol{v}$,动量被改变一个因子 $1/\sqrt{1-v^2/c^2}$:

$$\boldsymbol{p} = \frac{2}{3}\frac{e^2}{ac^2}\frac{\boldsymbol{v}}{\sqrt{1-v^2/c^2}}. \tag{28.7}$$

换句话说,电磁质量与 $\sqrt{1-v^2/c^2}$ 成反比地随速度增加——是一项在相对论问世之前就已做出的发现。

为了确定粒子质量中有多少质量是机械性质的以及有多少是电性质的,早期曾提出了一些实验以测量一个粒子的观测质量如何会随速度而改变。当时人们相信,那电的部分才会随速度变化,而机械部分则不会。可是,当那些实验正在进行之际,理论家们也仍在继续工作。不久之后相对论发展起来,它提出不管质量来源于什么,全都应当随 $m_0/\sqrt{1-v^2/c^2}$ 变化。式(28.7)就是质量与速度有关理论的起源。

让我们回到曾导致式(28.2)的有关场能的计算。根据相对论,能量 U 将具有质量 U/c^2,于是式(28.2)说,电子的场应该具有质量

$$m'_{电} = \frac{U_{电}}{c^2} = \frac{1}{2}\frac{e^2}{ac^2}. \tag{28.8}$$

这不同于式(28.4)中的电磁质量 $m_{电磁}$。事实上,若我们只要结合(28.2)和(28.4)两式,便可写出

$$U_{电} = \frac{3}{4} m_{电磁} c^2.$$

这个公式在相对论之前就被发现,而当爱因斯坦及其他人开始认识到 $U = mc^2$ 必定始终成立时,就已经存在巨大混乱。

§ 28-4 电子作用于其自身上的力

关于电磁质量的两个公式间的差异是特别令人为难的,因为我们已经小心地证明过电动力学理论与相对性原理是互相一致的。但相对论却毫无疑问地含有动量必定等于能量乘

以 v/c^2 的意思。因此，我们就陷于某种困难之中，必然是犯了错误。虽然我们在计算中从未犯过代数方面的失误，但是可能遗漏了某种东西。

在推导有关能量和动量的方程时，我们假定过一些守恒律。也设想过把所有的力都考虑进去，把任何由“非电”机制所做的功与所带的动量也都包括进去。现在如果有一个带电球体，且电力全都是斥力，则电子会趋于飞散状态。由于这个系统具有不稳定的力，所以我们可能在与能量和动量有关的规律中犯了各种类型的错误。为了得到一个协调一致的图像，就必须想象有某种东西把电子结合在一起。那些电荷必须由某种橡胶带——某种不使电荷飞散的东西——束缚在一个球体之内。最早曾由庞加莱指出，这些橡胶带或任何能把电子结合在一起的东西必须包括在能量和动量的计算之内。为此缘故，这一附加的非电性力才被赐以一个更优雅的名字：“庞加莱应力”。如果这些附加力也包括在计算之内，则用两种办法计算出来的质量也将有所改变(在某种意义上改变程度取决于一些详细假定)，而结果就会与相对论一致。也就是说，从动量计算得来的质量与从能量计算得来的质量相同。然而，它们两者都各含有两种贡献：电磁质量和来自庞加莱应力方面的贡献。只有当这两方面相加起来时才能获得协调一致的理论。

因此，不可能按照我们所希望的方式得出所有质量都是电磁性质量的结论。如果除了电动力学之外别无其他的话，那它就不是一个正规的理论。必须补充其他某种东西。不管你称作什么——“橡胶带”或是“庞加莱应力”还是其他什么——要构成这种协调一致的理论，在自然界中就必须存在其他的力。

很明显，当我们不得不把一些力放进电子内部时，整个概念的美妙之处就开始消失。事情变得十分复杂。你可能会问：那些应力有多强呢？电子怎样摇动呢？它到底会不会振动？它的内部特性如何？如此等等。也许有可能电子的确具有某些复杂的内部特性。假如按照这些方向创立一个电子理论，就可能预言一些像振动模式那样的奇特性质，而这些性质却从未明显地被观测到。我们所以说“明显地”，是因为已在自然界中观测到大量仍未能形成观念的东西。可能有朝一日会发现，今天我们所未能理解的东西之一(比如 μ 介子)实际上能够被解释为庞加莱应力的振动。这似乎不合理，但没有任何人能说得准。有许多关于基本粒子的事情我们还不了解。不管怎样，这一理论所包含的复杂结构是不受欢迎的，但企图用电磁学理论来解释全部质量的尝试——至少按我们所描述的那种办法——则已走进了死胡同。

我们愿意稍微多想一想，为什么当场里的动量与速度成正比时我们就说已有了质量。这很容易！质量就是在动量与速度之间的那个系数嘛。但我们也可按另一种方式来看待质量：如果为了加速一个粒子你得施力，那么它就具有质量。因此，如果我们稍微仔细地考察力是从哪里来的，则可能对我们的理解有所帮助。你怎么会知道必须有一个力呢？因为我们已证明了场的动量守恒定律。如果你有一个带电粒子并推动它经历一小段时间，那么在电磁场中将有一些动量。动量必定已被以某种方式注入场中。因此就必然会有某一个力推动电子而使其运动——一个除了需要克服机械惯性之外的附加力，即一个由于电磁相互作用引起的力。同时必然有一个反作用于“推动者”之上的相应的力。但究竟这个力是从哪里来的呢？

图景大抵就像是这样。我们可以把电子想象成一个带电球体，当它静止时，每一部分电荷都将与其他每一部分互相排斥，但力全部都成对地抵消掉，因而并没有任何净力存在[见

图 28-3(a)]。不过,当电子正在加速时,由于事实上电磁影响从一点传播至另一点需要时间,所以那些力就不再平衡了。例如,在图 28-3(b)中由 β 那一部分作用于 α 那一部分的力取决于在某一较早时刻的位置,如图中所示。力的大小和方向都取决于电荷的运动。如果电荷正在加速,则作用于电子各不同部分的力也许会如图 28-3(c)所示的那样。当把所有这些力都加起来时,它们并不互相抵消。对于均匀速度来说它们就会抵消,尽管初看起来似乎甚至对于匀速运动这推迟作用也会给出一个非平衡力。但结果是,除非电子正在加速,否则就不存在净力。在加速的同时,如果我们考察电子的各部分之间的力,则作用与反作用不会严格相等,从而电子施于本身一个力,该力试图阻碍其加速。它被自身所阻碍。

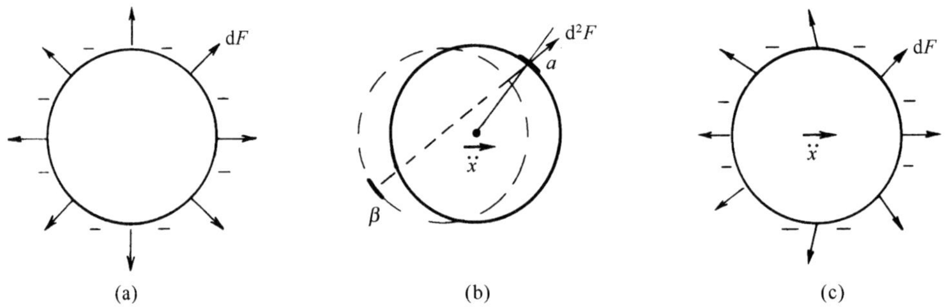

图 28-3 由于推迟作用,所以作用于一个加速电子上的自力不会等于零(dF 指作用于面元 da 上的力;d^2F 则指由在面元 da_β 上的电荷作用于面元 da_α 上的力)

要算出这个自作用力是可能的,但不那么容易,可是在这里我们还不打算从事这种复杂的计算。我们将告诉你们关于一个相对不那么复杂的一维——比方说沿 x 方向——运动的那种特殊情况的结果。这时,自作用力就可以写成一个级数。级数的首项依赖于加速度 $\ddot{x}$,第二项依赖于 $\dddot{x}$,等等 * 。结果得出

$$F=\alpha\frac{e^2}{ac^2}\ddot{x}-\frac{2}{3}\frac{e^2}{c^3}\dddot{x}+\gamma\frac{e^2a}{c^4}\ddddot{x}+\cdots,\tag{28.9}$$

式中 α 和 γ 都是数量级为 1 的数字系数。$\ddot{x}$ 项的系数 α 取决于所假定的电荷分布,如果电荷均匀分布于一个球面上,则 $\alpha=2/3$。因此就有一项正比于加速度,它与电子的半径 a 成反比,而与我们在式(28.4)中所获得的关于 $m_{电磁}$ 的数值完全相同。如果所选的电荷分布不同,因而 α 改变,则式(28.4)中的分数 2/3 也会按相同的方式改变。含 $\dddot{x}$ 项与所假定的半径 a 无关,因而也与所假定的电荷分布无关,它的系数始终等于 2/3。再下一项与半径 a 成正比,而其系数 γ 则取决于电荷的分布情况。你会注意到,如果我们让电子半径 a 趋于零,则末项(以及一切更高次项)将趋于零;第二项保持不变;但那首项——电磁质量——趋于无限大。而且,我们能够看到,这无限大是由于电子的一部分作用于另一部分上的力引起的——由于我们承认了"点"电子可能会作用于其自身这件也许是蠢事所引起的。

* 我们是在采用这么一种记法:$\dot{x}=dx/dt$,$\ddot{x}=d^2x/dt^2$,$\dddot{x}=d^3x/dt^3$,等等。

§ 28-5 改进麦克斯韦理论的尝试

现在我们愿意来讨论也许可以将麦克斯韦的电动力学理论做某种改进,以便使得电子作为一个简单点电荷的那种概念能够维持得住。为此曾做过许多种尝试,而其中有些理论甚至能将事情安排得使电子质量全都是电磁性质的。但所有这些理论如今却都已销声匿迹了。要来讨论曾被提出来的某些可能性——借以看看人类智力中的一些奋斗历程——仍是有意义的。

我们是通过谈论一个电荷与另一个电荷之间的相互作用而着手进行我们的电学理论的。然后又对这些相互作用的电荷建立一种理论并最后得出场论。我们对此竟如此相信,以致承认它所告诉的有关电子中的一部分对另一部分的作用力。也许整个困难就在于电子根本不会对其本身进行作用,也许从分开电子的相互作用过渡到一个电子与其本身的作用,这概念外推得太远了。因此在有些提出的理论中,电子作用于自身的可能性给排除掉了。于是,就不再存在由于自作用而引起的那种无限大。并且,也不再有任何与粒子联系着的电磁质量。所有质量都回到机械性质上面,但在这种理论中仍有一些新的困难。

我们必须立即说明,这样的理论要求对电磁场概念加以修改。你会记得,我们开始时就讲,作用于任何位置的粒子上的力仅由两个量 $\boldsymbol{E}$ 和 $\boldsymbol{B}$ 来确定。如果我们放弃了“自作用力”,则这一说法可能不再正确,因为假定某处有一电子,它所受的力并非由总 $\boldsymbol{E}$ 和总 $\boldsymbol{B}$ 给出,而只是由别的电荷所产生的那些部分 $\boldsymbol{E}$ 和 $\boldsymbol{B}$ 给出。因此当计算一个电荷受力作用的情况时,我们总得记住,$\boldsymbol{E}$ 和 $\boldsymbol{B}$ 中有多少来自那个电荷,而又有多少来自其他电荷。这使得理论烦琐得多,但却消除了那个无限大的困难。

因此,如果我们乐意,便可以说不存在诸如电子作用于其本身这种事情,因而抛弃了式(28.9)中全部的力。然而这么一来,我们却把小孩连同洗澡盆里的水一起倒掉了!因为式(28.9)中的第二项,即含 $\dddot{x}$ 的项,仍然是需要的。这个力处理某种事情十分确切。如果你把它丢掉,你又将陷入困难之中。当我们加速电荷时,它会辐射出电磁波,从而损耗了能量。因此,加速电荷,比加速相等质量的中性物体,必然需要更大的力,否则能量不会守恒。我们对加速粒子所做的功率必须等于每秒内由于辐射而损耗的能量。以前就曾谈论过这种效应——它被称为辐射阻尼。不过我们仍需回答这样一个问题:必须用做功来抵抗的那个附加力究竟来自何方?当一巨大天线正在辐射时,力来自天线中的一部分电流对另一部分电流的影响。对于正在向真空空间辐射的单个的加速电子来说,力似乎只能从一个地方来——即从电子的一部分对另一部分的作用而来。

我们回到第 1 卷第 32 章中后发现一个振动电荷辐射能量的功率为:

$$\frac{\mathrm{d}W}{\mathrm{d}t}=\frac{2}{3}\,\frac{e^2(\ddot{x})^2}{c^3}. \tag{28.10}$$

让我们看看为抵抗式(28.9)的自身力而对电子所做的功率来说,能够得到些什么。功率等于力乘速度,或 $F\dot{x}$:

$$\frac{\mathrm{d}W}{\mathrm{d}t}=\alpha\,\frac{e^2}{ac^2}\,\ddot{x}\,\dot{x}-\frac{2}{3}\,\frac{e^2}{c^3}\,\dddot{x}\,\dot{x}+\cdots \tag{28.11}$$

第一项与 $\mathrm{d}\dot{x}^2/\mathrm{d}t$ 成正比,因而恰好对应于与电磁质量联系在一起的动能 $\frac{1}{2}mv^2$ 的变化率。第二项可能对应于式(28.10)中的辐射功率,可是它仍有所不同。差异来源于这样的事实,即式(28.11)中的那一项是普遍正确的,而式(28.10)却只对振动电荷才正确。我们能够证明:如果电荷运动是周期性的,则这两者等同。为此,将式(28.11)中的第二项重新写成

$$-\frac{2}{3}\frac{e^2}{c^3}\frac{\mathrm{d}}{\mathrm{d}t}(\dot{x}\ddot{x})+\frac{2}{3}\frac{e^2}{c^3}(\ddot{x})^2,$$

那不过是一种代数变换。如果电子运动是周期性的,则 $\dot{x}\ddot{x}$ 这个量会周期性地回到相同的值,因此若对它的时间微商取平均便会得到零。然而,第二项却总是正的(它是一个平方),因而它的平均值也是正的。这一项给出了所做的净功,并恰好等于式(28.10)。

为了使在辐射系统中的能量守恒,那个由 $\dddot{x}$ 所表示的自身的力项是必需的,因而不能把它丢掉。事实上,洛伦兹所取得的成功之一就是在于证明存在这种力并且它来自电子对其本身的作用。我们必须相信电子对其本身作用的概念,并需要含 $\dddot{x}$ 的项。问题在于如何才能获得该项,而又不至于同时得到式(28.9)中的第一项,那是一切困难之源。我们不懂得应该怎么办才好。你看,经典电子理论已经把它自身推进了困境。

为了解决事情已有了修改定律的若干种其他尝试。由玻恩和因费尔德建议的一种办法,是用一种复杂的方式来改变麦克斯韦方程组,使其不再是线性的。这样,电磁能量和动量就可以表现出有限大,但他们所倡议的这些规律还预言了一些从未被观测到的现象。他们的理论也遭遇到另一种我们将在下面谈到的、为避免上述毛病所做的一切尝试所产生的共同的困难。

下述独特的可能性是由狄拉克提出的。他说:让我们认为电子通过式(28.9)中的第二项而不是第一项对本身作用。然后他又有一种能消除其中一项而不消除另一项的精巧计划。他说,看!当只取麦克斯韦方程组的推迟波解时我们做过一种特殊的假设,要是代之以取那些超前波,就会得到一些别的东西。关于自作用力的公式应是

$$F=\alpha\frac{e^2}{ac^2}\ddot{x}+\frac{2}{3}\frac{e^2}{c^3}\dddot{x}+\gamma\frac{e^2a}{c^4}\ddddot{x}+\cdots \qquad (28.12)$$

除了级数中的第二项和某些更高次项的符号外,这个式子几乎与式(28.9)一样[从推迟波变成超前波不过改变了推迟的符号,而不难看出,这相当于处处都改变 t 的符号。对于式(28.9)的唯一效果就是改变所有奇数次的时间微商的符号]。所以,狄拉克说,让我们建立一个新的法则,即电子是通过它所产生的推迟与超前两种场的差值之一半而作用于其本身的。这样,式(28.9)与(28.11)之差除以2,便是

$$F=-\frac{2}{3}\frac{e^2}{c^3}\dddot{x}+\text{更高次项}.$$

在所有更高次的项中,半径 a 仿佛是分子中的某个正次幂。因此,当我们趋向点电荷的极限时,就只会得到那么一项——恰恰是所需要的。就这样,狄拉克得到了辐射阻力而不是惯性力。电磁质量不见了,而经典理论也得救了——可是却付出了关于自作用力的任意假定的那种代价。

狄拉克的附加假设的任意性至少部分地被惠勒和费曼所排除,他们提出了一个更加奇

怪的理论。他们建议点电荷仅与其他的电荷相互作用,但这种相互作用一半是通过超前波而另一半是通过推迟波产生的。最令人惊奇的是,在大多数场合下你将不会看到超前波的任何效应,但它们却的确具有刚好产生辐射作用力的效应。该辐射阻尼并不是由于电子对本身的作用,而是由于下述的特殊效应。当一电子在时刻 t 被加速时,它将在较后时刻 $t'=t+r/c$ (其中 r 为至其他电荷的距离)摇动世界上所有其他电荷,这是由于推迟波的作用。但此时别的电荷又通过它们的超前波从后面作用于原来那个电子上,这些波将在等于 t'减去 r/c 的 t''时刻、当然也就恰恰在 t 时刻上到达(它们也用其推迟波从后面作用,但那不过是对应于正常的"反射"波罢了)。超前波与推迟波的组合意味着,当一个振动电荷正在被加速时它会感觉到来自所有"将要吸收"其辐射波的那些电荷的力。你看在试图获得关于电子的理论时人们已陷入多么严重的困难之中!

现在要来描述另一种理论,以表明当人们碰到麻烦时会想些什么。这是由博普提出的对电动力学定律的另一种修改。你会认识到,一旦你决定要来修改电动力学方程组时,你可以在任一个想要下手的地方开始。可以改变关于电子的力的定律,或者改变麦克斯韦方程组(正如我们在已描述过的例子中所见到的),或者也可在其他某个地方做出改变。一种可能性是去改变那些用电荷和电流给出的势的公式。我们的这些公式之一已经表明在某一点的势是由较早时刻在任何其他点上的电流(或电荷)密度所给出的。应用有关势的四维矢量符号表示法,可写成

$$A_\mu(1,\ t)=\frac{1}{4\pi\epsilon_0 c^2}\int\frac{j_\mu(2,\ t-r_{12}/c)}{r_{12}}\mathrm{d}V_2. \tag{28.13}$$

博普的美妙而又简单的想法是:也许困难出在这个积分里的因子 $1/r$ 上。假设我们从此开始,即只是通过假定在某点上的势取决于在任何其他点上的电荷密度作为该两点间距离的某个函数,比如说 $f(r_{12})$吧。于是,在点(1)处的总势就将由 j_μ 乘以这一函数而对全部空间的积分所给出:

$$A_\mu(1,t)=\int j_\mu(2,t-r_{12}/c)f(r_{12})\mathrm{d}V_2.$$

这就是一切。既没有微分方程,也没有其他的东西。噢,还有一件事情。我们也要求这结果应该是相对论性不变的。因此所谓"距离",我们应取在时空中两点间的不变"距离"。这一距离的平方(在一个无关紧要的符号变化范围之内)为

$$s_{12}^2=c^2(t_1-t_2)^2-r_{12}^2=c^2(t_1-t_2)^2-(x_1-x_2)^2-(y_1-y_2)^2-(z_1-z_2)^2. \tag{28.14}$$

因此,对于一个相对论性不变的理论来说,我们就应当采取 s_{12}的大小的某一函数,或与此相同的,即采取 s_{12}^2的某一函数。因此博普理论就是

$$A_\mu(1,\ t_1)=\int j_\mu(2,\ t_2)F(s_{12}^2)\mathrm{d}V_2\mathrm{d}t_2 \tag{28.15}$$

(当然,这积分就应该是对整个四维体积 $\mathrm{d}t_2\mathrm{d}x_2\mathrm{d}y_2\mathrm{d}z_2$ 进行)。

剩下的一切就是要选取一个适当函数作为 F。对于 F 来说,我们仅仅假定这么一点——即除了自变数接近于零处都十分微小——使得 F 的曲线像图 28-4 所示的那样。它是一个

狭窄钉形,具有一个集中于 $s^2=0$ 处的有限面积,我们可以说它的宽度约等于 a^2。不妨粗略地这样说,当我们计算点(1)的势时,只有当 $s_{12}^2=c^2(t_1-t_2)^2-r_{12}^2$ 是在零点的 $\pm a^2$ 之内时那些点(2)才能产生一些可观的效应。我们可以指出,这点只有对于

$$s_{12}^2=c^2(t_1-t_2)^2-r_{12}^2\approx\pm a^2 \quad (28.16)$$

这种情况 F 才是重要的。你如果乐意,还可以使它更为数学化些,但那是我们的想法。

现在假定 a 比起像电动机、发电机等普通器物的大小来要小得多,以致在正常问题中总是 $r_{12}\gg a$。这样式(28.16)表明,只有在 t_1-t_2 处于下列的小范围内那些电荷才会对式(28.15)的积分有所贡献:

$$c(t_1-t_2)\approx\sqrt{r_{12}^2\pm a^2}\approx r_{12}\sqrt{1\pm\frac{a^2}{r_{12}^2}}.$$

由于 $a^2/r_{12}^2\ll 1$,所以平方根可近似为 $1\pm a^2/(2r_{12}^2)$,因而

$$t_1-t_2=\frac{r_{12}}{c}\left(1\pm\frac{a^2}{2r_{12}^2}\right)=\frac{r_{12}}{c}\pm\frac{a^2}{2r_{12}c}.$$

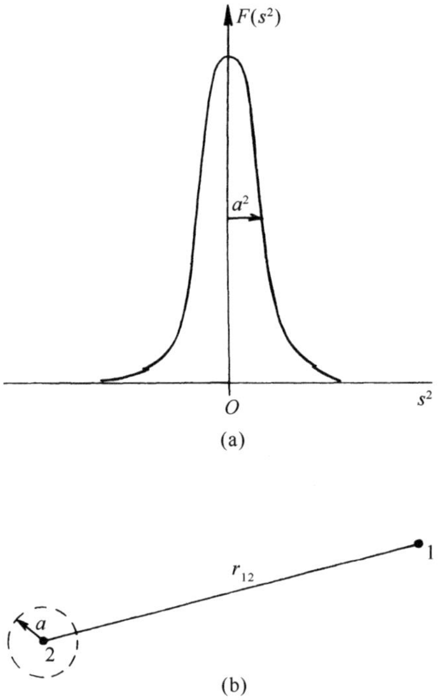

图 28-4 用于博普的非局域理论中的函数 $F(s^2)$

这有什么含义呢?这一结果表明,在 A_μ 的积分中只有与我们要计算的势所处的时刻 t_1 相差为推迟时间 r_{12}/c——带有一个只要符合 $r_{12}\gg a$ 便可以忽略的改正项——的那些时刻 t_2 才是重要的。换句话说,博普的这个理论在它给出推迟波的效应这一意义上来说是接近麦克斯韦理论的——只要我们远离任何特定的电荷就行。

事实上,我们能够约略地看出式(28.15)的积分将给出什么结果。如果首先对于 t_2 从 $-\infty$ 至 $+\infty$ 进行积分——保持 r_{12} 固定不变——那么 s_{12}^2 也将从 $-\infty$ 进至 $+\infty$。该积分将全部来自以 t_1-r_{12}/c 为中心、而在狭小宽度 $\Delta t_2=2a^2/(2r_{12}c)$ 内的那些 t_2 的贡献。设函数 $F(s^2)$ 在 $s^2=0$ 处具有值 K,则对于 t_2 的积分近似为 $Kj_\mu\Delta t_2$,或

$$\frac{Ka^2}{c}\frac{j_\mu}{r_{12}}.$$

当然,还应该取 $t_2=t_1-r_{12}/c$ 时的 j_μ 值,因而式(28.15)就变成

$$A_\mu(1,\ t_1)=\frac{Ka^2}{c}\int\frac{j_\mu(2,\ t_1-r_{12}/c)}{r_{12}}\mathrm{d}V_2.$$

如果我们挑选 $K=1/4\pi\epsilon_0ca^2$,则正确地回到了麦克斯韦方程组的推迟势解——自动地包含了 $1/r$ 的依存关系!而这全都来自一个简单的主张,即在时空中某一点的势取决于在时空中所有其他各点的电流密度,不过带有两点间四维距离的某个狭窄函数的权重因子。这一理论再次预言电子的电磁质量为有限大,而能量与质量之间也具有正确的相对论关系。

它们必然如此，因为这理论从一开始就是相对论不变的，而一切似乎都是正确的。

然而这一理论，以及我们所曾描述过的所有其他各种理论，都存在一个基本缺点。我们知道的一切粒子都遵循量子力学规律，因而对电动力学的量子力学修正是必须做的。光的行为像光子。它并非百分之百地像麦克斯韦理论所描述的那样。因此，电动力学理论就必须改变。我们已经提出过，为了修正经典理论而如此艰苦地工作也许是白费时间，因为结果可能是：在量子电动力学中那些困难将消失或可以按照其他某种方式得到解决。可是，这些困难在量子电动力学中却也未被消除。人们之所以花那么多精力试图解决这些经典困难，原因之一就是希望假如他们能够先解决这些经典困难，然后才去做量子力学方面的修正，则一切都可能被搞清楚。但在做了量子力学的修正之后麦克斯韦方程组仍然存在困难。

量子效应确会造成某种变化——有关质量的公式被修改了，而普朗克常量出现了——但答案仍然出现无限大，除非你想办法截止积分——正如我们过去在 $r = a$ 处不得不终止经典积分那样。而答案就取决于你怎样去截断那些积分。可惜我们在这里不能向你们证明这些困难实际上是基本相同的，因为我们对于量子力学理论迄今掌握得那么少，而对于量子电动力学甚至更少。所以你就必须仅仅相信我们的话，即麦克斯韦电动力学的量子化理论对于一个点电子来说会给出无限大的质量。

然而，事实证明，迄今从未有人在从任何一个已经修改过的理论造成一种自洽的量子理论方面取得过成功。玻恩和因费尔德的想法从没有满意地转变成量子理论。狄拉克的或惠勒和费曼的关于超前和推迟波的那些理论也从未被转变成满意的量子理论。博普的理论同样也未曾被转变成令人满意的量子理论。所以今天，对这一问题还没有已知的解答。我们还不懂得如何去形成对电子或对任一个点电荷不会产生出无限大自能的一种协调一致的理论——包括量子力学。而在同时，也没有描述一个非点电荷的令人满意的理论。这是一个还未得到解决的问题。

当你决定仓促地去做出一个理论、其中电子对其本身的作用完全被消除以致电磁质量不再具有任何意义、然后建造量子理论时，那你就应该被警告说，你一定会陷于困难之中。有明确的实验证据表明，电磁惯性是存在的——有证据表明，带电粒子的某些质量的确起源于电磁性质。

在较古老的书本中往往会说，由于大自然显然不会向我们提供两个粒子——一个是中性的而另一个是带电的，其他方面则全都相同——我们就将永远不能够说出有多少质量是属于电磁的而有多少质量是属于机械的。但结果弄清楚，大自然已经足够仁慈来供给我们恰恰就是这样的物体，以致通过比较带电粒子的观测质量与中性粒子的观测质量，就能够道出是否有电磁质量。例如，在自然界中存在中子和质子，它们之间具有巨大的相互作用力——核力——其来源还不清楚。然而，正如我们已经描述过的，核力具有一种引人注目的性质。就核力方面来说，中子与质子完全相同。就我们所能说的，中子与中子、中子与质子、质子与质子间的核力全都相同，只有那小小的电磁力才是不同的。从电方面说，质子与中子间的差别有如白天和黑夜，这恰好就是我们所需要的。我们拥有两种粒子，从强相互作用的观点看是全同的，但从电方面看则是不同的。而它们在质量上存在一个小差别。质子与中子间的质量差别——用兆电子伏的单位来表示静能 mc^2 之差——约为 1.3 MeV，约等于电子质量的 2.6 倍。于是经典理论会预言它们具有一个约等于经典电子半径的 1/3 至 1/2、或约为 10^{-13} cm 的半径。当然，人们实际上应该应用量子理论，但依靠某种奇怪的偶然性，所有的常数——2π 和 $\hbar$ 等等——一起使得量子理论给出与经典理论近似相同的半径。唯一的毛病是符号错了！中子比质子还要重。

表 28-1 粒子质量

粒 子	电荷(电子电荷单位)	质量(MeV)	Δm^* (MeV)
n(中子)	0	939.5	
p(质子)	+1	938.2	−1.3
π(π 介子)	0	135.0	
	±1	139.6	+4.6
K(K 介子)	0	497.8	
	±1	493.9	−3.9
Σ(Σ 超子)	0	1 191.5	
	+1	1 189.4	−2.1
	−1	1 196.0	+4.5

* Δm=(带电粒子的质量)−(中性粒子的质量)。

大自然还提供几种别的粒子对——或三重态——除了它们的电荷之外其他各方面的表现都完全相同。它们通过所谓核力的"强"相互作用与质子和中子发生相互作用。在这种相互作用中,给定种类的粒子——比如说 π 介子——除了它们的电荷之外在每一方面的行为都像一个物体。表 28-1 上给出这些粒子的一张清单,包括对它们测定的质量。那些带电的 π 介子——无论正的或负的——都具有 139.6 MeV 的质量,但中性 π 介子较轻为 4.6 MeV。我们相信,这一质量差是电磁性质的,它可能相当于一个半径为 3 至 4×10^{-14} cm 的粒子。你将从表上看到其他粒子的质量差往往一般大小相同。

现在这些粒子的大小是可以由其他方法、诸如由在高能碰撞中所表现出来的直径来测定的。因此,这电磁质量似乎一般都与电磁理论相符,只要在场能的计算中在用其他方法得到的相同半径处截止积分。这就是我们为什么要相信这些差值确实代表了电磁质量的原因。

你无疑会对表中那些质量差的不同符号感到担心。弄清楚为什么带电粒子比中性粒子较重挺容易,但像质子和中子那样的粒子,测量出来的质量差倒表现出相反的符号,那又是怎么一回事呢?噢,结果是,这些粒子较为复杂,因而对于它们电磁质量的计算就一定要更精细些。例如,尽管中子没有净电荷,但在其内部确有一种电荷分布——只是其净电荷等于零。事实上,我们相信中子至少有时看来像一个被负 π 介子"云"所包围着的质子,如图 28-5 所示。尽管由于总电荷等于零,中子表现出"中性",但它仍然具有电磁能量(例如,它具有磁矩),因此,若没有其内部结构的详尽理论,就不容易讲出电磁质量差值的符号来。

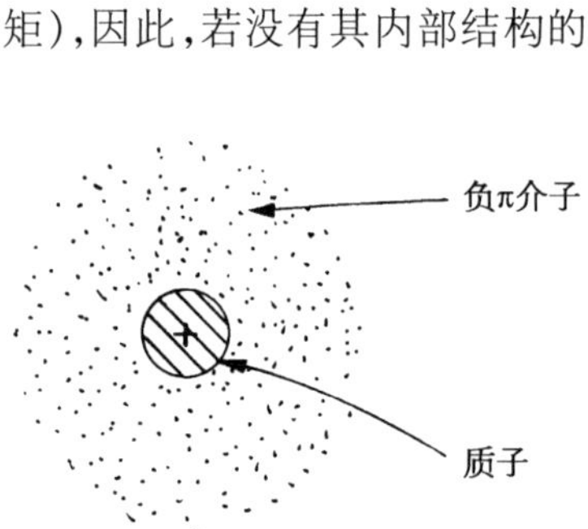

图 28-5 有时,中子可能作为一个由一负 π 介子包围着的质子而存在

我们在这里只希望强调下述几点:(1)电磁理论预言有一种电磁质量存在,但它这样做时也会落到嘴啃泥,因为它不会产生一个协调一致的理论——而对于量子修正也是如此;(2)关于电磁质量的存在是有实验依据的;而(3)所有这些质量都大体上与电子的质量相同。因此,我们又回到了洛伦兹的原来想法——也许全部电子质量纯粹是电磁性质的,也许整个 0.511 MeV 都起源于电动力学。究竟是,还是否呢?由于我们还未得到一套理论,所以就不可能说出什么来了。

必须提起最令人烦恼的另一点信息。在世界上还有一种叫作μ介子的粒子,迄今我们所能说的除了质量外,它和电子没有一点区别。它每一方面的表现都很像电子:它能同中微子、电磁场发生相互作用,但就是没有核力。它的行为丝毫无异于电子——至少,没有什么事情不能被理解为仅由于它的较高质量(206.77 倍电子质量)的后果。因此,每当有人最后获得关于电子质量的解释时,他将对 μ 介子从何处得到它的质量感到困惑。为什么呢? 因为无论电子干什么,μ 介子总是同样地干什么——所以质量理应表现相同。有人坚定地相信这么一个观念,即 μ 介子与电子是同一种粒子,而在有关质量的最后理论中,对质量的公式将是一个具有两个根的二次方程——每种粒子一个根。也有一些人建议,该公式将是一个具有无限多个根的超越方程,而他们正在猜测:在这个系列中其他粒子的质量应该是什么,以及为什么这些粒子还未曾被发现。

§28-6 核 力 场

我们愿意对那一部分非电磁性质的核(粒)子质量进一步做某些评述。这另一大部分质量究竟从哪里来的呢? 除了电动力以外还有别的力——像核力——它们也有本身的场的理论,尽管没有人知道现行的理论是否正确。这些理论也预言对核粒子提供与电磁质量相似的质量项的场能,我们可以把它称为"π 介子场质量"。它大概会十分巨大,因为那些力非常强,而这可能就是重粒子的质量起源。但有关介子场的理论目前还处于最初步的状态。即使利用发展得最完善的电磁理论,我们仍然发现在解释电子质量时难以获得成功。至于对介子理论,我们就像击球手在棒球场上三击不中而退下场的情况。

由于同电动力学存在着有趣联系,我们将花一点时间来略述介子理论。在电动力学中,场可以用满足下列方程的一个四维矢量来描述:

$$\Box^2 A_\mu = \text{源}.$$

现在我们已经知道,一部分场可以被辐射出去,因而可以离开源而存在。这部分场就是光的光子,而它们是由一个无源的微分方程描述的:

$$\Box^2 A_\mu = 0.$$

人们曾经议论说,核力场也应有它自己的"光子"——它们大概会是 π 介子——而且它们应该由一个相似的微分方程来描述(由于人类脑子的弱点,我们不能想出某些真正新的东西,因而才通过与已知的东西的类比来进行论证)。因此,介子方程式也许就是

$$\Box^2 \phi = 0,$$

其中 ϕ 可能是一个不同的四维矢量或也许是一个标量。结果证明 π 介子没有偏振,所以 ϕ 应为标量。如果采用这一简单方程 $\Box^2 \phi = 0$,则介子场应该随着与源间的距离按 $1/r^2$ 变化,正如电场那样。可是我们知道,核力具有短得多的作用距离,因而该简单方程式就不适用。有一种办法能够使事情改变而又不会破坏相对论不变性:我们可以对达朗贝尔算符加上或减去一个常数乘以 ϕ。因此汤川秀树就曾建议,核力场的自由量子或许遵循方程:

$$\Box^2 \phi - \mu^2 \phi = 0, \tag{28.17}$$

式中 μ^2 是一常数——也就是一个不变的标量(由于$\Box^2$ 是四维空时中的一个标量微分算符,所以如果我们对之加上另一个标量,它的不变性仍然成立)。

让我们来看看,当情况不随时间变化时式(28.17)会给出一个怎么样的核力。我们希望有满足下列方程的围绕着处于原点的点源的球对称解。

$$\nabla^2\phi-\mu^2\phi=0.$$

如果 ϕ 仅取决于 r,则我们知道

$$\nabla^2\phi=\frac{1}{r}\frac{\partial^2}{\partial r^2}(r\phi).$$

因此有方程:

$$\frac{1}{r}\frac{\partial^2}{\partial r^2}(r\phi)-\mu^2\phi=0$$

或
$$\frac{\partial^2}{\partial r^2}(r\phi)=\mu^2(r\phi).$$

若把$(r\phi)$想象成因变数量,则这便是我们曾经多次见过的一个方程。它的解是

$$\phi=Ke^{\pm\mu r}/r. \tag{28.18}$$

这一函数称为汤川势。对于吸引力来说,K 为负数,其大小必须调整到与实验上所观测到的力的强度相符。

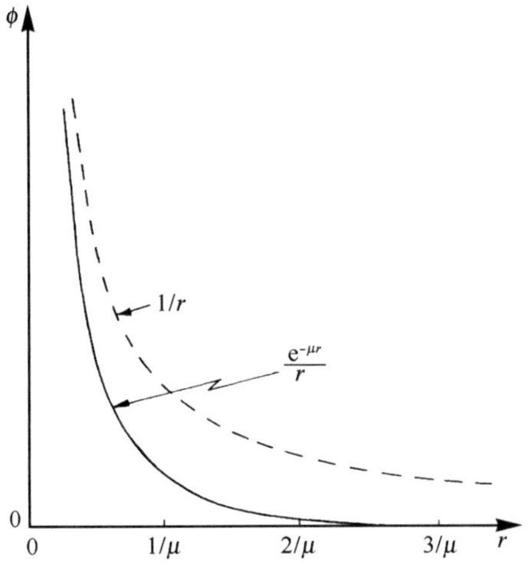

图28-6 汤川势 $e^{-\mu r}/r$,与库仑势 $1/r$ 相比较

核力的汤川势按指数因子衰减得比 $1/r$ 更快。对于超过 $1/\mu$ 的那些距离,这个势——从而这个力——降落到零要比 $1/r$ 快得多,如图 28-6 所示。核力"范围"要比静电力"范围"小得多。从实验上发现,核力并不会超出约 10^{-13} cm,因而 $\mu\approx10^{15}\ \mathrm{m}^{-1}$。

最后,让我们看看方程式(28.17)的自由波解。如果将

$$\phi=\phi_0e^{i(\omega t-kz)}$$

代入式(28.17)中,便得

$$\frac{\omega^2}{c^2}-k^2-\mu^2=0.$$

将频率与能量、波数与动量联系起来,像在第 1 卷第 34 章末尾我们曾经做过的那样,便可得到

$$\frac{E^2}{c^2}-p^2=\mu^2\hbar^2,$$

上式表明,汤川"光子"具有等于 $\mu\hbar/c$ 的质量。如果我们对 μ 采用核力的观测范围的估计值 $10^{15}\ \mathrm{m}^{-1}$,结果质量为 3×10^{-25} g 或 170 MeV,这近似等于所观测到的 π 介子质量。因此,根据与电动力学所做的类比,我们会说 π 介子就是核力场中的"光子"。但现在我们已把电动力学的那些概念推广到它们可能实际上并不适用的领域中去了——我们已超过了电动力学范围而涉及到了核力的问题。

第 29 章　电荷在电场和磁场中的运动

§ 29-1　在匀强电场或匀强磁场中的运动

我们现在要来描述——主要采取定性方式——在各种不同情况下电荷的运动。电荷在场中运动的有趣现象,大多数都发生于有许许多多电荷互相作用着的十分复杂的情况下。例如,当电磁波行经一块材料或一团等离子体时,会有亿万个电荷与该波相互作用并彼此相互作用。往后我们将进入这样的问题,但现在只希望讨论在给定场中单个电荷的运动这种简单得多的问题。这样就可以忽略所有其他电荷——当然除了存在于某处的、借以产生我们将采用的场的那些电荷和电流以外。

我们大概应当首先询问粒子在匀强电场中的运动情况。在低速时,这一种运动并非特别有趣,它不过是在电场方向做匀加速运动。然而,如果粒子获得了足够多的能量以致成为相对论性的粒子,那么运动就会变得更加复杂。但我们将把这一情况下的问题留给你们自己去解决。

其次,考虑在没有电场的匀强磁场中的运动。我们已解决了这个问题——其中一个解是粒子做圆周运动。磁力 $q\boldsymbol{v}\times\boldsymbol{B}$ 始终与运动方向成直角,因而 $\mathrm{d}\boldsymbol{p}/\mathrm{d}t$ 垂直于 $\boldsymbol{p}$ 并具有量值 vp/R,其中 R 为圆的半径,即

$$F=qvB=\frac{vp}{R}.$$

于是该圆周的轨道半径为

$$R=\frac{p}{qB}.\tag{29.1}$$

那只是一种可能性。如果粒子还有沿场方向的运动分量,则这个运动是恒定的,因为在场的方向不可能有磁力的分量。粒子在一匀强磁场中的普遍运动将是一个平行于 $\boldsymbol{B}$ 的匀速运动加上一个垂直于 $\boldsymbol{B}$ 的圆周运动——轨道乃是一条柱形螺旋线(图 29-1)。这螺旋线的半径由式(29.1)给出,只要我们用垂直于场的动量分量 $p_\perp$ 来代替其中的 p。

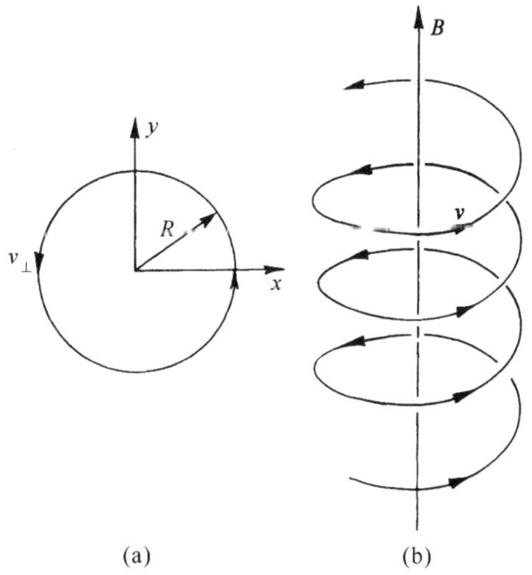

图 29-1　粒子在一匀强磁场中的运动

§ 29-2　动 量 分 析

一个匀强磁场往往被用来制造一台高能带电粒子的“动量分析器”或“动量谱仪”。假定

带电粒子在图 29-2(a)中的 A 点被射入一匀强磁场,这磁场与该图面垂直。每个粒子将在半径正比于该粒子动量的一个圆周上运动。如果所有粒子都与场边缘正交地进入场中,那么它们将在一个离 A 点距离为 x 的地方离开场,这 x 值正比于它们的动量 p。位于诸如某点 C 的计数器将只能探测到动量 $p = qBx/2$ 附近间隔 Δp 内的那些粒子。

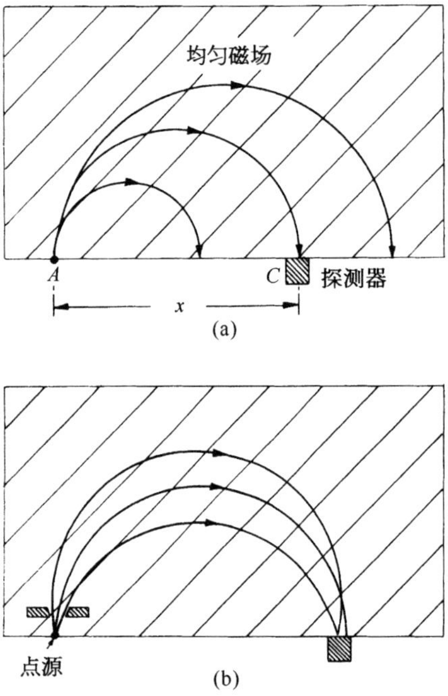

图 29-2 匀强磁场,180°聚焦的动量谱仪:(a)动量不同;(b)角度不同(磁场方向与图面垂直)

当然,并不要求粒子在它们被探测到之前都要走过 180°,但这种名为"180°谱仪"却具有一种独特性质,并不一定要求所有粒子全都与场的边缘成直角进入场中。图 29-2(b)显示三个粒子的轨道,它们都拥有相同的动量,但以不同角度进入场中。你看到它们各取不同轨道,可是全都在很靠近于 C 点处离开了场。我们说存在一个"焦点"。这种聚焦特性有其优越之处,即在 A 点有较大角度的粒子也可以被接收到——虽然往往得强加上某些限制,如图中所示。对一个较大角度范围的接收经常意味着较多的粒子在给定时间内被计算了进去,这就减少了对给定的测量所需的时间。

通过变更磁场,或沿 x 轴移动计数器,或由运用许多个计数器覆盖 x 的一个范围,入射束的动量"谱"就可以被测得了[所谓"动量谱" $f(p)$,我们指的是动量在 p 与 $(p+\mathrm{d}p)$ 之间的粒子数为 $f(p)\mathrm{d}p$]。比方,这样的方法曾用来测定各种原子核在 β 衰变中的能量分布。

有许多其他形式的动量谱仪,但我们将只描述具有特别大接收立体角的那一种。它是以如图 29-1 所示的那种在均匀强场中的螺旋轨道为基础的。让我们设想一个柱面坐标系 ρ, θ, z,使得 z 轴沿着场的方向。如果粒子相对于 z 轴以某一角度 α 从原点射出,则它将沿方程为

$$\rho = a\sin kz\,,\ \theta = bz$$

的螺旋线运动,其中 a, b 和 k 都是你可以容易用 p, α 和磁场 B 来表示的参数。如果对于给定的动量,但对于几个不同起始角,把与轴的距离 ρ 作为 z 的函数画成曲线,则我们将得到像图 29-3 所示的那些实曲线(记住这不过是对一条螺旋形轨道的投影)。当入射方向与轴成较大角度时,ρ 的峰值变大,但其纵向速度则变小,从而使不同角度的轨道趋向于在图的 A 点附近形成一个"焦点"。如果我们放置一个窄孔于 A 处,那么在一个起始角范围内的粒子仍然能够全部到达并穿过窄孔到达 z 轴,在那里粒子可由一个长条形探测器 D 进行算数。

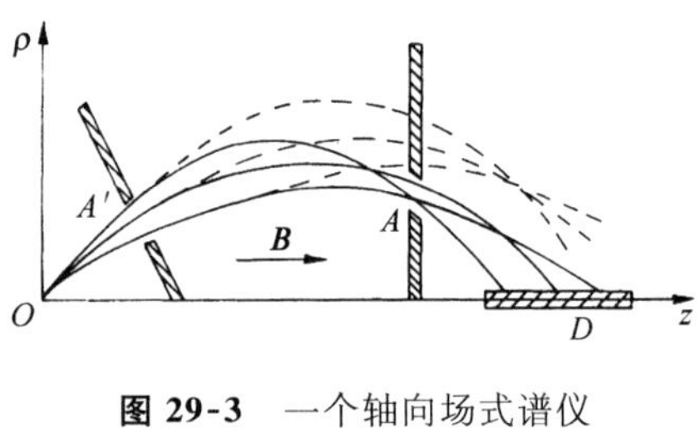

图 29-3 一个轴向场式谱仪

以较大的动量但以相同的角度从原点处的源射出的粒子,将遵循图中所示虚线轨道运动而不能穿过 A 处的窄孔。因此,这台仪器将选出一个小间隔的动量。与上述第一种谱仪

相比它的优点是:孔 A 以及孔 A' 都可以做成环形孔,以便使在一个相当大的立体角范围内离开了源的粒子都能够被接收到。来自源的大部分粒子都给应用上了——对于弱源或对于十分精密的测量这都是一个重要优点。

然而,人们为这个优点付出了代价,因为这样做需要一个大体积的匀强磁场,而这往往仅对低能粒子才是切实可行的。你会记得,制造匀强磁场的一种办法是在球面上绕一个线圈,使得其面电流密度正比于角度的正弦。你也能够证明,这同样的事情对于一个旋转椭球来说也属正确。因此这种谱仪往往通过在一个木(或铝)架上绕一个椭球形线圈来制造,所要求的一切就是在每个轴线距离间隔 Δx 内的电流都相同,如图 29-4 所示。

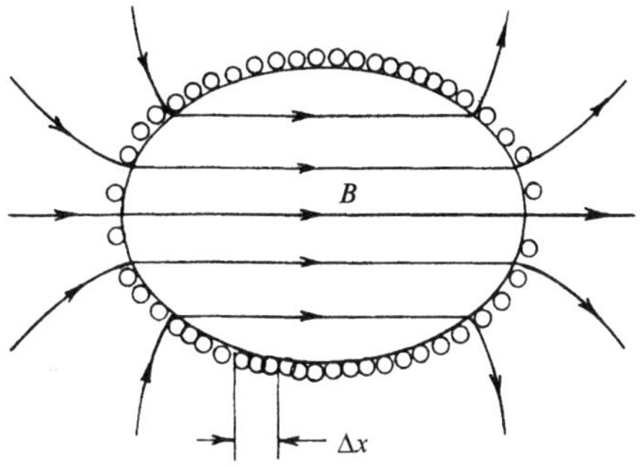

图 29-4　每个轴线间隔 Δx 中有相等电流的椭球形线圈在其内部产生匀强磁场

§29-3　静电透镜

粒子聚焦有许多应用。例如,在电视显像管中那些离开了阴极的电子被聚焦在显示屏上——为了形成一个细斑。在这种情况下,人们希望把所有具有同一能量但以不同起始角射出来的粒子都聚集在一小点上。这一问题就像用透镜使光聚焦一样,因而对粒子也会做这种相应事情的器件就也叫作透镜。

电子透镜的一个例子被简略地画成图 29-5。它是一个静电透镜,它的作用取决于两相邻电极间的电场。其运用情况可通过考虑从左边进来的平行电子束会发生什么来加以理解。当各电子到达区域 a 时,它们会感受到一个具有侧向分量的力而获得使其弯向轴心的某个冲力。你也许会想到,它们会在区域 b 获得一个相等而相反的冲力,但事实却不是这样。当电子到达区域 b 时它们已得到了能量,从而在 b 区停留的时间就较短。力还是一样,但时间短些,冲力也就小些了。在从 a 区进至 b 区时,就有一净的轴向冲力,因而电子会弯向一个共同点。在离开了高电压区之后,这些粒子又得到指向轴心的另一次冲击。在 c 区的力是向外的而在 d 区的力则是向内的,但粒子在后一区域里停留的时间较长,因而又再受到一个净冲力。对于离轴心不太远的点,通过透镜时的总冲力与离轴线的距离成正比(你

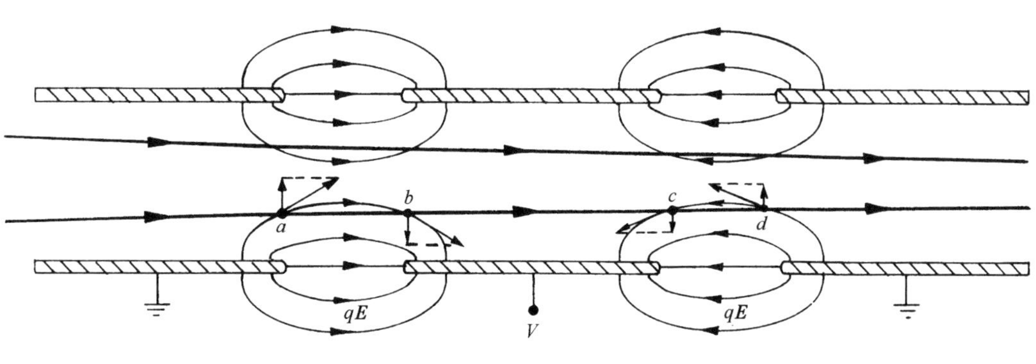

图 29-5　静电透镜。这里所示的场线是“力线”,也即 qE 线

能否看出个什么原因来),而这正是透镜式聚焦所必要的条件。

你能够用同样的论据来证明,无论中间电极的电势相对于其他两极是正还是负,都会有聚焦作用。这一种类型的静电透镜通常用于阴极射线管或某些电子显微镜中。

§29-4 磁 透 镜

另一种透镜——常出现在电子显微镜中——就是简略如图29-6所示的磁透镜。一个柱形对称的电磁铁具有十分尖锐的圆形尖极,因而能在一小区域里产生一个非均匀的强磁场。一些沿垂直方向运动的电子在通过这一区域时给聚焦了。你能够通过考察如图29-7所示的极尖区域的放大图像而理解其机制,考虑相对于轴线以某一角度离开了源S的a和b两个电子。当电子a到达场的开始部分时,它被场的水平分量所偏转以致离开了你。但这时电子将有一横向速度,使得当它经过强的垂直方向场时会得到一个指向轴心的冲力。它的横向运动当离开场时便给该磁力所消除,因而净效应就是一个朝向轴心的脉动加上一个环绕轴线的“旋转”。作用于粒子b上的所有力都与此相反,因而它也被朝向轴心偏转。在这图中,那些发散出去的电子都被引入平行路径。这作用就像置一物体于透镜的焦点上一样。安置在上部的另一个相似透镜则可用来把这些电子再聚焦回到一个单独的点上去,造成源S的像。

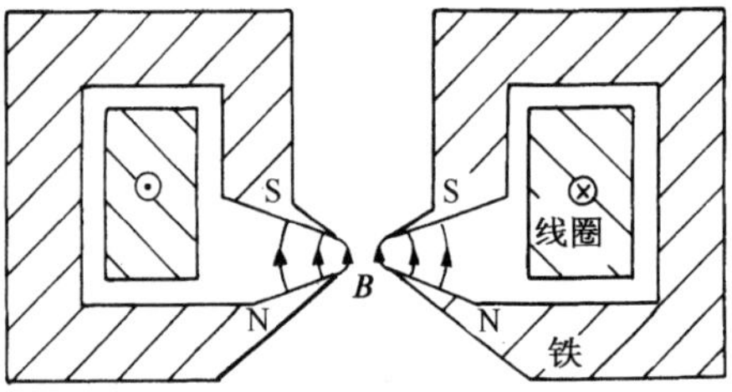

图29-6 磁透镜

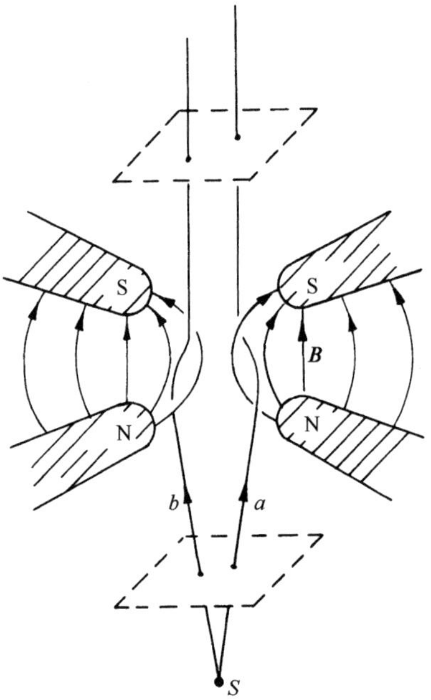

图29-7 在磁透镜中电子的运动

§29-5 电子显微镜

你们知道,电子显微镜能够“看见”光学显微镜所无法看到的非常微小的物体。我们曾在第1卷第30章中讨论过由于透镜孔径的衍射给任何光学系统带来的基本限制。如果透

镜孔径对源点所张角度为 2θ(见图 29-8),若在源处的两相邻的圆点的间距比

$$\delta \approx \frac{\lambda}{\sin\theta}$$

要小,则不能把它们看成分开的点,式中 λ 为光的波长。用最优良的光学显微镜,设 θ 趋近 90°的理论极限,因而 δ 约等于 λ,即约为 5 000 Å。

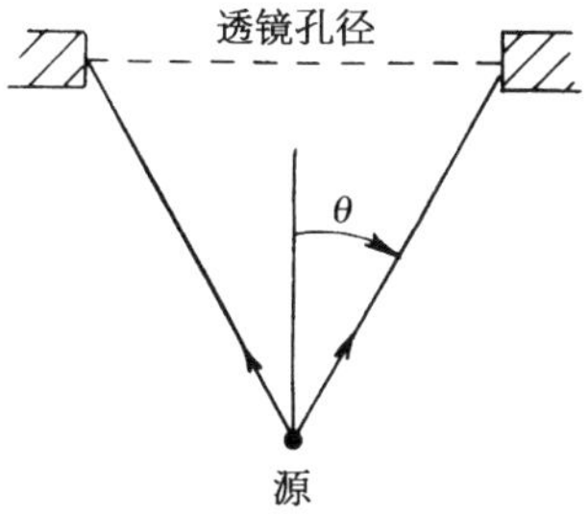

图 29-8 显微镜的分辨本领受从源点对向的角所限制

对于电子显微镜来说这同一限制也应该适用,不过这里的波长——对于 50 kV 的电子——约为 0.05 Å。假如人们能够采用一个接近 30°的孔径,就应该能看到相距只有 0.2 Å 的两物体。由于分子中原子的典型间距为 1 或 2 Å,所以我们就能拍得分子的照片。生物学会变得较为容易,我们将拥有关于脱氧核糖核酸结构的照片,那将是多么重大的一件事情呵! 当前分子生物学领域中大多数研究工作就是企图弄清楚复杂有机分子的形状。但愿我们能够看到这些分子!

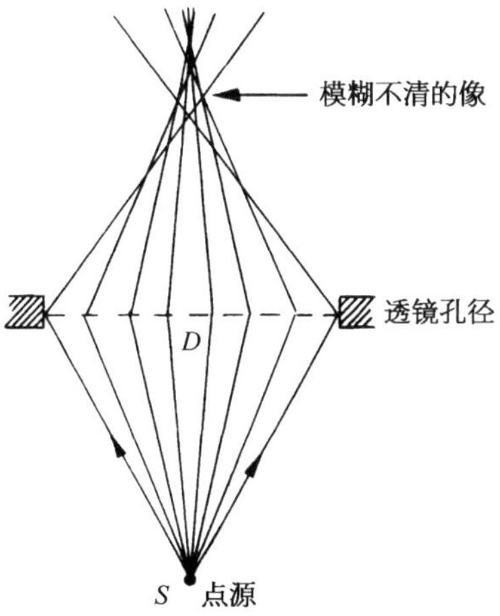

图 29-9 透镜的球面像差

可惜,迄今在电子显微镜中能够获得的最高分辨本领还只是接近 20 Å。原因是,还没有人能够设计出一种具有大孔径的透镜。所有一切透镜都带有"球面像差",那意味着与轴成大角度的射线与近轴射线有不同的聚焦点,如图 29-9 所示。通过特殊技术,光学显微镜的透镜可以造得忽略掉球面像差,但迄今还没有人能制成避免球面像差的电子透镜。

事实上,人们能够证明,我们曾经描述过的任何静电透镜或磁透镜一定会有不可能消除的球面像差。这一像差——和衍射在一起——把电子显微镜的分辨本领限制在目前的大小。

我们所提及的那种限制不适用于非轴对称的或在时间上不是恒定的那些电场和磁场。也许有朝一日有人会想出一种新型的电子透镜,它能够克服简单电子透镜所固有的像差,那时我们将能直接为原子们拍照了。也许会有一天,化学中的化合物将能够通过考察原子位置而不是通过观察某些沉淀物的颜色来加以分析!

§ 29-6 加速器中的导向场

在高能粒子加速器中磁场也被用来产生特殊的粒子轨道。像回旋加速器和同步加速器那一类机器,会使粒子反复经过强电场而把它加速至高能。粒子被磁场保持在它们的循环轨道中。

我们已经见到,在匀强磁场中的粒子将在圆周轨道上运动。然而,这仅对于完全均匀的场才正确。试设想一个在很大范围几乎均匀、但在某一区域里会稍微强于其他区域里的 B 场。若把一个动量为 p 的粒子放置在这个场中,它便将在一个几乎圆形的轨道内运动,其半径为 $R = p/(qB)$。然而,在场较强的区域里这轨道的曲率半径稍微小点。轨道不是一个

闭合圆周,它但将在场中“漫步”,如图 29-10 所示。如果我们乐意的话,可以认为场里的这个小“误差”产生了一个附加的角度冲击,它把粒子送上一个新的轨道。如果粒子要在加速器中绕行几兆圈的话,则某一种能倾向于保持各轨道靠近某个设计轨道的“径向聚焦”是必需的。

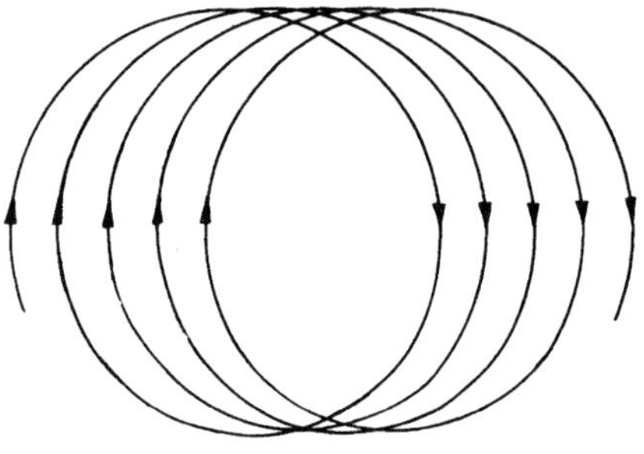

图 29-10 在一个稍微非均匀的磁场中粒子的运动

对于一个匀强场来说,另一种困难是粒子不会保持在一个平面内。如果它们以一微小角度开始——或通过场中的任一微小误差给予了一个小角度——它们便将跑一个螺旋路线而最终会闯进磁极或到达真空室里的天花板或地板上。必须做出某种安排来避免这种垂直方向的漂移,场必须同时提供“垂直方向聚焦”和径向聚焦。

最初,人们会猜测到,可以通过制造一个磁场来提供这种径向聚焦,而该磁场随着与设计路线中心的距离的增大而增强。于是,若有一粒子跑到较大的半径上去,它便将处于较强的磁场之中而被弯回到其正确的半径上来。如果它跑到了一个太小的半径,则弯曲程度将变小,因而又会朝设计的半径返回。一个粒子,一旦相对该理想圆周以某个角度开始运动,便将在该理想圆周轨道上左右摇摆,如图 29-11 所示。这种径向聚焦作用会把粒子保持在该圆周路径附近。

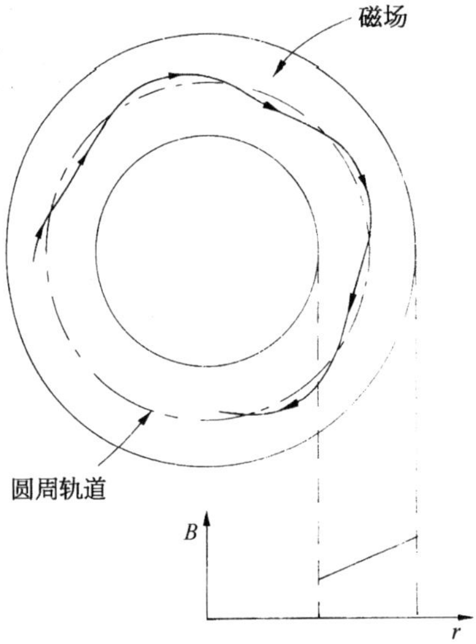

图 29-11 在一个具有大的正斜率的磁场中粒子的径向运动

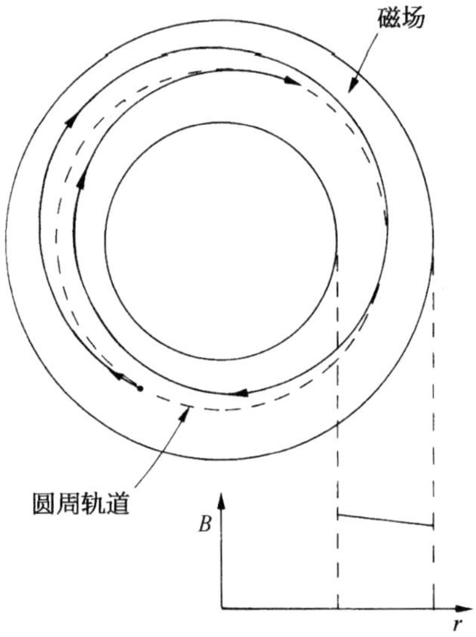

图 29-12 在一个具有小的负斜率的磁场中粒子的径向运动

实际上,即使使用相反的磁场斜率,也仍会有某种径向聚焦作用。只要轨道曲率半径的增大不会快过粒子与场中心的距离的增大,这种聚焦作用就可能发生。粒子的轨道将会如图 29-12 所示。然而,若场的梯度太大,则轨道将不会回到设计半径上来,而向内旋入或向外旋出,如图 29-13 所示。

我们通常用“相对梯度”或场指数 n 来描述场的斜率：

$$n=\frac{\mathrm{d}B/B}{\mathrm{d}r/r}. \tag{29.2}$$

如果这个相对梯度大于-1,则导向场就能提供径向聚焦。

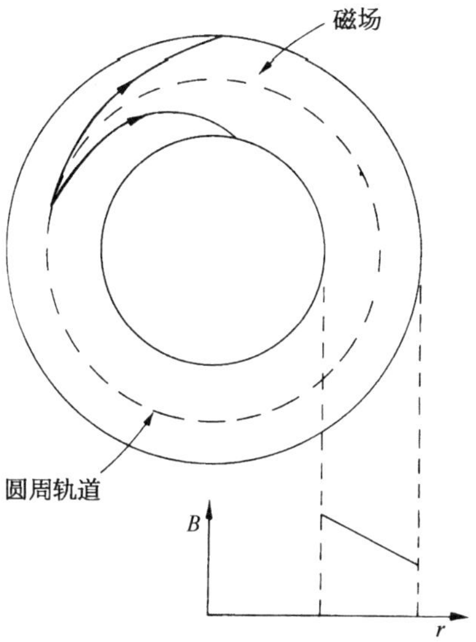

图 29-13　在一个具有大的负斜率的磁场中粒子的径向运动

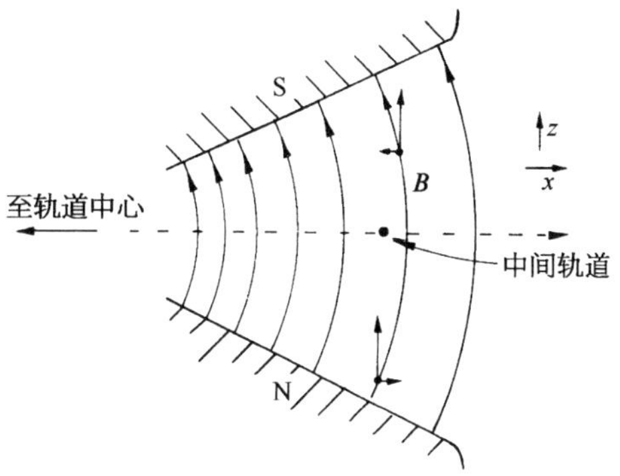

图 29-14　从一个垂直于轨道的截面上来看一个垂直方向的导向场

一个径向的场梯度也将对粒子产生垂直方向的力。假设有一个靠近轨道中心处较强而在外面较弱的场,那么垂直于轨道的、磁体的垂直方向截面也许会如图 29-14 所示(对于质子来说,它们的轨道应该是从页面出来)。如果左边的场比右边的较强,则磁场线必然如图所示的那样弯曲。通过应用自由空间里 $\boldsymbol{B}$ 的环流等于零的规律,我们可以明白情况必然会是这样。若我们选取如图所示的那些坐标,则

$$(\boldsymbol{\nabla}\times\boldsymbol{B})_y=\frac{\partial B_x}{\partial z}-\frac{\partial B_z}{\partial x}=0$$

或

$$\frac{\partial B_x}{\partial z}=\frac{\partial B_z}{\partial x}. \tag{29.3}$$

由于已假定$\partial B_z/\partial x$ 是负的,所以就必然存在一个相等的$\partial B_x/\partial z$。如果轨道的“标称”平面是一个 $B_x=0$ 处的对称平面,则径向分量 B_x 在这一个平面之上为负而在其下为正,场线就必须弯曲成如图所示的那个样子。

像这样的一个场将具有垂直方向的聚焦特性。试想象一个质子正在与中间轨道近乎平行但却在其上面运动,$\boldsymbol{B}$ 的水平分量将对它施一向下的力。如果质子是在该中间轨道之下运动,则力会颠倒过来。因此,就有一个朝向该中间轨道的“恢复力”。根据我们的论证,将有一个垂直方向的聚焦作用,只要该垂直方向场随半径的增大而减小。但如果这个场的梯

度为正,则将有一“垂直方向的去焦”作用。因此,对于垂直方向聚焦来说,该场指数 n 必须小于零。上面我们已求得对于径向聚焦 n 必须大于 -1,这两个条件结合在一起就给出总条件

$$-1 < n < 0,$$

若要把粒子维持在稳定的轨道上,则要满足上述条件。在回旋加速器中,常采用非常接近于零的 n 值,而在电子回旋加速器和同步加速器中,则一般采用 $n = -0.6$ 的数值。

§ 29-7 交变梯度聚焦法

像这么小的 n 值只会给出相当“弱”的聚焦作用。很清楚,一个有效得多的径向聚焦作用应该由一个大的正梯度($n \gg 1$)来提供,但这时垂直方向力就将产生一个强大的去焦作用。同理,大的负斜率($n \ll -1$)会给出一个较强的垂直方向力,但却会引起径向的去焦作用。然而,约十年前就已经认识到,在强聚焦与强去焦之间的交变力仍然能够产生一个净的聚焦力。

为解释交变梯度聚焦法是如何起作用的,我们将首先描述一个四极透镜的工作情况,它以上述相同的原理为基础。试设想一个匀负磁场加于图 29-14 中的场上,使其强度调整至在轨道处的场为零。合成的场——对于与中立点间的小位移来说——会像图 29-15 所示的场。这样一种四极磁体称为“四极透镜”。一个在中点之左或右(从读者一边看)进入场内的正粒子会被推回中心。如果这个粒子是在上面或下面进入的,则将被从中点推开。这是一个平行方向的聚焦透镜。如果水平梯度被反向——正如可通过变换所有磁极的极性而做到的那样——则所有力的符号都将反号,因而我们就有一个垂直方向的聚焦透镜,如图 29-16 所示。对于这样一种透镜,场强——因而焦聚力——会随着离轴的透镜距离线性地增大。

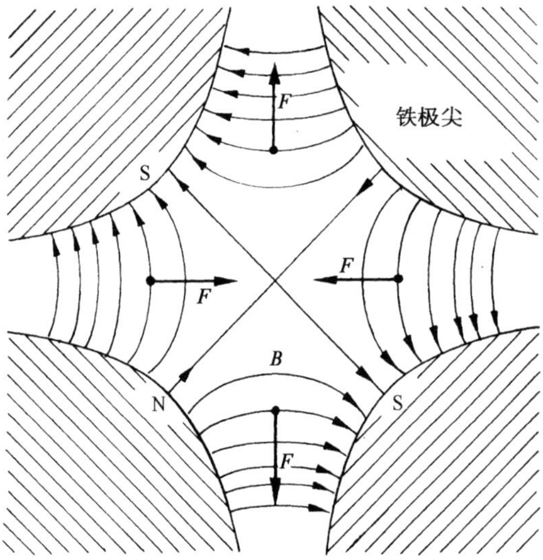

图 29-15 水平方向聚焦的四极透镜

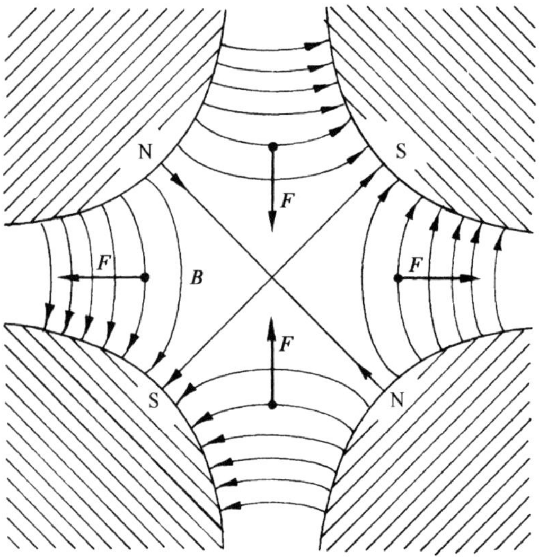

图 29-16 垂直方向聚焦的四极透镜

现在设想有两个这样的透镜串联安放着。若一粒子从与轴心有某个水平位移的地方进入场中,如图 29-17(a)所示,则它在第一个透镜中将被朝轴的方向偏转。当抵达第二

个透镜时，它距离轴已较近，因而向外的力较小，向外的偏转也就较小。所以有一个朝轴向的净弯曲，平均效应是水平方向的聚焦作用。另一方面，若我们考察一个在进场时在垂直方向上就离开轴的粒子，则其路径将如图 29-17(b)所示。该粒子初时被偏转以致离开轴，但之后在较大位移时到达那第二个透镜，在那里它会感觉到一个较强大的力，因而被弯向轴。净效应再次为聚焦作用。这样一对四极透镜独立地对于水平方向和垂直方向的运动起作用——十分像一个光学透镜。四极透镜被用来形成并控制粒子束，与光学透镜用于控制光束的方法十分相似。

还应该指出，一个交变梯度系统并不总会产生聚焦作用。如果梯度太大(相对于粒子动量或两透镜的间隔来说)，则净效应可能是一个去焦作用。你若设想图 29-17 那两个透镜的距离增大了三或四倍，就会看清楚这种作用可能是怎样发生的了。

现在就让我们回到同步加速器的导向磁体上来。可以认为，它由叠加了均匀场的“正”、“负”透镜交替序列构成的。平均来说匀强磁场用来把粒子弯曲成一个水平圆周(对于垂直方向运动不起作用)，而该交变透镜组对任何也许已走错了路的粒子会起作用——始终把它们(在平均上)推向中间轨道上去。

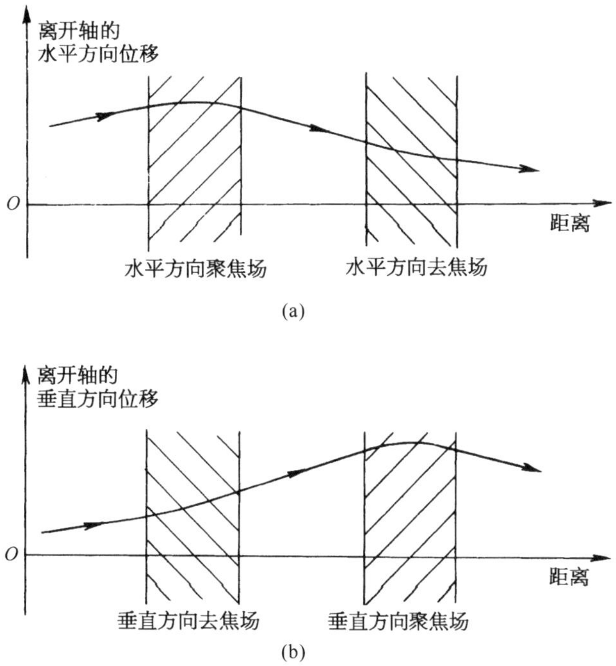

图 29-17　利用一对四极透镜而得到的水平方向聚焦和垂直方向聚焦

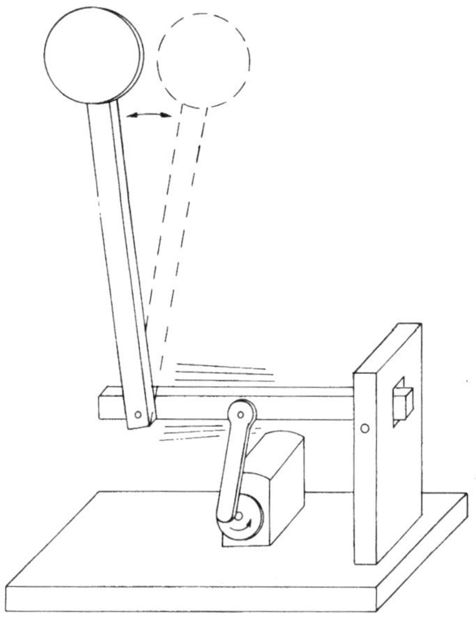

图 29-18　一副配有振动轴的摆，可以使位于轴上的摆锤有一个稳定位置

有一套漂亮的机械模拟器，可以用来演示在“聚焦”力与“去焦”力之间交替变换着的力能够产生一个净的“聚焦”效应。试想象一副机械摆，它含有一根末端装有重物的坚固棒，该棒悬挂在一个被安排好的轴上，轴由一部电动机驱动着的曲柄带动而使其迅速做上下振动。像这样的摆会有两个平衡位置，除了正常的下垂悬挂位置外，该摆还有一个“向上悬挂”着的平衡位置——摆锤高居于轴上！这样的摆如图 29-18 所示。

通过下述论证我们能够看出轴的垂直方向运动相当于一个交变聚焦力。当轴向下加速时，摆锤倾向于向内运动，如图 29-19 所示。当摆锤向上加速时，这效应就被反转。促使摆锤恢复朝向轴线的力虽然在交替变换着，但其平均效应仍然是一个朝向轴线的力。所以这个摆将会围绕正常平衡位置正对面的中立位置来回摆动。

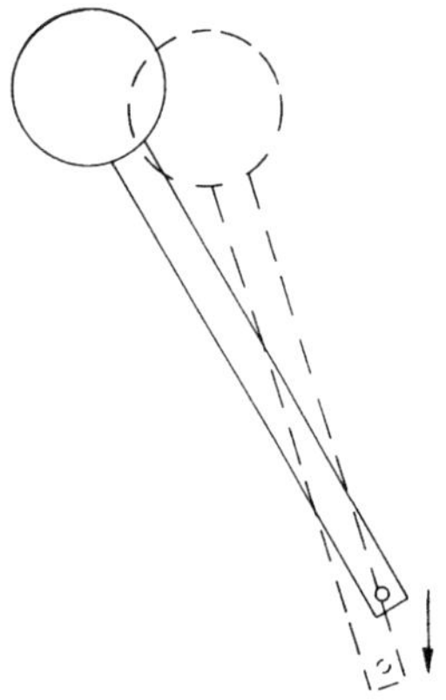

图 29-19 轴的向下加速会引起摆朝着垂直方向运动

当然，可用一种容易得多的办法来保持一副摆倒悬着，那就是把它平衡于你的手指之上！不过你还可试一试，在同一只手指上平衡两根互为独立的棒！或者把你的眼睛掩闭着而试着平衡一根棒！平衡含有对即将出现的错误进行改正的意思，而一般说来，倘若同时有几件事情都发生错误的话，平衡是不可能的。在一部同步加速器中有数以亿计的粒子同时在环行，其中每一个都可能从不同的"误差"出发。我们刚才描述的那种聚焦作用对它们就都有效。

§ 29-8 在交叉的电场和磁场中的运动

迄今为止我们谈论了只在电场或只在磁场中的粒子。当这两种场同时存在时就会有某些有趣的效应。假设有一个匀强磁场 $\boldsymbol{B}$ 和一个电场 $\boldsymbol{E}$ 正交。凡垂直于 $\boldsymbol{B}$ 出发的粒子都将沿如图 29-20 所示的曲线运动(这是一条平面曲线，而不是一条螺旋线)。我们能够定性地理解这一运动。当(假定带正电的)粒子在 $\boldsymbol{E}$ 的方向运动时，它会增加速率，因而被磁场弯曲得较小。当其逆着电场运动时，它减少速率，因而被磁场连续弯曲得多些。净效应就是它有一个沿 $\boldsymbol{E}\times\boldsymbol{B}$ 方向的平均"漂移"。

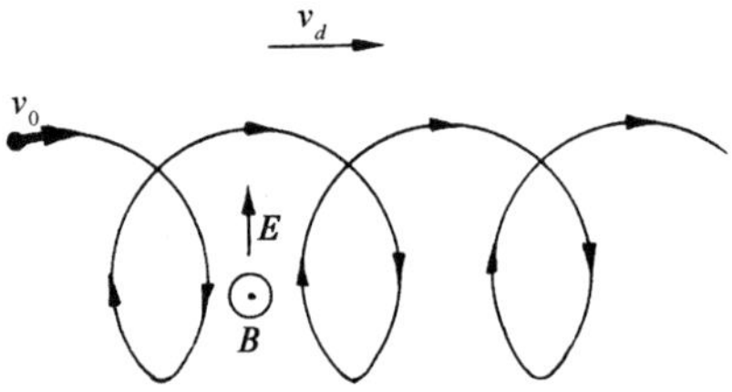

图 29-20 在交叉的电场和磁场中一个粒子的路径

事实上，我们能够证明，上述运动是由一个匀速圆周运动叠加于一个以速率 $v_d = E/B$ 进行着的横向匀速运动之上的合运动——图 29-20 中的那条轨道就是一条旋轮线。试想象一个以恒定速率向右运动的观察者，在他的参照系上，我们的磁场会变换成一个新的磁场再加上一个方向朝下的电场。如果他恰巧具有正确的速率，则他的总电场将为零，因而他将看到电子在做圆周运动。因此，我们所看到的乃是一个圆周运动加上一个以漂移速率 $v_d = E/B$ 进行的平动。电子在交叉的电场和磁场中的运动就是磁控管——即用来产生微波能量的振荡器——的基础。

关于在电场和磁场中粒子的运动还有许多其他的有趣例子，诸如被捕获在范艾仑(Van Allen)带中的电子和质子的轨道，可惜我们这里没有时间来一一讨论。

第 30 章　晶体的内禀几何

§30-1　晶体的内禀几何

我们已经结束了关于电磁基本定律的学习，现在要来学习实物的电磁性质了。我们将从描述固体——即晶体——开始。当物质中的原子运动得并不太厉害时，它们逐渐粘在一起并把它们自己安排在一个尽可能低的能量位形中。如果某处的原子已找到了一个似乎具有低能量的图样，那么在别处的原子大概也会做出同样的安排。为了这些缘故，在固体材料中我们就有重复的原子图样。

换句话说，晶体中的情况是这样的：晶体里某一特定原子的周围环境具有某种安排，而倘若你在更向前的另一处又看到一个相同种类的原子，那么你将会发现它的环境与前面的完全相同。如果你再向前同样的距离选取一个原子，你将会发现情况又是完全相同。这图样将一次又一次地重复——这当然是在三维之中。

试想象设计一张墙纸或花布，或平面上的某种几何图案——你假定将有一个一次又一次地重复着的设计单元，以致你可以制成一个任意大的面积，这就是将要在三维中求解的晶体问题的一个二维类比。例如，图 30-1(a)显示一张常见的墙纸的设计图样。在图样中有一个能够永远重复的单元。若仅仅考虑其重复性质而不理会花朵本身的几何图形或其艺术价值，则这种墙纸图样的几何特性可用图 30-1(b)来表述。你若从任一点出发，便可通过沿箭头 1 的方向移动距离 a 而找到一个对应点。如果沿另一个箭头方向移动距离 b，那么你也可获得一对应点。当然，还有许多其他方向。例如，你可以从 α 点至 β 点而达到一个对应点，但这样的一步可认为是这样两步的组合，即沿方向 1 的一步，接着又沿方向 2 的一步。这个图样的一种基本性质就是可以由达到邻近同样位置的两个最短步长来描述。所谓“同样”位置我们指的是若你站在其中任一个位置上而眺望你的周围，你将看到的事情与你站在

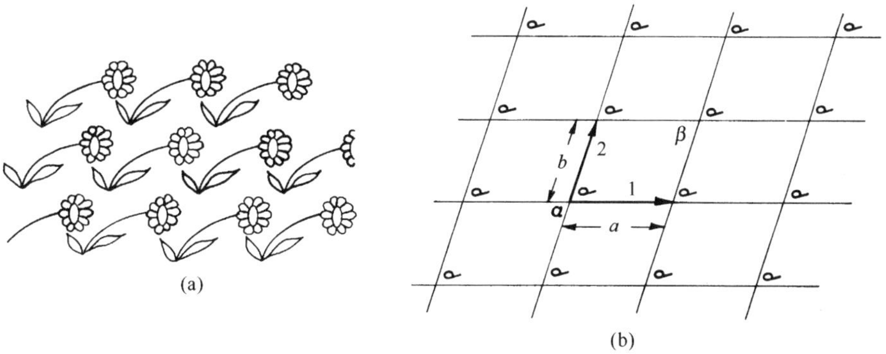

图 30-1　在二维中的一个重复图样

另一个位置上所看到的完全相同,这就是晶体的基本性质。唯一不同在于,晶体是一种三维排列,而不是二维排列;而其格点的每个基元自然就不是那些花朵,而是某些原子——也许是六个氢原子和二个碳原子——在某个图样中的某种排列。晶体中原子的图样在实验上可以通过 X 射线衍射而找到。由于以前我们曾简短地提到过这种方法,并且对于大多数简单晶体和某些相当复杂的晶体来说,它们的原子在空间中的精确排列都已经被计算出来,现在就不再赘述了。

晶体的内在图样会在不同方面显示出来。首先,原子在某些方向的结合强度往往比其他方向的要强,这意味着通过晶体的某些平面会比另一些平面更易于裂开,它们被称为解理面。如果你用一小刀刃劈裂一块晶体,它往往会沿这样的面破裂开来。其次,根据晶体的形成方式,其内部结构还往往表现在其表面上。试想象晶体正从溶液中淀积出来。有一些原子会在溶液里各处漂浮,而最后当它们找到一个能量最低的地方时就淀积下来(这好像墙纸逐渐制成的情形,花朵到处漂浮,直到其中一朵偶尔漂到一个地方而给逐渐粘绊住,之后一个又一个花朵都给粘住,使得该图样逐渐生长起来)。你将体会到,其中一些方向的生长速率与其他方向的不同,因而长成某种几何形状。由于这种效应,许多晶体的外表就会呈现原子内部排列的某些特征。

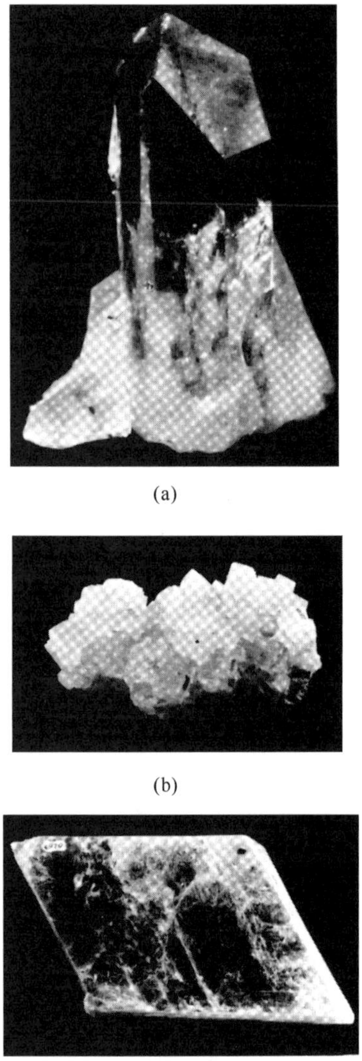

(a)

(b)

(c)

图 30-2 天然晶体:(a)石英;(b)氯化钠;(c)云母

例如,图 30-2(a)显示一块典型石英晶体的形状,它的内部图样为六角形。如果你仔细地考察这样一块晶体,你将会注意到,它的外表并不会形成很好的六边形,因为那些边并非完全等长——事实上,它们往往很不一致。但在一个方面石英晶体却是十分完美的六边形,两面间所形成之角恰好是 120°。很清楚,任一个特定面的大小是生长中的一个偶发事件,但角度却是其内禀几何的一种表示。所以每一块石英晶体各有其不同形状,即使各对应面之间的角度总是相同的。

一块氯化钠晶体的内禀几何,从其外表形状来看,也是很显然的。图 30-2(b)表示一块典型食盐的形状。这种晶体不再是理想立方体,但其表面间却严格互相垂直。

一种更为复杂的晶体是云母,它的形状示如图 30-2(c)所示。它是一种高度各向异性的晶体,并从这么一个事实就容易看得出来,即如果你试图在一个方向(图中的水平方向)上拉断它,它表现出十分坚韧,但在另一个方向(垂直方向)上就很容易把它拉裂开来。它常被用来获得十分坚韧的薄片。云母和石英是两种含有硅的天然矿物样品。第三种含硅矿物样品则是石棉,它具有这么一种有趣性质,即在两个方向上它很容易被拉开,但在第三个方向上就不是这样,它表现为由十分坚韧的线状纤维所构成。

§ 30-2　晶体中的化学键

晶体的机械性质显然取决于原子间化学成键的类型。云母沿不同方向明显不同的强度取决于在不同方向原子间成键的类型。无疑,你已经在化学中学到了不同种类的化学键。首先,有离子键,正如我们对于氯化钠所做过的讨论。一般说来,钠原子失去了一个电子而变成正离子,氯原子则获得了一个电子而变成负离子。这些正离子和负离子给安排在一个三维的棋盘内并由电力把它们维系在一起。

共价键——其中电子为两个原子所共有——更为常见而且一般非常强。例如,在金刚石中,碳原子在到其最近邻的所有四个方向上都有共价键,因而这种晶体确实十分坚硬。在石英晶体中,硅与氧间也有共价成键,但那里的键实际上只是部分共价。由于不存在电子的完全共有性,所以那些原子部分带电,因而该晶体有点是离子性的了。大自然并不像我们试图要它变成那么简单就那么简单,实际上,在共价键与离子键之间还有一切可能的(成键)层次。

糖晶体还有另一种成键类型,其中存在大型分子,大型分子中的原子通过共价键强有力地结合在一起,因而每个分子就是一个坚固的结构。但由于那些强键都已完全被满足,所以就只存在分开的、各个分子之间的相对微弱的吸引力了。在这种分子晶体中,分子们会保持它们单独的身份,而其内部排列也许像图 30-3 所示。由于分子间并不彼此强有力地互相维系着,这种晶体就很容易破裂。它们与金刚石很不相同,后者实际上是一个巨大分子,如果不破坏其强有力的共价键,就不可能在任何一处使其破裂。石蜡是分子晶体的另一个例子。

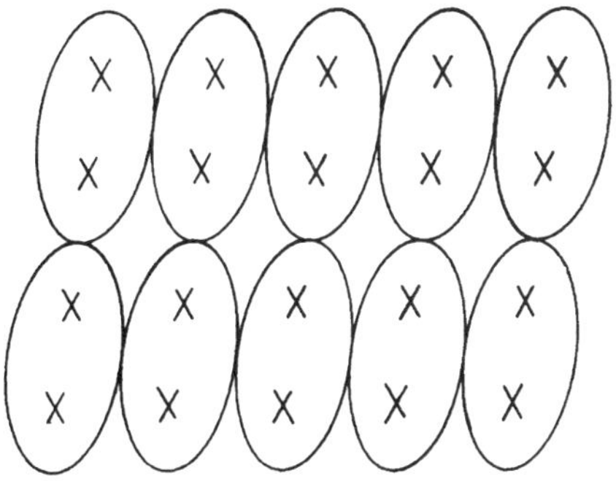

图 30-3　分子晶体的点阵

分子晶体的一个极端例子存在于一种像固态氩的物质中。这种物质的原子之间只有十分微弱的吸引力——每个原子就是一个完全饱和的单原子分子。但在非常低的温度下,热运动十分微弱,因而原子间微小的力就能导致原子淀积成像一堆紧密堆积起来的球体那样整齐排列。

金属构成一类完全不同的物质,其成键属于完全不同的类型。在金属中,成键并非在相邻原子间进行,而是整个晶体的一个属性。那些价电子并不是附属于一个或一对原子而是为整个晶体所共有。每一原子对公共的电子海贡献出一个电子,而那些原子型的正离子则驻留在这个负电子海里。这个电子海像某种胶质一样把离子结合在一起。

在金属中,由于不存在任何特殊方向上的特别的键,所以在成键中就不会有强有力的方向性。然而,它们仍然是晶体,因为当那些原子型离子被安排成某个确定的阵列时其总能量最低——尽管这个优选排列的能量往往不会比其他可能的排列的能量低得太多。对于一级近似来说,许多金属的原子就好像是尽可能紧密地堆积起来的一堆小球。

§ 30-3　晶 体 生 长

试想象地球中晶体的自然形成情况。在地球表面存在着各种各样原子组成的巨大混合物,它们不断受到火山活动、风和水的搅拌——不断地被激起运动及互相混合。可是,通过某种方法,硅原子逐渐开始找到它的伙伴,并找到了氧原子,而形成石英。每次当一原子加进其他原子之中而建立晶体时——混合体就变成不混合了。而在附近某处,钠原子和氯原子又会互相彼此找到而建立起食盐的晶体来。

当晶体一旦开始形成,就只允许一种特殊类型的原子继续参加进去,这是怎么回事呢?之所以会这样,乃由于整个系统正在寻找最低的可能能量。一块正在生长的晶体将接受一个新原子,只要它使得能量尽可能低。但这块生长中的晶体怎么会知道当一个硅原子——或一个氧原子——处在某一特定位置时就会导致最低的可能能量呢?这是通过尝试法而做到的。在液体中,所有原子都处在永恒的运动之中。每一原子对其邻居每秒约要碰撞 10^{13} 次。如果它撞在生长晶体的正确位置上,倘若能量低下,那它再跳出来的机会就比较小。在数百万年以上的时间中通过每秒 10^{13} 次连续不断的尝试,原子们便会在那些它们发现能量最低的地方逐渐堆积起来。最后,它们生长成一大块晶体。

§ 30-4 晶　　格

晶体中原子的排列——晶格——可以取许多种几何形态。我们愿意先来描述那些最简单的晶格,它们是大多数金属以及由惰性气体所形成的固体的特征。它们是能够以两种形式存在的立方晶格:如图 30-4(a)所示的体心立方,与如图 30-4(b)所示的面心立方。当然,图上所示的只是晶格中的一个立方,你得想象这种图样在三维中被无限地重复着。并且,为了使画面比较清楚,只表示了原子的中心。但在一实际晶体中,原子更像是互相接触着的球体。图中的实心球和空心球,一般说来,可以代表异类原子,也可代表同类原子。例如,铁在低温时具有体心立方晶格,但在高温时则形成面心立方晶格。在这两种结晶形态中其物理性质很不相同。

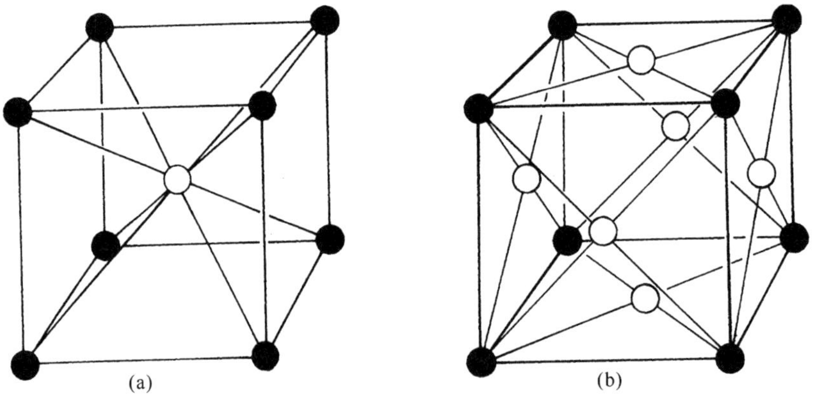

(a)　　(b)

图 30-4　立方晶体的晶胞:(a)体心立方;(b)面心立方

这样的形态是怎样得来的呢?试设想你有一个要把球形原子堆积成尽可能紧密的问题。一种办法可能是开始通过造成一个"六角密堆积排列"中的一层,如图 30-5(a)所示。然后你就会建立与第一层相似的第二层,但在水平方向上作位移,如图 30-5(b)所示。此后,你还可放上第三层。但要注意!安放第三层有两种显然不同的方式。若你通过放一个原子于图 30-5(b)的 A 处而开始第三层,则这个第三层中的每一原子就正好位于底层的一个原子之上。另一方面，如果你通过放一个原子于位置 B 而开始第三层，则这个第三层的原子将恰恰被置在由底层的三个原子所形成的三角形的中心点上方。任何其他的初始位置都相当于 A 或 B，从而就只有这两种安放第三层的方式。

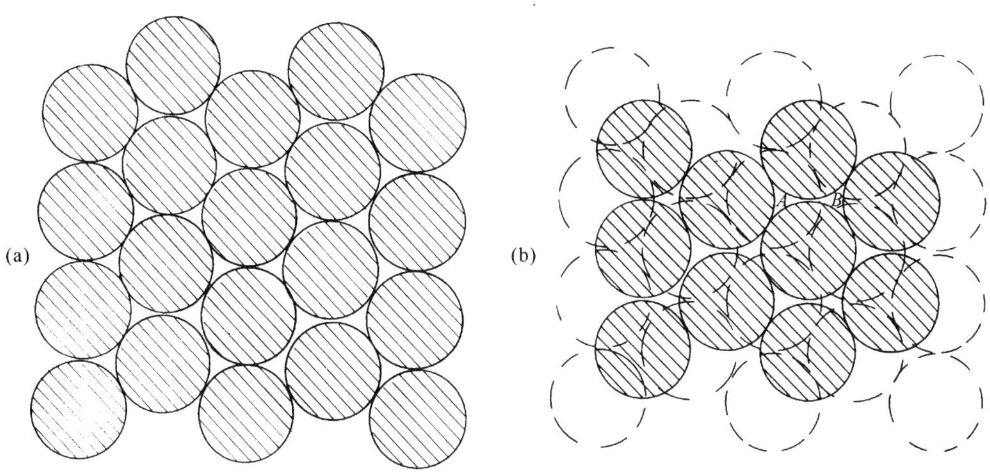

图 30-5 建立一个六角密排点阵

如果第三层有一个原子位于 B 点，则这种晶格就是面心立方——不过是从一个角度去看。似乎很有趣，本来你是从一个六角形开始的，但到头来却得到一个立方体。可是要注意，若从角隅去看，一个立方体就会有六角形的轮廓。比方，图 30-6 就可以代表一个平面上的六角形或一个透视中的立方体！

如果第三层是通过把一个原子放在 A 点上而叠加于图 30-5(b)上，则不会有立方结构，这个晶格此时只有六角对称。很清楚，我们刚才所述的这两种可能性都是属于密堆积。

某些金属——诸如铜和银——选择第一种可能性，即面心立方。其他——例如铍和镁——则选取另一种可能性，它们形成六角晶体。很明显，将出现哪一种晶格，不能仅仅取决于小球的堆积，也必须部分地由其他因素确定。特别是，这有赖于原子间作用力的少量剩余的角依存关系(或对于金属而言，则有赖于该电子海的能量)。你无疑会在化学课中学到所有这些东西。

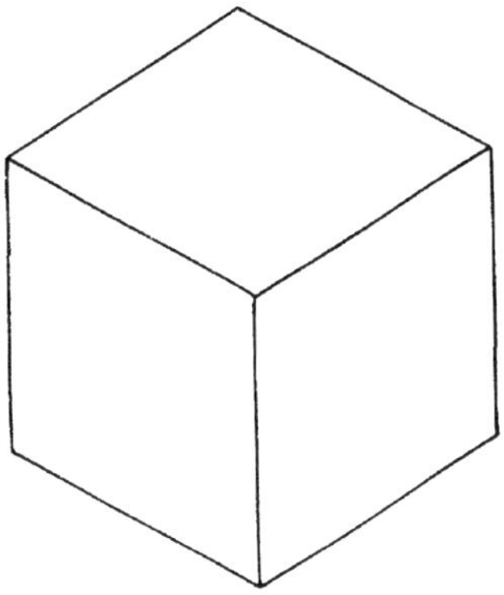

图 30-6 从一个角上去看，这是个六角形还是个立方体？

§ 30-5 二维对称性

我们现在愿意从内禀对称性的观点来讨论晶体的某些性质。晶体的一个主要特点是：若你从某一原子出发而移过一个晶格单位到达一个对应原子，则你将再处在同样一种环境中，这是基本命题。但假如你是一个原子，也许还有另一种变化能够把你再带到同样一种环境——这就是说，存在另一种可能的“对称性”。图 30-7(a)显示另一种可能的“墙纸型”设计(虽则你可能从未见过)。假设我们要来比较 A 和 B 两点的环境。起初,你也许认为它们彼此相同——但又不完全相同。C 和 D 两点与 A 是等效的,但 B 点的环境只有在经过了倒转,诸如在镜面中的反射,才会像 A 的环境。

在这一图样中还有其他类型的"等效"点。比如,点 E 和 F,除了一点相对另一点转过 90°之外,它们具有"相同"环境。这一图样很特别。环绕顶点诸如 A 旋转 90°或 90°的任一整数倍,会再给出一个完全相同的图样。一块具有这种结构的晶体在其外表看来该有正方的棱角,但其内部比简单立方稍微复杂。

现在已描述了某些特殊例子,让我们尝试算出晶体具有的一切可能的对称性。首先,我们考虑在一个平面上发生的情况。一个平面晶格可以通过两个所谓基矢来定义,这两个矢量是从晶格中的一点指向两个最邻近的等效点的。图 30-1 中那两个矢量 1 和 2 就是该晶格的基矢。图 30-7(a)中的 $\boldsymbol{a}$ 和 $\boldsymbol{b}$ 两矢量则是那种图样的基矢。当然,我们尽可以用 $-\boldsymbol{a}$ 来代替 $\boldsymbol{a}$,或用 $-\boldsymbol{b}$ 来代替 $\boldsymbol{b}$ 的。由于 $\boldsymbol{a}$ 和 $\boldsymbol{b}$ 的大小相等并互相垂直,所以 90°角的转动会将 $\boldsymbol{a}$ 变成 $\boldsymbol{b}$,并将 $\boldsymbol{b}$ 变成 $-\boldsymbol{a}$,这又给出相同的晶格。

我们看到存在一些具有"四次"对称性的晶格,而前面则已描述了一种密堆积排列,它是以具有六次对称性的六角形为基础的。对于图 30-5(a)中排列的圆圈,环绕任何一个圆心

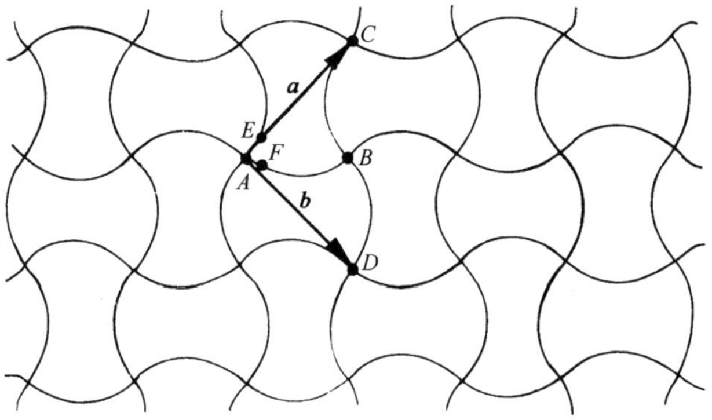

(a)

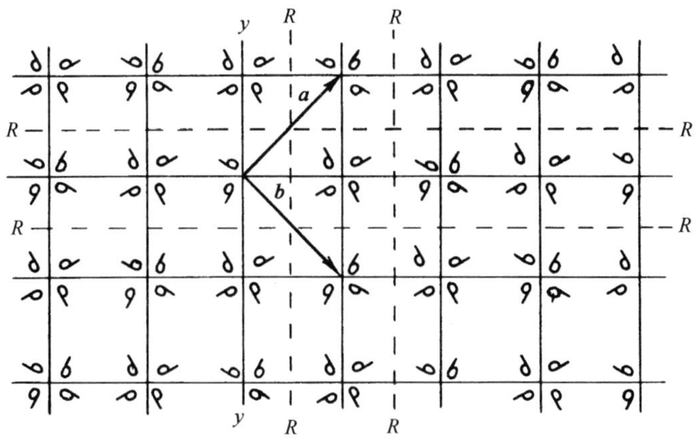

(b)

图 30-7 一个高对称性的图样

做一个 60°角的转动将会把该图样转回到原来样子。

还有哪些其他类型的转动对称性呢？比方，能否有五次或八次转动对称性呢？很容易看出那是不可能的。多于四次的唯一一种对称性就是六次对称。首先，让我们来证明多于六次的对称是不可能的。假设我们试图想象一种晶格，其中的两个等长初基矢做成小于 60°的内角，如图 30-8(a)所示。我们必须假定：B 和 C 两点各等效于 A，而 $\boldsymbol{a}$ 和 $\boldsymbol{b}$ 便是从 A 点至其等效邻点的两个最短矢量。但这显然是错误的，因为在 B 与 C 两点间的距离比从其中任一点至 A 点的距离还要短。因此就必定有一个与 A 点等效的、而较 B 点或 C 点近的邻点 D。我们本来就应当选取 $\boldsymbol{b}'$ 作为我们的初基矢之一，所以两个基矢所夹之角必然是 60°或更大。八次对称根本没有可能。

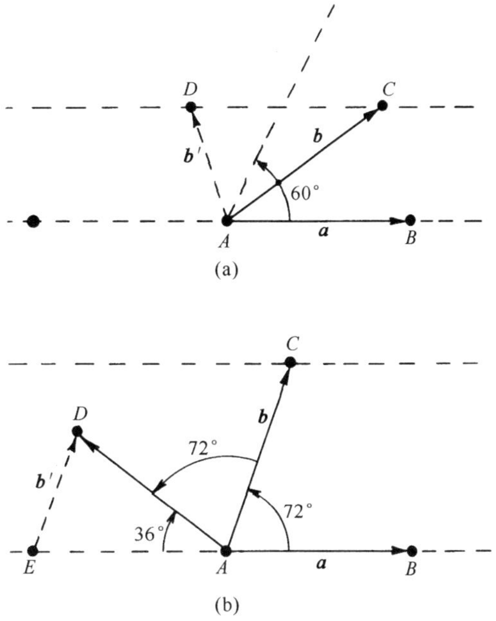

图 30-8 (a)多于六次的转动对称是不可能的；(b)五次转动对称性也没有可能

关于五次对称又怎么样呢？若我们假定该初基矢 $\boldsymbol{a}$ 和 $\boldsymbol{b}$ 具有相等长度，并且做成一个等于 $2\pi/5 = 72°$ 的角度，如图 30-8(b)所示，那么在 D 处也就应有一个等效格点与 C 作成 72°角。但此时从 E 至 D 的矢量 $\boldsymbol{b}'$ 比 $\boldsymbol{b}$ 短，因而 $\boldsymbol{b}$ 就不是一个初基矢了，这样五次对称就不可能存在。不至于使我们陷入这类困难中去的可能性只有 $\theta = 60°$, 90°或 120°。0°或 180°显然也都可能。对上述结果的一种提法是：通过转动一个整圈(即完全不变动)、半圈、三分之一、四分之一或六分之一圈，图样能够保持不变。而这些就是在一个平面上所有可能的转动对称性——总共有五种。如果 $\theta = 2\pi/n$，我们就说这是一个"n 次(度)"对称性。我们说，一个 n 等于 4 或 6 的图样比一个 n 等于 1 或 2 的图样具有"较高的对称性"。

回到图 30-7(a)，我们看到这个图样具有四次转动对称性。在图 30-7(b)中曾画出一个与图(a)具有相同对称性的另一个图样。那些像逗点模样的小图形是用来在每个方块中定义该图样对称性的一个不对称的东西。注意在相邻方块中的逗点都是彼此反转的，因而单胞比每一方块要大。假如没有那些逗点，该图样仍然会有四次对称，但单胞就会小些。图 30-7 的图样也还有别的对称性。例如，对任何虚线 R-R 的反映会再产生相同的图样来。

图 30-7 的图样还有另一类对称性。若该图样对 Y-Y 线反映并向右(或向左)移过一个方块，则我们将得到原来的图样。这 Y-Y 线称为"滑移"线。

这些就是在二维中所有的可能对称性。还有一种空间对称操作，它与在二维中的 180°转动等效，但在三维中却是一个很特殊的操作，这就是反演。所谓反演我们意指从某一原点[比方，图 30-9(b)中的 A 点]做出的位移矢量 $\boldsymbol{R}$ 所指的任一点被移至 $-\boldsymbol{R}$ 的另一点。

图 30-9 的图样(a)通过反演产生出一个新的图样，但图样(b)的反演又再产生出相同的图样。对于一个二维图样来说(正如你可以从图上看出来的)，通过 A 点对图样(b)的反演与环绕同一点做 180°的转动等效。然而，假设通过想象将每一小逗点都各加上一个

从页面上指出来的"箭头"以便使图 30-9(b)的图样变成个三维的图样。在经历了三维中的反演之后,所有的箭头都将倒向,因而该图样就不会再现。若我们分别用点和叉来代表箭头和箭尾,则能造成一个如图 30-9(c)所示的那种三维图样,在反演下它是不对称的,或者造成一个像图(d)所示的图样,那就具有反演对称性了。注意,用转动的任何组合来模拟三维中的反演是不可能。

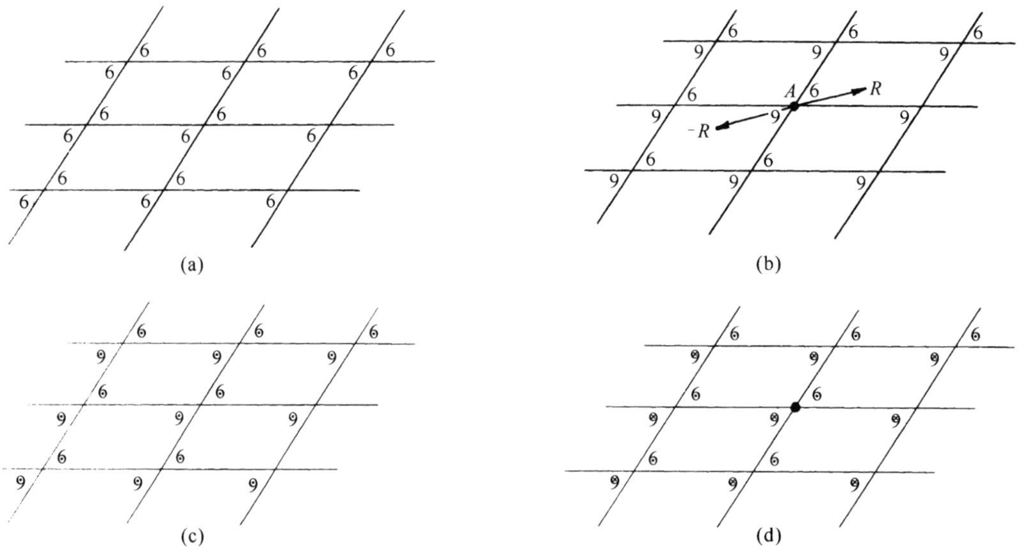

图 30-9 反演对称性。若把 $\boldsymbol{R}$ 变成 $-\boldsymbol{R}$,图样(b)将保持不变,但图样(a)却将改变。在三维中,图样(d)具有反演对称性而图样(c)则没有

如果我们用刚才所描述的那些类型的对称操作来标志一个图样——或晶格——的"对称性",那么结果弄清楚,对于二维可能有 17 种不同的图样。我们曾在图 30-1 中画出一个对称性可能最低的图样,而在图 30-7 中又画出一个对称性高的图样。把 17 种可能图样都画出来,作为游戏留给你们。

在这 17 种可能的图样中,只有寥寥几种才被用来制作墙纸和织物,那是有点奇怪的。人们始终只看到那三四种基本图样。这是因为设计者缺乏想象力,还是因为许多可能的图样都不悦目呢?

§30-6 三维对称性

迄今我们所谈到的都只是有关二维的图样。然而,我们实际感兴趣的却是三维中的原子图样。首先,很明显的就是一块三维晶体将具备三个基矢。于是,如果我们问起在三维中的可能的对称操作,则将发现共有 230 种不同的可能对称性!为了某些目的,这 230 种类型还可归纳成七类,它们绘在图 30-10 中。那对称最少的一种晶格称为三斜类,它的单胞是平行六面体。基矢的长度各不相同,而它们间的夹角也不会有任何两个相等,所以没有任何转动或反映对称的可能。然而,仍然有两种可能的对称性——即通过对顶点的反演能使单胞改变或不改变[在三维中所谓反演我们的意思仍然是空间位移 $\boldsymbol{R}$ 由 $-\boldsymbol{R}$ 代替——换句话说,

就是从(x, y, z)变成$(-x, -y, -z)$]。因此，三斜晶格就只有两种可能的对称性，除非在那些基矢之间存在某种特殊关系。例如，若所有的基矢长度都相等并以相同角度分隔开，则人们便有图中所示的三角晶格。这个图形可以有一个附加的对称性，通过对体内的长对角线的转动它可以保持不变。

如果其中一个基矢，比如说 $\boldsymbol{c}$，垂直于其他两个，则我们得到一个单斜的单胞。一个新的对称性成为可能——就是围绕着 $\boldsymbol{c}$ 转过 180°。六角单胞是一种其中 $\boldsymbol{a}$ 和 $\boldsymbol{b}$ 两矢量长度相等而其夹角则为 60°的特殊情况，因而围绕着 $\boldsymbol{c}$ 所作的 60°, 120°或 180°转动就重复相同的晶格(对于某些内禀对称性而言)。

如果所有三个基矢都互成直角，但长度不同，则将得到一个正交单胞。这一图形在环绕那三根轴中任一根轴转过 180°时都是对称的。对于其中三个基矢都互相正交而其中又有两个彼此等长的四方单胞，则可能有较高级的对称性。最后，还有立方单胞，那就是所有晶体之中对称性最多的了。

全部关于对称性的这种讨论其要点在于晶体的内禀对称性，有时会以巧妙的方式表现在晶体的宏观物理性质中。例如，晶体一般都有一个张量性电极化率，如果我们用极化椭球来描写该张量，则应当预期某些晶体对称性也可能会表现在该椭球中。例如，立方晶体相对于围绕三个正交方向之一的 90°转动都是对称的。很明显，具有这种性质的唯一椭球就是圆球。因而立方晶体就必然是各向同性的电介质。

另一方面，四方晶体具有四次转动对称性，所以它的椭球就必定具有两个等长的主轴，而其第三根轴必与晶轴平行。同理，由于正交晶体对三根正交轴都有二次转动对称性，所以它的这些轴就必然与极化椭球的轴相合。与此相似，单斜晶体中的一根轴必然平行于这一椭球的三根主轴之一，尽管我们对其他两轴不能说些什么。由于三斜晶体不具有转动对称性，所以其椭球就可以具有完全任意的取向了。

正如你所能见到的，对算出各种可能对称性并将其与各种可能的物理张量联系起来，我们可以进行一场大的游戏。刚才仅仅考虑了极化张量，但对于其他张量——比如弹性张量——事情就会变得更加复杂。有一门称为“群论”的数学分支就是与这些课题打交道的，但通常用常识也能解决你所需要的问题。

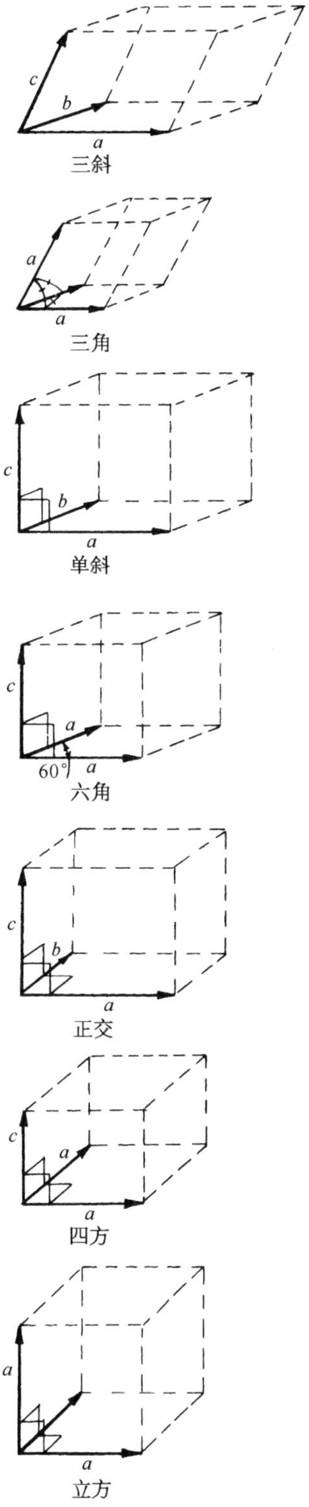

图 30-10　七大类晶格

§30-7 金属强度

我们已经说过,金属通常具有一种简立方的晶体结构,现在要来讨论它们的力学性质——那是与这一结构有关的。一般而言金属十分“柔软”,因为很容易使金属晶体中的一层在另一层上滑动,你可能会认为:“那是滑稽可笑的,金属很强硬嘛。”这可不然,因为金属单晶是很容易变形的。

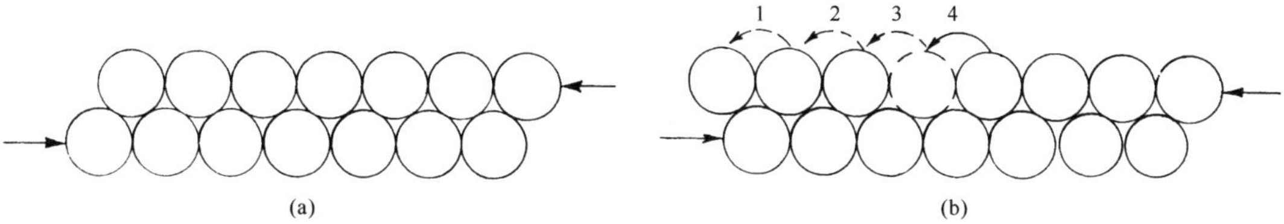

图 30-11 晶面滑移

图 30-12 一小块铜晶体受拉伸之后的照片

假设我们考察晶体中受切向力作用的两层,如30-11的简图所示。起初你也许会想到,整层原子会阻碍运动直到所施之力大到足以推动整层“越过隆起”,从而向左移过一个峡谷。尽管滑移的确会沿一个平面发生,但实际却不是那样的(假如是那样的话,你会算出金属比实际的强度要强得多)。实际发生的情况更像是每次只有一个原子在移动,首先左边那个原子跳了过去,然后又轮到第二个、第三个等等,如图30-11(b)所示。事实上,是两个原子间的空穴迅速跑到右边,而净结果则是整个第二层都已移过了一个原子间隔。滑移就是这样进行的,因为每次要把一个原子抬高越过一个隆起所需的能量远低于把整排原子都抬起来所需的能量。一旦力足以启动这一过程,其余的就进行得非常快了。

结果证明:在一实际晶体中,滑移将在一个平面上重复发生,然后就在那里停顿下来,却又在某另一个面上开始。滑动为什么会开始和停止,其细节十分神秘。事实上,滑移相继发生的区域,往往被相当均匀地分隔开,这就很奇怪了。图30-12显示一块细长的铜晶体在受到拉伸后的照片,你能够看到滑移发生的那些不同平面。

如果你把一根其中存在一些大晶体的细锡线拿到耳边,并拉伸它时,则个别晶面的突然滑移会很明显。当那些滑移面一个接着一个嗒一声移至一个新的位置上去时,你会听到一大堆嘀嗒声。

在一排原子中出现一个“空位”的问题也许比按照图30-11所示的情形较难实现。当有更多的

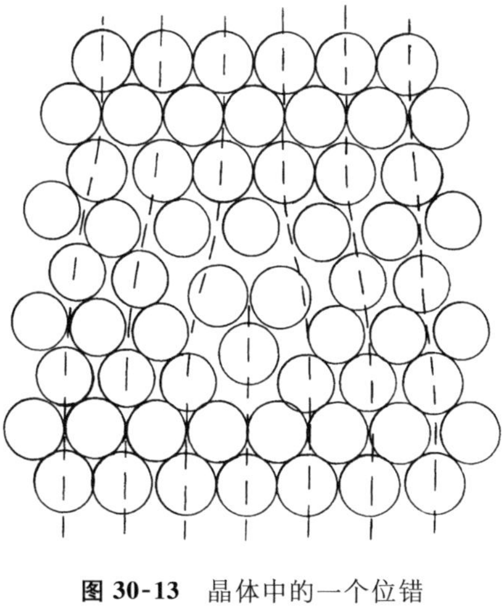

图 30-13 晶体中的一个位错

层时，情况就必然有点像图 30-13 所示的那样。晶体中这样的一种不完整性叫作位错。推测这种位错或是在晶体形成时就存在，或是在其表面的某些切口或裂缝处产生，一旦它们产生了，就能够相当自由地在晶体里移动。由于大量这样的位错的运动就形成了宏观的畸变。

位错能够自由运动——这就是说，它们要求极少量的额外能量——只要晶体的其余部分都具有理想晶格。但如果位错碰到晶体中别种缺陷的话可能会给“粘住”。若要位错通过这种缺陷则需要很大能量，否则运动就会停歇。这恰好就是赋予不完整金属晶体以强度的机制。纯铁本来很软，但微小浓度的杂质原子就可以引起足够多的缺陷来有效地束缚住位错。正如你所知道的，钢基本上就是铁，却十分坚硬。要炼成钢，就把小量碳溶解在铁水中了，如果这熔体迅速冷却，碳便会淀积成小晶粒，在晶体里引起了许多微观畸变。位错不能再到处移动，因此金属就变硬。

纯铜十分柔软，但可以进行“加工硬化”。这是通过锤打或来回弯曲而做到的。在这种情况下，许多新的各类位错形成了，从而彼此互相干扰，减低了它们的可动性。也许你曾看过这样一种特技，取一条“极软”的铜带轻轻地将其弯曲成围绕在某人腕上的手镯。在这一过程中，铜镯受到加工硬化，便不能轻易地再被伸直！像铜这样受过加工硬化的金属，可以通过高温退火而再变软。原子的热运动把那些位错都“熨平”了，并再形成一些大块单晶。我们迄今仅仅描述了那种所谓滑移位错。还有许多其他种类，其中之一就是如图 30-14 所示的那种螺旋位错。这种位错经常在晶体生长中起着重要作用。

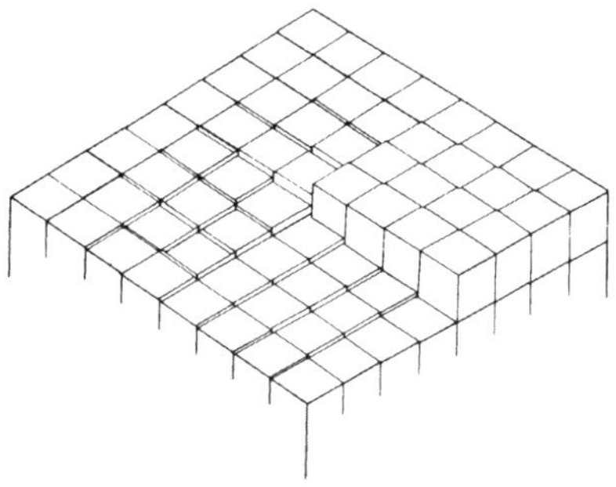

图 30-14　螺旋位错

§ 30-8　位错与晶体生长

长期以来一个重大难题就是晶体如何才能合理生长。我们已描述过每一原子也许是在经过了反复试验之后才决定是否最好加入晶体中去。但这就意味着每个原子必须找到一个能量低的地方。然而，被置在一个新的表面上的原子只受到来自其下面的一个或两个化学键结合，而不会具有与被放在一个角落里受到三面原子包围时所具有的相同能量。假设我们把一块正在生长的晶体想象为如图 30-15 所示的一堆木块。若试图把新的一块放置在比如 A 的位置上，它将仅有最终可能得到的六个邻居中的一个。既然缺少那么多的键，因此它的能量便不会很低。但若放在位置 B 上那就会好得多，那里已具备全部化学键的一半份额。晶体的确是通过把新的原子吸附在像 B 那样的位置上而生长起来的。

然而，当这一行完成后又将如何呢？为开始新的一行，结果一个原子必须仅由两个附着的侧面来承担，而这又不太可能了。即使真的是这样，当全层结束了又该如何呢？怎能开始一个新的层呢？一个答案是：晶体喜爱在位错处生长，比如围绕一个如图 30-14 所示的那种螺型位错生长。当一些块块加到晶体之上时，总会有这样的地方，那里存在三个可资用的化学键。因此，晶体喜欢同内部的位错生长在一起。这种生长的螺旋形图样如图 30-16 所示，那是一块石蜡单晶的照片。

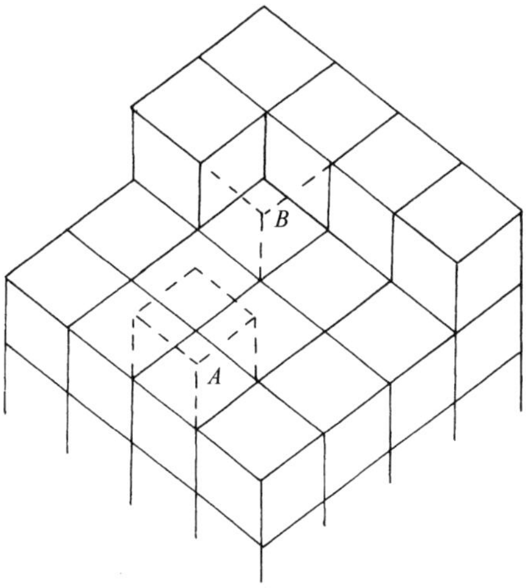

图 30-15 晶体生长

图 30-16 一块曾围绕着一个螺型位错而生长起来的石蜡晶体

§30-9 布拉格-奈晶体模型

我们当然不能看到各个原子在晶体中所经历的过程。并且,正如你现在所认识的,有许多复杂现象是不容易作定量处理的。布拉格爵士和奈曾想出一种方案来制作金属晶体的模型*,这种模型能以令人惊奇的方式表现出许多据信是在实际金属中发生的现象。

* 原书复制了这种模型的原始文献(*Proceedings of the Royal Society of London*, Vol. 190, September 1947, pp. 474~481)。由于此附件过于繁复,没有译出。——译者注

第31章 张　　量

§31-1 极化张量

物理学家总有这么一种习惯，即取任何现象的最简单例子并称之为“物理学”，而把那些更复杂的例子留给其他学科——诸如应用数学、电工学、化学、晶体学等——去处理。甚至固体物理几乎只算得半个物理学，因为它对一些特殊物质操心得太多。所以在这些讲演中我们将常常漏掉许多有趣的东西。例如，晶体——或大多数物质——的重要性质之一就是它的电极化率在不同方向上并不相同。如果你在任一方向加上电场，则原子的电荷将会移动一点点而产生出一个电偶极矩，可是这偶极矩的大小在很大程度上却取决于场的方向。当然，这是相当复杂的。但在物理学中我们一般通过谈论极化率在一切方向都相同的特殊情况开始，目的在于使生活过得容易些。其他情况则都留给别的部门。因此，在这一章中将要论及的东西，对于我们今后的工作来说是完全不需要的。

张量数学对于描述随方向而变的那些物质性质特别有用——尽管这只是其用途的一个方面。由于你们中大多数人不准备成为物理学家，但将会进入各种事态都与方向密切相关的现实世界中，所以你们迟早需要用到张量。为了不遗漏任何东西，我们即将描述张量，即使不是十分详尽也罢。你们要有物理学处理问题是完整的那种感觉。例如，我们的电动力学是完整的——正如同任何电磁学课程甚至研究院课程那么完整。我们的力学不够完整，因为当过去学习力学时，你们还不具备高水平的数学技巧，因而不能讨论像最小作用原理、拉格朗日函数、哈密顿函数等那类课题，这些都是描述力学的更精致的方法。然而，除了广义相对论之外，我们的确已有了一整套力学定律。我们的电磁学是完整的，而一大堆其他东西也很完整。自然，量子力学还谈不上——我们得留一些东西在后头。可是，你至少应该知道张量是什么。

我们曾在第30章中强调过，结晶物质的特性在不同方向上是不同的——我们说它们是各向异性的。感生偶极矩随所加电场的方向而改变的情况，只是我们将作为张量应用的一个例子。我们讲，对于某个给定方向的电场，单位体积内的感生偶极矩 $\boldsymbol{P}$ 与这外加电场 $\boldsymbol{E}$ 的强度成正比(如果 $\boldsymbol{E}$ 不太大，这对于许多物质来说都是个很好的近似)。我们将称这个比例常数为 α*。现在要来考虑 α 与外加场方向有关的那类物质，诸如像方解石那样的晶体，当你通过它看物体时会看到双像。

假定在某一特定晶体中，我们已发现在 x 方向的电场 $\boldsymbol{E}_1$ 在 x 方向产生一个极化强度

---

* 在第10章中，我们曾按照通常惯例并写出 $\boldsymbol{P}=\epsilon_0\chi\boldsymbol{E}$，而称 χ(“khi”)为“电极化率”。这里采用一个单独字母将更方便，所以就把 $\epsilon_0\chi$ 写成 α。对于各向同性的电介质来说，$\alpha=(\kappa-1)\epsilon_0$，其中 κ 为介电常量(见§10-4)。

$\boldsymbol{P}_1$。然后又发现在 y 方向有一个与 $\boldsymbol{E}_1$ 同等强度的电场 $\boldsymbol{E}_2$，却在 y 方向产生一个不同的极化强度 $\boldsymbol{P}_2$。如果我们把电场置于 45°角上又将如何呢？噢，那是沿 x 与沿 y 两种场的叠加，因而极化强度 $\boldsymbol{P}$ 便将是 $\boldsymbol{P}_1$ 与 $\boldsymbol{P}_2$ 的矢量和，如图 31-1(a)所示。极化强度不再与电场同方向了。你可以看出这结果如何才会出现。可能有些电荷很容易上下移动，但对于侧向运动则相当困难。当力作用于 45°角时，电荷就会向上动得比向侧面远一些。位移并不沿外力方向，因为存在非对称的内部弹性力。

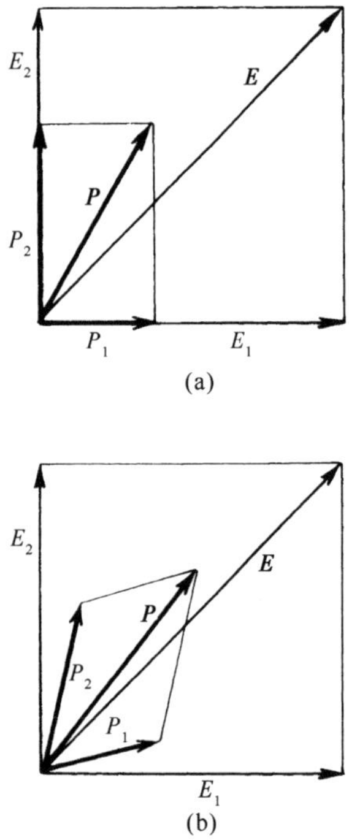

图 31-1 在一块各向异性的晶体中，极化强度的矢量加法

当然，对于 45°并没有什么独特意义。晶体的感生极化强度不在电场的方向上是普遍正确的。在上述例子中，我们碰巧对于 x 和 y 轴做了一个侥幸选择，即对该两轴来说 $\boldsymbol{P}$ 都沿着 $\boldsymbol{E}$。要是晶体相对于坐标轴有了转动，则在 y 方向上的 $\boldsymbol{E}_2$ 就可能产生一个含有 x 分量也含有 y 分量的极化强度 $\boldsymbol{P}$。同理，起因于 x 方向电场的极化强度也会有 x 和 y 两个分量。那么极化强度就该如图 31-1(b)所示，而不再像(a)那种模样了。事情变得较为复杂——但对于任何场 $\boldsymbol{E}$ 来说，$\boldsymbol{P}$ 的大小仍然正比于 $\boldsymbol{E}$ 的大小。

我们现在要处理晶体相对于坐标系有任意取向的那种普遍情况。沿 x 方向的电场将产生一个具有 x，y 和 z 各分量的极化强度 $\boldsymbol{P}$，我们可以写为

$$P_x=\alpha_{xx}E_x,\ P_y=\alpha_{yx}E_x,\ P_z=\alpha_{zx}E_x. \tag{31.1}$$

这里我们正在讲述的一切就是：若电场处在 x 方向，则极化强度不一定在同一方向，而是含有 x，y 和 z 各分量——每个分量都正比于 E_x。我们分别称这些比例常数为 α_{xx}，α_{yx} 和 α_{zx}（第一个字母告诉我们 $\boldsymbol{P}$ 包含的分量，末一个字母则表明电场的方向)。

同理，对于一个沿 y 方向的场，我们可以写成

$$P_x=\alpha_{xy}E_y,\ P_y=\alpha_{yy}E_y,\ P_z=\alpha_{zy}E_y; \tag{31.2}$$

而对于一个沿 z 方向的场，则有

$$P_x=\alpha_{xz}E_z,\ P_y=\alpha_{yz}E_z,\ P_z=\alpha_{zz}E_z. \tag{31.3}$$

原来我们已经说过，极化强度线性地依赖于场，因而若有一个兼有 x 和 y 分量的电场 $\boldsymbol{E}$，则最后得到的 $\boldsymbol{P}$ 的 x 分量将等于式(31.1)和(31.2)的两个 P_x 之和。如果 $\boldsymbol{E}$ 具有沿 x，y 和 z 的各分量，则最后得到的 $\boldsymbol{P}$ 的分量将等于式(31.1)、(31.2)和(31.3)的三个贡献之和。换句话说，$\boldsymbol{P}$ 将由下列诸式给出：

$$\begin{aligned}P_x&=\alpha_{xx}E_x+\alpha_{xy}E_y+\alpha_{xz}E_z,\\P_y&=\alpha_{yx}E_x+\alpha_{yy}E_y+\alpha_{yz}E_z,\\P_z&=\alpha_{zx}E_x+\alpha_{zy}E_y+\alpha_{zz}E_z.\end{aligned} \tag{31.4}$$

于是晶体的介电行为就由这九个量(α_{xx}, α_{xy}, α_{xz}, α_{yz}, …)完整地描述,我们可用 α_{ij} 这个符号来作代表(每个下脚标 i 和 j 各代表三个可能字母 x, y 和 z 中的任一个)。一个任意电场 $\boldsymbol{E}$ 可以分解为分量 E_x, E_y和 E_z,从这些我们就能够用 α_{ij} 来求出 P_x, P_y和 P_z,它们一起给出总极化强度 $\boldsymbol{P}$。由这九个系数 α_{ij} 构成的一组数称为张量——在本例中,即指极化张量。正如我们所说三个数(E_x, E_y, E_z)会“构成矢量 $\boldsymbol{E}$”那样,我们也可讲这九个数(α_{xx}, α_{xy}, …)“构成张量 α_{ij}”。

§31-2　张量分量的变换

你知道,当我们变换到另一个坐标系 x', y', z'时,$\boldsymbol{E}$ 矢量的分量 $E_{x'}$, $E_{y'}$和 $E_{z'}$将完全不同——$\boldsymbol{P}$ 的分量也是如此。所以对于不同坐标系,系数 α_{ij} 将不相同。事实上,你可以通过用适当办法改变 $\boldsymbol{E}$ 和 $\boldsymbol{P}$ 的分量而看出那些 α 应该怎样被改变,因为如果我们在该新坐标系里描述原来的物理电场,就仍应得到原来的极化强度。对于任一个新的坐标系,$P_{x'}$ 是 P_x, P_y 和 P_z 的一个线性组合:

$$P_{x'} = aP_x + bP_y + cP_z,$$

而对于其他各分量也是如此。如果你利用式(31.4)由那些 E 来代替 P_x, P_y 和 P_z, 则可获得

$$P_{x'} = a(\alpha_{xx}E_x + \alpha_{xy}E_y + \alpha_{xz}E_z) + b(\alpha_{yx}E_x + \alpha_{yy}E_y + \cdots) + c(\alpha_{zx}E_x + \cdots + \cdots).$$

然后再用 $E_{x'}$, $E_{y'}$和 $E_{z'}$来写出 E_x, E_y 和 E_z,例如

$$E_x = a'E_{x'} + b'E_{y'} + c'E_{z'},$$

式中 a', b', c'与 a, b, c 有关,但彼此不相等。因此你就有了以分量 $E_{x'}$, $E_{y'}$和 $E_{z'}$表示的 $P_{x'}$的式子,也就是说,你已有一套新的 α_{ij}。这一步骤相当繁复,但却十分直截了当。

当谈论改变坐标轴时,我们正假定晶体在空间保持不动。若晶体跟着坐标轴转动,则那些 α 就不会改变。反之,假如晶体的取向相对于坐标轴变了,则我们就理应有一套新的 α。但如果这些 α 对于晶体的任何取向为已知,则对于任何其他取向就都可以通过刚才所述的那种变换求得。换句话说,晶体的介电性质可以通过给出相对于任意选定的坐标系的极化率张量 α_{ij} 而做出完整的描述。正如我们可以把一矢量速度 $\boldsymbol{v} = (v_x, v_y, v_z)$ 与一个粒子联系起来那样,只要改变坐标轴就知道这三个分量将按照某一特定方式改变,所以对于晶体来说,我们也将它与它的极化张量 α_{ij} 联系起来,如果坐标系改变,则这九个分量将按照某一规定方式变换。

式(31.4)中所写出的 $\boldsymbol{P}$ 与 $\boldsymbol{E}$ 间的关系可以用更简洁的符号表示:

$$P_i = \sum_j \alpha_{ij}E_j, \tag{31.5}$$

这里应理解 i 代表 x, y 或 z,而在求和符号中的 j 则取 $j = x$, y 和 z。为了与张量打交道,已经发明了许多种独特的符号表示法,但每一种方法只对于有限几类问题较方便。一个共同的惯例是省略掉式(31.5)中的求和符号($\sum$),而留下一个默认:每当同一个下脚标(这里是 j)出现两次时,就要对它求和。由于我们对张量用得那么少,所以就无须去关心采用任何这种独特的符号表示法或规则了。

§31-3 能量椭球

现在想要取得有关张量的某些经验。假定我们提出一个有趣问题:要使晶体极化需要多少能量(除了我们已知的电场中单位体积能量 $\epsilon_0 E^2/2$ 以外)?暂时考虑那些正在发生位移的原子电荷。使电荷移动距离 dx 所做的功为 $qE_x dx$,而倘若单位体积中有 N 个电荷,则所做总功为 $qE_x N dx$。但 $qNdx$ 又是单位体积中的偶极矩变化 dP_x,因而单位体积所需的能量就是

$$E_x dP_x.$$

把场的三个分量所做的功合起来,就可得到单位体积的功为

$$\boldsymbol{E}\cdot d\boldsymbol{P}.$$

由于 $\boldsymbol{P}$ 的大小正比于 $\boldsymbol{E}$,因此在使 $\boldsymbol{P}$ 从 0 增大至 $\boldsymbol{P}$ 时对单位体积所做的功就是对 $\boldsymbol{E}\cdot d\boldsymbol{P}$ 的积分。把这个功叫作 u_P*,就可写出

$$u_P=\frac{1}{2}\boldsymbol{E}\cdot\boldsymbol{P}=\frac{1}{2}\sum_i E_i P_i. \tag{31.6}$$

现在可以根据式(31.5)用 $\boldsymbol{E}$ 表示 $\boldsymbol{P}$,因而有

$$u_P=\frac{1}{2}\sum_i\sum_j \alpha_{ij}E_iE_j. \tag{31.7}$$

这能量密度 u_P 是一个与坐标轴的选择无关的数值,因此是一个标量。这样,张量便有这么一种性质,即当它对其中一个下脚标(即对一矢量)求和时,会给出一个新的矢量;而当它对两个下脚标(即对两个矢量)都求和时,则会给出一个标量。

张量 α_{ij} 实际上应称为"二阶张量",因为它有两个下脚标。矢量——带有一个下脚标——是一阶张量,而标量——完全没有下脚标——则是零阶张量。因此我们讲,电场 $\boldsymbol{E}$ 是一阶张量,而 u_P 则是零阶张量。有可能把张量的概念推广到三个或四个下脚标,因而形成了高于二阶的张量。

极化张量的下脚标取遍三个可能的数字,这是三维中的张量。数学家会考虑在四维、五维或更多维中的张量。我们在对电磁场的相对论性描述中已采用过一个四维张量 $F_{\mu\nu}$(第26章)。

极化张量 α_{ij} 具有一个有趣的性质,即它是对称的,这就是说,$\alpha_{xy}=\alpha_{yx}$,而对于任何对下脚标都是如此(这是实际晶体的一种物理性质,而对一切张量并不一定如此)。你可以通过在下述循环中计算晶体的能量变化而自己去证明那必然是正确的:(1)在 x 方向加一电场;(2)在 y 方向加一电场;(3)除去沿 x 方向的场;(4)除去沿 y 方向的场。现在晶体已回到原来出发时的那个状态,因而在极化过程中所做的净功必须回到零。然而,你能够证明,要此事成立,α_{xy} 必须等于 α_{yx}。当然,相同种类的论证也可对 α_{xz} 等等进行。因而极化张量是对称的。

---

* 由电场产生极化而做的功,不应与永偶极矩 $\boldsymbol{p}_0$ 的势能 $-\boldsymbol{p}_0\cdot\boldsymbol{E}$ 互相混淆。

这也就意味着,极化张量可以通过只测量在不同方向上使晶体极化所需的能量而加以测定。假设我们加上一个只有 x 和 y 分量的 $\boldsymbol{E}$ 场,那么按照式(31.7),就有

$$u_P = \frac{1}{2}[\alpha_{xx}E_x^2 + (\alpha_{xy} + \alpha_{yx})E_xE_y + \alpha_{yy}E_y^2]. \tag{31.8}$$

仅用一个 E_x 场,就可以测定 α_{xx};仅用一个 E_y 场,则可以测定 α_{yy};若同时用 E_x 和 E_y 两者,还可得到由含有 $(\alpha_{xy} + \alpha_{yx})$ 这一项而引起的附加能量。由于 α_{xy} 与 α_{yx} 相等,所以这一项为 $2\alpha_{xy}$,并且可以与能量联系起来。

式(31.8)的能量表示式具有漂亮的几何解释。假设我们问起对应于某一给定能量密度——比如说 u_0——该有什么样的场 E_x 和 E_y,那恰好就是求解下列方程式的数学问题:

$$\alpha_{xx}E_x^2 + 2\alpha_{xy}E_xE_y + \alpha_{yy}E_y^2 = 2u_0.$$

这是一个二次方程,因此如果我们把 E_x 和 E_y 画成曲线,则这一方程的解便是在一个椭圆上的所有各点(图 31-2)(它必须是个椭圆,而不是一条抛物线或双曲线,因为任何场的能量总是正的而且是有限的)。具有分量 E_x 和 E_y 的矢量 $\boldsymbol{E}$ 可以从椭圆的原点画到椭圆上,因此,像这样的一个"能量椭圆"就是使极化张量"形象化"的一种巧妙方法。

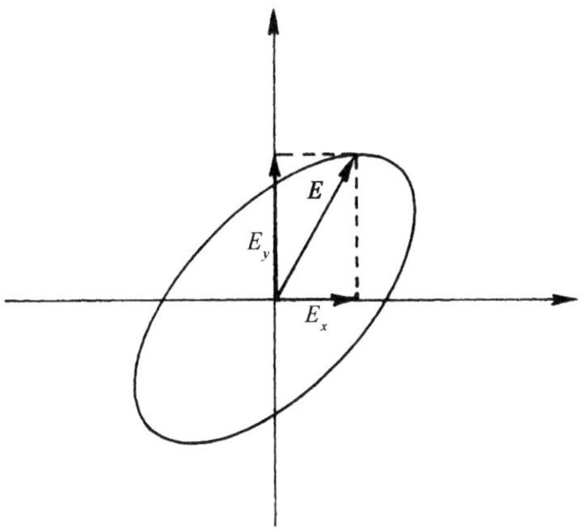

图 31-2 提供恒定极化能的矢量 $\boldsymbol{E} = (E_x, E_y)$ 的轨迹

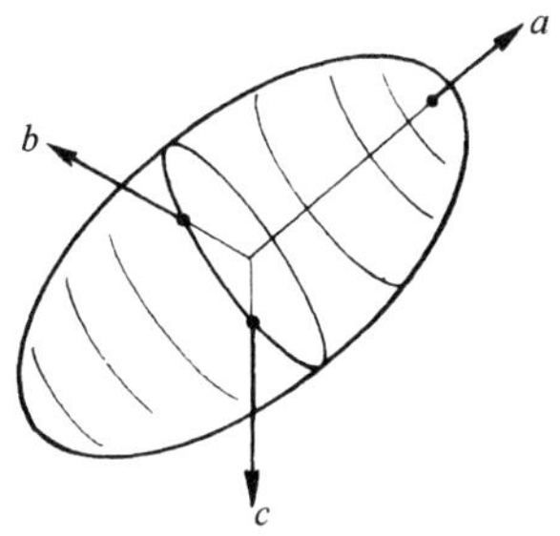

图 31-3 极化张量的能量椭球

如果我们现在推广至包括所有三个分量的情况,则所需在任何方向提供单位能量密度的电场矢量 $\boldsymbol{E}$ 就会在椭球表面上给出一点,如图 31-3 所示。这个恒定能量椭球的形状唯一地表示着张量极化率的特征。

原来椭球具有这么一个有趣性质,即它总是可以简单地通过给出三个"主轴"方向以及沿这些轴的椭圆直径而加以描述。"主轴"的方向就是最长直径与最短直径的方向以及与两者都正交的另一方向。它们由图 31-3 中 a, b 和 c 三根轴所标明。相对于这些轴,椭球具有特别简单的方程

$$\alpha_{aa}E_a^2 + \alpha_{bb}E_b^2 + \alpha_{cc}E_c^2 = 2u_0.$$

因此,相对于这些轴,介电张量就只有三个不等于零的分量:α_{aa}, α_{bb} 和 α_{cc}。这就是说,不管晶体如何复杂,总能够选取一组坐标轴(不一定是晶体本身的轴),在其中极化张量只有

三个分量。用这样一组坐标轴,式(31.4)便简单地变成

$$P_a = \alpha_{aa}E_a,\ P_b = \alpha_{bb}E_b,\ P_c = \alpha_{cc}E_c. \tag{31.9}$$

沿任何一个主轴的电场将产生沿同一个轴的极化,当然这三条轴的系数可能是不同的。

人们往往这样来描述张量,即把那九个系数列在一个方括号内:

$$\begin{bmatrix} \alpha_{xx} & \alpha_{xy} & \alpha_{xz} \\ \alpha_{yx} & \alpha_{yy} & \alpha_{yz} \\ \alpha_{zx} & \alpha_{zy} & \alpha_{zz} \end{bmatrix}. \tag{31.10}$$

对于主轴 a, b 和 c 来说,只有那些对角线的项才不等于零,这时我们就说“张量是对角的”。整个张量为

$$\begin{bmatrix} \alpha_{aa} & 0 & 0 \\ 0 & \alpha_{bb} & 0 \\ 0 & 0 & \alpha_{cc} \end{bmatrix}. \tag{31.11}$$

重要之处在于,任何极化张量(实际上,在任何维数中凡属于二阶的任何对称张量)都可以通过选取适当的一组坐标轴而写成这种形式。

若对角形极化张量的三个元素都相同,即如果

$$\alpha_{aa} = \alpha_{bb} = \alpha_{cc} = \alpha, \tag{31.12}$$

则能量椭球就变成圆球,极化率在所有方向都相同,这种材料就是各向同性的。在张量符号表示法中,

$$\alpha_{ij} = \alpha\delta_{ij}, \tag{31.13}$$

式中 δ_{ij} 为单位张量

$$\delta_{ij} = \begin{bmatrix} 1 & 0 & 0 \\ 0 & 1 & 0 \\ 0 & 0 & 1 \end{bmatrix}. \tag{31.14}$$

当然,这意思是:

$$\begin{aligned} \delta_{ij} &= 1, \quad 若\ i = j; \\ \delta_{ij} &= 0, \quad 若\ i \neq j. \end{aligned} \tag{31.15}$$

这个 δ_{ij} 张量通常称为“克罗内克 δ”。你可以这样来自己取乐,即证明:若把坐标系改变成任何其他的直角坐标系,则张量式(31.14)仍然具有完全相同形式。式(31.13)的极化张量会给出

$$P_i = \alpha\sum_j \delta_{ij}E_j = \alpha E_i,$$

这个式子意味着与我们以前关于各向同性电介质的结果

$$\boldsymbol{P} = \alpha\boldsymbol{E}$$

相同。

极化椭球的形状和取向有时可与晶体的对称特性联系起来。我们曾在第 30 章中说过,

三维晶格共有 230 种不同的可能内部对称性，而对于许多目的来说，它们可以按照单胞的形状方便地归纳成七类。现在这极化椭球就应该分享晶体的这些内禀几何对称性。例如，三斜晶体具有低级对称——其极化椭球将有互不等长的轴，而每一轴的方向一般都没有与晶轴排成一线。另一方面，单斜晶体具有这样的特性，即如果晶体对其中的一轴转过 180°，它的性质不会改变。所以在经过了这样一个转动之后极化张量应仍然相同。结果是，极化椭球在经过了 180°转动后就必须回到其本身，这只有在该椭球的一根轴与晶体的对称轴的方向相同时才能发生。除此之外，这个椭球的取向和大小都不受限制。

可是对于正交晶体，该椭球的诸轴就必须都对应于各晶轴，因为围绕三个轴中任一轴的 180°转动都将重复同一晶格。如果我们涉及四方晶体，则椭球必须具有相同的对称性，因而就必然会有两根相等的直径。最后，对于立方晶体来说，椭球的所有三根直径都必须等长，它变成了一个球，而晶体的极化率在所有方向就都相同。

对晶体的一切可能对称性算出各种可能有的张量类型将是一场大型游戏，这称为“群论”分析法。但对于极化张量的简单情况，要看出其中关系应该会怎么样，还是相对容易的。

§ 31-4 其他张量；惯量张量

还有许多其他张量的例子出现在物理学中。例如，在金属或任何导体中，人们经常发现电流密度 $\boldsymbol{j}$ 近似地正比于电场 $\boldsymbol{E}$，比例常数称为电导率 σ：

$$\boldsymbol{j} = \sigma\boldsymbol{E}.$$

可是，对于晶体来说，$\boldsymbol{j}$ 与 $\boldsymbol{E}$ 的关系就比较复杂了；电导率并非在所有方向都是一样的。电导率乃是一个张量，因而可以写成

$$j_i = \sum \sigma_{ij} E_j.$$

物理张量的另一个例子是转动惯量。在第 1 卷第 18 章中我们曾经见过，一块固体绕某一固定轴旋转时就有一个与角速度 ω 成正比的角动量 L，而我们称这个比例因数 I 为转动惯量：

$$L = I\omega.$$

对一任意形状的物体，转动惯量与物体相对于转动轴的取向有关。例如，一块矩形板对于它的三个正交轴的转动惯量就各不相同。现在角速度 $\boldsymbol{\omega}$ 和角动量 $\boldsymbol{L}$ 两者都是矢量。对于绕每一根对称轴的转动，它们彼此互相平行。但如果对于三根主轴转动惯量各不相同，则一般说来，$\boldsymbol{\omega}$ 和 $\boldsymbol{L}$ 就不会在同一个方向上(图 31-4)。它们以类似于 $\boldsymbol{E}$ 和 $\boldsymbol{P}$ 间关系的方式互相联系着。一般说来，我们应当写出

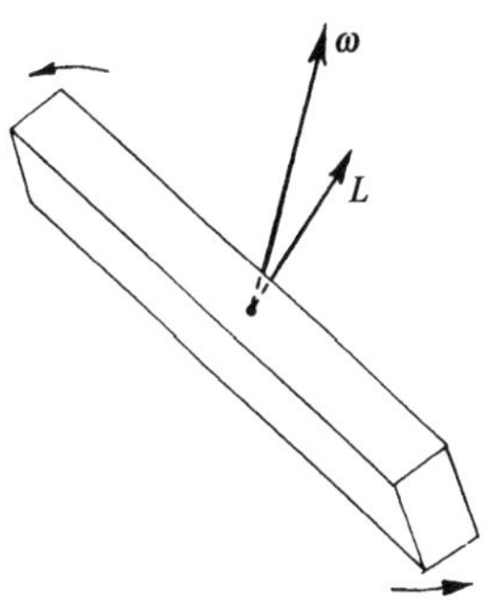

图 31-4 一般说来，一块固体的角动量 $\boldsymbol{L}$ 并不平行于其角速度 $\boldsymbol{\omega}$

$$\begin{aligned} L_x &= I_{xx}\omega_x + I_{xy}\omega_y + I_{xz}\omega_z, \\ L_y &= I_{yx}\omega_x + I_{yy}\omega_y + I_{yz}\omega_z, \\ L_z &= I_{zx}\omega_x + I_{zy}\omega_y + I_{zz}\omega_z, \end{aligned} \tag{31.16}$$

这九个系数 I_{ij} 称为惯量张量。按照与极化的类似性,任何角动量的动能理应为角速度分量 ω_x, ω_y 和 ω_z 的某种二次型:

$$\mathrm{KE}=\frac{1}{2}\sum_{ij}I_{ij}\omega_i\omega_j. \tag{31.17}$$

我们可利用能量来定义惯量椭球。并且,关于能量的论证也可用来证明该张量是对称的,即 $I_{ij}=I_{ji}$。

若一刚性物体的形状为已知,则该物体的惯量张量便可以算出来。我们只需写下该物体中所有粒子的总动能。一个质量为 m 而速度为 v 的粒子具有动能$\frac{1}{2}mv^2$,而总动能就不过是对该物体中所有粒子的动能求和

$$\sum\frac{1}{2}mv^2.$$

每个粒子的速度 v 与固体的角速度 ω 有关。现在假定,物体在绕我们认为静止的质心旋转。那么,若 $\boldsymbol{r}$ 是从质心到粒子的位移,则其速度 $\boldsymbol{v}$ 由 $\boldsymbol{\omega}\times\boldsymbol{r}$ 给出。因此总动能为

$$\mathrm{KE}=\sum\frac{1}{2}m(\boldsymbol{\omega}\times\boldsymbol{r})^2. \tag{31.18}$$

眼前必须做的就是用 ω_x, ω_y, ω_z 各分量和 x, y, z 写出 $\boldsymbol{\omega}\times\boldsymbol{r}$, 并将这一结果与式(31.17)做一比较,通过识别各项以找出 I_{ij}。在进行代数运算时,我们写出

$$\begin{aligned}(\boldsymbol{\omega}\times\boldsymbol{r})^2&=(\boldsymbol{\omega}\times\boldsymbol{r})_x^2+(\boldsymbol{\omega}\times\boldsymbol{r})_y^2+(\boldsymbol{\omega}\times\boldsymbol{r})_z^2\\&=(\omega_yz-\omega_zy)^2+(\omega_zx-\omega_xz)^2+(\omega_xy-\omega_yx)^2\\&=+\omega_y^2z^2-2\omega_y\omega_zzy+\omega_z^2y^2+\omega_z^2x^2-2\omega_z\omega_xxz+\omega_x^2z^2+\omega_x^2y^2-2\omega_x\omega_yyx+\omega_y^2x^2.\end{aligned}$$

对这一方程乘以 $m/2$,对所有的粒子求和,并同式(31.17)做比较,我们见到,例如 I_{xx} 由下式给出:

$$I_{xx}=\sum m(y^2+z^2).$$

这就是我们以前(第 1 卷第 19 章)曾经得到过的关于物体绕 x 轴的转动惯量公式。由于 $r^2=x^2+y^2+z^2$, 也可将这一项写成

$$I_{xx}=\sum m(r^2-x^2).$$

算出所有其他各项,则惯量张量便可以写成

$$I_{ij}=\begin{bmatrix}\sum m(r^2-x^2) & -\sum mxy & -\sum mxz\\ -\sum myx & \sum m(r^2-y^2) & -\sum myz\\ -\sum mzx & -\sum mzy & \sum m(r^2-z^2)\end{bmatrix}. \tag{31.19}$$

如果你乐意的话,还可以按"张量符号表示法"写成

$$I_{ij}=\sum m(r^2\delta_{ij}-r_ir_j), \tag{31.20}$$

式中 r_i 是某个粒子位置矢量的(x, y, z)分量,而 $\sum$ 则意味着对所有粒子求和。于是转动

惯量就是一个二阶张量,其中各项代表物体的一种属性,并且通过下式将 $\boldsymbol{L}$ 与 $\boldsymbol{\omega}$ 联系起来:

$$L_i = \sum_j I_{ij}\omega_j. \tag{31.21}$$

对于不管什么形状的任何物体,我们都能够找到惯量椭球,从而找到三个主轴。对于这些轴来说,该张量将是对角的,所以对于任何物体就总存在三个互相正交的轴,绕这些轴的角速度与角动量互相平行。它们被称为惯量主轴。

§31-5 叉 积

我们应当指出,从第 1 卷第 20 章后我们就已经应用过二阶张量了。在那里,我们曾用下式定义过“平面上的转矩”,诸如 τ_{xy}:

$$\tau_{xy} = xF_y - yF_x.$$

推广到三维的情况,可以写成

$$\tau_{ij} = r_iF_j - r_jF_i. \tag{31.22}$$

τ_{ij} 这个量就是一个二阶张量。为了看清楚这个张量就是这样的形式,一种办法就是通过把 τ_{ij} 同某个矢量相结合,比方说按照下式同单位矢量相结合,

$$\sum_j \tau_{ij}e_j.$$

如果这个量是一矢量,则 τ_{ij} 必然会像张量那样变换,这是我们关于张量的定义。把有关 τ_{ij} 的式子代入,便得

$$\sum_j \tau_{ij}e_j = \sum_j r_iF_je_j - \sum_j r_je_jF_i = r_i(\boldsymbol{F}\cdot\boldsymbol{e}) - (\boldsymbol{r}\cdot\boldsymbol{e})F_i.$$

由于那些点积都是标量,所以右边两项都是矢量,因而它们之差也是矢量。因此 τ_{ij} 就是一个张量。

但 τ_{ij} 是一种特殊类型的张量,它是反对称的,即

$$\tau_{ij} = -\tau_{ji},$$

所以它只有三个不等于零的项——τ_{xy},τ_{yz} 和 τ_{zx}。在第 1 卷第 20 章中我们已能够证明,这三项几乎是由于“偶然”才会像矢量的三个分量那样变换,以致我们可以定义:

$$\boldsymbol{\tau} = (\tau_x, \tau_y, \tau_z) = (\tau_{yz}, \tau_{zx}, \tau_{xy}).$$

我们所以说“偶然”,是因为它只发生于三维中。例如,在四维中,一个二阶的反对称张量就多达六个不等于零的项,因而肯定不能由具有四个分量的矢量来代替它。

正如轴矢量 $\boldsymbol{\tau} = \boldsymbol{r}\times\boldsymbol{F}$ 实际上是一个张量那样,所以每个由两个极矢量构成的叉积也是张量——与上述相同的一切论证也都适用。可是,出自幸运,它们也可用矢量(实际上是一种膺矢)来表达,因而数学就给我们带来了方便。

从数学方面讲,若 $\boldsymbol{a}$ 和 $\boldsymbol{b}$ 是任意两个矢量,则那九个量 a_ib_j 会形成一个张量(尽管它可能没有任何有用的物理目的)。这样,对于位置矢量 $\boldsymbol{r}$ 来说,r_ir_j 就是一个张量,而由于 δ_{ij} 也

是一个张量,我们便明白式(31.20)的右边确是一个张量。同样,式(31.22)也是一个张量,因为其右边的两项都是张量。

§31-6 应 力 张 量

迄今我们所描述的对称张量都是在一个矢量与另一个矢量建立联系的过程中作为系数产生的。现在我们很想考察一个具有不同物理意义的张量——应力张量。假设有一块被施以各种力的固体,我们说其内部会有各种"应力",这意思是指,在材料中的相邻部分间存在一些内力。当我们在§12-3 中考虑被伸展的膜中的表面张力时,就曾稍微谈及在二维情况下的这种应力。现在将看到,在三维物体的材料中内力可以由一个张量来描述。

考虑某种弹性材料——比如说是一大块果子冻——的物体。如果把这块材料切开,则切面每一边的物质一般都会受到内力作用而引起位移。在切开前,材料中的两部分间必然有力把材料维持在其固定位置,我们可以用这些力来定义应力。假设我们正在考察一块垂直于 x 轴的假想平面——像图 31-5 中的 σ 面——并询问在这个面上穿过小面积 $\Delta y\ \Delta z$ 的力。设在这一面积左边的材料施力 $\Delta \boldsymbol{F}_1$ 于其右边的材料,如图(b)所示。当然,还有一个反作用力 $-\Delta \boldsymbol{F}_1$ 施于左边的材料上。如果该面积足够小,则我们预期 $\Delta \boldsymbol{F}_1$ 与面积 $\Delta y \Delta z$ 成正比。

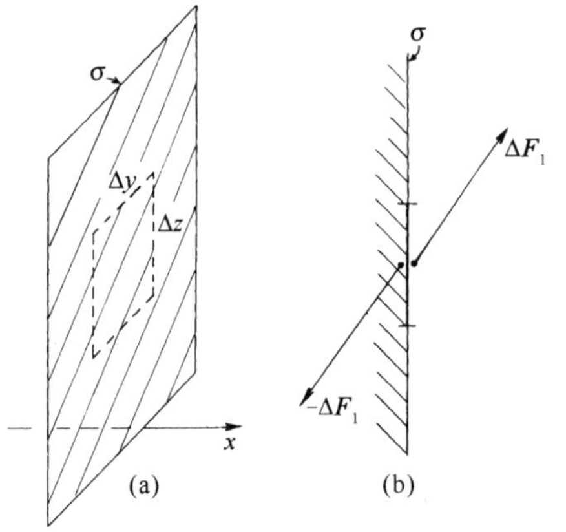

图 31-5 σ 平面左边的材料穿过面积 $\Delta y\ \Delta z$ 施力 $\Delta \boldsymbol{F}_1$ 于该平面右边的材料上

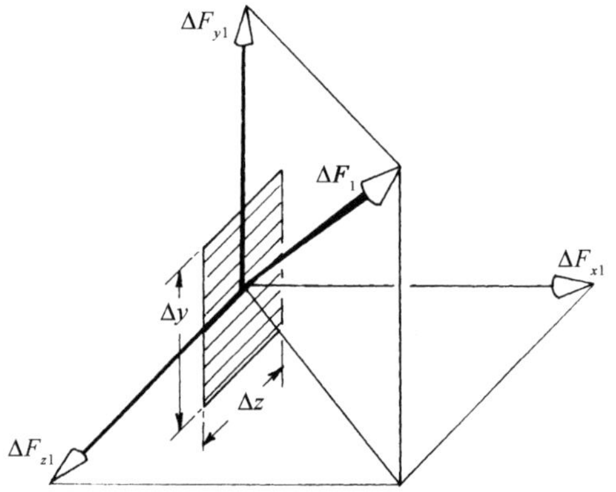

图 31-6 穿过与 x 轴正交的面积元 $\Delta y\ \Delta z$ 的力 $\Delta \boldsymbol{F}_1$ 可分解成三个分量 ΔF_{x1},ΔF_{y1} 和 ΔF_{z1}

你已经熟悉了应力中的一种——静止液体中的压强。在那里,力等于压强乘面积并与面积元垂直。对于固体——也对于运动中的黏滞性液体——来说,力就不一定与该面垂直,除了压强(正的或负的)之外还会有剪切力(所谓"剪切力",指的是穿过面的力的切向分量)。力的所有三个分量都必须计算在内。也应该注意,如果我们在某个其他取向的平面上切割,则这些力将不相同。对于内应力的完整描述需要有一个张量。

我们按照下述办法对应力张量下定义:首先,我们想象一个垂直于 x 轴的切面并把穿过这切面上的力 $\Delta \boldsymbol{F}_1$ 分解成它的分量 ΔF_{x1}, ΔF_{y1} 和 ΔF_{z1}, 如图 31-6 所示。这些力对面积 $\Delta y\ \Delta z$ 的比值,分别被称为 S_{xx}, S_{yx} 和 S_{zx}。例如,

$$S_{yx}=\frac{\Delta F_{y1}}{\Delta y\Delta z}.$$

第一个下脚标 y 指力的分量方向；第二个下脚标 x 指垂直于该面积的方向。如果你愿意，还可以把该面积 $\Delta y\Delta z$ 写成 Δa_x，表明是一个垂直于 x 轴的面积元。于是

$$S_{yx}=\frac{\Delta F_{y1}}{\Delta a_x}.$$

其次，我们设想一个垂直于 y 轴的想象的切面。穿过一小面积 $\Delta x\Delta z$ 将有力 $\Delta \boldsymbol{F}_2$。再把这个力分解成三个分量，如图 31-7 所示，并定义三个应力分量 S_{xy}，S_{yy}，S_{zy}，作为在那三个方向上单位面积的力。最后，我们做一个垂直于 z 轴的想象切面并定义三个分量 S_{xz}，S_{yz} 和 S_{zz}。因此，我们就有了九个数值：

$$S_{ij}=\begin{bmatrix}S_{xx} & S_{xy} & S_{xz}\\ S_{yx} & S_{yy} & S_{yz}\\ S_{zx} & S_{zy} & S_{zz}\end{bmatrix}. \tag{31.23}$$

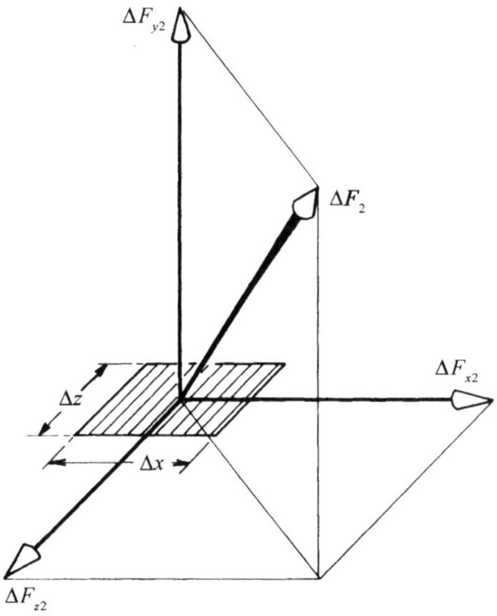

图 31-7　穿过垂直于 y 轴的面积元的力被分解成三个互相垂直的分量

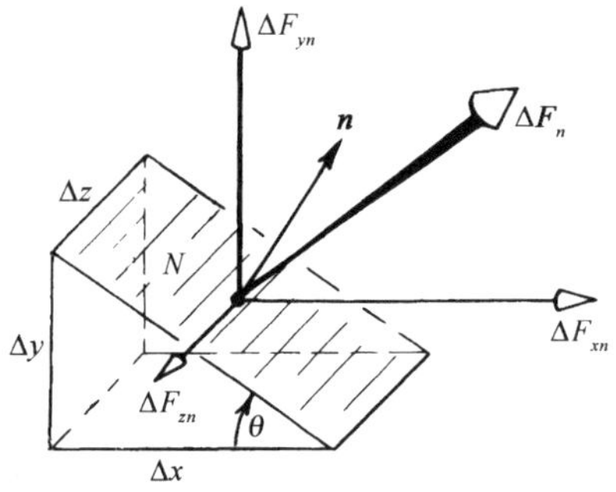

图 31-8　把穿过 N 面（其单位法线为 $\boldsymbol{n}$）的力 $\Delta \boldsymbol{F}_n$ 分解成各分量

现在要来证明，这九个数值足以完整地描述应力的内部状态，而且 S_{ij} 的确是一个张量。假设我们想知道穿过一个以某个任意角度取向的面积的力，能否从 S_{ij} 求得它呢？能，只要按照下述办法：试想象一个小小的立体图形，在另加的面内有一个 N 面，而其他各面则都垂直于坐标轴。假如这个 N 面碰巧平行于 z 轴，则会有如图 31-8 所示的那个三角图形（这是有些特殊的情况，但将足以充分说明普遍的方法）。既然作用于图 31-8 中那个小三角体上的各应力是平衡的（至少在无限小尺寸的极限内），因而施于其上的总力就必须等于零。我们直接从 S_{ij} 知道了在垂直于各坐标轴的那些面上的力，它们的矢量和就应等于作用在 N 面上的力，因而我们可用 S_{ij} 来表示这个力。

关于作用在该小三角形体积上的表面力处于平衡这一假设，其中我们忽略了任何可能

会存在的其他一些彻体力,诸如重力或赝力,如果我们的坐标系不是一个惯性坐标系的话就会存在赝力。然而,应该注意,这种彻体力将与那个小三角体的体积、因而也与$\Delta x\Delta y\Delta z$成正比,而所有的表面力则均与诸如 $\Delta x\Delta y$, $\Delta y\Delta z$ 等面积成正比。所以,如果我们把楔形物的尺寸取得足够小,则同表面力相比彻体力就总是可以被忽略的。

现在让我们把施于该小楔形物上的力都相加起来。首先考虑 x 分量,那是五个部分之和——从每一个面各有一部分。然而,如果 Δz 足够小,那么作用于(与 z 轴垂直的)那两个三角形上的力就会相等相反,因而可以将其忘却。作用于底面矩形上的力其 x 分量为

$$\Delta F_{x2} = S_{xy}\Delta x\Delta z.$$

作用于垂直矩形上的力为

$$\Delta F_{x1} = S_{xx}\Delta y\Delta z.$$

上述两力必须等于穿过 N 面向外的力的 x 分量。令 $\boldsymbol{n}$ 为垂直于 N 面的单位矢量,并令作用于此面上的力为 ΔF_n,于是我们有

$$\Delta F_{xn} = S_{xx}\Delta y\Delta z + S_{xy}\Delta x\Delta z.$$

穿过这个平面的应力的 x 分量 S_{xn} 等于 ΔF_{xn}除以面积 $\Delta z\sqrt{\Delta x^2+\Delta y^2}$,即

$$S_{xn} = S_{xx}\frac{\Delta y}{\sqrt{\Delta x^2+\Delta y^2}} + S_{xy}\frac{\Delta x}{\sqrt{\Delta x^2+\Delta y^2}}.$$

由于 $\Delta x/\sqrt{\Delta x^2+\Delta y^2}$ 就是 $\boldsymbol{n}$ 与 y 轴间夹角θ 的余弦,如图 31-8 所示,因而我们可把它写成 n_y,即 $\boldsymbol{n}$ 的 y 分量。同理,$\Delta y/\sqrt{\Delta x^2+\Delta y^2}$ 就是 $\sin\theta = n_x$。我们便可将上式写成

$$S_{xn} = S_{xx}n_x + S_{xy}n_y.$$

如果现在推广至一个任意表面元,就该得到

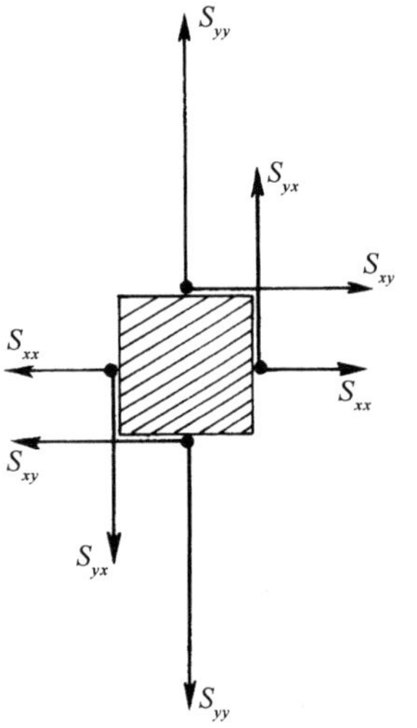

图 31-9 作用于一小单位立方体的四个面上的力的 x 分量和 y 分量

$$S_{xn} = S_{xx}n_x + S_{xy}n_y + S_{xz}n_z,$$

或一般地,

$$S_{in} = \sum_j S_{ij}n_j. \tag{31.24}$$

我们能够求得以 S_{ij} 表示的穿过任何面元的力,因而 S_{ij} 的确完整地描述了材料内部的应力状态。

式(31.24)表明,张量 S_{ij} 使力 $\boldsymbol{S}_n$ 与单位矢量 $\boldsymbol{n}$ 相联系,就好像 α_{ij} 使 $\boldsymbol{P}$ 与 $\boldsymbol{E}$ 有关那样。既然 $\boldsymbol{n}$ 和 $\boldsymbol{S}_n$ 都是矢量,所以 S_{ij} 的各分量就必然像张量那样随坐标系的改变而作变换。因此,S_{ij} 的确是一个张量。

我们也可通过考察作用于一个小立方体材料上的力来证明 S_{ij} 是一个对称张量。假设取一个小立方体,使其各个面的取向平行于我们的坐标轴,并从一个截面上去考察它,如图 31-9 所示。若令这个立方体的每个边长为一个单位,则作用于与 x 和 y 轴正交的那些面上的力的 x 和 y 分量就可能如图上所示。如果

该立方体很小,则一个面上的应力与其相对的面上的应力就不会有显著的不同,因而力的分量就如图所示的那样大小相等而方向相反。现在对于该立方体必然不会有转矩作用,否则它就会开始转动。环绕中心点的总转矩为 $(S_{yx}-S_{xy})$(乘以立方体的$\frac{1}{2}$单位边长),而由于这总转矩为零,S_{yx}就应等于 S_{xy},因而这应力张量就是一个对称张量。

既然 S_{ij} 是一个对称张量,因此它就可以用一个具有三根主轴的椭球来加以描述。对于与这些轴正交的面来说,应力特别简单——它们相当于与这些面正交的压力或拉力,因而沿这些面上就不会有剪切力了。对于任何应力来说,我们总能够选择坐标轴使其各切向分量为零。如果这椭球是一圆球,则在任何方向就只有法向力。这相当于流体静压强(正的或负的)。因此,对于流体静压强来说,这个张量就是对角的,而且所有三个分量都相等,实际上,它们刚好等于压强 p,即可以写成

$$S_{ij}=p\delta_{ij}. \tag{31.25}$$

应力张量——因而还有它的椭球——一般将在一块材料中逐点变化,要描述整块材料,就需要给出作为位置函数的 S_{ij} 的每一分量。因此,应力张量就是一个场。我们已经有过标量场,像温度 $T(x, y, z)$,它们在空间每一点都给出一个数值,以及矢量场,像 $\boldsymbol{E}(x, y, z)$,它们对每一点给出三个数值。现在我们又有了张量场,它们对空间每一点给出九个数值——或对于对称张量 S_{ij} 来说,实际上是六个数值。在一块任意畸变的固体中,对其内力的完整描述需要六个各含有 x, y 和 z 的函数。

§31-7 高 阶 张 量

应力张量 S_{ij} 描述了物质中的内力。如果材料是弹性的,用另一个张量 T_{ij}——称为应变张量——来描述其内部畸变就较方便。对于像金属棒那样的简单物体,你知道长度的改变 ΔL 与作用力近似成正比,因而我们说它服从胡克定律:

$$\Delta L=\gamma F.$$

对于受了任意畸变的固态弹性体来说,应变 T_{ij} 与应力 S_{ij} 是由一组线性方程相联系的:

$$T_{ij}=\sum_{k,l}\gamma_{ijkl}S_{kl}. \tag{31.26}$$

并且,一根弹簧(或一根棒)的势能为

$$\frac{1}{2}F\Delta L=\frac{1}{2}\gamma F^2.$$

对于固体中的弹性能量密度,可推广为

$$U_{弹性}=\sum_{ijkl}\frac{1}{2}\gamma_{ijkl}S_{ij}S_{kl}. \tag{31.27}$$

因此晶体弹性的完整描述就必须用这些系数 γ_{ijkl},这带来了一个新的、难以控制的量,它是一个四阶张量,由于每一个下脚标可取 x, y 或 z 中任何一个,共有 $3^4=81$ 个系数,但实际上却只有 21 个不同数值。首先,S_{ij} 是对称的,它只有 6 个不同的数值,因而在式(31.27)中

就只需要 36 个不同系数。可是，S_{ij} 和 S_{kl} 可以互相交换而不改变能量，所以交换 ij 和 kl 时 γ_{ijkl} 必定是对称的，这样就把不同系数的数目又减少至 21 个。所以对于可允许的对称性最低的晶体来说，要描述它的弹性就需要 21 个弹性常数！当然，对于较高对称的晶体，这一数目还可以减少。例如，立方晶体只有三个弹性常数，而各向同性物质则只有两个弹性常数。

这后者的真实性可以这样理解。如同一块各向同性物质必然会对称那样，γ_{ijkl} 的各分量怎么可能与坐标轴的方向无关呢？答案是：只有当它们可用张量 δ_{ij} 表达时，它们才能是与坐标无关的。有两个可能的表示式：$\delta_{ij}\delta_{kl}$ 和 $\delta_{ik}\delta_{jl}+\delta_{il}\delta_{jk}$，它们都具备所需的对称性，因而 δ_{ijkl} 就必须是它们的线性组合。因此，对于各向同性材料来说，

$$\gamma_{ijkl}=a(\delta_{ij}\delta_{kl})+b(\delta_{ik}\delta_{jl}+\delta_{il}\delta_{jk}),$$

所以这种材料就需要两个常数 a 和 b 来描述它的弹性。而立方晶体仅需要三个常数，我们将把它留给你们去证明。

作为最后一个例子，我们举出压电效应，这次是属于一个三阶张量。在应力作用下，晶体会产生一个正比于这个应力的电场，因此，一般说来，其规律是

$$E_i=\sum_{j,k}P_{ijk}S_{jk},$$

式中 E_i 为电场，而 P_{ijk} 为压电系数——或压电张量。你能否证明，若晶体有一个反演中心(在 $x, y, z\to -x, -y, -z$ 的变换下保持不变)，则所有压电系数都等于零？

§ 31-8 电磁动量的四维张量

在这一章中，迄今所考察过的所有张量都是与三维空间有关的，它们被定义为在空间转动下具有某种变换性质。在第 26 章中，我们曾有机会用到在四维相对论性时空中的一个张量——电磁张量 $F_{\mu\nu}$。这样一个四维张量的各分量在洛伦兹坐标变换下以我们算出的特殊方式变换着(尽管我们并未那样做，但我们可能已经把洛伦兹变换认为是在叫作闵可夫斯基空间的"四维空间"里的一种转动，那么与我们这里正在做的做个类比，就会更加清楚了)。

作为最后一个例子，我们想要考虑在相对论四维(t, x, y, z)中的另一个张量。当我们在上面写出应力张量时，我们曾把 S_{ij} 定义为穿过单位面积的力的分量。可是力等于动量的变化率，因此，不说"S_{xy} 是穿过垂直于 y 方向的单位面积力的 x 分量"，而同样可以说"S_{xy} 是穿过垂直于 y 方向的单位面积动量的 x 分量的变化率"。换句话说，S_{ij} 的每一项也各代表通过垂直于 j 方向单位面积的动量的 i 分量流。这些是纯空间分量，但它们却是在四维(μ 和 $\nu=t, x, y, z$)中含有像 S_{tx}，S_{yt}，S_{tt} 等附加分量的一个"较大"张量 $S_{\mu\nu}$ 的一些部分，我们现在就试图找出这些附加分量的物理意义。

我们知道，那些空间分量代表动量流。我们可以从研究另一种"流"——电荷流——来获得如何把它推广到时间那一维上去的线索。对于标量电荷来说，其变化率(通过垂直于流的单位面积)就是一空间矢量——电流密度 $\boldsymbol{j}$。我们已经看到，这个流矢量的时间分量就是那些流动物质的密度。例如，$\boldsymbol{j}$ 可以同一个时间分量 $j_t=\rho$——即电荷密度——相结合而构成一个四维矢量 $j_\mu=(\rho, \boldsymbol{j})$，也就是说，当 j_μ 中的 μ 取 t, x, y, z 各值时，它指的是标量电荷的"密度，及标量电荷在 x 方向的流动速率，在 y 方向的流动速率，在 z 方向的流动速率"。

现在,与刚才所做的关于一个标量流的时间分量的说法相类似,我们也许会期待,与描述动量 x 分量流的 S_{xx}, S_{xy}, S_{xz} 一起,就应该有一个时间分量 S_{xt},它应代表正在流动的那种东西的密度,也就是说,S_{xt} 应该是 x 方向动量的密度。所以我们就能够沿水平方向把我们的张量推广到包含一个 t 分量。我们得

$$S_{xt} = x\text{ 动量密度},$$

$$S_{xx} = x\text{ 动量的 }x\text{ 向流},$$

$$S_{xy} = x\text{ 动量的 }y\text{ 向流},$$

$$S_{xz} = x\text{ 动量的 }z\text{ 向流}.$$

同理,对于动量的 y 分量我们有三个流动分量—— S_{yx}, S_{yy}, S_{yz} ——此外还应加入一个第四项:

$$S_{yt} = y\text{ 动量密度}.$$

而当然,在 S_{zx}, S_{zy}, S_{zz} 之外我们也应该加上

$$S_{zt} = z\text{ 动量密度}.$$

在四维中还有一个动量的 t 分量,我们知道那就是能量。因此,张量 S_{ij} 应该在垂直方向上* 用 S_{tx}, S_{ty} 和 S_{tz} 来推广,其中

$$\begin{aligned} S_{tx} &= \text{能量的 }x\text{ 向流},\\ S_{ty} &= \text{能量的 }y\text{ 向流},\\ S_{tz} &= \text{能量的 }z\text{ 向流}. \end{aligned} \tag{31.28}$$

这就是说,S_{tx} 是单位时间内穿过垂直于 x 轴单位面积的能流,等等。最后,为使张量达到完整,还需要 S_{tt},那该是能量密度。我们已把三维的应力张量 S_{ij} 推广成四维的应力-能量张量 $S_{\mu\nu}$。那下脚标 μ 可以取四个值 t, x, y 和 z,它们分别指“密度”、“在 x 向单位面积的流动”、“在 y 向单位面积的流动”、“在 z 向单位面积的流动”。同样地,ν 取 t, x, y, z 四个值就告诉我们什么在流动,即“能量”、“沿 x 向的动量”、“沿 y 向的动量”和“沿 z 向的动量”。

作为一个例子,我们将讨论不是在实物中,而是在一个存在着电磁场的自由空间区域里的一个张量。我们知道,能流就是坡印亭矢量 $\boldsymbol{S} = \epsilon_0 c^2 \boldsymbol{E} \times \boldsymbol{B}$。因此,$\boldsymbol{S}$ 的 x, y 和 z 分量,从相对论的观点来看,就是我们的四维应力-能量张量的分量 S_{tx}, S_{ty} 和 S_{tz}。张量 S_{ij} 的对称性也同样移到了 t 分量,因而四维张量 $S_{\mu\nu}$ 是对称的:

$$S_{\mu\nu} = S_{\nu\mu}. \tag{31.29}$$

换句话说,代表 x, y 和 z 动量密度的 S_{xt}, S_{yt}, S_{zt} 也等于坡印亭矢量 $\boldsymbol{S}$,即能流的 x, y 和 z 分量——正如我们在前面一章中曾用不同的论证所证明过的那样。

这电磁应力张量 $S_{\mu\nu}$ 的其余各分量也可用电磁场 $\boldsymbol{E}$ 和 $\boldsymbol{B}$ 来表示。这就是说,必须把应力——或较少神秘性地说成是动量流——纳入电磁场之中。在第 27 章中与式(27.21)有关

---

* 这表明是一个与 x, y, z 各轴都“正交”的方向,即 t 方向。——译者注

的地方我们曾对此有所讨论,但还未将其细节算出。

那些想要在四维张量方面锻炼本领的人们,也许乐于见到用场来表示的关于 $S_{\mu\nu}$ 的公式:

$$S_{\mu\nu}=-\epsilon_0\left(\sum_{\alpha}F_{\mu\alpha}F_{\nu\alpha}-\frac{1}{4}\delta_{\mu\nu}\sum_{\alpha,\beta}F_{\beta\alpha}F_{\beta\alpha}\right),$$

其中对于 α, β 的求和是指对于 t, x, y, z 的求和,不过(如同在相对论中经常做的那样)我们采用关于求和符号 $\sum$ 与符号 δ 的特别含义。在总和中有关 x, y, z 的项都要去掉,并且 $\delta_{tt}=1$, $\delta_{xx}=\delta_{yy}=\delta_{zz}=-1$, 对于 $\mu\neq\nu$ 则 $\delta_{\mu\nu}=0$。你能否证实(令 $c=1$)它会给出能量密度 $S_{tt}=(\epsilon_0/2)(E^2+B^2)$ 和坡印亭矢量 $\epsilon_0\boldsymbol{E}\times\boldsymbol{B}$? 你能否证明:在 $\boldsymbol{B}=0$ 的静电场中,应力的主轴在电场的方向,而且有一个张应力 $(\epsilon_0/2)E^2$ 沿电场方向,还有一个相等的压强垂直于电场方向?

第 32 章　稠密材料的折射率

§32-1　物质的极化

我们现在要来讨论由稠密材料所引起的光的折射——因而也包括光的吸收——现象。在第 1 卷第 31 章中，我们曾讨论过折射率理论，但那时由于我们的数学能力有限，就不得不局限于只是找出诸如气体那样的低密度材料的折射率。然而，产生折射率的物理原理却已经弄清楚了。光波中的电场使气体里的分子极化，产生了振动着的电偶极矩。这些振动电荷的加速度又会辐射出新的场波。这种新的场与旧的场相干，就会产生一个变化了的场，它相当于原来的波受到某个相移，由于这相移与该材料的厚度成正比，所以这一效应就相当于在材料里有不同的相速度。以前考察这一课题时，曾经略去了诸如新波会改变振动偶极子所在处的场这些效应所引起的复杂性。我们曾假定施于原子中电荷上的力仅来自那个入射波，而事实上，它们的振动不仅由入射波驱动，而且也由所有其他各原子的辐射波所推动。当时要把这种效应包括进去，对于我们来说会有困难，因而仅仅研究了稀薄气体，在那里上述效应变成无关紧要的了。

然而，现在我们将发现，通过利用微分方程来处理这个问题非常容易。这一办法掩盖了折射率的物理起源（如来自再辐射波与原来波的相干作用），但却使有关稠密材料的理论简单得多。本章将从以前的工作中拼集大量材料。实际上我们将选取所需要的一切东西，因而在引进的概念中属于全新的相对来说就不多。由于你可能需要重新想起我们将要用的东西，因此我们提供一个关于即将用到的公式及其出处的清单（表 32-1）。在大多数例子中，我们将不再花时间去提供物理论证，而只是要利用那些公式。

表 32-1　本章的工作将建立在下列这些包含在以前各章中的材料的基础上

主　题	参　考	方　程　式
阻尼振动	第 1 卷第 23 章	$m(\ddot{x}+\gamma\dot{x}+\omega_0^2x)=F$
气体折射率	第 1 卷第 31 章	$n=1+\dfrac{1}{2}\dfrac{Nq_e^2}{\epsilon_0 m(\omega_0^2-\omega^2)}$ $n=n'-in''$
迁 移 率	第 1 卷第 41 章	$m\ddot{x}+\mu\dot{x}=F$
电 导 率	第 1 卷第 43 章	$\mu=\dfrac{\tau}{m};\sigma=\dfrac{Nq_e^2\tau}{m}$
极 化 率	第 2 卷第 10 章	$\rho_{极化}=-\nabla\cdot\boldsymbol{P}$
在电介质内部	第 2 卷第 11 章	$\boldsymbol{E}_{局域}=\boldsymbol{E}+\dfrac{1}{3\epsilon_0}\boldsymbol{P}$

我们从回忆气体折射率的机制着手。假定单位体积内共有 N 个粒子，而每个粒子的行

为像一个谐振子,并采用这样的原子或分子模型:其中的电子被正比于其位移的力束缚住(好像被弹簧维持在其位置上似的)。我们曾经强调,这并非原子的正统经典模型,但以后将证明,正确的量子力学理论(在一些简单情况中)会给出等效于这一模型的结果。在以往的处理中,我们从未将原子振子中的阻尼力那种可能性包括进去,但现在就要这样来做。这种力相当于对运动的阻力,也就是与电子速度成正比的力。于是运动方程为

$$F = q_e E = m(\ddot{x} + \gamma\dot{x} + \omega_0^2 x), \tag{32.1}$$

式中 x 是平行于 $\boldsymbol{E}$ 方向的位移(我们正假设一种各向同性的振子,其恢复力在一切方向都相同。并且,我们目前也在考虑一个线偏振波,以致 $\boldsymbol{E}$ 不改变方向)。如果作用于原子上的电场随时间正弦地变化,则可以写出

$$E = E_0 e^{i\omega t}. \tag{32.2}$$

于是位移将以同样的频率振动,因而可令

$$x = x_0 e^{i\omega t}.$$

将 $\dot{x} = i\omega x$ 和 $\ddot{x} = -\omega^2 x$ 代入式(32.1),就能够用 E 来解出 x:

$$x = \frac{q_e/m}{-\omega^2 + i\gamma\omega + \omega_0^2}E. \tag{32.3}$$

如果已经知道位移,则可算出加速度 $\ddot{x}$,并求得引起折射率的辐射波。这就是以前在第1卷第31章中曾经计算过折射率的那种办法。

然而,现在想要采取一种不同的计算方法。一个原子的感生偶极矩 p 为 $q_e x$,或利用式(32.3),即得

$$\boldsymbol{p} = \frac{q_e^2/m}{-\omega^2 + i\gamma\omega + \omega_0^2}\boldsymbol{E}. \tag{32.4}$$

由于 $\boldsymbol{p}$ 与 $\boldsymbol{E}$ 成正比,所以我们可写成

$$\boldsymbol{p} = \epsilon_0 \alpha(\omega)\boldsymbol{E}, \tag{32.5}$$

式中 α 称为原子极化率*。采用这一定义,得

$$\alpha = \frac{q_e^2/m\epsilon_0}{-\omega^2 + i\gamma\omega + \omega_0^2}. \tag{32.6}$$

关于原子中电子运动的量子力学解给出除了下述一些修正之外的相似结果。每一种原子**具有若干个固有频率,而每个频率有其本身的阻尼常数 γ。并且,每种振动模式的有效"强度"各不相同,这可用每个频率的极化率乘以强度因子 f 来表示,我们预期 f 是数量级为1的数值。对于每个振动模式,用 ω_{0k}, γ_k 和 f_k 代表那三个参数 ω_0, γ 和 f,并对不同的

---

* 在整个本章中我们将遵照第1卷第31章中的那种符号表示法,并令 α 代表原子极化率,如在这里所定义的。在上一章中我们曾利用 α 代表体积极化率——即 $\boldsymbol{P}$ 对 $\boldsymbol{E}$ 的比率,在本章的记法中则应该是 $\boldsymbol{P} = N\alpha\epsilon_0\boldsymbol{E}$, 见式(32.8)。

** 这里按原文只是"The atoms",我们将其改成"每一种原子",似较确切些。——译者注

模式全部求和,则我们可把式(32.6)修改成:

$$\alpha(\omega)=\frac{q_e^2}{\epsilon_0 m}\sum_k \frac{f_k}{-\omega^2+\mathrm{i}\gamma_k\omega+\omega_{0k}^2}. \tag{32.7}$$

如果 N 是该材料内单位体积的原子数,则极化强度 P 就恰好是 $Np=\epsilon_0 N\alpha E$, 并正比于 E:

$$\boldsymbol{P}=\epsilon_0 N\alpha(\omega)\boldsymbol{E}. \tag{32.8}$$

换句话说,当有一正弦电场作用于材料上时,就有一个正比于该电场的单位体积感生偶极矩——我们要强调比例常数 α 与频率有关。当频率非常高时,α 很小,即响应不厉害。然而,在低频时,就可能存在较强的响应。并且,这个比例常数是一复数,这意味着极化强度并不完全跟随着电场变化,而是其相位在某种程度上可能被移动了。无论如何,总会有一个其大小正比于电场强度的单位体积极化强度。

§32-2　在电介质中的麦克斯韦方程组

物质中极化现象的存在意味着材料内部有了极化电荷和极化电流,而为了求场就应该把它们放进完整的麦克斯韦方程组中。我们这回要在这种情况下求解麦克斯韦方程组,即其中的电荷和电流不像在真空里那样各等于零,而是由极化矢量所隐蔽地给出。第一步是明确地找出电荷密度 ρ 和电流密度 $\boldsymbol{j}$,它们是对我们过去定义 $\boldsymbol{P}$ 时所考虑的相同尺度的小体积平均过的。于是,我们所需要的 ρ 和 $\boldsymbol{j}$ 能够从极化强度获得。

我们已在第 10 章中见到,当极化强度 $\boldsymbol{P}$ 逐处变化时,就存在由下式给出的电荷密度:

$$\rho_{极化}=-\nabla\cdot\boldsymbol{P}. \tag{32.9}$$

虽然我们当时处理的是静场,但同样的公式也适用于随时间变化的场。可是,当 $\boldsymbol{P}$ 随时间变化时,就有电荷在运动,因而也存在极化电流。每个振动电荷贡献的电流等于其电荷 q_e 乘以其速度 v,设单位体积共有 N 个这样的电荷,则电流密度 $\boldsymbol{j}$ 为

$$\boldsymbol{j}=Nq_e v.$$

既然我们知道 $v=\mathrm{d}x/\mathrm{d}t$, 那么 $j=Nq_e(\mathrm{d}x/\mathrm{d}t)$,这恰好就是 $\mathrm{d}P/\mathrm{d}t$。因此,由变化着的极化强度引起的电流密度为

$$\boldsymbol{j}_{极化}=\frac{\mathrm{d}\boldsymbol{P}}{\mathrm{d}t}. \tag{32.10}$$

我们的问题现在既直接而又简单。利用式(32.9)和(32.10),我们要用由 $\boldsymbol{P}$ 表示的电荷密度和电流密度来写出麦克斯韦方程组(假定在该材料中并没有别的电流和电荷)。然后再用式(32.5)把 $\boldsymbol{P}$ 与 $\boldsymbol{E}$ 联系起来,并对 $\boldsymbol{E}$ 和 $\boldsymbol{B}$ 求解方程,寻找波动解。

在做此事之前,我们想要做一个历史性的注解。麦克斯韦原来写出的方程式在形式上与我们现在所用的不同。由于这些方程在过去许多年中曾被写成这种不同形式——而且目前还有许多人按照那样来写——我们将解释其中的区别。在早期,介电常量机制还未受到充分和清楚的认识。原子的本性既未被理解,材料的极化也不清楚。因此人们并未认识到对电荷密度 ρ 会有来自$\nabla\cdot\boldsymbol{P}$ 方面的贡献。他们仅凭那些不受原子束缚的电荷(诸如在导线

中流动的电荷或从表面上擦去的电荷)来思考问题。

今天,我们更喜欢让 ρ 代表总电荷密度,包括被束缚的原子电荷所产生的那部分。若我们把这一部分称为 $\rho_{极化}$,则可以写出

$$\rho=\rho_{极化}+\rho_{其他},$$

式中 $\rho_{其他}$ 就是麦克斯韦曾经考虑过的电荷密度,而且是指那些不会被束缚于个别原子上的电荷。于是可写出

$$\nabla\cdot\boldsymbol{E}=\frac{\rho_{极化}+\rho_{其他}}{\epsilon_0}.$$

把式(32.9)代入 $\rho_{极化}$,得

$$\nabla\cdot\boldsymbol{E}=\frac{\rho_{其他}}{\epsilon_0}-\frac{1}{\epsilon_0}\nabla\cdot\boldsymbol{P}$$

或

$$\nabla\cdot(\epsilon_0\boldsymbol{E}+\boldsymbol{P})=\rho_{其他}. \tag{32.11}$$

在麦克斯韦方程组中有关 $\nabla\times\boldsymbol{B}$ 的电流密度,一般也有来自受束缚的原子电流的贡献,因此可以写出

$$\boldsymbol{j}=\boldsymbol{j}_{极化}+\boldsymbol{j}_{其他},$$

而麦克斯韦方程则变成

$$c^2\nabla\times\boldsymbol{B}=\frac{\boldsymbol{j}_{其他}}{\epsilon_0}+\frac{\boldsymbol{j}_{极化}}{\epsilon_0}+\frac{\partial\boldsymbol{E}}{\partial t}. \tag{32.12}$$

利用式(32.10),我们得

$$\epsilon_0c^2\nabla\times\boldsymbol{B}=\boldsymbol{j}_{其他}+\frac{\partial}{\partial t}(\epsilon_0\boldsymbol{E}+\boldsymbol{P}). \tag{32.13}$$

现在你可以明白,假如由下式定义一个新的矢量 $\boldsymbol{D}$:

$$\boldsymbol{D}=\epsilon_0\boldsymbol{E}+\boldsymbol{P}, \tag{32.14}$$

则两个场方程就会变成

$$\nabla\cdot\boldsymbol{D}=\rho_{其他} \tag{32.15}$$

和

$$\epsilon_0c^2\nabla\times\boldsymbol{B}=\boldsymbol{j}_{其他}+\frac{\partial\boldsymbol{D}}{\partial t}. \tag{32.16}$$

这些实际上就是麦克斯韦对于电介质所用的形式。他的其余两个方程则是

$$\nabla\times\boldsymbol{E}=-\frac{\partial\boldsymbol{B}}{\partial t}$$

和

$$\nabla\cdot\boldsymbol{B}=0,$$

这些与我们目前所用的相同。

麦克斯韦以及其他早期工作者还遇到一个与磁性材料(我们不久即将加以考虑)有关的问题。由于他们还不知道导致原子磁性的环行电流,因此他们所使用的电流密度还缺少这

另一部分。他们实际上写出的并非式(32.16),而是

$$\nabla\times\boldsymbol{H}=\boldsymbol{j}'+\frac{\partial\boldsymbol{D}}{\partial t},\tag{32.17}$$

式中的 $\boldsymbol{H}$ 与 $\epsilon_0c^2\boldsymbol{B}$ 不同之处在于后者已包括了原子电流的效应*(于是 $\boldsymbol{j}'$ 就代表剩下的其余电流)。所以麦克斯韦拥有四个场矢量 $\boldsymbol{E}$, $\boldsymbol{D}$, $\boldsymbol{B}$ 和 $\boldsymbol{H}$, $\boldsymbol{D}$ 和 $\boldsymbol{H}$ 是不关心材料内部正在进行着的过程的一种隐蔽方法,你会在许多地方找到用这种方式写出的方程组。

为了求解该方程组,有必要把 $\boldsymbol{D}$ 和 $\boldsymbol{H}$ 与其他的场联系起来,而人们往往写成

$$\boldsymbol{D}=\epsilon\boldsymbol{E}\text{ 和 }\boldsymbol{B}=\mu\boldsymbol{H}.\tag{32.18}$$

然而,这些关系式对于某些材料只是近似地正确,而且即使如此也只有在场随时间变化不太迅速时才行(对于按正弦变化的场,人们往往能够通过使 ϵ 和 μ 成为频率的复变函数而将式子按照这样写出,但对于场的任意时间变化那就不行)。所以在求解这些方程时往往受到各种形式的欺骗。我们认为,正确的办法乃是用目前所理解为基本的那些量来保持那些方程式——而这正是我们一贯做的。

§ 32-3　电介质中的波

我们现在想要求出:哪种类型的电磁波才能在这样的电介质中存在,其中除了束缚于原子中的电荷外并无其他附加电荷,为此我们取 $\rho=-\nabla\cdot\boldsymbol{P}$ 和 $\boldsymbol{j}=\partial\boldsymbol{P}/\partial t$。这样,麦克斯韦方程组变成

$$\begin{aligned}&(\mathrm{a})\ \nabla\cdot\boldsymbol{E}=-\frac{\nabla\cdot\boldsymbol{P}}{\epsilon_0},\quad(\mathrm{b})\ c^2\,\nabla\times\boldsymbol{B}=\frac{\partial}{\partial t}\left(\frac{\boldsymbol{P}}{\epsilon_0}+\boldsymbol{E}\right),\\&(\mathrm{c})\ \nabla\times\boldsymbol{E}=-\frac{\partial\boldsymbol{B}}{\partial t},\qquad(\mathrm{d})\ \nabla\cdot\boldsymbol{B}=0.\end{aligned}\tag{32.19}$$

可按照以前做过的那样来求解这些方程式,即从取式(32.19c)的旋度开始:

$$\nabla\times(\nabla\times\boldsymbol{E})=-\frac{\partial}{\partial t}\nabla\times\boldsymbol{B}.$$

其次,利用矢量恒等式

$$\nabla\times(\nabla\times\boldsymbol{E})=\nabla(\nabla\cdot\boldsymbol{E})-\nabla^2\boldsymbol{E},$$

利用式(32.19b)并代替 $\nabla\times\boldsymbol{B}$, 便得

$$\nabla(\nabla\cdot\boldsymbol{E})-\nabla^2\boldsymbol{E}=-\frac{1}{\epsilon_0c^2}\frac{\partial^2\boldsymbol{P}}{\partial t^2}-\frac{1}{c^2}\frac{\partial^2\boldsymbol{E}}{\partial t^2}.$$

---

* 这说法从式子的表面看似乎是对的,因为式左边只出现 $\boldsymbol{H}$(而不出现 $\boldsymbol{B}$),右边只出现 $\boldsymbol{j}'$(而不出现 $\boldsymbol{j}$)。但实际上 $\boldsymbol{H}$ 是不包括原子电流效应的,这可从式(36.12)看出。$\boldsymbol{D}$ 也是不包括极化电荷的效应的,但由于 $\rho_{极化}=-\nabla\cdot\boldsymbol{P}$, 在减去此方面的效应时,负负为正得了在中间的一个正号(即 $\boldsymbol{D}=\epsilon_0\boldsymbol{E}+\boldsymbol{P}$)。只有 $\boldsymbol{E}$ 才是包括一切电荷的电场,又只有 $\boldsymbol{B}$ 才是包括一切电流的磁场。这些正确观点在本书中各处都由作者经常加以反复强调。——译者注

对于$\nabla \cdot \boldsymbol{E}$则利用式(32.19a),因而得

$$\nabla^2 \boldsymbol{E} - \frac{1}{c^2}\frac{\partial^2 \boldsymbol{E}}{\partial t^2} = -\frac{1}{\epsilon_0}\nabla(\nabla \cdot \boldsymbol{P}) + \frac{1}{\epsilon_0 c^2}\frac{\partial^2 \boldsymbol{P}}{\partial t^2}. \tag{32.20}$$

所以我们现在所得到的并非波动方程,而是达朗贝尔算符作用于$\boldsymbol{E}$,等于含有极化强度$\boldsymbol{P}$的两项。

然而,由于$\boldsymbol{P}$取决于$\boldsymbol{E}$,所以方程式(32.20)可能仍存在波动解。现在我们将限于各向同性电介质中,因而$\boldsymbol{P}$始终与$\boldsymbol{E}$同向。让我们尝试找出沿z方向行进的波的解,这样电场也许会按$e^{i(\omega t-kz)}$变化。我们也将假定波是在x方向偏振的,即电场只有一个x分量。我们写出

$$E_x = E_0 e^{i(\omega t-kz)}. \tag{32.21}$$

你知道,任一个$(z-vt)$的函数代表一个以速率v传播的波。式(32.21)的指数可以写成

$$-ik\left(z-\frac{\omega}{k}t\right),$$

因而式(32.21)就代表一个具有如下相速的波:

$$v_{相} = \omega/k.$$

折射率n是通过令

$$v_{相} = \frac{c}{n}$$

而被定义的(见第1卷第31章)。这样式(32.21)就变成

$$E_x = E_0 e^{i\omega(t-nz/c)}.$$

因此,我们可以先求出要使式(32.21)满足适当的场方程所需的k值,然后再应用下式求出n:

$$n = \frac{kc}{\omega}. \tag{32.22}$$

由于在各向同性的材料中,常常只有极化的一个x分量,于是$\boldsymbol{P}$不会随x坐标发生变化,所以$\nabla \cdot \boldsymbol{P} = 0$,这样便消除了式(32.20)右边的第一项。并且,由于我们现在假定电介质是线性的,所以P_x可能按$e^{i\omega t}$变化,而$\partial^2 P_x/\partial t^2 = -\omega^2 P_x$。这样,式(32.20)中的拉普拉斯算符简单地变成$\partial^2 E_x/\partial z^2 = -k^2 E_x$,因而得到

$$-k^2 E_x + \frac{\omega^2}{c^2}E_x = -\frac{\omega^2}{\epsilon_0 c^2}P_x. \tag{32.23}$$

现在让我们暂时假定,由于$\boldsymbol{E}$按照正弦形式变化,所以可以令$\boldsymbol{P}$正比于$\boldsymbol{E}$,犹如式(32.8)那样(以后我们将要回来讨论这一假定)。因而写出

$$P_x = \epsilon_0 N\alpha E_x.$$

这样,从式(32.23)中除去E_x,从而求得

$$k^2 = \frac{\omega^2}{c^2}(1+N\alpha). \tag{32.24}$$

我们已经发现一个像式(32.21)那样的波，其波数 k 由式(32.24)所给出，该波将满足各个场方程。利用式(32.22)，则折射率 n 将由下式给出：

$$n^2 = 1 + N\alpha. \tag{32.25}$$

让我们把这一个式同在气体折射率的理论(第 1 卷第 31 章)中所得到的式子做比较。在那里，我们曾经得到式(31.19)，即

$$n = 1 + \frac{1}{2}\frac{Nq_e^2}{m\epsilon_0}\frac{1}{-\omega^2 + \omega_0^2}. \tag{32.26}$$

由式(32.6)取 α，则式(32.25)应给出

$$n^2 = 1 + \frac{Nq_e^2}{m\epsilon_0}\frac{1}{-\omega^2 + i\gamma\omega + \omega_0^2}. \tag{32.27}$$

首先，这里有一个新项 $i\gamma\omega$，这是由于我们正把振子的损耗包括进去的缘故。其次，前一个式子左边是 n 而不是 n^2，所以又有一个附加因数 1/2。但要注意，如果 N 足够小以致 n 接近于 1(如在气体中的情况)，则式(32.27)表明 n^2 等于 1 加上一个小数目：$n^2 = 1 + \epsilon$。于是可以写成 $n = \sqrt{1+\epsilon} \approx 1 + \epsilon/2$，而且两个表示式也就彼此等价。这样，我们的新方法对于气体给出与以前相同的结果。

现在，你或许认为，式(32.27)也应给出稠密材料的折射率。然而，由于以下几个原因它需要做修正。首先，关于这个式子的推导曾假定作用于每个原子的极化场是场 E_x。然而，这一假定并不正确，因为在稠密材料中也还有附近其他原子所产生的、与 E_x 相差不多的场。当我们过去学习电介质中的静电场时也曾考虑过相似的问题(见第 11 章)。你会记得，我们当时通过想象将一个单独原子置于周围电介质的一个球形空穴中而估计它所在处的场。在这样一个空穴的场——我们曾称为局部电场——比起平均场 $\boldsymbol{E}$ 来要超出 $\boldsymbol{P}/(3\epsilon_0)$(然而，应该记住，这一结果只有在各向同性材料——包括立方晶体的那种特殊情况——中才是严格正确的)。

相同的论证对于波中的电场也会适用，只要波长比原子间距大得多便行。在这种限制情况下，我们可以写出

$$E_{局部} = E + \frac{P}{3\epsilon_0}. \tag{32.28}$$

这局部电场应该就是用于式(32.3)中的 E 场，也就是说，式(32.8)应重新写成

$$P = \epsilon_0 N\alpha E_{局部}. \tag{32.29}$$

应用式(32.28)的 $E_{局部}$，求得

$$P = \epsilon_0 N\alpha\left(E + \frac{P}{3\epsilon_0}\right)$$

或

$$P = \frac{N\alpha}{1-(N\alpha/3)}\epsilon_0 E. \tag{32.30}$$

换句话说，在稠密材料中 P 仍旧正比于 E(对正弦变化的场来说)。然而，比例常数却不是 $\epsilon_0 N\alpha$[如在式(32.23)下面的式中我们曾写出的那样]，而应该是 $\epsilon_0 N\alpha/[1-(N\alpha/3)]$。因此

就必须将式(32.25)改正为

$$n^2 = 1 + \frac{N\alpha}{1 - (N\alpha/3)}. \tag{32.31}$$

如果把这个式写成如下形式,那就更加方便:

$$3\,\frac{n^2 - 1}{n^2 + 2} = N\alpha, \tag{32.32}$$

在代数上上两式是等价的,这就是大家熟悉的克劳修斯-莫索提方程。

在稠密材料中还有另一种复杂性。由于相邻原子如此靠近,它们之间便有强烈的相互作用。因此,那些内部的振动模式改变了。原子振动的固有频率因这些相互作用而被扩大了,所以它们往往受到很严重的阻尼——阻力系数变得很大。因此,固体中的那些 ω_0 和 γ 与在自由原子中的相比就很不相同。虽然有这些限制,但我们仍然至少可以近似地利用式(32.7)来表示 α。于是就有

$$3\,\frac{n^2 - 1}{n^2 + 2} = \frac{Nq_e^2}{m\epsilon_0}\sum_k \frac{f_k}{-\omega^2 + \mathrm{i}\gamma\omega + \omega_{0k}^2}. \tag{32.33}$$

最后一个复杂性。如果稠密材料是几种成分的混合物,则每一种成分都对极化有贡献。总的 α 就等于这混合物中每种成分贡献之和[除了对有序晶体中局部场近似式(32.28)的不准确性——过去分析铁电体时我们就曾讨论过的效应——外]。把每种成分单位体积的原子数写成 N_j,便可用下式代替式(32.32):

$$3\left(\frac{n^2 - 1}{n^2 + 2}\right) = \sum_j N_j\alpha_j, \tag{32.34}$$

其中每个 α_j 将由像式(32.7)那样的表示式给出。于是式(32.34)就完成了我们关于折射率理论的工作。$3(n^2-1)/(n^2+2)$ 这个量由频率的某个复变函数给出,而这个函数就是平均原子极化率 $\alpha(\omega)$。关于稠密物质中 $\alpha(\omega)$ 的准确计算(即要求出 f_k, γ_k 和 ω_{0k})是量子力学中的困难问题,只对于几种特别简单的物质才根据第一性原理完成了这种计算。

§32-4 复折射率

现在要来考察上述结果,即式(32.33)。首先,我们注意到 α 是一复数,因而折射率 n 也必将是一复数。这意味着什么呢?现在让我们试将 n 写成实部与虚部之和:

$$n = n_{\mathrm{R}} - \mathrm{i}n_{\mathrm{I}}, \tag{32.35}$$

其中 n_{R} 和 n_{I} 都是 ω 的实数函数。我们在 $\mathrm{i}n_{\mathrm{I}}$ 之前写上一负号,因此在所有普通光学材料中 n_{I} 将是一正值(在普通非活动性材料——不像激光器或光源本身那样的材料——中 γ 是正数,而使得 n 的虚部为负)。式(32.21)所表示的平面波可以用 n 写出,为

$$E_x = E_0\,\mathrm{e}^{\mathrm{i}\omega(t - nz/c)}.$$

将 n 写成像式(32.35)中的那样,则有

$$E_x = E_0\,\mathrm{e}^{-\omega n_{\mathrm{I}} z/c}\,\mathrm{e}^{\mathrm{i}\omega(t - n_{\mathrm{R}} z/c)}. \tag{32.36}$$

项 $e^{i\omega(t-n_R z/c)}$ 表示以速率 c/n_R 传播的波，因而 n_R 就代表我们正常所认为的折射率。但这个波的振幅为

$$E_0 e^{-\omega n_I z/c},$$

它随 z 指数式地减弱。对于 $n_I \approx n_R/(2\pi)$ 的情况，在某一时刻，电场强度作为 z 的函数曲线如图 32-1 所示。至于折射率的虚部则表示由于在原子振子中的能量损耗而引起的波的衰减。波的强度与波幅的平方成正比，因而

$$强度 \propto e^{-2\omega n_I z/c}.$$

这往往被写成

$$强度 \propto e^{-\beta z},$$

其中 $\beta = 2\omega n_I/c$ 称为吸收系数。这样在式(32.33)中我们就不仅得到了材料的折射率理论，而且同样也有了材料吸收光的理论。

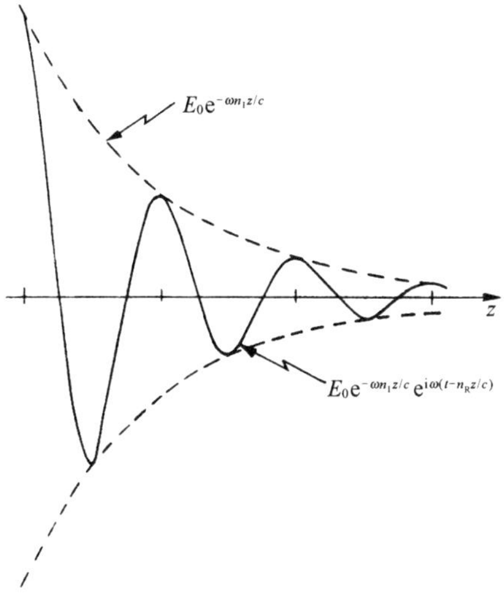

图 32-1　在某一时刻 t，$E_x(z)$ 曲线，设 $n_I \approx n_R/(2\pi)$

在通常我们认为是透明的材料中，量 $c/(\omega n_I)$——具有长度量纲——比起该材料的厚度来是很大的量。

§32-5　混合物的折射率

关于折射率理论还有另一个可以用实验来进行核对的预言。假设我们考虑一个含有两种材料的混合物。这混合物的折射率并非两种折射率的平均值，而应当按式(32.34)所示的那样由两个极化率之和来给出。如果我们问起(比如说)糖溶液的折射率，那么总极化率就是水与糖的两个极化率之和。当然，每个极化率必须用该种物质单位体积内的分子数作为 N 来计算。换句话说，若给定溶液中有 N_1 个极化率为 α_1 的水分子和 N_2 个极化率为 α_2 的蔗糖($C_{12}H_{22}O_{11}$)分子，则应该有

$$3\left(\frac{n^2-1}{n^2+2}\right) = N_1\alpha_1 + N_2\alpha_2. \tag{32.37}$$

可以通过测量不同浓度的蔗糖水溶液的折射率，应用此式对照实验结果来检验我们的理论。然而，这里我们得做几种假设。上面的公式假定当蔗糖溶解于水中时并没有发生化学反应，而对各个原子振子的扰动在不同浓度中差异不会太大。所以上述结果肯定只是近似的。不管怎样，还是让我们来看看这个式子到底如何有效。

选取蔗糖溶液这一例子是因为在《化学与物理学手册》(*Handbook of Chemistry and Physics*)中有一个关于折射率测量值的很好的表，而且又因为蔗糖是一种分子晶体，所以在其溶解过程中并没有发生过电离或其他任何会改变其化学状态的事情。

我们在表 32-2 的头三行中给出从手册中查出来的数据。A 列为蔗糖按重量计的百分比，B 列为测得的密度(gcm^{-3})，而 C 列则为用 589.3 nm 波长的光时测得的折射率。对于纯的糖，我们已经取得了糖晶体折射率的测量值。这种晶体并非各向同性的，因而所测得的

折射率沿各方向是不同的。该手册给出三个数值:

$$n_1 = 1.5376,\ n_2 = 1.5651,\ n_3 = 1.5705,$$

我们取其平均值。

现在我们可以试着算出每种浓度的 n,但不知道对 α_1 或 α_2 取何值。让我们用这种方法来检验该理论:假定水的极化率(α_1)在所有各种浓度时都相同,并利用 n 的实验值及从式(32.37)解出 α_2 从而算出蔗糖的极化率。如果这一理论正确,则对于所有浓度都应得到相同的 α_2。

首先,必须知道 N_1 和 N_2:让我们用阿伏伽德罗数 N_0 来表示它们。试取 1 升(1 000 cm^3)作为体积单位。于是 N_i/N_0 等于每升的质量除以克分子量。而每升的质量则是密度(乘 1 000 后获得每升克数)乘以蔗糖或水的用分数表示的含量。就这样,得到了记在该表 D 和 E 两列中的 N_2/N_0 和 N_1/N_0 * 。

表 32-2 蔗糖溶液的折射率,与式(32.37)的预言做比较

从手册中查出来的数据								
A 蔗糖分数含量(以重量计)	B 密 度 (gcm^{-3})	C n (20 ℃)	D 每升蔗糖[d]的摩尔数 N_2/N_0	E 每升水[e]的摩尔数 N_1/N_0	F $3\left(\frac{n^2-1}{n^2+2}\right)$	G $N_1\alpha_1$	H $N_2\alpha_2$	J $N_0\alpha_2$
0[a]	0.998 2	1.333	0	55.5	0.617	0.617	0	—
0.30	1.127 0	1.381 1	0.970	43.8	0.698	0.487	0.211	0.213
0.50	1.229 6	1.420 0	1.798	34.15	0.759	0.379	0.380	0.211
0.85	1.445 4	1.503 3	3.59	12.02	0.886	0.133 5	0.752	0.210
1.00[b]	1.588	1.557 7[c]	4.64	0	0.960	0	0.960	0.207

a 纯水;b 蔗糖晶体;c 平均值(见书中);d 蔗糖的分子量=342;e 水的分子量=18。

在 F 列,我们从 C 列中的实验 n 值算出了 $3(n^2-1)/(n^2+2)$。对于纯水来说,$3(n^2-1)/(n^2+2)$ 为 0.617,那恰好是 $N_1\alpha_1$。然后我们便能填上 G 列中的其余部分,因为对于每一行 G/E 只容许有相同的比值——即 0.617 : 55.5。从 F 列减去 G 列,便得到蔗糖的 $N_2\alpha_2$ 那一部分贡献,如 H 列所示。把这些数字用 D 列中的 N_2/N_0 值来除,我们便得到如 J 列所示的 $N_0\alpha_2$ 的值。

根据我们的理论,应该预计所有的 $N_0\alpha_2$ 值都相同。它们虽然并不完全相同,但也相当接近。可以得出结论说,我们的想法是相当正确的。而且,我们还发现糖分子的极化率似乎与其周围环境的关系不是太大——它的极化率在稀溶液与在晶体中几乎相同。

§ 32-6 金属中的波

在本章中我们对固体材料所建立的理论也可应用于像金属那种良导体,但要作很小的修正。在金属中,某些电子缺乏把它们维系在任何特定原子上的束缚力,而正是这种“自由”电子才引起了导电性。别的电子则被受束缚着,而上面的理论对这些电子是直接适用的。然而,这

* 本节原文中有些地方把重量和质量搞混了。——译者注

些束缚电子的影响往往被那些传导电子的效应所淹没,我们现在将只讨论自由电子的效应。

如果一个电子没有受到恢复力作用——但对其运动仍有某种阻力——则它的运动方程与式(32.1)的差别就仅在于缺少 $\omega_0^2 x$ 那一项。所以在其余的推导过程中我们所必须做的一切就是令 $\omega_0^2=0$ ——此外还有一点不同。过去所以必须要在电介质中区别平均场与局部场,是因为在电介质中每个偶极子的位置是固定的,从而与其他偶极子位置就有确定的关系。但由于金属中的传导电子到处运动,作用于其上的场平均说来恰好是平均场 $\boldsymbol{E}$。因此,我们利用式(32.28)对式(32.8)所做的修正,对于传导电子就不应该做了。这样,金属的折射率公式,除了应令 ω_0 等于零之外,看来就应像式(32.27),即

$$n^2=1+\frac{Nq_e^2}{m\epsilon_0}\frac{1}{-\omega^2+\mathrm{i}\gamma\omega}. \tag{32.38}$$

这只是来自传导电子方面的贡献,但我们将假定对于金属来说这是主要项。

现在我们甚至知道了怎样去找出用于表示 γ 的值,因为它与金属的电导率有关。在第1卷第43章中就曾讨论过金属的电导率如何起源于自由电子在穿越晶体中时的扩散。这些电子从一次散射至另一次散射遵循的是锯齿形路径,而在两次散射之间除了由于任意的平均电场所引起的加速之外,它们的运动是自由的(如图32-2所示)。在第1卷第43章中,我们曾求得平均漂移速度恰好等于加速度乘以两次碰撞间的平均时间 τ。加速度为 q_eE/m,因而

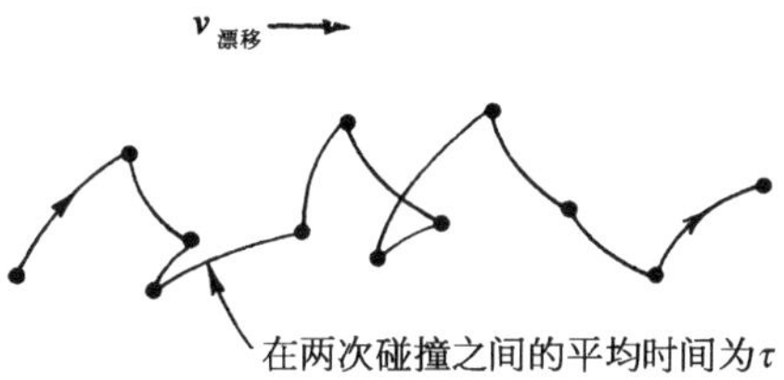

图 32-2　一个自由电子的运动

$$v_{\text{漂移}}=\frac{q_eE}{m}\tau. \tag{32.39}$$

这一公式曾假定 E 为常数,从而 $v_{\text{漂移}}$ 就是一个恒定速度。由于没有平均加速度,所以阻尼力等于外加力。我们已用 γmv 表示阻尼力[见式(32.1)]而定义了 γ,这个力应当等于 q_eE,因此就有

$$\gamma=\frac{1}{\tau}. \tag{32.40}$$

虽然我们不能轻易地直接测得 τ,但仍可以通过测量金属的电导率来确定它。从实验上发现,金属中的电场 $\boldsymbol{E}$ 会产生一个密度为 $\boldsymbol{j}$ 的电流(对于各向同性材料而言):

$$\boldsymbol{j}=\sigma\boldsymbol{E}.$$

这个比例常数 σ 称为电导率。这恰好就是我们从式(32.39)所预期的,只要令

$$\boldsymbol{j}=Nq_e\boldsymbol{v}_{\text{漂移}}.$$

于是

$$\sigma=\frac{Nq_e^2}{m}\tau. \tag{32.41}$$

所以 τ——因而 γ——就可以同观测到的电导率联系起来。利用式(32.40)与(32.41),还可以把折射率的公式(32.38)重新写成如下形式:

$$n^2=1+\frac{\sigma/\epsilon_0}{\mathrm{i}\omega(1+\mathrm{i}\omega\tau)},\tag{32.42}$$

其中

$$\tau=\frac{1}{\gamma}=\frac{m\sigma}{Nq_e^2}.\tag{32.43}$$

这是关于金属折射率的一个简便公式。

§ 32-7 低频近似与高频近似;趋肤深度与等离子体频率

上述结果,即关于金属折射率的公式(32.42),预期对不同频率的波的传播会产生很不相同的特性。首先让我们看看在非常低频时发生的情况。若 ω 足够小,则式(32.42)可以近似为:

$$n^2=-\mathrm{i}\frac{\sigma}{\epsilon_0\omega}.\tag{32.44}$$

现在,正如你能够取下式的平方而加以核实*,

$$\sqrt{-\mathrm{i}}=\frac{1-\mathrm{i}}{\sqrt{2}},$$

所以对于低频来说,

$$n=\sqrt{\sigma/(2\epsilon_0\omega)}(1-\mathrm{i}).\tag{32.45}$$

n 的实部与虚部的大小相同。由于 n 既有这么一个大的虚部,所以波在金属中就会迅速地衰减。参见式(32.36)可知,在 z 方向行进波的波幅是按照下式递减的:

$$\exp\left[-\sqrt{\sigma\omega/(2\epsilon_0c^2)}z\right].\tag{32.46}$$

让我们将此式写成

$$\mathrm{e}^{-z/\delta},\tag{32.47}$$

于是,这里的 δ 是波幅被削弱一个因子 $\mathrm{e}^{-1}=1/2.72$ ——或约三分之一——时波所经过的距离。这样一种波的波幅作为 z 的函数,如图 32-3 所示。由于电磁波将透入金属仅仅这段距离,所以 δ 称为趋肤深度。它由下式给出:

$$\delta=\sqrt{2\epsilon_0c^2/(\sigma\omega)}.\tag{32.48}$$

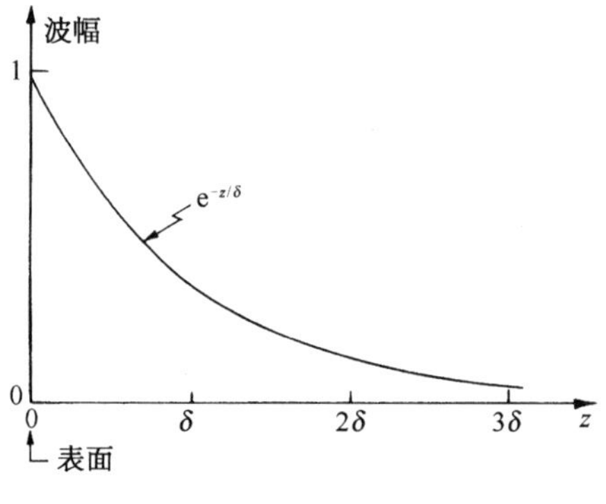

图 32-3 一个横电磁波的波幅作为进入金属中距离的函数

那么所谓"低"频指的是什么呢?考察式(32.42)可以知道,只要 $\omega\tau$ 远小于 1,而且 $\omega\epsilon_0/\sigma$ 也远小于 1,则它便可由式(32.44)做近似——这就是说,我们的低频近似适用的条件为:

* 或者写出 $-\mathrm{i}=\mathrm{e}^{-\mathrm{i}\pi/2}$, $\sqrt{-\mathrm{i}}=\mathrm{e}^{-\mathrm{i}\pi/4}=\cos\pi/4-\mathrm{i}\sin\pi/4$, 这会给出相同的结果。

$$\omega \ll \frac{1}{\tau}$$

和

$$\omega \ll \frac{\sigma}{\epsilon_0}. \tag{32.49}$$

让我们来看看,对于一种像铜那样的典型金属,与这些条件相当的是什么频率。我们利用式(32.43)算出 τ,并再利用观测得的电导率以求得 σ/ϵ_0。从手册中查出下列数据:

$$\sigma = 5.76 \times 10^7\ (\Omega\mathrm{m})^{-1},$$

$$原子量 = 63.5,^*$$

$$密度 = 8.9\ \mathrm{gcm}^{-3},$$

$$阿伏伽德罗常量 = 6.02 \times 10^{23}(克原子量)^{-1}.$$

如果我们假定每个原子中有一个自由电子,则每立方米的自由电子数为

$$N = 8.5 \times 10^{28}\ \mathrm{m}^{-3}.$$

利用

$$q_e = 1.6 \times 10^{-19}\ \mathrm{C},$$

$$\epsilon_0 = 8.85 \times 10^{-12}\ \mathrm{Fm}^{-1},$$

$$m = 9.11 \times 10^{-31}\ \mathrm{kg},$$

我们得

$$\tau = 2.4 \times 10^{-14}\ \mathrm{s},$$

$$\frac{1}{\tau} = 4.1 \times 10^{13}\ \mathrm{s}^{-1},$$

$$\frac{\sigma}{\epsilon_0} = 6.5 \times 10^{18}\ \mathrm{s}^{-1}.$$

所以对低于约 10^{12} Hz 的频率(这意思是指,对于自由空间波长大于 0.3 mm 的波——即波长十分短的无线电波),铜将具有如我们刚才所述的那种“低频”行为。

对于这些波,在铜内的趋肤深度为

$$\delta = \sqrt{\frac{0.028\ \mathrm{m}^2\mathrm{s}^{-1}}{\omega}}.$$

对每秒 10 000 MHz 的微波来说(3 cm 波)

$$\delta = 6.7 \times 10^{-5}\ \mathrm{cm}.$$

说明这个波仅仅透入十分微小的一段距离。

由此我们可以看出,为什么在研究空腔(或波导)时,我们只需考虑空腔里的场,而不

* 原文为 atomic weight = 63.5 grams;似乎有误。—— 译者注

需关心金属里的或在空腔外面的场。并且,我们也明白,为什么通过用镀上一薄层银或金就能降低空腔里能量的损失。损耗来自电流,但只有在等于趋肤深度的那一薄层中它才是明显的。

假设现在考察像铜一类金属在高频时的折射率。对十分高的频率来说,由于 $\omega\tau$ 比 1 要大得多,而式(32.42)可很好地近似为:

$$n^2 = 1 - \frac{\sigma}{\epsilon_0 \omega^2 \tau}. \tag{32.50}$$

对于高频波来说,金属的折射率变成实数——并小于 1。这从式(32.38)来看也是明显的,只要含有 γ 的耗散项可以被忽略(这对于非常大的 ω 就可以做到)就行。式(32.38)给出

$$n^2 = 1 - \frac{Nq_e^2}{m\epsilon_0 \omega^2}. \tag{32.51}$$

当然,这与式(32.50)正好相同。以前我们曾见过 $Nq_e^2/(m\epsilon_0)$ 这个量,它曾被称为等离子体振动频率的平方(§7-3):

$$\omega_p^2 = \frac{Nq_e^2}{\epsilon_0 m},$$

因此就可以将式(32.50)或(32.51)写成

$$n^2 = 1 - \left(\frac{\omega_p}{\omega}\right)^2.$$

该等离子体频率是一种“临界”频率。

对于 $\omega < \omega_p$,金属的折射率有一虚部,因而波被衰减;但若 $\omega \gg \omega_p$,则折射率是实数,此时金属变成透明的了。你当然知道,金属对于 X 射线是相当透明的,但有些金属甚至在紫外光区也是透明的。表 32-3 中,给出了几种金属开始变成透明时的实验观测波长。在第二列中给出了算出来的临界波长 $\lambda_p = 2\pi c/\omega_p$。鉴于实验上的波长值并非十分确切,所以理论与实践的这种符合程度就是相当好了。

表 32-3* 低于下列各波长,金属就变成透明

金属	λ(实验值)(Å)	$\lambda_p = 2\pi c/\omega_p$ (Å)
Li	1 550	1 550
Na	2 100	2 090
K	3 150	2 870
Rb	3 400	3 220

* 转录自:C. Kittel, *Introduction to Solid State Physics*, 2nd ed., 1956, p. 266.

你可能会觉得奇怪,为什么等离子体频率会与金属中电磁波的传播有关。在第 7 章中,等离子体频率曾作为自由电子的密度振荡的固有频率出现(一群电子由于电力作用而彼此互相排斥,又由于这些电子的惯性引起了一种密度振荡)。因此,那些等离子体纵波会在 ω_p 处发生共振。可是现在我们所谈的却是横电磁波,而又已发现这些横波在低于 ω_p 的频率时被吸收(这是一个有趣的然而并不是偶然的巧合)。

尽管我们谈论了金属中波的传播，但此刻你会意识到物理现象的普适性——无论是金属中的电子，还是地球外面电离层的等离子体中的电子或星球大气中的电子，它们都不构成任何差别。为了理解电离层中无线电的传播，我们可以使用同样的表示式——当然，要采用适当的 N 和 τ 值。现在我们能够弄清楚，为什么无线电长波会被电离层吸收或反射，而短波则将一直贯穿过去（如果要同人造卫星通信，就必须采用短波）。

我们已经谈论了关于金属中波传播的高频与低频两种极端情况。对于中间频率，那全频段的式子(32.42)就必须用到了。一般说来，折射率具有实部和虚部，当波传入金属时会受到衰减。对于很薄的层，金属甚至在光频时也有一点透明。作为一个例子，为在高温炉旁工作的人们所制作的特种护目镜就是在玻璃上蒸发一薄层金制成的。可见光能够相当好地透过它——带有墨绿色——但红外线则强烈地被它吸收。

最后，读者肯定会注意到，这里许多公式同第 10 章中所曾讨论过的有关介电常量 κ 的那些公式在某些方面相似。介电常量量度了材料对恒定场、即对 $\omega = 0$ 的场的响应。如果你仔细地考察 n 和 κ 的定义，你就会见到 κ 不过是当 $\omega \to 0$ 时 n^2 的极限。诚然，在本章的方程中，若令 $\omega = 0$ 和 $n^2 = \kappa$，就会重现第 11 章中有关介电常量理论的那些方程。

第 33 章　表 面 反 射

§ 33-1　光的反射与折射

本章的主题是光(一般地说即是电磁波)在表面上的反射和折射。我们曾在第 1 卷第 26 和 33 章中讨论过反射与折射定律,下面列出曾经在那里得到的一些结果:

1. 反射角等于入射角。若采用图 33-1 所规定的那些角,则

$$\theta_r = \theta_i. \tag{33.1}$$

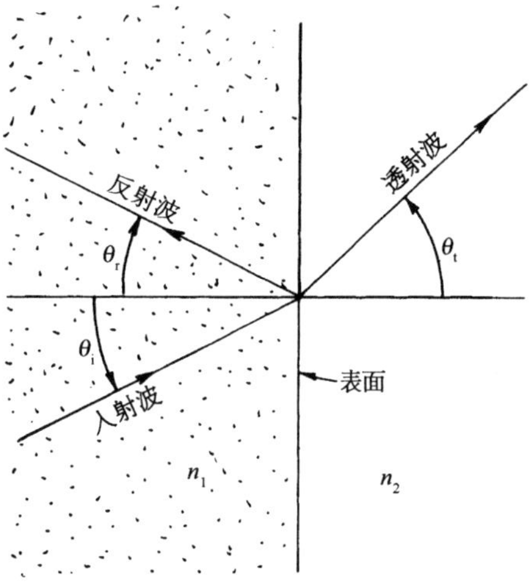

图 33-1　在表面上光波的反射与折射(波的传播方向与各波峰垂直)

2. 对于入射和透射波束,乘积 $n\sin\theta$ 彼此相等(斯涅耳定律):

$$n_1 \sin\theta_i = n_2 \sin\theta_t. \tag{33.2}$$

3. 反射光的强度取决于入射角和偏振方向。对于 E 与入射面正交的情况,反射系数 $R_\perp$ 为

$$R_\perp = \frac{I_r}{I_i} = \frac{\sin^2(\theta_i - \theta_t)}{\sin^2(\theta_i + \theta_t)}. \tag{33.3}$$

对于 $\boldsymbol{E}$ 与入射面平行的情况,反射系数 $R_\parallel$ 为

$$R_\parallel = \frac{I_r}{I_i} = \frac{\tan^2(\theta_i - \theta_t)}{\tan^2(\theta_i + \theta_t)}. \tag{33.4}$$

4. 对于法向入射(当然,不论哪一种偏振!),

$$\frac{I_r}{I_i} = \left(\frac{n_2 - n_1}{n_2 + n_1}\right)^2. \tag{33.5}$$

以前,我们曾用 i 代表入射角,r 代表折射角。由于不能对“折射”角和“反射”角两者都用 r,所以现在就采用 θ_i=入射角,θ_r=反射角,而 θ_t=透射角。

我们以前所讨论的内容实际上是任何人至今正常跟上这个课题所需要的,但我们现在要用一种不同的方法完全重做一遍。为什么? 一个原因是,以前我们假定折射率是实数(在材料中没有吸收)。另一个原因是,你应该知道怎样从麦克斯韦方程组的观点去处理波在表面上发生的情况。我们将得到与以前相同的答案,但目前却是从波动问题的一个直接解,而不是从某些聪明的论证得到的。

我们要强调,表面反射的振幅并不像折射率那样是材料的属性。它是一个“表面特性”,严格地取决于该表面是怎样构成的。在折射率为 n_1 和 n_2 的两种材料之间表面上一薄层额外的杂质往往会改变反射的情况(这里有各种类型干涉的可能性——像油膜的五颜六色。

对某给定的频率适当的厚度甚至可以使反射波的振幅降低至零，那就是镀膜透镜的制作原理）。我们将要导出的公式，只在折射率的改变很急速——发生在一个与波长相比很小的距离之内——时才正确。对于光来说，其波长约为 5 000 Å，从而所谓“光滑”面我们指的是这样一种面：在面内经过仅仅几个原子（或几个 Å）的距离，状况就改变。我们的方程式对于光在高度磨光的表面上将是有效的。一般说来，如果折射率是在超过几个波长的距离上逐渐改变的，则根本就很少反射。

§ 33-2 稠密材料中的波

首先，要向你们提起曾在第 1 卷第 34 章中采用过的描述平面正弦波的方便办法。波中任何场分量（我们用 E 作为例子）可以写成如下形式：

$$E = E_0 e^{i(\omega t - \boldsymbol{k}\cdot\boldsymbol{r})}, \tag{33.6}$$

其中 E 表示 t 时刻在（从原点算起的）点 $\boldsymbol{r}$ 处的波幅。矢量 $\boldsymbol{k}$ 指向波传播的方向，而它的大小 $|\boldsymbol{k}| = k = 2\pi/\lambda$，即是波数。波的相速度为 $v_{相} = \omega/k$，对于折射率为 n 的材料中的光波，$v_{相} = c/n$，因而

$$k = \frac{\omega n}{c}. \tag{33.7}$$

假设 $\boldsymbol{k}$ 沿着 z 方向，那么，$\boldsymbol{k}\cdot\boldsymbol{r}$ 就恰好是 kz，正如我们经常用到的那样。对于在任何其他方向的 $\boldsymbol{k}$，应当用 r_k 来代替 z，那是在 $\boldsymbol{k}$ 方向上从原点算起的距离，也就是说，应该用 kr_k 代替 kz，前者恰好是 $\boldsymbol{k}\cdot\boldsymbol{r}$（见图 33-2）。因此，式(33.6)就是波在任何方向的简便表示式。

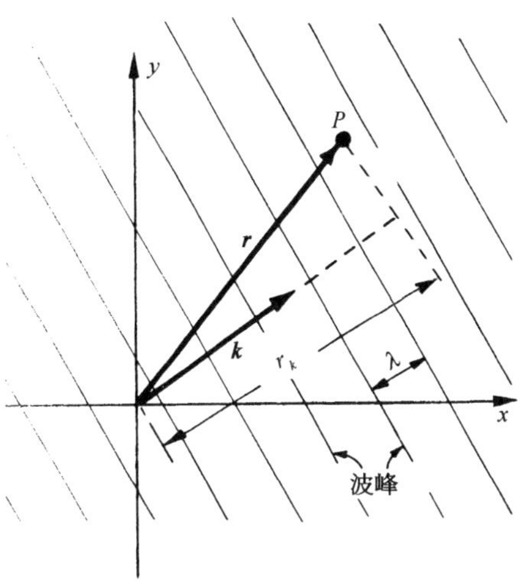

图 33-2 沿 $\boldsymbol{k}$ 方向前进的波，在任一点 P 的相位为 $(\omega t - \boldsymbol{k}\cdot\boldsymbol{r})$

当然，还必须记得

$$\boldsymbol{k}\cdot\boldsymbol{r} = k_x x + k_y y + k_z z,$$

式中 k_x，k_y 和 k_z 是 $\boldsymbol{k}$ 沿三个坐标轴的分量。事实上，以前曾经指出过：(ω, k_x, k_y, k_z) 是一个四维矢量，而它与 (t, x, y, z) 的标积则是一个不变量。因此，波的相位是一个不变量，而式(33.6)可以写成

$$E = E_0 e^{ik_\mu x_\mu}.$$

但是我们目前还不需要表示得那样漂亮。

对于一个如式(33.6)所示的那种正弦波形式的 E 来说，$\partial E/\partial t$ 等于 $i\omega E$，而 $\partial E/\partial x$ 等于 $-ik_x E$，其他各分量以此类推。你可以看出，为什么当与微分方程打交道时，运用式(33.6)那种形式会十分方便——微分都被乘法代替了。还有另一个有用之处：算符 $\nabla = (\partial/\partial x, \partial/\partial y, \partial/\partial z)$ 被三个乘积 $(-ik_x, -ik_y, -ik_z)$ 所代替。但这三个因子却按矢量 $\boldsymbol{k}$ 的三个分量变换，因而算符 ∇ 就由 $-i\boldsymbol{k}$ 所代替了：

$$\frac{\partial}{\partial t} \longrightarrow i\omega,$$

$$\nabla \longrightarrow -\mathrm{i}\boldsymbol{k}. \tag{33.8}$$

这对于∇的任一种运算——不论是梯度、散度或旋度——都保持正确。例如，$\nabla\times\boldsymbol{E}$ 的 z 分量为

$$\frac{\partial E_y}{\partial x}-\frac{\partial E_x}{\partial y}.$$

若 E_y 和 E_x 两者都按 $\mathrm{e}^{-\mathrm{i}\boldsymbol{k}\cdot\boldsymbol{r}}$变化，则由上式得

$$-\mathrm{i}k_xE_y+\mathrm{i}k_yE_x,$$

你明白这是$-\mathrm{i}\boldsymbol{k}\times\boldsymbol{E}$ 的 z 分量。

因此我们就得到非常有用的普遍事实，即每当你不得不对一个像三维波(这种波是物理学的一个重要部分)那样变化的矢量取梯度时，你始终可凭记住∇运算等价于乘上$-\mathrm{i}\boldsymbol{k}$，就能够迅速地并几乎不需思索地取得那些微商。

例如，法拉第方程

$$\nabla\times\boldsymbol{E}=-\frac{\partial\boldsymbol{B}}{\partial t}$$

对于波变成

$$-\mathrm{i}\boldsymbol{k}\times\boldsymbol{E}=-\mathrm{i}\omega\boldsymbol{B}.$$

这告诉我们

$$\boldsymbol{B}=\frac{\boldsymbol{k}\times\boldsymbol{E}}{\omega}, \tag{33.9}$$

上式相当于以前我们对自由空间里的波所求得的结果——波中的 $\boldsymbol{B}$ 既垂直于 $\boldsymbol{E}$，也垂直于波的传播方向(在自由空间中，$\omega/k=c$)。你可以从 $\boldsymbol{k}$ 沿着坡印亭矢量$\boldsymbol{S}=\epsilon_0c^2\boldsymbol{E}\times\boldsymbol{B}$ 的方向这个事实记住式(33.9)中的符号。

如果你对其他麦克斯韦方程也运用同样的规则，你就会重新获得上一章中的那些结果，而特别是

$$\boldsymbol{k}\cdot\boldsymbol{k}=k^2=\frac{\omega^2n^2}{c^2}. \tag{33.10}$$

但既然我们已经知道了那些结果，就无须再去做它了。

如果你想要自己寻点乐趣，可以尝试下述的可怕问题，回到 1890 年代那时研究生的毕业试题：当极化强度 $\boldsymbol{P}$ 与电场 $\boldsymbol{E}$ 由一极化率张量相联系时，试解出麦克斯韦方程组以求出各向异性晶体中的平面波。当然，你应该选取你的坐标轴使其沿该张量的主轴，以致关系最为简单(这样 $P_x=\alpha_aE_x$，$P_y=\alpha_bE_y$ 和 $P_z=\alpha_cE_z$)，但允许波有任意的方向和任意的偏振。你应能够求出 $\boldsymbol{E}$ 与 $\boldsymbol{B}$ 之间的关系以及 $\boldsymbol{k}$ 怎样随着方向和波的偏振而变化，那么你将理解一块各向异性晶体的光学性质。最好是先从双折射晶体——像方解石——那种较简单的情况开始，其中两个极化率相等(比方说 $\alpha_b=\alpha_c$)，并看看你是否能理解为什么当你通过这样的晶体观察时会得到双像。如果你已能够理解这些问题，那么便可尝试那最困难的情况，即三个 α 都不相同的那种情况。这样，你就会明白你是否已达到 1890 年代研究生的水平。然而，在本章中，我们只希望讨论各向同性物质。

我们从实验上得知，当一平面波到达两种不同材料——比如说，空气和玻璃，或水和油——之间的界面上时，就有一个反射波和一个透射波。假设我们除此之外不再假定有其

他任何东西了,并看看能否算出些什么。首先,选取坐标轴使得 yz 面就是该界面,而 xy 面垂直于那些入射波面,如图 33-3 所示。

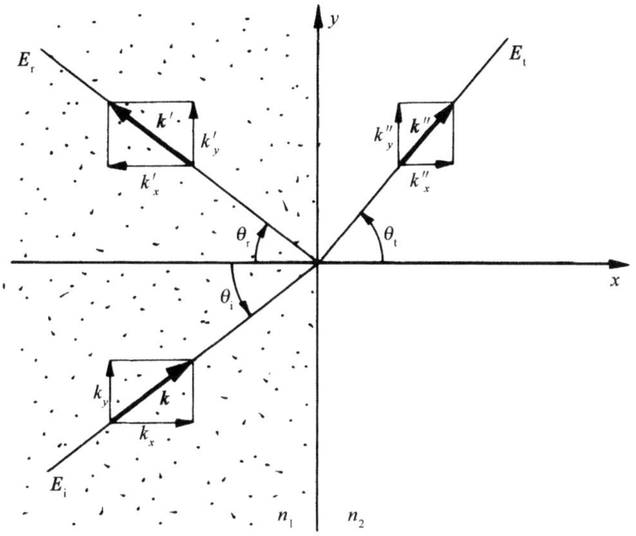

图 33-3　关于入射、反射和透射波的传播矢量 $\boldsymbol{k}$, $\boldsymbol{k}'$和 $\boldsymbol{k}''$

于是入射波的电矢量就可以写成

$$\boldsymbol{E}_{\mathrm{i}}=\boldsymbol{E}_0 \mathrm{e}^{\mathrm{i}(\omega t-\boldsymbol{k}\cdot\boldsymbol{r})}. \tag{33.11}$$

既然 $\boldsymbol{k}$ 垂直于 z 轴,因此

$$\boldsymbol{k}\cdot\boldsymbol{r}=k_x x+k_y y. \tag{33.12}$$

可以把反射波写成

$$\boldsymbol{E}_{\mathrm{r}}=\boldsymbol{E}_0' \mathrm{e}^{\mathrm{i}(\omega' t-\boldsymbol{k}'\cdot\boldsymbol{r})}, \tag{33.13}$$

以致它的频率为 ω',波数为 $\boldsymbol{k}'$,而波幅为 $\boldsymbol{E}_0'$(当然我们知道,频率以及 $\boldsymbol{k}'$的大小分别与入射波的相同,但甚至对此也不打算做假定。我们将让它出自数学设计)。最后,对于透射波还可以写出

$$\boldsymbol{E}_{\mathrm{t}}=\boldsymbol{E}_0'' \mathrm{e}^{\mathrm{i}(\omega'' t-\boldsymbol{k}''\cdot\boldsymbol{r})}. \tag{33.14}$$

我们知道,麦克斯韦方程组中的一个方程会给出式(33.9),因而对于每个波就有

$$\boldsymbol{B}_{\mathrm{i}}=\frac{\boldsymbol{k}\times\boldsymbol{E}_{\mathrm{i}}}{\omega},\ \boldsymbol{B}_{\mathrm{r}}=\frac{\boldsymbol{k}'\times\boldsymbol{E}_{\mathrm{r}}}{\omega'},\ \boldsymbol{B}_{\mathrm{t}}=\frac{\boldsymbol{k}''\times\boldsymbol{E}_{\mathrm{t}}}{\omega''}. \tag{33.15}$$

并且,如果把那两种媒质的折射率叫作 n_1 和 n_2,则由式(33.10)可得

$$k^2=k_x^2+k_y^2=\frac{\omega^2 n_1^2}{c^2}. \tag{33.16}$$

由于反射波是在同一种材料中的,因此

$$k'^2=\frac{\omega'^2 n_1^2}{c^2}, \tag{33.17}$$

而对于透射波则为

$$k''^2=\frac{\omega''^2 n_2^2}{c^2}. \tag{33.18}$$

§ 33-3 边界条件

迄今我们已描述了三种波,现在的问题是要用入射波的各参数算出反射波和透射波的各参数,我们怎样才能做到这一点呢？上述三个波都满足在均匀材料中的麦克斯韦方程组,但是在两种不同材料的边界处麦氏方程组也应该被满足。因此,现在就必须考察一下正好在边界处发生的事情。我们将会发现,麦克斯韦方程组要求这三个波应以某种方式联系在一起。

作为我们意向的一个例子,电场 $\boldsymbol{E}$ 的 y 分量在边界两边一定要相同。这是法拉第定律

$$\nabla\times\boldsymbol{E}=-\frac{\partial\boldsymbol{B}}{\partial t} \tag{33.19}$$

所要求的,同样也可以用下述方法看出。考虑一个横越边界的小矩形回路 Γ,如图 33-4 所示。式(33.19)表明 $\boldsymbol{E}$ 绕 Γ 的线积分等于通过该回路的 $\boldsymbol{B}$ 通量的变化率:

$$\oint_\Gamma \boldsymbol{E}\cdot d\boldsymbol{s}=-\frac{\partial}{\partial t}\int \boldsymbol{B}\cdot\boldsymbol{n}da.$$

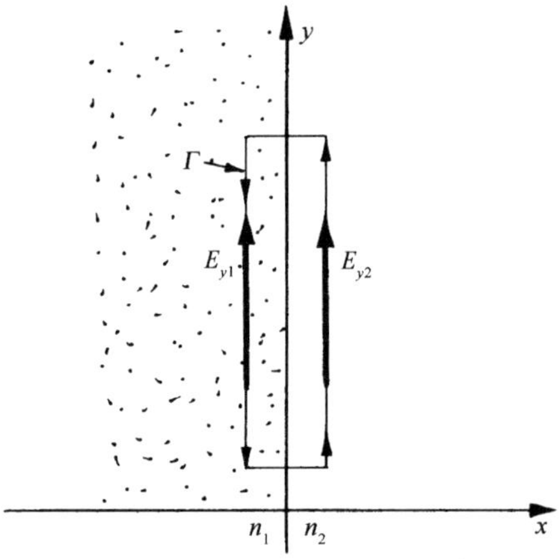

图 33-4 边界条件 $E_{y2}=E_{y1}$ 是根据 $\oint_\Gamma \boldsymbol{E}\cdot d\boldsymbol{s}=0$ 获得的

现在设想该矩形十分狭窄,以致回路所包围的面积为无限小。如果 $\boldsymbol{B}$ 仍保持有限大(没有什么理由使它在边界上应该无限大),则通过该面积的通量为零,因此 $\boldsymbol{E}$ 的线积分就必然为零。若 E_{y1} 和 E_{y2} 为边界两边的场分量,又若矩形的长度为 l,则得

$$E_{y1}l-E_{y2}l=0$$

或

$$E_{y1}=E_{y2}, \tag{33.20}$$

正如我们在上面说过的那样。这向我们提供了三个波的场之间的关系。

计算麦克斯韦方程组在边界处的结果这一步骤称为“确定边界条件”。一般总是这样做的:通过对诸如图 33-4 的那个小矩形 Γ 或对跨越在边界上的小高斯面做的论证来找出尽可能多的类似式(33.20)那样的式子。尽管那是一种非常完美的做法,但它给人们的印象是,对于每一不同的物理问题处理边界问题的方法都不相同。

例如,在一个越过边界的热流问题中,两边的温度是怎样联系起来的呢？噢,你可能争辩说,首先,从一边流进边界的热流应该等于从另一边流出边界的热流。由做出这样的物理论证以求得边界条件,通常是可能的,而且一般也很有用。然而,有时当你在处理某一问题时你可能只有某些方程式,而还未能立刻看出要采取什么样的物理论证。所以虽然我们目前感兴趣的只在于电磁问题,其中我们能够做出那些物理论证,但是仍想要给你们指出一种可用于任何一种问题的方法——一种直接从微分方程求出在边界上所发生的情况的普遍方法。

从写出关于电介质的所有麦克斯韦方程开始——而这次很特别，将把一切分量都明显地写出：

$$\nabla \cdot \boldsymbol{E} = -\frac{\nabla \cdot \boldsymbol{P}}{\epsilon_0}$$

$$\epsilon_0\left(\frac{\partial E_x}{\partial x}+\frac{\partial E_y}{\partial y}+\frac{\partial E_z}{\partial z}\right)=-\left(\frac{\partial P_x}{\partial x}+\frac{\partial P_y}{\partial y}+\frac{\partial P_z}{\partial z}\right) \tag{33.21}$$

$$\nabla \times \boldsymbol{E} = -\frac{\partial \boldsymbol{B}}{\partial t}$$

$$\frac{\partial E_z}{\partial E_y}-\frac{\partial E_y}{\partial z}=-\frac{\partial B_x}{\partial t} \tag{33.22a}$$

$$\frac{\partial E_x}{\partial z}-\frac{\partial E_z}{\partial x}=-\frac{\partial B_y}{\partial t} \tag{33.22b}$$

$$\frac{\partial E_y}{\partial x}-\frac{\partial E_x}{\partial y}=-\frac{\partial B_z}{\partial t} \tag{33.22c}$$

$$\nabla \cdot \boldsymbol{B} = 0$$

$$\frac{\partial B_x}{\partial x}+\frac{\partial B_y}{\partial y}+\frac{\partial B_z}{\partial z}=0 \tag{33.23}$$

$$c^2\,\nabla \times \boldsymbol{B} = \frac{1}{\epsilon_0}\frac{\partial \boldsymbol{P}}{\partial t}+\frac{\partial \boldsymbol{E}}{\partial t}$$

$$c^2\left(\frac{\partial B_z}{\partial y}-\frac{\partial B_y}{\partial z}\right)=\frac{1}{\epsilon_0}\frac{\partial P_x}{\partial t}+\frac{\partial E_x}{\partial t} \tag{33.24a}$$

$$c^2\left(\frac{\partial B_x}{\partial z}-\frac{\partial B_z}{\partial x}\right)=\frac{1}{\epsilon_0}\frac{\partial P_y}{\partial t}+\frac{\partial E_y}{\partial t} \tag{33.24b}$$

$$c^2\left(\frac{\partial B_y}{\partial x}-\frac{\partial B_x}{\partial y}\right)=\frac{1}{\epsilon_0}\frac{\partial P_z}{\partial t}+\frac{\partial E_z}{\partial t} \tag{33.24c}$$

现在这些方程必须在区域 1(边界左侧)和区域 2(边界右侧)中全都成立。我们已写出了在区域 1 与区域 2 中的解。最后，它们也应当在边界内、即在我们称之为区域 3 中被满足。虽然人们往往把边界想象成明显不连续的区域，事实却并非如此。物理性质很迅速地变化，但并不是无限快的。在任何情况下，我们都可以想象在一个我们称之为区域 3 中的短距离内，折射率从区域 1 至区域 2 的过渡是非常快的，但还是连续的。并且，任何像 P_x, E_x 等场量在区域 3 中也将做相似的一种过渡。在这区域里，那些微分方程仍必须被满足，而根据这一区域中那些微分方程的结果我们就能获得所需的"边界条件"。

例如，假设有一个介乎真空(区域 1)与玻璃(区域 2)之间的边界。在真空里没有什么可极化的东西，因而 $\boldsymbol{P}_1=0$。假定在玻璃中有某种极化强度 $\boldsymbol{P}_2$，真空与玻璃之间有一个光滑而迅速的过渡。如果我们考察 $\boldsymbol{P}$ 的任一分量，比方说 P_x，则它也许会如图 33-5(a)所示那样变化。现在假设取第一个方程式(33.21)，它含有 $\boldsymbol{P}$ 的分量对于 x, y 和 z 的微商。对 y 和 z 的微商我们不感兴趣，在那些方向上不会发生什么特别事情。可是 P_x 的 x 微商在区域 3 中就将有某一很大值，因为 P_x 的斜率极大。微商 $\partial P_x/\partial x$ 在边界处将有一明显的尖峰，如

图 33-5(b)所示。如果我们设想将边界挤压成更薄的一层,则该尖峰便会升得更高。如果对于我们关心的波,边界的确很陡,则在区域 3 中 $\partial P_x/\partial x$ 的大小将大大高于从边界外的波内 P 的变化中可能得到的任何贡献——这样就可以忽略除了由于边界引起的以外的其他一切变化。

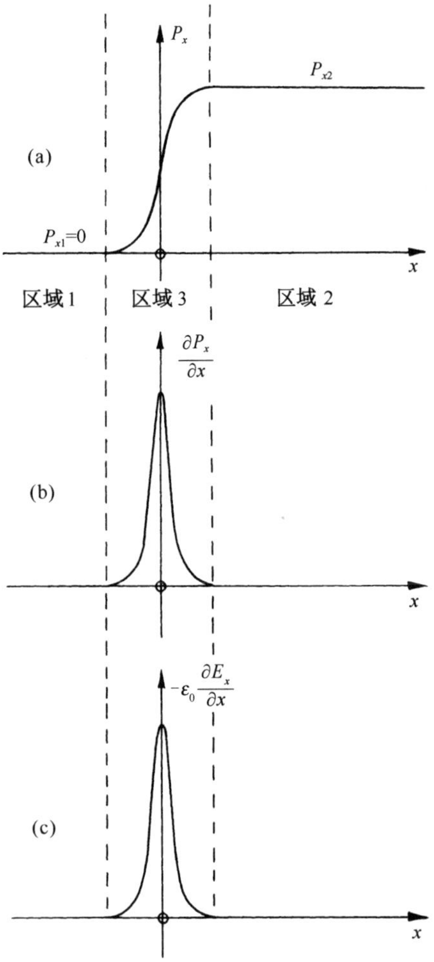

图 33-5 处于区域 1 与区域 2 的两种不同材料之间的过渡区域 3 中的场

现在若在式(33.21)右边存在一个巨大的尖峰,则该方程怎么才能够被满足呢?除非在另一侧也有一个同样巨大的尖峰,在左边的某种东西一定也很大。唯一的选择物是$\partial E_x/\partial x$,因为其他随 y 和随 z 的变化都只不过是我们刚才所说的波中的小效应。因此,$-\epsilon_0(\partial E_x/\partial x)$必然会如图 33-5(c)所示的那样——刚好是$\partial P_x/\partial x$ 的拷贝。我们有

$$\epsilon_0\frac{\partial E_x}{\partial x}=-\frac{\partial P_x}{\partial x}.$$

如果把这一方程对 x 跨越区域 3 积分,则得出结论:

$$\epsilon_0(E_{x2}-E_{x1})=-(P_{x2}-P_{x1}).\quad(33.25)$$

换句话说,从区域 1 至区域 2,$\epsilon_0 E_x$ 的跃变必然等于 $-P_x$的跃变。

可以将式(33.25)重新写成

$$\epsilon_0 E_{x2}+P_{x2}=\epsilon_0 E_{x1}+P_{x1},\qquad(33.26)$$

这说明在区域 1 和区域 2 中量$(\epsilon_0 E_x+P_x)$具有相等的值。人们说:越过边界面时量$(\epsilon_0 E_x+P_x)$是连续的。这样,我们有了一个边界条件。

尽管我们列举了一个由于区域 1 是真空而其中 $\boldsymbol{P}_1$ 是零的情况,但很清楚,这相同的论证也适用于在这两个区域中的任两种材料,因而式(33.26)是普遍正确的。

现在仔细检查其余的麦克斯韦方程,并看看它们中的每一个会告诉我们什么。下一步我们将选取式(33.22a)。这其中并没有 x 微商,因而不会告诉我们任何东西(记住场本身在边界处不会变得特别大,只有对于 x 的微商才可能变得如此巨大以致它们支配了方程)。其次,我们考察式(33.22b)。啊!这里有一个 x 微商!在左边有$\partial E_z/\partial x$,假定它是一个巨大微商。但请等一等!右侧并没有什么东西与它相配,因此 E_z 在从区域 1 进至区域 2 时就不能有任何跃变[若果真有跃变的话,就会在式(33.22b)的左边出现一个尖峰,但在右边则没有,那么该方程式就是错的了]。因此,我们有这么一个新的条件:

$$E_{z2}=E_{z1}.\qquad(33.27)$$

通过同样的论证,式(33.22c)给出

$$E_{y2} = E_{y1}. \tag{33.28}$$

这最后的结果恰好就是根据线积分的论证而获得的式(33.20)。

我们继续讨论式(33.23)。唯一可能具有尖峰的项为$\partial B_x/\partial x$,但在该式右侧却没有什么与之相配,因而可以断定

$$B_{x2} = B_{x1}. \tag{33.29}$$

面临麦克斯韦方程组的最后一个了！式(33.24a)不会给出什么,因为并没有 x 微商。式(33.24b)中有一个 x 微商,即$-c^2\partial B_z/\partial x$,但仍旧没有什么与之相配。因而得

$$B_{z2} = B_{z1}. \tag{33.30}$$

最后一个方程与此很相似,并将给出

$$B_{y2} = B_{y1}. \tag{33.31}$$

后面三个方程为我们提供了 $\boldsymbol{B}_2 = \boldsymbol{B}_1$。然而,必须强调,只有当边界两侧的材料是非磁性材料——或宁可说,当我们可以忽略材料的任何磁效应——时才会获得这个结果。除了铁磁性材料之外,对于大多数材料来说往往是可做到的(我们将在以后某些章节中处理材料的磁性)。

表 33-1 在电介质表面上的边界条件

$(\epsilon_0 \boldsymbol{E}_1 + \boldsymbol{P}_1)_x = (\epsilon_0 \boldsymbol{E}_2 + \boldsymbol{P}_2)_x$
$(\boldsymbol{E}_1)_y = (\boldsymbol{E}_2)_y$
$(\boldsymbol{E}_1)_z = (\boldsymbol{E}_2)_z$
$\boldsymbol{B}_1 = \boldsymbol{B}_2$
(表面在 yz 平面内)

上述计划已使我们获得关于在区域 1 与区域 2 之间场的六个关系式,已经将它们汇集在表 33-1 中。现在可以利用它们来匹配两个区域内的波。然而,还要强调,刚才所用到的那种概念在任何这样的物理情况下都适用。例如你有一些微分方程,并想要求得方程跨越两区域之间(那里某种性质发生了改变)一个明显的边界的解,对于我们眼前的目标来说,可以利用关于在边界处通量与环流的那些论证轻易地推导出同样的方程(你或许想要看看能否按照那种办法来得到同样的结果)。但现在你已经看到,每当你遇到困难而又不明白关于在边界上发生的事情的物理方面的任何简易论证时,你们便会有一种行之有效的方法——可以只处理那些方程。

§33-4 反射波与透射波

现在可以把前面的边界条件应用于§33-2 中写下的波。我们曾有:

$$\boldsymbol{E}_{\mathrm{i}} = \boldsymbol{E}_0 \mathrm{e}^{\mathrm{i}(\omega t - k_x x - k_y y)}, \tag{33.32}$$

$$\boldsymbol{E}_{\mathrm{r}} = \boldsymbol{E}_0' \mathrm{e}^{\mathrm{i}(\omega' t - k'_x x - k'_y y)}, \tag{33.33}$$

$$\boldsymbol{E}_{\mathrm{t}} = \boldsymbol{E}_0'' \mathrm{e}^{\mathrm{i}(\omega'' t - k''_x x - k''_y y)}, \tag{33.34}$$

$$\boldsymbol{B}_{\mathrm{i}} = \frac{\boldsymbol{k} \times \boldsymbol{E}_{\mathrm{i}}}{\omega}, \tag{33.35}$$

$$\boldsymbol{B}_{\mathrm{r}}=\frac{\boldsymbol{k}'\times\boldsymbol{E}_{\mathrm{r}}}{\omega'},\tag{33.36}$$

$$\boldsymbol{B}_{\mathrm{t}}=\frac{\boldsymbol{k}''\times\boldsymbol{E}_{\mathrm{t}}}{\omega''}.\tag{33.37}$$

另外,还有一点知识:对于每一个波,$\boldsymbol{E}$ 垂直于其传播矢量 $\boldsymbol{k}$。

结果将取决于该入射波的 $\boldsymbol{E}$ 矢量方向(偏振)。如果我们把入射波具有平行于"入射面"(即 xy 面)的 $\boldsymbol{E}$ 矢量的情况与入射波具有垂直于入射面的 $\boldsymbol{E}$ 矢量的情况分开处理,那么分析起来就会简单得多。任何其他偏振的波都不过是这两种波的线性组合。换句话说,反射与透射强度对于不同的偏振是不同的,而最容易做的是选出这两种最简单的情况而加以分别处理。

我们将对一个垂直于入射面偏振的入射波进行分析,然后对另一种情况只给出结果。通过选取这种最简单情况我们似乎未免有点不老实,但在原理上两者都是一样的。因此我们假定 $\boldsymbol{E}_{\mathrm{i}}$ 只有一个 z 分量,而既然所有的 $\boldsymbol{E}$ 矢量都在同一个方向上,就可取消矢量的符号。

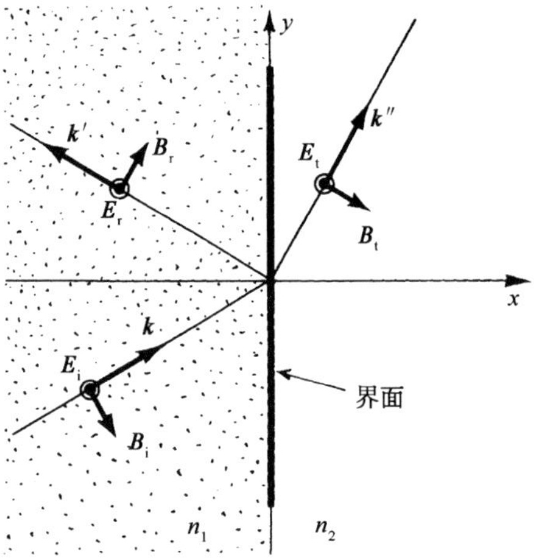

图 33-6 当入射波的 $\boldsymbol{E}$ 场垂直于入射面时,反射波和透射波的偏振情形

只要两种材料都是各向同性的,那么材料里电荷的感生振动也将沿着 z 方向,而透射与反射波的 $\boldsymbol{E}$ 场也将各只有一个 z 分量。因此,对于所有的波,E_x 和 E_y 以及 P_x 和 P_y 都等于零。那些波的 $\boldsymbol{E}$ 和 $\boldsymbol{B}$ 矢量如图 33-6 所示(这里对于原来想要从微分方程组得到一切的计划来说我们是抄了一条近路。这些结果也可从边界条件得到,但通过利用物理论证我们可以省去许多代数运算。如果你有些空闲时间,不妨试试能否从那些方程获得同样的结果。很清楚,我们上面所说的一切都与那些方程相一致,只是我们还没有证明不存在别的可能性而已)。

现在从式(33.26)至(33.31)的边界条件给出区域 1 与区域 2 中 $\boldsymbol{E}$ 和 $\boldsymbol{B}$ 各分量间的关系。在区域 2 中只有那透射波,而在区域 1 中则有两种波。我们要用哪一种波呢?当然,在区域 1 中的场等于入射波与反射波两个场的叠加(由于每个场都满足麦克斯韦方程组,因而两者之和亦然)。所以当我们应用边界条件时,就必须用到

$$\boldsymbol{E}_1=\boldsymbol{E}_{\mathrm{i}}+\boldsymbol{E}_{\mathrm{r}},\qquad \boldsymbol{E}_2=\boldsymbol{E}_{\mathrm{t}},$$

对于 $\boldsymbol{B}$ 的情况来说,也与此相仿。

对我们正在考虑的偏振而言,式(33.26)和(33.28)不会提供任何新的知识,只有式(33.27)才有用处。它表明:在边界上,也就是在 $x=0$ 处,

$$E_{\mathrm{i}}+E_{\mathrm{r}}=E_{\mathrm{t}}.$$

因此我们就有

$$E_0\mathrm{e}^{\mathrm{i}(\omega t-k_y y)}+E_0'\mathrm{e}^{\mathrm{i}(\omega' t-k_y' y)}=E_0''\mathrm{e}^{\mathrm{i}(\omega'' t-k_y'' y)},\tag{33.38}$$

上式必须对一切的 t 和所有的 y 都正确。假设首先考察在 $y=0$ 处的情况，此时我们有

$$E_0 e^{i\omega t} + E'_0 e^{i\omega' t} = E''_0 e^{i\omega'' t}.$$

这一方程表明，两个振动项之和等于第三个振动项，这只有当所有的振动都具有相同频率时才能出现(三个——或任何数目的——具有不同频率的这种项相加在任何时刻都为零，这是不可能的)。因此

$$\omega'' = \omega' = \omega. \tag{33.39}$$

正如我们过去一直都知道的那样，反射波及透射波的频率与入射波的相同。

其实一开始我们就可以将这一条件放进去以避免一些麻烦，但希望向你们证明它也可以从那些方程式得出。当你正在做实际的问题时，往往最好一开头就把你所知道的每件事都正确地放到计算中去，从而使你避免许多麻烦。

根据定义，$\boldsymbol{k}$ 的大小由 $k^2 = n^2\omega^2/c^2$ 给出，因而也就有

$$\frac{k''^2}{n_2^2} = \frac{k'^2}{n_1^2} = \frac{k^2}{n_1^2}. \tag{33.40}$$

现在我们来考察 $t=0$ 时的式(33.38)。再度利用刚才所做的相同类型的论证，但这一次是建筑在该方程必须对所有 y 值都满足这个事实基础上的，因而得

$$k''_y = k'_y = k_y. \tag{33.41}$$

由式(33.40)，即 $k'^2 = k^2$，所以得

$$k'^2_x + k'^2_y = k_x^2 + k_y^2.$$

将此式与(33.41)相结合，我们有

$$k'^2_x = k_x^2,$$

即 $k'_x = \pm k_x$。正号不构成任何意义，它不会给出反射波，却给出另一个入射波，而我们一开始就说过正在解只有一个入射波的问题，所以我们有

$$k'_x = -k_x. \tag{33.42}$$

式(33.41)和(33.42)向我们提供了反射角等于入射角的结论，正如所期待的(见图 33-3)那样，反射波为

$$E_r = E'_0 e^{i(\omega t + k_x x - k_y y)}. \tag{33.43}$$

对于透射波，则已有

$$k''_y = k_y$$

和

$$\frac{k''^2}{n_2^2} = \frac{k^2}{n_1^2}, \tag{33.44}$$

因而我们能够由这两式解出 k''_x 来，结果得到

$$k''^2_x = k''^2 - k''^2_y = \frac{n_2^2}{n_1^2}k^2 - k_y^2. \tag{33.45}$$

暂时假定 n_1 和 n_2 都是实数(即两折射率的虚部都十分微小)，那么所有的 k 也都是实

数,并从图 33-3 求得

$$\frac{k_y}{k}=\sin\theta_{\mathrm{i}},\ \frac{k''_y}{k''}=\sin\theta_{\mathrm{t}}. \tag{33.46}$$

又由式(33.44),我们得到

$$n_2\sin\theta_{\mathrm{t}}=n_1\sin\theta_{\mathrm{i}}, \tag{33.47}$$

这就是斯涅耳折射定律——又是我们熟悉的某种东西。如果折射率不是实数,则波数将是复数,而我们就得用到式(33.45)[仍然能够通过式(33.46)来定义角度 θ_{i} 和 θ_{t}。而式(33.47)即斯涅耳方程大体上也应该正确。但此时"角度"也是复数,因而丧失了作为角度的简单几何解释。于是,最好是通过它们的复数 k_x 或 k''_x 的值来描述那些波的行为]。

迄今为止,我们没有发现任何新的东西。只是从复杂的数学方法中得到了某些明显答案而感到一种纯朴的喜悦。现在我们准备求出还不知道的波幅。利用关于 ω 和 k 的结果,式(33.38)中的指数因子就可以消去,因而我们得到

$$E_0+E'_0=E''_0. \tag{33.48}$$

由于 E'_0 和 E''_0 都属未知,所以就需要另一个关系式。我们必须引用另一个边界条件。有关 E_x 和 E_y 的那些方程都无能为力,因为所有的 $\boldsymbol{E}$ 都只有一个 z 分量。因此,必须用到关于 $\boldsymbol{B}$ 的那些条件。让我们试一试式(33.29):

$$B_{x2}=B_{x1}.$$

根据式(33.35)至(33.37),

$$B_{x\mathrm{i}}=\frac{k_yE_{\mathrm{i}}}{\omega},\ B_{x\mathrm{r}}=\frac{k'_yE_{\mathrm{r}}}{\omega'},\ B_{x\mathrm{t}}=\frac{k''_yE_{\mathrm{t}}}{\omega''}.$$

并回忆起 $\omega''=\omega'=\omega$ 和 $k''_y=k'_y=k_y$,我们便得

$$E_0+E'_0=E''_0.$$

但这恰好又是式(33.48)!我们不过在为得到已知的某些东西而浪费时间。

可以试一试式(33.30),即 $B_{z2}=B_{z1}$,但却没有 $\boldsymbol{B}$ 的 z 分量!因此剩下来的就只有一个方程:即式(33.31),$B_{y2}=B_{y1}$。对于那三个波:

$$B_{y\mathrm{i}}=-\frac{k_xE_{\mathrm{i}}}{\omega},\ B_{y\mathrm{r}}=-\frac{k'_xE_{\mathrm{r}}}{\omega'},\ B_{y\mathrm{t}}=-\frac{k''_xE_{\mathrm{t}}}{\omega''}. \tag{33.49}$$

把 $x=0$ 处(即在边界上)波的表示式作为 E_{i}, E_{r} 和 E_{t} 代入,则边界条件为

$$\frac{k_x}{\omega}E_0\mathrm{e}^{\mathrm{i}(\omega t-k_yy)}+\frac{k'_x}{\omega'}E'_0\mathrm{e}^{\mathrm{i}(\omega' t-k'_yy)}=\frac{k''_x}{\omega''}E''_0\mathrm{e}^{\mathrm{i}(\omega'' t-k''_yy)}.$$

而且所有的 ω 和所有的 k_y 都相等,因而上式将简化成

$$k_xE_0+k'_xE'_0=k''_xE''_0. \tag{33.50}$$

这为我们提供了一个不同于式(33.48)的有关 E 的方程。有了这两个式,便可解出 E'_0 和 E''_0 了。由于 $k'_x=-k_x$,我们得

$$E_0' = \frac{k_x - k_x''}{k_x + k_x''}E_0, \tag{33.51}$$

$$E_0'' = \frac{2k_x}{k_x + k_x''}E_0. \tag{33.52}$$

这些,再加上关于 k_x'' 的式(33.45)或(33.46),便向我们提供了想要知道的东西。将在下一节中讨论这一答案的后果。

如果从一开始就设偏振波的 **E** 矢量平行于入射面,则 **E** 将有 x 和 y 两分量,如图 33-7 所示。代数运算虽然直截了当,但较为复杂点(在这种情况下通过用全都沿 z 方向的磁场 **B** 来表示,工作量会稍为减轻些)。人们求得

$$|E_0'| = \frac{n_2^2 k_x - n_1^2 k_x''}{n_2^2 k_x + n_1^2 k_x''}|E_0| \tag{33.53}$$

和

$$|E_0''| = \frac{2n_1 n_2 k_x}{n_2^2 k_x + n_1^2 k_x''}|E_0|. \tag{33.54}$$

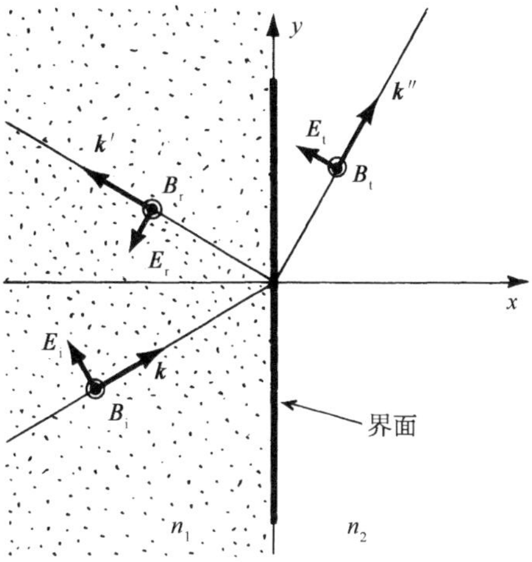

图 33-7 当入射波的 **E** 场平行于入射面时各波的偏振情形

让我们来看看,上述结果是否与我们以前得到的相符。式(33.3)就是在第 1 卷第 33 章中我们曾经算出来的关于反射波与入射波强度的比。然而,我们当时只考虑了实数折射率。对于实数折射率(以及实数 k)来说,就可以写成

$$k_x = k\cos\theta_i = \frac{\omega n_1}{c}\cos\theta_i,$$

$$k_x'' = k''\cos\theta_t = \frac{\omega n_2}{c}\cos\theta_t.$$

把这些代入式(33.51)中,则得

$$\frac{E_0'}{E_0} = \frac{n_1\cos\theta_i - n_2\cos\theta_t}{n_1\cos\theta_i + n_2\cos\theta_t}, \tag{33.55}$$

看来上式还是与式(33.3)不同。然而,如果我们运用斯涅耳定律以消去那些 n,则两式就会相同。即令 $n_2 = n_1\sin\theta_i/\sin\theta_t$,并对上式中的分子和分母各乘以 $\sin\theta_t$,便得

$$\frac{E_0'}{E_0} = \frac{\cos\theta_i\sin\theta_t - \sin\theta_i\cos\theta_t}{\cos\theta_i\sin\theta_t + \sin\theta_i\cos\theta_t}.$$

分子和分母都仅是 $-(\theta_i - \theta_t)$ 和 $(\theta_i + \theta_t)$ 的正弦,因而得到

$$\frac{E_0'}{E_0} = -\frac{\sin(\theta_i - \theta_t)}{\sin(\theta_i + \theta_t)}. \tag{33.56}$$

由于 E_0' 和 E_0 都在同一种材料中,强度都正比于其电场的平方,所以我们就得到与以前相同的结果。同理,式(33.53)也与式(33.4)相同。

对于沿法向入射的波，$\theta_i = 0$ 和 $\theta_t = 0$。式(33.56)便给出 0/0，那不是十分有用的。然而，我们可以回到式(33.55)上去，它会给出

$$\frac{I_r}{I_i} = \left(\frac{E_0'}{E_0}\right)^2 = \left(\frac{n_1 - n_2}{n_1 + n_2}\right)^2. \tag{33.57}$$

自然，这一结果适用于上述两者中的"任一种"偏振，因为对于法向入射来说不存在特殊的"入射面"。

§ 33-5 金属上的反射

我们现在可以引用上述结果来理解从金属上反射的有趣现象。为什么金属会闪闪发亮呢？在上一章中我们曾看到，金属的折射率对于某些频率来说具有大的虚部。让我们来看看，当光从空气($n = 1$)照射到 $n = -in_I$ 的材料时我们会得到什么样的反射强度。因此式(33.55)给出(对于法向入射)：

$$\frac{E_0'}{E_0} = \frac{1 + in_I}{1 - in_I}.$$

关于反射波的强度，我们需要 E_0' 和 E_0 的绝对值的平方：

$$\frac{I_r}{I_i} = \frac{|E_0'|^2}{|E_0|^2} = \frac{|1 + in_I|^2}{|1 - in_I|^2}$$

或

$$\frac{I_r}{I_i} = \frac{1 + n_I^2}{1 + n_I^2} = 1. \tag{33.58}$$

对于折射率为纯虚数的材料，会发生百分之百的反射！

金属并不会百分之百地反射，但其中有许多对可见光的反射非常好。换句话说，它们的折射率的虚部很大。但我们已经知道，折射率的巨大虚部意味着强烈的吸收。因此就有这么一个普遍法则：任何材料如果对任何频率都变成为十分优良的吸收体，则这种波会在其表面强烈反射而很少会进入其内部被吸收。你可以利用一些浓稠颜料看到这个效应。最浓颜料的纯晶体会有一种"金属"光泽。也许你已注意到，在一个紫色墨水瓶边缘上那些干燥了的颜料会发出一种金黄色的金属反射，或干燥了的红墨水有时会给出一种浅绿色的金属反射。红墨水把透射光中的绿色吸收掉了，因而如果该墨水很浓，它就会表现出对绿色光那些频率的强烈表面反射。

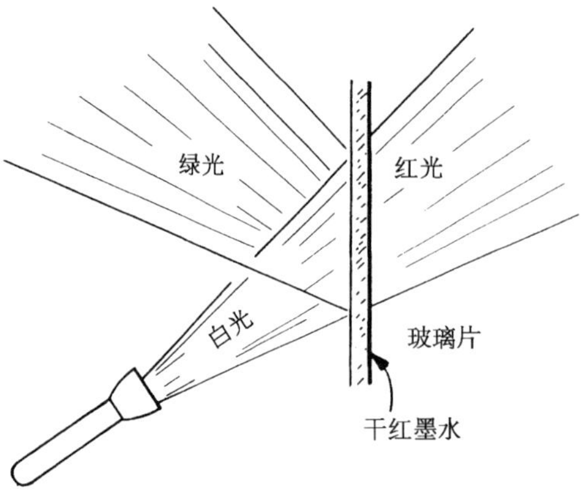

图 33-8 对频率为 ω 的光会强烈吸收的材料也能对该频率的光进行反射

你可以用红墨水涂于玻璃片之上并让它干燥后来轻易地表演这一效应。如图 33-8 所示，如果你用一束白光从玻璃片后面照射上去，则可得到一束红色透射光和一束绿色反射光。

§33-6　全 内 反 射

如果光从像玻璃那样具有实数折射率 n 大于 1 的材料向折射率等于 1 的空气传播,则由斯涅耳定律

$$\sin\theta_t = n\sin\theta_i.$$

可知,当入射角等于由下式所给出的"临界角"θ_c

$$n\sin\theta_c = 1 \tag{33.59}$$

时,该透射波的角 θ_t 会变成 90°。对大于这临界角的 θ_i 又会发生什么情况呢? 你知道将会有全内反射,但那是怎么产生的呢?

让我们回到式(33.45)上去,它给出透射波的波数 k''。我们应有

$$k_x''^2 = \frac{k^2}{n^2} - k_y^2.$$

这里 $k_y = k\sin\theta_i$, 而 $k = \omega n/c$, 因而

$$k_x''^2 = \frac{\omega^2}{c^2}(1 - n^2\sin^2\theta_i),$$

如果 $n\sin\theta_i$ 大于 1,则 $k_x''^2$ 就是负的,因而 k_x'' 是个纯虚数,比方说 $\pm ik_1$。至此你已明白那意味着什么了! 该透射波(式 33.34)将有这种形式:

$$\boldsymbol{E}_t = \boldsymbol{E}_0'' e^{\pm k_1 x} e^{i(\omega t - k_y y)}.$$

波幅会随 x 的增大而按指数式地增加或减少。很清楚,这里所要的是那个负号。这样在界面右边的波幅就将如图 33-9 中所示的那样递减。注意 k_1 为 ω/c,它具有 $1/\lambda_0$ 的数量级,其中 λ_0 为光在自由空间中的波长。当光从玻璃—空气界面上发生全内反射时,在空气里仍会有场,但只延伸到光波长的数量级那么一段距离。

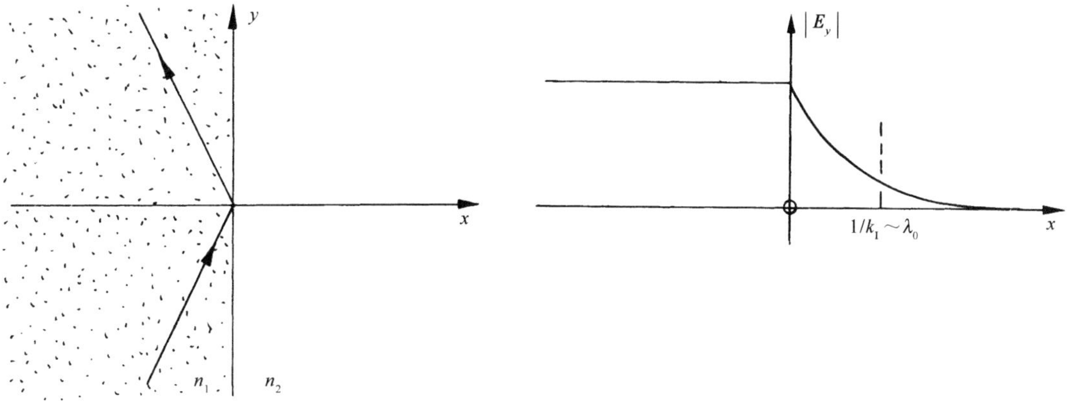

图 33-9　全内反射

现在我们可以知道如何来回答下述问题:如果玻璃中的光波以一足够大的角度到达表

面,则它会被反射回来,如果把另一块玻璃移到该表面上去(以致“表面”实际上是消失了),则此时光将透射过去。试问这恰好是在什么时候发生的呢?肯定地说,必然存在从全反射变成无反射的连续变化过程。答案当然是:如果该空气间隙如此之小,以致波在空气中的指数曲线的尾部在那第二块玻璃中还有相当大的强度,则它仍将会在那里振动着电子而产生一个新的波,如图 33-10 所示。某些光将透射过去(显然,我们的解是不完全的,本来应该就两层玻璃间一薄层空气的情况再对所有的方程求解)。

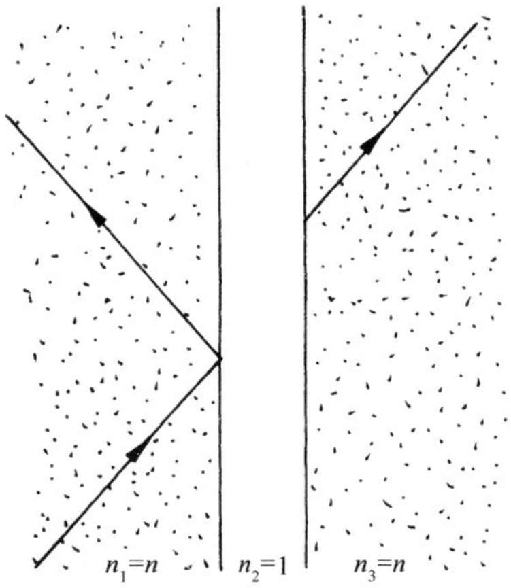

图 33-10 如果有一个小间隙,则内反射就不完全,在该间隙之外会出现一个透射波

这种透射效应可以用普通光观察到,只要空气间隙十分微小(属于光波波长的数量级,诸如 10^{-5} cm),但如果采用三厘米波,则不难演示出来。这时按指数函数衰减的场就会伸展几个厘米。一种能表现这一效应的微波装置如图 33-11 所示。从三厘米波的小发送机发出波对准一个 45°角的石蜡棱镜。对于这种频率石蜡的折射率为 1.50,因而临界角为 41.5°。所以波全部从那个 45°的面上反射而由探测器 A 采集,如图 33-11(a)所示。如果将第二个石蜡棱镜与该第一个棱镜互相接触地放在一起,如图 33-11(b)中所示,则波将笔直地贯穿过去而在探测器 B 那里被接收。如果在两个棱镜之间留下几厘米厚的空隙,如图 33-11(c)所示那样,则透射波与反射波两者都同时并存。在图 33-11(a)中存在于该棱镜的 45°面之外的电场,也可以通过把探测器 B 移至离该表面几厘米内而加以鉴定。

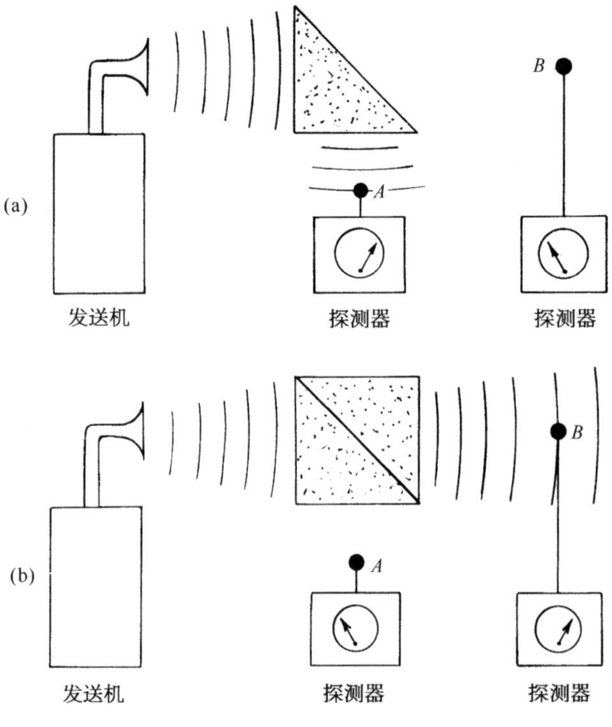

(c)

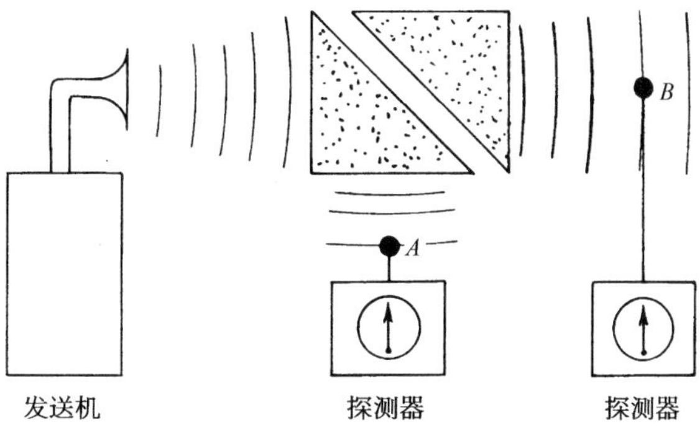

图 33-11 对内反射波的贯穿程度的演示

第34章　物质的磁性

§34-1　抗磁性和顺磁性

在本章中，我们将要谈论物质的磁性。具有最显著磁性的材料当然是铁。与此类似的磁性材料还有镍、钴，以及——在足够低的温度下(低于 16 ℃)——钆和若干特种合金。这类被称为铁磁性的磁性足够显著和复杂，所以我们将专门用一章来加以讨论。然而，所有普通物质也确实会表现出某些磁效应，尽管十分微弱——比铁磁性材料中的效应要小千倍至百万倍。这里我们将描述普通的磁性，也就是说，描述除了那些铁磁性物质以外的其他物质的磁性。

这种微小磁性分成两类。有些材料会被引向磁场，而其他材料则被排斥。不像物质中的电效应那样，始终引起电介质被吸引，而这种磁效应却有两种符号。这两种符号可以借助于一座配备有一个尖极和一个平极的强电磁铁来轻易地加以证明，如图 34-1 所示。在尖极附近的磁场比平极附近的磁场要强得多。如果一小块物质由一根长线缚住并悬挂在两极之间，则一般说来，将有一微小的力作用于其上，这个小力可以通过电磁铁通电时悬挂材料的微小位移看出来。上述那几种铁磁材料会十分强烈地被吸引至该尖极上去，其他一切材料只会感到十分微弱之力，有的被轻微地引向尖极，有的则轻微地被排斥。

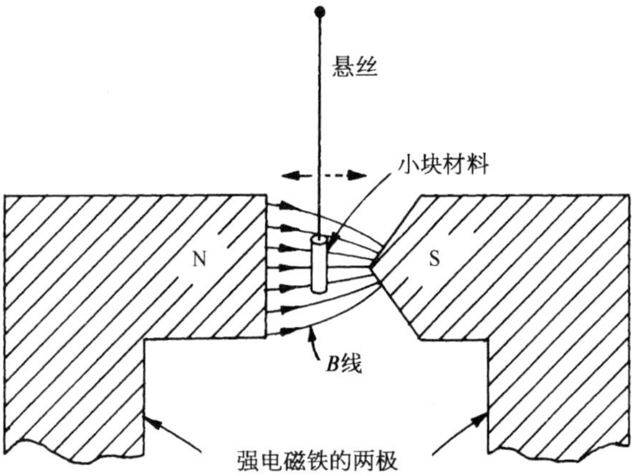

图 34-1　一块铋的小柱体会被尖极轻微排斥；而一块铝则会被吸引

用铋的一个小柱体最容易看到这一效应，它会从强场区域被推开。像这样受到排斥的物质称为抗磁性物质。铋就是一种最强的抗磁性物质，但即使如此，效应仍然十分微弱。抗磁性总是十分弱的。如果一小块铝被挂在两极之间，则也会受到一微小之力，但却是指向该尖极的。像铝这类物质称为顺磁性物质(在这么一个实验中，当电磁铁通电或断路时会发生一些涡流力，而这些力就能够引起强烈冲击。所以你必须小心地测出该悬挂物体静止后的净位移)。

现在我们要来简略地描述这两种效应的机制。首先，在许多种物质中的原子都不具有永久磁矩，或者毋宁说，每个原子里面的磁体都互相抵消了以致该原子的净磁矩等于零。电子自旋及其轨道运动都完全给抵消掉了，使得任何特定的原子都不具有平均磁矩。在这种场合下,当你把磁场开动时,由于感应在原子里产生了一个小小的额外电流。按照楞次定律,这些电流处在反抗正在增长着的磁场这样一种方向,所以原子的感生磁矩的指向就与磁场的指向相反,这就是抗磁性的机制。

另外,还有某些物质,其中原子确实具有永久磁矩——各电子的自旋和轨道运动具有不等于零的净环流。所以除了抗磁性(这始终会存在)之外,还存在把各个原子的磁矩排列整齐的可能性。在这一种情况下,磁矩试图随同磁场整齐排列(正如电介质中的永久电偶极子会被电场排齐一样),因而这感生磁场就有加强原来磁场的倾向。这一类物质就是顺磁性的物质。顺磁性一般都相当弱,因为那些使其排列整齐的力比起那些来自企图扰乱秩序的热运动之力相对较微小。由此也可以推断说,顺磁性通常都对温度较敏感(由造成金属导电性的自由电子的自旋所引起的顺磁性则是个例外。我们将不在这里讨论这种现象)。对于普通的顺磁性,温度越低,效应就越强。在低温下当碰撞引起的混乱效应较少时就会有较整齐的排列。另一方面,抗磁性几乎与温度无关。在任何具有固有磁矩的物质中抗磁和顺磁两种效应同时存在,但顺磁效应却往往占优势。

在第 11 章中,我们曾描述过一种铁电性材料,其中所有电偶极子都被它们本身共有的电场所排齐。也有可能设想这种铁电性的磁性模拟,其中所有的原子磁矩都会排列整齐并连接在一起。如果你对这种情况如何会发生进行计算,则你就会发现由于磁力比电力小得那么多,所以甚至在绝对温度十分之几度时热运动就应能把这种排列冲散。因此在室温时不可能会存在任何磁矩的永恒排列。

反之,这恰好就是铁中发生的事情——磁矩的确得到了整齐排列。在铁的不同原子的磁矩间有一种比直接磁相互作用要强得多得多的有效力。这是一种只能用量子力学加以解释的间接效应。它比直接的磁相互作用约强一万倍,而这就是把铁磁性材料中的磁矩整齐排列起来的力。我们将在后面一章中讨论这种特殊的相互作用。

既然我们已经试着向你们提供了一个有关抗磁性与顺磁性的定性解释,因此我们必须纠正自己并且说明,不可能从经典物理学的观点用任何普通的方法来理解材料的磁效应。这样的磁效应完全是一种量子力学现象。然而,却可以做出某些虚假的经典论证而获得关于事情将发生的某种概念。我们也许可以这样说。你可做出某些经典论证并得到关于材料性能的一些猜测,但这些论证在任何意义上都不是"合法"的,因为最本质的是在每一种这样的磁现象中都绝对涉及量子力学。另一方面,有一些情况,诸如在等离子体中或在含有许多自由电子的空间区域中,在那里电子的确遵循经典力学规律。而在那些场合下,某些来自经典磁性的定理才有价值。并且,由于历史原因经典论证也确有某些价值。人们最初几次能够猜测到磁性材料的意义及其行为,的确是用了经典论据的。最后,正如我们上面所指出的,经典力学也还能够向我们提供有关或许会发生的事态的某些有用猜测——尽管要研究这一课题的真正简单的方法应该是先去学习量子力学,然后再用量子力学来理解磁性。

另一方面,我们却不想等到彻底学习了量子力学以后才来理解像抗磁性这么一种简单东西。我们不得不依靠经典力学作为对发生过程的一种不完全证明,但始终必须认识到,那些论证实际上是不正确的。为此,我们做出了一系列会使你们发生混乱的有关经典磁性的定理,因为它们会证明另一些东西。除了最后那一条定理外,其他每一条都将是错误的。而且,作为对物理世界的描述它们全都是错的,因为量子力学被漏掉了。

§34-2 磁矩与角动量

我们所要证明的第一个来自经典力学方面的定理如下:如果电子在一个圆周轨道上运动(比方,在有心力的影响下绕核旋转),则磁矩与角动量间存在一个确定的比率。对于在轨道上运动的电子,让我们称它的角动量为 $\boldsymbol{J}$,磁矩为 $\boldsymbol{\mu}$。角动量的大小就是电子质量乘上速度再乘以半径(见图 34-2),它的方向与轨道的平面垂直,

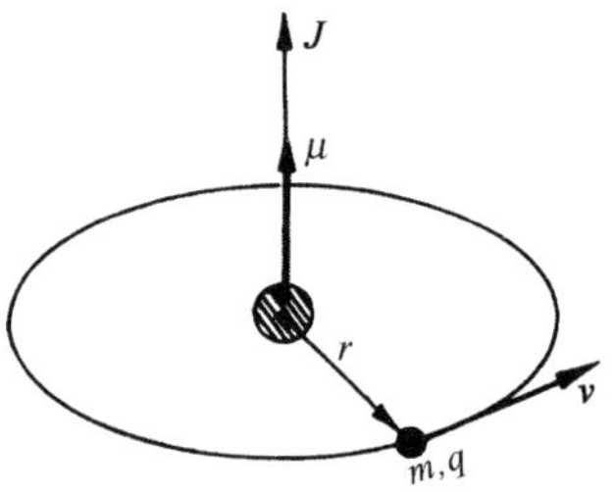

图 34-2 对任一圆周轨道,磁矩 $\boldsymbol{\mu}$ 为 $q/2m$ 乘角动量 $\boldsymbol{J}$

$$J = mvr \tag{34.1}$$

(当然,这是一个非相对论性的公式,但它对于原子却是一种很好近似,因为对于电子所涉及的 v/c 值一般为 $e^2/\hbar c \approx 1/137$ 或约 1%的数量级)。

相同轨道的磁矩是电流乘以面积(见§14-5),电流等于单位时间通过轨道上任一点的电量,也即电荷 q 乘以转动频率,因为频率等于速度除以轨道的周长,所以

$$I = q\frac{v}{2\pi r}.$$

因面积为 πr^2,所以磁矩为

$$\mu = \frac{qvr}{2}, \tag{34.2}$$

它也指向与轨道平面垂直的方向,所以 $\boldsymbol{J}$ 与 $\boldsymbol{\mu}$ 处在相同的方向:

$$\boldsymbol{\mu} = \frac{q}{2m}\boldsymbol{J}\text{(轨道)}. \tag{34.3}$$

它们间的比率与速度和半径都无关。对于任何在圆周轨道上运动的粒子,其磁矩等于角动量的 $q/(2m)$ 倍。对于一个电子来说,电荷是负的——我们把它叫作 $-q_e$,因而有

$$\boldsymbol{\mu} = -\frac{q_e}{2m}\boldsymbol{J}\text{(电子轨道)}. \tag{34.4}$$

那是我们按照经典理论所预期的,但相当奇怪,它在量子力学中却仍然正确。它属于这类事情中的一件。可是,若你继续应用经典物理,你就会发现在其他一些地方,从它得出来的答案乃是错误的,因而试图记住哪些是对的与哪些是错的将是一场大的游戏。我们也许可以立刻向你们提供在量子力学中一般是正确的东西。首先,式(34.4)对轨道运动是正确的,但那并不是唯一存在的磁性。电子还有对其本身的轴自旋的运动(有点像地球绕地轴的转动),而作为自旋的结果它同时具有角动量和磁矩。但由于纯粹是量子力学方面的原因——并没有经典方面的解释——所以关于电子自旋的 $\boldsymbol{\mu}$ 与 $\boldsymbol{J}$ 的比率是该自旋电子的轨道运动的二倍,即

$$\boldsymbol{\mu} = -\frac{q_e}{m}\boldsymbol{J}\text{(电子自旋)}. \tag{34.5}$$

一般说来,在任何原子中既有几个电子,又有关于自旋和轨道运动的某种结合,从而造成一个总角动量和一个总磁矩。尽管没有经典方面的理由可以说明为什么会这样,但在量子力学中却始终正确,即(对于一个孤立原子)磁矩的方向恰好与角动量的方向相反。这两

者之间的比率不一定为 $-q_e/m$ 或者为 $-q_e/(2m)$，而是介乎这两值之间，因为有来自轨道和自旋两方面贡献的混合。我们可以写成

$$\boldsymbol{\mu}=-g\left(\frac{q_e}{2m}\right)\boldsymbol{J}, \tag{34.6}$$

式中 g 是标志原子状态的一个因子，对于纯轨道矩它应该为 1，对于纯自旋矩它应该是 2，若对于一个像原子那样的复杂系统，则 g 应该处于 1 与 2 之间的其他某个数值。当然，这一公式并不会告诉我们很多东西，它只是说磁矩平行于角动量，但可以有任意的大小。然而，式(34.6)的形式却很方便，因为被称作“朗德 g 因子”的这个 g 是一个大小为 1 的量级的无量纲常数。量子力学的任务之一就是对任何特定的原子态预言这个 g 因子。

你或许也会对核里发生的情况感兴趣。在核里存在着质子和中子，它们可能在某种轨道上绕行，而同时，像电子一样，也具有内禀自旋。磁矩再度平行于角动量。对于绕圆周运动的质子来说，只有现在这两者之比的数量级才是你可能想到的，即式(34.3)中的 m 应等于质子质量。因此对于核来说经常写成

$$\boldsymbol{\mu}=g\left(\frac{q_e}{2m_p}\right)\boldsymbol{J}, \tag{34.7}$$

式中 m_p 为质子质量，而 g 称为核的 g 因子，是一个接近于 1 的常数，对每一种核要分别加以测定。

关于核的另一个重要差别就是质子的自旋磁矩并不像电子那样具有一个等于 2 的 g 因子。对于质子而言，$g=2(2.79)$。非常奇怪，中子也有自旋磁矩，而此磁矩相对于其角动量则为 $2(-1.91)$。换句话说，在磁的意义上，中子并不严格表现“中性”，它好像是个小磁体，而且具有一个旋转着的负电荷才会有的那种磁矩。

§34-3　原子磁体的进动

磁矩与角动量成正比的后果之一是，放在磁场中的一个原子磁体将会进动。首先，我们将按照经典方式来做论证。假设在匀强磁场中有一个自由悬挂着的磁矩 $\boldsymbol{\mu}$，它将感受到一个等于 $\boldsymbol{\mu}\times\boldsymbol{B}$ 的力矩，该力矩试图将它转至场的方向。但原子磁体是个陀螺仪——它具有角动量 $\boldsymbol{J}$。因此，由磁场所产生的力矩并不会使该磁体排列整齐。而是，磁体将会进动，正如我们以前在第 1 卷第 20 章中分析陀螺仪时所见到的。角动量——以及和它相随的磁矩——相对一平行于磁场的轴进动。我们可以通过与第 1 卷第 20 章中所用的相同的方法求出这个进动速率。

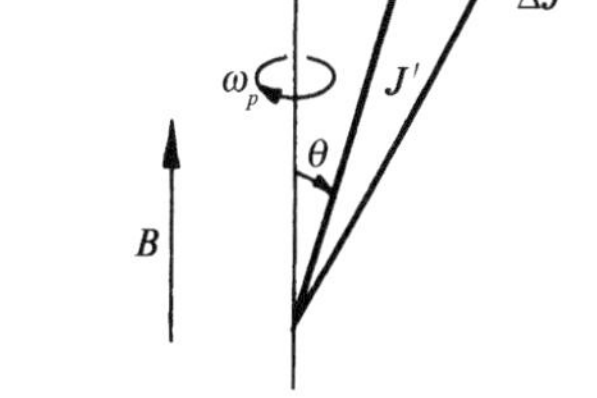

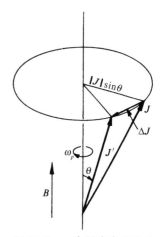

图 34-3　一个具有角动量 $\boldsymbol{J}$ 和与之平行的磁矩 μ 的物体被放在磁场 $\boldsymbol{B}$ 中时，将以角速度 ω_p 进动

假设在一小段时间 Δt 内角动量从 $\boldsymbol{J}$ 变至 $\boldsymbol{J}'$，如图 34-3 所示，而相对于磁场 $\boldsymbol{B}$ 的方向始终保持一个相同角度 θ。让我们称这个进动角速度为 ω_p，使得在时间 Δt 内进动的角(度)为 $\omega_p\Delta t$。从图中的几何形状就可看出，在时间 Δt 内角动量的改变为

$$\Delta J=(J\sin\theta)(\omega_p\Delta t).$$

因而角动量的变化率为

$$\frac{dJ}{dt}=\omega_p J\sin\theta, \tag{34.8}$$

它必定等于转矩

$$\tau=\mu B\sin\theta. \tag{34.9}$$

于是进动的角速度为

$$\omega_p=\frac{\mu}{J}B. \tag{34.10}$$

由式(34.6)代入 μ/J,则我们见到,对于一个原子系统来说,

$$\omega_p=g\frac{q_eB}{2m}, \tag{34.11}$$

进动频率与 B 成正比。记住下列两个关系式会很方便,即对于一个原子(或电子),

$$f_p=\frac{\omega_p}{2\pi}=(1.4\ \text{兆周}/\text{Gs})\,gB, \tag{34.12}$$

而对于一个核,

$$f_p=\frac{\omega_p}{2\pi}=(0.76\ \text{千周}/\text{Gs})gB \tag{34.13}$$

(关于原子与核这两公式不同之处,仅仅是由在这两种情况下 g 的不同规定引起的)。

这样,按照经典理论,原子中的电子轨道——和自旋——应在磁场中进动。按照量子力学这是否也正确呢? 基本上是正确的,但关于"进动"的意义却有所不同。在量子力学中人们不能在与经典相同的意义上谈论角动量的方向,尽管如此,还是存在着十分密切的类似——类似得那么密切以致我们仍称之为"进动"。以后在谈论量子力学时将对此再作讨论。

§34-4 抗 磁 性

接下来我们从经典观点来考察抗磁性。它可以用几种方法算出,但其中一种巧妙的办法则是这样的。假设在一个原子附近我们慢慢地开动磁场。当磁场改变时,由于磁感应而产生一电场。按照法拉第定律,$\boldsymbol{E}$ 环绕任一闭合路径的线积分等于穿过该路径的磁通量的变化率。假设我们选取这样一条路径 Γ,即是与该原子中心同心的一个半径为 r 的圆周,如图 34-4 所示。环绕这一路径的平均切向电场 E 由下式给出:

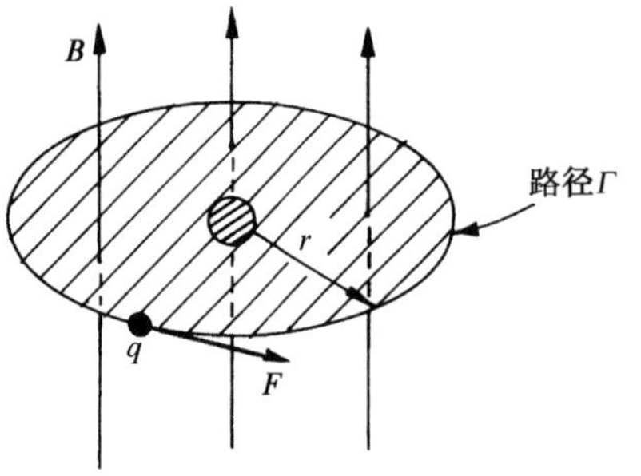

图 34-4 作用于原子中电子上的感生电力

$$E2\pi r=-\frac{d}{dt}(B\pi r^2),$$

因而就有一个强度为

$$E=-\frac{r}{2}\frac{dB}{dt}$$

的旋转电场。

作用于原子中一个电子上的这个感生电场会产生

一个等于 $-q_eEr$ 的转矩，它必然等于角动量的变化率 $\mathrm{d}J/\mathrm{d}t$：

$$\frac{\mathrm{d}J}{\mathrm{d}t}=\frac{q_er^2}{2}\frac{\mathrm{d}B}{\mathrm{d}t}. \tag{34.14}$$

从零场开始对时间积分，我们就求得由于开动磁场而引起的角动量改变

$$\Delta J=\frac{q_er^2}{2}B. \tag{34.15}$$

这就是当场开动时由于造成电子转动而引起的额外角动量。

这附加的角动量产生附加的磁矩，由于那是一种轨道运动，所以附加磁矩恰等于 $-q_e/(2m)$ 倍的角动量。这感生的反抗磁矩为

$$\Delta\mu=-\frac{q_e}{2m}\Delta J=-\frac{q_e^2r^2}{4m}B. \tag{34.16}$$

式中负号（正如你通过应用楞次定律就可以看得出它是正确的）意味着这附加磁矩与磁场反向。

我们想要把式(34.16)写成稍微不同的形式。在该式中出现的 r^2 是指从原子中通过的平行于 $\boldsymbol{B}$ 的轴量起的距离的平方，因而若 $\boldsymbol{B}$ 沿着 z 方向，则它为 x^2+y^2。如果我们所考虑的是球对称原子（或对固有轴在所有方向的原子做平均），则 x^2+y^2 的平均值将是真正从原子中心点量起的径向距离平方的平均值的 2/3 倍。因此，把式(34.16)写成下式往往更加方便：

$$\Delta\mu=-\frac{q_e^2}{6m}\langle r^2\rangle_{平均}B. \tag{34.17}$$

总之，我们已求得一个与磁场 B 成正比而方向相反的、感生的原子磁矩，这就是物质的抗磁性。这个磁效应是造成一非均匀磁场中作用于一块铋上的那种小力的主要原因（你有可能通过下述办法计算出这个力，即算出这些感生矩在磁场中的能量，并弄清楚当该材料移进或移出高场区时这能量究竟如何变化）。

我们还剩下这么一个问题：半径的平方平均值 $\langle r^2\rangle_{平均}$ 是什么？经典力学不能提供任何答案。我们必须回去并用量子力学重新开始。在原子内部我们不能确实说出电子在哪里，而只知道它将位于某处的概率。若把 $\langle r^2\rangle_{平均}$ 理解为距中心距离的平方对概率分布的平均值，则由量子力学所给出的抗磁矩就恰恰与式(34.17)相同。当然，这个式子是关于一个电子的磁矩。总磁矩应由对原子内所有各电子求和给出。令人惊异的事情是，经典论证与量子力学都会给出相同的答案，虽则正如我们将要看到的，给出式(34.17)的经典论证在经典力学中实际上并没有充分的根据。

即使原子已经有了永久磁矩，相同的抗磁效应依然会发生，此时系统将在磁场中进动。当整个原子进动时，它取得一个附加的小角速度，而这个缓慢转动又会产生一个代表对该磁矩修正的小电流。这不过是用另一种方式表示的抗磁效应。但我们在谈论顺磁性时实在无须为它操心。如果这抗磁效应像刚才所做的那样先行算出，则我们不必对来自进动方面的那个附加小电流留意，它已经包含在抗磁性项之内了。

§34-5 拉莫尔定理

从迄今所获得的结果我们已能够做出某种结论了。首先,在经典理论中磁矩 $\boldsymbol{\mu}$ 始终正比于 $\boldsymbol{J}$,而对于特定的原子就有一个给定的比例常数。由于过去谈及的电子都没有自旋,所以,该比例常数始终等于 $-q_e/(2m)$。这就是说,在式(34.6)中我们应该令 $g=1$。$\boldsymbol{\mu}$ 对 $\boldsymbol{J}$ 的比值与电子的内部运动毫无关系。这样,按照经典理论,所有电子系统就该以相同的角速度进动(在量子力学中这是不正确的)。这个结果与我们现在要来证明的一个经典力学定理有联系。假设我们有一群电子,它们都被指向一中心点的吸引力维系在一起——就像各电子被核所吸引似的。电子之间也彼此相互作用,因而一般而言它们可以有复杂的运动。假设你已求出了没有磁场时的运动,然后希望知道有一弱磁场时运动又会怎样。这一定理讲,当有一弱磁场时运动总等于无场时的解之一加上一个角速度 $\omega_L=q_eB/(2m)$ 的绕场的轴的附加转动(若 $g=1$,则这与 ω_p 相同)。当然,会有许多种可能的运动。要点是,对于无磁场时的每个运动在场中就有一个与之相对应的运动,那就是原来的运动加上一个均匀转动。这称为拉莫尔定理,而 ω_L 称为拉莫尔频率。

我们很想说明这定理如何才能加以证明,但细节将留给你们自己算出来。首先,考虑中心力场中的一个电子,对它的作用力只是指向中心的 $\boldsymbol{F}(r)$。如果现在开动一匀强磁场,就有一附加力 $q\boldsymbol{v}\times\boldsymbol{B}$,因而合力为

$$\boldsymbol{F}(r)+q\boldsymbol{v}\times\boldsymbol{B}. \tag{34.18}$$

现在让我们从一个转动坐标系来考察同样的系统,该坐标系以角速度 ω 绕通过力心且与 $\boldsymbol{B}$ 平行的轴旋转着。这不再是一个惯性系,因而就得放进那些适当的赝力——在第1卷第19章中所曾经谈及的离心力及科里奥利力。我们在那里发现,在一个以角速度 ω 旋转着的参照系中,会有一个正比于速度的径向分量 v_r 的表观切向力:

$$F_t=-2m\omega v_r. \tag{34.19}$$

又有一个由下式给出的表观法向力:

$$F_r=m\omega^2r+2m\omega v_t, \tag{34.20}$$

其中 v_t 是在该转动着的参照系中测得的速度切向分量(法向分量 v_r 则对于该转动系统和惯性系统是相同的)。

现在,对于足够小的角速度(也就是,如果 $\omega r\ll v_t$),我们在式(34.20)中同第二项(科里奥利力)相比可以忽略第一项(离心力)。于是式(34.19)和(34.20)就可以合并写成

$$\boldsymbol{F}=-2m\boldsymbol{\omega}\times\boldsymbol{v}. \tag{34.21}$$

现在若把转动和磁场联合起来,则必须将式(34.21)中的力与式(34.18)中的力相加。合力为

$$\boldsymbol{F}(r)+q\boldsymbol{v}\times\boldsymbol{B}+2m\boldsymbol{v}\times\boldsymbol{\omega} \tag{34.22}$$

[我们颠倒式(34.21)中的叉积及符号以便获得这末一项]。考察上述结果,我们看到,若

$$2m\boldsymbol{\omega}=-q\boldsymbol{B},$$

则右边两项互相抵消,因而在转动参照系中就只有力 $\boldsymbol{F}(r)$ 了。电子的运动正好同没有磁场——当然也就没有转动——时一样。我们已对一个电子证明了拉莫尔定理。由于这个证明假定了 ω 较小,那也就意味着这个定理只对于弱磁场才正确。我们唯一要求你们对此做出改进的事情就是考虑许多电子彼此相互作用的情况,但是这些电子都处在相同的有心力场中,并要求你们证明同样的定理。因此,不管一个原子多么复杂,若它有一个有心力场,则这个定理就是正确的。但那是经典力学的末日,因为事实上原子是并不会像那样进动的。式(34.11)的进动频率只有当 g 碰巧等于 1 时才会等于 ω_L。

§34-6 经典物理不会提供抗磁性或顺磁性

现在我们想要来证明,按照经典力学完全不可能有抗磁性或顺磁性。这听起来有点像发疯似的——起初,我们证明了存在顺磁性、抗磁性、进动轨道等等,而如今却又要证明那是完全错的。的确,我们将要证明若你跟随经典力学走得足够远,则不会有这样的磁效应,因为它们全都抵消掉了。如果你在某处开始做经典论证并且不走得太远,则你可以获得任何想要获得的答案。但唯一合理而又正确的证明却显示不会有任何磁效应存在。

经典力学的一个结论是:若你有任意类型的系统——比如含有电子、质子或其他任何东西的气体——被保持在一个箱子中以致整个系统不能够转动,则不会有任何磁效应发生。如果你有一个孤立系统,比如由其本身维系在一起的一颗星体,当你加上磁场时它就能够发生转动,那么就可能有磁效应。但如果你有一块材料,它的位置被固定得不能发生旋转,那么就不会有磁效应了。我们所谓抑制自旋的意思可以概括为:在某一给定温度下,假定系统只有一个热平衡状态。于是定理讲:如果你开动磁场并等待该系统达到热平衡状态,则不会有顺磁性或抗磁性——不会有感生的磁矩。证明:按照统计力学,一个系统将处于任意给定运动状态的概率与 $e^{-U/kT}$ 成正比,其中 U 为系统运动的能量,那么,运动能量又是什么呢?对于一个在匀强磁场中运动的粒子,其能量等于通常的势能加上动能 $mv^2/2$,磁场并不会附加任何东西[你知道,来自电磁场之力为 $q(\boldsymbol{E}+\boldsymbol{v}\times\boldsymbol{B})$,而功率 $\boldsymbol{F}\cdot\boldsymbol{v}$ 正好就是 $q\boldsymbol{E}\cdot\boldsymbol{v}$,并不会受磁场影响]。因此一个系统的能量,不管是否处于磁场之中,始终等于动能加上势能。既然任何运动的概率仅取决于能量——这就是说,取决于速度和位置——不管是否有磁场存在都一样。因此,对于热平衡来说,磁场并不会有影响。如果有一个系统处于箱子中,然后有另一个系统处于第二个箱子中,但这回是存在磁场的,那么处于第一个箱子中的任何一点具有任何特定速度的概率将与在第二个箱子中的相应概率相同。如果在第一个箱子中并没有平均环行电流(这将不会出现,倘若是与静止箱壁达成平衡的话),那就不会有平均磁矩。由于在第二个箱子中一切运动又都是一样的,所以那里也没有平均磁矩。因此,如果温度保持不变而热平衡在磁场开动之后又重新建立起来,则按照经典力学,不可能存在由磁场感生的磁矩。所以我们只能从量子力学方面得到有关磁现象的满意理解。

可惜,不能假定你们对量子力学已有了充分理解,因而这里不可能是讨论这一课题的场所。反之,我们并不总得在学习某些东西时先学习正确的法则,然后学习如何把它们应用于不同情况。在本科中几乎所有考虑到的每一课题都曾经按照另一种方式处理过。对于电学情况,我们曾在“第一页”就写出了麦克斯韦方程组,然后才推导出所有的结果来。那是一条途径。但我们现在决不试图去创立新的“第一页”,即把量子力学的各个方程都写下来并从它们推导出一切东西。在你们弄清楚其出处以前,我们将只得告诉你们某些量子力学结果。在这里我们就这样干。

§34-7 量子力学中的角动量

上面已向你们提供了关于磁矩与角动量之间的关系式。这很令人高兴。但这磁矩和角动量在量子力学中又意味着什么呢?为了保证人们懂得到底指的是什么,在量子力学中,事实证明最好是用像能量这种概念来定义如磁矩那样的东西。现在,要用能量来定义磁矩并不困难,因为磁矩在磁场中的能量按照经典力学为 $\boldsymbol{\mu}\cdot\boldsymbol{B}$。因此,下述定义已为量子力学所采用:如果我们算出一个系统在磁场中的能量并发现它正比于该场强(对于弱场来说),那么这个比例系数就称为磁矩在该场的方向上的分量(目前我们无须对工作要求得那么精致,可以仍然按照那种普通的、在某种程度上是经典的意义来考虑磁矩)。

现在我们想要讨论量子力学中的角动量概念——更确切地说,是量子力学中所称为角动量的一些特性。你知道,当你着手新型的定律时,就不能只假定每一个词都要表示与以前完全相同的东西。比方,你可以这样想:"呵,我懂得了角动量是什么。它是会受转矩改变的那种东西。"但转矩又是什么呢?在量子力学中我们不得不对一些旧物理量赋予新的定义。因此,合理地说,最好就是用诸如"量子角动量"或其他相似名称来称呼它,因为它是在量子力学中定义出来的角动量。但如果你在量子力学中能够找到一个量,在系统变成足够大时与我们关于角动量的古老概念相同,则去发明一个额外字眼就没有什么用处了。我们也可以同样叫它作角动量。有了这么一点认识,即将加以描述的这种古怪东西也就是角动量了。它是在大系统中我们用经典力学观点认为是角动量的那种东西。

首先,我们取一个角动量守恒的系统,诸如完全处在真空中的一个孤立原子。于是像这样的东西(像绕自己的轴自转的地球)在通常意义上来说,它有可能环绕人们所任意选取的轴旋转着。而对于给定的自旋,可能会有许多不同的状态,全都具有相等能量,每一个"态"相当于角动量轴的一个特定方向。所以在经典理论中,对于给定的角动量,就有无数个可能的态,它们全都有相同能量。

然而,结果是在量子力学中出现了若干件奇怪的事情。首先,在这样的系统中能够存在的状态数目是受限制的,即只存在有限个数目。如果系统很小,这有限的数目也很小,但如果系统大了,则这个有限的数目便变得非常非常大。其次,我们不能通过给出其角动量方向以描述一个"态",而只能通过给出沿某一方向——诸如 z 方向——的角动量分量来给予描述。按照经典理论,具有给定总角动量 J 的物体,对于其 z 分量该可以有从 $+J$ 与 $-J$ 的任何数值。可是按照量子力学,角动量的 z 分量只能取某些分立数值。任何具有一定能量的给定系统——一个特定原子、原子核或任何一种东西——都各有一个特征数目 j,而它的角动量的 z 分量就只能有下列这组数目中的一个:

$$j\hbar \quad (j-1)\hbar \quad (j-2)\hbar \quad \cdots \quad -(j-2)\hbar \quad -(j-1)\hbar \quad -j\hbar \tag{34.23}$$

最大的 z 分量为 j 乘 $\hbar$,次大的是减少一个 $\hbar$ 单位,一直减少到 $-j\hbar$ 为止。这数值 j 叫作"该系统的自旋"(有些人却叫它做"总角动量量子数",但我们将称之为"自旋")。

你或许会担心我们现在所谈的可能只对于某一"特殊"z 轴才正确,但并非如此。对于

一个自旋为 j 的系统,沿任何轴的角动量分量只能取式(34.23)中所列数值之一。虽然这看来很神秘,但仅要求你们暂且接受它,以后我们才回来讨论这一点。你至少可能乐于听到 z 分量会从某一数值变到负的相同数值,使得我们至少无须去决定哪一个是 z 轴的正方向(当然,假如我们曾经说过它要从 $+j$ 变到负的某个其他数值,那么就会是无限神秘的,因为在指明了其他方向后,我们不可能再定义 z 轴)。

于是,如果角动量的 z 分量必须从 $+j$ 起按整数递减到 $-j$,那么 j 就必须是整数了。非也!并不尽然,j 的二倍才必须是整数,只有在 $+j$ 与 $-j$ 之间的差值才必须是整数。所以,一般说来,自旋 j 或者是整数或者是半整数,取决于 $2j$ 是偶数还是奇数。例如,像锂那样的核,它具有 3/2 的自旋,即 $j=3/2$,于是绕 z 轴的角动量,以 $\hbar$ 为单位,就是下列诸值之一:

$$+3/2 \quad +1/2 \quad -1/2 \quad -3/2.$$

总共有四个可能态,若该核处在无外场的真空中,则每个态具有相同能量。如果我们有一个自旋为 2 的系统,则按 $\hbar$ 为单位角动量的 z 分量就只能有下列诸数值:

$$2 \quad 1 \quad 0 \quad -1 \quad -2.$$

如果你数一下对给定的 j 共有多少个态,则共有 $(2j+1)$ 个可能性。换句话说,如果你将能量和自旋 j 都告诉我,结果表明,正好存在 $(2j+1)$ 个具有那种能量的态,每个态相当于角动量分量的一个不同的可能值。

我们想要加上另一事实。如果你随意选取一个已知其 j 值的原子而测量其角动量的 z 分量,那么你会获得可能数值中的任何一个,而每个数值是同样可能的。所有的态实际上都是单态,而每个态同任意另一个态恰恰是一样。在世界上每个态都各具有相同"权重"(我们假定并没有预先挑选出一个特殊样品)。顺便说说,这个事实有一个简单的经典类似。如果你按照经典方式提出这同样的问题:若取一个都具有相同总角动量的随机系统样品,那么对于某个特定角动量分量的可能性究竟如何呢?——答案是,从极大至极小的所有数值都具有同样的可能(你可以不难把它计算出来)。这一经典结果就相当于在量子力学中 $(2j+1)$ 个可能性具有相等的概率。

从迄今我们所得到的结果,还能够得出另一个有趣而有点令人吃惊的结论。在某些经典计算中,最终结果中出现的量是角动量 $\boldsymbol{J}$ 大小的平方——换句话说,那就是 $\boldsymbol{J}\cdot\boldsymbol{J}$。结果是,通过利用经典的计算结果和下述的简单法则:由 $j(j+1)\hbar^2$ 取代 $J^2=\boldsymbol{J}\cdot\boldsymbol{J}$,就往往能够猜出正确的量子力学公式。这一法则通常是有效的,而且往往但并非永远会给出正确结果。我们可以提供下面的论据来证明为什么你可能预料到这一法则会起作用。

标积 $\boldsymbol{J}\cdot\boldsymbol{J}$ 可以写成

$$\boldsymbol{J}\cdot\boldsymbol{J}=J_x^2+J_y^2+J_z^2.$$

由于它是标量,所以对于自旋的任意取向它都应相同。假定我们随机地选择任何给定的原子系统的样品并作出对 J_x^2, J_y^2 或 J_z^2 的测量,那么对每一个的平均值都应该相同(对任何一个方向都不存在任何特殊区别)。因此,$\boldsymbol{J}\cdot\boldsymbol{J}$ 的平均值就恰恰是任一分量的平方——比方说 J_z^2——平均值的三倍:

$$\langle\boldsymbol{J}\cdot\boldsymbol{J}\rangle_{平均}=3\langle J_z^2\rangle.$$

但由于 $\boldsymbol{J}\cdot\boldsymbol{J}$ 对所有一切取向都相同,所以它的平均值当然也就刚好是它的恒定值,于是我

们有

$$\boldsymbol{J}\cdot\boldsymbol{J}=3\langle J_z^2\rangle. \tag{34.24}$$

如果我们现在说,对于量子力学也将采用同样的式子,则可以容易地求得$\langle J_z^2\rangle_{平均}$。我们只需取 J_z^2 的 $(2j+1)$ 个可能值之和并除以总数:

$$\langle J_z^2\rangle_{平均}=\frac{j^2+(j-1)^2+\cdots+(-j+1)^2+(-j)^2}{2j+1}\hbar^2. \tag{34.25}$$

对于一个自旋为 3/2 的系统,这个式子成为:

$$\langle J_z^2\rangle_{平均}=\frac{(3/2)^2+(1/2)^2+(-1/2)^2+(-3/2)^2}{4}\hbar^2=\frac{5}{4}\hbar^2.$$

我们断定

$$\boldsymbol{J}\cdot\boldsymbol{J}=3\langle J_z^2\rangle_{平均}=3\times\frac{5}{4}\hbar^2=\frac{3}{2}\left(\frac{3}{2}+1\right)\hbar^2.$$

将把它留给你们自己去证明,式(34.25)加上式(34.24)就会给出这个普遍结果:

$$\boldsymbol{J}\cdot\boldsymbol{J}=j(j+1)\hbar^2. \tag{34.26}$$

虽然我们可能从经典理论想到 J 的 z 分量最大可能值会恰好等于 $\boldsymbol{J}$ 的大小——也即 $\sqrt{\boldsymbol{J}\cdot\boldsymbol{J}}$——但按照量子力学 J_z 的极大值却总要比这略微小些,因为$j\hbar$总是小于$\sqrt{j(j+1)}\,\hbar$的。所以角动量从不“完全沿 z 方向”。

§34-8 原子的磁能

现在,我们又要再来谈论磁矩。上面曾经说过,在量子力学中一个特定原子系统的磁矩可通过式(34.6)用角动量写出:

$$\boldsymbol{\mu}=-g\left(\frac{q_e}{2m}\right)\boldsymbol{J}, \tag{34.27}$$

其中$-q_e$ 和 m 分别表示电子的电荷和质量。

一个置于外加磁场中的原子磁体将具有额外能量,这取决于它的磁矩沿场向的分量。我们知道,

$$U_{磁}=-\boldsymbol{\mu}\cdot\boldsymbol{B}. \tag{34.28}$$

选择 z 轴使其沿 $\boldsymbol{B}$ 方向,则

$$U_{磁}=-\mu_z B. \tag{34.29}$$

利用式(34.27),我们得

$$U_{磁}=g\left(\frac{q_e}{2m}\right)J_z B.$$

量子力学表明,J_z 只能有某些值:$j\hbar$, $(j-1)\hbar$, $\cdots$, $-j\hbar$。因此,原子系统的磁能并不是任意的,它只能有某些值。例如,它的极大值为

$$g\left(\frac{q_e}{2m}\right)\hbar jB.$$

$q_e\hbar/(2m_e)$这个量通常被赋予“玻尔磁子”的名称而被写成 μ_B：

$$\mu_B = \frac{q_e\hbar}{2m}.$$

磁能的可能值为

$$U_{磁} = g\mu_B B\,\frac{J_z}{\hbar},$$

其中 $J_z/\hbar$取可能值：$j,\ (j-1),\ (j-2),\ \cdots,\ (-j+1),\ -j$。

换句话说，一个原子系统当被置于磁场中时，其能量改变的值正比于场，同时也正比于 J_z。我们讲，一个原子系统的能量被磁场“分裂成 $2j+1$ 个能级”。例如，在磁场外时能量为 U_0 而 j 值为 3/2 的一个原子，当被置于磁场中时，就会有四个可能的能量。我们可以通过像图 34-5 中所画的能级简图来表明这些能量。任何特定原子在任何给定的磁场中只能有这四个可能能量中的一个。这就是量子力学所说的关于一个原子系统在磁场中的行为。

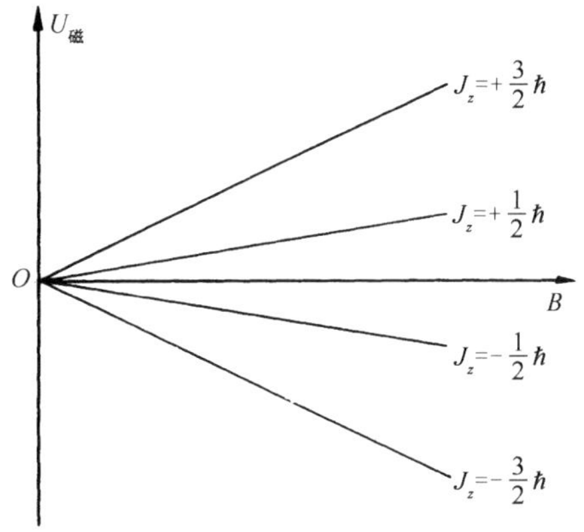

图 34-5　自旋为 3/2 的原子系统在磁场 ***B*** 中可能具有的磁能

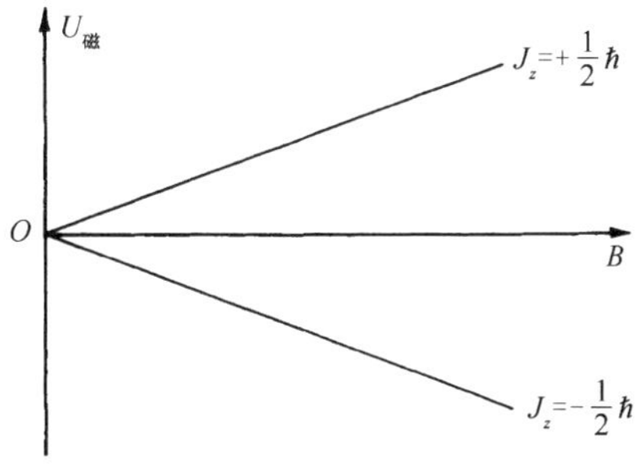

图 34-6　电子在磁场 ***B*** 中两个可能的能量状态

最简单的“原子”系统乃是单个电子。电子的自旋为 1/2，因而就有两个可能的状态：$J_z=\hbar/2$ 和 $J_z=-\hbar/2$。对于一个静止(没有轨道运动)的电子来说，自旋磁矩具有等于 2 的 g 值，因而磁能可以是$\pm\mu_B B$ 中的一个，在磁场中的可能能量如图 34-6 所示。大概而言，我们就说电子或者具有“向上”(沿场方向)的自旋，或者具有“向下”(逆场方向)的自旋。

对具有较高自旋的系统，就会存在更多的态。我们可以设想其自旋是“向上”或是“向下”，还是在这两者之间翘起某个“角度”，这都要取决于 J_z 值。

在下一章我们将用这些量子力学结果来讨论材料的磁性。

第 35 章　顺磁性与磁共振

§35-1　量子化磁态

上一章我们曾描述过在量子力学中一物体的角动量怎么会不具有任意方向，而在一给定轴上它的分量却只能取某些间隔相等的分立值，那是一件令人震惊而又独特的事情。你可能认为，在你的智力达到更高水平并准备好接受这种概念之前也许不应该探索这种事情。实际上，就能够轻易地接受这样一件事情的意义上来说，你的智力将永远不会变得更高级。并没有任一种描述方法可以使其明白易懂，而同时在其本身的形式上又不会那么微妙和高级以致比起你企图要加以解释的东西更复杂。在小尺度范围内的物质行为——正如我们曾经多次提到的——与通常所熟悉的任何事情都不相同，而且确实十分奇怪。当我们继续讲解经典物理时，试图对小尺度范围内物质的行为得到一个逐渐增长的感性认识，开始的时候作为一种缺乏任何深刻理解的经验，乃是一个好主意。对这些事情的理解，在任何程度上都是很慢地达到的。当然，人们逐步变成能够更好地懂得在量子力学情况下所发生的事情——如果这就是所谓理解的涵义——那么人们将永远得不到一个认为量子力学法则是"自然的"那种舒舒服服的感觉。当然那些法则的确是"自然的"，但对于我们本身在普通水平的经验上来说它们却不是自然的。我们对待这一角动量的法则的态度与过去对待许多曾经谈到的其他东西的态度很不相同，这一点应该有所解释。我们并不试图解释"它"，但至少必须告诉你们发生的情况，要对材料磁性进行解释而又不提及有关磁性——包括角动量和磁矩——的那种经典解释乃是不正确的，那可能是不诚实的。

关于量子力学的一个最令人震惊而又扰乱人心的特征在于：如果你沿任一根特定轴取角动量，则你会发现它总等于一整数或半整数乘以$\hbar$。不管你取的是哪一根轴，结果是一样的这一奇怪事实——你可取任一根其他轴并发现在它上面的分量也被固定在那同一组数值上——所涉及的微妙之处我们将留在后面一章中讨论，到那时你将会因看到这一表观佯谬如何最后获得解决而感受到欢欣鼓舞。

目前我们将仅仅接受这个事实，即对于每个原子系统就有一个数值j，称为该系统的自旋，它必须是一个整数或一个半整数，而沿任一特定轴的角动量分量则将始终具有下列从$+j\hbar$到$-j\hbar$之间的那些值之一：

$$J_z=\begin{Bmatrix} j \\ j-1 \\ j-2 \\ \cdots \\ -j+2 \\ -j+1 \\ -j \end{Bmatrix}\cdot \hbar\text{之一}. \tag{35.1}$$

我们也曾提及每个简单原子系统都有一个与角动量的方向相同的磁矩。这不仅对于原子和核正确，而且对于基本粒子也都正确。每个基本粒子有其本身的特征值 j 和磁矩（对于某些粒子来说，这两者均为零）。在这一句话中，所谓磁矩我们指的是，比方说在一个沿 z 方向的磁场中，对于小磁场来说系统的能量可以写成 $-\mu_z B$。我们一定要有磁场不应太大的条件，否则它就可能会干扰该系统的内部运动，从而能量不会成为磁场发动前存在的那个磁矩的一种量度。但如果场足够弱，则由该场所改变的能量由量

$$\Delta U = -\mu_z B \tag{35.2}$$

表示，而条件是在这个式子里的 μ_z 要由下式来代替：

$$\mu_z = g\left(\frac{q}{2m}\right)J_z, \tag{35.3}$$

其中 J_z 就是式(35.1)中那些数值之一。

假设考虑一个自旋为 $j=3/2$ 的系统。在没有磁场时，该系统就有四个不同的可能状态，这些状态对应于那些不同的 J_z 值，但都具有完全相同的能量。可是一旦我们加上磁场，就有一个附加的相互作用能量把这些状态分隔开，形成四个稍微不同的能级。这些能级的能量是由某些与 B 成正比而又乘以 J_z 值（3/2、1/2、−1/2 和 −3/2）的 $\hbar$ 倍给出。关于自旋分别为 1/2、1 和 3/2 的原子系统的能级分裂，如图 35-1 的那些简图所示（记住对于电子的任何配置，磁矩始终与角动量反向）。

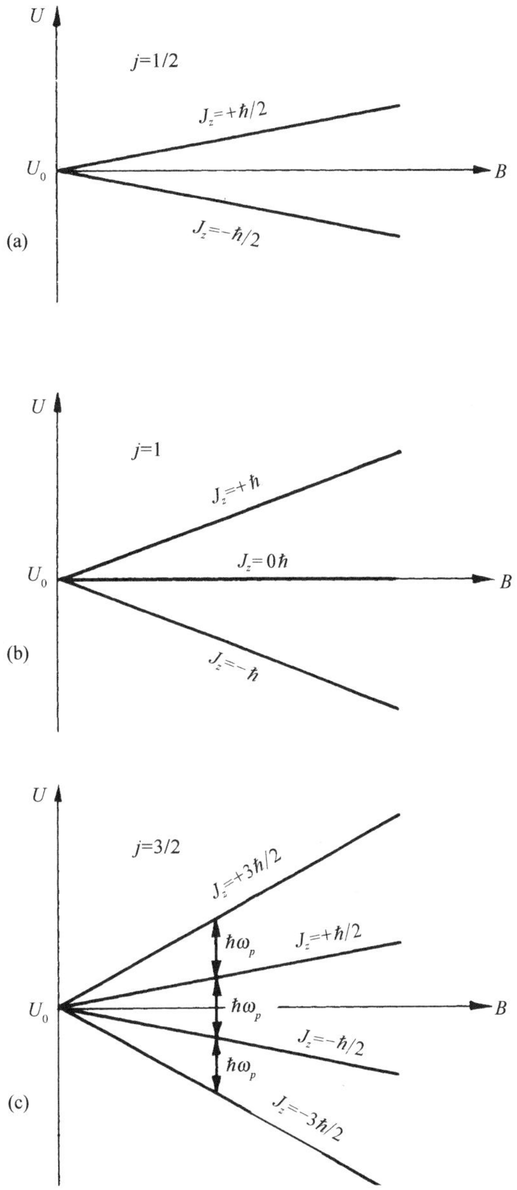

图 35-1　自旋为 j 的一个原子系统在磁场 $\boldsymbol{B}$ 中具有 $(2j+1)$ 个可能能量，对于小场来说，能量间隔与 B 成正比

你将从图上注意到，那些能级的“重心”在有磁场和没有磁场时都一样。并且注意到，对于给定磁场中的某个给定粒子来说从一个能级至下一能级的间隔总是相等的。对于某一给定磁场 B 我们想把能量间隔写成 $\hbar\omega_p$——这仅仅是 ω_p 的定义。利用式(35.2)和(35.3)，我们得

$$\hbar\omega_p = g\,\frac{q}{2m}\,\hbar B$$

或

$$\omega_p = g\,\frac{q}{2m}B. \tag{35.4}$$

量 $g[q/(2m)]$ 恰好就是磁矩对角动量的比——它是该粒子的一种性质。式(35.4)

与我们在第 34 章中得到的角动量为 $\boldsymbol{J}$ 而磁矩为 $\boldsymbol{\mu}$ 的陀螺仪在磁场中的进动角速度的公式相同。

§ 35-2 斯特恩-格拉赫实验

角动量被量子化这一事实是那么令人惊异,所以我们将根据历史的观点对它稍微谈一下。从它被发现的那一刻起就成为一种震动(尽管在理论上已预期到了)。最初由斯特恩-格拉赫于 1922 年在一个实验上观察到。如果你愿意的话,尽可以认为斯特恩-格拉赫实验就是关于角动量量子化这一信念的直接验证。斯特恩和格拉赫设计了一种测量个别银原子磁矩的实验。他们通过在一个热炉中把银汽化并让某些银蒸气穿过一系列小孔而产生出一银原子束。这原子束对准一块独特磁铁的极尖之间的空隙,如图 35-2 所示。他们的意图如下:如果银原子有磁矩 $\boldsymbol{\mu}$,则在磁场 $\boldsymbol{B}$ 中它就具有能量 $-\mu_z B$,这里 z 为磁场方向。在经典理论中,μ_z 应等于磁矩乘以该矩与磁场间夹角的余弦,因而在场中的附加能量该是

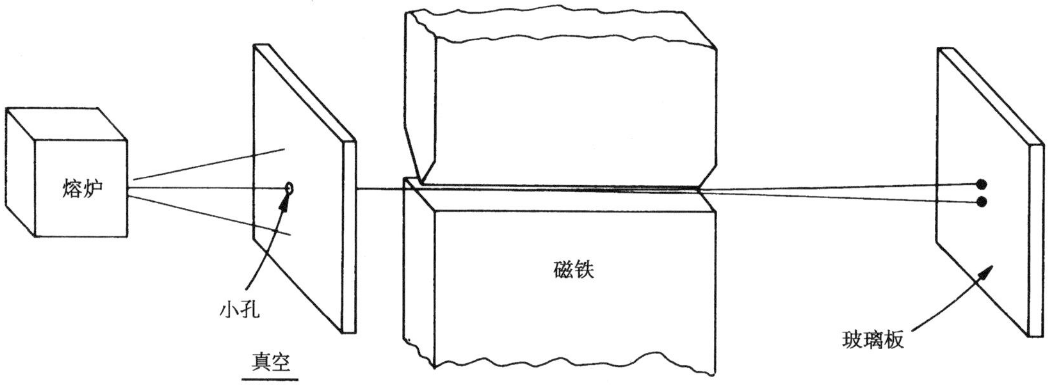

图 35-2　斯特恩-格拉赫实验

$$\Delta U = -\mu B \cos\theta. \tag{35.5}$$

当然,当原子从炉中跑出来时,它们的磁矩会指向每一个可能方向,因而会有所有的 θ 值。现在如果磁场随 z 变化得很快——有一个很强的场梯度——那么磁能也将随位置变化,因而将有一个力作用于磁矩之上,这力的方向取决于 $\cos\theta$ 是正还是负。原子将被一个正比于磁能微商的力拉向上或拉向下,根据虚功原理,

$$F_z = -\frac{\partial U}{\partial z} = \mu\cos\theta\,\frac{\partial B}{\partial z}. \tag{35.6}$$

斯特恩和格拉赫所制成的磁铁,其中一个极的头部形成十分尖锐的刃以便产生迅速变化的磁场。银原子束恰好对准沿这一尖锐的刃,使得原子在那个非均匀磁场中会感受到一个垂直方向的力。一个磁矩按水平取向的银原子不会受任何力的作用而将笔直地经过该磁铁。一个其磁矩完全垂直向上的原子则该受到一个拉其向上指向磁铁尖刃的力。一个其磁矩指向下的原子则会感受到一向下的推力。于是,当这些原子离开磁铁时,它们就会按照其磁矩的垂直方向分量而被分散开来。在经典理论中所有的角度都属可能,以致当这些原子

由淀积在玻璃板上而被收集时，人们应该期望沿垂直方向出现一条银斑线。这条银线高度应与磁矩的大小成正比。当斯特恩和格拉赫看到实际所发生的情况时，经典概念的惨败完全被揭露了。他们在玻璃板上发现了两个明晰的斑点，那些银原子形成了两束。

一束自旋显然是杂乱取向的原子竟被分裂成分开的两束，这是最令人感到惊奇的。磁矩怎么会知道只允许它在磁场的方向上取某些分量呢？噢，那实际上就是角动量量子化被发现的开始，而不是试图给你一个理论上的解释，我们只是说你已被这一实验结果难住了，正如当年这个实验刚被做出来时物理学家们不得不接受该结果那样。这是原子在磁场中的能量会取一系列分立值的实验事实。对于这些数值中的每一个，能量正比于磁场强度。因而在场变化的区域中，虚功原理告诉我们，作用于原子上的可能磁力将具有一系列的分立值，由于对每个态所作用的力不同，因而原子束就被分裂成分开的若干束。从这些束偏移的尺度，人们就能求出磁矩的大小来。

§ 35-3　拉比分子束法

现在我们要来描述一种由拉比及其同事们所发展起来的、经改进的测量磁矩用的仪器。由于在斯特恩-格拉赫实验中原子的偏移很小，因而磁矩的量度并不是很精确。拉比的技术使得磁矩的测量有可能达到难以想象的精度。这一方法是以这种事实为基础的，即原子的固有能量在磁场中被分裂成有限数目的能级。一个原子在磁场中的能量只能有某些分立值，这件事实际上并不比原子一般只具有某些分立能级的事实——我们在第 1 卷中曾经常提及的某些事情——更令人诧异。为什么这同样的事情对处于磁场中的原子来说就不成立呢？它仍然成立。但正是希望把这一事实与取向磁矩的概念相联系的意图才给量子力学带来某些奇怪的含意。

当一原子具有能量差约为 ΔU 的两个能级时，它可以通过发射一个频率为 ω 的光量子，从较高的能级跃迁到较低的能级。ω 满足下式

$$\hbar\omega = \Delta U. \tag{35.7}$$

处于磁场中的原子也可以发生同样的事情。只是此时，能量差竟会那么小以致该频率与光对应不起来，而是对应于微波或无线电波。原子从低能级至较高能级的跃迁，也可通过对光的吸收而发生，对于原子处于磁场中的情况则通过对微波能量的吸收而实现。这样，如果有一个原子处于磁场中，则我们可以通过加一频率适当的附加电磁场使其从一个态跃迁至另一个态。换句话说，若有一个处在强磁场中的原子，而我们用一个弱的变化电磁场来"扰动"该原子，则会存在某个概率把它撞到另一个能级上去，只要该频率接近于式(35.7)中的 ω 值。对于一个处在磁场中的原子，这个频率恰好就是我们以前曾称之为 ω_p 的、根据式(35.4)用磁场所给出的那个频率。若该原子受一错误频率扰动，则能够引起跃迁的机会将十分微小。于是在引起跃迁的概率内就有一个在 ω_p 处的尖锐共振。通过在一已知磁场 B 中测量这个共振频率，我们就能以巨大的精度测得量 $g[q/(2m)]$——从而也测得了 g 因子。

十分有趣，人们从经典的观点也会得出相同的结论。按照经典图像，当我们把一个磁矩为 $\boldsymbol{\mu}$ 而角动量为 $\boldsymbol{J}$ 的小陀螺仪置于一外磁场中时，该陀螺仪将环绕平行于磁场的轴进动(见图 35-3)。假设我们要问：如何改变经典陀螺仪相对于场——也即相对于 z 轴——的角

度呢？磁场会产生一个绕水平轴的转矩。你会认为这样的转矩正在试图使该磁体与场排成直线,可是它却仅仅引起了进动。如果想要改变该陀螺仪相对于 z 轴的角度,那就必须对它施一环绕 z 轴的转矩。倘若所施的是一个与进动同向的转矩,则该陀螺仪的角度将会这样改变以给出一个在 z 方向较小的 $\boldsymbol{J}$ 分量。在图 35-3 中,$\boldsymbol{J}$ 与 z 轴间的夹角将会增大。若试图阻止进动,$\boldsymbol{J}$ 会朝着垂直方向运动。

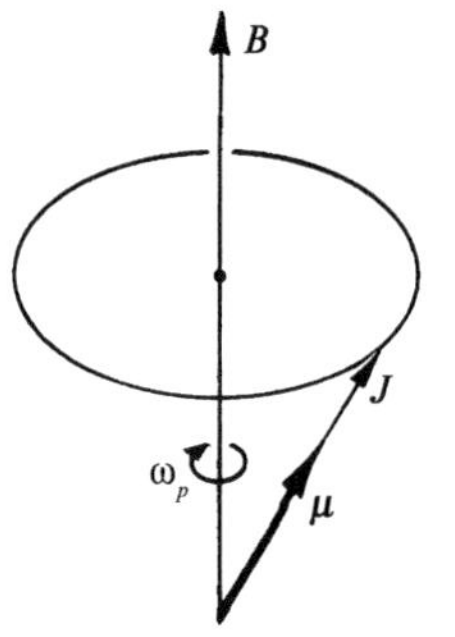

图 35-3 具有磁矩 $\boldsymbol{\mu}$ 和角动量 $\boldsymbol{J}$ 的原子的经典进动

对一个在均匀场中正在进动的原子,如何才能加上我们所要的那种类型的转矩呢？答案是,从旁加一个弱磁场。乍看起来你也许认为这个磁场的方向必须随同磁矩的进动一起旋转,使得它总是垂直于磁矩,如图 35-4(a)中由场 B' 所指出的那样。像这样的场会工作得很好,但一个交变的水平场几乎同样优良。如果有一个小的水平场 B',它总是在(正的或负的)x 方向上而且以频率 ω_p 振动着,那么在每个半周期内施于磁矩上的力矩就将倒转方向,以致它具有一个积累效应,该效应几乎与一转动的磁场同样有效。于是,从经典方面说,我们就会期待,若有一个频率恰恰为 ω_p 振动着的很弱的磁场,则磁矩沿 z 方向的分量就应该改变。当然,按照经典理论,μ_z 应该是连续变化的,但在量子力学中这磁矩的 z 分量就不能做连续调整,它必须从一个值突然跳跃至另一个值。我们已做出了经典力学与量子力学两种结果之间的比较,为你们提供在经典理论中也许会发生的某种事情与在量子力学中实际发生的事情如何联系起来的线索。顺便说说,你将会注意到,该期待的共振频率在这两种情况下是相同的。

又一附注:从我们所曾谈到的关于量子力学的事情来看,并没有明显的理由说明为什么不能够在 $2\omega_p$ 的频率也发生跃迁。碰巧在经典情况下没有任何与此类似的东西,而在量子力学中也不会发生这种跃迁——至少对于我们刚才所述的那种独特诱导跃迁的方法来说是不会发生的。采用一个水平方向的振动磁场,频率 $2\omega_p$ 引起同时跳跃两步的概率等于零。只有在频率 ω_p,无论向上或向下的跃迁才可能发生。

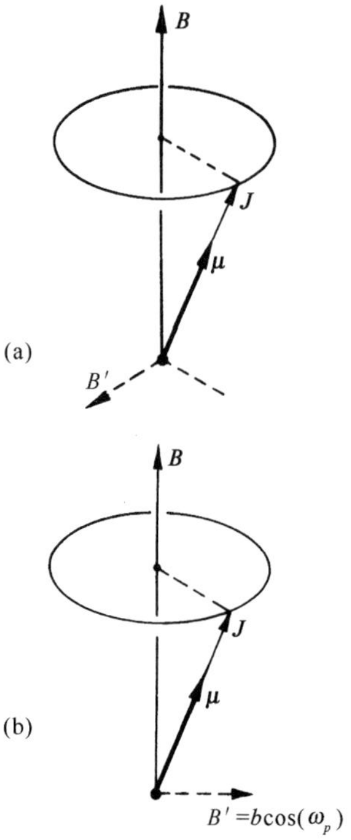

图 35-4 一个原子磁体的进动角度,可以通过始终垂直于 $\boldsymbol{\mu}$ 的、如在(a)或(b)中的一个振动着的水平磁场来加以改变

现在,我们准备来描述有关测量磁矩的拉比方法。这里将仅仅考虑对自旋为 1/2 的那种原子的操作。仪器设备的简图如图 35-5 所示。有一个熔炉,它发出的中性原子流直通过直线排列的三组磁铁。磁铁 1 几乎与图 35-2 中的一样,具有强大的场梯度——比方说,其$\partial B_z/\partial z$ 为正。如果原子有一磁矩,而且 $J_z=+\hbar/2$,则它会被向下偏转;如果 $J_z=-\hbar/2$,则将被向上偏转(因为对于电子来说,$\boldsymbol{\mu}$ 的方向与 $\boldsymbol{J}$ 的方向相反)。若只考虑那些能穿过狭缝 S_1 的原子,就有如图所示的两条可能轨道。凡 $J_z=+\hbar/2$ 的原子必定沿曲线 a 穿过该狭缝,而凡 $J_z=-\hbar/2$ 的原子则必定沿曲线 b 通过。从熔炉发出来的、沿其他路径的原子将不会穿过该狭缝。

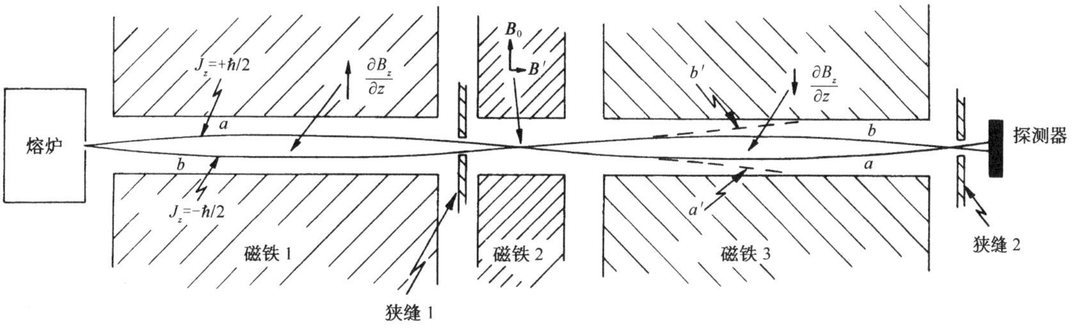

图 35-5 拉比的分子束仪器

磁铁 2 产生一个匀强场。在这一区域中没有力施于原子上，因而它们将直接通过而进入磁铁 3 中。磁铁 3 恰好像磁铁 1，但其场是反转过来的，所以$\partial B_z/\partial z$具有相反符号。那些具有 $J_z=+\hbar/2$（我们讲“自旋向上”）的原子，先前在磁铁 1 中被推向下的，现在在磁铁 3 中却被推向上了，它们将继续沿着路径 a 穿过狭缝 S_2 到达探测器。那些具有 $J_z=-\hbar/2$（即“自旋向下”）的原子，在磁铁 1 和磁铁 3 中也各受到反向的力而沿路径 b 穿过狭缝 S_2 达到探测器。

探测器可以用各种不同方式制成，这取决于被测量的原子。例如，对于像钠一类的碱金属原子，探测器可以是一根与一灵敏电流计相连接的细热钨丝。当钠原子到达钨丝上时，Na^+ 离子被蒸发出去，留下来一个电子。因此在该导线上就有一个正比于每秒到达的原子数目的电流。

在磁铁 2 的间隙中有一组能产生小的水平磁场 $\boldsymbol{B}'$ 的线圈。这组线圈由以一可变频率 ω 振动的电流所驱动，所以在磁铁 2 的两极间就有一个强大而恒定的垂直方向的磁场 $\boldsymbol{B}_0$ 和一个弱小的振动着的水平磁场 $\boldsymbol{B}'$。

现在假设该振动场的频率 ω 被调至 ω_p 处——即处于场 $\boldsymbol{B}$ 中原子的“进动”频率。这交变场将使某些从旁经过的原子作出从一个 J_z 值至另一个 J_z 值的跃迁。一个原来自旋“向上”($J_z=+\hbar/2$) 的原子可能给翻转“向下”($J_z=-\hbar/2$)。此时这个原子已把它的磁矩方向倒转了，因而它将在磁铁 3 中感受到一个向下的力并将沿着路径 a' 运动，如图 35-5 所示。它将不再穿过狭缝 S_2 而到达探测器了。同理，有些原子原来自旋是向下 ($J_z=-\hbar/2$) 的，当经过磁铁 2 时将被翻转向上 ($J_z=+\hbar/2$)，于是它们将沿着路径 b' 而不会到达探测器。

若振动场 $\boldsymbol{B}'$ 的频率与 ω_p 明显不同，则它将不会引起任何自旋的倒转，因而各原子将按照它们不受干扰的路径到达探测器。因此你可以看到，原子在 $\boldsymbol{B}_0$ 场中的“进动”频率 ω_p 可以这样求得，即变更场 $\boldsymbol{B}'$ 的频率 ω 直到抵达探测器的原子流的减弱被观测出来。原子流的下降将发生在 ω 等于 ω_p 的“共振”时刻。探测器中的电流作为 ω 的函数曲线或许看来像图 35-6 所示的那样。知道了 ω_p，就能得到原子的 g 值。

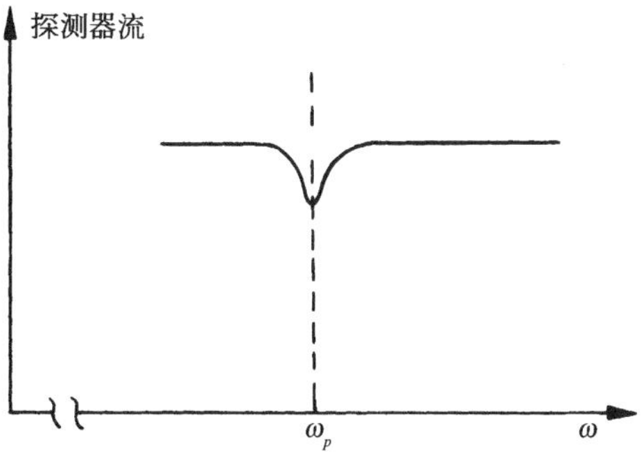

图 35-6 当 $\omega=\omega_p$ 时，在束中的原子流就会减弱

像这样的原子束、或通常被称为“分子”束的共振实验，是测量原子客体磁性的一种漂亮而又精密的方法。这共振频率 ω_p 可以用极高的精度测得——事实上，比起我们对(为了求 g 而必须知道的)磁场 $\boldsymbol{B}_0$ 可能进行的测量要精确得多。

§ 35-4 大块材料的顺磁性

现在我们很想描述大块材料的顺磁现象。假设有一种物质其原子具有永磁矩，比如像硫酸铜那样的晶体。在这种晶体中存在这样的铜离子，其内部的电子壳层有一净角动量和一净磁矩。所以这种铜离子就是一个具有永磁矩的物体。请让我们就这件事说一句，有些原子具有磁矩而有些不具有。任何比如像钠那种含有奇数个电子的原子，将具有磁矩。钠有一个电子位于它的未填满的壳层内，这个电子给该原子一个自旋和一个磁矩。然而，通常当化合物形成时，在外壳层中的额外电子就会与自旋方向恰巧相反的其他电子互相耦合，使得所有价电子的角动量和磁矩都经常被抵消掉，这就是为什么分子一般都不具有磁矩的原因。当然，如果是钠原子气体，则不会有这样的抵消作用*。并且，如果你有那种在化学中所谓“自由基”的东西——一种具有奇数个价电子的物体——则键不会完全被满足，因而就有一个净角动量。

在多数大块材料中，只要存在其内电子壳层未被填满的原子就具有净磁矩，此时可能会有一个净角动量和磁矩。这样的原子在周期表中的“过渡元素”部分被找到了——诸如铬、锰、铁、镍、钴、钯和铂等就是这一类元素。此外，所有的稀土元素也都具有未填满的内壳层和永久磁矩。还有其他两三种奇怪的东西会偶尔具有磁矩，诸如液态氧，但我们将把它留给化学系去解释原因。

现在，假设有一个箱子充满了具有永久磁矩的原子或分子，比如气体、液体或晶体。我们想要知道，当加上一外磁场时将会发生什么情况。当没有磁场时，原子因热运动而被到处撞来撞去，因而它们的矩在所有方向上转来转去。一旦有了磁场时，它就使那些小磁体整齐排列起来，于是趋向场的矩比离开场的矩就多些，即该材料已被“磁化”了。

我们将把材料的磁化强度 $\boldsymbol{M}$ 定义为单位体积中的净磁矩，而这指的是单位体积内原子磁矩的矢量和。如果单位体积中有 N 个原子，而它们的平均磁矩为 $\langle\boldsymbol{\mu}\rangle_{平均}$，则 $\boldsymbol{M}$ 可以写成 N 乘以平均原子磁矩：

$$\boldsymbol{M} = N\langle\boldsymbol{\mu}\rangle_{平均}. \tag{35.8}$$

$\boldsymbol{M}$ 的定义相当于第 10 章中关于电极化强度 $\boldsymbol{P}$ 的定义。

顺磁性的经典理论很像第 11 章中曾向你们表明的有关介电常量的理论。人们假定每个原子都有一个磁矩 $\boldsymbol{\mu}$，它的大小固定，但其方向是任意的。在场 $\boldsymbol{B}$ 中，其磁能为 $-\boldsymbol{\mu}\cdot\boldsymbol{B} = -\mu B\cos\theta$，其中 θ 为矩与场之间的夹角。根据统计力学，具有任意角度的相对概率为 $e^{-能量/(kT)}$，因而靠近零度的角比靠近 π 的角更可能出现。同以前在 § 11-3 中所进行的步骤完全一样，我们会发现，对于小磁场来说，$\boldsymbol{M}$ 平行于 $\boldsymbol{B}$，大小为

$$M = \frac{N\mu^2 B}{3kT} \tag{35.9}$$

---

* 通常的钠蒸气大多是单原子的，虽则也有一些 Na_2 分子存在。

[见式(11.20)]。这一近似公式只对 $\mu B/(kT)$比 1 小得多时才正确。

我们已求得感生磁化强度——单位体积中的磁矩——与磁场成正比,这即是顺磁性现象。你将会看到,这效应在低温时较强而在高温时较弱。当我们在该物质上加一磁场时,对于弱场会产生一个正比于该场的磁矩。M 对 B 的比率(对于弱场而言)称为磁化率。

现在,我们要从量子力学观点来考察顺磁性。首先考虑原子自旋为 1/2 的情况。在没有磁场的情况下,原子具有某个能量;但当处于磁场中时,就有两个可能的能量,每一个 J_z 值对应一个能量。对于 $J_z=+\hbar/2$,能量被磁场改变的量为

$$\Delta U_1=+g\left(\frac{q_e\hbar}{2m}\right)\cdot\frac{1}{2}\cdot B \tag{35.10}$$

(由于电子的电荷为负 * ,因此对于一个原子来说能量移动 ΔU_1 是正的)。对于 $J_z=-\hbar/2$,能量被改变的量为

$$\Delta U_2=-g\left(\frac{q_e\hbar}{2m}\right)\cdot\frac{1}{2}\cdot B. \tag{35.11}$$

为了书写方便,让我们令

$$\mu_0=g\left(\frac{q_e\hbar}{2m}\right)\cdot\frac{1}{2}, \tag{35.12}$$

于是

$$\Delta U=\pm\mu_0 B. \tag{35.13}$$

μ_0 的意义很明显:$-\mu_0$ 是在自旋向上的情况下磁矩的 z 分量,而$+\mu_0$ 则是在自旋向下时磁矩的 z 分量。

可是统计力学告诉过我们,一个原子处在一个态或另一个态,其概率正比于

$$\mathrm{e}^{-(\text{态的能量})/kT}.$$

当没有磁场时,这两个态具有相同能量,所以当在磁场中达到了平衡时,概率就正比于

$$\mathrm{e}^{-\Delta U/kT}. \tag{35.14}$$

单位体积中自旋向上的原子数为

$$N_{\text{向上}}=a\mathrm{e}^{-\mu_0 B/kT}, \tag{35.15}$$

而自旋向下的原子数为

$$N_{\text{向下}}=a\mathrm{e}^{+\mu_0 B/kT}. \tag{35.16}$$

常数 a 是被这样确定下来的,即

$$N_{\text{向上}}+N_{\text{向下}}=N, \tag{35.17}$$

式中 N 为单位体积中的原子总数。因此就得到

$$a=\frac{N}{\mathrm{e}^{+\mu_0 B/kT}+\mathrm{e}^{-\mu_0 B/kT}}. \tag{35.18}$$

---

* 在上一章 § 34-2 中曾令电子电荷为$-q_e$,因此那时 q_e 是正的。——译者注

我们所感兴趣的是沿 z 轴的平均磁矩。由于自旋向上的那些原子将各贡献 $-\mu_0$ 之矩，而自旋向下的那些原子则各贡献 $+\mu_0$ 之矩，因而平均矩为

$$\langle\mu\rangle_{平均} = \frac{N_{向上}(-\mu_0) + N_{向下}(+\mu_0)}{N}. \tag{35.19}$$

于是单位体积中的磁矩 M 就是 $N\langle\mu\rangle_{平均}$。利用式(35.15)、(35.16)和(35.17)，便可得到

$$M = N\mu_0 \frac{e^{+\mu_0 B/kT} - e^{-\mu_0 B/kT}}{e^{+\mu_0 B/kT} + e^{-\mu_0 B/kT}}. \tag{35.20}$$

这就是关于 $j = 1/2$ 的原子其 M 的量子力学公式。顺便提及，这个式也可以用双曲正切函数写得更简洁些：

$$M = N\mu_0 \tanh \frac{\mu_0 B}{kT}. \tag{35.21}$$

M 作为 B 的函数其曲线如图 35-7 所示。当 B 变得非常大时，双曲正切函数趋于 1，因而 M 趋于其极限值 $N\mu_0$。所以在强场的情况下，磁化达到饱和。我们可以明白为什么会这样，在足够强的场中，磁矩全部被排列在同一个方向上了。换句话说，它们全都处于自旋向下的状态，因而每一原子贡献一个磁矩 μ_0。

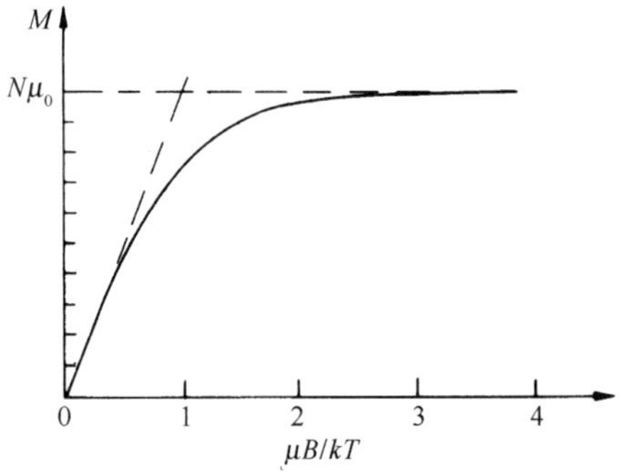

图 35-7 顺磁性磁化强度随磁场强度 B 的变化

在大多数正常情况下——比如说，对于典型的矩、室温以及我们通常能够获得的场强(诸如 10 000 Gs)——比值 $\mu_0 B/kT$ 约等于 0.002。人们一定要达到极低温度时才能见到饱和现象。对于常温来说，我们往往能够用 x 来代替 $\tanh x$，因而上式可以写成

$$M = \frac{N\mu_0^2 B}{kT}. \tag{35.22}$$

正如我们曾在经典理论中见到的，M 与 B 成正比。事实上，这个式子几乎和以前的完全相同，除了因子 1/3 似乎不见了以外。但我们仍需要把量子力学中的 μ_0 同式(35.9)经典结果中出现的 μ 联系起来。

在经典公式中，出现的是 $\mu^2 = \boldsymbol{\mu}\cdot\boldsymbol{\mu}$，即矢量磁矩的平方，也即

$$\boldsymbol{\mu}\cdot\boldsymbol{\mu} = \left(g\frac{q_e}{2m}\right)^2 \boldsymbol{J}\cdot\boldsymbol{J}. \tag{35.23}$$

我们曾在上一章中指出，通过用 $j(j+1)\hbar^2$ 代替 $\boldsymbol{J}\cdot\boldsymbol{J}$，你就很可能会从经典的计算结果中得到正确答案。在我们这个特殊例子中，$j = 1/2$，因而

$$j(j+1)\hbar^2 = \frac{3}{4}\hbar^2.$$

若用此来顶替式(35.23)中的 $\boldsymbol{J}\cdot\boldsymbol{J}$，则可得

$$\boldsymbol{\mu}\cdot\boldsymbol{\mu}=\left(g\frac{q_e}{2m}\right)^2\frac{3\hbar^2}{4},$$

或者利用式(35.12)所定义的 μ_0，我们得

$$\boldsymbol{\mu}\cdot\boldsymbol{\mu}=3\mu_0^2.$$

用这个结果代替经典公式(35.9)中的 μ^2，的确会重现正确的量子公式(35.22)。

关于顺磁性的量子理论很容易推广到任意自旋 j 的原子。弱场磁化强度为

$$M=Ng^2\frac{j(j+1)}{3}\frac{\mu_B^2B}{kT},\tag{35.24}$$

其中

$$\mu_B=\frac{q_e\hbar}{2m}\tag{35.25}$$

是一个具有磁矩量纲的常数组合。大多数原子都具有近似这种大小的磁矩。它被称为玻尔磁子。电子的自旋磁矩就几乎正好是一个玻尔磁子。

§35-5　绝热退磁冷却法

关于顺磁性有一种很有趣的特殊应用。在非常低的温度下，有可能把原子磁体在一个强磁场中整齐排列起来。这时就能够通过一种所谓绝热退磁过程来获得极端低的温度。我们可取一种顺磁性盐(比方，像硝酸镨铵那样含有一些稀土原子的盐)，并一开始就在强磁场中用液态氦把它降低到绝对温度 1 或 2 度，这时因子 $\mu B/kT$ 就会大于 1——比如说大概是 2 或 3。大多数自旋已被整齐排列，因而磁化几乎饱和。为简易起见，让我们说，磁场很强而温度很低，以致几乎所有原子都被整齐排列。那么，你就把盐绝热隔离(比如说，通过移去液态氦并保留高度真空)，并将磁场撤除。盐的温度就大大降低下来。

现在假如你突然把磁场除去，那么晶格内原子的轻微的摆动或振动就会逐渐把所有自旋从整齐排列中撞散开来。它们有些自旋向上，而有些自旋向下。但若没有磁场(并略去原子间的互作用，它只会造成微小误差)，则翻转原子磁体并不需要能量。所以它们会在能量不发生改变因而也就没有任何温度变化的条件下，使本身的自旋处在随机分布的状态。

然而，假定正当那些原子磁体被热运动所翻转时还存在一些磁场，那么当把它们翻转到逆着磁场时就需要作一些功——它们必须反抗场而作功。这会从热运动中取出能量，从而降低了温度。因此，如果该强磁场并非消除得太快，则盐的温度将降低——它是通过去磁而被冷却的。根据量子力学观点，当场强时所有原子都处于最低能态，因为任何会处于较高能态的可能性不可能大。但当场减弱时，热涨落使原子处在较高能态的可能性变得越来越大。当此事发生时，原子吸收了能量 $\Delta U=\mu_0B$。因此，若场慢慢除去，则这种磁跃迁会从晶体的热振动中取出能量，因而就把它冷却了。用这种办法能够将温度从绝对温度几度降低至千分之几度。

你是否想要制造甚至比这更冷的东西？事实证明，自然界已提供了一条途径。我们曾经提到过原子核也有磁矩。关于顺磁性的公式对核也同样适用，不同之处仅在于核磁矩约比原子磁矩小千倍[它们具有 $q\hbar/(2m_p)$ 的数量级，其中 m_p 为质子质量，由于电子质

量与质子质量之比较小,所以核磁矩也较小]。对于这样的磁矩,即使在 2 K 的温度,因子 $\mu B/kT$ 也只有千分之几。但如果利用顺磁性的去磁过程把温度降低至千分之几度,那么 $\mu B/kT$ 就会变成一个接近于 1 的数——在这种低温下,我们能够着手使核磁矩饱和。那很幸运,因为此后便可利用核磁性的绝热去磁方法来达到更低温度。这样,就有可能做出两级的磁冷却。首先,利用顺磁性离子的绝热去磁达到千分之几度。然后,再利用这寒冷的顺磁性盐来冷却某些具有强核磁性的材料。最后,当我们从这一材料中移去磁场时,它的温度就会降低到绝对零度 1 度的兆分之一内——只要我们非常小心地做完每件事情。

§35-6 核磁共振

我们曾经说过,原子顺磁性很小,而核的磁性甚至比它还要小千倍。然而通过核磁共振的方法来观测核的磁性相对而言还是容易的。假设取一种像水那样的物质,其中全部电子的自旋都完全抵消,以致它们的净磁矩为零。但水分子仍将有非常非常微小的磁矩,那是由氢核的核磁矩引起的。假设将水的一个小样品放在磁场 $\boldsymbol{B}$ 之中。由于(氢的)质子具有 1/2 的自旋,所以它将有两个可能的能态。如果水处于热平衡状态,则将有较多一点的质子处在那较低能态——它们的磁矩方向平行于场的方向。在每个单位体积中就有一个小的净磁矩。由于质子磁矩仅仅约等于原子磁矩的千分之一,表现为 μ^2 的磁化强度——应用式(35.22)——大约只有典型原子顺磁性强度的兆分之一(这就是为什么我们得先挑选一种不具有原子磁矩的材料)。如果你把它算出来,那些自旋指向上的质子数目与那些自旋指向下的质子数目相差只有 10^{-8} 个,因而这效应的确十分微小!然而,它仍然可以按下述办法观测出来。

假设用一个能产生小水平振动磁场的小线圈把样品水包围起来。如果这个场以频率 ω_p 振动,则它将在两个能态之间诱导跃迁——正如在§35-3 中我们曾对拉比实验所描述的那样。当质子从较高能态跃迁至较低能态时,它将放出能量 $\mu_z B$,而这正如我们曾经见到的,它等于 $\hbar\omega_p$。如果它是从较低能态跃迁到较高能态,则它会从线圈那里吸收能量 $\hbar\omega_p$。由于处在较低态上的质子数目略微多于处在较高态上的,所以将从该线圈吸收净的能量。尽管该效应十分微弱,但很小的能量吸收可以用一台灵敏的电子放大器观测到。

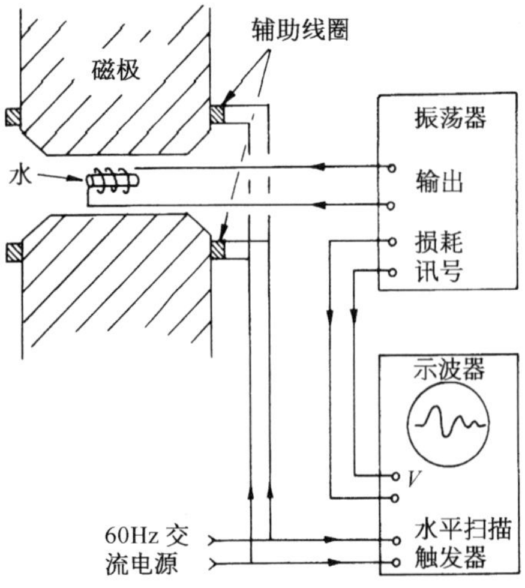

图 35-8 一台核磁共振仪器

正如在拉比的分子束实验中那样,这能量的吸收将仅当振动场处于共振时、也即当

$$\omega=\omega_p=g\left(\frac{q_e}{2m_p}\right)B$$

时才会被看到。通过保持 ω 固定不变而变更 B 来寻找共振往往较为方便。能量吸收显然将在

$$B=\frac{2m_p}{gq_e}\omega$$

时出现。

一台典型的核磁共振仪器如图 35-8 所示。一个高频振荡器驱动着置于一对大电磁铁两极间的一

个小线圈。两个绕于极尖上的小辅助线圈由 60 Hz 的电流驱动着，以便整个磁场围绕其平均值作十分微小的“摆动”。例如，假设该磁铁的主电流被调至会产生一个等于 5 000 Gs 的磁场，而辅助线圈则围绕这一值产生 ±1 Gs 的变化。如果该振荡器被调至 21.2 MHz，那么当场每次扫过 5 000 Gs 时它就会处在质子的共振范围内了[应用式(34.13)，对于质子要用 $g = 5.58$]。

这振荡器电路还被安排得能够给出一个附加的输出信号，这信号与从该振荡器所吸收的功率的任何改变成正比。把这一信号馈入示波器垂直方向偏转放大器中。示波器的水平扫描在该磁场摆动的每一周中被触发一次(更一般的是，这水平偏转被制成与该摆动场的大小成正比)。

在样品水还未放进该高频线圈内之前，从振荡器所吸收的功率为某个值(它不会随磁场改变)。然而，当一小瓶水放进线圈中时，示波器上就出现一个如图所示的信号。我们见到由于质子翻转所引起的功率被吸收的一个图像！

在实践中，很难掌握如何把主磁场恰恰调至 5 000 Gs。人们所做的是将主磁电流调至使共振出现在示波器上为止。结果证明，这是目前对磁场强度做出精密测量的最方便办法。当然，过去为了测定质子的 g 值有人不得不精确测量磁场和频率。但现在这件事已经完成了，因此如图所示的质子共振仪就可用作“质子共振磁强计”了。

应该提一句关于该信号的形状。假如磁场十分缓慢地摆动，就会期待看到一条正常的共振曲线。当 ω_p 恰好达到振荡器频率时，能量吸收就会显示出一个极大值。在附近的频率处也有一些吸收，因为并不是所有质子都处在完全相同的场内——而不同的场就意味着稍微不同的共振频率。

顺便说说，人们也许会怀疑，在共振频率是否真的会看到任何信号。我们应否期望该高频场会使那两个态的粒子数相等——使得除了水刚放入时之外就该没有任何信号？不完全是这样，因为尽管我们试图使该两个粒子数相等，但热运动方面却力图保持对于温度 T 的粒子数的适当比率。如果处于共振态，则被核所吸收的功率恰好就消耗在热运动上。然而，在质子磁矩与原子运动之间只有相对微弱的“热接触”。质子被相对彻底地隔离于电子分布的中心。因此在纯水中，该共振信号实际上往往太小，难于被观察到。要增加吸收，就必须加强“热接触”。这通常是在水中添加一点点氧化铁而做到的。这些铁原子像小磁体一样，当它们以其热舞蹈的方式到处跳动时，就会在质子上造成一种微小的摆动磁场。这些变化着的场会把质子磁体与原子振动“耦合”起来并往往会建立起热平衡。正是通过这一“耦合”，才使处于较高能态上的那些质子能够消耗它们的能量，以便再有可能从振荡器吸取能量。

实际上核共振仪的输出信号看来并不像一条正常的共振曲线。经常是一个更复杂的还含有一些振动的信号——像图上所画出的那样。这种信号的出现是由于变化磁场引起的。解释应该由量子力学来提供，但也可以证明，在这种实验中有关进动磁矩的那些经典概念总会给出正确的答案。按照经典理论，我们应该说，当到达共振时就开始同步地驱动大量进动着的核磁体。当这样做时，就使它们一起共同进动。当这些核磁体全部一起转动时，将在振荡器线圈中建立起一个频率为 ω_p 的感生电动势，但由于磁场正随着时间增加，所以进动频率也将随着提高，因而这感生电压立即就会处在比振荡器频率稍微高一点的频率上。当这感生电动势与振荡器间交替地处于同相与异相时，该“被吸收”功率就会交替地变成正或负。因而在示波器上我们就会见到在质子频率与振荡器频率之间的那种拍音。由于质子频率并非全都相同(不同质子会处在稍微不同的磁场上),而也可能由于来自水里氧化铁的干扰,那些自由进动着的磁矩不久就会异相,从而该拍的信号也消失了。

这些磁共振现象已有广泛应用,作为寻找关于物质的新情况的工具——特别是在化学和核物理上。不用说关于核磁矩的数值会告诉我们有关核的结构。在化学中,许多知识是从共振的结构(或形态)中弄清楚的。由于附近的核所产生的磁场,核共振的准确位置稍微有点移动,这取决于任一特定核本身所处的环境。测量出这些移动会帮助人们去确定哪些原子靠近其他哪些原子,并帮助解释分子结构中的细节。同样重要的是关于自由基的电子自旋共振。虽然在平衡时并不会出现于任意的非常大的范围内,但这种自由基往往是化学反应中的中间态。对电子自旋共振的测量是对自由基存在的一种精密检验,而往往也是理解某些化学反应机制的一把钥匙。

第36章 铁 磁 性

§36-1 磁 化 电 流

在本章中,我们将讨论某些材料磁矩的净效应远大于顺磁性或抗磁性的情况,这种现象称为铁磁性。在顺磁性或抗磁性材料中,感生磁矩往往那么微弱,以致我们无须担心磁矩所产生的附加场。然而,对铁磁性材料来说,那些由外加磁场所感生的磁矩非常巨大并会对场本身产生很大的影响。事实上,感生磁矩竟是如此强大,以致它们在产生被观测场的过程中往往起着支配的作用。因此,我们将不得不操心的事情之一,就是关于巨大的感生磁矩的数学理论。当然,那不过是一个技术性问题。真正的问题是,为什么磁矩会那么强——到底是怎么造成的? 过一会儿我们就要来讨论这一问题。

求铁磁性材料中的磁场与存在电介质时求静电场的问题有些相似。你会记得,我们开始曾用一矢量场 $\boldsymbol{P}$——即单位体积中的偶极矩——来描述电介质的内部特性。然后,我们弄清楚了这种极化的结果与 $\boldsymbol{P}$ 的散度所提供的电荷密度 $\rho_{极化}$,即

$$\rho_{极化}=-\nabla\cdot\boldsymbol{P}\tag{36.1}$$

是等效的。在任何情况下,总电荷都可以写成这个极化电荷加所有其他电荷之和,其他电荷的密度我们将写成 * $\rho_{其他}$。于是把 $\boldsymbol{E}$ 的散度与电荷密度相联系起来的麦克斯韦方程便变成

$$\nabla\cdot\boldsymbol{E}=\frac{\rho}{\epsilon_0}=\frac{\rho_{极化}+\rho_{其他}}{\epsilon_0}$$

或

$$\nabla\cdot\boldsymbol{E}=-\frac{\nabla\cdot\boldsymbol{P}}{\epsilon_0}+\frac{\rho_{其他}}{\epsilon_0}.$$

因此我们便可把电荷的极化部分抽出来并放在方程式的另一边,就得到一个新的定律:

$$\nabla\cdot(\epsilon_0\boldsymbol{E}+\boldsymbol{P})=\rho_{其他}.\tag{36.2}$$

这一定律表明,量 $(\epsilon_0\boldsymbol{E}+\boldsymbol{P})$ 的散度等于其他电荷的密度。

当然,像在式(36.2)中那样把 $\boldsymbol{E}$ 和 $\boldsymbol{P}$ 放在一起,只有当我们懂得了它们间的关系时才会有用。我们已经知道,将感生偶极矩与场联系起来的理论是相当复杂的,而实际上它只能应用于某些简单情况,并且即使那样也还只是一种近似。我们希望使你们想起曾经用过的一个近似概念。为了求得电介质内部一个原子的感生偶极矩,就必须知道作用于一个单独的原子上的电场。我们做过这种近似——在许多情况下还不太坏——即作用于原子上的场与我们把该原子挖出后(保持所有附近其他原子的偶极矩都不变)留下的小洞中心处的场相

---

* 假如所有其他电荷都是在导体上,这 $\rho_{其他}$ 就会与我们在第10章中的 $\rho_{自由}$ 相同。

同。你也会记得,极化电介质中空穴内的电场取决于该空穴的形状。我们就把以前的结果都总结在图 36-1 中。对于一个垂直于极化的薄盘形空穴,穴里的电场由下式给出:

$$E_{空穴}=E_{电介质}+\frac{P}{\epsilon_0},$$

这是我们用高斯定律证明的。另一方面,在一个平行于极化的针状槽里,我们曾经利用 $\boldsymbol{E}$ 的旋度等于零的事实证明槽内电场与槽外电场相同。最后,我们曾求出球形空穴中的电场介于槽内的场与盘内的场之间三分之一的样子:

$$\boldsymbol{E}_{空穴}=\boldsymbol{E}_{电介质}+\frac{1}{3}\frac{\boldsymbol{P}}{\epsilon_0}\text{(对于球形空穴)}. \tag{36.3}$$

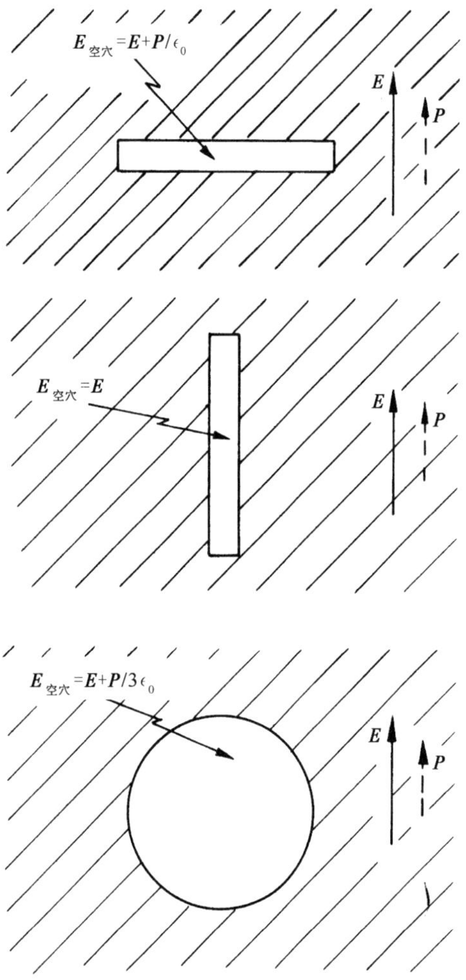

图 36-1 在电介质里的空穴中,电场取决于该空穴的形状

这就是我们在考虑极化电介质中原子的遭遇时所用过的场。

现在我们不得不用完全类似的方法来讨论磁的情况。完成此事的简单办法是讲:单位体积中的磁矩 $\boldsymbol{M}$,完全与单位体积中的电偶极矩 $\boldsymbol{P}$ 相似,因而 $\boldsymbol{M}$ 的负散度等价于一个"磁荷密度"ρ_m——不管它可能指的是什么。当然,困难在于物理世界中并不存在任何像"磁荷"那样的东西。正如我们所知道的,$\boldsymbol{B}$ 的散度恒为零。但这并不能阻止我们做出人为的类比并写出

$$\boldsymbol{\nabla}\cdot\boldsymbol{M}=-\rho_m, \tag{36.4}$$

这里不用说 ρ_m 是纯数学形式。于是就能够做出与静电情况完全类似的结论并从静电学中引用我们所有原来的方程。人们常常做过一些像那样的事情。事实上,从历史方面讲,人们甚至相信这种类比是正确的。他们确信量 ρ_m 就是代表"磁极"密度。然而,如今我们知道,材料的磁化乃起因于原子里的环行电流——或者来自原子内自旋的电子或者电子的运动。因此,依照物理观点,对事情如实地用原子电流而不用某种神秘莫测的"磁极"密度来加以描述,是较好的。顺便说说,这些电流有时被称为"安培"电流,因为安培最早提出物质磁性起因于环行的原子电流。

当然,在磁化物质中实际的微观电流其密度十分复杂,它的数值依赖于你在原子里进行观察的地方——它在某些地方会较大而在其他地方则较小;它在原子的某一部分指向这一方向而在另一部分又指向相反方向(正如微观电场在电介质中变化很大一样)。然而,在许多实际问题中,我们所感兴趣的仅仅是物质外面的场,或物质里面的平均场——这里我们指的是对许许多多个原子取的平均。只有对于这种宏观问题,用单位体积中的平均偶极矩 $\boldsymbol{M}$

来描写物质的磁态才是方便的。我们现在所要证明的是，磁化物质的原子电流能够产生一种与 $\boldsymbol{M}$ 有关的大规模电流。

于是，我们将要做的就是，把电流密度 $\boldsymbol{j}$——那是磁场的真正来源——分成几个部分：一部分是描述原子磁矩的环行电流；而其他部分则为描述那里可能会存在的其他电流。把电流分成三部分往往最为方便。在第 32 章中我们曾对电流做过这样的区别，即在导体中能够自由流动的电流及在电介质中由于束缚电荷的来回运动所引起的电流。在 § 32-2 中我们就曾写出

$$\boldsymbol{j}=\boldsymbol{j}_{极化}+\boldsymbol{j}_{其他},$$

式中 $\boldsymbol{j}_{极化}$ 代表电介质中束缚电荷的运动所产生的电流，而 $\boldsymbol{j}_{其他}$ 则代表所有其他各种电流。现在我们要再进一步，把 $\boldsymbol{j}_{其他}$ 再分成两部分，一部分 $\boldsymbol{j}_{磁化}$ 描述该磁化材料内部的平均电流，另一部分为一个附加项，它是任何留下来的我们可称之为 $\boldsymbol{j}_{传导}$ 的那种电流。这最后一项一般将指导体中的电流，但也可包括其他电流——比如由穿过真空间自由运动的电荷所产生的电流。所以我们将总电流密度写成：

$$\boldsymbol{j}=\boldsymbol{j}_{极化}+\boldsymbol{j}_{磁化}+\boldsymbol{j}_{传导}. \tag{36.5}$$

当然，正是这个总电流属于 $\boldsymbol{B}$ 旋度的麦克斯韦方程：

$$c^2\,\boldsymbol{\nabla}\times\boldsymbol{B}=\frac{\boldsymbol{j}}{\epsilon_0}+\frac{\partial\boldsymbol{E}}{\partial t}. \tag{36.6}$$

现在必须把电流 $\boldsymbol{j}_{磁化}$ 与磁化强度矢量 $\boldsymbol{M}$ 相联系。为了使你们能够明白今后将往何处去，此刻就告诉你们即将得到的结果是

$$\boldsymbol{j}_{磁化}=\boldsymbol{\nabla}\times\boldsymbol{M}. \tag{36.7}$$

若已知一磁性材料中每一处的磁化强度矢量 $\boldsymbol{M}$，那么该环行电流密度就可以用 $\boldsymbol{M}$ 的旋度来表示。让我们来看看能否理解为什么会这样。

首先考虑一根柱形棒的情况，它具有平行于其轴的均匀磁化。从物理方面讲，我们懂得像这样的均匀磁化，实际上意味着在材料内部各处原子环行电流的密度均匀。让我们试着想象在这材料的横截面内有效电流看起来会像什么。应该期望会看到有点像图 36-2 所示的那种电流。每个原子电流在一个小圆周上兜着圈子，而且所有这些环行电流都是沿同一方向绕行。那么这一物体的有效电流究竟怎么样呢？噢，在棒里的大多数地方完全没有什么效应，因为在每一电流近旁恰好有另一个与之反向的电流。如果设想一个小面积——但比起一单独原子来却要大得多的面积——诸如图 36-2 中由 $\overline{AB}$ 线所标明的那个面，则穿过这个面的净电流等于零。因此在该材料内部任何地方都没有净电流。可是要注意，在材料表面上会存在未被其附近的反向电流所抵消的原子电流。在表面上始终有一个以相同方向

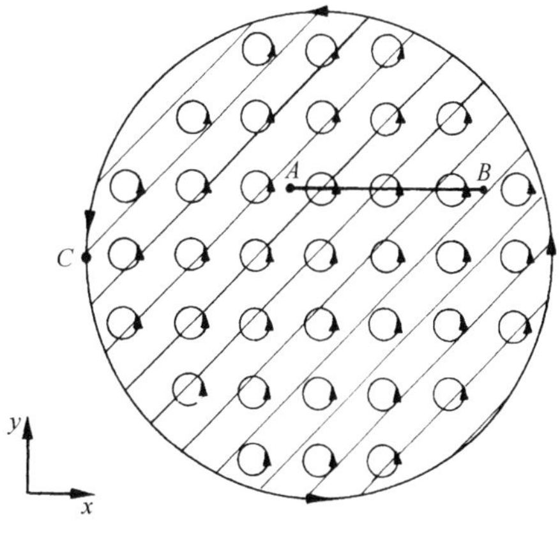

图 36-2 从一根沿 z 方向被磁化的铁棒横截面上所看到的原子环行电流的示意图

环绕着该棒的净电流。现在我们明白,为什么以前会讲,一根均匀磁化棒相当于载有电流的一个长螺线管。

这个观点怎么会与式(36.7)一致呢? 首先,在材料内部,磁化强度 $\boldsymbol{M}$ 是一恒量,因而它的一切微商就都等于零。这与我们的几何图像相符。可是,在表面上,$\boldsymbol{M}$ 实际上却不是恒量——它只在到达边缘之前才是常数,然后便突然消失为零。因此,刚好在表面上存在巨大的梯度,而按照式(36.7)这将会给出一个大的电流密度。假设我们考察图 36-2 中 C 点附近所发生的情况,选取如图中所示的 x 和 y 方向,则磁化强度 $\boldsymbol{M}$ 将沿 z 方向。写出式(36.7)的各分量,得

$$\frac{\partial M_z}{\partial y}=(j_{磁化})_x,$$
$$\frac{-\partial M_z}{\partial x}=(j_{磁化})_y. \tag{36.8}$$

在 C 点上,微商$\partial M_z/\partial y$ 为零,而$\partial M_z/\partial x$ 则很大并为正。式(36.7)表明,在负 y 方向上有一个大的电流密度。这与环绕该棒的表面电流的上述图像相符。

现在要求出材料中磁化强度逐点变化那种较复杂情况下的电流密度。不难定性地看到,如果相邻区域内的磁化强度不同,则那些环行电流不会完全抵消,因而在该材料体积中会有净电流。我们想要定量地算出的就是这一效果。

首先,我们需要回忆一下§14-5 中的结果,即环行电流 I 具有的磁矩 μ 由下式所给出:

$$\mu=IA, \tag{36.9}$$

其中 A 为该电流回路的面积(见图 36-3)。现在让我们考虑磁化材料内部的一个小矩形块,如示意图 36-4 所示。我们选取的这块材料是那么小,以致可以认为其中的磁化强度是均匀的。若这一块材料在 z 方向有一磁化强度 M_z,则其净效果将与围绕着图上所示的那些垂直面上的面电流相同。根据式(36.9)我们能够求出这些电流的大小。这块材料的总磁矩等于磁化强度乘以其体积:

$$\mu=M_z(abc),$$

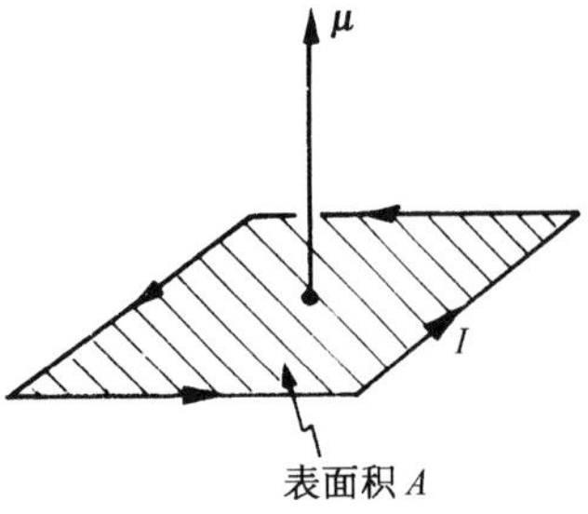

图 36-3 一个电流回路的磁偶极矩 μ 为 IA

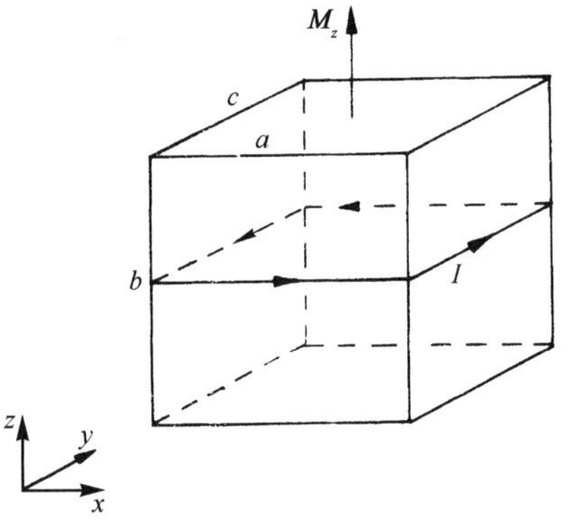

图 36-4 被磁化的一小块材料与一环行的表面电流等效

由此得到(记住该回路的面积为 ac)

$$I=M_zb.$$

换句话说,在每一垂直面上单位(垂直方向)长度的电流等于 M_z。

现在假设我们想象两个彼此相邻的小块,如图 36-5 所示。由于第二块被从第一块那里稍微移动了一点,所以它会有一稍微不同的磁化强度垂直分量,我们称之为 $M_z+\Delta M_z$。在两块之间的界面上,对总电流现有两种贡献。第一块将产生一个流向正 y 的电流 I_1,而第二块则将产生流向负 y 方向的面电流 I_2,沿正 y 向的总面电流等于两者的代数和 * :

$$I=I_1-I_2=M_zb-(M_z+\Delta M_z)b=-\Delta M_zb.$$

可以将 ΔM_z 写成 M_z 在 x 方向上的微商乘以从第一块至第二块的位移,那刚好是 a:

$$\Delta M_z=\frac{\partial M_z}{\partial x}a.$$

这样流经两块间的电流就是

$$I=-\frac{\partial M_z}{\partial x}ab.$$

要把电流 I 与平均体积电流密度 $\boldsymbol{j}$ 联系起来,就必须认识到,这一电流 I 实际上被布满于某个横截面积上。如果我们设想材料的整个体积是由这样的小块充填起来的,则每一个(垂直于 x 轴的)这样的侧面便可以与每一小块联系起来**。于是我们看到要与电流 I 联系的面积恰好就是前面一个面的面积 ab。因而得到结果:

$$j_y=\frac{I}{ab}=-\frac{\partial M_z}{\partial x}.$$

我们至少开始有了 $\boldsymbol{M}$ 的旋度。

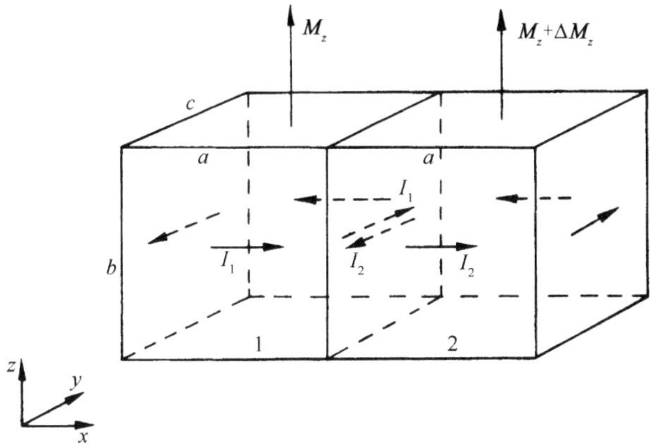

图 36-5　如果两相邻块中的磁化强度不一样,便将有净表面电流存在于其间

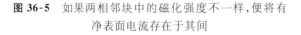

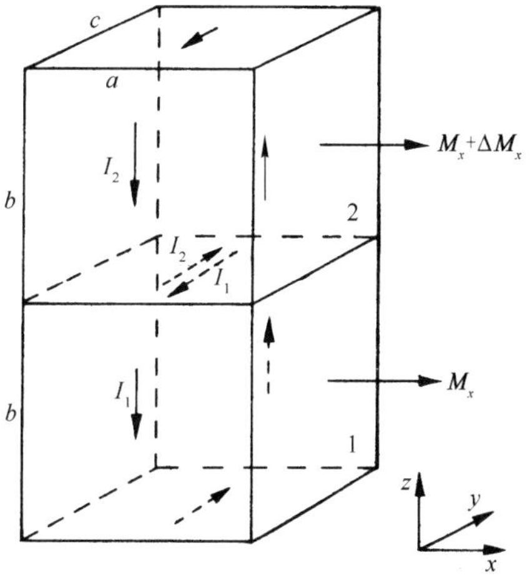

图 36-6　高低相重叠的两块也可对 j_y 作出贡献

在 j_y 中,还应有因磁化强度 x 分量随 z 变化而引起的另一项。对 $\boldsymbol{j}$ 的这一贡献,来自如图 36-6 所示的那种上下重叠的两小块之间的界面。利用刚才所做的相同论证,你可以证

---

* 这里原文是“和”,我们将其改为“代数和”,似较确切些。——译者注

** 或者如果你乐意的话,每一个面上的电流 I 应可以用两侧上的那些小块分解成 50×50 份。

明这个界面将对 j_y 贡献量$\partial M_x/\partial z$。这些就是能够对电流 y 分量作出贡献的唯一一些面，因而我们得到在 y 方向上的总电流密度

$$j_y=\frac{\partial M_x}{\partial z}-\frac{\partial M_z}{\partial x}.$$

计算出一个立方体其余表面上的电流——或者在利用了 z 方向完全是任意的这个事实——我们能够得出结论，电流密度矢量确实是由下式给出的：

$$\boldsymbol{j}=\boldsymbol{\nabla}\times\boldsymbol{M}.$$

因此，若我们选择用单位体积的平均磁矩 $\boldsymbol{M}$ 来描述物质中的磁化情况，则可发现，那些环行的原子电流等效于由式(36.7)给出的物质内的平均电流密度。如果该材料也是一种电介质，则另外还可能有极化电流 $\boldsymbol{j}_{极化}=\partial\boldsymbol{P}/\partial t$。倘若该物质又是导体，则同时还可能有传导电流 $\boldsymbol{j}_{传导}$。因此我们可以将总电流写成

$$\boldsymbol{j}=\boldsymbol{j}_{传导}+\boldsymbol{\nabla}\times\boldsymbol{M}+\frac{\partial\boldsymbol{P}}{\partial t}.\tag{36.10}$$

§36-2 $\boldsymbol{H}$ 场

接下来，要将式(36.10)中所写出的电流代入麦克斯韦方程组。得：

$$c^2\,\boldsymbol{\nabla}\times\boldsymbol{B}=\frac{\boldsymbol{j}}{\epsilon_0}+\frac{\partial\boldsymbol{E}}{\partial t}=\frac{1}{\epsilon_0}\left(\boldsymbol{j}_{传导}+\boldsymbol{\nabla}\times\boldsymbol{M}+\frac{\partial\boldsymbol{P}}{\partial t}\right)+\frac{\partial\boldsymbol{E}}{\partial t}.$$

可以将含 $\boldsymbol{M}$ 的项移至式的左边：

$$c^2\,\boldsymbol{\nabla}\times\left(\boldsymbol{B}-\frac{\boldsymbol{M}}{\epsilon_0c^2}\right)=\frac{\boldsymbol{j}_{传导}}{\epsilon_0}+\frac{\partial}{\partial t}\left(\boldsymbol{E}+\frac{\boldsymbol{P}}{\epsilon_0}\right).\tag{36.11}$$

正如第 32 章所述，许多人喜欢把 $(\boldsymbol{E}+\boldsymbol{P}/\epsilon_0)$ 写成一个新的矢量场 $\boldsymbol{D}/\epsilon_0$。同理，把 $[\boldsymbol{B}-\boldsymbol{M}/(\epsilon_0c^2)]$ 写成一个单独的矢量场也往往较为方便。我们决定用下式定义一个新的矢量场 $\boldsymbol{H}$：

$$\boldsymbol{H}=\boldsymbol{B}-\frac{\boldsymbol{M}}{\epsilon_0c^2}.\tag{36.12}$$

于是式(36.11)变成：

$$\epsilon_0c^2\,\boldsymbol{\nabla}\times\boldsymbol{H}=\boldsymbol{j}_{传导}+\frac{\partial\boldsymbol{D}}{\partial t}.\tag{36.13}$$

这看来似乎较简单，但所有的复杂性都被隐藏在字母 $\boldsymbol{D}$ 和 $\boldsymbol{H}$ 之中了。

现在得给你们一个警告。许多采用米·千克·秒(mks)制的人们却曾决定用一个与这里的 $\boldsymbol{H}$ 不同的定义。将他们的场叫作 $\boldsymbol{H}'$(当然，他们也仍然叫它为 $\boldsymbol{H}$，而不加上一撇)，它被定义为：

$$\boldsymbol{H}'=\epsilon_0c^2\boldsymbol{B}-\boldsymbol{M}\tag{36.14}$$

(并且，他们通常把 ϵ_0c^2 写成新的数 $1/\mu_0$，这样他们所要记住的常数就又多了一个)。采用这一定义，式(36.13)看起来甚至更为简单：

$$\nabla \times \boldsymbol{H}' = \boldsymbol{j}_{传导} + \frac{\partial \boldsymbol{D}}{\partial t}. \tag{36.15}$$

但若用 $\boldsymbol{H}'$的定义，则困难在于：第一，它与不采用米·千克·秒制的人们的定义不相符；第二，它使得 $\boldsymbol{H}'$和 $\boldsymbol{B}$ 有不同的单位。我们认为，$\boldsymbol{H}$ 具有与 $\boldsymbol{B}$ 相同的单位——而不是像 $\boldsymbol{H}'$那样具有 $\boldsymbol{M}$ 的单位——更加方便。但如果你将成为一名工程师，并且将从事变压器、电磁铁等的设计工作，那你就得小心注意。你将会发现许多书本是采用式(36.14)作为 $\boldsymbol{H}$ 的定义，而不是采用我们在式(36.12)中的定义，还有其他许多书——特别是有关磁性材料的手册——按照我们所用的方式把 $\boldsymbol{B}$ 和 $\boldsymbol{H}$ 联系了起来。你得仔细弄清楚他们所用的定义。

一种区别的办法是根据他们所用的单位。应该记住在米·千克·秒制中，$\boldsymbol{B}$——从而我们的 $\boldsymbol{H}$——都是以如下单位度量的：1 Wbm^{-2}等于 10 000 Gs。在米·千克·秒制中，磁矩(电流乘以一面积)的单位为 1 Am^2。于是磁化强度 $\boldsymbol{M}$ 就具有单位：1 Am^{-1}。对于 $\boldsymbol{H}'$来说，其单位与 $\boldsymbol{M}$ 的一样。你可以看到，这也与式(36.15)相符，因为∇具有 1 被长度除的量纲。那些从事电磁铁工作的人们，也有把 $\boldsymbol{H}$(采用那 $\boldsymbol{H}'$的定义)的单位叫作“1 安培匝/米”的习惯——考虑到绕组上的导线匝数。可是“匝”实际上是一个无量纲数，因而不至于打扰你们。既然我们的 H 等于 $H'/(\epsilon_0 c^2)$，所以如果你正在采用米·千克·秒制，则 H(以 Wbm^{-2} 计的)就等于 $4\pi \times 10^{-7}$ 乘以 H'(以 Am^{-1} 计)。记住 H(以 Gs 计)$=0.012\,6H'$(以 Am^{-1} 计)，也许会更方便。

还有另一桩更为糟糕的事情。许多采用我们关于 $\boldsymbol{H}$ 定义的人们还决意要对 $\boldsymbol{H}$ 和 $\boldsymbol{B}$ 的单位赋予不同名称！尽管它们具有相同量纲，但他们还是叫 $\boldsymbol{B}$ 的单位为高斯，而把 $\boldsymbol{H}$ 的单位叫作奥斯特(当然，是为了纪念高斯和奥斯特两人)。因此，在许多书本中你会找到一些用高斯表达的 $\boldsymbol{B}$ 和用奥斯特表达的 $\boldsymbol{H}$ 而做成的曲线，它们实际上是同一种单位——即米·千克·秒制的单位的 10^{-4} 倍。关于磁性单位的混乱情况我们已将其综合列于表 36-1 上。

表 36-1 磁量单位

$[B] = \mathrm{Wbm}^{-2} = 10^4$ Gs
$[H] = \mathrm{Wbm}^{-2} = 10^4$ Gs 或 10^4 Oe
$[M] = \mathrm{Am}^{-1}$
$[H'] = \mathrm{Am}^{-1}$
方便的换算关系：
$B(\mathrm{Gs}) = 10^4 B(\mathrm{Wbm}^{-2})$
$H(\mathrm{Gs}) = H(\mathrm{Oe}) = 0.012\,6H'(\mathrm{Am}^{-1})$

§36-3 磁 化 曲 线

现在将考察某些简单情况，其中磁场为恒量、或场变化得足够缓慢以致同 $\boldsymbol{j}_{传导}$ 相比可以略去$\partial \boldsymbol{D}/\partial t$，于是场将遵循方程组：

$$\nabla \cdot \boldsymbol{B} = 0, \tag{36.16}$$

$$\nabla \times \boldsymbol{H} = \boldsymbol{j}_{传导}/\epsilon_0 c^2, \tag{36.17}$$

$$\boldsymbol{H}=\boldsymbol{B}-\boldsymbol{M}/\epsilon_0 c^2. \tag{36.18}$$

假设有一个由铜线圈包扎的铁环(炸面饼圈模样),如图 36-7(a)所示。导线中有电流 I 流动。这样,磁场将会怎么样呢?磁场将主要存在于铁环之内,那里,$\boldsymbol{B}$ 线将是一些圆圈,如图 36-7(b)所示。由于 $\boldsymbol{B}$ 通量是连续的,所以它的散度便是零,而式(36.16)被满足。其次,通过绕图 36-7(b)所示的闭合回路 Γ 进行积分而把式(36.17)写成另一种形式。根据斯托克斯定理,我们有

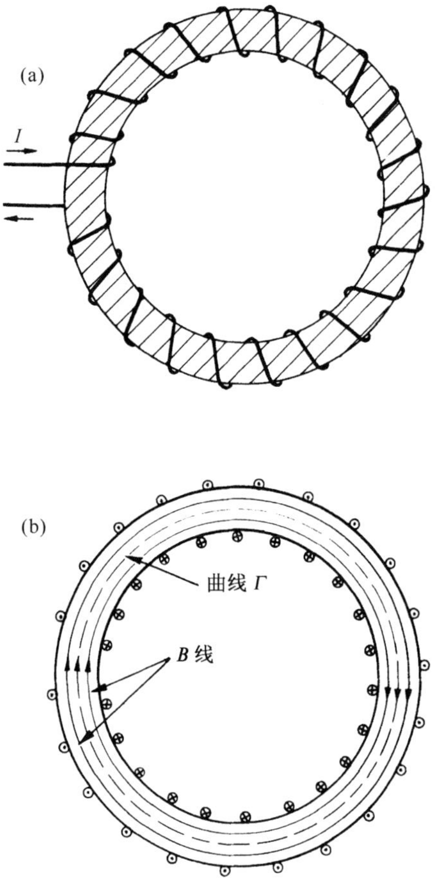

图 36-7 (a) 一个绕上了绝缘导线圈的铁环;(b) 铁环截面中的场线

$$\oint_\Gamma \boldsymbol{H}\cdot \mathrm{d}\boldsymbol{s}=\frac{1}{\epsilon_0 c^2}\int_S \boldsymbol{j}_{传导}\cdot \boldsymbol{n}\mathrm{d}a, \tag{36.19}$$

其中 $\boldsymbol{j}$ 的积分是对整个以 Γ 为边界曲面进行的。这个曲面被每一匝绕线穿过一次,每一匝对积分都贡献了电流 I,若总共有 N 匝,则积分为 NI。根据我们问题中的对称性,环绕曲线 Γ 各处的 $\boldsymbol{B}$ 都相同,若假定磁化强度——从而场 H——沿着 Γ 也是恒定不变的,则式(36.19)变成

$$Hl=\frac{NI}{\epsilon_0 c^2},$$

其中 l 为该曲线 Γ 的长度。因此,

$$H=\frac{1}{\epsilon_0 c^2}\frac{NI}{l}. \tag{36.20}$$

正是因为在像这样一种情况下 $\boldsymbol{H}$ 与起磁电流成正比,所以 $\boldsymbol{H}$ 有时被称为磁化场。

现在,只需要 $\boldsymbol{H}$ 与 $\boldsymbol{B}$ 有关的方程。但不存在任何这样的方程!当然,我们有个方程式(36.18),不过那没有什么帮助,因为对于像铁那样的铁磁性材料 $\boldsymbol{M}$ 与 $\boldsymbol{B}$ 之间并没有直接的关系。磁化强度 $\boldsymbol{M}$ 取决于铁的整个过去历史,而不仅取决于该时刻的 $\boldsymbol{B}$。

然而,并不是毫无希望。在某些简单情况下我们还是能够获得一些解答的。如果从未磁化的铁开始——让我们说该块铁已在高温下退了火——那么在铁环的简单几何中,全部铁就都有相同的磁性历史。这样,我们就能根据实验测量结果对 $\boldsymbol{M}$——从而对 $\boldsymbol{B}$ 和 $\boldsymbol{H}$ 间的关系——说出某些东西。根据式(36.20),铁环里的场 $\boldsymbol{H}$ 可以表示为一常数乘以绕线中的电流 I。而场 $\boldsymbol{B}$ 则可通过对线圈中(或绕于图示的那个起磁线圈上面的另一个辅助线圈中)的电动势对时间的积分而量度出来。由于这个电动势等于 $\boldsymbol{B}$ 通量的变化率,因而电动势对时间的积分就等于 $\boldsymbol{B}$ 乘以该铁环的横截面积。

图 36-8 显示出用一个软铁环所观测到的 $\boldsymbol{B}$ 和 $\boldsymbol{H}$ 之间的关系。当电流初接通时,$\boldsymbol{B}$ 沿曲线 a 随着 $\boldsymbol{H}$ 的增大而增大。要注意,$\boldsymbol{B}$ 和 $\boldsymbol{H}$ 的不同标度。起初,只要相对小的 $\boldsymbol{H}$ 就能造成大的 $\boldsymbol{B}$。为什么用铁所得的 $\boldsymbol{B}$ 会比在空气中得到的大那么多呢?这是因为有一个大的磁化强

度 $\boldsymbol{M}$，它等效于在铁上有一个较大的表面电流——场 $\boldsymbol{B}$ 来自这一电流与绕线中的传导电流之和。为什么 $\boldsymbol{M}$ 会那么大，我们将在以后讨论。

在 H 值较高时，磁化曲线趋于水平，我们就说铁块已经饱和。按图上的那种标尺，曲线看来已变成水平。实际上，它稍微继续上升——对于强场来说，$\boldsymbol{B}$ 变成正比于 $\boldsymbol{H}$，并有一单位斜率。$\boldsymbol{M}$ 不再增加。顺便提一下，我们应该指出，假如该环是由某种非磁性材料制成的，则对于所有场 $\boldsymbol{M}$ 均应该为零，而 $\boldsymbol{B}$ 应等于 $\boldsymbol{H}$。

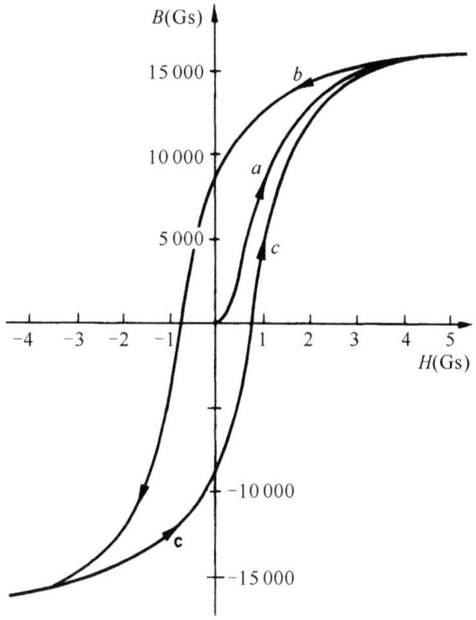

图 36-8　软铁的典型磁化曲线和磁滞回线

我们所注意到的第一件事，是图 36-8 中曲线 a——通常所说的磁化曲线——的高度非线性。但更糟的是若达到了饱和之后，我们减少线圈里的电流使 $\boldsymbol{H}$ 回到零，则磁场 $\boldsymbol{B}$ 将沿曲线 b 下降。当 $\boldsymbol{H}$ 达到零时，仍会有些剩余的 $\boldsymbol{B}$。即使没有起磁电流，在铁里仍有磁场——它已被永远磁化了。如果我们此时在线圈中接通一负电流，则 B-H 曲线仍将继续沿着 b 下降，直到铁在负方向达到饱和。然后若我们再使电流回到零，则 $\boldsymbol{B}$ 将沿曲线 c 变化。如果使电流在大的正值与负值之间交变，则 B-H 曲线将会沿着极接近于 b 与 c 的两条曲线来回变化。然而，若以某种任意方式改变 H，则可获得更为复杂的曲线，一般而言它们将位于曲线 b 与 c 之间的某些地方。由场的反复振荡所形成的回路称为铁的磁滞回线。

于是我们看到，不可能写出一个像 $B = f(H)$ 的函数关系，因为在任意时刻的 $\boldsymbol{B}$ 值不但取决于在该时刻的 H 值如何，而且还取决于它过去的整个历史。自然，磁化曲线和磁滞回线对于不同物质是不同的。这些曲线的形状既密切依赖于该材料的化学成分，也依赖于其制备及随后物理处理的细节。我们在下一章中将对这些复杂情况的某些物理解释进行讨论。

§36-4　铁 芯 电 感

磁性材料的最重要应用之一，是在电路中——诸如在变压器、电动机等器件中。一个原因是，有了铁我们就能够控制磁场的走向，并且对于某一给定电流能够获得大得多的场。例如，那种典型"环形"电感就做得很像图 36-7 所示的物体。一个给定的电感与一个等值的"空芯"电感相比在体积上要小得多，所用的铜也少得多。对于一给定电感，我们可以在绕组中得到小得多的电阻，从而该电感就更接近于"理想"的了——特别对于低频的情况。定性地理解这种电感如何工作是十分容易的。如果 I 是绕组中的电流，则在其内部产生的场 $\boldsymbol{H}$ 正比于 I——如式(36.20)所给出的那样。跨越线端的电压 V 与磁场 $\boldsymbol{B}$ 有关。略去绕线中的电阻，这电压 V 便与 $\partial \boldsymbol{B}/\partial t$ 成正比。自感 L 是 V 与 $\partial I/\partial t$ 的比(见 §17-7)，因此就涉及铁中 $\boldsymbol{B}$ 与 $\boldsymbol{H}$ 的关系。由于 $\boldsymbol{B}$ 远大于 $\boldsymbol{H}$，所以我们在电感中得到很大的倍数。从物理上讲，发生的情况是：在线圈里的小电流，通常产生一个小磁场，在铁里就会引起从属的小磁体全都排列整齐,因而产生了一个比绕组里的外电流要大得惊人的“磁化”电流,似乎流经线圈的电流比实际的电流大得多了。当我们把电流的方向反转时,所有这些小磁体都翻转过来——所有那些内在电流都反转了方向——从而得到一个比没有铁时高得多的感生电动势。如果我们要计算自感,则可通过能量来做——如在§17-8中所描述的那样。从电流源释放出来的能量的时间变化率为 IV。电压 V 等于该铁芯的截面积 A,乘以 N,再乘以 $\mathrm{d}B/\mathrm{d}t$。根据式(36.20),$I=(\epsilon_0 c^2 l/N)H$。因而我们有

$$\frac{\mathrm{d}U}{\mathrm{d}t}=VI=(\epsilon_0 c^2 lA)H\frac{\mathrm{d}B}{\mathrm{d}t}.$$

对时间积分,得到

$$U=(\epsilon_0 c^2 lA)\int H\mathrm{d}B. \tag{36.21}$$

注意 lA 乃是该环的体积,所以我们已证明在一磁性材料中的能量密度 $u=U/$ 体积,由下式给出:

$$u=\epsilon_0 c^2\int H\mathrm{d}B. \tag{36.22}$$

这里包含着一个重要的特点。当我们应用交变电流时,铁环中的磁性被迫循着一条磁滞回线变动。由于 B 并非 H 的一个单值函数,所以环绕一个完整循环的 $\int H\mathrm{d}B$ 积分不会等于零,而等于该磁滞曲线所包围的面积。这样,策动源在一周期内就会付出一定的净能——一个正比于磁滞回线内面积的能量。而这些能量“损失”了。这种损失是由维持该电磁现象而造成的,但却变成了铁里的热量,这称为磁滞损耗。为了确保这种能量损失得少一点,我们希望磁滞回线尽可能窄一些。减少回线面积的一种办法是将每周中场所达到的峰值降低。对于较小峰值的场,我们可得到一条像图 36-9 所示的那种磁滞曲线。并且,具有十分狭窄回线的特殊材料亦已设计出来。那种所谓变压器用铁——含有少量硅的铁合金——就是为了具有这种特性而被研究出来的。

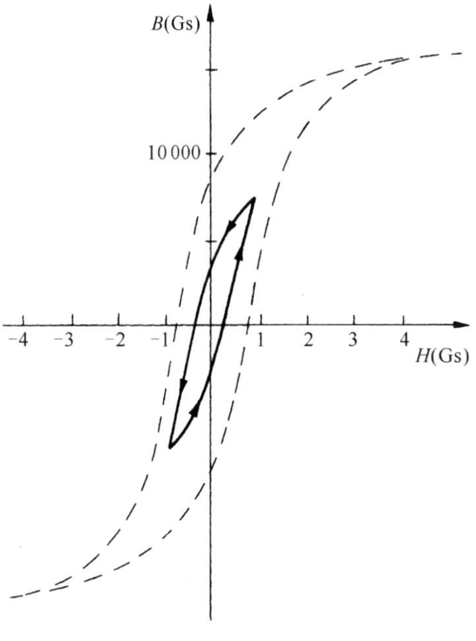

图 36-9 一条未达到饱和的磁滞回线

当电感环绕一小磁滞回线运行时,B 和 H 的关系可用一个线性方程来近似。人们经常写成

$$B=\mu H. \tag{36.23}$$

常数 μ 并非我们以前曾用过的磁矩,它称为该铁的磁导率(有时称为“相对磁导率”)。普通铁的磁导率其典型值为几千。有几种像“超透磁合金”的那类特殊合金,磁导率可高达一兆。

如果我们把 $B=\mu H$ 这种近似式应用到式(36.21)中去,则可将一环形电感中的能量写成

$$U=(\epsilon_0 c^2 lA)\mu\int H\mathrm{d}H=(\epsilon_0 c^2 lA)\frac{\mu H^2}{2}. \tag{36.24}$$

因而能量密度近似地为

$$u \approx \frac{\epsilon_0 c^2}{2}\mu H^2.$$

现在可令式(36.24)中的能量等于电感的能量 $LI^2/2$,并解出 L。从而获得

$$L = (\epsilon_0 c^2 lA)\mu\left(\frac{H}{I}\right)^2.$$

利用来自式(36.20)的 H/I,就有

$$L = \frac{\mu N^2 A}{\epsilon_0 c^2 l}, \tag{36.25}$$

自感与 μ 成正比。如果你想要有为声频放大器这类东西所用的电感,你就得尝试将其运用于 B-H 关系尽可能线性的那种磁滞回线上(你会记得,我们曾在第 1 卷第 50 章中谈论过关于非线性系统中谐波产生的事)。对于这样的目的,式(36.23)乃是一个有用的近似。反之,如果你希望产生谐波,则可以采用一种故意按高度非线性方式运作的电感。此时你就得利用全部 B-H 曲线,并用图解法或数值计算法来分析所发生的情况。

变压器通常是把两个线圈套在同一个磁性材料的环或芯上制成的(对于较大型的变压器,为了方便起见,铁芯是按矩形的尺寸比例制作的)。这样在"原"绕组中变化着的电流就会引起铁芯中磁场的变化,而磁场的变化又在"副"绕组中感生一电动势。由于穿过两绕组中每匝的磁通量都相同,所以两绕组中的电动势比值就与其匝数的比值相同。这样加于原绕组上的电压就在副绕组中转变成不同的电压。由于为了产生必需的磁场变化就要求环绕铁芯有某个净电流,因而两绕组中的电流代数和就被确定,并且等于所必需的"起磁"电流。若从副绕组取出的电流增加,则原绕组中的电流也应按比例增加——和电压的变换相同,也有电流方面的相互"变换"。

§36-5 电 磁 铁

现在让我们来讨论一种稍微复杂些的实际情况。假设有一块如图 36-10 所示的、形式相当标准的电磁铁——由一块"C 形"轭铁以及绕在这块轭铁上的多匝导线圈制成。缝隙中的磁场 $\boldsymbol{B}$ 将会怎样呢?

如果缝隙厚度比所有其他尺寸都小,则作为一级近似,可以认为 $\boldsymbol{B}$ 线将环绕整个回路,正如它们在铁环中所表现的那样。它们看来有点像图 36-11(a),在缝隙处往往散开一些,但若缝隙很窄,则这种散开只是一个微小的效应。假设通过轭铁任一截面的 B 通量是一个常数,这是一个相当好的近似。如果轭铁具有均匀的横截面积 A——而我们又忽略在缝隙处和在转弯处的任何边界效应——那么便可以讲,环绕轭铁的 $\boldsymbol{B}$ 是均匀的。

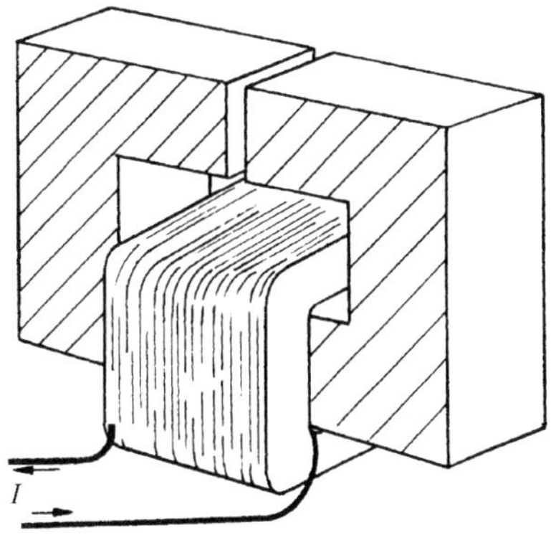

图 36-10 电磁铁

并且,在缝隙中 $\boldsymbol{B}$ 将有同样的数值,这是从式(36.16)得出来的结论。试想象如图 36-11(b)所示的闭合曲面 S,它的一个面位于缝隙中而另一个面位于铁

中,从这个闭合曲面跑出来的总 B 通量必为零。如果把缝隙中的场称为 B_1,而把铁里的场称为 B_2,则我们得

$$B_1A_1 - B_2A_2 = 0.$$

所以可推断 $B_1 = B_2$。

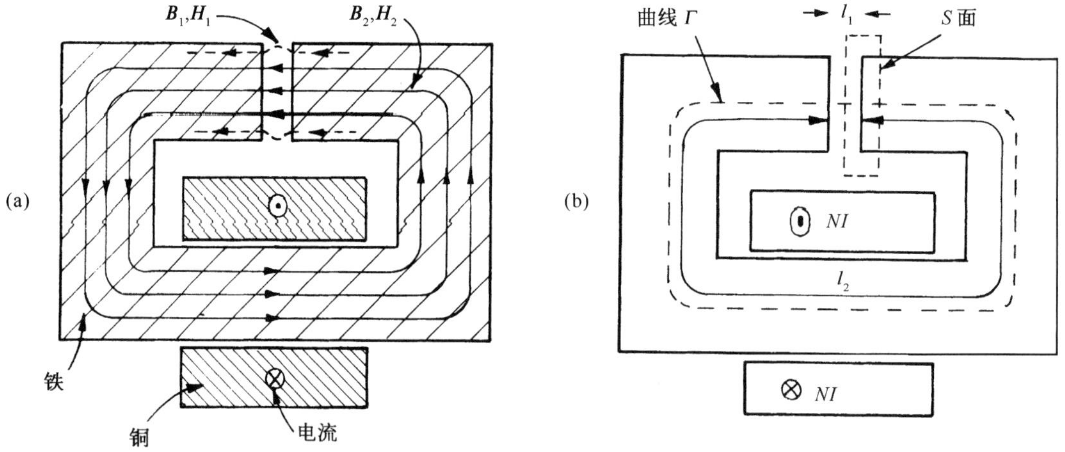

图 36-11 电磁铁的截面

现在让我们来看看 H。可以仍然利用式(36.19),环绕图 36-11(b)中的曲线 Γ 进行线积分。右边的积分照旧是 NI,即匝数乘电流。然而,现在铁里和空气中的 H 将不相同。称铁里的场为 H_2,环绕轭铁的路径长度称为 l_2,则这一部分的曲线将对该积分贡献量 H_2l_2;把缝隙里的场称为 H_1,假定缝隙厚度为 l_1,则可获得来自缝隙的贡献 H_1l_1。于是我们有

$$H_1l_1 + H_2l_2 = \frac{NI}{\epsilon_0c^2}. \qquad (36.26)$$

现在还知道另外一些情况:由于在空气缝隙里磁化强度可以忽略,因而 $B_1 = H_1$。由于 $B_1 = B_2$,所以式(36.26)变成

$$B_2l_1 + H_2l_2 = \frac{NI}{\epsilon_0c^2}, \qquad (36.27)$$

我们仍然有两个未知数。为了求得 B_2 和 H_2,还需要另一个关系式——即把铁中的 B, H 联系起来的关系式。

如果可作 $B_2 = \mu H_2$ 这个近似,则就能用代数法求解上述方程。然而,让我们考虑普遍的情况,即其中铁的磁化曲线如图 36-8 所示。我们希望得到的就是这个函数关系与式(36.27)结合后的联立解。这个解可以这样找到,通过把式(36.27)的曲线和磁化曲线画在同一个图上,如图 36-12

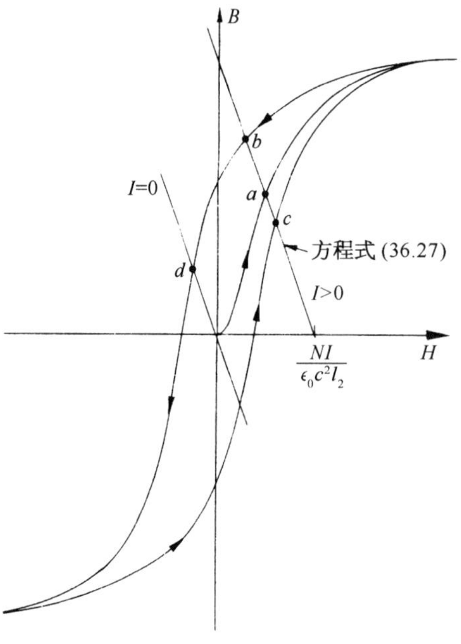

图 36-12 求解电磁铁中的场

所示,两条曲线相交之处,就是我们要求的解。

对于一给定电流 I,函数式(36.27)就是图 36-12 中标明 $I > 0$ 的直线。该线与 H 轴 $(B_2 = 0)$ 相交于 $H_2 = NI/(\epsilon_0 c^2 l_2)$ 处,而其斜率为 $-l_2/l_1$。不同的电流仅仅是沿水平方向移动该直线。从图 36-12 我们看到,对于一给定电流可以有几个不同的解,这取决于你怎样到达那里。如果你刚好制成该块磁铁,并接通电流而上升到了 I,则场 B_2(也即 B_1 场)的值就将有点 a 给出。如果你已经使电流达到某个很大的值,而下降至 I,则场将由点 b 给出。或者,如果在磁铁中你刚好有一个高负值电流,然后才把它升高至 I,则场就是 c 点处的场。因此,缝隙里的场将取决于你在过去做过的事情。

当磁铁中的电流为零时,式(36.27)中 B_2 和 H_2 的关系式用图中标明为 $I = 0$ 的那条直线来表示。仍然存在各种可能的解。如果你先使铁达到了饱和,则可能存在一个由 d 点给出的、在磁铁里相当大的剩余磁场。你可以将线圈除掉,从而得到一个永久磁体。由此可见,若要制成一块优质永久磁体,你必须要有宽磁滞回线的材料。诸如铝镍钴 V 族那类特种合金,就具有很宽阔的磁滞回线。

§36-6 自 发 磁 化

现在要转到这样一个问题上来,为什么在铁磁性材料中一个小磁场就会产生那么大的磁化强度。诸如铁和镍那种铁磁性材料的磁化强度来自原子内壳层中电子的磁矩。每个电子都具有等于 $q/(2m)$ 乘以其 g 因子、再乘以其角动量 $\boldsymbol{J}$ 的磁矩 $\boldsymbol{\mu}$。对于不具有净轨道运动的单个电子,$g = 2$,而 $\boldsymbol{J}$ 在任一方向——比如在 z 方向——上的分量为 $\pm\hbar/2$,因而 $\boldsymbol{\mu}$ 沿 z 轴的分量为

$$\mu_z = \frac{q\hbar}{2m} = 0.928 \times 10^{-23}\ \mathrm{Am}^2. \tag{36.28}$$

一个铁原子中,实际上存在两个对铁磁性有贡献的电子。为了使讨论比较简单,我们将谈谈关于镍的磁性,它是与铁相似的一种铁磁性材料,不过在其内壳层中只有一个电子。不难把该论证推广到铁的情况。

现在的要点在于,在一外加场 $\boldsymbol{B}$ 存在的情况下,那些原子磁体倾向于随场整齐排列,但受到热运动的冲撞,正如同我们对顺磁性材料曾描述的那样。在上一章中,我们曾找出企图把原子磁体排列整齐的场与力图把它们打乱的热运动之间的平衡会产生出这样的结果,即单位体积内的平均磁矩最后应为

$$M = N\mu \tan\mathrm{h}\,\frac{\mu B_a}{kT}. \tag{36.29}$$

所谓$\boldsymbol{B}_a$,我们意指作用于原子上的场,kT 为玻耳兹曼能量。在顺磁性理论中,我们不过是用 B 本身表示 B_a,忽略了由附近其他原子在任何给定原子处贡献的那部分场。在铁磁性情况下,却存在一种复杂性。我们不应当用铁里的平均场表示作用于单个原子上的 B_a。相反,我们必须像在电介质情况下所做过的那样来处理——我们必须求出作用于单个原子上的局域磁场。在精密计算中,我们应当把由晶格中所有其他原子对有关原子所贡献的场都相加起来。但正如我们对电介质所做过的那样,将做这样的近似,即在一个原子处的场与我们在该材料内一个小球形空穴中可能找到的场相同——假定其邻近原子的磁矩都不会因该空穴

的存在而改变。

根据我们曾在第 11 章中所做的论证,也许认为可以写成

$$\boldsymbol{B}_{\text{空穴}}=\boldsymbol{B}+\frac{1}{3}\frac{\boldsymbol{M}}{\epsilon_0 c^2}\quad(\text{错了!}),$$

但这却不正确。然而,如果我们把第 11 章中的式子和本章中有关铁磁性的方程仔细比较一下,就会发现那里的一些结果还是可以利用的。让我们把对应的方程放在一起,对不存在传导电流或传导电荷的区域,我们有:

$$\begin{array}{cc}\text{静电学} & \text{静铁磁性}\\ \nabla\cdot\left(\boldsymbol{E}+\dfrac{\boldsymbol{P}}{\epsilon_0}\right)=0 & \nabla\cdot\boldsymbol{B}=0\\ \nabla\times\boldsymbol{E}=0 & \nabla\times\left(\boldsymbol{B}-\dfrac{\boldsymbol{M}}{\epsilon_0 c^2}\right)=0\end{array}\tag{36.30}$$

这两组方程可以认为彼此相类似,只要做出如下的纯数学性对应:

$$\boldsymbol{E}\to\boldsymbol{B}-\frac{\boldsymbol{M}}{\epsilon_0 c^2},\qquad \boldsymbol{E}+\frac{\boldsymbol{P}}{\epsilon_0}\to\boldsymbol{B}.$$

这与做出下列的类比相同:

$$\boldsymbol{E}\to\boldsymbol{H},\qquad \boldsymbol{P}\to\boldsymbol{M}/c^2.\tag{36.31}$$

换句话说,若我们将铁磁性的方程写成

$$\begin{gathered}\nabla\cdot\left(\boldsymbol{H}+\frac{\boldsymbol{M}}{\epsilon_0 c^2}\right)=0,\\ \nabla\times\boldsymbol{H}=0,\end{gathered}\tag{36.32}$$

那么它们看起来就很像静电学方程了。

这种纯代数的对应性,过去曾经引起过某些混乱。人们往往认为 $\boldsymbol{H}$ 就是“磁场”。可是,正如我们已经明白,在物理上 $\boldsymbol{B}$ 和 $\boldsymbol{E}$ 才是基本场,而 $\boldsymbol{H}$ 只是一种衍生出来的概念。所以尽管方程式彼此类似,但其物理意义却不类似。然而,这不会阻止我们去运用相同方程具有相同解答的原理。

可以利用关于电介质中各种不同形状空穴中电场的以前结果——概括在图 36-1 内的场——来找出在各对应空穴中的场 $\boldsymbol{H}$。一旦知道了 $\boldsymbol{H}$,便可以确定 $\boldsymbol{B}$。例如(利用那些我们在第 1 节中总结出来的结果),在一个平行于 $\boldsymbol{M}$ 的针状空穴中,场 $\boldsymbol{H}$ 与在材料里的 $\boldsymbol{H}$ 相同,

$$\boldsymbol{H}_{\text{空穴}}=\boldsymbol{H}_{\text{材料}}.$$

但由于空穴中的 $\boldsymbol{M}$ 等于零,所以得

$$\boldsymbol{B}_{\text{空穴}}=\boldsymbol{B}_{\text{材料}}-\frac{\boldsymbol{M}}{\epsilon_0 c^2}.\tag{36.33}$$

另一方面,在一个垂直于 $\boldsymbol{M}$ 的盘状空穴中,我们有

$$\boldsymbol{E}_{\text{空穴}}=\boldsymbol{E}_{\text{电介质}}+\frac{\boldsymbol{P}}{\epsilon_0},$$

这可转换成

$$\boldsymbol{H}_{空穴}=\boldsymbol{H}_{材料}+\frac{\boldsymbol{M}}{\epsilon_0 c^2}.$$

或者用 $\boldsymbol{B}$ 来表示，则为

$$\boldsymbol{B}_{空穴}=\boldsymbol{B}_{材料}. \tag{36.34}$$

最后，对于一个球状空穴，通过与式(36.3)做类比，我们应有

$$\boldsymbol{H}_{空穴}=\boldsymbol{H}_{材料}+\frac{\boldsymbol{M}}{3\epsilon_0 c^2}$$

或

$$\boldsymbol{B}_{空穴}=\boldsymbol{B}_{材料}-\frac{2}{3}\frac{\boldsymbol{M}}{\epsilon_0 c^2}. \tag{36.35}$$

这一结果与我们以前对于 $\boldsymbol{E}$ 所得的结果很不相同。

当然，通过直接利用麦克斯韦方程组，有可能用更加物理的方式来获得这些结果。例如，式(36.34)就是直接从 $\nabla\cdot\boldsymbol{B}=0$ 推得的(你可以用一个一半在材料里而另一半在材料外的高斯面)。同理，你可以通过利用沿一条在空穴内部往上而通过材料后又返回的曲线的线积分而得到式(36.33)。在物理上，空穴中的场，由于表面电流——那是由 $\nabla\times\boldsymbol{M}$ 提供的——而被削弱了。式(36.35)也可通过考虑该球形空穴边界上的表面电流效应而获得。我们将把它留给你们去证明。

为了由式(36.29)求得平衡时的磁化强度，事实证明，最方便的乃是同 $\boldsymbol{H}$ 打交道，从而写出

$$\boldsymbol{B}_a=\boldsymbol{H}+\lambda\frac{\boldsymbol{M}}{\epsilon_0 c^2}. \tag{36.36}$$

在那球形空穴的近似中，我们应该有 $\lambda=1/3$，但是，正如你将会看到的，我们以后要用到某个其他值，因而就保留它作为一个可调参数。而且，我们还将假定所有的场都在同一个方向上，以致无须去担心那些矢量的方向。假如现在将式(36.36)代入式(36.29)中，就会有一个把磁化强度 $\boldsymbol{M}$ 与磁化场 H 相联系的方程：

$$M=N\mu\tanh\mu\left[\frac{H+\lambda M/(\epsilon_0 c^2)}{kT}\right].$$

然而，这是一个不可能明显解出的方程，因而将用图解法解它。

让我们把式(36.29)写成

$$\frac{M}{M_{饱和}}=\tanh x \tag{36.37}$$

而将问题置于一种普遍形式中，其中 $M_{饱和}$ 为磁化强度的饱和值，即 $N\mu$，而 x 则代表 $\mu B_a/(kT)$。$M/M_{饱和}$ 对 x 的依存关系由图 36-13 中的曲线 a 表示。我们也可以把 x 写成 M 的函数——利用关于 B_a 的式(36.36)——为

$$x=\frac{\mu B_a}{kT}=\frac{\mu H}{kT}+\left(\frac{\mu\lambda M_{饱和}}{\epsilon_0 c^2 kT}\right)\frac{M}{M_{饱和}}. \tag{36.38}$$

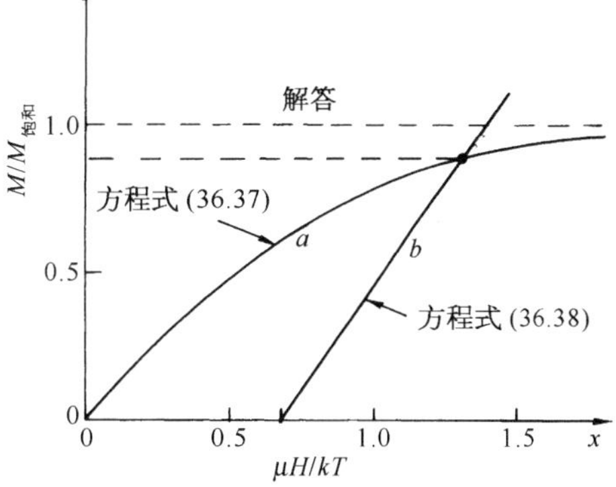

图 36-13　(36.37)和(36.38)两方程的图解法

对于任何给定的 H 值,这是 $M/M_{饱和}$ 与 x 间的直线关系式。直线的 x 的截距在 $x=\mu H/(kT)$ 处,而其斜率为 $\epsilon_0 c^2 kT/(\mu\lambda M_{饱和})$。对于某个特定的 H,我们会有一条像图 36-13 中标明为 b 的直线。曲线 a 与直线 b 的交点向我们提供了关于 $M/M_{饱和}$ 的解。这样我们就把问题解决了。

让我们看一看,各种不同情况下的解答将会怎样。我们从 $H=0$ 开始。有两种可能情况,分别用图 36-14 中的 b_1 和 b_2 两直线表示。你将从式(36.38)注意到,直线的斜率与绝对温度 T 成正比,因此,在高温时就会有一条像 b_1 的线,其解答为 $M/M_{饱和}=0$。当磁化场 H 为零时,磁化强度也为零。但在低温时,我们会有一条像 b_2 的线,而对于 $M/M_{饱和}$ 就有两个解答——一个是 $M/M_{饱和}=0$,而另一个是 $M/M_{饱和}$ 接近于 1。事实证明,只有那个较高的解才是稳定的——正如你可以通过考虑围绕这些解的微小变化所看到的那样。

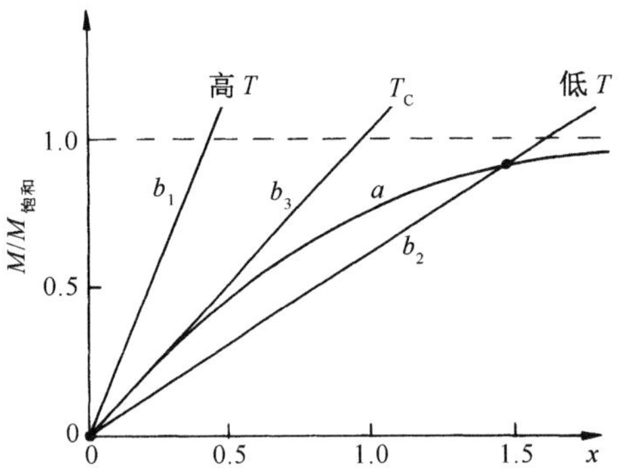

图 36-14 求出当 $H=0$ 时的磁化强度

于是,按照这些概念,磁性材料在足够低的温度下会自发地使本身磁化。总之,当热运动足够小时,原子磁体间的耦合作用就会导致它们全部互相平行地排列起来——我们就有了一种与第 11 章中讨论过的铁电性相似的永磁材料。

若我们从高温出发而逐渐降低温度,则存在一个称为居里温度 T_C 的临界温度,在那里铁磁性行为突然出现。这一温度对应于图 36-14 中的直线 b_3,它与曲线 a 相切,因而具有等于 1 的斜率。居里温度由下式给出:

$$\frac{\epsilon_0 c^2 kT_C}{\mu\lambda M_{饱和}}=1. \tag{36.39}$$

如果我们乐意的话,可以利用 T_C 将式(36.38)写得更简单些:

$$x=\frac{\mu H}{kT}+\frac{T_C}{T}\left(\frac{M}{M_{饱和}}\right). \tag{36.40}$$

现在要来看看,对于小的磁化场 H 会发生什么情况。我们可以从图 36-14 看到,如果将那些直线稍微往右移动一下事情会怎样进行。对于低温情况,交点将沿着曲线 a 的低斜率部分移出一点点,而 M 就将改变得相对少一点。然而,对于高温情况,交点却沿曲线 a 的陡峭部分往上升,而 M 便将改变得相对快一些。实际上,可以将曲线 a 的这一部分用一条具有单位斜率的直线来做近似,并写成:

$$\frac{M}{M_{饱和}}=x=\frac{\mu H}{kT}+\frac{T_C}{T}\left(\frac{M}{M_{饱和}}\right).$$

现在就可以解出 $M/M_{饱和}$:

$$\frac{M}{M_{饱和}}=\frac{\mu H}{k(T-T_C)}. \tag{36.41}$$

这里有一条有些像顺磁性中有过的定律。关于顺磁性,我们曾有

$$\frac{M}{M_{饱和}}=\frac{\mu B}{kT}. \tag{36.42}$$

此刻的一个差别在于，我们有一个用 H 表示的磁化强度，而 H 包含了各原子磁体相互作用的某些效应，但主要的差别还在于，磁化强度是与 T 和 T_C 之间的差值成反比，而不仅仅与绝对温度 T 成反比。略去相邻原子间的相互作用就相当于选取 $\lambda = 0$，根据式(36.39)这意味着取 $T_C = 0$。于是结果正好就是第 35 章中我们有过的。

可以把有关镍的理论图像与实验数据核对一下。在实验上已经观测到，当温度升高至超过 631 K 时镍的铁磁性特征便消失了。我们可将此值与由式(36.39)计算出来的 T_C 相比较。记住 $M_{饱和} = N\mu$，则有

$$T_C = \lambda \frac{N\mu^2}{k\epsilon_0 c^2}.$$

根据镍的密度和原子量，可以得到

$$N = 9.1 \times 10^{28}\ \mathrm{m}^{-3}.$$

从式(36.28)取 μ，并设 $\lambda = \frac{1}{3}$，则得

$$T_C = 0.24\ \mathrm{K}.$$

存在的误差约等于 2 600 倍！我们关于铁磁性的理论完全失败了。

可以像外斯(Weiss)曾经做过的那样，通过说明由于某种未知原因，λ 不是等于三分之一，而是等于 $(2\,600) \times \frac{1}{3}$ ——或约 900——尝试“修补”我们的理论。结果是人们对像铁那样的其他铁磁性材料获得了一些相似的值。为了弄清楚这意味着什么，让我们回到式(36.36)上去。我们看到，一个大的 λ 值意味着作用于原子上的局部场 B_a，似乎比我们所想到的要大得多。事实上，若写成 $H = B - M/(\epsilon_0 c^2)$，则有

$$B_a = B + \frac{(\lambda - 1)M}{\epsilon_0 c^2}.$$

按照我们原来的意思——令 $\lambda = \frac{1}{3}$ ——局部磁化强度 M 使有效场 B_a 约减少了量 $\frac{2}{3}M/\epsilon_0 c^2$。即使我们关于球形空穴的模型不是很好，仍然预期会有某些减弱。与此相反，为了解释铁磁现象，我们必须想象场的磁化作用会把局部场增强某个巨大——比如一千或更大——的倍数。似乎没有任何合理办法能在一个原子附近造成这么巨大的场——甚至适当符号的场也都不可能！显然，我们关于铁磁性的“磁”性理论是一场可悲的失败。因此必然得出结论，铁磁性必定与相邻原子中自旋电子间的某种非磁性相互作用有关。这种相互作用必然会产生一种强大的趋势，使所有邻近的自旋都沿一个方向整齐排列。以后我们将会明白这必须用量子力学以及泡利不相容原理来处理。

最后，我们来考察在低温时——即 $T < T_C$ ——所发生的情况。我们已经看到，此时将有一种自发磁化——即使 $H = 0$ ——由图 36-14 中曲线 a 与 b_2 的交点给出。如果对于不同的温度——通过变更直线 b_2 的斜率——解出 M，则我们就能得到如图 36-15 所示的那条曲线。对于所有其中原子磁矩都起因于一个单独电子的铁磁性材料来说，这条曲线应该是相同的。对于其他材料的曲线，只稍微有点不同。

在极限的情况下，如 T 趋向于绝对零度时，M 变成 $M_{饱和}$。当温度升高时，磁化强度会

逐渐减少,至居里温度时就降为零。图 36-15 中的那些点是镍的实验观测值。它们与该理论曲线符合得相当好。尽管我们并不理解其基本机制,但理论的一般特征似乎是正确的。

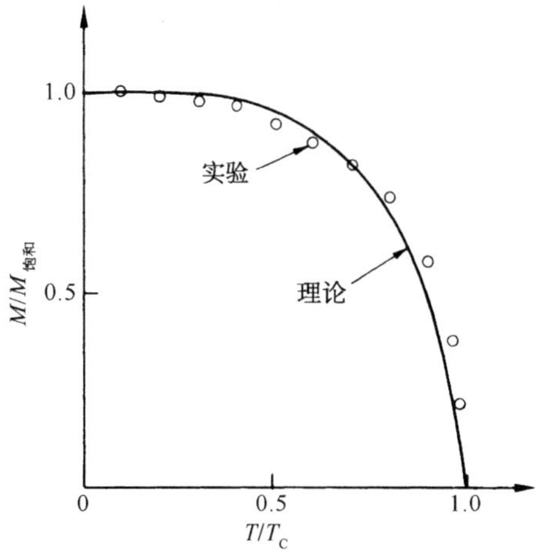

图 36-15 镍的自发磁化作为温度的函数

最后,在我们尝试理解铁磁性时,还有一个更令人烦恼的误差。我们已发现,在高于某一温度时该材料的性能应该像顺磁物质,其磁化强度 M 与 H(或 B)成正比;而在低于该温度时则它应变成自发磁化。但那不是我们测定铁的磁化曲线时所求得的。只有在我们使它"磁化"之后,它才会变成永久磁化。按照刚才所讨论的意思,它就应当本身磁化!毛病出在哪里呢?噢!事实证明,如果你对一块足够小的铁或镍晶体进行观察,则它的确是完全磁化了的!但在一大块铁中,就有许多沿不同方向被磁化了的区域或"畴",以致在大的尺度范围内平均磁化强度似乎为零。然而,在每个小畴中,铁具有被锁住的、几乎等于 $M_{饱和}$ 的磁化强度 M。这种畴结构的重要性在于,大块材料的整体性质与实际进行处理的微观性质是很不相同的。我们将在下一次演讲中介绍大块磁性材料的实际行为。

第37章 磁性材料

§37-1 已知的铁磁性

在本章中，我们将讨论铁磁性材料和其他一些奇异磁性材料的行为和特点。然而，在对磁性材料进行研究以前，我们将十分迅速地复习一下上一章中学过的某些有关磁铁方面的普遍理论。

首先，想象材料内部引起磁性的原子电流，然后再用体电流密度 $\boldsymbol{j}_{磁化}=\boldsymbol{\nabla}\times\boldsymbol{M}$ 来描述它。我们要强调，这并不认为它代表那些实际电流。当磁化强度均匀时，电流也并非真的恰好互相抵消。也就是说，在某原子中一个电子的旋转电流与在另一个原子中一个电子的旋转电流并不会以这样的方式交叠，以致其总和恰好等于零。即使在单个原子内部，磁性的分布也不是平滑的。例如，在铁原子中，磁化强度被分布在一个近似是球形的壳层上，它既不很靠近核，也不离核太远。因而，物质中的磁性就其细节而言是很复杂的事情，它非常不规则。然而，我们现在不得不略去这种细致的复杂性，而从整体的、平均的观点来讨论那些现象。于是在任何比原子大的有限范围内，当 $M=0$ 时，在内部区域里的平均电流确实为零。因此，在目前我们正在考虑的程度，所谓单位体积的磁化强度以及 $\boldsymbol{j}_{磁化}$ 等等，我们指的都是在比单个原子所占空间要大的区域里的平均。

在上一章中，我们也曾发现铁磁材料具有如下的重要性质：在超过某一温度时，它并不具有强磁性，而在这一温度之下才会变得有磁性。这个事实不难被演示出来。一段镍线在室温时会被一块磁铁吸引。然而，如果用煤气火焰把它加热至高于其居里点时，则它便变成非磁性体，此时即使被带至磁铁近旁，也不会为磁铁所吸引。如果让它在磁铁近旁冷却，则当温度降至临界温度以下时便会突然再度被磁铁吸引！

我们将采用的有关铁磁性的普遍理论，假定电子的自旋导致了磁性。电子的自旋为 1/2 并带有一个玻尔磁子的磁矩 $\mu=\mu_B=q_e\hbar/(2m)$。电子自旋可“向上”也可“向下”。由于电子有负电荷，所以当其自旋“向上”时，就有一个负的矩，而当其自旋“向下”时则有一个正的矩。按照我们常用的惯例，电子的磁矩 $\boldsymbol{\mu}$ 与其自旋反向。我们已求得一个磁偶极子在给定外加磁场 $\boldsymbol{B}$ 中的取向能为 $-\boldsymbol{\mu}\cdot\boldsymbol{B}$，可是一个自旋电子的能量也取决于邻近自旋的排列情况。在铁中，若附近一原子的磁矩“向上”，则与之相邻的另一原子就有使其本身磁矩也同样“向上”的强烈倾向。这就是促使铁、钴、镍等具有如此强大磁性的因素——磁矩全都必须互相平行。我们不得不讨论的第一个问题就是这个为什么。

量子力学发展起来之后不久，人们就注意到存在一个很强的表观力——既不是一种磁力，也不是任何其他种类的真实力，而只是一种表观力——试图把相邻电子的自旋互相反向整齐排列。这些力与化学键力密切相关。在量子力学中有一个原理——称为不相容原理——两个电子不能处于完全相同的状态，即它们的位置和自旋取向不能完全相同。例如，若它们位于相同的地点,则唯一可能的就是它们的自旋相反。因此,如果两原子之间有一个空间区域,电子乐于聚集在那里(像在化学键中那样),而我们也想把另一个电子放在已经待在那里的一个电子的上面,则唯一办法就是将这第二个电子的自旋指向与第一个电子的自旋指向相反。要使它们的自旋平行是违反规律的,除非这两个电子间互相离得很远。这样就产生了一个效应,即一对互相靠近、自旋平行的电子比一对自旋相反的电子具有大得多的能量。净效应好像有一个企图把自旋翻转过来的力,有时把这种使自旋翻转的力称为交换力,但那样只能使它更加神秘——并不是一个很好的名称。只是由于不相容原理才使得电子具有一种促使其自旋相反的倾向。事实上,这就是关于几乎一切物质都缺乏磁性的解释!原子外部自由电子的自旋具有在相反方向达到平衡的强大趋势。问题是要来解释为什么像铁那样的材料其性质恰恰与我们所预期的相反。

对想象的排列效应我们已在能量公式中加上一个适当的项而加以概括了,即假定如果邻近的电子磁体具有平均磁化强度 $\boldsymbol{M}$,则电子的磁矩就具有同邻近原子的平均磁化强度处于相同方向的强大趋势。这样,就可以将两种可能的自旋取向写成*:

$$\begin{aligned}\text{自旋“向上”的能量} &= +\mu\left(H+\frac{\lambda M}{\epsilon_0 c^2}\right),\\ \text{自旋“向下”的能量} &= -\mu\left(H+\frac{\lambda M}{\epsilon_0 c^2}\right).\end{aligned}\tag{37.1}$$

当弄清楚量子力学可能会提供一个巨大的自旋取向力时——即使其符号显然错误——人们曾认为铁磁性也许都起源于这同一种力。由于铁的复杂性以及牵涉到大量电子,所以这互作用能的符号计算结果相反。自从这一主意被想出来之后——约在 1927 年,当量子力学开始被理解的时候——许多人就曾做出各种估计和半定量计算,试图得到一个关于 λ 的理论预言。关于铁里两电子自旋间能量的最新计算——假定该相互作用是相邻原子里两个电子间的一种直接相互作用——仍然会给出错误的符号。目前对此的理解依旧假定,情况的复杂性不知道是什么原因造成的,并希望下一个根据更复杂情况而进行计算的人能获得正确答案!

目前人们相信,在内壳层上一个造成磁性的电子向上自旋,力图使在外层飞绕的传导电子具有反向自旋。人们也许期待此事会发生,因为那些传导电子已进入与“磁性”电子相同的区域。由于这些传导电子到处运动,它们可以带着其自旋已经颠倒的偏见来到另一个原子附近。这就是说,一个“磁性”电子企图强迫一个传导电子与之反向,此后这传导电子又会促使次一个“磁性”电子与它反向。这双重相互作用就等效于企图使那两个“磁性”电子平行排列的一种相互作用。换句话说,造成两自旋平行的趋势是由于一种媒介物作用的结果,这媒介物在某种程度上有与两者都相反的倾向。这个机制并不要求传导电子完全“颠倒”过来。它们只可以稍微有些自旋向下的偏向,刚刚足够促使那些“磁性”电子指向另一方向。那些曾经计算过这类事情的人们目前认为这是导致铁磁性的主要原因。但我们必须强调,直到今天还没有人只凭知道该材料在周期表中的数目 26 就能够算出 λ 的大小来。总之,我们对它还未充分了解。

---

* 为了同上一章的工作一致,我们用 $H=B-M/(\epsilon_0 c^2)$,而不是用 B 来写出这些方程。你也许喜欢把它写成 $U=\pm\mu B_a=\pm\mu(B+\lambda' M/\epsilon_0 c^2)$,其中 $\lambda'=\lambda-1$。但那是同一件事。

现在让我们继续来谈谈这个理论，待以后再回来讨论某一项涉及我们对这一问题的提法上的错误。如果某个电子的磁矩“向上”，则能量既来自外加磁场，也来自使自旋成为平行的那种倾向这两方面。由于当自旋互相平行时能量较低，所以这效应有时被认为是起因于一种“有效内场”。但要记住，这并非由真实的磁力引起的，而是一种更为复杂的相互作用。不管怎样，我们把式(37.1)作为关于一个“磁性”电子的两个自旋态的能量公式。在温度 T 时，这两个态的相对概率正比于 $e^{-能量/(kT)}$，我们可把它写成 $e^{\pm x}$，其中 $x=\mu[H+\lambda M/(\epsilon_0 c^2)]/(kT)$。这样，若我们计算磁矩的平均值，则会(如同上一章中那样)求得

$$M = N\mu \tanh x. \tag{37.2}$$

现在，我们想要计算材料的内能。我们注意到一个电子的能量恰好与磁矩成正比，因而平均能量的计算就与平均磁矩的计算相同——只要在式(37.2)中 μ 的地方，我们应该写成 $-\mu B$ 也即 $-\mu[H+\lambda M/(\epsilon_0 c^2)]$。于是平均能量为

$$\langle U\rangle_{平均} = -N\mu\left(H+\frac{\lambda M}{\epsilon_0 c^2}\right)\tanh x.$$

可是这并不是很正确的。由于 $\lambda M/(\epsilon_0 c^2)$ 这一项代表所有可能的原子对之间的互作用，所以必须记住，每一对只能计数一次(当我们考虑一个电子在其余电子的场中的能量、而后又考虑第二个电子在其余电子的场中的能量时，我们就已将第一次能量中的一部分多算了一次)。因此，我们就必须将相互作用的项除以 2，于是有关能量的公式结果为

$$\langle U\rangle_{平均} = -N\mu\left(H+\frac{\lambda M}{2\epsilon_0 c^2}\right)\tanh x. \tag{37.3}$$

在上一章中，我们曾经发现过一件有趣事情——低于某一温度时，对于该材料人们找到了一个即使没有外加磁化场其磁矩也并不是零的方程组的解。当我们在式(37.2)中令 $H=0$ 时，曾求得

$$\frac{M}{M_{饱和}} = \tanh\left(\frac{T_C}{T}\frac{M}{M_{饱和}}\right), \tag{37.4}$$

式中 $M_{饱和}=N\mu$，而 $T_C=\mu\lambda M_{饱和}/(k\epsilon_0 c^2)$。当(用图解法或其他方法)解这一方程时，我们发现，比率 $M/M_{饱和}$ 作为 T/T_C 的函数是一条像图 37-1 中标明为“量子理论”的曲线。而那条标明为“钴、镍”的虚曲线则表示这些元素晶体的实验结果。理论和实验符合得相当好。在这图上也显示出经典理论的结果，其计算是在假定原子磁体在空间中可以具有一切可能的取向下进行的。你可以看出，这个假定提供了一个甚至不

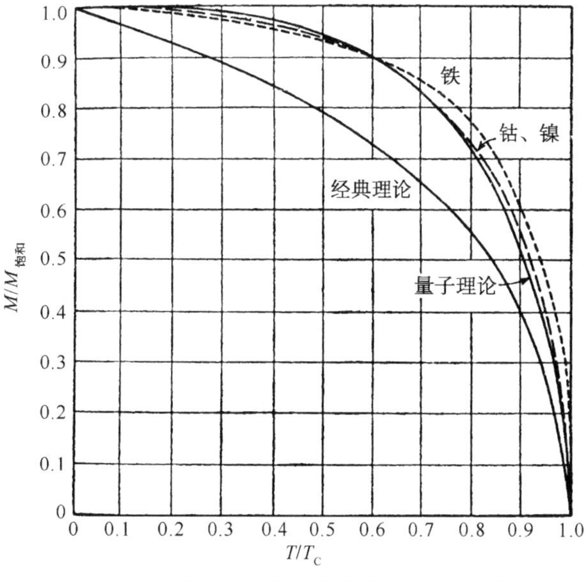

图 37-1　铁磁性晶体的自发磁化强度($H=0$)作为温度的函数[摘自 *Encyclopaedia Britannica*]

会与实验事实接近的预言。

即使是量子理论,在高温和低温两区域中,也都与所观测到的行为有所偏离。发生偏离的原因是,在该理论中我们曾经做出过一个相当草率的近似:即假定一个原子的能量取决于它的附近原子的平均磁化强度。换句话说,对于在一给定原子附近的每个"向上"磁矩,就将存在由于那种量子力学排列效应而引起的能量贡献。但究竟有多少个磁矩指"向上"呢?就平均来说,这是用磁化强度 M 来度量的——不过只是在平均的意义上而言的。某处的一个特定原子也许会发现它的所有邻居都是"向上"的。这样,它的能量便会大于平均值。另一个原子可能发现其邻居有些"向上",而有些"向下",或许平均为零,因而就该没有来自这一项的能量,如此等等。我们所应当做的是,采用某种较复杂的平均法,因为在不同位置上的原子会有不同的环境,因而对于不同原子就有不同数目的向上和向下的邻居。不仅仅考虑一个受到平均影响的原子,而是应该考虑每一个处于实际情况下的原子,算出它的能量,并求出平均能量。但我们如何来找出在其附近的原子中究竟有多少个"向上"和多少个"向下"呢?当然,这恰恰就是我们企图要算出的东西——"向上"的和"向下"的数目——因而就有一个十分复杂的相互联系的关联问题,即是一个从未得到解决的问题。这是一个错综复杂而又令人振奋的问题,已存在了许多年,而某些鼎鼎大名的物理学界人士在这方面也曾写过一些论文,但即使是他们也仍未能完全解决该问题。

结果证明,在低温时,当几乎全部原子磁矩都指"向上"而只有少数几个指"向下"时,问题易于解决;而在比居里温度 T_C 高得多的高温、且它们几乎全都混乱时,问题又容易解决。往往还不难算出在某种简单而又理想的情况下的微小偏差,因而对于为什么会在低温时与该简单理论有所偏离已有相当好的理解。在物理上也已理解到基于统计原因磁化强度应该在高温时有所偏离。但接近居里点的准确行为就从未被完全算出来过。如果你希望有一个从未被解决的问题的话,则那就是一个有朝一日会计算出来的有重要意义的问题。

§37-2 热力学性质

在上一章中,我们已经为计算铁磁性材料的热力学性质打下了必要的基础。自然,这些性质与晶体内能有关,而晶体的内能包括各种自旋的互作用、由式(37.3)给出。对于比居里点为低的自发磁化能量,可以令式(37.3)中的 $H=0$,因而——注意到 $\tanh x = M/M_{饱和}$ ——可求得正比于 M^2 的平均能量:

$$\langle U\rangle_{平均} = -\frac{N\mu\lambda M^2}{2\epsilon_0 c^2 M_{饱和}}. \tag{37.5}$$

如果现在把由磁性引起的能量作为温度函数而作图,我们便会得到一条图37-1中那条曲线的平方取负值后的曲线,如图37-2(a)所示。要是此时测量这种材料的比热,我们便会得到一条如图37-2(b)所示的曲线,它是图37-2(a)所示曲线的微商。它随温度增加而缓慢地上升,但在 $T=T_C$ 时就突然降低至零。这一急剧下降是由于磁化能量曲线的斜率刚好在居里点上出现巨大改变引起的。因此,完全不需要任何磁性测量,根据测量这一热力学性质,我们就可以发现在铁或镍中将发生的某些事情。然而,实验和经过了改进的理论(包括涨落)却都显示这条简单的曲线是错误的,而真实的情况实际上更加复杂。该曲线在那尖峰处升得更高,而下降至零时则有点缓慢。即使温度已高至足以在平均上使自旋处于混乱状态,但是仍然会有局部区域存在某些磁化量,而在这些区域中自旋具有小的额外相互作用能——这只有在温度进一步升高而情况变得越来越混乱时才会缓慢地消失。因此,实际的曲线看来就像图 37-2(c)那样。今天理论物理学的挑战之一就是要找出在居里转变点附近关于比热特性的准确的理论描述——一个还未得到解答的引人入胜的问题。自然,这个问题与同一区域内磁化曲线的形状会有十分密切的关系。

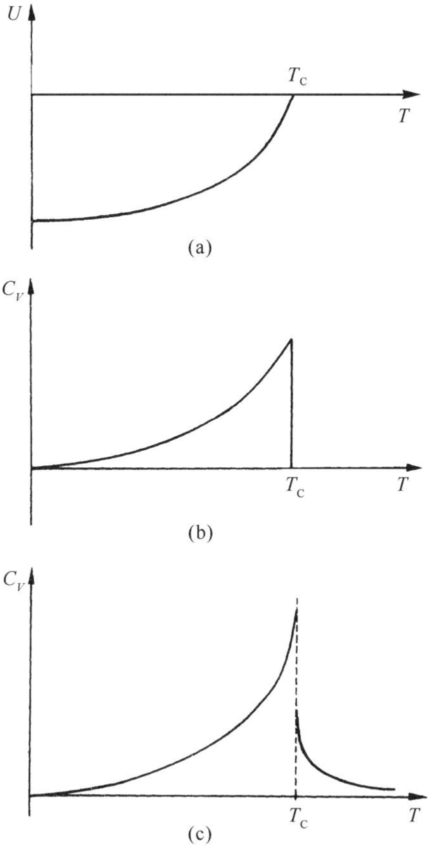

图 37-2 一块铁磁性晶体的单位体积能量和比热

现在要来描述某些除热力学以外的实验,这些实验会证明,我们对磁性的解释有些是正确的。当材料在低温下被磁化至饱和程度时,M 很接近于 $M_{饱和}$——几乎所有自旋以及它们的磁矩都是平行的。这可以通过下述实验加以核实。假设将一条形磁铁用一根细丝悬挂起来,然后对它包围上一个线圈,使得无须接触磁铁或对其施加任何转矩就能使磁场倒转过来。这是一个十分难做的实验,因为磁力如此巨大以致任何不平衡、任何倾斜或在铁里的任何不完整都会产生一些偶然的转矩。然而,该实验已在这种偶然转矩被减至最低程度的小心谨慎条件下完成了。利用包围在磁铁上的那个线圈的磁场,我们一下子就将所有的原子磁体全都翻转过来了。当我们这样做时,也将所有自旋的角动量都由"向上"变成了"向下"(见图 27-3)。如果在这全部自旋都翻转过来时角动量守恒,则铁条的其余部分就必然在角动量方面有相反的改变,整块磁体将开始旋转。果然,当我们做这一实验时,就发现磁铁的微小转动。可以测出给予整条磁铁的总角动量,而这仅是 N 乘以 $\hbar$,后者为每个自旋角动量的变化。由这样量得的角动量与磁矩的比率同我们的计算值相差约在 10%以内。实际上,我们的计算曾假定原子磁体纯粹起因于电子自旋,但在大多数材料中除了自旋之外,还有某种轨道运动。由于这种轨道运动不是完全脱离晶格的,因而对于磁性的贡献就不会超出百分之几很多。事实上,通过取 $M_{饱和} = N\mu$ 及利用铁的密度为 7.9 和自旋电子的磁矩 μ,人们所得到的饱和磁场约为 20 000 Gs。但根据实验,它实际上是在 21 500 Gs 左右。这是误差的典型值——5%~10%,由于忽略了包含在所做的分析中的轨道磁矩的贡献造成的。于是,上述回转磁

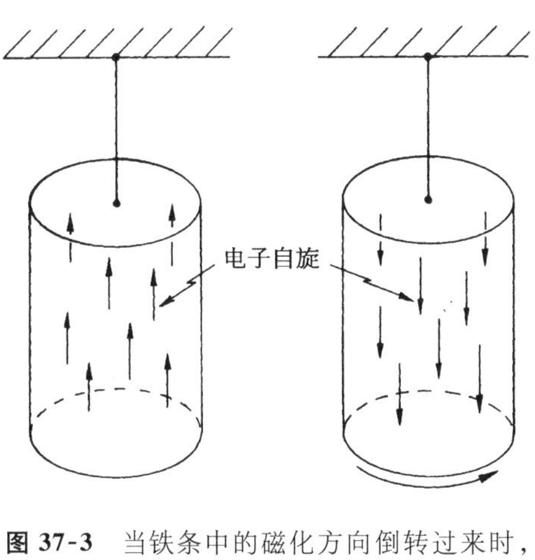

图 37-3 当铁条中的磁化方向倒转过来时,铁条会得到某一角动量

测量中的微小偏差就完全理解了。

§37-3 磁滞回线

从上面的理论分析我们就已断定,在某一定温度之下铁磁性材料应当自发地磁化,以致所有磁性都指向同一方向。可是我们知道,这对于一块普通的、尚未经磁化的铁来说是不正确的。为什么并不是所有的铁都被磁化了呢? 我们可以借助于图 37-4 来解释。假定铁全部是一大块如图 37-4(a)所示形状的单晶,并都已在一个方向上自发地磁化了,那么就有相当强的外部磁场,即具有大量能量。我们能够减少这种场的能量,只要布置得使铁块一边被"向上"磁化,而另一边则被"向下"磁化,如图 37-4(b)所示。当然,这时铁外的场就会伸展至较小体积,因而使那里有较少能量。

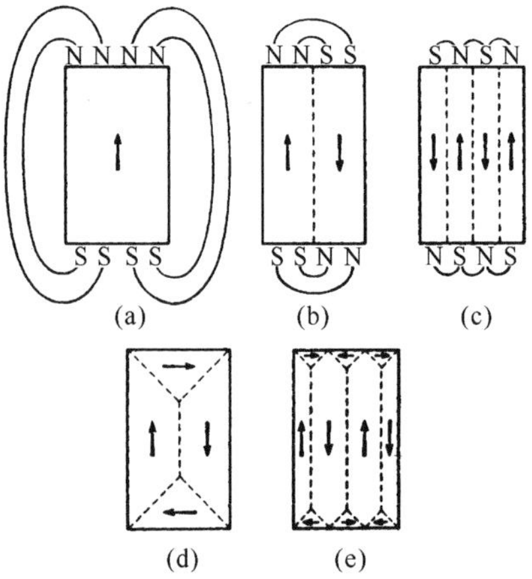

图 37-4 铁的一块单晶中磁畴的形成
[转载自 Kittel C. *Introduction to Solid State Physics*, 2nd ed., 1956]

啊,等一等! 在两个区域的边界层内,自旋向上的电子紧靠着自旋向下的电子。但铁磁性只在这样的材料中才会表现出来,即其中电子自旋若互相平行而非互相反向,则能量会削减。因此,我们在沿图 37-4(b)的那条虚线上就已加进了一些额外能量,这种能量有时称为壁能。一个仅有单一磁化方向的区域叫作磁畴。在两磁畴间的界面——"壁"——处,在对边上的原子按不同方向旋转着,因而具有单位面积的壁能。我们已把它描写成好像是有两个相邻原子,以恰恰相反的方向自旋,但事实证明,大自然会把事情调整得使转变较为平缓。然而这里我们无须为这样的细节操心。

现在的问题是:在什么时候造成一个壁较好或较差? 答案是,这取决于那些磁畴的大小。假设把一铁块按比例增大,以致整个事物增大一倍,则在体外充满给定磁场强度的空间就会是八倍大,从而正比于体积的磁场能量也会是八倍大。可是在提供壁能的两磁畴间的界面面积,却只有四倍大。因此,如果铁块足够大,则把它分裂成多个磁畴将是合算的。这就是为什么只有那些十分微小的晶体才能拥有单个磁畴的缘故。任何大的——尺度大于百分之一毫米的——物体将至少有一个磁畴壁;而任何普通"厘米大小"的物体则将分裂成如图所示的许许多多个磁畴。分裂成磁畴的这种过程将继续下去,一直到再插进一个附加壁所需的能量与晶体外面磁场降低的能量同样大时为止。

实际上大自然还发现了另一种降低能量的途径。完全不需要有磁场跑出外面,只要有一小块三角形区域被斜着磁化就行,如图 37-4(d)所示*。因此按图 37-4(d)的那种排列,

---

* 你可能会觉得奇怪,那些或者"向上"或者"向下"的自旋怎么又能够"斜着"了呢! 这问题提得好,但我们此刻不需去担心它。我们将采取经典观点,认为原子磁体都是一些经典的磁偶极子,可以在斜着方向受到磁化。要求对量子力学相当熟悉,才能理解物体如何能够"上与下"以及"左与右"同时全部被量子化。

我们知道体外不会存在磁场,只不过增加了一点点畴壁而已。

然而,那又会引起一种新问题。事实证明,当铁的单晶体被磁化时,在磁化方向改变了长度。因而一个“理想”立方体当其磁化强度比如是“向上”时,就不再是一完美的立方体了。其“竖向”尺寸将不同于“水平”尺寸。这一种效应叫作磁致伸缩。由于这种几何形态上的变化,因此图 37-4(d)中的小三角块,比如说,不再与那些适用的空间“相配”了——该晶体在一个方向已变得太长,而在另一个方向则太短了。当然,实际上还是相配的,只不过是硬挤进去罢了,而这就会牵涉到某些机械应力。因此,这种排列也引进了一种附加能量。正是所有这些不同能量的互相平衡,才决定在一块未经磁化的铁中磁畴最后如何把它们自己排列成那种复杂的形式。

现在,当加上一个外加磁场时会发生什么情况呢?为了简单起见,试考虑磁畴如图 37-4(d)所示的晶体。如果我们加上一个方向向上的外磁场,则该晶体将以什么方式进行磁化呢?首先,中间的畴壁可以向侧向(向右)移动而减少能量。之所以这样移动,其目的在于使“向上”区域变成大于“向下”区域。有更多的基本磁体与场整齐排列,而这就提供了一个较低的能量。因此,一块铁在弱场中——即在磁化过程中的最初阶段——那些畴壁会开始移动并侵蚀与场反向的磁化区域。当场继续增强时,整块晶体便逐渐转变成一个单独大畴,那是外场帮助维持整齐地排列成的。在强场中晶体“喜欢”全都排列成一个方向,只是因为在外磁场中它的能量会被降低——这时有关系的就不再仅仅是晶体本身的外场。

如果几何形态不那么简单又会怎么样呢?若晶体的轴与其自发磁化处于同一方向,但我们所加磁场却在其他某个方向——比如说在 45°上——那又会怎样呢?我们也许认为,各磁畴会改造自己使得其磁化强度与外场平行,然后和以前一样,它们就能够全部生长成一个畴了。但这对于铁来说是不容易办到的,因为磁化晶体所需的能量依赖于相对于晶轴的磁化方向。要把铁在平行于其晶轴的方向上磁化是相对容易的,但要在其他某个方向——比如相对于其中一轴成 45°角的方向——把它磁化就需要较多能量。因此,如果我们就在这样一个方向加一磁场,则首先发生的是,那些指向接近于外加磁场方向的从优方向之一的磁畴将会长大,直到磁化全都沿着这些方向中的一个为止。因此,如果加上更强大的场,则磁化强度就逐渐被扭转至与场平行的方向,如图 37-5 所粗略表示的那样。

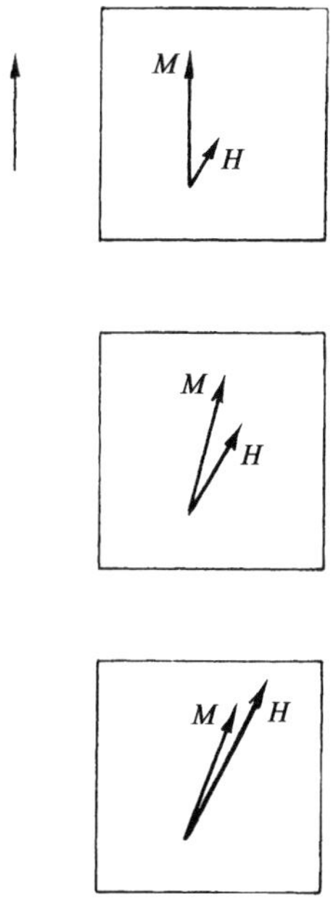

图 37-5　一个与晶轴成一角度的磁化场 $\boldsymbol{H}$ 将逐渐改变磁化强度的方向,而不会改变其大小

图 37-6 画出了铁单晶磁化曲线的一些观测结果。为了便于理解它们,我们首先必须对描述晶体中有关方向的符号做一些解释。一块晶体可以用多种不同方式把它切开,以便产生原子水平的表面。任何曾驱车经过果园或葡萄园的人们都会知道这么一件事——对之观望令人神往。如果你朝一个方向望去,会见到一行行的树——若朝另一方向看,又会见到另外一行行的树,如此等等。同样地,一块晶体也有一些确定的平面族,其中每个平面都包含了许多原子,而这些平面都具有这么一个重要特点(为较易于理解起见只考虑立方晶体),即如果观察这些面与那三条坐标轴相交于什么地方——则我们发现这些交点与原点间距离

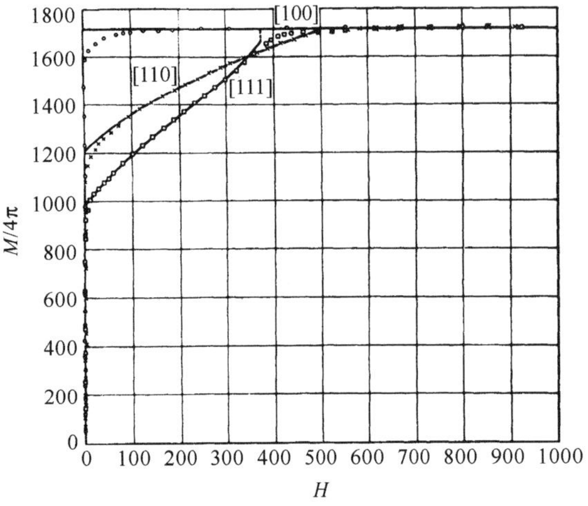

图 37-6 对 ***H*** 的不同方向(相对于晶轴而言),与 ***H*** 平行的 ***M*** 分量[转载自 Bitter F. *Introduction to Ferromagnetism*, McGraw-Hill Book Co., Inc., 1937]

的倒数会形成一些简单的整数比。这三个整数就被取作为该组平面的定义。例如图 37-7(a)中我们把一个平行于 yz 面的平面描绘出来了,这叫作[100]晶面,它与 y 轴和 z 轴的交点的倒数都是零。对于(立方晶体中的)这种面的垂直方向也给予相同一组数目。在立方晶体中要理解这个意思是容易的,因为此时[100]这些指数意味着一个矢量,它在 x 方向具有单位分量,而在 y 和 z 方向则都没有任何分量。[110]这一方向是同 x 轴和 y 轴均成 45°角的那一个方向,如图 37-7(b)所示;而[111]的方向则是沿立方体对角线的方向,如图 37-7(c)所示。

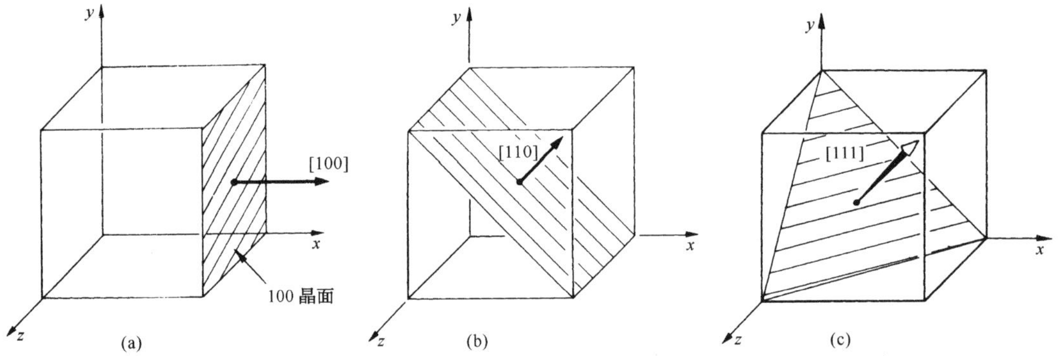

图 37-7 标明各晶面的方法

现在回到图 37-6,我们看到了铁的单晶在各个方向上的磁化曲线。首先应当注意,对于十分微小的场——弱至在标度上极难见到它——磁化强度非常迅速地达到了一个十分大的值,如果这个场处在[100]方向——即是沿那些敏锐而容易磁化的方向之一——则该曲线会上升至一个高值,稍微弯曲一点,然后就饱和了。所发生的情况是,那些已经在那里的磁畴非常易于移动。只要有一小场,就引起畴壁移动而吃掉所有那些“方向错误”的磁畴。单晶铁与普通的多晶铁相比,其导磁本领要大得多。一块理想晶体非常易于磁化。但为什么它的磁化曲线竟被弯曲了呢?为什么它不会立刻就达到饱和呢?我们不十分肯定。你或许有一天会学习到这些东西。但我们的确懂得,在高场时该曲线很平坦。当整块都已是一个单独的磁畴时,为什么附加磁场就不能造成任何更多的磁化——它已经处在 $M_{饱和}$ 的状态,其中所有电子都已经排列整齐了。

现在,若试图在[110]方向上——那是与晶轴成 45°角的——做同样的事情,那会发生什么呢?我们试开动一个小小的场,而当那些磁畴长大时磁化就跳跃上去。然后,当把场再增大一点时,我们便发现需要有一个相当大的场才能达到饱和,因为此刻磁化已偏离了那个“容易”的方向。如果这一解释正确,则[110]曲线外推回至纵轴上的交点应为饱和值的 $1/\sqrt{2}$。事实上,结果证明这的确非常非常接近于 $1/\sqrt{2}$。同理,在[111]方向上——那是沿立方体的对角线——我们发现,正如期待的那样,曲线会外推回至接近饱和值的 $1/\sqrt{3}$。

图 37-8 显示有关其他两种材料(镍和钴)的对应情况。镍与铁不同。在镍中,事实证明[111]方向才是易磁化方向。钴具有六角晶形,而人们对于这一种情况就曾拙劣地修补了一套名称。他们希望取六角柱的底面上的三个坐标轴和另一个垂直于底面的坐标轴,因此一共用了四个指数。[0001]的方向指沿六角轴的方向,而[1010]的方向则是垂直于这一条轴的。我们看到不同金属的晶体其行为用不同的方法来表示。

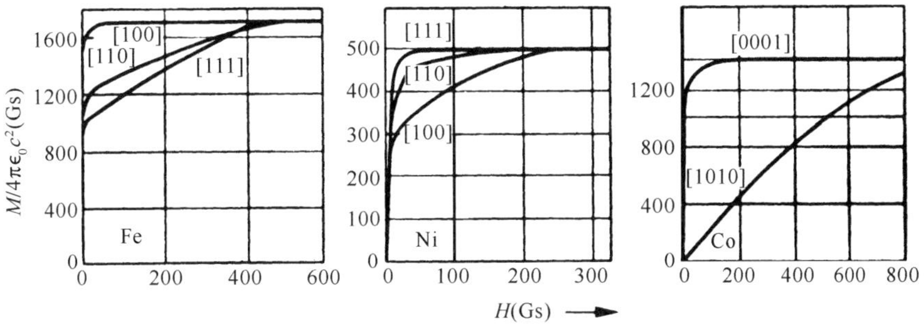

图 37-8 铁、镍和钴单晶的磁化曲线[转载自 Kittel C. *Introduction to Solid State Physics*, 2nd ed., 1956]

现在我们应该讨论多晶材料,诸如一块通常铁。在这种材料中有许许多多小晶体,它们的晶轴指向各个方向。这些是与磁畴不同的。应该记住,几个磁畴可能属于同一单晶,但在一块铁中就有许多其轴取不同方向的不同的晶体,如图 37-9 所示。在这些晶体的每一个中,一般也会有几个磁畴。当对一块多晶材料加上一个小磁场时,所发生的情况是:畴壁开始移动,而那些具有易磁化的有利方向的畴会长得较大。这一种成长过程是可逆的,只要场保持很小——若我们把场除去,磁化强度就会回到零。磁化曲线的这一部分在图 37-10 中标明为 a。

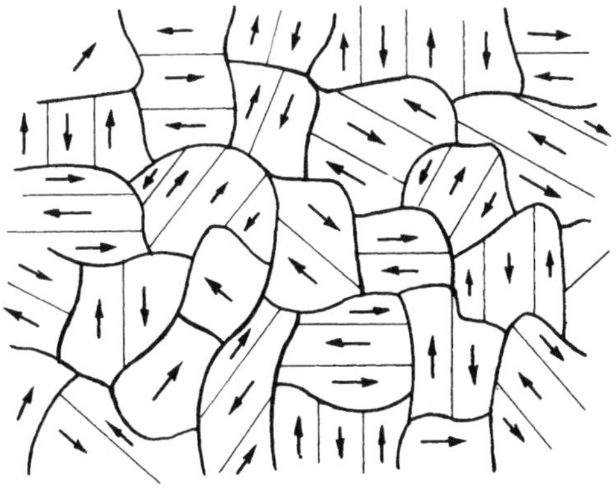

图 37-9 未被磁化的铁磁材料的微观结构。每一晶粒具有一个易磁化方向,并分裂成一些平行于这一方向的自发磁化的磁畴

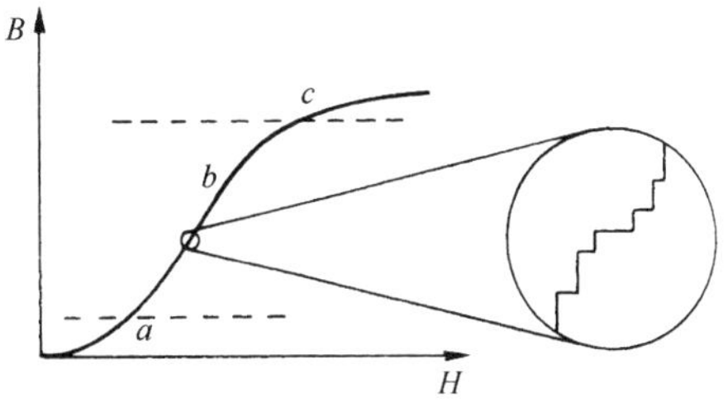

图 37-10 多晶铁的磁化曲线

对于较大的场——在所示的磁化曲线的 b 区中——情况复杂得多。在材料的每个小晶体中,会有应变和位错存在,同时也会有杂质、尘埃和不完整性。而除了最小的场之外的一切场,当畴壁移动时就会被这些东西所阻挡住。在畴壁与位错之间、与晶粒间界之间或与杂质原子之间,都会有一种相互作用能。因而当畴壁到达其中之一时,它就受到阻挡。它在某个磁场时被阻塞在那里。但若此时将场增大一些,则畴壁会突然迅速地移动过去。因此畴壁的运动并不像理想晶体中那样顺利——它不时被拖住,然后又做跳跃式的运动。要是我们在微观范围内来注视这一磁化过程,则会见到像图 37-10 中那个插入圆圈内的某些情况。

现在重要的事情在于,这些在磁化过程中的跳动会引起能量损失。首先,当磁畴边界最后滑过一个障碍物时,它会很快地移到次一个障碍物上去,因为场已超过对无障碍运动所需的了。迅速运动意味着有迅速变化的磁场,这会在晶体中产生涡电流。这些电流在加热金属的过程中丧失了能量。第二种效应则是,当磁畴突然变化时,晶体的一部分由于磁致伸缩而改变了它的大小。畴壁的每一突然移动都会产生一个带走能量的小声波。由于这些效应,磁化曲线的第二部分就是不可逆的,并有能量损失。这便是磁滞效应的来源,因为要把边界壁向前移动——迅速地移动——然后又向后移动——又迅速地移动——会产生不同的结果。它像一种"颠簸"的摩擦力,因而带走了能量。

最后,对于足够高的场,当我们已把所有畴壁都移动并将每一晶体都在其最佳的方向上磁化了时,仍然会有某些小晶体的易磁化方向不在我们所加的外磁场方向上。这时要将那些磁矩转动就需要很强的额外磁场。因此对于强场来说,磁化曲线会缓慢而平稳地增加——即在图上标明为 c 的区域。磁化强度并不会急剧达到它的饱和值,因为在该曲线的最后部分原子磁体正在一个强场中进行转动。因此,我们就见到为什么通常的多晶材料的磁化曲线,如图 37-10 中所示的那样,会在开头升高一点点并且是可逆的,然后就不可逆地升高,最后才再慢慢地弯过去。当然,在这三个区域之间并没有明显的转折点——它们会平滑地互相融合。

不难证明那磁化曲线中部的磁化过程是跳跃式的——畴壁在移动时跳跃和突然停止。你只需要将一个——绕上了许多千匝的——线圈接至放大器及扬声器上,如图 37-11 所示。如果你把几张硅钢片(如在变压器中所用的那一种)放置在该线圈中心并将一条形磁铁慢慢地移近该叠硅钢片,那么磁化的突然改变就会在线圈中产生一些脉冲电动势,它会在扬声器中产生听得到的清楚的嘀嗒声。当你把磁铁移得更靠近铁片时,你将听到一大串的嘀嗒声,有点像把一罐沙子倒转时沙粒竞相落下来的那种嘈杂声。当场增强时,畴壁就在跳跃、突然停止和摇动。这一现象叫作巴克豪森效应。

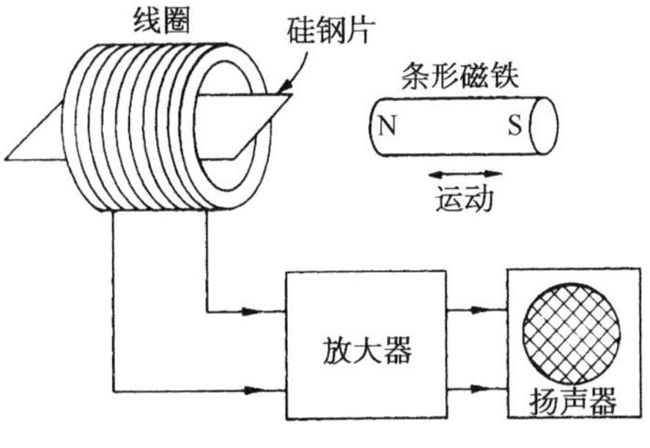

图 37-11 钢片里磁化的突然变化在扬声器中发出嘀嗒响声

当你把磁铁再移近铁片时,有一段时间这噪声变得越来越响亮,但之后当磁铁十分靠近铁片时噪声又相对小了。为什么呢? 因为几乎所有畴壁都已被移至尽可能远了。所以任何更大的场都只是在转动每个磁畴中的磁化强度,那是一种平稳的过程。

如果你现在将磁铁移开,以便使它沿磁滞回线的那条下降支路返回来,那么各磁畴便全都企图再回到低能量上去,而你就会听到另一大串反向跳跃的声音。你也可注意到,若把磁铁带到某一指定地点而在那里稍微来回移动，便将只有相对少的噪声，再又像是把一罐沙倾倒——但一旦那些沙粒已经站稳了位置，罐的细小运动便将不会对它造成扰动。在铁中磁场小的变化不足以移动任何边界越过任何“驼峰”(即克服阻挡)。

§37-4　铁 磁 材 料

现在我们很想来谈谈在技术领域中用到的各种磁性材料，并讨论为不同目的而设计磁性材料时所涉及的某些问题。首先，“铁的磁性”这个人们经常听到的名词是一种误称——并没有这么回事。“铁”不是一种完全确定的材料——铁的性质严格地取决于所含杂质的份量和该块铁是怎样制成的。你可以体会到，磁性将依赖于畴壁移动的难易程度，以及那是一种整体的性质而不是个别原子的特性。所以凡实用的铁磁性实际上并非一个铁原子的一种特性——它是处于某一形态上的固体铁的性质。例如，铁可取两种不同的结晶形式。普通形式具有体心立方晶格，但它也可有面心立方晶格，不过后者只在超过 1 100 ℃的温度时才会稳定。当然，在该温度时体心立方的结构早已越过其居里点了。可是，通过把铬和镍加入铁中形成合金(一种可能的混合物，其中含有 18%的铬和 8%的镍)，我们能够获得所谓的不锈钢，这虽然主要含的是铁，但即使在低温时也仍保留其面心晶格。由于它的晶体结构不同，它便具有完全不同的磁性。大多数品种的不锈钢并不带有可观程度的磁性，尽管有某些品种稍微带点磁性——这取决于该合金的成分。即使这样一种合金有磁性，它仍不是像普通铁那样的铁磁性——尽管该合金所含的成分大多数是铁。

现在我们很想来描述几种为某些特定磁性而研制起来的特种材料。首先，如果想制成一块永磁体，想要具有宽磁滞回线的那种材料，使得当撤去电流而把起磁场降低至零时，磁化强度仍会保持强大。对于这样的材料，磁畴边界应该尽可能“冻结”在原地。这种材料中的一种就是“铝镍钴 V”(含有 51%铁，8%铝，14%镍，24%钴，3%铜)。(这种合金相当复杂的成分标志着要制成优质磁铁所必须经历过的详尽的努力。要把五种东西混合起来，并一直试验到求得最理想的物质，需要多少耐性啊！)当铝镍钴凝固时，就有一种“第二相”淀积出来，造成许多微小晶粒和很高的内应变。在这种材料中，畴壁边界根本难于移动。除了应具备准确的成分外，铝镍钴是这样机械“加工”的，即使晶体具有长晶粒结构，而且晶粒沿着将要磁化的方向。这样，磁化就有在这些方向上被排列起来的一种自然趋势，而凭这种各向异性效应磁化就会被保持在那里了。而且，材料在制造时甚至被置在外加磁场中冷却，以致晶粒将按正确的结晶方向生长。铝镍钴 V 的磁滞回线如图 37-12 所示。你看它比上一章图 36-8 中关于软铁的磁滞回线要宽约 700 倍。

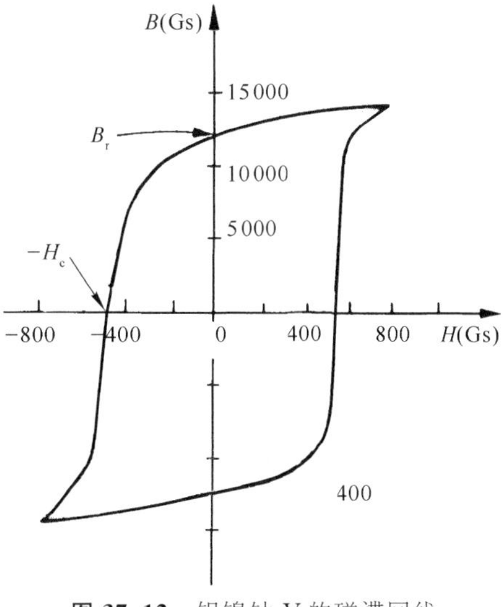

图 37-12　铝镍钴 V 的磁滞回线

现在让我们转到另一种不同的材料上来。为了制造变压器和电动机，需要一种“软”磁材料——它的磁性很容易改变，以致由一个十分微小的外加磁场就造成大量的磁化。为做到这点，我们需要一些纯净的而又退火退得很好的材料,其中将含有很少的位错和杂质,使得畴壁能够容易移动。要是我们能制成小的各向异性,那也会是很好的。这时,即使材料中的晶粒有相对于场处在不恰当的角度,但它也仍然容易被磁化。原来我们已经说过,铁比较喜欢沿[100]方向磁化,而镍则倾向于[111]方向,因此如果我们把铁和镍以各种不同的比例混合,也许有希望用刚好恰当的比例找到一种不会偏爱任何方向的合金——[100]和[111]两个方向可能彼此等价。事实证明,这发生于混合物中含有 70%镍和 30%铁的情况。此外——也许由于幸运,或可能由于在各向异性与磁致伸缩效应之间存在某种物理关系——结果是,铁与镍的磁致伸缩具有相反的符号。而在这两种金属的合金中,当含有约 80%的镍时,这一性质就会通过零值。因此,镍含量在 70%~80%之间时,我们将获得一种非常"软"的磁性材料——极易于磁化的合金,它们被叫作坡莫合金。这种坡莫合金用于优质(在低信号水平的)变压器中,但对于永磁则毫无用处。坡莫合金一定要很小心地制造和使用。一块坡莫合金若所受的应力超过弹性限度,性质将激烈发生变化,即不能把它弯曲。如果把它弯曲,其磁导率将由于机械形变所产生的位错、滑移带等等而降低,畴壁不再容易移动了。然而,这高磁导率可以通过在高温中退火而恢复。

用某些数字来表征各种不同磁性材料往往很方便。有两个有用的数字,那就是磁滞回线与 B 轴和 H 轴的截距,如图 37-12 所标明出来的那样。这些截距分别称为剩余磁场 B_r 和矫顽力 H_c,在表 37-1 中我们把几种磁性材料的这些数字列举了出来。

表 37-1 某些铁磁材料的性质

材料名称	剩余磁场 B_r(Gs)	矫顽力 H_c(Gs)
超坡莫合金	(≈5 000)	0.004
硅钢(变压器)	12 000	0.05
阿姆科铁(工业用纯铁)	4 000	0.6
铝镍钴 V	13 000	500

§ 37-5 特殊磁性材料

我们现在想要讨论一些更奇异的磁性材料。在周期表上有许多元素其内电子壳层尚未填满因而具有原子磁矩。例如,紧靠着铁磁性元素铁、镍、钴,你就会找到铬和锰。为什么它们不是铁磁性的呢?答案是,对于这些元素式(37.1)中的 λ 项具有相反的符号。例如,在铬晶格中,铬原子的自旋逐个改变方向,如图 37-13(b)所示。所以铬从它本身的观点来看是"磁性"的,但在技术上却不是令人感兴趣的,因为缺乏外部磁性效应。这样,铬就是量子力学效应使自旋交替的那类材料的一个例子。像这样一种材料称为反铁磁性的。反铁磁材料中的自旋排列也与温度有关。低于某一临界温度,所有自旋都会在每隔一列上排列整齐,但当晶体被加热到高于某个温度——还是称为居里温度——时,自旋便突然变得混乱起来。在内部发生了一次突然转变。这一转变可以在比热曲线中看到,也在某些独特的"磁性"效应中表现出来。例如,这种交替自旋的存在可通过被铬晶体中散射出来的中子而加以证实。由于中子本身具有自旋(和磁矩),所以它就具有不同的散射振幅,这取决于它的自旋是平行还是反平行于散射物质中的自旋。这样,当晶体中的自旋交替与具有无规分布时,我们会得到不同的干涉图样。

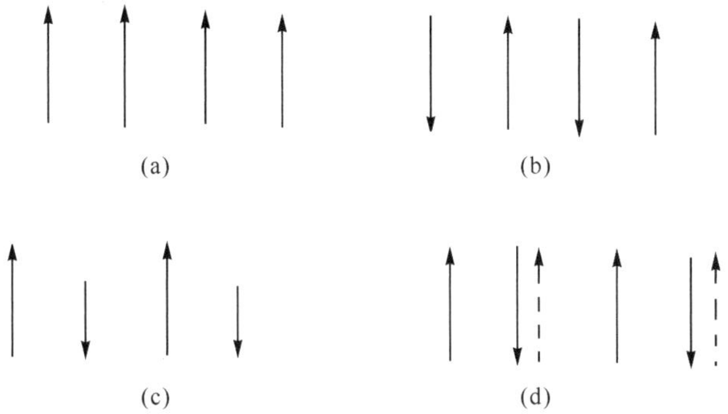

图 37-13　在各种不同材料中电子自旋的相对取向:(a)铁磁性;(b)反铁磁性;(c)铁氧体;(d)钇铁合金(虚线箭头代表包括轨道运动在内的总角动量方向)

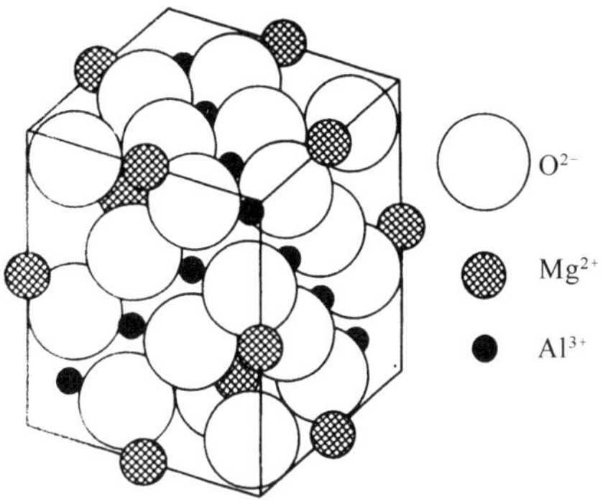

图 37-14　尖晶石($MgAl_2O_4$)矿物的晶体结构。Mg^{+2}离子占据正四面体位置,每个被四个氧离子所包围;Al^{3+}离子占据八面体位置,每个被六个氧离子所包围[转载自 Kittel C. *Introduction to Solid State Physics*, 2nd ed., 1956]

还有另一种物质,量子力学效应促使其中电子的自旋交替排列,但无论如何它还是铁磁性的——这就是说,这种晶体具有净的永久磁化强度。这一类物质的内部结构如图 37-14 所示。图上显示出尖晶石、即 $MgAl_2O_4$ 的晶体结构,这如同图上所示,乃是不带磁性的。这种氧化物含有两种金属原子:镁和铝。现在,若用两种像铁和镍、或锌和锰的磁性元素来代替镁和铝——换句话说,如果放进磁性原子而不是原来的非磁性原子——一件有趣的事情就会发生。让我们称其中一种金属原子为 a 而另一种金属原子为 b,那么下述各种力的组合就必须加以考虑。有一种 a-b 互作用,企图促使 a 原子与 b 原子具有相反自旋——因为量子力学总是给出相反符号(除了铁、镍和钴那些神秘的晶体以外)。然后,还有直接的 a-a 相互作用,企图促使 a 与 a 间反向,另外还有企图促使 b 与 b 间反向的那种 b-b 相互作用。现在,我们当然不能使每一件东西与其他每一件东西都相反——a 与 b 反,a 与 a 反,而 b 又与 b 反。大概是由于 a 与 a 间的距离较大并有氧原子存在(尽管我们实际上还不知道其所以然),结果是 a-b 相互作用比 a-a 或 b-b 的较强。因此,大自然在这种情况下所采用的解答是使所有的 a 都互相平行,以及所有的 b 也都互相平行,可是这两个系统却互相反向。该解答会给出最低能量,因为 a-b 相互作用较强。结果变成:所有的 a 都是自旋向上,而所有的 b 则都是自旋向下——当然,或者与此相反。但如果 a 型原子与 b 型原子的磁矩不相等,则我们该得到如图 37-13(c)所示的那种情况,而在材料中就可能存在净的磁化强度。于是材料将属于铁磁性的——虽然弱了一点。这样的材料叫作铁氧体。它们不具有像铁那么高的饱和磁化强度——由于明显的原因——因而只对较弱的场才有用。但有一个十分重要的差别——它们都是绝缘体,铁氧体是铁磁绝缘体。在高频场中,它们会有十分微小的涡电流,并从而可用于诸如微波系统中。微波场能够进入像这样的绝缘材料的内部,而它们在像铁那样的导体中将被涡流逐出体外。

还有另一类最近才被发现的磁性材料——称为石榴石的正交硅酸盐族的成员。它们也是在晶格中含有两种金属原子的晶体,因而我们又有几乎可以随意地代替其中两个原子的那种情况。在许多感兴趣的化合物中,有一种是完全磁性的,它在该石榴石结构中含有钇和铁,而它所以具有铁磁性的原因是很难理解的。这里量子力学又再使相邻的自旋反向,从而形成铁中电子自旋指向一方、而钆中电子自旋则指向相反的一个同步系统。但钆原子比较复杂,它是一种稀土元素,它的磁矩从电子的轨道运动中获得大的贡献。对于钆来说,轨道运动的贡献与自旋方面的贡献相反,并且还比较大。于是,借助不相容原理而工作的量子力学,虽然会使钆的自旋与铁的自旋反向,但由于轨道效应就仍能使钆原子的总磁矩平行于铁的原子磁矩——如图 37-13(d)所简略表示的那样。因此,该化合物就是一种正常的铁磁体。

铁磁性的另一个有趣例子存在于某些稀土元素中,它与自旋的一种更特殊的排列有关。该材料既不是自旋全都平行意义上的铁磁性,也不是每个原子的自旋相反意义上的反铁磁性。在这些晶体中,处于某一层内的所有自旋都互相平行,并躺在该层的平面之上。在邻接的一层内,所有自旋又彼此平行,但却指着稍微不同的方向。在接下来的一层又再有另一个方向,如此等等。结果是,局部的磁化强度矢量按螺旋式变化——当沿一条垂直于各层的直线通过时,逐层的磁矩在旋转。试图分析当加一磁场于这样一个螺旋体时会发生什么情况——在所有各原子磁体中所必须进行的一切扭转和旋转——是很有趣的(有些人就喜欢用这些东西的理论来自我取乐)。不仅存在"平坦"螺旋的那些情况,也还存在逐层磁矩,它们的方向会形成一个锥面,以致它既具备一个螺旋分量而又具备沿某一方向均匀的铁磁性分量!

在比我们这里所能做出的更高的水平上计算出来的物质磁性,曾经使各种类型的物理学家着迷。首先,有些实际工作者,他们喜欢寻找以更佳方式制造出各种东西来的途径——他们乐于去设计出更为优良而又更加有意义的磁性材料。像铁氧体那类东西的发现或其应用,立即使得那些喜欢看到用灵巧的新方法来做出东西的人们很高兴。除此之外,还有一些人在大自然能够用几条基本定律就产生出的极度复杂性中寻找魅力。仅从唯一一个相同的普遍概念出发,大自然便从铁的铁磁性和磁畴开始,至铬的反铁磁性,又至铁氧体和石榴石的那种磁性,以致一些稀土元素的螺旋结构,等等,等等。要在实验上去发现这些特殊物质中所发生的一切奇异事情是挺令人向往的。然后,对于那些理论物理学家来说,铁磁性代表着若干项十分有趣、但尚未得到解决而又挺漂亮的挑战。一项挑战就是去理解为什么铁磁性真的会存在。另一项挑战则是去预言在一理想晶格中有相互作用的自旋的统计性。即使忽略任何可能不重要的复杂性,这一问题迄今仍难以充分理解。那么有趣的原因在于它竟是这么容易表述的问题:设在常规晶格中存在以如此这般的规律相互作用着的大量电子自旋,试问它们究竟会做什么呢?问题虽然简单地说明了,但多年来人们就是难以对它做出完全的分析。尽管对于温度不太靠近居里点的情况已做了相当仔细的分析,但在居里点处的突然转变的理论仍有待完成。

最后,有关自旋的原子磁体系统——在铁磁性材料、或在顺磁性材料以及在核磁性中——的整门学科,对于物理系的高年级学生来说,也已是一种具有魅力的东西。这些自旋系统可用外加磁场加以推和拉的作用,从而人们就能够利用共振、弛豫效应、自旋回波以及其他各种效应达到许多目的。它被用作许多复杂热力学系统的原型。但在顺磁性材料中情况往往相当简单,而人们已经很高兴去做实验以及从理论上解释那些现象。

我们现在已结束了电学和磁学的学习。在第 1 章中,我们曾谈到自从早期希腊人对于琥珀和天然磁石的奇怪行为进行了观察以来已经大有进步。可是在我们一切冗长而又复杂的讨论中,却从未解释过为什么当我们摩擦一块琥珀时会在它上面获得电荷,而我们也没有解释过为什么一块天然磁石会被磁化!你可能会说:"呵!我们不过未能得到一个正确符号罢了。"不,比这还要糟些。因为即使我们的确曾获得过正确符号,仍然会有这么一个问题:为什么在地壳里的天然磁石会被磁化呢?当然,存在地球磁场,但地球磁场又是从哪里来的呢?实际上并没有任何人知道——只能有一些良好的猜测。所以你看,我们这一套物理学竟是一套赝品——从天然磁石和琥珀现象出发,而就在对这两者都不很了解处收场,但是,我们在这一过程中也已经学到了大量十分令人振奋而又非常实用的知识!

第38章　弹　性　学

§38-1　胡克定律

弹性学这一学科，是与使物体产生形变的力被撤去后即能恢复其大小和形状的那些物质行为打交道的。对于所有固态物体，我们在某种程度上都发现了这种弹性特征。要是我们有时间详尽地处理这一课题，则要观察下列许多事情：材料行为、弹性的一般规律、弹性的普遍理论、决定弹性的原子机制以及最后当力大至范性流动和破裂发生时的弹性定律限度。要详细地涉及全部这些课题，所花费时间可能比我们具有的更多，因而将不得不忽略某些东西。例如，我们将不讨论范性或弹性定律的限度（当过去谈论金属中的位错时，就曾稍微接触过这些课题）。并且，也将不能讨论弹性的内在机制——所以下述处理就将不会有如我们在以前各章中所试图达到的那种完整程度。我们的目的主要在于使你们熟悉怎样去处理诸如梁的弯曲那样的实际问题的某些方法。

当你挤压一块材料时，它将“屈服”——材料发生了形变。如果力足够小，则材料中各点的相对位移与力成正比——我们说这行为是弹性的。下面将仅仅讨论弹性行为。首先，写出弹性的基本定律，然后，将其应用于若干不同情况。

假设取一根长度为 l、宽度为 w 及高度为 h 的矩形杆，如图 38-1 所示。如果在其两端用力 F 来拉，此时其长度将伸长 Δl。我们将假定在整个过程中这长度的改变是原来长度的一个微小分数。事实上，对于诸如木材和钢等材料，若长度改变超过其原长的百分之几，则该材料便将断裂。对于大多数材料，实验证明，在伸长足够小时，力与伸长成正比：

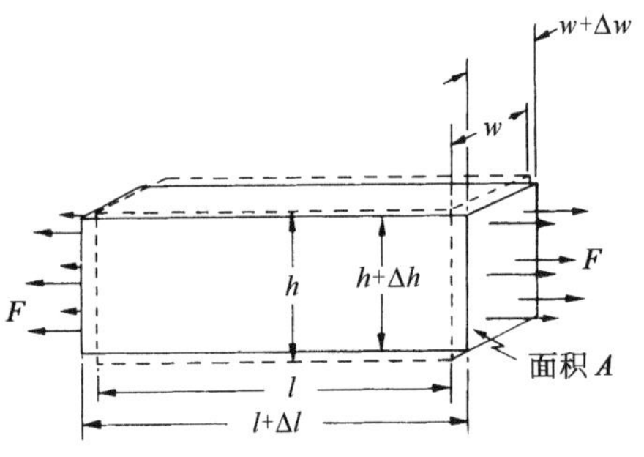

图38-1　一根杆在受均匀张力时发生的伸长

$$F \propto \Delta l. \tag{38.1}$$

这一关系就是大家熟悉的胡克定律。

杆的伸长 Δl 也与其长度有关，我们可以通过下述论证来尽可能弄清楚这关系。若把全同的两块材料头对头地粘在一起，作用于每块上的力相同，且每块都将伸长 Δl。这样，长为 $2l$ 的一块的伸长即为截面与之相同但长度为 l 的另一块的伸长的两倍。为得到一个更能表征该材料性质而包含较少特殊形状的数字，我们决定与伸长对原长的比率 $\Delta l/l$ 打交道。这一比率与力成正比但与 l 无关：

$$F \propto \frac{\Delta l}{l}. \tag{38.2}$$

力 F 也将取决于该块材料的横截面积。假设将两块材料侧面与侧面相靠，那么，对于

给定伸长 Δl,我们作用于每块的力就应为 F,亦即对这两块的组合作用了两倍的力。对于一给定的伸长量,力必定与该块材料的截面积 A 成正比。为获得一个比例系数与物体的线度无关的定律,我们把对于一矩形块的胡克定律写成下列形式:

$$F = YA\,\frac{\Delta l}{l}. \tag{38.3}$$

常数 Y 仅代表材料的特征性质,被称为杨氏模量(你将经常见到杨氏模量被写成 E,但我们已把 E 用作为电场、能量和电动势了,因而建议采用另一个字母)。

单位面积的力称为应力,而单位长度的伸长——分数伸长——则称为应变。因此式(38.3)便可重新写成:

$$\frac{F}{A} = Y \times \frac{\Delta l}{l}, \tag{38.4}$$

$$\text{应力} = (\text{杨氏模量}) \times (\text{应变}).$$

胡克定律的另一个主要部分是:当你在一个方向上拉伸一块材料时,它将在一垂直于伸长的方向上收缩。宽度的收缩正比于原来宽度,也正比于 $\Delta l/l$。这侧向收缩对于宽度和高度两方面都有相同比例,并经常被写成

$$\frac{\Delta w}{w} = \frac{\Delta h}{h} = -\sigma\,\frac{\Delta l}{l}, \tag{38.5}$$

其中常数 σ 表示另一种称为泊松比的材料性质。在符号上它总是正的,而且是一个小于 1/2 的数目(σ 一般应取正值,那是"合理"的,但为什么一定是这样,就不十分清楚)。

Y 和 σ 这两常数就完全规定了一种均匀而各向同性(即非晶体)材料的弹性。在结晶材料中,伸长和收缩在不同方向上可以不同,因而可以有许多弹性系数。我们将暂时把讨论局限于其性质可以由 Y 和 σ 加以描述的那些均匀而又各向同性的材料。和往常一样存在描述事物的不同方法——有些人喜欢用不同的常数来描述材料的弹性,但始终要用到两个,而且它们都可以与 σ 和 Y 联系起来。

我们所需要的最后一个普遍原理是叠加原理。由于式(38.4)和(38.5)两定律在力和位移方面都是线性的,所以叠加将有效。如果你有一组力并得到某个位移,然后你增加一组新的力并得到某个另外的位移,则合位移将是你从这两组力独立作用时所得到的两个位移之和。

现在,我们有了所有的普遍原理——叠加原理和方程式(38.4)与(38.5)——就有了全部弹性学。但这也好像是在说,一旦有了牛顿定律,就有了全部力学。或者,给出了麦克斯韦方程组,也就给出了全部电学。当然,有了这些原理你便可以得到许多东西,因为具备了你目前的数学本领你就能够走得很远。不过,我们还将演算几个特殊的应用问题。

§38-2　均 匀 应 变

作为第一个例子,让我们来找出在均匀的流体静压强的作用下,一个矩形块发生的情况。现在把一块东西放进压力箱的水里,那么,这一块东西的每一个面就都会受到一个正比于该面积向内的作用力(见图 38-2)。由于流体静压强是均匀的,所以作用于该块东西每一面上的应力(单位面积之力)就都相同。我们将首先算出在长度上的变化。该块东西的长度变化可以想象成如图 38-3 中所简示出来的那三个独立问题中可能发生的长度变化之和。

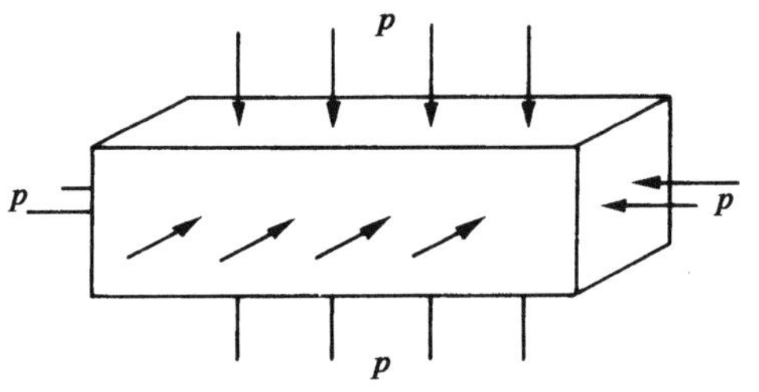

图 38-2　受到均匀的流体静压强作用的一根杆

问题1　若在该块材料两端我们用压强 p 将其推压,则压缩应变为 p/Y,而且符号是负的,

$$\frac{\Delta l_1}{l}=-\frac{p}{Y}.$$

问题2　若加压强 p 于该块材料的两个侧面,则压缩应变又是 p/Y,但此刻我们所要的是纵向应变,它可以由侧向应变乘以 $-\sigma$ 而得到。侧向应变为

$$\frac{\Delta w}{w}=-\frac{p}{Y},$$

因而

$$\frac{\Delta l_2}{l}=+\sigma\frac{p}{Y}.$$

问题3　若在该块材料的顶上加以推压,则压缩应变又是 p/Y,而其相应的侧向应变再次为 $-p/Y$。因而得到

$$\frac{\Delta l_3}{l}=+\sigma\frac{p}{Y}.$$

把这三个问题的结果合起来——也就是说,取 $\Delta l=\Delta l_1+\Delta l_2+\Delta l_3$ ——我们便得

$$\frac{\Delta l}{l}=-\frac{p}{Y}(1-2\sigma).\qquad(38.6)$$

当然,这一问题在所有三个方向上都对称,因此,

$$\frac{\Delta w}{w}=\frac{\Delta h}{h}=-\frac{p}{Y}(1-2\sigma).\qquad(38.7)$$

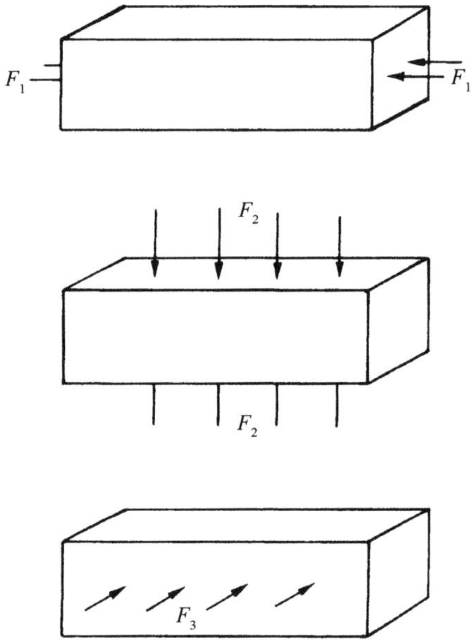

图 38-3　流体静压强是三个纵向压缩力的叠加

在流体静压强作用下的体积变化也是有些令人感兴趣的。由于 $V=lwh$,所以对于小位移可写出

$$\frac{\Delta V}{V}=\frac{\Delta l}{l}+\frac{\Delta w}{w}+\frac{\Delta h}{h}.$$

利用式(38.6)和式(38.7),我们得

$$\frac{\Delta V}{V}=-3\frac{p}{Y}(1-2\sigma).\qquad(38.8)$$

人们喜欢把 $\Delta V/V$ 叫作体应变,并写为

$$p=-K\frac{\Delta V}{V}.$$

该体应力 p 与体应变成正比——再次得到胡克定律。系数 K 称为体积弹性模量,它与其他常数间的关系为

$$K=\frac{Y}{3(1-2\sigma)}. \tag{38.9}$$

由于 K 具有某种实用价值,许多手册常给出 Y 和 K 而不是给出 Y 和 σ。如果你想要得到 σ,就总可以由式(38.9)获得它。我们也可从式(38.9)看出,泊松比 σ 必然小于 1/2。假如不是这样的话,则体积弹性模量会是负值,因而材料便会在增大压强时膨胀。这使得我们能够从任一块旧材料中获取机械能量——这意味着该块材料处于不稳定平衡中。如果我们开始让它膨胀,则它就会自己继续膨胀同时释放出能量来。

现在我们要来讨论,当把"切"应变加于某个东西上时发生的情况。所谓切应变,我们指图 38-4 所示的那种畸变。作为对这一问题的准备,让我们考察受到如图 38-5 所示的力作用的一块立方形材料内的应变。可以再度把它分解成两个问题:垂直方向的推力和水平方向的拉力。设这立方体每一面的面积为 A,则对于水平长度的变化得

$$\frac{\Delta l}{l}=\frac{1}{Y}\frac{F}{A}+\sigma\frac{1}{Y}\frac{F}{A}=\frac{1+\sigma}{Y}\frac{F}{A}. \tag{38.10}$$

垂直方向高度的变化恰好就是此式的负值。

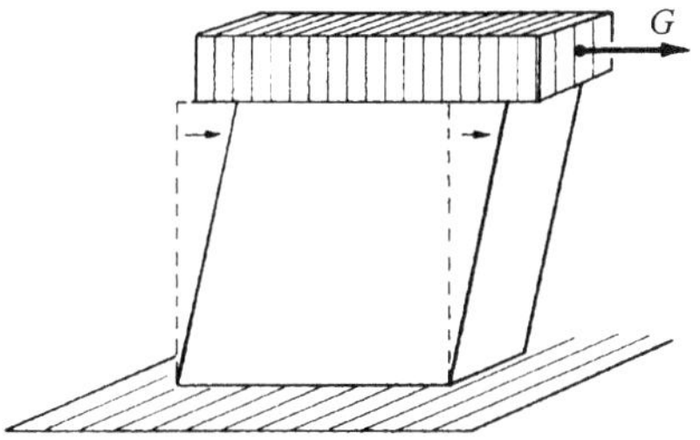

图 38-4 在均匀剪切作用下的立方体

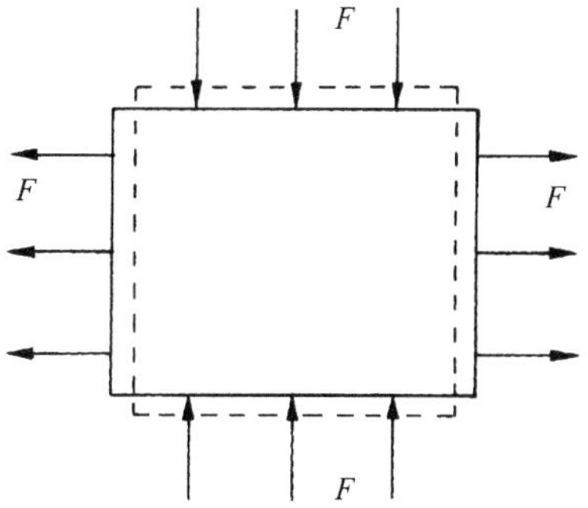

图 38-5 在顶部和底部都受到压缩力作用而在两侧受到相等的拉伸力作用的一个立方体

现在假设同样的立方体受到如图 38-6(a)所示的那些剪切力作用。注意!如果要不产生净转矩并要立方体处于平衡态中的话,则所有力必须相等(相似的力也必须在图 38-4 中出现,因为这块东西是处于平衡态。这种力是由使这块东西固定在台面上的"黏胶"提供的)。这时,该立方体被认为是处于纯剪切的状态。但必须注意,若用一个 45°角的面——比如说沿图中的对角线 A——来切割该立方体,则作用于这一截面上的总力垂直于这个平面并等于$\sqrt{2}G$。受这个力所作用的面积为$\sqrt{2}A$,因此,垂直于这个面上的张应力仅为 G/A。同理,如果我们检查一下与另一方向作成 45°角的平面——图中的对角线 B——便会看到有一个垂直于这个面的压缩应力$-G/A$。由此可见,在一"纯剪切"中的应力相当于彼此大小相等、互相正交,并与原立方体的面成 45°角的那个张应力和压应力的组合。内应力和内应变与我们在图 38-6(b)所示的那种力作用下的较大块材料中将要求得的相同,但这就是我们已经解答的问题。对角线长度的改变由式(38.10)给出:

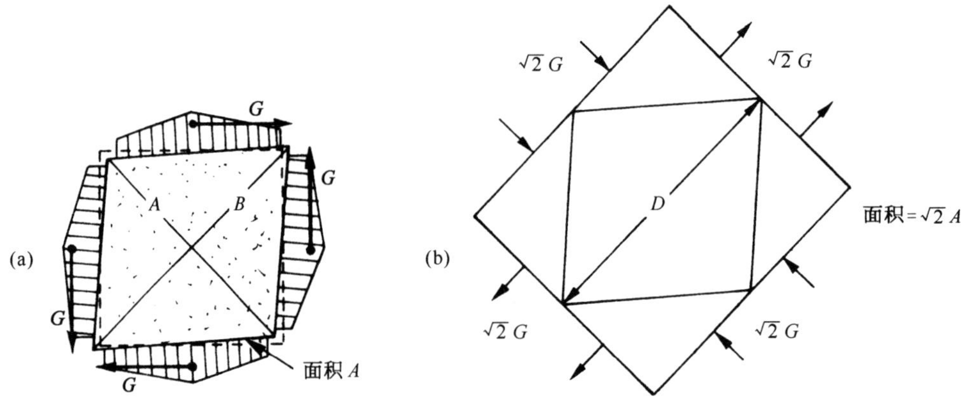

图 38-6 (a)中的两对剪切力产生了与在(b)中的压缩和拉伸力相同的应力

$$\frac{\Delta D}{D}=\frac{1+\sigma}{Y}\frac{G}{A}\tag{38.11}$$

(其中一条对角线缩短,另一条则伸长)。

把剪切应变用立方体受扭转的角度——图 38-7 中的 θ 角——来表示往往很方便。从这个图的几何形状你便可以看出,顶边的水平位移 δ 等于 $\sqrt{2}\Delta D$,因此

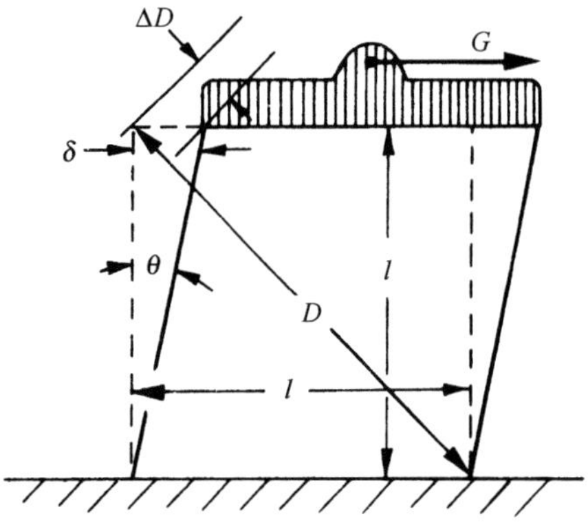

图 38-7 切应变 θ 为 $2\Delta D/D$

$$\theta=\frac{\delta}{l}=\frac{\sqrt{2}\Delta D}{l}=2\frac{\Delta D}{D}.\tag{38.12}$$

剪切应力 g 被定义为作用于一个面上的切向力除以该面面积,即 $g=G/A$。应用式(38.11)于(38.12)中,得

$$\theta=2\frac{1+\sigma}{Y}g.$$

或者,把这个式子写成"应力=常数乘应变"的形式,即

$$g=\mu\theta.\tag{38.13}$$

比例系数 μ 称为剪切模量(或者有时称为刚度系数)。如果用 Y 和 σ 来表达,则为

$$\mu=\frac{Y}{2(1+\sigma)}.\tag{38.14}$$

顺便提一下,这剪切模量必须是个正值——要不然你就可以从正在受到剪切作用的一块材料中获得功。根据式(38.14),σ 必须大于 -1。这样,我们便知道 σ 一定要在 -1 与 $+\frac{1}{2}$ 之间。然而,实际上,它却总是大于零的。

作为整个材料中应力均匀的那种典型情况的最后一个例子,让我们考虑这样的问题,一块材料被拉伸而同时又受到约束以致没有什么横向收缩能够发生(在技术上,对它进行压缩而同时不避免侧向凸起来稍微容易些——但这是同样的问题)。会发生什么情况呢?噢,必然存在使它的厚度不变的那种侧向力——一些我们此时不知道但必须计算出来的力。这与上面已经做过的问题类型相同,只是要用一点不同的代数。我们设想作用于所有三个侧向面上的力如图 38-8 所示,计算各种线度的改变,而选择一些横向力使得宽度和高度都保持不变。按照通常的论证,对于那三个应变得:

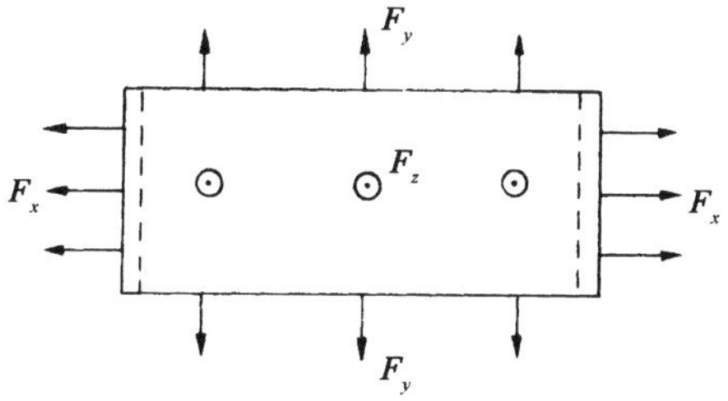

图 38-8 没有侧向收缩的伸长

$$\frac{\Delta l_x}{l_x}=\frac{1}{Y}\frac{F_x}{A_x}-\frac{\sigma}{Y}\frac{F_y}{A_y}-\frac{\sigma}{Y}\frac{F_z}{A_z}=\frac{1}{Y}\left[\frac{F_x}{A_x}-\sigma\left(\frac{F_y}{A_y}+\frac{F_z}{A_z}\right)\right], \qquad (38.15)$$

$$\frac{\Delta l_y}{l_y}=\frac{1}{Y}\left[\frac{F_y}{A_y}-\sigma\left(\frac{F_x}{A_x}+\frac{F_z}{A_z}\right)\right], \qquad (38.16)$$

$$\frac{\Delta l_z}{l_z}=\frac{1}{Y}\left[\frac{F_z}{A_z}-\sigma\left(\frac{F_x}{A_x}+\frac{F_y}{A_y}\right)\right]. \qquad (38.17)$$

现在,由于 Δl_y 和 Δl_z 都假定为零,所以式(38.16)和(38.17)给出了把 F_y 和 F_z 与 F_x 相联系的两个方程式。对它们一起求解,得到

$$\frac{F_y}{A_y}=\frac{F_z}{A_z}=\frac{\sigma}{1-\sigma}\frac{F_x}{A_x}. \qquad (38.18)$$

代入式(38.15)中,得

$$\frac{\Delta l_x}{l_x}=\frac{1}{Y}\left(1-\frac{2\sigma^2}{1-\sigma}\right)\frac{F_x}{A_x}=\frac{1}{Y}\left(\frac{1-\sigma-2\sigma^2}{1-\sigma}\right)\frac{F_x}{A_x}. \qquad (38.19)$$

你以后会经常看到把这个式倒转,并将 σ 的二项式分解成因式,于是它被写成

$$\frac{F}{A}=\frac{1-\sigma}{(1+\sigma)(1-2\sigma)}Y\frac{\Delta l}{l}. \qquad (38.20)$$

当我们把各侧都约束住时,杨氏模量得用一个复杂的 σ 函数相乘。正如你可以由式(38.19)最容易见到的,在 Y 前面的那个因子总大于 1。当各侧都固定时,拉伸一块东西是较难的——这也就意味着,一块东西的强度当其各侧都被固定时会比不固定时强。

§38-3 扭转的棒;剪切波

现在让我们把注意力转到一个较复杂的例子上来,因为这里材料的不同部分受到不同量值的应力作用。试考虑一根被扭转的棒,诸如某种机械的驱动轴或在一部精密仪器中用来作为悬丝的被扭转的石英纤维。正如你可能从扭摆实验中所知道的,作用于扭转的棒上的转矩与角度成正比——该比例常数显然取决于棒的长度、棒的半径以及材料的性质。问题是:按怎样的方式? 我们目前能够回答这个问题,因为那不过是演算某个几何问题。

图 38-9(a)表示一根长度为 L、半径为 a、其一端相对于另一端扭过一个角度 ϕ 的柱形棒。如果要把这应变同我们已知道的东西联系起来,则可以把棒设想为由许多个柱形壳所

构成,并分别算出每个壳所发生的情况。作为开始,我们考察一个薄而短的、半径为 r(小于 a)而厚度为 Δr 的柱形壳——如图 38-9(b)所示。现在,如果考察这个柱壳上原本是一个小正方形的部分,则会看到它已被扭转成一个平行四边形。圆柱壳的每个这样的单元都处在剪切之中,而其剪切角为

$$\theta = \frac{r\phi}{L}.$$

因此,材料中的剪切应力 g[根据式(38.13)]为

$$g = \mu\theta = \mu\frac{r\phi}{L}. \tag{38.21}$$

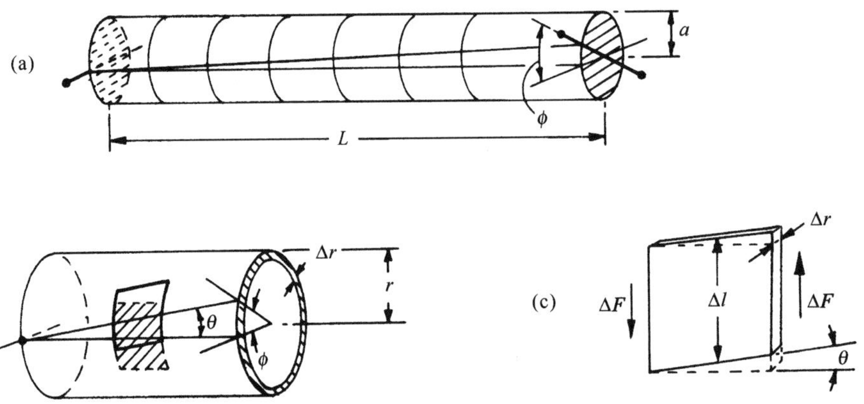

图 38-9 (a)一根扭转的柱形棒;(b)一个扭转的柱形壳;(c)壳中每一小部分都处在剪切中

剪切应力为作用于正方体端面上的力 ΔF 除以其端面积 $\Delta l\Delta r$[参见图 38-9(c)],

$$g = \frac{\Delta F}{\Delta l \Delta r}.$$

作用于这样一个正方体端面上的力 ΔF 贡献出绕柱轴的转矩 $\Delta\tau$:

$$\Delta\tau = r\Delta F = rg\Delta l\Delta r. \tag{38.22}$$

总转矩 τ 就是绕该柱壳整圆周的这种转矩之和。所以把足够多的部分拼在一起使得所有 Δl 相加成 $2\pi r$,我们就得到一个空心管的总转矩为

$$rg(2\pi r)\Delta r. \tag{38.23}$$

或者,利用式(38.21),得

$$\tau = 2\pi\mu\frac{r^3\Delta r\phi}{L}. \tag{38.24}$$

我们得到一根空心管的转动刚度 τ/ϕ 是与该管半径 r 的立方和厚度 Δr 成正比而与其长度 L 成反比的。

现在可以想象一根实心棒是由一系列同心管所构成的,而每个管子都被扭转相同的角度 ϕ(虽然对于每个管子来说内应力是不同的),总转矩是转动每一个柱壳所需的转矩之和,因此对于实心棒

$$\tau = 2\pi\mu\frac{\phi}{L}\int r^3\,\mathrm{d}r,$$

其中积分是从 $r=0$ 积至 $r=a$ 的,a 为该棒的半径。经过积分后,得

$$\tau = \mu\frac{\pi a^4}{2L}\phi. \tag{38.25}$$

对于一根被扭转的棒,转矩正比于角度并且与其直径的四次幂都成正比——一根两倍那么粗的棒产生 16 倍那么大的扭转刚度。

在放下扭转这一课题之前,让我们把刚才所学到的东西应用到一个有趣的问题:即扭转波。如果你取一根长棒并突然扭转其一端,则一个扭转波将会沿该棒发展下去,如图 38-10(a)所简略表示出来的那样。这比一个稳恒扭转更令人精神振奋——让我们看看是否能算出所发生的情况。

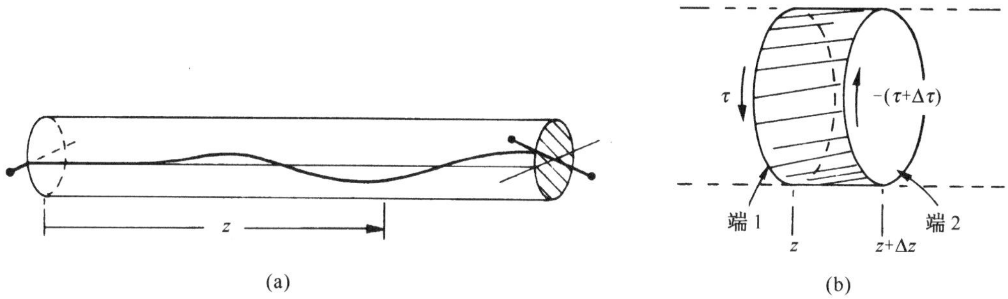

图 38-10 (a)在一根棒上行进的扭转波;(b)棒的一个体积元 *

令 z 为沿棒从一端至某一点的距离。对于一个静扭转来说沿棒各处都有相同的转矩,并且正比于 ϕ/L,即总扭转角除以总长度。对材料要紧的是局部扭转应变,你会知道它就是 $\partial\phi/\partial z$,当沿棒的扭转不均匀时,则应该用下式来代替式(38.25):

$$\tau(z) = \mu\frac{\pi a^4}{2}\frac{\partial\phi}{\partial z}. \tag{38.26}$$

现在让我们来看看如放大图 38-10(b)所示的、长度为 Δz 的体积元所发生的情况。设在一小段棒的端 1 处有转矩 $\tau(z)$,而在端 2 处有一不同的转矩 $\tau(z+\Delta z)$,如果 Δz 足够小,则可采用泰勒级数把它展开并写成

$$\tau(z+\Delta z) = \tau(z) + \left(\frac{\partial\tau}{\partial z}\right)\Delta z. \tag{38.27}$$

作用于 z 与 $z+\Delta z$ 间那一小段棒上的净转矩显然等于 $\tau(z)$ 与 $\tau(z+\Delta z)$ 之差,即 $\Delta\tau = (\partial\tau/\partial z)\Delta z$。对式(38.26)取微分,得

$$\Delta\tau = \mu\frac{\pi a^4}{2}\frac{\partial^2\phi}{\partial z^2}\Delta z. \tag{38.28}$$

这个净转矩的效果是对该小段棒提供一个角加速度。这小段棒的质量为

* 原图中箭头方向有误,已改正。

$$\Delta M=(\pi a^2\Delta z)\rho,$$

式中 ρ 为材料密度。我们曾经在第 1 卷第 19 章中算出一圆柱体的转动惯量为 $mr^2/2$,若把上述那小段材料的转动惯量叫作 ΔI,则有

$$\Delta I=\frac{\pi}{2}\rho a^4\Delta z. \tag{38.29}$$

牛顿定律讲:转矩等于转动惯量乘以角加速度,即

$$\Delta\tau=\Delta I\frac{\partial^2\phi}{\partial t^2}. \tag{38.30}$$

把每个公式集合起来,我们得

$$\mu\frac{\pi a^4}{2}\frac{\partial^2\phi}{\partial z^2}\Delta z=\frac{\pi}{2}\rho a^4\Delta z\frac{\partial^2\phi}{\partial t^2}$$

或

$$\frac{\partial^2\phi}{\partial z^2}-\frac{\rho}{\mu}\frac{\partial^2\phi}{\partial t^2}=0. \tag{38.31}$$

你会认识到这是一个一维的波动方程。我们已求得扭转波将以下述速率沿棒传播下去:

$$C_{剪切波}=\sqrt{\frac{\mu}{\rho}}. \tag{38.32}$$

棒越致密——对于相同的刚度来说——波行得越慢;而棒越坚硬,则波发展下去就越快。这速率与棒的直径无关。

扭转波是剪切波的一个特例。一般说来,剪切波是其中应变不会改变材料任何部分体积的那种波。在扭转波中,存在这种切应力的一个特殊分布——即分布于一个圆周上。但对于切应力的任一种安排,波将以相同速率——即由式(38.32)所给出的那一速率——传播。例如,地震学家发现了在地球内部传播的这种波。

在一固体材料内部,我们还可以有另一种弹性领域中的波。如果你推动某一件东西,就可以引起"纵"波——也称为"压缩"波,这有如空气或水中的声波——位移与波的传播沿同一方向(在一弹性体的表面上也还可以有其他类型的波——叫"瑞利波"或"乐甫波"。在其中应变既不是纯纵向的也不是纯横向的。我们目前没有时间研究它)。

正当我们论述波这个课题时,试问在像地球这样一块巨大的固体中纯压缩波的速度究竟如何?我们所以讲"巨大",是因为在一粗而厚的物体中的声速与在一根(比如)细棒中的声速不同。所谓"粗厚"物体,是指其横向尺寸比声音的波长要大得多。于是,当我们推动该物体时,它就不能向旁伸展——只能在一维上受压缩。幸亏,我们已算出了一块受约束的弹性材料的特殊压缩情况,亦曾在第 1 卷第 47 章中算出过气体中声波的速率。按照同样的论证你可以知道,在固体中声音的速率等于 $\sqrt{Y'/\rho}$,其中 Y' 为受约束情况下的"纵向模量"——或压强除以长度的相对变化,这恰好就是我们曾在式(38.20)中得到的 F/A 对 $\Delta l/l$ 的比。因此,纵波的速率由下式给出:

$$C^2_{纵波}=\frac{Y'}{\rho}=\frac{1-\sigma}{(1+\sigma)(1-2\sigma)}\frac{Y}{\rho}. \tag{38.33}$$

只要 σ 在零与 $\frac{1}{2}$ 之间，则剪切模量 μ 就小于杨氏模量 Y，而 Y' 比 Y 还要大，因而

$$\mu < Y < Y'.$$

这意味着纵波比剪切波传播得更快。一种用来量度物质弹性常数的最精密方法，就是测量该材料的密度和这两种波的速率。从这种数据我们就能得到 Y 和 σ。顺便说说，通过对发自一次地震的那两种波到达时间差的测量，一位地震学家——甚至仅从一个站所收到的信号——就能够估计出振源的距离。

§38-4　弯 曲 的 梁

现在要来考察另一个实际问题——棒或梁的弯曲。当我们弯曲一根具有任意截面的棒时，力会怎么样呢？虽然我们将算出的是设想的一根具有一圆截面的棒，但其答案将适用于任何的形状。然而，为了节省时间，我们将抄近路，因而即将得到的理论仅仅是近似的。我们的结果将只在弯曲的半径比梁的厚度大得多时才正确。

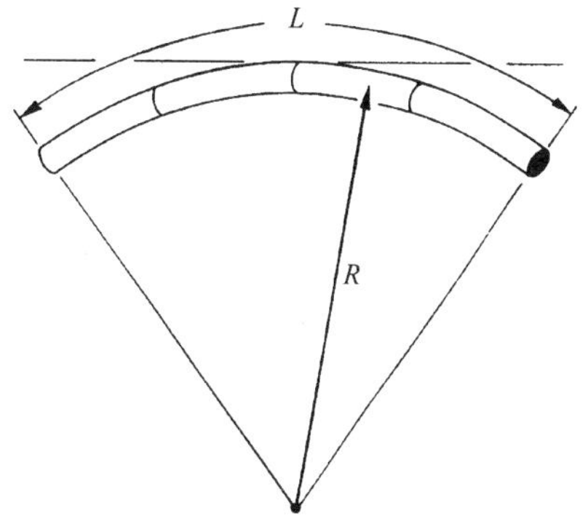

图 38-11　一根弯曲的梁

假定你抓住一根直棒的两端而把它弯成像图 38-11 那样的曲线，在该棒内部会发生什么情况呢？噢，如果它被弯曲了，则意味着在该曲线之内的材料受到压缩，而在曲线之外的材料受到拉伸。存在某一个近似与棒轴平行的面既不被拉长也不被缩短，这个面叫作中性面。你会预期，这个面靠近横截面的“中间”。可以证明(但我们将不在这里做出)：对于简单梁的微小弯曲，中性面会穿过横截面的“重心”。这只有对于“纯”弯曲——只要你不同时对梁拉伸或压缩——才正确。

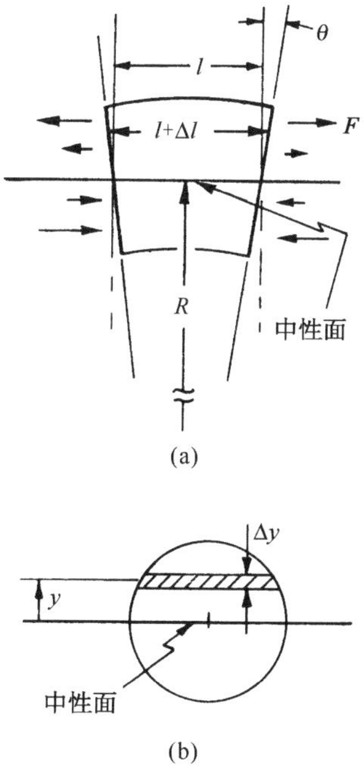

图 38-12　(a)一根弯曲梁中的一小片段；(b)梁的横截面

这样，对于纯弯曲来说，梁的一块横向薄片就会如图 38-12(a)所示的那样变形。在该中性面之下的材料具有与距这一中性面的距离成正比的压缩应变；而在其上的材料则被拉伸，其应变也正比于距这一中性面的距离。因此，纵向伸长 Δl 与高度 y 成正比，其比例常数恰好就是 l 除以该棒的曲率半径——参见图 38-12：

$$\frac{\Delta l}{l} = \frac{y}{R}.$$

所以在 y 处的一条小带上单位面积的力——应力——也与距中性面的距离成正比：

$$\frac{\Delta F}{\Delta A} = Y\,\frac{y}{R}. \tag{38.34}$$

现在让我们来考察这一应变产生的力。作用于图 38-12 中那一小段上的各个力如图所示。如果设想任何横向截面,则作用于其上的力在中性面之上朝一个方向,而在中性面之下则朝另一个方向,它们成对地构成一个“弯曲转矩”$\mathfrak{M}$——这指的是绕该中性线的转矩。我们可通过对图 38-12 中那样一小段的一个面上的力乘以距中性面的距离,然后进行积分,从而计算出总转矩:

$$\mathfrak{M} = \int_{\text{横截面}} y\mathrm{d}F. \tag{38.35}$$

根据式(38.34), $\mathrm{d}F = (Yy/R)\mathrm{d}A$, 因而

$$\mathfrak{M} = \frac{Y}{R}\int y^2\mathrm{d}A.$$

$y^2\mathrm{d}A$ 的积分我们可称之为该几何截面绕穿过其“质心”的水平轴的“转动惯量”*,我们将把它叫作 I:

$$\mathfrak{M} = \frac{YI}{R}, \tag{38.36}$$

$$I = \int y^2\mathrm{d}A. \tag{38.37}$$

于是,式(38.36)向我们提供了有关弯曲转矩 $\mathfrak{M}$ 与梁的曲率 $1/R$ 之间的关系。梁的“刚度”与 Y 和转动惯量 I 均成正比。换句话说,如果你要用比如说一定数量的铝来制造一根尽可能强硬的梁,那你就得把尽可能多的铝放在离中性面较远的地方,以便造成一个大的转动惯量。然而,不能把此推至极端,因为这么一来该件东西就将不会如我们所假定的那样弯曲——但却将弯折或曲折,因而又会变成较脆弱了。可是现在你已明白,为什么结构梁要造成工字形或 H 字形——如图 38-13 所示的那样。

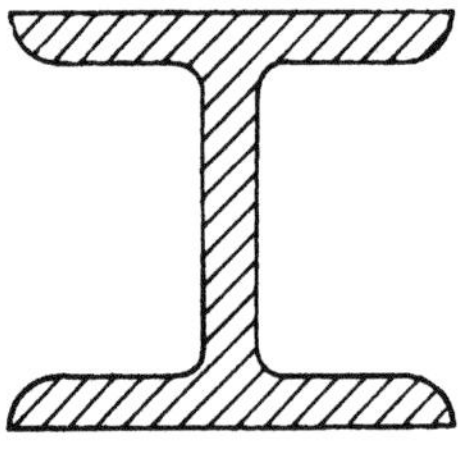

图 38-13 “工字”梁

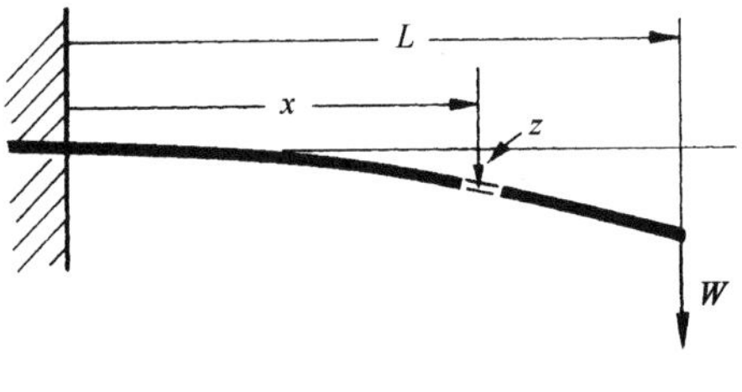

图 38-14 一端加有重量的一根悬臂梁

作为梁方程式(38.36)的一个应用例子,让我们算出有集中力 W 作用于其自由端的一根悬臂梁的偏离,如图 38-14 所示意的那样(所谓“悬臂”我们只是指梁被支持得使其一端的位置和斜率都保持固定——它被插入水泥墙内)。这根梁的形状将会怎么样呢?让我们把距固定端的距离为 x 处的偏离量叫作 z,我们希望知道 $z(x)$,将只对小的偏离作出计算,也将假定与其截面比较起来梁是很长的。现在,正如你已从数学课中懂得,任一条曲线 $z(x)$ 的曲率 $1/R$ 由下式给出:

---

* 当然,那实际上就是单位面积具有单位质量的一个薄片的转动惯量。

$$\frac{1}{R}=\frac{d^2z/dx^2}{[1+(dz/dx)^2]^{3/2}}, \tag{38.38}$$

由于我们只对于小斜率感兴趣——这往往是工程结构中的情况——与 1 比较起来略去 $(dz/dx)^2$,从而取

$$\frac{1}{R}=\frac{d^2z}{dx^2}. \tag{38.39}$$

我们也需要知道弯曲转矩$\mathfrak{M}$,它是 x 的函数,因为它等于绕任一个横截面的中性轴的转矩。让我们略去梁本身的重量而仅仅考虑在梁末端处向下的力 W(如果你愿意的话,可以把梁的重量也考虑进去)。于是在 x 处的弯曲转矩为

$$\mathfrak{M}(x)=W(L-x),$$

因为那是由重量 W 所施加的、围绕着 x 点的转矩——梁必须在 x 处加以支撑的转矩。我们就得到

$$W(L-x)=\frac{YI}{R}=YI\frac{d^2z}{dx^2}$$

或

$$\frac{d^2z}{dx^2}=\frac{W}{YI}(L-x). \tag{38.40}$$

这是一个没有什么窍门的、可以积分的方程,结果得到

$$z=\frac{W}{YI}\left(\frac{Lx^2}{2}-\frac{x^3}{6}\right), \tag{38.41}$$

这里利用了在 $x=0$ 处 $z(0)=0$ 及 dz/dx 也等于零的假定。那是由梁的形状决定的。末端的位移为

$$z(L)=\frac{W}{YI}\frac{L^3}{3}, \tag{38.42}$$

即一根梁末端的位移随长度的立方而增加。

上面在导出梁的近似理论时,我们曾经假定过梁的横截面在梁被弯曲时不会改变。当梁的厚度与曲率半径相比显得微小时,因横截面的改变非常小,所以我们的结果是好的。不过,一般说来,这一效应是不能忽略的,正如你能够通过把一块软橡皮擦弯曲在手指上而容易自行验证出来那样。如果原来的横截面是一个矩形,你将会发现,当它被弯曲时在其底部会凸起来(见图 38-15)。此事之所以发生,是因为当我们推压其底部时,材料便向旁延伸——正如由泊松比所描述的那样。橡皮是容易弯曲或伸长的,但它有点像液体,即很难改变其体积——犹如你在弯曲那块橡皮擦时它所明白表现出来的那样。对于不可压缩的材料,泊松比应该恰好等于 1/2——橡皮几乎就是这样。

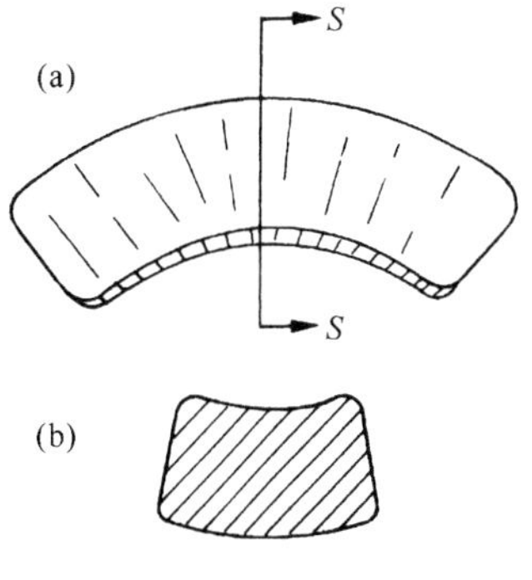

图 38-15 (a)一块被弯曲的橡皮擦; (b)横截面

§38-5 弯　　折

现在要用我们关于梁的理论来理解有关梁或者柱和棒弯折的道理。考虑示意图 38-16 中所表示的情况,一根原来是直的棒,在其两端受一对反向力所推压而保持弯曲的形状。我们想要计算这根棒的形状以及作用于两端的力的大小。

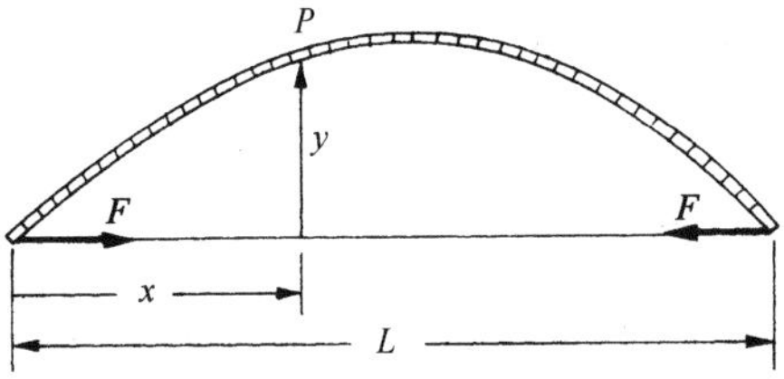

图 38-16　一根弯曲的梁

令棒与两端之间直线的偏离为 $y(x)$,其中 x 为距一端的距离。在图中 P 点的弯曲转矩 $\mathfrak{M}$ 等于力 F 乘以力臂,即垂直距离 y,

$$\mathfrak{M}(x)=Fy. \tag{38.43}$$

利用关于梁的方程式(38.36),便有

$$\frac{YI}{R}=Fy. \tag{38.44}$$

对于小偏离来说,可以取 $1/R=-\mathrm{d}^2y/\mathrm{d}x^2$ (负号来源于向下弯曲)。我们就得到

$$\frac{\mathrm{d}^2y}{\mathrm{d}x^2}=-\frac{F}{YI}y, \tag{38.45}$$

这是正弦波的微分方程。因而对于小的偏离,这样一根被弯曲的梁其曲线为正弦曲线。这正弦波的"波长"λ 为两端间距离 L 的两倍。若弯曲程度很小,则这正好是棒未被弯曲时长度的两倍。因而该曲线为

$$y=K\sin\pi x/L.$$

对此式取二次微商,便得

$$\frac{\mathrm{d}^2y}{\mathrm{d}x^2}=-\frac{\pi^2}{L^2}y.$$

将其同式(38.45)比较,可以看到力为

$$F=\pi^2\frac{YI}{L^2}. \tag{38.46}$$

对于微小弯曲来说,力与弯曲位移 y 无关!

这样,在物理上就有下述情况,如果力小于式(38.46)所给出的 F,则根本就没有什么弯曲。但如果稍微大于这个力,则材料将突然严重弯曲——这就是说,对于超过这一临界力 π^2YI/L^2(常称为"欧拉力")的那些力,梁将"弯折"。如果一座建筑物的楼上的负载超过了支柱的欧拉力,则该建筑物将倒塌。另一个显示这种弯折力最重要的地方是在太空火箭上。一方面,火箭必须在发射台上能够支持它本身的重量并在加速期间能够经得起那些应力;另一方面,重要的是把结构的重量保持极小,以便使有效负载和燃料容量尽可能地大。

事实上,当力超过欧拉力时,梁未必就完全坍缩下来。当位移变大时,力会大于上面所求得的力,因为我们曾略去了式(38.38)有关 $1/R$ 中的一些项。为要求得梁严重弯曲时的力,就必须回到准确的方程式(38.44)上去,它是在我们采用有关 R 与 y 间的近似关系前就

已经得到的。式(38.44)具有一种相当简单的几何性质*,要把它算出来稍微有点复杂,但却是相当重要的。不用 x 和 y 来描述该曲线,我们可以用两个新的变数:S,即沿曲线的距离;θ,即该曲线的切线的倾角。参阅图 38-17。曲率就是该角随距离的变化率:

$$\frac{1}{R}=\frac{\mathrm{d}\theta}{\mathrm{d}S}.$$

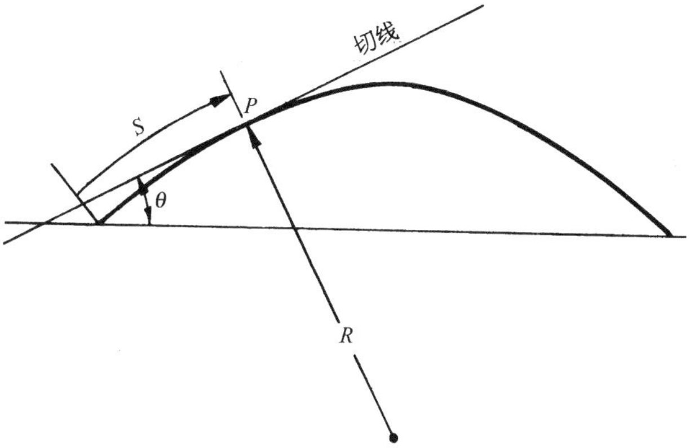

图 38-17 关于一根弯曲梁的曲线坐标 S 和 θ

因此,我们能够将那个准确的方程(38.44)写成

$$\frac{\mathrm{d}\theta}{\mathrm{d}S}=-\frac{F}{YI}y.$$

如果取上式对于 S 的微商并用 $\sin\theta$ 代替 $\mathrm{d}y/\mathrm{d}S$,则我们得

$$\frac{\mathrm{d}^2\theta}{\mathrm{d}S^2}=-\frac{F}{YI}\sin\theta \tag{38.47}$$

[如果 θ 很小,便会回到式(38.45)。一切都行了]。

现在,当你知道式(38.47)刚好就是你所获得的关于摆作大幅度振动的方程式时——当然,其中 $F/(YI)$ 要用另一个常数来代替,你或许会感到喜悦或者不高兴。我们早就在第 1 卷第 9 章中学习过如何通过数值计算来求解这样的方程**。你所得到的解答就是某些令人神往的曲线——称为"弹性"曲线。图 38-18 显示对于不同 $F/(YI)$ 值的三条曲线。

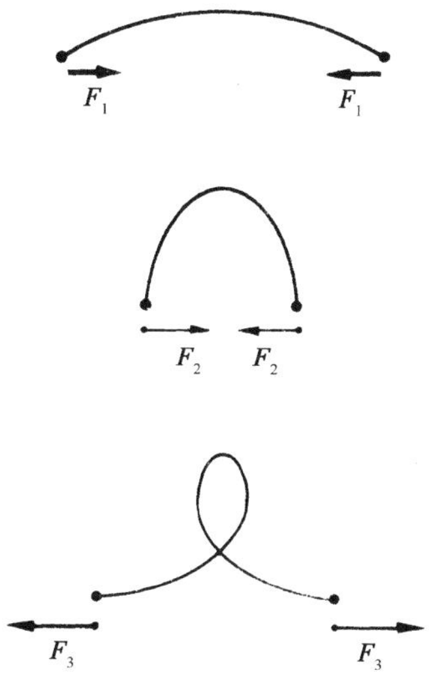

图 38-18 一根弯曲棒的曲线

* 偶尔,同一个方程也出现在其他的物理情况中——例如,在两块平行平面之间所包含液体的弯月面——而同样的几何解答可以通用。

** 这些解也可用称为"雅可比椭圆函数"的一些函数来表示,这些也已被某些人算出来了。

第 39 章　弹性材料

§ 39-1　应变张量

上一章我们曾谈到一些特殊弹性体的形变，本章我们将要考察弹性材料内部通常可能发生的情况。我们希望当用某种复杂方式把一大团果子冻扭转和压缩时，有可能描述其内部的应力和应变的情况。要完成此事，就需要能描写弹性体中每一点上的局域应变。对此，我们可以通过对每一点给出一组六个数——一个对称张量的分量——来做到。以前我们就曾谈及应力张量(第 31 章)，现在却需要应变张量。

考虑从一块起初未发生任何应变的材料出发，并注意当其发生应变时埋在材料里的一个小"灰尘"斑点的运动。原来被放在 P 点、即 $\boldsymbol{r}=(x, y, z)$ 处的斑点，移到如图 39-1 所示的 P'点、即 $\boldsymbol{r}'=(x', y', z')$ 处。我们把从 P 至 P'的矢量位移记作 $\boldsymbol{u}$。于是

$$\boldsymbol{u}=\boldsymbol{r}'-\boldsymbol{r}. \tag{39.1}$$

当然，这位移 $\boldsymbol{u}$ 依赖于我们出发的一点 P，因而 $\boldsymbol{u}$ 就是 $\boldsymbol{r}$ 的一个矢量函数——或者，如果你喜欢的话，也即是(x, y, z)的函数。

让我们首先来考察应变在整块材料中是常数的那种简单情况——因而我们就有所谓均匀应变。例如，假设有一块材料，将其均匀拉伸，仅仅在一个方向——比如在 x 方向——上均匀地改变它的长度，如图 39-2 所示。位于 x 处斑点的位移 u_x 与 x 成正比。实际上，

$$\frac{u_x}{x}=\frac{\Delta l}{l}.$$

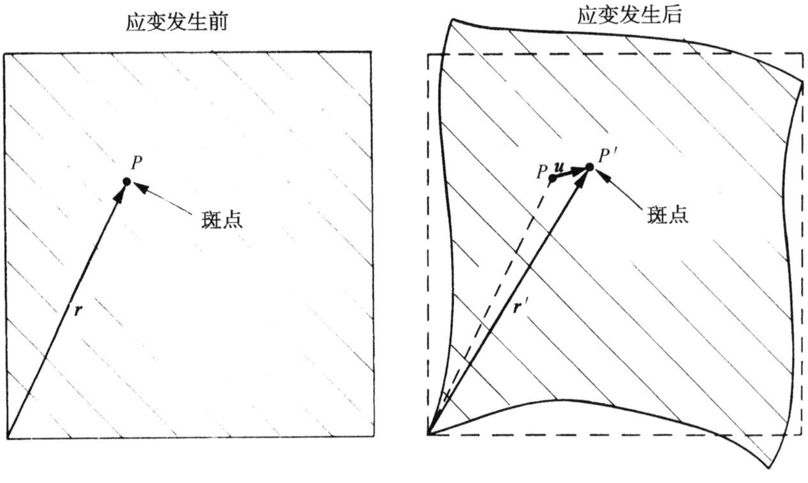

图 39-1　在未发生应变的一块材料中位于 P 点处的斑点，当材料发生应变后移到 P'点处

我们将 u_x 写成这样：

$$u_x = e_{xx}x.$$

当然，比例常数 e_{xx} 与 $\Delta l/l$ 是同一件事（你不久就会看到为什么我们要用一个双重脚标）。

如果应变不均匀，则 u_x 与 x 的关系将在材料里逐点改变。对于一般的情况来说，就要用一种局域的 $\Delta l/l$，即用下式来定义 e_{xx}：

$$e_{xx} = \partial u_x/\partial x. \tag{39.2}$$

这个数——它现在是 x，y 和 z 的函数——描述整块果子冻中 x 方向的伸长量。当然，此外还可以有沿 y 向和 z 向的伸长，我们用下列两个数值来描述：

$$e_{yy} = \frac{\partial u_y}{\partial y}, \quad e_{zz} = \frac{\partial u_z}{\partial z}. \tag{39.3}$$

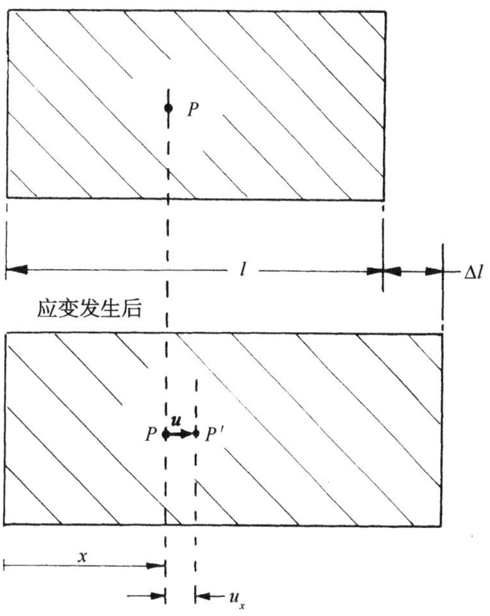

图 39-2 均匀拉伸型应变

我们也需要能描述剪切型的应变。假设我们想象在起初未发生形变的果子冻中标示出一个小立方体。当这团果子冻被推压而变形时，立方体的一个面可能变成一个平行四边形，如图 39-3 所示意的那样*。在这种应变中，每个质点在 x 方向的移动与 y 坐标成正比，

$$u_x = \frac{\theta}{2}y, \tag{39.4}$$

还有一个正比于 x 的 y 方向的位移，

$$u_y = \frac{\theta}{2}x. \tag{39.5}$$

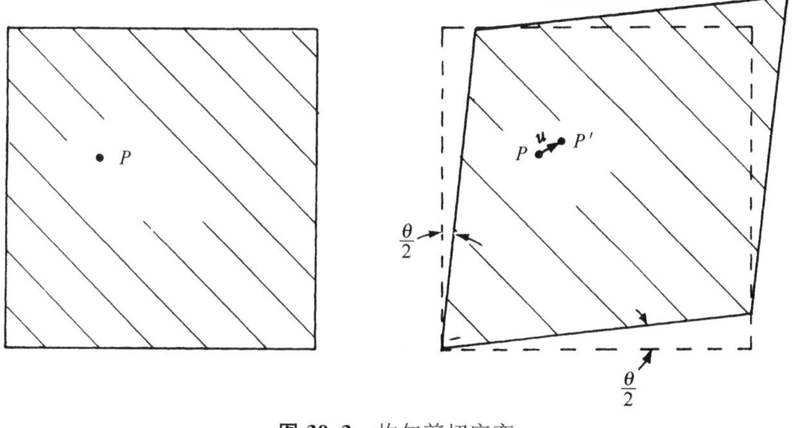

图 39-3 均匀剪切应变

* 我们暂时选择把总剪切角 θ 分成两个相等部分，并使该应变相对于 x 和 y 是对称的。

因此,我们就能够通过写出

$$u_x = e_{xy}y, \quad u_y = e_{yx}x,$$

其中

$$e_{xy} = e_{yx} = \frac{\theta}{2}$$

来描述这种剪切型应变。

现在你也许会想到,当应变不均匀时,我们可以用下面对 e_{xy} 和 e_{yx} 这两个量所下的定义来描述普遍的剪切应变:

$$e_{xy} = \frac{\partial u_x}{\partial y}, \quad e_{yx} = \frac{\partial u_y}{\partial x}. \tag{39.6}$$

不过这里有一点困难。假定位移 u_x 和 u_y 分别由下式给出:

$$u_x = \frac{\theta}{2}y, \quad u_y = -\frac{\theta}{2}x.$$

除了 u_y 的符号相反之外它们就很像式(39.4)和(39.5)。对于这些位移来说,果子冻中一个小立方体将仅仅转过一个角度 $\theta/2$,如图 39-4 所示。完全没有什么应变——只不过在空间中的转动,材料没有变形,所有原子的相对位置都根本没有改变。所以应当想办法使纯转动不包括在我们对剪切应变的定义之中。关键点在于:若 $\partial u_y/\partial x$ 和 $\partial u_x/\partial y$ 相等而相反,则没有应变,因此,我们可用下列定义解决问题:

$$e_{xy} = e_{yx} = \frac{1}{2}(\partial u_y/\partial x + \partial u_x/\partial y).$$

对于纯转动来说,两者均等于零,但对于纯剪切则会得到 e_{xy} 等于 e_{yx},这正是我们想要的那种关系。

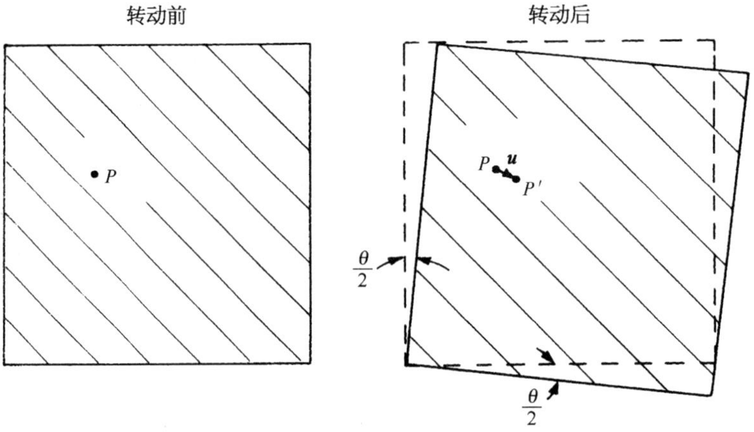

图 39-4 均匀转动——没有应变

在最普遍的形变中——可以包括伸长或收缩以及切变在内——我们可通过给出九个数值来定义应变态:

$$
\begin{aligned}
e_{xx} &= \frac{\partial u_x}{\partial x}, \\
e_{yy} &= \frac{\partial u_y}{\partial y}, \\
&\vdots \\
e_{xy} &= \frac{1}{2}(\partial u_y/\partial x + \partial u_x/\partial y), \\
&\vdots
\end{aligned}
\tag{39.7}
$$

这些就是应变张量的各项。由于它是一个对称张量——我们的定义总是使得 $e_{xy} = e_{yx}$ ——实际上,它只有六个不同的数。你会记得(见第 31 章),张量的普遍特征是:那些项都会像两个矢量的分量之积那样变换(若 $\boldsymbol{A}$ 和 $\boldsymbol{B}$ 都是矢量,则 $C_{ij} = A_iB_j$ 便是一个张量)。e_{ij} 的每一项都是矢量 $\boldsymbol{u} = (u_x, u_y, u_z)$ 和算符 $\boldsymbol{\nabla} = (\partial/\partial x, \partial/\partial y, \partial/\partial z)$ 的各分量之积(或这种积之和),我们知道后者如同一个矢量那样变换。让我们令 x_1, x_2, x_3 各代表 x, y, z,而 u_1, u_2, u_3 各代表 u_x, u_y, u_z,则可以将这个应变张量的普遍项 e_{ij} 写成

$$
e_{ij} = \frac{1}{2}(\partial u_j/\partial x_i + \partial u_i/\partial x_j), \tag{39.8}
$$

式中,i 和 j 各可以是 1, 2 或 3。

当有一均匀应变——可以包括拉伸和剪切——时,则所有的 e_{ij} 都是常数,因而可以写出

$$
u_x = e_{xx}x + e_{xy}y + e_{xz}z \tag{39.9}
$$

(我们选取 $\boldsymbol{u}$ 为零的那一点作为 x, y, z 坐标系的原点)。在这种情况下,应变张量 e_{ij} 会给出坐标矢量 $\boldsymbol{r} = (x, y, z)$ 和位移矢量 $\boldsymbol{u} = (u_x, u_y, u_z)$ 之间的关系。

当应变不均匀时,果子冻的任一部分也可能受到一些扭转——会存在局域转动。若形变都很小,则应该有

$$
\Delta u_i = \sum_j (e_{ij} - \omega_{ij})\Delta x_j, \tag{39.10}
$$

式中 ω_{ij} 是一个反对称张量,

$$
\omega_{ij} = \frac{1}{2}(\partial u_j/\partial x_i - \partial u_i/\partial x_j), \tag{39.11}
$$

上式能够描述转动。可是,我们将不再为转动操心,而仅关心由对称张量 e_{ij} 描述的应变。

§ 39-2　弹性张量

我们已描述了应变,现在要把这些应变与内力——材料中的应力——联系起来。对于材料中每一小部分,假定胡克定律都成立,因而将应力写成正比于应变。在第 31 章中,我们曾把应力张量 S_{ij} 定义为在整个垂直于 j 轴的单位面积上的力的第 i 个分量。胡克定律讲,S_{ij} 的每一分量与每一个应变分量都为线性关系。由于 S 或 e 每个有 9 个分量,因此会有 $9 \times 9 = 81$ 个可能的系数被用来描述材料的弹性。如果材料本身是均匀的,则它们都是常数。现在把这些系数写成 C_{ijkl},并由下式定义:

$$S_{ij}=\sum_{k,l}C_{ijkl}e_{kl},\tag{39.12}$$

其中 i, j, k, l 都可取 1, 2 或 3 的值。既然这些系数 C_{ijkl} 把一个张量与另一个张量联系起来,所以它们本身也就形成一个张量——一个四阶张量,可以称它为弹性张量。

假定所有的 C 均为已知,而你将一个复杂的力作用于某一特殊形状的物体之上。将会有各式各样的形变,而该物体就将形成某种被扭转过的形状。位移将会怎样呢?你可以看出那是一个复杂的问题。假如你知道了应变,你便能够由式(39.12)求出应力——或者相反。但在任一点上,你所获得的应力和应变都将取决于材料的所有其余部分发生的情况。

解决这一问题的最易途径就是考虑能量。当有力 F 正比于位移 x 时,比如说 $F=kx$,则对于任意位移 x 所需之功为 $kx^2/2$。同理,可以证明进入单位体积形变材料内的功 w 为

$$w=\frac{1}{2}\sum_{ijkl}C_{ijkl}e_{ij}e_{kl}.\tag{39.13}$$

在使物体形变过程中所作的总功 W 为 w 对整个体积的积分:

$$W=\int\frac{1}{2}\sum_{ijkl}C_{ijkl}e_{ij}e_{kl}\,\mathrm{d}V.\tag{39.14}$$

于是,这就是储藏于材料内应力中的势能。现在当物体处于平衡态时,其内能必然处在极小。因此,求物体中应变的问题,就可以通过求出整个物体的一组位移 $\boldsymbol{u}$——将使得 W 为极小——而得到解决。我们曾在第 19 章中提供过处理像这一类极小值问题时使用到的变分法的某些普遍概念。这里不能对这一问题进行更详尽的深入讨论。

现在我们主要感兴趣的是,关于弹性张量的一般性质我们能够说些什么。首先,很明显,实际上在 C_{ijkl} 中并没有 81 个不同项。由于 S_{ij} 和 e_{ij} 两者都是对称张量,所以每个张量就只有六个不同项,因而在 C_{ijkl} 中至多也只能有 36 个不同项。然而,存在的项往往比这还少得多。

让我们考察立方晶体的特殊情况。在其中,能量密度 w 像下式这样开始写起:

$$w=\frac{1}{2}\{C_{xxxx}e_{xx}^2+C_{xxxy}e_{xx}e_{xy}+C_{xxxz}e_{xx}e_{xz}+C_{xxyx}e_{xx}e_{xy}+C_{xxyy}e_{xx}e_{yy}+\cdots+C_{yyyy}e_{yy}^2+\cdots\},\tag{39.15}$$

共有 81 项!但是立方晶体具有某些对称性。特别是,如果晶体被转过 90°,则它具有相同的物理性质。对于在 y 方向的拉伸与对于在 x 方向的拉伸来说具有相同的刚度。因此,如果我们改变式(39.15)中关于 x 和 y 两坐标方向的定义,则能量就不会改变。对于立方晶体来说,必然有

$$C_{xxxx}=C_{yyyy}=C_{zzzz}.\tag{39.16}$$

其次,我们还能够证明,像 C_{xxxy} 那些项一定会等于零。立方晶体具有这么一种性质,即在与轴正交的任何平面的反射之下它是对称的。若我们用 $-y$ 代替 y,不会有什么差别。但当由 y 变至 $-y$ 时 e_{xy} 会变成 $-e_{xy}$——以前朝向 $+y$ 的位移现在朝向 $-y$ 了。如果能量不会改变,则当我们做反射时,C_{xxxy} 就必然变成 $-C_{xxxy}$。但反射后的晶体与以前的相同,因此 C_{xxxy} 就必须与 $-C_{xxxy}$ 相等。这只有当两者均等于零时才能实现。

你会说:“但同样的论证也将使 $C_{yyyy}=0$ 啊!”不对,因为这里共有四个 y。对于每个 y,符号都要改变一次,而四个负号就会造成一个正号。因此,若有两个或四个 y,则该项的确不必为零。只有当出现一或三个 y 时,它才是零。所以,对于立方晶体来说,C 的任何不等于零的项将只有偶数个相同的脚标(上面我们对于 y 所做的论证,显然对于 x 和 z 也都有效)。于是,也许会有像 C_{xxyy}, C_{xyxy}, C_{xyyx},等等的项。然而已经证明,若把所有的 x 都改成 y,以及相反(或把所有的 z 和所有的 x 对换,等等),则我们必定获得——对于立方晶体来说——相同的数值。这意味着只有三种不同的非零可能性:

$$
\begin{aligned}
&C_{xxxx}(=C_{yyyy}=C_{zzzz}),\\
&C_{xxyy}(=C_{yyxx}=C_{xxzz},\text{等等}),\\
&C_{xyxy}(=C_{yxyx}=C_{xzxz},\text{等等}).
\end{aligned}
\tag{39.17}
$$

于是,就立方晶体来说,能量密度看来会像这样:

$$
w=\frac{1}{2}\{C_{xxxx}(e_{xx}^2+e_{yy}^2+e_{zz}^2)+2C_{xxyy}(e_{xx}e_{yy}+e_{yy}e_{zz}+e_{zz}e_{xx})+4C_{xyxy}(e_{xy}^2+e_{yz}^2+e_{zx}^2)\}.
\tag{39.18}
$$

就各向同性——也就是非晶的——材料而言,对称性还会更高。那些 C 项应该对于坐标系的任何选取都相同。于是结果是,在那些 C 项中还存在另一个关系式,即

$$
C_{xxxx}=C_{xxyy}+2C_{xyxy}.
\tag{39.19}
$$

通过下面的一般论证可以看出的确是这样。应力张量 S_{ij} 与 e_{ij} 必须与坐标方向完全无关的方式相联系,即必须只由标量来联系。你会说:“那很容易。”“从 e_{ij} 得到 S_{ij} 的唯一途径,就是由一个标量常数相乘,它正好就是胡克定律,所以它必定是 $S_{ij}=(\text{常数})e_{ij}$”,但这并不完全对,因为也可能存在由单位张量 δ_{ij} 乘上与 e_{ij} 成线性关系的某个标量。你能够用 e 线性地构成的唯一不变量是 $\sum e_{ii}$(它如同标量 $x^2+y^2+z^2$ 那样变换)。因此,把 S_{ij} 与 e_{ij} 联系起来的方程的最普遍形式——对于各向同性材料来说——为

$$
S_{ij}=2\mu e_{ij}+\lambda\left(\sum_k e_{kk}\right)\delta_{ij}
\tag{39.20}
$$

(第一个常数往往被写成2乘以 μ,这样该系数 μ 才会等于我们在上一章中曾定义过的剪切模量)。μ 和 λ 这两常数称为拉梅弹性常数。将式(39.20)和(39.12)两相比较,你就会看出

$$
\begin{aligned}
C_{xxyy}&=\lambda,\\
C_{xyxy}&=\mu,\\
C_{xxxx}&=2\mu+\lambda.
\end{aligned}
\tag{39.21}
$$

因此,我们已经证明了式(39.19)的确是正确的。你也会看到,各向同性材料的弹性可由两个常数完全给出,正如我们曾在上一章中说过的那样。

这些 C 项可用以前曾经用过的任意两个弹性常数——例如杨氏模量 Y 和泊松比 σ——来表示。我们愿意把下列各式留给你们去证明:

$$C_{xxxx}=\frac{Y}{1+\sigma}\left(1+\frac{\sigma}{1-2\sigma}\right),$$

$$C_{xxyy}=\frac{Y}{1+\sigma}\left(\frac{\sigma}{1-2\sigma}\right),\qquad(39.22)$$

$$C_{xyxy}=\frac{Y}{2(1+\sigma)}.$$

§ 39-3 在弹性体中的运动

我们已经指出,处于平衡中的弹性体其内应力自身会做调整,以使其能量极小。现在来做一番考察,当内力不平衡时会发生什么情况。让我们假设,在某个表面 A 内有一小块材料,参见图 39-5。如果这一块处于平衡之中,则作用于其上的总力 $\boldsymbol{F}$ 就必然为零。可以设想,这一个力是由两部分组成的。一部分可能是由像重力那样的“外”力引起的,它是从远处作用于该块材料而产生的单位体积的力 $\boldsymbol{f}_{外}$。而总外力 $\boldsymbol{F}_{外}$ 就是这 $\boldsymbol{f}_{外}$ 对整块材料体积的积分:

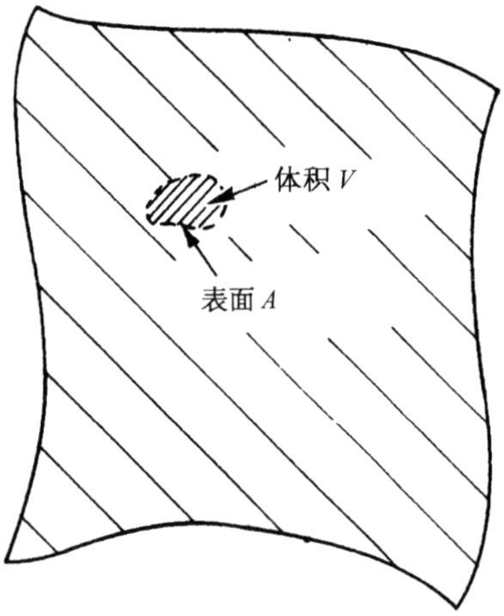

图 39-5　由表面 A 所包围的一个小体积元 V

$$\boldsymbol{F}_{外}=\int\boldsymbol{f}_{外}\,\mathrm{d}V.\qquad(39.23)$$

平衡时,这个力会被来自附近材料对整个表面 A 作用的总力 $\boldsymbol{F}_{内}$ 所抵消。当这块材料不是处于平衡中时——如果它在运动——则这个内力与外力之和就应等于质量乘以加速度。我们应有

$$\boldsymbol{F}_{外}+\boldsymbol{F}_{内}=\int\rho\ddot{\boldsymbol{r}}\,\mathrm{d}V,\qquad(39.24)$$

其中 ρ 为材料密度,而 $\ddot{\boldsymbol{r}}$ 为其加速度。现在我们可以把式(39.23)和(39.24)两者结合起来,从而写成

$$\boldsymbol{F}_{内}=\int_V(-\boldsymbol{f}_{外}+\rho\ddot{\boldsymbol{r}})\mathrm{d}V.\qquad(39.25)$$

将通过

$$\boldsymbol{f}=-\boldsymbol{f}_{外}+\rho\ddot{\boldsymbol{r}}\qquad(39.26)$$

这一定义来简化我们的写法。于是,式(39.25)可以写成

$$\boldsymbol{F}_{内}=\int_V\boldsymbol{f}\,\mathrm{d}V.\qquad(39.27)$$

被称为 $\boldsymbol{F}_{内}$ 的这个积分与材料内的应力有关。该应力张量 S_{ij} 曾(在第 31 章中)被这样定义,使得跨越单位法线为 $\boldsymbol{n}$ 的一个表面元 $\mathrm{d}a$ 的力 $\mathrm{d}\boldsymbol{F}$ 的 x 分量由下式给出:

$$\mathrm{d}F_x=(S_{xx}n_x+S_{xy}n_y+S_{xz}n_z)\mathrm{d}a.\qquad(39.28)$$

于是作用于那一小块材料上的 $\boldsymbol{F}_{内}$ 的 x 分量，就是 dF_x 对整个表面的积分。将此式代入式(39.27)中的 x 分量中，得

$$\int(S_{xx}n_x+S_{xy}n_y+S_{xz}n_z)\mathrm{d}a=\int_V f_x\mathrm{d}V. \tag{39.29}$$

我们已有面积分与体积分的关系——而这就使我们想起曾在电学中学过的某种东西。注意，如果忽略式(39.29)左边每个 S 的第一个下脚标 x，那么它看来就恰好像量"$\boldsymbol{S}$"$\cdot\boldsymbol{n}$——即一个矢量的法向分量——对整个表面的积分。它应该是从该体积流出去的"$\boldsymbol{S}$"的通量。而倘若利用高斯定律，则可以写成"$\boldsymbol{S}$"的散度的体积分。事实上，无论该 x 脚标存在与否，它总是正确的——它仅是你可以通过分部积分而得到的一个数学定理。换句话说，我们可将式(39.29)改写成

$$\int_V\left(\frac{\partial S_{xx}}{\partial x}+\frac{\partial S_{xy}}{\partial y}+\frac{\partial S_{xz}}{\partial z}\right)\mathrm{d}V=\int_V f_x\mathrm{d}V. \tag{39.30}$$

现在就可以去掉那些体积分，而把 $\boldsymbol{f}$ 一般分量的微分方程写成：

$$f_i=\sum_j\frac{\partial S_{ij}}{\partial x_j}. \tag{39.31}$$

上式告诉我们单位体积的力如何同应力张量 S_{ij} 联系起来。

关于固体内部运动的理论就是这样做出来的。如果从认识初位移——比如说，由 $\boldsymbol{u}$ 所给出——着手，则可以算出 e_{ij}。从这些应变又可以根据式(39.12)而得到应力。从这些应力可以得到式(39.31)中的力密度 $\boldsymbol{f}$。一旦知道了 $\boldsymbol{f}$，就可以根据式(39.26)获得材料的加速度 $\ddot{\boldsymbol{r}}$，这会告诉我们位移将如何变化。把所有结果都聚集在一起，便会得到关于弹性固体的可怕的运动方程。我们只写出对各向同性材料所得到的结果。如果你用式(39.20)表示 S_{ij}，并将 e_{ij} 写成 $\frac{1}{2}(\partial u_i/\partial x_j+\partial u_j/\partial x_i)$，则你最后会得到这样一个矢量方程：

$$\boldsymbol{f}=(\lambda+\mu)\boldsymbol{\nabla}(\boldsymbol{\nabla}\cdot\boldsymbol{u})+\mu\nabla^2\boldsymbol{u}. \tag{39.32}$$

事实上，你能够看出 $\boldsymbol{f}$ 与 $\boldsymbol{u}$ 相联系的方程必然会具有这种形式。力必然取决于位移 $\boldsymbol{u}$ 的二次微商。由 $\boldsymbol{u}$ 的二次微商构成矢量的到底有哪些呢？其一是 $\boldsymbol{\nabla}(\boldsymbol{\nabla}\cdot\boldsymbol{u})$，那是一个真正的矢量，仅有的另一个矢量是 $\nabla^2\boldsymbol{u}$，因此最普遍的形式为

$$\boldsymbol{f}=a\boldsymbol{\nabla}(\boldsymbol{\nabla}\cdot\boldsymbol{u})+b\nabla^2\boldsymbol{u},$$

它就是式(39.32)，只是常数的定义不同而已。你可能会觉得奇怪，为什么我们没有用到 $\boldsymbol{\nabla}\times\boldsymbol{\nabla}\times\boldsymbol{u}$ 作为第三项，因为它也是一个矢量。但要记住，$\boldsymbol{\nabla}\times\boldsymbol{\nabla}\times\boldsymbol{u}$ 同 $\boldsymbol{\nabla}(\boldsymbol{\nabla}\cdot\boldsymbol{u})-\nabla^2\boldsymbol{u}$ 是同一件事，因而它就是我们所有的两项的一个线性组合。把它加进去不会增加任何新东西。我们再一次证明了各向同性材料只会有两个弹性常数。

对于这种材料的运动方程，可以令式(39.32)等于 $\rho\partial^2\boldsymbol{u}/\partial t^2$——目前略去任何像重力那样的彻体力——并得到

$$\rho\frac{\partial^2\boldsymbol{u}}{\partial t^2}=(\lambda+\mu)\boldsymbol{\nabla}(\boldsymbol{\nabla}\cdot\boldsymbol{u})+\mu\nabla^2\boldsymbol{u}. \tag{39.33}$$

它看来有点像我们以前在电磁学中曾有过的波动方程式,只不过有一个附加的复杂项。对于弹性处处相同的材料,按下述办法可以弄清楚其一般解的表现形式。你会记得,任何矢量场都可以写成两矢量之和:一个矢量的散度为零;另一个矢量的旋度为零。换句话说,我们可令

$$\boldsymbol{u} = \boldsymbol{u}_1 + \boldsymbol{u}_2, \tag{39.34}$$

其中

$$\nabla \cdot \boldsymbol{u}_1 = 0, \quad \nabla \times \boldsymbol{u}_2 = 0. \tag{39.35}$$

用 $\boldsymbol{u}_1 + \boldsymbol{u}_2$ 代替式(39.33)中的 $\boldsymbol{u}$,我们得

$$\rho\partial^2/\partial t^2[\boldsymbol{u}_1 + \boldsymbol{u}_2] = (\lambda + \mu)\nabla(\nabla \cdot \boldsymbol{u}_2) + \mu\nabla^2(\boldsymbol{u}_1 + \boldsymbol{u}_2). \tag{39.36}$$

可以通过取这一方程的散度而消去 $\boldsymbol{u}_1$,

$$\rho\partial^2/\partial t^2(\nabla \cdot \boldsymbol{u}_2) = (\lambda + \mu)\nabla^2(\nabla \cdot \boldsymbol{u}_2) + \mu\nabla \cdot \nabla^2\boldsymbol{u}_2.$$

由于算符(∇^2)和($\nabla\cdot$)可以相互交换,所以我们能将散度作为一个公因子提取出来,从而得

$$\nabla \cdot \{\rho\partial^2\boldsymbol{u}_2/\partial t^2 - (\lambda + 2\mu)\nabla^2\boldsymbol{u}_2\} = 0. \tag{39.37}$$

由于根据定义 $\nabla \times \boldsymbol{u}_2 = 0$,所以整个括号{ }的旋度也等于零,因而该括号本身就恒等于零,即

$$\rho\partial^2\boldsymbol{u}_2/\partial t^2 = (\lambda + 2\mu)\nabla^2\boldsymbol{u}_2. \tag{39.38}$$

这是以速率 $c_2 = \sqrt{(\lambda + 2\mu)/\rho}$ 运动的波满足的矢量波动方程。由于 $\boldsymbol{u}_2$ 的旋度为零,所以就没有任何剪切与这种波有联系。这种波正好是上一章中曾经讨论过的那种压缩——声音型的——波,而其速度就恰恰是我们曾求得的 $c_{纵波}$。

同样地——通过取式(39.36)的旋度——我们能够证明 $\boldsymbol{u}_1$ 会满足方程

$$\rho\partial^2\boldsymbol{u}_1/\partial t^2 = \mu\nabla^2\boldsymbol{u}_1. \tag{39.39}$$

这又是具有速率 $c_2 = \sqrt{\mu/\rho}$ 的波之矢量波动方程。由于$\nabla \cdot \boldsymbol{u}_1$ 为零,所以 $\boldsymbol{u}_1$ 不会产生密度变化,这个矢量 $\boldsymbol{u}_1$ 相当于上一章中我们曾见过的那种横波或剪切型波,而 $c_2 = c_{切变波}$。

要是我们希望知道各向同性材料中的静应力,原则上可以通过令 $\boldsymbol{f}$ 等于零——或等于像来自重力 $\rho\boldsymbol{g}$ 的那种静彻体力——在与施于该大块材料的表面上的力有关的一些条件下,求解方程式(39.32)而找到。这比电磁学中的相应问题更困难一些。之所以较难,首先由于方程的处理稍微困难;而其次,则由于我们很可能感兴趣的弹性体的形状通常更加复杂。在电磁学中,我们所感兴趣的常常是环绕像柱体、球体等相对简单的几何形状来求解麦克斯韦方程组,因为这些都是电学设备的合适形状。在弹性学中,我们希望分析的东西却可能具有十分复杂的形状——像曲柄钩、汽车里的曲轴或汽轮机的转子。应用我们以前曾提及的最小能量原理,这样的问题有时可以通过数值计算法近似地算出。另一种办法是采用物体模型,利用偏振光在实验上测量内部的应变。

工作是这样进行的:当一种透明的各向同性材料——例如,一种像留西特那样的透明塑料——被置于应力之下时,它就变成双折射。如果你使偏振光穿过它,则偏振面会被旋转一个与应力有关的角度。通过测量这个旋转角度,你就能测出该应力了。这样的装置看起来

会如图 39-6 所示的样子。图 39-7 则是处于受力状态下的复杂形状的光弹模型的照片。

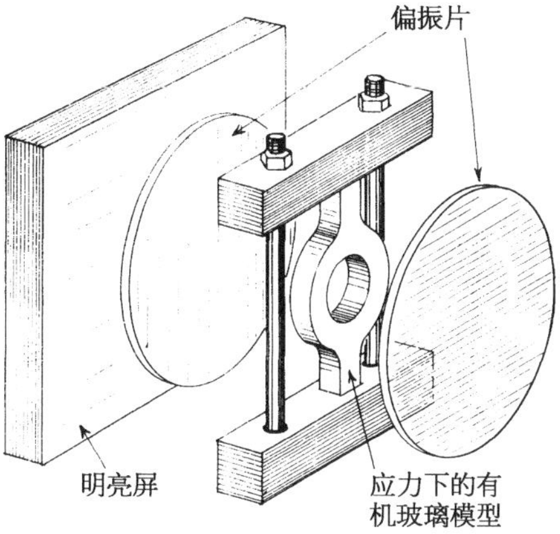

图 39-6 用偏振光测量内应力

图 39-7 从两块互相交叉的偏振片间所看到的处在受力状态的一件塑料模型[转载自 Sears F W. *Optics*,1949]

§39-4 非弹性行为

迄今在我们所谈及的一切情况中都曾假定应力正比于应变;一般说来,这是不正确的。图 39-8 显示一种可延性材料的典型应力-应变曲线。对于小应变来说,应力与应变的确成正比。可是,最后当越过了某一点之后,应力与应变的关系就开始与直线有所偏离了。就许多种——我们总称之为"脆性"的——材料来说,只要应变稍微超过该曲线开始弯下去的一点,物体就会破裂。一般说来,在该应力-应变关系中还有其他复杂性。例如,若你使一物体变形,则应力最初可能会很高,但随着时间推移应力会慢慢降低。而且,如果已达到了高的应力,但还未达到"破裂"点,则当你减少应变时,应力将会沿另一条曲线返回。即有一个小小的滞后效应(类似我们在磁性材料中见到的 B 和 H 间的关系曲线)。

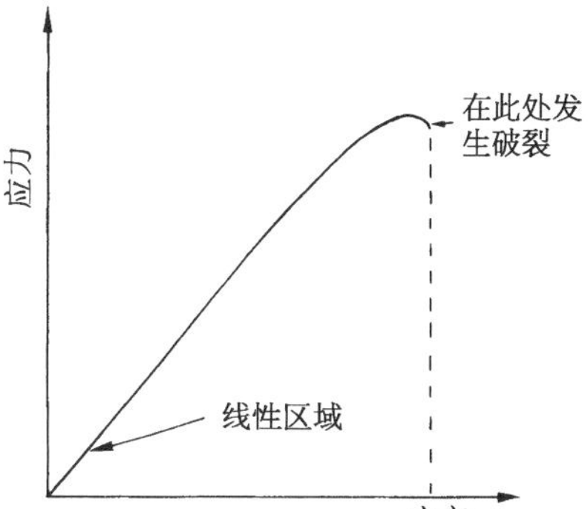

图 39-8 大应变的一个典型应力-应变关系

材料将会破裂的那个应力,一种材料与另一种材料的差异很大。有些材料在最大拉伸应力达到某一定值时发生断裂,另一些材料则会在最大剪切应力达到某一个值时破裂。粉笔是一种张力比剪切力弱得多的材料的例子。如果你拉一支粉笔的两端,粉笔将在垂直于所加应力的方向上断裂,如图 39-9(a)所示。之所以在垂直于外加力的方向上断裂,是由于粉笔不过是一群易于拉开的粒子被紧压在一起而已。然而,这一材料却难于发生切变,因为其中粒子会彼此互相妨碍。现在你会记起,当有一根棒处于扭转中时,则环绕着它各点都存在剪切力。并且,也曾经证明过,剪切应力等效于拉伸应力与压力在 45°角上的组合。由于这些原因,如果你扭转一支黑板上用的粉笔,它将沿着与轴成 45°角开始的一个复杂的面破裂。一支这样破裂了的粉笔的照片如图 39-9(b)所示,粉笔是在拉伸应力最大的地方破裂的。

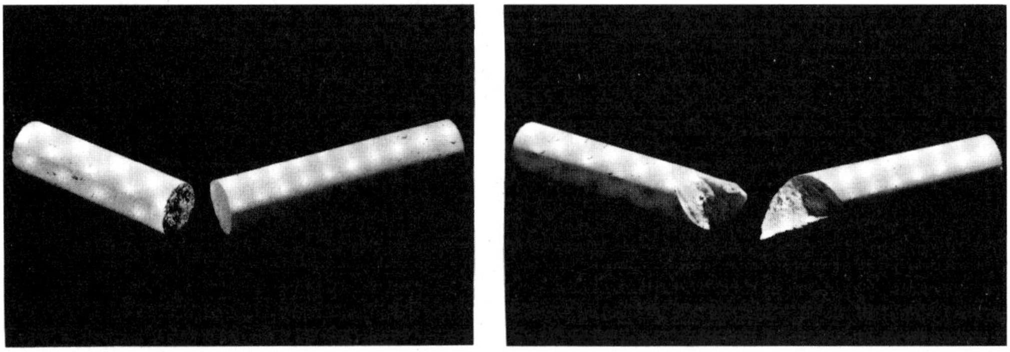

(a) (b)

图 39-9 (a)两端受拉力而断裂的一支粉笔;(b)因扭转而断裂的粉笔

别的材料表现出奇特而复杂的行为。材料越复杂,其行为就越发有趣。如果取一条莎纶头巾,把它揉皱成一团,并将其投掷到桌面上,则它将会缓慢地自己舒展开来从而恢复它原来的平坦形式。乍看起来,我们也许总会以为是惯性在阻碍着它回复原来的形状。然而,简单的计算表明,惯性对于解释该效应小了好几个数量级。似乎存在两种重要的互相对抗的效应:材料内部"某种东西"会"记得"它原先有过的形状,并"力图"恢复原样;但另外某种东西"更喜欢"新的形状,而"阻止"回到原先的形状上去。

我们将不尝试去描写莎纶塑料中起作用的那种机制,但你可从下述模型中获得关于这种效应怎么可能发生的一些概念。假设你想象一种材料,它由长而柔顺但却坚韧的纤维与充满着黏滞性液体的某些小孔互相混合在一起而构成。也想象从一个孔到邻近的孔存在一些狭窄的通道使得液体能够从一个孔缓慢地渗入邻近的孔。当我们揉皱一片这样的材料时,使那些长纤维变了形,把在一处小孔里的液体挤压出来而逼进到那些正被拉伸着的其他小孔中去,在我们把那片材料释放后,长纤维会试图恢复它们原来的形状。但这样做时,必须迫使液体回到原先的位置上去——由于黏滞性的缘故这将进行得相当慢。在我们将该片东西揉皱时所加之力,比起由那些纤维所施之力要大得多。我们能够迅速地将其揉皱,但恢复的过程就较为缓慢了。这无疑是那些大而强硬的分子与一些较小而易移动的分子在莎纶头巾中的组合是造成它行为的主要原因。这一概念也符合下列事实:材料在温暖时会比寒冷时更迅速地恢复到它原来的形状——热量增加了较小分子的可动性(降低了黏滞性)。

虽然我们刚才正在讨论胡克定律为何会失灵,但引人注目之处或许不是胡克定律对于大的应变会发生失灵,而是它总是很普遍地成立。我们通过考察材料中的应变能量可以获得这事情为什么会这样的某些概念。提出应力正比于应变,同提出应变能量随应变的平方而变化,是同一回事。假设把一根棒扭转了小角度 θ,如果胡克定律正确,则应变能量应当与 θ 的平方成正比。如果我们假定这个能量为旋转角度的任意函数,那就可以把它写成关于零角度的泰勒展开式:

$$U(\theta) = U(0) + U'(0)\theta + \frac{1}{2}U''(0)\theta^2 + \frac{1}{6}U'''(0)\theta^3 + \cdots \tag{39.40}$$

转矩 τ 等于 U 对角度的微商，我们应有

$$\tau(\theta) = U'(0) + U''(0)\theta + \frac{1}{2}U'''(0)\theta^2 + \cdots \tag{39.41}$$

现在，若从那平衡位置度量我们的角度，则第一项为零，因而第一个留下的项是与 θ 成正比的。而对于足够小的角度，它将比含 θ^2 的项占有明显优势[事实上，材料内部是足够对称的，以致 $\tau(\theta) = -\tau(-\theta)$，于是这个含 θ^2 的项便将为零，因而与线性的偏离就只会来自那 θ^3 的项了。然而，为什么这对于压缩和伸张都应该正确，就找不出理由来了]。我们还未加以解释的事情在于，为什么材料往往会在那些高阶项变得重要之后就立即断裂。

§ 39-5 计算弹性常量

作为有关弹性学的最后一个论题，我们想要指明，从构成材料原子的性质的某些知识着手，人们如何才能试图算出材料的弹性常量来。我们将仅仅考虑像氯化钠那样的离子立方晶体的简单情况。当一晶体被变形时，它的体积和形状都会发生变化。这种变化导致晶体中势能的增加。要算出这应变能量的变化，得先弄清楚每个原子的去处。在一些复杂晶体中，原子将按十分复杂的方式把它们自己安排在晶格中，以便使其总能量尽可能地小，这使得对应变能量的计算相当困难。然而，在简立方晶体的情况下，不难看到将会发生的情况。晶体内部的形变在几何上将与晶体外部边界的形变相似。

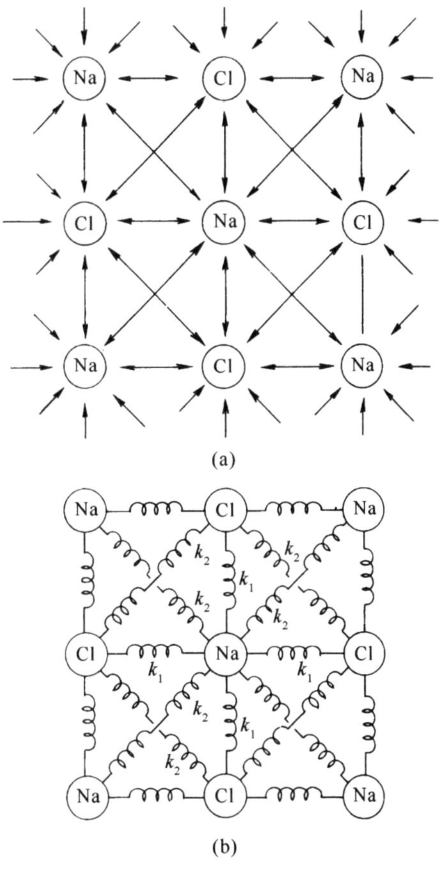

图 39-10 (a)我们正考虑的原子间的相互作用力；(b)各原子由弹簧联系起来的模型

我们能够用下述方法算出立方晶体的弹性常量。首先，我们设想在晶体中每一对原子之间的某个力学定律。然后，计算出当晶体离开其平衡状态而发生形变时其中内能的变化。这向我们提供了一个能量与包含所有应变的平方之间的关系。将用这种方法得到的能量与式(39.13)相比较，就能够把每一项的系数看作是弹性常量 C_{ijkl}。

在我们的例子中，将设想一个简单的力的定律：两相邻原子之间的力是中心力，意指力的作用沿着两原子间的连线。应该预期，离子晶体中的力与此相类似，因为它们基本上都只是库仑力(共价键力往往较为复杂，因为它们能够对相邻原子作用一个侧向的推力，我们将不考虑这种复杂性)。我们也将仅仅包括每个原子与其最近邻及次近邻原子之间的作用力。换句话说，我们将做一种近似，即略去所有超过次近邻的力。在 xy 平

面上将计入的力如图 39-10(a)所示。当然,在 yz 和 zx 两平面上的相应的力也得包括进去。

由于我们只对适用于小应变的弹性常量感兴趣,因而就只需要在能量中随应变的平方变化的项,所以就可以想象每一对原子之间的作用力是随位移线性地变化的。于是,我们还可以设想,每一对原子由一条线性弹簧联系着,如图 39-10(b)所示。所有连接钠原子与氯原子间的弹簧都应具有相同的弹性常量,比方说 k_1。在两个钠原子间和两个氯原子间的弹簧可能具有不同的常量,但将通过把它们取作相等而使讨论较简单,我们将统称之为 k_2(在知道了计算如何进行之后,就可以在以后的计算中取不同的 k 值)。

现在假定晶体的形变是由应变张量 e_{ij} 描述的均匀应变产生的。在一般情况下,它将具有与 x, y 和 z 有关的各种分量,但现在我们将仅仅考虑具有 e_{xx}, e_{xy} 和 e_{yy} 这三个分量的应变,以便易于对它进行想象。如果我们挑出一个原子作为原点,则其他每个原子的位移都可由像式(39.9)那样的方程来给出:

$$\begin{aligned} u_x &= e_{xx}x + e_{xy}y, \\ u_y &= e_{xy}x + e_{yy}y. \end{aligned} \tag{39.42}$$

假设把那个在 $x = y = 0$ 处的原子叫作"1 号原子",并如图 39-11 所示的那样对它在 xy 平面上的一些近邻也加上号码。又把晶格常数称为 a,我们便得到列于表 39-1 中的那些 x 方向和 y 方向的位移 u_x 和 u_y。

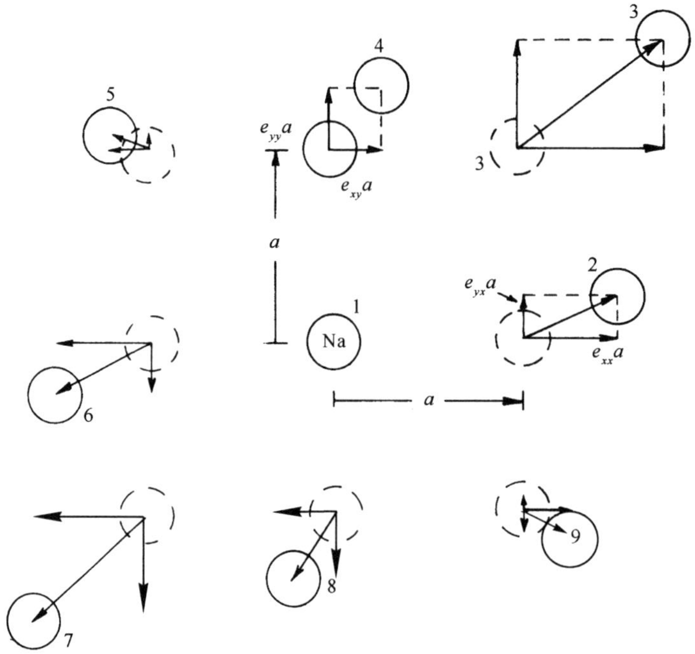

图 39-11 1 号原子的最近邻及次近邻原子的位移(被夸大了的)

现在可以计算储藏于那些弹簧中的势能,即 $k/2$ 乘以每一条弹簧的伸长的平方。例如,在原子 1 与原子 2 间的水平弹簧中的能量为

$$\frac{k_1(e_{xx}a)^2}{2}. \tag{39.43}$$

注意作为一级近似,原子 2 的 y 方向位移并不改变连接原子 1 与原子 2 间弹簧的长度。然而,要获得一条像连接到原子 3 的那种对角线弹簧的应变能量,就必须算出由于水平方向和垂直方向两个位移所引起的长度改变。对于偏离原来的立方体的微小位移来说,我们可以把到达原子 3 距离的改变写成 u_x 和 u_y 在对角线方向上的分量之和,即

$$\frac{1}{\sqrt{2}}(u_x+u_y).$$

利用从表上得到的 u_x 和 u_y 值,便可获得能量

$$\frac{k_2}{2}\left(\frac{u_x+u_y}{\sqrt{2}}\right)^2=\frac{k_2a^2}{4}(e_{xx}+e_{yx}+e_{xy}+e_{yy})^2. \tag{39.44}$$

对于在 xy 平面上的所有弹簧的总能量,我们需要像式(39.43)和(39.44)那样的八个项之和,称这一能量为 U_0,则有

$$U_0=\frac{a^2}{2}\left\{k_1e_{xx}^2+\frac{k_2}{2}(e_{xx}+e_{yx}+e_{xy}+e_{yy})^2+k_1e_{yy}^2+\frac{k_2}{2}(e_{xx}-e_{yx}-e_{xy}+e_{yy})^2+k_1e_{xx}^2\right.$$
$$\left.+\frac{k_2}{2}(e_{xx}+e_{yx}+e_{xy}+e_{yy})^2+k_1e_{yy}^2+\frac{k_2}{2}(e_{xx}-e_{yx}-e_{xy}+e_{yy})^2\right\}. \tag{39.45}$$

表　39-1

原　子	位置 x, y	u_x	u_y	k
1	0, 0	0	0	—
2	a, 0	$e_{xx}a$	$e_{yx}a$	k_1
3	a, a	$(e_{xx}+e_{xy})a$	$(e_{yx}+e_{yy})a$	k_2
4	0, a	$e_{xy}a$	$e_{yy}a$	k_1
5	$-a$, a	$(-e_{xx}+e_{xy})a$	$(-e_{yx}+e_{yy})a$	k_2
6	$-a$, 0	$-e_{xx}a$	$-e_{yx}a$	k_1
7	$-a$, $-a$	$-(e_{xx}+e_{xy})a$	$-(e_{yx}+e_{yy})a$	k_2
8	0, $-a$	$-e_{xy}a$	$-e_{yy}a$	k_1
9	a, $-a$	$(e_{xx}-e_{xy})a$	$(e_{yx}-e_{yy})a$	k_2

为了获得与原子 1 连接的所有弹簧的总能量,还必须对式(39.45)中的能量再添加一项。虽然我们只有应变的 x 方向和 y 方向分量,但仍然有在 xy 平面以外的、与次近邻相联系的某些能量,这附加的能量就是

$$k_2(e_{xx}^2a^2+e_{yy}^2a^2). \tag{39.46}$$

弹性常量与能量密度 w 由式(39.13)相联系。我们已计算出来的能量是与一个原子联系着的能量,更确切地说,是每个原子能量的两倍,因为每条弹簧能量的一半必须分配给连接着的两个原子中的每一个。由于单位体积里共有 $1/a^3$ 个原子,所以 w 与 U_0 的关系为

$$w=\frac{U_0}{2a^3}.$$

要求出弹性常量 C_{ijkl},只需完全写出式(39.45)中的那些平方项——再加上式(39.46)的那些项——并把 $e_{ij}e_{kl}$ 的系数同式(39.13)中的相应系数做比较。例如,把含有 e_{xx}^2 和 e_{yy}^2 项

都搜集起来,我们得到因子

$$(k_1+2k_2)a^2,$$

因而

$$C_{xxxx}=C_{yyyy}=\frac{k_1+2k_2}{a}.$$

对于剩下来的项,就有一点儿复杂了。由于我们不能够把如 $e_{xx}e_{yy}$ 这样的两项之积与 $e_{yy}e_{xx}$ 区别开来,所以在这里的能量表式中这种项的系数就等于式(39.13)中这两项之和。在式(39.45)中 $e_{xx}e_{yy}$ 的系数为 $2k_2$,因而我们有

$$(C_{xxyy}+C_{yyxx})=\frac{2k_2}{a}.$$

但由于在我们的晶体中的对称性, $C_{xxyy}=C_{yyxx}$, 因而就有

$$C_{xxyy}=C_{yyxx}=\frac{k_2}{a}.$$

按照相似步骤,也可以得到

$$C_{xyxy}=C_{yxyx}=\frac{k_2}{a}.$$

最后你们将注意到,任何包含 x 或 y 只有一次的项都为零——和上面根据对称性的论证得出的结论相同。把上述结果综合如下:

$$\begin{aligned}
&C_{xxxx}=C_{yyyy}=\frac{k_1+2k_2}{a},\\
&C_{xyxy}=C_{yxyx}=\frac{k_2}{a},\\
&C_{xxyy}=C_{yyxx}=C_{xyyx}=C_{yxxy}=\frac{k_2}{a},\\
&C_{xxxy}=C_{xyyy}=\cdots=0.
\end{aligned}\tag{39.47}$$

我们已能够把大块材料的弹性常量与由常量 k_1 和 k_2 表现出来的那些原子性质联系了起来。在我们的特殊情况中, $C_{xyxy}=C_{xxyy}$。结果是——正如你也许会从计算所要的方法中看到的——对于立方晶体来说,这些项始终相等,不管被计及的力项共有多少,只要力的作用沿着每对原子间的连线——这就是说,只要存在于原子之间的力是像弹簧那样的力,而不是你也许会从一根悬梁那里得到的(以及你在共价键中所确实得到的)那种具有侧向部分的力。

我们可以用测定弹性常量的实验结果来核对这个结论。在表 39-2 中所给出的是若干种立方晶体的三个弹性系数的观测值*。你将会注意到, C_{xxyy} 与 C_{xyxy} 一般不相等。原因是,在像钠和钾那些金属中原子间的力,并不如同我们在上述模型中所假定的那样沿连接原

* 在文献中你将常常发现使用不同符号的表示方法。比如,人们往往写成 $C_{xxxx}=C_{11}$, $C_{xxyy}=C_{12}$ 和 $C_{xyxy}=C_{44}$。

子的直线。金刚石也不服从该定律,因为在金刚石内的力是共价力,具有某种方向性——那些键会更喜欢处在四面体角内。像氟化锂、氯化钠那样的离子晶体,的确几乎具有我们在模型中所假定的全部物理性质,因而 C_{xxyy} 和 C_{xyxy} 就几乎相等。但不清楚为什么氯化银会不满足 $C_{xxyy}=C_{xyxy}$ 这一条件。

表 39-2* 立方晶体的弹性模量(以 10^{12} dyn · cm^2 为单位)

	C_{xxxx}	C_{xxyy}	C_{xyxy}
Na	0.055	0.042	0.049
K	0.046	0.037	0.026
Fe	2.37	1.41	1.16
金刚石	10.76	1.25	5.76
Al	1.08	0.62	0.28
LiF	1.19	0.54	0.53
NaCl	0.486	0.127	0.128
KCl	0.40	0.062	0.062
NaBr	0.33	0.13	0.13
KI	0.27	0.043	0.042
AgCl	0.60	0.36	0.062

* 转载自 Kittel C. *Introduction to Solid State Physics*, 2nd ed., 1956: 93.

第 40 章　干水的流动

§40-1　流体静力学

流体,特别是水的流动这一课题使每个人都着迷。我们均能记起自己小时候,在澡盆里或在泥浆水坑里与那种奇怪的东西玩耍。当我们逐渐长大时,便会注视着河流、瀑布以及旋涡水塘,因而被这种相对于固体来说似乎像是活生生的物质所迷住。流体的行为在许多方面都很出人意料并且十分有趣——它是本章和下一章的课题。在街上一个小孩子企图阻塞一股小水流的努力,以及他对水确定它的道路的那种奇特方式所感到的惊异,与我们多年来为理解流体流动所做的努力很类似。我们试图依靠获得的描述流动的那些定律和方程式——以我们的理解——来筑坝拦水。我们将在这一章中描述这些尝试。而在下一章中,将描述水如何会冲出水坝以及使我们理解它的努力落空的那种独特方式。

假定你们都已熟悉了水的基本性质。区别流体与固体的一个主要性质就是流体不能维持任意长的时间切应力。如果我们对流体作用一剪切力,则它将在这剪切力作用下运动。像蜂蜜那样较稠的液体,比起像空气或水的流体来就不那么容易流动。对一流体量度其屈服的难易程度的乃是它的黏滞性。在本章中,我们将只考虑其中黏滞效应可以忽略的那些情况,黏滞效应将在下一章中考虑。

我们将从考虑流体静力学,即静止时的流体理论开始。当流体静止时,就没有任何剪切力(甚至对于黏滞性液体亦然)。因此,流体静力学的定律是:应力总是垂直于流体内的任何一个面。单位面积的这个法向力叫作压强。从静止流体中不存在剪切力这一事实出发,就可以推断出压应力在所有方向都相等(图 40-1)。我们将让你们自己娱乐一下,即证明若在流体中的任一个面上都没有剪切力,则压强在任何方向必然相同。

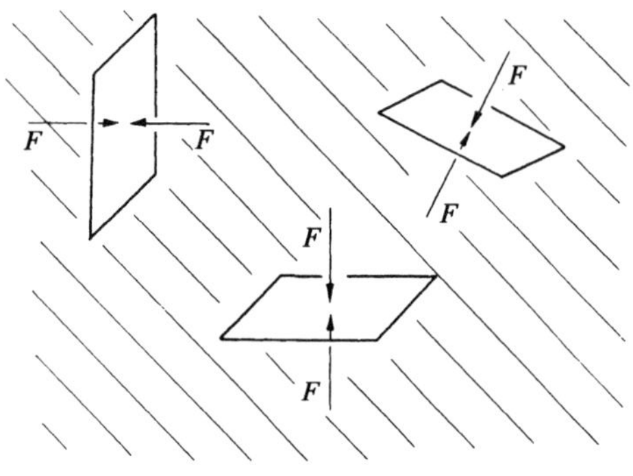

图 40-1　在一静止流体中,作用于任何截面上的单位面积的力与该面垂直,并且对于面的所有取向都相同

流体中的压强可以逐处变化。例如,在地球表面的静流体中,压强将由于流体的重量而随高度变化。如果该流体的密度被认为不变,并且如果把某个任意零水平面处的压强称为 p_0(图 40-2),则在水平面以上高度为 h 处的压强就是 $p = p_0 - \rho gh$,其中 g 为单位质量的重力。因此,组合

$$p + \rho gh$$

在静止流体中是一恒量。这个关系式是你们熟悉的,但现在要来导出一个把上式作为一种特殊情况的、更为普遍的结果。

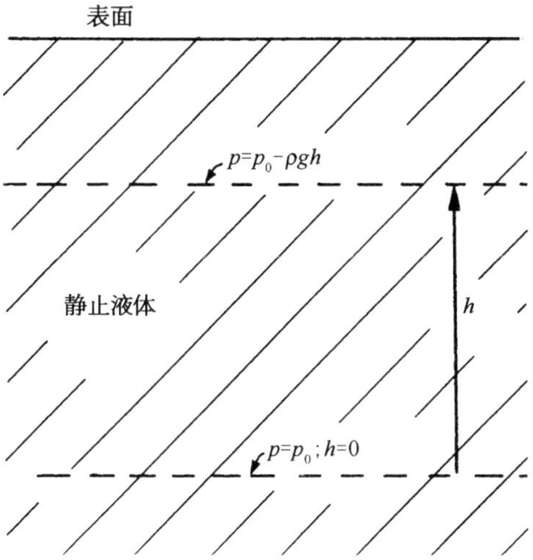

图 40-2 在一静止液体中的压强

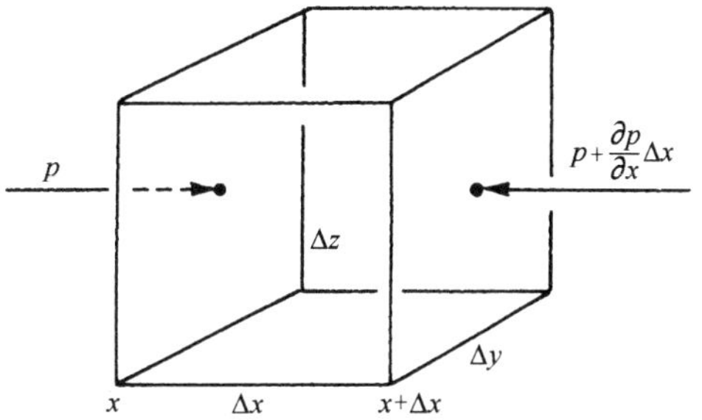

图 40-3 作用于立方体上的净压力为单位体积的$-\nabla p$

如果考虑水的一个小立方体，那么作用于其上的来自压强方面的净力是什么呢？因为在任何地方压强在各个方向都相同，所以仅由于压强的逐点变化就能够产生单位体积中的净力。假设压强在 x 方向上是变化的——而我们所选取的各坐标轴方向都平行于该立方体的各边。这样作用于 x 处面上的压强就会提供 $p\Delta y\Delta z$ 的力(图 40-3)，而在 $x+\Delta x$ 处面上的压强则提供$-[p+(\partial p/\partial x)\Delta x]\Delta y\Delta z$ 的力，因而净力为$-(\partial p/\partial x)\Delta x\Delta y\Delta z$。如果我们考虑这一立方体的其余各对表面，则不难看出，单位体积的压力为$-\nabla p$。若除此之外还有别种力——诸如重力——则该压力就必须抵消它们才能得到平衡。

让我们考虑这种附加力可以由一势能来加以描述的情况，就像在重力情况下它应该是正确的那样，我们将令 ϕ 代表单位质量的势能(比如，对于重力，ϕ 就恰好是 gz。)单位质量的力通过$-\nabla\phi$ 用势表出，因而若 ρ 为流体密度，则单位体积中的力就是$-\rho\nabla\phi$。对于平衡的情况来说，单位体积的这种力加上单位体积压强方面的力就必然为零：

$$-\nabla p-\rho\nabla\phi=0. \tag{40.1}$$

式(40.1)就是流体静力学的方程。在一般情况下，它没有解。若密度在空间中按任意方式变化，就没有办法使得这些力互相抵消，因而该流体就不可能处于静平衡之中。此时对流将开始出现。我们从这一方程就可以清楚地看出，因为压强项是一纯粹梯度，而对于可变的 ρ 那里的另一项并不是梯度。只有当 ρ 是常数时，该势能项才是纯粹梯度。此时方程就有解

$$p+\rho\phi=\text{常数}。$$

另一种容许流体静力平衡的可能性是，ρ 仅为 p 的函数。然而，我们将放下流体静力学这一课题，因为它与流体运动时相比远不是那么有趣。

§ 40-2 运动方程

首先，我们按照一种纯抽象的、理论的方式来讨论流体的运动，然后才考虑一些特殊例

子。要描述流体的运动,我们必须给出它在每一点上的性质。比方,在不同地方,水(让我们称该流体为“水”吧)以不同的速度在运动。因此,要确定流动的特性,就必须给出任何时刻处于每一点的速度的三个分量。如果能够找到确定速度的方程式,那么我们就可能知道流体在所有时刻是怎样运动的了。然而,速度并非流体所具有的逐点变化的唯一性质。我们刚才已讨论过压强的逐点变化,此外还有其他各种变量,可能也存在密度的逐点变化。并且,该流体可能是一导体,其中载有在大小和方向上都逐点变化的密度为 $\boldsymbol{j}$ 的电流,还可能存在逐点变化着的温度或磁场,等等。因此,用以描述整个情况所需的场的数目就将取决于问题到底有多么复杂。当其中的电流和磁场对于确定流体行为起主要作用时就会出现一些有趣的现象,这个学科称为磁流体动力学,目前正受到极大注意。然而,我们将不讨论这些较复杂的情况,因为在复杂性较低的水平上就已经有一些有趣的现象,而即使在这种较初级的水平也将是足够复杂的。

我们将考虑其中既没有磁场也没有导电性的那种情况,并且不必对温度操心,因为我们将假定密度和压强会按照唯一的方式确定任何一点的温度。事实上,我们将通过做出密度不变的假定——设想该流体基本上是不可压缩的——以减少工作的复杂性。换句话说,我们是在假定压强变化是这样的小,以致由其产生的密度变化可以忽略不计。如果情况不是这样,则将遇到越出这里即将要加以讨论的范围之外的一些现象——比如说,声音或冲击波的传播。我们已在某种程度上讨论过声波和冲击波的传播,因而现在将通过做出密度 ρ 是一恒量的近似,把我们关于流体动力学的考虑与这些其他现象隔离开来。不难判定,ρ 不变的近似何时才是一个好的近似。我们可以说,若流动速度比流体中的声波的速率小得多,则无须担心密度的变化。水在我们尝试理解它的过程中所做的逃避与密度恒定的近似无关。那些的确容许逃避的复杂性将在下一章中讨论。

在有关流体的普遍理论中,人们必须从联系压强和密度的物态方程出发。在我们的近似中,这个物态方程仅是

$$\rho = \text{常数}.$$

于是,这就是关于各变量的第一个关系式。下一个关系式表示物质守恒——若物质从某一点流出,则所遗留下来的量中就一定有所减少。设流体的速度为 $\boldsymbol{v}$,则单位时间流经单位表面积的质量就是 $\rho\boldsymbol{v}$ 垂直于该面的分量。在电学中我们曾有过一个相似的关系式。从电学中也已知道,这个量的散度会给出单位时间内密度的减少率。同样,方程

$$\nabla \cdot (\rho \boldsymbol{v}) = -\frac{\partial \rho}{\partial t} \tag{40.2}$$

表示流体质量的守恒,它是流体动力学中的连续性方程。在我们的近似、即在不可压缩流体的近似下,ρ 是恒量,因而连续性方程就简单地为

$$\nabla \cdot \boldsymbol{v} = 0. \tag{40.3}$$

流体速度 $\boldsymbol{v}$——像磁场 $\boldsymbol{B}$ 那样——具有零散度(流体动力学方程往往酷似电动力学方程,这就是为什么我们要先学习电动力学的缘故。有些人却从相反方面论证,认为人们应先学习流体动力学,以便此后能更易于理解电学。可是电动力学实际上要比流体动力学容易得多)。

我们将从牛顿定律得到下一个方程,而牛顿定律告诉我们速度是如何由于力的作用而发生变化的。流体中一个体积元的质量乘以其加速度必定等于作用在此体积元上的力。取一个

单位体积元,并将单位体积所受的力写成 $\boldsymbol{f}$,便有

$$\rho \times (\text{加速度}) = \boldsymbol{f}.$$

我们将把这个力密度写成下述三项之和。曾经讨论过作用于单位体积上的压力为 $-\nabla p$。此外,还有从远处作用着——像重力或电力那样——的一些"外"力。当它们是具有单位质量势 ϕ 的保守力时,它们就会给出力密度 $-\rho\nabla\phi$(若这些外力并非保守力,则必须把单位体积的外力写成 $\boldsymbol{f}_{外}$)。因此,存在另一种单位体积的"内"力,它是由于在流动的流体中也可能存在剪切应力的事实引起的。这被称为黏滞力,我们将把它写成 $\boldsymbol{f}_{黏滞}$。于是,流体的运动方程就是

$$\rho \times (\text{加速度}) = -\nabla p - \rho\nabla\phi + \boldsymbol{f}_{黏滞}. \tag{40.4}$$

在本章中,我们将假定液体是"稀薄"的,这是在黏滞性不重要的意义上说的,从而将略去 $\boldsymbol{f}_{黏滞}$。当去掉这一黏滞项时,我们就正在做出这样一种近似,即所描写的乃是某种理想材料而并非真正的水。冯·诺伊曼就曾深切地意识到当没有这一黏滞项与有这一项时所发生的巨大差别,而他也意识到,在直到约 1900 年时流体动力学的大部分发展中,几乎主要的兴趣都集中在求解具有这个近似、而几乎与实际流体毫无关系的那些漂亮的数学问题上。他把从事这种分析的理论家标志为研究"干水"的人们。这样的分析不考虑流体的基本性质。正是因为我们在本章的计算中都要忽略这一性质,所以才给它"干水的流动"这么一个标题。我们把对真实的水的讨论推迟到下一章去。

如果不考虑 $\boldsymbol{f}_{黏滞}$,则在式(40.4)中除了关于加速度的表示式以外,我们就有了所需的一切。你或许会认为,关于流体质点的加速度公式会十分简单,因为似乎很明显,若 $\boldsymbol{v}$ 是流体中一个质点在某处的速度,则加速度该不过是 $\partial\boldsymbol{v}/\partial t$ 罢了。但这并不对——而且是由于某一相当微妙的原因。微商 $\partial\boldsymbol{v}/\partial t$ 是在空间一个固定点的速度 $\boldsymbol{v}(x, y, z, t)$ 的变化率。我们所需要的却是关于流体一个特定部分的速度变化有多快。试想象对其中一滴水用有色斑点来标明,以便能够对它进行观察。在一个小的时间间隔 Δt 内,这一滴水将移动至一个不同的位置。如果该滴水正在沿某一如图 40-4 所示意的路径运动,则它可能在 Δt 内从 P_1 移动至 P_2。事实上,它将在 x 方向移动量 $v_x\Delta t$,在 y 方向移动量 $v_y\Delta t$,并在 z 方向移动量 $v_z\Delta t$。我们看到,若 $\boldsymbol{v}(x, y, z, t)$ 为时刻 t 在 (x, y, z) 处的流体质点的速度,则这同一质点在 $t+\Delta t$ 时刻的速度由 $\boldsymbol{v}(x+\Delta x, y+\Delta y, z+\Delta z, t+\Delta t)$ 给出,其中

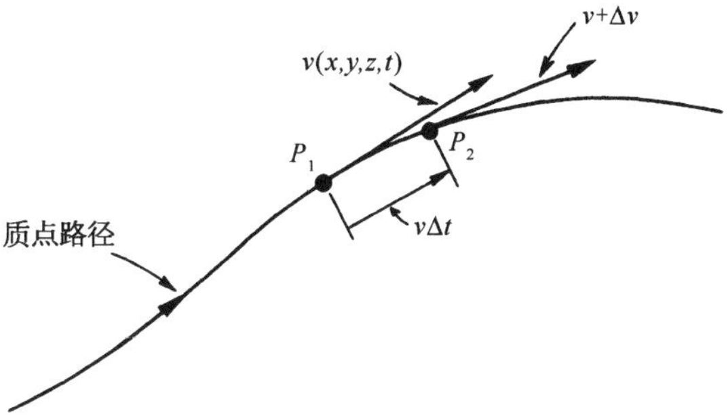

图 40-4　一流体质点的加速度

$$\Delta x = v_x\Delta t, \quad \Delta y = v_y\Delta t, \quad \Delta z = v_z\Delta t.$$

根据偏微商的定义——回顾式(2.7)——我们对它展开至第一级,有

$$\begin{aligned}&\boldsymbol{v}(x+v_x\Delta t,\ y+v_y\Delta t,\ z+v_z\Delta t,\ t+\Delta t)\\&= \boldsymbol{v}(x, y, z, t) + \frac{\partial\boldsymbol{v}}{\partial x}v_x\Delta t + \frac{\partial\boldsymbol{v}}{\partial y}v_y\Delta t + \frac{\partial\boldsymbol{v}}{\partial z}v_z\Delta t + \frac{\partial\boldsymbol{v}}{\partial t}\Delta t.\end{aligned}$$

因而加速度 $\Delta \boldsymbol{v}/\Delta t$ 为

$$v_x \frac{\partial \boldsymbol{v}}{\partial x} + v_y \frac{\partial \boldsymbol{v}}{\partial y} + v_z \frac{\partial \boldsymbol{v}}{\partial z} + \frac{\partial \boldsymbol{v}}{\partial t}.$$

可以用算符形式将这个式——把$\boldsymbol{\nabla}$当成一个矢量看待——写成

$$(\boldsymbol{v} \cdot \boldsymbol{\nabla})\boldsymbol{v} + \frac{\partial \boldsymbol{v}}{\partial t}. \tag{40.5}$$

注意,即使 $\partial \boldsymbol{v}/\partial t = 0$,以致在给定点的速度不再变化,但仍可能有加速度。作为一个例子,以恒定速率沿一圆周流动着的水正在作加速运动,尽管在一给定点的速度并不发生变化。当然,原因在于,起初在圆周某点的特定部位的水,一会儿之后其速度已经有了不同的方向,这表明存在一个向心加速度。

上述理论的其余部分就只是数学方面的了——先将式(40.5)中的加速度代入式(40.4)而得到运动方程,然后求运动方程的解。我们得到

$$\frac{\partial \boldsymbol{v}}{\partial t} + (\boldsymbol{v} \cdot \boldsymbol{\nabla})\boldsymbol{v} = -\frac{\boldsymbol{\nabla} p}{\rho} - \boldsymbol{\nabla}\phi, \tag{40.6}$$

在此式中黏滞性已被略去。利用从矢量分析得来的下列恒等式:

$$(\boldsymbol{v} \cdot \boldsymbol{\nabla})\boldsymbol{v} = (\boldsymbol{\nabla} \times \boldsymbol{v}) \times \boldsymbol{v} + \frac{1}{2}\boldsymbol{\nabla}(\boldsymbol{v} \cdot \boldsymbol{v})$$

可以把上述方程重新整理。如果现在定义一个新的矢量场 $\boldsymbol{\Omega}$,例如 $\boldsymbol{v}$ 的旋度,

$$\boldsymbol{\Omega} = \boldsymbol{\nabla} \times \boldsymbol{v}, \tag{40.7}$$

则上面的矢量恒等式还可以写成

$$(\boldsymbol{v} \cdot \boldsymbol{\nabla})\boldsymbol{v} = \boldsymbol{\Omega} \times \boldsymbol{v} + \frac{1}{2}\boldsymbol{\nabla} v^2,$$

而我们的运动方程式(40.6)就变成

$$\frac{\partial \boldsymbol{v}}{\partial t} + \boldsymbol{\Omega} \times \boldsymbol{v} + \frac{1}{2}\boldsymbol{\nabla} v^2 = -\frac{\boldsymbol{\nabla} p}{\rho} - \boldsymbol{\nabla}\phi. \tag{40.8}$$

你可以利用式(40.7)通过核对方程中两边的各分量都彼此相等,而证实式(40.6)和(40.8)两方程是等效的。

矢量场 $\boldsymbol{\Omega}$ 被称为涡度。如果涡度处处为零,则我们就说流动是无旋的。我们曾在§3-5中定义过一个称为矢量场的环流的东西。在给定时刻,在流体中环绕任一闭合回路的环流等于流体速度环绕该回路的线积分:

$$(\text{环流}) = \oint \boldsymbol{v} \cdot d\boldsymbol{s}.$$

于是对于一个无限小的回路来说,单位面积的环流——利用斯托克斯定理——就等于$\boldsymbol{\nabla} \times \boldsymbol{v}$。因此,涡度 $\boldsymbol{\Omega}$ 就是围绕一单位面积(垂直于 $\boldsymbol{\Omega}$ 的方向)的环流。由此也可推断出:如果你将一小片灰尘——不是无限小的点——放进该液体中任何地方,它就会以角速度 $\boldsymbol{\Omega}/2$ 旋转。试试看你能否证明这个结论。你也可以对放在一个转台上的一桶水加以核对,这时

$\boldsymbol{\Omega}$ 等于水的局部角速度的两倍。

如果我们仅对于速度场感兴趣，则可将压强从各式中消去。取式(40.8)两边的旋度，记住 ρ 是恒量，而任一梯度的旋度都为零，并利用式(40.3)，便得

$$\frac{\partial \boldsymbol{\Omega}}{\partial t}+\nabla\times(\boldsymbol{\Omega}\times\boldsymbol{v})=0. \tag{40.9}$$

上述方程，结合下列两式

$$\boldsymbol{\Omega}=\nabla\times\boldsymbol{v} \tag{40.10}$$

和

$$\nabla\cdot\boldsymbol{v}=0, \tag{40.11}$$

就完整地描述了速度场 $\boldsymbol{v}$。从数学方面讲，如果在某一时刻知道了 $\boldsymbol{\Omega}$，那么我们会知道速度矢量的旋度，而同时也明白速度的散度为零，因而若给定该物理情况，我们便具有确定每一处 $\boldsymbol{v}$ 所需的一切了(这刚好与磁学中的情况相似，在那里曾经有 $\nabla\cdot\boldsymbol{B}=0$ 和 $\nabla\times\boldsymbol{B}=\boldsymbol{j}/\epsilon_0c^2$)。于是，一个给定的 $\boldsymbol{\Omega}$ 会确定 $\boldsymbol{v}$，就正如一个给定的 $\boldsymbol{j}$ 会确定 $\boldsymbol{B}$ 一样。因此，一旦知道了 $\boldsymbol{v}$，方程式(40.9)便告诉我们关于 $\boldsymbol{\Omega}$ 的变化率，由此可以获得下一时刻的新 $\boldsymbol{\Omega}$。利用式(40.10)，我们又求出一个新的 $\boldsymbol{v}$ 来，如此等等。我现在必须告诉你这些方程怎么会包含为计算流动所需的一切机制。然而，要注意这种方法只会给出速度场，我们已经失去了有关压强方面的一切信息。

我们指出该方程的一个特殊后果。若在任何时刻 t 各处 $\boldsymbol{\Omega}=0$，则 $\partial\boldsymbol{\Omega}/\partial t$ 也为零，以致在 $t+\Delta t$ 时刻 $\boldsymbol{\Omega}$ 仍然处处为零。我们得到了方程的一个解，流动永远是无旋的。假如流动从零转动开始，就永远不会有旋转。此时，待解的方程组为

$$\nabla\cdot\boldsymbol{v}=0,\quad \nabla\times\boldsymbol{v}=0.$$

它们恰好像自由空间中的静电场或静磁场方程组。对此我们以后将回来再做讨论，并考察其中某些特殊问题。

§40-3　定常流——伯努利定理

现在要回到运动方程式(40.8)上来，但将限于讨论"定常"流动的情况。所谓定常流动我们指的是，在流体中任何地方的速度永远不会发生变化的流动。在任何地点的液体，总是被新的流体以完全相同的方式所代替。速度图看起来总是相同的——$\boldsymbol{v}$ 是一个静止的矢量场。用我们在静磁学中画出"场线"一样的方法，现在也可以把那些始终与流体速度相切的线画出来，如图 40-5 所示。这些线称为流线。对于定常流来说，它们显然就是流体微粒的实际路径(在非定常流中，这个流线图样会随时改变，因而在任何时刻的流线图样就并不代表流体微粒的路径)。

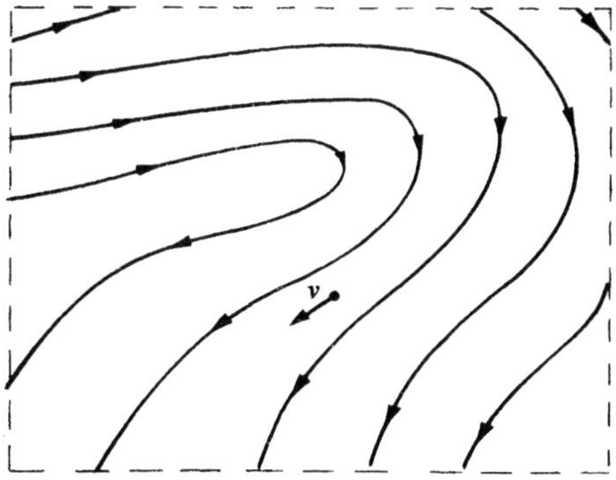

图 40-5　流体定常流动中的流线

定常流并不意味没有什么情况发生,流体中的原子正在运动和改变其速度。它仅仅意味着 $\partial \boldsymbol{v}/\partial t=0$。因此,若我们以 $\boldsymbol{v}$ 点乘该运动方程,则项 $\boldsymbol{v}\cdot(\boldsymbol{\Omega}\times\boldsymbol{v})$ 就会消失,而仅留下

$$\boldsymbol{v}\cdot\boldsymbol{\nabla}\left\{\frac{p}{\rho}+\phi+\frac{1}{2}v^2\right\}=0. \tag{40.12}$$

上述方程表明,对于沿流体速度方向的一个小位移来说,括号内的量不会改变。这时,在定常流中的所有位移都沿着流线,因而式(40.12)告诉我们:对于沿流线的所有点,我们能够写出

$$\frac{p}{\rho}+\frac{1}{2}v^2+\phi=\text{常数(沿着流线)}. \tag{40.13}$$

这就是伯努利定理。一般来说,右边那个常数,对于不同流线可以有所不同,尽我们所知就是:式(40.13)左边沿一给定流线是完全相同的。顺便说说,我们不妨注意,对于 $\boldsymbol{\Omega}=0$ 的那种定常无旋运动,运动方程式(40.8)会向我们提供下面的关系

$$\boldsymbol{\nabla}\left\{\frac{p}{\rho}+\frac{1}{2}v^2+\phi\right\}=0,$$

使得

$$\frac{p}{\rho}+\frac{1}{2}v^2+\phi=\text{常数(处处)}. \tag{40.14}$$

除了现在该常数对于整个流体都具有相同值之外,该式与式(40.13)完全相同。

事实上,伯努利定理只不过是关于能量守恒的一种表述。像这样的一个守恒定理会提供关于流动的大量信息,而不必实际去解那些详尽的方程。伯努利定理竟是那么重要而又那么简单,使得我们愿意向你们表明,如何才能用一种与刚才所用的正规运算不同的方式将其推导出来。设想如图 40-6 所示的、由一束相邻流线所形成的一个流管。由于这个管的壁是由流线构成的,所以就不会有流体穿越管壁流出来。让我们把这个流管一端的截面叫作 A_1,那里的流速为 v_1,密度为 ρ_1,而势能为 ϕ_1。在管的另一端,这些对应的量则分别为 A_2, v_2, ρ_2 和 ϕ_2。现在,在经历了一个短短的时间间隔 Δt 之后,在 A_1 处的流体已经移动一小段距离 $v_1\Delta t$,而在 A_2 处的流体则移动另一段距离 $v_2\Delta t$[图 40-6(b)]。质量守恒要求凡通过 A_1 而进入的质量必须等于通过 A_2 而离开的质量。在管两端这两质量必定相同:

$$\Delta M=\rho_1A_1v_1\Delta t=\rho_2A_2v_2\Delta t.$$

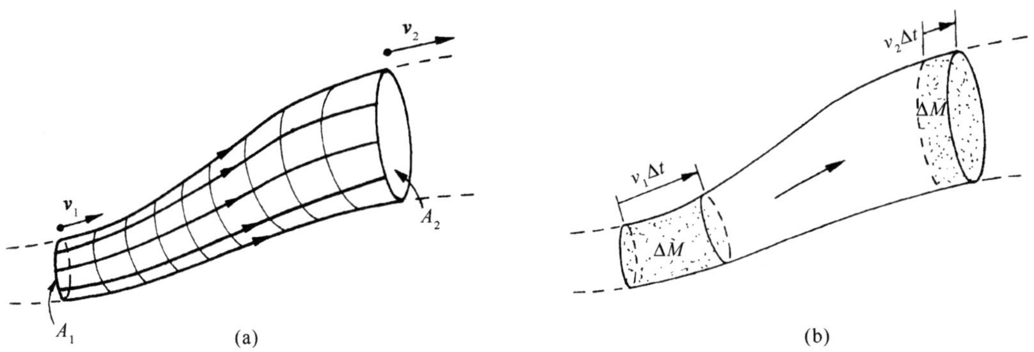

图 40-6 流体在流管里的运动

因此,就有等式

$$\rho_1 A_1 v_1 = \rho_2 A_2 v_2. \tag{40.15}$$

这个方程告诉我们:若 ρ 是一恒量,则速度与流管的截面积成反比。

现在要来计算由流体压强所做的功。对 A_1 处进入的流体所做的功为 $p_1 A_1 v_1 \Delta t$,而在 A_2 处流体对外所做的功则为 $p_2 A_2 v_2 \Delta t$。因此,对 A_1 与 A_2 之间流体所做净功为

$$p_1 A_1 v_1 \Delta t - p_2 A_2 v_2 \Delta t,$$

它必定等于质量为 ΔM 的流体在从 A_1 至 A_2 的运动过程中能量的增加,换句话说,

$$p_1 A_1 v_1 \Delta t - p_2 A_2 v_2 \Delta t = \Delta M(E_2 - E_1), \tag{40.16}$$

其中 E_1 为在 A_1 处单位质量的流体能量,而 E_2 则为在 A_2 处单位质量的能量。流体的单位质量能量可以写成

$$E = \frac{1}{2}v^2 + \phi + U,$$

其中$\frac{1}{2}v^2$ 为单位质量的动能,ϕ 为单位质量的势能,而 U 则代表流体单位质量的内能的一个附加项。例如,内能也许相当于可压缩流体中的热能或化学能。所有这些量都可以逐点变化。把这种能量的形式应用到式(40.16)中,则有

$$\frac{p_1 A_1 v_1 \Delta t}{\Delta M} - \frac{p_2 A_2 v_2 \Delta t}{\Delta M} = \frac{1}{2}v_2^2 + \phi_2 + U_2 - \frac{1}{2}v_1^2 - \phi_1 - U_1.$$

但我们已经知道 $\Delta M = \rho A v \Delta t$, 所以得到

$$\frac{p_1}{\rho_1} + \frac{1}{2}v_1^2 + \phi_1 + U_1 = \frac{p_2}{\rho_2} + \frac{1}{2}v_2^2 + \phi_2 + U_2, \tag{40.17}$$

这是带有内能附加项的伯努利方程。若流体是不可压缩的,则该内能项在两边相等,而我们再一次得到:方程式(40.14)沿任何流线成立。

现在考虑某些简单例子,其中伯努利积分给我们提供了对流动的描述。假设有水从靠近桶底的一个小孔流出来,如图 40-7 所示。我们考虑这种情况,即其中小孔处的流速 $v_{出口}$ 比靠近桶顶处的流速要大得多,换句话说,设想桶的直径大到我们可略去液面的下落(只要愿意我们可以做更精确的计算)。在桶顶处压强为 p_0,即大气压,而在出口旁的压强也是 p_0。现在就对诸如图上所画出来的那条流线写出伯努利方程。在桶顶,我们取 v

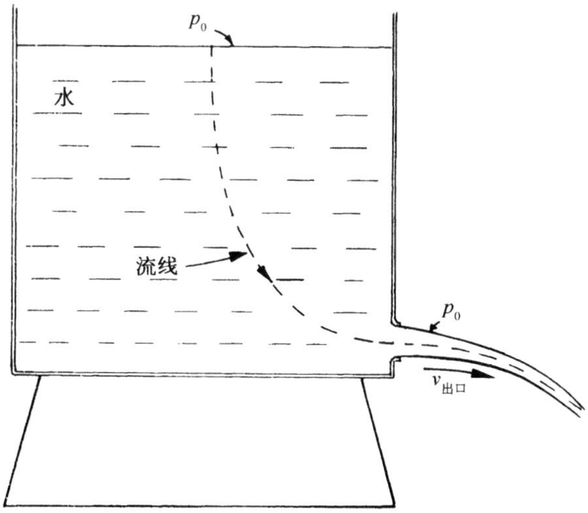

图 40-7　从水桶喷出的水流

等于零,同时也取重力势 ϕ 为零。在出口处速率为 $v_{出口}$,而 $\phi=-gh$,因而

$$p_0=p_0+\frac{1}{2}\rho v_{出口}^2-\rho gh,$$

也即

$$v_{出口}=\sqrt{2gh}. \tag{40.18}$$

这一速度恰好就是某一物体下落了距离 h 应该得到的速度。这不会太令人惊异,因为水在出口处获得的动能是以在桶顶的势能作为代价的。然而,一定不要由此得出这样的概念,即可以用这一速度乘该小孔面积而算出流体从该桶流出的流量。流体喷离小孔时,其速度并非完全互相平行,而是带有向内朝着流线中心的分量——水流在收缩。在经过了一小段路程后,这水流的收缩便停止,而速度的确变成平行。因此,总流量乃是速度乘以该点所在处的面积。事实上,若我们有一个排水口恰好是圆形而有锐利边缘的小孔,则水流将缩小至小孔面积的 62%。对于不同形状的排水管,这缩小后的有效排水面积是不相同的,而实验上的收缩率可以从射流系数表查得。

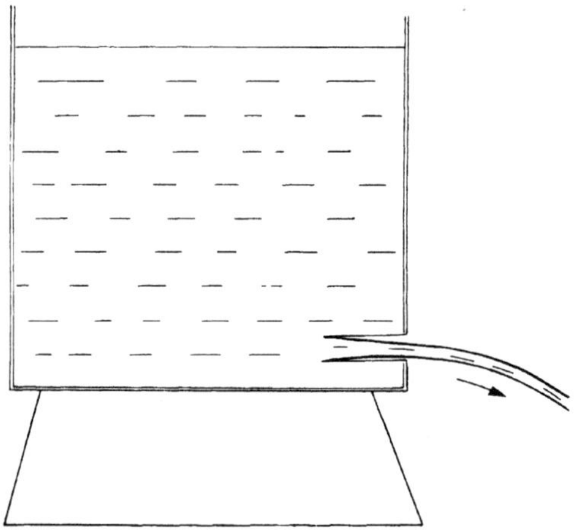

图 40-8 若用一条凹入式排水管,则水流将缩小至出口面积的一半

如果排水管属于凹入式的,如图 40-8 所示,则人们可用最漂亮的方式证明这射流系数恰为 50%。下面将仅仅给出如何做这一证明的一点提示。我们已用能量守恒获得了速度,即式(40.18),但动量守恒也值得加以考虑。既然在排出水流中有动量流出,就一定有一个力作用于排水管的横截面上。这力是从哪里来的呢?力必须来自桶壁上的压强。只要该射流孔细小并远离桶壁,则靠近桶壁的流体速度将很小。因此,作用于每个面上的压强就与在静止流体中的静压强——从式(40.14)中得出的——几乎完全一样。于是,在桶的侧壁上任一点处的静压强就必定与对面壁上一点处的相等压强相对应,除了排出管对面壁上的那些点以外。如果我们算出由这一压强所引起的通过出口而流出的动量,则就能够证明射流系数为 1/2。然而,对于像图 40-7 所示的那种排水孔我们就不能应用这一方法,因为沿桶壁一直到接近排水孔的区域速度增大所产生的压强降,是我们无法算出的。

让我们来看另一例子——一根截面变化的水平管,如图 40-9 所示,水从一端流入,而由另一端流出。能量守恒、亦即伯努利公式表明:在速度较高的那个颈缩区压强比较低。我们可以通过下述办法轻易地演示这一效应,即利用在流管的不同截面处接上一些竖直的小口径管子——小到不会影响流动——来量度各处的压强。这时,压强是由这些竖直管中的水柱高度来量度的。在颈缩处所求得的压强小于两侧的压强。如果在经过颈

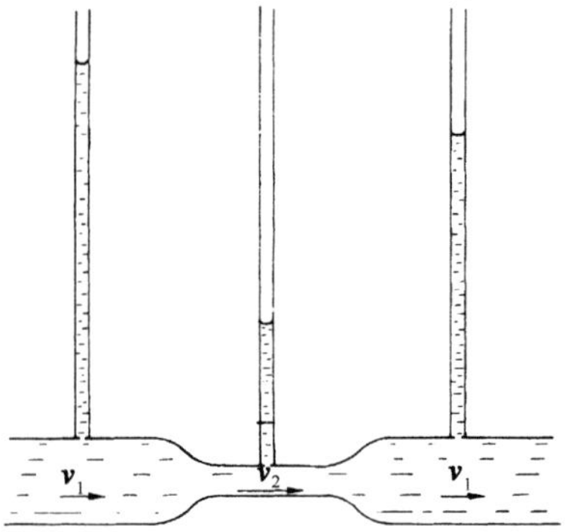

图 40-9 在速度最大处压强最低

缩区之后，面积又恢复到颈缩区前相同的值，则压强又会再升高。伯努利公式会预言，在颈缩区下游的压强应与上游的一样，但实际上显著地较低。我们的预言所以有误，是由于忽略了那些摩擦、黏滞力之故，这些力会引起压强沿着管道下降。尽管存在这种压强降，但在颈缩处的压强(由于增大了的速率)仍明显地低于其两侧的压强——正如伯努利所预言的那样，速率 v_2 肯定应当超过 v_1 才能使相同的水量流经较窄的管道。因此，水在从宽处流经窄的部分时是被加速的。产生这一加速度的力则来自压强降。

还可用另一个简单的演示来核对我们的结果。假设有一个接于桶旁而会向上喷射的排水管，如图 40-10 所示。要是射流速度恰好等于$\sqrt{2gh}$，则这排出的水就应当上升至与桶内水面相平的高度。实验表明，它稍微低了一点。我们的预言大致正确，但在能量守恒公式中那还未被包括进去的黏滞阻力又一次引起了能量损耗。

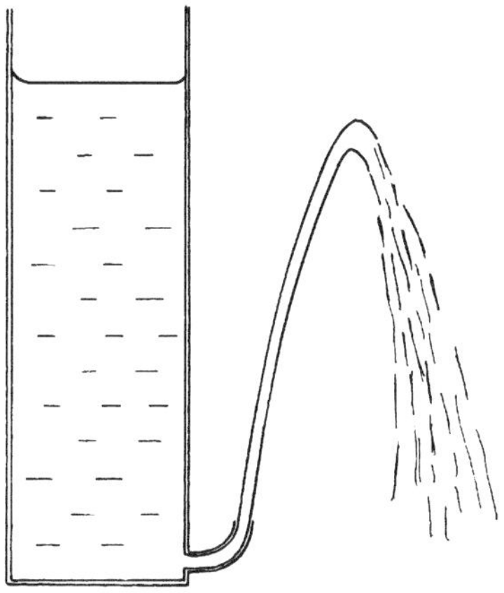

图 40-10 v 不等于 $\sqrt{2gh}$ 的证明

你有没有拿着两张互相靠近的纸片而试图把它们吹开？试试看。它们会互相靠紧。当然，原因是，空气流经两张纸片中间狭窄的空间时，比起流经外面来具有较高速率。两纸片之间的压强比大气压低，因而它们就互相靠近而不是互相离开。

§40-4 环　　流

在上一节的开头我们曾经看到，若不可压缩流体中不存在环流，则流动满足下列两个方程：

$$\nabla \cdot \boldsymbol{v} = 0, \quad \nabla \times \boldsymbol{v} = 0. \tag{40.19}$$

它们与自由空间中的静电或静磁方程组相同。当没有电荷时，电场的散度为零，而电场的旋度则总是等于零的。若没有电流，磁场的旋度为零，而磁场的散度则永远等于零。因此，方程组(40.19)与静电学中关于 $\boldsymbol{E}$ 或静磁学中关于 $\boldsymbol{B}$ 的方程组具有相同的解。事实上，在§12-5 中，作为对静电学的类比，我们曾解过流体流经一个球体的那种流动问题。该电学模拟就是一匀强电场加上一偶极子场。这偶极子场被调整到使得垂直于球面上的流速为零。对经由一根柱体的同样的流动问题，可以按相似的办法即利用一个适当的线型偶极子场和一均匀流场来算出。对于在远处的流速——包括大小和方向——为恒量的那种情况，这一种解答是正确的。这个解的示意图为图 40-11(a)。

当条件使得在远处的流体沿着围绕该柱体的圆周运动时，对于围绕柱体的流动就有另一个解。于是，流动处处都是圆周，如图 40-11(b)所示。这样的流动有一个围绕着该柱体的环流，尽管此时在流体中 $\nabla \times \boldsymbol{v}$ 仍为零。怎样才能有环流而没有旋度呢？围绕该柱体有环流是因为环绕任一包围柱体在内的回路的 $\boldsymbol{v}$ 的线积分不等于零。同时，$\boldsymbol{v}$ 围绕任一不包含该柱体在内的闭合路径的线积分都是零。当我们过去求围绕一根导线的磁场时，也曾见过这相同的事情。在导线外 $\boldsymbol{B}$ 的旋度为零，虽然围绕一条包围该导线在内

的路径 $\boldsymbol{B}$ 的线积分却不为零。在围绕柱体的无旋环流中的速度场,与围绕一根导线的磁场恰好相同。对于以柱体的轴心为中心的一条圆周路径来说,速度的线积分为

$$\oint \boldsymbol{v} \cdot \mathrm{d}\boldsymbol{s} = 2\pi r v.$$

在无旋流动中这一积分必然与 r 无关,让我们把这一常数值称作 c,那么便有

$$v = \frac{c}{2\pi r}, \tag{40.20}$$

式中 v 是切向速度,而 r 是距轴的距离。

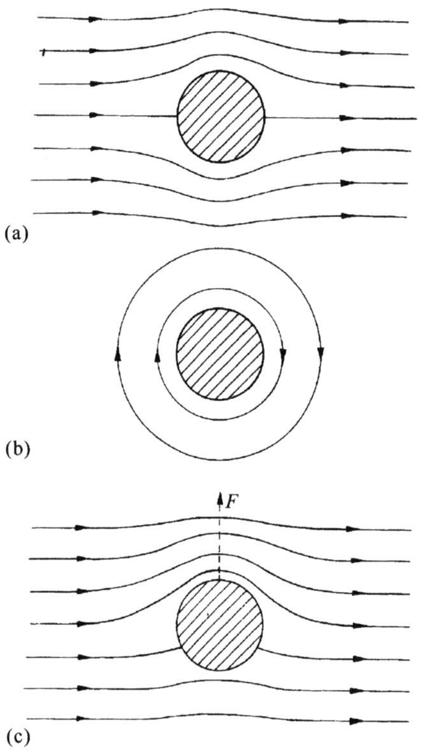

图 40-11 (a)理想流体正流经一根柱体;(b)围绕柱体的环流;(c)是(a)和(b)两者的叠加

关于围绕一小孔的流体环流可以做一个精彩的演示。你取一个在底面中心处开有一个排水孔的透明柱形桶。把这个桶装满了水,用一根棍子在其中搅起一些环流,然后拉开孔塞,你便会获得如图 40-12所示的那种漂亮的效应(你在浴盆中也曾多次见过与此相类似的东西)。虽然你在开始时加入某个 ω,但由于黏滞性的缘故它不久就会消失而流动变成无旋的了——尽管此时还有围绕着该排水孔的环流。

根据理论,我们能够算出水的内表面形状。当一个水的质点向中心流入时,它会获得速率。根据式(40.20),该切向速度与 $1/r$ 成正比——这恰好出自角动量守恒——像溜冰者缩回两只手臂一样,并且径向速度也表现为 $1/r$ 的形式。若略去切向运动,就有水沿着径向朝中心流进孔里,根据 $\nabla \cdot \boldsymbol{v} = 0$,可以推断出径向速度会正比于 $1/r$。因此,总速度也与 $1/r$ 成正比,从而水将沿着阿基米德螺线流动。空气与水间的界面全都处于大气压强下,因而根据式(40.14)它必须具有这么一种性质:

$$gz + \frac{1}{2}v^2 = \text{常数}.$$

但由于 v 与 $1/r$ 成正比,从而该表面形状为:

$$(z - z_0) = \frac{k}{r^2}.$$

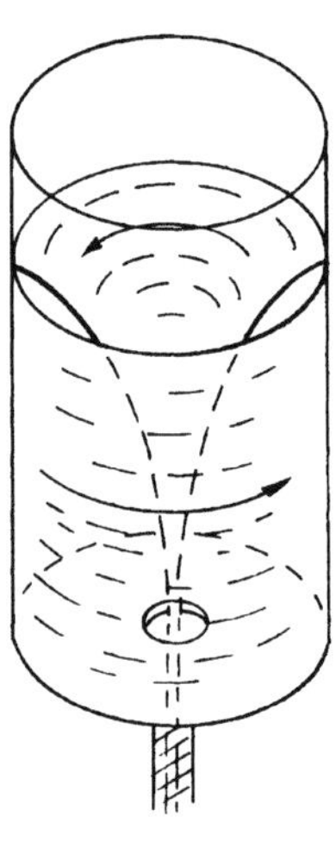

图 40-12 带有环流的水从桶中排出

一个有趣的地方——这一般来说是不正确的,但对于不可压缩的无旋流动则是正确的——乃是:若我们有两个解,则它们之和也是一个解。这所以正确,是因为方程组(40.19)是线性的。流体动力学的完整方程组(40.8)、(40.9)和(40.10)都不是线性的,这就造成巨大的差别。然而,对于围绕柱体的无旋流动来说,我们可以将图 40-11(a)的流动叠加于图 40-11(b)的流动之上,而获得一个如图 40-11(c)所示的那种新型

流动图样。这种流动特别有趣,在柱体上面的流速比在其下面的要高。因此,在上面的压强就比在下面的低。这样,当一个围绕着柱体的环流与一个纯水平方向的流动相结合时,就会有一个净的垂直方向的力作用于该柱体上——这个力被称为升力。当然,按照我们关于"干"水的理论,若没有环流,则就不会有净力作用于任何物体上。

§ 40-5　涡　　线

对于可能有涡旋的不可压缩流体,其流动的一般方程式为

$$\text{I}.\qquad \nabla\cdot\boldsymbol{v}=0,$$

$$\text{II}.\qquad \boldsymbol{\Omega}=\nabla\times\boldsymbol{v},$$

$$\text{III}.\qquad \frac{\partial\boldsymbol{\Omega}}{\partial t}+\nabla\times(\boldsymbol{\Omega}\times\boldsymbol{v})=0.$$

这些方程的物理内容曾由亥姆霍兹通过三个定理用语言描述过。首先,设想在流体中我们应该画出涡线而不是流线。所谓涡线,指的是具有 $\boldsymbol{\Omega}$ 的方向、并在任何区域里都具有与 $\boldsymbol{\Omega}$ 的大小成正比的密度的那种场线。根据上列方程Ⅱ,$\boldsymbol{\Omega}$ 的散度始终等于零(回忆起 §3-7 中旋度的散度总是零)。因此,涡线就像 $\boldsymbol{B}$ 线,它们从来既没有始点也没有终点,因而往往会形成闭合回路。现在亥姆霍兹通过下述这一句话来描述Ⅲ:涡线随流体一起在运动。这意思是:假如你对沿某些涡线的流体质点加以标志——比如用墨水给它们着色——那么当流体带着那些质点一起运动时,它们将始终标志着那些涡线的新位置。无论流体中的原子怎样运动,涡线总是跟着它们一起前行。这是描述那些定律的一种方法。

它也提供了求解任何问题的一种方法。给出最初的流动图样——比如,各处的 $\boldsymbol{v}$ 值——那么你便可以算出 $\boldsymbol{\Omega}$ 来。根据 $\boldsymbol{v}$ 你也可以讲出在一会儿之后那些涡线将会跑到哪里——它们以速率 $\boldsymbol{v}$ 运动。用新的 $\boldsymbol{\Omega}$,你便可以应用方程Ⅰ和Ⅱ求出新的 $\boldsymbol{v}$(这很像给定电流后求 $\boldsymbol{B}$ 的问题)。如果我们得到了某一时刻的流动图像,则在原则上就可以算出后来一切时刻的图像。因此我们就得到关于非黏滞流动的一般解。

现在要来说明:亥姆霍兹的表述——因而也就是Ⅲ——如何才能够至少部分地加以理解。实际上它仅仅是应用于流体的角动量守恒定律。试设想一个其轴平行于涡线的液态小柱体,如图 40-13(a)所示。在此后某一时刻,这同一块流体

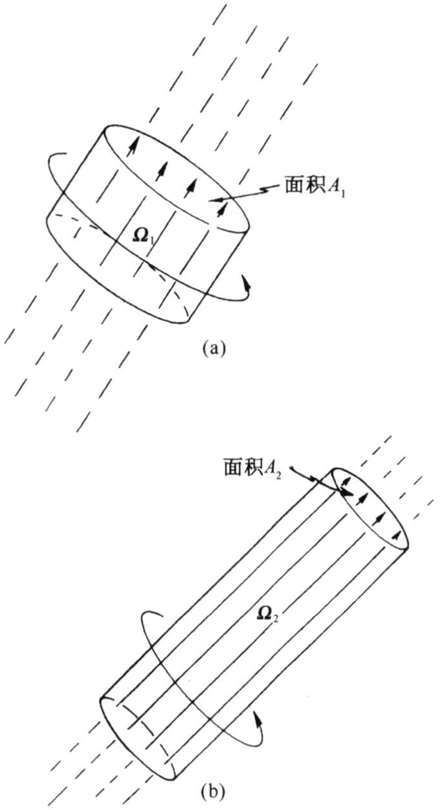

图 40-13　(a)在 t 时刻的一群涡线;(b)同一群线在较迟的 t' 时刻

将移至别处。一般说来,它将占据一个直径不同的柱体并将位于不同的地方。它也可以有不同取向,比如图 40-13(b)所示的那样。但是,若直径已经变小,则长度就会增长,以保持其体积不变(因为我们假定的是一种不可压缩的流体)。并且,由于涡线离不开材料,所以其密度就会随截面的缩小而增大。涡度 $\boldsymbol{\Omega}$ 与该柱体的截面积 A 两者之积将保持不变,因而按照亥姆霍兹表述,应有

$$\boldsymbol{\Omega}_2 A_2 = \boldsymbol{\Omega}_1 A_1. \tag{40.21}$$

现在要注意:由于黏滞性为零,因而所有作用于该柱体(就那事来说,或任何体积)的表面上的力就都垂直于该表面,这种压力能够导致该体积从一处移至另一处,也能使它改变形状,但由于没有切向力,所以材料内部的角动量的大小就不可能改变。该小柱体内液体的角动量等于其转动惯量 I 乘以液体的角速度,它正比于涡度 $\boldsymbol{\Omega}$。对于柱体来说,转动惯量正比于 mr^2。因此根据角动量守恒,我们就应该断定

$$(M_1 R_1^2)\boldsymbol{\Omega}_1 = (M_2 R_2^2)\boldsymbol{\Omega}_2.$$

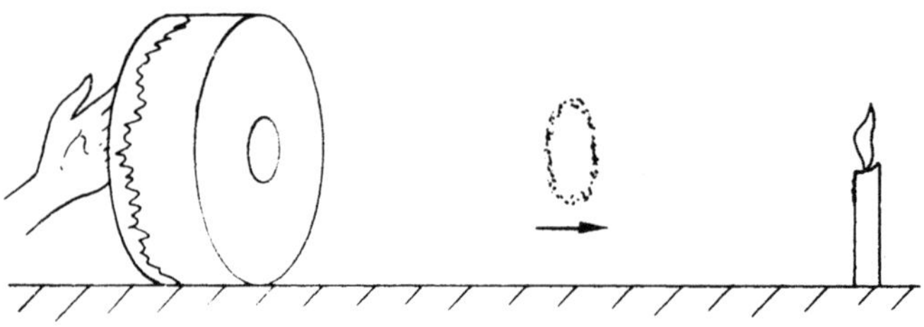

图 40-14 造成一个正在移动的涡环

可是质量彼此相同,即 $M_1 = M_2$,而截面积则正比于 R^2,因而我们又再次得到方程式(40.21)。亥姆霍兹的表述——与Ⅲ等效——正好是在没有黏滞性的条件下流体元的角动量不可能发生改变这一事实的推论。

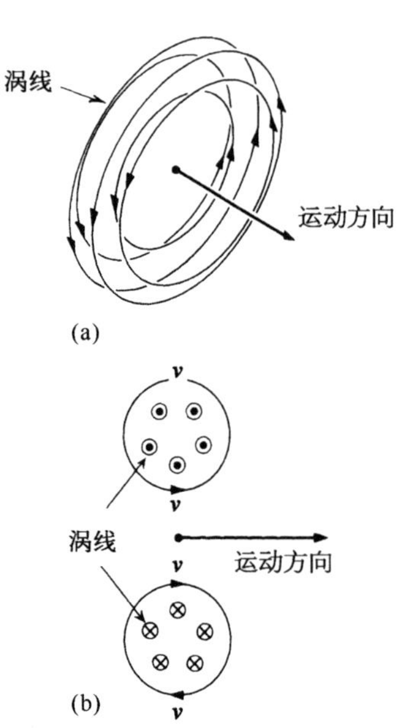

图 40-15 一个运动着的涡环(烟环)。(a)涡线;(b)涡环的截面

有一个用图 40-14 所示的简单设备形成运动涡旋的精彩演示。用一张绷紧的厚橡胶膜覆盖在一个柱形箱的开端上构成一个“鼓”,鼓的直径 2 ft,深也是 2 ft。鼓“底”——这个鼓被翻倒而靠它的侧壁支持着——除了有一个直径 3 in的孔外,周围都密闭。如果你用手在橡胶膜上猛击一下,一个涡环就被从孔中投射出来。尽管涡旋看不见,但你却能说出它在那儿,因为它会吹熄放在 10～20 ft 远处的一支蜡烛。根据这一效应的迟延时间,你可以说出“某种东西”正在以一有限的速率行进着。如果你先将一些烟雾吹进箱子里,则还能对发生的情况看得更清楚。这时你会把涡旋看成一个美丽的圆“烟环”。

烟环是环状的涡线群,如图 40-15(a)所示。由于 $\boldsymbol{\Omega} = \nabla \times \boldsymbol{v}$,这些涡线也代表图(b)中的 $\boldsymbol{v}$ 的环流。我们可以按

照下述办法来理解烟环的前进运动:环底附近的环流速度会延伸到环顶,而那里就有一个前进运动了。由于 $\boldsymbol{\Omega}$ 线同流体一起运动,这些线也就以速度 $\boldsymbol{v}$ 向前运动(当然,环顶部附近的 $\boldsymbol{v}$ 的环流导致底部的涡线的向前运动)。

现在必须提到一个严重的困难。我们已经注意到式(40.9)表明:若 $\boldsymbol{\Omega}$ 起初为零,则它将永远为零。这个结果表明"干"水理论的大失败,因为它意味着,一旦 $\boldsymbol{\Omega}$ 为零,则它将永远为零——在任何场合下都不能产生任何涡度。可是,在我们利用那个鼓的简单演示中,却能够从原来是静止的空气里产生出涡环来(肯定在我们击鼓以前,鼓箱里处处都是 $\boldsymbol{v}=0$, $\boldsymbol{\Omega}=0$)。并且,我们全都知道,可以在湖水中用一柄桨来发生一些涡旋。显然,必须研究"湿"水的理论才能对流体的行为得到充分理解。

干水理论的另一不正确之处在于,在考虑流体与固体表面之间边界处的流动时我们所做的那种假设。过去当讨论经过柱体的流动——例如在图 40-11 中的那种流动——时,我们曾容许流体能沿固体表面滑动。在我们的理论中,在固体表面处的速度可以有任何值,这取决于该流动是怎样开始的,而我们就从未考虑过流体与固体之间的任何"摩擦"。然而,实验事实是,实际流体的速度在一固态物体的表面总是趋于零的。因此,我们关于柱体的解,不管有无环流,都是错误的——正如有关产生涡度的那种结果一样。我们将在下一章中告诉你们较为正确的理论。

第41章 湿水的流动

§41-1 黏 性

在上一章我们曾在忽略黏性现象的情况下讨论过水的行为，现在想要讨论包括黏性效应在内的流体流动。我们希望考察流体的实际行为，定性地讨论在各种不同场合下流体的实际行为，使得你对这一课题将会有某些感触。虽然你将看到某些复杂方程，并听到某些复杂的事情，但这并非我们要求你必须学习所有这些东西的目的。在某种意义上，这是一章"文化课"，它将给予你这个世界存在方式的某些概念，其中只有一项是值得学习的，那就是我们立即将加以讨论的有关黏性的简单定义，其余的就只是为了向你们提供乐趣。

上一章中我们曾经发现，流体运动的规律全都包含在下述方程中，

$$\frac{\partial \boldsymbol{v}}{\partial t}+(\boldsymbol{v}\cdot\nabla)\boldsymbol{v}=-\frac{\nabla p}{\rho}-\nabla\phi+\frac{\boldsymbol{f}_{黏}}{\rho}. \tag{41.1}$$

在我们的"干"水近似中曾去掉了末项，从而忽略了所有的黏性效应。并且，有时还由于考虑到流体是不可压缩的而做出一个附加近似，这时我们就有过一个补充方程

$$\nabla\cdot\boldsymbol{v}=0.$$

这最后一种近似往往很有效——特别是当流速比声速小得多的时候。但在实际流体中，认为可以略去我们所称之为黏性的那种内摩擦力几乎是绝对不正确的，而发生的大部分有趣的事情总是来自这种黏性。例如，我们曾见到在"干"水中环流永不会改变——如果开始时没有一个环流，往后也永不会有。可是，流体内的环流却是每天都要发生的事情。我们必须修补我们的理论。

我们从一个重要的实验事实着手。当我们过去算出"干"水环绕或经过一根柱体而流动——即所谓"有势流动"——时，我们没有理由不容许水具有与表面相切的速度，只有法向分量才必须等于零。我们并未把液体与固体之间或许会存在剪切力的那种可能性考虑进去。结果是——虽然并不是完全不言而喻的——在为实验所证实的一切场合下，在固体表面流体速度恰好为零。无疑，你已注意到风扇叶片会积聚一薄层灰尘——而当风扇已经把空气搅动后灰尘仍然留在那里。甚至在风洞中的大型风扇上，你也可以看到同样的效应。为什么灰尘不会给空气吹跑了呢？虽然事实是扇叶正以高速穿越空气而运动，但空气相对于扇叶的速率在叶面上恰好趋向于零。因此，那些最小的尘埃粒子才没有被扰动*。所以我们必须对理论作出修正，以便能够与这个实验事实相符，即在一切通常的流体中，那些靠

---

* 你能够将大的尘埃粒子从桌面上吹掉，但不能吹去十分微细的灰尘，那些大的才会掉进到微风里去。

近固体表面的分子都会有零速度(相对于表面而言)*。

我们原来是由这个事实来标志液体的,即如果你对它作用一个切应力——不管多么小——它就会放弃抵抗。它流动了。在静止情况下,不会有剪切应力。但在达到平衡之前——只要你仍然推动它——就可能存在剪切力。黏性描述了存在于运动流体中的剪切力。为得到流体运动时剪切力的量度,我们考虑下述实验。假设有两块其间夹有水的固体平面,如图 41-1 所示,保持其中一块固定,而另一块则以低速率 v_0 对其作平行运动。如果你对保持上板运动所需要的力进行测量,你会发现这力与板的面积和 v_0/d 都成正比,其中 d 为两板间的距离。因此,剪切应力 F/A 正比于 v_0/d:

$$\frac{F}{A}=\eta\frac{v_0}{d}.$$

比例常数 η 称为黏性系数。

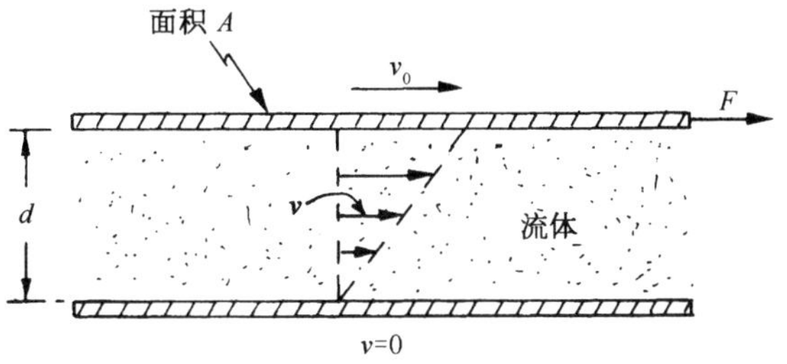

图 41-1　在两平行板之间的黏性阻力

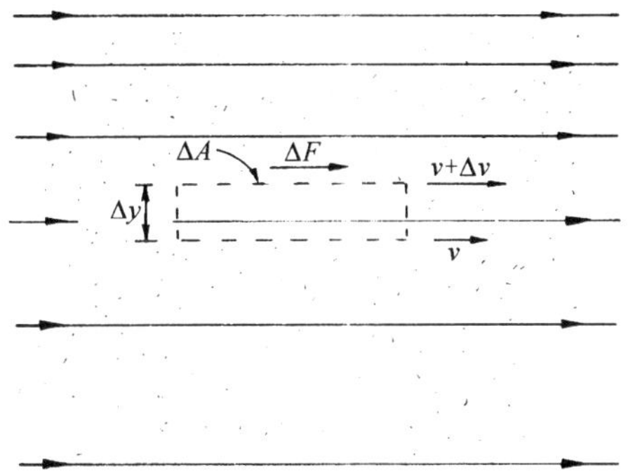

图 41-2　在一黏性流体中的剪切应力

如果我们有一较复杂情况,则总可以考虑水中一个小而平坦的矩形单元,其上下两面都平行于水流,如图 41-2 所示。整个这单元上的剪切力由下式给出:

$$\frac{\Delta F}{\Delta A}=\eta\frac{\Delta v_x}{\Delta y}=\eta\frac{\partial v_x}{\partial y}. \tag{41.2}$$

此时,$\partial v_x/\partial y$ 就是我们曾在第 38 章中定义过的剪切应变的变化率,因而对于液体来说,剪切应力与剪切应变的变化率成正比。

在一般情况下,我们写成

$$S_{xy}=\eta\left(\frac{\partial v_y}{\partial x}+\frac{\partial v_x}{\partial y}\right). \tag{41.3}$$

如果流体有一匀速转动,则$\partial v_x/\partial y$ 是$\partial v_y/\partial x$ 的负值,因而 S_{xy} 为零——正应该如此,因为在匀速转动的流体中不存在应力(我们在第 39 章中对 e_{xy} 下定义时做过类似的事情)。当然,还有关于 S_{yz} 和 S_{zx} 的相应表示式。

作为应用这些概念的一个例子,我们考虑在两个同轴圆筒间流体的运动。设内筒半径

---

* 若情况不真实,你可以想象:虽然在理论上玻璃是一种"液体",但肯定能够把它制造得沿钢面滑动。因此,我们的说法必然会在某处失效。

为 a,圆周线速度为 v_a,而令外筒具有半径 b 和圆周线速度 v_b,参见图 41-3。我们也许会问,在两筒之间的速度分布如何?为回答这一问题,我们从找出流体中距轴心为 r 处的黏性剪切力公式开始。根据问题的对称性,我们可以假定流动总是沿着切向的,而其大小仅取决于 r, $v = v(r)$。如果注视水里半径为 r 处的一个小斑点,它的坐标作为时间的函数为

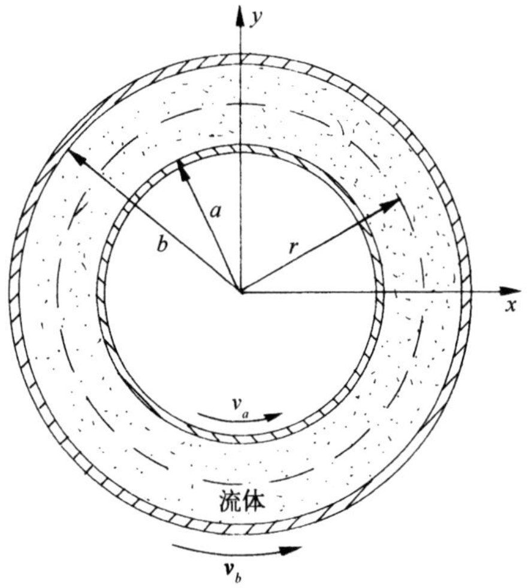

图 41-3 在以不同角速度旋转着的两个同心筒之间流体的流动

$$x = r\cos\omega t,\ y = r\sin\omega t,$$

其中 $\omega = v/r$。于是速度的 x 和 y 分量就是

$$v_x = -r\omega\sin\omega t = -\omega y$$

和

$$v_y = r\omega\cos\omega t = \omega x. \tag{41.4}$$

根据式(41.3),我们有

$$S_{xy} = \eta\left[\frac{\partial}{\partial x}(x\omega) - \frac{\partial}{\partial y}(y\omega)\right] = \eta\left[x\frac{\partial\omega}{\partial x} - y\frac{\partial\omega}{\partial y}\right]. \tag{41.5}$$

对于 $y = 0$ 的一点,$\partial\omega/\partial y = 0$,而 $x\partial\omega/\partial x$ 与 $r\mathrm{d}\omega/\mathrm{d}r$ 相同。因此在该点上,

$$(S_{xy})_{y=0} = \eta r\frac{\mathrm{d}\omega}{\mathrm{d}r} \tag{41.6}$$

(S 应依赖于$\partial\omega/\partial r$ 是合理的,当 ω 不随 r 变化时,流体就处匀速转动之中因而不会有应力存在)。

我们已算出来的应力是切线方向剪切应力,围绕着整个柱面它们都相同。通过把剪切应力乘以矩臂 r 和面积 $2\pi rl$,就可以获得作用于半径 r 处的整个柱形面上的转矩。我们得到

$$\tau = 2\pi r^2 l(S_{xy})_{y=0} = 2\pi\eta l r^3\frac{\mathrm{d}\omega}{\mathrm{d}r}. \tag{41.7}$$

由于水的运动是定常的——没有角加速度——因而作用于 r 与 $r + \mathrm{d}r$ 间水的柱壳上净转矩必然为零,这就是说,在 r 处的转矩势必被在 $r + \mathrm{d}r$ 处的一个相等而相反的转矩所抵消,使得 τ 必须与 r 无关。换句话说,$r^3\mathrm{d}\omega/\mathrm{d}r$ 等于某个恒量,比方说 A,因而

$$\frac{\mathrm{d}\omega}{\mathrm{d}r} = \frac{A}{r^3}. \tag{41.8}$$

积分后,我们求出 ω 随 r 的变化关系为:

$$\omega = -\frac{A}{2r^2} + B. \tag{41.9}$$

A 和 B 两常数,它们由满足在 $r = a$ 处 $\omega = \omega_a$ 和在 $r = b$ 处 $\omega = \omega_b$ 的条件而被确定下来。结果得到

$$A = \frac{2a^2b^2}{b^2-a^2}(\omega_b-\omega_a),$$
$$B=\frac{b^2\omega_b-a^2\omega_a}{b^2-a^2}. \tag{41.10}$$

所以我们就知道作为 r 的函数的 ω,从而也知道 $v=\omega r$ 。

如果希望得到转矩,则可由(41.7)和(41.8)两式得到:

$$\tau = 2\pi\eta lA$$

或

$$\tau = \frac{4\pi\eta la^2b^2}{b^2-a^2}(\omega_b-\omega_a), \tag{41.11}$$

它与两筒的相对角速度成正比。测量黏性系数用的一种标准仪器就是这样制成的。其中一个圆筒——比方说外筒——安装在一个支枢上,但由测量作用于筒上转矩的弹簧秤来保持其稳定,而内筒则以恒定角速度旋转着。于是,黏性系数由式(41.11)确定。

根据 η 的定义,你可以看出它的单位是 $\mathrm{Nsm^{-2}}$。对于 20 ℃的水来说,

$$\eta = 10^{-3}\ \mathrm{Nsm^{-2}}.$$

通常更方便的是采用比黏性,即 η 除以 ρ,此时水与空气之值就可以进行比较:

在 20 ℃ 的水, $\eta/\rho = 10^{-6}\ \mathrm{m^2s^{-1}}$;

在 20 ℃ 的空气, $\eta/\rho = 15\times10^{-6}\ \mathrm{m^2s^{-1}}$. (41.12)

黏性通常强烈地依赖于温度。例如,对于刚好在凝固点时的水,其 η/ρ 比在 20 ℃时的要大 1.8 倍。

§41-2 黏 性 流 动

现在我们研究黏性流动的最普遍理论——至少是人类已经知道的最普遍形式。我们已经了解到剪切应力分量与各种速度分量的空间微商(诸如$\partial v_x/\partial y$ 或$\partial v_y/\partial x$)成正比。然而,在可压缩流体的普遍情况下,应力中还存在取决于速度其他微商的另外的项。普遍的表示式为

$$S_{ij} = \eta\left(\frac{\partial v_i}{\partial x_j}+\frac{\partial v_j}{\partial x_i}\right)+\eta'\delta_{ij}(\nabla\cdot\boldsymbol{v}), \tag{41.13}$$

式中 x_i 是直角坐标 x, y 或 z 中的任一个,而 v_i 则是速度的直角坐标中的任一个(δ_{ij}是克罗内克符号,当 $i=j$ 时为 1,而当 $i\neq j$ 时为零)。该附加项对于应力张量的所有对角元 S_{ii} 都增添了 $\eta'\nabla\cdot\boldsymbol{v}$。如果流体是不可压缩的,则 $\nabla\cdot\boldsymbol{v}=0$, 而这一附加项就不见了。所以它与受压缩时的内力有关。因此要描述流体就需要两个常数,正如我们过去在描述均匀弹性固体时曾有过两个常数一样。系数 η 即我们曾遇到的"普通"黏性系数。它也被称为第一黏性系数或"剪切黏性系数",而新的系数 η' 被称为第二黏性系数。

现在要确定单位体积里的黏性力 $\boldsymbol{f}_{黏}$,以便能将其代入式(41.1)中而获得实际流体的运

动方程。作用于流体中一小立方体上的力,等于作用在所有六个面上之力的合力。每次取其中两个面,将获得其差值,该值决定于应力的微商、亦即速度的二次微商。这很好,因为将会使我们回到矢量方程式上来。每单位体积的黏性力在直角坐标 x_i 方向的分量为

$$(f_{黏})_i=\sum_{j=1}^{3}\frac{\partial S_{ij}}{\partial x_j}=\sum_{j=1}^{3}\frac{\partial}{\partial x_j}\left\{\eta\left(\frac{\partial v_i}{\partial x_j}+\frac{\partial v_j}{\partial x_i}\right)\right\}+\frac{\partial}{\partial x_i}(\eta'\,\boldsymbol{\nabla}\cdot\boldsymbol{v}). \tag{41.14}$$

通常,黏性系数随位置的变化并不重要,因而可以忽略,这样,单位体积的黏性力就仅含有速度的二次微商。在第39章中,我们看到在一个矢量方程中可能存在的二次微商的最普遍形式为,含拉普拉斯符号 $(\boldsymbol{\nabla}\cdot\boldsymbol{\nabla}\,\boldsymbol{v}=\nabla^2\boldsymbol{v})$ 的项与含散度的梯度项 $(\boldsymbol{\nabla}(\boldsymbol{\nabla}\cdot\boldsymbol{v}))$ 两者之和。式(41.14)恰好就是具有系数 η 和 $(\eta+\eta')$ 的这样一个和。我们得到

$$\boldsymbol{f}_{黏}=\eta\nabla^2\boldsymbol{v}+(\eta+\eta')\,\boldsymbol{\nabla}(\boldsymbol{\nabla}\cdot\boldsymbol{v}). \tag{41.15}$$

在不可压缩的情况下,$\boldsymbol{\nabla}\cdot\boldsymbol{v}=0$,因而单位体积的黏性力正好是 $\eta\nabla^2\boldsymbol{v}$。那就是许多人所用到的全部内容。然而,如果你要计算流体中声波的吸收,那你就会需要第二项了。

现在可以完成实际流体运动的普遍方程方面的工作了。把式(41.15)代入(41.1)中,得

$$\rho\left\{\frac{\partial\boldsymbol{v}}{\partial t}+(\boldsymbol{v}\cdot\boldsymbol{\nabla})\boldsymbol{v}\right\}=-\boldsymbol{\nabla}p-\rho\boldsymbol{\nabla}\phi+\eta\nabla^2\boldsymbol{v}+(\eta+\eta')\,\boldsymbol{\nabla}(\boldsymbol{\nabla}\cdot\boldsymbol{v}).$$

它是一个复杂的方程,但大自然就是这个样子。

如果像以往一样引进涡度 $\boldsymbol{\Omega}=\boldsymbol{\nabla}\times\boldsymbol{v}$,那么就可将上述方程写成

$$\rho\left\{\frac{\partial\boldsymbol{v}}{\partial t}+\boldsymbol{\Omega}\times\boldsymbol{v}+\frac{1}{2}\boldsymbol{\nabla}v^2\right\}=-\boldsymbol{\nabla}p-\rho\,\boldsymbol{\nabla}\phi+\eta\nabla^2\boldsymbol{v}+(\eta+\eta')\,\boldsymbol{\nabla}(\boldsymbol{\nabla}\cdot\boldsymbol{v}). \tag{41.16}$$

我们再次假定唯一起作用的彻体力是像重力那样的保守力。为弄清楚新项意味着什么,让我们考察不可压缩流体的情况。于是,如果取式(41.16)的旋度,则得到

$$\frac{\partial\boldsymbol{\Omega}}{\partial t}+\boldsymbol{\nabla}\times(\boldsymbol{\Omega}\times\boldsymbol{v})=\frac{\eta}{\rho}\nabla^2\boldsymbol{\Omega}. \tag{41.17}$$

这个式子除了在其右边有一新项外就很像式(40.9)了。当右边为零时,我们曾有过涡度随流体一起运动的亥姆霍兹定理。现在,虽然在右边已有相当复杂的非零项,然而,它却具有简单明了的物理意义。如果暂时略去项 $\boldsymbol{\nabla}\times(\boldsymbol{\Omega}\times\boldsymbol{v})$,则得到一个扩散方程。该新项意味着涡度 $\boldsymbol{\Omega}$ 经由流体而扩散。如果在涡度方面存在一个大的梯度,则它将会扩散到其邻近的流体中去。

这就是引起烟环在前进时会变得较厚的那一项。同样,如果你把一个“洁净”的涡环(由上一章所描述的那台仪器造成的“无烟”环)送过烟雾,则它就可以漂亮地被显示出来。当它跑出烟雾时,它已很好地吸取了某些烟雾,所以你会看到一个空心的烟环壳。有些 $\boldsymbol{\Omega}$ 向外扩散进烟雾之中,但仍能保持与涡旋一起向前运动。

§41-3 雷 诺 数

现在我们要来描述因新的黏性项在流体流动特性方面所造成的一些变化。我们将相当详细地探讨两个问题。第一个是流体经过柱体的流动——那是我们在上一章就曾试图用非

黏性流动的理论进行计算的问题。事实证明,今天人们只能对几种特殊情况求得黏性方程组的解。因此将要告诉你们的某些东西是建立在实验测量基础上的——假定实验模型满足方程式(41.17)。

数学上的问题是:我们很想对不可压缩的黏性流体流经一根直径为 D 的长柱体的流动进行求解。这种流动应该由式(41.17)及

$$\boldsymbol{\Omega} = \boldsymbol{\nabla} \times \boldsymbol{v} \tag{41.18}$$

给出,同时满足下述条件:在远处速度是某个恒定值,比方说 V(平行于 x 轴),在柱体的表面处速度为零,即对于表面

$$x^2 + y^2 = \frac{D^2}{4},$$

会有

$$v_x = v_y = v_z = 0. \tag{41.19}$$

那就完全规定了该数学问题。

如果你考察那些方程式,你会明白对于该问题有四个不同常数:η, ρ, D 和 V。你也许会想到应该对于不同的 V、不同的 D 等等给出一整系列的情况。然而,实际情况却并非如此,所有这些不同的可能解答均相应于一个参数的不同数值,这就是我们关于黏性流动所能说的最重要的普遍的东西。要知道其所以然,首先应当注意黏性和密度只出现在比率 η/ρ——即比黏性中。这就把独立参数的数目减少到三个。现在假定我们采用出现于这个问题中的唯一长度、即柱体的直径 D 来量度所有距离,那就是说,用按照下列关系的新变量 x', y', z'来代替 x, y, z:

$$x = x'D,\ y = y'D,\ z = z'D,$$

这样 D 就从式(41.19)中消失了。同样地,若我们用 V 来量度所有的速度——即是令 $v = v'V$ ——则可以消去 V,而在大距离上 v'正好等于 1。由于已确定了长度和速度的单位,所以现在我们的时间单位就是 D/V。因而应该令

$$t = t' \frac{D}{V}. \tag{41.20}$$

采用这一套新的变量,式(41.18)中的那些微商就得从$\partial/\partial x$ 改成$(1/D)\partial/\partial x'$,其余依次类推,因而式(41.18)就变成

$$\boldsymbol{\Omega} = \boldsymbol{\nabla} \times \boldsymbol{v} = \frac{V}{D} \boldsymbol{\nabla}' \times \boldsymbol{v}' = \frac{V}{D}\boldsymbol{\Omega}'. \tag{41.21}$$

于是我们的主方程式(41.17)可以看作

$$\frac{\partial \boldsymbol{\Omega}'}{\partial t'} + \boldsymbol{\nabla}' \times (\boldsymbol{\Omega}' \times \boldsymbol{v}') = \frac{\eta}{\rho V D} \nabla^2 \boldsymbol{\Omega}'.$$

所有常数都精简成一个因子,根据传统我们将其写成 $1/R$:

$$\boldsymbol{R} = \frac{\rho}{\eta} V D. \tag{41.22}$$

如果真正记住全部方程式都是以这些新单位的量写出的,则可以省略一切带撇号。于是上面关于流动的方程组为

$$\frac{\partial \boldsymbol{\Omega}}{\partial t}+\boldsymbol{\nabla}\times(\boldsymbol{\Omega}\times \boldsymbol{v})=\frac{1}{R}\nabla^{2}\boldsymbol{\Omega} \tag{41.23}$$

和

$$\boldsymbol{\Omega}=\boldsymbol{\nabla}\times \boldsymbol{v}.$$

所附条件为:对于

$$x^{2}+y^{2}=1/4, \tag{41.24}$$

$$v=0;$$

以及对于

$$x^{2}+y^{2}+z^{2}\gg 1,$$

$$v_{x}=1,\ v_{y}=v_{z}=0.$$

这在物理上所包含的全部意义十分有趣。比如,它意味着:若我们解决了关于某速度 V_1 和某个柱体直径 D_1 的流动问题,然后又问起关于不同的 D_2 及另一种流体的流动问题,则对于给出相同雷诺数的速度 V_2——也就是说,当

$$R_{1}=\frac{\rho_{1}}{\eta_{1}}V_{1}D_{1}=R_{2}=\frac{\rho_{2}}{\eta_{2}}V_{2}D_{2} \tag{41.25}$$

时,流动将是相同的。对于雷诺数相同的任何两种情况,流动“看起来”将是一样的——用适当标度 x', y', z'和 t'的话。这是一个重要定理,因为它意味着我们不需制成一架飞机来做试验,就可以确定空气流经机翼时的行为。作为代替,可以制造一个模型并利用提供相同雷诺数的速度来进行测量。这是一个原理,它容许我们把小型飞机所作的“风洞”测量结果或把按比例缩小了的模型船在“模型池”中的试验结果应用于实际尺寸的物体。然而应当记住,只有假定流体的压缩性可以忽略时,我们才能这样做。要不然,就会进入一个新的量——声速。而只有在 V 对声速的比值也相同时,不同的情况才会真正互相对应。这后一比值称为马赫数。因此,对于接近声速或超过声速的速度,若两种情况的两个马赫数及两个雷诺数都相同,则在这两种情况下的流动才会彼此相同。

§41-4 经过一圆柱体的流动

让我们回到低速(几乎是不可压缩的)流经柱体的流动问题上来,将对实际流体的流动给予定性描述。有许多关于这类流动的情况我们很想知道——例如作用于柱体上的曳引力是什么?作用于柱体上的曳引力作为 R 的函数被画成图 41-4 中的曲线。若其他一切都保持固定的话,则 R 与空气的速度 V 成正比。实际上所画出来的乃是所谓曳引系数 C_D,它是一个无量纲的数值,等于力除以 $\frac{1}{2}\rho V^{2}Dl$,其中 D 和 l 分别代表柱体的直径和长度,而 ρ 则是流体的密度:

$$C_{D}=\frac{F}{\frac{1}{2}\rho V^{2}Dl}.$$

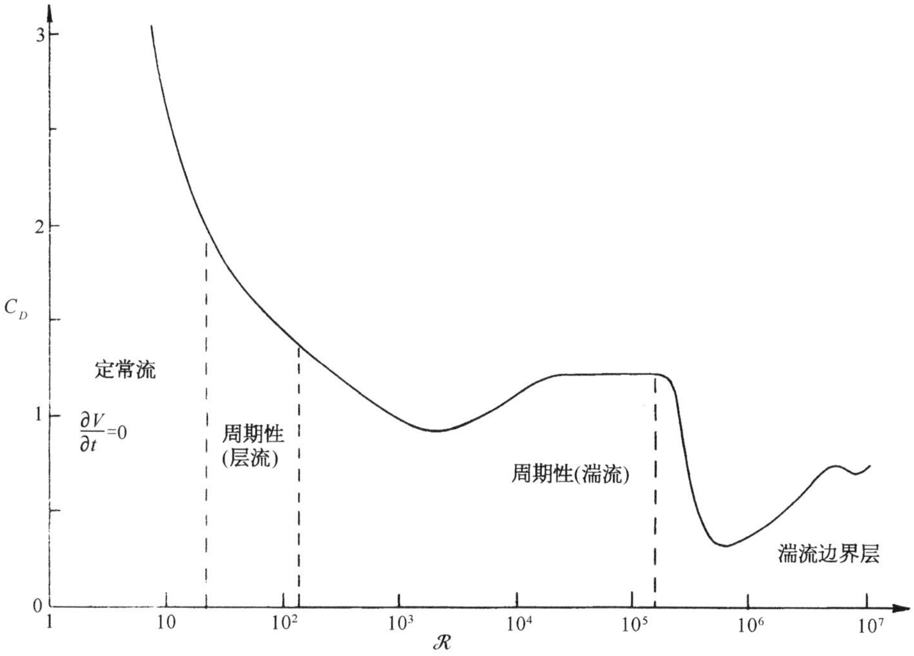

图 41-4　一根圆柱体的曳引系数 C_D 作为雷诺数的函数

这曳引系数按相当复杂的方式变化，并为我们提供一种预示，即在流动中正发生着某些相当有趣而又复杂的事情。我们现在将对不同的雷诺数范围的流动性质进行描述。首先，当雷诺数十分小时，流动完全是定常的，这就是说，在任何地方速度都恒定，流动绕柱体而过。可是，流线的实际分布却不像在有势流动中那样，它们是稍微不同的方程之解。当速度十分低，或等效地说，当黏性十分高以致该物质像蜂蜜那样时，则那些惯性项都可以忽略，而流动便可由下式描写：

$$\nabla^2 \boldsymbol{\Omega} = 0.$$

这个方程首先由斯托克斯求解。他也曾解过关于球体的同样问题。若你有一个小球在这种低雷诺数的条件下运动，则曳引它所需之力等于 $6\pi\eta a V$，其中 a 为球体半径而 V 为其速度。这是一个十分有用的公式，因为它决定尘埃微粒(或可近似地视作球体的其他粒子)在一给定力的作用下穿过一流体——诸如在一离心机中，或在淀积或扩散过程中——的运动速率。在低雷诺数区域——对于 R 小于 1 的情况，围绕一根柱体的 $\boldsymbol{v}$ 线如图 41-5 所示。

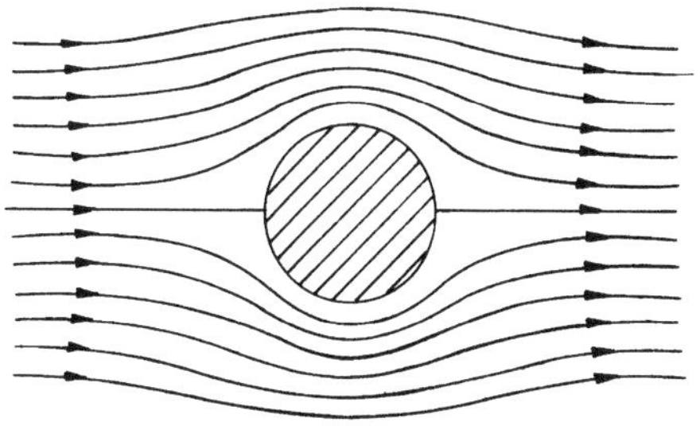

图 41-5　围绕一根圆柱体的黏性流动(低速流动)

如果现在为了获得比 1 大一些的雷诺数而增大流体速率，则我们发现流动情况不同了。在该柱体后面存在环流，如图 41-6(b)所示。关于是否即使在雷诺数最小时也总会有环流存在，或要在某一定雷诺数时情况才突然发生变化，这仍然是个未解决的问题。人们过去常常认为环流是连续不断地生长的，但现在却认为环流是突然出现的，并肯定它随 R 而增加。无论如何，对于 R 在 10～

30 范围内的流动来说存在不同的特性。在该柱体后面就有一对涡旋。

当 R 达到 40 左右的数目时，流动已经再次发生变化。在运动的特性方面突然有一个完全的改变。所发生的情况是，在该柱体后面有一个涡旋竟变得那么长，以致分裂开来并随液体顺流而行。这时在柱体后面附近的流体又会卷起来并形成新的涡旋。这些涡旋在每一边交替散裂，因而流动的瞬时图看来大致像示意图 41-6(c)所画的那样，这些涡旋的流称为

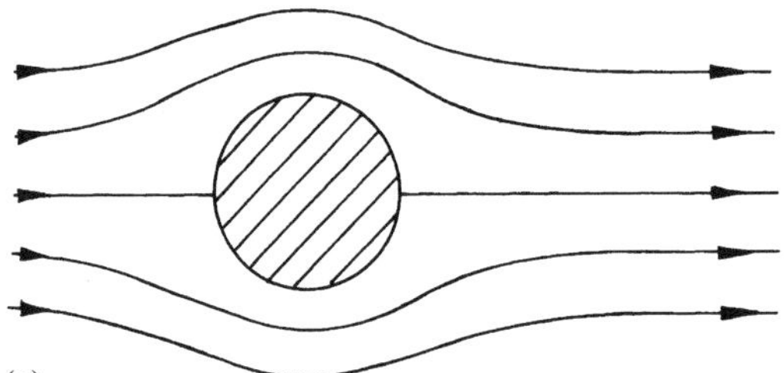

(a)
$\mathcal{R} \approx 10^{-2}$

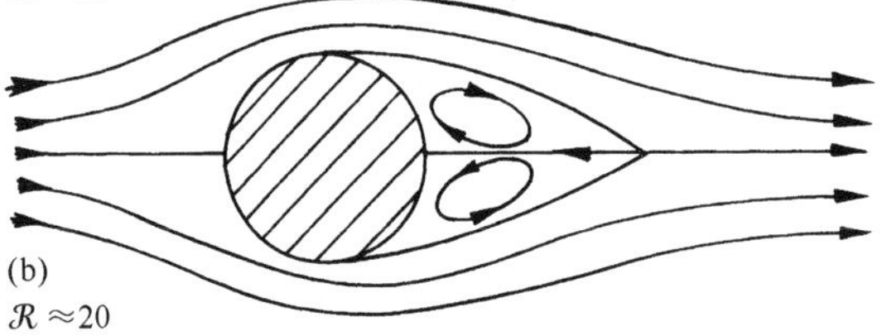

(b)
$\mathcal{R} \approx 20$

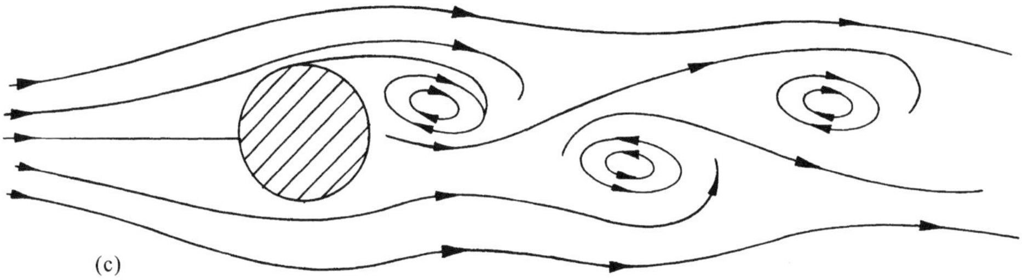

(c)
$\mathcal{R} \approx 100$

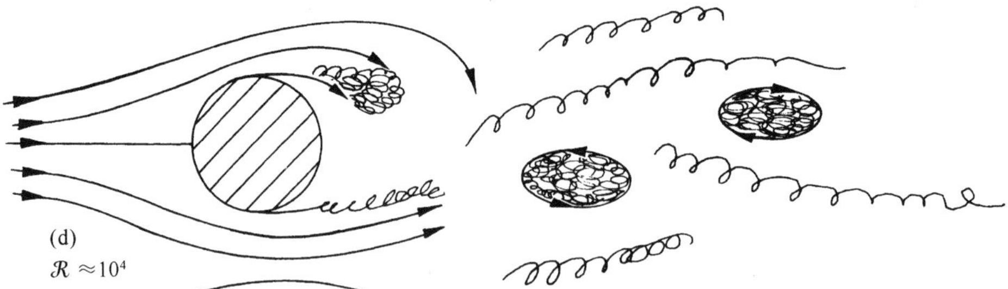

(d)
$\mathcal{R} \approx 10^{4}$

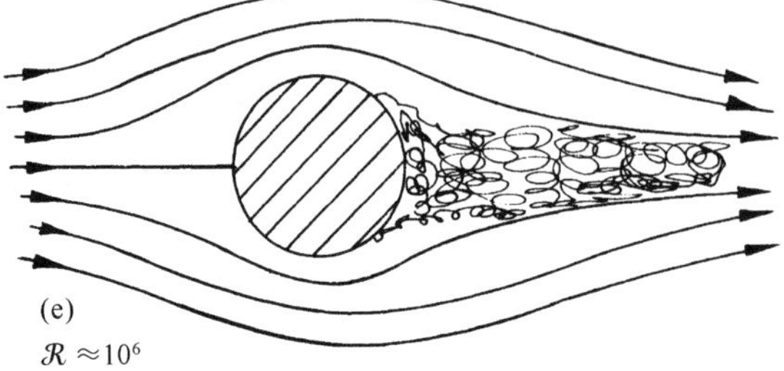

(e)
$\mathcal{R} \approx 10^{6}$

图 41-6 流经一柱体的、不同雷诺数的流动

“卡门涡街”,它们总是在 $R > 40$ 时出现,这种流动的照片如图 41-7 所示。

在图 41-6 中,(a)与(b)或与(c)这两种流动间的差别在状态方面几乎已完全不同。在图(a)或(b)中,速度是恒定的,而在(c)中,则在任一点的速度都随时间变化。超过 $R = 40$ 时就不会有定常解了。对于这些较高的雷诺数,流动会随时间变化,但还是以有规则的周期性方式进行的。

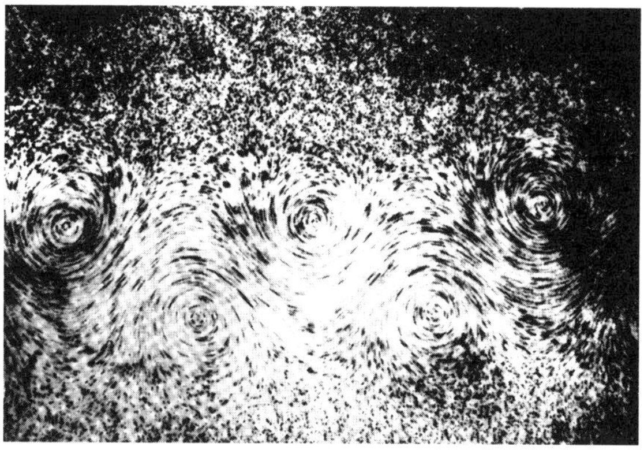

图 41-7 由潘德耳(L. Prandtl)拍摄的在柱体后面的流动中出现的“涡街”照片

关于这些涡旋如何产生,我们可得到一个物理概念。我们知道,流体速度在柱体表面处必须为零,也知道在离开表面后速度便迅速增长。涡性就是由流体速度方面的这种巨大的局域变化产生的。现在,当主流的速度足够低时,对涡性来说便会有充分时间从靠近柱面产生它的那个薄薄的区域扩散开来并生长成一个大涡旋区。这一物理图像应该会帮助我们对主流速度或 R 再度增大时在流动性质方面的下一次变化做好思想准备。

当速度变得越来越高时,涡性扩散至较大的流体区域中的时间就越来越少了。当雷诺数达到几百时,涡性已开始充满一条薄薄的带,如图 41-6(d)所示。在这一薄层中,流动是混沌和无规的,这一个区域叫作边界层。而当 R 增大时这个无规流动区会克服困难越来越往上游伸展。在这一湍流区中,速度非常无规,而又“受到干扰”,流动也不再是二维的,而是在整个三维中都出现扭转和转动。但仍然有一规则的交替运动叠加于这种湍流之上。

当雷诺数进一步增大——对稍高于 $R = 10^5$ 的那种流动——这湍流区会克服困难向前直到它抵达流线刚离开柱体的地点。这种流动如图 41-6(e)所示,因而我们就有了所谓“湍流边界层”。并且,在曳引力方面存在猛烈变化,它下降了很多倍,如图 41-4 中所示。在这一个速率范围中,曳引力的确会随速度的增加而降低,周期性的迹象似乎很少。

对于更大的雷诺数将会发生什么呢?当我们进一步提高速率时,那尾流的尺寸会再度增大,而曳引力又复增加。最近的实验——达到 $R = 10^7$ 左右——指出:有一种新的周期性出现在尾流之中,这或者是由于整个尾流以整体运动的方式发生了来回振动,或者是由于某种新类型的涡旋正伴随那不规则的嘈杂运动而产生。详细的情况迄今还不完全清楚,人们仍在用实验方法进行研究。

§41-5 零黏性极限

我们愿意指出,上面所描述的那些流动,没有一种与上一章所求得的那种有势流动解有任何相像的地方。乍一看来,这似乎很奇怪。R 毕竟与 $1/\eta$ 成正比,因而 η 趋于零与 R 趋于无限大是等效的。若在式(41.23)中取大 R 的极限,则会把右边去掉,而正好得到上一章的那些方程。可是,你该会发现,在 $R = 10^7$ 的那种高度湍流竟会趋向于从“干”水方程组所算出来的平滑流动,真是难以置信。当 $R=\infty$ 时,由方程式(41.23)所描述的流动会完全不同于我们从取 $\eta=0$ 开始着手获得的解,这怎么可能呢?答案十分有趣。应当注意式(41.23)右边存在 $1/R$ 乘一个二次微商,它是方程中比任何其他微商都高次的微商。发生的情况是:虽然系数 $1/R$ 是小量,但在表面附近的空间内却存在着 $\boldsymbol{\Omega}$ 的十分迅速的变化。这些迅速变化补偿了那个小的系数,因而两者之积就不会随 R 的增大而趋于零。解答就不会趋于当 $\nabla^2\boldsymbol{\Omega}$ 的系数变成零时的那种极限情况。

你可能会觉得奇怪,细粒湍流是什么,而它又是怎样维持它本身的呢?在柱体边缘某处所造成的涡度如何能在背景中产生那么多的噪声呢?答案又是很有趣的。原来涡性有扩大自身的倾向。如果我们暂时忘却那种会引起涡度损失的涡旋扩散现象,则流动的规律表明(正如我们以前见过的):涡线会以速度 $\boldsymbol{v}$ 随同流体一起运动。可以想象,有一定数目的 $\boldsymbol{\Omega}$ 线正被 $\boldsymbol{v}$ 的复杂流动花样所扭转和变形,这会将那些线紧密地吸引在一起并彻底混合。原先那些简单的涡线将会纠缠成结而且紧密地吸引在一起。涡度强度将会增加,而其无规性——包括正的和负的——一般也将增加。因此,当流体到处被旋转时,在三维中涡度的量值就增大。

你也许正好要问:"什么时候那种有势流动才是真正满意的理论呢?"首先,在湍流区以外,即在涡度还未通过扩散而明显进入的地区,它是令人满意的。通过制造特殊的流线型物体,我们就能使得湍流区尽可能小。机翼——那是经过精心设计的——周围的那种流动就几乎完全是真正的有势流动。

§41-6 库埃特流动

流经一柱体那种流动的复杂而易变的特性并不特殊,而各种各样的流动可能性却会普遍地发生,这是有可能加以演示的。在第一节中我们曾经对两个圆筒间的黏性流动算出了一个解,并能够把这一结果与实际发生的情况进行比较。若取两个同心的圆筒,在它们之间的空隙里装进油,并放进一些铝粉以作为油中的悬浮物,这样流动就可容易观察到。现在,若缓慢地转动外筒,并不会有什么意料之外的事情发生,这可从图 41-8(a)上看到。相反,若慢慢转动内筒,也不会有十分显著的事情发生。然而,若以较高速率转动内筒,则我们会感到惊奇,流体已破裂成一些水平带,如图 41-8(b)所指出来的那样。当外筒以一相似速率转动而保持内筒静止不动时,却没有这种效应发生。怎么可能在转动内筒或转动外筒之间

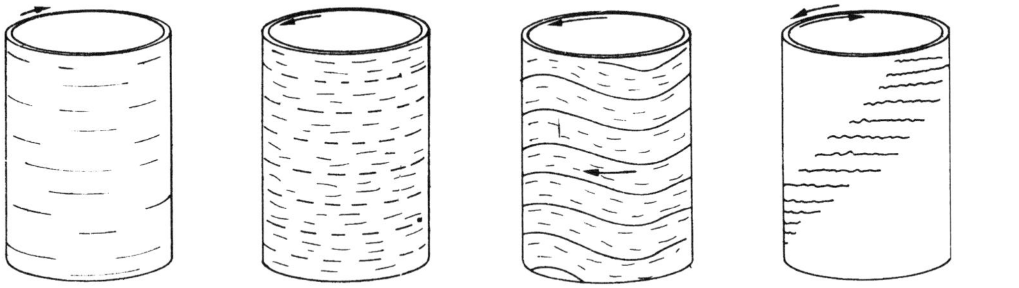

(a) (b) (c) (d)

图 41-8 在两个透明的旋转圆筒间液体流动的花样

存在这种差别呢？毕竟，我们在第一节中导出的那种流动图样只依赖于 $\omega_b - \omega_a$。我们可以通过对图 41-9 所示截面的考察而得到答案。当内层流体比外层流体运动得快时，它们趋向于向外运动——离心力大于把它们固定在适当位置上的压强。因为外层的阻塞，所以整层流体不可能均匀地向外移动，因此就必然会破裂成小格并做环流，如图 41-9(b)所示。就像房间里底部空气较热时所发生的对流。当内筒不动而外筒高速转动时，离心力会建立起把一切都保持在平衡状态的压强梯度——见图 41-9(c)(正如在一间顶部空气较热的房子里那样)。

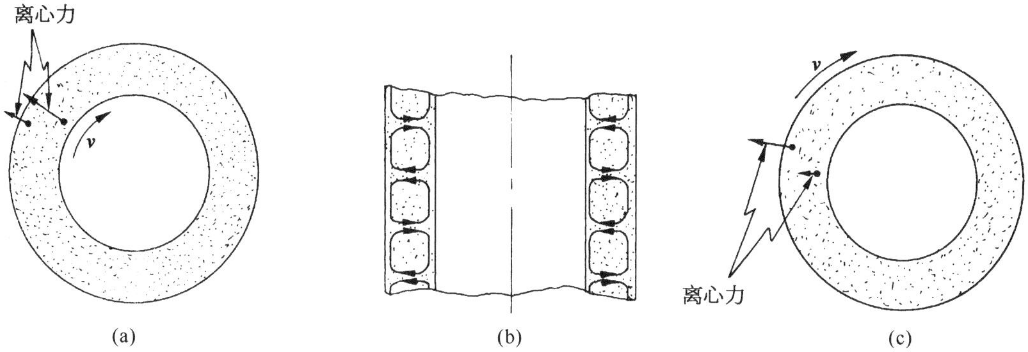

图 41-9 为什么流动会破裂成带状

现在让我们提高内筒的转速。起初，带的数目增加。然后突然你会看到那些带变成波浪形状，如图 41-8(c)所示，而这些波正在环绕着筒行进。波的速率很容易测量出来。对于相当高的转速来说，这波速会接近于内筒速率的三分之一。但没有谁能知其所以然！这就存在一种挑战，一个像 1/3 的简单数目，还得不到任何解释。事实上，这种波形成的整个机制并未得到很好地理解，而它却是一种定常层流。

如果我们现在也开始转动外筒——但是沿相反方向——则该流动花样开始破裂，所获得的乃是波浪形状区域与表面上静止的区域相互交替的一种情形，如图 41-8(d)所示意的那样，构成一种螺旋式的花样。然而，在这些“静止”区中，我们能够看到流动实在是很不规则的，它实际上完全是湍流，而那些波浪形状区也开始表现出无规的湍流了。如果内外筒继而转得更快，则整个流动便会变成混沌的湍流了。

在这个简单的实验中，我们看到了许多有趣的、完全不同的流动状态，但它们却全都包含在一个参数 R 取不同数值的简单方程中。利用上面的旋转圆筒，能看到发生于流经柱体的流动中的许多效应：首先，有一种定常流动；其次，开始出现一种随时间变化的、但仍以有规则而又平滑的方式进行的流动；最后，流动就变成完全无规的了。你们大家都曾在平静空气里，从点燃着的一支纸烟升起的一股烟柱中看到相同的效应。有一股平滑而稳定的烟柱，接着当这股烟流开始破裂时就有一系列的扭转和弯曲，最后才形成一股无规的涡流烟云。

从所有这些实验中我们能够学到的主要经验是，一大堆不同的行为都隐藏在式(41.23)那组简单的方程中。所有的解都属于同样的方程组，仅有不同的 R 值。我们并没有理由认为在这些方程式中会有任何遗漏的项。唯一的困难在于，今天除了十分小的雷诺数——即完全黏性的那种情况——以外，我们仍然缺乏数学本领对各种情况进行分析。我们虽然写下了一个方程,但这并不会从流体的流动中除掉它的魅力、它的神秘或它的令人惊异之处。

若在只有一个参数的简单方程中这样的变化是可能的话,那么对于更加复杂的方程可能性是多么多啊!也许用以描述旋涡星云以及那些正在凝结、旋转、爆炸的众星球和众银河的基本方程,正好就是关于几乎为纯氢气的流体动力学行为的简单方程。经常有某些对物理学怀着毫无根据的恐惧心理的人会说,你不可能写出关于生命的一个方程。噢,也许我们能够。事实上,当我们写出量子力学的方程

$$H\psi = -\frac{\hbar}{\mathrm{i}}\frac{\partial \psi}{\partial t}$$

时,我们就很可能已经有了足够近似的方程。刚才已经看到,事情的复杂性能够那么容易而又戏剧性地被用来描写它们的那些方程的简单性所忘记。人们往往还未认识到一些简单方程的适用范围,就得出结论,解释世界的复杂性所需要的除非上帝,而仅仅有方程是不行的。

我们已写出了关于水流动的方程组。从实验方面来说,也找到了一组用来讨论其解的概念和近似方法——涡街、湍性尾流、边界层等等。当我们在一种不那么熟悉的、而同时又还未能做出实验的情况下拥有相似的方程组时,就企图按照一种原始、不完全和混乱的方式求解那些方程,希望确定有什么新的定性特点可能会出现,或有什么新的定性形式是那些方程的结果。例如,当我们把太阳作为一个氢气球看待时,方程式把太阳描绘成没有太阳黑子、表面没有谷粒状结构,也没有太阳红焰和日冕。可是,所有这些,实际上都存在于该方程之中,只是我们还未找到借以获得它们的方法罢了。

还有一些人对于在其他行星上尚未找到生物而感到失望。我却不是那种人——我希望能通过行星际探索,以及从这么简单的原理就能产生出那种变化无穷而又新奇的各种现象,再次受到启发、受到鼓舞,并感到惊异。科学的检验标准乃是其预言的本领。假如你从未探望过地球,难道你能预言雷电、火山、海涛、极光以及五彩缤纷的晚霞吗?当我们获悉在那些死寂的行星——八个或十个球体——上每一个所发生的一切事情时,即每个都由同一种尘埃云所凝聚而成,而且每个又都遵循着完全相同的物理规律,那将是有益的一课。

下一个人类智慧的伟大启蒙期,很可能会产生出一种理解方程的定性内容的方法。目前我们还不能够。今天不能看出那个水的流动方程会含有人们在两个转动圆筒间所见得到的、像理发店门前的旋转招牌那样的湍流结构。今天还不能看出薛定谔方程是否包含青蛙、音乐作曲家或者伦理道德——也许它不会。对于超越事情本身范围的、像上帝那样的某些事情,我们不可能说需要还是不需要,因而我们都可以就这两种情况保持自己的坚定信念。

第 42 章　弯 曲 空 间

§42-1　二维弯曲空间

按照牛顿理论，所有物体都吸引其他物体，吸引力与它们之间距离的平方成反比；物体受力后就产生与力成正比的加速度。这些就是牛顿的万有引力定律和运动定律。如你所知，它们说明了球、行星、人造卫星、星系等等运动的原因。

对于引力定律，爱因斯坦有不同的解释。按照他的理论，空间和时间——必须放在一起称为时空——在重质量物体附近是弯曲的。物体总是力图沿着弯曲时空中的"直线"行进，它们的这种运动方式是弯曲时空造成的。这是一个复杂的概念——非常复杂。这就是本章我们要阐明的概念。

我们的题目含有三个部分。一部分涉及引力效应；另一部分涉及我们已经学过的时空概念；第三部分与弯曲时空概念有关。开始时我们把题目简化，先不考虑引力，且撇开时间——只讨论弯曲空间。稍后，我们会谈到其他部分，但现在我们将把注意力集中在弯曲空间的概念——弯曲空间的含意是什么，更确切地说，爱因斯坦应用弯曲空间的含意是什么。结果发现，即使如此，在三维情况下仍相当困难。所以我们一开始还得把问题做进一步的简化，只讨论二维情况下"弯曲空间"一词的意思是什么。

为了理解二维情况下弯曲空间的概念，你真应该去体验一下生活在这种空间中的角色的特别的观点。假定我们设想一只昆虫，它没有眼睛，生活在一个平面上，如图 42-1 所示。它只能在平面上行动，而且无法知道有什么发现任何"外部世界"的方法(它没有你们的想象力)。当然，我们将用类推法进行讨论。我们生活在一个三维的世界，因而不会有任何离开我们的三维世界、在一个新的方向上的想象能力，所以我们只得通过类推的方法把事情想清楚。这如同我们就是一只生活在平面上的昆虫，而在另一方向上存在着空间。这就是为什么我们首先将和昆虫打交道，并记住它必须生活在它的表面上而不能离开的原因。

作为生活在二维空间中昆虫的另一例子，我们设想有一只昆虫生活在球面上。我们可以想象它在球的表面上到处爬行，如图 42-2 所示，但它不能"仰视"、"俯视"或"朝外面"观看。

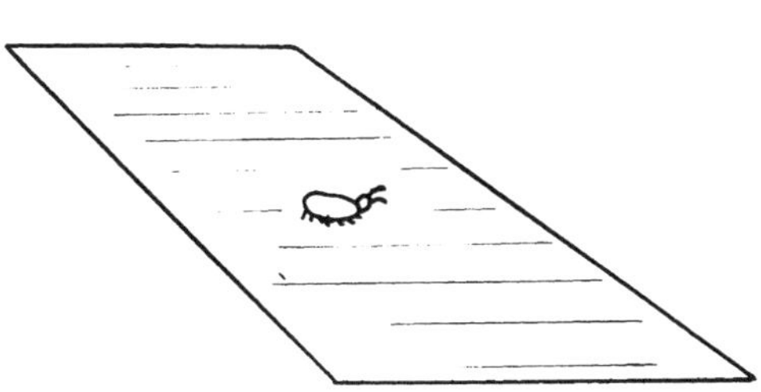

图 42-1　平面上的一只昆虫

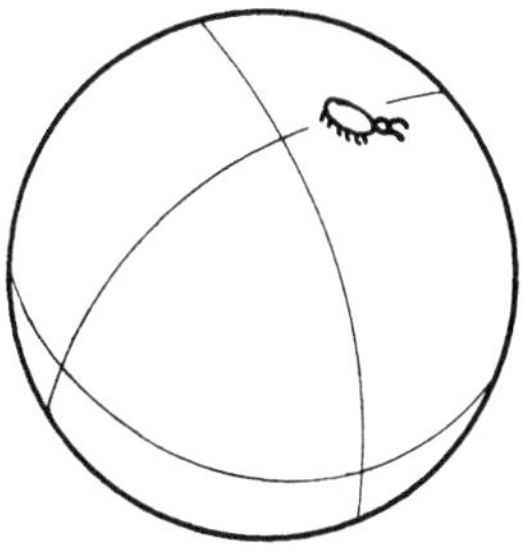

图 42-2　球面上的一只昆虫

现在我们还要考虑第三种生物。它也和前面两个例子一样是一只昆虫,和第一只昆虫那样生活在一个平面上,但这个平面很独特,在不同的地方具有不同的温度。同时,昆虫和它使用的尺全是由相同的材料做成的,当材料被加热时就膨胀。每当它拿一把尺放在某处去测量某物体时,尺就立即膨胀至与该处温度相当的长度。无论它把什么物体——它自身、尺、矩形或任何东西——放在何处,该物体总会因热膨胀而伸展自己。任何物体在热的地方比在冷的地方要长,而任何物体都具有相同的膨胀系数。我们把第三种昆虫的住处称为“热板”,不过,我们特别将它设想为一种特殊类型的热板,它的中心较冷,越走向边缘越热(参见图 42-3)。

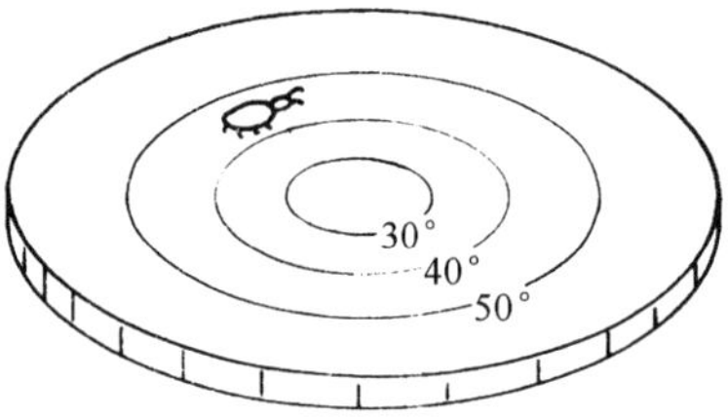

图 42-3 热板上的一只昆虫

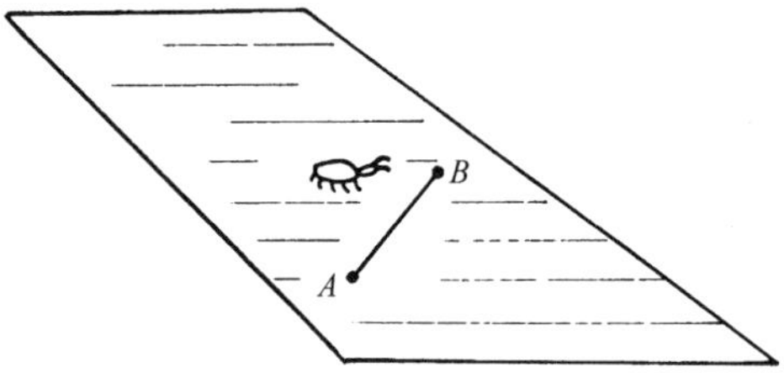

图 42-4 在平面上做直线

现在我们将想象那些昆虫开始研究几何学。虽然我们设想它们是瞎子,不能看见任何外部世界,但它们还能用腿及感觉器官做很多事情。它们可以画出线条,能够制造尺并测量长度。首先,假定它们从最简单的几何概念着手。它们学习如何做一条直线——定义为两点之间最短的连线。第一只昆虫——参见图 42-4——学会了做非常好的线。但对于球面上的昆虫来说会发生什么情况呢?它把直线画成两点之间(对它来说)的最短距离,如图 42-5 所示。对我们来说,它看起来像一条曲线,但是它无法离开球面找出“真正”更短的线。它仅知道,如果在自己的世界中尝试做别的路径,则这些路径总是比它的直线要长。所以我们将允许它把直线作成两点之间最短的圆弧(当然是大圆的圆弧)。

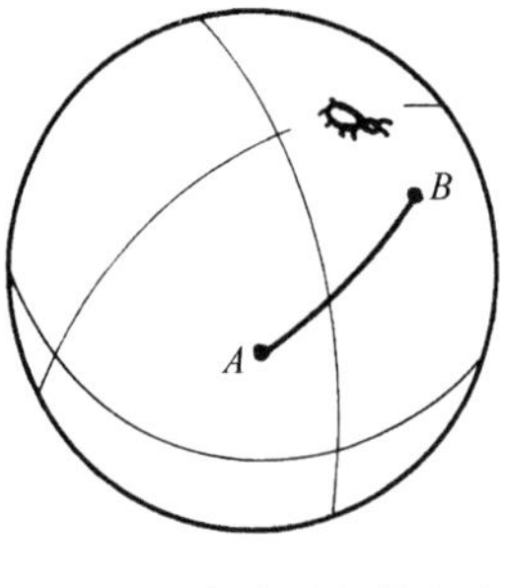

图 42-5 在球面上做直线

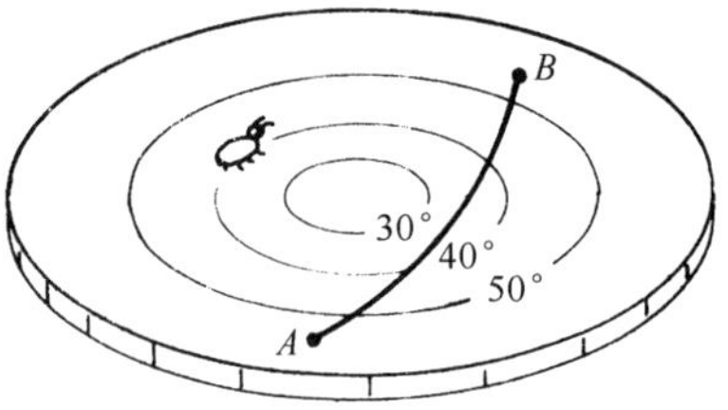

图 42-6 在热板上做直线

最后,第三只昆虫——图 42-3 中的那只昆虫——也会画出“直线”,虽然对我们来说它看起来像曲线。例如,图 42-6 中 A 和 B 之间的最短距离应该沿着像图中所示的曲线。为什么呢?因为当线弯向热板的较暖部分时,尺会变得较长(从我们无所不晓的观点来看),因而从 A 到 B 不断丈量所取得的“码尺”的次数就较少。所以对它来说该线是直的——它无法知道在陌生的三维世界中还会有人把别的线称为“直线”。

我们认为你现在已经得到这样的概念,即其他一切分析将始终是从位于特殊表面上的生物的观点出发,而不是从我们的观点出发的。考虑到这点,我们来看看它们的其他几何图形像什么样子。我们假定昆虫们都已学会如何使得两条线相交成直角(你可以想象出它们如何才能做到这一点)。因此第一只(在正常平面上的)昆虫发现一个有趣的事实。如果它从 A 点出发做一条长 100 in 的线,然后作一个直角并标出另一条 100 in 的线,接着做另一个直角,并做另一条 100 in 的直线,然后做第三个直角和第四条 100 in 长的线,最后恰好在出发点结束,如图 42-7(a)所示。这个图形成为它所在世界的一个特征——它的“几何学”中的一个事实。

然后,它发现另一件重要的事情,如果它做一个三角形——用三条直线画出的图形,则三个内角之和等于 180°,即等于两直角之和,参见图 42-7(b)。

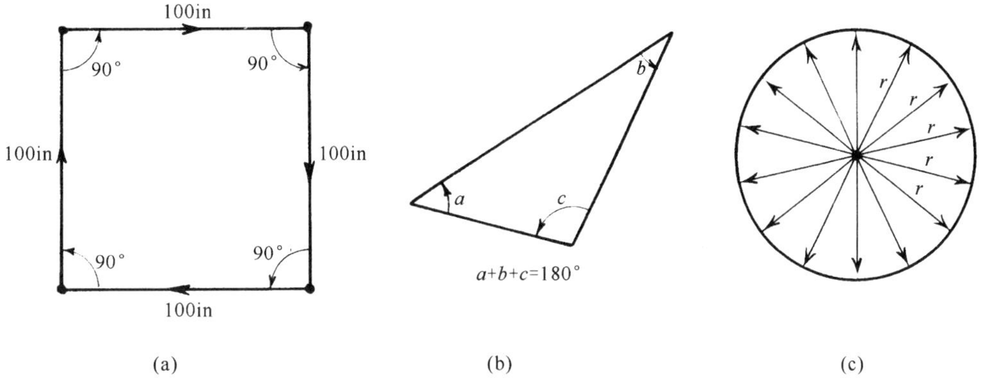

图 42-7　平直空间中的正方形、三角形和圆

接着,它发明了圆。圆是什么？圆是用这样的方法做成的:你从一点出发,沿着许许多多方向画直线,并将所有到出发点具有相同距离的大量的点连成线,参见图 42-7(c)(如何给这些事物下定义,我们应小心从事,因为我们必须能够去为其他伙伴做类似的东西)。当然,通过围绕该点转动一把尺,你也能够做出与此等价的曲线。反正上述昆虫已学会如何去做圆,因此,有一天它想去测量圆周的距离。它测量几个圆周后发现了一个简洁的关系:周长恒等于同一个数目乘以半径 r(当然,r 是从中心到外面曲线的距离)。周长和半径总是具有相同的比例——近似为 6.283——与圆的大小无关。

现在,我们来看看其他昆虫对于它们的几何学发现了些什么。首先,当球面上的昆虫试图做一个“正方形”时会发生些什么呢？如果按照我们上面给出的规定,它大概会认为所得结果很不值得忧虑。它得到了像图 42-8 中所示的图形。它的结束点 B 并不在出发点 A 上,它

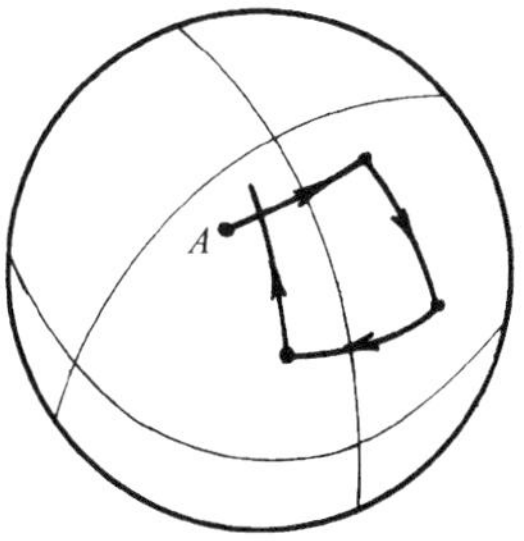

图 42-8　在球面上试做“正方形”

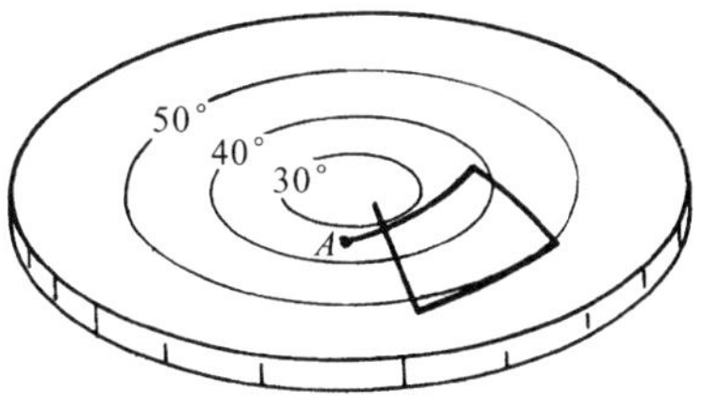

图 42-9　在热板上试做“正方形”

根本没有做成一个闭合的图形。你可以弄一个球来试试看,对于热板上的昆虫朋友来说也会出现类似的情况。如果它画出了四根等长的直线——用它膨胀的尺测量的——用直角连接后,它会得到一幅如图 42-9 所示的图形。

现在假定每只昆虫都有它们自己的欧几里得,他曾告诉它们几何图形"应该"像什么样子,而且它们已经通过小尺度范围所做的粗糙测量对之进行了初步的检验。然后当它们试图在大尺度范围做一个精确的正方形时,就发现有点不对。要害在于,仅通过几何学的测量就会发现它们的空间有些问题。我们定义的弯曲空间,就是其中的几何图形不是我们在平面情况下所期望的形状的那种空间。昆虫在球面或热板上所做的几何图形就是弯曲空间的几何图形。那里欧几里得几何学的规则失效了。为了查明你所生活的世界是弯曲的,没有必要得使自己离开这个平面;为了弄清楚你生活的面是一个球面,没有必要去环绕这个球飞行。通过丈量一个正方形,你就可以发现你生活在一个球上面。如果正方形很小,则将需要很高的精度;若正方形很大,那测量工作可以做得粗一点。

让我们考虑平面上的三角形,内角之和等于 180°。我们在球面上的朋友可能发现一些很特殊的三角形。例如它可能发现具有三个直角的三角形。的确是的!其中之一如图 42-10所示。假定昆虫从北极出发,做一条直线直达赤道,然后做一个直角以及同样长度的另一条直线。接着它再做一遍。根据它所选取的很特殊的长度,它正好回到出发点,和第一条直线相遇,并与其构成直角。所以,对它来讲,毫无疑问这个三角形具有三个直角,即它们之和为 270°。结果表明,对它而言,三角形三内角之和恒大于 180°。事实上,超过部分(对于上述特殊情况,超过 90°)正比于三角形有多大的面积。如果球面上的一个三角形很小,则它的角相加就非常接近 180°,仅稍微超过一点。当三角形变得较大时,这种差异就会上升。在热板上的昆虫会发现它们的三角形具有类似的困难。

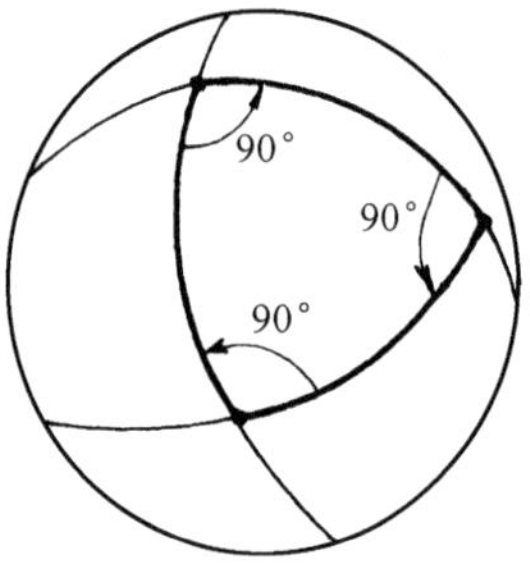

图 42-10 在球面上一个"三角形"可以具有三个 90°的角

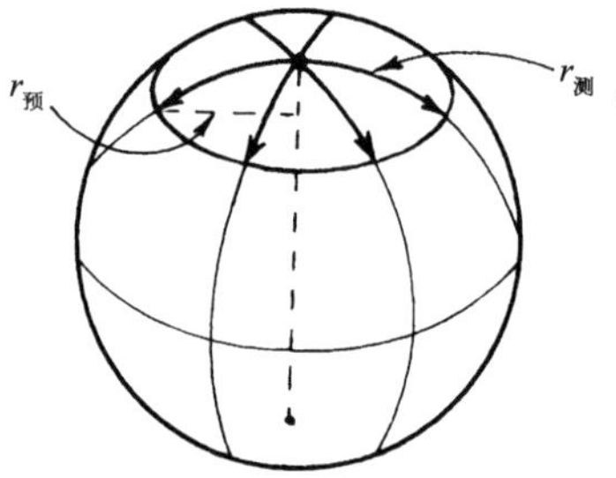

图 42-11 在球面上做圆

接下来我们考察关于圆其他昆虫发现了什么。它们做一些圆并测量它们的周长。例如,在球面上的昆虫或许会做出如图 42-11 所示的那个圆,而且它会发现该圆的周长小于 2π 乘以半径(你可能知道,从我们的三维观点来看,这是很明显的,即它所谓的"半径"是弯曲的,比该圆的真实半径要长)。假定球面上的昆虫已经学过欧几里得几何,并决定预言半径等于周长除以 2π,取作

$$r_{预} = \frac{C}{2\pi}. \tag{42.1}$$

因此它会发现所测得的半径比预言的半径要大。若继续讨论这个题目,那它或许会把这个

差定义为“逾半径”,并写成

$$r_{测} - r_{预} = r_{逾}, \tag{42.2}$$

并且研究逾半径效应如何取决于圆的大小。

在热板上的昆虫会发现类似的现象。假定它以板上的冷点为圆心画圆,如图 42-12 所示。要是我们看着它做圆,则会注意到它的尺在靠近圆心时较短,而当尺移动到外面时就变长——虽然昆虫并不知道,这也是显然的事。当它测量周长时,尺始终是长的,所以它也发现测得的半径较预期半径 $C/2\pi$ 要长。因此,热板上的昆虫也发现了“逾半径效应”,该效应的大小又决定于圆的半径。

我们将把“弯曲空间”定义为其中会发生下述类型几何偏差的空间:三角形三内角之和不等于 180°;圆的周长除以 2π 不等于半径;制作正方形的规则不会给出闭合的曲线。你可能还会想到一些别的偏差。

我们已经给出了两个关于弯曲空间的不同例子:球面和热板。但有趣的是,如果选取正确的温度随热板上距离变化的函数,则这两种几何将是完全相同的。这事相当有趣,我们可以使得热板上的昆虫和球面上的昆虫获得完全相同的答案。对于那些爱好几何学和几何学习题的人,我们将告诉你们如何才能做到这一点。如果设想尺的长度(由温度确定)与 1 加上某个常数乘上距原点距离的平方成正比,那么你将发现热板上的几何在所有细节上* 均与球面上的几何完全相同。

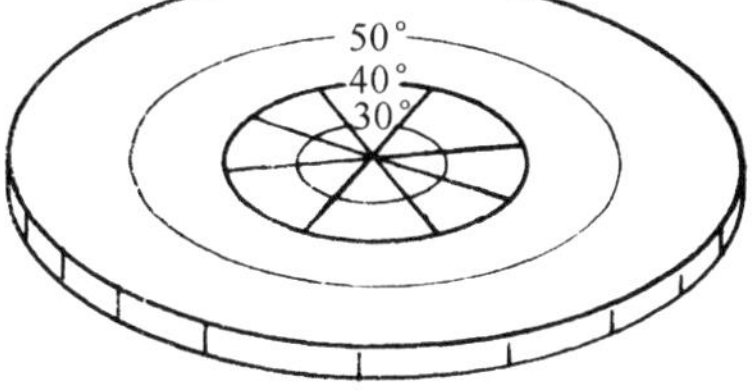

图 42-12 在热板上做圆

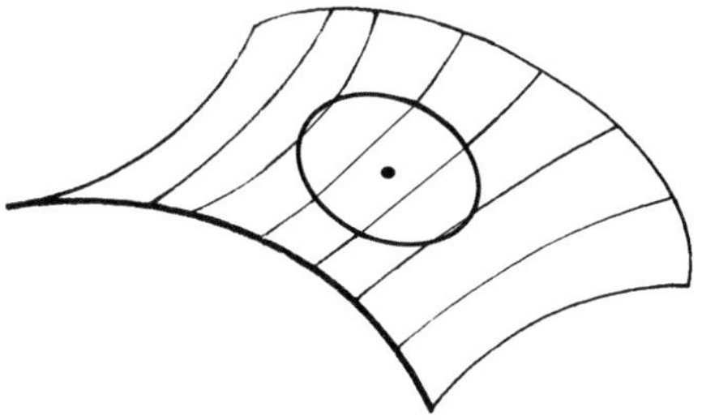

图 42-13 马鞍型曲面上的圆

当然,还有其他类型的几何学。你们可能会问,那生活在梨上面的昆虫,也就是生活在有的地方弯曲得比较厉害、有的地方弯曲得比较平坦的曲面上的昆虫,其几何将如何。这时,昆虫在它的世界中的一部分所做的小三角形,其角的逾量比在另一部分所做的小三角形要大。换句话说,空间的曲率是可以逐处变化的,这就是对上述概念的概括。这种情况也可以通过热板上适当的温度分布来进行模仿。

我们也不妨指出,上述结果可以从类似矛盾的、相反的东西中得出来。例如,你们可能会发现,当把三角形做得太大时三内角之和小于 180°。这话也许听起来不大可能,但一点也不假。首先,我们该有一块热板,它的温度随距中心的距离而降低,于是所有的效应都会反转过来。但是我们也可以通过考虑二维的鞍面几何图形而纯粹从几何学上做到这点。想象如图 42-13 所示意的马鞍型曲面,现在在该曲面上画一个“圆”,把它定义为距中心相同距

---

* 无限远点除外。

离的所有点的轨迹。这个圆是一条像扇贝壳那样上、下波动的曲线,所以它的周长比根据 $2\pi r$ 所预期的值要长。这时的 $C/(2\pi)$ 就大于 $r_{平均}$,“逾半径”应为负值。

球、梨等这类物体全都具有正曲率的表面;另一类物体则称为具有负曲率的表面。一般说来,一个二维世界的曲率将是逐处变化的,在某个地方为正,而在另一个地方为负。通常,我们所谓的弯曲空间,仅是指其中欧几里得几何规则因一个偏差符号或其他原因而失效的空间,曲率的量值——比如说由逾半径所定义——可以逐处变化。

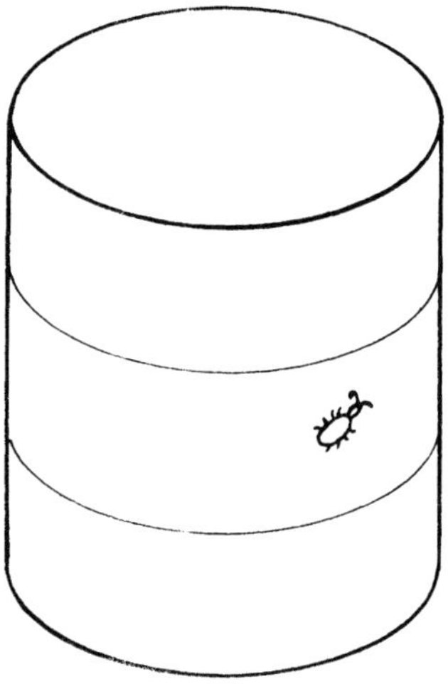

图 42-14 具有零内曲率的二维空间

我们应该指出,根据上面对曲率的定义,圆柱面是不弯曲的,这令人相当奇怪。如果一只昆虫生活在一个圆柱面上,如图所示,则它会发现三角形、正方形以及圆所具有的一切特征,与它们在平面上所具有的特征完全相同。只要设想一下,如果将圆柱面展开成一个平面,那么所有这些图形看起来将是什么样子,就不难明白这一点。因此,所有的几何图形都能够画得与它们在平面上的图形完全对应起来。所以对生活在圆柱面上的昆虫来说(设想它不会绕圆柱兜一圈,而只会做局部测量),它一点也发现不了它所在空间是弯曲的。从我们的学术意义上来说,我们认为它的空间并不是弯曲的。我们要谈的曲率,更精确地应称为内(禀)曲率,这是一种只能通过局部区域的测量而得出的曲率[圆柱面没有内(禀)曲率]。这是爱因斯坦所指定的意思,每当他说我们的空间是弯曲的时候,指的就是这个意思。但到目前为止,我们只定义了二维情况下的弯曲空间,我们必须继续去弄清楚在三维情况下这个概念会意味着什么。

§ 42-2 三维空间的曲率

我们生活在三维空间中,所以我们要讨论三维空间弯曲的概念。你们会问:“然而你们如何才能把它想象为在任何方向都是弯曲的呢?”好吧,我们所以不能把空间想象为在任何方向都是弯曲的,那是因为我们的想象力还不够好(或许也正因为我们不能想象得太多,所以我们不能完全摆脱真实世界)。但仍可以定义三维世界的曲率,而用不到脱离这个三维的世界。我们曾谈论过的关于二维世界中的一切仅仅是一个练习,目的是为了说明如何才能获得曲率的定义,而不需要我们具有从外部“观望”的能力。

我们可以用生活在球面上或热板上的先生们曾使用的、完全相似的方法,来确定我们的世界是否是弯曲的。或许我们不能区分这两种情况之间的差别,但的确可以把这些情况与平直空间或平板区分开来。如何区分?相当容易:设置一个三角形并测量其内角;或做一个大圆并测量其周长和半径;或者尝试设置一些精确的正方形;或者试做一个立方体。检测在每种情况下几何定律是否成立。如果它们不成立,我们就说该空间是弯曲的。若设置一个大三角形,而且其内角之和大于 180°,则我们可以称该空间是弯曲的。或者,若测得一圆的半径不等于其周长除以 2π,则我们也可以说该空间是弯曲的。

你会注意到,情况在三维中可能比在二维中复杂得多。在二维中的任何一个地方都有确定大小的曲率,但在三维中的每个地方可能存在有关曲率的几个分量。如果在某个平面内安置一个三角形,则只要三角形的平面有不同的取向就可能得出不同的答案。或举一个圆的例子。假定我们画了一个圆并测量它的半径,结果并不与 $C/2\pi$ 相符,以致存在某个逾半径。此时我们画出另一个与其垂直的圆,如图 42-15 所示。对于这两个圆,不一定有完全相同的逾半径。事实上,对某一个平面上的圆来说可能存在正的逾,而对另一个平面上的圆来讲可能存在亏损(负逾)。

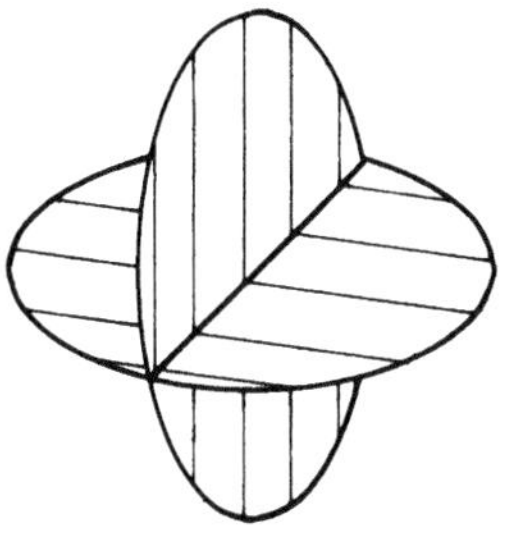

图 42-15　不同取向的圆可以有不同的逾半径

或许你们正在想一个好主意:我们不是可以用三维的球来获得各处所有的分量吗?我们可以取所有与空间给定点等距离点以确定一个球。然后在球面上设置一个精密的正交网格,并把这些小区域加起来,这样我们就可以测得球的表面面积。按照欧几里得几何学,总面积 A 被认为是半径平方的 4π 倍,所以我们可以定义“预期半径”为$\sqrt{A/4\pi}$。我们也可以挖一个洞通到中心并测量其距离,从而直接测得半径。我们可以再次将测量半径减去预期半径,并把其差称为半径的逾,即

$$r_{逾} = r_{测} - \left(\frac{测量面积}{4\pi}\right)^{1/2},$$

它应该是完全令人满意的曲率测量,它的巨大优点在于它与三角形或圆的取向无关。

但是球面的逾半径也有缺点,它并不完全表示空间的特征。由于存在各种曲率的平均效应,所以它给出的是所谓三维世界的平均曲率。然而,既然是一种平均,它就不能完全解决关于确定几何图形的问题。如果你只知道这个数值,则不可能预言空间的全部几何性质,因为你不可能知道对于不同取向的圆会发生什么情况。完整的定义需要在每一点规定六个“曲率数”。当然,数学家知道如何写出所有这些数。总有一天你可能会在数学书中看到怎样用高级而精巧的形式把它们写出来,但是,起初用粗略的方法弄清楚你试图写出些什么,这不失为一个好主意。对于大多数目标来说,平均曲率可能就足够了。*

§ 42-3　我们的空间是弯曲的

现在来讨论主要问题。它是真的吗?我们生活的现实的物理三维空间是弯曲的吗?一旦我们具有了足够的想象力去认识空间是不是被弯曲了的可能性,那么人类的脑子自然就对现实世界是否弯曲变得好奇起来。为了尝试得出解答,人们已经进行了直接的几何测量,但没有发现任何差异。但从另一方面来说,根据有关引力的论证,爱因斯坦发现空间是弯曲

* 为了完整起见,我们应该再补充一点。如果你想把弯曲空间的热板模型应用到三维的情况,你必须想象尺的长度不仅取决于你把它放在何处,而且也取决于尺在安置时的取向。这是一种简单情况的推广,在这种简单情况下,尺的长度决定于它所处的位置而不管它取南北方向还是东西方向,或上下方向,其长度都是相同的。如果你想用这种模型的任意几何图形来表示三维空间,那么这种推广是必要的,虽然它对于二维情况很可能是不必要的。

的,而我们想要告诉你们关于曲率大小的爱因斯坦定律是什么,也希望对你们讲一点关于他是如何发现这个定律的情况。

爱因斯坦曾说,空间是弯曲的,而物质是曲率之源(物质也是引力之源,所以重力与曲率有关——但这种关系将在本章的后期涉及)。为了使事情稍微容易些,我们假定物质以某种密度连续地分布,然而,密度可以按你想要的大小逐处变化*。对于曲率,爱因斯坦给出的规则如下:如果有一个空间区域内部存有物质,而我们取一个足够小的球,其内部的物质密度 ρ 实际上为常数,那么该球半径的逾正比球内的质量。利用逾半径的定义,得

$$半径的逾 = r_{测} - \sqrt{\frac{A}{4\pi}} = \frac{G}{3c^2}M. \tag{42.3}$$

式中 G 为(牛顿理论的)引力常数,c 为光速,$M = 4\pi\rho r^3/3$ 是球内物质的质量。这就是空间平均曲率的爱因斯坦定律。

假定以地球为例,且不考虑密度的逐点变化——所以不必做任何积分。假定我们非常仔细地测量地球的表面,然后挖一个洞通到中心并测得其半径。根据球的面积等于 $4\pi r^2$ 的假设,由所测面积可以计算出预期半径。当把预期半径与实际半径进行比较时,会发现实际半径超过预期半径,其值由式(42.3)给出。常数 $G/(3c^2)$ 约为 $2.5\times10^{-29}\,\mathrm{cm\,g^{-1}}$,所以对每一克物质来说,其测量半径就要多出 2.5×10^{-29} cm。代入约为 6×10^{27} g 的地球质量,结果是地球具有的半径比根据其面积计算应得的半径大 1.5 mm**。对太阳做相同的计算,你会发现太阳的半径比预期值超出半公里。

你会注意到该定律说,地球表面区域的上方平均曲率为零。但这并不意味着曲率的所有分量为零。地球上方可能仍然存在——而事实上是存在——某种曲率。就平面上的一个圆来说,对于某些取向将有一种符号的逾半径,而对于另外一些取向则逾半径的符号相反。结果正好证明当球内的质量为零时曲率对整个球面的平均为零。顺便说说,结果表明曲率的各个分量与平均曲率的逐处变化之间存在着联系。所以如果你知道了各处的平均曲率,你就能计算出每个地方曲率分量的细节。地球内部的平均曲率是随深度变化的,这就意味着地球内部和外部的某些曲率分量都不为零。正是这种曲率,我们把它看作为引力。

假定在平面上有一只昆虫,而且假定这个"平面"的表面有些小突起。凡是有小突起的地方,昆虫会得出结论说:它的空间具有小的局部弯曲的区域。在三维中也有同样的情况,凡是物质堆积的地方,三维空间就有局部弯曲——一种三维突起。

如果在平面上造成许多隆起,则除了所有的突起以外,可能存在总体的弯曲——表面或许变得像一个球。搞清楚我们的空间是否由于像地球和太阳那样的物质堆积而形成局部的突起,从而具有净的平均曲率,这应该是有意义的。天体物理学家一直试图通过对非常遥远的星系的测量来回答这个问题。例如,若我们在很远距离处的球壳内所观测到的星系数目,与根据我们所知的球壳半径应该预期到的数目不同,则我们就会得到关于非常大的球的逾半径的量度。根据这种测量,希望找出我们的整个宇宙就平均而言究竟是平坦的,抑或是球形的——是像一个球那样是"闭合"的,还是像一个平面那样是"开放"的。你们可能听说过

---

* 没有人知道,即使爱因斯坦也不知道,如果质量变得集中到点上该怎么处理。

** 这是近似,因为密度并不是像我们假设的那样与半径无关。

有关这个问题的争论,这个争论还将继续下去。争论所以会存在,是因为天文学测量仍然完全没有确定的结果;实验数据又不够精确,不能给出确切的答案。可惜,我们在大尺度方面还没有关于宇宙整体曲率的丝毫概念。

§42-4　时空中的几何学

现在我们得谈谈关于时间的问题。从狭义相对论知道,空间的测量和时间的测量是互相联系的。在空间发生某件事,而同一件事中又不包含时间,这可是一种古怪的想法。你可能记得时间的测量值与你的运动速率有关。例如,如果我们看见飞船中一个人从旁边经过,则我们知道,对他来说发生的事情比对我们而言要慢。我们说,根据我们的表,他出去旅行恰好经过 100 s 返回,但按照他的表或许只用去了 95 s。与我们的表相比,他的表——以及所有其他过程,像他的心脏跳动——都进行得较慢。

现在我们来考虑一个有趣的问题。假定你位于一飞船中,我们要求你在发出某个信号时出发,而当你返回到你的出发点时恰巧赶上第二个信号——比如说按照我们的钟正好过了 100 s。另外,要求你用这样的方式做往返运动,使在这过程中你的表显示所用去的时间尽可能最长。试问你应该如何运动?你应该站着不动。如果你稍微有点运动,则返回时你表的读数肯定少于 100 s。

然而,假定我们把问题做一点变动。假定要求你在某个信号时从点 A 出发走向点 B(这两点对我们而言是固定的),而后以同样的方法返回,恰好在第二个信号(比如说按我们固定的钟为 100 s 后)时回到原地。仍要你用这样的方法做往返运动,使得你表上的读数尽可能大。你应该怎么做?要用什么样的路径和什么样的程序你的表才会显示出你到达时耗费的时间最多?答案是:如果你以匀速沿直线往返,则从你的观点来看将耗费最多的时间。理由在于:任何额外的运动和任何超高速运动都将使你的钟变慢(既然时间差决定于速度的平方,那么你在一处走得过快而失去的时间,永远也不能通过在另一处走得过慢而得到补偿)。

总之,这就是我们在时空中定义"直线"所能够使用的概念。时空中沿恒定方向的匀速运动与空间中的直线相类似。

空间中最短距离的曲线与时空中相对应的并不是最短时间的路径,而是最长时间的路径,这是由于相对论中 t-项符号所引起的怪事。于是,"直线"运动——类似于"沿直线的匀速运动"——就是以这种方式进行的运动,它使表在某个时刻从某个地方出发,在另一时刻到达另一地方的运动中给出最大的时间读数。这就是时空中类似于直线的定义。

§42-5　引力与等效原理

现在我们可以讨论引力定律了。爱因斯坦曾试图推广引力理论,使其与他先期发展起来的相对论相适应。为此,他坚持奋斗,直到他抓住一条重要原理,该原理引导他获得了正确的定律。那原理是建立在这样一个概念基础上的,即当一个物体自由下落时,其内部的一切东西似乎都没有了重量。例如,一人造卫星在地球重力场中沿轨道自由下落,其中的宇航员会感到失重。说得更正确些,这个概念称为爱因斯坦等效原理。它依赖于下列事实:所有物体,不管它们的质量如何,或者说不管它们是由什么构成的,都以完全相同的加速度下落。如果有一艘飞船正在做惯性下滑——所以它处在自由下落的状态——而且里面有人,则支配飞船和人下落的规律是相同的。所以如果他把自己安置在飞船的中部,则他将待在那儿不动,他并不相对飞船下落。我们说他“失重”时就是指这个意思。

现在假定你正处在加速的火箭飞船中,试问相对什么东西在加速?我们只能说它的发动机开着并正产生推力,使得它不是处在自由下落的滑行状态。也可想象你在真空中向外远去,以致实际上并没有引力作用在飞船上。如果飞船正以“$1g$”加速,则你将可能站在“地板”上并会感觉到你的正常体重。也就是说,如果抛出一个球,它将“落”向地板。为什么?因为飞船正“向上”加速,但球身上并不受到力作用,所以球不会被加速,它将落在后面。在飞船内部球似乎具有“$1g$”的向下加速度。

现在让我们把这艘飞船中的情况与静止在地球表面的宇宙飞船内的情况做一比较。每件事情都相同!你会被压向地板,球会以“$1g$”的加速度下落,等等。事实上,在飞船内你怎么能够知道你是静止在地球表面还是正在真空中加速运动?按照爱因斯坦的等效原理,如果你只对飞船内部发生的事情进行测量,则无法知道这个问题的答案。

严格正确地说,那上述讲法只对飞船内某一点才成立。由于地球的引力场不是严格均匀的,所以自由下落的球在不同的地方具有稍微不同的加速度——方向和大小都会改变。但是如果我们设想引力场是严格均匀的,那么它在各方面都与一个具有恒定加速度的系统完全相仿,这就是等效原理的基础。

§42-6 在引力场中钟的快慢

现在我们想利用等效原理来解决发生在引力场中的一件奇怪的事情。我们将向你说明在火箭飞船中发生的某些事情,这些事情你大概没有预料到会发生在引力场中。如果把一只钟放在火箭飞船的“前面”——即“前端”——把另一只完全相同的钟放在“尾部”,如图 42-16 所示。把这两只钟分别称为 A 和 B。如果在飞船加速时比较这两只钟,则位于前面的钟比位于尾部的钟跑得快些。为搞清楚这一点,设想前面的钟每秒发一次闪光,而坐在船尾的你将到达的光信号与钟 B 的指针进行比较。比如说,当钟 A 发出闪光时火箭处在图 42-17 所示的位置 a,而当闪光到达钟 B 处时,火箭处在位置 b。后来,当钟 A 发出下一次闪光时,飞船将处在位置 c,而当你看到闪光到达钟 B 处时,它处在位置 d。

第一次闪光传播的距离为 L_1,第二次闪光传播的距离较短为 L_2。后者距离所以较短是因为飞船正在加速,因而在发出第二次闪光的时刻它已经具有了较大的速率。于是你可以明白,如果从钟 A 发出的两次闪光的间隔为 1 s,则它们到达钟 B 的间隔要比 1 s 稍微短一点,因为第二次闪光在路上并不要耗费像第一次闪光那么多时间。对所有以后发出的闪光来说,也会发生同样的情况。所以要是你坐在船尾,就会得出结论:钟 A 比钟 B 跑得快。如果你打算反过来做同样的事情——使钟 B 发射光而在钟 A 处接收——则你会得出结论:B 比 A 跑得慢。一切都互相符合,一点也不神秘。

但现在我们来考察静止在地球重力场中的火箭飞船。同样的事情发生了。如果你带着一只钟坐在地板上,并看着放在高处书架上的另一只钟,它将显得比地板上的一只跑得快!你说:“但这是错误的。时间应该是相同的。既然没有加速度,钟就没有理由显得步调不一致。”

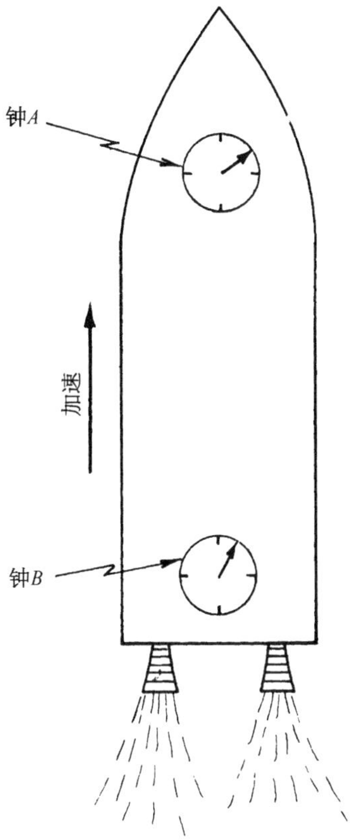

图 42-16　携带两只钟的正在加速的火箭飞船

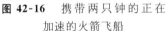

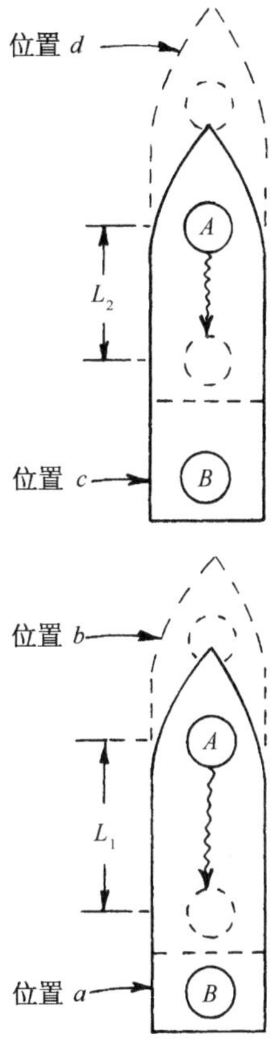

图 42-17　位于加速火箭飞船前面的钟似乎比位于尾部的钟跑得快

但是如果等效原理是对的，那两只钟就必然不会同步。爱因斯坦坚持认为该原理是正确的，并且勇敢而正确地继续进行研究。他提出在引力场中不同地点的钟必然表现出以不同的快慢走动。但是，如果一只钟相对其他的钟始终显得快慢不同，那么就第一只而论，其他钟正以不同的速率走动着。

然而我们现在看到，这里的钟与早先我们谈到过的热板上昆虫的热尺相类似。我们曾想象尺、昆虫及一切东西在不同温度处都以相同的方式改变其长度，所以昆虫们永远也不可能知道它们测量用的尺正随它们在热板上到处移动而改变。这种情况与引力场中的钟相同。放在较高水平面上的每只钟看上去走得比较快，心搏也跳得较快，所有的过程都进行得较快。

如果事情不是这样，则你就有可能知道引力场与加速参考系之间的差别。时间能够逐处变化的概念虽是一个困难的概念，但它是爱因斯坦曾使用过的概念，它是正确的——不管你信不信。

应用等效原理，可以计算出引力场中钟的快慢随高度改变了多少。我们只要算出加速的火箭飞船中两只钟之间的表现偏差即可。做这件事最容易的办法，就是应用我们在第 1 卷 34 章所得到的关于多普勒效应的结果。在那里我们得到——参见式(34.14)——如果 v 是源和接收机之间的相对速率，则接收到的频率 ω 与发射频率 ω_0 的关系为

$$\omega = \omega_0 \frac{1 + v/c}{\sqrt{1 - v^2/c^2}}. \tag{42.4}$$

现在,如果考虑图 42-17 中加速着的火箭飞船,则在任何一个瞬间发射机和接收机都以相等的速度运动。但是,在光信号从钟 A 传送到钟 B 所需的时间内,飞船已经加速了。实际上它已获得了额外的速度 gt,这里 g 是加速度,t 是光从 A 到 B 传播距离 H 所需的时间。这个时间非常接近于 H/c,所以当光信号到达 B 时,飞船已增加了速度 gH/c。接收机相对信号离开时刻的发射机始终具有这个速度。所以这就是在多普勒公式(42.4)中应该使用的速度。设想船的长度和加速度足够小,因而这个速度比光速 c 小得多,就可把项 v^2/c^2 略去。从而得

$$\omega = \omega_0 \left(1 + \frac{gH}{c^2}\right). \tag{42.5}$$

因而对宇宙飞船中的两只钟来说,得到如下关系:

$$(\text{接收机处钟的速率}) = (\text{发射速率})\left(1 + \frac{gH}{c^2}\right), \tag{42.6}$$

式中 H 是发射机高出接收机的高度。

根据等效原理,对于在自由落体加速度为 g 的引力场中高度相隔 H 的两只钟来说,相同的结果必然成立。

这是一个十分重要的概念,我们希望它也能从另一个物理定律——能量守恒定律得出。我们知道,作用在一个物体上的引力与该物质的质量 M 成正比,而 M 与总内能 E 的关系为 $M = E/c^2$。例如,由一个原子核嬗变成另一个原子核的核反应能量所确定的原子核质量,与根据原子的重量所得到的质量相符。

现在考虑一个原子,它具有总能量为 E_0 的最低能量状态和总能量为 E_1 的较高能量状态,它可以通过发光而从状态 E_1 跃迁到状态 E_0。光的频率 ω 由下式给出

$$\hbar\omega = E_1 - E_0. \tag{42.7}$$

现在假定有这样一个原子,它位于地板上,处在 E_1 态,我们把它从地板上带到高度为 H 的地方。为此,在携带质量为 $m_1 = E_1/c^2$ 的原子上升的过程中,必定要克服引力做某些功,所做功的大小为

$$\frac{E_1}{c^2} gH. \tag{42.8}$$

然后让原子发射一个光子而跃迁到较低的能量状态 E_0。接着我们把原子带回到地板上,在返回的过程中原子的质量为 E_0/c^2,回来后得到的能量为

$$\frac{E_0}{c^2} gH, \tag{42.9}$$

所以我们所做功的净值等于

$$\Delta U = \frac{E_1 - E_0}{c^2} gH. \tag{42.10}$$

原子发射光子时失去了能量 $E_1 - E_0$。假定光子恰巧向下运动到达地板,并被原子吸

收。试问在这里光子递交给原子多少能量？一开始你或许会想到它正好释放出能量 $E_1 - E_0$，但是，根据下面的论证可以明白，要是能量守恒的话，那你们的想法就不可能是正确的。开始时我们位于地板处带有的能量为 E_1，结束时我们位于地板平面上，能量为处于最低能量状态的原子能量 E_0 加上从光子接收到的能量 E_{PH}。在此期间，我们不得不提供了式(42.10)的附加能量 ΔU。如果能量守恒，则最后我们在地板处所具有的能量必定大于出发时具有的能量，其差正好是我们所做的功。换句话说，必然有

$$E_{PH} + E_0 = E_1 + \Delta U \tag{42.11}$$

或

$$E_{PH} = (E_1 - E_0) + \Delta U.$$

情况必然是：光子到达地板时并不只带有它出发时的能量 $E_1 - E_0$，而是具有稍许多一点的能量，否则有些能量就损失掉了。若将式(42.10)中所得的 ΔU 代入式(42.11)，就得到光子到达地板时的能量为

$$E_{PH} = (E_1 - E_0)\left(1 + \frac{gH}{c^2}\right). \tag{42.12}$$

然而，能量为 E_{PH} 的光子具有频率 $\omega = E_{PH}/\hbar$。将发射光子的频率称为 ω_0——根据式(42.7)它等于 $(E_1 - E_0)/\hbar$——式(42.12)中的结果又一次给出了光子在地板上被吸收时的频率与它被发射时的频率间的关系式(42.5)。

相同的结果还可以用别的办法得到。频率为 ω_0 的光子具有能量 $E_0 = \hbar\omega_0$。既然能量 E_0 含有引力质量 E_0/c^2，所以光子具有质量(不是静质量)$\hbar\omega/c^2$，因而它受到地球的“吸引”。在下落距离 H 的过程中，它将增加附加能量$(\hbar\omega_0/c^2)gH$，所以它到达地板时带有能量

$$E = \hbar\omega_0\left(1 + \frac{gH}{c^2}\right).$$

但它在下落后的频率为 $E/\hbar$，这样再次给出式(42.5)中的结果。只有当爱因斯坦关于引力场中钟的预言正确时，我们关于相对论、量子物理及能量守恒的概念才全部配合得起来。上面所谈到的频率的改变一般也是非常小的。例如，对于地球表面 20 m 的高度差来说，频率差仅约为 $2/10^{15}$。然而，正是这个改变量，最近已经在实验上利用穆斯堡尔效应被发现了*。爱因斯坦是完全正确的。

§42-7　时空的曲率

现在我们要把刚才所讲的情况与弯曲的时空概念联系起来。已经指出，如果时间在不同的地方以不同的快慢进行，则这种情况就与热板的弯曲空间相类似。但它不只是类似，还意味着时空是弯曲的。让我们尝试在时空中做某种几何图形。这种事初听起来可能觉得奇怪，但我们经常用沿一根轴表示距离及沿另一根轴表示时间做时空图。假定我们尝试在时空图中做一个矩形。我们先画一个高 H 与 t 的关系图，如图 42-18(c)所示。为了做矩形的

---

* R. V. Pound and G. A. Rebka, Jr., *Physical Review Letters Vol*. 4, p. 337(1960).

底边,可以取一个静止在高 H_1 处的物体,并跟着它的世界线走 100 s,就得到图(b)中的 BD 线,它平行于 t 轴。现在选取另一个物体,在 $t=0$ 的时刻它位于第一个物体上面 100 ft 处,它从图 42-18(c)中的 A 点出发,现在沿着它的世界线前行 100 s,这由位于 A 点的钟测得。物体从 A 运动到 C,如图中(d)所示。但注意,由于时间在两个高度——假定存在引力场——以不同的快慢进行——所以 C 和 D 两点不是同时的。如果试图通过画一条线到达处于相同时刻、位于 D 上面 100 ft 的点 C' 而完成一个矩形,如图 42-18(e)所示,则几条线无法闭合。当我们说时空是弯曲的时候,就是这个意思。

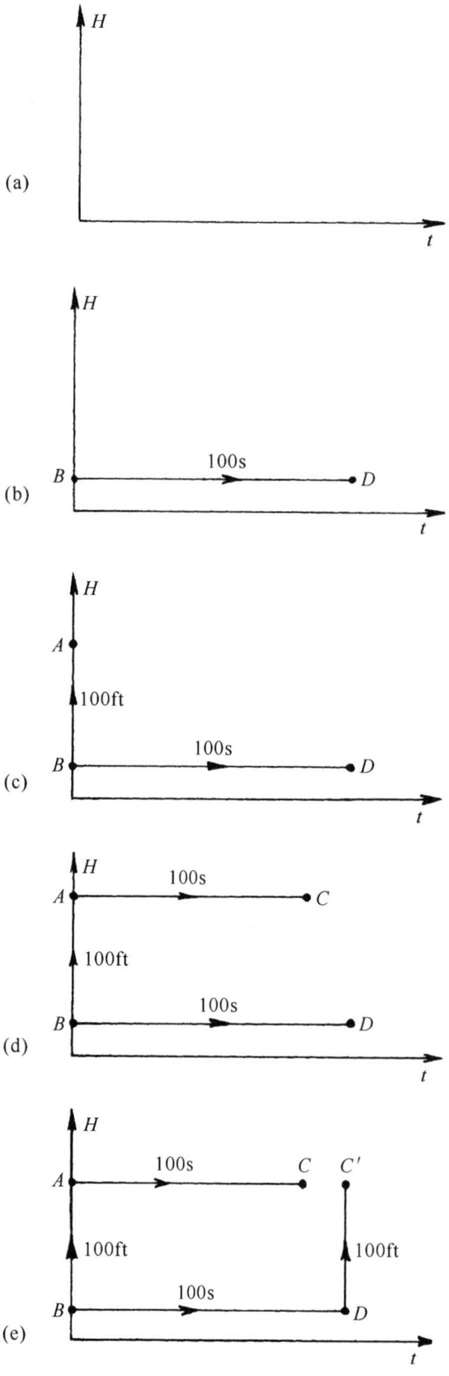

图 42-18 尝试在时空图中做一个矩形

§ 42-8 在弯曲时空中的运动

我们来考虑一个有趣的小谜。有两只相同的钟 A 和 B,如图 42-19 所示,一起放在地球的表面上。现在把钟 A 举到某个高度 H,在那里待一会儿,再返回地面,使它刚好在钟 B 走了 100 s 时到达地面。这样钟 A 会读出像 107 s 这种数目,这是由于它在空中上升时走得较快。此时就产生了一个谜。我们应该如何移动钟 A 才能使得它读出尽可能长的时间——始终假定它返回时 B 钟读数为 100 s? 你说:"这容易。只要你把 A 举得尽可能高,那么它将走得尽可能地快,因而在返回时读出的时间最长。"错! 你忘记了一件事——我们只有 100 s 供上升和返回。要是我们升得很高,则我们就得很快到达那儿以便在 100 s 内返回。你务必不能忘了狭义相对论的效应,它会导致运动的钟减慢一个因子 $\sqrt{1-v^2/c^2}$。相对论效应在这方面起的作用使钟 A 的读出时间比钟 B 的小。你们看看这类游戏。如果我们带着钟 A 一直站着,就能得到 100 s 读数;要是我们缓慢上升一个很小的高度并缓缓下降,则就能得到稍微大于 100 s 的读数。如果我们升得稍高一些,得到的时间读数可能稍长一些。但要是升得太高,则为到达那儿就必须运动得很快,这就必须使钟下降得足够慢,以至使结束时得到的时间少于 100 s。该用什么样的高度与时间关系程序——达到多高及以什么速率到达那儿、如何仔细调节使得我们回到钟 B 时它的读数增加了 100 s——才会使钟 A 给我们读出尽可能最长的时间?

试回答:求出你必须用多大的速率把一个球向上抛入空中,使得它正好在 100 s 内落回至地球。而该球的运动——快速上升、慢下来、停止再返回——这正是使得固定于球上的手表的时间为最大的、正确的运动。

现在考虑稍微不同的游戏。设 A 和 B 两点同在地球表面且相隔某段距离。我们玩一个与早先做过的相同游戏,即求所谓的直线。试问应该如何从 A 移动到 B,才能使得运动手表上的时间最长——假定我们一得到给定信号就从 A 点出发,而在 B 一有另一个信号时就到达 B 点——该后一信号按固定钟比前一信号迟 100 s。现在你们会说:“唔,我们前已求出,要做的事情就是以适当的均匀速率沿直线滑行,使得恰好在 100 s 后到达 B 点。如果我们不沿直线运动,则要用更大的速率,这样我们的表就会慢下来。”但是等一下,那是以前考虑重力的情况。向上弯曲一点然后下降不是更好吗?这样,在升得较高的时间阶段中我们的表不是会跑得稍快一点吗?情况确是这样。如果你们求解调节运动曲线的数学问题,使得运动手表经过的时间尽可能长,则你将发现运动轨迹是一条抛物线——就是引力场中沿自由弹道路径运动的物体所遵循的同一条曲线,如图 42-19 所示。所以引力场中的运动定律也可表述为:一个物体从一个地方运动到另一个地方,它总是使得其所携带的钟给出的时间比之在其他任何可能的轨道上运动所用的时间要长——当然,开始和结束的条件应相同。运动的钟测得的时间常常称为“固有时”。在自由落体运动中,运动轨道使得物体的固有时最大。

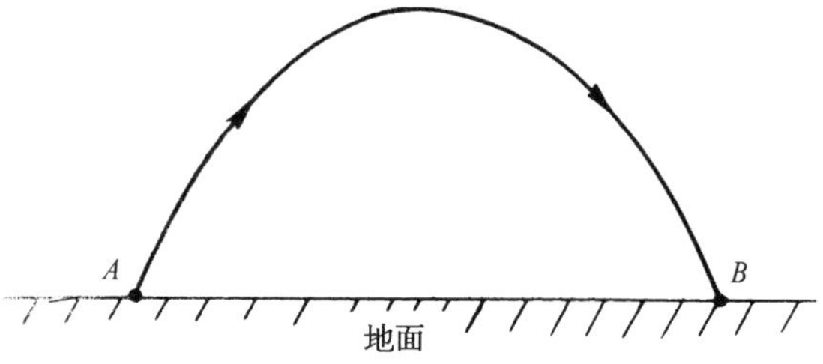

图 42-19 在均匀引力场中,对于固定的飞行时间来说,固有时最长的轨迹是抛物线

我们来看看这一切是如何算出来的。从式(42.5)开始,它说明运动手表的逾速率为

$$\frac{\omega_0 gH}{c^2}, \tag{42.13}$$

除此之外,我们得记住,对速率来说还存在相反符号的修正。关于这个效应,已知

$$\omega = \omega_0\sqrt{1 - v^2/c^2}.$$

虽然该原理对任何速率都适用,但在我们所举的例子中速率总要比 c 小得多,因此可以把这个方程写成

$$\omega = \omega_0[1 - v^2/(2c^2)],$$

而以我们的钟的速率来看,亏损为

$$-\omega_0\frac{v^2}{2c^2}. \tag{42.14}$$

把式(42.13)和(42.14)中的两项结合起来,得

$$\Delta\omega = \frac{\omega_0}{c^2}\left(gH - \frac{v^2}{2}\right). \tag{42.15}$$

运动钟的这种频移意味着:如果在固定的钟上测得时间 $\mathrm{d}t$,则运动钟所记录的时间为

$$dt\left[1+\left(\frac{gH}{c^2}-\frac{v^2}{2c^2}\right)\right], \tag{42.16}$$

整个轨道的总的时间逾为附加项对时间的积分,即

$$\frac{1}{c^2}\int\left(gH-\frac{v^2}{2}\right)dt, \tag{42.17}$$

它应为极大。

项 gH 正好就是引力势 ϕ。假定用常数因子 $-mc^2$ 乘以整个式子,这里 m 为物体的质量,这个常数虽不改变极大的条件,但负号将把极大正好改变为极小。于是式(42.16)指出,物体的运动将使得

$$\int\left(\frac{mv^2}{2}-m\phi\right)dt = \text{极小}. \tag{42.18}$$

但现在的被积函数正好是动能和势能的差。如果你们顺便看一下第 2 卷第 19 章,就会知道在我们讨论最小作用量原理时就已证明,对于任何势场中的一个物体来说,牛顿定律正好可以写成方程式(42.18)的形式。

§ 42-9 爱因斯坦的引力理论

运动方程的爱因斯坦形式——在弯曲的时空中固有时应为极大——在低速情况下给出的结果与牛顿定律给出的相同。当库珀(G. Cooper)绕地球做圆周运动时,他的表指示的时间比沿任何其他的、你们对他的人造卫星可能想象到的路径指示的时间都要长 * 。

所以引力定律可以用这种非凡的方法、利用时空的几何概念来表述。粒子总是取最长的固有时——在时空中与"最短距离"这个量相似。这是引力场中的运动定律。用这种方法表述的最大优点在于:定律不依赖任何坐标或任何别的定义位置的方法。

现在把上面所做的事情作一小结。我们已经给了你们关于重力的两个定律:

(1) 当存在物质时,时空的几何学如何变化——即,利用逾半径表示的曲率正比于球内部的质量,方程式(42.3)。

(2) 在仅存在引力的条件下,物体如何运动——即物体的运动总是使得在两个边界条件之间的固有时为极大。这两个定律与我们早先知道的相似的一对定律相对应。原来,我们用牛顿的平方反比的引力定律及他的运动定律来描述引力场中物体的运动,现在,定律(1)和(2)代替了它们。新的一对定律也与我们在电动力学中知道的定律相对应。那里的定律——麦克斯韦方程组——决定电荷产生的场。它告诉我们"空间"的特征如何因带电物质的存在而改变,对于重力的情况,这种变化是由定律(1)完成的。另外,还有一个关于粒子如何在给定场中运动的定律——$d(mv)/dt=q(\boldsymbol{E}+\boldsymbol{v}\times\boldsymbol{B})$。对于重力来说,这是由定律(2)处理的。

在定律(1)和(2)中包含了关于爱因斯坦引力理论的精确表述——虽然你们通常会发现

---

* 严格地说,它仅仅是一种局域极大。应该说固有时比任何相邻路径上的固有时要长。例如,在绕地球的椭圆轨道上的固有时,与一个被发射得很高而下落物体的弹道路径上的固有时相比,前者不一定更长。

它被表述为更复杂的数学形式。然而，我们应该做进一步的补充。正如引力场中的时间标度逐处变化一样，长度标度也会做同样的变化。当你们到处运动时尺会改变其长度。由于空间和时间如此密切地混合在一起，因此随时间发生的某些事情，要是不以某种方式在空间中反映出来是不可能的。举一个更加简单的例子：设你们正在空中飞过地球，从你们的观点来看所谓时间，在我们看来部分是空间，所以也必定存在空间方面的变化。因物质存在而引起的是整个时空的弯曲，这比仅仅在时间范围内的变化更加复杂。然而，只要清楚知道关于空间弯曲的这个规则不仅从一个人的观点来看是适用的，而且对每个人来说也是正确的，那么在式(42.3)中给出的规则足以完全确定所有的引力定律。当某人从一个质量较大的物质旁飞过时，他会看到不同的质量值，这是由于他对从旁边通过他的该物质计算动能引起的，而他必须把与该能量相对应的质量包括进去。必须把理论安排得使每个人——不论他如何运动——当他接近一个星球时，会发现逾半径等于 $G/(3c^2)$ 乘上星球包含的总质量[或者，更好地讲是 $G/(3c^4)$ 乘星球包含的总能量值]。这个定律——定律(1)——在任何运动系统内都应该是正确的，这是伟大的引力定律之一，称为爱因斯坦场方程。另一个伟大定律是定律(2)——物体必须这样运动，使得固有时为极大——这被称为爱因斯坦运动方程。

把这两个定律写成一个完整的代数式，把它们与牛顿定律进行比较，或者把它们与电动力学联系起来，在数学上是很困难的。但它是今天我们所看到的关于引力物理方面最完整的定律的样式。

虽然对于所考虑的简单例子，它们给出与牛顿力学相一致的结果，但它们并不始终相符。首先由爱因斯坦导出的三个差异已经在实验上得到了证实：水星轨道并不是固定的椭圆；光通过太阳附近时发生的偏折是我们原来认为的大小的两倍；钟的快慢取决于它们在引力场中的位置。每当爱因斯坦的预言与牛顿力学的概念不同时，大自然选择的总是爱因斯坦。

让我们把已说过的每件事以下述方式做一小结。首先，时间和距离的量值决定于你测量它时在空间的位置和时间，这与时空是弯曲的表述等价。根据测得的一个球体的表面积就可以确定预期半径，即 $\sqrt{A/(4\pi)}$，但实际的测量半径将有一个超过这半径的逾，逾半径正比于(比例常数为 G/c^2)球内部所包含的总质量。这个逾半径确定了时空曲率的恰当度数。不论谁在观察物质，也不论物质在如何运动，曲率必定是相同的。第二，在这种弯曲的时空中，粒子沿“直线”(最大固有时轨道)运动。这就是引力定律的爱因斯坦公式的内容。

索　引

六画

七画

八画

九画

十画

附　　录

本书涉及的非法定计量单位换算关系表

单位符号	单位名称	物理量名称	换算系数
bar	巴	压强,压力	1 bar = 10^5 Pa
Cal	大卡	热量	1 Cal = 1 kcal
cal	卡[路里]	热量	1 cal = 4.186 8 J
dyn	达因	力	1 dyn = 10^{-5} N
f, fa, fathom	英寻	长度	1 f = 2 yd = 1.828 8 m
fermi(fm)	费米	(核距离)长度	1 fermi = 1 fm = 10^{-15} m
ft	英尺	长度	1 ft = 3.048 × 10^{-1} m
G, Gs	高斯	磁通量密度,磁感应强度	1 Gs = 10^{-4} T
gal	加仑	容积	1 gal(UK) = 3.785 43 L
in	英寸	长度	1 in = 2.54 cm
lb	磅	质量	1 lb = 0.453 592 kg
l. y.	光年	长度	1 l. y. = 9.460 53 × 1
mi	英里	长度	1 mi = 1.609 34 km
Mx	麦克斯韦	磁通量	1 Mx = 10^{-8} Wb
Oe	奥斯特	磁场强度	1 Oe=1 Gb/cm=(1 = 79.577 5 A/m
oz	盎司	质量	1 oz = 28.349 523 g
qt	夸脱	容积	1 qt(UK) = 1.136 52